Verzeichnis der verwendeten DIN-Normen und anderer Vorschriften
Index of standards and other regulations used

Norm	Seite
DIN 6887	300
DIN 6888	301
DIN 6889	300
DIN 69051-1, 2	244
DIN 6912	253
DIN 6914	251
DIN 6935	191
DIN 6935 Beiblatt 1	192
DIN 7154-1	52 f.
DIN 7155-1	54 f.
DIN 7157	56
DIN 7168	46
DIN 7500-1, 2	256
DIN 7513	255
DIN 7516	255
DIN 7721-1, 2	310
DIN 7724	92
DIN 7753-1	309
DIN 7967	265
DIN 7968	251
DIN 7969	254
DIN 7984	253
DIN 7990	251
DIN 7993	273
DIN 7999	251
DIN 8062	116
DIN 8072	116
DIN 8074	116
DIN 8659	391
DIN 9812	314
DIN 9816	314
DIN 9819	314
DIN 9859-5	315
DIN 16960-1	233
DIN 17212	72, 207
DIN 1729-1	83
DIN 17742	89
DIN 17743	89
DIN 17744	89
DIN 17850	90
DIN 17851	90
DIN 19226-1	329
DIN 19226-2	329
DIN 19226-4	328
DIN 19227-1	332
DIN 19227-2	333
DIN 24900-10	166
DIN 30910-1, 2, 5, 6	91
DIN 30910-3, 4	9
DIN 31051	381 f.
DIN 40050-9	375
DIN 40719	335
DIN 40719-6	334
DIN 50100	122
DIN 50125	120
DIN 50960-1, 2	64
DIN 51502	38
DIN 51524-1, 2	39
DIN 55003-3	18
DIN 59051	10
DIN 61131-3	357 ff.
DIN 66001	366 f.
DIN 66025-1, 2	179 f.
DIN 66217	178
DIN 66261	367
DIN 66303	365
DIN 71412	295
DIN 70852	272
DIN 70952	272

DIN EN …

Norm	Seite
DIN EN 131	15
DIN EN 439	226
DIN EN 440	226
DIN EN 485-4	114
DIN EN 499	224
DIN EN 515	84
DIN EN 546-2	114
DIN EN 573-1	84
DIN EN 573-2	84
DIN EN 610	90
DIN EN 754-3	114
DIN EN 754-4	114
DIN EN 754-7	114
DIN EN 755-2	85
DIN EN 1044	234 f.
DIN EN 1045	234
DIN EN 1179	90
DIN EN 1403	64
DIN EN 1412	86
DIN EN 1560	80
DIN EN 1561	81
DIN EN 1562	82
DIN EN 1563	81
DIN EN 1652	88 f., 115
DIN EN 1661	262
DIN EN 1663	262
DIN EN 1664	262
DIN EN 1665	252
DIN EN 1706	85
DIN EN 1753	83
DIN EN 1754	83
DIN EN 1780-1, 2	84
DIN EN 1982	86 f.
DIN EN 10002-1	120
DIN EN 10020	70
DIN EN 10025-2	71
DIN EN 10025-3, 4, 6	72
DIN EN 10027-1	66 ff.
DIN EN 10027-2	69
DIN EN 10028-2, 3	75
DIN EN 10045-1	121
DIN EN 10058	109
DIN EN 10059	109
DIN EN 10060	109
DIN EN 10061	109
DIN EN 10064	73
DIN EN 10079	69
DIN EN 10083-1, 2	74, 206
DIN EN 10084	205
DIN EN 10085	73, 206
DIN EN 10087	73, 206
DIN EN 10088-3	75, 208
DIN EN 10089	77, 207
DIN EN 1011-4	232
DIN EN 10130	76
DIN EN 10131	112
DIN EN 10202	112
DIN EN 10208-1	76
DIN EN 10213-2	79
DIN EN 10216-1	76
DIN EN 10217-1	76
DIN EN 10218-2	112
DIN EN 10219-2	110
DIN EN 10220	111
DIN EN 10226-1	243
DIN EN 10270-1, 2	77
DIN EN 10277-2–5	113
DIN EN 10278	113
DIN EN 10283	79
DIN EN 10293	79
DIN EN 10305-1	111
DIN EN 12163	88 f., 115
DIN EN 12166	115
DIN EN 12167	88 f.
DIN EN 12345	218
DIN EN 12413	161 f.
DIN EN 12449	115
DIN EN 12536	223
DIN EN 12659	90
DIN EN 12844	90
DIN EN 12890	190
DIN EN 13835	82
DIN EN 14640	232
DIN EN 20273	247
DIN EN 20898-2	246
DIN EN 22339	277
DIN EN 22340	278
DIN EN 22341	278
DIN EN 22553	218 ff.
DIN EN 24015	252
DIN EN 24766	258
DIN EN 27434	258
DIN EN 27435	258

Verzeichnis der verwendeten DIN-Normen und anderer Vorschriften
Index of standards and other regulations used

DIN EN 27436 258
DIN EN 28736 276
DIN EN 28737 276
DIN EN 28738 269
DIN EN 28839 246
DIN EN 29453 236
DIN EN 29454-1 234
DIN EN 60446 375
DIN EN 60617 351
DIN EN 60617-2-11 .... 372 ff.
DIN EN 60848 .... 334 f.
DIN EN 60893-1 97
DIN EN 60893-3-1 97
DIN EN 61082-1 352
DIN EN 61131 361
DIN EN 61346-2 .... 352, 374

DIN EN ISO ...

DIN EN ISO 216 21
DIN EN ISO 228-1 243
DIN EN ISO 527-1, 2 126
DIN EN ISO 683-17 77
DIN EN ISO 898-1, 5 246
DIN EN ISO 1043-1 92
DIN EN ISO 1207 253
DIN EN ISO 1234 278
DIN EN ISO 1302 44
DIN EN ISO 1580 255
DIN EN ISO 1872-1 95
DIN EN ISO 1873-1 95
DIN EN ISO 2009 254
DIN EN ISO 2010 254
DIN EN ISO 2039-1 127
DIN EN ISO 2338 277
DIN EN ISO 3098-0 22
DIN EN ISO 3506-1, 2 247
DIN EN ISO 4014 250
DIN EN ISO 4016 250
DIN EN ISO 4017 250
DIN EN ISO 4018 250
DIN EN ISO 4026 258
DIN EN ISO 4027 258
DIN EN ISO 4028 258
DIN EN ISO 4029 258
DIN EN ISO 4063 221
DIN EN ISO 4759-1 247
DIN EN ISO 4762 253
DIN EN ISO 4957 .... 78, 207
DIN EN ISO 5457 21
DIN EN ISO 5817 .... 228 f.
DIN EN ISO 6506-1 123
DIN EN ISO 6507-1 124

DIN EN ISO 6508-1 125
DIN EN ISO 6848 227
DIN EN ISO 6947 223
DIN EN ISO 7040 262
DIN EN ISO 7042 262
DIN EN ISO 7045 255
DIN EN ISO 7046-1 254
DIN EN ISO 7047 254
DIN EN ISO 7090 269
DIN EN ISO 7091 269
DIN EN ISO 7092 269
DIN EN ISO 7200 22
DIN EN ISO 7391-1 95
DIN EN ISO 7438 121
DIN EN ISO 8676 250
DIN EN ISO 8734 277
DIN EN ISO 8740 276
DIN EN ISO 8741 276
DIN EN ISO 8742 276
DIN EN ISO 8743 276
DIN EN ISO 8744 276
DIN EN ISO 8746 276
DIN EN ISO 8747 276
DIN EN ISO 8752 275
DIN EN ISO 8765 250
DIN EN ISO 9000 214
DIN EN ISO 9001 214
DIN EN ISO 9013 198
DIN EN ISO 9692-1 230
DIN EN ISO 9692-3 231
DIN EN ISO 10511 263
DIN EN ISO 10512 262
DIN EN ISO 10513 262
DIN EN ISO 10642 254
DIN EN ISO 13337 277
DIN EN ISO 13920 49
DIN EN ISO 14526-1 96
DIN EN ISO 14527-1 96
DIN EN ISO 14528-1 96
DIN EN ISO 14529-1 96
DIN EN ISO 15977 275
DIN EN ISO 15978 275

DIN ISO ...

DIN ISO 14 303
DIN ISO 128-24 .... 24 f.
DIN ISO 128-30, 34 .... 27 f.
DIN ISO 128-40, 44, 50 .... 29 f.
DIN ISO 286-1 .... 50 ff.
DIN ISO 286-2 .... 53 ff.
DIN ISO 513 133
DIN ISO 525 160

DIN ISO 965-1, 2 245
DIN ISO 1101 .... 58 ff.
DIN ISO 1219-1 .... 338 f.
DIN ISO 1219-2 340
DIN ISO 1481 255
DIN ISO 1482 255
DIN ISO 1483 255
DIN ISO 2162-1 321
DIN ISO 2203 307
DIN ISO 2768-1, 2 47
DIN ISO 3040 43
DIN ISO 4379 294
DIN ISO 4381 98
DIN ISO 4382-1, 2 98
DIN ISO 4383 98
DIN ISO 5455 21
DIN ISO 5456-2 26
DIN ISO 5456-3 25
DIN ISO 6411 62
DIN ISO 6433 23
DIN ISO 6691 99
DIN ISO 7049 255
DIN ISO 7050 255
DIN ISO 7051 255
DIN ISO 8062 49
DIN ISO 8826-1, 2 292
DIN ISO 9222-1, 2 293
DIN ISO 10242-1 315
DIN ISO 11529-1, 2 .... 152 f.
DIN ISO 13715 62

Sonstiges

AbfBestV 7
AbfG § 1 a ff. 7
ArbSchG 14
BGV D36 15
DFG-Mitteilung 6
DIN IEC 60050-551 376
DIN V 17 006-100 .... 66 ff.
DIN VDE 0100-410 .... 375, 378
DVS 2207-3 233
GefStoffV .... 8 f.
ISO 8020 313
LasthandhabV 14
VBG 125 10

VDI ...

VDI 2003 164
VDI 2229 237
VDI 2860 .... 187 f.
VDI 2861 188
VDI 3368 196

Metalltechnik
Tabellenbuch

Dietmar Falk
Peter Krause
Günther Tiedt

Diesem Buch wurden die bei Manuskriptabschluss vorliegenden neuesten Ausgaben der DIN-Normen, VDI-Richtlinien und sonstigen Bestimmungen zu Grunde gelegt. Verbindlich sind jedoch nur die neuesten Ausgaben der DIN-Normen und VDI-Richtlinien und sonstigen Bestimmungen selbst.

Die DIN-Normen wurden wiedergegeben mit Erlaubnis des DIN Deutsches Institut für Normung e.V. Maßgebend für das Anwenden der Norm ist deren Fassung mit dem neuesten Ausgabedatum, die bei der Beuth-Verlag GmbH, Burggrafenstraße 6, 10787 Berlin, erhältlich ist.

Auf verschiedenen Seiten dieses Buches befinden sich Verweise (Links) auf Internet-Adressen. Haftungshinweis: Trotz sorgfältiger inhaltlicher Kontrolle wird die Haftung für die Inhalte der externen Seiten ausgeschlossen. Für den Inhalt dieser Seiten sind ausschließlich deren Betreiber verantwortlich. Sollten Sie bei dem angegebenen Inhalt des Anbieters dieser Seite auf kostenpflichtige, illegale oder anstößige Inhalte treffen, so bedauern wir dies ausdrücklich und bitten Sie, uns umgehend per E-Mail unter www.westermann.de davon in Kenntnis zu setzen, damit der Verweis beim Nachdruck gelöscht wird.

Das Werk und seine Teile sind urheberrechtlich geschützt. Jede Nutzung in anderen als den gesetzlich zugelassenen Fällen bedarf der vorherigen schriftlichen Einwilligung des Verlages. Hinweis zu § 52 a UrhG: Weder das Werk noch seine Teile dürfen ohne eine solche Einwilligung gescannt und in ein Netzwerk eingestellt werden. Dies gilt auch für Intranets von Schulen und sonstigen Bildungseinrichtungen.

Unter Mitarbeit von:
Dr. Michael Dzieia
Heinrich Hübscher
Jürgen Klaue
Hans-Joachim Petersen
Harald Wickert

1. Auflage, 2006

© 2006 Bildungshaus Schulbuchverlage
Westermann Schroedel Diesterweg Schöningh Winklers GmbH,
Braunschweig
www.westermann.de

Redaktion: Dr. Steffen Decker, Elisabeth Gräfe
Verlagsherstellung: Harald Kalkan
Satz und Layout: deckermedia GbR, Vechelde
Druck und Bindung: westermann druck GmbH, Braunschweig

ISBN 978-3-14-**23 5025**-7
    alt: 3-14-**23 5025**-X

1	Arbeits- und Umweltschutz	5 … 16
2	Technische Grundlagen	17 … 128
3	Fertigen von Baueinheiten	129 … 214
4	Herstellen von Baugruppen	215 … 324
5	Steuern und Automatisieren	325 … 378
6	Instandhalten technischer Systeme	379 … 392
7	Mathematisch-technische Grundlagen	393 … 440

Sachwortverzeichnis   441 … 464

Vorwort
Preface

Das Metalltechnik Tabellenbuch ist völlig neu konzipiert. Es ist nach beruflich relevanten Handlungsfeldern geordnet, die sich an typischen beruflichen Handlungsabläufen und Anforderungen aus der Berufspraxis orientieren. Themenbereiche, die einen Sinnzusammenhang bilden und in der betrieblichen Praxis zusammengehören, werden gemeinsam dargestellt. So werden z. B. im Kapitel „Lagerungen" neben den traditionellen Lagertabellen auch behandelt: Toleranzen für Punkt- und Umfangslast, ISO-Passungen und Einbaumaße. Unter dem Aspekt „Technisches Zeichnen" werden in dem Kapitel z. B. Darstellung von Lagern, Dichtungen und Freistichen behandelt. Sicherungsringe, Nutmuttern, Pass- und Stützscheiben und andere für Lagerungen relevante Maschinenelemente werden als Gesamtkomplex wiedergegeben. Wälzlagerstähle, metallische und nichtmetallische Gleitlagerwerkstoffe sowie Auswahlkriterien für Lagerungen runden das Kapitel ab. Traditionelle fachsystematische Ordnungsstrukturen werden – wo immer möglich – durch Darstellungen in Handlungsfeldern ersetzt. Schülerinnen und Schüler werden dadurch angeleitet und unterstützt, Planung und Ausführung ihrer berufsspezifischen Lern- und Arbeitsprozesse zunehmend selbstständiger zu gestalten und ihre Handlungskompetenz umfassend zu entwickeln. Das Metalltechnik Tabellenbuch ist damit besonders geeignet für die lernfeldorientierte Ausbildung im Berufsfeld Metalltechnik in Industrie und Handwerk.

Am Anfang eines Kapitels geben Inhaltsverzeichnis sowie Übersicht- und Beispielseiten Orientierungshilfen über die Struktur des Kapitels. Das großzügige Layout trägt in Verbindung mit dem gewählten größeren Format zu einer erheblichen Verbesserung von Übersichtlichkeit und Lesbarkeit bei. Selbstverständlich enthält das Metalltechnik Tabellenbuch das vom Westermann-Verlag „erfundene" deutsch-englische Sachwortverzeichnis und die Normenbezeichnungen in englischer Sprache. Die dem Buch beigefügte und nach den Kapiteln des Buches gegliederte CD enthält eine Vielzahl von weiteren ergänzenden Informationen, Anwendungsbeispielen, EXCEL-Rechenblättern und externen Informationsangeboten, die sich auch für die Verwendung auf höheren Ausbildungsebenen sowie in der Weiterbildung anbieten. Die bekannte Metalltechnik Formelsammlung wurde ebenfalls in die CD integriert. Das Metalltechnik Tabellenbuch enthält auf dem neuesten Stand von Normung und Technologie alle für die Erstausbildung in Schule und Betrieb notwendigen Inhalte. Darüber hinaus bietet es sich für die Ausbildung von Meistern und Technikern sowie für Studenten an Fachhochschulen und Hochschulen an. Auch Konstrukteure im Fachgebiet Maschinenbau werden das Werk zu schätzen wissen.

Folgende Symbole werden in dem Metalltechnik Tabellenbuch verwendet:

 Hinweis auf textliche und grafische Zusatzinformationen auf der CD

 Hinweis auf EXCEL-Rechenblätter auf der CD

Für Hinweise und Anregungen sind Verlag und Autoren jederzeit aufgeschlossen und dankbar.

Braunschweig, 2006

Arbeits- und Umweltschutz

6   Maximale Arbeitsplatzkonzentration
7   Abfallentsorgung
8   Gefahrstoffverordnung
10   Sicherheitszeichen
11   Recycling
12   Ökologische Aspekte
13   Brandschutz
14   Heben und Tragen
15   Leitern und Gerüste
16   Verhalten bei Notfällen

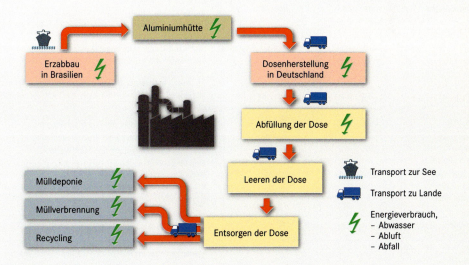

Arbeits- und Umweltschutz
Protection of labour and environmental protection

Maximale Arbeitsplatzkonzentration – MAK-Werte (Auswahl)　　　DFG-Mitteilung: 2005-07

MAK: höchst zulässige Konzentration eines Arbeitsstoffes als Gas, Dampf oder Schwebstoff (Aerosol) in der Luft am Arbeitsplatz, bei der nach gegenwärtigem Kenntnisstand auch bei wiederholter und langfristiger, täglich achtstündiger Einwirkung, bei einer durchschnittlichen Wochenarbeitszeit von 40 Stunden die Gesundheit der Beschäftigten nicht beeinträchtigt und diese nicht unangenehm belästigt wird. Herausgeber: Deutschen Forschungsgemeinschaft (DFG).

Stoff	MAK ml/m³	MAK mg/m³	Spitzen-begr.	H; S	Krebs	Schwangersch.	Erbgut
		1	2	3	4	5	6
Aceton	500	1200	I(2)			IIc	
Acrylnitril		–		H Sh	2	–	
Ammoniak	20	14	I(2)			C	
Asbest (Faserstaub)		–			1	–	
Benzol	1	3,3	–	H	1	–	3A
Blei; Pb-Verb.		0,1E	II(8)		3B	B	
Bleitetraethyl		0,05	II(2)	H		D	
Brom	0,1	0,66	I(1)			IIc	
Buchenholzstaub		–			1	–	
Butan	1000	2400	II(4)			IIc	
Cadmium; Cd.-Verb.		–			2		
Chlor	0,5	1,5	I(1)			C	
Chlorbenzol	10	47	II(2)			C	
Chlorwasserstoff	2	3,0	I(1)			C	
Eichenholzstaub		–			1	–	
Eisenoxid		1,5A					
Ethanol	500	960	II(2)		5	C	5
Fluor	0,1	0,16	I(2)			IIc	
Fluorwasserstoff	1	0,83	I(2)			C	
Formaldehyd	0,3	0,37	I(2)	Sh	4	C	5
Grafit		1,5A/4E				C	
Kohlendioxid	5000	9100	II(2)				
Kohenmonoxid	30	35	II(1)			B	
Kühlschmierstoff		10E	–		3B	–	
Kupfer		1E	II(2)				
Magnesiumoxid		1,5A/4E					
Methanol	200	270	II(4)	H		C	
Nikotin	0,07	0,47	II(2)	H			
Ozon		–			3B	–	
Phenol		–		H	3B		
Polyvinylchlorid		1,5A					
Propan	1000	1800	II(2)			IIc	
Quecksilber		0,1	II(8)	Sh	3B		
Salpetersäure	2	5,2	I(1)			IIc	
Salzsäure	5	7,6	I(1)			C	
Schwefeldioxid	0,5	1,3	I(1)			C	
Schwefelsäure		0,1E	I(1)		4	C	
Siliziumcarbid		1,5A					
Stickstoffdioxid	5	9,5	I(1)				
Styrol	20	86	II(2)		5	C	
Terpentilöl		–		Sh	3A	–	
Tetrachlorethylen	50	344	–	H	3B	–	
Toluol	50	190	II(4)	H		C	
Trichlorethylen		–			1	–	3B
Vinylacetat		–			3A	–	
Vinylchlorid	2	5,2	–		1	–	
Wasserstoffperoxid	0,5	0,71	I(1)		4	C	
Xylol	100	440	II(2)	H		D	

1 Aufnahme, Transport und Ablagerung von Aerosolen in den Atmungsorganen

A　alveolengängiger Aerosolanteil = Anteil, der sich in den Alveolen (Lungenbläschen) ablagert

E　einatembarer Aerosolanteil der im Atembereich insgesamt vorhandenen Partikel

2 Spitzenbegrenzung/Überschreitungsfaktor

I　MAK-Wert darf in der Regel nicht überschritten werden (Überschreitungsfaktor 1); für einzelne Stoffe gibt es Überschreitungsfaktoren > 1.

II　MAK-Wert darf kurzzeitig bis zum Überschreitungsfaktor 2 erhöht sein; für einzelne Stoffe gibt es abweichende Überschreitungsfaktoren.

„–"　Krebserregende Stoffe ohne MAK-Wert erhalten ein „–"
Für alle Kategorien gilt:
Dauer des erhöhten Kurzzeitwertes: 15 min
Häufigkeit pro Schicht:　　　　　　4
Abstand der Überschreitungen:　　1 h
Für alle Stoffe muss der MAK-Wert als 8-Stunden-Mittelwert eingehalten werden.

3 Hautresorption/Sensibilisierung

H　Hautresorptive Arbeitsstoffe können durch die Haut in den Körper gelangen.

Sa　Gefahr der Sensibilisierung der Atemwege

Sh　Gefahr der Sensibilisierung der Haut

4 Krebs

1　Stoffe, die beim Menschen Krebs erzeugen.

2　Stoffe, die bei Tieren Krebs erzeugen und als krebserzeugend beim Menschen angesehen werden.

3A　Stoffe, die in Gruppe 4 oder 5 einzuordnen wären, für die aber keine ausreichenden Informationen vorliegen, um einen MAK-Wert zu bilden

3B　Stoffe, für die Anhaltspunkte für krebserzeugende Wirkung vorliegen, die aber nicht ausreichen für die Einordnung in eine andere Gruppe

4　Stoffe mit krebserzeugender Wirkung ohne genotoxische Effekte. Bei Einhaltung des MAK-Wertes ist kein Krebs-Risiko zu erwarten.

5　Stoffe mit krebserzeugender und genotoxischer Wirkung. Bei Einhaltung des MAK-Wertes ist kein Krebsrisiko zu erwarten.

5 Schwangerschaft

A　nachgewiesenes Risiko der Fruchtschädigung

B　wahrscheinliches Risiko der Fruchtschädigung

C　kein Risiko bei Einhaltung des MAK-Wertes

D　Eine Einstufung in eine der Gruppen A-C ist nicht möglich, weil keine ausreichenden Daten vorliegen.

„–"　Krebserregende Stoffe ohne MAK-Wert erhalten ein „–".

6 Erbgut

1　Stoffe, die Keimzellen beim Menschen schädigen

2　Stoffe, die Keimzellen von Säugetieren schädigen

3A　Stoffe, für die eine Schädigung der Keimzellen beim Menschen oder im Tierversuch nachgewiesen wurde

3B　Stoffe, für die der Verdacht auf Schädigung der Keimzellen beim Menschen besteht

4　Kategorie 4 zur Zeit nicht gebildet

5　Stoffe, für die bei Einhaltung des MAK-Wertes kein genetisches Risiko beim Menschen zu erwarten ist.

Arbeits- und Umweltschutz
Protection of labour and environmental protection

Abfallvermeidung, -verwertung, -entsorgung
AbfG § 1 a ff.: 1986-08

Abfälle sind zu vermeiden, z. B. durch Einsatz reststoffarmer Verfahren oder Rücknahme von Reststoffen.
Abfälle sind zu verwerten, z. B. durch Wiederaufbereitung von Reststoffen.
Abfälle sind zu entsorgen, dass das Wohl der Allgemeinheit nicht beeinträchtigt wird.

An die Entsorgung von gesundheits- und umweltgefährdenden Abfällen sind besondere Anforderungen zu stellen. Sie dürfen nicht mit dem hausmüllartigen Gewerbemüll entsorgt werden.

Eine Übergabe der Abfälle an ein Entsorgungsunternehmen darf nur erfolgen, wenn behördliche Transport- und Entsorgungsgenehmigungen vorliegen.

Entsorgung besonders überwachungsbedürftiger Abfälle (Auswahl)
AbfBestV: 1990-04

Abfall-schlüssel	Abfallart	Beispiele für die Herkunft des Abfalls	1 Entsorgung				
			CPB	HMV	SAD	SAV	UTD
17211	Holz-Sägemehl, ölgetränkt oder mit schädlichen Verunreinigungen	Aufsaugen von Mineralöl Holzimprägnierungsanlagen		🔴		●	
18712	Zellstofftücher mit schädlichen, organischen Verunreinigungen	Putztücher		🔴		●	
35106	Eisenmetallbehälter mit schädlichen Restinhalten	Dosen mit Farbresten, Klebern, Rostentfernern, Farbeindringmitteln			●	●	
35323	Nickel-Cadmium-Akkumulatoren	Akkumulatoren für Handschrauber			🔴		●
35326	Quecksilber, quecksilberhaltige Rückstände	Leuchtstoffröhren, Quecksilberdampflampen	●		🔴		●
54106	Trafoöle, Wärmeträgeröle, Hydrauliköle	Transformatoren, Heizungsanlagen, Hydrauliksysteme				●	
54109	Bohr-, Schneid- und Schleiföle	Metallbearbeitung, Oberflächenbehandlung	●			●	
54112	Verbrennungsmotoren- und Getriebeöle	Altöl aus Motoren und Getrieben, Kompressoröl	🔴			●	
54202	Fettabfälle	Kfz-Werkstätten, Getriebebau				●	
54209	Feste fett- und ölverschmutzte Betriebsmittel	Putzlappen, fett- oder ölverschmutzte Pinsel, Öl- und Fettbehälter		🔴		●	
54401	Synthetische Kühl- und Schmiermittel	Metallbearbeitung, Oberflächenbehandlung	🔴			●	
54402	Bohr- und Schleifemulsionen Emulsionsgemische	Metallbearbeitung, Oberflächenbehandlung	●			●	
54405	Kompressorkondensate	Luft- und Gasverdichter	●			●	
54406	Wachsemulsionen	Entwachsen von Kraftfahrzeugen	●			●	
54710	Schleifschlamm, ölhaltig	Metallbearbeitung			🔴	●	
57125	Ionenaustauscharze mit schädlichen Verbindungen	Galvanotechnik, Harz für Erodiermaschinen			●	●	
57127	Kunststoffbehältnisse mit schädlichen Restinhalten	Altöle, Reinigungsmittel			●	●	

Vertikaltext in Spalte «1 Entsorgung»: Rückgabe der Abfälle an den Lieferanten der jeweiligen Stoffe oder Entsorgung durch zugelassene Spezialunternehmen oder Schadstoffmobil. Die besonders überwachungsbedürftigen Abfälle sind getrennt aufzubewahren.

1 Kurzzeichen für die Entsorgung

Kurzzeichen	Entsorger
CPB	Chemische/physikalische, biologische Behandlungsanlage
HMV	Hausmüllverbrennungsanlage
SAD	Oberirdische Deponie für besonders überwachungsbedürftige Abfälle
SAV	Verbrennungsanlage für besonders überwachungsbedürftige Abfälle
UTD	Untertagedeponie für besonders überwachungsbedürftige Abfälle

🔴 In diesen Anlagen ist die Entsorgung nur bedingt möglich.

Arbeits- und Umweltschutz
Protection of labour and environmental protection

Gefahrstoffverordnung: Kennzeichnungsschilder für gefährliche Stoffe
GefStoffV: 1999-11

Lfd. Nr.	Erklärung
1	Gefahrensymbol
2	Gefahrenbezeichnung
3	Stoffbezeichnung
4	Gefahrenhinweise (R-Sätze)
5	Sicherheitsratschläge (S-Sätze)
6	Name und Anschrift des Herstellers/Lieferanten

Die Kennzeichnungsschilder müssen haltbar (z. B. lösemittel- und säurefest), deutlich und von bestimmter Größe sein.

	Rauminhalt des Gebindes	
	0,25 ... 3 l	3 ... 50 l
Mindestgröße Kennzeichnungsschild	52 mm × 74 mm	74 mm × 105 mm
Mindestgröße Gefahrensymbol	20 mm × 20 mm	28 mm × 28 mm

Gefahrstoffverordnung: Sicherheitsratschläge (S-Sätze)

Satz-Nr.	Bedeutung	Satz-Nr.	Bedeutung
S1	Unter Verschluss aufbewahren	S33	Maßnahmen gegen elektrostatische Aufladungen treffen
S2	Darf nicht in die Hände von Kindern gelangen	S34	Schlag und Reibung vermeiden
S3	Kühl aufbewahren	S35	Abfälle und Behälter müssen in gesicherter Weise beseitigt werden
S4	Von Wohnplätzen fernhalten		
S5	Unter ... aufbewahren (geeignete Flüssigkeit vom Hersteller anzugeben)	S36	Bei der Arbeit geeignete Schutzkleidung tragen
		S37	Geeignete Schutzhandschuhe tragen
S6	Unter ... aufbewahren (inertes Gas vom Hersteller anzugeben)	S38	Bei unzureichender Belüftung Atemschutzgerät anlegen
		S39	Schutzbrille/Gesichtsschutz tragen
S7	Behälter dicht geschlossen halten	S40	Fußboden und verunreinigte Gegenstände mit ... reinigen (vom Hersteller anzugeben)
S8	Behälter trocken halten		
S9	Behälter an einem gut gelüfteten Ort aufbewahren	S41	Explosions- und Brandgase nicht einatmen
S12	Behälter nicht gasdicht verschließen	S42	Beim Räuchern/Versprühen geeignetes Atemschutzgerät anlegen (geeignete Bezeichnung[en] vom Hersteller anzugeben)
S13	Von Nahrungsmitteln, Getränken und Futtermitteln fernhalten		
S14	Von ... fernhalten (inkompatible Substanzen sind vom Hersteller anzugeben)	S43	Zum Löschen ... (vom Hersteller anzugeben) verwenden (wenn Wasser die Gefahr erhöht, anfügen: Kein Wasser verwenden)
S15	Vor Hitze schützen		
S16	Von Zündquellen fernhalten – Nicht rauchen	S44	Bei Unwohlsein ärztlichen Rat einholen (wenn möglich, dieses Etikett vorzeigen)
S17	Von brennbaren Stoffen fernhalten		
S18	Behälter mit Vorsicht öffnen und handhaben	S45	Bei Unfall oder Unwohlsein sofort Arzt zuziehen (wenn möglich, dieses Etikett vorzeigen)
S20	Bei der Arbeit nicht essen und trinken		
S21	Bei der Arbeit nicht rauchen	S46	Bei Verschlucken sofort ärztlichen Rat einholen und Verpackung oder Etikett vorzeigen
S22	Staub nicht einatmen		
S23	Gas/Rauch/Dampf/Aerosol nicht einatmen (geeignete Bezeichnung[en] vom Hersteller anzugeben)	S47	Nicht bei Temperaturen über ... °C aufbewahren (vom Hersteller anzugeben)
S24	Berührung mit der Haut vermeiden	S48	Feucht halten mit ... (geeignetes Mittel vom Hersteller anzugeben)
S25	Berührung mit den Augen vermeiden		
S26	Bei Berührung mit den Augen gründlich mit Wasser abspülen und Arzt konsultieren	S49	Nur im Originalbehälter aufbewahren
		S50	Nicht mischen mit ... (vom Hersteller anzugeben)
S27	Beschmutzte, getränkte Kleidung sofort ausziehen	S51	Nur in gut gelüfteten Bereichen verwenden
S28	Bei Berührung mit der Haut sofort abwaschen mit viel ... (vom Hersteller anzugeben)	S52	Nicht großflächig für Wohn- und Aufenthaltsräume zu verwenden
S29	Nicht in die Kanalisation gelangen lassen	S53	Exposition vermeiden – vor Gebrauch besondere Anweisungen einholen
S30	Niemals Wasser hinzugießen		

Gefahrstoffverordnung: Beseitigungsratschläge (E-Sätze)

Satz-Nr.	Bedeutung	Satz-Nr.	Bedeutung
E1	verdünnen, in den Ausguss geben	E10	in gekennzeichneten Glasbehältern „Organische Abfälle" sammeln, dann E8
E2	neutralisieren, in den Ausguss geben		
E3	in den Hausmüll geben (gegebenenfalls in Kunststoffbeutel [Stäube])	E11	als Hydroxid fällen (ph 8), Niederschlag nach E8
		E12	nicht in die Kanalisation gelangen lassen
E4	als Sulfid fällen	E13	aus der Lösung mit unedlerem Metall (z. B. Eisen) als Metall abscheiden
E5	mit Calcium-Ionen fällen, dann E1 oder E3		
E6	nicht in den Hausmüll geben	E14	Recycling-geeignet (Recyclingunternehmen zuführen)
E7	nicht in den Müll geben, der in einer Verbrennungsanlage verbrannt wird, nach E8 verfahren	E15	Mit Wasser vorsichtig umsetzen, evtl. frei werdende Gase verbrennen oder absorbieren oder stark verdünnt ableiten
E8	der Sondermüllbeseitigung zuführen (Adresse zu erfragen bei Kreis- oder Stadtverwaltung)		
E9	in kleinsten Portionen im Freien verbrennen	E16	entsprechend den „Beseitigungsratschlägen für besondere Stoffe" beseitigen

Arbeits- und Umweltschutz
Protection of labour and environmental protection

Gefahrstoffverordnung: Kennzeichnung gefährlicher Stoffe

GefStoffV: 1999-11

Gefahren-bezeichnung; Gefahrensymbol	Kennbuchstabe; Hinweise auf besondere Gefahren	Gefahren-bezeichnung; Gefahrensymbol	Kennbuchstabe; Hinweise auf besondere Gefahren	Gefahren-bezeichnung; Gefahrensymbol	Kennbuchstabe; Hinweise auf besondere Gefahren
Sehr giftig	**T +** (T: toxic) R26 R27 R28 R39	Reizend	**Xi** (X: für Andreaskreuz i: irritating) R26 R37 R38 R41 R43	Brandfördernd	**O** (O: oxidizing) R8 R9 R11
Giftig	**T** (T: toxic) R23 R24 R25 R39 R48	Hochentzündlich	**F +** (F: flammable) R12	Explosionsgefährlich	**E** (E: explosive) R2 R3
Gesundheits-schädlich	**Xn** (X: für Andreaskreuz n: noxious) R20 R21 R22 R40 R42 R48	Leichtentzündlich	**F** (F: flammable) R11 R12 R13 R15 R17	Krebserzeugend	**T** (T: toxic) R45
Ätzend	**C** (C: corrosive) R34 R35	Umweltgefährlich	**N** (N: nocious) R54 R55 R56	Fruchtschädigend	**T** (T: toxic) R47

Gefahrstoffverordnung: Hinweise auf besondere Gefahren (R-Sätze)

Hinweis	Bedeutung	Hinweis	Bedeutung
R1	In trockenem Zustand explosionsgefährlich	R23	Giftig beim Einatmen
R2	Durch Schlag, Reibung, Feuer oder andere Zündquellen explosionsgefährlich	R24	Giftig bei Berührung mit der Haut
		R25	Giftig beim Verschlucken
R3	Durch Schlag, Reibung, Feuer oder andere Zündquellen besonders explosionsgefährlich	R26	Sehr giftig beim Einatmen
		R27	Sehr giftig bei Berührung mit der Haut
R4	Bildet hochempfindliche explosionsgefährliche Metall-verbindungen	R28	Sehr giftig beim Verschlucken
		R29	Entwickelt bei Berührung mit Wasser giftige Gase
R5	Beim Erwärmen explosionsfähig	R30	Kann bei Gebrauch leicht entzündlich werden
R6	Mit und ohne Luft explosionsfähig	R31	Entwickelt bei Berührung mit Säure giftige Gase
R7	Kann Brand verursachen	R32	Entwickelt bei Berührung mit Säure sehr giftige Gase
R8	Feuergefahr bei Berührung mit brennbaren Stoffen	R33	Gefahr kumulativer Wirkungen
R9	Explosionsgefahr bei Mischung mit brennbaren Stoffen	R34	Verursacht Verätzungen
R10	Entzündlich	R35	Verursacht schwere Verätzungen
R11	Leichtentzündlich	R36	Reizt die Augen
R12	Hochentzündlich	R37	Reizt die Atmungsorgane
R13	Hochentzündliches Flüssiggas	R38	Reizt die Haut
R14	Reagiert heftig mit Wasser	R39	Ernste Gefahr irreversiblen Schadens
R15	Reagiert mit Wasser unter Bildung leichtentzündlicher Gase	R40	Irreversibler Schaden möglich
		R41	Gefahr ernster Augenschäden
R16	Explosionsgefährlich in Mischung mit brandfördernden Stoffen	R42	Sensibilisierung durch Einatmen möglich
		R43	Sensibilisierung durch Hautkontakt möglich
R17	Selbstentzündlich an der Luft	R44	Explosionsgefahr bei Erhitzung unter Einschluss
R18	Bei Gebrauch Bildung explosionsfähiger/leichtentzünd-licher Dampf-Luftgemische möglich	R45	Kann Krebs erzeugen
		R46	Kann vererbbare Schäden verursachen
R19	Kann explosionsfähige Peroxide bilden	R47	Kann Missbildungen verursachen
R20	Gesundheitsschädlich beim Einatmen	R48	Gefahr ernster Gesundheitsschäden bei längerer Exposition
R21	Gesundheitsschädlich bei Berührung mit der Haut		
R22	Gesundheitsschädlich beim Verschlucken		

Arbeits- und Umweltschutz
Protection of labour and environmental protection

Verbotszeichen
DIN 4844-2: 2001-02 und VBG 125: 1989-04[1)]

Rauchen verboten	Feuer, offenes Licht und Rauchen verboten	Für Fußgänger verboten	Mit Wasser löschen verboten	Kein Trinkwasser
Berühren verboten	Für Flurförderfahrzeuge verboten	Mitführen von Tieren verboten	Abstellen und Lagern verboten	Zutritt für Unbefugte verboten

Warnzeichen
DIN 4844-1: 1980-05 und VBG 125: 1989-04[1)]

Warnung vor feuergefährlichen Stoffen	Warnung vor explosionsgefährlichen Stoffen	Warnung vor giftigen Stoffen	Warnung vor ätzenden Stoffen	Warnung vor radioaktiven Stoffen

Warnung vor schwebender Last	Warnung vor Flurförderfahrzeugen	Warnung vor gefährlicher elektrischer Spannung	Warnung vor einer Gefahrenstelle	Warnung vor Laserstrahl

Gebotszeichen
DIN 4844-1: 1980-05 und VBG 125: 1989-04[1)]

Augenschutz tragen	Schutzhelm tragen	Gehörschutz tragen	Atemschutz tragen	Schutzschuhe tragen	Schutzhandschuhe tragen

Rettungszeichen
DIN 4844-1: 1980-05 und VBG 125: 1989-04[1)]

Richtungsangabe für Rettung	Erste Hilfe	Krankentrage	Augenspüleinrichtung	Arzt	

| Rettungsweg, links | Rettungsweg, rechts aufwärts | Rettungsweg durch Ausgang | Notausgang |

[1)] Vorschriften der Berufsgenossenschaften

Recycling
Recycling

→ Recycling ist die Gewinnung von Rohstoffen aus Abfällen, ihre Rückgewinnung in den Wirtschaftskreislauf und die Verarbeitung zu neuen Produkten. Zum Recycling eignen sich vor allem Glas, Papier, Pappe, Kartonagen, Stahl, Nichteisenmetalle und Kunststoffe. Voraussetzung für die stoffliche Verwertung ist eine möglichst sortenreine Sammlung der Wertstoffe oder ihre leichte Trennung aus dem Abfall.

Verpackungsverordnung

Um eine sortenreine Sammlung zu ermöglichen, sind Produkte durch das Pfeildreieck und einen Recyclingcode gekennzeichnet.

Pfeildreieck

Recyclingcode

Code	Kürzel	Bezeichnung
01	PET	Polyethylenterephtalat
02	HDPE	Polyethylen hoher Dichte
03	PVC	Polyvinylchlorid
04	LDPE	Polyethylen niedriger Dichte
05	PP	Polypropylen
06	PS	Polystyrol
07	O	andere Kunststoffe
20	PAP	Wellpappe
21	PAP	sonstige Pappe
22	PAP	Papier
40	FE	Stahl
41	ALU	Aluminium
50	FOR	Holz
51	FOR	Kork
60	TEX	Baumwolle
61	TEX	Jute
70	GL	Farbloses Glas
71	GL	Grünes Glas
72	GL	Braunes Glas
80	–	Papier + Pappe/versch. Metalle
81	–	Papier + Pappe/Kunststoffe
82	–	Papier + Pappe/Aluminium
83	–	Papier + Pappe/Weißblech
84	–	Papier + Pappe/Kunststoff/Aluminium
85	–	Papier + Pappe/Kunststoff/Aluminium/Weißblech
90	–	Kunststoff/Aluminium
91	–	Kunststoff/Weißblech
92	–	Kunststoff/versch. Metalle
95	–	Glas/Kunststoff
96	–	Glas/Aluminium
97	–	Glas/Weißblech
98	–	Glas/versch. Metalle

Kennzeichnungsbeispiel:

PVC

Kunststoffrecycling

Man unterscheidet zwei Techniken:
- das werkstoffliche Recycling und
- das rohstoffliche Recycling.

Werkstoffliches Recycling

Rohstoffliches Recycling

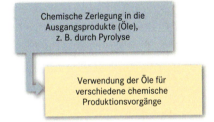

i Pyrolyse: Zersetzung chemischer Verbindungen durch Wärmeeinwirkung

Metallrecycling

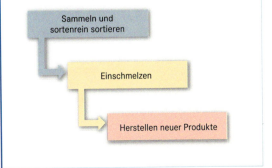

Arbeits- und Umweltschutz

Ökologische Aspekte
Environmental aspects

Ökobilanz

Eine Ökobilanz ist das Umweltprotokoll eines Produktes, eines Herstellungs- oder Verfahrensprozesses, einer Dienstleistung oder eines Produktionsstandortes. Sie fasst das vorhandene Wissen über deren Auswirkungen auf die Umwelt zusammen. Man unterscheidet Produkt-Ökobilanzen und Betriebs-Ökobilanzen.

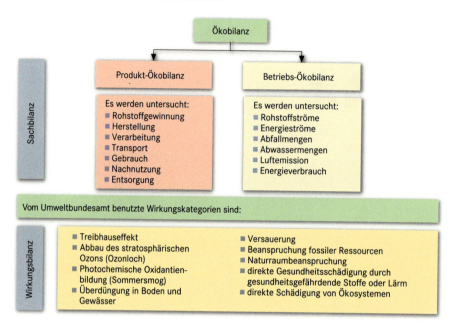

Bei der Auswertung der Ökobilanz werden die Ergebnisse der Sachbilanz und der Wirkungsbilanz zusammengeführt. Daraus werden Schlussfolgerungen und Empfehlungen für die Politik, die Produzenten und andere Beteiligte abgeleitet.

Ökobilanz für eine Dose aus Aluminium

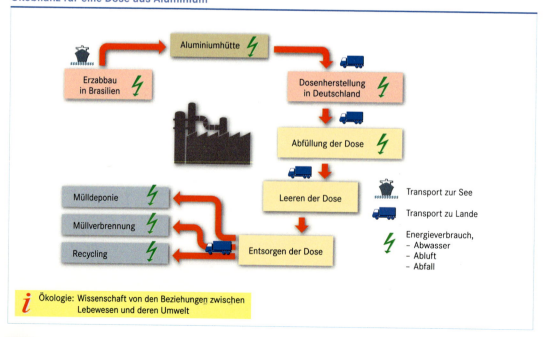

i Ökologie: Wissenschaft von den Beziehungen zwischen Lebewesen und deren Umwelt

Arbeits- und Umweltschutz

Brandschutz
Fire prevention

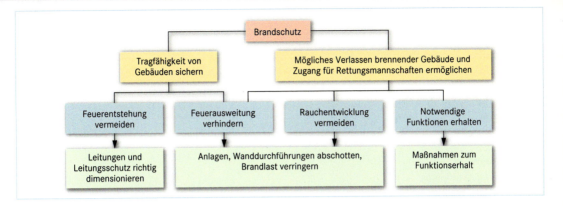

Begriffe

Brandabschnitt	Abschnitt eines Gebäudekomplexes, der durch Brandwände abgegrenzt ist.	Feuerwider-standsklasse	Mindestdauer, die ein Bauteil genormter Anforderungen bei definiertem Brandversuch widersteht.
Brandwand	Wand zwischen Brandabschnitten mit dem Ziel, die Ausbreitung von Feuer und Rauch zu verhindern.	Kurzzeichen: F T S E I	Beispiel: F90 Brandwände Dauer in Min. Türen, Tore, Klappen Kabelabschottungen Funktionserhalt elektr. Leitungen Installationsschächte/-kanäle
Brandlast	Energiemenge von Baustoffen, die bei Verbrennung freigesetzt wird.		

Brandlast verringern	Leitungsführung durch Brandwände
■ Kabel mit geringer Brandlast verwenden ■ Leitungen mit schwer entflammbaren Materialien abschotten	■ Brandschutzrahmen ■ Weichschott (Brandschutzmörtel) ■ Brandschutzkissen

Funktionserhalt

- Forderung für Gebäude mit erhöhtem Sicherheitsrisiko (Versammlungsstätten, Krankenhäuser, Hotels, Industrieanlagen, Rechenzentren)
- Aufrechterhaltung der Stromversorgung im Brandfall
- Funktion muss bei Brand definierte Zeit erhalten bleiben.

- MLAR (Muster Leitungs Anlagen Richtlinie) durch deutsches Institut für Baurecht veröffentlicht.
- MLAR ist Basis für Umsetzung in bundeslandspezifisches Baurecht.

Dauer des Funktionserhalts

E30 (30 min. für Evakuierung)	E90 (90 min. für Brandbekämpfung)
■ Sicherheitsbeleuchtungsanlagen ■ Brandmeldeanlagen ■ Alarmierungs-/Lautsprecheranlagen (ELA) ■ Lüftungs-, Rauchabzugsanlagen	■ Feuerwehraufzüge ■ Bettenaufzüge in Krankenhäusern ■ maschinelle Rauchabzugsanlagen ■ Wasserdruckerhöhungsanlagen ■ Sprinkleranlagen

Installationsanforderungen

■ Leitungsanlagen inkl. Verteiler, zentraler Notlicht-/ELA-Anlagen in Funktionserhalt installieren. ■ Sicherheitsbeleuchtungsanlagen, die ausschließlich zur Versorgung des betroffenen Brandabschnittes dienen, sind von den Anforderungen ausgenommen. ■ Bei Leitungsdimensionierung ist für die längste Brandabschnittsdurchquerung eine erhöhte Leitertemperatur/-widerstand zu berücksichtigen.	**Integrierter Funktionserhalt** ■ Leitungsanlage kann Brand ausgesetzt sein. ■ Verwendung feuerbeständiger und geprüfter Leitungen/Befestigungen. **Abschottung** ■ Leitungsanlage wird durch feuerwiderstandsfähige Materialien umbaut. ■ Verwendung von Standardleitungen möglich.

Arbeits- und Umweltschutz

Heben und Tragen
Lifting and carrying

ArbSchG, LasthandhabV[1]

Beurteilung der Arbeitsbedingungen beim Heben und Tragen von Lasten

1. Lastwichtung			2. Ausführungswichtung	
Wirksame Last für Frauen	Wirksame Last für Männer	Lastwichtung	Ausführungsbedingungen	Wichtung
< 5 kg	< 10 kg	1	gute ergonomische Bedingungen (z. B. ausreichend Platz)	0
5 ... 10 kg	10 ... 20 kg	2 1	Bewegungsfreiheit eingeschränkt (z. B. geringe Arbeitshöhe und -fläche)	1 2
10 ... 15 kg	20 ... 30 kg	4	Bewegungsfreiheit stark eingeschränkt	2
15 ... 25 kg	30 ... 40 kg	7		
> 25 kg	> 40 kg	25		

3. Haltungswichtung

Lastposition und Körperhaltung		Haltungswichtung
	▪ Oberkörper aufrecht und nicht verdreht ▪ Last am Körper	1
	▪ geringe Vorneigung oder Verdrehung des Körpers ▪ Last am Körper bzw. körpernah	2
	▪ tiefes Beugen oder weites Vorneigen ▪ Last körperfern oder über Schulterhöhe	4 3
	▪ weites Vorneigen mit gleichzeitigem Verdrehen des Oberkörpers ▪ Last körperfern ▪ hocken oder knien	8

4. Zeitwichtung

Tragen (> 5 m)		Halten (> 5 s)		Hebe- oder Umsetzvorgänge	
Gesamtweg pro Arbeitstag	Zeitwichtung	Gesamtdauer pro Arbeitstag	Zeitwichtung	Anzahl pro Arbeitstag	Zeitwichtung
< 300 m	1	< 5 min	1	< 10	1
300 m ... 1 km	2	5 ... 15 min	2	10 ... 40	2
1 km ... 4 km	4	15 min ... 1 h	4	40 ... 200	4
4 km ... 8 km	6	1 h ... 2 h	6	200 ... 500	6 4
8 km ... 16 km	8	2 h ... 4 h	8	500 ... 1000	8
> 16 km	10	> 4 h	10	> 1000	10

5. Bewertung

Beispiel: Umsetzen von 300 Leuchten (12 kg) in 1,50 m Höhe

	2 1	Lastwichtung
+	1 2	Ausführungswichtung
+	4 3	Haltungswichtung
=	7	× 6 4 = 42
		Zeitwichtung Punktwert

Punktwert	Beschreibung
< 10	geringe Belastung
10 ... 25	erhöhte Belastung
25 ... 50	wesentlich erhöhte Belastung
> 50	hohe Belastung

Der tätigkeitsbezogene Punktwert gibt Aufschluss über die jeweilige Belastung. Bei einem Punktwert > 10 sind Maßnahmen (Gewichtsverminderung, geringe zeitliche Belastung) erforderlich.

[1] Verordnung über Sicherheit und Gesundheitsschutz bei der manuellen Handhabung von Lasten bei der Arbeit

Leitern und Gerüste
Ladders and scaffolding

DIN EN 131, BGV D36: 1993-04

Technische Anforderungen für Aufstiegshilfen

Aufstiegshilfen	Tritte 1	Anlegeleiter 2	Stehleiter 3	Podestleiter 4	Mehrzweckleiter 5	Kleingerüste 6
Eigenschaften	bis 1 m Höhe mit einer zug- bzw. druckfesten Verbindung; obere Fläche ist zum Betreten geeignet	zur Benutzung an einen rutschfesten Untergrund lehnen bzw. befestigen (Anlegewinkel $\alpha \approx 70°$)	zweischenklige freistehende Sprossen- oder Stufenleitern	einseitig besteigbare Stufenleiter, die eine umwehrte Plattform (0,5 m²) besitzt	Steh- oder Anlegeleiter, die zu der jeweilig anderen Leiterart umgebaut werden kann.	gerüstähnliche Konstruktionen, Bühnen oder Podeste mit einer Belaghöhe < 2 m
Spreizsicherung (z. B. Gurt) erforderlich	–	–	ja	–	ja	–
Betriebsanleitung erforderlich	ja	ja	ja	ja	ja	ja
Benutzungshinweise	Schenkel müssen fest miteinander verbunden sein; kein Verschieben beim Betreten.	Länge muss 1 m über der Auftrittstelle liegen; nicht als dauerhafter Arbeitsplatz geeignet.	Nicht als Anlegeleiter verwenden; zwei Stehleitern können zu einem Behelfsgerüst umgebaut werden.	Eventuell vorhandene Rollen müssen bei Betreten selbstständig abgebremst werden.	Für kurzzeitige Arbeiten ist der Umbau als Behelfsgerüst möglich, wenn ein Belag als Standfläche verwendet wird.	Ab einer Belaghöhe von 1 m ist ein Seitenschutz notwendig; Belagbreite ≥ 0,5 m.

Umgang mit Leitern und Gerüsten

Der Vorgesetzte

- stellt richtige Leiter (z. B. Steh- oder Anlegeleiter) mit notwendigem Zubehör für sicheren Stand bereit,
- bringt Hinweise für die Benutzung der Leitern und Gerüste an und unterweist Mitarbeiter in deren Handhabung,
- garantiert einwandfreie Beschaffenheit und kontrolliert sichere Funktion,
- lässt beschädigte Teile reparieren bzw. ersetzen und untersagt einen bestimmungswidrigen Einsatz.

Der Mitarbeiter

- prüft ordnungsgemäßen Sicherheitszustand vor **jedem** Gebrauch,
- achtet auf Standsicherheit und zulässige Belastungen (Benutzungshinweise),
- setzt nach Möglichkeit Gerüste statt Leitern ein,
- berücksichtigt die Kraftrückwirkung, z. B. bei Stemmarbeiten auf einer Leiter,
- steigt nicht über das Ende einer Stehleiter hinaus,
- lehnt sich bei der Arbeit nicht seitlich hinaus.

Arbeits- und Umweltschutz

Verhalten bei Notfällen
Behaviour in emergencies

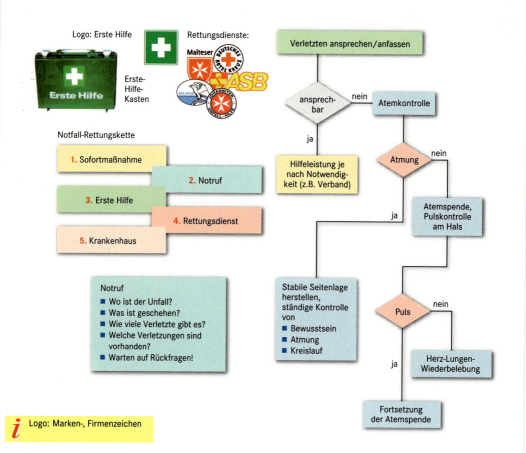

	Versagen der Atmung/ Atemstillstand	Herzversagen/Herzstillstand	Kreislaufversagen/Schock	Starke Blutung
Symptome	■ Flache, unregelmäßige Atmung bzw. keine Atembewegung mehr wahrnehmbar; ■ keine Atemgeräusche hörbar; ■ bläuliche Verfärbung der Haut (Lippen, Ohrläppchen); ■ Bewusstlosigkeit	■ Bewusstlosigkeit; ■ erweiterte Pupillen; ■ blaue oder weißliche (blasse) Verfärbung der Haut	■ Schwacher, beschleunigter Puls; ■ feuchte, blasse, kalte Haut; ■ Unruhe, Angst	■ Bei Verletzung der Schlagader pulsierender Blutaustritt; ■ hellrote Farbe des Blutes
Maßnahmen	■ Verletzten in stabile Seitenlage bringen; ■ Mund- und Rachenraum von Fremdkörpern (Speisereste, Erbrochenes) säubern; ■ Atmung überwachen; ■ Bei Atemstillstand mit der Atemspende beginnen	■ Sofort mit Herzdruckmassage beginnen; ■ Achtung: Ersthelferausbildung ist hierfür unbedingt erforderlich	■ Schocklage herstellen (Oberkörper flach legen, Beine schräg nach oben); ■ Achtung: Schocklage nicht bei Verletzung der Beine oder Wirbelsäule; ■ vor Unterkühlung schützen; ■ durch Ansprache beruhigend wirken; ■ Atmung und Puls kontrollieren	■ Druckverband anlegen, sterile Auflage (Einmalhandschuh verwenden!); ■ leichte Blutung aus Nase: Kopf nach vorne neigen, Kinn in die Hand stützen lassen, kalter Umschlag auf den Nacken; ■ bei verletzter Schlagader die Ader abdrücken bzw. abbinden

Arbeits- und Umweltschutz

Technische Grundlagen

2

Technische Kommunikation

19 Zeichnungen und Stücklisten – Begriffe
21 Papier-Endformate, Vordrucke, Faltung, Maßstäbe
22 Beschriftung, Schriftfelder
23 Normzahlen, Radien, Positionsnummern
24 Linien
25 Projektionsmethoden
27 Allgemeine Grundlagen der Darstellung
31 Maßeintragung
43 Eintragung von Maßen und Toleranzen für Kegel
43 Gestaltabweichungen, Rauheitskenngrößen
44 Angabe der Oberflächenbeschaffenheit
46 Allgemeintoleranzen
50 ISO-System für Grenzmaße und Passungen
51 Passungssysteme
52 ISO-Passungen für Einheitsbohrung
54 ISO-Passungen für Einheitswelle
57 Passungsauswahl, Passungsbeispiele
58 Form- und Lagetolerierung
61 Zentrierbohrungen
62 Werkstückkanten
63 Wärmebehandelte Teile
64 Galvanische Überzüge

Werkstofftechnik

66 Bezeichnungssystem für Stähle – Kurznamen
68 Einfluss der Legierungselemente
69 Bezeichnungssysteme für Stähle – Nummernsystem
69 Begriffsbestimmungen für Stahlerzeugnisse
70 Einteilung der Stähle
71 Baustähle
75 Nichtrostende Stähle
76 Stähle zum Kaltumformen
76 Stähle für Rohre
77 Wälzlagerstähle
77 Federstähle
78 Werkzeugstähle
79 Stahlguss

80 Bezeichnungssystem für Gusseisen
81 Eisen-Gusswerkstoffe
83 Magnesium-Legierungen
84 Aluminium und Aluminium-Legierungen
86 Kupfer und Kupfer-Legierungen
89 Nickel und Nickel-Legierungen
90 Blei, Zinn, Zink, Titan, Zink- und Titan-Legierungen
91 Sintermetalle
92 Kunststoffe
97 Schichtpressstoffe
98 Gleitlager-Werkstoffe
100 Verstärkte Kunststoffe
100 Keramische Werkstoffe
101 Stahlprofile
110 Stahlrohre
112 Stahlblech
112 Stahldraht
113 Blankstahlerzeugnisse
114 Profile aus Aluminium und Aluminium-Legierungen
115 Profile aus Kupfer und Kupfer-Legierungen
116 Rohre aus Kunststoff

Werkstoffprüfung

118 Festigkeitslehre
120 Zugversuch
121 Biegeversuch
121 Kerbschlagbiegeversuch nach Charpy
122 Dauerschwingversuch
122 Brucharten
123 Härteprüfung nach Brinell
124 Härteprüfung nach Vickers
125 Härteprüfung nach Rockwell
125 Vergleich verschiedener Härteskalen
126 Kunststoffe – Bestimmung der Zugeigenschaften
127 Kunststoffe – Bestimmung der Härte
128 Zerstörungsfreie Prüfverfahren

Technische Kommunikation

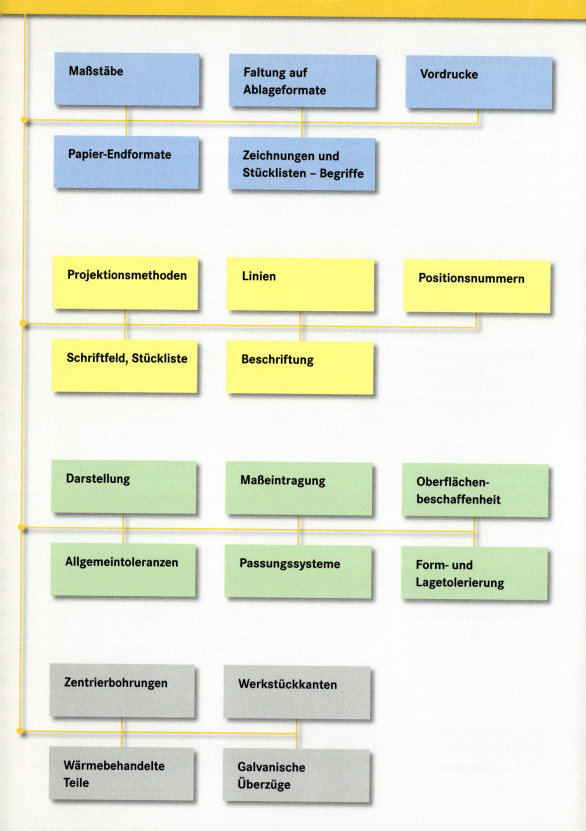

Technische Zeichnung
Engineering drawing

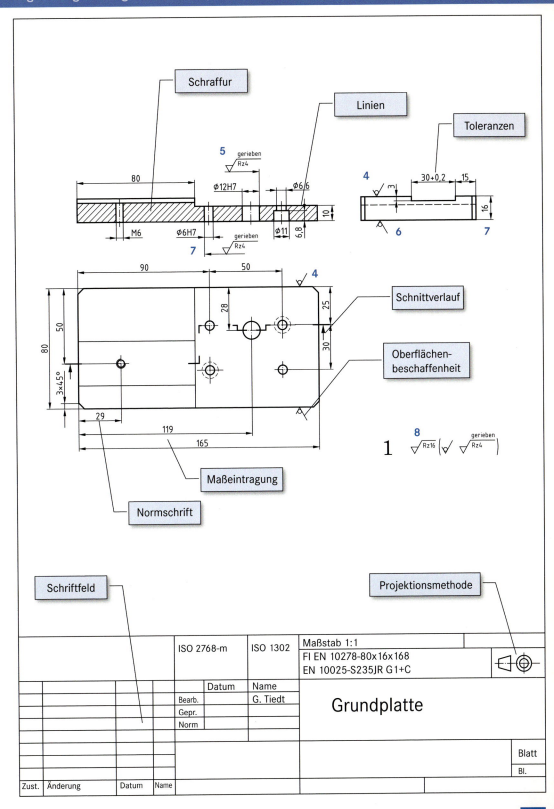

Zeichnungen und Stücklisten – Begriffe
Drawings and items lists – terms

DIN 199-1: 2002-03

Zeichnungen

Begriff	Erklärung
Anordnungszeichnung	Technische Zeichnung, die die räumliche Lage von Gegenständen zueinander darstellt
CAD-Plot	Ausgabe einer CAD-Zeichnung auf einen Zeichnungsträger
CAD-Zeichnung	Eine durch ein Rechnerprogramm erzeugte Zeichnung, die z. B. auf einem Bildschirm angezeigt wird
Diagramm	Zeichnung zur Darstellung funktionaler Zusammenhänge in einem Koordinatensystem
Drahtmodell	Dreidimensionale Darstellung eines Gegenstandes mit Hilfe von Linien, welche die Mantellinien und Kanten des Gegenstandes repräsentieren
Einzelteilzeichnung	Technische Zeichnung, die ein Einzelteil ohne räumliche Zuordnung zu anderen Teilen darstellt
Fertigungszeichnung	Zeichnung mit allen Informationen, die für die Fertigung des dargestellten Gegenstandes nötig sind
Flächenmodell	Dreidimensionale Beschreibung der Oberfläche eines geschlossenen oder offenen Körpers
Gesamtzeichnung; Gruppenzeichnung	Zeichnung, die ein Gerät, eine Maschine oder eine Gruppe von Teilen vollständig darstellt
Konstruktionszeichnung	Technische Zeichnung, die einen Gegenstand im Endzustand darstellt
Maßzeichnung	Zeichnung, in der für ein Teil nur die für den jeweiligen Einzelfall wesentlichen Maße und Informationen angegeben sind
Originalzeichnung	Dauerhaft gespeicherte Zeichnung mit verbindlichem Informationsgehalt
Prüfzeichnung	Technische Zeichnung zur Prüfung des dargestellten Gegenstandes
Sammelzeichnung	Technische Zeichnung, bei der mehrere Teile in einer oder mehreren Darstellungen ohne räumliche Zuordnung zusammengefasst sind
Skizze	Zeichnung, die im Regelfall freihändig und nicht unbedingt maßstäblich erstellt wurde
Technische Zeichnung	Zeichnung in der für technische Zwecke erforderlichen Art und Vollständigkeit
Volumenmodell	Dreidimensionale Beschreibung eines Körpers mit der Information über Oberfläche, Volumen und Masse
Zeichnung	Eine aus Linien bestehende Darstellung
Zeichnungssatz	Gesamtheit aller für einen bestimmten Zweck zusammengestellten Zeichnungen
Zusammenbauzeichnung	Technische Zeichnung zur Erläuterung der räumlichen Lage und Anzahl von Teilen für Zusammenbauvorgänge

Stücklisten

Begriff	Erklärung
Auftragsliste	Eine aus der Stückliste entstandene und durch Auftragsdaten ergänzte Liste
Benennung	Name für einen Gegenstand
Bereitstellungsliste	Liste aller Gegenstände, die zu einer bestimmten Zeit an einem bestimmten Ort zur Verfügung stehen müssen
Bezeichnung	Zusammenfassung von Benennung und weiteren identifizierenden Merkmalen
Einzelteil	Teil, das nicht zerstörungsfrei zerlegt werden kann
Ersatzteil-Liste	Liste, die Informationen über Ersatzteile für einen Gegenstand enthält
Fertigteil	Gegenstand in funktions- und einbaufertigem Zustand
Fertigungsstückliste	Stückliste, die im Aufbau und im Inhalt die Anforderungen der Fertigung berücksichtigt
Fremdteil	Gegenstand fremder Entwicklung und fremder Fertigung
Halbzeug	Erzeugnisse, die z. B. durch Stranggießen entstanden sind und im Allgemeinen für die Umformung, z. B. für Flacherzeugnisse, bestimmt sind
Kalkulations-Stückliste	Stückliste, die mit Angaben zur Kostenermittlung ergänzt ist
Konstruktions-Stückliste	Stückliste, die im Konstruktionsbereich mit den zugehörigen Zeichnungen erstellt wird
Mengenübersichts-Stückliste	Stückliste, in der für einen Gegenstand alle Teile nur einmal mit Angabe der Gesamtmenge aufgeführt sind
Positionsnummer	Nummer, die den in der Stückliste aufgeführten, auf Zeichnungen dargestellten Gegenständen als ordnendes Merkmal zugeordnet ist
Rohteil	Zur Herstellung eines bestimmten Gegenstandes spanlos gefertigtes Teil, das noch der Bearbeitung bedarf
Stückliste	Ein für den jeweiligen Zweck vollständiges, formal aufgebautes Verzeichnis für einen Gegenstand. In dem Verzeichnis werden alle dazugehörenden Gegenstände unter Angabe der Bezeichnung, Menge und Einheit aufgezählt.
Variante	Gegenstände ähnlicher Form und/oder Funktion
Werkstoff	Material, aus dem der Gegenstand besteht

Papier-Endformate
Paper trimmed sizes

DIN EN ISO 216: 2002-03

Benennung	Format in mm
A 0	841 x 1189
A 1	594 x 841
A 2	420 x 594
A 3	297 x 420
A 4	210 x 297
A 5	148 x 210
A 6	105 x 148

Die Fläche des Ausgangsformates A 0 beträgt $A = x \cdot y = 1\ m^2$.

Die Seiten x und y verhalten sich zueinander wie die Seiten eines Quadrates zu dessen Diagonale:
$x : y = 1 : \sqrt{2}$

Die Formate lassen sich durch fortgesetztes Halbieren ermitteln.

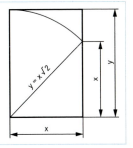

Vordrucke für Zeichnungen (Blattgrößen)
Printed forms for drawing sheets

DIN EN ISO 5457: 1999-07

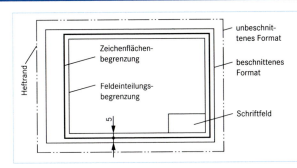

Alle Zeichenblattgrößen können in Hoch- oder Querlage verwendet werden. Schriftfeld und Stückliste stehen in der rechten unteren Ecke. Bei Formaten A 4 ist das Schriftfeld an der kurzen Seite (unten) anzuordnen. Die Formate ≤ A 3 müssen einen Heftrand von 20 mm haben.

Bezeichnung eines vorgedruckten Zeichnungsbogens nach ISO 5457 mit dem Format A3, beschnitten (T), aus Transparentpapier (TP) mit einem Flächengewicht von 92,5 g/m², rückseitig bedruckt (R), Schriftfeld nach Vereinbarung (TBL):

Zeichnungsvordruck
ISO 5457 - A3T - TP 92,5 - R - TBL

Faltung auf Ablageformat
Folding for filing

DIN 824: 1981-03

Faltung entsprechend Form A mit ausgefaltetem Heftrand

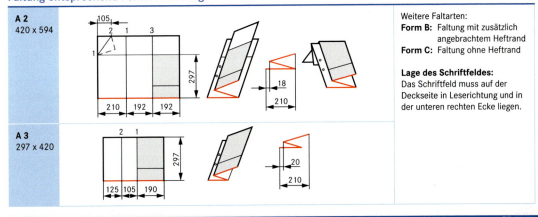

Weitere Faltarten:
Form B: Faltung mit zusätzlich angebrachtem Heftrand
Form C: Faltung ohne Heftrand

Lage des Schriftfeldes:
Das Schriftfeld muss auf der Deckseite in Leserichtung und in der unteren rechten Ecke liegen.

Maßstäbe
Scales

DIN ISO 5455: 1979-12

Natürlicher Maßstab	Vergrößerungsmaßstab	Verkleinerungsmaßstab
1 : 1	2 : 1 5 : 1 10 : 1 20 : 1 50 : 1	1 : 2 1 : 5 1 : 10 1 : 20 1 : 50 1 : 100 1 : 200 1 : 500 1 : 1000 1 : 2000 1 : 5000 1 : 10000

Der angewendete Maßstab ist in das Schriftfeld der Zeichnung einzutragen. Wird mehr als ein Maßstab benötigt, so sollen der Hauptmaßstab in das Schriftfeld und alle anderen Maßstäbe in der Nähe der Positionsnummer oder der Kennbuchstaben der Einzelheit eingetragen werden.

Technische Kommunikation 21

Beschriftung
Lettering

DIN EN ISO 3098-0: 1998-04

Schrift BVL (Schriftform B, vertikal, lateinisches Alphabet)

ABCDEFGHIJKLMNOPQRSTUVWXYZ ÄÖÜ
1)

aabcdefghijklmnopqrstuvwxyz äáöüß±□
1)

[(!?;'-=+×·√%&)]∅   1234567789Ø   IVX
1)

[1] In Deutschland sind die Zeichen a, ä, 7 zu bevorzugen.

	Schriftform A $d = h/14$	Schriftform B $d = h/10$
h	(14/14) h	(10/10) h
c	(10/14) h	(7/10) h
a	(2/14) h	(2/10) h
b	(21/14) h	(15/10) h
e	(6/14) h	(6/10) h
d	(1/14) h	(1/10) h

→ Die Schrift nach Form A und B darf vertikal oder unter einem Winkel von 15° nach rechts kursiv sein.

Schriftfelder
Title blocks

DIN 6771-1: 1970-12

Grundschriftfeld für Zeichnungen

(Verwendungsbereich)	(Zul. Abw.)	(Oberfläche)	Maßstab		(Gewicht)	
21b	10b	7b	20b		14b	
			(Werkstoff, Halbzeug) (Rohteil-Nr.) (Modell- oder Gesenk-Nr.)		34b	
	Datum	Name	(Benennung)			
	Bearb. a×6b					
	Gepr.					
	Norm					
			(Zeichnungsnummer)		Blatt 5b	
3b	a×10b	5b 3b			Bl.	
Zust. Änderung	Datum	Name (Ursprung)	(Ers. f.) 17b	(Ers. d.)	17b	

Rastermaße für Format A 4 bis A 0:
$a = 4,25$ mm
$b = 2,6$ mm

Größe des Grundschriftfeldes:
187,2 mm × 55,25 mm

Linienbreiten nach ISO 128-24:
Begrenzung
des Schriftfeldes   0,7
Begrenzung
der Hauptfelder   0,35
übrige Linien   0,18

→ Die in Klammern stehenden Ausdrücke dienen zur Erläuterung

Datenfelder in Schriftfeldern (für Neuanfertigungen)
Data fields in title blocks

DIN EN ISO 7200: 2004-05

Die Gesamtbreite des Schriftfeldes beträgt 180 mm. Es passt auf eine A4-Seite mit einem 20 mm breiten Rand links und einem 10 mm breiten Rand rechts. Dieses Schriftfeld ist auch für alle anderen Papiergrößen zu verwenden.

Verantwortliche Abt. ABC (10)	Technische Referenz A. Müller (20)	Dokumentenart Teilzeichnung (30)	Dokumentenstatus freigegeben (20)
Gesetzlicher Eigentümer	Erstellt durch: E. Meier (20)	Titel Grundplatte	XY 123-456
	Genehmigt von: O. Lehmann (20)	(25)	Änd. A	Ausgabedatum 2005-06-18	Spr. dt.	Blatt 2/5

180 mm

→ Die Zahlen in Klammern geben die Anzahl der empfohlenen Zeichen in dem jeweiligen Feld an.

22 Technische Kommunikation

Normzahlen und Normzahlreihen
Preferred numbers and series of preferred numbers
DIN 323-1: 1974-08

R 5	R 10	R 20	R 40	R 5	R 10	R 20	R 40	R 5	R 10	R 20	R 40
1,00	1,00	1,00	1,00	2,50	2,50	2,50	2,50	6,30	6,30	6,30	6,30
			1,06				2,65				6,70
		1,12	1,12			2,80	2,80			7,10	7,10
			1,18				3,00				7,50
	1,25	1,25	1,25		3,15	3,15	3,15		8,00	8,00	8,00
			1,32				3,35				8,50
		1,40	1,40			3,55	3,55			9,00	9,00
			1,50				3,75				9,50
1,60	1,60	1,60	1,60	4,00	4,00	4,00	4,00	10,00	10,00	10,00	10,00
			1,70				4,25				
		1,80	1,80			4,50	4,50	Die Zahlenwerte können mit 10, 100, 1000 usw. multipliziert oder durch 10, 100, 1000 usw. dividiert werden.			
			1,90				4,75	:::	:::	:::	:::
	2,00	2,00	2,00		5,00	5,00	5,00	:::	:::	:::	:::
			2,12				5,30	:::	:::	:::	:::
		2,24	2,24			5,60	5,60	:::	:::	:::	:::
			2,36				6,00	:::	:::	:::	:::

Normzahlen werden bei der Konstruktion und Fertigung verwendet. Normzahlen sind gerundete Glieder geometrischer Reihen. Die Stufensprünge q sind:

R 5: $q_5 = \sqrt[5]{10} \approx 1,6$ R 10: $q_{10} = \sqrt[10]{10} \approx 1,25$ R 20: $q_{20} = \sqrt[20]{10} \approx 1,12$ R 40: $q_{40} = \sqrt[40]{10} \approx 1,06$

Gröbere Reihen haben Vorrang vor feineren Reihen.

Radien
Radii
DIN 250: 2002-04

				0,2		0,3	**0,4**		0,5	**0,6**		0,8	
1		1,2	**1,6**	**2**	2,5	3,0	**4,0**		5,0	**6,0**		8,0	
10		12	**16**	18	**20**	22	**25**	28	**32**	36	**40**	45	**50**	56	**63**	70	**80**	90
100	110	**125**	140	**160**	180	**200**	Die fettgedruckten Maße sind zu bevorzugen.											

Die Rundungshalbmesser entsprechen weitgehend den Normzahlen der Reihen R 5, R 10 und R 20.
Anwendungsbeispiele:
Rundungen an Guss- und Schmiedestücken, Wellenenden, Wellenkuppen, Wellenabsätzen, Freistichen u. a.

Positionsnummern
Item references
DIN ISO 6433: 1982-09

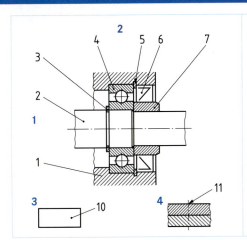

Positionsnummern werden aus arabischen Ziffern gebildet. Falls erforderlich werden sie durch Großbuchstaben ergänzt.

Positionsnummern werden doppelt so groß geschrieben wie die Bemaßung.

Die Positionsnummer ist mit dem zugeordneten Teil mit einer Hinweislinie zu verbinden. Hinweislinien dürfen sich nicht kreuzen. Sie sollen schräg zur Positionsnummer herausgezogen werden.

Für die bessere Lesbarkeit sind die Positionsnummern senkrecht untereinander **1** oder waagerecht nebeneinander **2** anzuordnen.

Positionsnummern von zusammengehörenden Teilen dürfen an einer Hinweislinie eingetragen werden.

Hinweislinien enden mit einem Punkt **3** oder einem Pfeil **4**.

Technische Kommunikation

Linien
Lines

DIN ISO 128-24: 1999-12

Nr.	Benennung Darstellung	Liniengruppe			Anwendung	Benennung nach DIN 15
		0,35	0,5	0,7		
01.1	Volllinie, schmal	0,18	0,25	0,35	.1 Lichtkanten bei Durchdringungen	B
					.2 Maßlinien	
					.3 Maßhilfslinien	
					.4 Hinweis- und Bezugslinien	
					.5 Schraffuren	
					.6 Umrisse eingeklappter Schnitte	
					.7 kurze Mittellinien	
					.8 Gewindegrund	
					.9 Maßlinienbegrenzungen	
					.10 Diagonalkreuze zur Kennzeichnung ebener Flächen	
					.11 Biegelinien an Roh- und bearbeiteten Teilen	
					.12 Umrahmungen von Einzelheiten	
					.13 Kennzeichnung sich wiederholender Einzelheiten	
					.14 Zuordnungslinien an konischen Formelementen	
					.15 Lagerichtung von Schichtungen	
					.16 Projektionslinien	
					.17 Rasterlinien	
	Freihandlinie, schmal				.18 Vorzugsweise manuell dargestellte Begrenzung von Teil- oder unterbrochenen Ansichten und Schnitten, wenn die Begrenzung keine Symmetrie- oder Mittellinie ist	C
	Zickzacklinie, schmal				.19 Vorzugsweise mit Zeichenautomaten dargestellte Begrenzung von Teil- oder unterbrochenen Ansichten und Schnitten, wenn die Begrenzung keine Symmetrie- oder Mittellinie ist	D
01.2	Volllinie, breit	0,35	0,5	0,7	.1 Sichtbare Kanten	A
					.2 Sichtbare Umrisse	
					.3 Gewindespitzen	
					.4 Grenze der nutzbaren Gewindelänge	
					.5 Hauptdarstellungen in Diagrammen, Karten, Fließbildern	
					.6 Systemlinien (Metallbau-Konstruktionen)	
					.7 Formteilungslinien in Ansichten	
					.8 Schnittpfeillinien	
02.1	Strichlinie, schmal	0,18	0,25	0,35	.1 Unsichtbare Kanten	F
					.2 Unsichtbare Umrisse	
02.2	Strichlinie, breit	0,35	0,5	0,7	.1 Kennzeichnung zulässiger Oberflächenbehandlung	E
04.1	Strich-Punktlinie, schmal	0,18	0,25	0,35	.1 Mittellinien	G
					.2 Symmetrielinien	
					.3 Teilkreise von Verzahnungen	
					.4 Teilkreise von Löchern	
04.2	Strich-Punktlinie, breit	0,35	0,5	0,7	.1 Kennzeichnung begrenzter Bereiche, z. B. der Wärmebehandlung	J
					.2 Kennzeichnung von Schnittebenen	
					.3 Formteilungslinien in Schnitten	
05.1	Strich-Zweipunktlinie, schmal	0,18	0,25	0,35	.1 Umrisse benachbarter Teile	K
					.2 Endstellung beweglicher Teile	
					.3 Schwerpunktlinien	
					.4 Umrisse vor der Formgebung	
					.5 Teile vor der Schnittebene	
					.6 Umrisse alternativer Ausführungen	
					.7 Umrisse von Fertigteilen in Rohteilen	
					.8 Umrahmung besonderer Bereiche oder Felder	
					.9 Projizierte Toleranzzone	

In technischen Zeichnungen werden in der Regel zwei Linienbreiten angewendet (z. B. 0,5 – 0,25). Bei Beschriftungen nach ISO 3098-BVL ist für Maß- und Textangaben sowie für grafische Symbole eine dritte Linienbreite (z. B. 0,35) erforderlich.

Technische Kommunikation

Linien
Lines

DIN ISO 128-24: 1999-12

Beispiele für die Anwendung von Linien

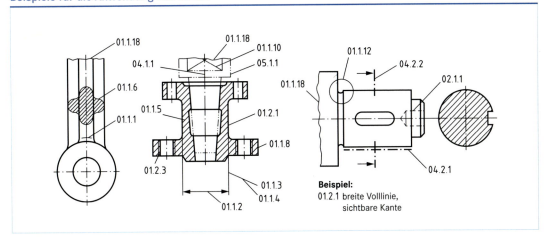

Beispiel:
01.2.1 breite Volllinie, sichtbare Kante

Projektionsmethoden
Projection methods

Axonometrische Darstellungen

DIN ISO 5456-3: 1998-04

Isometrische Projektion	Dimetrische Projektion
→ *Die isometrische Projektion wird angewendet, wenn in drei Ansichten Wesentliches klar gezeigt werden soll.*	→ *Die dimetrische Projektion wird angewendet, wenn in einer Ansicht Wesentliches gezeigt werden soll.*

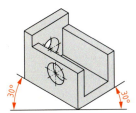

Die 3 Hauptflächen werden verzerrt dargestellt.

Senkrechte Kanten verlaufen in der Projektion ebenfalls senkrecht.

Waagerechte Körperkanten verlaufen unter 30° zur Horizontalen.

Die Seiten (Länge, Breite und Höhe) werden im Verhältnis 1 : 1 : 1 dargestellt.

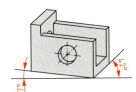

Die 3 Hauptflächen werden verzerrt dargestellt.

Senkrechte Kanten verlaufen in der Projektion ebenfalls senkrecht.

Waagerechte Körperkanten verlaufen unter 7° und 42° zur Horizontalen.

Senkrechte und unter 7° verlaufende Kanten werden verhältnisgleich (1 : 1), die unter 42° verlaufenden Kanten werden um die Hälfte verkürzt (1 : 2) dargestellt.

Ellipse E3 wird vereinfacht als Kreis gezeichnet.

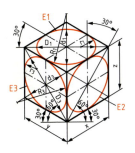

Achsenverhältnis bei allen Ellipsen: $d : D = 1 : 1,7$

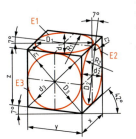

Achsenverhältnis bei E1 und E2: $d : D = 1 : 3$

Angenäherte Ellipsenkonstruktionen:
Große Achse: $D \approx 1,22 \cdot y$
Kleine Achse: $d \approx D : 1,7$

Die Ellipsen werden annähernd genau durch Krümmungskreise konstruiert:

$R \approx 1,06 \cdot y$ $r \approx 0,3 \cdot y$

Angenäherte Ellipsenkonstruktionen:
Große Achse: $D_1 = D_2 \approx 1,06 \cdot y$
Kleine Achse: $d_1 = d_2 \approx D : 3$

Die Ellipsen E1 und E2 werden annähernd genau durch Krümmungskreise konstruiert:

$R \approx 1,6 \cdot y$ $r \approx 0,06 \cdot y$

Technische Kommunikation

Projektionsmethoden
Projection methods

Orthogonale Darstellungen
DIN ISO 5456-2: 1998-04

Projektionsmethode 1

i **orthogonal:** rechtwinklig, senkrecht aufeinander stehend

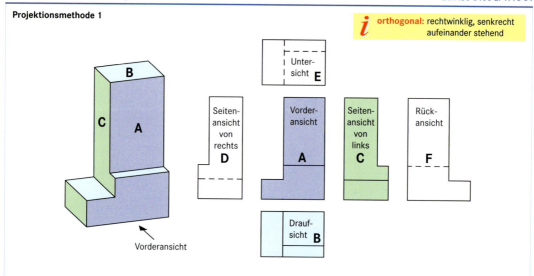

- In Gesamtzeichnungen und Gruppenzeichnungen werden die Gegenstände in der Regel in Gebrauchslage, in Teilzeichnungen in der Fertigungslage dargestellt.
- Es sind nur so viele Ansichten des Gegenstandes zu zeichnen, wie zum eindeutigen Erkennen und Bemaßen erforderlich sind.
- Die aussagefähigste Ansicht ist als Hauptansicht – Vorderansicht – zu wählen.
- Verdeckte Kanten werden nur eingezeichnet, wenn die Darstellung dadurch deutlicher wird oder zusätzliche Ansichten ohne Verlust der Deutlichkeit eingespart werden können.

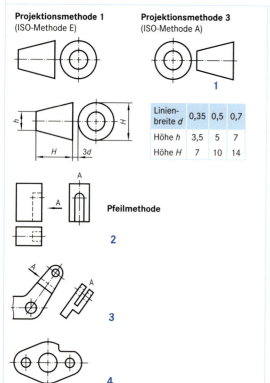

Projektionsmethode 1 (ISO-Methode E)

Projektionsmethode 3 (ISO-Methode A)

Linien-breite d	0,35	0,5	0,7
Höhe h	3,5	5	7
Höhe H	7	10	14

Pfeilmethode

Neben der üblichen Projektionsmethode 1 gibt es die Projektionsmethode 3:
Draufsicht oberhalb der Vorderansicht,
Untersicht unterhalb der Vorderansicht,
Seitenansicht von links auf der linken Seite,
Seitenansicht von rechts auf der rechten Seite.

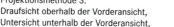

1. Das Symbol für die angewandte Methode ist in der Zeichnung im Schriftfeld oder in dessen Nähe einzutragen.

2. Die Ansichten dürfen auch beliebig zueinander angeordnet werden. Die Blickrichtung wird, bezogen auf die Hauptansicht, durch einen Pfeil und einen Großbuchstaben angegeben. Über die betreffende Darstellung, die sich an beliebiger Stelle der Zeichnung befinden darf, ist der Buchstabe zu setzen (Pfeilmethode).

3. Um ungünstige Projektionen zu vermeiden, z. B. Verkürzungen, kann eine Ansicht in der durch einen Pfeil gekennzeichneten Richtung projektionsgerecht gezeichnet werden.

4. Symmetrische Formen werden, auch wenn die symmetrische Grundform einseitig in Einzelheiten verändert ist, durch eine Symmetrielinie (ISO 128-04.1.2) gekennzeichnet.

Technische Kommunikation

Allgemeine Grundlagen der Darstellung
General principles of presentation

Ansichten und besondere Darstellungen   DIN ISO 128-30: 2002-05; DIN ISO 128-34: 2002-05

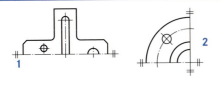

1 Bei symmetrischen Werkstücken kann an Stelle einer Gesamtansicht eine halbe oder eine Viertelansicht dargestellt werden. Zwei kurze, parallele Striche **2** (ISO 128-01.1) kennzeichnen die Symmetrielinie.

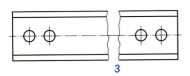

3 Gegenstände können zur Ersparnis an Zeichenfläche abgebrochen dargestellt werden.
Die Bruchkanten werden durch eine Freihandlinie (ISO 128-01.1.18) oder eine Zickzacklinie (ISO 128-01.1.19) dargestellt. Dies gilt auch für rotationssymmetrische Körper **4**.

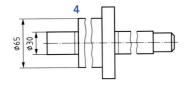

5 Der Bruch hohler Rundkörper wird im Vollschnitt durch eine Freihandlinie (ISO 128-01.1.18) dargestellt.

6 Auf Durchdringungskurven bei der Durchdringung von Zylindern, deren Durchmesser sich wesentlich unterscheiden, darf zur Vereinfachung verzichtet werden.

7 Gerundete Übergänge von Durchdringungen können durch schmale Volllinien (ISO 128-01.1.1) dargestellt werden, wenn das Bild dadurch anschaulicher wird.

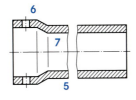

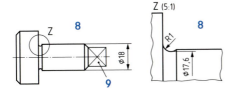

8 Bereiche eines Gegenstandes, die sich in der Gesamtdarstellung nicht deutlich zeichnen, bemaßen oder kennzeichnen lassen, werden als Einzelheit gesondert gezeichnet.
Der als Einzelheit bezeichnete Bereich wird in der Gesamtdarstellung mit einer schmalen Volllinie (ISO 128-01.1.1) eingerahmt. Die Einzelheit wird möglichst in der Nähe vergrößert dargestellt. Der eingerahmte Bereich und die Einzelheit sind mit den gleichen Großbuchstaben zu kennzeichnen.
Bei der Einzelheit ist der Maßstab anzugeben.

9 Um das Zeichnen einer zusätzlichen Ansicht oder eines Schnittes zu vermeiden, können quadratische Flächen oder Enden sowie verjüngte quadratische Enden an Wellen **10** mit einem Diagonalkreuz gekennzeichnet werden (schmale Volllinie ISO 128-01.1.10).

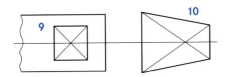

11 Die ursprüngliche Form wird durch eine Strich-Zweipunktlinie (ISO 128-05.1.4) dargestellt.

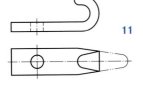

Technische Kommunikation

Allgemeine Grundlagen der Darstellung
General principles of presentation

Ansichten und besondere Darstellungen
DIN ISO 128-30: 2002-05; DIN ISO 128-34: 2002-05

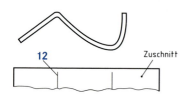

12 Biegelinien werden als schmale Volllinien dargestellt (ISO 128-01.1.11).

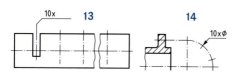

13 Regelmäßig sich wiederholende Elemente brauchen nur so oft dargestellt zu werden, wie es zu ihrer eindeutigen Bestimmung notwendig ist.

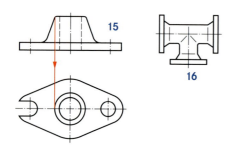

14 Die Mitten sich wiederholender Bohrungen sind durch Mittellinienkreuze festzulegen.

15 Lassen sich geringe Neigungen nicht deutlich zeigen, kann auf ihre Darstellung verzichtet werden.

16 Lichtkanten werden durch schmale Volllinien (ISO 128-01.1.1) dargestellt, sie berühren die Umrisslinien nicht.

Schnitte
DIN ISO 128-40: 2002-05; DIN ISO 128-44: 2002-05; DIN ISO 128-50: 2002-05

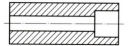

Ein Schnitt ist das gedachte Zerlegen eines Teiles durch eine oder mehrere Ebenen. Es werden hauptsächlich Hohlkörper im Schnitt dargestellt, um die innere Form klar erkennen und ggf. bemaßen zu können.

Man unterscheidet:
1. Vollschnitt,
2. Halbschnitt,
3. Teilschnitt (Ausbruch).

Schnittflächen werden mit schmalen Volllinien (ISO 128-01.1.5) möglichst unter 45° zur Achse schraffiert.
Der Abstand der Schraffurlinien ist der Größe der Schnittfläche anzupassen.

Für Maßzahlen, Beschriftung und Oberflächenangaben wird die Schraffur unterbrochen.

Halbschnitte werden bei waagerechter Mittellinie vorzugsweise unterhalb **2**, bei senkrechter Mittellinie vorzugsweise rechts von dieser angeordnet.

4 Schmale Schnittflächen können voll geschwärzt werden. Stoßen geschwärzte Schnittflächen aneinander, so sind sie mit schmalen Abständen voneinander darzustellen.

Allgemeine Grundlagen der Darstellung
General principles of presentation

Schnitte

DIN ISO 128-40: 2002-05; DIN ISO 128-44: 2002-05; DIN ISO 128-50: 2002-05

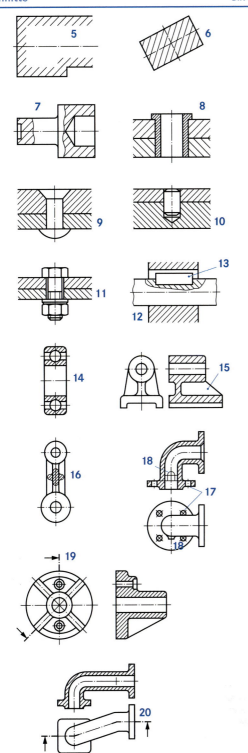

5 Bei großen Schnittflächen kann die Schraffur auf die Randzone beschränkt bleiben.

6 Sind die Achsen eines Teiles gedreht, so wird die Schnittfläche unter 45° zu den Hauptumrissen schraffiert.

7 Alle Schnittflächen und Ausbrüche desselben Teiles in einer oder mehreren Ansichten werden in gleicher Art schraffiert.

8 Aneinander grenzende Schnittflächen verschiedener Teile werden unterschiedlich schraffiert:
- durch verschiedene Schraffurrichtungen,
- durch verschiedene Abstände der Schraffurlinien.

Liegen Normteile oder volle Werkstücke in der Schnittebene, werden sie in Längsrichtung nicht im Schnitt dargestellt. Dazu zählen z. B.:
9 Niete, 10 Stifte, 11 Schrauben, Muttern, Scheiben,
12 Wellen, 13 Keile und Federn,
14 Wälzlagerkörper (z. B. Kugeln, Rollen),
15 Rippen, Speichen und Griffe von Gussstücken.

16 Schnittflächen können innerhalb der Darstellung in die Zeichenebene geklappt und mit schmalen Volllinien gezeichnet werden.

17 Zur Darstellung von Flanschlöchern, die nicht in der Schnittebene liegen, können diese in die Schnittebene gedreht werden.

18 Wenn es notwendig ist, können Einzelheiten, die vor der Schnittebene liegen, durch schmale Strich-Zweipunkt-Linien (ISO 128-05.1.5) dargestellt werden.

19 Stehen zwei Schnittebenen in einem Winkel zueinander, wird der Schnitt so gezeichnet, als lägen die Schnittflächen in einer Ebene.

20 Ein Gegenstand, der in zwei parallelen Ebenen und einer schräg zu diesen liegenden Verbindungsebene geschnitten ist, wird so dargestellt, dass das Bild aus der schräg liegenden Ebene in der Projektion erscheint.

Technische Kommunikation 29

Allgemeine Grundlagen der Darstellung
General principles of presentation

Schnitte DIN ISO 128-40: 2002-05; DIN ISO 128-44: 2002-05; DIN ISO 128-50: 2002-05

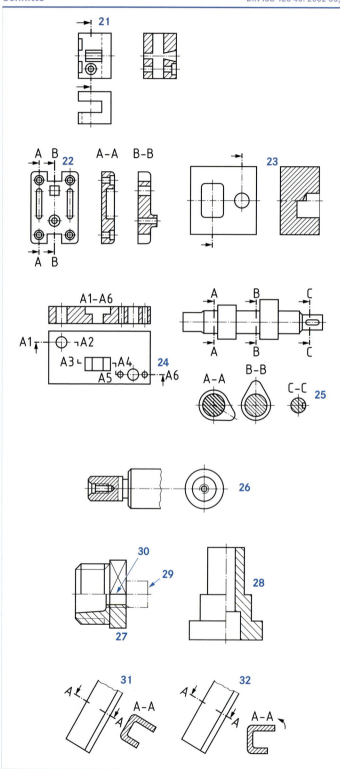

21 Wird aus einer Darstellung der Schnittverlauf nicht eindeutig ersichtlich, muss er durch eine breite Strich-Punkt-Linie (ISO 128-04.2.2) kenntlich gemacht werden. Die Blickrichtung auf den Schnitt wird durch Pfeile angedeutet. Sie sind vollschwarz, schließen einen Winkel von 15° ein und sind 1,5 x Maßpfeilgröße lang.
(Maßpfeilgröße s. DIN 406-11)

22 Verlaufen durch ein Werkstück mehrere Schnittebenen, muss jeder Schnittverlauf gekennzeichnet werden.

23 Liegen zwei parallele Schnittebenen eines Teiles getrennt voneinander und werden die Schnittflächen der Einfachheit halber angrenzend dargestellt, so sind die Schraffurlinien versetzt zu zeichnen.

24 Führt eine Schnittlinie durch mehrere Schnittebenen, so muss die Kennzeichnung am Anfang und am Ende und – falls erforderlich – auch an den Knickstellen durch Großbuchstaben ggf. mit Ziffern erfolgen.

25 Falls erforderlich, dürfen mehrere Schnitte vereinfacht durch eine Welle oder ein ähnliches Teil gelegt werden.

26 Fasen, Senkungen und ähnliche Formelemente brauchen nur in den Ansichten oder Schnitten dargestellt zu werden, in denen sie zu erkennen sind und bemaßt werden können.

Halbschnitte werden bei waagerechter Mittellinie vorzugsweise unterhalb **27**, bei senkrechter Mittellinie vorzugsweise rechts von dieser **28** angeordnet.

29 Benachbarte Teile werden durch eine Strich-Zweipunkt-Linie (ISO 128-05.1.1) dargestellt.

30 Fällt bei einem Schnitt eine Körperkante auf die Mittellinie, so ist die Körperkante als breite Volllinie (ISO 128-01.2.1) zu zeichnen.

31 Der Schnitt an einem Werkstück kann in jeder beliebigen, jedoch möglichst projektionsgerechten Lage angebracht werden.

32 Wird der Schnitt in einer anderen Lage angebracht, so ist an die Buchstaben ein Symbol für die Drehung in der entsprechenden Richtung anzufügen.

Maßeintragung
Dimensioning

Systeme
DIN 406-10: 1992-12

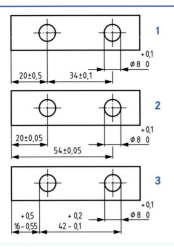

1. Die **funktionsbezogene Maßeintragung** liegt vor, wenn die Eintragung und Tolerierung der Maße nur nach konstruktiven Erfordernissen entsprechend der Zweckbestimmung des Erzeugnisses vorgenommen wird. Die Fertigungs- und Prüfbedingungen werden nicht berücksichtigt.

2. Die **fertigungsbezogene Maßeintragung** liegt vor, wenn die für die Fertigung unmittelbar benötigten Maße in die Zeichnung eingetragen und fertigungsgerecht toleriert werden. Diese Maßeintragung hängt vom Fertigungsverfahren ab.

3. Die **prüfbezogene Maßeintragung** liegt vor, wenn Maße und Maßtoleranzen entsprechend dem vorgesehenen Prüfverfahren in die Zeichnung eingetragen werden.

Anwendung
DIN 406-11: 1992-12

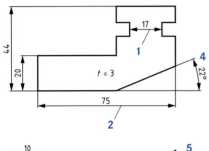

Elemente der Maßeintragung sind:
- Maßlinie,
- Maßhilfslinie,
- Maßlinienbegrenzung,
- Maßzahl,
- Maßeinheit,
- Hinweislinien,
- besondere Kennzeichen.

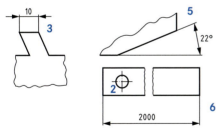

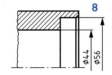

Maßlinien werden parallel zu der zu bemaßenden Länge oder als Kreisbogen um den Scheitelpunkt des Winkels bzw. Mittelpunkt des Bogens eingetragen. **1 2 3 4**. Die Maßlinien werden nicht unterbrochen.

Winkelmaße bis 30° dürfen mit gerader Maßlinie senkrecht zur Winkelhalbierenden angegeben werden. **5**

Bei unterbrochen dargestellten Formelementen wird die Maßlinie durchgezogen. **6**

Maßlinien dürfen abgebrochen werden, wenn
- Durchmessermaße eingetragen werden **7**,
- nur eine Hälfte eines symmetrischen Teiles in Ansicht oder Schnitt dargestellt wird **8**,
- ein Gegenstand im Halbschnitt dargestellt wird **9**,
- sich die Bezugspunkte der Bemaßung nicht in der Zeichenfläche befinden **10**.

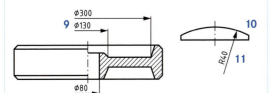

Maßlinien sollen sich untereinander und mit anderen Linien nicht schneiden.

Ist dieses nicht zu vermeiden, werden sie ohne Unterbrechung gezeichnet. **11**

Technische Kommunikation

Maßeintragung
Dimensioning

Anwendung

DIN 406-11: 1992-12

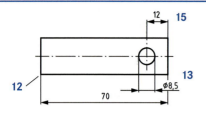

Maßhilfslinien werden rechtwinklig zur zugehörigen Messstrecke eingetragen. **12**

Sie dürfen unterbrochen werden, wenn ihre Fortsetzung eindeutig erkennbar ist. **13**

In Einzelfällen dürfen Maßhilfslinien unter einem Winkel von etwa 60° zur Maßlinie stehen, wenn dadurch die Bemaßung deutlicher wird. **14**

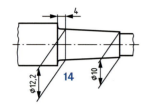

Mittellinien dürfen als Maßhilfslinien verwendet werden. Sie werden außerhalb der Körperkanten als schmale Volllinie gezeichnet (ISO 128-01.1.3). **15**

Maßhilfslinien dürfen nicht von einer Ansicht zur anderen durchgezogen werden.

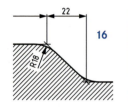
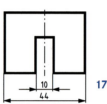

Einander schneidende Projektionslinien werden über den Schnittpunkt hinausgehend gezeichnet. Die Maßhilfslinie wird am Schnittpunkt angesetzt. **16**

Werden besonders große Linienbreiten angewendet, werden die Maßhilfslinien für Außenmaße am äußeren Rand der Umrisslinie, für Innenmaße am inneren Rand eingetragen. **17**

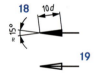

d: Linienbreite der breiten Volllinie (ISO 128-01.2.1)

Maßlinienbegrenzung sind:
- ein geschwärzter 15°-Pfeil, **18**
- ein offener Pfeil vorzugsweise bei rechnerunterstützt angefertigten Zeichnungen, **19**
- ein Punkt bei Platzmangel, **20**
- ein Kreis für die Ursprungsangabe, **21**
- ein 90°-Pfeil, **22**
- ein Schrägstrich. **23**

In Zeichnungen dürfen nur kombiniert werden:
- 15°-Pfeil, Punkt, Ursprungskreis oder
- 90°-Pfeil, Schrägstrich, Ursprungskreis (nur fachbezogen z. B. für Bauzeichnungen)

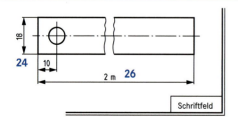

Die **Maßzahlen** werden in der Schrift DIN ISO 3098-BVL eingetragen.

Alle Maße, grafischen Symbole und Wortangaben sind vorzugsweise so einzutragen, dass sie in Leselage der Zeichnung von unten oder von rechts lesbar sind. Die **Leselage** der Zeichnung entspricht der Leselage des Schriftfeldes. **24 25**
Dieses gilt auch, wenn die Gebrauchslage eines Teiles nicht der Leselage der Zeichnung entspricht.

Technische Kommunikation

Maßeintragung
Dimensioning

Anwendung

DIN 406-11: 1992-12

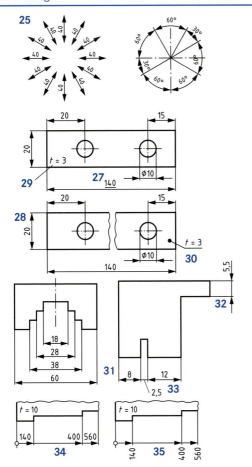

Alle Maße in einer Zeichnung werden in der gleichen Einheit, vorzugsweise in mm angegeben. Die Einheit wird nicht mitgeschrieben. Wird von dieser Regel abgewichen, muss die **Maßeinheit** mit geschrieben werden. **26**

Werden Formelemente, z. B. bei Änderungen, ausnahmsweise **nicht maßstäblich** dargestellt, sind die Maßzahlen zu unterstreichen. **27** Diese Kennzeichnung ist bei rechnerunterstützt angefertigten Zeichnungen nicht zulässig. Ebenso gilt dies nicht für unter- oder abgebrochene Gegenstände. **28**

Die **Werkstückdicke** darf bei flachen Teilen in der Darstellung **29** oder auf einer abgeknickten Hinweislinie neben der Darstellung **30** angegeben werden.

Bei parallelen oder konzentrischen Maßlinien werden die Maßzahlen in der Regel versetzt eingetragen. **31**

Reicht der Platz über der Maßlinie nicht aus, wird die Maßzahl über der Verlängerung der Maßlinie **32** oder an einer Hinweislinie **33** eingetragen.

Bei steigender Bemaßung werden die Maßzahlen entweder in der Nähe der Maßlinienbegrenzung **34** oder in der Nähe der Maßlinienbegrenzung parallel zur Maßhilfslinie **35** eingetragen. Dies gilt sinngemäß auch für die Winkelbemaßung.

Anordnung der Maße

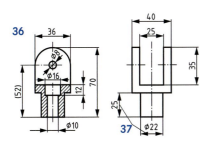

In einer Zeichnung ist jedes Maß nur einmal in der Ansicht einzutragen, in der die Zuordnungen von Darstellung und Maß deutlich erkennbar ist. **36**

Zusammengehörende Maße sind möglichst zusammen einzutragen. **37**

Maße, die sich durch die Fertigung von selbst ergeben, werden nicht eingetragen.
Maßlinien und Maßhilfslinien werden an Volllinien angesetzt. Das Ansetzen an Strichlinien (verdeckten Kanten) ist zu vermeiden.

Die Eintragung aller Maße als Maßkette ist zulässig, wenn ein Maß als Hilfsmaß eingetragen wird **38** oder die Maße als theoretisch genaue Maße angegeben werden.

Ein Bereich, für den besondere Bedingungen gelten, wird durch eine breite Strich-Punktlinie (ISO 128-04.2) gekennzeichnet und bemaßt. **39**

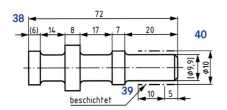

Für beschichtete Oberflächen dürfen die Maße vor und nach der Behandlung angegeben werden. Das Vorbereitungsmaß wird in eckige Klammern gesetzt. **40**

Technische Kommunikation

Maßeintragung
Dimensioning

Anwendung

DIN 406-11: 1992-12

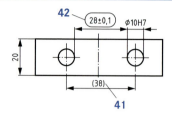

Hilfsmaße dienen zur Kennzeichnung funktioneller Zusammenhänge. Sie sind zur geometrischen Bestimmung eines Gegenstandes nicht erforderlich. Hilfsmaße werden in runde Klammern gesetzt. **41**

Prüfmaße, die bei der Festlegung des Prüfumfanges besonders beachtet werden müssen, werden in einen Rahmen gesetzt. **42** (Linie ISO 128-01.1)

Rohmaße, die sich auf den Ausgangszustand eines Gegenstandes beziehen, werden in eckige Klammern gesetzt, wenn keine Rohteilzeichnung angefertigt wird.

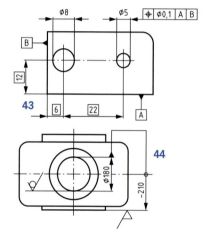

Theoretisch genaue Maße dienen zur Angabe der geometrisch idealen, theoretisch genauen Lage oder Form eines Formelementes. Sie werden in einen rechteckigen Rahmen gesetzt. **43** (Linie ISO 128-01.1)

Auch in Tabellen werden theoretisch genaue Maße durch einen rechteckigen Rahmen gekennzeichnet.

Maße für die erste materialabtrennende Bearbeitung von Rohteilen können mit einem Bezugsmaß eingetragen werden. **44**

Informationsmaße sind z. B. Gesamtmaße fertiger Baugruppen in Angebotszeichnungen. Sie werden in der Regel nicht besonders gekennzeichnet und nicht toleriert.

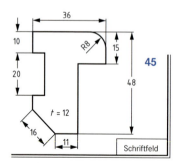

Alle Maße können auch in Leselage des Schriftfeldes eingetragen werden. Nicht horizontale Maßlinien werden dann unterbrochen. **45 46**

Winkelmaße dürfen auch ohne Unterbrechung der Maßlinie in Leselage des Schriftfeldes angebracht werden. **47**

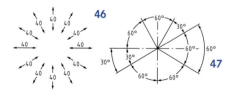

Technische Kommunikation

Maßeintragung
Dimensioning

Anwendung

DIN 406-11: 1992-12

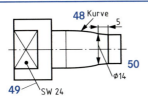

Hinweislinien sind schräg aus der Darstellung herauszuziehen und enden
- mit einem Pfeil an der Körperkante, **48**
- mit einem Punkt in der Fläche, **49**
- ohne Begrenzungszeichen an Linien, auch an Maßlinien. **50**

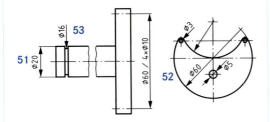

Das grafische Symbol Ø für den **Durchmesser** ist **immer** vor die Maßzahl zu setzen. **51 52**

Bei Platzmangel dürfen Durchmessermaße von außen angesetzt werden. **53**

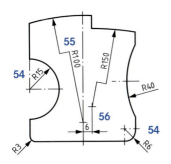

Radien werden in allen Fällen durch den vor die Maßzahl zu setzenden Großbuchstaben R gekennzeichnet.

Die Maßlinien sind vom Mittelpunkt des Radius oder aus dessen Richtung mit einem Maßpfeil innen oder außen an den Kreisbogen zu setzen. **54**

55 Bei großen Radien darf aus Platzmangel die Maßlinie rechtwinklig abgeknickt und verkürzt gezeichnet werden. Der mit dem Maßpfeil versehene Teil der Maßlinie muss auf den Mittelpunkt des Kreisbogens gerichtet sein.

Bei rechnerunterstützter Anfertigung von Zeichnungen dürfen nur gerade Maßlinien verwendet werden.

56 Der Mittelpunkt eines Radius ist zu bemaßen, wenn er sich nicht aus den geometrischen Beziehungen ergibt.

57 Werden mehrere Radien um einen zentralen Mittelpunkt angeordnet, darf statt eines Mittelpunktes ein kleiner Hilfskreisbogen gezeichnet werden.

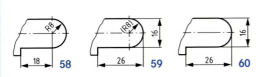

Der Radius, der parallele Linien miteinander verbindet,
- wird angegeben, **58**
- wird als Hilfsmaß angegeben **59** oder
- darf bei Eindeutigkeit weggelassen werden. **60**

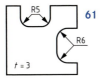

Die Maßlinien mehrerer Radien gleicher Größe können zusammengefasst werden. **61**

Technische Kommunikation 35

Maßeintragung
Dimensioning

Anwendung

DIN 406-11: 1992-12

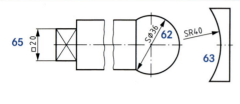

Eine **Kugelform** wird in jedem Fall durch den Großbuchstaben S vor der Durchmesser- oder Radiusangabe gekennzeichnet. **62 63**

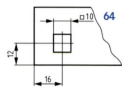

Quadratische Formen werden in jedem Fall durch das grafische Symbol □ vor der Maßzahl gekennzeichnet. Es wird nur eine Seitenlänge des Quadrates angegeben. **64 65 66**

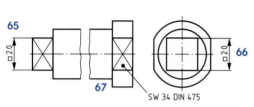

67 Die Schlüsselweite ist der Abstand von zwei parallel gegenüberliegenden Flächen. Sie wird durch das Zeichen SW vor dem Zahlenwert der Schlüsselweite gekennzeichnet, wenn sie in der Darstellung nicht bemaßt werden kann.
Die Auswahl der Schlüsselweite erfolgt nach DIN 475-1.

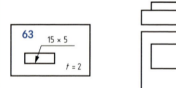

Die Seitenlängen eines **Rechteckes** dürfen mit einer Hinweislinie angegeben werden. Das Maß der Länge, an der die Hinweislinie eingetragen ist, steht an erster Stelle. **63**

Werden drei Maße kombiniert (Länge – Länge – Dicke/Tiefe), muss eine zweite Ansicht oder ein Schnitt gezeichnet werden. **64**

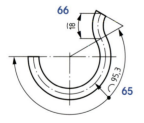

Zur Kennzeichnung von **Bögen** wird das graphische Symbol ⌒ vor die Maßzahl gesetzt. **65**

Bei manuell angefertigten Zeichnungen darf es abgewandelt über die Maßzahl gesetzt werden. **66**

Bei Zentriwinkeln $\alpha \leq 90°$ werden die Maßhilfslinien parallel zur Winkelhalbierenden gezeichnet, bei Zentriwinkeln $\alpha \geq 90°$ werden sie zum Bogenmittelpunkt hin gezeichnet.

Bei nicht eindeutigem Bezug ist die Verbindung zwischen Bogenlänge und Maßzahl durch eine Linie mit Pfeil und Punkt zu kennzeichnen. **65**

Technische Kommunikation

Maßeintragung
Dimensioning

Anwendung

DIN 406-11: 1992-12

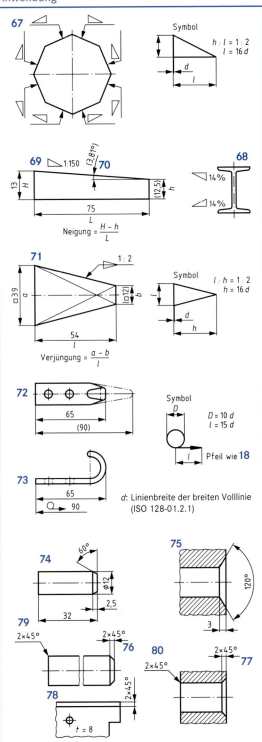

Das grafische Symbol ⌐ wird in jedem Fall vor die Maßzahl der **Neigung** als Verhältnis oder in Prozent gesetzt. Die Angabe erfolgt vorzugsweise auf einer abgeknickten Hinweislinie. **67**

Das Symbol darf auch waagerecht **68** oder an der Linie der geneigten Fläche eingetragen werden. **69**

Aus fertigungstechnischen Gründen kann der Neigungswinkel als Hilfsmaß angegeben werden. **70**

Das grafische Symbol ▷ wird in jedem Fall vor der Maßzahl der **Verjüngung** als Verhältnis oder in Prozent in einer abgeknickten Hinweislinie angegeben. Die Richtung des Symbols muss mit der Richtung der Verjüngung übereinstimmen. **71**

Eintragungen der Maße und Toleranzen für Kegel siehe DIN ISO 3040.

Abwicklungen werden durch Hilfsmaße bemaßt. **72**

Wird die Abwicklung nicht dargestellt, erfolgt die Bemaßung durch Voranstellen des Symbols ⌒ für die **gestreckte Länge**. **73**

d: Linienbreite der breiten Volllinie (ISO 128-01.2.1)

Fasen und Senkungen mit einem Winkel $\alpha \neq 45°$ werden mit Maßlinie und Maßhilfslinie bemaßt. **74 75**

Fasen und Senkungen mit einem Winkel $\alpha = 45°$ werden vereinfacht dargestellt. **76 77 78**

Bei dargestellten und nicht dargestellten Fasen und Senkungen dürfen die Maße mittels einer Hinweislinie eingetragen werden. **79 80**

Technische Kommunikation 37

Maßeintragung
Dimensioning

Anwendung

DIN 406-11: 1992-12

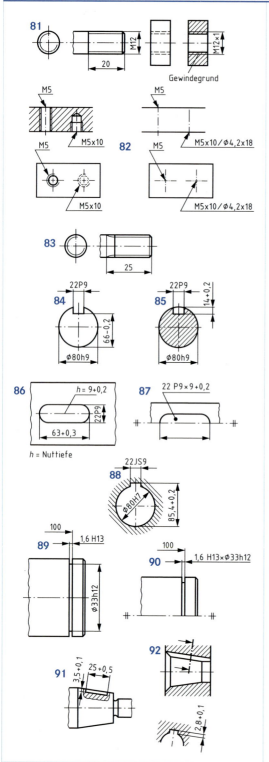

81 Für genormte **Gewinde** werden Kurzbezeichnungen nach DIN 202 angewandt:
- Kurzzeichen für das Gewinde,
- Nenndurchmesser,
- Steigung (Teilung),
- Gangzahl,
- zusätzliche Angaben.

In allen Fällen bezieht sich der Nenndurchmesser bei Außengewinden auf die Gewindespitzen, bei Innengewinden auf den Gewindegrund.

82 Die vereinfachte Darstellung der Gewinde ist zulässig bei Durchmessern ≤ 6 mm (in der Zeichnung) oder bei einem regelmäßigen Muster von Löchern und Gewinden derselben Art und Größe. (DIN ISO 6410-3)

83 Der Gewindeauslauf wird in der Regel nicht gezeichnet. Er wird nur dargestellt und bemaßt, wenn dies in besonderen Fällen notwendig ist.

Nuten für Passfedern und Keile werden bei durchgehenden Nuten nach **84** und bei nicht durchgehenden Nuten nach **85** bemaßt.

Ist in einer Darstellung nur die Draufsicht erforderlich, genügt die vereinfachte Darstellung nach **86** oder **87**.

88 Nuten in zylindrischen Bohrungen werden entsprechend bemaßt.

Einstiche, z. B. für Sicherungsringe, werden gemäß **89** oder vereinfacht gemäß **90** bemaßt.

Die Bemaßung der Einstiche in Naben erfolgt sinngemäß.

Verläuft der **Nutgrund** parallel zur Mantellinie eines Kegels, so ist die Tiefe nach **91** zu bemaßen. Bei kegeligen Nabenbohrungen ist entsprechend zu bemaßen. **92**

Maßeintragung
Dimensioning

Anwendung

DIN 406-11: 1992-12

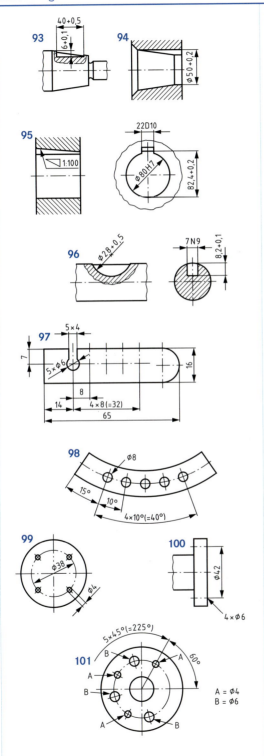

93 Wenn der Nutgrund parallel zur Kegelachse verläuft, so ist die Tiefe von der Mantellinie des größeren Zylinders aus zu bemaßen. Dabei ist die Toleranz des Durchmesser zu berücksichtigen.

94 Nuten in kegeligen Nabenbohrungen, deren Nutgrund parallel zur Kegelachse verläuft, werden entsprechend bemaßt.

95 Bei der Bemaßung von Nuten für Keile ist die Richtung der Neigung durch das Symbol ◺ zu kennzeichnen.

Nuten für Scheibenfedern werden gemäß **96** bemaßt.

Längen- oder Winkelmaße für sich wiederholende Formelemente mit gleichem Abstand, sog. Teilungen, werden gemäß **97** und **98** bemaßt. Das Gesamtmaß wird als Hilfsmaß angegeben. Die Formelemente dürfen vereinfacht dargestellt werden.

Die Gegenstände können auch unterbrochen dargestellt werden.

Sich wiederholende Bohrungen auf einem **Lochkreis** werden gemäß **99** dargestellt und bemaßt.

Wenn nur die Seitenansicht dargestellt wird, werden Lochkreis, Anzahl und Durchmesser der Bohrungen vereinfacht angegeben. **100**

Unterschiedliche, sich wiederholende Formelemente werden mit Großbuchstaben gekennzeichnet. Die Bedeutung der Buchstaben ist in der Nähe der Darstellung anzugeben. **101**

Die Angabe von Buchstaben und die direkte Bemaßung dürfen kombiniert werden.

Technische Kommunikation

Maßeintragung
Dimensioning

Anwendung

DIN 406-11: 1992-12

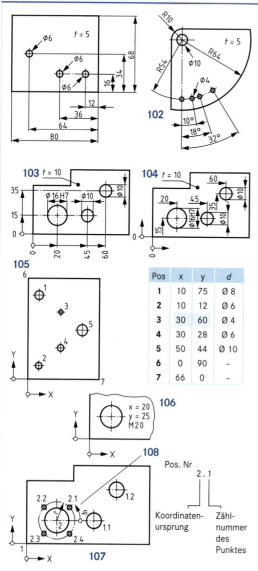

Arten der Maßeintragung:

Parallelbemaßung
Die Maßlinien werden parallel oder konzentrisch zueinander eingetragen. 102

Steigende Bemaßung (Bezugsbemaßung)
Von einem Ursprung aus werden auf je einer gemeinsamen Maßlinie die Maßzahlen in jeweils einer Richtung eingetragen. Werden bezogen auf den Ursprung auch Maße in der Gegenrichtung eingetragen, sind die Maßzahlen mit einem Minuszeichen zu versehen. 103

Steigende Bemaßung kann auch mit abgebrochenen Maßlinien erfolgen. 104

Koordinatenbemaßung
Ausgehend von einem Ursprung werden die **kartesischen Koordinaten** durch Längenmaße festgelegt und in eine Tabelle eingetragen. 105

Theoretisch genaue Maße werden in der Tabelle gekennzeichnet. In einer weiteren Spalte können Positionstoleranzen mittels des entsprechenden Symbols angegeben werden (s. DIN ISO 1101).

Koordinaten dürfen auch direkt an den Koordinatenpunkten angegeben werden. Dabei können sie mit den Maßen der Formelemente kombiniert werden. 106

Einem Koordinatenhauptsystem dürfen Nebensysteme zugeordnet werden. 107

Die Koordinatensysteme und die einzelnen Positionen werden fortlaufend mit arabischen Ziffern benummert.

Polarkoordinaten werden durch einen Radius r und einen Winkel φ festgelegt. Sie sind immer positiv und ausgehend von der Polarachse entgegen dem Uhrzeigersinn festgelegt. 108

Maßeintragung
Dimensioning

Bemaßung an Rohteilen

Beiblatt DIN 406-11: 2000-12

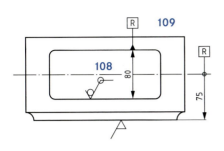

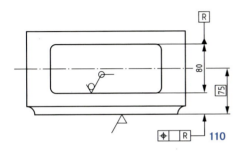

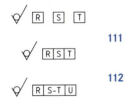

Tolerierung ISO 8015
Allgemeintoleranz ISO 2768-mH

Bearbeitete Formelemente an Rohteilen werden zur Rohkontur festgelegt durch
- Bezugsangaben mit Bezugsmaß oder
- Bezugsangaben mit Form- und Lagetoleranzen.

Bezugselemente werden mit Bezugsdreiecken und Bezugsbuchstaben (R, S, T) gekennzeichnet. Zusätzlich ist dem Symbol ∀ („ohne materialabtrennende Bearbeitung") anzugeben. **108**

Mit einem Ursprungssymbol am Bezugsmaß wird der Ausgang einer Bearbeitung oder einer Messung festgelegt. Das Ursprungssymbol liegt auf einer Maßhilfslinie oder Mittellinie. **109**

Zur Kennzeichnung des „Bezuges roh" wird der Bezugsbuchstabe am Bezugsdreieck des Bezugselementes und am Ursprungssymbol des Bezugsmaßes angegeben.

Anstelle der Bezugsmaße können Form- und Lagetoleranzen für den Bezug zwischen der Ausgangsform (roh) und den materialabtrennend bearbeiteten Geometrieelementen eingetragen werden. **110**

Bezugselemente, die kein Bezugssystem mit einem gemeinsamen Nullpunkt bilden, werden in getrennten Bezugsrahmen angegeben. **111**
In Bezugssystemen mit einem gemeinsamen Nullpunkt ist die Rangfolge der Elemente festzulegen, die Bezugsrahmen werden aneinander gereiht. Im Bedarfsfall wird eine Bezugsmittelebene angegeben. **112**

Für Bezugsmaße ohne Toleranzangabe gelten die festgelegten Allgemeintoleranzen nach DIN ISO 2768-1. Werden andere Anforderungen gestellt, müssen Maßtoleranzen eingetragen werden. Für materialabtrennend bearbeitete Elemente gelten die festgelegten Allgemeintoleranzen für Form und Lage nach DIN ISO 2768-2. Werden andere Anforderungen gestellt, müssen Form- und Lagetoleranzen eingetragen werden. **113**

Die Angabe des Symbols für die Oberflächenbeschaffenheit, die Bezugsbuchstaben und die Tolerierungen sind in der Nähe des Schriftfeldes zu wiederholen.

Technische Kommunikation

Maßeintragung
Dimensioning

Toleranzen für Längen- und Winkelmaße

DIN 406-12: 1992-12

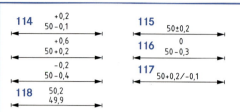

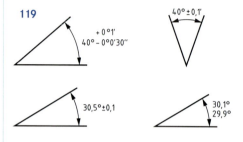

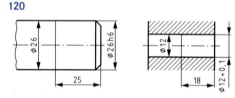

Toleranzen können angegeben werden durch
- Allgemeintoleranzen (DIN ISO 2768),
- Abmaße,
- Kurzzeichen der Toleranzklasse (DIN ISO 286).

Alle Toleranzen gelten im Endzustand, einschließlich Oberflächenüberzügen, sofern nichts anderes vorgeschrieben ist.

Die **Abmaße** sind mit Vorzeichen vorzugsweise in gleicher Schriftgröße hinter dem Nennmaß einzutragen. Die Schriftgröße der Abmaße darf auch eine Stufe kleiner als die des Nennmaßes gewählt werden. **114**

Haben oberes und unteres Abmaß den gleichen Betrag, steht der Wert für das Abmaß mit dem Vorzeichen ± nur einmal hinter dem Nennmaß. **115**

Wenn ein Abmaß Null ist, darf dies durch eine „0" angegeben werden. **116**

Nennmaß und Abmaße können in dieselbe Zeile eingetragen werden. **117**

Grenzmaße dürfen als Höchst- und Mindestmaß angegeben werden. **118**

Beim Eintragen von Winkelmaßen werden die Einheiten für das Winkel-Nennmaß und die Abmaße immer angegeben. **119** Ansonsten sind die Regeln für das Eintragen von Toleranzen für Längenmaße anzuwenden.

Wenn Toleranzen nur für einen bestimmten Bereich gelten, so wird dies durch eine schmale Volllinie (ISO 128-01.1) gekennzeichnet. **120**

Die **Kurzzeichen der Toleranzklasse** sind vorzugsweise in gleicher Schriftgröße hinter dem Nennmaß einzutragen. **121**

Falls erforderlich, können die Werte der Abmaße oder die Grenzmaße zusätzlich in Klammern angegeben werden. **122**

Toleranzklasse und zutreffende Abmaße können auch in Tabellenform in der Zeichnung angegeben werden.

Bei Gegenständen, die zusammengebaut dargestellt werden, ist das Innenmaß über dem Außenmaß einzutragen. **123**

Die Zuordnung der Maße ist durch Wortangabe **123** oder Positionsnummern **124** zu kennzeichnen. Die Angabe von Positionsnummern ist vorzuziehen.

Alle Maße können auch oberhalb einer Maßlinie eingetragen werden.

Die Kurzzeichen der Toleranzklasse für das Innenmaß werden über oder vor der Toleranzklasse für das Außenmaß eingetragen. **125**

Zusätzlich können die Abmaße in Klammern angegeben werden.

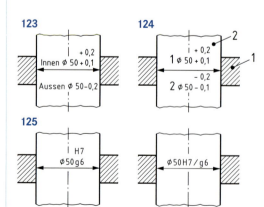

Technische Kommunikation

Eintragung von Maßen und Toleranzen für Kegel
Dimensioning and tolerancing, cones

DIN ISO 3040: 1991-09

Kegelverjüngung:
Die Kegelverjüngung ist das Verhältnis aus der Differenz von 2 Kegeldurchmessern und deren Abstand.

Symbol der Kegelverjüngung

d = Linienbreite

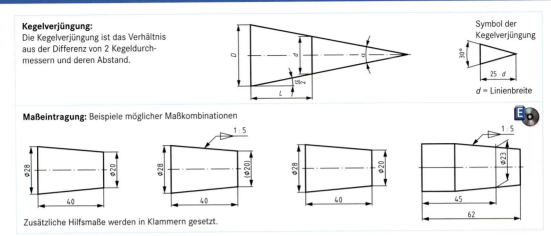

Maßeintragung: Beispiele möglicher Maßkombinationen

Zusätzliche Hilfsmaße werden in Klammern gesetzt.

Gestaltabweichungen
Form deviations

DIN 4760: 1982-06

→ *Gestaltabweichungen sind Abweichungen der Ist-Oberfläche von der Ideal-Oberfläche.*

Ordnung	1.	2.	3.	4.	5.	6.
bildliche Darstellung					–	–
	Formabweichung	Welligkeit	← Rauheit →			
Beispiel	Geradheits-, Rundheits-Abweichungen	Wellen	Rillen	Riefen, Schuppen	Gefügestruktur	Gitteraufbau des Werkstoffes
mögliche Entstehungsursachen	Durchbiegen der Maschine oder des Werkstückes	Schwingungen der Werkzeugmaschine	Form der Werkzeugschneide, Vorschub des Werkzeuges	Vorgang der Spanbildung (Reißspan, Aufbauschneide)	Kristallisationsvorgänge, Korrosionsvorgänge	–

Die Gestaltabweichungen 1.–4. Ordnung überlagern sich in der Regel zur Istoberfläche.

Rauheitskenngrößen
Surface roughness parameters

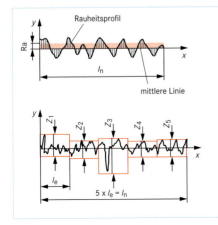

Arithmetischer Mittenrauwert Ra: Der arithmetische Mittenrauwert Ra entspricht der Höhe eines Rechteckes, dessen Länge gleich der Gesamtmesslänge l_n ist und das flächengleich mit der Summe der zwischen Rauheitsprofil und mittlerer Linie eingeschlossenen Flächen ist.

Gemittelte Rautiefe Rz: Die gemittelte Rautiefe Rz ist das arithmetische Mittel aus den Einzelrautiefen fünf aneinander grenzender Einzelmessstrecken l_e. Die Einzelrautiefe Z ist der Abstand des höchsten vom tiefsten Punkt des Profils innerhalb der Einzelmessstrecke.

$$Rz = \frac{Z_1 + Z_2 + Z_3 + Z_4 + Z_5}{5}$$

Maximale Rautiefe R_{max}: Die maximale Rautiefe R_{max} ist die größte Einzelrautiefe auf der Gesamtmessstrecke l_n.

Angabe der Oberflächenbeschaffenheit
Methode of indicating surface texture

DIN EN ISO 1302: 2002-06

Grundsymbol

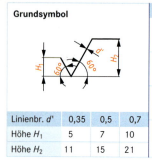

Linienbr. d'	0,35	0,5	0,7
Höhe H_1	5	7	10
Höhe H_2	11	15	21

Symbol	Bedeutung
∨	**Grundsymbol:** wird nur benutzt, wenn seine Bedeutung durch eine weitere Angabe erklärt wird
∀	Kennzeichnung für eine Oberfläche, die materialabtrennend bearbeitet wird
∀○	Für diese Oberfläche ist eine materialabtrennende Bearbeitung nicht zugelassen, oder sie bleibt in dem Zustand des vorhergehenden Arbeitsganges
∀─○	Alle Oberflächen des Teiles haben dieselbe Oberfläche

Lage der Oberflächenangaben am Symbol

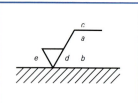

a: Rauheitskenngröße Ra oder Rz in μm

b: andere Rauheitskenngrößen, z. B. R_{max} in μm oder Rz in mm (zweite Anforderung)

c: Fertigungsverfahren, Oberflächenbehandlung

d: Rillenrichtung

e: Bearbeitungszugabe in mm

Beispiele

Angabe	Erklärung
roh ∨	Unbearbeitete Fläche im Rohzustand oder geputzt
∨Ra6,3	materialabtrennend oder nicht materialabtrennend hergestellte Oberfläche, Ra ≤ 6,3 μm
∨Ra6,3 / Ra3,2	materialabtrennend hergestellte Oberfläche, 3,2 μm ≤ Ra ≤ 6,3 μm
∀○Rz2,5	nicht materialabtrennend hergestellte Oberfläche, Rz ≤ 2,5 μm
∀○Rz10	allseitig materialabtrennend oder nicht materialabtrennend hergestellte Oberfläche, Rz ≤ 10 μm
gehärtet ∀	materialabtrennend hergestellte Oberfläche, anschließend gehärtet
geschliffen / Ra1 0,6 ∀ ⊥	materialabtrennend durch Schleifen hergestellte Oberfläche mit einer Bearbeitungszugabe von 0,6 mm, Ra ≤ 1 μm, Rillenrichtung senkrecht zur Projektionsebene
∨ z	Vereinfachte Angabe, die an anderer Stelle auf der Zeichnung erklärt ist; z. B. ∨z = ∨Rz6,3

Zusammenhang von Rauheitskenngröße Ra und Rauheitsklasse N
(Angabe der Rauheitsklasse nicht in Neukonstruktionen)

Rauheitskenngröße Ra in μm	50	25	12,5	6,3	3,2	1,6	0,8	0,4	0,2	0,1	0,05	0,025
Rauheitsklasse N	N 12	N 11	N 10	N 9	N 8	N 7	N 6	N 5	N 4	N 3	N 2	N 1

Symbole für die Oberflächenstruktur

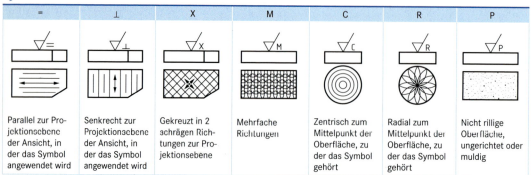

Angabe der Oberflächenbeschaffenheit
Methode of indicating surface texture

Umstellung bestehender Zeichnungen auf Angaben nach DIN ISO 1302 (zurückgezogen)

Angabe der Oberflächenbeschaffenheit durch die gemittelte Rautiefe Rz				Oberflächenzeichen nach DIN 3141 (zurückgezogen)	Angabe der Oberflächenbeschaffenheit durch den Mittenrauwert Ra			
Reihe 1	Reihe 2	Reihe 3	Reihe 4		Reihe 1	Reihe 2	Reihe 3	Reihe 4
geputzt oder	roh oder	∇ oder	Rz63	▽	geputzt oder	roh oder	∇ oder	6,3
Rz160	Rz100	Rz63	Rz25	▽▽	Ra25	Ra12,5	Ra6,3	Ra3,2
Rz40	Rz25	Rz16	Rz10	▽▽▽	Ra6,3	Ra3,2	Ra1,6	Ra1,6
Rz16	Rz6,3	Rz4	Rz2,5	▽▽▽	Ra1,6	Ra0,8	Ra0,4	Ra0,2
—	Rz1	Rz1	Rz0,4	▽▽▽▽	—	Ra0,1	Ra0,1	Ra0,025

Hinweis: Zwischen den Rauheitskenngrößen Rz und Ra besteht keine direkte Beziehung, da sich das Verhältnis von Rz zu Ra in Abhängigkeit vom Fertigungsverfahren ändern kann.

Anordnung der Symbole

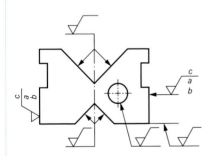

Die Symbole sind so anzuordnen, dass sie mit den Angaben von unten oder von rechts lesbar sind.

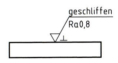

Oberflächenbeschaffenheit hergestellt durch Schleifen
$Ra \leqq 0,8$ µm,
Rillenrichtung senkrecht zur Projektionsebene

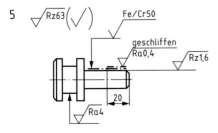

Wenn es notwendig ist, wird die Oberflächenbeschaffenheit vor und nach der Oberflächenbehandlung angegeben.

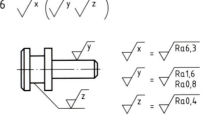

Vereinfachte Angaben müssen erläutert werden.

Technische Kommunikation

Allgemeintoleranzen (nicht für Neukonstruktionen)
General tolerances for linear and angular dimensions

DIN 7168: 1991-04

Grenzabmaße für Längenmaße

Toleranz-klasse	Grenzabmaße in mm für Nennmaßbereiche in mm							
	0,5 bis 3	über 3 bis 6	über 6 bis 30	über 30 bis 120	über 120 bis 400	über 400 bis 1000	über 1000 bis 2000	über 2000 bis 4000
f (fein)	± 0,05	± 0,05	± 0,1	± 0,15	± 0,2	± 0,3	± 0,5	± 0,8
m (mittel)	± 0,1	± 0,1	± 0,2	± 0,3	± 0,5	± 0,8	± 1,2	± 2
g (grob)	± 0,15	± 0,2	± 0,5	± 0,8	± 1,2	± 2	± 3	± 4
sg (sehr grob)	–	± 0,5	± 1	± 1,5	± 2	± 3	± 4	± 6

Grenzabmaße für Rundungshalbmesser, Fasenhöhen und Winkelmaße

Toleranz-klasse	Rundungshalbmesser R und Fasenhöhen h Grenzabmaße in mm für Nennmaßbereiche in mm					Winkelmaße Grenzabmaße in Winkeleinheiten für Nennmaßbereiche des kürzeren Schenkels in mm				
	0,5 bis 3	über 3 bis 6	über 6 bis 30	über 30 bis 120	über 120 bis 400	bis 10	über 10 bis 50	über 50 bis 120	über 120 bis 400	über 400
f (fein) m (mittel)	± 0,2	± 0,5	± 1	± 2	± 4	± 1°	± 30'	± 20'	± 10'	± 5'
g (grob) sg (sehr grob)	± 0,2	± 1	± 2	± 4	± 8	± 1°30' ± 3°	± 50' ± 2°	± 25' ± 1°	± 15' ± 30'	± 10' ± 20'

Zeichnungseintragung: z. B. für die Toleranzklasse „mittel" in das vorgesehene Feld des Schriftfeldes: **DIN 7168-m**

Allgemeintoleranzen für Form und Lage (nicht für Neukonstruktionen) (für durch Spanen entstandene Formelemente)
General geometrical tolerances for features

DIN 7168: 1991-04

Toleranzklasse Tolerierungs-grundsatz nach DIN ISO 8015	Allgemeintoleranz in mm: Geradheit (Länge der betreffenden Linie), Ebenheit (größte Seitenlänge der Fläche, Durchmesser der Kreisfläche) Nennmaßbereich in mm									Toleranzklasse Tolerierungsgrundsatz nach		Allgemeintoleranz in mm	
	bis 6	über 6 bis 30	über 30 bis 120	über 120 bis 400	über 400 bis 1000	über 1000 bis 2000	über 2000 bis 4000	über 4000 bis 8000	über 8000	DIN ISO 8015	DIN 7167	Sym-metrie	Rundlauf und Planlauf
R	0,004	0,01	0,02	0,04	0,07	0,1	–	–	–	R	A	0,3	0,1
S	0,008	0,02	0,04	0,08	0,15	0,2	0,3	0,4	–	S	B	0,5	0,2
T	0,025	0,06	0,12	0,25	0,4	0,6	0,9	1,2	1,8	T	C	1	0,5
U	0,1	0,25	0,5	1	1,5	2,5	3,5	5	7	U	D	2	1

Rundheit: Die Allgemeintoleranz entspricht dem Zahlenwert der Durchmessertoleranz. Sie ist aber nicht größer als die Werte für Rundlauf.

Zylinderform, Koaxialität: Allgemeintoleranzen für die Zylinderform und die Koaxialität sind nicht festgelegt.

Parallelität: Die Begrenzung der Abweichung von der Parallelität ergibt sich aus den Allgemeintoleranzen für die Geradheit oder Ebenheit oder aus der Toleranz für das Abstandsmaß der parallelen Linien oder Flächen. Dabei gilt das längere der beiden Formelemente als Bezugselement.

Rechtwinkligkeit und Neigung: Allgemeintoleranzen für Rechtwinkligkeit und Neigung sind nicht festgelegt. Es können die Allgemeintoleranzen für Winkel angewendet werden.

Bezeichnung und Zeichnungseintragung:

Tolerierungsgrundsatz „Hüllbedingung ohne Zeichnungseintragung" nach DIN 7167:
Toleranzklasse m für Maßtoleranz und Toleranzklasse C für Form- und Lagetoleranz: **DIN 7168-m-C**
Tolerierungsgrundsatz nach DIN ISO 8015:
Toleranzklasse m für Maßtoleranz und Toleranzklasse T für Form- und Lagetoleranz: **DIN 7168-m-T**
In der Zeichnung ist auf den Tolerierungsgrundsatz nach DIN ISO 8015 hinzuweisen: **Tolerierung ISO 8015**

Grundsätze nach DIN ISO 8015 (Unabhängigkeitsprinzip)

Alle Maß-, Form- und Lagetoleranzen gelten unabhängig voneinander, jede Toleranz ist einzuhalten.
Maßtoleranzen begrenzen nur die Istmaße an einem Formelement, nicht seine Formabweichungen.

Allgemeintoleranzen für Längen- und Winkelmaße
General tolerances for linear and angular dimensions

DIN ISO 2768-1: 1991-06

Grenzabmaße für Längenmaße

Toleranz-klasse	Grenzabmaße in mm für Nennmaßbereiche in mm							
	0,5 bis 3	über 3 bis 6	über 6 bis 30	über 30 bis 120	über 120 bis 400	über 400 bis 1000	über 1000 bis 2000	über 2000 bis 4000
f (fein)	± 0,05	± 0,05	± 0,1	± 0,15	± 0,2	± 0,3	± 0,5	–
m (mittel)	± 0,1	± 0,1	± 0,2	± 0,3	± 0,5	± 0,8	± 1,2	± 2
c (grob)	± 0,2	± 0,3	± 0,5	± 0,8	± 1,2	± 2	± 3	± 4
v (sehr grob)	–	± 0,5	± 1	± 1,5	± 2,5	± 4	± 6	± 8

Grenzabmaße für Rundungshalbmesser und Fasenhöhen (gebrochene Kanten)

Toleranz-klasse	Grenzabmaße in mm für Nennmaßbereiche in mm		
	0,5 bis 3	über 3 bis 6	über 6
f (fein) m (mittel)	± 0,2	± 0,5	± 1
c (grob) v (sehr grob)	± 0,4	± 1	± 2

Grenzabmaße für Winkelmaße

Grenzabmaße in Winkeleinheiten für Längenbereiche des **kürzeren Schenkels** in mm				
bis 10	über 10 bis 50	über 50 bis 120	über 120 bis 400	über 400
± 1°	± 0°30'	± 0°20'	± 0°10'	± 0°5'
± 1°30'	± 1°	± 0°30'	± 0°15'	± 0°10'
± 3°	± 2°	± 1°	± 0°30'	± 0°20'

Zeichnungseintragung: z. B. für die Toleranzklasse „mittel" in das vorgesehene Feld des Schriftfeldes: **ISO 2768-m**

Allgemeintoleranzen für Form und Lage
General geometrical tolerances for features

DIN ISO 2768-2: 1991-04

Toleranz-klasse	Allgemeintoleranzen in mm für Geradheit und Ebenheit für Nennmaßbereiche in mm						Lauftoleranzen in mm
	bis 10	über 10 bis 30	über 30 bis 100	über 100 bis 300	über 300 bis 1000	über 1000 bis 3000	
H	0,02	0,05	0,1	0,2	0,3	0,4	0,1
K	0,05	0,1	0,2	0,4	0,6	0,8	0,2
L	0,1	0,2	0,4	0,8	1,2	1,6	0,5

Toleranz-klasse	Rechtwinkligkeitstoleranzen in mm für Nennmaßbereiche für den kürzeren Schenkel in mm				Symmetrietoleranzen in mm für Nennmaßbereiche in mm			
	bis 100	über 100 bis 300	über 300 bis 1000	über 1000 bis 3000	bis 100	über 100 bis 300	über 300 bis 1000	über 1000 bis 3000
H	0,2	0,3	0,4	0,5	0,5			
K	0,4	0,6	0,8	1	0,6		0,8	1
L	0,6	1	1,5	2	0,6	1	1,5	2

Anmerkungen zur Rundheit, Zylinderform, Koaxialität, Parallelität siehe DIN 7168

Zeichnungseintragungen:

Toleranzklasse m für Maßtoleranz und Toleranzklasse K für Form- und Lagetoleranz : ISO 2768-mK
    soll die Allgemeintoleranz für Maße nicht gelten   : ISO 2768-K
    soll die Hüllbedingung Ⓔ auch für einzelne Maßelemente gelten   : ISO 2768-mK-E

Die Hüllbedingung Ⓔ fordert, dass das Formelement die geometrisch ideale Hülle vom Maximum-Material-Maß nicht durchbricht.
Das Maximum-Material-Maß beschreibt den Zustand, bei dem das Material des Formelementes sein Maximum hat, z. B. Durchmesser der kleinsten Bohrung oder der größten Welle.

Technische Kommunikation

Allgemeintoleranzen für Gussrohteile (nicht für Neukonstruktionen)
General tolerances for rough castings

Allgemeintoleranzen für Gussrohteile aus Stahlguss
DIN 1683-1: 1998-08

Genauigkeitsgrad	Grenzabmaße für Längenmaße in mm												Grenzabmaße für Dickenmaße (z. B. Rippen in mm)						
	Nennmaßbereich in mm												Nennmaßbereich in mm						
	bis 30	über 30 bis 50	über 50 bis 80	über 80 bis 120	über 120 bis 180	über 180 bis 250	über 250 bis 315	über 315 bis 400	über 400 bis 500	über 500 bis 630	über 630 bis 800	über 800 bis 1000	bis 18	über 18 bis 30	über 30 bis 50	über 50 bis 80	über 80 bis 120	über 120 bis 180	über 180 bis 250
GTB 20	±7,5	±8,0	±8,5	±9,0	±10,0	±11,0	±11,0	±12,0	±13,0	±14,0	±15,0	±16,0	±4,5	±7,5	±11,0	±12,0	±13,0	±14,0	±15
GTB 19/5	±6,0	±6,5	±7,0	±7,5	±8,0	±9,0	±9,5	±10,0	±11,0	±11,0	±12,0	±13,0	±4,5	±7,5	±9,5	±10,0	±11,0	±12,0	±13
GTB 19	±4,7	±5,0	±5,5	±6,0	±6,5	±7,0	±7,5	±8,0	±8,5	±9,5	±10,0	±11,1	±4,5	±7,5	±8,0	±8,5	±9,0	±10,0	±11
GTB 18/5	±3,7	±3,9	±4,2	±4,5	±5,0	±5,5	±6,0	±6,5	±7,0	±7,5	±8,0	±8,5	±4,5	±6,0	±6,5	±7,0	±7,5	±8,0	±9
GTB 18	±3,0	±3,2	±3,4	±3,7	±4,1	±4,4	±4,7	±5,0	±5,5	±6,0	±6,5	±7,0	±4,5	±4,7	±5,0	±5,5	±6,0	±6,5	-
GTB 17/5	±2,4	±2,5	±2,7	±2,9	±3,2	±3,5	±3,7	±4,0	±4,3	±4,6	±5,0	-	±3,6	±3,7	±3,9	±4,2	±4,5	-	-
GTB 17	±1,9	±2,0	±2,1	±2,3	±2,5	±2,7	±2,9	±3,1	±3,3	-	-	-	±2,9	±3,0	±3,2	±3,4	-	-	-
GTB 16/5	±1,5	±1,6	±1,7	±1,8	±2,0	±2,2	-	-	-	-	-	-	±2,3	±2,4	±2,5	-	-	-	-
Bearbeitungszugabe BZ	2		3		4		5		6		7		8	Bei Außen- und Innenrundungen ist das untere Abmaß stets Null.					

Allgemeintoleranzen für Gussrohteile aus Gusseisen mit Kugelgrafit
DIN 1685-1: 1998-08
Allgemeintoleranzen für Gussrohteile aus Gusseisen mit Lamellengrafit
DIN 1686-1: 1998-08

Genauigkeitsgrad	Grenzabmaße für Längenmaße in mm													Grenzabmaße für Dickenmaße (z. B. Rippen in mm)					
	Nennmaßbereich in mm													Nennmaßbereich in mm					
	bis 18	über 18 bis 30	über 30 bis 50	über 50 bis 80	über 80 bis 120	über 120 bis 180	über 180 bis 250	über 250 bis 315	über 315 bis 400	über 400 bis 500	über 500 bis 630	über 630 bis 800	über 800 bis 1000	bis 6	über 6 bis 10	über 10 bis 18	über 18 bis 30	über 30 bis 50	über 50 bis 80
GTB 20	±4,5	±7,5	±8,0	±8,5	±9,0	±10,0	±11,0	±11,0	±12,0	±13,0	±14,0	±15,0	±16,0	-	-	-	±7,5	±11,0	±12,0
GTB 19	±4,5	±4,7	±5,0	±5,5	±6,0	±6,5	±7,0	±7,5	±8,0	±8,5	±9,5	±10,0	±11,0	-	-	±4,5	±7,5	±8,0	±8,5
GTB 18	±2,9	±3,0	±3,2	±3,4	±3,7	±4,1	±4,4	±4,7	±5,0	±5,5	±6,0	±6,5	±7,0	-	±2,5	±4,5	±4,7	±5,0	±5,5
GTB 17	±1,8	±1,9	±2,0	±2,1	±2,3	±2,5	±2,7	±2,9	±3,1	±3,3	±3,5	±3,8	±4,1	±1,5	±2,5	±2,9	±3,0	±3,2	±3,4
GTB 16	±1,1	±1,2	±1,3	±1,4	±1,5	±1,6	±1,8	±1,9	±2,0	±2,1	±2,3	±2,4	±2,6	±1,5	±1,8	±1,8	±1,9	±2,0	±2,1
GTB 15	±0,85	±0,95	±1,0	±1,1	±1,2	±1,3	±1,4	±1,5	±1,6	±1,7	±1,8	±1,9	-	±0,95	±1,0	±1,1	±1,2	±1,3	±1,4
Bearbeitungszugabe BZ[1]	2 / 2		2,5 / 2		3 / 3,25		3,5 / 2,5		4 / 3,5					Fläche seitlich oder unten in Gießform					
	2,5 / 2,5		3 / 2,5		4 / 3		5 / 3		7 / 4,5					Fläche oben in Gießform					

[1] Angaben für Gusseisen mit Kugelgrafit / für Gusseisen mit Lamellengrafit

Allgemeintoleranzen für Gussrohteile aus Temperguss
DIN 1684-1: 1998-08

Genauigkeitsgrad	Grenzabmaße für Längenmaße in mm													Grenzabmaße für Dickenmaße (z. B. Rippen in mm)		
	Nennmaßbereich in mm													Nennmaßbereich in mm		
	bis 18	über 18 bis 30	über 30 bis 50	über 50 bis 80	über 80 bis 120	über 120 bis 180	über 180 bis 250	über 250 bis 315	über 315 bis 400	über 400 bis 500	über 500 bis 630	über 630 bis 800	über 800 bis 1000	bis 10	über 10 bis 18	über 18
GTB 17/5	±1,1	±1,3	±1,6	±1,9	±2,2	±2,5	±2,9	±3,2	±3,7	±4,1	±4,4	±5,0	±5,5	±0,9	±1,1	entsprechen den Grenzabmaßen für Längenmaße
GTB 17	±0,9	±1,1	±1,3	±1,5	±1,8	±2,0	±2,3	±2,6	±2,9	±3,2	±3,5	±4,0	±4,5	±0,75	±0,9	
GTB 16/5	±0,7	±0,8	±1,0	±1,2	±1,3	±1,6	±1,8	±2,0	±2,2	±2,4	±2,7	±3,1	±3,6	±0,6	±0,7	
GTB 16	±0,55	±0,65	±0,8	±0,95	±1,1	±1,3	±1,5	±1,6	±1,8	±2,0	±2,2	±2,5	±2,8	±0,45	±0,55	
Bearbeitungszugabe BZ	1,5			1,5		1,5		2		2		2	3			

Zeichnungseintragungen: für die Länge l = 150 mm mit dem Genauigkeitsgrad 18, der Bearbeitungszugabe 4 für ein Gussrohteil aus Stahlguss
Toleranz und Zugabe DIN 1683 – GTB 18 - BZ 4

Allgemeintoleranzen
General tolerances

Maßtoleranzen und Bearbeitungszugaben für Gussstücke

DIN ISO 8062: 1998-08

Nennmaß in mm		Gusstoleranz in mm — Gusstoleranzgrad CT														
über	bis	1	2	3	4	5	6	7	8	9	10	11	12	13	14	15	16
	10	0,09	0,13	0,18	0,26	0,36	0,52	0,74	1,0	1,5	2,0	2,8	4,2	-	-	-	-
10	16	0,1	0,14	0,20	0,28	0,38	0,54	0,78	1,1	1,6	2,2	3,0	4,4	-	-	-	-
16	25	0,11	0,15	0,22	0,30	0,42	0,58	0,82	1,2	1,7	2,4	3,2	4,6	6	8	10	12
25	40	0,12	0,17	0,24	0,32	0,46	0,64	0,90	1,3	1,8	2,6	3,6	5,0	7	9	11	14
40	63	0,13	0,18	0,26	0,36	0,50	0,70	1,0	1,4	2,0	2,8	4,0	5,6	8	10	12	16
63	100	0,14	0,20	0,28	0,40	0,56	0,78	1,1	1,6	2,2	3,2	4,4	6,0	9	11	14	18
100	160	0,15	0,22	0,30	0,44	0,62	0,88	1,2	1,8	2,5	3,6	5,0	7,0	10	12	16	20
160	250	-	0,24	0,34	0,50	0,70	1,0	1,4	2,0	2,8	4,0	5,6	8,0	11	14	18	22
250	400	-	-	0,40	0,56	0,78	1,1	1,6	2,2	3,2	4,4	6,2	9,0	12	16	20	25
400	630	-	-	-	0,64	0,90	1,2	1,8	2,6	3,6	5,0	7,0	10,0	14	18	22	28
630	1000	-	-	-	-	1,0	1,4	2,0	2,8	4,0	6,0	8,0	11,0	16	20	25	32
1000	1600	-	-	-	-	-	1,6	2,2	3,2	4,6	7,0	9,0	13,0	18	23	29	37
1600	2500	-	-	-	-	-	-	2,6	3,8	5,4	8,0	10,0	15,0	21	26	33	42
2500	4000	-	-	-	-	-	-	-	4,0	6,2	9,0	12,0	17,0	24	30	38	49

Das Toleranzfeld ist symmetrisch zum Nennmaß anzuordnen.
Die Toleranz der Wanddicke in den Graden CT 1 bis CT 15 muss einen Grad höher als die Toleranz für andere Maße sein.
Ist z. B. auf der Zeichnung die Allgemeintoleranz CT 8 angegeben, muss die Toleranz der Wanddicke CT 9 sein.

Größtes Maß des bearbeiteten Gussstückes in mm		Erforderliche Bearbeitungszugabe RMA in mm — Grad der Bearbeitungszugabe								
über	bis	A	B	C	D	E	F	G	H	J	K
	40	0,1	0,1	0,2	0,3	0,4	0,5	0,5	0,7	1,0	1,4
40	63	0,1	0,2	0,3	0,3	0,4	0,5	0,7	1,0	1,4	2,0
63	100	0,2	0,3	0,4	0,5	0,7	1,0	1,4	2,0	2,8	4,0
100	160	0,3	0,4	0,5	0,8	1,1	1,5	2,2	3,0	4,0	6,0
160	250	0,3	0,5	0,7	1,0	1,4	2,0	2,8	4,0	5,5	8,0
250	400	0,4	0,7	0,9	1,3	1,8	2,5	3,5	5,0	7,0	10,0
400	630	0,5	0,8	1,1	1,5	2,2	3,0	4,0	6,0	9,0	12,0
630	1000	0,6	0,9	1,2	1,8	2,5	3,5	5,0	7,0	10,0	14,0
1000	1600	0,7	1,0	1,4	2,0	2,8	4,0	5,5	8,0	11,0	16,0
1600	2500	0,8	1,1	1,6	2,2	3,2	4,5	6,0	9,0	13,0	18,0
2500	4000	0,9	1,3	1,8	2,5	3,5	5,0	7,0	10,0	14,0	20,0

Die Grade A und B sind nur in besonderen Fällen anzuwenden, z. B. bei Serienfertigung, wenn zwischen Kunden und Gießerei vereinbart.

Zeichnungseintragungen:
für eine Länge l = 300 mm mit dem Gusstoleranzgrad 8 und der Bearbeitungszugabe 5 mm (Grad H):

ISO 8062 - CT 8 - RMA 5 (H)

Allgemeintoleranzen für Schweißkonstruktionen

DIN EN ISO 13920: 1996-11

Toleranzklasse	Nennmaßbereich in mm								
	2 bis 30	über 30 bis 120	über 120 bis 400	über 400 bis 1000	über 1000 bis 2000	über 2000 bis 4000	über 4000 bis 8000	über 8000 bis 12 000	über 12 000 bis 16 000	über 16 000 bis 20 000	über 20 000

Toleranzklasse	2 bis 30	über 30 bis 120	über 120 bis 400	über 400 bis 1000	über 1000 bis 2000	über 2000 bis 4000	über 4000 bis 8000	über 8000 bis 12 000	über 12 000 bis 16 000	über 16 000 bis 20 000	über 20 000
Grenzabmaße für Längenmaße											
A	± 1	± 1	± 1	± 2	± 3	± 4	± 5	± 6	± 7	± 8	± 9
B	± 1	± 2	± 2	± 3	± 4	± 6	± 8	± 10	± 12	± 14	± 16
C	± 1	± 3	± 4	± 6	± 8	± 11	± 14	± 18	± 21	± 24	± 27
D	± 1	± 4	± 7	± 9	± 12	± 16	± 21	± 27	± 32	± 36	± 40
Geradheits-, Ebenheits- und Parallelitätstoleranz											
E	-	0,5	1,0	1,5	2	3	4	5	6	7	8
F	-	1,0	1,5	3,0	4,5	6	8	10	12	14	16
G	-	1,5	3,0	5,5	9,0	11	16	20	22	25	25
H	-	2,0	5,0	9,0	14,0	18	26	32	36	40	40

Toleranzklasse	Grenzabmaße für Winkelmaße — Abmaße in Grad und Minuten für Nennmaßbereiche in mm (Länge des kürzeren Schenkels)		
	bis 400	über 400 bis 1000	über 1000
A	± 20'	± 15'	± 10'
B	± 45'	± 30'	± 20'
C	± 1°	± 45'	± 30'
D	± 1°30'	± 1°15'	± 1°

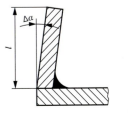

Die übrigen in DIN ISO 1101 definierten Form- und Lagetoleranzen dürfen in der Regel innerhalb der für den jeweiligen Nennmaßbereich zulässigen Abweichungen liegen (s. Tabellen „Allgemeintoleranzen für Längen" und „Zulässige Grenzabmaße für Winkelmaße"). In besonderen Fällen müssen die Form- und Lagetoleranzen entsprechend DIN ISO 1101 eingetragen werden.

Zeichnungseintragungen: Toleranzklasse B für Maßtoleranz und Toleranzklasse G
für Ebenheitstoleranz: **EN ISO 13920 - BG**

ISO-System für Grenzmaße und Passungen
ISO system of limits and fits

DIN ISO 286-1: 1990-11

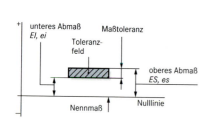

Maßtoleranz:
Bohrung: $T = G_{oB} - G_{uB}$
$T = ES - EI$
Welle: $T = G_{oW} - G_{uW}$
$T = es - ei$

Benennung	Erklärung
Welle	Begriff zur Beschreibung eines äußeren Formelementes eines Werkstückes einschließlich nichtzylindrischer Formelemente
Bohrung	Begriff zur Beschreibung eines inneren Formelementes eines Werkstückes einschließlich nichtzylindrischer Formelemente
Nennmaß	Maß, von dem die Grenzmaße abgeleitet werden (bisher Kurzzeichen N)
Nulllinie	In der grafischen Darstellung die Linie, die dem Nennmaß entspricht
Maßtoleranz	Höchstmaß minus Mindestmaß oder oberes Abmaß minus unteres Abmaß (bisher Kurzzeichen T)
Grenzabmaße	Oberes Abmaß ES (Bohrung), es (Welle) oder unteres Abmaß EI (Bohrung), ei (Welle)
Grenzmaße	Höchstmaß oder Mindestmaß (bisher Kurzzeichen G_o oder G_u)
Mindestmaß	Bohrung: $G_{uB} = N + EI$ Welle: $G_{uW} = N + ei$
Höchstmaß	Bohrung: $G_{oB} = N + ES$ Welle: $G_{oW} = N + es$

Grenzabmaße für Wellen

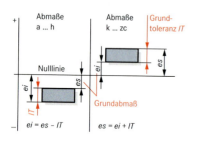

$ei = es - IT$ $es = ei + IT$

Grenzabmaße für Bohrungen

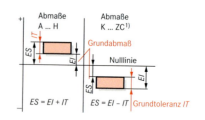

$ES = EI + IT$ $ES = EI - IT$ Grundtoleranz IT

[1] nicht gültig
  – für Grundtoleranzgrade ≤ IT 8 bei Toleranzfeldlage k
  – Toleranzklasse M8

Benennung	Erklärung
Grundabmaß	Das Abmaß, das die Lage des Toleranzfeldes in Bezug zur Nulllinie festlegt (oberes oder unteres Abmaß, das der Nulllinie am nächsten liegt), Kennzeichnung durch Großbuchstaben für eine Bohrung und Kleinbuchstaben für eine Welle
Grundtoleranz IT	Jede zum ISO-System gehörende Toleranz
Grundtoleranzgrad	Gruppe von Toleranzen, die dem gleichen Genauigkeitsniveau für alle Nennmaße zugeordnet sind, z. B. IT 8

Benennung	Erklärung
Toleranzgrad	Zahl des Grundtoleranzgrades
Toleranzklasse	Benennung für eine Kombination eines Grundabmaßes und eines Toleranzgrades, z. B. H8
Toleranzfeld	In der grafischen Darstellung das Intervall zwischen dem Höchstmaß und dem Mindestmaß
Passung	Differenz zwischen den Maßen zweier zu fügender Formelemente

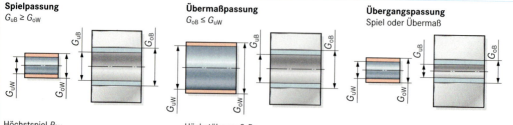

Spielpassung
$G_{uB} ≥ G_{oW}$

Höchstspiel P_{SH}
$P_{SH} = G_{oB} - G_{uW}$
Mindestspiel P_{SM}
$P_{SM} = G_{uB} - G_{oW}$

Übermaßpassung
$G_{oB} ≤ G_{uW}$

Höchstübermaß $P_{ÜH}$
$P_{ÜH} = G_{uB} - G_{oB}$
Mindestübermaß $P_{ÜM}$
$P_{ÜM} = G_{oB} - G_{uW}$

Übergangspassung
Spiel oder Übermaß

Passungssysteme
Systems of fits

DIN ISO 286-1: 1990-11

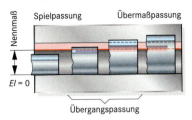

Passungssystem Einheitsbohrung
Passungssystem, in dem das untere Abmaß der Bohrung Null ist.

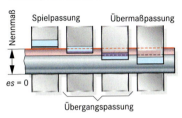

Passungssystem Einheitswelle
Passungssystem, in dem das obere Abmaß der Welle Null ist.

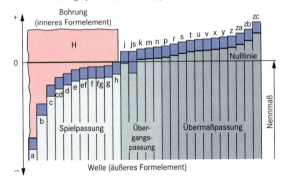

Die Maßtoleranz ist eine Funktion des Nennmaßes. Sie wird durch eine Zahl (Toleranzgrad) ausgedrückt.

Die Lage des Toleranzfeldes zur Nulllinie wird durch einen, in einigen Fällen durch zwei Buchstaben gekennzeichnet.

Dabei gilt:
- Großbuchstaben für Bohrungen
- Kleinbuchstaben für Wellen

Mit JS bzw. js werden J- bzw. j-Toleranzfelder bezeichnet, deren Lage symmetrisch zur Nulllinie ist.

Kennzeichnung eines tolerierten Maßes

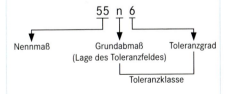

Kennzeichnung einer Passung

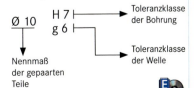

Technische Kommunikation 51

ISO-Passungen für Einheitsbohrung
ISO-fits for the hole basis system

DIN ISO 286-1: 1990-11; DIN 7154-1: 1966-08

Grenzabmaße in µm

Nennmaßbereich in mm	Bohrg. H6	Welle					Bohrg. H7	Welle								
		r5	n5	k6	j6	h5		s6	r6	n6	m6	k6	j6	h6	g6	f7
von 1 bis 3	+6 / 0	+14 / +10	+8 / +4	+6 / 0	+4 / −2	0 / −4	+10 / 0	+20 / +14	+16 / +10	+10 / +4	+8 / +2	+6 / 0	+4 / −2	0 / −6	−2 / −8	−6 / −16
über 3 bis 6	+8 / 0	+20 / +15	+13 / +8	+9 / +1	+6 / −2	0 / −5	+12 / 0	+27 / +19	+23 / +15	+16 / +8	+12 / +4	+9 / +1	+6 / −2	0 / −8	−4 / −12	−10 / −22
über 6 bis 10	+9 / 0	+25 / +19	+16 / +10	+10 / +1	+7 / −2	0 / −6	+15 / 0	+32 / +23	+28 / +19	+19 / +10	+15 / +6	+10 / +1	+7 / −2	0 / −9	−5 / −14	−13 / −28
über 10 bis 14	+11 / 0	+31 / +23	+20 / +12	+12 / +1	+8 / −3	0 / −8	+18 / 0	+39 / +28	+34 / +23	+23 / +12	+18 / +7	+12 / +1	+8 / −3	0 / −11	−6 / −17	−16 / −34
über 14 bis 18	+11 / 0	+31 / +23	+20 / +12	+12 / +1	+8 / −3	0 / −8	+18 / 0	+39 / +28	+34 / +23	+23 / +12	+18 / +7	+12 / +1	+8 / −3	0 / −11	−6 / −17	−16 / −34
über 18 bis 24	+13 / 0	+37 / +28	+24 / +15	+15 / +2	+9 / −4	0 / −9	+21 / 0	+48 / +35	+41 / +28	+28 / +15	+21 / +8	+15 / +2	+9 / −4	0 / −13	−7 / −20	−20 / −41
über 24 bis 30	+13 / 0	+37 / +28	+24 / +15	+15 / +2	+9 / −4	0 / −9	+21 / 0	+48 / +35	+41 / +28	+28 / +15	+21 / +8	+15 / +2	+9 / −4	0 / −13	−7 / −20	−20 / −41
über 30 bis 40	+16 / 0	+45 / +34	+28 / +17	+18 / +2	+11 / −5	0 / −11	+25 / 0	+59 / +43	+50 / +34	+33 / +17	+25 / +9	+18 / +2	+11 / −5	0 / −16	−9 / −25	−25 / −50
über 40 bis 50	+16 / 0	+45 / +34	+28 / +17	+18 / +2	+11 / −5	0 / −11	+25 / 0	+59 / +43	+50 / +34	+33 / +17	+25 / +9	+18 / +2	+11 / −5	0 / −16	−9 / −25	−25 / −50
über 50 bis 65	+19 / 0	+54 / +41	+33 / +20	+21 / +2	+12 / −7	0 / −13	+30 / 0	+72 / +53	+60 / +41	+39 / +20	+30 / +11	+21 / +2	+12 / −7	0 / −19	−10 / −29	−30 / −60
über 65 bis 80	+19 / 0	+56 / +43	+33 / +20	+21 / +2	+12 / −7	0 / −13	+30 / 0	+78 / +59	+62 / +43	+39 / +20	+30 / +11	+21 / +2	+12 / −7	0 / −19	−10 / −29	−30 / −60
über 80 bis 100	+22 / 0	+66 / +51	+38 / +23	+25 / +3	+13 / −9	0 / −15	+35 / 0	+93 / +71	+73 / +51	+45 / +23	+35 / +13	+25 / +3	+13 / −9	0 / −22	−12 / −34	−36 / −71
über 100 bis 120	+22 / 0	+69 / +54	+38 / +23	+25 / +3	+13 / −9	0 / −15	+35 / 0	+101 / +79	+76 / +54	+45 / +23	+35 / +13	+25 / +3	+13 / −9	0 / −22	−12 / −34	−36 / −71
über 120 bis 140	+25 / 0	+81 / +63	+45 / +27	+28 / +3	+14 / −11	0 / −18	+40 / 0	+117 / +92	+88 / +63	+52 / +27	+40 / +15	+28 / +3	+14 / −11	0 / −25	−14 / −39	−43 / −83
über 140 bis 160	+25 / 0	+83 / +65	+45 / +27	+28 / +3	+14 / −11	0 / −18	+40 / 0	+125 / +100	+90 / +65	+52 / +27	+40 / +15	+28 / +3	+14 / −11	0 / −25	−14 / −39	−43 / −83
über 160 bis 180	+25 / 0	+86 / +68	+45 / +27	+28 / +3	+14 / −11	0 / −18	+40 / 0	+133 / +108	+93 / +68	+52 / +27	+40 / +15	+28 / +3	+14 / −11	0 / −25	−14 / −39	−43 / −83
über 180 bis 200	+29 / 0	+97 / +77	+51 / +31	+33 / +4	+16 / −13	0 / −20	+46 / 0	+151 / +122	+106 / +77	+60 / +31	+46 / +17	+33 / +4	+16 / −13	0 / −29	−15 / −44	−50 / −96
über 200 bis 225	+29 / 0	+100 / +80	+51 / +31	+33 / +4	+16 / −13	0 / −20	+46 / 0	+159 / +130	+109 / +80	+60 / +31	+46 / +17	+33 / +4	+16 / −13	0 / −29	−15 / −44	−50 / −96
über 225 bis 250	+29 / 0	+104 / +84	+51 / +31	+33 / +4	+16 / −13	0 / −20	+46 / 0	+169 / +140	+113 / +84	+60 / +31	+46 / +17	+33 / +4	+16 / −13	0 / −29	−15 / −44	−50 / −96
über 250 bis 280	+32 / 0	+117 / +94	+57 / +34	+36 / +4	+16 / −16	0 / −23	+52 / 0	+190 / +158	+126 / +94	+66 / +34	+52 / +20	+36 / +4	+16 / −16	0 / −32	−17 / −49	−56 / −108
über 280 bis 315	+32 / 0	+121 / +98	+57 / +34	+36 / +4	+16 / −16	0 / −23	+52 / 0	+202 / +170	+130 / +98	+66 / +34	+52 / +20	+36 / +4	+16 / −16	0 / −32	−17 / −49	−56 / −108
über 315 bis 355	+36 / 0	+133 / +108	+62 / +37	+40 / +4	+18 / −18	0 / −25	+57 / 0	+226 / +190	+144 / +108	+73 / +37	+57 / +21	+40 / +4	+18 / −18	0 / −36	−18 / −54	−62 / −119
über 355 bis 400	+36 / 0	+139 / +114	+62 / +37	+40 / +4	+18 / −18	0 / −25	+57 / 0	+244 / +208	+150 / +114	+73 / +37	+57 / +21	+40 / +4	+18 / −18	0 / −36	−18 / −54	−62 / −119
über 400 bis 450	+40 / 0	+153 / +126	+67 / +40	+45 / +5	+20 / −20	0 / −27	+63 / 0	+272 / +232	+166 / +126	+80 / +40	+63 / +23	+45 / +5	+20 / −20	0 / −40	−20 / −60	−68 / −131
über 450 bis 500	+40 / 0	+159 / +132	+67 / +40	+45 / +5	+20 / −20	0 / −27	+63 / 0	+292 / +252	+172 / +132	+80 / +40	+63 / +23	+45 / +5	+20 / −20	0 / −40	−20 / −60	−68 / −131

ISO-Passungen für Einheitsbohrung
ISO-fits for the hole basis system

DIN ISO 286-2: 1990-11; DIN 7154-1: 1966-08

Grenzabmaße in µm

Nennmaßbereich in mm	Bohrg. H8	Welle							Bohrg. H11	Welle				
		x8	u8	s8	h9	f7	e8	d9		h9	h11	d9	c11	a11
von 1 bis 3	+ 14 / 0	+ 34 / + 20	–	+ 28 / + 14	0 / – 25	– 6 / – 16	– 14 / – 28	– 20 / – 45	+ 60 / 0	0 / – 25	0 / – 60	– 20 / – 45	– 60 / – 120	– 270 / – 330
über 3 bis 6	+ 18 / 0	+ 46 / + 28	–	+ 37 / + 19	0 / – 30	– 10 / – 22	– 20 / – 38	– 30 / – 60	+ 75 / 0	0 / – 30	0 / – 75	– 30 / – 60	– 70 / – 145	– 270 / – 345
über 6 bis 10	+ 22 / 0	+ 56 / + 34	–	+ 45 / + 23	0 / – 36	– 13 / – 28	– 25 / – 47	– 40 / – 76	+ 90 / 0	0 / – 36	0 / – 90	– 40 / – 76	– 80 / – 170	– 280 / – 370
über 10 bis 14	+ 27	+ 67 / + 40	–	+ 55	0	– 16	– 32	– 50	+ 110	0	0	– 50	– 95	– 290
über 14 bis 18	0	+ 72 / + 45		+ 28	– 43	– 34	– 59	– 93	0	– 43	– 110	– 93	– 205	– 400
über 18 bis 24	+ 33	+ 87 / + 54	–	+ 68	0	– 20	– 40	– 65	+ 130	0	0	– 65	– 110	– 300
über 24 bis 30	0	+ 97 / + 64	+ 81 / + 48	+ 35	– 52	– 41	– 73	– 117	0	– 52	– 130	– 117	– 240	– 430
über 30 bis 40	+ 39	+ 119 / + 80	+ 99 / + 60	+ 82	0	– 25	– 50	– 80	+ 160	0	0	– 80	– 120 / – 280	– 310 / – 470
über 40 bis 50	0	+ 136 / + 97	+ 109 / + 70	+ 43	– 62	– 50	– 89	– 142	0	– 62	– 160	– 142	– 130 / – 290	– 320 / – 480
über 50 bis 65	+ 46	+ 168 / + 122	+ 133 / + 87	+ 99 / + 53	0	– 30	– 60	– 100	+ 190	0	0	– 100	– 140 / – 330	– 340 / – 530
über 65 bis 80	0	+ 192 / + 146	+ 148 / + 102	+ 105 / + 59	– 74	– 60	– 106	– 174	0	– 74	– 190	– 174	– 150 / – 340	– 360 / – 550
über 80 bis 100	+ 54	+ 232 / + 178	+ 178 / + 124	+ 125 / + 71	0	– 36	– 72	– 120	+ 220	0	0	– 120	– 170 / – 390	– 380 / – 600
über 100 bis 120	0	+ 264 / + 210	+ 198 / + 144	+ 133 / + 79	– 87	– 71	– 126	– 207	0	– 87	– 220	– 207	– 180 / – 400	– 410 / – 630
über 120 bis 140	+ 63	+ 311 / + 248	+ 233 / + 170	+ 155 / + 92									– 200 / – 450	– 460 / – 710
über 140 bis 160	0	+ 343 / + 280	+ 253 / + 190	+ 163 / + 100	0	– 43	– 85	– 145	+ 250	0	0	– 145	– 210 / – 460	– 520 / – 770
über 160 bis 180		+ 373 / + 310	+ 273 / + 210	+ 171 / + 108	– 100	– 83	– 148	– 245	0	– 100	– 250	– 245	– 230 / – 480	– 580 / – 830
über 180 bis 200		+ 422 / + 350	+ 308 / + 236	+ 194 / + 122									– 240 / – 530	– 660 / – 950
über 200 bis 225	+ 72	+ 457 / + 385	+ 330 / + 258	+ 202 / + 130	0	– 50	– 100	– 170	+ 290	0	0	– 170	– 260 / – 550	– 740 / – 1030
über 225 bis 250	0	+ 497 / + 425	+ 356 / + 284	+ 212 / + 140	– 115	– 96	– 172	– 285	0	– 115	– 290	– 285	– 280 / – 570	– 820 / – 1110
über 250 bis 280	+ 81	+ 556 / + 475	+ 396 / + 315	+ 239 / + 158	0	– 56	– 110	– 190	+ 320	0	0	– 190	– 300 / – 620	– 920 / – 1240
über 280 bis 315	0	+ 606 / + 525	+ 431 / + 350	+ 251 / + 170	– 130	– 108	– 191	– 320	0	– 130	– 320	– 320	– 330 / – 650	– 1050 / – 1370
über 315 bis 355	+ 89	+ 679 / + 590	+ 479 / + 390	+ 279 / + 190	0	– 62	– 125	– 210	+ 360	0	0	– 210	– 360 / – 720	– 1200 / – 1560
über 355 bis 400	0	–	+ 524 / + 435	+ 297 / + 208	– 140	– 119	– 214	– 350	0	– 140	– 360	– 350	– 400 / – 760	– 1350 / – 1710
über 400 bis 450	+ 97	–	+ 587 / + 490	+ 329 / + 232	0	– 68	– 135	– 230	+ 400	0	0	– 230	– 440 / – 840	– 1500 / – 1900
über 450 bis 500	0	–	+ 637 / + 540	+ 349 / + 252	– 155	– 131	– 232	– 385	0	– 155	– 400	– 385	– 480 / – 880	– 1650 / – 2050

Technische Kommunikation

ISO-Passungen für Einheitswelle
ISO-fits for the shaft basis system

DIN ISO 286-2: 1990-11; DIN 7155-1: 1966-08

Grenzabmaße in µm

Nennmaßbereich in mm	Welle h5	P6	N6	M6	J6	H6	Welle h6	S7	R7	N7	M7	K7	J7	H7	G7	F8
von 1 bis 3	0 / -4	-6 / -12	-4 / -10	-2 / -8	+2 / -4	+6 / 0	0 / -6	-14 / -24	-10 / -20	-4 / -14	-2 / -12	0 / -10	+4 / -6	+10 / 0	+12 / +2	+20 / +6
über 3 bis 6	0 / -5	-9 / -17	-5 / -13	-1 / -9	+5 / -3	+8 / 0	0 / -8	-15 / -27	-11 / -23	-4 / -16	0 / -12	+3 / -9	+6 / -6	+12 / 0	+16 / +4	+28 / +10
über 6 bis 10	0 / -6	-12 / -21	-7 / -16	-3 / -12	+5 / -4	+9 / 0	0 / -9	-17 / -32	-13 / -28	-4 / -19	0 / -15	+5 / -10	+8 / -7	+15 / 0	+20 / +5	+35 / +13
über 10 bis 14	0 / -8	-15 / -26	-9 / -20	-4 / -15	+6 / -5	+11 / 0	0 / -11	-21 / -39	-16 / -34	-5 / -23	0 / -18	+6 / -12	+10 / -8	+18 / 0	+24 / +6	+43 / +16
über 14 bis 18	0 / -8	-15 / -26	-9 / -20	-4 / -15	+6 / -5	+11 / 0	0 / -11	-21 / -39	-16 / -34	-5 / -23	0 / -18	+6 / -12	+10 / -8	+18 / 0	+24 / +6	+43 / +16
über 18 bis 24	0 / -9	-18 / -31	-11 / -24	-4 / -17	+8 / -5	+13 / 0	0 / -13	-27 / -48	-20 / -41	-7 / -28	0 / -21	+6 / -15	+12 / -9	+21 / 0	+28 / +7	+53 / +20
über 24 bis 30	0 / -9	-18 / -31	-11 / -24	-4 / -17	+8 / -5	+13 / 0	0 / -13	-27 / -48	-20 / -41	-7 / -28	0 / -21	+6 / -15	+12 / -9	+21 / 0	+28 / +7	+53 / +20
über 30 bis 40	0 / -11	-21 / -37	-12 / -28	-4 / -20	+10 / -6	+16 / 0	0 / -16	-34 / -59	-25 / -50	-8 / -33	0 / -25	+7 / -18	+14 / -11	+25 / 0	+34 / +9	+64 / +25
über 40 bis 50	0 / -11	-21 / -37	-12 / -28	-4 / -20	+10 / -6	+16 / 0	0 / -16	-34 / -59	-25 / -50	-8 / -33	0 / -25	+7 / -18	+14 / -11	+25 / 0	+34 / +9	+64 / +25
über 50 bis 65	0 / -13	-26 / -45	-14 / -33	-5 / -24	+13 / -6	+19 / 0	0 / -19	-42 / -72	-30 / -60	-9 / -39	0 / -30	+9 / -21	+18 / -12	+30 / 0	+40 / +10	+76 / +30
über 65 bis 80	0 / -13	-26 / -45	-14 / -33	-5 / -24	+13 / -6	+19 / 0	0 / -19	-48 / -78	-32 / -62	-9 / -39	0 / -30	+9 / -21	+18 / -12	+30 / 0	+40 / +10	+76 / +30
über 80 bis 100	0 / -15	-30 / -52	-16 / -38	-6 / -28	+16 / -6	+22 / 0	0 / -22	-58 / -93	-38 / -73	-10 / -45	0 / -35	+10 / -25	+22 / -13	+35 / 0	+47 / +12	+90 / +36
über 100 bis 120	0 / -15	-30 / -52	-16 / -38	-6 / -28	+16 / -6	+22 / 0	0 / -22	-66 / -101	-41 / -76	-10 / -45	0 / -35	+10 / -25	+22 / -13	+35 / 0	+47 / +12	+90 / +36
über 120 bis 140	0 / -18	-36 / -61	-20 / -45	-8 / -33	+18 / -7	+25 / 0	0 / -25	-77 / -117	-48 / -88	-12 / -52	0 / -40	+12 / -28	+26 / -14	+40 / 0	+54 / +14	+106 / +43
über 140 bis 160	0 / -18	-36 / -61	-20 / -45	-8 / -33	+18 / -7	+25 / 0	0 / -25	-85 / -125	-50 / -90	-12 / -52	0 / -40	+12 / -28	+26 / -14	+40 / 0	+54 / +14	+106 / +43
über 160 bis 180	0 / -18	-36 / -61	-20 / -45	-8 / -33	+18 / -7	+25 / 0	0 / -25	-93 / -133	-53 / -93	-12 / -52	0 / -40	+12 / -28	+26 / -14	+40 / 0	+54 / +14	+106 / +43
über 180 bis 200	0 / -20	-41 / -70	-22 / -51	-8 / -37	+22 / -7	+29 / 0	0 / -29	-105 / -151	-60 / -106	-14 / -60	0 / -46	+13 / -33	+30 / -16	+46 / 0	+61 / +15	+122 / +50
über 200 bis 225	0 / -20	-41 / -70	-22 / -51	-8 / -37	+22 / -7	+29 / 0	0 / -29	-113 / -159	-63 / -109	-14 / -60	0 / -46	+13 / -33	+30 / -16	+46 / 0	+61 / +15	+122 / +50
über 225 bis 250	0 / -20	-41 / -70	-22 / -51	-8 / -37	+22 / -7	+29 / 0	0 / -29	-123 / -169	-67 / -113	-14 / -60	0 / -46	+13 / -33	+30 / -16	+46 / 0	+61 / +15	+122 / +50
über 250 bis 280	0 / -23	-47 / -79	-25 / -57	-9 / -41	+25 / -7	+32 / 0	0 / -32	-138 / -190	-74 / -126	-14 / -66	0 / -52	+16 / -36	+36 / -16	+52 / 0	+69 / +17	+137 / +56
über 280 bis 315	0 / -23	-47 / -79	-25 / -57	-9 / -41	+25 / -7	+32 / 0	0 / -32	-150 / -202	-78 / -130	-14 / -66	0 / -52	+16 / -36	+36 / -16	+52 / 0	+69 / +17	+137 / +56
über 315 bis 355	0 / -25	-51 / -87	-26 / -62	-10 / -46	+29 / -7	+36 / 0	0 / -36	-169 / -226	-87 / -144	-16 / -73	0 / -57	+17 / -40	+39 / -18	+57 / 0	+75 / +18	+151 / +62
über 355 bis 400	0 / -25	-51 / -87	-26 / -62	-10 / -46	+29 / -7	+36 / 0	0 / -36	-187 / -244	-93 / -150	-16 / -73	0 / -57	+17 / -40	+39 / -18	+57 / 0	+75 / +18	+151 / +62
über 400 bis 450	0 / -27	-55 / -95	-27 / -67	-10 / -50	+33 / -7	+40 / 0	0 / -40	-209 / -272	-103 / -166	-17 / -80	0 / -63	+18 / -45	+43 / -20	+63 / 0	+83 / +20	+165 / +68
über 450 bis 500	0 / -27	-55 / -95	-27 / -67	-10 / -50	+33 / -7	+40 / 0	0 / -40	-229 / -292	-109 / -172	-17 / -80	0 / -63	+18 / -45	+43 / -20	+63 / 0	+83 / +20	+165 / +68

ISO-Passungen für Einheitswelle
ISO-fits for the shaft basis system

DIN ISO 286-2: 1990-11; DIN 7155-1: 1966-08

Grenzabmaße in μm

Nennmaßbereich in mm (von)	(bis)	Welle h9	Bohrung X9	P9	J9	H8	H11	F8	E9	D10	C11	Welle h11	Bohrung H11	D10	D11	C11	A11
von 1	3	0 / − 25	− 20 / − 45	− 6 / − 31	± 12,5	+ 14 / 0	+ 60 / 0	+ 20 / + 6	+ 39 / + 14	+ 60 / + 20	+ 120 / + 60	0 / − 60	+ 60 / 0	+ 60 / + 20	+ 80 / + 20	+ 120 / + 60	+ 330 / + 270
über 3	6	0 / − 30	− 28 / − 58	− 12 / − 42	± 15	+ 18 / 0	+ 75 / 0	+ 28 / + 10	+ 50 / + 20	+ 78 / + 30	+ 145 / + 70	0 / − 75	+ 75 / 0	+ 78 / + 30	+ 105 / + 30	+ 145 / + 70	+ 345 / + 270
über 6	10	0 / − 36	− 34 / − 70	− 15 / − 51	± 18	+ 22 / 0	+ 90 / 0	+ 35 / + 13	+ 61 / + 25	+ 98 / + 40	+ 170 / + 80	0 / − 90	+ 90 / 0	+ 98 / + 40	+ 130 / + 40	+ 170 / + 80	+ 370 / + 280
über 10	14	0 / − 43	− 40 / − 83	− 18 / − 61	± 21,5	+ 27 / 0	+ 110 / 0	+ 43 / + 16	+ 75 / + 32	+ 120 / + 50	+ 205 / + 95	0 / − 110	+ 110 / 0	+ 120 / + 50	+ 160 / + 50	+ 205 / + 95	+ 400 / + 290
über 14	18	0 / − 43	− 45 / − 88	− 18 / − 61	± 21,5	+ 27 / 0	+ 110 / 0	+ 43 / + 16	+ 75 / + 32	+ 120 / + 50	+ 205 / + 95	0 / − 110	+ 110 / 0	+ 120 / + 50	+ 160 / + 50	+ 205 / + 95	+ 400 / + 290
über 18	24	0 / − 52	− 54 / − 106	− 22 / − 74	± 26	+ 33 / 0	+ 130 / 0	+ 53 / + 20	+ 92 / + 40	+ 149 / + 65	+ 240 / + 110	0 / − 130	+ 130 / 0	+ 149 / + 65	+ 195 / + 65	+ 240 / + 110	+ 430 / + 300
über 24	30	0 / − 52	− 64 / − 116	− 22 / − 74	± 26	+ 33 / 0	+ 130 / 0	+ 53 / + 20	+ 92 / + 40	+ 149 / + 65	+ 240 / + 110	0 / − 130	+ 130 / 0	+ 149 / + 65	+ 195 / + 65	+ 240 / + 110	+ 430 / + 300
über 30	40	0 / − 62	− 80 / − 142	− 26 / − 88	± 31	+ 39 / 0	+ 160 / 0	+ 64 / + 25	+ 112 / + 50	+ 180 / + 80	+ 280 / + 120	0 / − 160	+ 160 / 0	+ 180 / + 80	+ 240 / + 80	+ 280 / + 120	+ 470 / + 310
über 40	50	0 / − 62	− 97 / − 159	− 26 / − 88	± 31	+ 39 / 0	+ 160 / 0	+ 64 / + 25	+ 112 / + 50	+ 180 / + 80	+ 290 / + 130	0 / − 160	+ 160 / 0	+ 180 / + 80	+ 240 / + 80	+ 290 / + 130	+ 480 / + 320
über 50	65	0 / − 74	− 122 / − 196	− 32 / − 106	± 37	+ 46 / 0	+ 190 / 0	+ 76 / + 30	+ 134 / + 60	+ 220 / + 100	+ 330 / + 140	0 / − 190	+ 190 / 0	+ 220 / + 100	+ 290 / + 100	+ 330 / + 140	+ 530 / + 340
über 65	80	0 / − 74	− 146 / − 220	− 32 / − 106	± 37	+ 46 / 0	+ 190 / 0	+ 76 / + 30	+ 134 / + 60	+ 220 / + 100	+ 340 / + 150	0 / − 190	+ 190 / 0	+ 220 / + 100	+ 290 / + 100	+ 340 / + 150	+ 550 / + 360
über 80	100	0 / − 87	− 178 / − 265	− 37 / − 124	± 43,5	+ 54 / 0	+ 220 / 0	+ 90 / + 36	+ 159 / + 72	+ 260 / + 120	+ 390 / + 170	0 / − 220	+ 220 / 0	+ 260 / + 120	+ 340 / + 120	+ 390 / + 170	+ 600 / + 380
über 100	120	0 / − 87	− 210 / − 297	− 37 / − 124	± 43,5	+ 54 / 0	+ 220 / 0	+ 90 / + 36	+ 159 / + 72	+ 260 / + 120	+ 400 / + 180	0 / − 220	+ 220 / 0	+ 260 / + 120	+ 340 / + 120	+ 400 / + 180	+ 630 / + 410
über 120	140	0 / − 100	− 248 / − 348	− 43 / − 143	± 50	+ 63 / 0	+ 250 / 0	+ 106 / + 43	+ 185 / + 85	+ 305 / + 145	+ 450 / + 200	0 / − 250	+ 250 / 0	+ 305 / + 145	+ 395 / + 145	+ 450 / + 200	+ 710 / + 460
über 140	160	0 / − 100	− 280 / − 380	− 43 / − 143	± 50	+ 63 / 0	+ 250 / 0	+ 106 / + 43	+ 185 / + 85	+ 305 / + 145	+ 460 / + 210	0 / − 250	+ 250 / 0	+ 305 / + 145	+ 395 / + 145	+ 460 / + 210	+ 770 / + 520
über 160	180	0 / − 100	− 310 / − 410	− 43 / − 143	± 50	+ 63 / 0	+ 250 / 0	+ 106 / + 43	+ 185 / + 85	+ 305 / + 145	+ 480 / + 230	0 / − 250	+ 250 / 0	+ 305 / + 145	+ 395 / + 145	+ 480 / + 230	+ 830 / + 580
über 180	200	0 / − 115	− 350 / − 465	− 50 / − 165	± 57,5	+ 72 / 0	+ 290 / 0	+ 122 / + 50	+ 215 / + 100	+ 355 / + 170	+ 530 / + 240	0 / − 290	+ 290 / 0	+ 355 / + 170	+ 460 / + 170	+ 530 / + 240	+ 950 / + 660
über 200	225	0 / − 115	− 385 / − 500	− 50 / − 165	± 57,5	+ 72 / 0	+ 290 / 0	+ 122 / + 50	+ 215 / + 100	+ 355 / + 170	+ 550 / + 260	0 / − 290	+ 290 / 0	+ 355 / + 170	+ 460 / + 170	+ 550 / + 260	+ 1030 / + 740
über 225	250	0 / − 115	− 425 / − 540	− 50 / − 165	± 57,5	+ 72 / 0	+ 290 / 0	+ 122 / + 50	+ 215 / + 100	+ 355 / + 170	+ 570 / + 280	0 / − 290	+ 290 / 0	+ 355 / + 170	+ 460 / + 170	+ 570 / + 280	+ 1110 / + 820
über 250	280	0 / − 130	− 475 / − 605	− 56 / − 186	± 65	+ 81 / 0	+ 320 / 0	+ 137 / + 56	+ 240 / + 110	+ 400 / + 190	+ 620 / + 300	0 / − 320	+ 320 / 0	+ 400 / + 190	+ 510 / + 190	+ 620 / + 300	+ 1240 / + 920
über 280	315	0 / − 130	− 525 / − 655	− 56 / − 186	± 65	+ 81 / 0	+ 320 / 0	+ 137 / + 56	+ 240 / + 110	+ 400 / + 190	+ 650 / + 330	0 / − 320	+ 320 / 0	+ 400 / + 190	+ 510 / + 190	+ 650 / + 330	+ 1370 / + 1050
über 315	355	0 / − 140	− 590 / − 730	− 62 / − 202	± 70	+ 89 / 0	+ 360 / 0	+ 151 / + 62	+ 265 / + 125	+ 440 / + 210	+ 720 / + 360	0 / − 360	+ 360 / 0	+ 440 / + 210	+ 570 / + 210	+ 720 / + 360	+ 1560 / + 1200
über 355	400	0 / − 140	− 660 / − 800	− 62 / − 202	± 70	+ 89 / 0	+ 360 / 0	+ 151 / + 62	+ 265 / + 125	+ 440 / + 210	+ 760 / + 400	0 / − 360	+ 360 / 0	+ 440 / + 210	+ 570 / + 210	+ 760 / + 400	+ 1710 / + 1350
über 400	450	0 / − 155	− 740 / − 895	− 68 / − 223	± 77,5	+ 97 / 0	+ 400 / 0	+ 165 / + 68	+ 290 / + 135	+ 480 / + 230	+ 840 / + 440	0 / − 400	+ 400 / 0	+ 480 / + 230	+ 630 / + 230	+ 840 / + 440	+ 1900 / + 1500
über 450	500	0 / − 155	− 820 / − 975	− 68 / − 223	± 77,5	+ 97 / 0	+ 400 / 0	+ 165 / + 68	+ 290 / + 135	+ 480 / + 230	+ 880 / + 480	0 / − 400	+ 400 / 0	+ 480 / + 230	+ 630 / + 230	+ 880 / +480	+ 2050 / + 1650

Technische Kommunikation

Passungsauswahl
Selection of fits

DIN 7157: 1966-01

Die beliebige Paarung möglicher Toleranzfelder würde zu einer zu großen Zahl von Passungen führen. Eine wirtschaftliche Fertigung erfordert eine Einschränkung der Zahl der Toleranzfelder, deren Paarung zu allgemein anwendbaren und empfohlenen Passungen führt. Nur in Sonderfällen sollte von dieser Empfehlung abgewichen werden.

Die Toleranzfelder werden in 2 Reihen aufgeteilt:

Reihe 1 (Grundreihe)	x8[1]	u8[1]		r6	n6		h6	h9		f7			H7	H8		F8	E9	D10	C11	
Reihe 2 (Ergänzungsreihe)			s6			k6 j6			h11 g6		e8	d9 c11 a11			H11 G7					A11

[1] bis Nennmaß 24 mm: x8, über Nennmaß 24 mm: u8

Die Toleranzfelder der Reihe 1 und der Reihe 2 können zu folgenden Passungen gepaart werden

Passungen aus Reihe 1	H8/x8	H8/u8	H7/r6	H7/n6	H7/h6	H8/h9	H7/f7	F8/h6	H8/f7	F8/h9	E9/h9	D10/h9	C11/h9
Passungen aus Reihe 1 und 2	H7/s6	H7/k6	H7/j6	H11/h9	G7/h6	H7/g6	H8/e8	H8/d9	D10/h11	C11/h11			
Passungen aus Reihe 2	H11/h11	H11/d9	H11/c11	A11/h11	H11/a11								

System Einheitsbohrung
System Einheitswelle

Beispiel
Example

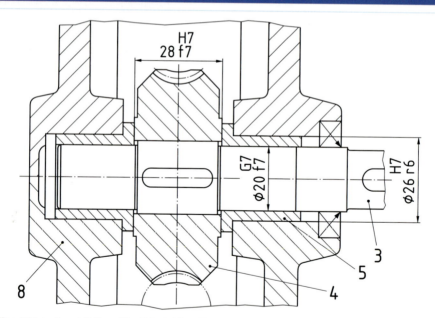

Die Welle (Pos. 3) ist durch zwei Gleitlager (Pos. 5) im Gehäuse (Pos. 8) gelagert. Auf der Welle ist ein Schneckenrad (Pos. 4) montiert. Die Welle muss sich in den Gleitlagern mit Spiel drehen, dagegen müssen die Lager im Gehäuse fest sitzen.

Passung	Grenzabmaße in µm				Höchstspiel/Mindestspiel in µm	Höchstübermaß/Mindestübermaß in µm
Ø 20 G7/f7	G7 +28	+7	f7 −20	−41	+69/+27	−
Ø 26 H7/r6	H7 +21	0	r6 +41	+28	−	−41/−28
28 H7/f7	H7 +21	0	f7 −20	−41	+62/+20	−

56 Technische Kommunikation

Passungsbeispiele
Examples of fits

Übermaßpassung

Kurzzeichen	Beschreibung	Anwendungsbeispiele
H8/x8 (H8/u8)	x8 / H8 — Teile können nur unter hohem Druck oder durch Schrumpfen gefügt werden, zusätzliche Sicherung nicht erforderlich.	Kupplungen auf Wellen, Buchsen in Radnaben, Zahnkränze auf Zahnkörpern
H7/r6	r6 / H7	

Übergangspassung

Kurzzeichen	Beschreibung	Anwendungsbeispiele
H7/n6	n6 / H7 — Teile können nur unter hohem Druck gefügt werden, Sicherung gegen Verdrehen erforderlich.	Zahn- und Schneckenräder, Lagerbuchsen, Antriebsräder
H7/k6	H7 / k6 — Teile lassen sich unter geringem Kraftaufwand fügen, Sicherung gegen Verdrehen und Verschieben erforderlich.	Riemenscheiben, Bremsscheiben, Lagerinnenringe für mittlere Belastung
H7/j6	H7 / j6 — Teile lassen sich von Hand zusammenschieben, Sicherung gegen Verdrehen und Verschieben erforderlich.	Häufig auszubauende Teile, Handräder, Lagerschalen, Wechselräder

Spielpassung

Kurzzeichen	Beschreibung	Anwendungsbeispiele
H7/h6	H7 / h6 — Gleitsitzteile, durch Hand verschiebbar	Pinolen auf Reitstock, Dichtungsringe
H8/h9	H8 / h9 — Teile haben kaum Spiel, sie sind von Hand verschiebbar	Scheiben, Räder, Stellringe, Hebel
H7/g6	H7 / g6 — Laufsitzteile mit geringem Spiel	Schieberäder, verschiebbare Kupplungen
H7/f7	H7 / f7 — Laufsitzteile mit reichlich Spiel	Lagerpassungen, Gleitführungen
F8/h9	F8 / h9	Kolben im Zylinder
D10/h9	D10 / h9 — Teile haben sehr reichliches Spiel.	Achsbuchsen für Landmaschinen und Transmissionslager
H11/h11	H11 / h11 — Grobsitz, Teile haben große Toleranzen bei geringem Spiel.	Teile, die verstiftet, verschraubt oder verschweißt werden, Griffe, Hebel
C11/h11	C11 / h11 — Grobsitz, Teile haben große Toleranzen und große Spiele.	Lager an Landmaschinen und Haushaltsmaschinen
A11/h11	A11 / h11 — Grobsitz, Teile haben große Toleranzen und sehr lockeren Sitz.	Türangeln, Feder- und Bremsgestänge an Fahrzeugen

Technische Kommunikation

Tolerierung von Form und Lage
Tolerances of form and location

DIN ISO 1101: 2006-02

→ Eine Form- oder Lagetoleranz eines Elementes definiert die Zone, innerhalb der dieses Element – Fläche, Achse oder Mittelebene – liegen muss.

Toleranzrahmen

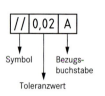

Das Ø-Zeichen wird vor den Toleranzwert gesetzt, wenn die Toleranzzone kreisförmig oder zylinderförmig ist.

Tolerierte Elemente

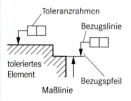

Die Toleranz bezieht sich auf eine Linie oder Fläche.

Die Toleranz bezieht sich auf die Achse oder Mittelebene

Die Toleranz bezieht sich auf alle durch die Mittellinie dargestellten Achsen oder Mittelebenen.

Symbole
nach DIN ISO 7083

Maße, Schrift BVL

Linienbreite d	H	h	a
0,35	7	3,5	7
0,5	10	5	10
0,7	14	7	14

Bezüge

Bezieht sich ein toleriertes Element auf ein Bezugselement, so wird dieser durch Bezugsbuchstaben gekennzeichnet.

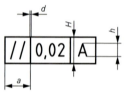

Der Bezug ist eine Linie oder Fläche.

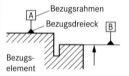

Der Bezug ist die Achse oder Mittelebene.

Der Bezug ist die gemeinsame Achse oder Mittelebene von zwei Elementen.

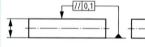

Kann der Toleranzrahmen direkt mit dem Bezug durch eine Bezugslinie verbunden werden, so kann der Bezugsbuchstabe entfallen.

Toleranzart	Toleranz	Symbol	Toleranzzone	Zeichnungseintragung	Erklärung
Formtoleranzen	Geradheitstoleranz	—		⌀0,06	Die Achse des mit dem Toleranzrahmen verbundenen Zylinders muss innerhalb einer zylindrischen Toleranzzone vom Durchmesser 0,06 mm liegen.
	Ebenheitstoleranz	▱		▱ 0,06	Die Fläche muss zwischen zwei parallelen Ebenen vom Abstand 0,06 mm liegen.
	Rundheitstoleranz	○		○ 0,1	Die Umfangslinie jedes Querschnittes muss zwischen zwei in derselben Ebene liegenden konzentrischen Kreisen vom Abstand 0,1 mm liegen.
	Zylinderformtoleranz	⌭		⌭ 0,1	Die Zylindermantelfläche muss zwischen zwei koaxialen Zylindern vom Abstand 0,1 mm liegen.

Tolerierung von Form und Lage
Tolerances of form and location

DIN ISO 1101: 2006-02

Toleranzart	Toleranz	Symbol	Toleranzzone	Zeichnungseintragung	Erklärung
Formtoleranzen	Profilformtoleranz einer beliebigen Linie	⌒	Øt	⌒ 0,03	Das tolerierte Profil muss zwischen zwei Linien liegen, die Kreise vom Durchmesser 0,03 mm einhüllen, deren Mitten auf einer Linie von geometrisch-idealer Form liegen.
	Profilformtoleranz einer beliebigen Fläche	⌓	Kugel Øt	⌓ 0,03	Die betrachtete Fläche muss zwischen zwei Flächen liegen, die Kugeln vom Durchmesser 0,03 mm einhüllen, deren Mitten auf einer Fläche von geometrisch-idealer Form liegen.
Lagetoleranzen — **Richtungstoleranzen**	Parallelitätstoleranz einer Linie zu einer Bezugslinie	//	Øt	// Ø0,02 A	Die tolerierte Achse muss innerhalb eines Zylinders vom Durchmesser 0,02 mm liegen, der parallel zur Bezugsachse A liegt.
	Parallelitätstoleranz einer Linie zu einer Bezugsfläche		t	// Ø0,02 A	Die tolerierte Achse der Bohrung muss zwischen zwei zur Bezugsfläche A parallelen Ebenen vom Abstand 0,02 mm liegen.
	Parallelitätstoleranz einer Fläche zu einer Bezugsfläche		t	// 0,02 B	Die tolerierte Fläche muss zwischen zwei zur Bezugsfläche B parallelen Ebenen vom Abstand 0,02 mm liegen.
	Rechtwinkligkeitstoleranz einer Linie zu einer Bezugsfläche	⊥	Øt	⊥ Ø0,02 A	Die tolerierte Achse des Zylinders muss innerhalb eines zur Bezugsfläche A senkrechten Zylinders vom Durchmesser 0,02 mm liegen.
	Rechtwinkligkeitstoleranz einer Fläche zu einer Bezugslinie		t	⊥ 0,1 B	Die tolerierte Planfläche des Werkstückes muss zwischen zwei parallelen und zur Bezugsachse B senkrechten Ebenen vom Abstand 0,1 mm liegen.
	Neigungstoleranz einer Linie zu einer Bezugslinie	∠	t	∠ 0,06 A-B 75°	Die tolerierte Achse der Bohrung muss zwischen zwei parallelen Linien vom Abstand 0,06 mm liegen, die im Winkel 75° zur Bezugsachse A-B geneigt sind.

Technische Kommunikation

Tolerierung von Form und Lage
Tolerances of form and location

DIN ISO 1101: 2006-02

Toleranzart		Toleranz	Symbol	Toleranzzone	Zeichnungseintragung	Erklärung
Lagetoleranzen	**Richtungstoleranzen**	Neigungstoleranz einer Fläche zu einer Bezugslinie	∠			Die tolerierte Fläche muss zwischen zwei parallelen Ebenen vom Abstand 0,1 mm liegen, die um 75° zur Bezugsachse A geneigt sind.
	Ortstoleranzen	Positionstoleranz einer Linie	⊕			Jede der tolerierten Linien muss zwischen zwei parallelen geraden Linien vom Abstand 0,05 mm liegen, die zur Bezugsfläche A symmetrisch zum theoretisch genauen Ort liegen.
		Koaxialitätstoleranz einer Achse	◎			Die Achse des tolerierten Zylinders muss innerhalb eines zur Bezugsachse A-B koaxialen Zylinders vom Durchmesser 0,1 mm liegen.
		Symmetrietoleranz einer Linie oder einer Achse	⚌			Die Achse der Bohrung muss zwischen zwei parallelen Ebenen vom Abstand 0,08 mm liegen, die symmetrisch zur gemeinsamen Mittelebene der Bezugsnuten A und B liegen.
	Lauftoleranzen	Rundlauftoleranz	↗			Bei einer Umdrehung um die Bezugsachse A-B darf die Rundlaufabweichung in jeder Messebene 0,08 mm nicht überschreiten.
		Planlauftoleranz				Bei einer Umdrehung um die Bezugsachse C darf die Planlaufabweichung an jeder beliebigen Messposition nicht größer als 0,08 mm sein.
		Gesamtrundlauftoleranz	↗↗			Bei mehrmaliger Drehung um die Bezugsachse A-B und bei axialer Verschiebung zwischen Werkstück und Messgerät müssen alle Punkte der Oberfläche des tolerierten Elementes innerhalb der Gesamt-Rundlauftoleranz von $t = 0,1$ mm liegen.
		Gesamtplanlauftoleranz				Bei mehrmaliger Drehung um die Bezugsachse C und bei radialer Verschiebung zwischen Werkstück und Messgerät müssen alle Punkte der Oberfläche des tolerierten Elementes innerhalb der Gesamt-Planlauftoleranz von $t = 0,1$ mm liegen.

60 Technische Kommunikation

Zentrierbohrungen
Centre holes

DIN 332-1: 1986-04; DIN 332-2: 1983-05; DIN 332-8: 1979-09

Form A
mit geraden Laufflächen ohne Schutzsenkung

Form B
mit geraden Laufflächen und kegelförmiger Schutzsenkung

Form R
mit gewölbten Laufflächen ohne Schutzsenkung

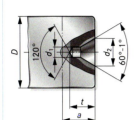
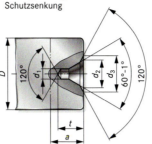
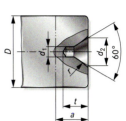

Form DR
mit gewölbter Lauffläche und Gewinde

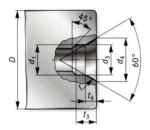

Form S
90°-Zentrierbohrung

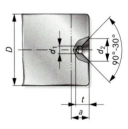

Bei der bildlichen Darstellung von Zentrierbohrungen werden nur die Durchmesser d_1 und d_2 (bzw. d_3, d_4) bemaßt.

Maße für Form A, B, R

d_1	1	1,25	1,6	2	2,5	3,15	4	5	6,3	8	10
d_2	2,12	2,65	3,35	4,25	5,3	6,7	8,5	10,6	13,2	17	21,2
Form A											
t	1,9	2,3	2,9	3,7	4,6	5,9	7,4	9,2	11,5	14,8	18,4
$a^{1)}$	3	4	5	6	7	9	11	14	18	22	28
Form B											
b	0,3	0,4	0,5	0,6	0,8	0,9	1,2	1,6	1,4	1,6	2
d_3	3,15	4	5	6,3	8	10	12,5	16	18	22,4	28
t	2,2	2,7	3,4	4,3	5,4	6,8	8,6	10,8	12,9	16,4	20,4
$a^{1)}$	3,5	4,5	5,5	6,6	8,3	10	12,7	15,6	20	25	31
Form R											
t	1,9	2,3	2,9	3,7	4,6	5,8	7,4	9,2	11,4	14,7	18,3
r	3,15	4	5	6,3	8	10	12,5	16	20	25	31,5
$a^{1)}$	3	4	5	6	7	9	11	14	18	22	28

Maße für Form DR

d_1	M3	M4	M5	M6	M8	M10	M12	M16	M20	M24
d_3	3,2	4,3	5,3	6,4	8,4	10,5	13	17	21	25
d_4	5,3	6,7	8,1	8,6	12,2	14,9	18,1	23	28,4	34,2
t_3	2,6	3,2	4	5	6	7,5	9,5	12	15	18
t_4	1,8	2,1	2,4	2,8	3,3	3,8	4,4	5,2	6,4	8
r	4	5	6,3	8	10	16	20	25	31,5	40

Maße für Form S

d_1	12,5	16	20	25	31,5	40	50
d_2	50	63	80	100	125	160	200
t	30	35	45	55	65	85	105
$a^{1)}$	50	55	70	90	100	120	140

Die Zentrierbohrungen der Form A, B, R und der zentrierende Teil der Bohrung der Form C werden mit entsprechenden Zentrierbohrern nach DIN 333 hergestellt.

Die Größe der Zentrierbohrung wird durch das Werkstückgewicht, die Festigkeitswerte des Werkstücks und die Zerspanungsgrößen bestimmt.

Für die Maße d_1 und d_2 und den Wellendurchmesser D der Formen A, B, R soll gelten:

$\dfrac{D}{d_2} \geq 3$ oder $\dfrac{D}{d_1} \geq 6{,}3$

$d_2 \leq \dfrac{D}{3}$ oder $d_1 \leq \dfrac{D}{6{,}3}$

Bezeichnung einer Zentrierbohrung der Form A mit $d_1 = 5$ mm und $d_2 = 10{,}6$ mm:

Zentrierbohrung
DIN 332 – A 5 x 10,6

Für die Maße d_1 und d_2 und den Wellendurchmesser D der Form S soll gelten:

$\dfrac{D}{d_2} \geq 3$ oder $\dfrac{D}{d_1} \geq 12$

[1] Das Abstechmaß a gilt für Zentrierbohrungen, die nicht am Werkstück verbleiben.

Technische Kommunikation

Zentrierbohrungen – Vereinfachte Darstellung
Centre holes – simplified representation

DIN ISO 6411: 1997-11

→ *Die vereinfachte Darstellung besteht aus dem Symbol und der Bezeichnung.*

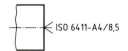

Zentrierbohrung Form A,
$d_1 = 4$ mm, $d_2 = 8,5$ mm
muss am fertigen Teil verbleiben

Zentrierbohrung Form A,
$d_1 = 4$ mm, $d_2 = 8,5$ mm
darf am fertigen Teil verbleiben

Zentrierbohrung Form A,
$d_1 = 4$ mm, $d_2 = 8,5$ mm
darf nicht am fertigen Teil verbleiben

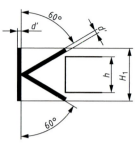

Maße der Symbole:
Linienbreite für die Konturen des Teiles: 0,5 mm

$h = 3,5$ mm
$d' = 0,35$ mm
$H_1 = 5$ mm

Werkstückkanten
Edges

DIN ISO 13 715: 2000-12

	Begriffe			Kantenzustände		
Außenkante	Abtragung	scharfkantig	Grat	Symbol	Außenkante	Innenkante
				+	Grat zugelassen Abtragung nicht zugelassen	Übergang zugelassen Abtragung nicht zugelassen
Innenkante	Abtragung	scharfkantig	Übergang	−	Abtragung gefordert Grat nicht zugelassen	Abtragung gefordert Übergang nicht zugelassen
Empfohlene Kantenmaße *a* in mm	− 0,1; − 0,3; − 0,5; − 1; − 2,5	+ 0,05; + 0,02; − 0,02; − 0,05	+ 2,5; + 1; + 0,5; + 0,3; + 0,1	±	Grat oder Abtragung zugelassen	Abtragung oder Übergang zugelassen
					nur mit einer Maßangabe zulässig	

Die Zeichnungsangaben erfolgen durch das Symbol und die Maßangaben ggf. mit Angabe der Grat- oder Abtragungsrichtung

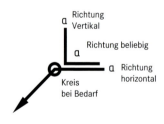

Auf die Norm ISO 13 715 ist im Schriftfeld oder in dessen Nähe hinzuweisen:

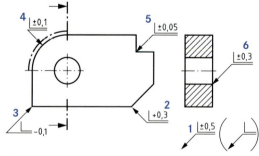

1 Die einmalige Angabe an geeigneter Stelle der Zeichnung gilt für alle Kanten. Zusätzliche Kantenzustände werden in Klammern einzeln oder vereinfacht durch das Grundsymbol angegeben.
2 Außenkante gratig bis 0,3 mm, Gratrichtung beliebig.
3 Außenkante gratig bis 0,1 mm, Gratrichtung horizontal.
4 Außenkante gratig oder gratfrei, obere und untere Grenze ± 0,1 mm, für eine vorgeschriebene Länge (Strich-Punkt-Linie (ISO 128-04.2))
5 Innenkante scharfkantig mit Übergang oder Abtragung bis 0,05 mm.
6 Umlaufende Kante der Bohrung gratig bis 0,3 mm.

Wärmebehandelte Teile
Heat treated parts

Härteangaben

DIN 6773: 2001-04

Die Angaben zur Wärmebehandlung werden in der Nähe des Schriftfeldes eingetragen. Wenn erforderlich, wird die Messstelle zur Überprüfung der Wärmebehandlung mit dem Symbol gekennzeichnet. Allen Härtewerten sind möglichst große, jedoch funktionsgerechte Plus-Toleranzen zuzuordnen.

 Kennzeichnung der Bereiche, die wärmebehandelt werden müssen
breite Strichpunktlinie (ISO 128-04.2.1)

 Kennzeichnung der Bereiche, die wärmebehandelt werden dürfen
breite Strichlinie (ISO 128-02.2.1)

 Bereiche, die nicht wärmebehandelt werden dürfen
schmale Strich-Zweipunktlinie (ISO 128-05.1.8)

	Wärmebehandlung des ganzen Teiles		Örtlich begrenzte Wärmebehandlung
	gleiche Härtewerte	unterschiedliche Härtewerte	
Härten **Härten und Anlassen** **Vergüten**	vergütet 350 + 50 HB 2,5/187,5	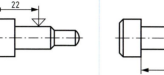 gehärtet und zweimal angelassen nach WBA-Nr. …* 40 + 5 HRC **1**: 58 + 4 HRC	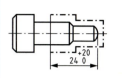 gehärtet und angelassen 61 + 3 HRC

* Wärmebehandlungsanweisung (WBA) nach Angabe des Herstellers

Einsatzhärten

Einsatzhärtungstiefe Eht	
Eht in mm	Plus-Toleranz in mm
0,05	0,03
0,07	0,05
0,1	0,1
0,3	0,2
0,5	0,3
0,8	0,4
1,2	0,5
1,6	0,6
2,0	0,8
2,5	1,0
3,0	1,2

einsatzgehärtet und angelassen
60 + 4 HRC
Eht 0,5 + 0,3
└ Toleranz der Einhärtungstiefe
└ Einhärtungstiefe

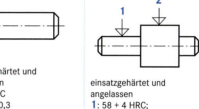
einsatzgehärtet und angelassen
1: 58 + 4 HRC;
Eht = 0,8 + 0,4
2: 600 + 100 HV30;
Eht = 0,5 + 0,3

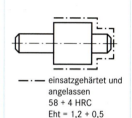
— · — einsatzgehärtet und angelassen
58 + 4 HRC
Eht = 1,2 + 0,5

Randschichthärten

Einhärtungstiefe Rht			
Rht in mm	Plus-Toleranz in mm		
	Induktionshärten	Flammhärten	Laser- u. Elektronenstrahlhärten
0,1	0,1		0,1
0,2	0,2		0,1
0,4	0,4		0,2
0,6	0,6		0,3
0,8	0,8		0,4
1,0	1,0		0,5
1,3	1,1		0,6
1,6	1,3	2,0	0,8
2,0	1,6	2,0	1,0
2,5	1,8	2,0	1,0
3,0	2,0	2,0	1,0
4,0	2,5	2,5	–
5,0	3,0	3,0	–

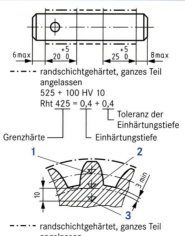

randschichtgehärtet, ganzes Teil angelassen
525 + 100 HV 10
Rht 425 = 0,4 + 0,4
└ Toleranz der Einhärtungstiefe
Grenzhärte ─┘ └ Einhärtungstiefe

— · — randschichtgehärtet, ganzes Teil angelassen
1: 56 + 6 HRC; **2**: 52 + 4 HRC; **3**: ≤ 30 HRC

Grenzhärte in HV	Oberflächen-Mindesthärte	
	in HV	in HRC
250	300 … 330	30 … 33
275	335 … 355	34 … 36
300	360 … 385	37 … 39
325	390 … 420	40 … 42
350	425 … 455	43 … 45
375	460 … 480	46, 47
400	485 … 515	48 … 50
425	520 … 545	51, 52
450	550 … 575	53
475	580 … 605	54, 55
500	610 … 635	56, 57
525	640 … 665	58
550	670 … 705	59, 60
575	710 … 730	61
600	735 … 765	62
625	770 … 795	63
650	800 … 835	64, 65
675	840 … 865	66

Grenzhärte ≙ 80 % der vorgeschriebenen Oberflächen-Mindesthärte

Galvanische Überzüge
Electroplated coatings

Bezeichnung in technischen Dokumenten
DIN 50960-1: 1998-10; DIN 50960-2: 1998-12; DIN EN 1403: 1998-10

Die Angabe von Überzügen erfolgt als Ergänzung des Symbols zur Kennzeichnung der Oberfläche nach DIN ISO 1302. Wird das Symbol nicht angewandt, muss die Benennung „Galvanischer Überzug" hinzugesetzt werden. Ein einheitlicher, allseitiger Überzug wird in der Nähe des Schriftfeldes angegeben.

Kennzeichnung der Bereiche, die einen Überzug erhalten müssen

breite Strichpunktlinie (ISO 128-04-2.1)

Kennzeichnung der Bereiche, die einen Überzug erhalten dürfen

breite Strichlinie (ISO 128-02.2.1)

Kennzeichnung der Bereiche, die keinen Überzug erhalten dürfen

schmale Strich-Zweipunkt-linie (ISO 128-05.1.8)

Aufbau der Bezeichnung

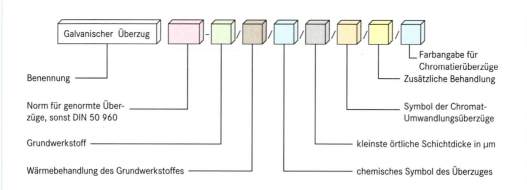

Normen für Überzüge		Chemische Symbole der Überzüge		Zusätzliche Behandlung (ausgenommen Umwandlungsüberzüge)	
DIN EN 12329	Galvanische Zn-Überzüge	Zn	Zink	T1	Beschichten mit Farben, Lacken, Pulvern oder ähnlichen Stoffen
DIN EN 12540	Galvanische Ni- und Ni-Cr-Überzüge, Cu-Ni- und Cu-Ni-Cr-Überzüge	Cd	Cadmium	T2	Versiegeln mit anorganischen oder organischen Mitteln
		Ni	Nickel		
		Cu	Kupfer		
DIN EN 12330	Galvanische Cd-Überzüge	Cr	Chrom	T3	Färben (Kennzeichnung durch nachgesetzten Schrägstrich und Farbangabe)
		Sn	Zinn		
DIN 50960-1	für durch eigenständige Normen nicht erfasste galvanische Überzüge	Pb	Blei	T4	Fetten oder Ölen
		Ag	Silber	T5	Wachsen
		Au	Gold		

Grundwerkstoffe		Symbole der Chromat-Umwandlungsüberzüge		
nach DIN EN 1403		A	klar	
Fe	Eisen oder Stahl	B	gebleicht	
Zn	Zink	C	irisierend	
Cu	Kupfer	D	undurchsichtig	
Al	Aluminium	F	schwarz	
nach DIN 50960-1				
NM	Nichtmetall			
PL	Kunststoff			

Der Angabe des Überzuges und der Schichtdicke kann eine Angabe zur Wärmebehandlung des Überzuges folgen.

Ein doppelter Schrägstrich in der Bezeichnung weist auf eine fehlende Angabe hin.

Wärmebehandlung des Grundwerkstoffes

Buchstaben HT
Mindesttemperatur in °C in Klammern
Haltedauer in Stunden

z. B. HT (190) 3

Farbangaben für Chromatierüberzüge

gn	grün
bl	blau
rt	rot
sw	schwarz

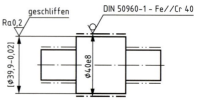

Chromüberzug auf der Funktionsfläche eines Gegenstandes aus Stahl, Schichtdicke 40 µm.
Bei der **Maßbeschichtung** wird das Vorbereitungsmaß Ø 39,9 – 0,02 in [ ] angegeben.
Eine allseitige Beschichtung ist mit dem Symbol für die Oberflächenbeschaffenheit über dem Schriftfeld der Zeichnung anzugeben.

Werkstofftechnik

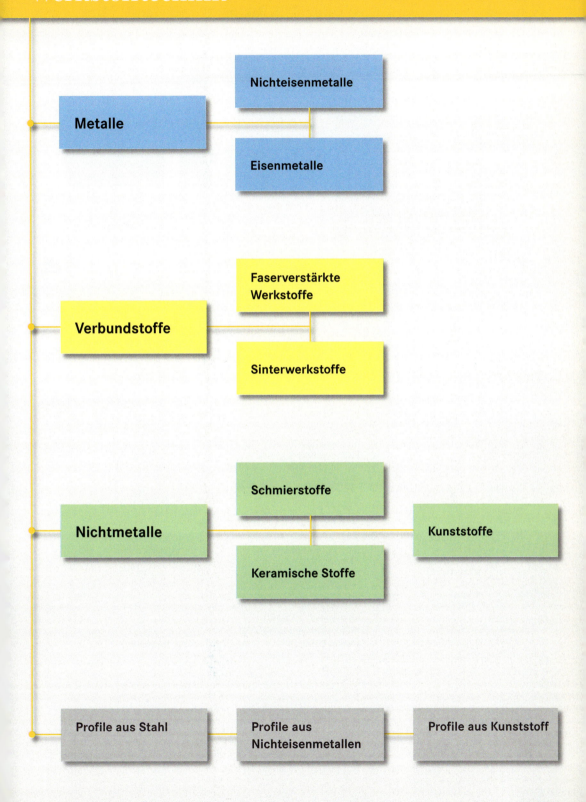

Bezeichnungssysteme für Stähle – Kurznamen
Designation systems for steels – short-names

DIN EN 10 027-1: 1992-09; DIN V 17 006-100: 1999-04

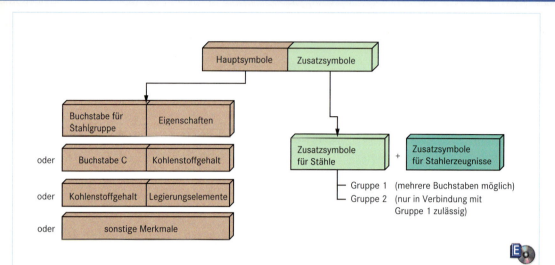

	Buch-stabe	Eigenschaften	Zusatzsymbole für Stähle Gruppe 1				Zusatzsymbole für Stähle Gruppe 2	
Stähle für den Stahlbau	**S**	Mindeststreckgrenze R_e in N/mm² für die geringste Erzeugnisdicke Beispiel: **S 355 J2 G3** vollberuhigter Stahl	| Kerbschlagarbeit ||| Prüftemperatur |			C D E F H L M N O P Q S T W	mit besonderer Kaltumformbarkeit für Schmelztauchüberzüge für Emaillierung zum Schmieden für Hohlprofile für Niedrigtemperatur thermomechanisch gewalzt normalgeglüht oder normalisierend gewalzt für Offshore Spundwandstahl vergütet für Schiffsbau für Rohre wetterfest
			27 J	40 J	60 J	°C		
			JR J0 J2 J3 J4 J5 J6	KR K0 K2 K3 K4 K5 K6	LR L0 L2 L3 L4 L5 L6	+20 0 –20 –30 –40 –50 –60		
			für Feinkornbaustähle A ausscheidungshärtend M thermomechanisch gewalzt N normalgeglüht oder normalisierend gewalzt Q vergütet G andere Güten (evtl. mit Ziffern) (s. Stähle für den Maschinenbau)					
	G... = Stahl-guss						evtl. Symbole für vorgeschriebene zusätzliche Elemente und einer Ziffer (= 10fache des Gehalts)	
Stähle für den Druck-behälterbau	**P**	Mindeststreckgrenze R_e in N/mm² für die geringste Erzeugnisdicke Beispiel: **P 355 N H**	für Feinkornbaustähle M thermomechanisch gewalzt N normalgeglüht oder normalisierend gewalzt Q vergütet T für Rohre B für Glasflaschen S für einfache Druckbehälter G andere Güten (evtl. mit Ziffern)					H L R X	für Hochtemperatur für Niedrigtemperatur für Raumtemperatur für Hoch- und Niedrig-temperatur
	G... = Stahl-guss	GP 240 GH						
Stähle für Leitungsrohre	**L**	Mindeststreckgrenze R_e in N/mm² für die geringste Erzeugnisdicke Beispiel: **L 360 NB**	für Feinkornbaustähle M thermomechanisch gewalzt N normalgeglüht oder normalisierend gewalzt Q vergütet G andere Güten (evtl. mit Ziffern)					Anforderungsklasse (evtl. mit Ziffern)	
Höherfeste Stähle für Flacherzeugnisse zum Kaltumformen	**H**	Mindeststreckgrenze R_e in N/mm² Beispiel: **H 420 M**	M thermomechanisch gewalzt oder kaltgewalzt P phosphorlegiert B bake hardening[1] X Dualphasengefüge G andere Güten (evtl. mit Ziffern)					D	für Schmelztauchüberzüge
	HT	wenn Mindestzug-festigkeit R_m ange-geben wird						

[1] Bake-hardening-Stahl: bei Raumtemperatur alterungsbeständig mit geringer Streckgrenze, der unter Wärme, z. B. Lackeinbrennen, zusätzlich verfestigt.

Bezeichnungssysteme für Stähle – Kurznamen
Designation systems for steels – short-names

DIN EN 10 027-1: 1992-09; DIN V 17 006-100:1999-04

	Buch-stabe	Eigenschaften	Zusatzsymbole für Stähle	
			Gruppe 1	Gruppe 2
Stähle für Flacherzeugnisse zum Kaltumformen	**D**	C kaltgewalzt D warmgewalzt X kalt- oder warmgewalzt gefolgt von 2stelliger Zahl für d. Stahlsorte Beispiel: **DC 04** **DC 03 + ZE**	D für Schmelztauchüberzüge EK für konventionelles Emaillieren ED für direktes Emaillieren H für Hohlprofile T für Rohre G andere Güten (evtl. mit Ziffern) evtl. Symbole für vorgeschriebene zusätzliche Elemente und einer Ziffer (= 10fache des Gehalts)	
Stähle für Verpackungs-bleche und -band	**T**	Mindeststreckgrenze R_e in N/mm² Beispiel: **T 550**		
Stähle für den Maschinenbau	**E**	Mindeststreckgrenze R_e in N/mm² für die geringste Erzeugnisdicke Beispiel: **E 355**	G andere Güten (evtl. mit Ziffer) G1 unberuhigt vergossen G2 beruhigt vergossen G3 voll beruhigt vergossen G4 voll beruhigt vergossen, vorgeschriebener Lieferungs-zustand	C mit besonderer Kaltziehbarkeit

	Buchst.	Kohlenstoffgehalt	Zusatzsymbole für Stähle		
Unlegierte Stähle Mn-Gehalt < 1 % außer Automatenstähle	**C**	100 × mittlerer C-Gehalt Beispiel: **C 35 E**	E vorgeschriebener max. Schwefel-Gehalt R vorgeschriebener Bereich für Schwefel-Gehalt D zum Drahtziehen C mit besonderer Kaltumformbarkeit S für Federn U für Werkzeuge W für Schweißdraht G andere Güten (evtl. mit Ziffern)		

	Buchst.	Kohlenstoffgehalt	Legierungselemente		
Unlegierte Stähle, Mn-Gehalt < 1 % **Legierte Stähle**, Gehalt der einzelnen Leg.-elemente < 5 %	**ohne** **G... =** Stahl-guss	100 × mittlerer C-Gehalt Beispiel für unleg. Stahl: **28 Mn 6** Beispiel für leg. Stahl: **42 CrMo 4** G 20Mo 5	Buchstaben für die charakteristischen Legierungselemente, geordnet nach abnehmenden Gehalten gefolgt von Zahlen, getrennt durch Bindestrich, die dem mittleren prozentualen Gehalt der Elemente × Faktor entsprechen, geordnet in der Reihenfolge der Legierungselemente		

Elemente	Faktor
Cr, Co, Mn, Ni, Si, W	4
Al, Be, Cu, Mo, Nb, Pb, Ta, Ti, V, Zr	10
C, Ce, N, P, S	100
B	1000

	Buchst.	Kohlenstoffgehalt	Legierungselemente		
Legierte Stähle, mind. ein Leg.-element ≥ 5 %	**X** **G... =** Stahl-guss	100 × mittlerer C-Gehalt Beispiel: **X 22 CrMoV 12-1** GX7 CrNi Mo 12-1	Buchstaben für die charakteristischen Legierungselemente, geordnet nach abnehmenden Gehalten gefolgt von Zahlen, getrennt durch Bindestrich, die dem mittleren prozentualen Gehalt der Elemente entsprechen, geordnet in der Reihenfolge der Legierungselemente		

	Buchst.	Legierungselemente			
Schnellar-beitsstähle	**HS**	Zahlen, getrennt durch Bindestrich, die den prozentualen Gehalt der Legierungselemente in folgender Reihenfolge angeben: W-Mo-V-Co Beispiel: **HS 7-4-2-5**			

weitere Stähle:

Betonstähle	**B**	Angabe der Mindeststreckgrenze	**Stähle für Schienen**	**R**	Mindestzugfestigkeit
Spannstähle	**Y**	Nennwert der Zugfestigkeit	**Elektroblech und -band**	**M**	max. Ummagnetisierungsverlust

Werkstofftechnik 67

Bezeichnungssysteme für Stähle – Kurznamen
Designation systems for steels – short-names

DIN EN 10027-1: 1992-09; DIN V 17006-100:1999-04

Zusatzsymbole für Stahlerzeugnisse

Symbole für den Behandlungszustand	
+A	weichgeglüht
+AC	geglüht zur Erzielung kugeliger Karbide
+AR	wie gewalzt, ohne besondere Wärmebehandlung
+AT	lösungsgeglüht
+C	kaltverfestigt
+Cxxx	kaltverfestigt auf R_m = xxx N/mm^2
+CR	kaltgewalzt
+DC	Lieferzustand dem Hersteller überlassen
+FP	behandelt auf Ferrit-Perlit-Gefüge
+HC	warm-kalt geformt
+I	isothermisch behandelt
+LC	leicht kalt nachgezogen bzw. leicht nachgewalzt
+M	thermomechanisch gewalzt
+N	normalgeglüht oder normalisierend gewalzt
+NT	normalgeglüht und angelassen
+P	ausscheidungsgehärtet
+Q	abgeschreckt
+QA	luftgehärtet
+QO	ölgehärtet
+QT	vergütet
+QW	wassergehärtet
+RA	rekristallationsgeglüht
+S	kaltscherbar
+T	angelassen
+TH	behandelt auf Härtespanne
+U	unbehandelt
+WW	warmverfestigt

Um Verwechslungen zu vermeiden, kann der Buchstabe T vorangestellt werden, z. B. +TA.

Symbole für die Art des Überzuges	
+A	feueraluminiert
+AR	Aluminium-walzplattiert
+AS	mit Al-Si-Leg. überzogen
+AZ	mit Al-Zn-Leg. überzogen
+CE	elektrolytisch verchromt
+CU	Cu-Überzug
+IC	anorganisch beschichtet
+OC	organisch beschichtet
+S	feuerverzinnt
+SE	elektrolytisch verzinnt
+T	schmelztauchveredelt mit Pb-Sn-Leg.
+TE	elektrolytisch mit Pb-Sn-Leg. überzogen
+Z	feuerverzinkt
+ZA	mit Zn-Al-Leg. überzogen
+ZE	elektrolytisch verzinkt
+ZF	diffusionsgeglühte Zinküberzüge
+ZN	Zn-Ni-Überzug

Um Verwechslungen zu vermeiden, kann der Buchstabe S vorangestellt werden, z. B. +SA.

Symbole für besondere Anforderungen	
+C	Grobkornstahl
+F	Feinkornstahl
+H	mit besonderer Härtbarkeit
+Zxx	Mindestbrucheinschnürung senkrecht zur Oberfläche von xx %

Einfluss der Legierungselemente auf die Stahleigenschaften
Influence of the alloying elements on the properties of steel

beeinflusste Eigenschaft	Legierungselement												
	C	Si	S	P	Al	Co	Cr	Cu	Mn[1]	Mo	Ni[1]	V	W
Zugfestigkeit	+	+	o	+	o	+	+	+	+	+	+	+	+
Streckgrenze	+	+	o	+	o	+	+	+	+ | –	+	+ | –	+	+
Bruchdehnung	–	–	–	–	o	–	–	o	o | +	–	o | ++	o	–
Kerbschlagarbeit	–	–	–	– –	–	–	–	o	o	+	o | ++	+	o
Warmfestigkeit	+	+	o	o	o	+	+	+	o	+	+ | ++	+	++
Warmumformbarkeit	–	–	– –	–	–	–	–	– –	+ | – –	–	– | – –	+	–
Zerspanbarkeit	–	–	++	+	o	o	o	o	– | – –	–	– | – –	o	–
Härte	–	+	o	+	o	+	+	+	+ | – –	+	+ | –	+	+
Nitrierbarkeit	/	–	o	o	++	o	+	o	o	+	o	+	+
Korrosionsbeständigkeit	o	o	–	o	o	o	++	+	o	o	o | +	+	o
Verschleißfestigkeit	/	– –	o	o	o	++	+	o	– | o	+	o	+	++

++ = starke Erhöhung, + = Erhöhung, o = gleichbleibend oder ohne Bedeutung, – = Verminderung, – – = starke Verminderung, / = ohne Angabe

[1] Angaben für perlitische Stähle | austenitische Stähle

68 Werkstofftechnik

Bezeichnungssysteme für Stähle – Nummernsystem
Designation systems for steels – numerical system

DIN EN 10027-2: 1992-09

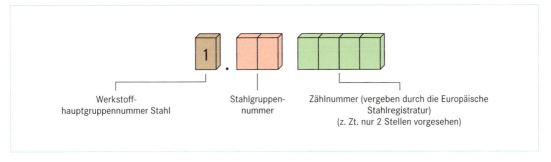

Werkstoff-hauptgruppennummer Stahl | Stahlgruppennummer | Zählnummer (vergeben durch die Europäische Stahlregistratur) (z. Zt. nur 2 Stellen vorgesehen)

Stahlgruppennummer

unlegierte Stähle

00, 90	**Grundstähle**
	Qualitätsstähle
01, 91	Allgem. Baustähle, R_m < 500 N/mm²
02, 92	Sonstige, nicht für Wärmebehandlung vorgesehene Baustähle, R_m < 500 N/mm²
03, 93	Stähle mit < 0,12 % C, R_m < 400 N/mm²
04, 94	Stähle mit 0,12 % ≤ C < 0,25 % oder 400 N/mm² ≤ R_m < 500 N/mm²
05, 95	Stähle mit 0,25 % ≤ C < 0,55 % oder 500 N/mm² ≤ R_m < 700 N/mm²
06, 96	Stähle mit ≥ 0,55 % C, R_m ≥ 700 N/mm²
07, 97	Stähle mit höherem P- oder S-Gehalt
	Edelstähle
10	Stähle mit bes. physikalischen Eigenschaften
11	Bau-, Maschinenbau- und Behälterstähle mit < 0,50 % C
12	Maschinenbaustähle mit ≥ 0,50 % C
13	Bau-, Maschinenbau- und Behälterstähle mit bes. Anforderungen
14	frei
15 ... 18	Werkzeugstähle
19	frei

legierte Stähle

	Qualitätsstähle
08, 98	Stähle mit bes. physikalischen Eigenschaften
09, 99	Stähle für verschiedene Anwendungsbereiche
	Edelstähle
20 ... 28	Werkzeugstähle
29	frei
30, 31	frei
32	Schnellarbeitsstähle mit Co
33	Schnellarbeitsstähle ohne Co
34	frei
35	Wälzlagerstähle
36, 37	Stähle mit bes. magnetischen Eigenschaften
38, 39	Stähle mit bes. physikalischen Eigenschaften
40 ... 45	nichtrostende Stähle
46	chem. beständige u. hochwarmfeste Ni-Leg.
47, 48	Hitzebeständige Stähle
49	Hochwarmfeste Werkstoffe
50 ... 84	Bau-, Maschinenbau- und Behälterstähle geordnet nach Legierungselementen
85	Nitrierstähle
86	frei
87 ... 89	nicht für Wärmebehandlung bestimmte Stähle, hochfeste schweißgeeignete Stähle

Begriffsbestimmungen für Stahlerzeugnisse
Definition of steel products

DIN EN 10079: 1993-02

Begriff deutsch	Begriff englisch	Symbol	Erklärung
Flacherzeugnis	flat product	–FL	Erzeugnis mit rechteckigem Querschnitt, bei dem die Breite viel größer als die Dicke ist
Stab- oder Formstahl	bar	–B	Erzeugnis in Form gerader Stäbe, nicht in Form von Ringen geliefert
Draht	wire	–W	durch Warm- oder Kaltumformen hergestellt, zu Ringen aufgewickelt
Schmiedestück	forging	–FO	Erzeugnis, das durch Druckumformen in die annähernd endgültige Form gebracht wird
Gussstück	casting	–C	Erzeugnis, dessen endgültige Form und Maße unmittelbar durch die Erstarrung des Stahles in Formen erzeugt wird
nahtloses Rohr	seamless tube	–TS	durch Walzen oder Strangpressen geformtes Rohr
geschweißtes Rohr	welded tube	–TW	zu einem kreisförmigen Profil eingeformtes Flacherzeugnis mit anschließend verschweißten Kanten

Werkstofftechnik

Einteilung der Stähle
Classification of grades of steels

DIN EN 10 020: 2000-07

→ *Stahl ist ein Werkstoff, dessen Masseanteil an Eisen größer ist als der jedes anderen Elementes, dessen C-Gehalt im Allgemeinen kleiner als 2 % ist und der andere Elemente enthält.*

Einteilung nach der chemischen Zusammensetzung

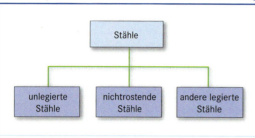

Stähle sind legiert, wenn der Grenzgehalt wenigstens eines Elementes erreicht oder überschritten wird.

Grenzgehalte für die Einteilung unlegierter und legierter Stähle

Element	Masseanteil in %	Element	Masseanteil in %
Al	0,30	Ni	0,30
B	0,001	Pb	0,40
Bi	0,10	Se	0,10
Co	0,30	Si	0,60
Cr	0,30	Te	0,10
Cu	0,40	Ti	0,05
La	0,10	V	0,10
Mn	1,65	W	0,30
Mo	0,08	Zr	0,05
Nb	0,06	sonstige	0,10

Einteilung nach Hauptgüteklassen

Unlegierte Qualitätsstähle	Legierte Qualitätsstähle
Stahlsorten mit festgelegten Anforderungen an Zähigkeit, Korngröße und Umformbarkeit; eine Wärmebehandlung ist nur bedingt möglich. Die Stahlsorten umfassen auch die bisherigen Grundstähle.	Stahlsorten mit besonderen Anforderungen an Zähigkeit, Korngröße und Umformbarkeit; sie sind im Allgemeinen nicht zum Vergüten oder Oberflächenhärten vorgesehen.
Beispiele: Unlegierte Baustähle Einsatzstähle Vergütungsstähle Schweißgeeignete Feinkornbaustähle	Beispiele: Stähle für den Stahlbau Schweißgeeignete Feinkornbaustähle Stähle für Schienen und Spundbohlen Stähle für warm- oder kaltgewalzte Flacherzeugnisse
Unlegierte Edelstähle	**Legierte Edelstähle**
Stahlsorten mit höherem Reinheitsgrad als unlegierte Qualitätsstähle mit genauer Einstellung der chemischen Zusammensetzung. Sie sind zum Vergüten und Oberflächenhärten vorgesehen. Der Höchstgehalt an P und S beträgt ≤ 0,020 %.	Stahlsorten mit genauer Einstellung der chemischen Zusammensetzung und verbesserten Eigenschaften durch besondere Herstellungs- und Prüfbedingungen außer nichtrostenden Stählen.
Beispiele: Stähle für den Stahlbau Einsatzstähle Vergütungsstähle Federstähle Werkzeugstähle	Beispiele: Maschinenbaustähle Stähle für Druckbehälter Wälzlagerstähle Werkzeugstähle Warmfeste Stähle

Nichtrostende Stähle	

Nichtrostende Stähle sind Stähle mit einem Masseanteil Cr ≥ 10,5 % und C ≤ 1,2 %.
 	
Die Stähle werden weiter nach folgenden Kriterien unterteilt:
  nach dem Nickelgehalt in
    Ni < 2,5 %,
    Ni ≥ 2,5 %,
 	
  nach den Haupteigenschaften in
    korrosionsbeständig,
    hitzebeständig,
    warmfest.
	Grenzgehalte für die Einteilung der schweißgeeigneten legierten Feinkornbaustähle in Qualitäts- und Edelstähle

Element	Masseanteil in %
Cr	0,50
Cu	0,50
Mn	1,80
Mo	0,10
Nb	0,08
Ni	0,50
Ti	0,12
V	0,12
Zr	0,12

Für nicht genannte Elemente gilt die obere Tabelle.

Ein Feinkornbaustahl gilt als Qualitätsstahl, wenn die maßgebenden Gehalte unter den angegebenen Grenzwerten liegen.

Baustähle
Structural steels

Unlegierte Baustähle – warmgewalzt

DIN EN 10 025-2: 2005-04

Kurzname	Werk-stoff-num-mer	bis-heriger Kurz-name	Zug-festigkeit R_m in N/mm² [1]	Streckgrenze R_{eH} in N/mm² für Erzeugnisdicken in mm					Bruch-dehnung A_5 in % [2]	Kerbschlag-arbeit in J [3] bei −20° ... +20 °C	Bemerkungen
				≤ 16	> 16 ≤ 40	> 40 ≤ 63	> 63 ≤ 80	> 80 ≤ 100			
S 185	1.0035	St 33	290 ... 510	185	175	175	175	175	18		
S 235 JR	1.0038	St 37-2	360 ... 510	235	225	215	215	215	26	27	für gering beanspruchte Teile im Maschinenbau und Stahlbau, gut bearbeitbar
S 235 J0	1.0114	St 37-3U									
S 235 J2	1.0117	–							24		
S 275 JR	1.0044	St 44-2	410 ... 560	275	265	255	245	235	23	27	für mittelmäßig beanspruchte Teile, z. B. Achsen, Hebel
S 275 J0	1.0143	St 44-3U									
S 275 J2	1.0145	–							21		
S 355 JR	1.0045	–	470 ... 630	355	345	335	325	315	22	27	für hoch beanspruchte Teile im Maschinen- und Stahlbau, z. B. Brücken, Kräne
S 355 J0	1.0553	St 52-3U									
S 355 J2	1.0577	–									
S 355 K2	1.0596	–							20		
E 295	1.0050	St 50-2	470 ... 610	295	285	275	265	255	20	–	für mittelmäßig beanspruchte Teile im Maschinenbau
E 335	1.0060	St 60-2	570 ... 710	335	325	315	305	295	16	–	für höher beanspruchte Teile im Maschinenbau
E 360	1.0070	St 70-2	670 ... 830	360	355	345	335	325	11		

[1] für Erzeugnisdicken $3 \leq t \leq 100$
[2] für Längsproben, Erzeugnisdicken $3\ \text{mm} \leq t \leq 40\ \text{mm}$
[3] für Erzeugnisdicken $150 < t \leq 250$

Lieferzustand

Stahlsorte und Gütegruppe	Lieferzustand	
	Flacherzeugnisse	Langerzeugnisse
S 185	nach Vereinbarung	
S 235 JR, S 235 J0	nach Vereinbarung	
S 275 JR, S 275 J0		
S 355 JR, S 355 J0		
S 235 J2 G3, S 275 J2 G3	normalgeglüht	nach Vereinbarung
S 235 J2 G3, S 355 K2 G3		
S 235 J2 G4, S 275 J2 G4	nach Wahl des Herstellers	
S 355 J2 G4, S 355 K2 G4		
E 295, E 335, E 360	nach Vereinbarung	

Mindestbiegeradien beim Abkanten von Flacherzeugnissen
– quer zur Walzrichtung –

Kurz-name	Nenndicken in mm				
	> 3 ≤ 4	> 4 ≤ 5	> 5 ≤ 6	> 6 ≤ 7	> 7 ≤ 8
S 235 JRC	5	6	8	10	12
S 235 J0C					
S 235 J2C	6	8	10	12	16
S 275 JRC	5	8	10	12	16
S 275 J0C					
S 275 J2C	6	10	12	16	20
S 355 J0C	6	8	10	12	16
S 355 J2C					
S 355 K2C	8	10	12	16	20

Technologische Eigenschaften

Schweißbarkeit	Warmumformbarkeit	Kaltumformbarkeit
Stähle der Gütegruppen JR, J0, J2 sind im Allgemeinen mit allen Verfahren schweißbar. Die Schweißeignung verbessert sich von JR bis K2.	Für normalgeglühte und normalisierend gewalzte Erzeugnisse ist die Warmumformbarkeit gewährleistet.	Kaltbiegen, Abkanten und Kaltbördeln sind bis zu einer Nenndicke $t \leq 30\ \text{mm}$ gewährleistet, wenn die gewünschte Eignung bei Bestellung vereinbart war (Zusatzsymbol C).

Werkstofftechnik

Baustähle
Structural steels

Warmgewalzte Erzeugnisse aus schweißgeeigneten Feinkornbaustählen
DIN EN 10025-3, 4: 2005-02

Kurzname	Werk-stoff-num-mer	bis-heriger Kurz-name	Liefer-zu-stand [1]	Zug-festigkeit R_m in N/mm² [2]	Streckgrenze R_{eH} in N/mm² für Erzeugnisdicken in mm					Bruch-dehnung A_5 in % [3]	Bemerkungen und Verwendung
					≤ 16	> 16 ≤ 40	> 40 ≤ 68	> 68 ≤ 90	> 90 ≤ 100		
S 275 N	1.0490	StE 285	N	370 ... 510	275	265	255	245	235	24	Die Stähle sind auch mit festgelegten Mindestwerten der Kerbschlagarbeit bis –50 °C erhältlich.
S 275 M	1.8818	–	M	360 ... 510							
S 355 N	1.0545	StE 355	N	470 ... 630	355	345	335	325	315	22	
S 355 M	1.8823	StE 355 TM	M	440 ... 600							
S 420 N	1.8902	StE 420	N	520 ... 680	420	400	390	370	360	19	Sie erhalten das Zusatzsymbol NL oder ML, z. B. S 275 NL
S 420 M	1.8825	StE 420 TM	M	470 ... 630							
S 460 N	1.8901	StE 460	N	550 ... 720	460	440	430	410	400	17	
S 460 M	1.8827	StE 420 TM	M	500 ... 680							

[1] N = normalgeglüht oder normalisierend gewalzt; M = thermomechanisch gewalzt
[2] für Erzeugnisdicken ≤ 100 mm
[3] für Erzeugnisdicken ≤ 16 mm

Warmgewalzte Baustähle mit höherer Streckgrenze
DIN EN 10025-6: 2005-02

Kurzname	Werk-stoff-num-mer	bis-heriger Kurz-name	Streckgrenze R_{eH} in N/mm² für Erzeugnisdicken in mm			Zugfestigkeit R_m in N/mm² für Erzeugnisdicken in mm			Bruch-dehnung A_5 in %	Kerbschlag-arbeit in J [1] bei	
			≥ 3 ≤ 50	> 50 ≤ 100	> 100 ≤ 150	≥ 3 ≤ 50	> 50 ≤ 100	> 100 ≤ 150		0 °C	–20 °C
S460Q	1.8909	–	460	440	400	550 ... 720		500 ... 670	17		
S500Q	1.8924	StE500V	500	480	440	590 ... 770		540 ... 720	17		
S550Q	1.8904	StE550V	550	530	490	640 ... 820		590 ... 770	16		
S620Q	1.8914	StE620V	620	580	560	700 ... 890		650 ... 830	15	40	30
S690Q	1.8931	StE690V	690	650	630	770 ... 940	760 ... 930	710 ... 900	14		
S890Q	1.8940	–	890	830	–	940 ... 1100	880 ... 1100	–	11		
S960Q	1.8941	–	960	–	–	980 ... 1150	–	–	10		

[1] gemessen an Längsproben

Stähle für Flamm- und Induktionshärten
DIN 17212: 1972-06

Kurzname	Werkstoff-nummer	Härte HB [1]	Zugfestigkeit R_m [2] in N/mm²	Dehngrenze $R_{p\,0,2}$ für Erzeugnisdicken in mm				Bruch-[2] dehnung A_5 in %	Verwendung
				$d ≤ 16$	$16 < d ≤ 40$	$40 < d ≤ 100$	$100 < d ≤ 160$		
Cf 35	1.1183	183	580 ... 730	420	360	320	–	19	für Teile mit geringerer Randhärte aber größerer Härte-tiefe als beim Einsatzhärten; z. B. Fahrzeug-kurbelwellen
Cf 45	1.1193	207	660 ... 800	480	410	370	–	16	
Cf 53	1.1213	223	690 ... 830	510	430	400	–	14	
Cf 70	1.1249	223	740 ... 880	560	480	–	–	13	
45 Cr 2	1.7005	207	780 ... 930	640	540	440	–	14	
38 Cr 4	1.7043	217	830 ... 980	740	630	510	–	13	
42 Cr 4	1.7045	217	880 ... 1080	780	670	560	–	12	
41 CrMo 4	1.7223	217	980 ... 1180	880	760	640	560	11	

[1] Zustand: weichgeglüht
[2] Angabe der mechanischen Eigenschaften an Proben mit einem Querschnitt: 16 mm < d ≤ 40 mm, Behandlungszustand: vergütet

72   Werkstofftechnik

Baustähle
Structural steels

Einsatzstähle

DIN EN 10 064: 1996-06

Kurzname	Werkstoff-nummer	Härte HB [1]	Zugfestigkeit R_m [2] in N/mm²	Streckgrenze R_e [2] in N/mm²	Bruchdehnung A_5 [2] in %	Verwendung
C 10 E[3]	1.1121	131	> 400	295	16	Verschleißteile geringer Festigkeit, z. B. Bolzen, Gelenke
C 15 E[3]	1.1141	143	> 600	355	14	
16 MnCr 5	1.7131	207	> 900	590	10	Getriebeteile, z. B. Wellen, Bolzen, Zahnräder
16 MnCr S5	1.7139					
20 MnCr 5	1.7147	217	> 1000	685	8	
20 MnCr S5	1.7149					
20 MoCr 4	1.7321	207	> 800	590	10	
20 MoCr S4	1.7323					
18 CrNiMo 7-6	1.6587	229	> 1100	785	8	hochbeanspruchte Getriebeteile, z. B. Antriebsritzel
20 NiCrMo 2-2	1.6523	212	> 800	590	10	

[1] Zustand weichgeglüht (A)
[2] für Erzeugnisdicken 16 mm < d < 40 mm
[3] Die Stähle sind auch mit einem vorgeschriebenen Bereich des S-Gehaltes lieferbar, z. B. C 10 R

Nitrierstähle

DIN EN 10 085: 2001-07

Kurzname	Werkstoff-nummer	Härte HB [1]	Zugfestigkeit R_m [2] in N/mm²	Dehngrenze $R_{p\,0,2}$ in N/mm²	Bruchdehnung A_5 in %	Verwendung
31 CrMo V 9	1.8519	248	1000 ... 1200	800	11	für hochbeanspruchte, verschleißfeste Teile, z. B. Kurbelwellen, Ventilspindeln, Heißdampfarmaturenteile
34 CrAlMo 5	1.8507		800 ... 1000 [3]	600 [3]	14 [3]	
34 CrAlNi 7	1.8550		850 ... 1050	650	12	
40 CrMoV 13-9	1.8523		950 ... 1150	750	11	

[1] Behandlungszustand: vergütet
[2] Angabe der mechanischen Eigenschaften an vergüteten Proben, $d \leq 100$ mm
[3] Angabe der mechanischen Eigenschaften an vergüteten Proben, $d \leq 70$ mm

Automatenstähle

DIN EN 10 087: 1999-01

Kurzname	Werkstoff-nummer	unbehandelt		vergütet			Verwendung
		Härte HB	Zugfestigkeit R_m in N/mm²	Dehngrenze $R_{p\,0,2}$ in N/mm²	Zugfestigkeit R_m in N/mm²	Bruch-dehnung A in %	
nicht für die Wärmebehandlung bestimmte Stähle							
11 S Mn 30[1]	1.0715	112 ... 169	380 ... 570	–	–	–	für Teile mit geringer Beanspruchung, z. B. Griffe, Stifte, Scheiben
11 S Mn 37[1]	1.0736						
Einsatzstähle							
10 S 20[1]	1.0721	107 ... 156	360 ... 530	–	–	–	Bolzen, Stifte
15 S Mn 13	1.0725	128 ... 178	430 ... 600	–	–	–	Kleinteile
Vergütungsstähle							
35 S 20[1]	1.0726	154 ... 201	520 ... 680	380	600 ... 750	15	für Teile mit hoher Beanspruchung, z. B. Wellen, Spindeln, Stifte, Schrauben
36 S Mn 14[1]	1.0764	166 ... 222	560 ... 750	420	670 ... 820	15	
38 S Mn 28[1]	1.0760	166 ... 216	530 ... 730	420	700 ... 850	15	
44 S Mn 28[1]	1.0762	187 ... 242	630 ... 820	420	700 ... 850	16	
46 S 20[1]	1.0727	175 ... 225	590 ... 760	430	650 ... 800	13	

Angabe der mechanischen Eigenschaften an Proben von über 16 mm bis 40 mm Dicke.

[1] Die Stähle werden auch mit einem Zusatz von Blei für verbesserte Zerspanung geliefert.

Werkstofftechnik 73

Baustähle
Structural steels

Vergütungsstähle

DIN EN 10083-1/2: 1996-10

Kurzname	Werk-stoff-num-mer	bis-heriger Kurz-name	Haupt-güte-klasse[1]	Zug-festigkeit R_m in N/mm² [2]	Streckgrenze R_{eH}/ Dehngrenze $R_{p\,0,2}$ in N/mm² für Querschnitt mit d in mm			Bruch-dehnung A_5 in % [2]	Verwendung
					$d \leq 16$	$16 < d \leq 40$	$40 < d \leq 100$		
C 22	1.0402	C 22	UQ	470 ... 620	340	290	–	22	für niedrig beanspruchte Teile mit kleinem Vergütungs-querschnitt, z. B.: Achsen, Wellen
C 22 E[3]	1.1151	Ck 22	UE						
C 25	1.0406	C 25	UQ	500 ... 650	370	320	–	21	
C 25 E[3]	1.1158	Ck 25	UE						
C 35	1.0501	C 35	UQ	600 ... 750	430	380	320	19	
C 35 E[3]	1.1181	Ck 35	UE						
C 45	1.0503	C 45	UQ	650 ... 800	490	430	370	16	
C 45 E[3]	1.1191	Ck 45	UE						
C 60	1.0601	C 60	UQ	800 ... 950	580	520	450	13	
C 60 E[3]	1.1221	Ck 60	UE						
28 Mn 6	1.1170	28 Mn 6	UE	700 ... 850	590	490	440	15	allgemeiner Maschinenbau
38 Cr 2	1.7003	38 Cr 2	LE	700 ... 850	550	450	350	15	allgemeiner Motorenbau, z. B.: Kurbelwellen, Wellen, Zahnräder
38 Cr S2	1.7023	28 Cr S2	LE						
46 Cr 2	1.7006	46 Cr 2	LE	800 ... 950	650	550	400	14	
46 Cr S2	1.7025	46 Cr S2	LE						
34 Cr 4	1.7033	34 Cr 4	LE	800 ... 950	700	590	460	14	
34 Cr S4	1.7037	34 Cr S4	LE						
37 Cr 4	1.7034	37 Cr 4	LE	850 ... 1000	750	630	510	13	
37 Cr S4	1.7038	37 Cr S4	LE						
41 Cr 4	1.7035	41 Cr 4	LE	900 ... 1100	800	660	560	12	
41 CrS 4	1.7039	41 Cr S4	LE						
25 CrMo 4	1.7218	25 CrMo 4	LE	800 ... 950	700	600	450	14	Turbinenteile, Pleuelstangen, Ritzelwellen, Achsen, Wellen mit hoher Festigkeit und Zähigkeit
25 CrMo S4	1.7213	25 CrMo S4	LE						
34 CrMo 4	1.7220	34 CrMo 4	LE	900 ... 1100	800	650	550	12	
34 CrMo S4	1.7226	34 CrMo S4	LE						
42 CrMo 4	1.7225	42 CrMo 4	LE	1000 ... 1200	900	750	650	11	
42 CrMo S4	1.7227	42 CrMo S4	LE						
50 CrMo 4	1.7228	50 CrMo 4	LE	1000 ... 1200	900	780	700	10	
30 CrNiMo 8	1.6580	30 CrNiMo 8	LE	1250 ... 1450	1050	1050	900	9	hochbeanspruchte Teile im Fahrzeug- und Getriebebau, z. B.: Kurbelwellen, Antriebsachsen
34 CrNiMo 6	1.6582	34 CrNiMo 6	LE	1100 ... 1300	1000	900	800	10	
36 CrNiMo 4	1.6511	36 CrNiMo 4	LE	1000 ... 1200	900	800	700	11	
36 NiCrMo 16	1.6773	–	LE	1250 ... 1450	1050	1050	900	9	
51 CrV 4	1.8159	50 CrV 4	LE	1000 ... 1200	900	800	700	10	

[1] UQ = unlegierter Qualitätsstahl, UE = unlegierter Edelstahl, LE = legierter Edelstahl
[2] für einen Querschnitt mit 16 mm < d ≤ 40 mm im vergüteten Zustand
[3] Die Stähle sind auch mit einem vorgeschriebenen Bereich des S-Gehaltes lieferbar, z. B. C 22 R

Baustähle
Structural steels

Flacherzeugnisse aus Druckbehälterstählen

Kurzname	Werk-stoff-num-mer	bisheriger Kurzname	Liefer-zu-stand[1]	Haupt-güte-klasse [2]	Zug-festigkeit R_m in N/mm²	Streckgrenze R_{eH}/Dehngrenze $R_{p\,0,2}$ in N/mm²						Bruch-dehnung A_5 in %
						20 °C	100 °C	200 °C	300 °C	400 °C	500 °C	
Unlegierte und legierte warmfeste Stähle										DIN EN 10028-2: 2003-09		
P235GH	1.0345	HI	N	UQ	360 ... 480[3]	235[3]	190[3]	170[3]	130[3]	110[3]	–[3]	25
P265GH	1.0425	HII	N	UQ	410 ... 530	265	215	195	155	130	–	23
P295GH	1.0481	17Mn4	N	UQ	460 ... 580	295	250	225	185	155	–	22
P355GH	1.0473	19Mn6	N	UQ	510 ... 650	355	290	255	215	180	–	21
16Mo3	1.5415	15Mo3	N	LE	440 ... 590	275	–	215	170	150	140	24
13CrMo4–5	1.7335	13CrMo44	NT	LE	450 ... 600	300	–	230	205	180	165	20
10CrMo9–10	1.7380	10CrMo910	NT	LE	480 ... 630	310	–	245	220	200	180	18
13CrMoV9–10	1.7703	–	NT	LE	600 ... 780	450	395	375	365	380	–	18
Schweißgeeignete Feinkornbaustähle, normalgeglüht										DIN EN 10028-3: 2003-09		
P275 NH[4]	1.0487	WStE285	N	UQ	390 ... 510	275	250	213	179	156	–	24
P275 NL1[4]	1.0488	TStE285		UQ			–	–	–	–	–	
P275 NL2	1.1104	EStE285		UE			–	–	–	–	–	
P355 N	1.0562	StE355	N	UQ	490 ... 630	355	–	–	–	–	–	22
P355 NH	1.0565	WStE355		UQ			323	275	232	202	–	
P355 NL1	1.0566	TStE355		UQ			–	–	–	–	–	
P355 NL2	1.1106	EStE355		UE			–	–	–	–	–	
P460NH	1.8935	WStE460	N	LE	570 ... 720	460	419	356	300	261	–	17
P460NL1	1.8915	TStE460		LE			–	–	–	–	–	
P460NL2	1.8918	EStE460		LE			–	–	–	–	–	

[1] N = normalgeglüht oder normalisierend gewalzt, T = angelassen
[2] UQ = unlegierter Qualitätsstahl, UE = unlegierter Edelstahl, LE = legierter Edelstahl
[3] für Erzeugnisdicken ≤ 16 mm
[4] NH = warmfeste Stähle, NL = kaltzähe Stähle (Reihe 1 und Reihe 2)

Nichtrostende Stähle
Stainless steels

DIN EN 10088-3: 2005-09

Kurzname	Werkstoff-nummer	Zug-festigkeit R_m in N/mm²	Dehn-grenze $R_{p\,0,2}$ in N/mm²	Bruchdehnung A in %	Verwendung
Ferritische und martensitische Stähle					
X 2 CrNi 12	1.4003	450 ... 600	260	20	Apparatebau, Fördertechnik
X 6 Cr 13	1.4000	400 ... 630	230	20	Haushaltsgeräte, Beschläge
X 12 Cr 13[1]	1.4006	650 ... 850	450	15	Lebensmittelindustrie
X 20 Cr 13[1]	1.4021	700 ... 850	500	13	Pumpenteile, Ventilkegel
X 30 Cr 13[1]	1.4028	850 ... 1000	650	10	Federn, Schrauben
X 50 CrMoV 15	1.4116	≤ 900	–	–	Schneidwerkzeuge
Austenitische Stähle					
X 10 CrNi 18-8	1.4310	500 ... 750	175	40	Bleche, Federn
X 2 CrNi 19-11	1.4306	460 ... 680	180	45	Nahrungsmittelindustrie
X 5 CrNi 18-10	1.4301	500 ... 700	190	45	Nahrungsmittelindustrie
X 6 CrNiTi 18-10	1.4541	500 ... 700	190	40	Film- und Fotoindustrie
X 6 CrNiMoNb 17-12-2	1.4580	510 ... 740	215	35	chemische Industrie
X 2 CrNiMo 18-15-4	1.4438	500 ... 700	200	40	chemische Industrie

[1] Angabe der mechanischen Eigenschaften an vergüteten Proben

Werkstofftechnik

Kaltgewalzte Flacherzeugnisse aus weichen Stählen zum Kaltumformen
Cold rolled low carbon steel for cold forming

DIN EN 10 130: 1999-02

Stahlsorte	alter Kurz-name nach DIN 1623	Werkstoff-nummer	Desoxyda-tionsart	Geltungsdauer der mechan. Eigenschaften	Zugfestigkeit R_m in N/mm²	Streckgrenze R_{eH} in N/mm²	Bruch-dehnung A_{80} in %[1]
unlegierter Qualitätsstahl							
DC 01	St 12	1.0330	nach Wahl des Herstellers	–	270 ... 410	140 ... 280	28
DC 03	RR St 13	1.0347	voll beruhigt	6 Monate	270 ... 370	140 ... 240	34
DC 04	St 14	1.0338			270 ... 350	140 ... 210	38
DC 05	–	1.0312			270 ... 330	140 ... 180	40
legierter Qualitässtahl							
DC 06	–	1.0873	voll beruhigt	6 Monate	270 ... 350	120 ... 180	38

[1] A_{80}: Bruchdehnung bei einer Anfangsmesslänge L_0 = 80 mm

Oberflächenart			Oberflächenausführung		
A	(O3)[2]	Fehler, die eine spätere Umformung oder Beschichtung nicht beeinträchtIgen, sind zulässig.	b	besonders glatt	$R_a \leq 0,4$ µm
			g	glatt	$R_a \leq 0,9$ µm
B	(O5)	Das einheitliche Aussehen einer Qualitätslackierung oder eines elektrolytischen Überzuges darf nicht beeinträchtigt werden.	m	matt	$0,6$ µm $< R_a \leq 1,9$ µm
			r	rau	$R_a > 1,6$ µm

[2] alte Bezeichnung nach DIN 1623

Bezeichnung eines Bleches aus der Stahlsorte DC 03, Oberflächenart A, Oberflächenausführung matt:

Blech EN 10 130 – DC 03-A-m oder Blech EN 10 130 – 1.0347-A-M

Stähle für Rohre
Steels for tubes

Stahlrohre für Rohrleitungen für brennbare Materialien

DIN EN 10 208-1: 1998-02

Kurzname	Werk-stoff-nummer	Zugfestig-keit R_m in N/mm²	Streck-grenze R_{eH} in N/mm²	Bruch-dehnung A_5 in %	Herstellungs-verfahren	Kurz-zeichen	Bemerkungen
L 210 GA	1.0319	335 ... 475	210	25	nahtlos	S	vergütete Rohre werden mit +Q und thermomechanische gelieferte Rohre werden mit +M gekennzeichnet
L 235 GA	1.0458	370 ... 510	235	23			
L 245 GA	1.0459	415 ... 555	245	22	elektrisch geschweißt	EW	
L 290 GA	1.0483	415 ... 555	290	21	stumpfgeschweißt	BW	
L 360 GA	1.0499	460 ... 620	360	20	unterpulvergeschweißt	SAW	

Nahtlose Stahlrohre für Druckbeanspruchung
Geschweißte Stahlrohre für Druckbeanspruchung

DIN EN 10 216-1: 2004-07
DIN EN 10 217-1: 2005-04

Kurzname	Werkstoff-nummer	Zugfestigkeit R_m in N/mm²	Streckgrenze R_{eH} in N/mm²			Bruch-dehnung A in %[2]	Kerbschlagarbeit KV in J bei	
			$t \leq 16$	$16 < t \leq 40$	$40 \leq t \leq 60$		0 °C	–10 °C
P195TR1	1.0107	320 ... 440	195	185	175 [1]	27	–	–
P195TR2	1.0108						40	28
P235TR1	1.0254	360 ... 500	235	225	215 [1]	25	–	–
P235TR2	1.0255						40	28
P265TR1	1.0258	410 ... 570	265	255	245 [1]	21	–	–
P265TR2	1.0259						40	28

[1] keine Angaben für geschweißte Rohre
[2] in Längsrichtung

Baustähle
Structural steels

Wälzlagerstähle
DIN EN ISO 683-17: 2000-04

Kurzname	Werkstoff-nummer	Stahlsorte	Behandlungs-zustand	Härte HB	Bemerkungen und Verwendung
100 Cr 6	1.3505	durchhärtende Stähle	+AC	207	Kugeln, Rollen **bis 30 mm** Ringe, Scheiben **bis 50 mm**
100 CrMn Si 6-4	1.3520		+AC	217	
18 NiCrMo 14-6	1.3533	Einsatzstahl	+S	255	weicher, zäher Kern, bei großen Abmessungen
			+AC	241	
43 CrMo 4	1.3563	Vergütungsstahl	+S	255	vorwiegend verwendet zum Randschichthärten
80 MoCrV 42-16	1.3551	warmharter Stahl	+AC	255	Kugeln, Rollen, Nadeln, Ringe
X 108 CrMo 17	1.3543	nichtrostender Stahl	+AC	248	Kugeln, Rollen, Nadeln, Ringe

Warmgewalzte Stähle für vergütbare Federn – Federstähle
DIN EN 10089: 2003-04

Kurzname	Werk-stoff-nummer	Härte HB		Zugfestigkeit R_m in N/mm^2	Streckgrenze $R_{p\,0,2}$ in N/mm^2	Bruch-dehnung A_5 in %	Verwendung
		weichgeglüht	geglüht auf kugelige Karbide				
38 Si 7	1.5023	217	200	1300 ... 1600	1150	8	Federringe Federplatten
54 SiCr 6	1.7102	248	230	1450 ... 1750	1300	6	Blattfedern
61 SiCr 7	1.7108	248	230	1550 ... 1850	1400	5,5	Schraubenfedern, Tellerfedern
55 Cr 3	1.7176	248	230	1400 ... 1700	1250	3	Schraubenfedern
51 CrV 4	1.8159	248	230	1350 ... 1650	1200	6	höchstbeanspruchte Schrauben- und Tellerfedern, Drehstabfedern
52 CrMoV 4	1.7701	248	230	1450 ... 1750	1300	6	wie 51 CrV 4, jedoch für größere Abmessungen

Runder Federstahldraht
DIN EN 10270-1: 2001-12; DIN EN 10270-2: 2001-12

Draht-sorte	Werkstoff-nummer	Zugfestigkeit R_m[1] in N/mm^2 für Nenndurchmesser d in mm												Bemerkungen und Verwendung
		0,4	0,6	0,8	1,0	1,5	2,0	3,0	4,0	5,0	6,0	8,0	10,0	
Patentiert gezogener Federdraht aus unlegierten Stählen														
SL		–	–	–	1970	1840	1750	1620	1520	1450	1390	1300	1230	Zug- und Druckfedern
SM	werden nicht verwendet	2550	2400	2300	2220	2080	1970	1830	1730	1650	1580	1480	1400	geringe statische und dynamische Belastung
SH		2830	2670	2560	2470	2310	2200	2040	1930	1840	1770	1660	1570	
DM		2250	2400	2300	2220	2080	1970	1830	1730	1640	1580	1490	1400	
DH		2830	2670	2560	2470	2310	2200	2040	1930	1840	1770	1660	1570	hohe
Vergüteter Federstahldraht														
FDC	werden nicht verwendet	–	1900	1900	1860	1760	1720	1620	1550	1500	1460	1400	1360	Federn mit mäßiger Dauerschwing-belastung
			2100	2100	2060	1940	1890	1770	1700	1610	1650	1550	1510	
VDC		–	1850	1850	1850	1700	1670	1600	1550	1540	1520	1420	1390	Federn mit hoher Dauerschwing-belastung
			2000	2000	1950	1800	1770	1700	1650	1640	1620	1520	1490	

[1] Angabe der oberen Grenzwerte für R_m

Bezeichnung eines Federstahldrahtes, Drahtsorte SM, Nenndurchmesser 2,0
Federdraht EN 10270 - 1 - SM - 2,0

Werkzeugstähle
Tool steels

DIN EN ISO 4957: 2001-02

Kurzname	Werkstoff-nummer	bisheriger Kurzname	Härte HB weichgeglüht	Verwendung
Unlegierte Kaltarbeitsstähle				
C 45 U	1.1730	C 45 W	207	Handwerkzeuge aller Art, z. B.: Zangen, Hämmer, Schraubendreher, Spitz- und Kreuzmeißel
C 70 U	1.1620	C 70 W2	183	Drucklufteinsteckwerkzeuge in Berg- und Straßenbau
C 80 U	1.1525	C 80 W1	192	Messer, Meißel, Körner, Stemmeisen, Schlaghämmer, Kaltschlagwerkzeuge, Baumscheren
C 105 U	1.1545	C 105 W1	212	Prägewerkzeuge, Lochstempel, Dorne, Durchschläge, Schlaghämmer, Hobelmesser
Legierte Kaltarbeitsstähle				
21 MnCr 5	1.2162	21 MnCr 5	217	Werkzeuge für die Kunststoffbearbeitung, die einsatz-gehärtet werden
60 WCrV 8	1.2550	60 WCrV 7	229	Schneidwerkzeuge, Scherenmesser, Holzbearbeitungs-werkzeuge, Körner, Handmeißel
90 MnCrV 8	1.2842	90 MnCrV 8	229	Schneidwerkzeuge, Gewindeschneidringe, Tiefziehwerkzeuge, Industriemesser, Messwerkzeuge
102 Cr 6	1.2067	100 Cr 6	223	Drehbankspitzen, Gewindebohrer, Lehren, Dorne, Holzbearbeitungswerkzeuge, Kaltwalzen
45 NiCrMo 16	1.2767	X 45 NiCrMo 4	285	Höchstbeanspruchte Massivprägewerkzeuge, Besteck-stanzen, Scherenmesser, Biegewerkzeuge
X 38 CrMo 16	1.2316	X 36 CrMo 17	300 [1]	Werkzeuge für die Verarbeitung von chemisch angreifenden Kunststoffen
X 153 CrMoV 12	1.2379	X 155 CrVMo 12-1	255	Metallsägen, Kaltschermesser, Gewindewalzwerkzeuge
X 210 Cr 12	1.2080	X 210 Cr 12	248	Hochleistungsschnitt- und -stanzwerkzeuge, Stempel, Messer, Räumnadeln
X 210 CrW 12	1.2436	X 210 CrW 12	255	Schneidwerkzeuge, Führungsleisten, Sandstrahldüsen, Ziehdorne, Holzfräser
Warmarbeitsstähle				
32 CrMoV 12-28	1.2365	X 32 CrMoV 3-3	229	Druckgussformen, Press- und Lochdorne an Stangenpressen
55 NiCrMoV 7	1.2714	56 NiCrMoV 7	248	kleinere Gesenke, Pressstempel, Formteilpressgesenke
X 37 CrMoV 5-1	1.2343	X 38 CrMoV 5-1	229	Druckgussformen für Leichtmetallverarbeitung, Zylinder und Kolben an Kaltkammermaschinen
X 40 CrMoV 5-1	1.2344	X 40 CrMoV 5-1	229	Presswerkzeuge, Druckgießformen für Leichtmetalle
Schnellarbeitsstähle				
HS 3-3-2	1.3333	HS 3-3-2	255	Spiralbohrer, Fräser, Reibahlen
HS 2-9-2	1.3348	HS 2-9-2	269	Fräser, Gewindebohrer, Zähne und Segmente für Kreissägen
HS 6-5-2 C	1.3343	HS 6-5-2	269	Spiralbohrer, Gewindebohrer, Fräser, Reibahlen, Räumnadeln, Kreissägeblätter
HS 6-5-3	1.3344	HS 6-5-3	269	Hochleistungsfräser, hochbeanspruchte Reibahlen, Räumnadeln mit bester Schnitthaltigkeit und Zähigkeit
HS 6-5-2-5	1.3243	HS 6-5-2-5	269	hochbeanspruchte Spiralbohrer, Profilwerkzeuge, Drehstähle, Schruppwerkzeuge ausgezeichneter Zähigkeit
HS 2-9-1-8	1.3247	HS 2-9-1-8	277	Gesenk- und Gravierfräser, Kaltfließpress- und Schnittstempel
HS 10-4-3-10	1.3207	HS 10-4-3-10	302	Drehstähle für Schrupp- und Schlichtarbeiten, Formstähle, insbesondere für Automatenbearbeitung
Bezeichnung der Schnellarbeitsstahlgruppen für Schneidwerkzeuge				
HSS	Schnellarbeitsstahl mit weniger als 4,5 % Co und weniger als 2,6 % V			
HSS-E	Schnellarbeitsstahl mit mind. 4,5 % Co und oder mind. 2,6 % V			

[1] Stahl wird üblicherweise im vergüteten Zustand geliefert.

Stahlguss
Steel castings

Stahlguss für allgemeine Anwendung

DIN EN 10 293: 2005-06

Kurzname	Werkstoff-nummer	Zugfestigkeit R_m in N/mm²	Streckgrenze $R_{p\,0,2}$ in N/mm²	Bruch-dehnung A in %	Kerbschlag-arbeit KV in J bei 20 °C	Bemerkungen und Verwendung
GE 200	1.0420	380 … 530[1]	200	25	27	
GE 240	1.0446	450 … 600[1]	240	22	27	für formenreiche Werkstücke, gut gieß- und schweißbar
GE 300	1.0558	600 … 750[2]	300	15	27	
G 20 Mn 5	1.6220	480 … 620[2]	300	20	27	

[1] $t \leq 300$, [2] $t \leq 30$

Stahlguss für Druckbehälter

DIN EN 10 213-2: 1996-01

Kurzname	Werkstoff-nummer	Zugfestig-keit R_m in N/mm²	Dehngrenze $R_{p\,0,2}$ in N/mm² bei °C				Bruch-dehnung A_5 in %	Verwendung
			20	100	200	400		
GP 240 GH	1.0619	420 … 600	240	210	175	130	22	
G 20 Mo 5	1.5419	440 … 590	245	–	190	150	22	
G 17 CrMo 5-5	1.7357	490 … 690	315	–	250	200	20	Hochdruckgehäuse für Dampfturbinen, Pumpengehäuse, Heißdampfarmaturen; verwendbar bis 500 °C
G 17 CrMo 9-10	1.7379	550 … 740	400	–	355	315	18	
G 17 CrMoV 5-10	1.7706	590 … 780	440	–	385	335	15	
GX 8 CrNi 12	1.4107	600 … 800	500	–	410	370	16	
GX 15 CrMo 5	1.7365	630 … 760	420	–	390	370	16	
GX 23 CrMoV 12-1	1.4931	740 … 880	540	–	450	390	15	

Korrosionsbeständiger Stahlguss

DIN EN 10 283: 1998-12

Kurzname	Werk-stoff-nummer	Zugfestigkeit R_m in N/mm²	Dehnung		Bruch-dehnung A in %	Schweißbedingungen		
			$R_{p\,0,2}$ in N/mm²	$R_{p\,0,1}$ in N/mm²		Vorwärm-temperatur in °C	Wärmebehandlung nach dem Schweißen kleinere	größere Schweißstellen[1]
Martensitischer Stahlguss								
GX 7 CrNiMo 12-1	1.4008	590	440	–	15	150 … 200	+ T	+ T
GX 4 CrNi 13-4	1.4317	760	550	–	15	20 … 200	+ T	+ T
GX 4 CrNiMo 16-5-1	1.4405	760	540	–	15	kein Vorwärmen	+ T	+ T
Austenitischer Stahlguss								
GX 5 CrNi 19-10	1.4308	440	175	200	30	kein Vorwärmen	+ AT	+ AT
GX 5 CrNiNb 19-10	1.4552	440	175	200	25		–	–
GX 5 CrNiMo 19-11-2	1.4408	440	185	210	30		+ AT	+ AT
GX 5 CrNiMoNb 19-11-2	1.4581	440	185	210	25		–	–
GX 2 NiCrMo 28-20-2	1.4458	430	165	190	30	20 … 100	–	+ AT
Austenitisch-ferritischer Stahlguss								
GX 6 CrNiN 26-7	1.4347	590	420	–	20	20 … 100	+ AT	+ AT
GX 2 CrNiMoN 25-6-3	1.4468	650	480	–	22		+ AT	+ AT
GX 2 CrNiMoCuN 25-6-3-3	1.4517	650	480	–	22		+ AT	+ AT
GX 2 CrNiMoN 26-7-4	1.4469	650	480	–	22		+ AT	+ AT

[1] T: Anlassen;   AT: Lösungsglühen + Wasserabschrecken

Werkstofftechnik

Bezeichnungssystem für Gusseisen
Designation system for cast iron

Bezeichnung von Gusseisenwerkstoffen durch Kurzzeichen
DIN EN 1560: 1997-08

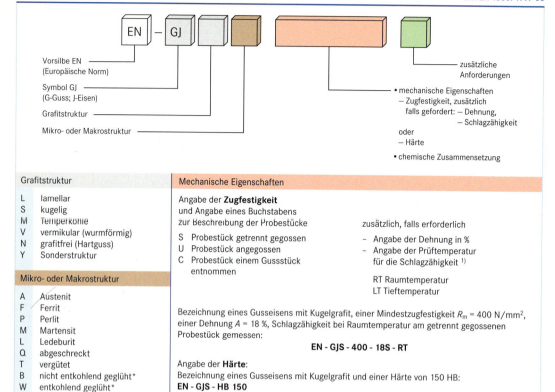

Grafitstruktur	
L	lamellar
S	kugelig
M	Temperkohle
V	vermikular (wurmförmig)
N	grafitfrei (Hartguss)
Y	Sonderstruktur

Mikro- oder Makrostruktur	
A	Austenit
F	Ferrit
P	Perlit
M	Martensit
L	Ledeburit
Q	abgeschreckt
T	vergütet
B	nicht entkohlend geglüht*
W	entkohlend geglüht*

* nur für Temperguss

Zusätzliche Anforderungen	
D	Rohgussstück
H	wärmebehandeltes Gussstück
W	schweißgeeignet
Z	zusätzlich festgelegte Anforderungen

Mechanische Eigenschaften

Angabe der **Zugfestigkeit**
und Angabe eines Buchstabens
zur Beschreibung der Probestücke

S Probestück getrennt gegossen
U Probestück angegossen
C Probestück einem Gussstück entnommen

zusätzlich, falls erforderlich

– Angabe der Dehnung in %
– Angabe der Prüftemperatur für die Schlagzähigkeit [1]

RT Raumtemperatur
LT Tieftemperatur

Bezeichnung eines Gusseisens mit Kugelgrafit, einer Mindestzugfestigkeit R_m = 400 N/mm², einer Dehnung A = 18 %, Schlagzähigkeit bei Raumtemperatur am getrennt gegossenen Probestück gemessen:

EN - GJS - 400 - 18S - RT

Angabe der **Härte**:
Bezeichnung eines Gusseisens mit Kugelgrafit und einer Härte von 150 HB:
EN - GJS - HB 150

[1] Die Schlagzähigkeit wird an ungekerbten Proben bestimmt (s. DIN EN 10 045-1)

Angabe der chemischen Zusammensetzung

Buchstabe X und die Angabe der wesentlichen Legierungselemente in fallender Reihenfolge und deren Gehalte in fallender Reihenfolge.

Bezeichnung eines legierten Gusseisens mit Lamellengrafit, mit 13 % Ni und 7 % Mn:
EN - GJL - XNiMn 13-7

Bezeichnung der Gusseisenwerkstoffe durch Werkstoffnummer
DIN EN 1560: 1997-08

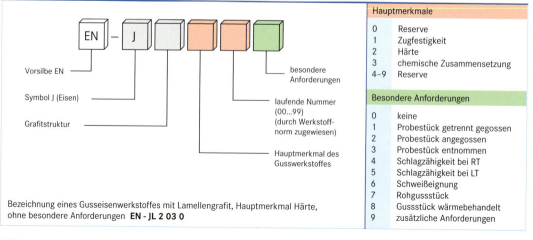

Hauptmerkmale	
0	Reserve
1	Zugfestigkeit
2	Härte
3	chemische Zusammensetzung
4–9	Reserve

Besondere Anforderungen	
0	keine
1	Probestück getrennt gegossen
2	Probestück angegossen
3	Probestück entnommen
4	Schlagzähigkeit bei RT
5	Schlagzähigkeit bei LT
6	Schweißeignung
7	Rohgussstück
8	Gussstück wärmebehandelt
9	zusätzliche Anforderungen

Bezeichnung eines Gusseisenwerkstoffes mit Lamellengrafit, Hauptmerkmal Härte, ohne besondere Anforderungen **EN - JL 2 03 0**

Eisen-Gusswerkstoffe
Cast irons

Gusseisen mit Lamellengrafit
DIN EN 1561: 1997-08

Zugfestigkeit als kennzeichnende Eigenschaft

Kurzname	Werkstoffnummer	bisheriger Kurzname	Wanddicke in mm über	bis	Zugfestigkeit R_m in N/mm²
EN-GJL-150	EN-JL 1020	GG-15	5	10	155
			10	20	130
			20	40	110
			40	80	95
			80	150	80
EN-GJL-200	EN-JL 1030	GG-20	5	10	205
			10	20	180
			20	40	155
			40	80	130
			80	150	115
EN-GJL-250	EN-JL 1040	GG-25	5	10	250
			10	20	225
			20	40	195
			40	80	170
			80	150	155
EN-GJL-300	EN-JL 1050	GG-30	10	20	270
			20	40	240
			40	80	210
			80	150	195
EN-GJL-350	EN-JL 1060	GG-35	10	20	315
			20	40	280
			40	80	250
			80	150	225

Brinellhärte als kennzeichnende Eigenschaft

Kurzname	Werkstoffnummer	bisheriger Kurzname	Wanddicke in mm über	bis	Brinellhärte HB 30 min.	max.
EN-GJL-HB 155	EN-JL 2010	GG-150 HB	5	10	–	185
			10	20	–	170
			20	40	–	160
			40	80	–	155
EN-GJL-HB 175	EN-JL 2020	GG-170 HB	5	10	140	225
			10	20	125	205
			20	40	110	186
			40	80	100	175
EN-GJL-HB 195	EN-JL 2030	GG-190 HB	5	10	170	260
			10	20	150	230
			20	40	135	210
			40	80	120	195
EN-GJL-HB 215	EN-JL 2040	GG-220 HB	5	10	200	275
			10	20	180	255
			20	40	160	235
			40	80	145	215
EN-GJL-HB 235	EN-JL 2050	GG-240 HB	10	20	200	275
			20	40	180	255
			40	80	165	235
EN-GJL-HB 255	EN-JL 2060	GG-260 HB	20	40	200	275
			40	80	185	255

Im Allgemeinen wird die Zugfestigkeit als kennzeichnende Eigenschaft angegeben. Die Angabe der Brinellhärte wird dann bevorzugt, wenn die Gussstücke auf Verschleiß beansprucht werden. Die chemische Zusammensetzung der Gusssorten bleibt weitgehend dem Hersteller überlassen.

Bemerkungen und Verwendung: gut gießbar; sehr gute Dämpfungseigenschaften, die mit steigender Festigkeit abnehmen; korrosionsbeständig;
Getriebegehäuse, Ständer für WZ-Maschinen, Turbinengehäuse, Führungsleisten

Gusseisen mit Kugelgrafit
DIN EN 1563: 2003-02

Kurzname	Werkstoffnummer	bisheriger Kurzname	Zugfestigkeit R_m in N/mm²	Dehngrenze $R_{p\,0,2}$ in N/mm²	Bruchdehnung A in %	Kurzname	Werkstoffnummer	Brinellhärte HB
EN-GJS-350-22	EN-JS 1010	–	350	220	22	EN-GJS-HB 130	EN-JS 2010	< 160
EN-GJS-400-18	EN-JS 1020	–	400	250	18	EN-GJS-HB 150	EN-JS 2020	130 ... 175
EN-GJS-400-15	EN-JS 1030	GGG-40	400	250	15	EN-GJS-HB 155	EN-JS 2030	135 ... 180
EN-GJS-500-7	EN-JS 1050	GGG-50	500	320	7	EN-GJS-HB 200	EN-JS 2050	170 ... 230
EN-GJS-600-3	EN-JS 1060	GGG-60	600	370	3	EN-GJS-HB 230	EN-JS 2060	190 ... 270
EN-GJS-700-2	EN-JS 1070	GGG-70	700	420	2	EN-GJS-HB 265	EN-JS 2070	225 ... 305
EN-GJS-800-2	EN-JS 1080	GGG-80	800	480	2	EN-GJS-HB 300	EN-JS 2080	245 ... 335

Mechanische Eigenschaften gelten an getrennt gegossenen Probestücken.
Die chemische Zusammensetzung bleibt weitgehend dem Hersteller überlassen.

Bemerkungen und Verwendung: gute Bearbeitbarkeit, Verschleißfestigkeit nimmt mit der Festigkeit zu;
Kurbelwellen, Walzen, Zahnräder, schlagbeanspruchte Teile im Fahrzeugbau

Werkstofftechnik

Eisen-Gusswerkstoffe
Cast irons

Austenitisches Gusseisen

DIN EN 13 835: 2003-02

Kurzname	Werkstoff-nummer	Gra-fit-form	Zug-festigkeit R_m in N/mm² min	0,2 %-Dehn-grenze $R_{p\,0,2}$ in N/mm² min	Bruch-dehnung A in % min	Brinell-härte HB min	Eigenschaften und Verwendung
EN-GJLA-XNiCuCr15-6-2	EN-JL3011	L	170	–	–	120	gute Korrosionsbeständigkeit, gute Gleit-eigenschaften; Pumpen, Ventile, Buchsen
EN-GJSA-XNiCr20-2	EN-JS3011	S	370	210	7	140	gute Korrosions- und Hitzebeständigkeit, gute Gleiteigenschaften; Pumpen, Ventile, Buchsen, Abgaskrümmer
EN-GJSA-XNiMn23-4	EN-JS3021	S	440	210	25	150	hohe Duktilität, bis – 196 °C zäh, nicht mag-netisierbar; Gussstücke für Kältetechnik
EN-GJSA-XNiCrNb20-2	EN-JS3031	S	370	210	7	140	geeignet für Schweißkonstruktionen; Pumpen, Ventile, Buchsen, Abgaskrümmer
EN-GJSA-XNi22	EN-JS3041	S	370	170	20	130	Hohe Duktilität, bis – 100 °C zäh, geringe Korrosions- und Hitzebeständigkeit; Pumpen, Ventile, Buchsen, Abgaskrümmer, nicht magnetisierbare Gussstücke
EN-GJSA-XNi35	EN-JS3051	S	370	210	20	130	geringe thermische Ausdehnung, thermo-schockbeständig; maßbeständige Teile für Werkzeugmaschinen, wissenschaftliche Instrumente
EN-GJSA-XNiSiCr35-5-2	EN-JS3061	S	370	200	10	130	besonders hitzebeständig, hohe Duktilität; Gehäuseteile für Gasturbinen, Abgas-krümmer, Turbolader-Gehäuse
EN-GJLA-XNiMn13-7	EN-JL3021	L	140	–	–	120	nicht magnetisierbar; Gehäuse für Schalt-anlagen, Isolierflansche, Klemmen, Druckdeckel für Turbogeneratoren
EN-GJSA-XNiMn13-7	EN-JS3071	S	390	210	15	120	
EN-GJSA-XNiCr30-3	EN-JS3081	S	370	210	7	140	gute Korrosions- und Hitzebeständigkeit, besonders thermoschockbeständig; Pumpen, Kessel, Ventile, Filterteile, Abgaskrümmer, Turbolader-Gehäuse
EN-GJSA-XNiSiCr30-5-5	EN-JS3091	S	390	240	–	170	besonders hohe Beständigkeit gegen Korrosion, Erosion, Hitze; Pumpen Fittings, Abgaskrümmer, Turbolader-Gehäuse
EN-GJSA-XNiCr35-3	EN-JS3101	S	370	210	7	140	geringe thermische Ausdehnung, thermo-schockbeständig, erhöhte Warmfestigkeit; Gehäuseteile für Gasturbinen

Temperguss

DIN EN 1562: 1997-08

Kurzname	Werkstoff-nummer	bisheriger Kurzname	Zug-festigkeit R_m in N/mm²	Dehn-grenze $R_{p\,0,2}$ in N/mm²	Bruch-dehnung A_3 in %	Brinell-härte HB	Bemerkungen und Verwendung
Nicht entkohlend geglühter Temperguss							
EN-GJMB-350-10	EN-JM 1130	GTS-35-10	350 [1]	200 [1]	10 [1]	≤ 150	alle Sorten gut spanbar;
EN-GJMB-450-6	EN-JM 1140	GTS-45-06	450	270	6	150 … 200	Fittings, Förderkettenglieder,
EN-GJMB-500-5	EN-JM 1150		500	300	5	165 … 215	Schlossteile, Fahrwerkteile,
EN-GJMB-550-4	EN-JM 1160	GTS-55-04	550	340	4	180 … 230	Steuerkurvenscheiben
EN-GJMB-600-3	EN-JM 1170		600	390	3	195 … 245	
EN-GJMB-650-2	EN-JM 1180	GTS-65-02	650	430	2	210 … 260	
EN-GJMB-700-2	EN-JM 1190	GTS-70-02	700	530	2	240 … 290	
Entkohlend geglühter Temperguss							
EN-GJMW-350-4	EN-JM 1010	GTW-35-04	350 [1]	– [1]	4 [1]	230	alle Sorten gut spanbar;
EN-GJMW-400-5	EN-JM 1030	GTW-40-05	400	220	5	220	Getriebegehäuse, Schaltgabeln, Bremstrommeln, Kurbelwellen,
EN-GJMW-450-7	EN-JM 1040	GTW-45-07	450	260	7	220	Pleuel, Hebel
EN-GJMW-360-12	EN-JM 1020	GTW-S-38-12	360	190	12	200	für Schweißkonstruktionen ohne Wärmenachbehandlung

[1] Angabe der mechanischen Eigenschaften an Proben mit 12 mm Durchmesser.

Magnesium-Legierungen
Magnesium alloys

Bezeichnungssystem für Magnesium-Gusslegierungen
DIN EN 1754: 1997-08

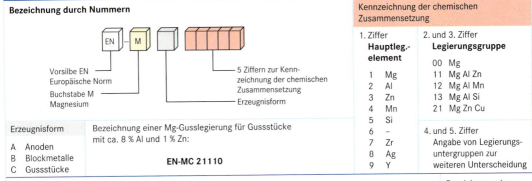

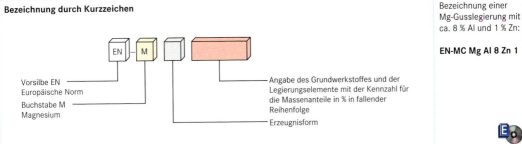

Magnesium-Gusslegierungen
DIN EN 1753: 1997-08

Kurzzeichen	Werkstoff-nummer	bisheriges Kurzzeichen	Zugfestig-keit R_m in N/mm²	Dehn-grenze $R_{p0,2}$ in N/mm²	Bruch-dehnung A_5 in %	Brinell-härte HB	Verwendung
EN-MC Mg Al 8 Zn 1	EN-MC 21110	G-Mg Al 8 Zn 1	200 … 250	140 … 160	1 … 7	60 … 85	Motorenbau, für stoß-beanspruchte Stücke
EN-MC Mg Al 9 Zn 1 (A)	EN-MC 21120	G-Mg Al 9 Zn 1	200 … 260	140 … 170	1 … 6	65 … 85	Fahrzeugbau, Flug-zeugbau, Armaturen
EN-MC Mg Al 6 Mn	EN-MC 21230	G-Mg Al 6 Mn	190 … 250	120 … 150	4 … 14	50 … 65	Getriebe- und Motoren-gehäuse, Autofelgen
EN-MC Mg Al 4 Si	EN-MC 21320	G-Mg Al 4 Si 1	200 … 250	120 … 150	3 … 12	55 … 80	Motorengehäuse langzeitig wärme-belastbar

Magnesium-Knetlegierungen
DIN 1729-1: 1982-08

Kurz-zeichen	Werkstoff-nummer	Zugfestigkeit R_m in N/mm²	Dehngrenze $R_{p0,2}$ in N/mm²	Bruch-dehnung A_{10} in %	Brinell-härte HB	Eigenschaften und Verwendung
Mg Mn 2 F 20	3.5200.08	200 [1]	145 [1]	1,5 [1]	40	korrosionsbeständig, gut schweißbar, leicht verformbar; Verkleidungen, Kraftstoff-behälter, Anoden, Halbzeug
Mg Al 3 Zn F 24	3.5312.08	240	155	10	45	mittlere Festigkeit, schweißbar, verformbar; Halbzeuge, Sonderzwecke
Mg Al 6 Zn F 25	3.5612.08	250	175	6	55	mittlere bis hohe Festigkeit, beschränkt schweißbar; Halb-zeuge, Gesenkschmiedestücke
Mg Al 8 Zn F 29	3.5812.08	290	205	10	60	höchste Festigkeit, Halbzeuge, Gesenkschmiedestücke

[1] Angabe der mechanischen Eigenschaften nach DIN 9715

Werkstofftechnik 83

Aluminium und Aluminium-Legierungen
Aluminium and aluminium alloys

Numerisches Bezeichnungssystem für Aluminium-Knetwerkstoffe
DIN EN 573-1: 2005-02

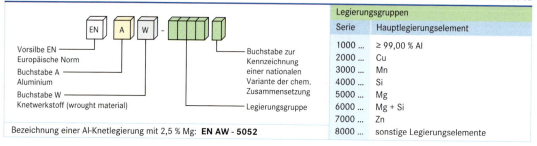

Legierungsgruppen	
Serie	Hauptlegierungselement
1000 ...	≥ 99,00 % Al
2000 ...	Cu
3000 ...	Mn
4000 ...	Si
5000 ...	Mg
6000 ...	Mg + Si
7000 ...	Zn
8000 ...	sonstige Legierungselemente

Bezeichnung einer Al-Knetlegierung mit 2,5 % Mg: **EN AW - 5052**

Bezeichnungssystem mit chemischen Symbolen für Aluminium-Knetwerkstoffe
DIN EN 573-2: 1994-12

Bezeichnung der Werkstoffzustände für Halbzeug
DIN EN 515: 1993-12

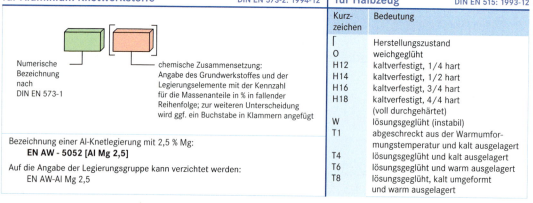

Kurz-zeichen	Bedeutung
F	Herstellungszustand
O	weichgeglüht
H12	kaltverfestigt, 1/4 hart
H14	kaltverfestigt, 1/2 hart
H16	kaltverfestigt, 3/4 hart
H18	kaltverfestigt, 4/4 hart (voll durchgehärtet)
W	lösungsgeglüht (instabil)
T1	abgeschreckt aus der Warmumformungstemperatur und kalt ausgelagert
T4	lösungsgeglüht und kalt ausgelagert
T6	lösungsgeglüht und warm ausgelagert
T8	lösungsgeglüht, kalt umgeformt und warm ausgelagert

Bezeichnung einer Al-Knetlegierung mit 2,5 % Mg:
EN AW - 5052 [Al Mg 2,5]

Auf die Angabe der Legierungsgruppe kann verzichtet werden:
EN AW-Al Mg 2,5

Numerisches Bezeichnungssystem für Aluminium-Gusswerkstoffe
DIN EN 1780-1: 2003-01

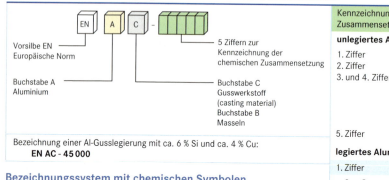

Kennzeichnung der chemischen Zusammensetzung

unlegiertes Aluminium:

1. Ziffer	1
2. Ziffer	0
3. und 4. Ziffer	Angabe des min. Al-Gehaltes ≙ 2 Ziffern rechts hinter dem Komma für den Al-Gehalt Beispiel: AB-10 970 für Al 99,97
5. Ziffer	0 [1]

legiertes Aluminium:

1. Ziffer		2. Ziffer	
2	Cu	1	Al Cu
4	Si	1	Al Si Mg Ti
		2	Al Si 7 Mg
		3	Al Si 10 Mg
		4	Al Si
		5	Al Si 5 Cu
		6	Al Si 9 Cu
		7	Al Si (Cu)
		8	Al Si Cu Ni Mg
5	Mg	1	Al Mg
7	Zn	1	Al Zn Mg
3. Ziffer		nicht festgelegt	
4. Ziffer		0	
5. Ziffer		0 [1]	

Bezeichnung einer Al-Gusslegierung mit ca. 6 % Si und ca. 4 % Cu:
EN AC - 45 000

Bezeichnungssystem mit chemischen Symbolen für Aluminium-Gusswerkstoffe
DIN EN 1780-2: 2003-01

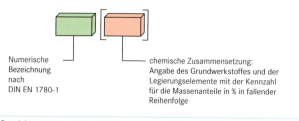

Bezeichnung einer Al-Gusslegierung mit ca. 6 % Si und 4 % Cu:
EN AC - 45 000 [Al Si 6 Cu 4]

Auf die Angabe der Legierungsgruppe kann verzichtet werden:
EN AC-Al Si 6 Cu 4

[1] 5. Ziffer bei Legierungen für Luft- und Raumfahrt nie 0.

Aluminium und Aluminium-Legierungen
Aluminium and aluminium alloys

Aluminium und Aluminium-Knetlegierungen für stranggepresste Halbzeuge
DIN EN 755-2: 1997-08

Werkstoffbezeichnung	bisheriges Kurzzeichen	Werkstoffzustand[1]	Zugfestigkeit R_m in N/mm²	Dehngrenze $R_{p\,0,2}$ in N/mm²	Bruchdehnung A_5 in %	Verwendung
EN AW-1050 A [Al 99,5]	Al 99,5	O	60 … 95	20	23	Apparate, Geschirr, Nahrungsmittelindustrie,
EN AW-1350 [E Al 99,5]	E Al	H 112	60	–	23	elektrischer Leiterwerkstoff
EN AW-2007 [Al Cu 4 Pb Mg Mn]	Al Cu Mg Pb	T 4	330 … 370	210 … 250	6	Automatenlegierung
EN AW-2017 A [Al Cu 4 Mg Si (A)]	Al Cu Mg 1	T 4	360 … 380	220 … 260	10	Maschinenbau, Fahrzeugbau, Niete
EN AW-2024 [Al Cu 4 Mg 1]	Al Cu Mg 2	T 3	400 … 450	270 … 310	6	Verbindungselemente, z. B. Niete, Schrauben
EN AW-3103 [Al Mn 1]	Al Mn 1	O	95 … 135	35	20	Bedachungen, Kältetechnik, Wärmetauscher
EN AW-5005 A [Al Mg 1 (C)]	Al Mg 1	O	100 … 150	40	16	Teile für Fassaden- und Fahrzeugbau, Metallwaren
EN AW-5019 [Al Mg 5]	Al Mg 5	O	250 … 320	110	13	Apparate, Bauwesen, Drehteile, Reflektoren
EN AW-5754 [Al Mg 3]	Al Mg 3	O	180 … 250	80	15	Apparatebau, Fahrzeugbau, Schiffbau, Nahrungsmittelindustrie, Schrauben, Niete
EN AW-5083 [Al Mg 4,5 Mn 0,7]	Al Mg 4,5 Mn	O	270	110	10	Fahrzeugbau, Schiffbau, Druckbehälter
EN AW-6012 [Al Mg Si Pb]	Al Mg Si Pb	T 6	260 … 310	200 … 260	6	Automatenlegierung, Drehteile
EN AW-6060 [Al Mg Si]	Al Mg Si 0,5	T 6	190	150	6	Fenster, Türen, Teile für die Nahrungsmittelindustrie
EN AW-6101 B [E Al Mg Si (B)]	E-Al Mg Si 0,5	T 6	215	160	6	elektrischer Leiterwerkstoff, Stromschienen
EN AW-6082 [Al Si 1 Mg Mn]	Al Mg Si 1	T 6	270 … 295	200 … 250	6	Maschinenbau, Fahrzeugbau, Schrauben
EN AW-7020 [Al Zn 4,5 Mg 1]	Al Zn 4,5 Mg 1	T 6	340 … 350	275 … 290	8	Schweißkonstruktionen im Maschinen- und Fahrzeugbau
EN AW-7075 [Al Zn 5,5 Mg Cu]	Al Zn Mg Cu 1,5	T 6	470 … 540	400 … 480	5	Maschinenbau, Fahrzeugbau, Flugzeugbau

[1] O: weichgeglüht; H 112: durch Warm- oder Kaltumformen geringfügig kaltverfestigt; T 3: lösungsgeglüht, kalt umgeformt und kalt ausgelagert; T 4: lösungsgeglüht und kalt ausgelagert; T 6: lösungsgeglüht und warm ausgelagert

Aluminium-Gusslegierungen
DIN EN 1706: 1998-06

Werkstoffbezeichnung	bisheriges Kurzzeichen	Werkstoffzustand[1]	Zugfestigkeit R_m in N/mm²	Dehngrenze $R_{p\,0,2}$ in N/mm²	Bruchdehnung A_5 in %	Brinellhärte HBS	Verwendung
EN AC-21000 [Al Cu 4 Mg Ti]	G-Al Cu 4 Ti Mg	T 4	320	200	8	90	Fahrzeugbau, Flugzeugbau
EN AC-42100 [Al Si 7 Mg 0,3]	G-Al Si 7 Mg	T 6	290	210	4	90	Flugzeugbau, Gussstücke mittlerer Wanddicke
EN AC-43000 [Al Si 10 Mg]	G-Al Si 10 Mg	T 6	260	220	1	90	Motorenbau, Gussstücke geringer Wanddicke
EN AC-44200 [Al Si 12]	G-Al Si 12	F	170	80	6	55	dünnwandige, druck- und schwingungsfeste Gussstücke
EN AC-45000 [Al Si 6 Cu 4]	G-Al Si 6 Cu 4	F	170	100	1	75	Maschinenbau, Zylinderköpfe
EN AC-51100 [Al Mg 3]	G-Al Mg 3	F	150	70	5	50	Apparate, Armaturen, chemische Industrie
EN AC-51300 [Al Mg 5]	G- Al Mg 5	F	180	100	4	60	chemische Industrie, Nahrungsmittelindustrie
EN AC-51400 [Al Mg 5 (Si)]	G-Al Mg 5 Si	F	180	110	3	65	warmfeste Gussstücke, chemische Industrie

[1] F: Gusszustand; T 4: lösungsgeglüht und kalt ausgelagert; T 6: lösungsgeglüht und warm ausgelagert

Kupfer und Kupfer-Legierungen
Copper and copper alloys

Bezeichnung von Kupfer-Gusslegierungen durch Werkstoffnummern   DIN EN 1412: 1995-12

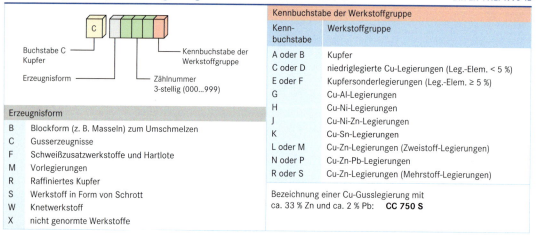

Kennbuchstabe der Werkstoffgruppe	
Kennbuchstabe	Werkstoffgruppe
A oder B	Kupfer
C oder D	niedriglegierte Cu-Legierungen (Leg.-Elem. < 5 %)
E oder F	Kupfersonderlegierungen (Leg.-Elem. ≥ 5 %)
G	Cu-Al-Legierungen
H	Cu-Ni-Legierungen
J	Cu-Ni-Zn-Legierungen
K	Cu-Sn-Legierungen
L oder M	Cu-Zn-Legierungen (Zweistoff-Legierungen)
N oder P	Cu-Zn-Pb-Legierungen
R oder S	Cu-Zn-Legierungen (Mehrstoff-Legierungen)

Bezeichnung einer Cu-Gusslegierung mit ca. 33 % Zn und ca. 2 % Pb: **CC 750 S**

Erzeugnisform	
B	Blockform (z. B. Masseln) zum Umschmelzen
C	Gusserzeugnisse
F	Schweißzusatzwerkstoffe und Hartlote
M	Vorlegierungen
R	Raffiniertes Kupfer
S	Werkstoff in Form von Schrott
W	Knetwerkstoff
X	nicht genormte Werkstoffe

Bezeichnung von Kupfer-Gusslegierungen durch Werkstoffkurzzeichen   DIN EN 1982: 1998-12

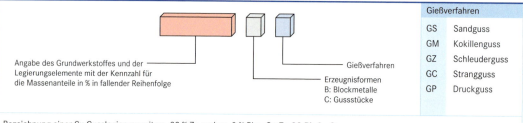

Gießverfahren	
GS	Sandguss
GM	Kokillenguss
GZ	Schleuderguss
GC	Strangguss
GP	Druckguss

Bezeichnung einer Cu-Gusslegierung mit ca. 33 % Zn und ca. 2 % Pb: **Cu Zn 33 Pb 2 - C**

Kupfer

Kurzzeichen[1]	Werkstoff-nummer	bisheriges Kurzzeichen	Cu-Gehalt in %	Bemerkungen und Verwendung
Cu-ETP	CR004 A	E-Cu 58	99,90	sauerstoffhaltiges Kupfer zur Herstellung von Halbzeugen oder Gussstücken
Cu-OF	CR008 A	OF-Cu	99,95	sauerstofffreies Kupfer zur Herstellung von Halbzeugen mit hohen Anforderungen an Wasserstoffbeständigkeit
Cu-PHC	CR020 A	SE-Cu	99,95	mit Phosphor desoxidiertes, sauerstofffreies Kupfer zur Herstellung von Halbzeug mit hoher elektrischer Leitfähigkeit, gut umformbar, schweiß- und hartlötbar
Cu-DLP	CR023 A	SW-Cu	99,90	mit Phosphor desoxidiertes, sauerstofffreies Kupfer zur Herstellung von Halbzeug ohne festgelegte elektrische Leitfähigkeit, gut schweiß- und hartlötbar
Cu-DHP	CR024 A	SF-Cu	99,90	mit Phosphor desoxidiertes, sauerstofffreies Kupfer zur Herstellung von Halbzeug, hoher Phosphorrestgehalt, sehr gut schweiß- und hartlötbar

[1] ETP: elektrolytisch hergestelltes zähes Kupfer – electrolytic tough-pitch
 OF: sauerstofffrei – oxygen free
 PHC: hohe Leitfähigkeit – phosphorized, high-conductivity
 DLP: niedriger Phosphorrestgehalt – phosphorized, low residual phosphorus
 DHP: hoher Phosphorrestgehalt – phosphorized, high residual phosphorus

Kupfer und Kupfer-Legierungen
Copper and copper alloys

Kupfer-Gusslegierungen

DIN EN 1982: 1998-12

Kurzzeichen	Werkstoff-nummer	bisheriges Kurzzeichen	Zugfestig-keit R_m in N/mm²	Dehngrenze $R_{p\,0,2}$ in N/mm²	Bruch-dehnung A in %	Brinell-härte HB	Verwendung
Kupfer-Zink-Gusslegierungen							
Cu Zn 33 Pb 2-C	CC 750 S	G-Cu Zn 33 Pb	180	70	12	45	Konstruktionswerkstoff, Gehäuse für Gas- und Wasserarmaturen
Cu Zn 39 Pb 1 Al-C	CC 754 S	G-Cu Zn 37 Pb	220	80	15	65	Gas- und Wasserarma-turen, Beschläge
Cu Zn 15 As-C	CC 760 S	G-Cu Zn 15	160	70	20	45	Konstruktionswerkstoff, sehr gut lötbar
Cu Zn 16 Si 4-C	CC 761 S	G-Cu Zn 15 Si 4	400	230	10	100	für hochbeanspruchte, dünnwandige Konstruk-tionsteile, gute Korro-sionsbeständigkeit
Cu Zn 25 Al 5 Mn 4 Fe 3-C	CC 762 S	G-Cu Zn 25 Al 5	750	450	8	180	Gleitlager, Schnecken-radkränze
Cu Zn 35 Mn 2 Al 1 Fe 1-C	CC 765 S	G-Cu Zn 35 Al 1	450	170	20	110	Druckmuttern, Schiffs-schrauben
Cu Zn 38 Al-C	CC 767 S	G-Cu Zn 38 Al	380	130	30	75	gut gießbar, für ver-wickelte Konstruktionen
Kupfer-Zinn-Gusslegierungen							
Cu Sn 10-C	CC 480 K	G-Cu Sn 10	250	130	18	70	korrosions- und meer-wasserbeständig, Pumpengehäuse
Cu Sn 11 Pb 2-C	CC 482 K	G-Cu Sn 12 Pb	240	130	5	80	Gleitlager, Gleitleisten, Buchsen
Cu Sn 12-C	CC 483 K	G-Cu Sn 12	260	140	7	80	Spindelmuttern, Schnecken- und Schraubenräder
Cu Sn 12 Ni 2-C	CC 484 K	G-Cu Sn 12 Ni	280	160	12	85	korrosions- und meer-wasserbeständig, Armaturen
Kupfer-Zinn-Blei-Gusslegierungen							
Cu Sn 5 Zn 5 Pb 5-C	CC 491 K	G-Cu Sn 5 Zn Pb	200	90	13	60	Armaturen, Pumpen-gehäuse, gut gießbar
Cu Sn 7 Zn 2 Pb 3-C	CC 492 K	G-Cu Sn 6 Zn Ni	230	130	14	65	Armaturen, druckdichte Gussteile
Cu Sn 7 Zn 4 Pb 7-C	CC 493 K	G-Cu Sn 7 Zn Pb	230	120	15	60	Buchsen, Gleitlager-schalen, gute Notlauf-eigenschaften
Cu Sn 10 Pb 10-C	CC 495 K	G-Cu Pb 10 Sn	180	80	8	60	Lagerwerkstoff, verschleißfest
Cu Sn 7 Pb 15-C	CC 496 K	G-Cu Pb 15 Sn	170	80	8	60	Lagerwerkstoff, gute Notlaufeigenschaften
Cu Sn 5 Pb 20-C	CC 497 K	G-Cu Pb 20 Sn	150	70	5	45	Verbundwerkstoff mit guten Gleiteigenschaften
Kupfer-Aluminium-Gusslegierungen							
Cu Al 10 Fe 2-C	CC 331 G	G-Cu Al 10 Fe	500	180	18	100	Gehäuse, Buchsen, Schaltgabeln, Ritzel
Cu Al 10 Ni 3 Fe 2-C	CC 332 G	G-Cu Al 9 Ni	500	180	18	100	korrosionsbeständig, gut schweißbar, gut geeignet für Mischkon-struktionen
Cu Al 10 Fe 5 Ni 5-C	CC 333 G	G-Cu Al 10 Ni	600	250	13	140	korrosionsbeständig, gute Dauerschwing-festigkeit
Cu Al 11 Fe 6 Ni 6-C	CC 334 G	G-Cu Al 11 Ni	680	320	5	170	Pumpen, Turbinen-schaufeln, Propeller, chemische Industrie

Werkstofftechnik

Kupfer und Kupfer-Legierungen
Copper and copper alloys

Kupfer-Knetlegierungen

DIN EN 12 163: 1998-04; DIN EN 12 167: 1998-04; DIN EN 1652: 1998-03

Kennzeichen	Werkstoff-nummer	Zu-stand [1]	Härte HB	Zug-festigkeit R_m in N/mm²	Dehn-grenze $R_{p\,0,2}$ in N/mm²	Bruch-dehnung A_5 in %	Bemerkungen und Verwendung
Kupfer-Aluminium-Legierungen							
Cu Al 6 Si 2 Fe	CW 301 G	R 500	–	500	250	20	hohe Festigkeit, korrosions-beständig, noch kalt umformbar; Kondensatorböden, Bleche für chemischen Apparatebau
		H 120	120	–	–	–	
		R 600	–	600	350	12	
		H 140	140	–	–	–	
Cu Al 10 Fe 3 Mn 2	CW 306 G	R 590	–	590	330	12	hohe Festigkeit, korrosions-beständig; hoch belastete Lager-teile, Getriebe- und Schnecken-räder, Ventilsitze
		H 140	140	–	–	–	
		R 690	–	690	510	6	
		H 170	170	–	–	–	
Cu Al 10 Ni 5 Fe 4	CW 307 G	R 680	–	680	480	10	hohe Festigkeit, korrosions-beständig; Wellen, Schrauben, Verschleißteile, Schneckenräder, Lagerbuchsen
		H 170	170	–	–	–	
		R 740	–	740	530	8	
		H 200	200	–	–	–	
Kupfer-Zinn-Legierungen							
Cu Sn 6	CW 452 K	R 340	–	340	230	45	Federn, besonders für Elektro-industrie, Steckverbinder, Siebdrähte
		H 085	85	–	–	–	
		R 400	–	400	250	26	
		H 120	120	–	–	–	
Cu Sn 8	CW 453 K	R 390	–	390	260	45	Gleitelemente, besonders für dünnwandige Gleitlagerbuchsen
		H 090	90	–	–	–	
		R 450	–	450	280	26	
		H 125	125	–	–	–	
Kupfer-Nickel-Legierungen							
Cu Ni 10 Fe 1 Mn	CW 352 W	R 300	–	300	≥ 100	30	ausgezeichneter Widerstand gegen Erosion, Kavitation und Korrosion, gut schweißbar; Wärmetauscher, Apparatebau, Bremsleitungen
		H 070	70	–	1	–	
		R 320	–	320	≥ 200	15	
		H 100	100	–	–	–	
Cu Ni 25	CW 350 H	R 290	–	290	≥ 100	–	Münzlegierung, Plattierwerkstoff
		H 070	70	–	–	–	
Cu Ni 30 Mn 1 Fe	CW 354 H	R 350	–	350	≥ 130	35	ausgezeichneter Widerstand gegen Erosion, Kavitation und Korrosion, gut schweißbar; Ölkühler
		H 080	80	–	–	–	
		R 410	–	410	≥ 300	14	
		H 110	110	–	–	–	
Kupfer-Nickel-Zink-Legierungen							
Cu Ni 12 Zn 24	CW 403 J	R 430	–	430	≥ 230	15	gut kalt umformbar; Tiefziehteile, Tafelgerät, Federn
		H 110	110	–	–	–	
		R 550	–	550	≥ 480	8	
		H 170	170	–	–	–	
Cu Ni 18 Zn 20	CW 409 J	R 450	–	450	≥ 250	18	anlaufbeständiger als Cu Ni 12 Zn 24; Federn
		H 115	115	–	–	–	
		R 580	–	580	≥ 510	–	
		H 180	180	–	–	–	
Cu Ni 12 Zn 30 Pb 1	CW 406 J	R 430	–	430	260	15	für spanabhebende Bearbeitung, Feinmechanik, Optik, Schlüssel
		H 110	110	–	–	–	
		R 480	–	480	330	10	
		H 130	130	–	–	–	

[1] R: Mindestzugfestigkeit; H: Mindesthärte

Kupfer und Kupfer-Legierungen
Copper and copper alloys

Kupfer-Knetlegierungen
DIN EN 12 163: 1998-04; DIN EN 12 167: 1998-04; DIN EN 1652: 1998-03

Kennzeichen	Werkstoff-nummer	Zu-stand [1]	Härte HB	Zug-festigkeit R_m in N/mm²	Dehn-grenze $R_{p\,0,2}$ in N/mm²	Bruch-dehnung A_5 in %	Bemerkungen und Verwendung
Kupfer-Zink-Legierungen							
Cu Zn 15 F 26	CW 502 L	R 400	–	400	270	–	sehr gut kalt umformbar, gut geeignet zum Drücken, Prägen, Treiben
		H 120	120	–	–	–	
		R 600	–	600	590	–	
		H 165	165	–	–	–	
Cu Zn 40 F 34	CW 509 L	R 400	–	400	190	10	gut warm und kalt umformbar, geeignet zum Nieten, Stauchen, Bördeln, Biegen
		H 100	100	–	–	–	
		R 440	–	440	300	18	
		H 120	120	–	–	–	
Cu Zn 36 Pb 3	CW 603 N	R 440	–	440	300	–	gut spanbar und kalt umformbar, Automatenlegierung
		H 120	120	–	–	–	
		R 500	–	500	380	3	
		H 140	140	–	–	–	
Cu Zn 40 Pb 2	CW 617 N	R 420	120	420	200	8	sehr gut spanbar, gut warm umformbar; Legierung für spanende Bearbeitung; Uhrenmessing
		H 120	–	–	–	–	
		R 520	155	520	400	–	
		H 155	–	–	–	–	
Cu Zn 31 Si 1	CW 708 R	R 460	–	460	250	22	für gleitende Beanspruchung auch bei höherer Belastung, Lagerbuchsen, Führungen
		H 115	115	–	–	–	
		R 530	–	530	330	12	
		H 140	140	–	–	–	
Cu Zn 37 Mn 8 Al 2 Pb Si	CW 713 R	R 540	–	540	250	10	Konstruktionswerkstoff hoher Festigkeit, gute Beständigkeit gegen Witterungseinflüsse, für erhöhte Anforderung an gleitende Beanspruchung
		H 130	130	–	–	–	
		R 590	–	590	350	8	
		H 160	160	–	–	–	
Cu Zn 40 Mn 1 Pb	CW 720 R	R 420	–	420	190	12	Automatenlegierung mittlerer Festigkeit und guter Zerspanbar-keit; Wälzlagerkäfige
		H 105	105	–	–	–	
		R 470	–	470	320	8	
		H 125	125	–	–	–	

Nickel und Nickel-Legierungen
Nickel and nickel alloys

Kennzeichen	Werkstoff-nummer	chemische Zusammensetzung Masseanteile in %	Zug-festigkeit R_m in N/mm²	Dehn-grenze $R_{p\,0,2}$ in N/mm²	Bruch-dehnung A_5 in %	Bemerkungen und Verwendung
Hüttennickel						DIN 1701: 1980-05
H-Ni 99,96	2.4011	≥ 99,96 Ni; ≤ 0,01 Co	–	–	–	Hüttennickel dient zur Herstellung von Nickelsorten und Ni-Legierungen sowie als Legierungselement
H-Ni 99,95	2.4017	≥ 99,95 Ni; ≤ 0,1 Co	–	–	–	
H-Ni 99,90	2.4021	≥ 99,90 Ni; ≤ 0,5 Co	–	–	–	
H-Ni 99,5	2.4022	≥ 99,5 Ni; 1,0 Co	–	–	–	
Nickel-Knetlegierungen				DIN 17 742: 2002-09; DIN 17 743: 2002-09; DIN 17 744: 2002-09		
Ni Cr 15 Fe F 55	2.4816.10	72 Ni + Co (≤ 1,0 Co); 14 ... 17 Cr; 6 ... 10 Fe	550	200	30	hitze- und korrosionsbestän-dige Bauteile, Zündkerzen
Ni Cu 30 Fe F 45	2.4360.10	63 Ni + Co (≤ 1,0 Co); 28 ... 34 Cr; 1,0 ... 2,5 Fe	450	175	30	korrosionsbeständige Bauteile
Ni Cu 30 Al F 62	2.4375.40	63 Ni + Co (≤ 1,0 Co); 2,2 ... 3,5 Al; 27 ... 34 Cu; 0,5 ... 2,0 Fe; 0,3 ... 1,0 Ti	620	270	25	aushärtbare Legierungen für korrosionsbeständige Bauteile
Ni Cr 21 Mo 6 Cu F 55	2.4641.10	39 ... 46 Ni; ≤ 0,2 Al; ≤ 1,0 Co; 20 ... 23 Cr; 1,5 ... 3,0 Cu; 5,5 ... 7,0 Mo; 0,6 ... 1,0 Ti	550	240	30	Halbzeuge für korrosions-beständige Bauteile

Werkstofftechnik

Blei, Zinn, Zink, Titan, Zink- und Titan-Legierungen
Lead, tin, zinc, titanium, zinc- and titanium alloys

Kurzzeichen	Werkstoff-nummer	chem. Zusammensetzung Masseanteile in %	Bemerkungen und Verwendung
Blei			DIN EN 12 659: 1999-11
–	PB 990 R[1]	99,99 Pb	Herstellung von Bleimennige, Bleiweiß, optische Gläser, Akku-
–	PB 985 R	99,985 Pb	mulatorenplatten, Bleche, Rohre für die chemische Industrie
–	PB 970 R	99,97 Pb	Ausgangswerkstoff für Legierungen, Hartblei für chemische
–	PB 940 R	99,94 Pb	Anlagen
[1] Reinblei			
Zinn			DIN EN 610: 1995-09
Sn 99,99		99,99 Sn	Überzugsmaterial für Weißblech, Ziergegenstände,
Sn 99,95		99,95 Sn	Orgelpfeifen
Sn 99,93		99,93 Sn	
Sn 99,90		99,90 Sn	Lieferform: Masseln, die zum Wiedereinschmelzen
Sn 99,85		99,85 Sn	geeignet sind
Titan			DIN 17 850: 1990-11
Ti 1	3.7025	Ti 1; $\leq 0,15$ Fe; $\leq 0,12$ O_2	korrosionsbeständig besonders gegen oxidierende und
Ti 2	3.7035	Ti 2; $\leq 0,20$ Fe; $\leq 0,18$ O_2	Chlorionen enthaltende Medien, meerwasser- und seeluft-
Ti 3	3.7055	Ti 3; $\leq 0,25$ Fe; $\leq 0,25$ O_2	beständig; chemischer Apparatebau, Galvanotechnik,
Ti 4	3.7065	Ti 4; $\leq 0,30$ Fe; $\leq 0,35$ O_2	Luft- und Raumfahrzeugbau

Primärzink

DIN EN 1179: 2003-09

Sorten-klassifizierung	Farb-kodierung	chem. Zusammensetzung Masseanteile in %	Bemerkungen und Verwendung
Z1	weiß	99,995 Zn	lösliche Anoden, Ätzplatten, Tiefziehmessing,
Z2	gelb	99,99 Zn	Tiefziehneusilber, Zinkbleche, -bänder, -drähte
Z3	grün	99,95 Zn	
Z4	blau	99,5 Zn	Verzinkung, Zinkbleche, -bänder, Legierungsmaterial
Z5	schwarz	98,5 Zn	

Legierungen

Kurzzeichen	Werkstoff-nummer	Zug-festigkeit R_m in N/mm^2	Dehngrenze $R_{p\,0,2}$ in N/mm^2	Bruchdehnung A_5 in %	Bemerkungen und Verwendung
Titanlegierungen					DIN 17 851: 1990-11
Ti Al 5 Sn 2,5 F 79	3.7115.10	790	760	6 … 8	gut schweißbar, korrosions-
Ti Al 6 V 4 F 89	3.7165.10	890	820	8 … 18	beständig, unmagnetisch
					Luft- und Raumfahrt,
		Angabe der Eigenschaften von Blechen DIN 17 860			Armaturen
Zink-Gusslegierungen					DIN EN 12 844: 1999-01
ZP2 (G-Zn Al 4 Cu3)	ZP0 430	335	270	5	Gussstücke aller Art,
ZP3 (GD-Zn Al 4)	ZP0 400	280	200	10	Blechumformwerkzeuge,
ZP5 (GD-Zn Al 4 Cu1)	ZP0 410	330	250	5	Guss-, Blas- und Tiefziehformen
ZP6 (G-Zn Al 6 Cu1)	ZP0 610	–	–	–	für Kunststoffe
ZP8 (–)	ZP0 810	370	220	8	
ZP12 (–)	ZP1 110	400	300	5	
ZP16 (–)	ZP0 010	220	–	–	
ZP27 (–)	ZP2 720	425	370	2,5	

Sintermetalle
Sintered metals

DIN 30 910-1, 2, 5, 6: 1990-10; DIN 30 910-3, 4: 2004-11

Kennzeichnung

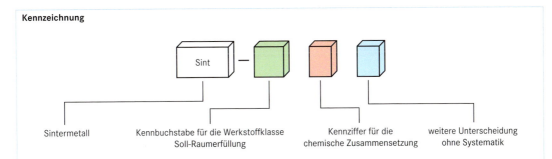

| | Sintermetall | Kennbuchstabe für die Werkstoffklasse Soll-Raumerfüllung | Kennziffer für die chemische Zusammensetzung | weitere Unterscheidung ohne Systematik |

Werkstoffklasse			Chemische Zusammensetzung	
Kennbuchstabe	Raumerfüllung R_x in %	bevorzugtes Einsatzgebiet	Kennziffer	chemische Zusammensetzung
AF	< 73	Filter	0	Sintereisen/Sinterstahl, 0 … 1 % Cu, mit oder ohne C
A	75 (± 2,5)	Gleitlager	1	Sinterstahl, 1 … 5 % Cu, mit oder ohne C
B	80 (± 2,5)	Gleitlager, Formteile	2	Sinterstahl, > 5 % Cu, mit oder ohne C
C	85 (± 2,5)	Gleitlager, Formteile	3	Sinterstahl, mit oder ohne C und Cu, ≤ 6 % andere Leg.-Elemente
D	90 (± 2,5)	Formteile	4	Sinterstahl, mit oder ohne C und Cu, > 6 % andere Leg.-Elemente
E	94 (± 1,5)	Formteile	5	Sinterlegierungen mit > 60 % Cu
F	> 95,5	sintergeschmiedete Formteile	6	Sinterbuntmetalle, die nicht in 5 enthalten sind
			7	Sinterleichtmetalle
			8	
			9	Reserve

Sintermetalle für Filter

Kurzzeichen	Werkstoff	Dichte ϱ in g/cm³	Filterfeinheit in µm
Sint-AF 40	Rostfreier Sinterstahl, Cr- und Ni-haltig	3,8 … 5,6	3, 10, 20, 80, 150
Sint-AF 50	Sinterbronze	5,0 … 6,5	8, 20, 80, 150, 200

Die Filterfeinheit wird im Kurzzeichen angegeben, z. B. Sint-AF 40-20

Sintermetalle für Lager und Formteile mit Gleiteigenschaften

Kurzzeichen	Werkstoff	Radiale Bruchfestigkeit in N/mm²	Härte HB
Sint-A 00	Sintereisen	> 150	> 25
Sint-B 00		> 180	> 30
Sint-C 00		> 220	> 40
Sint-A 10	Sinterstahl Cu-haltig	> 160	> 35
Sint-B 10		> 190	> 40
Sint-C 10		> 230	> 55
Sint-A 20	Sinterstahl, höher Cu-haltig	> 180	> 30
Sint-B 20		> 200	> 45
Sint-A 50	Sinterbronze	> 120	> 25
Sint-B 50		> 170	> 30
Sint-C 50		> 200	> 35

Sinterschmiedestähle für Formteile

Kurzzeichen	Werkstoff	Härte HB geschmiedet	Härte HB vergütet
Sint-F 00	C- und Mn-haltig	> 140	> 220
Sint-F 30	C-, Mn, Ni-, Mo- und Cr-haltig	> 160	> 260
Sint-F 31	C-, Mn, Ni, Mo-haltig	> 180	> 300

Sintermetalle für Formteile

Kurzzeichen	Werkstoff	Zugfestigkeit R_m in N/mm²	Härte HB
Sint-D 00	Sintereisen	170	> 45
Sint-E 00		240	> 60
Sint-D 01	C-haltig	300	> 90
Sint-D 10	Cu-haltig	250	> 50
Sint-E 10		340	> 80
Sint-C 11	Cu- und C-haltig	390	> 80
Sint-C 21		460	> 95
Sint-C 30	Cu-, Ni- und Mo-haltig	360	> 55
Sint-D 30		460	> 60
Sint-E 30		570	> 90
Sint-D 36	Cu- und P-haltig	350	> 90
Sint-D 39	Cu-, Ni-, Mo-, und C-haltig	560	> 120
Sint-C 40	Rostfreier Sinterstahl, hoch Cr-haltig	> 330	> 95
Sint-C 42		> 420	> 140
Sint-C 43		> 510	> 165
Sint-D 73	Sinteraluminium, Cu-haltig	160	> 45
Sint-E 73		200	> 55

(Sinterstahl)

Sintermetalle für Formteile mit weichmagnetischen Eigenschaften

Kurzzeichen	Werkstoff	Zugfestigkeit R_m in N/mm²	Härte HB
Sint-C 02	Sintereisen	150	> 35
Sint-D 02		200	> 40
Sint-E 02		240	> 50
Sint-C 38	Sintereisen, P-haltig	250	> 55
Sint-D 38		230	> 65

Werkstofftechnik 91

Kunststoffe
Plastics

Einteilung der Kunststoffe nach Ausgangsprodukten

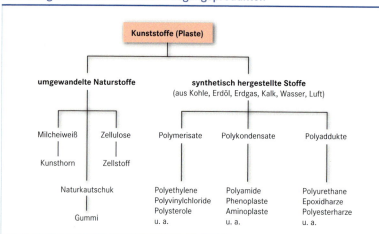

Einteilung der Kunststoffe nach Eigenschaften
DIN 7724: 1993-04

Kunststoffe

- **Elastomere**
  gummielastisch, nicht warm umformbar und nicht schweißbar

- **Thermoplaste**
  warm umformbar und schweißbar

- **Duroplaste**
  nicht warm umformbar und nicht schweißbar

Basis-Polymere – Bezeichnungen
DIN EN ISO 1043-1: 2002-06

Kennbuchstaben für die Komponentenbegriffe

Kenn-buchstabe	Komponenten-Begriff	Kenn-buchstabe	Komponenten-Begriff	Kenn-buchstabe	Komponenten-Begriff
A	Acetat, Acryl, Acrylat, Acrylnitril, Amid	E	Ethyl, Ethylen, Ester	OX	Oxid
AC	Acetat	EP	Epoxid	P	Penten, Phenol, Phenylen, Phthalat, Poly, Polyester, Propylen, Pyrrolidon, Per
AK	Acrylat	F	Fluor, Fluorid, Formaldehyd		
AL	Alkohol	FM	Formal	S	Styrol, Sulfid
AN	Acrylnitril	I	Iso, Imid	SI	Silicon
B	Butadien, Buten, Butyral, Butyrat, Butylen	IR	Isocyanurat	SU	Sulfon
		K	Carbazol, Keton	T	Tetra, Tri, Terephthalat
C	Carbonat, Carboxy, Cellulose, Chlor, Chlorid, chloriert, Cresol	L	flüssig	U	Urea, ungesättigt
		M	Melamin, Meth, Methyl, Methylen	UR	Urethan
		N	Nitrat, Naphtalat	V	Vinyl
D	Di, Dien	O	Octyl, Oxy, Olefin	VD	Vinyliden

Kurzzeichen für Polymere

Kurzzeichen	Bezeichnung	Kurzzeichen	Bezeichnung
ABS	Acrylnitril-Butadien-Styrol	PET	Polyethylenterephthalat
AMMA	Acrylnitril-Methylmethacrylat	PF	Phenol-Formaldehyd
ASA	Acrylnitril-Styrol-Acrylester	PIB	Polyisobutylen
CA	Celluloseacetat	PMMA	Polymethylmethacrylat
CAB	Celluloseacetobutyrat	POM	Polyoxymethylen, Polyformaldehyd
CF	Kresol-Formaldehyd	PP	Polypropylen
CMC	Carboxymethylcellulose, Cellulose-glykolsäure	PS	Polystyrol
		PSU	Polysulfon
CN	Cellulosenitrat	PTFE	Polytetrafluorethylen
CP	Cellulosepropionat	PUR	Polyurethan
EC	Ethylcellulose	PVAC	Polyvinylacetat
EP	Epoxid	PVAL	Polyvinylalkohol
EVAC	Ethylen-Vinylacetat	PVB	Polyvinylbutyral
ETFE	Ethylen-Tetrafluorethylen	PVC	Polyvinylchlorid
MC	Methylcellulose	PVDC	Polyvinylidenchlorid
MF	Melamin-Formaldehyd	PVF	Polyvinylfluorid
MPF	Melamin-Phenol-Formaldehyd	PVFM	Polyvinylformal
PA	Polyamid	SAN	Styrol-Acrylnitril
PAN	Polyacrylnitril	SB	Styrol-Butadien
PC	Polycarbonat	SI	Silicon
PCTFE	Polychlortrifluorehtylen	SMS	Styrol-α-Methylstyrol
PDAP	Polydiallyphthalat	UF	Urea-Formaldehyd
PE	Polyethylen	UP	Ungesättigter Polyester

Erkennen von Kunststoffen
Recognizing plastics

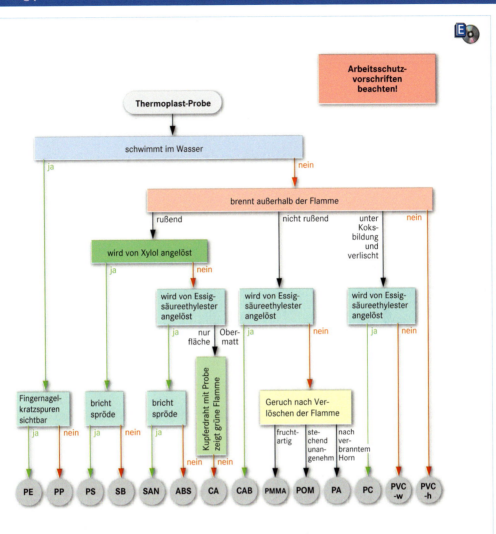

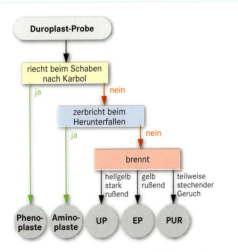

Weitere typische Merkmale	
Kunststoff	Merkmal
Aminoplast	brennt nicht
Phenoplast, Phenolharz	brennt nicht, nur Füllstoffe brennen
PE-w, PVC-w, PP, PUR	elastisch, unzerbrechlich
ABS	entwickelt **Blausäure** beim Verbrennen!! Hinterlässt harte, schwarze Asche
PMMA, Acrylglas, Acrylharz	verbrennt vollständig
PUR, vernetzt (Duroplast)	brauner Rückstand nach Verbrennung
PUR, linear (Thermoplast)	kein brauner Rückstand nach Verbrennung
PVC	entwickelt **Salzsäure** beim Verbrennen!!

Werkstofftechnik

Kunststoffe
Plastics

Thermoplaste

Kurz-zeichen	Bezeichnung	Handelsnamen	Festigkeit N/mm²	Kerbschlagzähigkeit a_k in kJ/m²	Anwendungstemperatur in °C bis	Chemische Beständigkeit[5]					Bemerkungen und Verwendung
						Mineralöl	Benzin	Trichlorethylen	verdünnte Säuren	verdünnte Laugen	
PE	Polyethylen	Baylon, Hostalen, Lupolen, Vestolen	8 ...[1] 30	–	80 ... 105	b	bb	bb	b	b	Dichtungen, Handgriffe, Hohlkörper, Folien, Isoliermaterial in der Elektrotechnik
PP	Polypropylen	Hastalen PP, Novolen, Vestolen P	30 ...[1] 37	4 ... 7	110	bb	bb	u	b	b	Teile für Haushaltsmaschinen, Gehäuse, Ventilatoren, Transportkästen
PVC hart	Polyvinylchlorid hart	Hostalit Vinoflex Vestolit	50 ...[2] 60	4	60 ... 70	b	b	u	b	b	Rohrleitungen, Dachrinnen, Behälter für chemische Industrie, Öl- und Getränkeflaschen
PVC weich	Polyvinylchlorid weich		10 ...[2] 30		40 ... 60	b	b	u	b	bb	Dichtungen, Fußbodenbeläge, Abdeckfolien, Spielzeug, Bekleidung
PS	Polystyrol	Hostyren N. Polystyrol, Vestyron	40 ...[3] 65	2	70 ... 80	bb	u	u	b	b	Verpackungen mit hohem Oberflächenglanz und Durchsichtigkeit, Leuchten, Wegwerfgeschirr
S/B	Styrol/Butadien	Hostyren S. Polystyrol 400 Vestyron 500	20 ...[3] 50	4 ... 14	75	bb	u	u	bb	bb	technische Teile mit guter Zähigkeit und gutem Oberflächenglanz, Gehäuse, Toilettenartikel, Spielwaren
SAN	Polystyrol/ Acrylnitril	Luran, Vestoran	70 ...[3] 80	4 ... 6	90	b	b	u	b	b	Gehäuseteile, Schaugläser, Verpackungen
ABS	Acrylnitril/Butadien/Styrol	Novodur, Terluran	35 ...[1] 50	8 ... 19	85 ... 100	b	b	u	b	b	Gehäuse, Sitzmöbel, verchromte Zierleisten, Bootskörper, Schutzhelme
PMMA	Polymethylmethacrylat	Degulan, Deglas, Plexiglas, Resarit	64 ...[2] 75	2	65 ... 85	b	b	u	bb	bb	Verglasungen, optische Gläser, Schreib- und Zeichengeräte, Leuchten, sanitäre Installationsteile
PA	Polyamide	Durethan, Ultramid, Vestamid, Nylon	40 ...[1] 80	15 ... o.B [4]	80 ... 140	b	b	b	bb	b	Zahnräder, Riemenscheiben, Gleitlager, Gehäuse, Türbeschläge, Folien, Borsten, als Faser: Perlon
POM	Polyoxymethylen	Hostaform, Ultraform	65 ...[1] 70	–	100 ... 150	b	b	bb	bb	b	Zahnräder, Laufräder, Getriebeteile in Haushaltsgeräten, Feuerzeugtanks
PC	Polycarbonat	Makrolon	... 60[1]	35	... 130	b	b	u	b	u	Maschinenteile, Sicherheitsverglasung, Schutzhelme, Lineale, Schriftschablonen
PTFE	Polytetrafluorethylen	Hostaflon TF Teflon	20 ... 40[3]	16	260 ... 280	b	b	b	b	b	Schläuche, Dichtungen, Gleitlager, Beschichtungen, Laborgeräte
PCTFE	Polychlortrifluorethylen	Hostaflon C 2	32 ...[1] 42	8 ... 9	150	b	b	b	b	b	Schläuche, Dichtungen, Laborgeräte
CA	Celluloseacetat	Cellidor A, U, S	35 ...[1] 42	8 ... 10	60 ... 110	b	b	bb	bb	u	Lenkräder, Leuchten, Knöpfe, Werkzeuggriffe, Stuhlsitzflächen, Brillengestelle, Kämme, Schreibmaschinentasten
CAB	Celluloseacetobutyrat	Cellidor B	26 ...[2] 37	2 ... 15							
CP	Cellulosepropionat	Cellidor CP	30[2]	26							
PUR	Polyurethan-Elastomere	Desmopan Vulkollan Urepan	25 ...[3] 55	–	–40 ... 110	u	b	u	bb	bb	Lager, Buchsen, Schläuche, Zahnriemen, Dichtungen, Rollen und Laufrollenbeläge, Skischuhe

[1] Streckspannung
[2] Zugfestigkeit
[3] Reißfestigkeit
[4] Probe nicht gebrochen
[5] b: beständig   bb: bedingt beständig   u: unbeständig

Kunststoffe
Plastics

Kennzeichnung thermoplastischer Formmassen

Polyethylen	DIN EN ISO 1872-1: 1999-10
Polypropylen	DIN EN ISO 1873-1: 1995-12
Polycarbonat	DIN EN ISO 7391-1: 1999-10

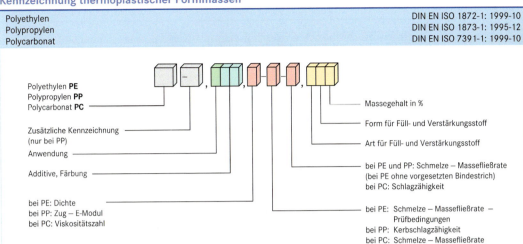

Bezeichnung einer PE-Formmasse für Extrusion von Folien mit Gleitmittel, naturfarben, einer Dichte von 0,921 g/cm³, einer Schmelze-Massefließrate von 4,2 g/10 min unter den Prüfbedingungen 190 °C/2,16 kg:

Thermoplast ISO 1872 – PE, FSN, 20-D045

Anwendung		Additive, Färbung	
B	Blasformen	A	Verarbeitungsstabilisator
C	Kalandrieren	B	Antiblockmittel
D	Schallplattenherstellung	C	Farbmittel
E	Extrudieren (Rohre)	D	Pulver
F	Extrudieren (Folien)	E	Treibmittel
G	Allgem. Anwendung	F	Brandschutzmittel
H	Beschichtung	G	Granulat
K	Kabel-, Drahtisolierung	H	Wärmealterungsstabilisator
L	Monofilextrusion	K	Metalldesaktivator
M	Spritzgießen	L	Lichtstabilisator
Q	Pressen	N	Naturfarben
R	Rotationsformen	P	schlagzäh modifiziert
S	Pulversintern	R	Entformungshilfsmittel
T	Bandherstellung	S	Gleit-, Schmiermittel
X	keine Angabe	T	erhöhte Transparenz
Y	Faserherstellung	W	Hydrolyse stabilisiert
		X	vernetzbar
		Y	erhöhte elektr. Leitfähigkeit
		Z	Antistatikum

Zusätzliche Kennzeichnung bei Polypropylen

H	Homopolymerisate des Polypropylens
B	Thermoplastisches schlagzähes Polypropylen
R	Thermopl. statische Copolymerisate

Zug – E-Modul T in MPa

Zeichen	T über	bis
02		400
06	400	800
10	800	1200
16	1200	2000
28	2000	3500
40	3500	

Kerbschlagzähigkeit a_k in kJ/m²

Zeichen	a_k über	bis
02		3
05	3	6
09	6	12
16	12	20
25	20	30
35	30	

Dichte in g/cm³ bei Polyethylen

Kennzahl	über	bis
15		0,917
20	0,917	0,922
25	0,922	0,927
30	0,927	0,932
35	0,932	0,937
40	0,937	0,942
45	0,942	0,947
50	0,947	0,952
55	0,952	0,957
60	0,957	0,962
65	0,962	

Viskositätszahl bei Polycarbonat in cm³/g

Kennzahl	über	bis
46		46
49	46	52
50	52	58
61	58	64
67	64	70
70	70	

Füll- und Verstärkungsstoff bei PE und PP

Art		Form	
B	Bor	B	Kugeln
C	Kohlenstoff	D	Pulver
G	Glas	F	Fasern
K	Kreide (CaCo₃)	G	Mahlgut
L	Cellulose	H	Whisker (faserförmige Einkristalle)
M	Mineralien, Metall		
S	Synth. organ. Mat.	S	Blättchen
T	Talkum	X	nicht spezifiziert
W	Holz	Z	andere
X	nicht spezifiziert		
Y	andere		

Schlagzähigkeit bei Polycarbonat in kJ/m²

Kennzahl	Bereiche	a_n über	bis
	0		10
	1	10	30
	3	30	50
	5	50	70
	7	70	90
	9	90	

Schmelze-Massefließrate in g/10 min

für PE, PP			für PC			
Kennzahl	über	bis	Kennzahl	über	bis	
000		0,1	03		3	
001	0,1	0,2	05	3	6	
003	0,2	0,4	09	6	12	
006	0,4	0,8	18	12	24	
012	0,8	1,5	24	24		
022	1,5	3,0				
045	3,0	6,0				
090	6,0	12				
200	12	25				
400	25	50				
700	50					

Die Schmelze-Massefließrate gibt die Masse an, die unter den festgelegten Bedingungen durch eine Düse gedrückt wird.

Prüfbedingungen

Zeichen	Temperatur in °C	Auflast in kg
E	190	0,325
D		2,16
T		5,00
G		21,6

Werkstofftechnik

Kunststoffe
Plastics

Bezeichnung duroplastischer Formmassen

DIN EN ISO 14 526-1: 2000-08; DIN EN ISO 14 527-1: 2000-08
DIN EN ISO 14 528-1: 2000-08; DIN EN ISO 14 529-1: 2000-08

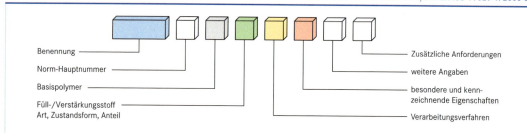

Benennung
Norm-Hauptnummer
Basispolymer
Füll-/Verstärkungsstoff Art, Zustandsform, Anteil
Zusätzliche Anforderungen
weitere Angaben
besondere und kennzeichnende Eigenschaften
Verarbeitungsverfahren

Bezeichnung eines Phenolharzes mit 40 % Mineralfasern, kein empfohlenes Verarbeitungsverfahren, flammbeständig:
PMC ISO 14 526 – PF MF 40, X, FR

Bezeichnung eines Harnstoff-Formaldehyd-Harzes modifiziert mit Melamin-Formaldehyd-Harz mit 20 % Holzmehl und 20 % organischem Syntheseprodukt, empfohlenes Verarbeitungsverfahren: Spritzgießen:
PMC ISO – 14 527 – UF/MF (LD20 + S20), M

Basispolymer	
PF	Phenol-Formmassen
UF	Harnstoff-Formaldehyd-Formmassen
UF/MF	Harnstoff/Melamin-Formaldehyd-Formmassen
MF	Melamin-Formaldehyd-Formmassen
MP	Melamin/phenol-Formmassen

Benennung	
PMC	rieselfähige Formmasse (Pulver, Granulat, Mahlgut)
BMC	Feuchtpressmasse
SMC	Holzmatte

Verarbeitungsverfahren			
G	Allgemeine Verwendung	T	Spritzgießen
		X	nicht festgelegt
M	Spritzgießen	Z	Sonstiges
Q	Formpressen		

Besondere Eigenschaften			
A	Ammoniakfrei	N	Lebensmittelechtheit
E	Elektrische Eigenschaften	R	enthält Recycling-Material
FR	Flammbeständigkeit	T	Wärmebeständigkeit
M	Mechanische Eigenschaften	X	nicht festgelegt
		Z	Sonstiges

Füll- und Verstärkungsstoffe					
Art		Form		Kennzahl des Masseanteils w in %	
		B	Kugeln, Perlen	05	$w < 7,5$
C	Kohlenstoff	C	Schnitzel, Späne	10	$7,5 \leq w < 12,5$
D	Aluminiumtrihydroxid	D	Pulver	15	$12,5 \leq w < 17,5$
E	Ton			20	$17,5 \leq w < 22,5$
		F	Fasern	25	$22,5 \leq w < 27,5$
G	Glas	G	Mahlgut	30	$27,5 \leq w < 32,5$
K	Calciumcarbonat			35	$32,5 \leq w < 37,5$
L1	Zellulose			40	$37,5 \leq w < 42,5$
L2	Baumwolle			45	$42,5 \leq w < 47,5$
M	Mineral			50	$47,5 \leq w < 52,5$
P	Glimmer			55	$52,5 \leq w < 57,5$
Q	Quarz			60	$57,5 \leq w < 62,5$
R	Recycling-Material			65	$62,5 \leq w < 67,5$
S	Organisches Syntheseprodukt	S	Schuppen, Flocken	70	$67,5 \leq w < 72,5$
				75	$72,5 \leq w < 77,5$
T	Talkum			80	$77,5 \leq w < 82,5$
W	Holz			85	$82,5 \leq w < 87,5$
X	nicht festgelegt	X	nicht festgelegt	90	$87,5 \leq w < 92,5$
Z	Sonstiges	Z	Sonstiges	95	$92,5 \leq w < 97,5$

Sind mehrere Füll- und Verstärkungsstoffe enthalten, werden sie durch Kombination der Kennzahlen mit „+" in Klammern gesetzt angegeben.

Elastomere

Kurzzeichen	Bezeichnung	Handelsname	Zugfestigkeit σ_M in N/mm²	Bruchdehnung ε_B in %	Anwendungstemperatur in °C	Verwendung
NR	Naturkautschuk		22	600	−60 … 60	Reifen, Lager
SBR	Styrol-Butadien-Kautschuk	Buna Europrene	5	500	−30 … 70	Reifen, Schläuche, Kabelummantelungen
CR	Chlor-Butadien-Kautschuk	Chloropren Neopren	11	400	−30 … 90	Schutzkleidung, Kabelmäntel, Federbänder, Tauchanzüge
NBR	Acrylnitril-Butadien-Kautschuk	Perbunan N Europrene N	6	450	−20 … 110	Dichtungen, Kraftstoff- und Ölleitungen
SI	Silikon-Kautschuk	Silopren Silastic	1	250	−80 … 200	Dichtungen, Schläuche, Transportbänder

Schichtpressstoffe
Laminated plastics

Bezeichnungen

DIN EN 60 893-1: 2004-12

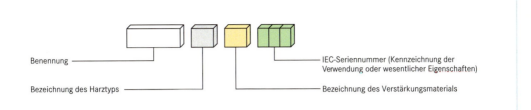

Bezeichnung eines Schichtpressstoffes aus Phenol-Formaldehyd-Harz mit Zellulosepapier und der Seriennummer 204:

Schichtpressstoff PF CP 204

Harztypen		Verstärkungsmaterial	
Kurzname	Bezeichnung	Kurzname	Bezeichnung
PF	Phenol-Formaldehyd-Harz	CP	Zellulosepapier
UP	(ungesättigtes) Polyesterharz	CC	Baumwollgewebe
EP	Epoxidharz	WV	Holzfurniere
MF	Melamin-Formaldehyd-Harz	GC	Glasgewebe
SI	Siliconharz	GM	Glasmatte
PI	Polyimidharz	PC	Polyesterfasergewebe
		CR	zusammengesetztes Verstärkungsmittel

Tafeln aus Schichtpressstoffen

DIN EN 60 893-3-1: 2004-09

| Schichtpressstofftypen ||| bisherige Bezeichnung nach DIN 7735-2 | Eigenschaften | Verwendung |
Harztyp	Verstärkungsmaterial	IEC-Seriennummer[1]			
EP	CP	201	HP 2361.1	gute mechanische Festigkeit, gut stanzbar, gute elektrische Isoliereigenschaften	Präzisionsstanzteile im Mikroschalterbau, Platten für gedruckte Schaltungen
	GC	201	Hgw 2372	sehr gute mechanische Festigkeit, sehr gute elektrische Isoliereigenschaften auch bei hoher Feuchtigkeit	Elektromaschinenbau, Schalterbau, Transformatorenbau
		203	Hgw 2372.4	wie EP GC 201, jedoch bis 155 °C einsetzbar	
	GM	201	–	besonders hohe mechanische Festigkeit, sehr gute elektrische Isoliereigenschaften auch bei hoher Feuchtigkeit	
MF	GC	201	Hgw 2272	hohe mechanische Festigkeit, beständig gegen Lichtbogen	Platten, Rohre, Formteile
PF	CC	201	Hgw 2082	sehr gute mechanische Eigenschaften	Lagerschalen, Zahnräder, Rollen
		203	Hgw 2083	bessere spanende Bearbeitbarkeit als PF CC 201	
	CP	201	Hp 2061	gute mechanische Eigenschaften, gute elektrische Isoliereigenschaften	Stanzteile in der Autoelektronik, Montageplatten für Schalttafeln
		203	Hp 2061.6	gute elektrische Isoliereigenschaften	Radio- und Fernsehtechnik
SI	GC	202	Hgw 2572	hohe Kriechstromfestigkeit, bis 180 °C einsetzbar	Elektromaschinenbau, Transformatorenbau
UP	GM	201	Hm 2471	hohe mechanische Festigkeit, warmfest	Wickelzylinder für Trockentransformatoren Trennwände und Schalthebel in Hochspannungsschaltern
		202	Hm 2471	wie UP GM 201, jedoch sehr hohe elektrische Durchschlagfestigkeit	

[1] IEC: International Electrotechnical Commission

Gleitlager-Werkstoffe
Materials for plain bearings

Kurzzeichen	bisherige Werkstoffnummer	chem. Zusammensetzung Masseanteile in %	Brinell-Härte nach ISO 4384-1 ... 2	Mindesthärte der Welle	Dehngrenze $R_{p\,0,2}$ in N/mm²	Verwendung
Blei- und Zinn-Gusslegierungen für Verbundgleitlager						DIN ISO 4381: 2001-02
Pb Sb 15 Sn 10	2.3391	14 ... 16 Sb; 9,0 ... 11,0 Sn; 0,7 Cu; 0,6 As	21		43	für mittlere Belastung und mittlere Gleitgeschwindigkeit
Pb Sb 15 Sn As	2.3392	70 ... 78 Pb; 13,5 ... 15,5 Sb; 0,9 ... 1,7 Sn; 0,7 Cu; 0,8 ... 1,2 As	18		39	gute Gleiteigenschaften, auch für Mischreibung geeignet
Pb Sb 10 Sn 6	2.3393	80 ... 86 Pb; 9 ... 11 Sb; 5 ... 7 Sn; 0,7 Cu; 0,25 As	16	160 HB	39	für reine Gleitbeanspruchung bei geringer Belastung und mittlerer Gleitgeschwindigkeit
Sn Sb 12 Cu 6 Pb	2.3790	79 ... 81 Sn; 11 ... 13 Sb; 5 ... 7 Cu; 1 ... 3 Pb; 0,1 As	25		61	gute Gleiteigenschaften für mittlere bis hohe Belastungen und Gleitgeschwindigkeiten
Sn Sb 8 Cu 4	2.3792	88 ... 90 Sn; 7 ... 8 Sb; 3 ... 4 Cu; 0,35 Pb; 0,1 As	22		47	
Kupfer-Gusslegierungen für Massiv- und Verbundgleitlager						DIN ISO 4382-1: 1992-11
Legierungen für Massiv- und Verbundgleitlager						
Cu Pb 9 Sn 5	2.1815	80 ... 87 Cu; 4 ... 6 Sn; 8 ... 10 Pb; 2,0 Zn; 2,0 Ni	55 ... 60	250 HB	60 ... 130	weiche Legierung, für mittlere Belastungen und mittlere bis hohe Gleitgeschwindigkeiten
Cu Pb 15 Sn 8	2.1817	75 ... 79 Cu; 7 ... 9 Sn; 13 ... 17 Pb; 2,0 Zn; 2,0 Ni	60 ... 65	250 HB	80 ... 100	
Cu Al 10 Fe 5 Ni 5	2.1819	> 76 Cu; 0,2 Sn; 0,1 Pb; 0,5 Zn; 3,5 ... 5,5 Fe; 3,5 ... 6,5 Ni; 8 ... 11 Al	140	55 HRC	250 ... 280	sehr harte Legierung, gehärtete Wellen erforderlich
Legierungen für Massivgleitlager						
Cu Sn 10 P	2.1811	89,5 ... 97,0 Cu; 10,0 ... 11,5 Sn; 0,25 Pb; 0,1 Ni	70 ... 95	55 HRC	130 ... 170	für gehärtete Wellen bei hoher Belastung und Gleitgeschwindigkeit
Cu Pb 5 Sn 5 Zn 5	2.1813	84 ... 86 Cu; 4 ... 6 Sn; 4 ... 6 Pb; 4 ... 6 Zn; 2,5 Ni	60 ... 65	250 HB	90 ... 100	für geringe Belastung
Kupfer-Knetlegierungen für Massivgleitlager						DIN ISO 4382-2: 1992-11
Cu Sn 8 P	2.1830	90,0 ... 92,5 Cu; 7,5 ... 9,0 Sn	80 ... 160		200 ... 480	für gehärtete Wellen bei hoher Belastung und Gleitgeschwindigkeit
Cu Zn 37 Mn 2 Al 2 Si	2.1832	57 ... 60 Cu; 32 ... 40 Zn; 1,0 ... 2,5 Al; 0,3 ... 1,3 Si; 1,5 ... 3,5 Mn	150	55 HRC	300	hoher Verschleißwiderstand, brauchbar bei Mangelschmierung
Cu Al 9 Fe 4 Ni 4	2.1833	78 ... 87 Cu; 8,0 ... 11,0 Al; 2,5 ... 5,0 Ni; 2,5 ... 4,5 Fe; 3,0 Mn	160		400	sehr harte Legierung, gehärtete Wellen erforderlich
Metallische Verbundwerkstoffe für dünnwandige Gleitlager						DIN ISO 4383: 2001-02
Pb Sb 15 Sn As	2.3390	13,5 ... 15,5 Sb; 0,9 ... 1,7 Sn	16 ... 20 HV	180 HB	–	für niedrig belastete Lager, gute Korrosionsbeständigkeit
Sn Sb 8 Cu 4	2.3793	0,8 ... 1,2 As; 0,35 Pb; 7,0 ... 8,0 Sb; 3,0 ... 4,0 Cu	17 ... 24 HV	220 HB	–	
Cu Pb 10 Sn 10	2.1821	9,0 ... 11,0 Pb; 9,0 ... 11,0 Sn	70 ... 130	53 HCR	–	sehr hohe Dauer- und Schlagfestigkeit
Cu Pb 24 Sn	2.1825	19,0 ... 27,0 Pb; 0,6 ... 2,0 Sn	55 ... 80	45 HRC	–	hohe Dauerfestigkeit, übliche Verwendung mit galvanischer Gleitschicht
Al Sn 20 Cu	3.0690	0,7 ... 1,3 Cu; 17,5 ... 22,5 Sn	30 ... 40	250 HB	–	mittlere Dauerfestigkeit, gute Eigenschaften bei Grenzreibung
Al Sn 6 Cu	3.0691	0,7 ... 1,3 Cu; 5,5 ... 7,0 Sn	35 ... 45	45 HRC	–	mittlere bis hohe Dauerfestigkeit, gute Korrosionsbeständigkeit
Al Si 11 Cu	–	0,7 ... 1,3 Cu; 10 ... 12 Si	45 ... 60	50 HRC	–	übliche Verwendung mit galvanischer Gleitschicht für harte Wellen

Gleitlager-Werkstoffe
Materials for plain bearings

Thermoplastische Kunststoffe für Gleitlager
DIN ISO 6691: 2001-05

Kennzeichnung

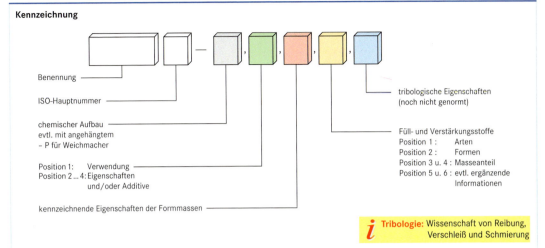

Bezeichnung eines Polyamid 6 für Spritzgussverarbeitung mit Entformungshilfsmittel, der Viskositätszahl 140 ml/g, einem Elastizitätsmodul ~ 3000 N/mm² und schnell erstarrend, verstärkt mit ca. 20 % Glasfaseranteile:

Thermoplast ISO 6691-PA6, MR, 14-030 N, GF 20

Kurzzeichen für den chemischen Aufbau der Formmassen

Kurz-zeichen	Gruppe/Name
PA	Polyamid
POM	Polyoxymethylen
PET	Polyethylenterephthalat
PBT	Polybuthylenterephthalat
PE	Polyethylen
PTFE	Polytetrafluorethylen
PI PPS	Polyimid
P	Weichmacher

Polyamide werden durch Anhängen von Zahlen weiter unterteilt.

Arten der Füll- und Verstärkungsstoffe

C	Kohlenstoff
G	Glas
K	Kreide
S	synth. organ. Material
T	Talkum
X	ohne Angabe

Füllstoffe – ergänzende Informationen

GR	Grafit
MO	Molybdändisulfid
OL	Mineralöl
PE	Polyethylen
TF	Polytetrafluorethylen

Verwendung

E	Extrusion
G	Allgemeine Verwendung
M	Spritzgießen
Q	Pressen
R	Rotationsformen
X	ohne Angabe

Eigenschaft oder Additiv

A	Verarbeitungsstabilisator
F	Brandschutzmittel
H	Wärmealterungs-stabilisator
L	Licht- und Witterungs-stabilisator
R	Entformungshilfsmittel
S	Verarbeitungsgleit-hilfsstoff

Formen der Füll- und Verstärkungsstoffe

D	Pulver
F	Fasern
S	Kugeln
X	ohne Angabe

Masseanteile in %

01	≥ 0,1 ... 1,5
02	> 1,5 ... 3
05	> 3 ... 7,5
10	> 7,5 ... 12,5
15	> 12,5 ... 17,5
20	> 17,5 ... 22,5
25	> 22,5 ... 27,5
30	> 27,5 ... 32,5
35	> 32,5 ... 37,5
40	> 37,5 ... 42,5
45	> 42,5 ... 47,5
50	> 47,5 ... 55
60	> 55 ... 65
70	> 65 ... 75
80	> 75 ... 85
90	> 85

Kennzeichnende Eigenschaften der Formmassen

Die für die Kennzeichnung geeigneten Eigenschaften sind bei den einzelnen Formmassen unterschiedlich.

Formmasse	kennzeichnende Eigenschaften
PA	Ziffern für Viskositätszahl und Elastizitätsmodul getrennt durch Bindestrich, „N" für schnell erstarrende Produkte
PE	Ziffern für Dichte und Schmelzindex, getrennt durch Bindestrich
PET, PBT	Ziffern für die Viskositätszahl
POM, PTFE, PI	noch nicht genormt

Anwendungsbereiche

PA	Stoß- und schwingbeanspruchte Lager, Bremsgestängebuchsen, Landmaschinenlager, Federaugenbuchsen
POM	Gut bei Trockenlauf oder Mangelschmierung, Gleitlager für Feinwerktechnik, Haushaltsgeräte
PET, PBT	Gleitlageranwendung ähnlich POM Unterwasseranlagen, Gleitlager für oszillierende Bewegungen
PE	Gleitlager für Anlagen in sandführenden Gewässern, Straßen- und Landmaschinenbau, Tieftemperaturlager, Chemieanlagen
PTFE	Gleitlager in Chemieanlagen, Hochfrequenztechnik, Brückenlager
PI	Gleitlager im Tunnelofen

Weitere Bezeichnungen siehe Norm

i **Tribologie:** Wissenschaft von Reibung, Verschleiß und Schmierung

Werkstofftechnik

Verstärkte Kunststoffe
Reinforced plastics

Grund-werkstoff	Faser-art[1]	Faser-anteil in %	Dichte ϱ in g/cm³	Zugfestigkeit/ Streckspannung in N/mm² σ_B	σ_s	Dehnung ε in %	E-Modul E in N/mm²	Gebrauchs-temperatur t in °C max.	Verwendung
PP Polypropylen	GF	30	1,17	107	–	5	7 100	100	Gehäuse, Verpackungs-bänder, Behälter
POM Polyacetal	GF	30	1,56	–	140	3	10 000	110	Kfz-Teile, Zahnräder, Lager, Gehäuse
PA Polyamid	GF	35	1,40	–	160	5	10 000	130	Zahnräder, Führungs- und Kupplungsteile, Gehäuseteile
PC Polycarbonat	GF	30	1,44	–	75	3,5	5 500	115	Schaltkästen, Zählergehäuse, Pumpenteile, Büromaschinen-teile, Verkehrszeichen
PET Polyethylen-terephthalat	GF	33	1,52	165	–	2	1 150	100	Führungs- und Lagerelemente
PBT Polybutylen-terephthalat	GF	30	1,52	135	–	3	9 000	100	Lagerwerkstoff
PPS Polyphenylsulfid	GF GFM	40 65	1,60 1,90	116 83	– –	0,9 0,5	11 700 12 400	200 200	Pumpengehäuse, Lauf-räder, Lagerbuchsen
PEEK Polyetherether-keton	GF CF	30 30	1,49 1,44	157 208	– –	2,2 1,3	10 300 13 000	250 250	Automobil- und Luftfahrt-industrie, Metallersatz
PAI Polyamidimid	GF CF	30 30	1,56 1,50	205 205	– –	7 6	11 700 19 900	260 260	Hebel, Ventilplatten, Kolbenringe, Metallersatz
UP ungesättigtes Polyesterharz	GF	35 65	1,45 1,80	100 300	– –	– –	7 000 18 000	150 150	Behälter, Tanks, Rohre
EP Epoxidharz	GF	50 65	1,60 1,80	220 350	– –	– –	10 000 18 000	150 150	Behälter, Bootskörper, Karosserieteile

[1] GF = Glasfaser, GFM = Glasfaser und mineralische Füllstoffe, CF = Kohlefaser

Keramische Werkstoffe
Ceramic materials

Werkstoff		Dichte ϱ in g/cm³	Biege-festigkeit σ_b in N/mm²	E-Modul E in N/mm²	Längenaus-dehnungs-koeffizient α in 10⁻⁶/K	Verwendung
Aluminiumoxid	Al_2O_3	4	400	390 000	6,5	verschleißfeste Teile im Maschinenbau, Schneidstoffe, Umformwerkzeuge, Schleifmittel
Zirkoniumdioxid	ZrO_2	6,1	600	210 000	10	Umformwerkzeuge, Messsonden
Siliciumkarbid	SiC	2,4	400	380 000	3,5 ... 4,0	Schleifmittel, Lager, Ventile, Brennkammern
Siliciumnitrid	Si_3N_4	3,3	800	320 000	8	Schneidstoffe, Turbinenschaufeln
Kubisches Bornitrid	CBN	3,4	550	680 000	4	Schneidstoffe, Schleifmittel
Polykristalliner Diamant	D	3,5	1 100	960 000	1	Werkzeuge zur Präzisionsbearbeitung, Schleifmittel, Schneidstoffe

Stahlprofile
Steel sections

Warmgewalzte Stahlprofile – Übersicht

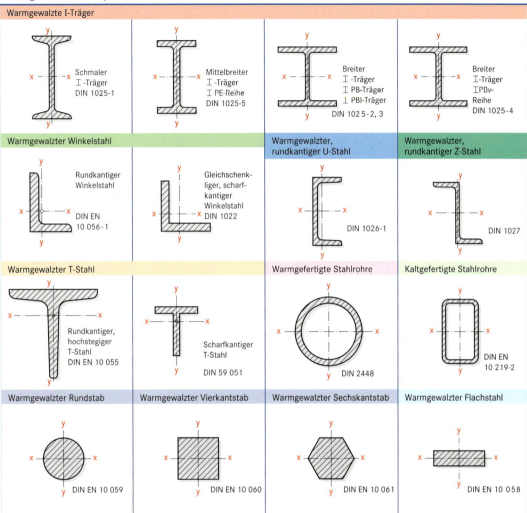

Abkürzungen von Benennungen für Halbzeug

Benennung	Abkürzung			Bild-zeichen	Benennung	Abkürzung			Bild-zeichen
Band	Bd	BD	bd		Profile				
Blech	Bl	BL	bl		– Doppel-T, schmalflanschig	I	I	i	I
Draht	Dr	DR	dr		– Doppel-T, breitflanschig	IB	IB	ib	
Folie	Fol	FOL	fol		– Doppel-T, breitflanschig, mit parallelen Flanschflächen	IPB[1]	IPB	ipb	
Platte	Pl	PL	pl						
Rohr	Ro	RO	ro	⌀	– Doppel-T, breitflanschig, mit parallelen Flanschflächen leichte Ausführung	IPBl[1]	IPBl	ipbl	
Tafel	Tfl	TFL	tfl						
Profile					– Doppel-T, breitflanschig, mit parallelen Flanschflächen verstärkte Ausführung	IPBv[1]	IPBv	ipbv	
– Flach	Fl	FL	fl	▬					
– Rund	Rd	RD	rd	⌀					
– Sechskant	6 kt	6 KT	6 kt	⬡	– Doppel-T, mittelbreit mit parallelen Flanschflächen	IPE	IPE	ipe	
– T	T	T	t	T	– Z	Z	Z	z	⌐
– U	U	U	u	⊏					
– Vierkant (Quadrat)	4 kt	4 KT	4 kt	□					
– Winkel, rundkantig	L	L	l	L					
– Winkel, scharfkantig	LS	LS	ls						

[1] nach EURONORM 53-62: IPB = HE ... B, IPBl = HE ... A, IPBv = HE ... M

Stahlprofile
Steel sections

Warmgewalzte I-Träger, schmale I-Träger
DIN 1025-1: 1995-05

Kurz-zeichen I	h mm	b mm	s mm	t mm	I_x cm^4	W_x cm^3	I_y cm^4	W_y cm^3	A cm^2	m' kg/m	$d_{1\,max}$[1] mm	w_1 mm
80	80	42	3,9	5,9	77,8	19,5	6,29	3,00	7,57	5,94	6,4	22
100	100	50	4,5	6,8	171	34,2	12,2	4,88	10,6	8,34	6,4	28
120	120	58	5,1	7,7	328	54,7	21,5	7,41	14,2	11,1	8,4	32
140	140	66	5,7	8,6	573	81,9	35,2	10,7	18,2	14,3	11	34
160	160	74	6,3	9,5	935	117	54,7	14,8	22,8	17,9	11	40
180	180	82	6,9	10,4	1 450	161	81,3	19,8	27,9	21,9	13[2]	44
200	200	90	7,5	11,3	2 140	214	117	26,0	33,4	26,2	13	48
220	220	98	8,1	12,2	3 060	278	162	33,1	39,5	31,1	13	52
240	240	106	8,7	13,1	4 250	354	221	41,7	46,1	36,2	17/13[3]	56
260	260	113	9,4	14,1	5 740	442	288	51,0	53,3	41,9	17	60
280	280	119	10,1	15,2	7 590	542	364	61,2	61,0	47,9	17	60
300	300	125	10,8	16,2	9 800	653	451	72,2	69,0	54,2	21/17	64
320	320	131	11,5	17,3	12 510	782	555	84,7	77,7	61,0	21/17[3]	70
340	340	137	12,2	18,3	15 700	923	674	98,4	86,7	68,0	21	74
360	360	143	13,0	19,5	19 610	1090	818	114	97,0	76,1	23/21[3]	76
400	400	155	14,4	21,6	29 210	1460	1160	149	118	92,4	23	86
450	450	170	16,2	24,3	45 850	2040	1730	203	147	115	25/23[3]	94
500	500	185	18,0	27,0	68 740	2750	2480	268	179	141	28	100

(auch als halbierter I-Träger)
Normallängen:
h < 300: 8 m … 16 m
h ≥ 300: 8 m … 18 m
Werkstoff:
Stahl nach DIN EN 10 025

Bezeichnung eines warmgewalzten schmalen I-Trägers, Höhe h = 260 mm aus S 235 JR: **I-Profil DIN 1025 – I 260 – S 235 JR**

Warmgewalzte I-Träger, mittelbreite Träger, IPE-Reihe
DIN 1025-5: 1994-03

Kurz-zeichen I	h mm	b mm	s mm	t mm	I_x cm^4	W_x cm^3	I_y cm^4	W_y cm^3	A cm^2	m' kg/m	$d_{1\,max}$[1] mm	w_1 mm
80	80	46	3,8	5,2	80,1	20,0	8,49	3,69	7,64	6,00	6,4	26
100	100	55	4,1	5,7	171	34,2	15,9	5,79	10,3	8,10	8,4	30
120	120	64	4,4	6,3	318	53,0	27,7	8,65	13,2	10,4	8,4	36
140	140	73	4,7	6,9	541	77,3	44,9	12,3	16,4	12,9	11	40
160	160	82	5,0	7,4	869	109	68,3	16,7	20,1	15,8	13[2]	44
180	180	91	5,3	8,0	1 320	146	101	22,2	23,9	18,8	13	50
200	200	100	5,6	8,5	1 940	194	142	28,5	28,5	22,4	13	56
220	220	110	5,9	9,2	2 770	252	205	37,3	33,4	26,2	17	60
240	240	120	6,2	9,8	3 890	324	284	47,3	39,1	30,7	17	68
270	270	135	6,6	10,2	5 790	429	420	62,2	45,9	36,1	21/17[3]	72
300	300	150	7,1	10,7	8 360	557	604	80,5	53,8	42,2	23	80
330	330	160	7,5	11,5	11 770	713	788	98,5	62,6	49,1	25/23[3]	86
360	360	170	8,0	12,7	16 270	904	1040	123	72,7	57,1	25	90
400	400	180	8,6	13,5	23 130	1160	1320	146	84,5	66,3	28/25[3]	96
450	450	190	9,4	14,6	33 740	1500	1680	176	98,8	77,6	28	106
500	500	200	10,2	16,0	48 200	1930	2140	214	116	90,7	28	110

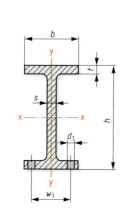

(auch als halbierter I-Träger)
Normallängen:
h < 300: 8 m … 16 m
h ≥ 300: 8 m … 18 m
Werkstoff:
Stahl nach DIN EN 10 025

Bezeichnung eines warmgewalzten mittelbreiten I-Trägers, Höhe h = 200 mm aus S 235 JR: **I-Profil DIN 1025 – IPE 200 – S 235 JR**

[1] Haben Niete und Schrauben einen kleineren als den hier angegebenen Durchmesser, können dennoch die gleichen Anreißmaße angewendet werden.
[2] Genormte Schrauben für HV-Verbindungen sind hier nicht anwendbar.
[3] Sind für d_1 zwei Werte angegeben, dann gilt der kleinere Wert für HV-Schrauben.

Stahlprofile
Steel sections

Warmgewalzte breite I-Träger, IPB-Reihe und IPBl-Reihe

DIN 1025-2: 1995-11; DIN 1025-3: 1994-03

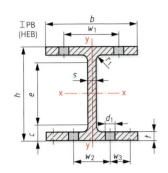 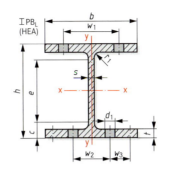

(auch als halbierter I-Träger)
Normallängen: 8 m ... 16 m
Werkstoff:
Stahl nach DIN EN 10 025

$e = h - 2c$

Kurz-zeichen IPB (HEB)	h mm	b mm	s mm	t mm	r_1 mm	I_x cm^4	W_x cm^3	I_y cm^4	W_y cm^3	A cm^2	m' kg/m	c mm	e mm	$d_{1\,max}$[1] mm	w_1 mm	w_2 mm	w_3 mm
100	100	100	6	10	12	450	89,9	167	33,5	26,0	20,4	22	56	13	56	–	–
120	120	120	6,5	11	12	864	144	318	52,9	34,0	26,7	23	74	17	66	–	–
140	140	140	7	12	12	1510	216	550	78,5	43,0	33,7	24	92	21	76	–	–
160	160	160	8	13	15	2490	311	889	111	54,3	42,6	28	104	23	86	–	–
180	180	180	8,5	14	15	3830	426	1360	151	65,3	51,2	29	122	25	100	–	–
200	200	200	9	15	18	5700	570	2000	200	78,1	61,3	33	134	25	110	–	–
220	220	220	9,5	16	18	8090	736	2840	258	91,0	71,5	34	152	25	120	–	–
240	240	240	10	17	21	11260	938	3920	327	106	83,2	38	164	25	–	96	35
260	260	260	10	17,5	24	14920	1150	5130	395	118	93,0	41,5	177	25	–	106	40
280	280	280	10,5	18	24	19270	1380	6590	471	131	103	42	196	25	–	110	45
300	300	300	11	19	27	25170	1680	8560	571	149	117	46	208	28	–	120	45
IPB$_L$ (HEA)																	
100	96	100	5	8	12	349	72,8	134	26,8	21,2	16,7	20	56	13	56	–	–
120	114	120	5	8	12	606	106	231	38,5	25,3	19,9	20	74	17	66	–	–
140	133	140	5,5	8,5	12	1030	155	389	55,6	31,4	24,7	20,5	92	21	76	–	–
160	152	160	6	9	15	1670	220	616	76,9	38,8	30,4	24	104	23	86	–	–
180	171	180	6	9,5	15	2510	294	925	103	45,3	35,5	24,5	122	25	100	–	–
200	190	200	6,5	10	18	3690	389	1340	134	53,8	42,3	28	134	25	110	–	–
220	210	220	7	11	18	5410	515	1950	178	64,3	50,5	29	152	25	120	–	–
240	230	240	7,5	12	21	7760	675	2770	231	76,8	60,3	33	164	25	–	94	35
260	250	260	7,5	12,5	24	10450	836	3670	282	86,8	68,2	36,5	177	25	–	100	40
280	270	280	8	13	24	13670	1010	4760	340	97,3	76,4	37	196	25	–	110	45
300	290	300	8,5	14	27	18260	1260	6310	421	112	88,3	41	208	28	–	120	45

Maße nach DIN 997: 1970-10

Bezeichnung eines breiten I-Trägers mit parallelen Flanschflächen, h = 260 mm aus S 235 JR:
I-Profil DIN 1025 – IPB 260 – S 235 JR

Bezeichnung eines breiten I-Trägers mit parallelen Flanschflächen leichte Reihe, h = 240 mm aus S 235 JR:
I-Profil DIN 1025 – IPBl 240 – S 235 JR

[1] Haben Niete und Schrauben einen kleineren als den hier angegebenen Durchmesser, können dennoch die gleichen Anreißmaße angewendet werden.

Warmgewalzter scharfkantiger T-Stahl

DIN 59 051: 2004-04

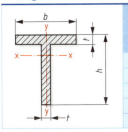

Kurz-zeichen TPS	h +1,2/-0,5 mm	b +0,6/-0,25 mm	t ±0,5 mm	A cm^2	m' kg/m
20	20	20	3	1,11	0,871
25	25	25	3,5	1,63	1,28
30	30	30	4	2,24	1,76
35	35	35	4,5	2,95	2,31
40	40	40	5	3,75	2,94

Normallängen: 6 m ... 12 m
Werkstoff:
Stahl nach DIN EN 10 025

Bezeichnung eines warmgewalzten T-Stahls scharfkantig (TPS),
h = 30 mm aus S 235 JR:
T-Profil DIN 59 051 – TPS 30 – S 235 JR

Stahlprofile
Steel sections

Warmgewalzte breite I-Träger, verstärkte Ausführung

DIN 1025-4: 1994-03

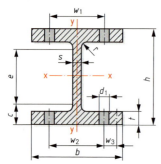

(auch als halbierter I-Träger)
Normallängen: 4 m ... 15 m
Werkstoff: Stahl nach DIN EN 10 025

$e = h - 2c$

Kurz-zeichen IPBV (HEM)	h mm	b mm	s mm	t mm	I_x cm^4	W_x cm^3	I_y cm^4	W_y cm^3	A mm^2	m' kg/m	c mm	e mm	$d_{1\,max}$[1) mm	w_1 mm	w_2 mm	w_3 mm
100	120	106	12	20	1140	190	399	75,3	53,2	41,8	32	56	13	60	–	–
120	140	126	12,5	21	2020	288	703	112	66,4	52,1	33	74	17	68	–	–
140	160	146	13	22	3290	411	1140	157	80,6	63,2	34	92	21	76	–	–
160	180	166	14	23	5100	566	1760	212	97,1	76,2	38	104	23	86	–	–
180	200	186	14,5	24	7480	748	2580	277	113	88,9	39	122	25	100	–	–
200	220	206	15	25	10640	967	3650	354	131	103	43	134	25	110	–	–
220	240	226	15,5	26	14600	1220	5010	444	149	117	44	152	25	120	–	–
240	270	248	18	32	24290	1800	8150	657	200	157	53	164	25/23	–	100	35
260	290	268	18	32,5	31310	2160	10450	780	220	172	56,5	177	25	–	110	40
280	310	288	18,5	33	39550	2550	13160	914	240	189	57	196	25	–	116	45
300	340	310	21	39	59200	3480	19400	1250	303	238	66	208	25	–	120	50
320/305	320	305	16	29	40950	2560	13740	901	225	177	56	208	28	–	120	50
320	359	309	21	40	68130	3800	19710	1280	312	245	67	225	28	–	126	47
340	377	309	21	40	76370	4050	19710	1280	316	248	67	243	28	–	126	47
360	395	308	21	40	84870	4300	19520	1270	319	250	67	261	28	–	126	47
400	432	307	21	40	104100	4820	19330	1260	326	256	67	298	28	–	126	47
450	478	307	21	40	131500	5500	19340	1260	335	263	67	344	28	–	126	47
500	524	306	21	40	161900	6180	19150	1250	344	270	67	390	28	–	130	45

Bezeichnung eines warmgewalzten breiten I-Trägers, IPBv-Reihe, von einer Höhe h = 320 mm aus S 235 JR:
I-Profil DIN 1025 – IPBv 320 – S 235 JR

Warmgewalzter rundkantiger Z-Stahl

DIN 1027: 2004-04

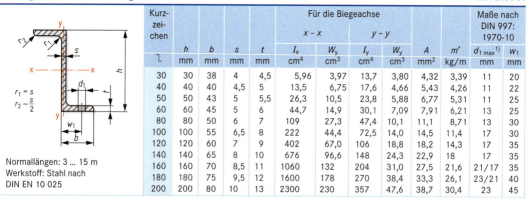

Normallängen: 3 ... 15 m
Werkstoff: Stahl nach DIN EN 10 025

Kurz-zeichen ⌐	h mm	b mm	s mm	t mm	I_x cm^4	W_y cm^3	I_y cm^4	W_y cm^3	A mm^2	m' kg/m	$d_{1\,max}$[1) mm	w_1 mm
30	30	38	4	4,5	5,96	3,97	13,7	3,80	4,32	3,39	11	20
40	40	40	4,5	5	13,5	6,75	17,6	4,66	5,43	4,26	11	22
50	50	43	5	5,5	26,3	10,5	23,8	5,88	6,77	5,31	11	25
60	60	45	5	6	44,7	14,9	30,1	7,09	7,91	6,21	13	25
80	80	50	6	7	109	27,3	47,4	10,1	11,1	8,71	13	30
100	100	55	6,5	8	222	44,4	72,5	14,0	14,5	11,4	17	30
120	120	60	7	9	402	67,0	106	18,8	18,2	14,3	17	35
140	140	65	8	10	676	96,6	148	24,3	22,9	18	17	35
160	160	70	8,5	11	1060	132	204	31,0	27,5	21,6	21/17	35
180	180	75	9,5	12	1600	178	270	38,4	33,3	26,1	23/21	40
200	200	80	10	13	2300	230	357	47,6	38,7	30,4	23	45

Bezeichnung eines warmgewalzten rundkantigen Z-Stahls von einer Höhe h = 100 mm aus S 235 JR:
Z-Profil DIN 1027 – ⌐100 – S 235 JR

[1) Sind für d_1 zwei Werte angegeben, dann gilt der kleinere Wert für HV-Schrauben.
Haben Niete und Schrauben einen kleineren als den hier angegebenen Durchmesser, können dennoch die gleichen Anreißmaße verwendet werden.

Stahlprofile
Steel sections

Warmgewalzter gleichschenkliger rundkantiger T-Stahl
DIN EN 10 055: 1995-12

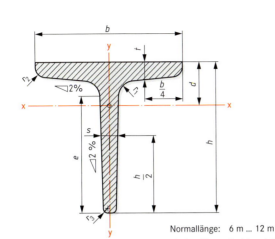
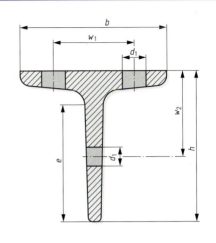

Normallänge: 6 m ... 12 m
Werkstoff: Stahl nach DIN EN 10 025

Kurz-zeichen					Quer-schnitt		Abstand der x-Achse	Für die Biegeachse				Maße nach DIN 997: 1970-10			
								x – x		y – y					
	$h = b$	$s = t$	r_1	r_3	A	m'	d	I_x	W_x	I_y	W_y	w_1	w_2	d_1	e
T	mm	mm	mm	mm	cm²	kg/m	cm	cm⁴	cm³	cm⁴	cm³	mm	mm	mm	mm
30	30	4	4	2	2,26	1,77	0,85	1,72	0,80	0,87	0,58	17	17	4,3	21
35	35	4,5	4,5	2,5	1	2,97	2,33	0,99	3,10	1,23	1,57	0,90	19	19	4,3	25
40	40	5	5	2,5	1	3,77	2,96	1,12	5,28	1,84	2,58	1,29	21	22	6,4	29
50	50	6	6	3	1,5	5,66	4,44	1,39	12,1	3,36	6,06	2,42	30	30	6,4	37
60	60	7	7	3,5	2	7,94	6,23	1,66	23,8	5,48	12,2	4,07	34	35	8,4	45
70	70	8	8	4	2	10,6	8,23	1,94	44,5	8,79	22,1	6,32	38	40	11	53
80	80	9	9	4,5	2	13,6	10,7	2,22	73,7	12,8	37,0	9,25	45	45	11	61
100	100	11	11	5,5	3	20,9	16,4	2,74	179	24,6	88,3	17,7	60	60	13	77
120	120	13	13	6,5	3	29,4	23,2	3,28	366	42,0	178	29,7	70	70	17	93
140	140	15	15	7,5	4	39,9	31,3	3,80	660	64,7	330	47,2	80	75	21	109

Bezeichnung eines warmgewalzten gleichschenkligen rundkantigen T-Stahls mit einer Höhe h = 50 mm aus S 235 JO:

T-Profil EN 10 055 – T50 – Stahl EN 10 025-S 235 JO

Warmgewalzter gleichschenkliger scharfkantiger Winkelstahl
DIN 1022: 2004-04

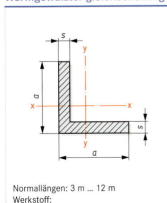

Normallängen: 3 m ... 12 m
Werkstoff: Stahl nach DIN EN 10 025

Kurz-zeichen LS	a +1,2/-0,5 mm	s +0,6/-0,25 mm	A cm²	m' kg/m
20 × 3	20	3	1,11	0,871
20 × 4		4	1,44	1,13
25 × 3	25	3	1,41	1,11
25 × 4		4	1,84	1,44
30 × 3	30	3	1,71	1,34
30 × 4		4	2,24	1,76
35 × 4	35	4	2,64	2,07
40 × 4	40	4	3,04	2,39
40 × 5		5	3,75	2,94
45 × 5	45	5	4,25	3,34
50 × 5	50	5	4,75	3,73

Bezeichnung eines warmgewalzten gleichschenkligen scharfkantigen Winkelstahles (LS) von a = 20 mm, s = 4 mm aus S 235 JR:

LS-Profil DIN 1022 – LS 20 × 4 – S 235 JR

Stahlprofile
Steel sections

Warmgewalzter gleichschenkliger rundkantiger Winkelstahl

DIN EN 10 056-1: 1998-10

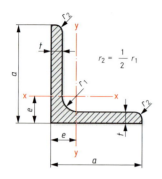
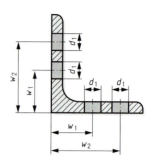

Normallänge: 6 m ... 12 m
Werkstoff: Stahl nach DIN EN 10 025

Kurzzeichen					Für die Biegeachse $x-x$ und $y-y$				Maße nach DIN 997: 1970-10		
L	a mm	t mm	r_1 mm	e cm	$I_x = I_y$ cm^4	$W_x = W_y$ cm^3	A cm^2	m' kg/m	d_1 mm	w_1 mm	w_2 mm
30 × 30 × 3	30	3	5	0,835	1,40	0,649	1,74	1,36	8,4	17	–
30 × 30 × 4	30	4	5	0,878	1,80	0,850	2,27	1,78	8,4	17	–
35 × 35 × 4	35	4	5	1,00	2,95	1,18	2,67	2,09	11	18	–
40 × 40 × 4	40	4	6	1,12	4,47	1,55	3,08	2,42	11	22	–
40 × 40 × 5	40	5	6	1,16	5,43	1,91	3,79	2,97	11	22	–
50 × 50 × 4	50	4	7	1,36	8,97	2,46	3,89	3,06	13	30	–
50 × 50 × 5	50	5	7	1,40	11,0	3,05	4,80	3,77	13	30	–
50 × 50 × 6	50	6	7	1,45	12,8	3,61	5,69	4,47	13	30	–
60 × 60 × 5	60	5	8	1,64	19,4	4,45	5,82	4,57	17	35	–
60 × 60 × 6	60	6	8	1,69	22,8	5,29	6,91	5,42	17	35	–
60 × 60 × 8	60	8	8	1,77	29,2	6,89	9,03	7,09	17	35	–
65 × 65 × 7	65	7	9	1,85	33,4	7,18	8,70	6,83	21	35	–
70 × 70 × 6	70	6	9	1,93	36,9	7,27	8,13	6,38	21	40	–
70 × 70 × 7	70	7	9	1,97	42,3	8,41	9,40	7,38	21	40	–
75 × 75 × 6	75	6	9	2,05	45,8	8,41	8,73	6,85	23	40	–
75 × 75 × 8	75	8	9	2,14	59,1	11,0	11,4	8,99	23	40	–
80 × 80 × 8	80	8	10	2,26	72,2	12,6	12,3	9,63	23	45	–
80 × 80 × 10	80	10	10	2,34	87,5	15,4	15,1	11,9	23	45	–
90 × 90 × 7	90	7	11	2,45	92,6	14,1	12,2	9,61	25	50	–
90 × 90 × 8	90	8	11	2,50	104	16,1	13,9	10,9	25	50	–
90 × 90 × 9	90	9	11	2,54	116	17,9	15,5	12,2	25	50	–
90 × 90 × 10	90	10	11	2,58	127	19,8	17,1	13,4	25	50	–
100 × 100 × 8	100	8	12	2,74	145	19,9	15,5	12,2	25	55	–
100 × 100 × 10	100	10	12	2,82	177	24,6	19,2	15,0	25	55	–
100 × 100 × 12	100	12	12	2,90	207	28,1	22,7	17,8	25	55	–
120 × 120 × 10	120	10	13	3,31	331	36,0	23,2	18,2	25	50	80
120 × 120 × 12	120	12	13	3,40	368	42,7	27,5	21,6	25	50	80
130 × 130 × 12	130	12	14	3,64	472	50,4	30,0	23,6	25	50	90
150 × 150 × 10	150	10	16	4,03	624	56,9	29,3	23,0	28	60	105
150 × 150 × 12	150	12	16	4,12	737	67,7	34,8	27,3	28	60	105
150 × 150 × 15	150	15	16	4,25	898	83,5	43,0	33,8	28	60	105
160 × 160 × 15	160	15	17	4,49	1100	95,6	46,1	36,2	28	60	115
180 × 180 × 16	180	16	18	5,02	1680	130	55,4	43,5	28	60	135
180 × 180 × 18	180	18	18	5,10	1870	145	61,9	48,6	28	60	135
200 × 200 × 16	200	16	18	5,52	2340	162	61,8	48,5	28	65	150
200 × 200 × 18	200	18	18	5,60	2600	181	69,1	54,3	28	65	150
200 × 200 × 20	200	20	18	5,68	2850	199	76,3	59,9	28	65	150

Bezeichnung eines warmgewalzten gleichschenkligen rundkantigen Winkelstahles mit einer Schenkelbreite a = 80 mm, einer Schenkeldicke t = 10 mm aus S 235 JO:

L EN 10 056-1-80 × 80 × 10
Stahl EN 10 025 – S 235 JO

Stahlprofile
Steel sections

Warmgewalzter ungleichschenkliger rundkantiger Winkelstahl

DIN EN 10 056-1: 1998-10

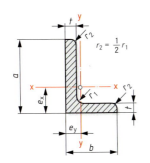
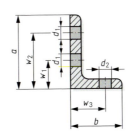

Normallänge: 6 m ... 12 m
Werkstoff: Stahl nach DIN EN 10 025

Kurz-zeichen L	a mm	b mm	t mm	r_1 mm	e_x cm	e_y cm	I_x cm^4	W_x cm^3	I_y cm^4	W_y cm^3	A cm^2	m' kg/m	d_1[1] mm	d_2[1] mm	w_1 mm	w_2 mm	w_3 mm
30 × 20 × 3	30	20	3	4	0,99	0,50	1,25	0,62	0,44	0,29	1,43	1,12	8,4	4,3	17	–	12
30 × 20 × 4	30	20	4	4	1,03	0,54	1,59	0,81	0,55	0,38	1,86	1,46	8,4	4,3	17	–	12
40 × 20 × 4	40	20	4	4	1,47	0,48	3,59	1,42	0,60	0,39	2,26	1,77	11	4,3	22	–	12
45 × 30 × 4	45	30	4	4,5	1,48	0,74	5,78	1,91	2,05	0,91	2,87	2,25	13	8,4	25	–	17
50 × 30 × 5	50	30	5	5	1,73	0,74	9,36	2,86	2,51	1,11	3,78	2,96	13	8,4	30	–	17
60 × 30 × 5	60	30	5	5	2,17	0,68	15,6	4,07	2,63	1,14	4,28	3,36	17	8,4	35	–	17
60 × 40 × 5	60	40	5	6	1,96	0,97	17,2	4,25	6,11	2,02	4,79	3,76	17	11	35	–	22
60 × 40 × 6	60	40	6	6	2,00	1,01	20,1	5,03	7,12	2,38	5,68	4,46	17	11	35	–	22
65 × 50 × 5	65	50	5	6	1,99	1,25	23,2	5,14	11,9	3,19	5,54	4,35	21	13	35	–	30
70 × 50 × 6	70	50	6	7	2,23	1,25	33,4	7,01	14,2	3,78	6,89	5,41	21	13	40	–	30
75 × 50 × 6	75	50	6	7	2,44	1,21	40,5	8,01	14,4	3,81	7,19	5,65	23	13	35	–	30
75 × 50 × 8	75	50	8	7	2,52	1,29	52,0	10,4	18,4	4,95	9,41	7,39	23	13	35	–	30
80 × 40 × 6	80	40	6	7	2,85	0,88	44,9	8,73	7,59	2,44	6,89	5,41	23	11	45	–	22
80 × 40 × 8	80	40	8	7	2,94	0,96	57,6	11,4	9,61	3,16	9,01	7,07	23	11	45	–	22
80 × 60 × 7	80	60	7	7	2,51	1,52	59,0	10,7	28,4	6,34	9,38	7,36	23	17	45	–	35
100 × 50 × 6	100	50	6	8	3,51	1,05	89,9	13,8	15,4	3,89	8,71	6,84	25	13	55	–	30
100 × 50 × 8	100	50	8	8	3,60	1,13	116	18,2	19,7	5,08	11,4	8,97	25	13	55	–	30
100 × 75 × 8	100	75	8	10	3,10	1,87	133	19,3	64,1	11,4	13,5	10,6	25	23	55	–	40
100 × 75 × 10	100	75	10	10	3,19	1,95	162	23,8	77,6	14,0	16,6	13,0	25	[2]	55	–	40
100 × 75 × 12	100	75	12	10	3,27	2,03	189	28,0	90,2	16,5	19,7	15,4	25	[2]	[2]	–	[2]
120 × 80 × 8	120	80	8	11	3,83	1,87	226	27,6	80,8	13,2	15,5	12,2	25	23	50	80	45
120 × 80 × 10	120	80	10	11	3,92	1,95	276	34,1	98,1	16,2	19,1	15,0	25	23	50	80	45
120 × 80 × 12	120	80	12	11	4,00	2,03	323	40,4	114	19,1	22,7	17,8	25	23	50	80	45
135 × 65 × 8	135	65	8	11	4,78	1,34	291	33,4	45,2	8,75	15,5	12,2	[2]	[2]	[2]	[2]	[2]
135 × 65 × 10	135	65	10	11	4,88	1,42	356	41,3	54,7	10,8	19,1	15,0	[2]	[2]	[2]	[2]	[2]
150 × 100 × 10	150	100	10	12	4,81	2,34	553	54,2	199	25,9	24,2	19,0	28	25	60	105	55
150 × 100 × 12	150	100	12	12	4,89	2,42	651	64,4	233	30,7	28,7	22,5	28	25	60	105	55
200 × 100 × 10	200	100	10	15	6,93	2,01	1220	93,2	210	26,3	29,2	23,0	28	25	65	150	55
200 × 100 × 12	200	100	12	15	7,03	2,10	1440	111	247	31,3	34,8	27,3	28	25	65	150	55

Bezeichnung eines warmgewalzten ungleichschenkligen rundkantigen Winkelstahls mit den Schenkelbreiten a = 100 mm und b = 50 mm, Schenkeldicke t = 6 mm aus S 235 JR:

L EN 10 056-1-100 x 50 x 6
Stahl EN 10 025 – S 235 JR

[1] Haben Niete und Schrauben einen kleineren als den hier angegebenen Durchmesser, können dennoch die gleichen Anreißmaße verwendet werden.
[2] Werte nicht genormt

Werkstofftechnik

Stahlprofile
Steel sections

Warmgewalzter rundkantiger U-Stahl

DIN 1026-1: 2000-03

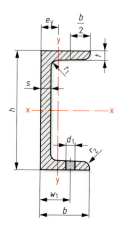

$b_1 = \dfrac{b}{2}$ bei $h \leq 300$

$b_1 = \dfrac{b - t_s}{2}$ bei $h > 300$

Neigung bei
$h \leq 300$ mm: 8 %
$h > 300$ mm: 5 %

$r_1 = t$

$r_2 \approx \dfrac{t}{2}$

Normallänge: 8 m ... 16 m
Werkstoff:
Stahl nach DIN EN 10 025

Kurz-zeichen U	h mm	b mm	s mm	t mm	Abstand der y-Achse e_y cm	I_x cm⁴	W_x cm³	I_y cm⁴	W_y cm³	A cm²	m' kg/m	d_1 mm	w_1 mm
30 × 15	30	15	4	4,5	0,52	2,53	1,69	0,38	0,39	2,21	1,74	4,3	10
30	30	33	5	7	1,31	6,39	4,26	5,33	2,68	5,44	4,27	8,4	20
40 × 20[3]	40	20	5	5,5	0,67	7,58	3,79	1,14	0,86	3,66	2,87	6,4	11
40	40	35	5	7	1,33	14,1	7,05	6,68	3,08	6,21	4,87	8,4	20
50 × 25	50	25	5	6	0,81	16,8	6,73	2,49	1,48	4,92	3,86	8,4	16
50	50	38	5	7	1,37	26,4	10,6	9,12	3,75	7,12	5,59	11	20
60	60	30	6	6	0,91	31,6	10,5	4,51	2,16	6,46	5,07	8,4	18
65	65	42	5,5	7,5	1,42	57,5	17,7	14,1	5,07	9,03	7,09	11	25
80	80	45	6	8	1,45	106	26,5	19,4	6,36	11,0	8,64	13[1]	25
100	100	50	6	8,5	1,55	206	41,2	29,3	8,49	13,5	10,6	13	30
120	120	55	7	9	1,60	364	60,7	43,2	11,1	17,0	13,4	17/13[2]	30
140	140	60	7	10	1,75	605	86,4	62,7	14,8	20,4	16,0	17	35
160	160	65	7,5	10,5	1,84	925	116	85,3	18,3	24,0	18,8	21/17[2]	35
180	180	70	8	11	1,92	1350	150	114	22,4	28,0	22,0	21	40
200	200	75	8,5	11,5	2,01	1910	191	148	27,0	32,2	25,3	23/21[2]	40
220	220	80	9	12,5	2,14	2690	245	197	33,6	37,4	29,4	23	45
240	240	85	9,5	13	2,23	3600	300	248	39,6	42,3	33,2	25/23[2]	45
260	260	90	10	14	2,36	4820	371	317	47,7	48,3	37,9	25	50
280	280	95	10	15	2,53	6280	448	399	57,2	53,3	41,8	25	50
300	300	100	10	16	2,70	8030	535	495	67,8	58,8	46,2	28	55

Maße nach DIN 997: 1970-10

Bezeichnung eines warmgewalzten rundkantigen U-Stahls mit einer Höhe $h = 200$ mm aus S 235 JR:

U-Profil DIN 1026 – U 200 – S 235 JR

[1] Genormte Schrauben für HV-Verbindungen sind hier nicht anwendbar.
[2] Sind für d_1 zwei Werte angegeben, dann gilt der kleinere Wert für HV-Schrauben.
[3] Bei U 40 × 20 ist $t = 5,5$ mm und $r_1 = 5$ mm.

Stahlprofile
Steel sections

Warmgewalzter Rundstab, Warmgewalzter Vierkantstab, Warmgewalzter Sechskantstab

DIN EN 10 059, DIN EN 10 060, DIN EN 10 061: 2004-02

Maße $d, a, s^{1)}$ in mm	Masse m' in kg/m$^{2)}$			Maße $d, a, s^{1)}$ in mm	Masse m' in kg/m$^{2)}$			Maße $d, a, s^{1)}$ in mm	Masse m' in kg/m$^{2)}$		
8	–	0,505	–	32 (31,5)	6,31	8,04	6,75	90 (88)	49,9	63,6	52,6
10	0,617	0,785	–	35 (35,5)	7,55	9,62	8,56	95 (93)	55,6	–	58,8
12	0,888	1,13	–	36	7,99	–	–	100 (103)	61,7	78,5	72,1
13	1,04	1,33	1,15	38 (37,5)	8,90	–	9,56	110	74,6	95,0	–
14	1,21	1,54	1,33	40 (39,5)	9,86	12,6	10,6	120	88,8	113	–
15	1,39	1,77	1,53	45 (42,5)	12,5	15,9	12,3	130	104	133	–
16	1,58	2,01	1,74	48 (47,5)	14,2	–	15,3	140	121	154	–
18	2,00	2,54	2,20	50	15,4	19,6	–	150	139	177	–
19	2,23	–	2,46	52	16,7	–	18,4	160	158	–	–
20 (20,5)	2,47	3,14	2,86	55	18,7	23,7	–	170	178	–	–
22 (22,5)	2,98	3,80	3,44	60	22,2	28,3	–	180	200	–	–
24 (23,5)	3,55	4,52	3,75	63 (62)	24,5	–	26,1	190	223	–	–
25 (25,5)	3,85	4,91	4,42	65 (67)	26,0	33,2	30,5	200	247	–	–
26	4,17	5,31	–	70 (72)	30,2	38,5	35,2	220	298	–	–
27	4,49	–	–	75	34,7	44,2	–	250	385	–	–
28 (28,5)	4,83	6,15	5,52	80 (78)	39,5	50,2	41,4				
30	5,55	7,07	–	85 (83)	44,5	–	46,8				

1) Die in Klammern gesetzten Maße gelten für Sechseckstäbe statt der nicht in Klammern gesetzten Maße.

2) mit einer Dichte ϱ = 7,85 kg/dm^3 berechnet.

Normlänge je nach Durchmesser oder Seitenlänge: 3 ... 13 m; Werkstoff: Stahl EN 10 025.
Bezeichnung eines warmgewalzten Rundstahles, Nenndurchmesser d = 50 mm aus S 235 JR:
Rundstab EN 10 060-50 Stahl EN 10 025 – S 235 JR

Warmgewalzter Flachstab

DIN EN 10 058: 2004-02

Breite in mm	Masse m' in kg/m$^{1)}$ für die Dicke t in mm											
	5	6	8	10	12	15	20	25	30	35	40	50
10	0,393	–	–	–	–	–	–	–	–	–	–	–
12	0,471	0,565	–	–	–	–	–	–	–	–	–	–
14	0,589	0,707	0,942	1,18	–	–	–	–	–	–	–	–
16	0,628	0,754	1,00	1,26	–	–	–	–	–	–	–	–
20	0,785	0,942	1,26	1,57	1,88	2,36	–	–	–	–	–	–
25	0,981	1,018	1,57	1,96	2,36	2,94	–	–	–	–	–	–
30	1,18	1,41	1,88	2,36	2,83	3,53	4,71	5,89	–	–	–	–
35	1,37	1,65	2,20	2,75	3,30	4,12	5,50	6,87	–	–	–	–
40	1,57	1,88	2,51	3,14	3,77	4,71	6,28	7,85	9,42	–	–	–
45	1,77	2,12	2,83	3,53	4,24	5,30	7,07	8,83	10,6	–	–	–
50	1,96	2,36	3,14	3,93	4,71	5,89	7,85	9,81	11,8	–	–	–
60	2,36	2,83	3,77	4,71	5,65	7,07	9,42	11,8	14,1	16,5	18,8	–
70	2,75	3,30	4,40	5,50	6,59	8,24	11,0	13,7	16,5	19,2	22,0	–
80	3,14	3,77	5,02	6,28	7,54	9,42	12,6	15,7	18,8	22,0	25,1	31,4
90	3,53	4,24	5,65	7,07	8,48	10,6	14,1	17,7	21,2	24,7	28,3	35,3
100	3,93	4,71	6,28	7,85	9,42	11,8	15,7	19,6	23,6	27,5	31,4	39,3

1) errechnet mit einer Dichte ϱ = 7,85 kg/dm^3

Normallängen: 3 ... 13 m; Werkstoff nach DIN EN 10 025, DIN EN 10 083, DIN EN 10 084, DIN 10 087
Bezeichnung eines warmgewalzten Flachstabes mit der Breite 30 mm und der Dicke 15 mm aus S 235 JR:
Flachstab EN 10 058 – 30 × 15 Stahl EN 10 025 – S 235 JR

Werkstofftechnik

Stahlrohre
Steel tubes

Kaltgefertigte geschweißte quadratische und rechteckige Stahlrohre

DIN EN 10 219-2: 1997-11

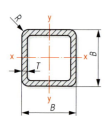 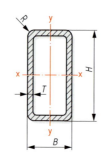

Normallänge: 4 ... 16 m

Werkstoff: Unlegierte Baustähle und Feinkornstähle

Kurzzeichen:
CFRHS = kaltgefertigtes quadratisches oder rechteckiges Hohlprofil

Zulässige Rundung R		
Wanddicke T		Rundung R
–	bis 6	1,6 ... 2,4 T
über 6	bis 10	2,0 ... 3,0 T
über 10		2,4 ... 3,6 T

Quadratische Stahlrohre

Nenn-maß B mm	Wand-dicke T mm	für die Biegeachse x–x = y–y I_x cm^4	W_x cm^3	Quer-schnitt A cm^2	Masse m' kg/m
20	2,0	0,692	0,692	1,34	1,05
25	2,0	1,48	1,19	1,74	1,36
30	2,0	2,72	1,81	2,14	1,68
	2,5	3,16	2,10	2,59	2,03
	3,0	3,50	2,34	3,01	2,36
40	2,0	6,94	3,47	2,94	2,31
	3,0	9,32	4,66	4,21	3,30
	4,0	11,1	5,54	5,35	4,20
50	2,0	14,1	5,66	3,74	2,93
	3,0	19,5	7,79	5,41	4,25
	4,0	23,7	9,49	6,95	5,45
60	3,0	35,1	11,7	6,61	5,19
	4,0	43,6	14,5	8,55	6,71
	5,0	50,5	16,8	10,4	8,13
70	3,0	57,5	16,4	7,81	6,13
	4,0	72,1	20,6	10,1	7,97
	5,0	84,6	24,2	12,4	9,70
80	4,0	111	27,8	11,7	9,22
	6,0	149	37,3	16,8	13,2
	8,0	168	42,1	20,8	16,4
90	4,0	162	36,0	13,3	10,5
	6,0	220	49,0	19,2	15,1
	8,0	255	56,6	24,0	18,9
100	4,0	226	45,3	14,9	11,7
	6,0	311	62,3	21,6	17,0
	8,0	366	73,2	27,2	21,4
120	6,0	562	93,7	26,4	20,7
	8,0	677	113	33,6	26,4
	10,0	777	129	40,6	31,8
140	6,0	920	131	31,2	24,5
	8,0	1127	161	40,0	31,4
	10,0	1312	187	48,6	38,1
150	8,0	1412	188	43,2	33,9
	10,0	1653	220	52,6	41,3
	12,0	1780	237	60,1	47,1

Bezeichnung eines quadratischen Hohlprofils mit der Seitenlänge B = 60 mm und der Wanddicke T = 4,0 mm aus S 235 JR:
CFRHS – EN 10 219 – S 235 JR – 60 × 60 × 4

Rechteckige Stahlrohre

Nenn-maß H×B mm	Wand-dicke T mm	für die Biegeachse x–x I_x cm^4	W_x cm^3	y–y I_y cm^4	W_y cm^3	Quer-schnitt A cm^2	Masse m' kg/m
40 × 20	2,0	4,05	2,02	1,38	1,34	2,14	1,68
	3,0	5,21	2,60	1,68	1,68	3,01	2,36
50 × 30	2,0	9,54	3,81	4,29	2,86	2,94	2,31
	3,0	12,8	5,13	5,70	3,80	4,21	3,30
	4,0	15,3	6,10	6,69	4,46	5,35	4,20
60 × 40	2,0	18,4	6,14	9,83	4,92	3,74	2,93
	3,0	25,4	8,46	13,4	6,72	5,41	4,25
	4,0	31,0	10,3	16,3	8,14	6,95	5,45
80 × 40	3,0	52,3	13,1	17,6	8,78	6,61	5,19
	4,0	64,8	16,2	21,5	10,7	8,55	6,17
	5,0	75,1	18,8	24,6	12,3	10,4	8,13
90 × 50	3,0	81,9	18,2	32,7	13,1	7,81	6,13
	4,0	103	22,8	40,7	16,3	10,1	7,97
	5,0	121	26,8	47,4	18,9	12,4	9,70
100 × 50	3,0	106	21,3	36,1	14,4	8,41	6,60
	4,0	134	26,8	44,9	18,0	10,9	8,59
	5,0	158	31,6	52,5	21,0	13,4	10,5
100 × 80	4,0	189	37,9	134	33,5	13,3	10,5
	5,0	226	45,2	160	39,9	16,4	12,8
	6,0	258	51,7	182	45,5	19,2	15,1
120 × 60	4,0	241	40,1	81,2	27,1	13,3	10,5
	6,0	328	54,7	109	36,3	19,2	15,1
	8,0	375	62,6	124	41,3	24,0	18,9
120 × 80	4,0	295	49,1	157	39,3	14,9	11,7
	6,0	406	67,7	215	53,8	21,6	17,0
	8,0	476	79,3	252	62,9	27,2	21,4
140 × 80	4,0	430	61,4	180	45,1	16,5	13,0
	6,0	597	85,3	248	62,0	24,0	18,9
	8,0	708	101	293	73,3	30,4	23,9
150 × 100	6,0	835	111	444	88,8	27,6	21,7
	8,0	1008	134	536	107	35,2	27,7
	10,0	1162	155	614	123	42,6	33,4
160 × 80	6,0	836	105	281	70,2	26,4	20,7
	8,0	1001	125	335	83,7	33,6	26,4
	10,0	1146	143	380	95,0	40,6	31,8

Bezeichnung eines rechteckigen Hohlprofils mit den Seitenlängen H = 120 mm und B = 60 mm, der Wanddicke T = 6,0 mm aus S 355 J2G3:
CFRHS – EN 10 219 – S 355 J2G3 – 120 × 60 × 6

Stahlrohre
Steel tubes

Nahtlose Stahlrohre und Geschweißte Stahlrohre

DIN EN 10 220: 2003-03

Außen-durch-messer	Masse m' in kg/m[1] für Wanddicke s in mm																
	1,6	2	2,3	2,6	2,9	3,2	4	4,5	5	5,6	6,3	7,1	8	10	12,5	16	20
10,2	0,339	0,404	0,448	0,487	–	–	–	–	–	–	–	–	–	–	–	–	–
13,5	0,470	0,567	0,635	0,699	0,758	0,813	–	–	–	–	–	–	–	–	–	–	–
17,2	0,616	0,750	0,845	0,936	1,02	1,10	1,30	1,41	–	–	–	–	–	–	–	–	–
21,3	0,777	0,952	1,08	1,20	1,32	1,43	1,71	1,86	2,01	–	–	–	–	–	–	–	–
26,9	0,998	1,23	1,40	1,56	1,72	1,87	2,26	2,49	2,70	2,94	3,20	3,47	–	–	–	–	–
33,7	1,27	1,56	1,78	1,99	2,20	2,41	2,93	3,24	3,54	3,88	4,26	4,66	5,07	–	–	–	–
42,4	1,61	1,99	2,27	2,55	2,82	3,09	3,79	4,21	4,61	5,08	5,61	6,18	6,79	7,99	–	–	–
48,3	1,84	2,28	2,61	2,93	3,25	3,56	4,37	4,86	5,34	5,90	6,53	7,21	7,95	9,45	11,0	–	–
60,3	2,32	2,88	3,29	3,70	4,11	4,51	5,55	6,19	6,82	7,55	8,39	9,32	10,3	12,4	14,7	17,5	–
76,1	2,94	3,65	4,19	4,71	5,24	5,75	7,11	7,95	8,77	9,74	10,8	12,1	13,4	16,3	19,6	23,7	27,7
88,9	3,44	4,29	4,91	5,53	6,15	6,76	8,38	9,37	10,3	11,5	12,8	14,3	16,0	19,5	23,6	28,8	34,0
114,3	–	5,54	6,35	7,16	7,97	8,77	10,9	12,2	13,5	15,0	16,8	18,8	21,0	25,7	31,4	38,8	46,5

Bezeichnung eines nahtlosen Stahlrohres von 88,9 mm Außendurchmesser und 5 mm Wanddicke aus P 235 TR 1:
Rohr EN 10 220 – 88,9 × 5 – P 235 TR 1

Nahtlose Präzisionsstahlrohre

DIN EN 10 305-1: 2003-02

Außen-durch-messer	Masse m' in kg/m[1] für Wanddicke s in mm															
	0,5	0,8	1	1,5	2	2,5	3	4	5	6	8	10	12	14	16	18
5	0,056	0,083	0,099	–	–	–	–	–	–	–	–	–	Werkstoff:			
6	0,068	0,103	0,123	0,166	0,197	–	–	–	–	–	–	–	E 215			
8	0,092	0,142	0,173	0,240	0,296	0,339	–	–	–	–	–	–	E 235			
10	0,117	0,182	0,222	0,314	0,395	0,462	0,519	–	–	–	–	–	E 355			
15	0,179	0,280	0,345	0,499	0,641	0,771	0,888	1,09	1,23	–	–	–				
20	0,240	0,379	0,469	0,684	0,888	1,08	1,26	1,58	1,85	2,07	–	–	Normallänge: 2 … 7 m			
30	0,364	0,576	0,715	1,05	1,38	1,70	2,00	2,56	3,08	3,55	4,34	4,93				
40	0,487	0,773	0,962	1,42	1,87	2,31	2,74	3,55	4,32	5,03	6,31	7,40	–	–	–	–
50	–	–	1,21	1,79	2,37	2,93	3,48	4,54	5,55	6,51	8,29	9,86	–	–	–	–
70	–	–	1,70	2,53	3,35	4,16	4,96	6,51	8,01	9,47	12,2	14,8	17,2	19,3	–	–
100	–	–	–	–	4,83	6,01	7,18	9,47	11,7	13,9	18,2	22,2	26,0	29,7	33,1	36,4

Bezeichnung eines Rohres aus E 235 normalgeglüht vom Außendurchmesser d = 50 mm und einem
Innendurchmesser D_1 = 44 mm:
Rohr EN 10 305 – 1 – 50 × ID44 – E235 + N

Mittelschwere Gewinderohre

DIN 2440: 1978-06

Nenn-weite DN	Whit-worth Rohr-gewinde	Außen-durch-messer d_1	Wand-dicke s	Masse m' in kg/m[1]	Muffe nach DIN 2986		Nenn-weite DN	Whit-worth Rohr-gewinde	Außen-durch-messer d_1	Wand-dicke s	Masse m' in kg/m[1]	Muffe nach DIN 2986	
					Außen-durch-messer	Länge						Außen-durch-messer	Länge
6	R 1/8	10,2	2,00	0,407	14	17	40	R 1 1/2	48,3	3,25	3,61	54,5	48
8	R 1/4	13,5	2,35	0,650	18,5	25	50	R 2	60,3	3,65	5,10	66,3	56
10	R 3/8	17,2	2,35	0,852	21,3	26	65	R 2 1/2	76,1	3,65	6,51	82	65
15	R 1/2	21,3	2,65	1,22	26,4	34	80	R 3	88,9	4,05	8,47	95	71
20	R 3/4	26,9	2,65	1,58	31,8	36	100	R 4	114,3	4,50	12,10	122	83
25	R 1	33,7	3,25	2,44	39,5	43	125	R 5	139,7	4,85	16,20	147	92
32	R 1 1/4	42,4	3,25	3,14	48,3	48	150	R 6	165,1	4,85	19,20	174	92

Werkstoff nach DIN 17 100, Lieferart: Nahtlos gezogen oder geschweißt; schwarz, verzinkt (B) oder mit nichtmetallischem Schutzüberzug (außen C; innen D). Normallänge 6 m
Bezeichnung eines Gewinderohres mit Nennweite 50, nahtlos verzinkt: **Gewinderohr DIN 2440 – DN 50 – nahtlos B**
(mit Gewinde an beiden Enden: **Gewinderohr DIN 2440 – DN 50 – nahtlos B mit Gewinde**)

[1] Errechnet mit einer Dichte 7,85 kg/dm^3

Werkstofftechnik 111

Stahlblech, Stahldraht
Steel sheet, steel wire

Kaltgewalzte Verpackungsblecherzeugnisse
DIN EN 10 202: 2001-07

Stahlsorte		Härte HR 30 Tm[1] max.	$R_{p\,0,2}$ in N/mm^2
Kurzname	Werkstoff-nummer		
TS 230	1.0371	53	230
TS 245	1.0372	53	245
TS 275	1.0375	58	275
TH 415	1.0377	62	415
TH 435	1.0378	65	435
Doppelt reduziertes Blech			
TH 520	1.0384	–	520
TH 550	1.0373	–	550
TH 580	1.0382	–	580
TH 620	1.0374	–	620

Einfach kaltgewalztes Feinstblech und Weißblech:
Nenndicke 0,17 ... 0,49 mm
Doppelt reduziertes Feinstblech und Weißblech:
Nenndicke 0,13 ... 0,29 mm

Bevorzugte Werte der Zinnauflage bei Weißblech sind beidseitig:
1,0 – 1,4 – 2,0 – 2,8 – 4,0 – 5,0 – 5,6 – 8,4 – 11,2 – 14,0 – 15,1 g/m^2.

Bezeichnung eines Weißbleches, Stahlsorte TS 245, kontinuierlich geglüht (CA), Oberfläche stone finish (ST) (gerichtete Oberflächenstruktur), elektrolytisch mit einer Auflage von beidseitig 2,0 g/m^2 verzinnt (E), Dicke 0,22 mm, Breite 600 mm und Länge 800 mm:

Weißblech
Tafel EN 10 202-TS 245 - CA - ST-E 2,0/2,0 – 0,22 × 600 × 800

[1] ähnlich dem Verfahren HR 30T, jedoch ist das Auftreten von Verformungsspuren auf der Rückseite der Probe erlaubt.

Kaltgewalztes Breitband und Blech aus unlegierten Stählen
DIN EN 10 131: 1992-01

Dicke	Breite	Masse m'' in kg/m^2 [1]
0,35		2,75
0,40		3,14
0,50		3,93
0,60		4,71
0,70	600 ... 2000	5,50
0,80	auch für Stäbe < 600, die	6,28
0,90	vom Band abgesägt sind	7,07
1,00		7,85
1,20		9,42
1,50		11,78
2,00		15,70
2,50		19,63
3,00		23,55

Werkstoff:
alle Stähle nach DIN EN 10 130

Bezeichnung eines Bandes von 0,80 mm Dicke und 1200 mm Breite aus DC 04 Am:

Band EN 10 131 – 0,80 × 1200
Stahl EN 10 130 – DC 04 Am

[1] Errechnet mit einer Dichte 7,85 kg/dm^3

Warmgewalztes Blech und Band
DIN EN 10 051: 1997-11

Produkt	Breite in mm	Dicke in mm
Blech Breitband	≥ 600	2 ... 25
Band (aus Breitband längsgeteilt)	< 600	

Werkstoff:
alle unlegierten und legierten Stähle

Bezeichnung eines Bleches, 2 mm dick, 1500 mm breit mit geschnittenen Kanten (GK), 2500 mm lang aus 34 Cr 4:
Blech EN 10 051 – 2,0 × 1500 GK × 2500
Stahl EN 10 083-1-34 Cr 4

Bezeichnung eines Bandes, 5 mm dick, 500 mm breit mit Naturwalzkanten aus Stahl S 235 JR:
Band EN 10 051 – 5,0 × 500 Stahl EN 10 025 – S 235 JR

Stahldraht
DIN EN 10 218-2: 1996-08

Durchmesserbereich in mm	Grenzabmaße in mm Toleranzklasse T3	Durchmesserbereich in mm	Grenzabmaße in mm Toleranzklasse T3	Durchmesserbereich in mm	Grenzabmaße in mm Toleranzklasse T3
0,05 bis < 0,12	± 0,006	0,91 bis < 1,42	± 0,025	5,67 bis < 8,17	± 0,060
0,12 bis < 0,15	± 0,008	1,42 bis < 2,05	± 0,030	8,17 bis < 11,12	± 0,070
0,15 bis < 0,23	± 0,010	2,05 bis < 2,78	± 0,035	11,12 bis < 14,52	± 0,080
0,23 bis < 0,33	± 0,012	2,78 bis < 3,63	± 0,040	14,52 bis < 18,37	± 0,090
0,33 bis < 0,52	± 0,015	3,63 bis < 4,60	± 0,045	18,37 bis < 22,68	± 0,100
0,52 bis < 0,91	± 0,020	4,60 bis < 5,67	± 0,050	22,68 bis ≤ 25	± 0,120

$T1 = 0,035 \cdot \sqrt{d}$ für dickverzinkten Draht
$T2 = 0,027 \cdot \sqrt{d}$ für verzinkten Draht
$T3 = 0,021 \cdot \sqrt{d}$
$T4 = 0,015 \cdot \sqrt{d}$ für blanken Draht mit steigender Präzision
$T5 = 0,010 \cdot \sqrt{d}$

Werkstoff: unlegierte Stähle
Bezeichnung eines blanken Drahtes,
Durchmesser $d = 1,0$ mm,
Toleranzklasse T3:
Draht EN 10 218-Ø1,0 T3

Blankstahlerzeugnisse
Bright steel products

DIN EN 10 278: 1999-12

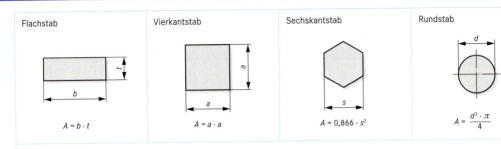

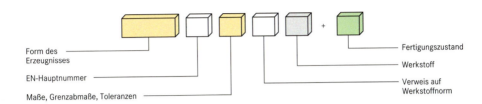

- Form des Erzeugnisses
- EN-Hauptnummer
- Maße, Grenzabmaße, Toleranzen
- Fertigungszustand
- Werkstoff
- Verweis auf Werkstoffnorm

Bezeichnung eines Rundstabes mit dem Durchmesser d = 24 mm, dem Toleranzfeld h9, mit einer Lagerlänge l = 6000 mm aus 36 S Mn 14 (Werkstoffnummer: 1.0764) nach DIN EN 10 277-3, Fertigzustand: weichgeglüht und kaltgezogen:

Rund EN 10 278-24 h9 x Lager 6000 EN 10 277-3-36 S Mn 14 +A +C
oder
Rund EN 10 278-24 h9 x Lager 6000 EN 10 277-3-1.0764 +A +C

Toleranzfelder				
Erzeugnis	Fertigzustand	Nennmaß		Toleranzfeld nach ISO 286-2
		b		
Flachstab	gezogen (+ C)		≤ 100	h 11
		> 100	≤ 150	+0,50 ... −0,50
		> 150	≤ 200	+1,00 ... −1,00
		> 200	≤ 300	+2,00 ... −2,00
		> 300	≤ 400	+2,50 ... −2,50
		t		
		> 3	≤ 60	h 11
		> 60	≤ 100	h 12
Vierkantstab	gezogen (+ C)	a		h 11, h 12
Sechskantstab	gezogen (+ C)	s		h 11, h 12
Rundstab	gezogen (+ C), geschält (+ SH)	d		h 9 ... h 12
	geschliffen (+ SL), poliert (+ PL)			h 6 ... h 12

Längenarten		
Längenart	Länge in mm	Grenzabmaße in mm
Herstelllänge	3000 ... 9000	± 500
Lagerlänge	3000 oder 6000	0/+200
Genaulänge	bis 9000	nach Vereinbarung mind. ± 5

Unterlängen:
Abmessung ≤ 25 mm: ≤ 5 % der Stäbe
(mind. ²/₃ der Nennlänge)
Abmessung > 25 mm: ≤ 10 % der Stäbe
(mind. ²/₃ der Nennlänge)

Auf Bestellung werden Stäbe ohne Unterlängen geliefert.

Lieferzustände

DIN EN 10 277-2...5: 1999-10

Werkstoffgruppe	Lieferzustände				Erläuterungen	
					+ SH	geschält
Stähle für allgemeine Verwendung	+ SH	+ C			+ C	kaltgezogen
Automatenstähle	+ SH	+ C				
Automateneinsatzstähle	+ SH	+ C			+ A + SH	weichgeglüht + geschält für legierte Stähle
Automatenvergütungsstähle	+ SH	+ C	+ C + QT	+ QT + C	+ A + C	weichgeglüht + kaltgezogen
Einsatzstähle	+ SH	+ C	+ A + SH	+ A + C	+ C + QT	kaltgezogen + vergütet
Vergütungsstähle	+ SH	+ A + SH	+ C + QT	+ QT + C	+ QT + C	vergütet + kaltgezogen

Werkstofftechnik 113

Profile aus Aluminium und Aluminium-Legierungen
Sections of aluminium and aluminium alloys

Rohr, nahtlos gezogen
DIN EN 754-7: 1998-10

Bezeichnung
eines
Rohres aus
Al Mg 3
von 20 mm
Außendurchmesser
und 2 mm
Wanddicke:

Rohr EN 754 – 20 × 2 – EN AW – 5754 [AlMg3]

Außen-durchmesser d_1 in mm	Masse m' in kg/m[1] für Wanddicke t in mm							
	0,5	1	2	3	4	5	10	16
5	0,019	0,034	–	–	–	–	–	–
10	0,040	0,076	0,136	0,178	–	–	–	–
15	0,062	0,119	0,221	0,306	0,373	–	–	–
20	–	0,161	0,306	0,433	0,543	0,636	–	–
30	–	0,246	0,475	0,687	0,882	1,06	–	–
40	–	0,331	0,645	0,942	1,22	1,48	2,54	–
50	–	0,416	0,814	1,20	1,56	1,91	3,39	4,61
60	–	0,500	0,984	1,45	1,90	2,33	4,24	5,98
80	–	–	1,32	1,96	2,58	3,18	5,94	8,70
100	–	–	1,66	2,47	3,26	4,03	7,64	11,4
125	–	–	2,10	3,10	4,10	5,09	9,64	14,8
160	–	–	2,68	4,00	5,29	6,57	12,7	19,6
200	–	–	3,36	5,01	6,65	8,27	16,1	25,0

Stangen – gezogen –

Folien
DIN EN 546-2: 1996-08

Bänder und Bleche
DIN EN 485-4: 1994-01

Vierkantstangen
DIN EN 754-4: 1996-01

Rundstangen
DIN EN 754-3: 1996-01

Dicke t in mm	Breite	Masse m'' in g/m² [1]	Dicke t in mm	Breite	Masse m'' in g/m² [1]	Seiten-länge a in mm	Quer-schnitt S in mm²	Masse m' in g/m[1]	Durch-messer d in mm	Quer-schnitt S in mm²	Masse m' in g/m[1]
0,005		13,5	0,4		1,08	3	9	0,0243	3	7,069	0,0191
0,010		27,0	0,5		1,35	4	16	0,0432	4	12,57	0,0339
0,015		40,5	1,0		2,70	5	25	0,0675	5	19,63	0,0530
0,020		54,0	1,5		4,05	6	36	0,0972	6	28,27	0,0763
0,025	nach Angaben des Herstellers	67,5	2,0		5,40	7	49	0,132	7	38,48	0,104
0,030		81,0	4,0		10,8	8	64	0,173	8	50,27	0,136
0,035		94,5	6,0	Bänder ... 2600 Bleche und Platten ... 3500	16,2	9	81	0,219	9	63,62	0,172
0,040		108,0	10,0		27,0	10	100	0,270	10	78,54	0,212
0,045		121,5	15		40,5	15	225	0,607	16	201,1	0,543
0,050		135,0	20		54,0	20	400	1,08	20	314,2	0,848
0,100		270,0	30		81,0	30	900	2,43	30	706,9	1,91
0,150		405,0	40		108	40	1600	4,32	40	1257	3,39
0,200		540,0	50		135	50	2500	6,75	50	1963	5,30

Bezeichnung eines Bandes aus Al 99,5 F 9 von 0,25 mm Dicke:
Band DIN 1784 – BD-0,25 – Al 99,5 F 9
(BD: Band, BL: Blech)

Bezeichnung einer Vierkantstange aus Al Mg Si von 30 mm Seitenlänge:
Vierkant EN 754 – 30 – EN AW – 6060 [Al Mg Si]

Aluminium und Aluminium-Knetlegierungen für Halbzeuge

		EN AW-Al 99,8 (A)	EN AW-Al 99,5	EN AW-Al Si Fe (A)	EN AW-Al Mn 1	EN AW-Al Mg 1 (C)	EN AW-Al Mg 3	EN AW-Al Mg 5	EN AW-Al Mg 4,5 Mn 0,7	EN AW-Al Mg Si	EN AW-Al Si 1 Mg Mn	EN AW-Mg Si Pb	EN AW-Al Cu 4 Mg Si (A)	EN AW-Al Cu 4 Pb Mg Mn	EN AW-Al Zn 4,5 Mg 1	EN AW-Al Zn 5,5 Mg Cu
Umrechnungsfaktor für die Masse		1	1	1	1,011	0,996	0,985	1,004	0,985	1	1	1,019	1,037	1,056	1,026	1,037
Rohr	DIN EN 754-7	●		●	●	●	●	●	●	●	●	●	●	●		●
Folien	DIN EN 546-2	●	●	●												
Bänder und Bleche	DIN EN 485-4	●	●	●	●							●		●	●	●
Vierkantstangen	DIN EN 754-4	●			●	●	●	●		●	●	●	●	●	●	●
Rundstangen	DIN EN 754-3	●			●	●	●	●	●	●	●	●	●	●	●	●

[1] Errechnet mit einer Dichte $\varrho = 2{,}70$ kg/dm³.
Für Al-Werkstoffe mit einer anderen Dichte ist entsprechend der unteren Tabelle umzurechnen.

114 Werkstofftechnik

Profile aus Kupfer und Kupfer-Legierungen
Sections of copper and copper alloys

Bleche und Bänder — DIN EN 1652: 1998-03

Dicke	Breite	Masse m'' in kg/m² [1]
0,2		1,78
0,3		2,67
0,4		3,56
0,5		4,45
0,6		5,34
0,7		6,23
0,8		7,12
0,9		8,01
1,0	...1250	8,90
1,2		10,68
1,5		13,35
2,0		17,80
2,5		22,25
3,0		26,70
3,5		31,15
4,0		35,60
5,0		44,50
6,0		53,40
7,0		62,30
8,0		71,20
9,0		80,10
10,0		89,00

Rundstangen — DIN EN 12 163: 1998-04

Durchmesser	Masse m' in kg/m [1]
0,5	0,00175
1,0	0,00699
2,0	0,0279
3,0	0,0629
4,0	0,112
5,0	0,175
6,0	0,252
8,0	0,447
10,0	0,699
12	1,01
14	1,37
16	1,79
18	2,26
20	2,79
25	4,37
32	7,16
36	9,06
40	11,2
50	17,5
60	25,2
70	34,2
80	44,7

Drähte — DIN EN 12 166: 1998-04

Durchmesser	Masse m' in kg/1000 m [1]
0,1	0,0699
0,2	0,280
0,3	0,629
0,4	1,12
0,5	1,75
0,6	2,52
0,7	3,42
0,8	4,47
0,9	5,66
1,0	6,99
2	28,0
3	62,9
4	112
5	175
6	252
7	342
8	447
9	566
10	699
12	1010
14	1370
16	1790

Kupfer und Kupferlegierungen für Halbzeug

Kurzzeichen	Werkstoffnummer	Umrechnungsfaktor für die Masse
Cu-PHC	CW 020 A	1
Cu-DLP	CW 023 A	1
Cu-DHP	CW 024 A	1
Cu Zn 10	CW 501 L	0,989
Cu Zn 15	CW 502 L	0,989
Cu Zn 20	CW 503 L	0,977
Cu Zn 30	CW 505 L	0,955
Cu Zn 36	CW 507 L	0,944
Cu Zn 40	CW 509 L	0,944
Cu Zn 20 Al 2As	CW 702 R	0,944
Cu Zn 36 Pb 3	CW 603 N	0,955
Cu Zn 39 Pb 2	CW 612 N	0,944
Cu Sn 6	CW 452 K	0,989
Cu Sn 8	CW 453 K	0,989
Cu Ni 12 Zn 24	CW 403 J	0,977
Cu Ni 18 Zn 20	CW 409 J	0,977
Cu Ni 10 Fe 1 Mn	CW 352 H	1
Cu Ni 30 Mn 1 Fe	CW 354 H	1
Cu Al 6 Si 2 Fe	CW 301 G	0,865
Cu Al 10 Fe 3 Mn 2	CW 306 G	0,865
Cu Al 10 Ni 5 Fe 4	CW 307 G	0,854
Cu Si 3 Mn 1	CW 116 C	0,989
Cu Be 2	CW 101 C	0,932
Cu Cr 1	CW 105 C	1

Bezeichnung eines Bleches aus Cu Zn 36, einer Mindestzugfestigkeit R_m = 480 N/mm², mit 0,5 mm Dicke, 600 mm Breite, 2000 mm Länge:

Blech EN 1652 – Cu Zn 36 – R480 – 0,5 × 600 × 2000

Bezeichnung einer Rundstange aus Cu Zn 37, einer Mindestzugfestigkeit R_m = 370 N/mm², mit 18 mm Außendurchmesser:

Stange EN 12 163 – Cu Zn 37 – R370 – RND 18

Rohre – nahtlos gezogen — DIN EN 12 449: 1999-10

Außendurchmesser d_1	Masse m' in kg/m [1] für die Wanddicke s in mm								
	0,5	0,75	1,0	1,5	2,0	2,5	3,0	4,0	5,0
5	0,06	0,09	0,11	–	–	–	–	–	–
10	0,13	0,19	0,25	0,36	0,45	–	–	–	–
15	0,20	0,30	0,39	0,57	0,73	0,87	1,01	1,23	–
20	–	0,40	0,53	0,78	1,01	1,22	1,43	1,79	2,10
25	–	–	0,67	0,99	1,29	1,57	1,85	2,35	2,80
30	–	–	0,81	1,20	1,57	1,92	2,26	2,91	3,50
35	–	–	0,95	1,40	1,85	2,27	2,68	3,47	4,19
40	–	–	1,09	1,61	2,12	2,62	3,10	4,03	4,89
50	–	–	1,37	2,03	2,68	3,32	3,94	5,14	6,29
55	–	–	1,51	–	2,96	3,67	4,36	5,70	6,99
60	–	–	1,65	–	3,24	4,02	4,78	6,26	7,69
70	–	–	1,93	2,87	3,80	4,72	5,62	7,38	9,09
80	–	–	–	–	4,36	–	6,46	8,50	10,49
89	–	–	–	–	4,87	–	7,21	9,51	11,6
100	–	–	–	–	5,48	–	8,14	10,7	13,3
108	–	–	–	–	–	7,37	8,81	11,6	14,4
114	–	–	–	–	–	7,79	9,31	12,3	–
133	–	–	–	–	–	9,12	10,9	14,4	17,9
159	–	–	–	–	–	10,9	13,1	17,3	21,5
194	–	–	–	–	–	13,4	16,0	21,2	26,4
200	–	–	–	–	–	–	16,5	21,9	27,3
250	–	–	–	–	–	–	20,7	27,5	34,2
273	–	–	–	–	–	–	22,6	30,1	37,4
315	–	–	–	–	–	–	–	34,8	43,4

Bezeichnung eines Rohres aus Cu-DHP mit 40 mm Außendurchmesser (OD) und 2 mm Wanddicke:

Rohr EN 12 499 – Cu – DHP – OD 40 × 2

[1] Errechnet mit einer Dichte ϱ = 8,90 kg/dm³. Für Cu-Werkst. mit einer anderen Dichte ist entsprechend der obigen Tab. umzurechnen.

Rohre aus Kunststoff
Plastic Pipes

Rohre aus Polyäthylen weich (PE weich)

DIN 8072: 1972-07

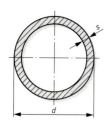

Bezeichnung eines Rohres aus PE-weich von 40 mm Außendurchmesser und 2 mm Wanddicke:

Rohr DIN 8072 – 40 × 2

Außen-durch-messer d in mm	Reihe 1 Betriebsdruck 2,5 bar Wanddicke s in mm	Reihe 1 Masse m' in kg/m[1]	Reihe 2 Betriebsdruck 6 bar Wanddicke s in mm	Reihe 2 Masse m' in kg/m[1]	Reihe 3 Betriebsdruck 10 bar Wanddicke s in mm	Reihe 3 Masse m' in kg/m[1]
10	–	–	–	–	2,0	0,050
12	–	–	–	–	2,0	0,062
16	–	–	2,0	0,088	2,7	0,111
20	–	–	2,2	0,124	3,4	0,174
25	2,0	0,145	2,7	0,188	4,2	0,269
40	2,0	0,240	4,3	0,475	6,7	0,679
50	2,4	0,363	5,4	0,741	8,4	1,06
75	3,6	0,801	8,1	1,66	12,5	2,36
110	5,3	1,72	11,8	3,52	18,4	5,09
160	7,7	3,60	–	–	–	–

[1] Errechnet mit einer Dichte ϱ = 0,92 g/cm³.

Rohre aus Polyäthylen hoher Dichte (PE-HD)

DIN 8074: 1999-08

Außen-durch-messer d in mm	Rohrserie[1] 20 Wanddicke s in mm	20 Masse m' in kg/m[2]	16 Wanddicke s in mm	16 Masse m' in kg/m[2]	12,5 Wanddicke s in mm	12,5 Masse m' in kg/m[2]	8,3 Wanddicke s in mm	8,3 Masse m' in kg/m[2]	5 Wanddicke s in mm	5 Masse m' in kg/m[2]	2,5 Wanddicke s in mm	2,5 Masse m' in kg/m[2]
10	–	–	–	–	–	–	–	–	–	–	1,8	0,048
20	–	–	–	–	–	–	–	–	1,9	0,112	3,4	0,180
40	–	–	–	–	1,8	0,227	2,3	0,285	3,7	0,430	6,7	0,701
50	–	–	1,8	0,287	2,0	0,314	2,9	0,440	4,6	0,666	8,3	1,09
75	1,9	0,457	2,3	0,551	2,9	0,675	4,3	0,976	6,8	1,47	12,5	2,44
90	2,2	0,643	2,8	0,791	3,5	0,978	5,1	1,39	8,2	2,12	15,0	3,54
110	2,7	0,943	3,4	1,17	4,2	1,43	6,3	2,08	10	3,14	18,3	5,24
140	3,5	1,54	4,3	1,88	5,4	2,32	8,0	3,34	12,7	5,08	23,3	8,47
160	3,9	2,00	4,9	2,42	6,2	3,04	9,1	4,35	14,6	6,67	26,6	11,0
200	4,9	3,05	6,2	3,84	7,7	4,69	11,4	6,79	18,2	10,4	33,2	17,2
250	6,1	4,83	7,7	5,92	9,6	7,30	14,2	10,6	22,7	16,2	41,6	27,0
315	7,7	7,52	9,7	9,37	12,1	11,6	17,9	16,7	28,6	25,6	52,3	42,7
400	9,8	12,1	12,3	15,1	15,3	18,6	22,7	26,9	36,3	41,3	66,5	68,9
500	12,2	19,0	15,3	23,4	19,1	28,9	28,4	42,0	45,4	64,5	–	–
630	15,4	29,9	19,3	37,1	24,1	45,9	35,7	66,5	57,2	102	–	–
800	19,6	48,1	24,5	59,7	30,6	73,9	45,3	107	–	–	–	–
1000	24,4	75,2	30,6	93,1	38,2	115	56,7	167	–	–	–	–

Bezeichnung eines Rohres mit d = 90 mm und s = 5,1 aus PE-HD: **Rohr DIN 8074 – 90 × 5,1 – PE-HD**
[1] die Rohrserienzahl ist durch das Verhältnis d/s definiert.   [2] Errechnet mit einer Dichte ϱ = 0,950 g/cm³.

Rohre aus weichmacherfreiem Polyvinylchlorid

DIN 8062: 1988-11

Außen-durch-messer d in mm	Reihe 1 für Lüftungsleitungen Wanddicke s in mm	Reihe 1 Masse m' in kg/m[1]	Reihe 2 Betriebsdruck 4 bar Wanddicke s in mm	Reihe 2 Masse m' in kg/m[1]	Reihe 3 Betriebsdruck 6 bar Wanddicke s in mm	Reihe 3 Masse m' in kg/m[1]	Reihe 4 Betriebsdruck 10 bar Wanddicke s in mm	Reihe 4 Masse m' in kg/m[1]	Reihe 5 Betriebsdruck 16 bar Wanddicke s in mm	Reihe 5 Masse m' in kg/m[1]
10	–	–	–	–	–	–	–	–	1,0	0,045
20	–	–	–	–	–	–	–	–	1,5	0,137
40	–	–	–	–	1,8	0,334	1,9	0,350	3,0	0,525
50	–	–	–	–	1,8	0,422	2,4	0,552	3,7	0,809
75	–	–	1,8	0,642	2,2	0,782	3,6	1,22	5,6	1,82
110	1,8	0,950	2,2	1,16	3,2	1,64	5,3	2,61	8,2	3,90
160	1,8	1,39	3,2	2,41	4,7	3,44	7,7	5,47	11,9	8,17
200	1,8	1,74	4,0	3,70	5,9	5,37	9,6	8,51	14,9	12,8
250	2,0	2,40	4,9	5,65	7,3	8,31	11,9	13,2	18,6	19,9

Bezeichnung eines Rohres mit d = 110 mm, s = 3,2 mm aus PVC-U (= PVC hart): **Rohr DIN 8062 – 110 × 3,2 – PVC-U**
[1] Errechnet mit einer Dichte ϱ = 1,4 g/cm³.

Werkstoffprüfung

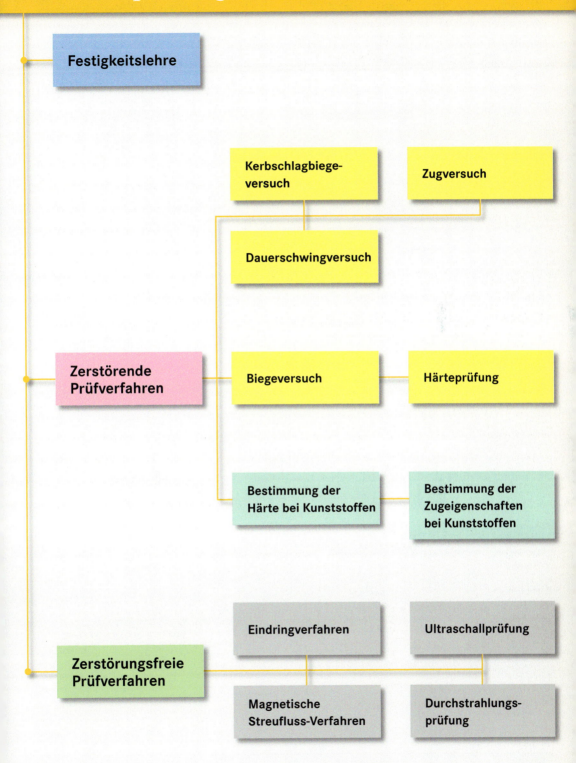

Festigkeitslehre
Science of strength of materials

Spannungsarten

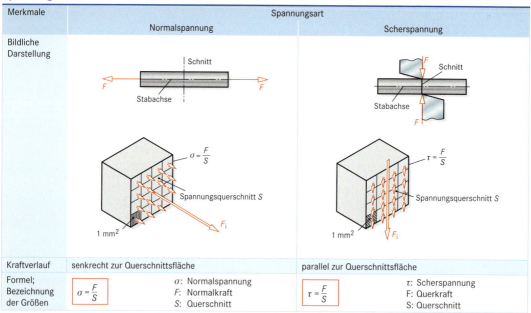

Merkmale	Spannungsart			
	Normalspannung		Scherspannung	
Bildliche Darstellung	(Abbildung)		(Abbildung)	
Kraftverlauf	senkrecht zur Querschnittsfläche		parallel zur Querschnittsfläche	
Formel; Bezeichnung der Größen	$\sigma = \dfrac{F}{S}$	σ: Normalspannung F: Normalkraft S: Querschnitt	$\tau = \dfrac{F}{S}$	τ: Scherspannung F: Querkraft S: Querschnitt

Grundbeanspruchungsarten

Merkmale	Beanspruchung auf					
	Zug	Druck	Abscherung	Biegung	Verdrehung (Torsion)	Knickung
Bildliche Darstellung						
Spannungsart; Formelzeichen	Zugspannung σ_z	Druckspannung σ_d	Scherspannung τ_a	Biegespannung σ_b	Torsionsspannung τ_t	Knickspannung σ_k
Festigkeit; Formelzeichen	Zugfestigkeit R_m	Druckfestigkeit σ_{dB}	Scherfestigkeit τ_{aB}	Biegefestigkeit σ_{bB}	Torsionsfestigkeit τ_{tB}	Knickfestigkeit σ_{kB}
Grenzwert der bleibenden Formänderung	Streckgrenze R_e 0,2 %-Dehngrenze $R_{p\,0,2}$ [1]	Quetschgrenze σ_{dF} 0,2 %-Stauchgrenze $\sigma_{d\,0,2}$ [1]	–	Biegefließgrenze σ_{bF}	Torsionsfließgrenze τ_{tF}	–
Bleibende Formänderung	Dehnung ε Bruchdehnung A	Stauchung ε_d Bruchstauchung ε_{dB}	–	Durchbiegung f	Verdrehwinkel φ	–

[1] Mit der 0,2 %-Dehngrenze $R_{p\,0,2}$ (0,2 %-Stauchgrenze $\sigma_{d\,0,2}$) wird bei solchen Werkstoffen gerechnet, die keine ausgeprägte Streckgrenze R_e (Quetschgrenze σ_{dF}) aufweisen.

Sicherheitszahlen v

Werkstoff	St, GS, Al (zäh; hart)			GJL, GJS, GJMB, GJMW		
Belastungsfall	I	II	III	I	II	III
Sicherheitszahl v	1,2 … 1,5	1,8 … 2,4	3 … 4	2 … 4	3 … 5	5 … 6

118 Werkstoffprüfung

Festigkeitslehre
Science of strength of materials

Maximale Festigkeitswerte σ_{max} bzw. τ_{max}

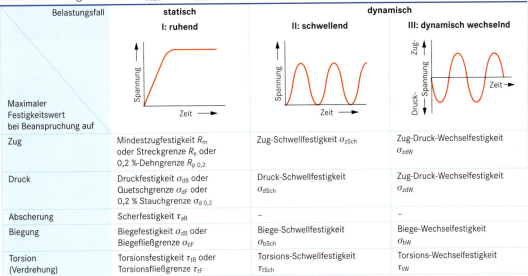

Belastungsfall	statisch I: ruhend	dynamisch II: schwellend	dynamisch III: dynamisch wechselnd
Maximaler Festigkeitswert bei Beanspruchung auf			
Zug	Mindestzugfestigkeit R_m oder Streckgrenze R_e oder 0,2 %-Dehngrenze $R_{p\,0,2}$	Zug-Schwellfestigkeit σ_{zSch}	Zug-Druck-Wechselfestigkeit σ_{zdW}
Druck	Druckfestigkeit σ_{dB} oder Quetschgrenze σ_{dF} oder 0,2 % Stauchgrenze $\sigma_{d\,0,2}$	Druck-Schwellfestigkeit σ_{dSch}	Zug-Druck-Wechselfestigkeit σ_{zdW}
Abscherung	Scherfestigkeit τ_{aB}	–	–
Biegung	Biegefestigkeit σ_{dB} oder Biegefließgrenze σ_{bF}	Biege-Schwellfestigkeit σ_{bSch}	Biege-Wechselfestigkeit σ_{bW}
Torsion (Verdrehung)	Torsionsfestigkeit τ_{tB} oder Torsionsfließgrenze τ_{tF}	Torsions-Schwellfestigkeit τ_{tSch}	Torsions-Wechselfestigkeit τ_{tW}

Zulässige Spannung

Normalspannung

$$\sigma_{zul} = \frac{\sigma_{max}}{v}$$

wenn	$\sigma_{max} = R_m$	$\sigma_{max} = R_e$	$\sigma_{max} = R_{p0,2}$	$\tau_{max} = \tau_{ab}$
dann	$\sigma_{zul} = \frac{R_m}{v}$	$\sigma_{zul} = \frac{R_e}{v}$	$\sigma_{zul} = \frac{R_{p0,2}}{v}$	$\tau_{zul} = \frac{\tau_{ab}}{v}$

Scherspannung

$$\tau_{zul} = \frac{\tau_{max}}{v}$$

- σ_{zul} : zulässige Normalspannung
- τ_{zul} : zulässige Scherspannung
- σ_{max} : maximale Normalspannung
- τ_{max} : maximale Scherspannung
- v : Sicherheitszahl

Maximal zulässige Spannungen (N/mm²) des glatten, polierten Probestabes ($d \leq 16$ mm; Sicherheitszahl $v = 1$)

Beanspruchungsart	Zug, Druck			Absche-rung	Biegung			Verdrehung		
Belastungsfall	I	II	III	I	I	II	III	I	II	III
max. Spannung σ_{max}/τ_{max}	R_e; $R_{p0,2}$ σ_{dF}; $\sigma_{d0,2}$	σ_{zSch} σ_{dSch}	σ_{zdW} σ_{zdW}	τ_{ab}	σ_{bF}	σ_{bSch}	σ_{bW}	τ_{tF}	τ_{tSch}	τ_{tW}
S235 JR	235	235	150	290	330	290	170	140	140	120
E295	295	295	210	390	410	410	240	170	170	150
E335	335	335	250	470	470	470	280	190	190	160
E360	360	360	300	550	510	510	330	210	210	190
C22; C22E	340	340	220	400	490	410	240	245	245	165
C45; C45E	490	490	280	560	700	520	310	350	350	210
46 Cr2	650	630	370	720	910	670	390	455	480	270
50CrMo4	900	760	450	880	1260	820	480	630	560	330
C10; C10E	390	390	310	530	540	540	330	210	210	190
C15; C15E	440	440	330	600	610	610	370	250	250	210
16MnCr5	635	635	430	880	890	740	440	360	360	270
20MnCr5	735	735	480	940	1030	920	540	420	420	310
GS-38	200	200	160	300	260	260	150	115	115	90
GS-45	230	230	185	360	300	300	180	135	135	105
GS-52	260	260	210	420	340	340	210	150	150	120
GS-60	300	300	240	480	390	390	240	175	175	140
EN-GJS-400-15	250	240	140	400	350	345	220	200	195	115
EN-GJS-500-7	320	270	155	500	420	380	240	240	225	130
EN-GJS-600-3	370	330	190	600	500	470	270	290	275	160
EN-GJS-700-2	420	355	205	700	560	520	300	320	305	175

Die Werte gelten für Baustähle im normalgeglühten Zustand, für Vergütungsstähle im vergüteten Zustand, für Einsatzstähle für die Kernfestigkeit nach Einsatzhärten und Rückfeinen.

Zugversuch
Tensile test

DIN EN 10 002-1: 2001-12

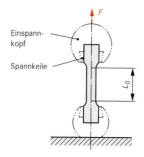

Spannung-Dehnung-Diagramm mit unstetigem Übergang vom elastischen in den plastischen Bereich

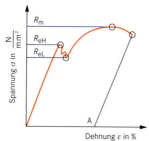

Spannung-Dehnung-Diagramm mit stetigem Übergang vom elastischen in den plastischen Bereich

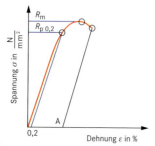

Beim Zugversuch werden mehrere Festigkeits- und Verformungskenngrößen ermittelt. Dazu wird eine Probe bis zum Bruch gedehnt, die erforderliche Zugkraft wird gemessen. Das Verhältnis aus Spannung und Dehnung wird in einem Diagramm aufgezeichnet.

Spannung	$\sigma = \dfrac{F}{S_0}$	$[\sigma] =$	$\dfrac{N}{mm^2}$
Zugfestigkeit	$R_m = \dfrac{F_m}{S_0}$	$[R_m] =$	$\dfrac{N}{mm^2}$
obere Streckgrenze	$R_{eH} = \dfrac{F_{eH}}{S_0}$	$[R_{eH}] =$	$\dfrac{N}{mm^2}$
untere Streckgrenze	$R_{eL} = \dfrac{F_{eL}}{S_0}$	$[R_{eL}] =$	$\dfrac{N}{mm^2}$
0,2 %-Dehngrenze	$R_{p\,0,2} = \dfrac{F_{0,2}}{S_0}$	$[R_{p\,0,2}] =$	$\dfrac{N}{mm^2}$
Verlängerung	$\Delta L = L - L_0$	$[\Delta L] =$	mm
Dehnung	$\varepsilon = \dfrac{L - L_0}{L_0} \cdot 100\,\%$		
Bruchdehnung	$A = \dfrac{L_u - L_0}{L_0} \cdot 100\,\%$		
	$L_u =$ Länge bei Bruch		
Hooke'sches Gesetz	$\sigma \sim \varepsilon_e$		
	ε_e : Dehnung im elastischen Bereich		
	$\sigma = \dfrac{E \cdot \varepsilon_e}{100\,\%}$		
Elastizitätsmodul	$E = \dfrac{\sigma}{\varepsilon_e} \cdot 100\,\%$	$[E] = N/mm^2$	

Das Hooke'sche Gesetz gilt nur im Bereich einer elastischen Verlängerung.

Prüfgeschwindigkeit		
E-Modul des Werkstoffes E in N/mm²	Spannungszunahme $\Delta\sigma$ in N/mm² · s⁻¹ bis R_{eH}	
	min.	max.
< 150 000	2	20
≥ 150 000	6	60

Zunahme der Dehnung im plastischen Bereich ≤ 0,0025 s⁻¹

Zugproben

DIN 50 125: 2004-01

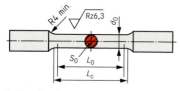

L_c = Versuchslänge ($L_c \geq L_0 + d_0$)

In der Regel werden Proportionalstäbe verwandt, $L_0 = 5\,d_0$.
Bei Flachproben ist $L_0 = 5{,}65\sqrt{S_0}$.

Bezeichnung einer Zugprobe:

Zugprobe DIN 50 125 – A 12 x 60

Form A
Probendurchmesser d_0 in mm
Anfangsmesslänge L_0 in mm

Benennung	Form	Verwendung
Rundproben mit Zylinderköpfen	A	für allgemeine Prüfungen
Rundprobe mit Gewindeköpfen	B	für Feindehnmessungen
Rundprobe mit Schulterköpfen	C	für Feindehnmessungen
Rundprobe mit Kegelköpfen	D	für Feindehnmessungen
Flachprobe mit Köpfen für Spannkeile	E	zum Prüfen von Blechen und Flachstählen
Abschnitte von Rundstangen, unbearbeitet	F	zum Prüfen von Rundmaterial

Biegeversuch
Bend test

DIN EN ISO 7438: 2000-07

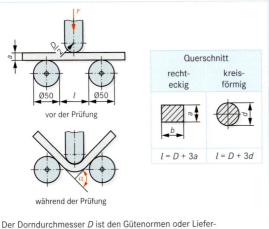

vor der Prüfung

während der Prüfung

Der Dorndurchmesser D ist den Gütenormen oder Lieferbedingungen der zu prüfenden Werkstoffe zu entnehmen.

Mit Hilfe des technologischen Biegeversuchs (Faltversuch) wird das Umformvermögen eines metallischen Werkstoffes ermittelt. Dazu wird eine rechteckige oder kreisförmige Biegeprobe in einer Vorrichtung zügig gebogen, bis ein bestimmter Biegewinkel erreicht oder das Umformvermögen erschöpft ist. Der Biegewinkel α ist unter Beanspruchung zu messen.

Probenabmessungen für Bleche, Bänder, Flach- und Rundstücke	
Probenlänge l in mm	abhängig von der Probendicke und der Prüfvorrichtung
Probenbreite b in mm	$b = 20 \ldots 50$
Probendicke a in mm	a: Erzeugungsdicke, falls diese > 25 mm ist, darf sie einseitig auf 25 mm abgearbeitet werden
Probendurchmesser d in mm	d: 20 ... 50 Ab einem Durchmesser $d = 30$ mm darf, bei einem Durchmesser $d > 50$ mm muss die Probe herausgearbeitet werden.

Kerbschlagbiegeversuch nach Charpy
Charpy impact test

DIN EN 10 045-1: 1991-04

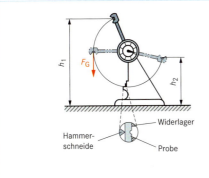

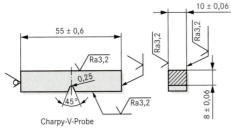

Charpy-V-Probe

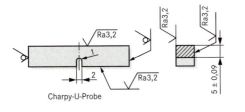

Charpy-U-Probe

1) DVM: Deutscher Verband für Materialprüfung

Der Kerbschlagbiegeversuch gibt Aufschluss über die Zähigkeit und Verformbarkeit von Stahl und Stahlguss.
Eine Probe wird durch ein Schlagwerk mit einem Schlag durchbrochen oder durch die Widerlager gezogen. Die Schlagarbeit wird in Abhängigkeit von der Temperatur der Probe gemessen.

Kerbschlagarbeit $KV = F_G (h_1 - h_2)$ $[KV] = J$

Kurzzeichen für die Kerbschlagarbeit:

$$KV = 121\ J$$

Kerbschlagarbeit
Probe mit V-Kerb
(Probe mit U-Kerb: KU)
verbrauchte Schlagarbeit

Arbeitsvermögen des Pendelschlagwerks 300 J
(ein anderes Arbeitsvermögen muss angegeben werden, z. B. KV 150 = 80 J)

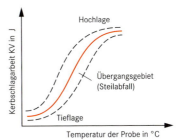

Kerbschlagarbeit-Temperatur-Kurve (schematisch)

Der Kerbschlagbiegeversuch liefert keine Kennwerte für die Festigkeitsberechnung, er wird nur vergleichend angewandt.

Kerbschlagzähigkeit = $\dfrac{\text{Kerbschlagarbeit}}{\text{Probenquerschnitt}}$

Werkstoffprüfung

Dauerschwingversuch
Continuous vibration test

DIN 50 100: 1978-02

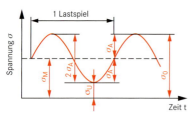

σ_M : Mittelspannung
σ_U : Unterspannung
σ_O : Oberspannung
σ_A : Spannungsausschlag
$2\sigma_U$: Schwingbreite (Amplitude)

Beispiel einer **Wöhlerkurve**

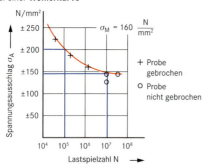

Der Dauerschwingversuch dient zur Ermittlung von Kennwerten für das mechanische Verhalten von Werkstoffen oder Bauteilen bei schwellender oder wechselnder Belastung.
Die **Dauerschwingfestigkeit** ist der um eine Mittelspannung σ_M schwingende größte Spannungsausschlag, den eine Probe „unendlich oft" ohne Bruch und zulässige Verformung aushält.

$$\sigma_D = \sigma_M \pm \sigma_A \qquad [\sigma_D] = \frac{N}{mm^2}$$

Wöhlerversuch

6–10 gleichwertige Proben werden einer Schwingbeanspruchung unterworfen. Bei konstanter Mittelspannung σ_M wird der Spannungsausschlag σ_A von Probe zu Probe so gestaffelt, dass wenigstens eine Probe bricht und die größte Beanspruchung gefunden wird, die ohne Bruch bis zu einer Grenzlastspielzahl ertragen wird.

Grenzlastspielzahl für Stahl: $2 \cdot 10^6 \ldots 10 \cdot 10^6$
für Leichtmetalle: $10 \cdot 10^6 \ldots 100 \cdot 10^6$

Aus dem Beispiel der Wöhlerkurve ergibt sich:

N	Span-nungsaus-schlag σ_A	Wechselbeanspruchung Zug $\sigma_D = \sigma_M + \sigma_A$	Druck $\sigma_D = \sigma_M - \sigma_A$	Ergebnis
10^7	140	300	20	kein Bruch
10^5	200	360	–40	Bruch

Dauerschwingfestigkeit:

$$\sigma_D = \pm 140 \frac{N}{mm^2} \quad \text{für} \quad \sigma_M = 160 \frac{N}{mm^2}$$

Brucharten
Types of failures

	Bruchart	Beschreibung	Entstehung
vorwiegend statische Belastung	**Trennbruch**/Sprödbruch	Ebene, glänzende, je nach Gefüge grob- oder feinkörnige Bruchfläche	Trennbruch entsteht bei Werkstoffen mit komplizierten Kristallgittern (z. B. gehärteter Stahl) oder spröden Werkstoffen (z. B. Gusseisen mit Lamellengrafit) unter statischer Beanspruchung. Ein Trennbruch entsteht plötzlich, ohne vorherige Verformung.
	Verformungsbruch	Unebene, matt glänzende, unter 45° liegende Bruchfläche, dabei Einschnürung des Werkstückes	Ein Verformungsbruch entsteht bei zähen Werkstoffen unter statischer Beanspruchung. Er entwickelt sich langsam. Ihm geht eine plastische Formänderung (Einschnürung) voraus.
	Mischbruch	Ebene, glänzende Bruchfläche, umgeben von einer unebenen, matten Bruchfläche, dabei Einschnürung des Werkstückes	Der Mischbruch entsteht bei den meisten Stählen unter Zugbelastung. Er ist eine Kombination aus Verformungsbruch und Trennbruch.
vorwiegend dyna-mische Belastung	**Dauerbruch**	Ebene, matt glänzende Dauerbruchfläche mit Rastlinien, Restbruchfläche körnig und zerklüftet (Gewaltbruch)	Der Dauerbruch geht aus von z. B. Kerben, Nuten, Riefen, Schweißnähten, Gefügeeinschlüssen bei dynamischer Belastung. Die Dauerbruchfläche entsteht fortschreitend über längere Zeit. Ist der verbleibende Restquerschnitt zu klein, führt dies zum endgültigen Bruch (Gewaltbruch).

Härteprüfung nach Brinell
Brinell hardness test

DIN EN ISO 6506-1: 1999-10

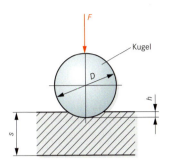

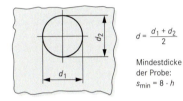

$d = \dfrac{d_1 + d_2}{2}$

Mindestdicke der Probe:
$s_{min} = 8 \cdot h$

Bei der Härteprüfung nach Brinell wird eine gehärtete Stahlkugel oder eine Hartmetallkugel mit einer Prüfkraft F in die Probe eingedrückt.

$$\text{Brinellhärte} = \text{Konstante} \cdot \dfrac{\text{Prüfkraft}}{\text{Oberfläche des Eindruckes}}$$

$$\text{HBS (HWB)} = 0{,}102 \cdot \dfrac{2F}{\pi D (D - \sqrt{D^2 - d^2})} \quad ^{1)}$$

Kurzzeichen für die Angaben des Härtewertes:

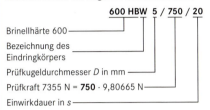

(Angabe entfällt bei Verwendung der üblichen Einwirkdauer)

Übliche Einwirkdauer der Prüfkraft: 10 ... 15 s.

Die gesamte Prüfkraft ist innerhalb von 2 ... 8 s aufzubringen.

Die Härtewerte werden nicht errechnet, sondern aus Tabellen abgelesen.

> ℹ **Johan August Brinell** (1849–1929), schwedischer Ingenieur. Das nach ihm benannte Härteprüfverfahren wurde 1900 auf der Pariser Weltausstellung vorgestellt.

Eindringkörper	Kurzzeichen	Anwendungsbereich
gehärtete Stahlkugel (nicht genormt)	S	bis 450 HBS
Hartmetallkugel	W	bis 650 HBW

Anwendungsbereiche und Prüfbedingungen

Werkstoffgruppen	Brinellhärte	Beanspruchungsgrad $0{,}102 \cdot \dfrac{F}{D^2}$ N/mm²	Zeichen für die Härte	Kugeldurchmesser D mm	Beanspruchungsgrad $0{,}102 \cdot \dfrac{F}{D^2}$ N/mm²	Prüfkraft F N
Stahl, Nickel und Titanlegierungen	–	30	HBW (HBS) 10/3000	10	30	29 420
			HBW (HBS) 10/1500	10	15	1 471
Gusseisen	< 140	10	HBW (HBS) 10/1000	10	10	9 807
	≥ 140	30	HBW (HBS) 10/500	10	5	4 903
			HBW (HBS) 10/250	10	2,5	2 452
Kupfer und Kupferlegierungen	< 35	5	HBW (HBS) 10/100	10	1	980,7
	35 ... 200	10	HBW (HBS) 5/750	5	30	7 355
	> 200	30	HBW (HBS) 5/250	5	10	2 452
Leichtmetalle und ihre Legierungen	< 35	2,5	HBW (HBS) 5/125	5	5	1 226
	35 ... 80	5	HBW (HBS) 5/62,5	5	2,5	612,9
		10	HBW (HBS) 5/25	5	1	245,2
		15	HBW (HBS) 2,5/187,5	2,5	30	1 839
	> 80	10	HBW (HBS) 2,5/62,5	2,5	10	612,9
		15	HBW (HBS) 2,5/31,25	2,5	5	306,5
Blei, Zinn	–	1	HBW (HBS) 2,5/15,625	2,5	2,5	153,2
			HBW (HBS) 2,5/6,25	2,5	1	61,29
[1] Die Konstante 0,102 $\left(\approx \dfrac{1}{g} = \dfrac{1}{9{,}80665}\right)$ ist ein Umrechnungsfaktor für die Prüfkraft.			HBW (HBS) 1/30	1	30	294,2
			HBW (HBS) 1/10	1	10	98,07
			HBW (HBS) 1/5	1	5	49,03
			HBW (HBS) 1/2,5	1	2,5	24,52
			HBW (HBS) 1/1	1	1	9,807

Härteprüfung nach Vickers
Vickers hardness test

DIN EN ISO 6507-1: 1998-01

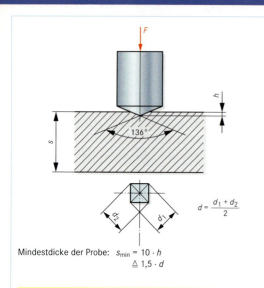

Mindestdicke der Probe: $s_{min} = 10 \cdot h$
$\triangleq 1{,}5 \cdot d$

i 1925 entwickeltes Härteprüfverfahren für harte Werkstoffe; benannt nach der britischen Flugzeugbaufirma Vickers.

Mit Hilfe der Härteprüfung nach Vickers werden besonders harte Stoffe, dünne Proben und Schichten untersucht. Eine Diamantpyramide mit einem Winkel von 136° zwischen zwei gegenüber liegenden Flächen wird mit einer Prüfkraft F in die Probe eingedrückt.

$$\text{Vickershärte} = \text{Konstante} \cdot \frac{\text{Prüfkraft}}{\text{Oberfläche des Eindruckes}}$$

$$HV = 0{,}102 \; \frac{2 F \cdot \sin \frac{136°}{2}}{d^2} \approx 0{,}1891 \; \frac{F}{d^2}$$

Kurzzeichen für die Angabe des Härtewertes:

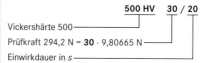

Vickershärte 500
Prüfkraft 294,2 N = **30** · 9,80665 N
Einwirkdauer in s

(Angabe entfällt bei Verwendung der üblichen Einwirkdauer)

Übliche Einwirkdauer der Prüfkraft: 10 ... 15 s.

Die gesamte Prüfkraft ist innerhalb von 2 ... 8 s und im Kleinkraftbereich und im Mikrohärtebereich innerhalb von max. 10 s aufzubringen.

Anzuwendende Prüfkräfte

Konventioneller Härtebereich		Kleinkraftbereich		Mikrohärtebereich		
Härte-symbol	Prüfkraft F in N	Härte-symbol	Prüfkraft F in N	Härte-symbol	Prüfkraft F in N	
HV 5	49,03	HV 0,2	1,961	HV 0,01	0,09807	Die Prüfkraft ist aufgrund des angenommenen und zu überprüfenden Härtewertes zu wählen.
HV 10	98,07	HV 0,3	2,942	HV 0,015	0,1470	
HV 20	196,1	HV 0,5	4,903	HV 0,02	0,1961	
HV 30	294,2	HV 1	9,807	HV 0,025	0,2452	
HV 50	490,3	HV 2	19,61	HV 0,05	0,4903	
HV 100	980,7	HV 3	29,42	HV 0,1	0,9817	

Mindestdicke der Proben

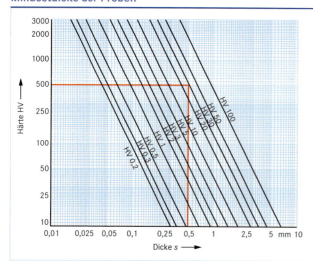

Die Mindestdicke der Proben beträgt:
$s_{min} = 10 \cdot h \triangleq 1{,}5 \cdot d$

Im Diagramm ist die Mindestdicke der Proben in Abhängigkeit von der Härte und der Prüfkraft zu ermitteln.

[1]) Die Konstante 0,102 $\left(= \frac{1}{g} = \frac{1}{9{,}80665} \right)$ ist ein Umrechnungsfaktor für die Prüfkraft.

Härteprüfung nach Rockwell
Rockwell hardness test

DIN EN ISO 6508-1: 1999-10

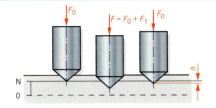

Bei der Härteprüfung nach Rockwell wird ein Eindringkörper in 2 Stufen in die Probe gedrückt. Aus der bleibenden Eindringtiefe h in mm, gemessen nach Kraftminderung von F auf F_0, wird direkt die Rockwellhärte abgeleitet.

Rockwellhärte = $N - \dfrac{h}{S}$

N = Zahlenwert entsprechend der Skala des Prüfgerätes
h = bleibende Eindringtiefe
S = Skalenteilung

Kurzzeichen für die Angabe des Härtewertes:

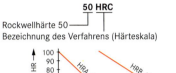

Rockwellhärte 50
Bezeichnung des Verfahrens (Härteskala)

Die Einwirkdauer der Prüfvorkraft F_0 darf 3s nicht überschreiten.

> ℹ 1920 von amerikanischem Ingenieur Stanley Rockwell entwickeltes Härteprüfverfahren.

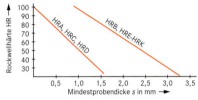

Härte-skala	Symbol für Härte	Eindringkörper	Prüf-vorkraft F_0 in N	Prüf-zusatzkraft F_1 in N	Prüf-gesamtkraft F in N	Anwendungs-bereich	N	S in mm
A	HRA	Diamantkegel		490,3	588,4	20 … 88 HRA	100	
C	HRC			1373	1471	20 … 70 HRC		
D	HRD			882,6	980,7	40 … 77 HRD		
B	HRB	Ø 1,5875 mm	98,07	882,6	980,7	20 … 100 HRB		0,002
E	HRE	Ø 3,175 mm		882,6	980,7	70 … 100 HRE	130	
F	HRF	Ø 1,5875 mm		490,3	588,4	60 … 100 HRF		
G	HRG	Stahlkugel Ø 1,5875 mm		1373	1471	30 … 94 HRG		
H	HRH	Ø 3,175 mm		490,3	588,4	80 … 100 HRH		
K	HRK	Ø 3,175 mm		1373	1471	40 … 100 HRK		
15 N	HR 15 N	Diamantkegel		117,7	147,1	70 … 94 HR 15 N		
30 N	HR 30 N		29,42	264,8	294,2	42 … 86 HR 30 N	100	0,001
45 N	HR 45 N			411,9	441,3	20 … 77 HR 45 N		
15 T	HR 15 T	Stahlkugel Ø 1,5875 mm		117,7	147,1	67 … 93 HR 15 T		
30 T	HR 30 T			264,8	294,2	29 … 82 HR 30 T		
45 T	HR 45 T			411,9	441,3	10 … 72 HR 45 T		

Vergleich verschiedener Härteskalen
Comparison of different hardness scales

Ein quantitativer Vergleich der einzelnen Härteskalen ist nur bedingt möglich. Siehe auch DIN 50 150.

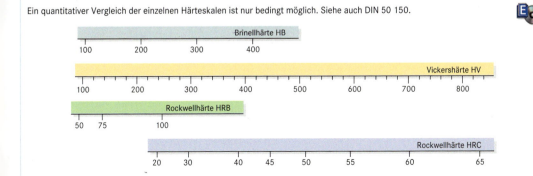

Werkstoffprüfung

Kunststoffe – Bestimmung der Zugeigenschaften
Plastics – determination of tensile properties

DIN EN ISO 527-1: 1996-04

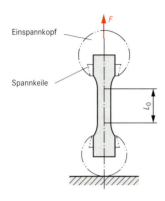

Mit Hilfe des Zugversuches werden mehrere Festigkeitseigenschaften von Kunststoffen beurteilt. Dazu wird ein Probekörper unter festgelegten Bedingungen auf Zug belastet. Die aufgebrachte Zugkraft und die Längenänderung werden gemessen und im Spannung-Dehnung-Diagramm aufgezeichnet.

Zugfestigkeit	$\sigma_M = \dfrac{F_{max}}{A}$	$[\sigma_M]$ = MPa
Bruchspannung	$\sigma_B = \dfrac{F}{A}$	$[\sigma_B]$ = MPa
Streckspannung	$\sigma_y = \dfrac{F_y}{A}$	$[\sigma_y]$ = MPa
x%-Dehnspannung	$\sigma_x = \dfrac{F}{A}$	$[\sigma_x]$ = MPa
Längenänderung	$\Delta L = L - L_0$	$[\Delta L]$ = mm
Bruchdehnung	$\varepsilon_B = \dfrac{\Delta L}{L_0} \cdot 100\,\%$	

Zugfestigkeit und Bruchspannung können je nach Werkstoff gleich sein ($\sigma_M = \sigma_B$).

Spannung-Dehnung-Diagramm
mit ausgeprägter Streckspannung

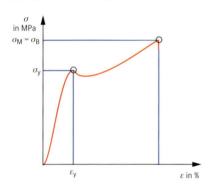

Spannung-Dehnung-Diagramm
ohne ausgeprägte Streckspannung

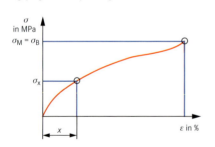

Probekörper
DIN EN ISO 527-2: 1996-07

Probekörper können aus Formmassen hergestellt oder aus Formteilen entnommen sein.

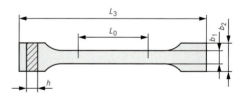

Abmessungen in mm	Probekörper 1 A	Probekörper 1 BA
L_3	≥ 150	≥ 75
L_0	50,0 ± 0,5	25,0 ± 0,5
b_2	20,0 ± 0,2	10,0 ± 0,5
b_1	10,0 ± 0,2	5,0 ± 0,5
h	4,0 ± 0,2	≥ 2

Bezeichnung des Verfahrens

Zugversuch ISO 527-2 / 1A / 50

Benennung
ISO-Hauptnummer
Probekörpertyp
Prüfgeschwindigkeit

Prüfgeschwindigkeiten	
Prüfgeschwindigkeit in mm/min	Grenzabweichung in %
1	± 20 %
2	± 20 %
5	± 20 %
10	± 20 %
20	± 10 %
50	± 10 %
100	± 10 %
200	± 10 %
500	± 10 %

Kunststoffe – Bestimmung der Härte
Plastics – Determination of hardness

DIN EN ISO 2039-1: 2003-06

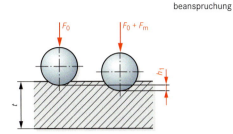

Messung unter Druckbeanspruchung

Mit Hilfe des Eindruckversuches wird die Kugeldruckhärte von Kunststoffen bestimmt. Dazu wird ein Eindringkörper in 2 Stufen in die Probe eingedrückt. Aus der Eindringtiefe, gemessen unter Druckbeanspruchung, wird die Oberfläche des Eindrucks ermittelt.

$$\text{Kugeldruckhärte} = \frac{\text{Prüfkraft}}{\text{Oberfläche des Eindruckes}}$$

$$HB = \frac{1}{d\,\pi} \cdot \frac{F_m}{h_r} \cdot \frac{0{,}21}{(h - h_r) + 0{,}21} \qquad [HB] = \frac{N}{mm^2}$$

h_r : reduzierte Eindringtiefe 0,25 mm
h_1 : Eindringtiefe in mm unter Belastung
h_2 : Aufbiegung des Gestells unter Belastung in mm
h : $h_1 - h_2$
F_m : Prüfkraft in N

Kurzzeichen für die Angabe des Härtewertes:

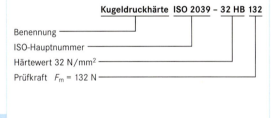

Kugeldruckhärte ISO 2039 – 32 HB 132

Benennung
ISO-Hauptnummer
Härtewert 32 N/mm²
Prüfkraft F_m = 132 N

Dicke der Probe: t = 4 mm
Skalenteilung 0,005 mm
Oberfläche der Probe
Bezugsebene für die Messung

Prüfbedingungen

Eindringkörper	gehärtete Stahlkugel d = 5,0 ± 0,05 mm
Prüfvorkraft F_0	9,8 N ± 1 %
Prüfkraft F_m	49,0 N 132 N 358 N 961 N
	zul. Abweichung ± 1 %
Einwirkdauer	30 s

Ermittlung der Kugeldruckhärte aus der Eindringtiefe

Eindringtiefe h in mm	Kugeldruckhärte in N/mm² bei F_m in N			
	49	132	358	961
0,15	23,84	64,17	174,04	467,19
0,16	21,84	58,82	159,54	428,25
0,17	20,16	54,30	147,26	395,31
0,18	18,72	50,42	136,75	367,07
0,19	17,47	47,06	127,63	342,60
0,20	16,38	44,12	119,65	321,19
0,21	15,41	41,52	112,61	302,30
0,22	14,56	39,22	106,36	285,50
0,23	13,79	37,15	100,76	270,48
0,24	13,10	35,29	95,72	256,95
0,25	12,48	33,61	91,16	244,72
0,26	11,91	32,09	87,02	233,59
0,27	11,39	30,69	83,24	223,44
0,28	10,92	29,41	79,77	214,13
0,29	10,48	28,24	76,58	205,56
0,30	10,08	27,15	73,63	197,66
0,31	9,70	26,14	70,91	190,34
0,32	9,36	25,21	68,37	183,54
0,33	9,04	24,34	66,02	177,21
0,34	8,73	23,53	63,81	171,30

Werkstoffprüfung

Zerstörungsfreie Prüfverfahren
Non-destructive tests

Prüfverfahren	Eignung	Prüfvorgang	Anwendung
Eindringverfahren DIN EN 571-1: 1997-03 vom Entwickler heraus-gezogenes Prüfmittel Oberflächenriss	Geeignet zum Nachweis von Fehlern, die zur Oberfläche hin offen sind	1. Vorreinigen, 2. Auftragen der Prüfflüssigkeit und Eindringen durch Kapillar-wirkung, 3. Zwischenreinigen und Trocknen, 4. Auftragen eines Entwicklers, das im Riss verbliebene Prüf-mittel wird herausgezogen 5. Inspektion, 6. Protokollieren, 7. Nachreinigen.	Überprüfung von Werkstoff-gefüge, insbesondere der NE-Metalle und nicht magnetisierbaren Stähle auf Risse, Poren, Überlappungen und Bindefehler im Serien-verfahren.
Magnetische Streufluss-Verfahren DIN 54 130: 1974-04 magnetischer Streufluss Magnet-pulver Oberflächenriss Fehler dicht unter der Oberfläche	Geeignet zum Nachweis von Oberflächenfehlern in ferromagnetischen Werkstoffen	1. Vorreinigen, 2. Magnetisieren des Werkstückes durch – Jochmagnetisierung oder – Spulenmagnetisierung oder – Stromdurchflutung 3. Nachweis des im Bereich des Fehlers austretenden magne-tischen Streuflusses durch Magnetpulver, 4. Protokollieren, 5. Nachreinigen.	Nachweis von Oberflächen-inhomogenitäten, insbesondere von Rissen. Nach der Prüfung ist ggf. eine Entmagnetisierung vorzunehmen.
Ultraschallprüfung DIN EN 583-1: 1998-12 Winkelprüfkopf (Sender – Empfänger) Fehleranzeige Fehler Bildschirm	Geeignet zum Nachweis von innenliegenden Fehlern, die über-wiegend senkrecht zur Strahlungs-richtung liegen	1. Vorreinigen, 2. Einschallen des Ultraschalles mit Hilfe eines Normal-prüfkopfes (senkrechte Einschallung) oder eines Winkelprüfkopfes, 3. Reflexion der Schallwellen an Grenzschichten oder Abnahme des durchlaufenden Schalles, 4. Auswertung der Schallsignale auf einem Bildschirm, 5. Protokollieren, 6. Nachreinigen.	Überprüfung von Werkstoff-gefüge auf Risse, Lunker, Schlackeneinschlüsse im Innern von Werkstücken und Schweißnähten, Dopplungs-prüfung, Schichtdicken-messung.
Prüfung mit Röntgen- oder Gammastrahlen DIN EN 444: 1994-04 Strahlen-quelle Fehler Film Bild des Fehlers belichteter Film	Geeignet zum Nachweis von innenliegenden Fehlern, die über-wiegend parallel zur Strahlungs-richtung liegen	1. Durchstrahlung mit Hilfe – einer Röntgenröhre oder – eines Radioisotopes (z. B. Co 60, Ir 192) 2. Auswertung des belichteten Filmes, 3. Protokollieren.	Überprüfung von Werkstoff-gefüge auf Risse, Lunker, Schlackeneinschlüsse im Innern von Werkstücken und Schweißnähten. **Strahlenschutz-bestimmungen beachten!**

Fertigen von Baueinheiten

Fertigen mit Werkzeugmaschinen
- 131 Arbeitsbewegungen
- 132 Zerspanungs-Anwendungsgruppen
- 134 Umdrehungsfrequenz – Schaubild
- 135 Umdrehungsfrequenzen für Werkzeugmaschinen
- 136 Bohren
- 139 Reiben
- 139 Senken
- 140 Werkzeugauswahl
- 142 Drehen
- 143 Drehmeißel
- 144 Drehen
- 151 Fräsen
- 157 Werkzeugauswahl
- 159 Schleifen
- 161 Schleifscheibenformen – Arbeitshöchstgeschwindigkeiten
- 162 Schleifen
- 163 Honen
- 164 Richtwerte für das Zerspanen von Kunststoffen
- 165 Werkzeugkegel
- 166 Bildzeichen
- 167 Fertigungsplanung – Begriffe
- 168 Auftragszeit nach REFA
- 169 Betriebsmittel-Belegungszeit nach REFA
- 170 Kostenrechnung
- 171 Berechnung der Hauptnutzungszeit

Fertigen mit numerisch gesteuerten Werkzeugmaschinen
- 176 CNC-Technik
- 177 Koordinatenbestimmung
- 178 CNC-Technik
- 179 Befehlscodierung nach DIN 66 025
- 181 Befehlscodierung nach DIN 66 025 und PAL
- 182 Programmzyklen nach PAL – Fräsen
- 183 Fräswerkzeuge nach PAL
- 184 Programmzyklen nach PAL – Drehen
- 185 Drehwerkzeuge nach PAL
- 186 Bildzeichen an CNC-Werkzeugmaschinen
- 187 Handhabungstechnik
- 188 Robotertechnik

Fertigen durch Urformen und Umformen
- 190 Urformen
- 191 Umformen

Fertigen durch Scherschneiden und Abtragen
- 196 Trennen durch Scherschneiden
- 198 Brennschneiden
- 199 Thermisches Abtragen

Wärmebehandlung
- 202 Eisen-Kohlenstoff-Diagramm
- 204 Gefügebilder, Glühfarben, Anlassfarben
- 205 Wärmebehandlung von Einsatzstählen
- 206 Wärmebehandlung von Vergütungsstählen, Nitrierstählen und Automatenstählen
- 207 Wärmebehandlung von Werkzeugstählen, Stählen für Flamm- und Induktionsbehandlung und Stählen für vergütbare Federn
- 208 Wärmebehandlung von nichtrostenden Stählen
- 208 Wärmebehandlung von Aluminium und Aluminium-Legierungen

Qualitätssicherung
- 210 Qualitätssicherung
- 214 Qualitätsmanagementsysteme

Fertigen mit Werkzeugmaschinen

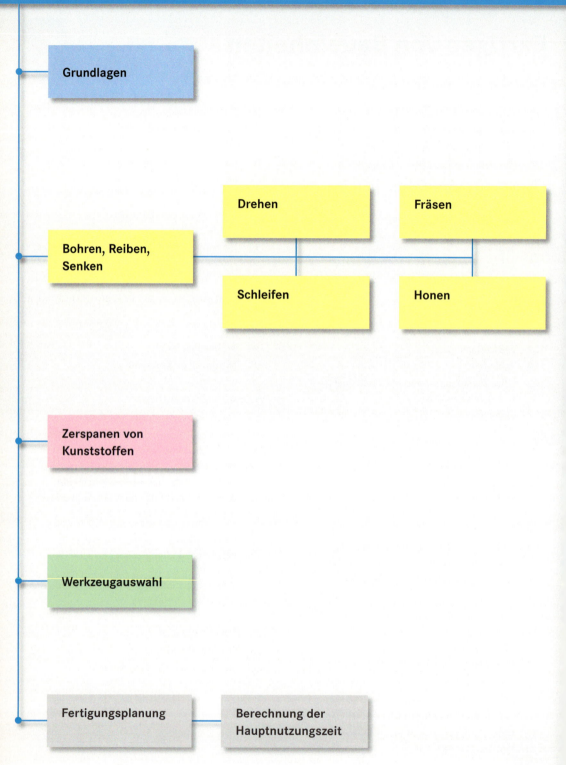

Arbeitsbewegungen
Working movements

Bohren

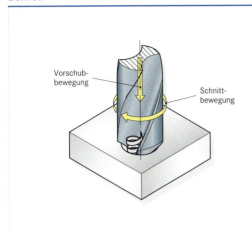

Schneidstoffe
Schnellarbeitsstahl
Hartmetall

Arbeitswerte
Schnittbewegung ⇒ Schnittgeschwindigkeit v_c in m/min
Vorschubbewegung ⇒ Vorschub f in mm

Drehen

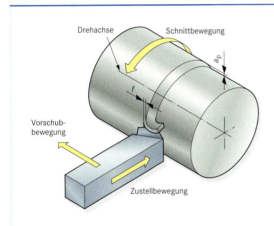

Schneidstoffe
Schnellarbeitsstahl
Hartmetall

Arbeitswerte
Schnittbewegung ⇒ Schnittgeschwindigkeit v_c in m/min
Vorschubbewegung ⇒ Vorschub f in mm
Zustellbewegung ⇒ Schnitttiefe a_p in mm

Fräsen

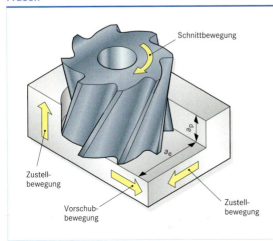

Schneidstoffe
Schnellarbeitsstahl
Hartmetall

Arbeitswerte
Schnittbewegung ⇒ Schnittgeschwindigkeit v_c in m/min
Vorschubbewegung ⇒ Vorschub pro Zahn f_z in mm
Zustellbewegung ⇒ Schnitttiefe a_p in mm
    Arbeitseingriff a_e in mm

Fertigen mit Werkzeugmaschinen

Zerspanungs-Anwendungsgruppen
Groups of application for chip removal

Werkzeug-Anwendungsgruppen für Zerspanwerkzeuge aus Schnellarbeitsstahl DIN 1836: 1984-01

Allgemeine Werkzeug-Anwendungsgruppen		Allgemeine Werkzeug-Anwendungsgruppen	
WZ-Anwendungsgruppe	Anwendungsbereich	WZ-Anwendungsgruppe	Form des Spanteilers an der Schneide des Schruppfräsers
N	Werkstoffe mit normaler Festigkeit und Härte	NF HF	Spanteiler mit flachem Profil
H	Harte und zähharte Werkstoffe		
W	Weiche und zähe Werkstoffe und/oder langspanende Werkstoffe und/oder kurzspanende Werkstoffe	NR HR	Spanteiler mit rundem Profil

Zu bearbeitender Werkstoff		Zugfestigkeit R_m in N/mm² oder Härte HB	Werkzeug-Anwendungsgruppe[1]				
			N	H	W	NF/NR	HF/HR
Automatenstahl		370 … 600	🔴		🔴	🔴	
		550 … 1000	🔴	🔵		🔴	🔵
Baustahl		… 600	🔴		🔴	🔴	
		500 … 900	🔴			🔴	
Einsatzstahl	unlegiert	… 600	🔴		🔴	🔴	
	legiert	500 … 800	🔴			🔴	
Nitrierstahl	weichgeglüht	700 … 900	🔴			🔴	
	vergütet	800 … 1250	🔴	🔵		🔴	🔴
Nichtrostender Stahl und nichtrostender Stahlguss		450 … 950	🔴			🔴	
Stahlguss		400 … 1100	🔴			🔴	
Vergütungsstahl	weich- oder normalgeglüht	500 … 750	🔴			🔴	
	unlegiert, vergütet	700 … 1000	🔴			🔴	
	legiert, vergütet	700 … 1000	🔴			🔴	
		900 … 1250	🔴	🔵		🔴	
Werkzeugstahl	legiert, vergütet	900 … 1250	🔴	🔵		🔴	🔴
	unlegiert oder legiert, weichgeglüht,	180 … 240 HB	🔴			🔴	
	hochgekohlt und/oder legiert, weichgeglüht	220 … 300 HB	🔵	🔴		🔵	🔴
Gusseisen	mit Lamellengrafit	100 … 240 HB	🔴			🔴/🔴	
		230 … 320 HB	🔵	🔴		🔴/🔵	🔴
	mit Kugelgrafit	100 … 240 HB	🔴	🔵		🔴/🔵	🔵
		230 … 320 HB	🔵	🔴		🔴/–	🔴
Temperguss		100 … 270 HB	🔴			🔴/🔵	🔴
Al-Knet- und Al-Gusslegierungen (Si-Gehalt ≤10 %) Al-Gusslegierungen (Si-Gehalt >10 %)		… 180	🔵		🔴		
		150 … 250	🔴		🔵	🔴/–	
Kupfer		200 … 400	🔵		🔴		
Kupferlegierungen	hoher Cu-Gehalt, geringe Festigkeit	200 … 550	🔵		🔴		
	geringer oder hoher Cu-Gehalt und hohe Festigkeit	250 … 850	🔴		🔵	–/🔴	
	mit spanbrechenden Zusätzen (Pb, P, Te)	250 … 500	🔵	🔴			
Mg-Knet- und Mg-Gusslegierungen		150 … 300	🔴		🔵		
Titanlegierungen	mittlere Festigkeit	… 700	🔴		🔵	🔴/🔴	
	hohe Festigkeit	600 … 1100	🔵	🔴		🔵/–	🔴

[1] 🔴 = Regelfall, 🔵 = Sonderfall

Zerspanungs-Anwendungsgruppen
Groups of application for chip removal

Bezeichnung harter Schneidstoffe
DIN ISO 513: 1992-06

Kurzzeichen	Schneidstoffgruppe	Kurzzeichen	Schneidstoffgruppe
HW	unbeschichtetes Hartmetall (vorwiegend WC)	CA	Oxydkeramik (vorwiegend Al_2O_3)
HT	unbeschichtetes Hartmetall (vorwiegend Tic oder TiN oder beides), sog. „Cermet"	CM	Mischkeramik (auf der Basis Al_2O_3)
		CN	Nitridkeramik (vorwiegend Si_3N_4)
HC	beschichtete Hartmetalle	CC	beschichtete Schneidkeramik
DP	Polykristalliner Diamant		Bezeichnungsbeispiele: **HW-P10, HC-K20, CA-K10**
BN	Bornitrid		

i **Cermets:** Verbundwerkstoff aus Kermaik (**cer**amic) in einem metallischen Bindemittel (**met**al)

Klassifizierung harter Schneidstoffe

Zerspanungs-hauptgruppen	Kurzzeichen	Zerspanungs-Anwendungsgruppen		
		Werkstoffe	Arbeitsverfahren/Arbeitswerte	
P Kennfarbe blau	P01	Stahl, Stahlguss	Feindrehen, Feinbohren, v_c hoch, f niedrig	
	P10		Drehen, Kopierdrehen, Gewindeherstellung, Fräsen, v_c hoch, f niedrig bis mittel	
	P20	Stahl, Stahlguss, langspanender Temperguss	Drehen, Kopierdrehen, Fräsen v_c mittel, f mittel	
	P25			
	P30		Drehen, Fräsen, Hobeln, v_c mittel bis niedrig, f mittel	
	P40	Stahl, Stahlguss mit Lunkern	Drehen, Hobeln, Stoßen, Automatenarbeiten, v_c niedrig, f hoch	
	P50	Stahl, Stahlguss mittlerer oder niedriger Festigkeit		
M Kennfarbe gelb	M10	Stahl, Manganhartstahl, Stahlguss, Gusseisen	Drehen, v_c mittel bis hoch, f niedrig bis mittel	
	M20	Stahl, austenitischer Stahl, Manganhartstahl, Stahlguss, Gusseisen, Temperguss	Drehen, Fräsen, v_c mittel, f mittel	
	M30	Stahl, austenitischer Stahl, hochwarmfeste Legierungen, Stahlguss, Gusseisen	Drehen, Fräsen, Hobeln, v_c mittel, f mittel bis hoch	
	M40	Stähle niedriger Festigkeit, Automatenweichstahl, NE-Metalle	Drehen, Abstechen, Formfräsen, besonders auf Automaten	
K Kennfarbe rot	K01	gehärteter Stahl, Gusseisen hoher Härte, Al-Leg. mit hohem Si-Gehalt	Drehen, Feindrehen, Feinbohren, Schlichtfräsen, Schaben, v_c hoch, f niedrig	
	K10	gehärteter Stahl, Gusseisen mit ≥ 220 HB, kurzspanender Temperguss, Cu-, Al-Leg., Kunststoffe	Drehen, Bohren, Senken, Reiben, Fräsen, Räumen, Schaben, v_c hoch, f niedrig	
	K20	Gusseisen mit ≤ 220 HB, Cu, Cu-Leg., Al	Drehen, Hobeln, Senken, Reiben, Fräsen, Räumen bei höheren Ansprüchen an die Zähigkeit des Hartmetalls, v_c niedrig bis mitttel	
	K30	Stahl niedriger Festigkeit, Gusseisen niedriger Härte	Drehen, Hobeln, Stoßen, Fräsen, großer Spanwinkel möglich	
	K40	NE-Metalle, Weich- und Harthölzer	Drehen, Hobeln, Stoßen, großer Spanwinkel möglich	

zunehmende Schnittgeschwindigkeit v_c / zunehmende Verschleißfestigkeit — zunehmender Vorschub f / zunehmende Zähigkeit

Fertigen mit Werkzeugmaschinen

Umdrehungsfrequenzen – Schaubild
Rotational frequency diagram

Geometrische Stufung der Umdrehungsfrequenzen, logarithmische Achsenteilung

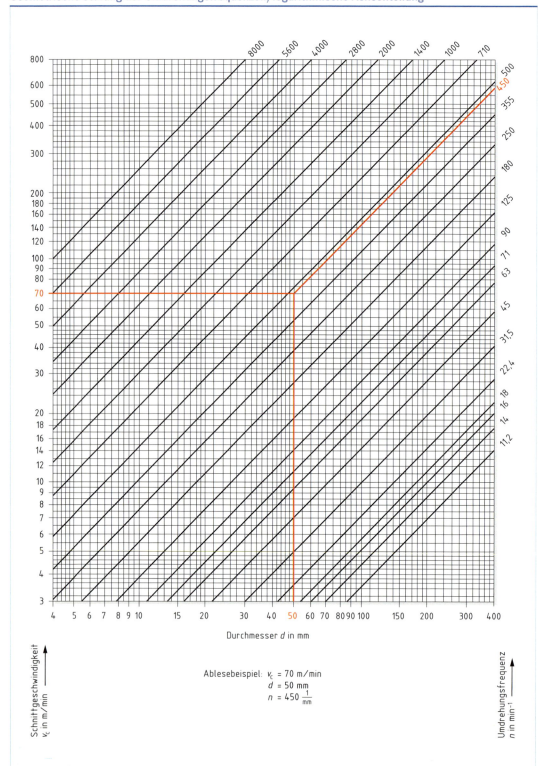

Ablesebeispiel: $v_c = 70$ m/min
$d = 50$ mm
$n = 450 \frac{1}{mm}$

Umdrehungsfrequenzen für Werkzeugmaschinen
Rotational frequencies for machine tools

Stufung der Umdrehungsfrequenzen

Arithmetische Stufung

$n_1 = n_1$

$n_2 = n_1 + a$

$n_3 = n_2 + a = n_1 + 2 \cdot a$

⋮

$n_x = n_{x-1} + a = n_1 + (x - 1) \cdot a$

⋮

$n_z = n_{z-1} + a = n_1 + (z - 1) \cdot a$

$a = \dfrac{n_z - n_1}{z - 1}$

$B = \dfrac{n_z}{n_1}$

---

n_1: Anfangsumdrehungsfrequenz

n_x: beliebige Umdrehungsfrequenz innerhalb der Umdrehungsfrequenzreihe

n_z: Endumdrehungsfrequenz

z : Anzahl der Umdrehungsfrequenzen

a : Stufenschritt

q : Stufensprung

B : Umdrehungsfrequenzbereich

Geometrische Stufung

$n_1 = n_1$

$n_2 = n_1 \cdot q$

$n_3 = n_2 \cdot q = n_1 \cdot q^2$

⋮

$n_x = n_{x-1} \cdot q = n_1 \cdot q^{x-1}$

⋮

$n_z = n_{z-1} \cdot q = n_1 \cdot q^{z-1}$

$q = \sqrt[z-1]{\dfrac{n_z}{n_1}}$

$B = \dfrac{n_z}{n_1}$

Die Differenz zweier aufeinander folgender Umdrehungsfrequenzen ist konstant.

Die Lastumdrehungsfrequenzen von Werkzeugmaschinen sind bei Stufengetrieben nach der geometrischen Umdrehungsfrequenzstufung aufgebaut.

Der Quotient zweier aufeinander folgender Umdrehungsfrequenzen ist konstant.

Lastumdrehungsfrequenzen für Werkzeugmaschinen bei unterschiedlichen Stufensprüngen

DIN 804: 1977-03

Nennwerte in 1/min

Grund-reihe R20	Abgeleitete Reihen (Beispiel)						untere und obere Grenzwerte für die Grundreihe R20 in 1/min			
	R20/2	R20/3		R20/4 (...1400...)	R20/4 (...2800...)	R20/6	für mechan. Abweichung		für mechan. und elektr. Abweichung	
$q = 1,12$	$q = 1,25$	$q = 1,4$		$q = 1,6$	$q = 1,6$	$q = 2,0$	−2 %	+3 %	−2 %	+6 %
100							98	103	98	106
112	112	11,2			112	11,2	110	116	110	119
125			125				123	130	123	133
140	140		1400	140			138	145	138	150
160		16				1400	155	163	155	168
180	180	180			180	180	174	183	174	188
200			2000				196	206	196	212
224	224	22,4		224		22,4	219	231	219	237
250			250				246	259	246	266
280	280		2800		280		276	290	276	299
315		31,5				2800	310	326	310	335
355	355	355		355		355	348	365	348	376
400			4000				390	410	390	422
450	450	45			450	45	438	460	438	473
500			500				491	516	491	531
560	560		5600	560			551	579	551	596
630		63				5600	618	650	618	669
710	710	710			710	710	694	729	694	750
800			8000				774	818	774	842
900	900	90		900		90	873	918	873	945
1000			1000				980	1030	980	1060

Die Nennwerte der Lastumdrehungsfrequenzen gelten für Arbeitsspindeln von Werkzeugmaschinen bei belastetem Antriebsmotor und den Nennumdrehungsfrequenzen $n = 1400$ 1/min und $n = 2800$ 1/min.

Grundlage für die Abstufung ist die Grundreihe R20. Abgeleitete Reihen entstehen, indem aus der Grundreihe nur jeder 2. Wert (R20/2), jeder 3. Wert (R20/3) oder jeder n. Wert (R20/n) ausgewählt wird. Anfangswert kann jeder beliebige Wert der Grundreihe sein. Die Grundreihe kann durch Teilen oder Vervielfachen mit 10, 100, 1000 ... nach unten und nach oben fortgesetzt werden. Die Angabe (...1400...) bedeutet, dass diese Umdrehungsfrequenz in der entsprechenden abgeleiteten Reihe enthalten ist.

Die zulässigen Abweichungen von den Nennwerten berücksichtigen bei der mechanischen Abweichung nicht genau einzuhaltende Übersetzungen, bei der elektrischen Abweichung bauartbedingte Unterschiede von Motoren ungleicher Leistung und Herkunft.

Fertigen mit Werkzeugmaschinen 135

Bohren
Drilling

Begriffe

DIN 6581: 1985-10; DIN 6584: 1982-10

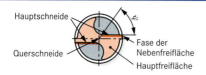

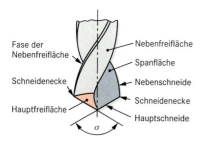

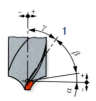

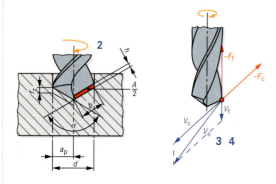

1 Winkel am Schneidkeil
α_f : Seitenfreiwinkel
β_f : Seitenkeilwinkel
γ_f : Seitenspanwinkel (Drallwinkel)
σ : Spitzenwinkel
ψ : Querschneidenwinkel (ψ = 49° ... 55°)

2 Spanungsgrößen
b : Spanungsbreite
h : Spanungsdicke
f : Vorschub
f_z : Vorschub/Schneide
a_p : Schnitttiefe
A : Spanungsquerschnitt (2 Schneiden)

$$A = 2b \cdot h = a_p \cdot f$$

$$b = \frac{a_p}{\sin\frac{\sigma}{2}} \qquad h = f_z \cdot \sin\frac{\sigma}{2} = \frac{f}{2} \cdot \sin\frac{\sigma}{2}$$

3 Geschwindigkeiten
v_c : Schnittgeschwindigkeit in m/min
v_f : Vorschubgeschwindigkeit in mm/min
v_e : Wirkgeschwindigkeit

$$v_c = d \cdot \pi \cdot n \qquad v_f = f \cdot n$$

4 Kräfte am Schneidkeil
F_c : Schnittkraft
F_f : Vorschubkraft

$$F_c = A \cdot k_c \qquad k_c : \text{spez. Schnittkraft in N/mm}^2$$

Schnittleistung

$$P_c = \frac{F_c \cdot v_c}{2} \qquad \begin{array}{l} P_c : \text{Schnittleistung in W} \\ v_c : \text{Schnittgeschwindigkeit in m/s} \end{array}$$

Zeitspanungsvolumen
Q : Zeitspanungsvolumen in cm³/min

$$Q = A \cdot v_c$$

Auswahl der Bohrertypen

Werkstoff		WZ-Anwendungsgruppe DIN 1836	Seitenspanwinkel γ_f in °	Spitzenwinkel σ in °
Werkstoffe mit mittlerer Härte und Festigkeit	unlegierter und niedriglegierter Stahl, Gusseisen	N	19 ... 40	118
	Kupferlegierungen hoher Festigkeit, Al-Legierungen (> 10 % Si)			130
harte und zähharte oder kurzspanende Werkstoffe	hochlegierter Werkzeugstahl	H	10 ... 19	118
	Hartguss			130
	Thermoplaste			80
weiche, zähe oder langspanende Werkstoffe	Kupfer und Kupferlegierungen geringer Festigkeit, Aluminium, Al-Legierungen (< 10 % Si)	W	27 ... 45	130

Bohren
Drilling

Ermittlung der einzustellenden Arbeitswerte

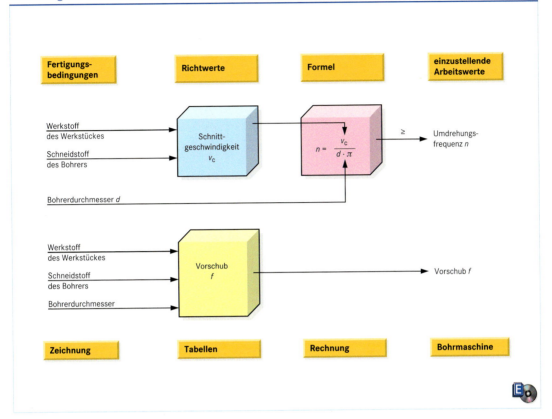

Richtwerte für Spiralbohrer aus Schnellarbeitsstahl

Werkstoff	R_m in N/mm² (HB, HRC)	v_c in m/min	\multicolumn{8}{c	}{f in mm für Bohrerdurchmesser d in mm}
			2	4	6	10	16	25	40	63	80
unlegierte Stähle (C < 0,2 %) (C 0,2 ... 0,3 %) (C 0,3 ... 0,4 %) (C 0,4 ... 0,5 %)	500 600 700 800	30 ... 40 25 ... 30 25 ... 30 20 ... 30	0,04 0,05 0,05 0,03	0,08 0,10 0,10 0,06	0,10 0,12 0,12 0,08	0,16 0,20 0,20 0,12	0,20 0,25 0,25 0,16	0,30 0,30 0,40 0,25	0,40 0,50 0,50 0,30	0,60 0,80 0,80 0,50	0,80 1,00 1,00 0,60
legierte Stähle	700 800 900 1000	20 ... 30 15 ... 25 15 ... 20 10 ... 20	0,03 0,03 0,02 0,02	0,06 0,06 0,04 0,04	0,08 0,08 0,05 0,05	0,12 0,12 0,08 0,08	0,16 0,16 0,10 0,10	0,25 0,25 0,16 0,16	0,30 0,30 0,20 0,20	0,50 0,50 0,30 0,30	0,60 0,60 0,40 0,40
rost-, säure-, hitzebeständige Stähle	500 600 ... 750 900	8 ... 12 6 ... 10 4 ... 8	0,02	0,04	0,05	0,08	0,12	0,16	0,20	0,30	0,40
Gusseisen, Temperguss	150 ... 200 HB 200 ... 220 HB 220 ... 250 HB 250 ... 320 HB	18 ... 25 15 ... 22 12 ... 18 5 ... 15	0,05 0,05 0,04 0,03	0,10 0,10 0,08 0,06	0,12 0,12 0,10 0,08	0,20 0,20 0,16 0,12	0,25 0,25 0,20 0,16	0,40 0,40 0,30 0,25	0,50 0,50 0,40 0,30	0,80 0,80 0,60 0,50	1,00 1,00 0,80 0,60
Titan und Titanlegierungen	–	3 ... 6	0,02	0,04	0,05	0,08	0,10	0,16	0,20	0,30	0,40
Kupfer Kupferlegierungen	– –	40 ... 60 20 ... 50	0,05	0,10	0,12	0,20	0,25	0,40	0,50	0,80	1,00
Al-Knetlegierungen Al-Legierungen ≤ 10 % Si > 10 % Si	– –	... 100 ... 65 ... 30	0,05	0,10	0,12	0,20	0,25	0,40	0,50	0,80	1,00
Magnesiumlegierungen	–	... 100	0,08	0,10	0,12	0,16	0,20	0,30	0,50	0,80	1,00

Fertigen mit Werkzeugmaschinen

Bohren
Drilling

Richtwerte für Spiralbohrer aus Hartmetall oder Wendeplattenbohrer

Werkstoff	R_m in N/mm² (HB, HRC)	v_c in m/min		f in mm für Bohrerdurchmesser d in mm								
				2	4	6	10	16	25	40	63	80
unlegierte Stähle												
(C < 0,2 %)	500	100 … 150	200 … 450	–	–	0,04	0,08	0,16	0,06	0,08	0,12	0,12
(C 0,2 … 0,3 %)	600	100 … 150	180 … 400	–	–	0,04	0,08	0,16	0,06	0,08	0,12	0,12
(C 0,3 … 0,4 %)	700	80 … 130	150 … 350	–	–	0,04	0,08	0,12	0,06	0,08	0,12	0,12
(C 0,4 … 0,5 %)	800	80 … 130	120 … 300	–	–	0,04	0,08	0,12	0,06	0,08	0,12	0,12
legierte Stähle	700	80 … 130	120 … 300	–	–	0,04	0,08	0,12	0,06	0,08	0,12	0,12
	800	80 … 130	120 … 300	–	–	0,04	0,08	0,12	0,08	0,12	0,16	0,16
	900	70 … 120	120 … 250	–	–	0,04	0,08	0,12	0,08	0,12	0,16	0,16
	1000	60 … 100	100 … 200	–	–	0,04	0,08	0,12	0,08	0,12	0,20	0,20
rost-, säure-, hitzebeständige Stähle	500	60 … 120	150 … 300	–	–	0,03	0,06	0,10	0,04	0,06	0,10	0,10
	600	60 … 120	130 … 280	–	–							
	750	40 … 80	100 … 200	–	–							
	900	20 … 40	30 … 70	–	–							
Gusseisen, Temperguss	150 … 220 HB	80 … 100	80 … 140	–	–	0,06	0,12	0,20	0,10 … 0,40			
	220 … 250 HB	60 … 80	70 … 130	–	–	0,06	0,12	0,20				
	250 … 320 HB	40 … 70	70 … 110	–	–	0,04	0,08	0,16				
Titan und Titanlegierungen	–	20 … 40	30 … 80	–	–	0,02	0,04	0,08	0,04	0,05	0,10	0,12
Stahl, gehärtet	48 … 64 HRC	10 … 30	–	–	–	0,02	0,04	0,08	–	–	–	–
Kupfer Kupferlegierungen	–	… 180	… 500	–	–	0,02	0,04	0,08	0,03	0,04	0,06	0,06
	–	… 150	… 350	–	–	0,05	0,08	0,16	0,16	0,25	0,50	0,50
Al-Knetlegierungen Al-Legierungen ≤ 10 % Si	–	… 150	… 600	–	–	0,04	0,06	0,10	0,04	0,08	0,16	0,20
> 10 % Si	–	… 180	… 600	–	–							
	–	… 140	… 450	–	–							
Magnesiumlegierungen	–	… 180	… 600	–	–	0,04	0,06	0,10	0,04	0,08	0,16	0,20

(pink) : Richtwerte für Spiralbohrer aus Hartmetall   (blue) : Richtwerte für Spiralbohrer mit Wendeplatten

Richtwerte für das Gewindebohren mit Maschinen-Gewindebohrern

Werkstoff	R_m in N/mm²	Schneidstoff: Schnellarbeitsstahl		Kühlschmierstoffe
		Spanwinkel γ_0 in °	v_c in m/min	
unlegierte Stähle	< 700	10 … 12	16	Rüböl oder Schneidöl
unlegierte Stähle	> 700	6 … 8	10	
legierte Stähle	< 1000			
legierte Stähle	> 1000	8 … 10	5	
Gusseisen	< 250	5 … 6	10	trocken oder Petroleum
	> 250	0 … 3	8	
Cu-Legierungen				Schneidöl oder Emulsion
– spöde	–	2 … 4	25	
– zäh	–	12 … 14	16	
Al-Legierungen				Schneidöl
– langspanend	–	20 … 22	20	
– ≤ 10 % Si	–	16 … 18	16	

Fertigen mit Werkzeugmaschinen

Reiben
Reaming

Richtwerte für das Reiben
mit Maschinenreibahlen aus Schnellarbeitsstahl

Werkstoff	R_m in N/mm²	v_c in m/min	f in mm für Reibahlendurchmesser d in mm				
			5	12	16	25	40
unlegierter Stahl	... 700	8 ... 10	0,10	0,20	0,25	0,35	0,40
	700 ... 900	6 ... 8	0,10	0,20	0,25	0,35	0,40
legierter Stahl	> 900	4 ... 6	0,08	0,15	0,20	0,25	0,35
Gusseisen	≤ 250	8 ... 10	0,15	0,25	0,30	0,40	0,50
	≥ 250	4 ... 6	0,10	0,20	0,25	0,35	0,40
Cu-Legierungen	–	15 ... 20	0,15	0,25	0,30	0,40	0,50
Al-Legierungen	–	... 40	0,10	0,30	0,40	0,60	1,00

Reibuntermaße

Werkstoff	Untermaße in mm für Reibahlendurchmesser d in mm			
	≤ 10	11 ... 20	21 ... 30	31 ... 50
Stahl, Stahlguss, Gusseisen	0,10	0,15	0,30	0,40
	0,15	0,25	0,30	0,35
Cu-, Al-Legierungen	0,20	0,35	0,50	0,70
	0,20	0,30	0,40	0,50

▢ Reibahlen aus Schnellarbeitsstahl
▢ hartmetallbestückte Reibahlen

Richtwerte für das Reiben mit hartmetallbestückten Reibahlen

Werkstoff	R_m in N/mm²	v_c in m/min	f in mm und a_p in mm für Reibahlendurchmesser d in mm					
			< 10		10 ... 24		> 24 ... 40	
			f	a_p	f	a_p	f	a_p
Stahl	≤ 1000	8 ... 12	0,15 ... 0,25	0,02 ...	0,20 ... 0,40	0,05 ...	0,30 ... 0,50	0,12 ...
	> 1000	6 ... 10	0,12 ... 0,20	0,05 ...	0,15 ... 0,30	0,12	0,20 ... 0,40	0,20
Stahlguss	≤ 500	8 ... 12	0,15 ... 0,25	0,02 ...	0,20 ... 0,40	0,05 ...	0,30 ... 0,50	0,12 ...
	> 500	6 ... 10	0,12 ... 0,20	0,05 ...	0,50 ... 0,30	0,12	0,20 ... 0,40	0,20
Gusseisen	≤ 200 HB	8 ... 15	0,20 ... 0,30	0,03 ...	0,30 ... 0,50	0,06 ...	0,40 ... 0,70	0,15 ...
	> 200 HB	6 ... 12	0,15 ... 0,25	0,06 ...	0,20 ... 0,40	0,15	0,30 ... 0,50	0,25
Cu-Legierungen	–	15 ... 30	0,20 ... 0,30	0,03 ...	0,30 ... 0,50	0,06 ...	0,40 ... 0,70	0,15 ...
				0,06 ...		0,15		0,25
Al-Legierungen	–	15 ... 20	0,20 ... 0,30	0,03 ...	0,30 ... 0,50	0,06 ...	0,40 ... 0,70	0,15 ...
				0,06 ...		0,15		0,25

Senken
Countersinking

Richtwerte für das Senken mit Senkern aus Schnellarbeitsstahl

Werkstoff	R_m in N/mm² (HB)	v_c in m/min	Vorschub f in mm für Senkerdurchmesser d in mm							
			5	10	16	20	25	30	40	50
Stahl	≤ 750	33	0,14	0,28	0,40	0,45	0,45	0,50	0,56	0,63
	≤ 1300	27	0,10	0,25	0,34	0,36	0,40	0,50	0,56	0,63
Gusseisen	≤ 245 HB	21	0,11	0,28	0,40	0,36	0,45	0,50	0,56	0,63
Cu-Sn-Legierungen	–	33	0,10	0,25	0,32	0,36	0,40	0,45	0,50	0,56
Cu-Zn-Legierungen	–	67	0,11	0,28	0,36	0,40	0,45	0,50	0,56	0,63
Al-Legierungen, lang spanend	–	105	0,13	0,32	0,40	0,45	0,50	0,56	0,63	0,71
Al-Legierungen, kurz spanend	–	133	0,18	0,40	0,50	0,56	0,63	0,71	0,80	0,90
Hartgewebe	–	33	0,08	0,18	0,22	0,25	0,28	0,32	0,36	0,40

Fertigen mit Werkzeugmaschinen

Werkzeugauswahl
Choice of tools

Spiralbohrer
DIN 338: 1978-03

Spiralbohrer mit Zylinderschaft

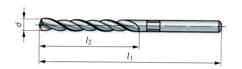

Bezeichnung:

Bohrer DIN 338-8-HSS

Spiralbohrer mit Zylinderschaft
Durchmesser d
Legierungsgruppe des Schnellarbeitsstahles[1]

d in mm	l_1 in mm	l_2 in mm	d in mm	l_1 in mm	l_2 in mm	d in mm	l_1 in mm	l_2 in mm
1	34	12	5,5	93	57	10	133	87
2	49	24	6	93	57	11	142	94
2,5	57	30	6,5	101	63	12	151	101
3	61	33	7	109	69	13		
3,5	70	39	7,5			14	160	108
4	75	43	8	117	75	16	178	120
4,5	80	47	8,5			18	191	130
5	86	52	9	125	81	20	205	140

Senker
DIN 335: 1979-09; DIN 373: 1975-08

Kegelsenker 90°

Form C

Bezeichnung:

Senker DIN 335-C 16,5-HSS

Kegelsenker 90° mit Zylinderschaft
Form C (mit 3 Schneiden)
Durchmesser d
Legierungsgruppe des Schnellarbeitsstahles[1]

d_1 in mm	d_2 in mm	d_3 in mm	l_1 in mm	d_1 in mm	d_2 in mm	d_3 in mm	l_1 in mm
8	6	2	50	23	10	3,8	67
10		2,5		25			
12,4	8	2,8	56	26			
16,5	10	3,2	60	28	12	4	71
19	10	3,5	63	30		4,2	
20,5				31			

[1] HSS: Schnellarbeitsstahl mit < 4,5 % Co und < 2,6 % V (DIN ISO 11054)

Werkzeugauswahl
Choice of tools

Senker
DIN 335: 1979-09; DIN 373: 1975-08

Flachsenker mit Führungszapfen

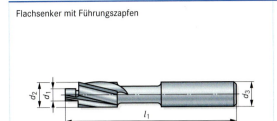

Bezeichnung:

Senker DIN 373-8 x 4,5-HSS

Flachsenker mit Zylinderschaft und festem Führungszapfen

Durchmesser d_1

Durchmesser d_2

Legierungsgruppe des Schnellarbeitsstahles

d_2 in mm	d_1 in mm	d_3 in mm	l_1 in mm	d_2 in mm	d_1 in mm	d_3 in mm	l_1 in mm
6	3,2	5	71	15	8,4	12,5	100
	3,4				9,4		
8	4,3			18	10,5		
	4,5				11		
10	5,3	8	80	20	13		
	5,5				14		

Reibahlen
DIN 212-2: 1981-10

Maschinenreibahle mit Zylinderschaft

Bezeichnung:

Reibahle DIN 212- C 6 – HSS-E

Maschinenreibahle mit Zylinderschaft

Form C

Durchmesser d_1

Legierungsgruppe des Schnellarbeitsstahles[1]

d_1 in mm	d_2 in mm	l_1 in mm	l_2 in mm	d_1 in mm	d_2 in mm	l_1 in mm	l_2 in mm
4	4	75	19	11	10	142	41
4,5	4,5	80	21	12		151	44
5	5	86	23	13			
5,5	5,6	93	26	14	12,5	160	47
6				15		162	50
6,5	6,3	101	28	16		170	52
7	7,1	109	31	17	14	175	54
8	8	117	33	18		182	56
9	9	125	36	19	16	189	58
10	10	133	38	20		195	60

[1] HSS: Schnellarbeitsstahl mit < 4,5 % Co und < 2,6 % V (DIN ISO 11054)

Fertigen mit Werkzeugmaschinen

Drehen
Turning

Begriffe
DIN 6581: 1985-10; DIN 6584: 1982-10

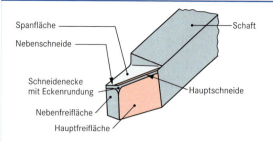

1 Winkel am Schneidkeil
α_0 : Freiwinkel $\alpha_0 = \alpha$
β_0 : Keilwinkel $\beta_0 = \beta$ bei $\lambda_s = 0°$
γ_0 : Spanwinkel $\gamma_0 = \gamma$
λ_s : Neigungswinkel
$\varkappa_r$: Einstellwinkel
ε_r : Eckenwinkel

$$\alpha_0 + \beta_0 + \gamma_0 = 90°$$

2 Spanungsgrößen
b : Spanungsbreite
h : Spanungsdicke
f : Vorschub
a_p : Schnitttiefe
A : Spanungsquerschnitt

$$A = a_p \cdot f = b \cdot h$$

$$b = \frac{a_p}{\sin \varkappa_r} \qquad h = f \cdot \sin \varkappa_r$$

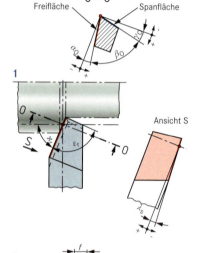

3 Geschwindigkeiten
d : Durchmesser in mm
v_c : Schnittgeschwindigkeit in m/min
v_f : Vorschubgeschwindigkeit in mm/min
v_e : Wirkgeschwindigkeit
f : Vorschub
n : Umdrehungsfrequenz in 1/min

$$v_c = d \cdot \pi \cdot n \qquad v_f = f \cdot n$$

3 Kräfte am Schneidkeil
F : Zerspankraft
F_c : Schnittkraft
F_f : Vorschubkraft
F_p : Passivkraft

$$F_c = A \cdot k_c$$

$$k_c = \frac{k_{c\,1.1}}{h^{m_c}}$$

$$F_c = b \cdot h^{(1-m_c)} \cdot k_{c\,1.1}$$

k_c : spez. Schnittkraft in N/mm²
$k_{c\,1.1}$: Hauptwert der spez. Schnittkraft in N/mm² bei $b = 1$ mm, $h = 1$ mm und $\varkappa = 90°$
m_c : Werkstoffkonstante

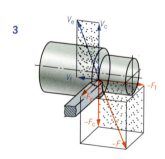

Schnittleistung
P_c : Schnittleistung in W
F_c : Schnittkraft in N
v_c : Schnittgeschwindigkeit in m/s

$$P_c = F_c \cdot v_c$$

Zeitspanungsvolumen
Q : Zeitspanungsvolumen in cm³/min

$$Q = A \cdot v_c$$

Kegeldrehen siehe CD

142 Fertigen mit Werkzeugmaschinen

Drehmeißel
Turning tools

Drehmeißel – Übersicht

Benennung	Drehmeißel mit HS-Schneide Norm	Drehmeißel mit gelöteter HM-Schneidplatte, DIN 4982 Norm	Kennzahl nach ISO
Gerader Drehmeißel	DIN 4951	DIN 4971	1
Gebogener Drehmeißel	DIN 4952	DIN 4972	2
Innendrehmeißel	DIN 4953	DIN 4973	8
Inneneckdrehmeißel	DIN 4954	DIN 4974	9
Spitzer Drehmeißel	DIN 4955	DIN 4975	–
Breiter Drehmeißel	DIN 4956	DIN 4976	4
Abgesetzter Drehmeißel	–	DIN 4977	5
Abgesetzter Eckdrehmeißel	–	DIN 4978	3
Abgesetzter Seitendrehmeißel	DIN 4960	DIN 4980	6
Stechdrehmeißel	DIN 4961	DIN 4981	7
Innen-Stechdrehmeißel	DIN 4963	–	–

Ausführung eines Drehmeißels aus Schnellarbeitsstahl		
V	Drehmeißel vollständig aus Schnellarbeitsstahl
S	Drehmeißel mit stumpfgeschweißtem Schneidkopf aus Schnellarbeitsstahl
P	Drehmeißel mit einer Schneidplatte aus Schnellarbeitsstahl

Anwendung der Drehmeißel

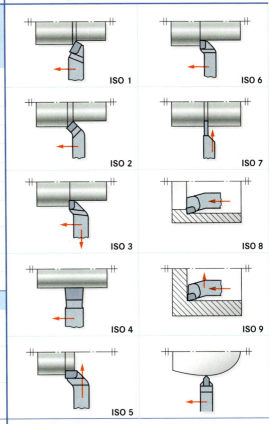

Bezeichnung eines Drehmeißels mit einer Schneide aus HS

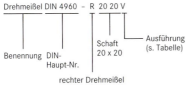

Drehmeißel DIN 4960 – R 20 20 V
- Benennung
- DIN-Haupt-Nr.
- Schaft 20 x 20
- Ausführung (s. Tabelle)
- rechter Drehmeißel

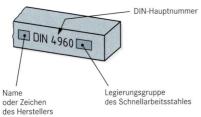

- DIN-Hauptnummer
- Name oder Zeichen des Herstellers
- Legierungsgruppe des Schnellarbeitsstahles

Bezeichnung eines Drehmeißels mit HM-Schneidplatte

Drehmeißel DIN 4971 – R 32 32 – K 20
- Benennung
- DIN-Haupt-Nr.
- Schaft 32 x 32
- Zerspanungshauptgruppe
- rechter Drehmeißel

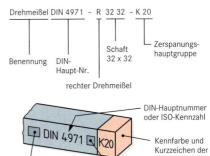

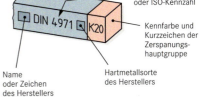

- DIN-Hauptnummer oder ISO-Kennzahl
- Kennfarbe und Kurzzeichen der Zerspanungshauptgruppe
- Hartmetallsorte des Herstellers
- Name oder Zeichen des Herstellers

Fertigen mit Werkzeugmaschinen

Drehen
Turning

Bezeichnung von Wendeschneidplatten

DIN 4987-1/2: 1987-03

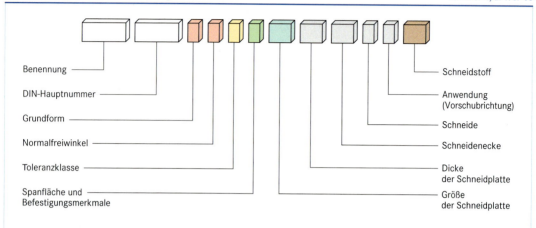

- Benennung
- DIN-Hauptnummer
- Grundform
- Normalfreiwinkel
- Toleranzklasse
- Spanfläche und Befestigungsmerkmale
- Schneidstoff
- Anwendung (Vorschubrichtung)
- Schneide
- Schneidenecke
- Dicke der Schneidplatte
- Größe der Schneidplatte

Schneidplatte DIN 4968 – TPGN 16 04 08 EN – HW-P20
Unbeschichtete dreieckige Wendeschneidplatte aus Hartmetall P 20 nach DIN 4968 mit einem Freiwinkel von 11°, der Toleranzklasse G, ohne Spanformer und ohne Bohrung für die Befestigung, mit der Seitenlänge l = 16,5 mm, der Dicke s = 4,76 mm, dem Eckenradius 0,8 mm, Schneiden gerundet, rechts- und linksschneidend.

Kennbuchstaben für die Grundform

Kennbuchstabe	Grundform	Eckenwinkel E_r in °	Merkmale
H	sechseckig	120	gleichseitig, gleichwinklig
O	achteckig	135	
P	fünfeckig	108	
S	quadratisch	90	
T	dreieckig	60	
C	rhombisch	80	gleichseitig, ungleichwinklig
D		55	
E		75	
M		86	
V		35	
W	sechseckig mit geändertem Eckenwinkel	80	
L	rechteckig	90	ungleichseitig, gleichwinklig
A	rhomboidisch	85	ungleichseitig, ungleichwinklig
B		82	
K		55	
R	rund	–	–

Kennbuchstaben für die Toleranzklassen

Kennbuchstabe	Grenzabweichung in mm für m	s	d
A	± 0,005	± 0,025	± 0,025
F			± 0,013
C	± 0,013	± 0,025	± 0,025
H			± 0,013
E	± 0,025	± 0,025	± 0,025
G		± 0,05 ... ± 0,13	
J	± 0,005	± 0,025	von ± 0,05 bis ± 0,15
K	± 0,013		
L	± 0,025		
M	von ± 0,08 bis ± 0,20	± 0,05 ... ± 0,13	von ± 0,05 bis ± 0,15
N		± 0,025	
U	von ± 0,13 bis ± 0,38	± 0,13	von ± 0,08 bis ± 0,25

Platten mit Eckenrundungen und ungerader Seitenzahl

Platten mit Eckenrundungen und gerader Seitenzahl

Platten mit Planschneiden

Kennbuchstaben für den Normalfreiwinkel α_n

Kennbuchstabe	α_n in °
A	3
B	5
C	7
D	15
E	20
F	25
G	30
N	0
P	11
O	besondere Beschreibung erforderlich

144 Fertigen mit Werkzeugmaschinen

Drehen
Turning

Bezeichnung von Wendeschneidplatten

DIN 4987-1/2: 1987-03

Kennbuchstaben für Spanfläche und Befestigungsmerkmale

Kennbuchstabe	Spanbrecher	Bohrung für die Befestigung	
N	ohne	ohne	
A		mit	
R	auf einer Spanfläche	ohne	
M		mit	
F	auf beiden Spanflächen	ohne	
G		mit	
X	Wendeschneidplatten mit besonderer Beschreibung		

Kennzahlen für die Größe

Kennzahl	Seitenlänge l bei gleichseitigen Platten in mm	Bei ungleichseitigen Platten wird als Kennzahl die Länge der längeren Schneide in mm entsprechend angegeben. Bei diesen Platten ist das vorangehende Symbol ein X (siehe Kennbuchstaben für Spanformer und Befestigungsmerkmale).
09	9,525	
11	11	
12	12,7	
15	15,875	
16	16,5	
19	19,05	
22	22	
25	25,4	
27	27,5	

Bei runden Platten wird als Kennzahl der Durchmesser in mm entsprechend angegeben.

Kennzeichnung der Ausführung der Schneidenecke

Kennzahl	Eckenradius ε_r in mm	Kennbuchstabe	Einstellwinkel $\varkappa_r$ in °	Kennbuchstabe	Normal-Freiwinkel α'_n in °
00	scharfkantig	A	45	A	3
02	0,2	D	60	B	5
04	0,4	E	75	C	7
08	0,8	F	85	D	15
12	1,2	P	90	E	20
16	1,6			F	25
				G	30
				N	0
				P	11

Kennzahlen für Platten mit Eckenrundungen — Runde Schneidplatten haben an Stelle einer Kennzahl das Kennzeichen MO

Kennbuchstaben für Wendeschneidplatten mit Planschneiden Einstellwinkel/Normal-Freiwinkel — Kennbuchstabe für besondere Ausführungen: Z

Kennzahlen für die Dicke

Kennzahl	Dicke s in mm	Kennzahl	Dicke s in mm
01	1,59	05	5,56
T1	1,98	06	6,35
02	2,38	07	7,94
03	3,18	09	9,52
T3	3,97	12	12,7
04	4,76		

Kennbuchstaben für die Ausführung der Schneiden

Kennbuchstabe	Ausführung der Schneiden
F	scharfkantig
E	gerundet
T	gefast (Spanflächenfasen)
S	gefast und gerundet
K	doppelgefast
P	doppelgefast und gerundet

Kennbuchstaben für die Anwendung (Vorschubrichtung)

Kennbuchstabe	Vorschubrichtung
R	nur rechtsschneidend
L	nur linksschneidend
N	rechts- und linksschneidend

Fertigen mit Werkzeugmaschinen 145

Drehen
Turning

Bezeichnung von Klemmhaltern für Wendeschneidplatten

DIN 4983: 2004-07

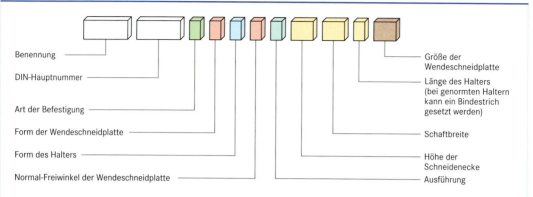

Der Bezeichnung wird ggf. ein Kennbuchstabe für besondere Toleranzen angefügt.

Halter DIN 4985 – CTJDL 16 CA P 16
Kurzklemmhalter, dreieckige Wendeschneidplatte von oben geklemmt, Form des Halters J, Normal-Freiwinkel der Platte 15°, linker Halter mit Schneideckenhöhe h_1 = 16 mm, Schaftbreite CA, Länge 170 mm, Größe der Wendeschneidplatte 16,5 mm.

Kennbuchstaben für die Art der Befestigung			
Kennbuchstabe	Art der Befestigung	Wendeschneidplatte	
C	von oben geklemmt	ohne Bohrung	
M	von oben und über Bohrung geklemmt	mit zylindrischer Bohrung	
P	über Bohrung geklemmt		
S	durch Bohrung aufgeschraubt	mit Befestigungssenkung	

Kennbuchstaben für die Form der Wendeschneidplatten
s. DIN 4987

Kennbuchstaben für den Normal-Freiwinkel α_n der Wendeschneidplatte
s. DIN 4987

Kennbuchstaben für die Ausführung	
Kennbuchstabe	Ausführung
R	rechter Halter
L	linker Halter
N	neutral (beidseitig)

Kennzahlen für die Höhe der Schneidenecke

Kennzahl = Höhe h_1 der Schneidenecke in mm (Ziffern hinter dem Komma bleiben unberücksichtigt)

Kennbuchstaben für die Form des Halters

Kennbuchstabe	Form	Kennbuchstabe	Form	Kennbuchstabe	Form
A	90°	G	90°	K	75°
B	75°	H	107,5°	S	45°
D	45°	J	93°	U	93°
E	60°	R	75°	W	60°
M	50°	T	60°	Y	85°
N	63°	C	90°	L	95°/95°
V	72,5°	F	90°		Form D und S auch mit runden Wendeschneidplatten (Grundform R)

146 Fertigen mit Werkzeugmaschinen

Drehen
Turning

Bezeichnung von Klemmhaltern für Wendeschneidplatten

DIN 4983: 2004-07

Kennbuchstaben für die Länge						Kennzahlen bzw. Kennbuchstaben für die Schaftbreite
Kennbuchstabe	l_1 in mm	Kennbuchstabe	l_1 in mm	Kennbuchstabe	l_1 in mm	Kennzahl = Breite b in mm (Ziffern hinter dem Komma bleiben unberücksichtigt.) Bei Kurzklemmhaltern: Kennbuchstabe C + kennzeichnender Buchstabe (z. B. CA)
A	32	J	110	S	250	
B	40	K	125	T	300	
V	50	L	140	U	350	**Kennzahlen für die Größe der Wendeschneidplatte**
D	60	M	150	V	400	s. DIN 4987
E	70	N	160	W	450	
F	80	P	170	X	Sonderlänge	
G	90	Q	180			
H	100	R	200	Y	500	

Wendeschneidplatten aus Hartmetall und Schneidkeramik

Grundform	Schneidstoff: Hartmetall								Schneidstoff: Schneidkeramik mit Eckenrundungen ohne Bohrung	
	ohne Bohrung		mit Eckenrundungen mit zylindrischer Bohrung		mit Senkbohrung		mit Planschneiden ohne Bohrung			
	DIN 4968		DIN 4988		DIN 4967		DIN 6590		DIN 4969-1	
	l	s	$l(d_1)$	s	$l(d_1)$	s	l	s	$l(d_1)$	s
	in mm		in mm		in mm		in mm		in mm	
dreieckig	11,0 16,5 22,0	3,18 3,18 4,76	11,0 16,5 22,0 27,5	3,18 3,18 4,76 6,35	9,6 11,0 13,6 16,5 22,0	2,38 2,38 3,18 3,97 4,76	11,0 16,5 22	3,175 3,175 4,76	11,0 16,5 22,0	3,18 4,76 7,94 7,94
quadratisch	9,525 12,7 15,875 19,05	3,18 3,18 4,76 4,76	9,525 12,7 15,875 19,05 25,4	3,18 4,76 6,35 4,76 6,35 7,94	9,525 12,7 15,875 19,05	3,18 3,97 4,76 5,56 6,35	12,7 15,875	3,175 4,76 4,76	12,7 15,875 19,05	4,76 7,94 7,94 7,94
rhombisch	–	–	12,9 15,5 16,1 19,3	4,76 6,35 6,35 6,35	6,4 8,1 9,7 12,9 16,1	2,38 3,18 3,18 3,97 4,76 5,56	–	–	12,9 16,1	4,76 7,94 7,94
rund	–	–	9,525 12,7 15,875 19,05 25,4	3,18 4,76 6,35 6,35 9,52	6,0 8,0 10,0 12,0 16,0 20,0 25,0 32,0	2,38 3,18 3,97 4,76 5,56 6,35 7,94 9,52	–	–	12,7 15,875 19,05 25,4	4,76 7,94 7,94 7,94 9,52

Drehen
Turning

Ermittlung der einzustellenden Arbeitswerte

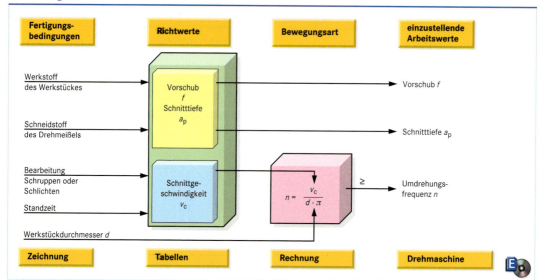

Erreichbare Oberflächenqualität beim Drehen

$$Rz = \frac{f^2}{8 \cdot r}$$

Rz: Rautiefe
f : Vorschub
r : Spitzenradius

Spitzenradius r in mm	Vorschub f in mm					
	Rz 100	Rz 63	Rz 25	Rz 16	Rz 6,3	Rz 4
0,5	0,63	0,50	0,32	0,26	0,16	0,13
1,0	0,89	0,71	0,45	0,36	0,22	0,18
1,5	1,10	0,87	0,55	0,44	0,27	0,22
2,0	1,26	1,00	0,63	0,50	0,31	0,25
3,0	1,55	1,22	0,77	0,62	0,38	0,31

Richtwerte für das Drehen mit oxidkeramischen Schneidstoffen

Werkstoff	R_m in N/mm² (HRC, HB)	v_c in m/min Schruppen	v_c in m/min Schlichten	f in mm Schruppen	f in mm Schlichten	Bevorzugte Winkel
Baustähle	500 ... 800	300 ... 100	500 ... 200	0,3 ... 0,5	0,1 ... 0,3	Freiwinkel α_0 = 6°
Vergütungsstähle	800 ... 1000	250 ... 100	400 ... 200	0,2 ... 0,4	0,1 ... 0,3	Keilwinkel β_0 = 90°
	1000 ... 1200	200 ... 100	350 ... 200	0,2 ... 0,4	0,1 ... 0,3	Spanwinkel γ_0 = −6°
Warmarbeitsstähle	45 ... 55 HRC	–	150 ... 50	–	0,05 ... 0,2	Neigungswinkel λ_s = 4 ... 6°
Kaltarbeitsstähle	55 ... 60 HRC	–	80 ... 30	–	0,05 ... 0,15	Einstellwinkel $\varkappa_r$ = 75°
	60 ... 65 HRC	–	50 ... 20	–	0,05 ... 0,1	
Gusseisen	140 ... 220 HB	300 ... 100	400 ... 200	0,3 ... 0,8	0,1 ... 0,3	
	220 ... 300 HB	250 ... 80	300 ... 100	0,2 ... 0,6	0,1 ... 0,3	
Al-Legierungen	–	1000 ... 600	2000 ... 800	0,3 ... 0,8	0,1 ... 0,3	

Richtwerte für das Drehen von NE-Metallen mit Schnellarbeitsstahl

Werkstoff	R_m in N/mm²	Schneidstoff	f in mm	a_p in mm	v_c in m/min	Freiwinkel α_0 in °	Spanwinkel γ_0 in °	Neigungswinkel λ_s in °	Standzeit T in min
Kupfer, Kupferlegierungen	–	HS 10-4-3-10	0,3	3	150 ... 100	10	18 ... 30	4	120
			0,6	6	120 ... 80				
Aluminium, Al-Knetlegierungen	nicht ausgehärtet	HS 10-4-3-10	0,6	6	180 ... 120	10	25 ... 35	4	240
	ausgehärtet	HS 10-4-3-10	0,1	1	140 ... 100	10	18 ... 30	4 ... 0	240
			0,6	6	120 ... 80				

Drehen
Turning

Richtwerte für das Drehen mit Schnellarbeitsstahl

Werkstoff	R_m in N/mm²	Schneidstoff	f in mm	a_p in mm	v_c in m/min	Freiwinkel α_0 in °	Spanwinkel γ_0 in °	Neigungswinkel λ_s in °	Standzeit T in min
Unlegierte Baustähle Einsatzstähle Vergütungsstähle Werkzeugstähle	... 500	HS 10-4-3-10	0,1	0,5	75 ... 60	8	18	0 ... 4	60
			0,5	3	65 ... 50				
		HS 18-1-2-10	1,0	6	50 ... 35	8	18	–4	
	500 ... 700	HS 10-4-3-10	0,1	0,5	70 ... 50	8	14	0 ... 4	60
			0,5	3	50 ... 30			0	
		HS 18-1-2-10	1,0	6	35 ... 25	8	14	–	
	700 ... 900	HS 10-4-3-10	0,1	0,5	45 ... 30			0	60
			0,5	3	30 ... 22				
		HS 18-1-2-10	1,0	5	22 ... 18	8	14	–4	
	900 ... 1100	HS 10-4-3-10	0,1	0,5	30 ... 20	8	14	–4	60
			0,4	3	20 ... 15				
			0,8	6	18 ... 10				
Rost-, säure-, hitzebeständige Stähle	–	HS 10-4-3-10	0,1	0,5	55 ... 45	8 ... 10	14 ... 18	0	60
			0,5	3	45 ... 35				
			1,0	6	35 ... 25				
Automatenstähle	≤ 700	HS 10-4-3-10	0,1	0,5	90 ... 60	8	... 20	0 ... 4	240
		und	0,3	3	75 ... 50				
		HS 18-1-2-10	0,6	6	55 ... 35				
	> 700	HS 10-4-3-10	0,1	0,5	70 ... 40	8	... 20	0	240
		und	0,3	3	50 ... 30				
		HS 18-1-2-10	0,5	6	40 ... 20			–4	
Unlegierter Stahlguss niedriglegierter Vergütungsstahlguss warmfester Stahlguss	... 500	HS 10-4-3-10	0,1	0,5	70 ... 50	8	18	0 ... 4	60
			0,5	3	50 ... 30				
			1,0	6	35 ... 25			–4	
	500 ... 700	HS 10-4-3-10	0,1	0,5	50 ... 30	8	14	0 ... 4	60
			0,5	3	30 ... 20			0	
		HS 18-1-2-10	1,0	6	22 ... 15	8	14	–4	
Rost-, säurehitzebeständiger Stahlguss	–	HS 10-4-3-10	0,1	0,5	25 ... 20	8	14 ... 18	0 ... 4	60
			0,5	3	20 ... 15				
			1,0	6	15 ... 10				
Gusseisen	... 250	HS 12-1-4-5	0,1	0,5	40 ... 32	8	0 ... 6	0	60
			0,3	3	32 ... 23			–	
			0,6	6	23 ... 15				
Temperguss, schwarz	... 220	HS 12-1-4-5	0,1	0,5	70 ... 45	8	10	0	–
			0,3	3	60 ... 40			–4	
			0,6	6	40 ... 25				
Temperguss, weiß	... 240	HS 12-1-4-5	0,1	0,5	60 ... 40	8	10	0	60
			0,3	3	50 ... 35			–4	
			0,6	6	35 ... 20				

Fertigen mit Werkzeugmaschinen

Drehen / Turning

Richtwerte für das Drehen mit Hartmetall (Standzeit 15 min)

Werkstoff	R_m in N/mm²	HM-Sorte	f in mm	a_p in mm	v_c in m/min
Stahl und Stahlguss, unlegiert und legiert	< 500	HW-P10	0,10 0,25 0,50	1	290 … 380 240 … 320 210 … 280
			0,10 0,25 0,50	3	260 … 340 220 … 280 190 … 250
			0,10 0,25 0,50	5	250 … 320 200 … 260 180 … 230
			0,10 0,25 0,50	8	230 … 300 195 … 250 170 … 220
	500 … 900	HW-P10	0,10 0,25 0,50	1	195 … 350 140 … 280 110 … 240
			0,10 0,25 0,50	3	170 … 310 120 … 250 100 … 210
			0,10 0,25 0,50	5	160 … 290 110 … 230 90 … 200
			0,10 0,25 0,50	8	150 … 280 110 … 225 85 … 190
	900 … 1200	HW-P10	0,10 0,25 0,50	1	170 … 240 120 … 170 90 … 130
			0,10 0,25 0,50	3	150 … 210 100 … 150 80 … 110
			0,10 0,25 0,50	5	140 … 190 90 … 140 70 … 105
			0,10 0,25 0,50	8	130 … 180 90 … 130 65 … 100
Stahl und Stahlguss, hochlegiert und nicht rostend	< 900	HW-P25	0,25 0,50	1	105 … 160 90 … 130
			0,25 0,50	3	90 … 140 80 … 115
			0,25 0,50	5	85 … 130 70 … 110
			0,25 0,50	8	80 … 120 70 … 100
	> 900	HW-P25	0,25 0,50	1	70 … 100 60 … 90
			0,25 0,50	3	60 … 90 50 … 75
			0,25 0,50	5	55 … 85 45 … 70
			0,25 0,50	8	55 … 80 45 … 65

Werkstoff	R_m in N/mm²	HM-Sorte	f in mm	a_p in mm	v_c in m/min
Gusseisen, Temperguss	< 700	HW-K10	0,25 0,50	1	160 … 210 145 … 195
			0,25 0,50	3	140 … 190 130 … 180
			0,25 0,50	5	135 … 180 120 … 165
			0,25 0,50	8	130 … 170 115 … 160
	> 700	HW-K10	0,25 0,50	1	110 … 140 100 … 125
			0,25 0,50	3	100 … 120 90 … 110
			0,25 0,50	5	90 … 115 80 … 105
			0,25 0,50	8	90 … 110 80 … 100
Titan und Titanlegierungen	–	HW-K20	0,10 0,20	2 8	30 … 80 15 … 30
Kupfer und Kupferlegierungen	–	HW-K10	0,1 0,25 0,5	1 3 5	350 … 600 300 … 500 200 … 400
Aluminium, nicht aushärtbare Knetwerkstoffe	–	HW-K10	… 0,8	… 6	… 2000
Aluminium, ausgeh. Knetwerkstoffe, Gusswerkstoffe mit ≤ 10 % Si-Geh.	–	HW-K10	… 0,6	… 6	… 1200
Aluminium, Gusswerkstoffe mit > 10 % Si-Geh.	–	HW-K10	… 0,6	… 4	… 400

Werkzeugwinkel beim Drehen mit Hartmetall

Werkstoff	R_m in N/mm² (HB)	Freiwinkel α_0 in °	Spanwinkel γ_0 in °	Neigungswinkel λ_s in °
Baustahl, Einsatzstahl	< 500	6 … 8	12 … 18	–4
	500 … 800		12	
Baustahl, Vergütungsstahl	750 … 900	6 … 8	12	–4
Vergütungsstahl	850 … 1000	6 … 8	8 … 12	–4
	1000 … 1400		6	
Stahlguss	300 … 350	6 … 8	12	–4
Gusseisen	… 2200 HB	6 … 8	8 … 12	–4
Kupferlegierungen	… 1200 HB	10	12	0
Aluminium-Legierungen	… 1000 HB	10	12	–4

Fräsen
Milling

Begriffe

DIN 6581: 1985-10; DIN 6584: 1982-10

Fräsmesserkopf

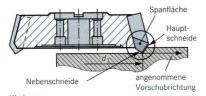
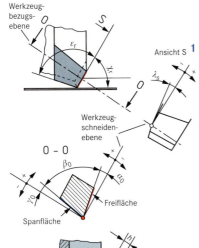

Walzenstirnfräser

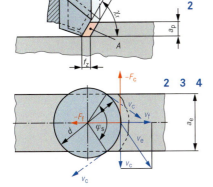
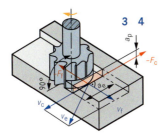

1 Winkel am Schneidkeil
α_0 : Freiwinkel $\quad\alpha_0 = \alpha$
β_0 : Keilwinkel $\quad\beta_0 = \beta$ bei $\lambda_s = 0°$
γ_0 : Spanwinkel $\quad\gamma_0 = \gamma$

$\varkappa_r$: Einstellwinkel
ε_r : Eckenwinkel

$$\alpha_0 + \beta_0 + \gamma_0 = 90°$$

2 Spanungsgrößen
b : Spanungsbreite
h : Spanungsdicke
z : Anzahl der Schneiden
z_e : Anzahl der im Eingriff stehenden Schneiden
f_z : Vorschub/Schneide
a_p : Schnitttiefe
a_e : Arbeitseingriff
φ_s : Eingriffswinkel
λ_s : Neigungswinkel
A : Spanungsquerschnitt

$$A = b \cdot h \cdot z_e = a_p \cdot f_z \cdot z_e$$

$$b = \frac{a_p}{\sin \varkappa_r} \qquad h = f_z \cdot \sin \varkappa_r$$

$$\sin \frac{\varphi_s}{2} = \frac{a_e}{d}$$

3 Geschwindigkeiten
v_c : Schnittgeschwindigkeit in m/min
v_f : Vorschubgeschwindigkeit in mm/min
v_e : Wirkgeschwindigkeit
f_z : Vorschub/Schneide
z : Anzahl der Schneiden

$$v_f = n \cdot f = n \cdot f_z \cdot z \qquad f = f_z \cdot z$$

$$v_c = d \cdot \pi \cdot n$$

4 Kräfte am Schneidkeil
F_c : Schnittkraft
F_f : Vorschubkraft
k_c = spezifische Schnittkraft in N/mm²

$$F_c = A \cdot k_c$$

Schnittleistung
P_c = Schnittleistung in W
v_c = Schnittgeschwindigkeit in m/s

$$P_c = F_c \cdot v_c$$

Zeitspanungsvolumen

$$Q = a_p \cdot a_e \cdot v_f$$

Fräsen
Milling

Bezeichnung von Schaftfräsern aus Stahl/Hartmetall oder mit gelöteten Schneidplatten DIN ISO 11529-1: 2004-01
Bezeichnung von Fräswerkzeugen mit Wendeschneidplatten DIN ISO 11529-2: 2004-02

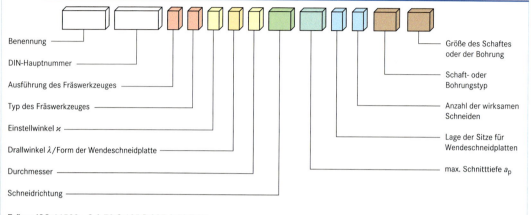

- Benennung
- DIN-Hauptnummer
- Ausführung des Fräswerkzeuges
- Typ des Fräswerkzeuges
- Einstellwinkel $\varkappa$
- Drallwinkel λ/Form der Wendeschneidplatte
- Durchmesser
- Schneidrichtung
- Größe des Schaftes oder der Bohrung
- Schaft- oder Bohrungstyp
- Anzahl der wirksamen Schneiden
- Lage der Sitze für Wendeschneidplatten
- max. Schnitttiefe a_p

Fräser ISO 11529 – S A 70 S 125 R 007 A 08 T 32
Planfräser mit aufgeschraubten quadratischen Wendeschneidplatten, einem Einstellwinkel von 7 $\varkappa$ = 70° und einem Durchmesser von D = 125 mm, rechtsschneidend, mit einer maximalen Schnitttiefe von a_p = 7 mm. Der Spanwinkel ist positiv, der Neigungswinkel λ = 0°. Der Schneidkörper hat 8 Schneiden, eine Bohrung Typ C mit einem Durchmesser d = 32 mm.

Ausführung des Fräswerkzeuges

Symbol	Ausführung	Symbol	Ausführung
C	Schneidplatte von oben geklemmt	A	Vollstahl/Vollhartmetall mit geraden Schneiden
P	Schneidplatte über Bohrung geklemmt	B	Vollstahl/Vollhartmetall mit unterbrochenen Schneiden
S	Schneidplatte über Bohrung aufgeschraubt	D	mit gelöteten Schneidplatten und geraden Schneiden
T	Schneidplatte über Bohrung tangential befestigt	E	mit gelöteten Schneidplatten und unterbrochenen Schneiden
V	Schneidplatte ohne Bohrung, tangential befestigt	F	mit mechanisch geklemmten Schneidplatten und geraden Schneiden
W	Schneidplatte ohne Bohrung, mit Keil befestigt		
X	Sonderausführung	G	mit mechanisch geklemmten Schneidplatten und unterbrochenen Schneiden

Typ des Fräswerkzeuges / Form der Wendeschneidplatten

Symbol	Typ	Symbol	Form	Typ
A	Planfräser, Eckfräser (Vorschub 90° zur Drehachse)	H	sechseckig	gleichseitig und gleichwinklig
B	Planfräser, Eckfräser (Vorschub 90° und 45° zur Drehachse)	O	achteckig	
		P	fünfeckig	
C	Scheibenfräser, dreiseitig schneidend	S	quadratisch	
D	Schlitz- oder Trennfräser	T	dreieckig	
E	Einseitiger Scheibenfräser	C	rhombisch, ε = 80°	gleichseitig, aber ungleichwinklig
F	T-Nutenfräser	D	rhombisch, ε = 55°	
G	zylindrischer oder kegeliger Schaftfräser, umfangsschneidend, Walzenfräser	E	rhombisch, ε = 75°	
		M	rhombisch, ε = 86°	
H	zylindrischer oder kegeliger Schaftfräser, umfangs- und zentrumsschneidend	V	rhombisch, ε = 35°	
		W	sechseckig, ε = 80°	
J	zylindrischer oder kegeliger Schaftfräser, umfangsschneidend, schräg eintauchend	L	rechteckig	ungleichseitig, aber gleichwinklig
K	Kopier-/Vollradiusfräser, zentrumsschneidend	A	rhomboidisch, ε = 85°	ungleichseitig und ungleichwinklig
L	zylindrischer oder kegeliger Schaftfräser, umfangs- und zentrumsschneidend	B	rhomboidisch, ε = 82°	
		K	rhomboidisch, ε = 55°	
M	Senkfräser	R	rund	rund
P	Doppelseitiger Scheibenfräser	X	mit anderen Formen von Wendeschneidplatten bestückt	
T	Gewindefräser	Y	mit mehr als einer Form von Wendeschneidplatten bestückt	

Fräsen
Milling

Bezeichnung von Schaftfräsern aus Stahl/Hartmetall oder mit gelöteten Schneidplatten
Bezeichnung von Fräswerkzeugen mit Wendeschneidplatten

DIN ISO 11529-1: 2004-01
DIN ISO 11529-2: 2004-02

Drallwinkel

Winkel	Symbol		Winkel	Symbol	
	Rechts-drall	Links-drall		Rechts-drall	Links-drall
$0°$	A	A	$20° < \lambda \leq 25°$	F	S
$0° < \lambda \leq 5°$	B	M	$25° < \lambda \leq 30°$	G	T
$5° < \lambda \leq 10°$	C	N	$30° < \lambda \leq 35°$	H	U
$10° < \lambda \leq 15°$	D	P	$35° < \lambda \leq 40°$	J	V
$15° < \lambda \leq 20°$	E	Q	$40° < \lambda \leq 55°$	K	W

Einstellwinkel $\varkappa$

Angabe des Winkels durch eine zweistellige Zahl. Bei Fräsern mit runden Schneidplatten und Schaftfräsern Typ K wird 00 angegeben.

Angabe des Durchmessers

Angabe des Durchmessers durch eine dreistellige Zahl, ggf. ergänzt durch eine vorangestellte 0, z. B. 032

Angabe der maximalen Schnitttiefe a_p

Angabe der maximalen Schnitttiefe a_p durch eine dreistellige Zahl, ggf. ergänzt durch eine vorangestellte 0, z. B. 060. Ist a_p kleiner als 10 mm, wird die Schnitttiefe angegeben durch T gefolgt vom Wert in 1/10 in mm, z. B. a_p = 6,5 mm $\Rightarrow$ T65

Angabe der Schneidrichtung

Symbol	Schneidrichtung
L	links
R	rechts
N	neutral

Bohrungstyp

Symbol	Bohrungstyp	Bild
P	Bohrung Typ A	
S	Bohrung Typ B	
T	Bohrung Typ C	

Schafttyp

Symbol	Schafttyp	Bild
A	glatter Zylinderschaft	
D	Zylinderschaft mit Gewinde	
E	Morsekegelschaft, Typ A	
G	Steilkegelschaft	
H	Steilkegelschaft für automatischen Werkzeugwechsel	

Lage der Sitze für Wendeschneidplatten

Symbol	Spanwinkel des Werkzeuges	Schneiden-Neigungswinkel
A	$0°$ oder +	$0°$ oder +
B	$0°$ oder +	–
C	–	$0°$ oder +
D	–	–

Anzahl der wirksamen Schneiden

Angabe der Anzahl der wirksamen Schneiden durch eine zweistellige Zahl, ggf. ergänzt durch eine vorangestellte 0, z. B. 2 wirksame Schneiden $\Rightarrow$ 02

Angabe der Größe des Schaftes oder der Bohrung

Angabe der Größe des Schaftes oder des Bohrungsdurchmessers durch eine zweistellige Zahl, ggf. ergänzt durch eine vorangestellte 0. Bei Morsekegelschäften und bei Steilkegelschäften wird die Nummer des Kegels angegeben.

Fertigen mit Werkzeugmaschinen

Fräsen
Milling

Ermittlung der einzustellenden Arbeitswerte

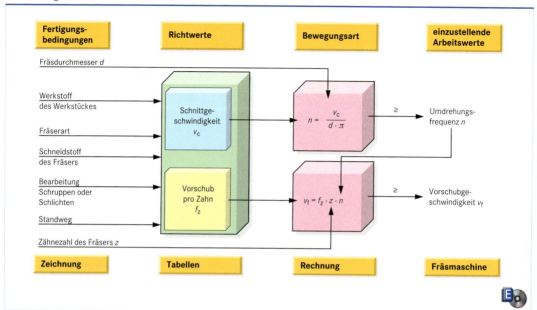

Richtwerte für das Fräsen mit Schnellarbeitsstahl (Standweg L = 15 m)

Werkstoff	R_m in N/mm²	Walzenfräser f_z[1] in mm	a_p in mm	v_c in m/min	Walzenstirnfräser f_z[1] in mm	a_p in mm	v_c in m/min	Scheibenfräser f_z[1] in mm	b in mm	v_c in m/min	Schaftfräser f_z[1] in mm	d in mm	v_c in m/min
Unlegierte Baustähle, Einsatzstähle, Vergütungsstähle	< 500	0,22	1 8	33 24	0,22	1 8	30 20	0,12	≤ 20	16	0,10	≤ 20 > 20	28 24
	500 ... 800	0,18	1 8	33 20	0,18	1 8	30 18	0,12	≤ 20	14	0,08	≤ 20 > 20	24 20
	750 ... 900	0,12	1 8	28 15	0,12	1 8	25 14	0,09	≤ 20	12	0,06	≤ 20 > 20	12 18
	850 ... 1000	0,12	1 8	25 10	0,12	1 8	18 9	0,08	≤ 20	16	0,08	≤ 20 > 20	20 16
	1000 ... 1400	0,09	1 8	13 8	0,09	1 8	12 7	0,07	≤ 20	10	0,06	≤ 20 > 20	24 20
Stahlguss	450 ... 520	0,18	1 8	16 12	0,12	1 8	14 10	0,09	≤ 20	12	0,08	≤ 20 > 20	20 18
Gusseisen	100 ... 300	0,22	1 8	25 15	0,22	1 8	22 13	0,12	≤ 20	14	0,08	≤ 20 > 20	20 18
	250 ... 400	0,22	1 8	18 10	0,18	1 8	16 9	0,09	≤ 20	12	0,07	≤ 20 > 20	18 14
Kupfer und Cu-Legierungen	–	0,22	1 8	75 35	0,18	1 8	70 32	0,08	≤ 20	40	0,08	≤ 20 > 20	60 50
Aluminium, Al-Legierungen (< 10 % Si)	–	0,12	1 8	200 80	0,12	1 8	180 70	0,09	≤ 20	180	0,06	≤ 20 > 20	240 200

[1] Die Werte für f_z, Vorschub je Fräserzahn, gelten für eine Schruppbearbeitung. Für eine Schlichtbearbeitung gilt: 0,5 f_z ... 0,6 f_z.

Richtwerte für das Fräsen mit Hartmetall

Werkstoff	R_m in N/mm²	HM-Sorte	f_z in mm	a_p in mm	v_c in m/min
Unlegierte Stähle C < 0,35 %	< 500	HM-P25	0,10	1	230
			0,20		205
			0,50		180
			0,10	3	220
			0,20		190
			0,50		170
			0,10	5	200
			0,20		180
			0,50		160
			0,10	10	160
			0,20		150
			0,50		130
Unlegierte Stähle C < 0,35 % Legierte Stähle	500 ... 900	HM-P25	0,10	1	135 ... 180
			0,20		125 ... 165
			0,50		115 ... 140
			0,10	3	130 ... 170
			0,20		120 ... 150
			0,50		105 ... 135
			0,10	5	120 ... 160
			0,20		105 ... 135
			0,50		90 ... 115
			0,10	10	100 ... 130
			0,20		85 ... 115
			0,50		60 ... 105
Legierte Stähle	< 1400	HM-P25	0,10	1	120
			0,20		110
			0,50		95
			0,10	3	115
			0,20		105
			0,50		85
			0,10	5	105
			0,20		95
			0,50		80
			0,10	10	85
			0,20		75
			0,50		–
Rost- und säurebeständige Stähle	< 600	HM-P25	0,10	1	125
			0,20		110
			0,10	3	110
			0,20		95
			0,10	5	100
			0,20		90
Rost- und säurebeständige Stähle	600 ... 1100	HM-P25	0,10	1	65
			0,20		55
			0,10	3	55
			0,20		45
			0,10	5	50
			0,20		40

Werkstoff	R_m in N/mm²	HM-Sorte	f_z in mm	a_p in mm	v_c in m/min
Titan und Titanlegierungen	–	HM-K20	0,05 ... 0,20	8	25 ... 60
Gusseisen, Temperguss	140 ... 200 HB	HM-K10	0,10	1	150
			0,20		140
			0,50		130
			0,10	3	145
			0,20		135
			0,50		125
			0,10	5	140
			0,20		130
			0,50		120
			0,10	10	130
			0,20		120
			0,50		110
Gusseisen, Temperguss	190 ... 260 HB	HM-K10	0,10	1	130
			0,20		120
			0,50		110
			0,10	3	125
			0,20		115
			0,50		105
			0,10	5	120
			0,20		110
			0,50		100
			0,10	10	110
			0,20		100
			0,50		90
Gusseisen	240 ... 330 HB	HM-K10	0,10	1	100
			0,20		90
			0,50		80
			0,10	3	95
			0,20		85
			0,50		75
			0,10	5	90
			0,20		80
			0,50		70
			0,10	10	80
			0,20		70
			0,50		–
Aluminium, nicht aushärtbare Knetwerkstoffe	–	HM-K10	0,3	0,5 ... 8,0	... 2500
Aluminium, aushärtbare Knetwerkstoffe, Gusswerkstoffe mit ≤ 10 % Si-Gehalt	–	HM-K10	0,3	0,5 ... 8,0	... 700
Aluminium, Gusswerkstoffe mit > 10 % Si-Gehalt	–	HM-K10	0,3	–	... 300

Fräsen
Milling

Richtwerte für das Fräsen mit hartmetallbestückten Messerköpfen

Werkstoff	R_m in N/mm²	HM-Sorte	f_z in mm	v_c in m/min	Werkzeugwinkel			Einstellwinkel
					α_0 in °	γ_0 in °	λ_s in °	$\varkappa_r$ in °
Baustähle Einsatzstähle Vergütungsstähle	< 850	HM-P 25 bis HM-P 40	0,1 … 0,5	100 … 200	8 … 12	5 … 10	−8	45 … 90
	> 850		0,1 … 0,5	70 … 180	8 … 12	5 … 10	−8	
hochlegierte Stähle	… 1100		0,1 … 0,4	50 … 120	8 … 10	5	−8	
Stahlguss	450 … 520		0,1 … 0,4	60 … 120	8 … 10	5 … 10	−8	
Gusseisen	250 … 400	HM-K 10 bis HM-K 20	0,2 … 0,5	60 … 140	8 … 12	0 … 8	−8	
Kupfer und Cu-Legierungen	–		0,1 … 0,4	80 … 150	8 … 10	10 … 12	−8	
Aluminium, Al-Legierungen (< 10 % Si)	–		0,05 … 0,6	300 … 900	8 … 12	12 … 20	−4 … +4	

Richtwerte für das Fräsen mit Schaftfräsern aus Vollhartmetall

Werkstoff	R_m in N/mm²	v_c in m/min	Vorschub pro Zahn f_z in mm für Fräserdurchmesser in mm				
			2,5 … 4	5 … 8	9 … 12	13 … 16	17 … 20
Stahl	600 … 900	50 … 90	0,005 … 0,02	0,02 … 0,04	0,02 … 0,06	0,02 … 0,06	0,02 … 0,06
Nicht rostender Stahl	450 … 900	30 … 70					
Gusseisen, Temperguss	330 HB	40 … 80	0,02	0,03 … 0,06	0,03 … 0,08	0,03 … 0,10	0,03 … 0,10
Aluminium, Kupfer	350	150 … 450	0,005 … 0,02	0,02 … 0,04	0,02 … 0,06	0,02 … 0,08	0,02 … 0,08
Glasfaserverstärkter Kunststoff	–	80 … 150	0,02	0,01 … 0,03	0,01 … 0,03		

Auswahl der Werkzeugtypen

zu bearbeitender Werkstoff	R_m in N/mm²	Werkzeuganwendungsgruppe				
		N	H	W	NF/NR	HF/HR
Baustahl	500 … 900	X			X	
Einsatzstahl, legiert	500 … 800	X		X		
Automatenstahl	360 … 1000	X			X	
Vergütungsstahl	700 … 1000	X			X	
Nichtrostender Stahl	450 … 950	X			X	
Werkzeugstahl, vergütet	900 … 1250	X			X	X
Stahlguss	400 … 1100	X			X	
Gusseisen	100 … 240 HB	X			X	
Al-Legierungen (< 10 % Si)	… 180			X		
Al-Legierungen (> 10 % Si)	150 … 250	X				
Cu-Legierungen	200 … 550			X		
	250 … 850	X				
mit spanbrechenden Zusätzen	250 … 500		X			
Titanlegierungen	… 700	X			X	
	600 … 1100		X			
Magnesiumlegierungen	150 … 300	X				

Werkzeugauswahl
Choice of tools

Scheibenfräser

DIN 885-1: 1981-06

Scheibenfräser
Form A –
kreuzverzahnt

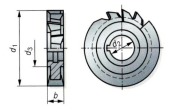

Form B –
geradeverzahnt

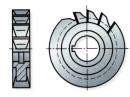

Bezeichnung:

Fräser DIN 885 – A 80 x 6 N – HSS

Scheibenfräser
Form A
Durchmesser d_1
Breite b
Werkzeug-Anwendungsgruppe
Legierungsgruppe des Schnellarbeitsstahles[1]

d in mm	b in mm	d_2 in mm	d_3 in mm	d in mm	b in mm	d_2 in mm	d_3 in mm
50	4 5 6 8 10	16	27	100	8 10 12 14 16 18 20 22 25	32	47
63	4 6 8 10 12	22	34	125	8 10 12 16 18 20 25	32	47
80	8 10 12 16 18 20	27	41				

Walzenstirnfräser

DIN 1880-1: 1993-11

Walzenstirnfräser
Werkzeug-Anwendungsgruppe N

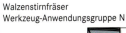
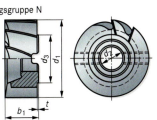

Bezeichnung:

Fräser DIN 1880 – 63 N – HSS

Walzenstirnfräser
Durchmesser d_1
Werkzeug-Anwendungsgruppe
Legierungsgruppe des Schnellarbeitsstahles[1]

d_1 in mm	b_1 in mm	b_2 in mm	d_2 in mm H7	d_3 in mm min.	t in mm max.
40	32	19	16	–	–
50	36	21	22		
63	40	23	27		
80	45	23	27	49	0,5
100	50	26	32	59	
125	56	29	40	71	
160	63	32	50	91	

[1] HSS: Schnellarbeitsstahl mit < 4,5 % Co und < 2,6 % V (DIN ISO 11 054)

Werkzeugauswahl
Choice of tools

Schaftfräser

DIN 844-1: 1989-04

Schaftfräser mit Zylinderschaft
Form A, Werkzeug-Anwendungsgruppe N

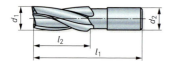

Form A, Werkzeug-Anwendungsgruppe H

Bezeichnung:

Fräser DIN 844-A 18 K – N – HSS

Scheibenfräser mit Zylinderschaft
Form A
Durchmesser d_1
kurze Ausführung
Werkzeug-Anwendungsgruppe
Legierungsgruppe des Schnellarbeitsstahles[1]

d_1 in mm	d_2 in mm	kurz l_1 in mm	kurz l_2 in mm	lang l_1 in mm	lang l_2 in mm	d_1 in mm	d_2 in mm	kurz l_1 in mm	kurz l_2 in mm	lang l_1 in mm	lang l_2 in mm
4	6	55	11	63	19	20	20	104	38	141	75
5		57	13	68	24	22					
6						25	25	121	45	166	90
7	10	66	16	80	30	28					
8		69	19	88	38	32	32	133	53	186	106
10		72	22	95	45	36					
12	12	83	26	110	53	40	40	155	63	217	125
14						45					
16	16	92	32	123	63	50	50	177	75	252	150
18						56					
						63		192	90	282	180

[1] HSS: Schnellarbeitsstahl mit < 4,5 % Co und < 2,6 % V (DIN ISO 11 054)

Teilen siehe CD

Fertigen mit Werkzeugmaschinen

Schleifen
Grinding

Begriffe

Umfangs-Planschleifen

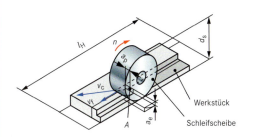

Seitenplanschleifen

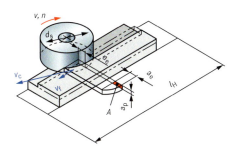

Umfangs-Außen-Rundschleifen

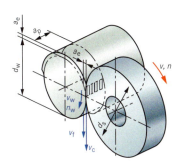

Spanungsgrößen
d : Schleifscheibendurchmesser
a_p : Schnitttiefe
a_e : Arbeitseingriff
A : Spanungsquerschnitt

$$A = a_p \cdot a_e$$

Geschwindigkeiten
v_c : Schnittgeschwindigkeit in m/s
n : Umdrehungsfrequenz der Schleifscheibe
v_f : Vorschubgeschwindigkeit des Werkstückes in m/min
l_H : Länge des Hubes
n_H : Hubzahl pro Zeiteinheit
v_w : Umfangsgeschwindigkeit des Werkstückes

$$v_c = d \cdot \pi \cdot n$$

$$v_f = l_H \cdot n_H$$

q : Geschwindigkeitsverhältniszahl

$$q = \frac{v_c}{v_f} \quad \text{beim Planschleifen}$$

$$q = \frac{v_c}{v_w} \quad \text{beim Rundschleifen}$$

Zeitspanungsvolumen
Q : Zeitspanungsvolumen in cm³/min

$$Q = A \cdot v_f$$

Geschwindigkeitsverhältniszahl q (Richtwerte)

Werkstoff	Planschleifen (Flachschleifen) mit			Rundschleifen		spitzenloses Schleifen
	gerader Scheibe	Segmenten	Topfscheibe	außen	innen	
Stahl, gehärtet oder ungehärtet	80	50	50	125	80	125
Gusseisen	63	40	40	100	63	80
Kupfer, Cu-Legierungen	50	32	32	80	50	50
Leichtmetalle	32	20	20	50	32	50

Fertigen mit Werkzeugmaschinen

Schleifen / Grinding

Schleifkörper aus gebundenem Schleifmittel — DIN ISO 525: 2000-08

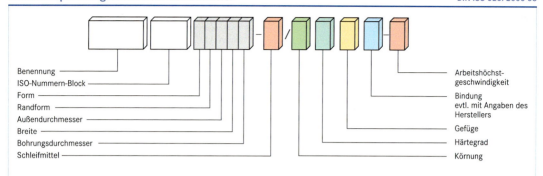

- Benennung
- ISO-Nummern-Block
- Form
- Randform
- Außendurchmesser
- Breite
- Bohrungsdurchmesser
- Schleifmittel
- Arbeitshöchstgeschwindigkeit
- Bindung evtl. mit Angaben des Herstellers
- Gefüge
- Härtegrad
- Körnung

Schleifscheibe ISO 603-1 1 B 300 × 20 × 127 − A/F60 L 6 V − 35
Schleifscheibe für Außenrundschleifen nach ISO 603-1, Form 1, Randform B, Durchmesser D = 300, Breite T = 20 mm, Bohrungsdurchmesser H = 127 mm, Schleifmittel Edelkorund, Körnung 60, Härtegrad L, Gefüge 6, keramische Bindung und Arbeitshöchstgeschwindigkeit 35 m/s.

Schleifmittel

Name	Chemische Zusammensetzung	Kurzzeichen	Mohs-Härte	Anwendung
Zirkonkorund	Al_2O_3 + ZrO_2	Z	–	nichtrostender Stahl
Normalkorund	Al_2O_3 + Beimengungen	A	9	zähe Werkstoffe (unlegierter, ungehärteter Stahl, Stahlguss, Temperguss)
Edelkorund	Al_2O_3 in kristalliner Form		9,3	harte Werkstoffe (legierter, gehärteter Stahl, Titan, Glas)
Siliziumkarbid	SiC in kristalliner Form	C	9,5	weiche Werkstoffe (Kupfer, Aluminium, Kunststoffe) harte Werkstoffe (Gusseisen, Hartguss, Hartmetall, Gestein, Glas)
Bornitrid	BN in kristalliner Form	CBN	–	Werkzeugstahl über 60 HRC, Schnellarbeitsstahl
Borkarbid	B_4C in kristalliner Form	BK	9,6	loses Schleifmittel zum Läppen von Hartmetall
Diamant	C in kristalliner Form	D	10	Hartmetall, Glas, Ferro-TiC, Gusseisen Abrichten von Schleifscheiben

Körnung

Körnung	Körnungsnummer
Makrokörnung F4 … F220	
grob	4 5 6 7 8 10 12 14 16 20 22 24
mittel	30 36 40 46 54 60
fein	70 80 90 100 120 150 180 220
Mikrokörnung F230 … F1200	
sehr fein	230 240 280 320 400 500 600 800 1000 1200
Körnung von Diamantschleifmitteln von 0,5 µm … 300 µm Bezeichnung: D 0,5 … D 300	

Härtegrad

Härtegrad	Bezeichnung
äußerst weich	A B C D
sehr weich	E F G
weich	H I J K
mittel	L M N O
hart	P Q R S
sehr hart	T U V W
äußerst hart	X Y Z

Gefüge

0 --- 30

geschlossenes Gefüge — offenes Gefüge

Bindung

Kurzzeichen	Bindungsart
V	Keramische Bindung
R	Gummibindung
RF	faserverstärkt
B	Kunstharzbindung
BF	faserstoffverstärkt
E	Schelllackbindung
MG	Magnesitbindung
PL	Plastikbindung

Randformen für Schleifscheiben

A, B, C, D, E, F, G, H (siehe Abbildungen)

[1] Andere Breiten sind bei Bestellung zu vereinbaren.

Schleifscheibenformen, Arbeitshöchstgeschwindigkeiten
Geometry of grinding wheels, maximum working speeds

DIN EN 12413: 1999-06

Benennung / *Maßbuchstaben* / Form	Maschinenart	Anwendungsart[1]	Arbeitshöchstgeschwindigkeit v_s in m/s — Bindung							
			V	B	BF	R	RF	E	MG	PL
Gerade Schleifscheibe $D \times T \times H$ Form 1	Ortsfeste Schleifmaschinen	Zwangsgeführtes Schleifen	40	50	63	50	–	40	25	50
		Handgeführtes Schleifen	35	50	63	50	50	40	25	50
	Handschleifmaschinen	Zwangsgeführtes Schleifen	–	50	80	50	80	–	–	50
Einseitig konische Schleifscheibe $D/J \times T \times H$ Form 3	Ortsfeste Schleifmaschinen	Zwangsgeführtes Schleifen	40	50	–	50	–	–	–	50
Einseitig ausgesparte Schleifscheibe $D \times T \times H - P \times F$ Form 5	Ortsfeste Schleifmaschinen	Zwangsgeführtes Schleifen	40	50	–	50	–	–	–	50
		Handgeführtes Schleifen	35	50	–	50	–	–	–	50
	Handschleifmaschinen	Freihandschleifen	–	50	80	50	80	–	–	50
Zylindrischer Schleiftopf $D \times T \times H - P \times F$ Form 6	Ortsfeste Schleifmaschinen	Zwangsgeführtes Schleifen	32	40	–	40	–	–	–	40
		Handgeführtes Schleifen	32	40	–	40	–	–	–	40
	Handschleifmaschinen	Freihandschleifen	–	50	–	–	–	–	–	–
Kegeliger Schleiftopf $D/J \times T \times H - W \times E$ Form 11	Ortsfeste Schleifmaschinen	Zwangsgeführtes Schleifen	32	40	–	40	–	–	–	40
		Handgeführtes Schleifen	32	40	–	40	–	–	–	40
	Handschleifmaschinen	Freihandschleifen	–	50	–	–	–	–	–	40
Schleifteller $D/J \times T \times H$ Form 12	Ortsfeste Schleifmaschinen	Zwangsgeführtes Schleifen	32	40	–	40	–	–	–	40
		Handgeführtes Schleifen	32	40	–	40	–	–	–	–
Zweiseitig verjüngte Schleifscheibe $D/K \times T/N \times H$ Form 21	Ortsfeste Schleifmaschinen	Zwangsgeführtes Schleifen	40	50	–	50	–	–	–	50
Gekröpfte Schleifscheibe $D \times U \times H$ Form 27	Handschleifmaschinen	Freihandschleifen	–	–	80	–	–	–	–	–
Gerade Trennschleifscheibe $D \times T \times H$ Form 41	Ortsfeste Schleifmaschinen	Zwangsgeführtes Schleifen	–	80	100	63	80	63	–	–
		Handgeführtes Schleifen	–	80	100	63	80	63	–	–
	Handschleifmaschinen	Freihandschleifen	–	–	80	–	–	–	–	–
Schleifstifte $D \times T \times S$ Form 52	Ortsfeste Schleifmaschinen	Zwangsgeführtes Schleifen	40	50	–	50	–	–	–	50
	Handschleifmaschinen	Freihandschleifen	50	50	–	50	–	–	–	50

[1] Zwangsgeführtes Schleifen: Vorschubbewegung von Werkzeug und/oder Werkstück durch mechanische Hilfsmittel
Handgeführtes Schleifen: Vorschubbewegung von Werkzeug und/oder Werkstück durch Bedienperson von Hand
Freihandschleifen: Schleifmaschine wird gänzlich von Hand geführt.

Fertigen mit Werkzeugmaschinen

Schleifen
Grinding

Verwendungseinschränkungen und Farbkennzeichnungen

DIN EN 12 413: 1999-06

Verwendungseinschränkungen	DSA 101-3: 1992-10
VE 1	Nicht zulässig für Freihand- und handgeführtes Schleifen
VE 2	Nicht zulässig für Freihandtrennschleifen
VE 3	Nicht zulässig für Nassschleifen
VE 4	Zulässig nur für geschlossene Arbeitsbereiche (z. B. für ortsfeste Maschinen mit besonderen Schutzvorrichtungen)
VE 6	Nicht zulässig für Seitenschleifen

Farbkennzeichnungen	
Arbeitshöchst- geschwindigkeit v_s in m/s	Farbstreifen
50	1 × blau
63	1 × gelb
80	1 × rot
100	1 × grün
125	1 × blau + 1 × gelb

Richtwerte für Schnittgeschwindigkeit v_c, Umfangsgeschwindigkeit v_w bzw. Vorschubgeschwindigkeit v_f

Werkstoff	Planschleifen (Flachschleifen)				Rundschleifen						Trenn- schlei- fen
	mit Umfang		mit Stirnseite		Außenrundschleifen				Innenrundschleifen		
	v_c in $\frac{m}{s}$	v_t in $\frac{m}{min}$	v_c in $\frac{m}{s}$	v_t in $\frac{m}{min}$	v_c in $\frac{m}{s}$	v_w in $\frac{m}{min}$ Schruppen	v_w in $\frac{m}{min}$ Schlichten		v_c in $\frac{m}{s}$	v_t in $\frac{m}{min}$	v_c in $\frac{m}{s}$
Stahl, weich	25 … 32	10 … 35	20 … 25	6 … 25	25 … 32	12 … 15	8 … 12		25	18 … 21	45 … 80
Stahl, gehärtet	25 … 32	10 … 32	20 … 25	6 … 25	25 … 32	14 … 18	8 … 12		25	21 … 24	45 … 80
Stahl, legiert	25 … 32	10 … 35	20 … 25	6 … 25	25 … 35	14 … 18	10 … 14		25	20 … 25	45 … 80
Gusseisen	25 … 31	10 … 35	20 … 25	6 … 25	25	12 … 15	9 … 12		25	21 … 24	45 … 80
Al-Legierungen	16 … 20	15 … 40	16 … 20	20 … 45	16 … 20	20 … 40	24 … 30		12 … 20	30 … 40	–
Cu-Legierungen	25	15 … 40	16 … 20	20 … 45	25 … 35	18 … 21	15 … 18		25	21 … 27	45 … 80
Hartmetall	8 … 15	4	8 … 15	4	8 … 15	5	4		8 … 15	8	45

Auswahl von Schleifscheiben (v_c ≤ 35 m/s)

	Werkstoff		Schleif- mittel	gerade Schleifscheibe		Schleiftopf				Schleifsegment	
				Schleifscheibendurchmesser in mm							
				bis 200		bis 200		über 200 … 350			
				Körnung	Härte	Körnung	Härte	Körnung	Härte	Körnung	Härte
Planschleifen	Stahl, ungehärtet		A	46	J	46	J	40	J	24	J
	Stahl, gehärtet,	HRC ≤ 63	A	46	H	40	H	24	H	24	G
		HRC > 63	A	46	G	40	G	30	G	30	F
	Stahl, vergütet, R_m ≤ 1200 $\frac{N}{mm^2}$		A	46	H	46	H	30	G	24	H
	HSS, gehärtet,	HRC ≤ 63	A	46	F	46	F	30	F	30	E
		HRC > 63	A	46	E	46	E	30	E	30	D
	Hartmetall		C	60	H	60	H	54	H	46	H
	Gusseisen		A	46	J	46	J	40	J	30	J

	Werkstoff		Schleif- mittel	Schleifscheibendurchmesser in mm							
				bis 16		über 16 … 36		über 36 … 80		über 80 … 125	
				Körnung	Härte	Körnung	Härte	Körnung	Härte	Körnung	Härte
Innenrundschleifen	Stahl, ungehärtet		A	80	L	60	K	46	K	46	J
	Stahl, gehärtet,	HRC ≤ 63	A	80	K	60	K	46	J	46	I
		HRC > 63	A	80	K	60	J	46	I	46	H
	Stahl, vergütet, R_m ≤ 1200 $\frac{N}{mm^2}$		A	80	K	60	K	46	J	46	I
	Hartmetall		D	D 100	–	D 150	–	D 200	–	D 250	–
	Gusseisen		C	80	K	60	J	46	H	40	H

	Werkstoff		Schleif- mittel	Schleifscheibendurchmesser in mm					
				bis 350		über 350 … 450		über 450 … 600	
				Körnung	Härte	Körnung	Härte	Körnung	Härte
Außenrundschleifen	Stahl, ungehärtet		A	60	L	60	L	60	L
	Stahl, gehärtet,	HRC ≤ 63	A	60	K	54	K	46	K
		HRC > 63	A	60	K	54	K	46	K
	Stahl, vergütet, R_m ≤ 1200 $\frac{N}{mm^2}$		A	60	K	54	K	46	K
	HSS, gehärtet,	HRC ≤ 63	A	60	I	54	I	46	I
		HRC > 63	C	60	I	54	I	46	I
	Hartmetall		C	80	H	60	H	–	–
	Gusseisen		C	60	J	46	J	40	J

162 Fertigen mit Werkzeugmaschinen

Honen
Honing

Zerspanungsgrößen

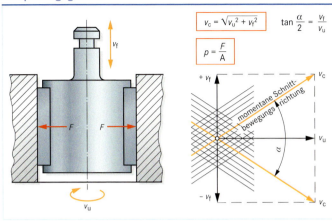

$v_c = \sqrt{v_u^2 + v_f^2}$ $\tan\frac{\alpha}{2} = \frac{v_f}{v_u}$

$p = \frac{F}{A}$

v_c : Schnittgeschwindigkeit
v_u : Umfangsgeschwindigkeit
v_f : Vorschubgeschwindigkeit
a : Überdeckungswinkel der Bearbeitungsrillen
p : Honstein-Anpressdruck
F : Honstein-Anpresskraft
A : Summe aller Honstein-Wirkflächen

Richtwerte für Geschwindigkeiten und Bearbeitungszugaben

Werkstoff	Umfangsgeschwindigkeit v_u in m/min		Vorschubgeschwindigkeit v_f in m/min		Bearbeitungszugabe in mm für Nenndurchmesser in mm		
	Vorhonen	Fertighonen	Vorhonen	Fertighonen	≤ 15	über 15 … 100	> 100
Stahl, ungehärtet	18 … 22	20 … 25	9 … 11	10 … 13	0,02 … 0,05	0,03 … 0,08	0,06 … 0,25
Stahl, gehärtet	14 … 21	16 … 24	5 … 8	6 … 9	0,01 … 0,03	0,02 … 0,05	0,03 … 0,1
Stahl, legiert	23 … 28	25 … 30	10 … 12	11 … 13	0,02 … 0,05	0,03 … 0,08	0,06 … 0,3
Gusseisen	23 … 28	25 … 30	10 … 12	11 … 13	0,02 … 0,05	0,03 … 0,08	0,06 … 0,3
Kugelgrafitguss	20 … 23	22 … 25	8 … 10	10 … 12	0,02 … 0,05	0,03 … 0,08	0,06 … 0,3
Aluminium	22 … 25	24 … 26	9 … 11	10 … 13	0,02 … 0,05	0,03 … 0,08	0,06 … 0,3
Kupfer-Zinn-Legierungen	21 … 26	24 … 30	12 … 16	14 … 18	0,02 … 0,05	0,03 … 0,08	0,06 … 0,3

Richtwerte für Honstein-Anpressdruck

Verfahren	Honstein-Anpressdruck in N/cm^2			
	Honwerkzeuge mit keramischer Bindung	Honwerkzeuge mit Kunstharzbindung	Bornitrid-Honwerkzeuge	Diamant-Honwerkzeuge
Vorhonen	50 … 250	200 … 400	200 … 400	300 … 700
Fertighonen	20 … 100	40 … 250	100 … 200	100 … 300

Auswahl von Honsteinen

Die Bezeichnungen für Schleifmittel, Körnung, Härte, Gefüge und Bindung von Honsteinen entsprechen den Bezeichnungen für Schleifscheiben.

Werkstoff	Verfahren[1]	Schleifmittel	Körnung	Härte	Gefüge	Bindungsart	erreichbare Rautiefen Ra in µm
Stahl, $R_m \leq 500 \frac{N}{mm^2}$	I	A	70	R	1	B	0,8 … 1,6
	II	A	400	R	5	B	0,2 … 0,4
	III	A	1200	M	2	B	0,025 … 0,1
Stahl, $R_m > 500 … 800 \frac{N}{mm^2}$	I	A	80	R	3	B	0,4 … 1,0
	II	A	400	O	5	B	0,2 … 0,3
	III	A	800	N	3	B	0,025 … 0,2
Gusseisen	I	C	80	L	3	V	0,4 … 0,8
	II	C	240	M	7	V	0,2 … 0,3
Hartmetall	I	D	D 100	–	–	sinter-metallische Bindung	0,4 … 1,0
	II	D	D 150	–	–		0,2 … 0,3
	III	D	D 200	–	–		0,025 … 0,1
Nichteisenmetalle	I	A	70	O	3	V	0,4 … 1,0
	II	A	400	O	1	V	0,2 … 0,3
	III	C	1000	M	5	V	0,025 … 0,1

[1] I: Vorhonen; II: Fertighonen; III: Nachhonen (Glätten)

Richtwerte für das Zerspanen von Kunststoffen
Values for machining of plastics

VDI 2003: 1976-01

Kunststoff	Schneidstoff	Drehen						Fräsen		
		Freiwinkel α_0 in °	Spanwinkel γ_0 in °	Einstellwinkel $\varkappa_r$ in °	v_c in m/min	f in mm	a_p in mm	Freiwinkel α_0 in °	Spanwinkel γ_0 in °	v_c in m/min
Duroplaste Schichtpressstoffe und Pressstoffe mit organischen Füllstoffen	HS	5 … 10	15 … 25	45 … 60	… 80	0,05 … 0,5	… 10	… 15	15 … 25	… 80
	HM	5 … 10	10 … 15	45 … 60	… 400	0,05 … 0,5	… 10	… 10	5 … 15	… 1000
Schichtpressstoffe und Pressstoffe mit anorganischen Füllstoffen	HM	5 … 11	0 … 12	45 … 60	… 40	0,05 … 0,5	… 10	… 10	5 … 15	… 1000
Thermoplaste PMMA	HS	5 … 10	0 … 4	≈ 15	200 … 300	0,1 … 0,2	… 6	2 … 10	1 … 5	… 2000
PS SAN ABS SB		5 … 10	0 … 2	≈ 15	50 … 60	0,1 … 0,2	… 2	2 … 10	1 … 5	… 2000
POM		5 … 10	0 … 5	45 … 60	200 … 500	0,1 … 0,5	… 6	5 … 10	… 10	… 400
PC		5 … 10	0 … 5	45 … 60	200 … 500	0,1 … 0,5	… 6	5 … 10	… 10	… 1000
PTFE		10 … 15	15 … 20	9 … 11	100 … 300	0,05 … 0,25	… 6			
PVC, CA		5 … 10	0 … 5	45 … 60	200 … 500	0,1 … 0,2	… 6	5 … 10	… 15	… 1000
CAB								5 … 25		
PE, PP, PA		5 … 15	0 … 10	45 … 60	200 … 500	0,1 … 0,2	… 6	5 … 15	… 15	… 1000

Kunststoff	Schneidstoff	Bohren					Sägen					
		Freiwinkel α_0 in °	Seitenspanwinkel γ_f in °	Spitzenwinkel σ in °	v_c in m/min	f in mm	Freiwinkel α_0 in °	Spanwinkel in ° γ_K[1]	γ_B[1]	Zahnteilung t in mm	v_{cK}[1]	v_{cB}[1] in m/min
Duroplaste Schichtpressstoffe und Pressstoffe mit organischen Füllstoffen	HS	6 … 8	6 … 10	100 … 120	30 … 40	0,4 … 0,6	30 … 40	5 … 8	5 … 8	4 … 8	… 3000	… 2000
	HM	6 … 8		100 … 120	100 … 120	0,4 … 0,6	10 … 15	3 … 6	5 … 8	8 … 18	… 5000	
Schichtpressstoffe und Pressstoffe mit anorganischen Füllstoffen	HM	6 … 8		80 … 100	20 … 40	0,4 … 0,6						
	Diamant	–	0 … 6	–	20 … 40	0,4 … 0,6	Diamantkorn				1000 … 2000	… 3000
Thermoplaste PMMA	HS (HM)	3 … 8	0 … 4	60 … 90	20 … 60	0,1 … 0,5	30 … 40	0 … 4	0 … 8	2 … 8	–	… 3000
PS		3 … 8	3 … 5	60 … 90	20 … 60	0,1 … 0,5	30 … 40	5 … 8	0 … 8	2 … 8	–	… 3000
SAN, ABS		5 … 8	3 … 5	60 … 90	30 … 80	0,1 … 0,5	(10 … 15 bei HM)	(0 … 5 bei HM)				
SB		8 … 10	3 … 5	60 … 75	30 … 80	0,1 … 0,5						
POM		5 … 8	3 … 5	60 … 90	50 … 100	0,1 … 0,5						
PC		5 … 8	3 … 5	60 … 90	50 … 120	0,2 … 0,5						
PTFE		16	3 … 5		130	100 … 300	0,1 … 0,3					
PVC, CA, CAB		8 … 10	3 … 5	80 … 110	30 … 80	0,1 … 0,5						
PE, PP, PA		10 … 12	3 … 5	60 … 90	50 … 100	0,2 … 0,5						

[1] K: Kreissägen, B: Bandsägen

Werkzeugkegel
Taper shanks for tools

Steilkegelschäfte für Werkzeuge und Spannzeuge
DIN 2080-1: 1978-12; DIN 2080-2: 1979-09

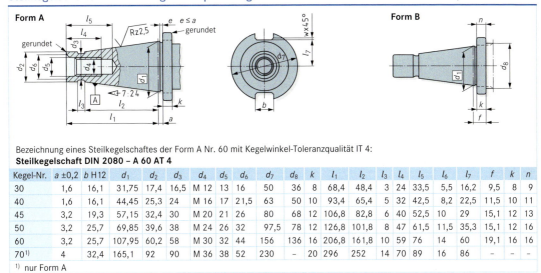

Bezeichnung eines Steilkegelschaftes der Form A Nr. 60 mit Kegelwinkel-Toleranzqualität IT 4:
Steilkegelschaft DIN 2080 – A 60 AT 4

Kegel-Nr.	a ±0,2	b H12	d_1	d_2	d_3	d_4	d_5	d_6	d_7	d_8	k	l_1	l_2	l_3	l_4	l_5	l_6	l_7	f	k	n
30	1,6	16,1	31,75	17,4	16,5	M 12	13	16	50	36	8	68,4	48,4	3	24	33,5	5,5	16,2	9,5	8	9
40	1,6	16,1	44,45	25,3	24	M 16	17	21,5	63	50	10	93,4	65,4	5	32	42,5	8,2	22,5	11,5	10	11
45	3,2	19,3	57,15	32,4	30	M 20	21	26	80	68	12	106,8	82,8	6	40	52,5	10	29	15,1	12	13
50	3,2	25,7	69,85	39,6	38	M 24	26	32	97,5	78	12	126,8	101,8	8	47	61,5	11,5	35,3	15,1	12	16
60	3,2	25,7	107,95	60,2	58	M 30	32	44	156	136	16	206,8	161,8	10	59	76	14	60	19,1	16	16
70[1]	4	32,4	165,1	92	90	M 36	38	52	230	–	20	296	252	14	70	89	16	86	–	–	–

[1] nur Form A

Morsekegel und metrische Kegel
DIN 228-1: 1987-05; DIN 228-2: 1987-03

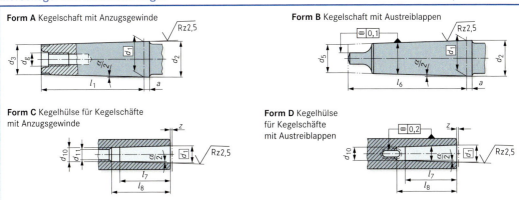

Bezeichnung eines Morsekegelschaftes (MK), Form A der Größe 5 und Kegelwinkel-Grundtoleranzgrad IT 6:
Kegelschaft DIN 228 – MK – A 5 IT 6
Bezeichnung einer metrischen Kegelhülse (ME), Form D der Größe 80 und Kegelwinkel-Grundtoleranzgrad IT 6:
Kegelhülse DIN 228 – ME – D 80 IT 6

Kegel	Größe	d_1	d_2	d_3	d_g	d_5	l_1	l_6	a	d_{10}H11	d_{11}	l_8	l_7	z[1]	Verjüngung	$\alpha/2$
Metrische Kegel (ME)	4	4	4,1	2,9	–	–	23	–	2	3	–	25	20	0,5	1 : 20 = 0,05	1°25'56''
	6	6	6,2	4,4	–	–	32	–	3	4,6	–	34	28	0,5		
Morse-Kegel (MK)	0	9,045	9,2	6,4	–	6,1	50	56,5	3	6,7	–	52	45	1	1 : 19,212	1°29'27''
	1	12,065	12,2	9,4	M 6	9	53,5	62	3,5	9,7	7	56	47	1	1 : 20,047	1°25'43''
	2	17,780	18	14,6	M 10	14	64	75	5	14,9	11,5	67	58	1	1 : 20,020	1°25'50''
	3	23,825	24,1	19,8	M 12	19,1	81	94	5	20,2	14	84	72	1	1 : 19,922	1°26'16''
	4	31,267	31,6	25,9	M 16	25,2	102,5	117,5	6,5	26,5	18	107	92	1	1 : 19,254	1°29'15''
	5	44,399	44,7	37,6	M 20	36,5	129,5	149,5	6,2	38,2	23	135	118	1	1 : 19,002	1°30'26''
	6	63,348	63,8	53,9	M 24	52,4	182	210	8	54,8	27	188	164	1	1 : 19,180	1°29'36''
Metrische Kegel (ME)	80	80	80,4	70,2	M 30	69	196	220	8	71,5	33	202	170	1,5	1 : 20 = 0,05	1°25'56''
	100	100	100,5	88,4	M 36	87	232	260	10	90	39	240	200	1,5		
	120	120	120,6	106,6	M 36	105	268	300	12	108,5	39	276	230	1,5		
	160	160	160,8	143	M 48	141	340	380	16	145,5	52	350	290	2		
	200	200	201	179,4	M 48	177	412	460	20	182,5	52	424	350	2		

[1] Das Kegelprüfmaß d_1 kann maximal im Abstand z vor der Kegelhülse liegen.

Bildzeichen
Graphical symbols

Werkzeugmaschinen

DIN 24 900-10: 1987-11

Bildzeichen	Bedeutung	Bildzeichen	Bedeutung	Bildzeichen	Bedeutung
	Vorschub, allgemein		Spindel		Drehendes Werkzeug, allgemein
	Schneller Vorschub, Eilgang		Spannzange		Werkzeug einsetzen oder Werkzeug ausstoßen
	Einrichten		Drehfutter, Spannfutter		Werkzeug klemmen oder Werkzeug lösen
	Positionieren		Planscheibe		Hobeln
	Schwenkbiegen, Abkanten		Spindelstock		Senkrecht-Stoßen
	Biegen, 3 Walzen		Reitstock		Waagerecht-Stoßen
	Scherschneiden		Bohren		Außenräumen
	Längsdrehen		Gewindebohren		Innenräumen
	Plandrehen		Reiben, allgemein		Schleifen, allgemein
	Außendrehen		Fräsen		Planschleifen
	Innendrehen		Fräsen im Gleichlauf		Außenrundschleifen
	Gewinde herstellen		Fräsen im Gegenlauf		Innenrundschleifen
	Werkzeugkühlung mit Flüssigkeit		Fräser, allgemein		Außenhonen
	Werkzeugbruch; Drehen, Hobeln		Messerkopf, Messerwelle		Innenhonen
	Revolverkopf		Werkzeugmagazin, zentralgeführt		Läppen

166 Fertigen mit Werkzeugmaschinen

Fertigungsplanung – Begriffe
Production planning – terms

Begriff	Kurz-zeichen	Bedeutung
Auftragzeit für den arbeitsausführenden Menschen		
Tätigkeitszeit	t_t	Vorgabezeit, durch die ein Fortschritt am Werkstück entsteht
beeinflussbare/unbeeinflussbare Tätigkeitszeit	t_{tb}/t_{tu}	Vorgabezeiten, die durch Anstrengung und Geschicklichkeit beeinflusst/nicht beeinflusst werden können
persönliche/sachliche Verteilzeit[1]	t_p/t_s	Gelegentlich vorkommende, unvorhersehbare Zeiten, die persönlich (z. B. Gespräch mit Vorgesetzten)/sachlich (z. B. zwischenzeitliches Reinigen des Arbeitsplatzes) bedingt sind
Wartezeit	t_w	Vorgabezeit, bei der fertigungsbedingt gewartet werden muss
Rüstzeit	t_r	Vorgabezeit für Vor- und Nachbereiten von Arbeitsplatz, Werkzeugen und Maschinen
Rüstgrundzeit	t_{rg}	Vorgabezeit für planmäßiges Rüsten
Rüstverteilzeit[1]	t_{rv}	Unregelmäßige, unvorhersehbare, über das regelmäßige Rüsten hinausgehende Zeit
Rüsterholungszeit	t_{rer}	Planmäßige Erholungszeit während des Rüstens
Grundzeit	t_g	Vorgabezeit für planmäßiges Ausführen ohne Erholungs- und Verteilzeiten
Erholungszeit	t_{er}	Planmäßige Erholungszeit während des Ausführens
Verteilzeit	t_v	Unregelmäßige, unvorhersehbare, über das regelmäßige Ausführen hinausgehende Zeit
Zeit je Einheit	t_e	Vorgabezeit für den arbeitsausführenden Menschen an einer Einheit des Auftrags
Ausführungszeit	t_a	Vorgabezeit zur Ausführung der Arbeit an allen Einheiten des Auftrags
Auftragszeit	T	Vorgabezeit für den arbeitsausführenden Menschen
Betriebsmittel-Belegungszeit		
Hauptnutzungszeit	t_h	Vorgabezeit, durch die ein Fortschritt am Werkstück entsteht
beeinflussbare/unbeeinflussbare Hauptnutzungszeit	t_{hb}/t_{hu}	Vorgabezeiten, die durch Anstrengung und Geschicklichkeit beeinflusst/nicht beeinflusst werden können
Nebennutzungszeit	t_n	Vorgabezeit für planmäßige Vorbereitung, Beschickung, Entleerung oder Unterbrechung des Betriebsmittels
beeinflussbare/unbeeinflussbare Nebennutzungszeit	t_{nb}/t_{nu}	Vorgabezeiten, die durch Anstrengung und Geschicklichkeit beeinflusst/nicht beeinflusst werden können
Brachzeit	t_b	Verfahrensbedingte Unterbrechung in der planmäßigen Nutzung des Betriebsmittels
Betriebsmittel-Rüstzeit	t_{rB}	Vorgabezeit für Vor- und Nachbereiten des Betriebsmittels
Betriebsmittel-Rüstgrundzeit	t_{rgB}	Vorgabezeit für planmäßiges Rüsten des Betriebsmittels
Betriebsmittel-Rüstverteilzeit[1]	t_{rvB}	Unregelmäßige, unvorhersehbare, über das planmäßige Rüsten hinausgehende Zeit
Betriebmittel-Grundzeit	t_{gB}	Vorgabezeit für die planmäßige Belegung des Betriebsmittels während der Fertigung
Betriebsmittel-Verteilzeit[1]	t_{vB}	Unregelmäßige, unvorhersehbare, über die planmäßige Belegung hinausgehende Zeit
Betriebsmittelzeit je Einheit	t_{eB}	Vorgabezeit für das Betriebsmittel an einer Einheit des Auftrags
Betriebsmittel-Ausführungszeit	t_{aB}	Vorgabezeit zur Ausführung der Arbeit an allen Einheiten des Auftrags
Betriebsmittel-Belegungszeit	T_{bB}	Vorgabezeit für das zu belegende Betriebsmittel
Kostenrechnung		
Werkstoffeinzelkosten	WEK	Kosten für benötigten Werkstoff einschließlich Verschnitt und Abfall
Werkstoffgemeinkosten[2]	WGK	Kosten für Einkauf, Lagerung, Verwaltung des Werkstoffs
Werkstoffkosten	WK	Summe der Werkstoffeinzel- und Werkstoffgemeinkosten
Fertigungslohnkosten	FLK	Produktive Löhne
Fertigungsgemeinkosten[2]	FGK	Kosten für Betriebsleitung, Transport, Werkzeuge, sonstige Hilfs- und Betriebsstoffe, Ausbildungswesen, Instandhaltung, Sozialkosten, Abschreibung
Fertigungssonderkosten	FSK	Auftragsgebundene Entwicklungs-, Modell-, Vorrichtungs- und Werkzeugkosten
Maschineneinzelkosten	MEK	Abschreibung, Verzinsung, Instandhaltung, Energiekosten, anteilige Raumkosten
Fertigungskosten	FK	Fertigungslohn-, Fertigungsgemein-, Fertigungssonder- und Maschineneinzelkosten
Herstellkosten	HK	Summe der Werkstoff- und Fertigungskosten
Verwaltungs- und Vertriebskosten[3]	VVK	Kosten für Rechnungswesen, Verkauf, Kundendienst, Werbung, Personalkosten, Betriebsrat, Ausbildungswesen, kaufmännische Verwaltung
Selbstkosten	SK	Kosten für die Produktion einer Ware
Gewinn	G	Durch den Verkauf der Ware angestrebter Erlös
Nettoverkaufspreis	NVP	Verkaufspreis einer Ware ohne Mehrwertsteuer

[1] Unregelmäßig auftretende und unvorhersehbare Zeiten (Gespräche mit Vorgesetzten, Stromausfall, Zusatzarbeiten) werden durch einen prozentualen Zuschlag zu den Grundzeiten berücksichtigt.

[2] Gemeinkosten können nicht für ein einzelnes Produkt erfasst werden. Sie werden auf alle hergestellten Produkte verteilt und als prozentualer Zuschlag zu Werkstoffeinzel- und Fertigungslohnkosten berücksichtigt.

[3] Verwaltungs- und Vertriebskosten werden durch einen prozentualen Zuschlag zu den Herstellkosten, der angestrebte Gewinn durch einen prozentualen Zuschlag zu den Selbstkosten berücksichtigt.

Fertigen mit Werkzeugmaschinen

Auftragszeit nach REFA[1]
Job time in accordance to REFA

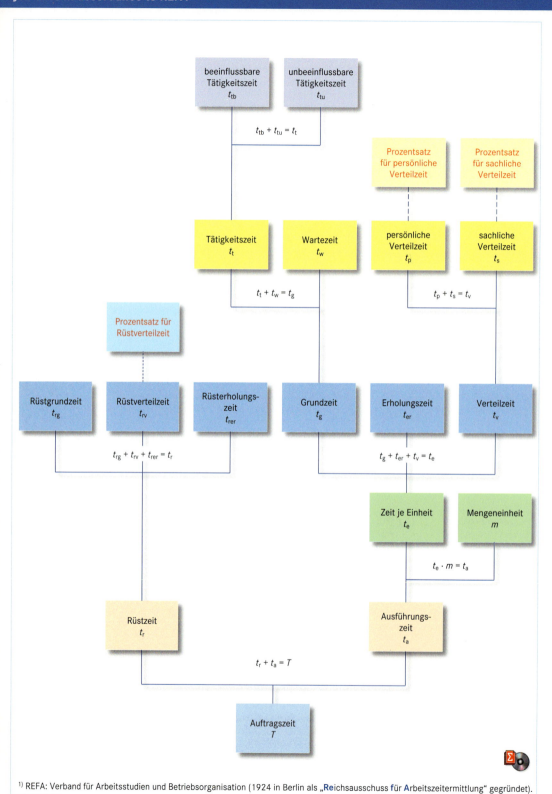

[1] REFA: Verband für Arbeitsstudien und Betriebsorganisation (1924 in Berlin als „**Re**ichsausschuss **f**ür **A**rbeitszeitermittlung" gegründet).

Betriebsmittel-Belegungszeit nach REFA[1]
Resource holding time in accordance to REFA

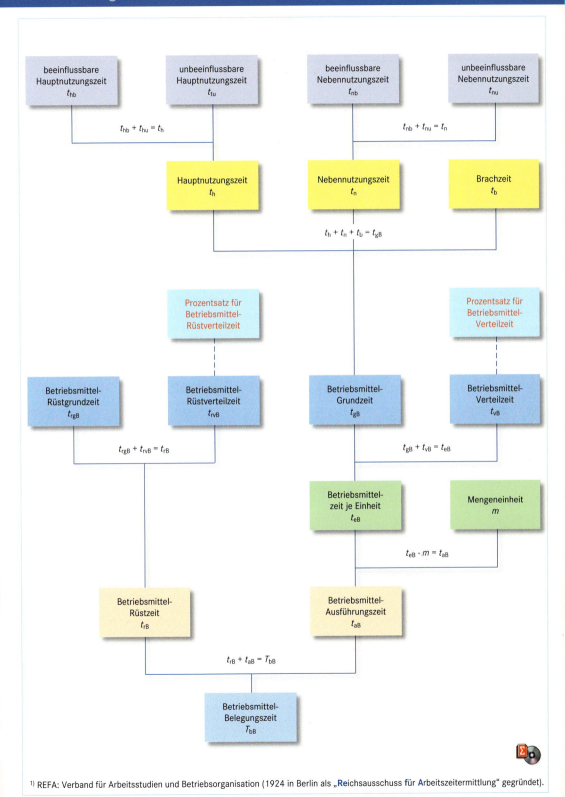

[1] REFA: Verband für Arbeitsstudien und Betriebsorganisation (1924 in Berlin als „**Re**ichsausschuss **f**ür **A**rbeitszeitermittlung" gegründet).

Kostenrechnung
Cost calculation

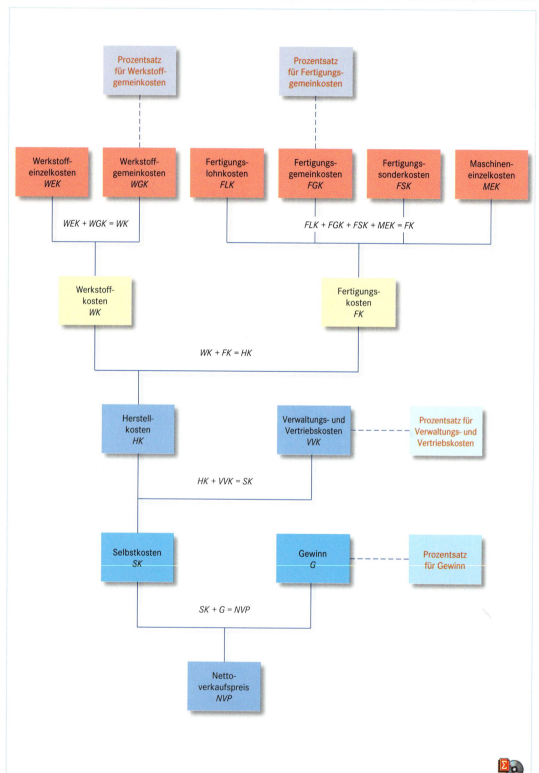

Fertigen mit Werkzeugmaschinen

Berechnung der Hauptnutzungszeit
Calculation of the main time of utilization

Hauptnutzungszeit beim Drehen

Längsrunddrehen

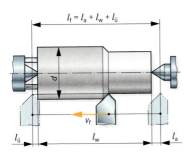

$$t_{hu} = \frac{l_f \cdot i}{f \cdot n}$$

$l_f = l_a + l_w + l_ü$

$$n = \frac{v_c}{d \cdot \pi}$$

t_{hu} : unbeeinflussbare Hauptnutzungszeit
l_f : Vorschubweg
l_a : Anlauflänge
l_w : Werkstücklänge
$l_ü$: Überlauflänge
i : Anzahl gleichartiger Vorgänge
f : Vorschub
n : Umdrehungsfrequenz

v_c : Schnittgeschwindigkeit
d : Durchmesser des Werkstückes

Maschinen mit gestuftem Getriebe:

$n_{tats.} \leq n$

Querplandrehen

Maschinen mit stufenlosem Getriebe:

$n = n_{tats.}$

$$t_{hu} = \frac{l_f \cdot i \cdot d \cdot \pi}{f \cdot v_c}$$

Für Maschinen mit stufenlosem Getriebe kann auch mit der Schnittgeschwindigkeit gerechnet werden:

v_c : Schnittgeschwindigkeit

Hauptnutzungszeit beim Gewindedrehen

Gewinde mit Gewindeauslauf

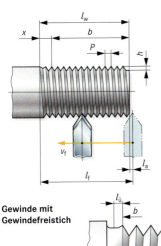

$$t_{hu} = \frac{l_f \cdot i \cdot g}{P \cdot n}$$

$$i = \frac{h}{a_p}$$

t_{hu} : unbeeinflussbare Hauptnutzungszeit
l_f : Vorschubweg
i : Anzahl gleichartiger Vorgänge
g : Gangzahl des Gewindes
P : Steigung
n : Umdrehungsfrequenz
h : Gewindetiefe
a_p : Schnitttiefe (Zustellung)

Gewinde mit Gewindeauslauf:

$l_f = l_a + l_w$ b : nutzbare Gewindelänge
                              x : Gewindeauslauf nach DIN 76
$l_w = b + x$

Gewinde mit Gewindefreistich:

$l_f = l_a + l_w + l_ü$ $l_w = b$

Gewinde mit Gewindefreistich

Fertigen mit Werkzeugmaschinen

Berechnung der Hauptnutzungszeit
Calculation of the main time of utilization

Hauptnutzungszeit beim Bohren, Reiben, Senken

Bohren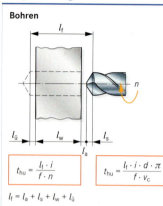

Reiben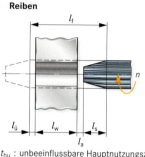

Flachsenken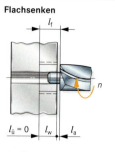

$$t_{hu} = \frac{l_f \cdot i}{f \cdot n}$$

$$t_{hu} = \frac{l_f \cdot i \cdot d \cdot \pi}{f \cdot v_c}$$

$l_f = l_a + l_s + l_w + l_{ü}$

$l_s = d \cdot \dfrac{1}{2 \cdot \tan\frac{\sigma}{2}}$

t_{hu} : unbeeinflussbare Hauptnutzungszeit
l_f : Vorschubweg
f : Vorschub
n : Umdrehungsfrequenz
v_c : Schnittgeschwindigkeit
l_a : Anlauflänge
l_w : Werkstücklänge

$l_{ü}$: Überlauflänge
i : Anzahl gleichartiger Vorgänge
d : Durchmesser des Bohrers
σ : Spitzenwinkel des Bohrers
l_s : Spitzenlänge des Bohrers
  Anschnittlänge der Reibahle

Richtwerte für die Spitzenlängen

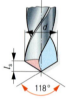  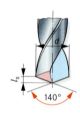 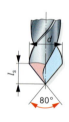

118° 130° 140° 80°

$l_s = 0{,}3 \cdot d$ $l_s = 0{,}23 \cdot d$ $l_s = 0{,}18 \cdot d$ $l_s = 0{,}6 \cdot d$

Hauptnutzungszeit beim Abtragen durch Erodieren oder Funkenerosion

Schneiderodieren

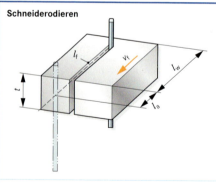

$$t_{hu} = \frac{l_f \cdot i}{v_f}$$

$A_c = v_f \cdot t$

$l_f = l_a + l_w$

t_{hu} : unbeeinflussbare Hauptnutzungszeit
l_f : Vorschubweg
i : Anzahl gleichartiger Vorgänge
v_f : Vorschubgeschwindigkeit
A_c : Schneidrate
t : Werkstückdicke
l_a : Anlauflänge

Senkerodieren

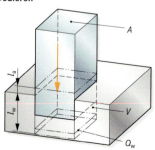

$$t_{hu} = \frac{A \cdot l_f \cdot i}{Q_w}$$

$l_f = l_a + l_w$

Q_w : spezifisches Abtragsvolumen
A : Querschnitt des abzutragenden Volumens
l_w : Höhe des abzutragenden Volumens
i : Anzahl gleichartiger Vorgänge
l_f : Vorschubweg
l_a : Anlauflänge

Berechnung der Hauptnutzungszeit
Calculation of the main time of utilization

Hauptnutzungszeit beim Fräsen

Umfangsplanfräsen

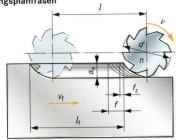

$$t_{hu} = \frac{l_f \cdot i}{v_f}$$

t_{hu} : unbeeinflussbare Hauptnutzungszeit
l_f : Vorschubweg
i : Anzahl der gleichen Schnitte
v_f : Vorschubgeschwindigkeit in $\frac{mm}{min}$
a_e : Arbeitseingriff
a_p : Schnitttiefe

Stirn-Umfangsplanfräsen

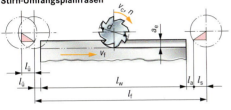

Vorschub je Fräserumdrehung:

$$f = f_z \cdot z$$

$$v_f = f_z \cdot z \cdot n$$

$l_f = l_s + l_a + l_w + l_ü$

$l_s = \sqrt{a_e \cdot d - a_e^2}$

f : Vorschub je Fräserumdrehung
f_z : Vorschub je Fräserzahn
z : Zähnezahl des Fräsers
n : Umdrehungsfrequenz des Fräsers
l_a : Anlauflänge
l_w : Werkstücklänge
$l_ü$: Überlauflänge
l_s : Anschnittlänge

Schruppen: $l_f = l_s + l_a + l_w + l_ü$

Schlichten: $l_f = 2 \cdot l_s + l_a + l_w + l_ü$

Stirnplanfräsen

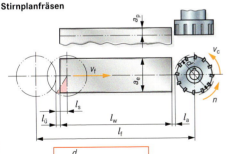

Maschinen mit gestuftem Getriebe

$$n = \frac{v_c}{d \cdot \pi}$$

v_c : Schnittgeschwindigkeit in $\frac{m}{min}$
d : Fräserdurchmesser

$n_{tats} \leq n$

$v_{f\,tats} \leq v_f$

$$t_{hu} = \frac{l_f \cdot i}{f_z \cdot z \cdot n}$$

Maschinen mit stufenlosem Getriebe

$n = n_{tats}$

$n_{tats} = \frac{v_c}{d \cdot \pi}$ $l_s = \frac{1}{2}\sqrt{d^2 - a_e^2}$

$v_{f\,tats} = f_z \cdot z \cdot n_{tats}$

$$t_{hu} = \frac{l_f \cdot i \cdot d \cdot \pi}{f_z \cdot z \cdot v_c}$$

Schruppen: $l_f = \frac{d}{2} + l_a + l_w + l_ü - l_s$

Schlichten: $l_f = \frac{d}{2} + l_a + l_w + l_ü + \frac{d}{2}$

Nutenfräsen

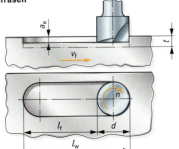

Nut geschlossen: $l_f = l_w - d$

Nut einseitig offen: $l_f = l_w + l_a - \frac{d}{2}$

Nut beidseitig offen: $l_f = \frac{d}{2} + l_a + l_w + l_ü$

$i = \frac{t}{a_e}$

t : Nuttiefe
a_e : Arbeitseingriff

Fertigen mit Werkzeugmaschinen

Berechnung der Hauptnutzungszeit
Calculation of the main time of utilization

Hauptnutzungszeit beim Schleifen

Rundschleifen

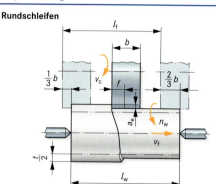

$t_{hu} = \dfrac{l_f \cdot i}{v_f}$

t_{hu} : unbeeinflussbare Hauptnutzungszeit
l_w : Werkstücklänge
l_f : Vorschubweg
i : Anzahl gleicher Schnitte
v_f : Vorschubgeschwindigkeit in $\dfrac{mm}{min}$
b : Breite der Schleifscheibe
t : Schleifzugabe
a_e : Arbeitseingriff

Kreisförmige Bewegung des Werkstückes:

$v_f = f \cdot n_w$

$i = \dfrac{t}{2\,a_e}$

f : Vorschub
n_w : Umdrehungsfrequenz des Werkstückes
b_w : Werkstückbreite

$t_{hu} = \dfrac{l_f \cdot i}{f \cdot n_w}$

$t_{hu} = \dfrac{l_f \cdot i \cdot d_w \cdot \pi}{f \cdot v_w}$

d_w : Wirkdurchmesser des Werkstückes
v_w : Umfangsgeschwindigkeit des Werkstückes in $\dfrac{mm}{min}$

Welle ohne Ansatz

$l_f = l_w - \dfrac{1}{3} b$

Welle mit Ansatz

$l_f = l_w - \dfrac{2}{3} b$

Planschleifen

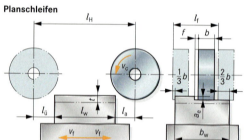

Geradlinige Bewegung des Werkstückes:

$t_{hu} = \dfrac{l_f \cdot i}{n_H \cdot f}$

$v_f = l_H \cdot n_H$

v_f : Schlittengeschwindigkeit
l_H : Hublänge
n_H : Hubzahl des Schlittens
l_a : Anlauflänge
$l_ü$: Überlauflänge
l_w : Werkstückbreite

Fläche ohne Ansatz

$l_f = b_w - \dfrac{1}{3} b$

$l_H = l_a + l_w + l_ü$

Fläche mit Ansatz

$l_f = b_w - \dfrac{2}{3} b$

Längs-Außen-Profilschleifen

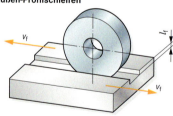

$i = \dfrac{l_f}{a_e}$

$t_{hu} = \dfrac{l_f \cdot i}{f \cdot n_H}$

l_f : Vorschubweg (Profiltiefe)
a_e : Arbeitseingriff
f : Vorschub
n_H : Hubzahl des Schlittens pro Zeiteinheit

Längs-Seiten-Planschleifen

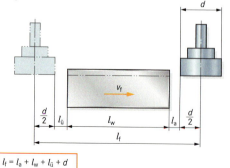

$t_{hu} = \dfrac{i}{n_H}$

$v_f = l_H \cdot n_H$

$t_{hu} = \dfrac{l_f \cdot i}{v_w}$

i : Anzahl gleicher Schnitte
n_H : Hubzahl des Schlittens
l_H : Hublänge
v_f : Werkstückgeschwindigkeit = Geschwindigkeit des Schlittens in $\dfrac{mm}{min}$
l_f : Vorschubweg
l_a : Anlauflänge
$l_ü$: Überlauflänge
d : Durchmesser der Schleifscheibe

$l_f = l_a + l_w + l_ü + d$

Fertigen mit numerisch gesteuerten Werkzeugmaschinen

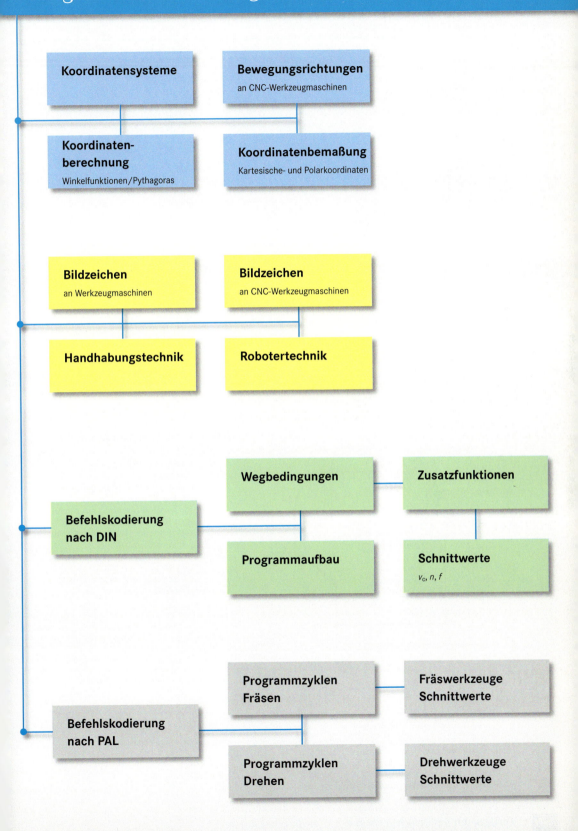

CNC-Technik
Computerized numerical control-technology

Programmzeile nach DIN 66025-1 (Beispiel)

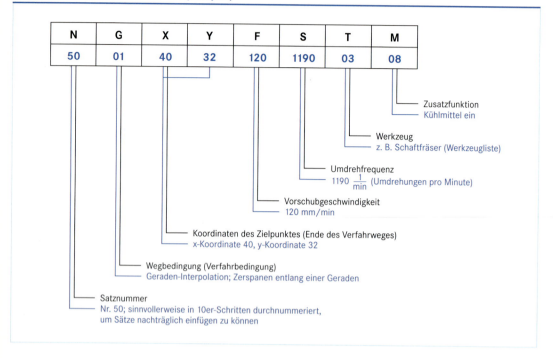

N	G	X	Y	F	S	T	M
50	01	40	32	120	1190	03	08

- M 08: Zusatzfunktion — Kühlmittel ein
- T 03: Werkzeug — z. B. Schaftfräser (Werkzeugliste)
- S 1190: Umdrehfrequenz — 1190 $\frac{1}{min}$ (Umdrehungen pro Minute)
- F 120: Vorschubgeschwindigkeit — 120 mm/min
- X 40, Y 32: Koordinaten des Zielpunktes (Ende des Verfahrweges) — x-Koordinate 40, y-Koordinate 32
- G 01: Wegbedingung (Verfahrbedingung) — Geraden-Interpolation; Zerspanen entlang einer Geraden
- N 50: Satznummer — Nr. 50; sinnvollerweise in 10er-Schritten durchnummeriert, um Sätze nachträglich einfügen zu können

Kreisinterpolation G02/G03; Werkzeugbahnkorrektur G41/G42

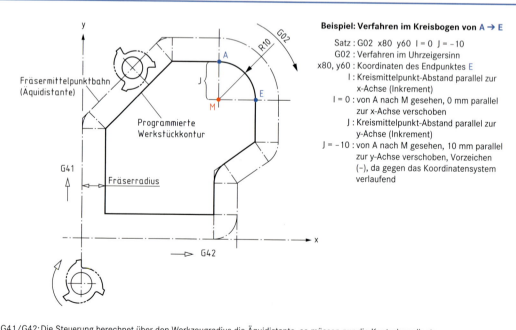

Beispiel: Verfahren im Kreisbogen von A → E

Satz : G02 x80 y60 I = 0 J = –10
G02 : Verfahren im Uhrzeigersinn
x80, y60 : Koordinaten des Endpunktes E
I : Kreismittelpunkt-Abstand parallel zur x-Achse (Inkrement)
I = 0 : von A nach M gesehen, 0 mm parallel zur x-Achse verschoben
J : Kreismittelpunkt-Abstand parallel zur y-Achse (Inkrement)
J = –10 : von A nach M gesehen, 10 mm parallel zur y-Achse verschoben, Vorzeichen (–), da gegen das Koordinatensystem verlaufend

G41/G42: Die Steuerung berechnet über den Werkzeugradius die Äquidistante, so müssen nur die Konturkoordinaten (Zeichnungsmaße) programmiert werden.
G41: Bahnkorrektur links, Werkzeug fährt, in Vorschubrichtung gesehen, links von der Kontur.
G42: Bahnkorrektur rechts, Werkzeug fährt, in Vorschubrichtung gesehen, rechts von der Kontur.
G40: Aufheben der Bahnkorrektur (Einschaltzustand der Steuerung).

Fertigen mit numerisch gesteuerten Werkzeugmaschinen

Koordinatenbestimmung
Coordinate determining

Koordinatenbemaßung

DIN 406-11

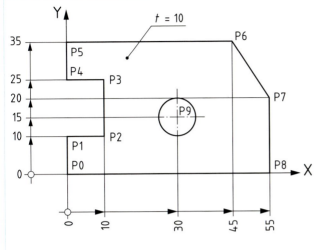

Pos.	x	y	d
P0	0	0	–
P1	0	10	–
P2	10	10	–
P3	10	25	–
P4	0	25	–
P5	0	35	–
P6	45	35	–
P7	55	20	–
P8	55	0	–
P9	30	15	10

Steigende Bemaßung (Bezugsbemaßung)   Tabellarische Bemaßung

Koordinatenberechnung

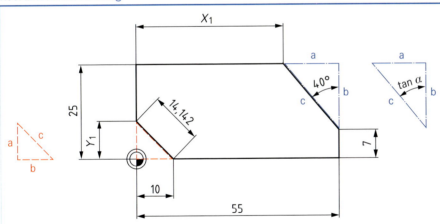

Koordinate y_1 wird mit Hilfe des Pythagoras bestimmt:

$y_1 \triangleq$ Kathete a

$a^2 = c^2 - b^2$
$a = \sqrt{c^2 - b^2}$
$a = \sqrt{(14,142)^2 - (10)^2}$
$a = \sqrt{200 - 100}$
$a = \sqrt{100}$
$a = 10$

$y_1 = 10,000$ mm

Koordinate x_1 wird mit Hilfe der Winkelfunktion bestimmt:

$x_1 = 55 - a$
$\tan \alpha = \dfrac{a}{b}$
$a = \tan \alpha \cdot b$
$a = \tan 40° \cdot 18$ ($b = 25 - 7$)
$a = 0,8390 \cdot 18$
$a = 15,104$

$x_1 = 55 - 15,104$
$x_1 = 39,896$ mm

Fertigen mit numerisch gesteuerten Werkzeugmaschinen

CNC-Technik
CNC-technology

Rechtwinklige Koordinatenachsen an CNC-Werkzeugmaschinen
DIN 66 217: 1975-12

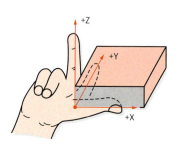

Achsbezeichnung bei senkrechter Z-Achse (Hauptspindel)

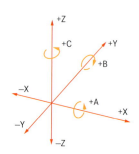

A, B und C bezeichnen Drehungen (Drehbewegungen), um die X-, Y- und Z-Achse

Kartesisches Koordinatensystem bei senkrechter Z-Achse

Bewegungsrichtungen an CNC-Werkzeugmaschinen

Z-Achse: Sie fällt mit der Arbeitsspindel zusammen. Die positive Richtung der Z-Achse verläuft vom Werkstück zum Werkzeug.
X-Achse: Sie liegt parallel zur Aufspannfläche des Werkstücks und soll nach Möglichkeit horizontal verlaufen.
Y-Achse: Sie ist durch die Lage und Richtung der Z-Achse und der X-Achse festgelegt.

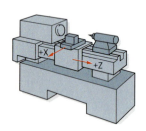

Flachbettdrehmaschine
(Werkzeug vor Drehmitte)

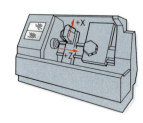

Schrägbrettdrehmaschine
(Werkzeug hinter Drehmitte)

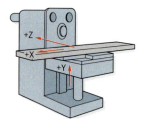

Waagerecht-Konsolfräsmaschine

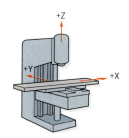

Senkrecht-Konsolfräsmaschine

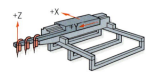

Brennschneidemaschine

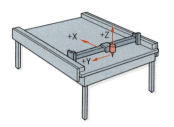

Zeichenmaschine
(Plotter)

Das Koordinatensystem wird immer auf das Werkstück bezogen. Die Programmierung erfolgt damit unabhängig von den Bewegungen von Werkstück und Werkzeug. Bei der Programmierung wird immer angenommen, dass sich das Werkzeug relativ zum Werkstück bewegt.

Fertigen mit numerisch gesteuerten Werkzeugmaschinen

Befehlscodierung nach DIN 66 025
Instruction code according to DIN 66 025

Programmaufbau für CNC-Maschinen
DIN 66 025-1: 1983-01

Ein Programm besteht aus Daten, die in Form von Programmsätzen in die Steuerung eingegeben werden. Jeder Satz kann aus mehreren Wörtern bestehen. Die Wörter eines Satzes können enthalten: programmtechnische Anweisungen, geometrische Anweisungen, technologische Anweisungen. Jedes Wort besteht aus einem Adressbuchstaben und einer Schlüsselzahl; z. B. G01

Number	**G**0		**F**eed	**S**peed	**T**ool	**M**iscellaneous
N40	G00	X50 Z-120	F0.35	S1400	T05	M03
Satznummer (40)	Wegbedingung (Eilgang)	Koordinaten des Zielpunktes	Vorschub (0,35 mm)	Umdrehungs-frequenz $(1400\,\frac{1}{\text{min}})$	Werkzeug (Nr. 5)	Zusatzfunktion (Spindel dreht im Uhrzeigersinn)
programmtechn. Anweisungen	geometrische Anweisungen		technologische Anweisungen			

Adressbuchstaben

Buchstabe	Bedeutung	Buchstabe	Bedeutung
A	Drehung um die X-Achse	M	Zusatzfunktion
B	Drehung um die Y-Achse	N	Satz-Nr.
C	Drehung um die Z-Achse	O	frei verfügbar
D	Werkzeugkorrekturspeicher (oder frei verfügbar)	P	dritte Bewegung parallel zur X-Achse
E	zweiter Vorschub (oder frei verfügbar)	Q	dritte Bewegung parallel zur Y-Achse
F	Vorschub	R	dritte Bewegung parallel zur Z-Achse
G	Wegbedingung	S	Spindelumdrehungsfrequenz oder
H	frei verfügbar		Schnittgeschwindigkeit
I	Interpolationsparameter oder Gewindesteigung parallel zur X-Achse	T	Werkzeug-Nr.
		U	zweite Bewegung parallel zur X-Achse
J	Interpolationsparameter oder Gewindesteigung parallel zur Y-Achse	V	zweite Bewegung parallel zur Y-Achse
		W	zweite Bewegung parallel zur Z-Achse
K	Interpolationsparameter oder Gewindesteigung parallel zur Z-Achse	X	Bewegung in Richtung X-Achse
		Y	Bewegung in Richtung Y-Achse
L	frei verfügbar	Z	Bewegung in Richtung Z-Achse

Wegbedingungen (G-Funktionen)
DIN 66025-2: 1988-09

Code	Bedeutung	Wirksamkeit ● satzweise ● gespeichert	Code	Bedeutung	Wirksamkeit ● satzweise ● gespeichert
G00	Punktsteuerungsverhalten, Eilgang	●	G57	Nullpunktverschiebung 4	●
G01	Geraden-Interpolation	●	G58	Nullpunktverschiebung 5	●
G02	Kreis-Interpolation im ⌒ Uhrzeigersinn (CW)	●	G59	Nullpunktverschiebung 6	●
G03	Kreis-Interpolation im ⌒ Gegenuhrzeigersinn (CCW)	●	G63	Gewindebohren	●
			G70	Maßangabe in inch	●
G04	Verweilzeit	●	G71	Maßangabe in Millimeter	●
G06	Parabel-Interpolation	●	G74	Referenzpunkt anfahren	●
G08	Geschwindigkeitszunahme	●	G80	Arbeitszyklus aufheben	●
G09	Geschwindigkeitsabnahme	●	G81	Arbeitszyklus 1	●
G17	Ebenenauswahl XY	●	G82	Arbeitszyklus 2	●
G18	Ebenenauswahl ZX	●	G83	Arbeitszyklus 3	●
G19	Ebenenauswahl YZ	●	G84	Arbeitszyklus 4	●
G33	Gewindeschneiden, Steigung gleichbleibend	●	G85	Arbeitszyklus 5	●
			G86	Arbeitszyklus 6	●
			G87	Arbeitszyklus 7	●
G34	Gewindeschneiden, Stelgung konstant zunehmend	●	G88	Arbeitszyklus 8	●
			G89	Arbeitszyklus 9	●
G35	Gewindeschneiden, Steigung konstant abnehmend	●	G90	absolute Maßangabe	●
			G91	inkrementale Maßangabe	●
G40	Werkzeugkorrektur aufheben	●	G92	Speicher setzen	●
G41	Werkzeugbahnkorrektur, links	●	G93	zeitreziproke Vorschub-verschlüsselung	●
G42	Werkzeugbahnkorrektur, rechts	●			
G43	Werkzeugkorrektur, positiv	●	G94	Vorschubgeschw. in mm/min	●
G44	Werkzeugkorrektur, negativ	●	G95	Vorschub in mm	●
G53	Aufheben von G54–G59	●	G96	konst. Schnittgeschwindigkeit	●
G54	Nullpunktverschiebung 1	●	G97	Umdrehungsfrequenz	●
G55	Nullpunktverschiebung 2	●			
G56	Nullpunktverschiebung 3	●	Nicht aufgeführte Wegbedingungen sind vorläufig oder ständig frei verfügbar.		

Fertigen mit numerisch gesteuerten Werkzeugmaschinen

Befehlscodierung nach DIN 66025
Instruction code according to DIN 66025

Zusatzfunktionen: Klassen 0, 1, 2

DIN 66025-2: 1988-09

Klasse 0: Universelle Zusatzfunktionen

Zusatzfunktion	sofort[1]	später[2]	ge-[3] speichert	satzweise[4]	Bedeutung
M00		🔴		⚫	Programmierter Halt
M01		🔴		⚫	Wahlweiser Halt
M02		🔴		⚫	Programmende
M06				⚫	Werkzeugwechsel
M10			🔵		Klemmen
M11			🔵		Lösen
M30		🔴		⚫	Programmende mit Rücksetzen
M48		🔴	🔵		Überlagerungen wirksam
M49	⚫		🔵		Überlagerungen unwirksam
M60		🔴		⚫	Werkstückwechsel

Klasse 1: Fräs- und Bohrmaschinen, Lehrenbohrwerke, Bearbeitungszentren

Zusatzfunktion	sofort[1]	später[2]	ge-[3] speichert	satzweise[4]	Bedeutung
M03	⚫		🔵		Spindel: Uhrzeigersinn
M04	⚫		🔵		Spindel: Gegenuhrzeigersinn
M05		🔴	🔵		Spindel: Halt
M07	⚫		🔵		Kühlmittel Nr. 2 Ein
M08	⚫		🔵		Kühlmittel Nr. 1 Ein
M09		🔴	🔵		Kühlmittel Aus
M19		🔴	🔵		Spindelhalt mit definierter Endstellung
M34	⚫		🔵		Spanndruck normal
M35	⚫		🔵		Spanndruck reduziert
M40	⚫		🔵		Automatische Getriebeschaltung
M41 bis M45	⚫		🔵		Getriebestufe 1 bis Getriebestufe 5
M50	⚫		🔵		Kühlmittel Nr. 3 Ein
M51	⚫		🔵		Kühlmittel Nr. 4 Ein
M71 bis M78	⚫		🔵		Indexpositionen des Drehtisches

Klasse 2: Drehmaschinen, Dreh-Bearbeitungszentren

Zusatzfunktion	sofort[1]	später[2]	ge-[3] speichert	satzweise[4]	Bedeutung
M03	⚫		🔵		Spindel: Uhrzeigersinn
M04	⚫		🔵		Spindel: Gegenuhrzeigersinn
M05		🔴	🔵		Spindel: Halt
M07	⚫		🔵		Kühlmittel Nr. 2 Ein
M08	⚫		🔵		Kühlmittel Nr. 1 Ein
M09		🔴	🔵		Kühlmittel Aus
M19		🔴	🔵		Spindelhalt mit definierter Endstellung
M34	⚫		🔵		Spanndruck normal
M35	⚫		🔵		Spanndruck reduziert
M40	⚫		🔵		Automatische Getriebeschaltung
M41 bis M45	⚫		🔵		Getriebestufe 1 bis Getriebestufe 5
M50	⚫		🔵		Kühlmittel Nr. 3 Ein
M51	⚫		🔵		Kühlmittel Nr. 4 Ein
M54	⚫		🔵		Reitstock: Pinole zurück
M55	⚫		🔵		Reitstock: Pinole vor
M56	⚫		🔵		Reitstock: Mitschleppen Aus
M57	⚫		🔵		Reitstock: Mitschleppen Ein
M58	⚫		🔵		Konstante Spindelumdrehungsfrequenz Aus
M59	⚫		🔵		Konstante Spindelumdrehungsfrequenz Ein
M80	⚫		🔵		Lünette 1 öffnen
M81	⚫		🔵		Lünette 1 schließen
M82	⚫		🔵		Lünette 2 öffnen
M83	⚫		🔵		Lünette 2 schließen
M84	⚫		🔵		Lünette Mitschleppen Aus
M85	⚫		🔵		Lünette Mitschleppen Ein

[1] wird mit anderen Angaben wirksam
[2] wird nach anderen Angaben wirksam
[3] wirksam bis zum Überschreiben
[4] nur im selben Satz wirksam

Befehlscodierung nach DIN 66025 und PAL
Instruction code according to DIN 66025 and PAL

Erklärungen zu den Wegbedingungen (G-Funktionen)

DIN 66025-2: 1988-09

Code	Erklärung
G00	Ein programmierter Punkt wird mit größtmöglicher Geschwindigkeit (Eilgang) angefahren. Eine davor wirksame Vorschubgeschwindigkeit wird unterdrückt, aber nicht gelöscht. Die Bewegungen in unterschiedlichen Achsrichtungen stehen nicht in einem funktionalen Zusammenhang.
G01	Ein programmierter Punkt wird geradlinig mit programmierter Vorschubgeschwindigkeit angefahren.
G02/ G03	Die Bezeichnungen „Uhrzeigersinn" und „Gegenuhrzeigersinn" beziehen sich innerhalb eines rechtsdrehenden Koordinatensystems auf die Relativbewegung des Werkzeugs gegenüber dem Werkstück. Blickrichtung ist die negative Richtung der auf der Bahnebene senkrecht stehenden Koordinatenachse.
G04	Das Programm wird für eine programmierte oder in der Steuerung festgelegte Dauer unterbrochen und anschließend automatisch fortgesetzt.
G17 ... G19	Auswahl einer Hauptebene (oder einer dazu parallelen Ebene), in der nachfolgende Funktionen (z. B. Geraden- oder Kreis-Interpolation, Werkzeugkorrekturen u. Ä.) wirksam werden sollen.
G40	Alle vorher programmierten Werkzeugkorrekturen (G41 ... G44) werden unwirksam.
G41/ G42	Das Werkzeug arbeitet in Bearbeitungsrichtung gesehen links (G41) bzw. rechts (G42) von der Werkstückkontur. Blickrichtung ist die negative Richtung der auf der Bahnebene senkrecht stehenden Koordinatenachse.
G43/ G44	In die Steuerung eingegebene Werte für Korrekturen (Werkzeuglänge, -radius oder -lage) werden zum (G43) bzw. vom (G44) programmierten Wert des Wortes für die Koordinate hinzugefügt (G43) bzw. abgezogen (G44).
G53	Alle vorher programmierten Nullpunktverschiebungen (G54 ... G59) werden unwirksam.
G54 ... G59	Nullpunktverschiebung von Bezugspunkten zur mehrfachen Bearbeitung gleicher Konturen, zur Verschiebung des Arbeitsbereiches bei Pendelbearbeitung oder zur Verschiebung von Bohr- und Fräsbildern.
G80	Alle vorher programmierten Arbeitszyklen (G81 ... G89) werden unwirksam.
G81 ... G89	Für häufig vorkommende Bearbeitungsaufgaben wird ein in der Steuerung festgelegter Ablauf einer Reihe von Bearbeitungsschritten ausgeführt. (Arbeitszyklen)
G94	Direkte Angabe der Vorschubgeschwindigkeit in mm/min
G95	Direkte Angabe des Vorschubes in mm
G96	Unter der Adresse für die Spindeldrehzahl wird die Schnittgeschwindigkeit in m/min eingegeben. Die Umdrehungsfrequenz wird auf den der programmierten Schnittgeschwindigkeit entsprechenden Wert geregelt.
G97	Unter der Adresse für die Spindeldrehzahl wird die Umdrehungsfrequenz in 1/min angegeben. G96 wird aufgehoben.

Allgemeine Befehlscodierung für PAL-CNC-Drehmaschine/CNC-Fräsmaschine

Wegbedingungen				Zusatzfunktionen	
G00	Eilgang	G59	Additive Nullpunktverschiebung	M00	Programmierter Halt
G01	Geraden-Interpolation	G73	Drehung um den Nullpunkt	M03	Spindel im Uhrzeigersinn
G02	Kreis im Uhrzeigersinn	G90	Absolute Maßangabe	M04	Spindel im Gegenuhrzeigersinn
G03	Kreis im Gegenuhrzeigersinn	G91	Inkrementale Maßangabe	M06	Werkzeugwechsel (Fräsen)
G04	Verweilzeit (in Sekunden)	G92	Drehzahlbegrenzung (Drehen)	M08	Kühlschmiermittel Ein
G09	Genauhalt	G94	Vorschubgeschwindigkeit in mm/min	M09	Kühlschmiermittel Aus
G33	Gewindeschneiden			M17	Unterprogrammende
G40	Aufheben der Werkzeugkorrektur	G95	Vorschub in mm je Umdrehung	M30	Programmende mit Rücksetzen
G41	Werkzeugbahnkorrektur, links	G96	Konstante Schnittgeschwindigkeit		
G42	Werkzeugbahnkorrektur, rechts	G97	Spindelumdrehungsfrequenz in min^{-1}	%	Hauptprogramm
G53	Nullpunktverschiebung aufheben			L	Unterprogramm
G54	Absolute Nullpunktverschiebung				

Fertigen mit numerisch gesteuerten Werkzeugmaschinen

Programmzyklen nach PAL – Fräsen
PAL program loops – milling

Befehlscodierung für PAL-Fräsmaschine: Zyklen G 85 – G 89

Zyklus	Eingabeparameter	Grafik
G85 Teilkreis-Bohrzyklus	● = Startposition = Mittelpunkt d. Teilkreises, in der Z-Achse 1 mm über der Bearbeitungsebene R = Teilkreisradius Z = Bohrungstiefe (bezogen auf den Werkstücknullpunkt) I = Startwinkel (bezogen auf die X-Achse) J = Anzahl der Bohrungen Bei einer Einzelbohrung sind die Zahlenwerte bei den Adressen R und I = 0, bei J = 1.	
G86 Taschen-fräszyklus	● = Startposition = Mittelpunkt der Tasche, in der Z-Achse 1 mm über der Bearbeitungsebene X = Länge der Tasche Y = Breite der Tasche Z = Tiefe der Tasche (bezogen auf den Werkstücknullpunkt) D = Einzelschnitttiefe I = Drehwinkel um M (bezogen auf die X-Achse)	
G87 Kreistaschen-fräszyklus	● = Startposition = Mittelpunkt der Tasche, in der Z-Achse 1 mm über der Bearbeitungsebene R = Kreistaschenradius Z = Tiefe der Tasche (bezogen auf Werkstücknullpunkt) D = Einzelschnitttiefe	
G88 Nutenfräszyklus	● = Startposition ist Punkt M der Nut, in der Z-Achse 1 mm über der Bearbeitungsebene X = Nutlänge Y = Nutbreite Z = Nuttiefe (bezogen auf den Werkstücknullpunkt) D = Einzelschnitttiefe I = Drehwinkel um M (bezogen auf die X-Achse) Fräsdurchmesser d: max. 0,90 × Nutbreite min. 0,55 × Nutbreite	
G89 Teilkreis-Gewindebohr-zyklus	● = Startposition = Mittelpunkt des Teilkreises in der Z-Achse 3 × F über der Bearbeitungsebene R = Teilkreisradius I = Startwinkel (bezogen auf die X-Achse) J = Anzahl der Gewindebohrungen Z = Nutzbare Gewindetiefe (bezogen auf den Werkstücknullpunkt) F = Gewindesteigung P Bei einer Einzelgewindebohrung ist der Zahlenwert bei den Adressen R und I = 0, bei J = 1.	1 Gewindebohrer über Bohrposition gezeichnet

Bei allen Zyklen ist die ● Startposition gleich der ● Endposition!

182 Fertigen mit numerisch gesteuerten Werkzeugmaschinen

Fräswerkzeuge nach PAL
PAL milling tools

Werkzeugdatei für PAL-Fräsmaschine

Technologische Daten						
Werkzeug-Nr.	T1	T2	T3	T4	T5	T6
Werkzeugdurchmesser[1]	10 mm	25mm	20 mm	16 mm	12 mm	10 mm
Schnittgeschwindigkeit[2]	30 m/min	35 m/min	35 m/min	35 m/min	35 m/min	35 m/min
maximale Schnitttiefe a_p[2]	–	10 mm	8 mm	6 mm	4 mm	2,5 mm
Schneidstoff	HS	HS	HS	HS	HS	HS
Anzahl der Schneiden	–	6	5	5	4	4
Vorschubgeschwindigkeit[2]	100 mm/min	100 mm/min	80 mm/min	70 mm/min	60 mm/min	40 mm/min
Werkzeugart	NC-Anbohrer	Schaftfräser				

Technologische Daten						
Werkzeug-Nr.	T7	T8	T9	T10	T11	T12
Werkzeugdurchmesser[1]	8 mm	10 mm	16 mm	5 mm	6,8 mm	M8
Schnittgeschwindigkeit[2]	35 m/min	35 m/min	35 m/min	30 m/min	30 m/min	10 m/min
maximale Schnitttiefe a_p[2]	2,5 mm	2,5 mm	2,5 mm	–	–	–
Schneidstoff	HS	HS	HS	HS	HS	HS
Anzahl der Schneiden	2	2	2	–	–	–
Vorschubgeschwindigkeit[2]	25 mm/min	35 mm/min	55 mm/min	140 mm/min	100 mm/min	Steig. 1,25 mm
Werkzeugart	Bohrnutenfräser			Spiralbohrer		Maschinen-Gewindebohrer

[1] Die Durchmessermaße des Werkzeuges können variieren, da sie von den Werkstückmaßen abhängig sind.
[2] Die angegebenen Schnittwertdaten gelten für den Werkstoff: S 235 JR + C

Fertigen mit numerisch gesteuerten Werkzeugmaschinen

Programmzyklen nach PAL – Drehen
PAL program loops – turning

Befehlscodierung für PAL-Drehmaschine: Zyklen G81–G84

Zyklus	Eingabeparameter	Grafik

G81
 	
Abspanzyklus längs,
 	
Zustellung in der X-Achse
	X = Zielposition (X-Achse)
	  – Fertigdurchmesser –
	Z = Zielposition (Z-Achse)
	  – Absatzlänge bis B –
	H = Zielposition (Z-Achse)
	  – Absatzlänge bis C –
	R = Startposition (Anfangsp.)
	  – Anfangsdurchmesser –
	D = Zustellung pro Schnitt
	P = Bearbeitungszugabe in X
	Q = Bearbeitungszugabe in Z
		Außenbearbeitung
		
		Innenbearbeitung

G82
 	
Abspanzyklus längs,
mit Auslauf als Radius,
 	
Zustellung in der X-Achse
	X = Zielposition (X-Achse)
	  – Fertigdurchmesser –
	Z = Zielposition (Z-Achse)
	  – Absatzlänge bis B –
	H = Zielposition (Z-Achse)
	  – Absatzlänge bis C –
	I = Abstand des Kreismittelpunktes
	  von B (X-Achse)
	K = Abstand des Kreismittelpunktes
	  von B (Z-Achse)
	D = Zustellung pro Schnitt
	R = Startposition (Anfangs Ø)
	P = Bearbeitungszugabe in X
	Q = Bearbeitungszugabe in Z
		Radius-Mittelpunkt

G83
 	
Gewindezyklus längs,
 	
Zustellung in der X-Achse
	X = Gewinde-Nenndurchmesser
	Z = Zielposition (Z-Achse)
	  – Länge bis Punkt B –
	F = Gewindesteigung
	D = Anzahl der Schnitte
	H = Gewindetiefe
	S = Startposition (Anlaufweg)
	  – nach Diagramm –	

G84
 	
Bohrzyklus,
 	
mit Freifahren für Spanentleerung
	Z = Bohrtiefe (bezogen auf den
	  Werkstücknullpunkt)
	D = Erste Bohrtiefe
	D = 2 × Bohrer-Ø (inkremental
	  bezogen auf S)
	H = Anzahl d. Spanentleerungen
	H = $\dfrac{\text{Restbohrtiefe}}{d}$
	F = Vorschub
		Spanentleerungen (H) — Startposition S
		d = Bohrdurchmesser

Bei allen Zyklen ist die Startposition gleich der Endposition!

Drehwerkzeuge nach PAL
PAL turning tools

Werkzeugdatei für PAL-Drehmaschine

Werkzeuge für die Außenbearbeitung

	Technologische Daten				
Werkzeug-Nr.	T 0101	T 0202	T 0303	T 0404	T 0505
Schneidenradius	0,8 mm	0,8 mm	0,4 mm	–	–
Schnittgeschwindigkeit[1]	200 m/min	200 m/min	240 m/min	140 m/min	120 m/min
maximale Schnitttiefe a_p[1]	2,5 mm	2,5 mm	0,5 mm	–	–
Schneidstoff	P 10	P 10	P 10	P 10	P 10
Vorschub je Umdrehung/Steigung[1]	0,3/0,1 mm	0,3/0,1 mm	0,2/0,1 mm	0,1/0,05 mm	1,5 mm

Werkzeuge für die Innenbearbeitung

	Technologische Daten					
Werkzeug-Nr.	T 0606	T 0707	T 0808	T 0909	T 1010	T 1111
Querauslage Q	20 mm	18 mm	18 mm	30 mm	30 mm	20 mm
Schneidenradius	–	0,8 mm	0,8 mm	0,4 mm	–	–
Schnittgeschwindigkeit[1]	180 m/min	180 m/min	180 m/min	240 m/min	140 m/min	120 m/min
maximale Schnitttiefe a_p[1]	–	1,5 mm	1,5 mm	0,5 mm	–	–
Schneidstoff	P 25	P 10	P 10	P 10	P 10	P 10
Vorschub je Umdrehung/Steigung[1]	0,05 mm	0,2/0,1 mm	0,2/0,1 mm	0,1/0,05 mm	0,1/0,05 mm	2 mm

[1] Die angegebenen Schnittwerte gelten für den Werkstoff: 11 SMn 30 + C

Drehwerkzeuge[1]

Außenbearbeitung		Innenbearbeitung	
T 0101	Längs- und Querdrehmeißel	T 0606	Längsdrehmeißel
T 0202	Formdrehmeißel (Schruppen)	T 0707	Längsrund- und Querplandrehmeißel
T 0303	Formdrehmeißel (Schlichten)	T 0808	Formdrehmeißel
T 0404	Einstechdrehmeißel	T 0909	Formdrehmeißel (Schlichten)
T 0505	Gewindedrehmeißel	T 1010	Einstechdrehmeißel
[1] Werkzeugträger hinter Drehmitte		T 1111	Gewindedrehmeißel

Bildzeichen an CNC-Werkzeugmaschinen
Graphical symbols of CNC machine tools

Grundbildzeichen

DIN 55003-3: 1981-08

	Programm ohne Maschinenfunktionen		Satz		Ändern		Korrektur: Kompensation oder Verschiebung
	Programm mit Maschinenfunktionen		Speicher		Wechseln		Datenträger

Funktionspfeil

Bezugspunkt; Ursprung

Funktionsbildzeichen

Programmeingabe	Programmeingabe	Datenspeicher	Programmfunktionen
Programm-Anfang	Wahlweise Satzunterdrückung	Speicherinhalt löschen	in Position
Programm-Ende	Handeingabe	Speicherinhalt rücksetzen	Positioniergenauigkeit – fein
Programm-Einlesen ohne Maschinenfunktionen	Unterprogramm	Vorwarnung, Speicherüberlauf	Positioniergenauigkeit – mittel
Programm-Einlesen mit Maschinenfunktionen	**Datenein-/ausgabe**	Speicherüberlauf	Positioniergenauigkeit – grob
Satzweises Einlesen ohne Maschinenfunktionen	Daten-Eingabe in einen Speicher	Speicherfehler	Kontur wiederanfahren
Satzweises Einlesen mit Maschinenfunktionen	Daten-Ausgabe aus einem Speicher	**Programmfunktionen**	Positionsfehler
Suchlauf rückwärts zum Programmanfang ohne Maschinenfunktion	Daten-Ein-/Ausgabe Speicherdialog	Absolute Maßangaben, entspricht G90	Werkzeug-Korrektur
Programm-Ende, Datenträgerrücklauf, ohne Maschinenfunktionen	Programmspeicher	Inkrementale Maßangaben, entspricht G91	Werkzeuglängen-Korrektur
Hauptsatz-Suche vorwärts	Unterprogramm-Speicher	Koordinaten-Nullpunkt	Werkzeugdurchmesser-Korrektur
Hauptsatz-Suche rückwärts	Programm ändern	Referenzpunkt	Werkzeug-Radiuskorrektur
Satznummern-Suche rückwärts	Daten im Speicher ändern	Werkstück-Nullpunkt	Schneidenradius-Korrektur
Satznummern-Suche vorwärts	Löschen	Startpunkt für erstes Werkzeug	Programmierter Halt entspricht M00
Suchlauf vorwärts	Rücksetzen	Nullpunkt-Verschiebung	Programmierter wahlweiser Halt entspricht M01
Suchlauf rückwärts	Fehlerhafte Programmdaten	Positions-Sollwert programmiert	Normale/spiegelbildliche Achssteuerung
	Fehlerhafter Datenträger	Positions-Istwert	

Fertigen mit numerisch gesteuerten Werkzeugmaschinen

Handhabungstechnik
Handling technology

Begriffe

VDI 2860: 1990-05

Handhaben ist das Schaffen, definierte Verändern oder vorübergehende Aufrechterhalten einer vorgegebenen räumlichen Anordnung[1] von geometrisch bestimmten Körpern in einem Bezugskoordinatensystem.

Es können weitere Bedingungen – wie z. B. Zeit, Menge und Bewegungsbahn – vorgegeben sein.

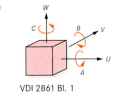

VDI 2861 Bl. 1

Die räumliche Anordnung eines Körpers ergibt sich aus seinen sechs Freiheitsgraden der Bewegung in einem Bezugskoordinatensystem.

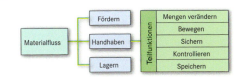

Teilfunktionen der Handhabungstechnik bestehen aus Elementarfunktionen und zusammengesetzten Funktionen.

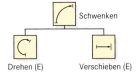

Symbolische Darstellung von Handhabungsfunktionen

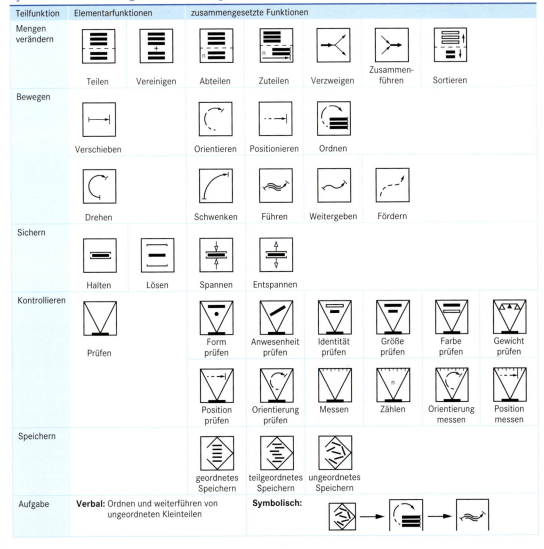

Fertigen mit numerisch gesteuerten Werkzeugmaschinen   187

Robotertechnik
Robotics technology

Freiheitsgrade

VDI 2860: 1990-05; VDI 2861: 1988-06

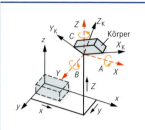

X, Y, Z: Bezugskoordinatensystem
X_K, Y_K, Z_K: „Körpereigenes" Koordinatensystem
A, B, C: Drehungen

Soll der Körper in das Bezugs-Koordinatensystem überführt werden, sind **drei** Drehungen A, B, C und **drei** Verschiebungen in X, Y, Z erforderlich.

Ein frei im Raum bewegter Körper lässt sich auf den Achsen X, Y, Z translatorisch bewegen. Um jede Achse ist wiederum eine rotatorische Bewegung (Drehungen A, B, C) möglich. Die Summe der möglichen unabhängigen Bewegungen (translatorisch und rotatorisch) gegenüber einem Bezugskoordinatensystem bezeichnet man als **Freiheitsgrad** (f); $f_{max.} = 6$

Achsen

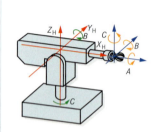

8-Achsen Industrieroboter

8 Bewegungsmöglichkeiten (Achsen)

- 🔴 translatorisch in den **Haupt**achsen: X_H, Y_H, Z_H (3)
- 🟢 rotatorisch in den **Haupt**achsen: B, C (2)
- 🟡 rotatorisch in den **Neben**achsen: A, B, C (3)

Achsen sind geführte, unabhängig voneinander angetriebene Glieder. Mit translatorischen und rotatorischen Achsen werden definierte Bewegungen zum Positionieren und Orientieren von Objekten ausgeführt.

Hauptachsen: Bestimmen den Arbeitsraum des Roboters

Nebenachsen: Im Verhältnis zu den Hauptachsen sind hier nur kleine Positionsänderungen möglich (Drehung des Objektes).

Symbolik und Darstellung

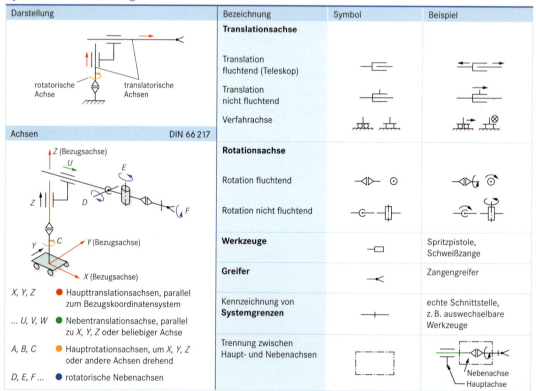

Fertigen mit numerisch gesteuerten Werkzeugmaschinen

Fertigen durch Urformen und Umformen

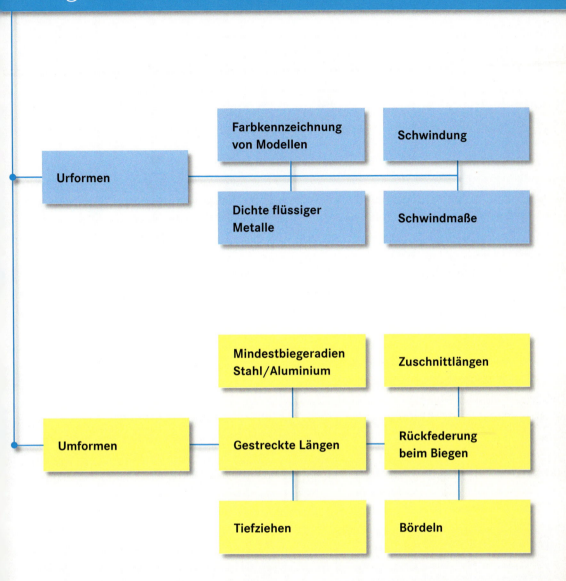

Urformen
Processing of amorphous materials

Farbkennzeichnung von Modellen
DIN EN 12 890: 2000-06

Fläche/Flächenteil	Guss-Werkstoff	Gusseisen mit Lamellengrafit	Gusseisen mit Kugelgrafit	Stahlguss	Temperguss	Schwermetallguss	Leichtmetallguss
Grundfarbe für Flächen am Modell und im Kernkasten, die am Gussteil unbearbeitet bleiben		rot	lila	blau	grau	gelb	grün
am Gussteil zu bearbeitende Flächen (kleine Flächen ganzflächig streichen)		gelbe Striche	gelbe Striche	gelbe Striche	gelbe Striche	rote Striche	gelbe Striche
Kernmarken				schwarz			
Sitzstellen loser Modellteile am Modell oder im Kernkasten				schwarz umrandet			
Stellen für Abschreckplatten und Marken für einzulegende Dorne		blau	rot	rot	rot	blau	blau
verlorene Köpfe oder Angüsse, Bearbeitungszugaben aus gießtechnischen Gründen				schwarze Streifen			

Schwindung

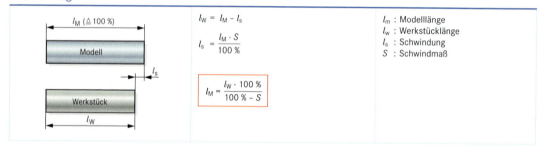

$l_W = l_M - l_S$

$l_S = \dfrac{l_M \cdot S}{100\,\%}$

$l_M = \dfrac{l_W \cdot 100\,\%}{100\,\% - S}$

l_m : Modelllänge
l_W : Werkstücklänge
l_S : Schwindung
S : Schwindmaß

Schwindmaße
DIN EN 12 890: 2000-06

Gusswerkstoff	Richtwert in %	Mögliche Abweichung in %[1]	Gusswerkstoff	Richtwert in %	Mögliche Abweichung in %[1]
Gusseisen mit Lamellengrafit	1,0	0,5 … 1,3	Zn-Gusslegierung	1,3	1,1 … 1,5
Gusseisen mit Kugelgrafit, ungeglüht	1,2	0,8 … 2,0	CuSn-Gusslegierungen	1,5	0,8 … 2,0
Gusseisen mit Kugelgrafit, geglüht	0,5	0,0 … 0,8	CuZn-Gusslegierungen	1,2	0,8 … 1,8
Austenitisches Gusseisen	2,5	1,8 … 3,0	CuSnZn-Gusslegierungen	1,3	0,8 … 1,6
Stahlguss	2,0	1,5 … 2,5	CuZn (Mn, Fe, Al)-Gusslegierungen	2,0	1,8 … 2,3
Temperguss, nicht entkohlend geglüht	0,5	0,0 … 1,5	CuAl (Ni, Fe, Mn)-Gusslegierungen	1,9	1,9 … 2,3
Temperguss, entkohlend geglüht	1,6	1,0 … 2,0	Kupfergusswerkstoffe	1,9	1,5 … 2,1
Al-Gusslegierungen	1,2	0,8 … 1,5	Feinzink-Gusslegierungen	1,3	1,1 … 1,5
Mg-Gusslegierungen	1,2	1,0 … 1,5	Gleitlager-Gusslegierungen	0,5	0,4 … 0,6

[1] Die unteren Grenzwerte gelten für Werkstücke mit stark behinderter Schwindung. Die oberen Grenzwerte gelten für Werkstücke mit unbehinderter bzw. geringfügig behinderter Schwindung. Je nach Behinderungsgrad kann es notwendig sein, an unterschiedlichen Stellen eines Werkstücks mit unterschiedlichen Schwindmaßen zu rechnen.

Dichte flüssiger Metalle

Werkstoff	Temperatur in °C	Dichte in kg/dm³	Werkstoff	Temperatur in °C	Dichte in kg/dm³
Aluminium	700	2,38	Eisen mit 9,4 % Ni	1600	7,18
Aluminium	1000	2,30	Eisen mit 8,5 % Mn	1600	7,12
Blei	327	10,65	Eisen mit 13,7 % Cr	1600	7,04
Eisen, rein	1600	6,94	Kupfer	1100	7,92
Eisen mit 0,1 % C	1600	6,93	Kupfer	1600	7,53
Eisen mit 0,5 % C	1600	6,90	Nickel	1500	7,76
Eisen mit 1 % C	1600	6,87	Zink	419	6,92
Eisen mit 2 % C	1600	6,77	Zinn	232	6,99

Umformen
Metal forming

Mindestbiegeradius für das Kaltbiegen von Flacherzeugnissen aus Stahl   DIN 6935: 1975-10

Werkstoff mit einer Mindestzugfestigkeit R_m in N/mm²	... 1	>1 ...1,5	>1,5 ...2,5	>2,5 ...3	>3 ...4	>4 ...5	>5 ...6	>6 ...7	>7 ...8	>8 ...10	>10 ...12	>12 ...14	>14 ...16	>16 ...18	>18 ...20
... 390	1	1,6	2,5	3	5	6	8	10	12	16	20	25	28	36	40
> 390 ... 490	1,2	2	3	4	5	8	10	12	16	20	25	28	32	40	45
> 490 ... 640	1,6	2,5	4	5	6	8	10	12	16	20	25	32	36	45	50

Die Werte gelten für Kaltbiegen quer zur Walzrichtung und für Biegewinkel $\alpha \leq 120°$. Beim Biegen längs zur Walzrichtung und Biegewinkeln $\alpha > 120°$ ist der Wert für die nächsthöhere Blechdicke zu wählen.

Biegeradien für Bleche und Bänder aus Aluminium und Aluminiumlegierungen   DIN 5520: 2002-07

Werkstoff	Zustand	... 0,8	>0,8 ...1	>1 ...1,5	>1,5 ...2,5	>2,5 ...3	>3 ...4	>4 ...5	>5 ...6	>6 ...7	>7 ...8
EN AW-1050-H12	kaltverfestigt, ¼ hart	0,8	1	1,2	1,6	2,5	4	5	6	8	10
EN AW-5754-H111	weichgeglüht, gering kaltverfestigt	0,4	0,6	1,0	2,0	3,0	4,0	6,0	8,0	10,0	14,0
EN AW-5754-H12	kaltverfestigt, ¼ hart	1,2	1,6	2,5	4,0	6,0	10,0	14,0	18,0	–	–
EN AW-5754-H14	kaltverfestigt, ½ hart	1,6	2	3	4	6	8	12	16	–	–
EN AW-5754-H22	kaltverfestigt, ¼ hart, rückgeglüht	0,8	1,0	1,5	3,0	4,5	6,0	8,0	10,0	–	–
EN AW-5083-H111	weichgeglüht, gering kaltverfestigt	0,6	1,0	1,5	2,5	4,0	6,0	8,0	10,0	14,0	20,0
EN AW-5083-H22	kaltverfestigt, ¼ hart, rückgeglüht	1,2	1,6	2,5	4,0	6,0	10,0	16,0	20,0	25,0	32,0
EN AW-6082-T6	lösungsgeglüht, warm ausgelagert	2,5	4,0	5,0	8,0	12,0	16,0	23,0	28,0	36,0	44,0
EN AW-7020-T6	lösungsgeglüht, warm ausgelagert	1,2	1,6	3	4	5	6	8	10	12	16

Die Werte gelten für Kaltbiegen längs und quer zur Walzrichtung für Biegewinkel $\alpha = 90°$.

Radien in mm   DIN 250: 2000-04

0,2				0,3		0,4		0,5		0,6		0,8		1		1,2		1,6	
2		2,5		3		4		5		6		8		10		12		16	18
20	20	25	28	32	36	40	45	50	56	63	70	80	90	100	110	125	140	160	180	200

 Vorzugsreihe

Gestreckte Länge (neutrale Faser)

Kreisförmig gebogen

Gestreckte Länge = Länge der Schwerpunktlinie

$$l_s = d_s \cdot \pi$$

$$d_s = \frac{l_s}{\pi}$$

$$l_s = \frac{d_s \cdot \pi \cdot \alpha}{360°}$$

$$d_s = \frac{l_s \cdot 360°}{\pi \cdot \alpha}$$

$$\alpha = \frac{l_s \cdot 360°}{d_s \cdot \pi}$$

l_s : gestreckte Länge
d_s : Durchmesser der Schwerpunktlinie
α : Biegewinkel
π : 3,14159 ...

Scharfkantig gebogen; Ecken gestaucht

$$l_s = 2 \cdot l_1 + 2 \cdot l_2 - n \cdot t$$
$$l_s = 2 \cdot l_3 + 2 \cdot l_4 + n \cdot t$$

l_s : gestreckte Länge
$l_1; l_2$: Außenmaße
$l_3; l_4$: Innenmaße
n : Anzahl der Biegekanten
t : Werkstückdicke

Scharfkantig gebogen; Ecken abgerundet

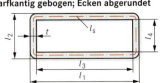

$$l_s = 2 \cdot l_1 + 2 \cdot l_2 - \frac{n \cdot t}{2}$$
$$l_s = 2 \cdot l_3 + 2 \cdot l_4 + \frac{n \cdot t}{2}$$

l_s : gestreckte Länge
$l_1; l_2$: Außenmaße
$l_3; l_4$: Innenmaße
n : Anzahl der Biegekanten
t : Werkstückdicke

Fertigen durch Urformen und Umformen

Umformen
Metal forming

Zuschnittlänge für 90°-Biegungen

DIN 6935 Beiblatt 1: 1975-10

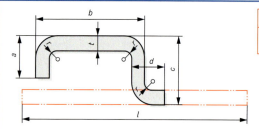

$l = a + b + c + d + \ldots - n \cdot v$

Ergebnis auf volle Millimeter aufrunden

l : gestreckte Länge
$a, b, c \ldots$: Länge der Schenkel (Außenmaße)
r : Biegeradius (Innenmaß)
t : Blechdicke
n : Anzahl der Biegestellen
v : Ausgleichswert

Biegeradius r in mm	\multicolumn{16}{c}{Ausgleichswert v je Biegestelle in mm für Blechdicke t in mm}
	0,3	0,4	0,5	0,6	0,8	1,0	1,2	1,5	2,0	2,5	3,0	4,0	5,0	6,0	8,0	10,0	12,0	15,0	18,0
1,0	0,9	1,0	1,2	1,3	1,7	1,9													
1,6	1,0	1,3	1,4	1,6	1,8	2,1	2,5	2,9											
2,5	1,4	1,6	1,8	2,0	2,2	2,4	2,8	3,2	4,0	4,8									
4,0	2,0	2,2	2,4	2,5	2,8	3,0	3,5	3,7	4,5	5,2	6,0	7,7							
6,0	2,9	3,0	3,2	3,3	3,4	3,8	4,4	4,5	5,2	5,9	6,7	8,3	9,9	11,6					
10,0	4,6	4,7	4,9	5,0	5,1	5,5	5,8	6,1	6,7	7,4	8,1	9,6	11,2	12,7	15,9	19,3			
16,0	7,1	7,2	7,4	7,5	7,7	8,1	8,3	8,7	9,3	9,9	10,5	11,9	13,3	14,8	17,8	21,0	24,2	29,1	
20,0	8,8	8,9	9,1	9,2	9,3	9,8	10,2	10,4	11,0	11,6	12,2	13,4	14,9	16,3	19,3	22,3	25,4	30,2	35,2
25,0	11,0	11,1	11,2	11,3	11,5	11,9	12,1	12,6	13,2	13,8	14,4	15,6	16,8	18,2	21,1	24,1	27,0	31,8	36,6

Zuschnittlänge für beliebige Biegewinkel

DIN 6935 Beiblatt 1: 1975-10

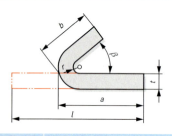

$l = a + b - v$

Ergebnis auf volle Millimeter aufrunden

$k = 0{,}65 + 0{,}5 \cdot \log \dfrac{r}{t}$

l : gestreckte Länge
$a, b \ldots$: Länge der Schenkel (Außenmaße)
v : Ausgleichswert
r : Biegeradius (Innenmaß)
t : Blechdicke
β : Öffnungswinkel
k : Korrekturfaktor

Öffnungs- winkel β	Ausgleichswert v
0° … 90°	$2 \cdot (r + t) - \pi \cdot \left(\dfrac{180° - \beta}{180°}\right) \cdot \left(r + \dfrac{t}{2} \cdot k\right)$
> 90° … 165°	$2 \cdot (r + t) \cdot \tan\left(\dfrac{180° - \beta}{2}\right) - \pi \cdot \left(\dfrac{180° - \beta}{180°}\right) \cdot \left(r + \dfrac{t}{2} \cdot k\right)$
> 165° … 180°	0 (vernachlässigbar klein)

Korrekturfaktor k (ausgewählte Werte)							
$r : t$	0,25	0,5	0,75	1,0	1,5	2,0	2,5
k	0,35	0,5	0,59	0,65	0,74	0,8	0,85
$r : t$	3,0	3,5	4,0	4,5	5,0	5,5	6,0
k	0,89	0,92	0,95	0,98	1,0	1,02	1,04

Rückfederung beim Biegen

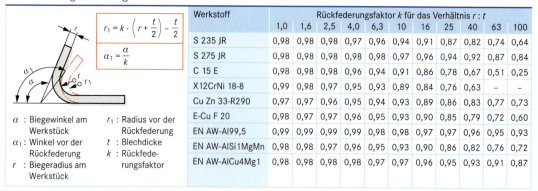

$r_1 = k \cdot \left(r + \dfrac{t}{2}\right) - \dfrac{t}{2}$

$\alpha_1 = \dfrac{\alpha}{k}$

α : Biegewinkel am Werkstück
α_1 : Winkel vor der Rückfederung
r : Biegeradius am Werkstück
r_1 : Radius vor der Rückfederung
t : Blechdicke
k : Rückfederungsfaktor

Werkstoff	\multicolumn{10}{c}{Rückfederungsfaktor k für das Verhältnis $r : t$}
	1,0	1,6	2,5	4,0	6,3	10	16	25	40	63	100
S 235 JR	0,98	0,98	0,98	0,97	0,96	0,94	0,91	0,87	0,82	0,74	0,64
S 275 JR	0,98	0,98	0,98	0,98	0,98	0,97	0,96	0,94	0,92	0,87	0,84
C 15 E	0,98	0,98	0,98	0,96	0,94	0,91	0,86	0,78	0,67	0,51	0,25
X12CrNi 18-8	0,99	0,98	0,97	0,95	0,93	0,89	0,84	0,76	0,63	–	–
Cu Zn 33-R290	0,97	0,97	0,96	0,95	0,94	0,93	0,89	0,86	0,83	0,77	0,73
E-Cu F 20	0,98	0,97	0,97	0,96	0,95	0,93	0,90	0,85	0,79	0,72	0,60
EN AW-Al99,5	0,99	0,99	0,99	0,99	0,98	0,98	0,97	0,97	0,96	0,95	0,93
EN AW-AlSi1MgMn	0,98	0,98	0,97	0,96	0,95	0,93	0,90	0,86	0,82	0,76	0,72
EN AW-AlCu4Mg1	0,98	0,98	0,98	0,98	0,97	0,97	0,96	0,95	0,93	0,91	0,87

Fertigen durch Urformen und Umformen

Umformen
Metal forming

Tiefziehen

– im Erstzug

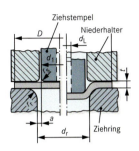

– im Weiterzug

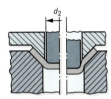

$\beta_1 = \dfrac{D}{d_1}$

$a = t + k \cdot \sqrt{10 \cdot t}$

$d_r = d_1 + 2 \cdot a$

$r_s = 4 \cdot t \ldots 5 \cdot t$

$r_r = 0{,}035 \cdot [50 + (D - d_1)] \cdot \sqrt{t}$

$F_z = (d_1 + t) \cdot \pi \cdot t \cdot R_m \cdot 1{,}2 \, \dfrac{\beta_1 - 1}{\beta_{1\,max} - 1}$

$F_N = (D^2 - d_N^2) \cdot \dfrac{\pi}{4} \cdot p$

mit $d_N = d_1 + 2 \cdot a + 2 \cdot r_r$

$F = F_z + F_N$

$\beta_2 = \dfrac{d_1}{d_2}; \ \beta_3 = \dfrac{d_2}{d_3} \ldots$

$\beta_{ges} = \beta_1 \cdot \beta_2 \cdot \beta_3 \ldots$

D : Zuschnittdurchmesser
d_1 : Stempeldurchmesser 1. Zug
d_2 : Stempeldurchmesser 2. Zug
d_r : Ziehringdurchmesser
d_L : Durchmesser der Entlüftungsbohrung
a : Ziehspalt
r_s : Ziehstempelradius
r_r : Ziehringradius
k : Werkstofffaktor
t : Blechdicke
β_1 : Tiefziehverhältnis 1. Zug
β_2 : Tiefziehverhältnis 2. Zug
β_{ges} : Gesamttiefziehverhältnis
β_{max} : Grenztiefziehverhältnis
d_r : Ziehringdurchmesser
F_z : Tiefziehkraft
F_N : Niederhalterkraft
d_N : Auflagedurchmesser des Niederhalters
F : Gesamttiefziehkraft
R_m : Mindestzugfestigkeit
A : vom Niederhalter gespannte Werkstückfläche
p : Flächenpressung

Werkstofffaktor k		Richtwerte für Entlüftungsbohrungen		Ziehstempelradius für Erstzug r_s		Schmierstoffe beim Tiefziehen	
Werkstoff	Werkstofffaktor k	Ø d_1 in mm	Ø d_L in mm	$r:t$	r_s	Werkstoff	Schmierstoff
Tiefziehstahlblech	0,07					Tiefziehstahlblech	Öl + Molybdändisulfid; Talg + Grafit
Aluminiumblech	0,02	bis 100	6	bis 0,3	$2 \cdot r_r$	Al-Blech	Petroleum + Grafit; Talg
sonstige NE-Bleche	0,04	> 100 ... 200	8	> 0,3 ... 0,6	$1{,}5 \cdot r_r$	Cu-Blech	wie Al-Bleche
hochwarmfeste Legierungen	0,2	> 200	10	> 0,6	$1{,}0 \cdot r_r$	CuZn-Blech	warme Rüböl-Seifenwasser-Emulsion

Grenztiefziehverhältnis $\beta_{1\,max}$ und maximale Flächenpressung p_{max} im Niederhalter

Werkstoff	$\beta_{1\,max}$	$\beta_{2\,max}$ ohne Zwischenglühen	$\beta_{2\,max}$ mit Zwischenglühen	Flächenpressung p_{max} in N/mm²	Werkstoff	$\beta_{1\,max}$	$\beta_{2\,max}$ ohne Zwischenglühen	$\beta_{2\,max}$ mit Zwischenglühen	Flächenpressung p_{max} in N/mm²
(St 10)	1,7	1,2	1,5	2,5	CuZn 37 h	1,9	1,2	1,7	2,4
DC 01 (St 12)	1,8	1,2	1,6	2,5	EN AW-Al 99,5	2,1	1,6	2,0	1,2
DC 03 (St 13)	1,9	1,25	1,65	2,5	EN AW-AlMg1	1,85	1,3	1,75	1,2
DC 04 (St 14)	2,0	1,3	1,7	2,5	EN AW-AlMn1	1,85	1,3	1,75	1,2
Cu	2,1	1,3	1,9	2,0	EN AW-AlSi1MgMn	2,05	1,4	1,85	1,5
CuZn 37 w	2,1	1,4	2,0	2,0	EN AW-AlCu4Mg1	2,0	1,5	1,8	1,5

Die Werte für $\beta_{1\,max}$ und $\beta_{2\,max}$ gelten bis $D:t = 300$. Sie wurden aufgenommen für $t = 1$ mm und $D_1 = 100$ mm.
Bei anderen Blechdicken und/oder Stempeldurchmessern ändern sie sich nur geringfügig.

Fertigen durch Urformen und Umformen

Umformen
Metal forming

Durchmesser von Zuschnitten für rotationssymmetrische Tiefziehteile

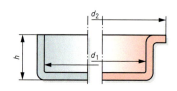

ohne Rand: $D = \sqrt{d_1^2 + 4 \cdot d_1 \cdot h}$
mit Rand: $D = \sqrt{d_2^2 + 4 \cdot d_1 \cdot h}$

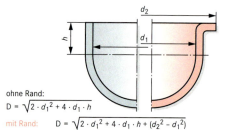

ohne Rand: $D = \sqrt{2 \cdot d_1^2 + 4 \cdot d_1 \cdot h}$
mit Rand: $D = \sqrt{2 \cdot d_1^2 + 4 \cdot d_1 \cdot h + (d_2^2 - d_1^2)}$

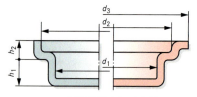

ohne Rand: $D = \sqrt{d_2^2 + 4 \cdot (d_1 \cdot h_1 + d_2 \cdot h_2)}$
mit Rand: $D = \sqrt{d_3^2 + 4 \cdot (d_1 \cdot h_1 + d_2 \cdot h_2)}$

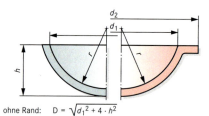

ohne Rand: $D = \sqrt{d_1^2 + 4 \cdot h^2}$
mit Rand: $D = \sqrt{d_2^2 + 4 \cdot h^2}$

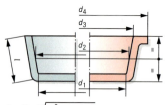

ohne Rand: $D = \sqrt{d_1^2 + 4 \cdot d_2 \cdot l}$
mit Rand: $D = \sqrt{d_1^2 + 4 \cdot d_2 \cdot l + (d_4^2 - d_3^2)}$

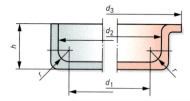

ohne Rand: $D = \sqrt{d_1^2 + 2 \cdot \pi \cdot (d_1 + r) \cdot r + 4 \cdot d_2 \cdot h}$
mit Rand: $D = \sqrt{d_1^2 + 2 \cdot \pi \cdot (d_1 + r) \cdot r + 4 \cdot d_2 \cdot h + (d_3^2 - d_2^2)}$

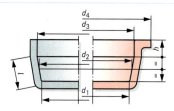

ohne Rand: $D = \sqrt{d_1^2 + 4 \cdot d_2 \cdot l + d_3 \cdot h}$
mit Rand: $D = \sqrt{d_1^2 + 4 \cdot d_2 \cdot l + d_3 \cdot h + (d_4^2 - d_3^2)}$

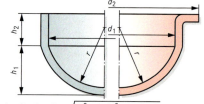

ohne Rand: $D = \sqrt{d_1^2 + 4 \cdot h_1^2 + 4 \cdot d_1 \cdot h_2}$
mit Rand: $D = \sqrt{d_1^2 + 4 \cdot h_1^2 + 4 \cdot d_1 \cdot h_2 + (d_2^2 - d_1^2)}$

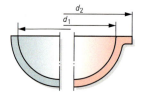

ohne Rand: $D = \sqrt{2 \cdot d_1^2}$
mit Rand: $D = \sqrt{d_1^2 + d_2^2}$

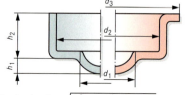

ohne Rand: $D = \sqrt{d_2^2 + 4 \cdot h_1^2 + 4 \cdot d_2 \cdot h_2}$
mit Rand: $D = \sqrt{d_2^2 + 4 \cdot h_1^2 + 4 \cdot d_2 \cdot h_2 + (d_3^2 - d_2^2)}$

Fertigen durch Urformen und Umformen

Fertigen durch Scherschneiden und Abtragen

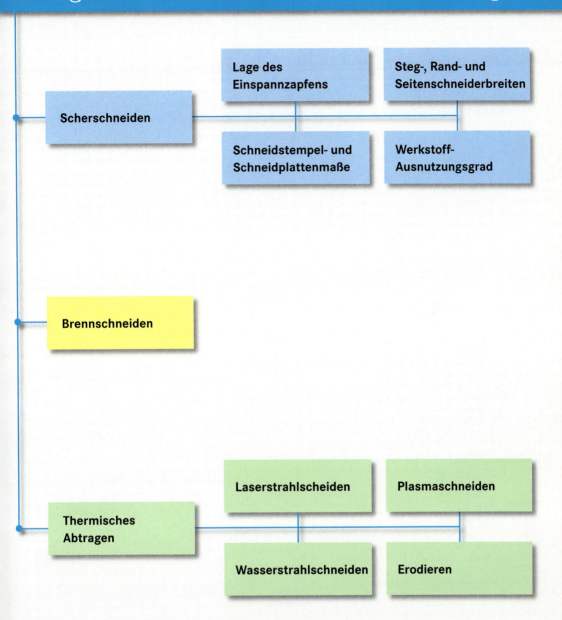

Trennen durch Scherschneiden
Separating by shearing

Bestimmung der Lage des Einspannzapfens

– für Stempelformen mit bekanntem Schwerpunkt

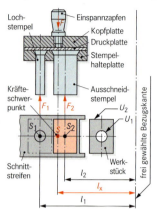

$$l_x = \frac{U_1 \cdot l_1 + U_2 \cdot l_2 + U_3 \cdot l_3 + \ldots + U_n \cdot l_n}{U_1 + U_2 + U_3 + \ldots + U_n}$$

$$l_x = \frac{F_1 \cdot l_1 + F_2 \cdot l_2 + F_3 \cdot l_3 + \ldots + F_n \cdot l_n}{F_1 + F_2 + F_3 + \ldots + F_n}$$

$F \cdot l_x = F_1 \cdot l_1 + F_2 \cdot l_2 + \ldots$

$F = F_1 + F_2 + \ldots$

l_x : Abstand des Kräfteschwerpunkts von einer frei gewählten Bezugskante
$U_1; U_2 \ldots$: Stempelumfänge
$F_1; F_2 \ldots$: Schneidkräfte
F : Gesamtschneidkraft
$S_1; S_2 \ldots$: bekannte Schwerpunkte
S : Kräfteschwerpunkt
$l_1; l_2 \ldots$: Abstände der Stempelschwerpunkte von einer frei gewählten Bezugskante

– für Stempelformen mit unbekanntem Schwerpunkt

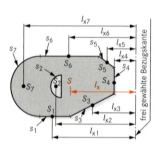

$$l_x = \frac{s_1 \cdot l_{x1} + s_2 \cdot l_{x2} + s_3 \cdot l_{x3} + \ldots + s_n \cdot l_{xn}}{s_1 + s_2 + s_3 + \ldots + s_n}$$

Liegt der Kräfteschwerpunkt bei unsymmetrischen Ausschnitten nicht auf der waagerechten Mittellinie, so wird in Y-Richtung sinngemäß verfahren:

$$l_y = \frac{s_1 \cdot l_{y1} + s_2 \cdot l_{y2} + s_3 \cdot l_{y3} + \ldots + s_n \cdot l_{yn}}{s_1 + s_2 + s_3 + \ldots + s_n}$$

[1] siehe Linienschwerpunkte

$l_1; l_y$: Abstände des Kräfteschwerpunkts von den frei gewählten Bezugskanten
$s_1; s_2 \ldots$: Teil-Schneidkantenlängen mit bekannten Linienschwerpunkten[1]
$l_{x1}; l_{x2} \ldots$: X-Abstände der Linienschwerpunkte von der Bezugskante
$l_{y1}; l_{y2} \ldots$: Y-Abstände der Linienschwerpunkte von der Bezugskante

Schneidstempel- und Schneidplattenmaße

VDI 3368: 1982-05

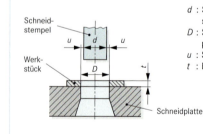

d : Schneidstempelmaß
D : Schneidplattenmaß
u : Schneidspalt
t : Blechdicke

Verfahren	Ausschneiden	Lochen
Werkstückform		
Bauteil mit Sollmaß	Schneidplatte	Schneidstempel
Sollmaß	D	d
Maß für das Gegenelement	$d = D - 2 \cdot u$	$D = d + 2 \cdot u$

Schneidspalt

VDI 3368: 1982-05

Blechdicke t in mm	Schneidplattendurchbruch (Freiwinkel = 0°)				Schneidplattendurchbruch (Freiwinkel > 0°)			
	Schneidspalt u in mm für die Scherfestigkeit τ_{aB} in N/mm²							
	… 250	> 250 … 400	> 400 … 600	> 600	… 250	> 250 … 400	> 400 … 600	> 600
0,1	0,003	0,004	0,005	0,006	0,002	0,003	0,004	0,005
0,2	0,006	0,008	0,010	0,012	0,003	0,005	0,007	0,010
0,3	0,009	0,012	0,015	0,018	0,005	0,008	0,011	0,015
0,4 … 0,6	0,015	0,02	0,025	0,03	0,01	0,015	0,02	0,025
0,7 … 0,8	0,025	0,03	0,04	0,05	0,015	0,02	0,03	0,04
0,9 … 1,0	0,03	0,04	0,05	0,06	0,02	0,03	0,04	0,05
1,5 … 2,0	0,05	0,06 … 0,08	0,08 … 0,1	0,09 … 0,12	0,03	0,04 … 0,05	0,05 … 0,07	0,07 … 0,09
2,5 … 3,0	0,08	0,1 … 0,12	0,13 … 0,15	0,15 … 0,18	0,04	0,05 … 0,06	0,09 … 0,10	0,11 … 0,13
3,5 … 4,0	0,1 … 0,12	0,14 … 0,16	0,18 … 0,20	0,21 … 0,24	0,05 … 0,06	0,08 … 0,09	0,11 … 0,13	0,15 … 0,17
4,5 … 5,0	0,14 … 0,16	0,18 … 0,2	0,22 … 0,25	0,27 … 0,3	0,07 … 0,08	0,11 … 0,13	0,15 … 0,17	0,19 … 0,21

Trennen durch Scherschneiden
Separating by shearing

Steg-, Rand- und Seitenschneiderbreiten für metallische Werkstoffe

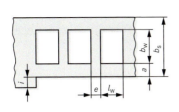

Die Bestimmung von Randbreite a und Stegbreite e geht vom größeren der beiden Maße b_w und l_w aus.

Für Werkstücke mit runden Ausschnitten werden für Randbreite a und Stegbreite e die Werte gewählt, die für $b_w = l_w \leq 10$ mm gelten.

- b_s : Streifenbreite
- b_w : Werkstückbreite
- l_w : Werkstücklänge
- t : Blechdicke
- a : Randbreite
- e : Stegbreite
- i : Seitenschneiderbreite

Streifen-breite b_s in mm	Werkstückbreite b_w in mm oder Werkstücklänge l_w in mm (größeres Maß)	Randbreite a und Stegbreite e in mm	\multicolumn{11}{c}{Blechdicke t in mm}
			0,1	0,3	0,5	0,75	1,0	1,25	1,5	1,75	2,0	2,5	3,0
bis 100	... 10 oder runde Teile	a / e	1,0 / 0,8	0,9 / 0,8	0,9 / 0,8	0,9	1,0	1,2	1,3	1,5	1,6	1,9	2,1
	11 ... 50	a / e	1,9 / 1,6	1,5 / 1,2	1,0 / 0,9	1,0	1,1	1,4	1,4	1,6	1,7	2,0	2,3
	51 ... 100	a / e	2,2 / 1,8	1,7 / 1,4	1,2 / 1,0	1,2	1,3	1,6	1,6	1,8	1,9	2,2	2,5
	> 100	a / e	2,4 / 2,0	1,9 / 1,6	1,5 / 1,2	1,4	1,5	1,8	1,8	2,0	2,1	2,4	2,7
	Seitenschneiderbreite i		1,5	1,5	1,5	1,5	1,5	1,8	2,2	2,5	3,0	3,5	4,5
> 100 ... 200	... 10 oder runde Teile	a / e	1,2 / 0,9	1,1 / 1,0	1,1 / 1,0	1,0	1,1	1,3	1,4	1,6	1,7	2,0	2,3
	11 ... 50	a / e	2,2 / 1,8	1,7 / 1,4	1,2 / 1,0	1,2	1,3	1,6	1,6	1,8	1,9	2,2	2,5
	51 ... 100	a / e	2,4 / 2,0	1,9 / 1,6	1,5 / 1,2	1,4	1,5	1,8	1,8	2,0	2,1	2,4	2,7
	> 100	a / e	2,7 / 2,2	2,2 / 1,8	1,7 / 1,4	1,6	1,7	2,0	2,0	2,2	2,3	2,6	2,9
	Seitenschneiderbreite i		1,5	1,5	1,5	1,5	1,8	2,0	2,5	3,0	3,5	4,0	5,0

Werkstoff-Ausnutzungsgrad

– ohne Seitenschneider

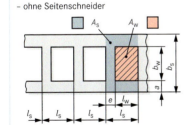

– mit Seitenschneider

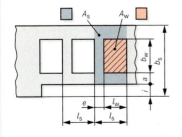

für Ausschnitte beliebiger Form:

$$\eta = \frac{A_w}{A_s}$$

für Ausschnitte mit rechteckiger Form:

$$\eta = \frac{l_w \cdot b_w}{l_s \cdot b_s}$$
$$l_s = l_w + e$$
$$b_s = b_w + 2 \cdot a$$

für Ausschnitte beliebiger Form:

$$\eta = \frac{A_w}{A_s}$$

für Ausschnitte mit rechteckiger Form:

$$\eta = \frac{l_w \cdot b_w}{l_s \cdot b_s}$$
$$l_s = l_w + e$$
$$b_s = b_w + 2 \cdot a + i$$

- η : Werkstoff-Ausnutzungsgrad
- A_w : Werkstückfläche
- l_w : Werkstücklänge
- b_w : Werkstückbreite
- a : Randbreite
- e : Stegbreite
- i : Seitenschneiderbreite
- A_s : benötigte Streifenfläche
- l_s : benötigte Streifenlänge (= Vorschub)
- b_s : benötigte Streifenbreite

Lochungen und andere Innenformen innerhalb des Schnittteils werden bei der Berechnung des Werkstoff-Ausnutzungsgrades nicht berücksichtigt.

Fertigen durch Scherschneiden und Abtragen

Leistungswerte und Verbrauchsmegen von Brennschneiddüsen

Werkstück-dicke in mm	Schneid-düse in mm	Sauerstoffdruck in bar		Acetylen-druck in bar	Gesamt-verbrauch Sauerstoff in m³/h	Acetylen-verbrauch in m³/h	Schnittfu-genbreite in mm	Schnittgeschwindigkeit in m/min	
		Heizen	Schneiden					Konstruk-tionsschnitt	Trenn-schnitt
3	3 … 10	2,0	2,0	0,2	1,64	0,24	1,5	730	870
5			2,0		1,67	0,27		690	840
8			2,5		1,92	0,32		640	780
10			3,0		2,14	0,34		600	740
10	10 … 25	2,5	2,5	0,2	2,46	0,36	1,8	620	750
15			3,0		2,67	0,37		520	690
20			3,5		2,98	0,38		450	640
25			4,0		3,20	0,40		410	600
25	25 … 40	2,5	4,0	0,2	3,20	0,40	2,0	410	600
30			4,3		3,42	0,42		380	570
35			4,5		3,54	0,44		360	550
40			5,0		3,85	0,45		340	530
40	40 … 60	2,5	4,0	0,2	4,95	0,46	2,2	340	540
50			4,5		5,39	0,49		320	500
60			5,0		5,83	0,52		310	460
60	60 … 100	2,5	5,0	0,2	8,56	0,56	3,5	320	480
80			5,5		9,22	0,62	3,5	280	410
100			6,0		9,97	0,67	4,0	260	330

Qualität und Maßtoleranzen thermischer Schnitte

DIN EN ISO 9013: 2003-07

Qualität der Schnitte

Schnittdicke a in mm	Bereich	Rechtwinkligkeits- oder Neigungstoleranz u in mm	Gemittelte Rauhtiefe Rz5 in µm[1]
3 … 300	1	$0,05 + 0,003\,a$	$10 + (0,6a[2])$
	2	$0,15 + 0,007\,a$	$40 + (0,8a[2])$
	3	$0,4\ \ + 0,01\,a$	$70 + (1,2a[2])$
	4	$0,8\ \ + 0,02\,a$	$110 + (1,8a[2])$
	5	$102\ \ + 0,035\,a$	–

Angabe in technischen Zeichnungen:

$\sqrt{\quad}$ **1 2 3 4**

1 Norm-Hauptnummer
2 Rechtwinkligkeits- oder Neigungstoleranz u
3 Gemittelte Rauhtiefe Rz5
4 Toleranzklasse

Beispiel: $\sqrt{\quad}$ ISO 9013 – 342

[1] 1 x 1 Messung je 1 Meter Schnitt
[2] a wird als Zahlenwert in mm eingesetzt

Grenzabmaße – Toleranzklassen

Werkstückdicke t in mm	Nennmaße in mm															
	> 0 < 3		≥ 3 < 10		≥ 10 < 35		≥ 35 < 125		≥ 125 < 315		≥ 315 < 1000		≥ 1000 < 2000		≥ 2000 < 4000	
> 0 ≤ 1	±0,04	±0,1	±0,1	±0,3	±0,1	±0,4	±0,2	±0,5	±0,2	±0,7	±0,3	±0,8	±0,3	±0,9	±0,3	±0,9
> 1 ≤ 3,15	±0,1	±0,2	±0,2	±0,4	±0,2	±0,5	±0,3	±0,7	±0,3	±0,8	±0,4	±0,9	±0,4	±1,0	±0,4	±1,1
> 3,15 ≤ 6,3	±0,3	±0,5	±0,3	±0,7	±0,4	±0,8	±0,4	±0,9	±0,5	±1,1	±0,5	±1,2	±0,5	±1,3	±0,6	±1,3
> 6,3 ≤ 10			±0,5	±1,0	±0,6	±1,1	±0,6	±1,3	±0,7	±1,4	±0,7	±1,5	±0,7	±1,6	±0,8	±1,7
> 10 ≤ 50			±0,6	±1,8	±0,7	±1,8	±0,7	±1,8	±0,8	±1,9	±1,0	±2,3	±1,6	±3,0	±2,5	±4,2
> 50 ≤ 100					±1,3	±2,5	±1,3	±2,5	±1,4	±2,6	±1,7	±3,0	±2,2	±3,7	±3,1	±4,9
> 100 ≤ 150					±1,9	±3,2	±2,0	±3,3	±2,1	±3,4	±2,3	±3,7	±2,9	±4,4	±3,8	±5,7
> 150 ≤ 200					±2,6	±4,0	±2,7	±4,0	±2,7	±4,1	±3,0	±4,5	±3,6	±5,2	±4,5	±6,4
> 200 ≤ 250											±3,7	±5,2	±4,2	±5,9	±5,2	±7,2
> 250 ≤ 300											±4,4	±6,0	±4,9	±6,7	±5,9	±7,9

■ : Toleranzklasse 1   ■ : Toleranzklasse 2

Thermisches Abtragen
Thermally eroding

Richtwerte für das Laserstrahlschneiden mit CO_2-Laser

Werkstoff	Werk-stück-dicke t in mm	Leis-tung P_{exi} in W	Laser-strahl-durch-messer d in mm	Schnitt-geschwin-digkeit v_c in m/mm	Schneid-gas	Werkstoff	Werk-stück-dicke t in mm	Leis-tung P_{exi} in W	Laser-strahl-durch-messer d in mm	Schnitt-geschwin-digkeit v_c in m/mm	Schneid-gas[1]
Unlegierter Stahl	1	200	0,1	30	O_2	PVC-hart	3,2	200	0,5	12	N_2
	3	200	0,2	6		Polystyrol	3,2	200	0,4	42	N_2
	2,2	850	0,3	57,5		Polyester	10	200	0,5	26	N_2
Nichtros-tender Stahl	1	200	0,1	15	O_2	Nylon	0,1	200	0,1	300	N_2
	3	850	0,3	25			0,75	200	–	50	O_2
	5	850	0,3	12		Quarzglas	2	200	0,2	6	O_2
	9	850	0,3	1		Keramik	6,5	850	0,3	6,5	Ar
Titanlegierung	2	200	0,2	35	O_2						
Acrylglas	3	200	0,4	45	N_2						
	10	200	0,7	8	N_2						
	32	850	0,3	9	Ar						

[1] Bei allen Nichtmetallen kann an Stelle der angegebenen Schneidgase auch Luft verwendet werden.

Wasserstrahlschneiden

Werkstoff	Dicke t in mm	Vorschubgeschwindigkeit v_c in m/min	Werkstoff	Dicke t in mm	Vorschubgeschwindigkeit v_c in m/min
Aluminium	1,0	1,2	Polyethylen	3,0	0,3
	2,0	0,2			
Glasfaserverstärkter Kunststoff	3,5	2,4	Polycarbonat	8,0	0,2
	15,0	0,2			
Kohlefaserverstärkter Kunststoff	2,5	2,3	Wellpappe	6,25	180,0
	6,0	0,1		14,0	80,0
Polyamid	6,5	1,2	Gummi	1,5	30,0
				25,0	7,5

Plasmaschneiden

Werkstückdicke t in mm	Stromstärke I in A	Düsendurch-messer s in mm	Schneidgase Ar l/min	Schneidgase H_2 l/min	Schnittgeschwindigkeit v_c in mm/min Güteschnitt	Schnittgeschwindigkeit v_c in mm/min Trennschnitt
Hochlegierte Stähle						
10	200	2,0	15	10	1250	3500
20	200	2,0	15	12	650	2000
30	280	2,5	20	12	500	1000
40	280	2,5	20	12	350	700
50	280	2,5	20	12	200	600
Aluminium						
10	200	2,0	15	10	4000	6000
20	200	2,0	15	12	1400	3500
30	200	2,0	20	12	750	2500
40	200	2,0	20	12	450	2000
50	280	2,5	20	12	600	1200

Richtwerte für das funkenerosive Schneiden (Drahterodieren)

Werkstück: X 210 Cr 12 (1.2080); Draht: Cu, Durchmesser 0,25 mm; Dielektrium: entsalztes Wasser

Schnittart	Schnellschnitt						Qualitätsschnitt						Präzisionsschnitt					
Werkstückdicke t in mm	10	20	30	50	70	100	10	20	30	50	70	100	10	20	30	50	70	100
Arbeitsstrom I_e in A	15						13	13	13	15	15	15	15	15	15	15	15	11
Drahtgeschwindigkeit v_d in m/min	200						90	90	120	120	120	120	200					
Schneidvorschub v_f in mm/min	12,5	7,2	5,3	3,55	2,15	1,3	3,9	2,45	1,8	1,2	0,9	0,61	8,5	5,5	4,0	2,5	1,7	0,95
Schneidrate A_c in mm²/min	125	144	159	177	150	130	39	48	54	59	63	61	3,45	2,63	1,88	1,25	0,94	0,6
Ra/Rz in μm	1,8/10						1,8/9,5						1,4/7,5					

Fertigen durch Scherschneiden und Abtragen

Thermisches Abtragen
Thermally eroding

Richtwerte für das Senkerodieren

Werkstück: X 210 CrW12 (1.2436) (–); Elektrode: Cu-ETP (+); Dielektrium: Mineralöl

Stromstufe	1	2	3	4	5	6	7	8	9	10	11	12	13	14	15	16
Arbeitsstrom I_e in A[1]	< 1	2	3	4,5	6	8	12	15	21	26	30	35	42	52	68	77
Spannung U in V								135								
Funkenspalt S_L in µm	19	31	41	44	51	59	65	82	99	129	155	165	190	210	230	260
spez. Abtragsvolumen Q_w in mm³/min	0,08	1,6	4,8	12	17	25	47	59	104	159	188	217	258	327	265	626
Mittenrauwert Ra in µm	1	1,25	1,6	2,7	3,15	4	5	8	9	10	12	14	16	17	18	19
Rautiefe Rz in µm	6	9	12	17	20	25	29	34	41	44	52	55	62	70	72	74

Werkstück: 55 Ni Cr Mo V 7 (1.2714) (–); Elektrode: Grafit (+); Dielektrium: Mineralöl

Stromstufe	1	2	3	4	5	6	7	8	9	10	11	12	13	14	15	16
Arbeitsstrom I_e in A[1]	–	1,5	2,2	3,8	6,5	8	9,5	13	17	20	24	29	37	47	57	67
Spannung U in V								135								
Funkenspalt S_L in µm	–	29	47	52	60	75	84	99	106	116	124	133	145	157	165	220
spez. Abtragsvolumen Q_w in mm³/min	–	1,5	1,4	2,1	9	16	32	43	72	123	158	205	280	377	412	462
Mittenrauwert Ra in µm	–	2,2	3,15	4	5	6,3	8	8,5	9	9	10	12	13	15	16	18
Rautiefe Rz in µm	–	14	21	25	27	31	35	38	40	42	46	50	53	58	61	71

Werkstück: HM G 20 (+); Elektrode: Cu-ETP (–); Dielektrium: Mineralöl
Werkstück: HM G 55; Dielektrium: Mineralöl; Elektrode: Wolfram-Kupfer (+)
Elektrode: Cu-ETP (+)

	HM G 20 / Cu-ETP (–)							HM G 55 / Wolfram-Kupfer (+)					HM G 55 / Cu-ETP (+)		
Stromstufe	1	3	7	13	13	16	16	2	5	7	9	13	4	7	9
Arbeitsstrom I_e in A[1]	1	1	3	6	10	8	18	1	4,5	9	17,5	31	4,5	11	20
Spannung U in V	250		135		75			135					135		
Funkenspalt S_L in µm	25	26	28	29	32	33	40	15	30	35	45	60	25	50	70
spez. Abtragsvolumen Q_w in mm³/min	0,11	0,9	2,5	4,5	10	7	20	1,5	4,5	6	13	41	1,5	7	22
Mittenrauwert Ra in µm	1	1,25	2,5	1,6	2	1,6	2,2	1,25	1,5	2	2,5	3,4	1,25	2,5	3,4
Rautiefe Rz in µm	7	8	10	12	13	12	14	8	10	13	15	22	9	15	22

Werkstück: EN AW-Al Cu 4 Pb Mg Mn (–); Elektrode: Cu-ETP (+); Dielektrium: Mineralöl
Werkstück: EN AW-Al Cu 4 Pb Mg Mn (–); Elektrode: Grafit (+); Dielektrium: Mineralöl

	Cu-ETP (+)					Grafit (+)									
Stromstufe	3	7	7	13	13	2	2	3	3	5	5	9	9	13	13
Arbeitsstrom I_e in A[1]	3	9	11	> 40	> 40	1,5	2,5	3	4	5	7	15	20	41	43
Spannung U in V			135							135					
Funkenspalt S_L in µm	50	85	115	260	310	40	50	45	55	65	75	180	210	320	420
spez. Abtragsvolumen Q_w in mm³/min	25	130	140	1050	800	7	13	20	12	45	45	220	300	870	800
Mittenrauwert Ra in µm	3	7	12	20	22	2,2	3,2	3,0	3,15	6,3	8,2	8	20	17	25
Rautiefe Rz in µm	19	33	50	85	95	14	21	16	20	31	36	35	84	65	115

[1] Der Arbeitsstrom stellt sich bei optimalen Erodierverhältnissen unter den jeweiligen Einstellparametern ein.

Wärmebehandlung

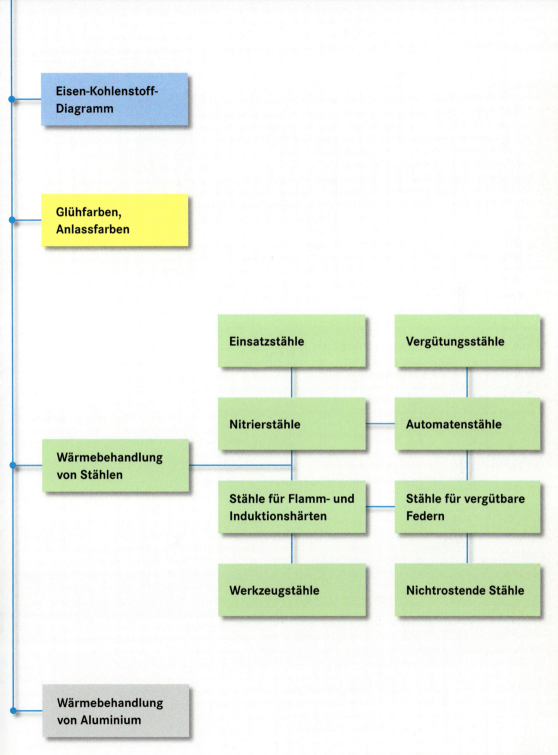

Eisen-Kohlenstoff-Diagramm
Iron-carbon diagram

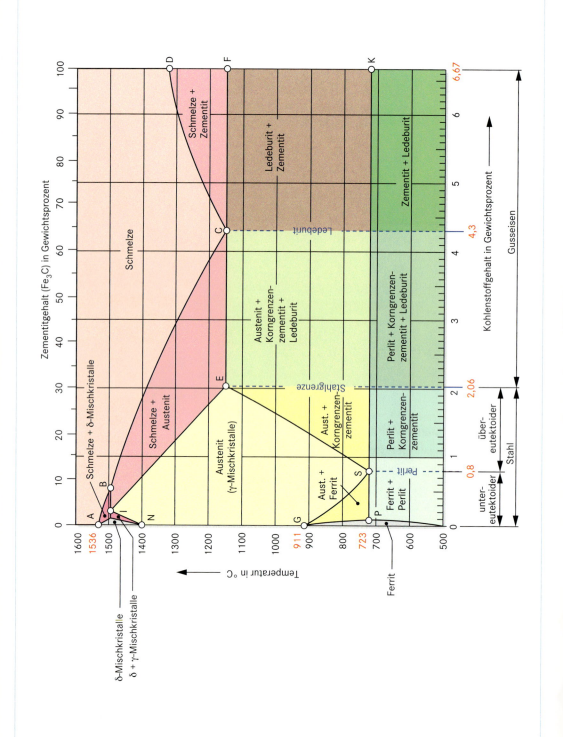

Eisen-Kohlenstoff-Diagramm
Iron-carbon diagram

Ausschnitt aus dem Eisen-Kohlenstoff-Diagramm

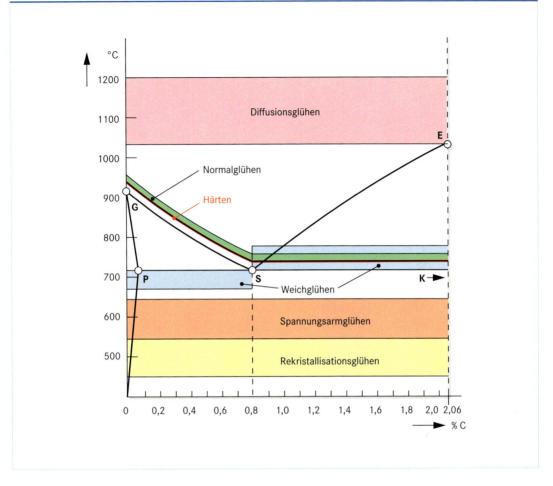

Begriffe der Wärmebehandlung

DIN EN 10052: 1994-01

Diffusionsglühen	Glühen bei hoher Temperatur, um Unterschiede der chemischen Zusammensetzung zu verringern	Einsatzhärten	Aufkohlen oder Carbonitrieren mit anschließender, zur Härtung führender Behandlung
Normalglühen	Erwärmen auf eine Temperatur oberhalb der GSK-Linie mit anschließendem Abkühlen in ruhender Luft	Vergüten	Härten und Anlassen bei höherer Temperatur, um gewünschte Kombination der mechanischen Eigenschaften, insbesondere hohe Zähigkeit und Verformbarkeit, zu erreichen
Rekristallisationsglühen	Glühen zur Erreichung einer Kornneubildung in kalt umgeformtem Werkstoff ohne Phasenumwandlung	Abschrecken	Abkühlen eines Werkstücks mit größerer Geschwindigkeit als bei ruhender Luft
Spannungsarmglühen	Glühen bei einer Temperatur unterhalb der PSK-Linie mit anschließendem langsamen Abkühlen zur Herabsetzung der Eigenspannungen	Anlassen	Wärmebehandlung, die nach einem Härten durchgeführt wird, um gewünschte Werte für bestimmte Eigenschaften zu erreichen
Weichglühen	Glühen dicht unterhalb oder dicht oberhalb der PSK-Linie mit anschließendem langsamen Abkühlen zur Verminderung der Härte	Nitrieren	Thermochemisches Behandeln zum Anreichern der Randschicht eines Werkstücks mit Stickstoff zur Erreichung einer Oberflächenhärte
Härten	Erwärmen und Halten auf einer Temperatur oberhalb der GSK-Linie mit anschließendem Abschrecken, so dass durch Martensitbildung eine Härtesteigerung eintritt	Altern	Ändern der Eigenschaften eines Werkstoffes bei oder in Nähe der Raumtemperatur durch Wandern gelöster Elemente

Wärmebehandlung

Gefügebilder, Glühfarben, Anlassfarben
Pictures of microstructures, heat colours, tempering colours

Gefügebilder

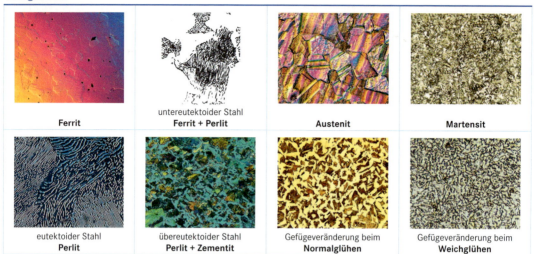

| Ferrit | untereutektoider Stahl Ferrit + Perlit | Austenit | Martensit |
| eutektoider Stahl Perlit | übereutektoider Stahl Perlit + Zementit | Gefügeveränderung beim Normalglühen | Gefügeveränderung beim Weichglühen |

Glühfarben für Stähle

Dunkelbraun	550 °C
Braunrot	630 °C
Dunkelrot	680 °C
Dunkelkirschrot	740 °C
Kirschrot	780 °C
Hellkirschrot	810 °C
Hellrot	850 °C
gut Hellrot	900 °C
Gelbrot	950 °C
Hellgelbrot	1000 °C
Gelb	1100 °C
Hellgelb	1200 °C
Gelbweiß	1300 °C und darüber

Anlassfarben für unlegierten Werkzeugstahl

Weißgelb	200 °C
Strohgelb	220 °C
Goldgelb	230 °C
Gelbbraun	240 °C
Braunrot	250 °C
Rot	260 °C
Purpurrot	270 °C
Violett	280 °C
Dunkelblau	290 °C
Kornblumenblau	300 °C
Hellblau	320 °C
Blaugrau	340 °C
Grau	360 °C

Wärmebehandlung

Wärmebehandlung von Einsatzstählen
Heat treatment of case-hardening steels

DIN EN 10 084: 1998-06

Temperatur beim Einsatzhärten

Kurzname	Werkstoff-nummer	Gebräuchliche Arten der Einsatz-behandlung	Auf-kohlungs-temperatur in °C	Kernhärten bei °C	Rand-härten bei °C	Abkühlmittel	Anlassen bei °C
C 10 E C 15 E	1.1121 1.1141	Direkthärten, Einfachhärten	880 ... 980	880 ... 920	780 ... 820	Die Wahl des Abkühlmittels richtet sich in Abhängigkeit von den zu erzielenden Eigenschaften nach der Härtbarkeit, der Gestalt und dem Querschnitt des Werkstückes und nach der Wirkung des Abkühlmittels	150 ... 200
16 MnCr 5 20 MnCr 5	1.7131 1.7147	Einfachhärten		860 ... 900			
20 MoCr 4	1.7321	Direkthärten					
20 NiCrMo 2-2	1.6523	Direkthärten, Einfachhärten		860 ... 900			
18 CrNiMo 7-6	1.6587	Einfachhärten, Direkthärten		830 ... 870			

Wärmebehandlungsfolgen beim Einsatzhärten

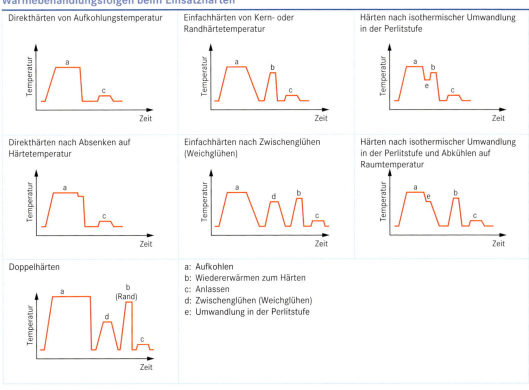

a: Aufkohlen
b: Wiedererwärmen zum Härten
c: Anlassen
d: Zwischenglühen (Weichglühen)
e: Umwandlung in der Perlitstufe

Gewährleistete Härte

Kurzname	Werkstoff-nummer	Härte im Behandlungszustand			Kurzname	Werkstoff-nummer	Härte im Behandlungszustand		
		A[1] HB 30 max.	TH[2] HB 30	FP[3] HB 30			A HB 30 max.	TH HB 30	FP HB 30
C 10 E	1.1121	131	–	–	20 NiCrMo 2-2	1.6523	212	161 ... 212	149 ... 194
C 15 E	1.1141	143	–	–	18 CrNiMo 7-6	1.6587	229	179 ... 229	159 ... 207
16 MnCr 5	1.7131	207	156 ... 207	140 ... 187					
20 MnCr 5	1.7147	217	170 ... 217	152 ... 201					
20 MoCr 4	1.7321	207	156 ... 207	140 ... 187					

[1] A: weichgeglüht
[2] TH: wärmebehandelt auf Härtespanne
[3] FP: wärmebehandelt auf Ferrit-Perlit-Gefüge und Härtespanne

Wärmebehandlung von Vergütungsstählen, Nitrierstählen und Automatenstählen
Heat treatment of quenched and tempered steels, nitriding steels and free-cutting steels

Vergütungsstähle
DIN EN 10 083-1/2: 1996-10

Kurzname	Werk-stoff-nummer	Weichglühen bei °C	Normalglühen bei °C	Härten		Anlassen bei °C	Härte in Stirnabschreckversuch in HRC
				in Wasser bei °C	in Öl bei °C		
C 22[1]	1.0402	650 ... 700	880 ... 920	860 ... 900	–	550 ... 660	–
C 25[1]	1.0406		880 ... 920	860 ... 900	–		–
C 35[1]	1.0501		860 ... 900	840 ... 880	840 ... 880		–
C 45[1]	1.0503		840 ... 880	840 ... 880	820 ... 860		–
C 60[1]	1.0601		820 ... 860	800 ... 840	800 ... 810		–
28 Mn 6	1.1170	650 ... 700	850 ... 890	830 ... 870	830 ... 870	540 ... 680	54 ... 45
38 Cr 2[2]	1.7003	650 ... 700	–	830 ... 870	830 ... 870		59 ... 51
46 Cr 2[2]	1.7003	650 ... 700	–	820 ... 860	820 ... 860		63 ... 54
34 Cr 4[2]	1.7033	680 ... 720	–	830 ... 870	830 ... 870		57 ... 49
37 Cr 4[2]	1.7034	680 ... 720	–	825 ... 865	825 ... 865		59 ... 51
41 Cr 4[2]	1.7035	680 ... 720	–	820 ... 860	820 ... 860		61 ... 53
25 CrMo 4	1.7218	680 ... 720	860 ... 900	840 ... 880	840 ... 880		52 ... 44
34 CrMo 4	1.7220		850 ... 890	830 ... 870	830 ... 870		57 ... 49
42 CrMo 4	1.7225		840 ... 880	820 ... 860	820 ... 860		61 ... 53
50 CrMo 4	1.7228		840 ... 880	–	820 ... 860		65 ... 58
30 CrNiMo 8	1.6580	650 ... 700	–	–	830 ... 860	550 ... 660	56 ... 48
34 CrNiMo 6	1.6582	650 ... 700	–	–	830 ... 860	540 ... 660	58 ... 50
36 CrNiMo 4	1.6511	650 ... 700	–	820 ... 850	820 ... 850	540 ... 680	59 ... 51
36 CrNiMo 16	1.6773	–	–	–	865 ... 885	550 ... 650	57 ... 50
51 CrV 4	1.8159	680 ... 720	–	–	820 ... 860	540 ... 680	65 ... 57

[1] Die Angaben gelten auch für Stähle mit einem vorgeschriebenen Bereich des S-Gehaltes, z. B.: C 22 R, oder mit einem vorgeschriebenen maximalen S-Gehalt, z. B.: C 22 E.

[2] Die Angaben gelten auch für Stähle mit einem gewährleisteten S-Gehalt, z. B.: 38 Cr S2.

Nitrierstähle
DIN EN 10 085: 2001-07

Kurzname	Werk-stoff-nummer	Weich-glühen bei °C	Härte nach dem Weichglühen HB	Härten		Anlassen bei °C	Nitrieren bei °C	Oberflächenhärte nach dem Nitrieren HV
				bei °C	in			
31 CrMoV 9	1.8519	680 ... 720	≤ 248	840 ... 880	Öl, Wasser	570 ... 680	480 ... 570	800
34 CrAlMo 5	1.8507	650 ... 700		900 ... 940	Öl, Wasser	570 ... 650		950
34 CrAlNi 7	1.8550	650 ... 700		850 ... 890	Öl	570 ... 660		950
40 CrMoV 13-9	1.8523	680 ... 720		870 ... 970	Öl, Wasser	580 ... 700		800

Automatenstähle
DIN EN 10 087: 1999-01

Kurz-zeichen	Werk-stoff-nummer	Ein-setzen bei °C	Ab-kühlen in	Kernhärten		Randhärten		Anlas-sen bei °C	Vergüten		
				bei °C	in	bei °C	in		Härten bei °C	in	Anlassen bei °C
Einsatzstähle											
10 S 20	1.0721	880 ...	Wasser,	880 ...	Wasser	780 ...	Wasser,	150 ...	–	–	–
15 SMn 13	1.0725	980	Luft	980		820	Öl	200	–	–	–
Vergütungsstähle											
35 S 20	1.0726	–	–	–	–	–	–	–	860 ... 890	Wasser oder Öl	540 ... 680
36 SMn 14	1.0764	–	–	–	–	–	–	–	860 ... 880		
38 SMn 28	1.0760	–	–	–	–	–	–	–	850 ... 880		
44 SMn 28	1.0762	–	–	–	–	–	–	–	840 ... 870		
46 S 20	1.0727	–	–	–	–	–	–	–	840 ... 870		

Wärmebehandlung von Werkzeugstählen, Stählen für Flamm- und Induktionshärten und Stählen für vergütbare Federn
Heat treatment of tool steels, steels for flame and induction hardening and steels for quenched and tempered springs

Werkzeugstähle
DIN EN ISO 4957: 2001-02

Kurzname	Werkstoff-nummer	Härte HB weichgeglüht	Härtetemperatur in °C	Abschreck-mittel [1]	Anlass-temperatur in °C	Härte HRC min.
Unlegierte Kaltarbeitsstähle						
C 45 U	1.1730	207	810	W	180	54
C 70 U	1.1620	183	800	W	180	57
C 80 U	1.1525	192	790	W	180	58
C 105 U	1.1545	212	780	W	180	61
Legierte Kaltarbeitsstähle						
21 MnCr 5	1.2162	217	aufgekohlt, abgeschreckt und angelassen			60
60 WCrV 8	1.2550	229	910	O	180	58
90 MnCrV 8	1.2842	229	790	O	180	60
102 Cr 6	1.2067	223	840	O	180	60
45 NiCrMo 16	1.2767	285	850	O	180	52
X 38 CrMo 16	1.2316	300	vergütet geliefert			300 HB
X 153 CrMoV12	1.2379	255	1020	A	180	61
X 210 Cr 12	1.2080	248	970	O	180	62
X 210 CrW 12	1.2436	255	970	O	180	62
Warmarbeitsstähle						
32 CrMoV 12-28	1.2365	229	1040	O	550	46
55 NiCrMoV 7	1.2714	248	850	O	500	46
X 37 CrMoV 5-1	1.2343	229	1020	O	550	48
X 40 CrMoV 5-1	1.2344	229	1020	O	550	50
Schnellarbeitsstähle						
HS 3-3-2	1.3333	255	1190	A, O, Salzbad	560	62
HS 2-9-2	1.3348	269	1200	A, O, Salzbad	560	64
HS 6-5-2 C	1.3343	269	1210	A, O, Salzbad	560	64
HS 6-5-3	1.3344	269	1200	A, O, Salzbad	560	64
HS 6-5-2-5	1.3243	269	1210	A, O, Salzbad	560	64
HS 2-9-1-8	1.3247	277	1190	A, O, Salzbad	550	66
HS 10-4-3-10	1.3207	302	1230	A, O, Salzbad	560	66

[1] W: Wasser; O: Öl; A: Luft

Stähle für Flamm- und Induktionshärten
DIN 17 212: 1972-08

Kurz-zeichen	Werkstoff-nummer	Warm-umformen bei °C	Härte HB 30 weich geglüht	Normal-glühen bei °C	Vergüten			Ober-flächen-härte bei °C	Härte HCR nach dem Vergüten und Härten
					Härten in Wasser bei °C	Härten in Öl bei °C	Anlassen bei °C		
Cf 35	1.1183	1100 ... 850	183	860 ... 890	840 ... 870	850 ... 880	550 ... 660	860 ... 890	51 ... 57
Cf 45	1.1193	1100 ... 850	207	840 ... 870	820 ... 850	830 ... 860	550 ... 660	820 ... 850	55 ... 61
Cf 53	1.1213	1050 ... 850	223	830 ... 860	805 ... 835	815 ... 845	550 ... 660	800 ... 830	57 ... 62
Cf 70	1.1249	1000 ... 800	223	820 ... 850	790 ... 820	–	550 ... 660	780 ... 810	60 ... 64
45 Cr 2	1.7005	1100 ... 850	207	840 ... 870	820 ... 850	830 ... 860	550 ... 660	820 ... 850	55 ... 61
38 Cr 4	1.7043	1050 ... 850	217	845 ... 885	825 ... 855	835 ... 865	540 ... 680	825 ... 855	53 ... 58
42 Cr 4	1.7045	1050 ... 850	217	840 ... 880	830 ... 860	830 ... 860	540 ... 680	820 ... 850	54 ... 60
41 Cr CrMo 4	1.7223	1050 ... 850	217	840 ... 880	830 ... 860	830 ... 860	540 ... 680	820 ... 850	54 ... 60

Stähle für vergütbare Federn
DIN EN 10 089: 2003-04

Kurzname	Werkstoff-nummer	Weichglühen bei °C	Normalglühen bei °C	Härten		Anlassen bei °C	Kernhärte HRC
				in Wasser bei °C	in Öl bei °C		
38 Si 7	1.5023	640 ... 680	830 ... 860	880	–	450	≥ 47
54 SiCr 6	1.7102		830 ... 860	–	860	450	≥ 54
61 SiCr 7	1.7108		830 ... 860	–	860	450	≥ 54
55 Cr 3	1.7176		850 ... 880	–	840	400	≥ 54
51 CrV 4	1.8159		850 ... 880	–	850	450	≥ 54
52 CrMoV 4	1.7701		850 ... 880	–	860	450	≥ 54

Wärmebehandlung

Wärmebehandlung von nichtrostenden Stählen
Heat treatment of stainless steels

Nichtrostende Stähle

DIN EN 10 088-3: 2005-09

Kurzzeichen	Werkstoff-nummer	Glühen		Abschrecken		Anlassen bei °C
		bei °C	Abkühlungsart	Temperatur °C	Abkühlungsart	
Ferritische und martensitische Stähle						
X 2 CrNi 12	1.4003	680 ... 740	Luft	–	–	–
X 6 Cr 13	1.4000	750 ... 800		–	–	–
X 12 Cr 13 [1]	1.4006	–		950 ... 1000	Öl, Luft	680 ... 780
X 20 Cr 13 [1]	1.4021	745 ... 825		950 ... 1050		650 ... 750
X 30 Cr 13 [1]	1.4028	745 ... 825		950 ... 1050		625 ... 675
X 50 CrMoV 15	1.4116	750 ... 850		–	–	–
Austenitische Stähle						
X 10 CrNi 18-8	1.4310	1000 ... 1100	Wasser, Luft	–	–	–
X 2 CrNi 19-11	1.4306			–	–	–
X 5 CrNi 18-10	1.4301			–	–	–
X 6 CrNiTi 18-10	1.4541			–	–	–
X 6 CrNiMoNb 17-12-2	1.4580	1020 ... 1120		–	–	–
X 2 CrNiMo 18-15-4	1.4438			–	–	–

Wärmebehandlung von Aluminium und Aluminium-Legierungen
Heat treatment of aluminium and aluminium alloys

Aluminium, Aluminium-Knetlegierungen

Kurzzeichen	Weichglühen		Kurzzeichen	Weichglühen [5]	
	Temperatur in °C	Glühzeit in h		Temperatur in °C	Glühzeit in h
Reinst- und Reinaluminium			**Aluminium-Knetlegierungen – aushärtbar**		
EN AW-1050 A [Al 99,5]	320 ... 350	0,5 ... 2 [1]	EN AW-6060 [Al Mg Si]	360 ... 400	1 ... 2 [3]
EN AW-1350 [E Al 99,5]	340 ... 360	0,5 ... 2 [1]	EN AW-6101 B [E Al Mg Si (B)]	360 ... 400	1 ... 2 [3]
Aluminium-Knetlegierungen – nicht aushärtbar			En AW- 6082 [Al Si 1 Mg Mn]	380 ... 420	1 ... 2 [3]
EN AW-3103 [Al Mn 1]	380 ... 420	0,5 ... 1 [1]	EN AW-6012 [Al Mg Si Pb]	360 ... 400	1 ... 2 [3]
EN AW-5005 A [Al Mg 1 (C)]	360 ... 380	1 ... 2 [1]	EN AW-2017 A [Al Cu 4 Mg Si (A)]	380 ... 420	2 ... 3 [3]
EN AW-5754 [Al Mg 3]	360 ... 380	1 ... 2 [1]	EN AW-2007 [Al Cu 4 Pb Mg Mn]	380 ... 420	1 ... 3 [3]
EN AW-5019 [Al Mg 5]	360 ... 380	1 ... 2 [1]	EN AW-2024 [Al Cu 4 Mg 1]	380 ... 420	1 ... 3 [3]
EN AW-5083 [Al Mg 4,5 Mn 0,7]	380 ... 420	1 ... 2 [2]	EN AW-7020 [Al Zn 4,5 Mg 1]	400 ... 420	2 ... 3 [4]
			EN AW-7075 [Al Zn 5,5 Mg Cu]	380 ... 420	2 ... 3 [4]

[1] Ofenabkühlung, unkontrolliert
[2] 30 ... 50 °C/h
[3] ≤ 30 °C/h bis 250 °C, dann unkontrolliert
[4] ≤ 30 °C/h bis 230 °C + 3 ... 5 h Haltezeit, dann unkontrolliert
[5] soll nur eine Kaltverfestigung beseitigt werden, 320 ... 360 °C in 2 ... 3 h

Aushärten von Aluminium-Knetlegierungen

Kurzzeichen	Lösungsglüh-temperatur in °C	Abschrecken in	Kaltauslagern Zeit in Tagen	Warmauslagern	
				Temperatur in °C	Zeit in h
EN AW-6060 [Al Mg Si]	525 ... 540	Luft/Wasser	5 ... 8	155 ... 190	4 ... 16
EN AW-6101 B [E Al Mg Si (B)]	525 ... 540	Luft/Wasser	5 ... 8	155 ... 190	4 ... 16
EN AW-6082 [Al Si 1 Mg Mn]	525 ... 540	Wasser/Luft	5 ... 8	155 ... 190	4 ... 16
EN AW-6012 [Al Mg Si Pb]	520 ... 530	Wasser bis 65 °C	5 ... 8	155 ... 190	4 ... 16
EN AW-2017 A [Al Cu 4 Mg Si (A)]	495 ... 505	Wasser	5 ... 8	–	–
EN AW-2024 [Al Cu 4 Mg 1]	495 ... 505	Wasser	5 ... 8	180 ... 195	16 ... 24
EN AW-2007 [Al Cu 4 Pb Mg Mn]	480 ... 490	Wasser bis 65 °C	5 ... 8	–	–
EN AW-7020 [Al Zn 4,5 Mg 1]	460 ... 485	Luft	≥ 90	1. Stufe: 90 ... 100 2. Stufe: 140 ... 160	8 ... 12 16 ... 24
EN AW-7075 [Al Zn 4,5 Mg Cu]	470 ... 480	Wasser	≥ 90	1. Stufe: 115 ... 125 2. Stufe: 165 ... 180	12 ... 24 4 ... 6

208 Wärmebehandlung

Qualitätssicherung

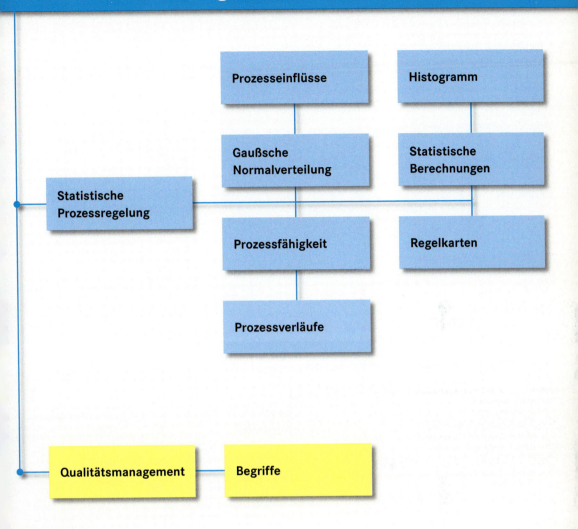

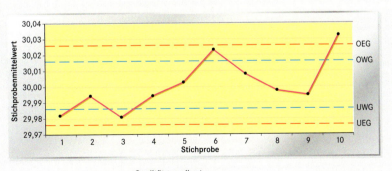

Qualitätsregelkarte

Qualitätssicherung
Quality assurance

Statistische Prozessregelung

Die Statistische Prozessregelung
- wird in der **Serienfertigung** mit dem Ziel der **Fehlervermeidung** angewendet,
- zeigt die aktuelle Produktqualität auf und sichert diese in der laufenden Produktion,
- erkennt Prozesseinflüsse und kompensiert negative Einflüsse des Prozesses.

Prozesseinflüsse

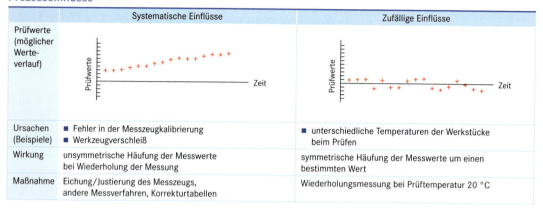

	Systematische Einflüsse	Zufällige Einflüsse
Ursachen (Beispiele)	▪ Fehler in der Messzeugkalibrierung ▪ Werkzeugverschleiß	▪ unterschiedliche Temperaturen der Werkstücke beim Prüfen
Wirkung	unsymmetrische Häufung der Messwerte bei Wiederholung der Messung	symmetrische Häufung der Messwerte um einen bestimmten Wert
Maßnahme	Eichung/Justierung des Messzeugs, andere Messverfahren, Korrekturtabellen	Wiederholungsmessung bei Prüftemperatur 20 °C

Fehlerauswertung

Fehlersammelliste

- Für die Fehlersammelliste müssen Fehler
  1. wahrgenommen,
  2. definiert und
  3. tabellarisch erfasst werden.
- Die Fehler sollen nach Art und Schwere verständlich und eindeutig formuliert sein.
- Die während der Fertigung oder Endprüfung festgestellten Fehler werden als Zählstriche in die Liste eingetragen.
- Die Ergebnisse der Liste sind Grundlage der statistischen Auswertung z. B. in Form eines Histogramms.

Beispiel:

Nr.	Fehlerart	Serie 111	Serie 112	Gesamt
1	Schalter defekt	⫶⫶⫶⎮	⫶⫶⫶ ⫶⫶⫶	16
2	Spindel schwergängig	⎮⎮	⎮⎮⎮	5
3	Gehäusefehler, Sichtkontrolle	⫶⫶⫶ ⫶⫶⫶⎮⎮⎮⎮	⫶⫶⫶ ⫶⫶⫶⫶	34
4	Rechts-Linkslauf nicht o.k.	⫶⫶⫶⎮	⫶⫶⫶⎮⎮⎮⎮	15
5	Futterschlüssel nicht vorh.	⎮⎮	⎮⎮⎮⎮	6

Prüfgegenstand: Bohrmaschine, Nr. 3327
Endprüfung: Serien 111 und 112
Uhrzeit: 8:00–16:00
Datum: 2006-03-22

Histogramm

- In einem **Histogramm** werden die Häufigkeitsverteilungen von Daten in Klassen zusammengefasst.
- Die Darstellung erfolgt als Säulen- oder Balkendiagramm.
- Grundlage ist eine ausreichende Anzahl von Daten bzw. Messungen.
- 50–100 Messungen sind von Vorteil, um Aussagen über die Datenverteilung zu erhalten.

Beispiel: Bolzen mit Nenndurchmesser 10 mm

Häufigkeitstabelle n = 50 (Messungen)			
Klasse	w	n_j	h_j (%)
1	> 9,93 … 9,95	2	4 %
2	> 9,95 … 9,97	5	10 %
3	> 9,97 … 9,99	12	24 %
4	> 9,99 … 10,01	15	30 %
5	> 10,01 … 10,03	11	22 %
6	> 10,03 … 10,05	4	8 %
7	> 10,05 … 10,07	1	2 %
		Σ 50	Σ 100 %

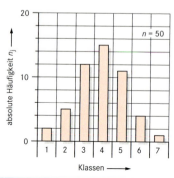

n = Anzahl der Einzelwerte
n_j = absolute Häufigkeit
h_j = relative Häufigkeit in [%]
k = Anzahl der Klassen
w = Klassenweite
R = Spannweite
x_{max} = größter Messwert
x_{min} = kleinster Messwert

$$k \approx \sqrt{n} \qquad w \approx \frac{R}{k}$$

$$R = x_{max} - x_{min}$$

$$h_j = \frac{n_j}{n} \cdot 100\,\%$$

Qualitätssicherung
Quality assurance

Gaußsche Normalverteilung

- Die Normalverteilungskurve nach Gauß ist ein Hilfsmittel, die **Häufigkeitsverteilung** von Mess- bzw. **Merkmalswerten** aufzuzeigen.
- Grundlage der Berechnung ist eine aus mehreren Messungen bestehende **Stichprobe**.
- Mittels der Stichprobe wird der arithmetische Mittelwert $\bar{x}$ und die Standardabweichung s bestimmt.
- Weicht die Auswertung einer Stichprobe stark von der Normalverteilung ab, so liegt ein systematischer Prozessfehler vor.

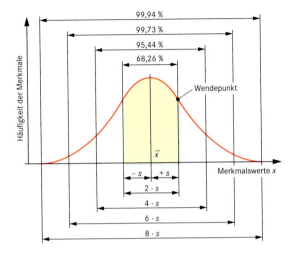

Stichprobenverteilung:

- Der höchste Punkt der Normalverteilungskurve, die Maximumstelle, entspricht dem arithmetischen Mittelwert $\bar{x}$.

- Der Abstand des Wendepunktes von der Maximumstelle entspricht der Standardabweichung s. Je größer der Wert s, desto größer ist die Streuung der Messwerte x.

- Die Standardabweichungen $+s$ und $-s$ kennzeichnen den Bereich, der 68,26 % aller Mess- bzw. Merkmalswerte beinhaltet.

- Wird nicht auf eine Stichprobe, sondern auf die **Grundgesamtheit** Bezug genommen, so wird der arithmetische Mittelwert mit μ und die Standardabweichung mit σ bezeichnet.

Statistische Berechnungen

Arithmetischer Mittelwert

Der Durchschnitt aller erfassten Einzelwerte einer Stichprobe wird als arithmetischer Mittelwert bezeichnet.

$$\bar{x} = \frac{x_1 + x_2 + \dots + x_n}{n_1}$$

$\bar{x}$: Arithmetischer Mittelwert einer Stichprobe
x : Einzelwert einer Stichprobe
n_1 : Umfang einer Stichprobe

Gesamtmittelwert

Der Mittelwert der arithmetischen Mittelwerte aller Stichproben wird als Gesamtmittelwert oder auch Prozessmittelwert bezeichnet.

$$\bar{\bar{x}} = \frac{\bar{x}_1 + \bar{x}_2 + \dots + \bar{x}_n}{n_2}$$

$\bar{\bar{x}}$: Gesamtmittelwert aller Stichproben
$\bar{x}$: Arithmetischer Mittelwert einer Stichprobe
n_2 : Anzahl der Stichproben

Spannweite

Der Unterschied zwischen dem größten und dem kleinsten Messwert wird als Spannweite bezeichnet. Der Mittelwert der Spannweiten aller Stichproben wird als Gesamtspannweite (Prozessspannweite) bezeichnet.

$$R = x_{max} - x_{min}$$

$$\bar{R} = \frac{R_1 + R_2 + \dots + R_n}{n_2}$$

R : Spannweite einer Stichprobe
$\bar{R}$: Mittelwert der Spannweiten aller Stichproben
x_{max} : Maximaler Messwert
x_{min} : Minimaler Messwert
n_2 : Anzahl der Stichproben

Standardabweichungen

Das Maß für die Streuung eines Prozesses wird als Standardabweichung bezeichnet.

$$s = \sqrt{\frac{1}{n-1} \cdot \sum_{i=1}^{n}(x_i - \bar{x})^2}$$

s : Standardabweichung einer Stichprobe
x_i : Wert des messbaren Merkmals, z. B. Einzelwert x_1
$\bar{x}$: Arithmetischer Mittelwert der Stichprobe
n : Anzahl der Messwerte der Stichprobe

Qualitätssicherung
Quality assurance

Lage und Streuung von Prozessen (Prozessfähigkeit)

- Sind die Werte einer Stichprobe mit ihrem arithmetischen Mittelwert weitestgehend deckungsgleich mit der Normalverteilung, dann spricht man von einem zentrierten Prozess.
- Der zentrierte Prozess weist einen stabilen Verlauf innerhalb der Toleranzgrenzen auf und muss nicht beeinflusst werden.
- Bei starker Abweichung von der Normalverteilung muss in den Prozess eingegriffen werden.

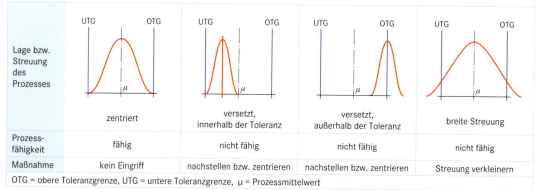

Lage bzw. Streuung des Prozesses	zentriert	versetzt, innerhalb der Toleranz	versetzt, außerhalb der Toleranz	breite Streuung
Prozessfähigkeit	fähig	nicht fähig	nicht fähig	nicht fähig
Maßnahme	kein Eingriff	nachstellen bzw. zentrieren	nachstellen bzw. zentrieren	Streuung verkleinern

OTG = obere Toleranzgrenze, UTG = untere Toleranzgrenze, μ = Prozessmittelwert

Qualitätsregelkarten (QRK)

- Qualitätsregelkarten werden zur ständigen Prozessüberwachung eingesetzt. Sie zeigen Prozessänderungen an, die systematischen Ursprungs sind.
- Die Aufzeichnung von systematischen Streuungsursachen macht es möglich, notwendige Maßnahmen zur Fehlervermeidung zu ergreifen bzw. ein wiederholtes Auftreten von Fehlern zu vermeiden.
- Grundlage sind regelmäßige und ausreichend häufige Stichproben, um schnell auf Veränderungen im Fertigungsprozess reagieren zu können.
- Wegen der Vergleichbarkeit muss der Stichprobenumfang zu einer Qualitätsregelkarte stets gleich sein.
- In der QRK werden zudem alle gezielten Prozesseinflüsse (z. B. Änderung der Schnittwerte) dokumentiert.

Qualitätsregelkarte nach Shewhart

- Beim Erreichen einer Warngrenze UWG/OWG werden vermehrt Stichproben entnommen. Beim Erreichen einer Eingriffsgrenze UEG/OEG muss in den Prozess eingegriffen werden.

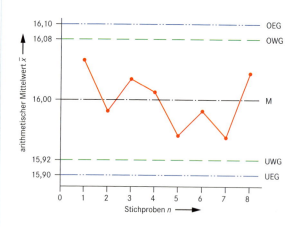

Mittelwertkarte:

OEG: obere Eingriffsgrenze
UEG: untere Eingriffsgrenze
OWG: obere Warngrenze
UWG: untere Warngrenze
M: Mittellinie (Sollwert)

Aus jeder Stichprobe wird der arithmetische Mittelwert errechnet und in die Qualitätsregelkarte eingetragen.

Zusätzliche Angaben:

| Kartenart: Mittelwertkarte | Bezeichnung: z. B. Nut | Merkmal: Nutbreite | Nennmaß: 16,00 mm | OEG = 16,10 mm UEG = 15,90 mm | Stichproben: n = 8 | Stichprobenumfang: 5 | Kontrollintervall: 35 min | Prüfbeginn: 06:00 Uhr 2006-03-12 |

Qualitätssicherung
Quality assurance

Qualitätsregelkarten – Eingriffsgrenzen für Mittelwertkarten

- Die Eingriffsgrenzen entsprechen der Standardabweichung $\pm 3 \cdot s$. Dadurch liegen 99,73 % aller Messwerte innerhalb der Eingriffsgrenzen (Normalverteilung).
- In der Praxis werden die Tabellenwerte A_2 und A_3 zur vereinfachten Berechnung der oberen und unteren Eingriffsgrenze verwendet.
- Die $\bar{x}/s$-Karte bietet genauere Ergebnisse, erfordert aber eine aufwendigere Berechnung.

$$OEG = \bar{\bar{x}} + A_2 \cdot \bar{R}$$
$$UEG = \bar{\bar{x}} - A_2 \cdot \bar{R}$$

Obere und untere Eingriffsgrenzen der $\bar{x}/\bar{R}$-Karte

$$OEG = \bar{\bar{x}} + A_3 \cdot \bar{s}$$
$$UEG = \bar{\bar{x}} - A_3 \cdot \bar{s}$$

Obere und untere Eingriffsgrenzen der $\bar{x}/\bar{s}$-Karte

$\bar{\bar{x}}$: Gesamtwertmittelwert aller Stichproben (Prozessmittelwert)
A_2 : Konstante zur Berechnung der $\bar{x}/R$-Karte
A_3 : Konstante zur Berechnung der $\bar{x}/s$-Karte
$\bar{R}$: Mittelwert der Spannweiten
$\bar{s}$: Mittelwert der Standardabweichungen
n : Anzahl der Stichproben
OEG : Obere Eingriffsgrenze
UEG : Untere Eingriffsgrenze

Faktor	Stichprobenumfang n								
	2	3	4	5	6	7	8	9	10
A_2	1,880	1,023	0,729	0,577	0,483	0,419	0,373	0,337	0,308
A_3	2,659	1,954	1,628	1,427	1,287	1,182	1,099	1,032	0,973

PreControl-Regelkarte

- Die PC-Regelkarte ist eine einfache Regelkarte, bei der keine komplizierten Berechnungen erfolgen.

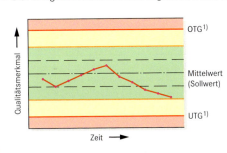

OTG : obere Toleranzgrenze
UTG : untere Toleranzgrenze

- Startbedingung: 5 aufeinander folgende geprüfte Teile, die im grünen Bereich liegen.
- Die Regelkarte wird mit 2er Stichproben weitergeführt
- Kontrollintervall: 1/6 der Zeit zwischen zwei Nachstellungen am Prozess

Bereiche grün/gelb: Prozess läuft ohne Eingriff bis zur nächsten Stichprobe weiter

Bereich rot: 1. Prozess unterbrechen;
2. Prozess justieren und neu starten

1) Erfahrungswerte

Prozessverläufe

Natürlicher Verlauf

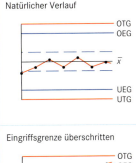

Prozess ist ungestört

Weniger als 6 Punkte liegen oberhalb oder unterhalb des Mittelwerts $\bar{x}$.
70 % der Punkte liegen im mittleren Drittel zwischen UEG und OEG.

Run

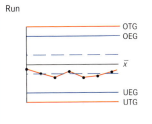

Prozess ist gestört.

Mehr als 6 Punkte liegen unterhalb des Mittelwerts $\bar{x}$.
Sofort weitere Stichproben entnehmen, gegebenenfalls muss der Prozess sofort korrigiert werden.

Eingriffsgrenze überschritten

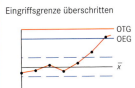

Prozess ist gestört

Die Eingriffsgrenze OEG ist überschritten, der Prozess muss sofort korrigiert werden. Fehlerhafte Teile müssen aussortiert werden.

Trend

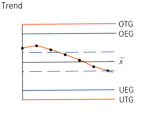

Prozess ist gestört.

Es ist zu erwarten, dass mehr als 6 Punkte unterhalb des Mittelwertes liegen.
Der Prozess muss sofort korrigiert werden, da das Erreichen von UEG wahrscheinlich ist.

Qualitätsmanagementsysteme
Quality management systems

Grundlagen und Begriffe
DIN EN ISO 9000: 2000-12

Das erfolgreiche Führen und Betreiben einer Organisation, z. B. eines Betriebes, erfordert, dass sie in systematischer und klarer Weise geleitet und gelenkt wird. Ein Weg zum Erfolg kann die Einführung und Aufrechterhaltung eines Managementsystems sein, das auf ständige Leistungsverbesserung ausgerichtet ist. Dabei werden die Erfordernisse aller interessierten Parteien, z. B. Lieferant und Kunde, berücksichtigt.

Qualitätsmanagementsysteme können Organisationen beim Erhöhen der Kundenzufriedenheit unterstützen.

Kunden verlangen Produkte oder Dienstleistungen, die ihre Erfordernisse und Erwartungen erfüllen. Diese Erfordernisse und Erwartungen werden in Produktspezifikationen oder Kundenanforderungen ausgedrückt.
Kundenanforderungen können vom Kunden vertraglich festgelegt werden oder von der Organisation selber ermittelt werden. In beiden Fällen befindet der Kunde über die Annehmbarkeit des Produktes.

Ansatz für Qualitätsmanagementsysteme (QM-Systeme)

Um ein Qualitätsmanagementsystem zu entwickeln und zu verwirklichen, müssen

- Erfordernisse und Erwartungen der Kunden ermittelt,
- Qualitätspolitik und Qualitätsziele festgelegt,
- erforderliche Prozesse und Verantwortlichkeiten, um die Qualitätsziele zu erreichen, festgelegt,
- erforderliche Ressourcen, um die Qualitätsziele zu erreichen, festgelegt und bereitgestellt,
- Methoden, die Wirksamkeit und Effizienz jedes einzelnen Prozesses messen, eingeführt,
- diese Messungen zur Ermittlung der aktuellen Wirksamkeit und Effizienz jedes einzelnen Prozesses angewendet,
- Mittel zur Verhinderung von Fehlern und zur Beseitigung ihrer Ursachen festgelegt,
- Prozesse zur ständigen Verbesserung des Qualitätsmanagementsystems eingeführt und angewendet

werden.

Anforderungen
DIN EN ISO 9001: 2000-12

Die Kundenzufriedenheit wird durch die Erfüllung der Kundenanforderungen erhöht. Dieses erreicht man durch einen prozessorientierten Ansatz für die Entwicklung, Verwirklichung und Verbesserung der Wirksamkeit eines Qualitätsmanagementsystems.

Der prozessorientierte Ansatz bedeutet

- das Verstehen und Erfüllen der Anforderungen,
- die Notwendigkeit, Prozesse aus der Sicht der Wertschöpfung zu betrachten,
- das Erzielen von Ergebnissen bezüglich Prozessleistung und Prozesswirksamkeit und
- die ständige Verbesserung von Prozessen auf der Grundlage objektiver Messungen.

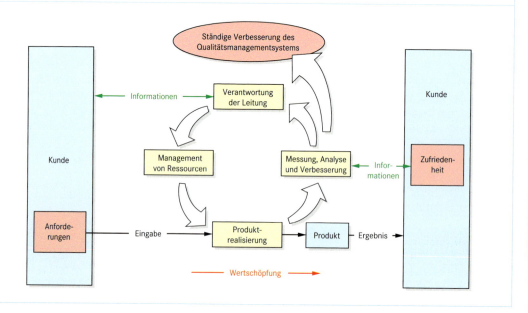

Herstellen von Baugruppen

Fügeverbindungen
- 217 Fügeverbindungen
- 218 Darstellung von Schweiß- und Lötverbindungen
- 222 Gas-Betriebsstoffe
- 223 Arbeitspositionen, Richtwerte, Schweißstäbe für Gasschweißen
- 224 Stabelektroden für das Lichtbogenhandschweißen
- 225 Richtwerte für das Lichtbogenhandschweißen/Punktschweißen
- 226 Schutzgasschweißen
- 228 Bewerten von Schweißnähten an Stahl
- 230 Schweißnahtvorbereitung für Stahl
- 231 Schweißnahtvorbereitung für Aluminium
- 232 Schweißzusätze für NE-Metalle
- 233 Schweißen von Kunststoffen
- 234 Löten
- 237 Kleben
- 238 Gewinde
- 244 Whitworth-Gewinde, Kugelgewindetrieb
- 245 Gewinde
- 246 Mechanische Eigenschaften von Verbindungselementen
- 247 Festigkeitswerte, Mindesteinschraubtiefe und Durchgangslöcher
- 248 Schraubenübersicht
- 249 Schrauben- und Mutternübersicht
- 250 Sechskantschrauben
- 251 Sechskantschrauben, Passschrauben
- 252 Sechskantschrauben, Passschrauben, Schrauben mit dünnem Schaft
- 253 Zylinderschrauben
- 254 Senkschrauben
- 255 Flachkopfschrauben, Blechschrauben, Gewindeschneidschrauben
- 256 Gewindefurchende Schrauben
- 257 Flachrundschrauben, Senkschrauben, Hammerschrauben, Stiftschrauben
- 258 Vierkantschrauben, Gewindestifte
- 259 Schrauben, Muttern
- 260 Schrauben und Muttern für T-Nuten
- 261 Sechskantmuttern
- 262 Muttern
- 265 Hutmuttern, Sicherungsmuttern, Kreuzlochmuttern
- 266 Rändelmuttern, Sechskantmuttern, Kegelpfannen
- 267 Senkungen
- 269 Scheiben
- 270 Scheiben, Federringe
- 271 Scheiben
- 272 Sicherungsbleche, Nutmuttern
- 273 Runddraht-Sprengringe, Stellringe
- 274 Niete
- 275 Blindniete, Spannstifte
- 276 Kegelstifte, Kerbstifte, Kerbnägel
- 277 Spannstifte, Zylinderstifte, Kegelstifte
- 278 Bolzen, Splinte

Lagerungen
- 279 Lagerungen
- 280 Wälzlagerungen (Beispiele)
- 281 Wälzlagerbezeichnungen
- 283 Wälzlager
- 286 Sicherungsringe
- 287 Sicherungsbleche, Filzdichtungen
- 288 Radial-Wellendichtringe
- 289 O-Ringe
- 290 Nutmuttern, Passscheiben, Einbaumaße für Wälzlager
- 291 Toleranzen für den Einbau von Wälzlagern
- 292 Vereinfachte Darstellung
- 294 Buchsen für Gleitlager
- 295 Kegelschmiernippel
- 296 Freistiche

Übertragen von Drehmomenten
- 297 Übertragen von Drehmomenten
- 299 Ringfeder-Spannelemente, Wellenenden
- 300 Keile
- 301 Scheibenfedern
- 302 Passfedern, Passfedernuten
- 303 Keilwellen
- 304 Keilwellen, Kerbverzahnungen, Zahnradwerkstoffe
- 305 Zahnräder
- 306 Zahnräder – Zahnradpaarungen
- 308 Angaben für Verzahnung in Zeichnungen
- 309 Keilriementriebe
- 310 Synchronriementriebe
- 311 Getriebe, Übersetzungen

Normteile für Vorrichtungen
- 313 Normteile für Vorrichtungen
- 314 Säulengestelle für Schneidwerkzeuge
- 315 Einspannzapfen, Kegelgriffe
- 316 Kreuzgriffe, Sterngriffe
- 317 Gewindestifte, Druckstücke, Kugelköpfe
- 318 Normteile für Vorrichtungen
- 319 Schraubendruckfedern
- 320 Tellerfedern
- 321 Federn, Federberechnungen
- 322 Bohrbuchsen
- 324 Schlüsselweiten, Vierkante von Zylinderschäften

Fügeverbindungen

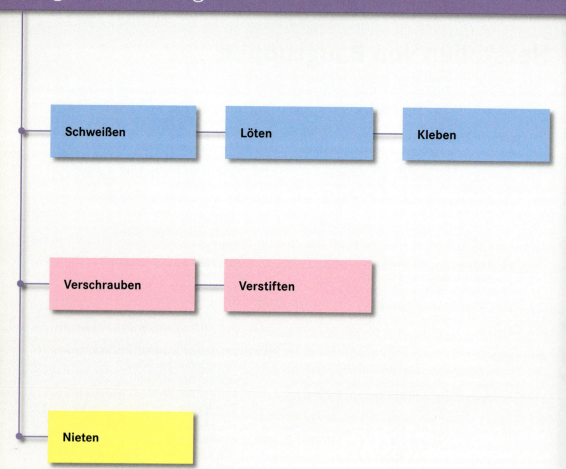

Fügeverbindungen
Joints

Schweißverbindung

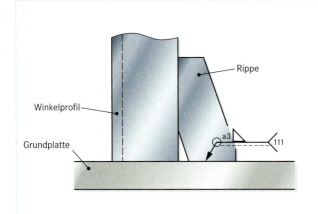

Lagerbock (Ausschnitt)

Stoßart:
T-Stoß zwischen Grundplatte und Rippe

Nahtart:
Kehlnaht, Nahtdicke a = 3 mm, ringsum geschweißt

Schweißverfahren:
Lichtbogenhandschweißen

Schraubenverbindung

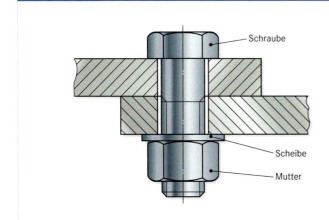

Laschenverbindung

Schraube:
Sechskantschrauben ISO 4014 – M8 × 25-8.8

Scheibe:
Scheibe ISO 7091-8 – 100 HV

Mutter:
Sechskantmutter ISO 4032 – M8-8

Nietverbindung

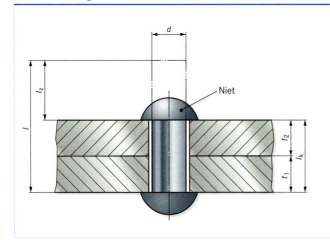

Verbindung zweier Werkstücke

Niet:
Niet DIN 124 – 12 × 42 – St

Nietlänge $l = l_K + l_Z$

Klemmlänge $l_K = t_1 + t_2$

Zugabe
l_Z = 1,4 ... 1,6 · d für Halbrundkopf
l_Z = 0,6 ... 1,0 · d für Senkkopf

Darstellung von Schweiß- und Lötverbindungen
Representation of welded and soldered joints

Stoßart

DIN EN 12 345: 1999-05

Stoßart	Lage der Teile	Beschreibung	Stoßart	Lage der Teile	Beschreibung
Stumpf-stoß		Die Teile liegen in einer Ebene und stoßen stumpf gegeneinander.	Doppel-T-Stoß		Zwei in einer Ebene liegende Teile stoßen rechtwinklig (doppel-T-förmig) auf ein dazwischen liegendes drittes.
Parallel-stoß		Die Teile liegen parallel aufein-ander.	Eckstoß		Zwei Teile stoßen unter beliebigem Winkel aneinander (Ecke).
Überlapp-stoß		Die Teile liegen parallel aufeinander und überlappen sich.	Mehrfach-stoß		Drei oder mehr Teile stoßen unter beliebigem Winkel aneinander.
T-Stoß		Die Teile stoßen rechtwinklig (T-förmig) aufeinander.			
Schräg-stoß		Ein Teil stößt schräg gegen ein anderes.	Kreu-zungsstoß		Zwei Teile liegen kreuzend über-einander.

Zeichnerische Darstellung und Symbole

DIN EN 22 553: 1997-03

Benennung Symbol der Nahtart	Darstellung		Benennung Symbol der Nahtart	Darstellung	
	erläuternd	symbolhaft		erläuternd	symbolhaft
Bördelnaht			Y-Naht		
I-Naht	Obere Werkstückfläche		HY-Naht		
	Werkstück-Gegenfläche		U-Naht		
			HU-Naht		
V-Naht			Kehlnaht		
HV-Naht			Lochnaht		
			Punktnaht		

Darstellung von Schweiß- und Lötverbindungen
Representation of welded and soldered joints

Zeichnerische Darstellung und Symbole

DIN EN 22 553: 1997-03

Benennung Symbol der Nahtart	Darstellung		Benennung Symbol der Nahtart	Darstellung	
	erläuternd	symbolhaft		erläuternd	symbolhaft
Liniennaht			Stirnflach-naht		
Steilflan-kennaht			Flächen-naht		
Halb-Steil-flankennaht			Falznaht		

Kombination von Grundsymbolen

I-Naht geschweißt von beiden Seiten			Doppel-Y-Naht		
V-Naht mit Gegenlage			Doppel-U-Naht		
Doppel-V-Naht (X-Naht)			V-U-Naht		
Doppel-HV-Naht (K-Naht)			Doppel-Kehlnaht		

Zusatzsymbole – Ergänzende Angaben

Zusatzsymbole für die Form der Oberfläche oder der Naht		Ergänzende Angaben für charakteristische Merkmale der Naht	
Oberflächenform/Nahtform	Symbol	Merkmal	Symbol
hohl (konkav)	⌣	Ringsum-Naht	
flach (eben)	—	Baustellennaht	
gewölbt (konvex)	⌢	Angabe des Schweißprozesses (s. DIN EN 24 063)	z. B. 111
Nahtübergänge kerbfrei	⌣	Bezugszeichen (Bedeutung ist in der Nähe des Schriftfeldes zu erläutern)	z. B. A1

Die Stellung des Symbols zur Bezugslinie gibt die Lage der Naht am Stoß an.
Die Pfeillinie zeigt auf die Pfeilseite, die andere Seite ist die Gegenseite.
Wird das Symbol auf die Seite der Bezugs-Volllinie gesetzt, befindet sich die Naht auf der Pfeilseite. Wird das Symbol auf die Seite der Bezugs-Strichlinie gesetzt, befindet sich die Naht auf der Gegenseite. Die Bezugs-Strichlinie kann unter oder über der Bezugs-Volllinie gezeichnet werden.

Fügeverbindungen 219

Darstellung von Schweiß- und Lötverbindungen
Representation of welded and soldered joints

Bemaßung von Schweißnähten
DIN EN 22 553: 1987-03

Jedem Symbol dürfen Maße zugeordnet werden. Die Nahtdicke a oder die Schenkeldicke z werden vor dem Symbol, die Längenmaße hinter dem Symbol eingetragen. Fehlt die Angabe nach dem Symbol, verläuft die Naht ununterbrochen über die gesamte Länge des Werkstückes.

Nahtart	Darstellung		Bemerkungen
	erläuternd	symbolhaft	
Bördelnaht			Nahtdicke $\quad s = 5$ mm Bördelnähte, die nicht durchgeschweißt sind, werden als I-Nähte mit der Nahtdicke s gekennzeichnet.
Nicht durch-geschweißte, unterbrochene I-Naht			Nahtdicke $\quad s = 5$ mm Vormaß $\quad v = 10$ mm Anzahl der Einzelnähte $\quad n = 2$ Länge der Einzelnähte $\quad l = 20$ mm Länge der Zwischenräume $\quad e = 10$ mm
Punktnaht		Seitenansicht Draufsicht	Punktdurchmesser $\quad d = 4$ mm Punktabstand $\quad e = 10$ mm Anzahl der Punkte $\quad n = 15$ Vormaß $\quad v = 7$ mm
Einfache Kehlnaht		Vorderansicht Draufsicht oder	Nahtdicke $\quad a = 5$ mm Schenkeldicke $\quad Z = 7$ mm
Unterbrochene Kehlnaht ohne Vormaß		Seitenansicht Draufsicht	Nahtdicke $\quad a = 5$ mm Anzahl der Einzelnähte $\quad n = 3$ Länge der Einzelnähte $\quad l = 75$ mm Länge der Zwischenräume $\quad e = 100$ mm
Doppelte Kehlnaht unterbrochen, versetzt, beidseitig mit Vormaß		oder	Nahtdicke $\quad a = 5$ mm Schenkeldicke $\quad z = 7$ mm Anzahl der Einzelnähte $\quad n = 5$ Länge der Einzelnähte $\quad l = 50$ mm Länge der Zwischenräume $\quad e = 60$ mm Vormaß 1 $\quad v_1 = 55$ mm Vormaß 2 $\quad v_2 = 110$ mm Z Zeichen für unterbrochene Nähte

220 Fügeverbindungen

Darstellung von Schweiß- und Lötverbindungen
Representation of welded and soldered joints

Stellung des Symbols bei Kehlnähten

erläuternd	Darstellung symbolhaft
	Gegenseite — Pfeilseite — Schweißnaht auf der Pfeilseite | Pfeilseite — Gegenseite — Schweißnaht auf der Gegenseite
	Pfeilseite für A — Gegenseite für B — Stoß A — Stoß B — Gegenseite für A — Pfeilseite für B | Gegenseite für A — Pfeilseite für B — Stoß A — Stoß B — Pfeilseite für A — Gegenseite für B
	Gegenseite für A — Stoß A — Pfeilseite für A — Pfeilseite für B — Stoß B — Gegenseite für B | Pfeilseite für A — Stoß A — Gegenseite für A — Gegenseite für B — Stoß B — Pfeilseite für B

Kennzahlen für Schweiß- und Lötverfahren
DIN EN ISO 4063: 2000-04

Kennzahl	Verfahren	Kennzahl	Verfahren
1	Lichtbogenschmelzschweißen	3	Gasschmelzschweißen
11	Metalllichtbogenschweißen ohne Gas	311	Gasschweißen mit Sauerstoff-Acetylen-Flamme
111	Lichtbogenhandschweißen	312	Gasschweißen mit Sauerstoff-Propan-Flamme
13	Metall-Schutzgasschweißen	4	Pressschweißen
131	Metall-Inertgasschweißen	41	Ultraschallschweißen
135	Metall-Aktivgasschweißen	5	Strahlschweißen
14	Wolfram-Schutzgasschweißen	512	Elektronenstrahlschweißen
141	Wolfram-Inertgasschweißen	52	Laserstrahlschweißen
15	Plasmaschweißen	83	Plasmaschneiden
2	Widerstandsschweißen	9	Löten
21	Widerstands-Punktschweißen	91	Hartlöten
		94	Weichlöten

Angaben in der Gabel des Bezugszeichens für eine durchgeschweißte V-Naht mit Gegenlage durch Lichtbogenhandschweißen, geforderte Bewertungsgruppe D DIN EN 25 817, geschweißt in Wannenposition nach DIN EN ISO 6947, verwendete Stabelektrode nach DIN EN 499.

Angaben in der Gabel des Bezugszeichens für eine gelötete Flächennaht, hergestellt durch Weichlöten in Wannenposition mit einem Lot nach DIN EN 29453.

Vorderansicht

111/ISO 5817-D/ISO 6947-PA/ EN 499-E 46 0 MnMo RR 1 4 H5

Draufsicht

111/ISO 5817-D/ISO 6947-PA/ EN 499-E 46 0 MnMo RR 1 4 H5

Vorderansicht — 94/w/EN 29453-S-Sn60Pb40

Draufsicht — 94/w/EN 29453-S-Sn60Pb40

Fügeverbindungen 221

Gas-Betriebsstoffe
Fuel gas

Druckgasflaschen

Gasart	Farbkennzeichnung der Flasche nach DIN EN 1089-3: 2004-06	bisher	Anschlüsse der Ventile DIN 477-1: 1990-05	Volumen in l	Druck in bar	Füllmenge
Sauerstoff	weiß	blau	R ¾	40 50	150 200	6 000 l 10 000 l
Acetylen	kastanienbraun	gelb	Spannbügel	40 50	18 19	6,3 kg 10 kg
Propan	rot	rot	W 21,80 × $\frac{1}{14}$ – LH [1]	10 50	8,53	4,25 kg 21,25 kg
Wasserstoff	rot	rot	W 21,80 × $\frac{1}{14}$ – LH [1]	10 50	200	1 800 l 8 900 l
Stickstoff	schwarz	grün	W 24,32 × $\frac{1}{14}$ [1]	40 50	150 200	6 000 l 10 000 l
Kohlendioxid	grau	grau	W 21,80 × $\frac{1}{14}$ [1]	13,4 40	57,29	10 kg 30 kg
Argon	dunkelgrün	grau	W 21,80 × $\frac{1}{14}$ [1]	10 50	200	2 000 l 10 000 l
Helium	braun					
Druckluft	leuchtend grün	grau	R ⅝ Innengewinde	40 50	150 200	6 000 l 10 000 l

[1] W: Kurzzeichen für Withworth-Gewinde (Nenndurchmesser in mm × Steigung in ''), LH: Linksgewinde

Mengenberechnung von Gas-Betriebsstoffen

Verfügbare Gasmenge (Flascheninhalt) bei Normaldruck

$$V_{amb} = \frac{p_e \cdot V_{Fl}}{p_{amb}}$$

V_{amb} : Gasvolumen bei Normaldruck
p_{amb} : Normaldruck
V_{Fl} : Flaschenvolumen
p_e : Flaschendruck lt. Inhaltsmanometer

Gasverbrauch von ungelösten Gasen

$$\Delta V = \frac{V_{Fl} \cdot (p_{e1} - p_{e2})}{p_{amb}}$$

$\Delta V = V_1 - V_2$
$\Delta p_e = p_{e1} - p_{e2}$

ΔV : Gasverbrauch
V_1 : Flascheninhalt **vor** der Gasentnahme
V_2 : Flascheninhalt **nach** der Gasentnahme
V_{Fl} : Flaschenvolumen
p_{e1} : Flaschendruck **vor** der Gasentnahme
p_{e2} : Flaschendruck **nach** der Gasentnahme
Δp_e : Druckunterschied

Gasverbrauch von gelösten Gasen

$$\Delta V = \frac{V_F \cdot (p_{e1} - p_{e2})}{p_F}$$

für Acetylen: 1 l Aceton löst bei 1 bar Druck 25 l Acetylen

$V_F = V_L \cdot 25 \cdot p_F$

Einheitengleichung: $l = l \cdot \frac{1}{1 \cdot bar} \cdot bar$

ΔV : Gasverbrauch — in l
V_F : Füllvolumen — in l
p_{e1} : Flaschendruck **vor** der Gasentnahme — in bar
p_{e2} : Flaschendruck **nach** der Gasentnahme — in bar
p_F : Fülldruck der Flasche — in bar
V_L : Volumen Lösungsmittel — in l
(13 l Aceton in einer 40 l-Acetylen-Normalflasche und 18 bar Fülldruck)

Grafische Ermittlung des Gasverbrauchs (40-l-Flaschen)

Sauerstoff: Volumen 40 l
Druck 150 bar
Füllmenge 6000 l

Acetylen: Volumen 40 l
Druck 18 bar
Füllmenge 6,3 kg

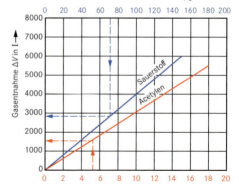

Beispiel: Bei einer Druckabnahme von 70 bar in der Sauerstoffflasche werden ca. 2800 l Sauerstoff entnommen.

Arbeitspositionen, Richtwerte, Schweißstäbe für das Gasschweißen
Working positions, values, welding rods for gas welding

Arbeitsposition beim Schweißen

DIN EN ISO 6947: 1997-05

Benennung	Kurzz.	bisher	Beschreibung
Wannenposition	PA	w	waagerechtes Arbeiten, Nahtmittellinie senkrecht, Decklage oben
Horizontalposition	PB	h	horizontales Arbeiten, Decklage nach oben
Steigposition	PF	s	steigendes Arbeiten
Fallposition	PG	f	fallendes Arbeiten
Querposition	PC	q	waagerechtes Arbeiten, Nahtmittellinie horizontal
Überkopfposition	PE	ü	waagerechtes Arbeiten, Überkopf, Nahtmittellinie senkrecht, Decklage unten
Horizontale Überkopfposition	PD	hü	horizontales Arbeiten, Überkopf, Decklage nach unten

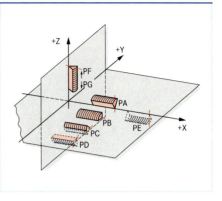

Richtwerte für das Gasschmelzschweißen

Werkstoff: unlegierter Baustahl, Schweißposition: PA

Werkstückdicke t in mm	Größe des Schweißeinsatzes	Nahtart	Betriebsdruck in bar Sauerstoff	Acetylen	Schweißstabdurchmesser mm	Schweißrichtung	Verbrauchswerte Sauerstoff l/h	Acetylen l/h	Schweißstab g/m	Schweißzeit min/m	Schweißleistung m/h
0,5	1	ﾊ	2,5	0,03	–	NL	80	80	–	4	15
1	1	ﾊ		... 0,8	–	NL	80	80	–	9	6,7
1	1	‖			1	NL	160	160	12	10	6
1,5	1 ... 2	ﾊ			–	NL	160	160	–	10	6
2	1 ... 2	‖			2	NL	160	160	35	11	5,5
3	2 ... 4	‖			2	NR	315	315	65	12	5
4	2 ... 4	V			3	NR	315	315	115	15	4
6	4 ... 6	V			4	NR	500	500	250	22	2,7

NL: Nachlinksschweißen; NR: Nachrechtsschweißen

Schweißstäbe für das Gasschweißen – Eignung

DIN EN 12 536: 2000-08

Stahlart	Grundwerkstoff Stahlsorte	O I	O II	O III	O IV	O V	O VI
Stähle nach DIN EN 10025	S 235 JRG 1, S 235 JRG 2, S 235 J0			×	×		
Stähle für Rohre nach DIN 1615	St 33	×	×	×	×		
Stähle für Rohre nach DIN 1626, DIN 1629	U St 37.0, St 37.0, St 44.0, St 52.0	×	×	×	×		
Stähle für Rohre nach DIN 1628, DIN 1630	St 37.4, St 44.4, St 52.4			×	×		
Stähle nach DIN EN 10028	P 235 GH, P 265 GH, P 295 GH			×	×		
	16 Mo 3				×		
	13 Cr Mo 4-5					×	
	10 Cr Mo 9-10						×
Schweißverhalten	Fließverhalten	dünn fließend	weniger dünn fließend	zäh fließend			
	Spritzer	viele	wenig	keine			
	Poreneingang	ja		nein			

Lieferformen: Durchmesser in mm: 2 – 2,5 – 3 – 4 – 5, Längen in mm: 1000
Bezeichnung eines Schweißstabes der Schweißstabklasse IV: **Stab EN 12 536-O IV**

Stabelektroden für das Lichtbogenhandschweißen
Electrodes for manual metal arc welding

Umhüllte Stabelektroden zum Lichtbogenhandschweißen von unlegierten Stählen und Feinkornstählen

DIN EN 499: 1995-01

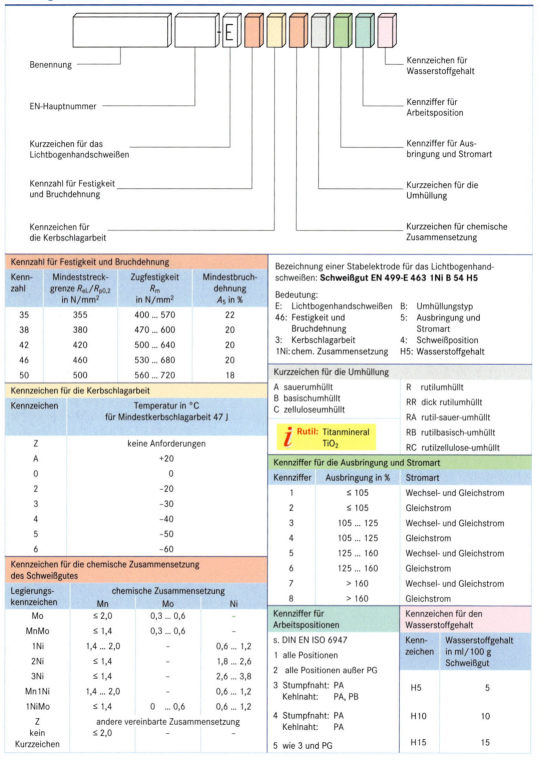

Richtwerte für das Lichtbogenhandschweißen
Quantities for manual welding

Elektrodenbedarf

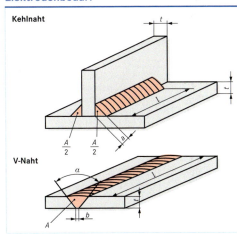

t : Blechdicke
a : Nahtdicke
l : Nahtlänge
A : Nahtquerschnitt

$$A = a^2$$

b : Nahtspaltbreite
α : Nahtöffnungswinkel
c : Nahtformfaktor

$$A = t \cdot (c \cdot t + b)$$

V_N : Nahtvolumen

$$V_N = A \cdot l$$

Nahtformfaktor c		
Nahtöffnungs-winkel α in °	V-Naht	X-Naht
60	0,58	0,29
70	0,71	0,36
90	1,00	0,50

V_E : Elektrodenvolumen
k_E : Ausbringungsfaktor (0,9 ... 1,8)
i_E : Anzahl der Elektroden

$$i_E = \frac{V_N}{V_E \cdot k_E}$$

Richtwerte für das Lichtbogenhandschweißen

Kehlnähte — Werkstoff: unlegierter Baustahl, Schweißposition: PB; Schweißgut: EN 499-E 42 0 RR

Kehlnahtdicke a in mm	Elektroden-abmessungen in mm	Strom I in A	Schweißgut m in g/m	Abschmelzzeit der Elektrode t in s	Elektrodenverbrauch n in 1/m
2	2,5 x 350	85	48	58	4
4	4,0 x 450	180	155	89	3
6			325		4
8			575		4
10			905		4

Stumpfnähte (V-Nähte) — Werkstoff: unlegierter Baustahl, Schweißposition: PA; Schweißgut: EN 499-E 38 2 RA 12

Werkstück-dicke t in mm	Öffnungs-winkel α in °	Spalt b in mm	Elektroden-abmessungen in mm	Strom I in A	Schweißgut m in g/m	Abschmelzzeit der Elektrode t in s	Elektrodenverbrauch n in 1/m
4	60	1,0	2,5 x 350	75	103	58	8,5
6		1,0	3,25 x 450	140	209	79	4,0
8		1,5			382		
10		2,0			608		
15		2,0	4,0 x 450	180	1250	98	
20		2,0			2125		

Punktschweißen
Spot welding

Richtwerte für das Punktschweißen von Stahlblechen

Einzelblech-dicke t in mm	Schweißzeit t in s				Schweißstrom I in kA	Elektrodenhalte-kraft F in KN	Durchmesser Schweiß-punkt d_{Sp} in mm
	Vorhaltezeit	Stromzeit	Nachhaltezeit	Gesamt			
0,5	0,3	0,01	0,4	0,71	6,5	1,3	3,5
0,8	0,3	0,16	0,4	0,86	8	2	5,5
1,0	0,3	0,2	0,4	0,9	9,5	2,5	6
1,5	0,3	0,28	0,4	0,98	10	3,1	7
2,0	0,3	0,32	0,4	1,02	12	3,5	8
2,5	0,3	0,4	0,4	1,1	13	4	9
3,0	0,3	0,48	0,4	1,18	14	4,5	10

Fügeverbindungen

Schutzgasschweißen
Inert gas shielded arc welding

Drahtelektroden und Schweißgut zum Metall-Schutzgasschweißen von unlegierten Stählen und Feinkornstählen

DIN EN 440: 1994-11

Kurz-zeichen	Chemische Zusammensetzung in Masse-%
G0	jede andere vereinbarte Zusammensetzung
G2Si1	0,06 … 0,14 C; 0,5 … 0,8 Si; 0,9 … 1,3 Mn
G3Si1	0,06 … 0,14 C; 0,7 … 1,0 Si; 1,3 … 1,6 Mn
G4Si1	0,06 … 0,14 C; 0,8 … 1,2 Si; 1,6 … 1,9 Mn
G3Si2	0,06 … 0,14 C; 1,0 … 1,3 Si; 1,3 … 1,6 Mn
G2Ti	0,04 … 0,14 C; 0,4 … 0,8 Si; 0,9 … 1,4 Mn; 0,05 … 0,20 Al; 0,05 … 0,25 Ti und Zr
G3Ni1	0,06 … 0,14 C; 0,5 … 0,9 Si; 1,0 … 1,6 Mn; 0,8 … 1,5 Ni
G2Ni2	0,06 … 0,14 C; 0,4 … 0,8 Si; 0,8 … 1,4 Mn; 2,1 … 2,7 Ni
G2Mo	0,08 … 0,12 C; 0,3 … 0,7 Si; 0,9 … 1,3 Mn; 0,4 … 0,6 Mo
G4Mo	0,06 … 0,14 C; 0,5 … 0,8 Si; 1,7 … 2,1 Mn; 0,4 … 0,6 Mo
G2Al	0,08 … 0,14 C; 0,3 … 0,5 Si; 0,9 … 1,3 Mn; 0,35 … 0,75 Al

Bezeichnung eines Schweißgutes:
Schweißgut EN 440-G463MG3Si1

Bedeutung:
En 440	Norm-Hauptnummer
G	Drahtelektrode für das Metall-Schutzgasschweißen
46	Festigkeit und Bruchdehnung (DIN EN 499)
3	Kerbschlagarbeit (DIN EN 499)
M	Schutzgas (Mischgas)
G3Si1	chemische Zusammensetzung der Drahtelektrode

Schutzgase zum Lichtbogenschweißen und Schneiden

DIN EN 439: 1995-05

Gasart	chem. Zeichen	Dichte bei 0 °C und 1,013 bar in kg/m^3	Siedetemperatur bei 1,013 bar in °C	Reaktionsverhalten beim Schweißen
Argon	Ar	1,784	−189,4	inert
Helium	He	0,178	−268,9	inert
Kohlendioxid	CO_2	1,977	− 78,5	oxidierend
Sauerstoff	O_2	1,429	−183,0	oxidierend
Stickstoff	N_2	1,251	−195,8	reaktionsträge
Wasserstoff	H_2	0,090	−252,9	reduzierend

Einteilung der Schutzgase

DIN EN 439: 1995-05

Gruppe	Kenn-zahl	Komponenten in Vol.-%						Anwendung	Bemerkung
		inert		oxidierend		reduzie-rend	reaktions-träge		
		Ar	He	CO_2	O_2	H_2	N_2		
R	1	Rest[1]	–	–	–	> 0 … 15	–	141, 15, 83 Wurzelschutz	reduzierend
	2	Rest[1]	–	–	–	> 15 … 35	–		
I	1	100	–	–	–	–	–	131, 141, 15 Wurzelschutz	inert
	2	–	100	–	–	–	–		
	3	Rest[1]	> 0 … 95	–	–	–	–		
M 1	1	Rest[1]	–	> 0 … 5	–	> 0 … 5	–	135	schwach oxidierend
	2	Rest[1]	–	> 0 … 5	–	–	–		
	3	Rest[1]	–	–	> 0 … 3	–	–		
	4	Rest[1]	–	> 0 … 5	> 0 … 3	–	–		
M 2	1	Rest[1]	–	> 5 … 25	–	–	–		
	2	Rest[1]	–	–	> 3 … 10	–	–		
	3	Rest[1]	–	> 0 … 5	> 3 … 10	–	–		
	4	Rest[1]	–	> 5 … 25	> 0 … 8	–	–		
M 3	1	Rest[1]	–	> 25 … 50	–	–	–		
	2	Rest[1]	–	–	> 10 … 15	–	–		
	3	Rest[1]	–	> 5 … 50	> 8 … 15	–	–		
C	1	–	–	100	–	–	–		stark oxidierend
	2	–	–	Rest	> 0 … 30	–	–		
F	1	–	–	–	–	–	100	83 Wurzelschutz	reaktionsträge bis reduzierend
	2	–	–	–	–	> 0 … 50	Rest		

[1] Ar darf teilweise durch He ersetzt werden.

Bezeichnung eines Mischgases der Gruppe M 2 mit einem CO_2-Anteil von 25 %:
Schutzgas EN 439 – M 21

Wurzelschutz durch so genanntes Formieren: Umspülen der Schweißnahtwurzel und der hocherhitzten Nahtrandbereiche mit Schutzgasen bei gleichzeitiger Verdrängung sauerstoffhaltiger Atmosphäre.

Schutzgasschweißen
Inert gas shielded arc welding

Wolframelektroden für Wolfram-Schutzgasschweißen und für Plasmaschneiden und Plasmaschweißen

DIN EN ISO 6848: 2005-03

Kurzzeichen, Zusammensetzung und Kennfarbe					Eignung der Stromart			
Kurz-zeichen	Zusammensetzung Oxidzusatz		Verunrei-nigungen in %	Kennfarbe	zu schweißender Werkstoff	Gleichstrom		Wechsel-strom
	Art	in %				Elektrode negativ	Elektrode positiv	
WP	keiner		max. 5 %	grün	Aluminium ($t \leq 2,5$ mm)	2[1]	2	1
WCe20	CeO_2	1,8 … 2,2		grau	Aluminium ($t > 2,5$ mm)	2	3	1
WLa10	La_2O_3	0,8 … 1,2		schwarz	und Al-Legierungen	2	3	1
WLa15	La_2O_3	1,3 … 1,7		gold	Magnesium und Mg-Leg.	3	2	1
WLa20	La_2O_3	1,8 … 2,2		blau	Kohlenstoffstahl und	1	3	3
WTh10	ThO_2	0,8 … 1,2		gelb	niedriglegierte Stähle			
WTh20	ThO_2	1,7 … 2,2		rot	nichtrostende Stähle	1	3	3
WTh30	ThO_2	2,8 … 3,2		violett	Kupfer	1	3	3
WZr8	ZrO_2	0,15 … 0,5		braun	Bronze	1	3	2
WZr8	ZrO_2	0,7 … 0,9		weiß	Aluminium-Bronze	2	3	1
					Silizium-Bronze	1	3	2
					Nickel und Ni-Legierungen	1	3	2
					Titan	1	3	2

Durchmesserabstufung in mm:
0,5 – 1,0 – 1,5 – 1,6 – 2,0 – 2,5 – 3,2 – 4,0 – 5,0 – 6,3 – 8,0 – 10,0

Längenabstufung in mm:
50 – 75 – 150 – 300 – 450 – 600

[1] 1: Stromart für beste Ergebnisse; 2: Stromart für gute Ergebnisse; 3: Stromart nicht zu empfehlen oder nicht möglich

Empfohlene Stromstärkebereiche bei Argonschutz

Elektroden-durchmesser	Gleichstrom I in A				Wechselstrom I in A		Die Oxidzusätze erhöhen die Elektronenemission und damit die Lebensdauer der Elektroden. Der Zusatz vermindert das Risiko einer Verunreinigung der Schweißnaht mit Wolfram. Die Oxidzusätze sind im Wolfram in der Regel fein verteilt. Zusammengesetzte Elektroden bestehen aus einem reinen Wolframkern mit einer Oxidbeschichtung. Zusammengesetzte Elektroden werden durch einen zweiten rosa Ring gekennzeichnet.
	Elektrode negativ		Elektrode positiv		Reines Wolfram	Wolfram mit Oxidzusatz	
	Reines Wolfram	Wolfram mit Oxidzusatz	Reines Wolfram od. mit Oxidzusatz				
0,5	2 … 20	2 … 20	nicht anwendbar		2 … 15	2 … 15	
1,0	10 … 75	10 … 75	nicht anwendbar		15 … 55	15 … 70	
1,5 … 1,6	60 … 150	60 … 150	10 … 20		45 … 90	60 … 125	
2,0	75 … 180	100 … 200	15 … 25		65 … 125	85 … 160	
2,5	130 … 230	170 … 250	17 … 30		80 … 140	120 … 210	
3,2	160 … 310	225 … 330	20 … 35		150 … 190	150 … 250	
4,0	275 … 450	350 … 480	35 … 50		180 … 260	240 … 350	
5,0	400 … 625	500 … 675	50 … 70		240 … 350	330 … 460	
6,3	550 … 875	650 … 950	65 … 100		300 … 450	430 … 575	
8,0	–	–	–		–	650 … 830	

Bezeichnung einer Wolframelektrode mit einem Oxidzusatz von 2,8 % … 3,2 % ThO_2: **WT 30**

Richtwerte für das MAG-Schweißen

	Werkstoff: unlegierter Baustahl, Schweißposition: PA, Schweißgut: EN 440-G42MG3Si1, Schutzgas: EN 439-M21									
Stumpfnähte (V-Nähte)	Werk-stück-dicke t in min	Spalt b in mm	Einstellwerte				Lagen-zahl	Leistungswerte		
			Spannung U in V	Strom-stärke I in A	Drahtvor-schub v_f in m/min	Schutzgas-entnahme V in l/min		Schweißgut m in g/m	Schutzgas-verbrauch V in l/m	Abschmelz-zeit t in min/m
	6	2,0	21,0	205	8,3	12	2	249	78	6,5
	8	2,0	27,5	270	8,1	10 … 15	3	374	100	8,3
	10	2,5	28,0	290	9,0	10 … 15	4	591	134	10,6
	12	2,5	28,0	290	9,0	10 … 15	4	791	168	12,7
	15	3,0	28,5	300	9,2	10 … 15	5	1275	263	19,5
	20	3,0	29,0	310	9,5	10 … 15	12	2085	400	29,0

Öffnungswinkel des Spaltes: $\alpha = 50°$; Elektrodendurchmesser $d = 1,2$ mm ($d = 1,0$ bei $t = 6$ mm)

	Werkstoff: unlegierter Baustahl, Schweißposition: PB, Schweißgut: EN 440-G42ZMG3Si1, Schutzgas: EN 439-M21									
Kehlnähte	Werk-stück-dicke t in min	Spalt b in mm	Einstellwerte				Lagen-zahl	Leistungswerte		
			Spannung U in V	Strom-stärke I in A	Drahtvor-schub v_f in m/min	Schutzgas-entnahme V in l/min		Schweißgut m in g/m	Schutzgas-verbrauch V in l/m	Abschmelz-zeit t in min/m
	2	0,8	20,0	105	7,3	10	1	44	15	1,5
	4	1,0	23,0	220	10,7	10	1	140	21	2,1
	6	1,2	29,5	300	9,5	15	1	300	53	3,5
	8	1,2	29,5	300	9,5	15	3	545	97	6,4
	10	1,2	29,5	300	9,5	15	6	805	143	9,5

Fügeverbindungen

Bewerten von Schweißnähten an Stahl
Valuation of welded joints on steel

Bewertungsgruppen von Unregelmäßigkeiten

DIN EN ISO 5817: 2003-12

Definitionen:
Gebrauchstauglichkeit: Ein Erzeugnis ist für den beabsichtigten Zweck tauglich, wenn es im Betrieb während der vorgesehenen Lebensdauer zufriedenstellend funktioniert.
Kurze Unregelmäßigkeiten: Eine oder mehrere Unregelmäßigkeiten mit einer Gesamtlänge von max. 25 mm auf jeweils 100 mm Nahtlänge oder max. 25 % der Schweißnahtlänge, die kürzer als 100 mm ist
Systematische Unregelmäßigkeit: Unregelmäßigkeiten, die sich in regelmäßigen Abständen in der Schweißnaht über die untersuchte Länge wiederholen
Projizierte Fläche: Untersuchte Schweißnahtlänge multipliziert mit ihrer größten Breite.
Bruchoberfläche: Fläche, die nach dem Bruch zu beurteilen ist

Kurzzeichen:
a Sollmaß der Kehlnahtdicke
b Breite der Nahtüberhöhung
d Porendurchmesser
h Größe der Unregelmäßigkeit (Höhe und Breite)
l Länge der Unregelmäßigkeit
s Nennmaß der Stumpfnahtdicke oder: vorgeschriebene Einbrandtiefe
t Rohrwand- oder Blechdicke
z Sollmaß der Schenkellänge bei Kehlnähten

Unregel-mäßigkeit	Darstellung		Grenzwerte für die Unregelmäßigkeit Bewertungsgruppen		
			niedrig **D**	mittel **C**	hoch **B**
Risse		Alle Arten von Rissen außer Mikrorisse	nicht zulässig		
Poren		Summe der Poren auf der abgebildeten oder gebrochenen Oberfläche	≤ 4 %	≤ 2 %	≤ 1 %
		Maß einer Pore bei einer Stumpfnaht	$d \leq 0{,}4\,s$	$d \leq 0{,}3\,s$	$d \leq 0{,}2\,s$
		Kehlnaht	$d \leq 0{,}4\,a$	$d \leq 0{,}3\,a$	$d \leq 0{,}2\,a$
		Maß einer Pore	$d \leq 5$ mm	$d \leq 4$ mm	$d \leq 3$ mm
Porennest		Summe der Poren auf der abgebildeten oder gebrochenen Oberfläche	≤ 16 %	≤ 8 %	≤ 4 %
		Maß einer Pore bei einer Stumpfnaht	$d \leq 0{,}4\,s$	$d \leq 0{,}3\,s$	$d \leq 0{,}2\,s$
		Kehlnaht	$d \leq 0{,}4\,a$	$d \leq 0{,}3\,a$	$d \leq 0{,}2\,a$
		Maß einer Pore	$d \leq 4$ mm	$d \leq 3$ mm	$d \leq 2$ mm
Feste Einschlüsse		Schlackeneinschluss			
		Metallischer Einschluss (außer Cu)			
		Stumpfnaht	$h \leq 0{,}4\,s$	$h \leq 0{,}3\,s$	$h \leq 0{,}2\,s$
		Kehlnaht	$h \leq 0{,}4\,a$	$h \leq 0{,}3\,a$	$h \leq 0{,}2\,a$
		Größtmaß für Einschlüsse	$h \leq 4$ mm	$h \leq 3$ mm	$h \leq 2$ mm
Bindefehler			kurze Unregel-mäßigkeiten zuläs-sig, aber nicht bis zur Oberfläche	nicht zulässig	
		Stumpfnaht	$h \leq 0{,}4\,s$		
		Kehlnaht	$h \leq 0{,}4\,a$		
		Größtmaß für Einschlüsse	$h \leq 4$ mm		
Ungenü-gende Durch-schweißung	tatsächlicher Einbrand / Solleinbrand		Lange Unregelmäßigkeiten nicht zulässig Kurze Unregelmäßigkeiten		nicht zulässig
			$h \leq 0{,}2\,s$ $h \leq 2$ mm	$h \leq 0{,}1\,s$ $h \leq 1{,}5$ mm	
Einbrand-kerbe		weicher Übergang wird verlangt	$h \leq 0{,}2\,t$ $h \leq 1$ mm	$h \leq 0{,}1\,t$ $h \leq 0{,}5$ mm	$h \leq 0{,}05\,t$ $h \leq 0{,}5$ mm

Bewerten von Schweißnähten an Stahl
Valuation of welded joints on steel

Bewertungsgruppen von Unregelmäßigkeiten
DIN EN ISO 5817: 2003-12

Unregel-mäßigkeit	Darstellung		Grenzwerte für die Unregelmäßigkeit		
			Bewertungsgruppen		
			niedrig **D**	mittel **C**	hoch **B**
Zu große Nahtüber-höhung	Stumpfnaht	Kehl-naht	$h \leq 1\ mm + 0{,}25\ b$ $h \leq 10\ mm$	$h \leq 1\ mm + 0{,}15\ b$ $h \leq 7\ mm$	$h \leq 1\ mm + 0{,}1\ b$ $h \leq 5\ mm$
			$h \leq 1\ mm + 0{,}25\ b$ $h \leq 5\ mm$	$h \leq 1\ mm + 0{,}15\ b$ $h \leq 4\ mm$	$h \leq 1\ mm + 0{,}1\ b$ $h \leq 3\ mm$
Nahtdicken-über-schreitung	Sollnahtdicke tatsächliche Nahtdicke	Für viele Anwendungen ist eine Überschreitung der Nahtdicke kein Grund für eine Zurückweisung.	zulässig	$h \leq 1\ mm + 0{,}2\ a$ $h \leq 4\ mm$	$h \leq 1\ mm + 0{,}15\ a$ $h \leq 3\ mm$
Nahtdicken-unter-schreitung	Sollnahtdicke tatsächliche Nahtdicke		Lange Unregelmäßigkeiten nicht zulässig		nicht zulässig
			Kurze Unregelmäßigkeiten: $h \leq 0{,}3\ mm + 0{,}1\ a$		
			$h \leq 2\ mm$	$h \leq 1\ mm$	
Zu große Wurzelüber-höhung			$h \leq 1\ mm + 1{,}2\ b$ $h \leq 5\ mm$	$h \leq 1\ mm + 0{,}6\ b$ $h \leq 4\ mm$	$h \leq 1\ mm + 0{,}3\ b$ $h \leq 3\ mm$
Kanten-versatz	Bleche und Langschweißnähte	Umfangsschweißnähte	$h \leq 0{,}25\ t$ $h \leq 5\ mm$	$h \leq 0{,}15\ t$ $h \leq 4\ mm$	$h \leq 0{,}1\ t$ $h \leq 3\ mm$
			$h \leq 0{,}5\ t$ $h \leq 4\ mm$	$h \leq 0{,}5\ t$ $h \leq 3\ mm$	$h \leq 0{,}5\ t$ $h \leq 2\ mm$
Decklagen-unter-wölbung		Weicher Übergang wird verlangt.	Lange Unregelmäßigkeiten nicht zulässig		
			Kurze Unregelmäßigkeiten:		
			$h \leq 0{,}2\ t$ $h \leq 2\ mm$	$h \leq 0{,}1\ t$ $h \leq 1\ mm$	$h \leq 0{,}05\ t$ $h \leq 0{,}5\ mm$
Übermäßige Ungleich-schenklig-keit bei Kehlnähten	Sollform tatsächliche Form	Es wird vorausgesetzt, dass eine asymmetrische Kehlnaht nicht vorge-schrieben ist.	$h \leq 2\ mm + 0{,}2\ a$	$h \leq 2\ mm + 0{,}15\ a$	$h \leq 1{,}5\ mm + 0{,}15\ a$
Wurzel-rückfall Wurzelkerbe		Weicher Übergang wird verlangt.	$h \leq 0{,}2\ t$ $h \leq 2\ mm$	$h \leq 0{,}1\ t$ $h \leq 1\ mm$	$h \leq 0{,}05\ t$ $h \leq 0{,}5\ mm$
Schweißgut-überlauf			Kurze Unregelmäßig-keiten zulässig $h \leq 0{,}2\ b$	nicht zulässig	
Schweiß-spritzer			Die Zulässigkeit hängt von der Anwendung ab.		

Fügeverbindungen

Schweißnahtvorbereitung für Stahl
Joint preparation for steel

DIN EN ISO 9692-1: 2004-05

Benennung Symbol	Material-dicke t in mm	Nahtdarstellung	Maße			Empfohlenes Schweiß-verfahren	Bemerkungen
			Winkel α, β in °	Spalt b in mm	Steghöhe c in mm		
Bördelnaht ⋀	$t \leq 2$		–	–	–	3 111 141 512	meist ohne Zusatzwerkstoff
I-Naht ‖	$t \leq 4$		–	$b \approx t$	–	3, 111, 141	keine Nahtvor-bereitung
	$3 < t \leq 8$		–	$6 \leq b \leq 8$	–	13	
	$t \leq 15$		–	$b \leq 1$	–	141	beidseitig geschweißt
V-Naht ⋁	$3 < t \leq 10$		$40° \leq \alpha \leq 60°$	$b \leq 4$	$c \leq 2$	3, 111, 13, 141	ein- oder mehr-lagig geschweißt, bei dynamischer Beanspruchung Wurzel gegen-geschweißt
	$8 < t \leq 12$		$6° \leq \alpha \leq 8°$	–		52	
Y-Naht Y	$5 \leq t \leq 40$		$\alpha \approx 60°$	$1 \leq b \leq 4$	$2 \leq c \leq 4$	111 13 141	beidseitig geschweißt
HV-Naht ⋁	$3 < t \leq 10$		$35° \leq \beta \leq 60°$	$2 \leq b \leq 4$	$1 \leq c \leq 2$	111 13 141	einseitig oder beidseitig geschweißt
Doppel-V-Naht X	$t > 10$		$40° \leq \alpha \leq 60°$	$1 \leq b \leq 3$	$c \leq 2$	13	$h = \dfrac{t}{2}$ beidseitig geschweißt
			$\alpha \approx 60°$			111 141	
Doppel-HV-Naht K	$t > 10$		$35° \leq \beta \leq 60°$	$1 \leq b \leq 4$	$c \leq 2$	111 13 141	$h = \dfrac{t}{2}$ beidseitig geschweißt
Kehlnaht ◿	$t_1 > 2$ $t_2 > 2$		$70° \leq \alpha \leq 100°$	$b \leq 2$	–	3 111 13 141	–
Doppel-Kehlnaht	$2 \leq t_1 \leq 4$ $2 \leq t_2 \leq 4$		–	$b \leq 2$	–	3 111	–
	$t_1 > 4$ $t_2 > 4$		–	–		13 141	

Schweißnahtvorbereitung für Aluminium
Joint preparation for aluminium

DIN EN ISO 9692-3: 2001-07

Benennung Symbol	Material-dicke t in mm	Nahtdarstellung	Maße			Empfohlenes Schweiß-verfahren	Bemerkungen
			Winkel α, β in °	Spalt b in mm	Steghöhe c in mm		
Bördelnaht	$t \leq 2$		–	–	–	141	–
I-Naht	$t \leq 4$		–	$b \leq 2$	–	141	Brechung der Wurzelseite wird empfohlen
	$2 \leq t \leq 4$		–	$b \leq 1,5$	–	131	I-Naht mit Unterlage
V-Naht	$3 \leq t \leq 5$		$\alpha \geq 50°$	$b \leq 3$	–	141	–
			$60° \leq \alpha \leq 90°$	$b \leq 2$	$c \leq 2$	131	–
			$60° \leq \alpha \leq 90°$	$b \leq 4$	$c \leq 2$	131	V-Naht mit Unterlage
Y-Naht	$3 \leq t \leq 15$		$\alpha \geq 50°$	$b \leq 2$	$c \leq 2$	131 141	–
	$6 \leq t \leq 25$		$\alpha \geq 50°$	$4 \leq b \leq 10$	$c = 3$	131	Y-Naht mit Unterlage
HV-Naht	$4 < t \leq 10$		$\beta \geq 50°$	$b \leq 3$	$c \leq 2$	131 141	–
Doppel-V-Naht	$6 \leq t \leq 15$		$\alpha \geq 60°$	$b \leq 3$	$c \leq 2$	141	–
	$t > 15$		$\alpha \geq 70°$			131	
Doppel-HV-Naht	$t_1 \geq 8$ $t_2 \geq 8$		$\beta \geq 50°$	$b \leq 2$	$c \leq 2$	141 131	–
Kehlnaht	–		$\alpha \approx 90°$	$b \leq 2$	–	141 131	–
Doppel-Kehlnaht	–		$\alpha \approx 90°$	$b \leq 2$	–	141 131	–

Fügeverbindungen

231

Schweißzusätze für NE-Metalle
Welding filter metals for non ferrous metals

Schweißzusätze zum Schmelzschweißen von Kupfer und Kupferlegierungen

DIN EN 14 640: 2005-07

Legierungskurzzeichen		Legierungskurzzeichen		Legierungskurzzeichen	
numerisch	chemisch	numerisch	chemisch	numerisch	chemisch
Kupfer – niedriglegiert		Kupfer – Zinn		Kupfer – Aluminium	
Cu 1897	Cu Ag	Cu 5180	Cu Sn6 P	Cu 6061	Cu Al5 Mn1 Ni1
Cu 1898	Cu Sn1	Cu 5210	Cu Sn9 P	Cu 6100	Cu Al8
Kupfer – Silizium		Cu 5211	Cu Sn10	Cu 6180	Cu Al10
Cu 6511	Cu Si2 Mn1	Cu 5410	Cu Sn12 P	Cu 6240	Cu Al11 Fe
Cu 6560	Cu Si3 Mn1	Kupfer – Zink		Cu 6325	Cu Al8 Fe4 Ni2
Cu 6561	Cu Si2 Mn1 Sn	Cu 4700	Cu Zn40	Cu 6327	Cu Al8 Ni2
Kupfer – Nickel		Cu 4701	Cu Zn40 Sn Si Mn	Cu 6328	Cu Al9 Ni5
Cu 7061	Cu Ni10	Cu 6800	Cu Zn40 Ni	Kupfer – Mangan	
Cu 7158	Cu Ni30	Cu 6810	Cu Zn40 Sn Si	Cu 6338	Cu Mn13 Al7

Eine Zuordnung der Schweißzusätze zu einem Schweißverfahren (z. B. Schutzgasschweißen, WIG-Schweißen oder Plasmaschweißen) gibt es nicht.

Bezeichnung eines Massivdrahtes der Legierung Cu 6511: **Massivdraht EN 14640 – S Cu 6511.**
Die chemische Zusammensetzung kann in Klammern nachgesetzt werden.
S ist das Kurzzeichen für den Massivdraht oder Massivstab.

Schweißzusätze für das Lichtbogenschweißen von Aluminium und Aluminiumlegierungen

DIN EN 1011-4: 2001-02

	Gruppeneinteilung			Auswahl der Zusatzstoffe (Typen)										
Typ	Legierungsbezeichnung	Chemische Bezeichnung	Grundwerkstoff	Al	AlMn	AlMg (< 1 %)	AlMg3	AlMg5	AlMg-Si	AlZn-Mg	AlSi-Cu (< 1 %)	AlMg-Si	AlSi-Cu	AlCu
1	R-1450	Al99,5Ti	Al	4	–	–	–	–	–	–	–	–	–	–
	R-1080A	Al99,8	AlMn	4	3/4	–	–	–	–	–	–	–	–	–
3	R-3103	AlMn1	AlMg (< 1 %)	4	4	4	–	–	–	–	–	–	–	–
4	R-4043A	AlSi5	AlMg3	4/5	5	5	5	–	–	–	–	–	–	–
	R-4046	AlSi10Mg	AlMg5	5	5	5	5	5	–	–	–	–	–	–
	R-4047A	AlSi12(A)	AlMgSi	4/5	4	4	5	5	5	–	–	–	–	–
	R-4018	AlSi7Mg	AlZnMg	5	5	5	5	5	5	5	–	–	–	–
5	R-5249	AlMg2Mn0,8Zr	AlSiCu (< 1 %)	4	4	4	4	4	4	4	4	–	–	–
	R-5754	AlMg3	AlSiMg	4	4	4	4	4	4	4	4	4	–	–
	R-5556A	AlMg5,2Mn	AlSiCu	4	4	4	4	4	4	4	4	4	4	–
	R-5183	AlMg4,5Mn0,7(A)	AlCu	–	–	–	–	–	4	4	4	4	4	4
	R-5087	AlMg4,5MnZr	Die Angaben gelten für Guss- und Knetlegierungen. Schweißverfahren: 131 (MIG), 141 (WIG), 15 (Plasmaschweißen)											
	R-5356	AlMg5Cr(A)												

232 Fügeverbindungen

Schweißen von Kunststoffen
Welding of thermoplastic materials

Nahtarten
DIN 16 960-1: 1974-02

V-Naht am Stumpfstoß (ohne Gegenlage)	V-Naht am Stumpfstoß (mit Gegenlage)	V-Naht am Eckstoß (ohne Gegenlage)	V-Naht am Eckstoß (mit Gegenlage)	K-Stegnaht
X-Naht	Überlappnaht			

Schweißparameter für das Warmgasschweißen von thermoplastischen Kunststoffen
DVS 2207-3: 2005-04

Schweiß-verfahren	Werkstoff	Kurzzeichen	Warmgas-temperatur in °C	Warmgas-volumenstrom in Nl/min	Schweiß-geschwindig-keit in mm/min	Schweißkraft in N Stabdurchmesser 3 mm	4 mm
WF Warmgas-fächel-schweißen	Polyethylen hoher Dichte	PE-HD	300 ... 320	40 ... 50	70 ... 90	8 ... 10	20 ... 25
	Polypropylen	PP	305 ... 315		60 ... 85		
	Polyvinylchlorid weichmacherfrei	PVC-U	330 ... 350		110 ... 170		
	Polyvinylchlorid chloriert	PVC-C	340 ... 360		55 ... 85	15 ... 20	
	Polyvinylidenfluorid	PVDF	350 ... 370		45 ... 50		25 ... 30
WZ Warm-gasziehschweißen	Polyethylen hoher Dichte	PE-HD	300 ... 340	45 ... 55	250 ... 350	145 ... 20	25 ... 35
	Polypropylen	PP	300 ... 340				
	Polyvinylchlorid weichmacherfrei	PVC-U	350 ... 370				
	Polyvinylchlorid chloriert	PVC-C	370 ... 390		180 ... 220	20 ... 25	30 ... 35
	Polyvinylidenfluorid	PVDF	365 ... 385		200 ... 250		
	Polyethylen	PE	350 ... 380	50 ... 60 Warmgas Stickstoff	220 ... 250	10 ... 15	keine Angaben
	Tetrafluorethylenper-flourpropylen Copolymerisat	FEP	380 ... 390	50 ... 60	60 ... 80		

Warmgas-Schweißverfahren

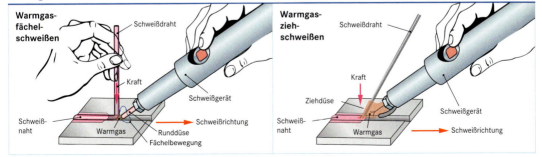

Fügeverbindungen

Löten
Soldering

Flussmittel zum Weichlöten
DIN EN 29 454-1: 1994-02

Flussmitteltyp	Flussmittelbasis	Flussmittelaktivator	Fluss-mittelart	Kurzzeichen nach		Rückstände
				DIN EN 29 454	DIN 8511 (bisher)	
1 Harz	1 Kolophonium 2 ohne Kolophonium	1 ohne Aktivator 2 mit Halogenen aktiviert 3 ohne Halogene aktiviert	A flüssig	für Leichtmetalle 3.1.1. 2.1.3. 2.1.2.	F-LW-1 F-LW-2 F-LW-3	korrodierend
2 organisch	1 wasserlöslich 2 nicht wasserlöslich		B fest	für Schwermetalle 3.2.2. 3.1.1.	F-SW-11 F-SW-12	korrodierend
3 anorganisch	1 Salze	1 mit Ammoniumchlorid 2 ohne Ammoniumchlorid	C Paste	3.1.1. 3.1.2. 2.1.3. 2.1.1. 2.1.2. 1.1.2.	F-SW-21 F-SW-22 F-SW-23 F-SW-24 F-SW-25 F-SW-26	bedingt korrodierend
	2 Säuren	1 Phosphorsäure 2 andere Säuren				
		1 Amine und/oder Ammoniak		1.1.1. 1.1.3.	F-SW-31 F-SW-32	nicht korrodierend

Bezeichnung eines Flussmittels vom Typ 1 auf Kolophoniumbasis ohne Aktivator in Pastenform:
Flussmittel EN 29 454 – 1.1.1. C

i **Kolophonium:** gelbes bis braunschwarzes Baumharz

Flussmittel zum Hartlöten
DIN EN 1045: 1997-08

Kurzzeichen	Entfernung der Rückstände	Bemerkungen und Verwendung
für Leichtmetalle		
FL 10	ja, mit Salpetersäure und/oder heißem Wasser	auf der Basis hygroskopischer Chloride und Fluoride
FL 20	im Allgemeinen nein	auf der Basis nicht hygroskopischer Fluoride; Lötstelle vor Nässe schützen
für Schwermetalle		
FH 10	ja, abwaschen oder abbeizen	Borverbindungen oder Fluoride, Wirktemperatur 550 ... 800 °C
FH 11		Borverbindungen oder Fluoride und Chloride, Wirktemperatur: 550...800 °C
FH 21	ja, mechanisch oder abbeizen	Borverbindungen, Wirktemperatur: 750 ... 1100 °C
FH 30		Borverbindungen, Phosphate, Silikate, Wirktemperatur 1000 ... 1250 °C
FH 40	ja, abwaschen oder abbeizen	Chloride und Fluoride, Wirktemperatur: 600 ... 1000 °C

Zusammensetzung des Kurzzeichens:
F – Flussmittel; L – Leichtmetall; H – Schwermetall, ergänzt durch Zahlen

Lotzusätze für das Hartlöten
DIN EN 1044: 1999-07

Kurz-zeichen	Kennzeichen nach DIN EN ISO 3677	bisheriges Kurzzeichen	Schmelzbereich in °C[1]	Form der Lötstelle	Art der Lotzufuhr	Verwendung Grundwerkstoff
Nickelhartlote						
NI 101	B-Ni73CrFeSiB(C)-980/1060	L-Ni 1	980 ... 106	Spalt	angelegt oder eingelegt	Nickel, Nickel-Legierungen
NI 102	B-Ni82CrSiBFe-970/1000	L-Ni 2	970 ... 100			
NI 103	B-Ni92SiB-980/1040	L-Ni 3	980 ... 104			Kobalt, Kobalt-Legierungen
NI 104	B-Ni95SiB-980/1070	L-Ni 4	980 ... 107			
NI 105	B-Ni71CrSi-1080/1135	L-Ni 5	1080 ... 11			legierte Stähle
NI 106	B-Ni89P-875	L-Ni 6	875			
NI 107	B-Ni76CrP-890	L-Ni 7	890			bedingt Sondermetalle
NI 108	B-Ni66MnSiCu-980/1010	L-Ni 8	980 ... 101			
NI 109	B-Ni81CrB-1055	–	1055			
NI 110	B-Ni63WCrFeSiB-970/1105	–	970 ... 110			

[1] untere Angabe: Solidustemperatur, obere Angabe: Liquidustemperatur

Löten
Soldering

Lotzusätze für das Hartlöten
DIN EN 1044: 1999-07

Kurzzeichen	Kennzeichen nach DIN EN ISO 3677	bisheriges Kurzzeichen	Schmelzbereich in °C[1]	Form der Lötstelle	Art der Lotzufuhr	Verwendung Grundwerkstoff
Aluminiumhartlote						
AL 101	B-Al95Si-575/630	–	575 … 630	Spalt	angelegt oder eingelegt	Aluminium, Aluminium-Legierungen vom Typ AlMn, AlMnMg, AlMg, AlMgSi,
AL 102	B-Al92Si-575/615	L-AlSi7,5	575 … 615			
AL 103	B-Al90Si-575/590	L-AlSi10	575 … 590			
AL 104	B-Al99Si-575/585	L-AlSi12	575 … 585			lotplattierte Bänder und Bleche
AL 201	B-Al86SiCu-520/585	–	520 … 585			
AL 301	B-Al89SiMg-555/585	–	555 … 590			
Silberhartlote						
AG 101	B-Ag60CuZnSn-620/685	L-Ag60Sn	620 … 685	Spalt	angelegt oder eingelegt	Edelmetall
AG 104	B-Ag45CuZnSn-640/680	L-Ag45Sn	640 … 680			Stähle, Temperguss, Kupfer, Kupferlegierungen, Nickel, Nickellegierungen
AG 106	B-Cu36AgZnSn-630/730	L-Ag34Sn	630 … 730			
AG 201	B-Ag63CuZn690/730	–	690 … 730			Edelmetall
AG 202	B-Ag63CuZn-695/730	L-Ag60	695 … 730			
AG 203	B-Ag44CuZn675/735	L-Ag44	675 … 735			Stähle, Temperguss, Kupfer, Kupferlegierungen, Nickel, Nickellegierungen
AG 204	B-Cu38ZnAg-680/765	L-Ag30	680 … 765			
AG 205	B-Cu40ZnAg-700/790	L-Ag25	700 … 790			
AG 206	B-Cu44ZnAg(Si)-690/810	L-Ag20	690 … 810			
AG 207	B-Cu48ZnAg(Si)800/830	L-Ag12	800 … 830			
AG 208	B-Cu55ZnAg(Si)-820/870	L-Ag5	820 … 870			
–	–	L-Ag67Cd	635 … 720			Edelmetalle
AG 301	B-Ag50CdZnCu-620/640	LAg50Cd	620 … 640			Edelmetalle, Kupferlegierungen
AG 302	B-Ag45CdZnCu-605/620	L-Ag45Cd	605 … 620			
AG 304	B-Ag40ZnCdCu-595/630	L-Ag40Cd	595 … 630			Stähle, Temperguss, Kupfer, Kupferlegierungen, Nickel, Nickellegierungen
AG 306	B-Ag30CuCdZn-600/690	L-Ag30Cd	600 … 690			
AG 309	B-Cu40ZnAgCd-605/765	L-Ag20Cd	605 … 765			
AG 351	B-Ag50CdZnCuNi-635/655	L-Ag50CdNi	635 … 655			Hartmetall aus Stahl
AG 403	B-Ag56CuInNi-600/710	L-Ag56InNi	600 … 710			Cr- und Cr-Ni-Stähle
AG 501	B-Ag85Mn-960/970	L-Ag85	960 … 970			Nickel und Nickellegierungen
AG 502	B-Ag49ZnCuMnNi-680/705	L-Ag49	680 … 705			Hartmetall auf Stahl, Wolfram- und Molybdän-Werkstoffe
AG 503	B-Cu38AgZnMnNi-680/830	L-Ag27	680 … 830			
Kupfer-Phosphorhartlote						
CP 102	B-Cu80AgP-645/800	L-Ag15P	645 … 800	Spalt	angelegt oder eingelegt	Kupfer
CP 104	B-Cu89PAg-645/815	L-Ag5P	645 … 815			Kupfer-Zink-Legierungen
CP 105	B-Cu92PAg-645/825	L-Ag2P	645 … 825			Kupfer-Zinn-Legierungen
CP 202	B-Cu93P-710/820	L-CuP7	710 … 820			Kupfer, Fe- und Ni-freie Kupferlegierungen
Kupferhartlote						
CU 104	B-Cu100(P)-1085	L-SFCu	1085	Spalt	angelegt oder eingelegt	Stähle
CU 201	B-Cu94Sn(P)-910/1040	L-CuSn6	910 … 1040			Eisen- und Nickelwerkstoffe
CU 202	B-Cu88Sn(P)-825/990	L-CuSn12	625 … 990			
CU 301	B-Cu60Zn(Si)-875/895	L-CuZn40	875 … 895			Stähle, Temperguss, Kupfer
CU 304	B-Cu60Zn(Sn)(Mn)-	L-CuZn39Sn	870 … 900			wie Cu 301 und Gusseisen
CU 305	B-Cu48ZnNi(Si)-890/920	L-CuNi10Zn42	890 … 920			Stähle, Temperguss, Nickel und Nickellegierungen, Gusseisen
–		L-ZnCu42	835 … 845		eingelegt	Neusilber

Vorsatz B von englisch: brazing = Hartlöten

[1] untere Angabe: Solidustemperatur, obere Angabe: Liquidustemperatur

Alle cadmiumhaltigen Hartlote sind auf der Verpackung mit dem Gefahrensymbol „ ☒ gesundheitsschädlich" zu kennzeichnen.

Bezeichnung eines Hartlotes mit ca. 40 % Cu, Zn und Ag und einem Schmelzbereich von Δt = 700 … 790:

wahlweise: – **Lotzusatz EN 1044-AG 205** oder – **Lotzusatz EN 1044-B-Cu40ZnAg-700/790**

Fügeverbindungen

Löten
Soldering

Weichlöten

DIN EN 29 453: 1994-02

Gruppe	Legierungs-Nr. [1]	Legierungs-kurzzeichen [2]	bisheriges Kurzzeichen nach DIN 1707	Schmelz-bereich in °C [3]	Verwendung
Zinn-Blei-Legierungen	1	S-Sn 63 Pb 37	L-Sn 63 Pb	183	Miniaturtechnik, Feinwerktechnik, Elektroindustrie
	1a	S-Sn 63 Pb 37 E			
	2	S-Sn 60 Pb 40	L-Sn 60 Pb	183 ... 190	Verzinnung, Elektroindustrie, gedruckte Schaltungen
	2a	S-Sn 60 Pb 40 E			
	3	S-Pb 50 Sn 50	L-Sn 50 Pb	183 ... 215	Verzinnung, Elektroindustrie
	3a	S-Pb 50 Sn 50 E			
	4	S-Pb 55 Sn 45	–	183 ... 226	
	5	S-Pb 60 Sn 40	L-Pb Sn 40	183 ... 235	Feinblechpackungen, Metallwaren
	6	S-Pb 65 Sn 35	–	183 ... 245	Klempnerarbeiten
	7	S-Pb 70 Sn 30	–	183 ... 255	Verzinkte Feinbleche
	8	S-Pb 80 Sn 10	–	268 ... 302	
	9	S-Pb 92 Sn 8	–	280 ... 305	
	10	S-Pb 98 Sn 2	L-Pb Sn 2	320 ... 325	Kühlerbau
Zinn-Blei-Legierungen mit Antimon	11	S-Sn 63 Pb 37 Sb		183	Feinwerktechnik
	12	S-Sn 60 Pb 40 Sb	L-Sn 60 Pb (Sb)	183 ... 190	Verzinnung, Feinlötungen
	13	S-Pb 50 Sn 50 Sb	L-Sn 50 Pb (Sb)	183 ... 216	Verzinnung, Feinblechpackungen
	14	S-Pb 58 Sn 40 Sb 2	L-Pb Sn 40 Sb	185 ... 213	Verzinnung, Klempnerarbeiten
	15	S-Pb 69 Sn 30 Sb 1	L-Pb Sn 30 Sb	185 ... 250	Bleilötungen
	16	S-Pb 74 Sn 25 Sb 1	L-Pb Sn 25 Sb	185 ... 263	Kühlerbau (Schmierlot)
	17	S-Pb 78 Sn 20 Sb 2	L-Pb Sn 20 Sb	185 ... 270	Karosseriebau (Schmierlot)
Zinn-Antimon-Legierung	18	S-Sn 95 Sb 5	L-Sn Sb 5	230 ... 240	Kälteindustrie
Zinn-Blei-Bismuth-Legierungen	19	S-Sn 60 Pb 38 Bi 2	–	180 ... 185	Feinlötungen
	20	S-Pb 49 Sn 48 Bi 3	–	178 ... 205	
	21	S-Bi 57 Sn 43	–	138	Niedertemperaturlot
Zinn-Blei-Cadmium-Legierung	22	S-Sn 50 Pb 32 Cd 18	L-Sn Pb Cd 18	145	Feinlötungen, Zinnwaren, Kondensatoren, Schmelzsicherungen
Zinn-Kupfer- und Zinn-Blei-Legierungen	23	S-Sn 99 Cu 1	–	230 ... 240	Kupferrohrinstallation, Klempnerarbeiten
	24	S-Sn 97 Cu 3	L-Sn Cu 3	230 ... 250	Elektronik,
	25	S-Sn 60 Pb 38 Cu 2	L-Sn 60 Pb Cu 2	183 ... 190	gedruckte Schaltungen,
	26	S-Sn 50 Pb 49 Cu 1	L-Sn 50 Pb Cu	183 ... 215	Elektrogerätebau
Zinn-Indium-Legierung	27	S-Sn 50 In 50	L-Sn In 50	117 ... 125	Glas-Metall-Lötungen
Zinn-Silber- und Zinn-Blei-Silber-Legierungen	28	S-Sn 96 Ag 4	(L-Sn Ag 5) [4]	221	Kupferrohrinstallation, Kältetechnik
	29	S-Sn 97 Ag 3	–	221 ... 230	
	30	S-Sn 62 Pb 36 Ag 2	(L-Sn 63 Pb Ag) [4]	178 ... 190	Elektrogerätebau, Miniaturtechnik
	31	S-Sn 60 Pb 36 Ag 4	L-Sn 60 Pb Ag	178 ... 180	gedruckte Schaltungen
Blei-Silber- und Blei-Zinn-Silber-Legierungen	32	S-Pb 98 Ag 2	–	304 ... 305	Elektroindustrie
	33	S-Pb 95 Ag 5	L-Pb Ag 5	304 ... 365	für hohe Betriebstemperaturen
	34	S-Pb 93 Sn 5 Ag 2		296 ... 301	Elektrotechnik, Elektromotoren

[1] Legierungsnummern sind Ersatz für die Werkstoffnummern
[2] Vorsatz S- von englisch solder = Lot
[3] Die Temperaturen dienen der Information. Sie sind keine festgelegten Anforderungen für die Legierungen.
   Der kleinere Wert entspricht der Solidustemperatur, der größere Wert der Liquidustemperatur.
[4] annähernd vergleichbar mit den neuen Legierungen

Bezeichnung eines Weichlotes mit 60 % Sn, 38 % Pb und 2 % Cu:

Weichlot EN 29 453 – S-Sn 60 Pb 38 Cu 2 oder Weichlot EN 29 453 – 25

Kleben
Glueing

Verfahren zur Klebflächenvorbehandlung

VDI 2229: 1979-06

Werkstoff	Rei-nigen	Ent-fetten	Spülen	bei niedriger Beanspruchung	bei mittlerer Beanspruchung	bei hoher Beanspruchung
Stahl				keine Weiter-behandlung	Schmirgeln, Schleifen	Strahlen
Stahl, verzinkt				keine Weiterbehandlung		
Stahl, brüniert				sehr gründlich entfetten		Strahlen
Gusseisen				Gusshaut	Schmirgeln, Schleifen	Strahlen
Aluminium, Aluminium-legierungen				keine Weiter-behandlung	1. Entfetten durch Beizen 2. Schleifen, Bürsten	1. Strahlen 2. Beizen (27,5 % Schwefelsäure, 7,5 % Natrium-dichromat, 65 % voll-entsalztes Wasser) 3. evtl. anodisieren
Kupfer, Kupfer-legierungen				keine Weiter-behandlung	Schmirgeln, Schleifen	Strahlen
Magnesium				keine Weiter-behandlung	Schmirgeln, Schleifen	1. Strahlen 2. Beizen (20 % Salpeter-säure, 15 % Ka-liumdichromat, 65 % H_2O)
Titan				keine Weiter-behandlung	Bürsten mit Stahlbürste	Beizen (15 % Flusssäure (50 %ig), 85 % H_2O)

Spalten unter Rei-nigen / Ent-fetten / Spülen (vertikal):
- Entfernen von Schmutz, Zunder, Rost und Farbresten
- Entfetten mit organischen Lösemitteln (Aceton, Methylenchlorid, Trichloräthan, Perchlorethylen)
- Entfetten in anorganischen Entfettungsmitteln (alkalische, neutrale oder saure Lösungen)
- Spülen mit vollentsalztem oder destilliertem Wasser

Beanspruchungsgrade:

1. **niedrige Beanspruchung:** Zugscherfestigkeit < 5 N/mm², trockene Atmosphäre, Fein-mechanik, Elektro-technik, einfache Reparaturen.
2. **mittlere Beanspruchung:** Zugscherfestigkeit 5 … 10 N/mm², feuch-te Atmosphäre, Öle, Treibstoffe; Maschi-nenbau, Fahrzeugbau, Reparaturen.
3. **hohe Beanspruchung:** Zugscherfestigkeit 10 N/mm², direkte Berührung mit Ölen, Treibstoffen, wässrigen Lösungen, Lösungs-mitteln; Fahrzeugbau, Schiffbau, Behälterbau.

Konstruktionsklebstoffe

Klebstofftyp	Anwendung	Max. Anwendungs-temperatur in °C	Mittl. Zugscher-festigkeit bei 20 °C in N/mm²	Abbindebedingungen			Bemerkungen
				Tempera-tur in °C	Zeit in min	Druck notwendig	
Epoxidharz (EP)	Metall-Metall Metall-Kunststoff Metall-Holz Metall-Keramik	120	10 … 35	20 … 180	> 60	nein	gute Kapillarwirkung, starre Klebung
EP-Polyamid	Metall-Metall Metall-Kunststoff	120	35 … 49	180	60	ja	beste Flexibilität
Polyesterharz (UP)	Metall-Metall Metall-Kunststoff Metall-Holz	80	10 … 20	10 … 30	> 60	nein	nicht für hochfeste Verbindungen
PVC-Plastisole	Metall-Metall Metall-Holz Metall-Kunststoff	80	3 … 6	140 … 200	5 … 30	nein	hohe Flexibilität
Cyanacrylat	Meta–Metall	20	17 … 19	25	0,5 … 5	nein	schnell abbindend
Methyl-Methacrylat	Metall-Metall Metall-Kunststoff Metall-Holz Metall-Keramik	–	10 … 25	80	25	nein	Kleber mittlerer Festigkeit

Fügeverbindungen **237**

Gewinde
Threads

Gewinde-Übersicht
DIN 202: 1999-11

Gewinde-Benennung	Gewindeprofil	Kenn-buch-stabe	Kurzzeichen, Beispiel	Nenndurchmesser, Gewindegröße, Rohr-Nennweite	Norm	Anwendung, Beispiel
Metrisches ISO-Gewinde		M	M 20	1 mm ... 68 mm	DIN 13-1	Regelgewinde
			M 20 × 1	1 mm ... 1000 mm	DIN 13-2 ... 11	Feingewinde
Metrisches kegeliges Außengewinde			M 36 × 2 keg	6 mm ... 60 mm	DIN 158	für Verschluss-schrauben und Schmiernippel
Zylindrisches Rohrgewinde für nicht im Gewinde dichtende Verbindungen		G	G 1 $\frac{1}{4}$ A G 1 $\frac{1}{4}$ B	$\frac{1}{16}$ ... 6 inch	DIN ISO 228-1	Außengewinde für Rohre und Rohr-verbindungen
			G 1 $\frac{1}{4}$			Innengewinde für Rohre und Rohr-verbindungen
Zylindrisches Rohrgewinde für im Gewinde dichtende Verbindungen		Rp	Rp $\frac{3}{4}$	$\frac{1}{16}$ ... 6 inch	DIN 2999-1	Innengewinde für Gewinderohre und Fittings
			Rp $\frac{1}{8}$	$\frac{1}{8}$ ... 1 $\frac{1}{2}$ inch	DIN 3858	Innengewinde für Rohrverschrau-bungen
Kegeliges Rohrgewinde für im Gewinde dichtende Verbindungen		R	R $\frac{3}{4}$	$\frac{1}{16}$ ... 6 inch	DIN 2999-1	Außengewinde für Gewinderohre und Fittings
			R $\frac{1}{8}$ – 1	$\frac{1}{8}$ ... 1 $\frac{1}{2}$ inch	DIN 3858	Außengewinde für Rohrverschrau-bungen
Metrisches ISO-Trapez-gewinde		Tr	Tr 40 × 7 Tr 40 × 14 P 7	8 mm ... 300 mm	DIN 103-1 ... 8	allgemein
Metrisches Sägengewinde		S	S 48 × 8 S 40 × 14 P 7	10 mm ... 640 mm	DIN 513-1 ... 3	
Zylindrisches Rundgewinde		Rd	Rd 40 × $\frac{1}{6}$ Rd 40 × $\frac{1}{3}$ P $\frac{1}{6}$	8 mm ... 200 mm	DIN 405-1/2	
Blechschrauben-Gewinde		ST	ST 3,5	1,5 mm ... 9,5 mm	DIN EN ISO 1478	für Blechschrauben

Elektrogewinde → E

Fügeverbindungen

Gewinde
Threads

Gewinde ausländischer Normen

Gewindeart	Symbol	Gewindeprofil	Beispiel	Land
ISO-UNC-Regelgewinde *ISO Inch screw thread coarse thread series*	UNC	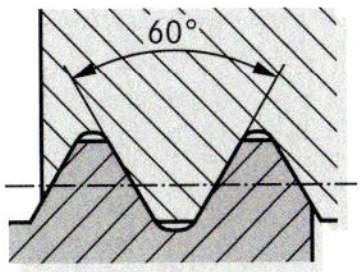	**¼ 20 UNC 2A** ISO-UNC-Gewinde, ¼ inch Nenndurchmesser, 20 Gewindegänge/inch, Passungsklasse 2A	Argentinien, Australien, Großbritannien, Indien, Japan, Norwegen, Schweden, u. a.
ISO-UNF-Feingewinde *ISO Inch screw thread fine thread series*	UNF	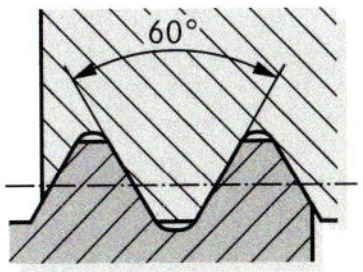	**¼ 28 UNF** ISO-UNF-Gewinde, ¼ inch Nenndurchmesser, 28 Gewindegänge/inch	Argentinien, Australien, Großbritannien, Indien, Japan, Norwegen, Schweden, u. a.
Trocken dichtendes kegeliges Rohrgewinde *Dryseal taper pipe thread*	NPTF	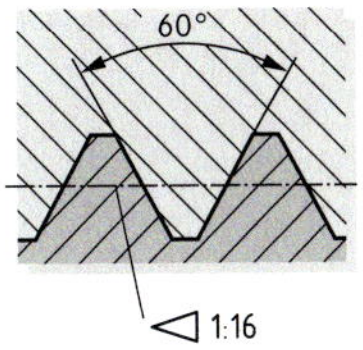	**⅛ 27 NPTF** NPTF-Gewinde, ⅛ inch Nenndurchmesser, 27 Gewindegänge/inch	Brasilien, USA
Trapezgewinde *Acme screw thread*	Acme	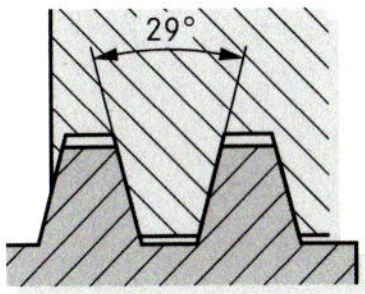	**1 ¾-4 Acme-2G** Acme-Gewinde, 1 ¾ inch Nenndurchmesser, 4 Gewindegänge/inch, Passungsklasse 2G	Australien, Großbritannien, Niederlande, USA

Erläuterungen zu den Gewinde-Kurzzeichen

Kurzzeichen	Erläuterungen
M 20	Metrisches ISO-Gewinde, Regelgewinde, Nenndurchmesser 20 mm
M 20 × 1	Metrisches ISO-Gewinde, Feingewinde, Nenndurchmesser 20 mm, Steigung 1 mm
M 20 – LH	Metrisches ISO-Gewinde, Regelgewinde, Nenndurchmesser 20 mm, Linksgewinde (LH = Left Hand)
M 20 – RH	Metrisches ISO-Gewinde, Regelgewinde, Nenndurchmesser 20 mm, Rechtsgewinde (RH = Right Hand) (bei Teilen mit Rechts- und Linksgewinde)
G 1 ¼	Zylindrisches Rohrinnengewinde (nicht dichtend), Nenndurchmesser 1 ¼ inch
G 1 ¼ A	Zylindrisches Rohraußengewinde (nicht dichtend), Nenndurchmesser 1 ¼ inch, Toleranzklasse A
Rp ¾	Zylindrisches Rohrinnengewinde (dichtend), Nenndurchmesser ¾ inch
R ¾	Kegeliges Rohraußengewinde (dichtend), Nenndurchmesser ¾ inch
R ⅛ – 1	Kegeliges Rohraußengewinde (dichtend), Nenndurchmesser ⅛ inch, Toleranzfeldlage 1 (Normalausführung) (Toleranzfeldlage 2: Kurzausführung)
Tr 40 × 7	Metrisches Trapezgewinde, Nenndurchmesser 40 mm, Steigung 7 mm
Tr 40 × 14 P7	Metrisches Trapezgewinde, Nenndurchmesser 40 mm, Steigung 14 mm, Teilung 7 mm (2-gängig)
S 48 × 8	Metrisches Sägengewinde, Nenndurchmesser 48 mm, Steigung 8 mm
S 40 × 14 P7	Metrisches Sägengewinde, Nenndurchmesser 48 mm, Steigung 14 mm, Teilung 7 mm (2-gängig)
ST 3,5	Gewinde für Blechschrauben, Nenndurchmesser 3,5 mm

Fügeverbindungen

Gewinde
Threads

Metrisches ISO-Gewinde
DIN 13-1: 1999-11

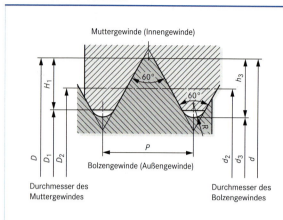

Nenndurchmesser	$d = D$
Steigung	P
Flankenwinkel	60°
Gewindetiefe des Bolzengewindes	$h_3 = 0{,}61343 \cdot P$
Gewindetiefe des Muttergewindes	$H_1 = 0{,}54127 \cdot P$
Rundung	$R = 0{,}14434 \cdot P$
Flankendurchmesser	$d_2 = D_2 = d - 0{,}64952 \cdot P$
Kerndurchmesser des Bolzengewindes	$d_3 = d - 1{,}22687 \cdot P$
Kerndurchmesser des Muttergewindes	$D_1 = d - 2 \cdot H_1$
Spannungsquerschnitt	$S = 0{,}785 \cdot (d - 0{,}9382 \cdot P)^2$

Regelgewinde

Gewinde-Nenndurchmesser $d = D$ Reihe 1	Reihe 2	Steigung P	Flankendurchmesser $d_2 = D_2$	Kerndurchmesser Bolzen d_3	Kerndurchmesser Mutter D_1	Gewindetiefe Bolzen h_3	Gewindetiefe Mutter H_1	Rundung R	Kernloch-Bohrerdurchmesser	Spannungsquerschnitt S in mm²
M 3		0,5	2,675	2,387	2,459	0,307	0,271	0,072	2,5	5,03
	M 3,5	0,6	3,110	2,764	2,850	0,368	0,325	0,087	2,9	6,78
M 4		0,7	3,545	3,141	3,242	0,429	0,379	0,101	3,3	8,78
	M 4,5	0,75	4,013	3,580	3,688	0,460	0,406	0,108	3,7	11,3
M 5		0,8	4,480	4,019	4,134	0,491	0,433	0,115	4,2	14,2
M 6		1	5,350	4,773	4,917	0,613	0,541	0,144	5	20,1
M 8		1,25	7,188	6,466	6,647	0,767	0,677	0,180	6,8	36,6
M 10		1,5	9,026	8,160	8,376	0,920	0,812	0,217	8,5	58,0
M 12		1,75	10,863	9,853	10,106	1,074	0,947	0,253	10,2	84,3
	M 14	2	12,701	11,546	11,835	1,227	1,083	0,289	12	115
M 16		2	14,701	13,546	13,835	1,227	1,083	0,289	14	157
	M 18	2,5	16,376	14,933	15,294	1,534	1,353	0,361	15,5	193
M 20		2,5	18,376	16,933	17,294	1,534	1,353	0,361	17,5	245
	M 22	2,5	20,376	18,933	19,294	1,534	1,353	0,361	19,5	303
M 24		3	22,051	20,319	20,752	1,840	1,624	0,433	21	353
	M 27	3	25,051	23,319	23,752	1,840	1,624	0,433	24	459
M 30		3,5	27,727	25,706	26,211	2,147	1,894	0,505	26,5	561

Feingewinde
DIN 13-2 ... 10: 1999-11

Bezeichnung $d \times P$	Flanken-Ø $d_2 = D_2$	Kerndurchmesser Bolzen d_3	Kerndurchmesser Mutter D_1	Bezeichnung $d \times P$	Flanken-Ø $d_2 = D_2$	Kerndurchmesser Bolzen d_3	Kerndurchmesser Mutter D_1	Bezeichnung $d \times P$	Flanken-Ø $d_2 = D_2$	Kerndurchmesser Bolzen d_3	Kerndurchmesser Mutter D_1
M 3 × 0,35	2,773	2,571	2,621	M 16 × 1,5	15,026	14,160	14,376	M 42 × 2	40,701	39,546	39,835
M 4 × 0,5	3,675	3,387	3,459	M 20 × 1	19,350	18,773	18,917	M 48 × 1,5	47,026	46,160	46,376
M 5 × 0,5	4,675	4,387	4,459	M 20 × 1,5	19,026	18,160	18,376	M 48 × 2	46,701	45,546	45,853
M 6 × 0,75	5,513	5,080	5,188	M 24 × 1,5	23,026	22,160	22,376	M 48 × 3	46,051	44,319	44,752
M 8 × 1	7,350	6,773	6,917	M 24 × 2	22,701	21,546	21,835	M 56 × 1,5	55,026	54,160	54,376
M 10 × 0,75	9,513	9,080	9,188	M 30 × 1,5	29,026	28,160	28,376	M 56 × 2	54,701	53,546	53,835
M 10 × 1	9,350	8,773	8,917	M 30 × 2	28,701	27,546	27,835	M 64 × 2	62,701	61,546	61,835
M 12 × 1	11,350	10,773	10,917	M 36 × 1,5	35,026	34,160	34,376				
M 14 × 1,5	13,026	12,160	12,376	M 36 × 2	34,701	33,546	33,835				
M 16 × 1	15,350	14,773	14,917	M 42 × 1,5	41,026	40,160	40,376				

Fügeverbindungen

Gewinde
Threads

Metrisches kegeliges Außengewinde mit zugehörigem zylindrischen Innengewinde DIN 158-1: 1997-06

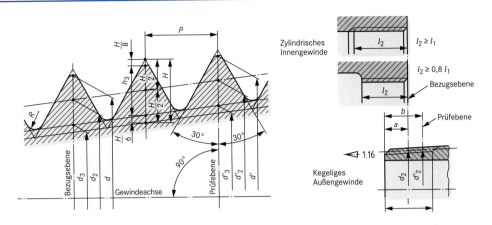

Gewinde	Steigung P	Nutzbare Gewindelänge[1] l_1	Gewindetiefe[1] h_3 max.	Abstand der Bezugsebene[1] a	Bezugsebene Außen-Ø $d = D$	Bezugsebene Flanken-Ø $d_2 = D_2$	Bezugsebene Kern-Ø d_3	Abstand der Prüfebene[1] b	Prüfebene d'	Prüfebene d'_2	Prüfebene d'_3
M 6 keg	1	5,5 (4,0)	0,659 (0,644)	2,5 (2,0)	6	5,350	4,773	3,5 (3,0)	6,063	5,413	4,836
M 8 × 1 keg					8	7,350	6,773		8,063	7,413	6,836
M 10 × 1 keg					10	9,350	8,773		10,063	9,413	8,836
M 12 × 1,5 keg	1,5	8,5 (7,3)	0,983 (0,967)	3,5 (2,5)	12	11,026	10,160	6,5 (5,5)	12,188	11,214	10,348
M 14 × 1,5 keg					14	13,026	12,160		14,188	13,214	12,348
M 16 × 1,5 keg					16	15,026	14,160		16,188	15,214	14,348
M 18 × 1,5 keg					18	17,026	16,160		18,188	17,214	16,348
M 20 × 1,5 keg					20	19,026	18,160		20,188	19,214	18,348
M 22 × 1,5 keg					22	21,026	20,160		22,188	21,214	20,348
M 24 × 1,5 keg					24	23,026	22,160		24,188	23,214	22,348
M 26 × 1,5 keg					26	25,026	24,160		26,188	25,214	24,348
M 30 × 1,5 keg					30	29,026	28,160		30,188	29,214	28,348
M 36 × 1,5 keg	1,5	10,5 (9,0)	1,014 (0,983)	4,5 (3,4)	36	35,026	34,160	8,0 (6,9)	36,219	35,245	34,379
M 38 × 1,5 keg					38	37,026	36,160		38,219	37,245	36,379
M 42 × 1,5 keg					42	41,026	40,160		42,219	41,245	40,379
M 45 × 1,5 keg					45	44,026	43,160		45,219	44,245	43,379
M 48 × 1,5 keg					48	47,026	46,160		48,219	47,245	46,379
M 52 × 1,5 keg					52	51,026	50,160		52,219	51,245	50,379
M 27 × 2 keg	2	12,0 (10,0)	1,321 (1,290)	5,0 (4,0)	27	25,701	24,546	9,0 (8,0)	27,250	25,951	24,796
M 30 × 2 keg					30	28,701	27,546		30,250	28,951	27,796
M 33 × 2 keg					33	31,701	30,546		33,250	31,951	30,796
M 36 × 2 keg	2	13,0 (11,5)	1,342 (1,302)	6,0 (4,8)	36	34,701	33,546	10,0 (8,8)	36,250	34,951	33,796
M 39 × 2 keg					39	37,701	36,546		39,250	37,951	36,796
M 42 × 2 keg					42	40,701	39,546		42,250	40,951	39,796
M 45 × 2 keg					45	43,701	42,546		45,250	43,951	41,796
M 48 × 2 keg					48	46,701	45,546		48,250	46,951	45,796

Bezeichnung eines metrischen kegeligen Außengewindes M 36 × 2 mit nutzbarer Gewindelänge in Regelausführung:
Gewinde DIN 158 – M 36 × 2 keg
Bezeichnung in Kurzausführung: **Gewinde DIN 158 – M 36 × 2 keg kurz**

Kegeliges Außengewinde nach dieser Norm wird für selbstdichtende Verbindungen angewendet, wie es an Verschlussschrauben, Einschraubstutzen und Schmiernippel vorkommt. Es wird dort eingesetzt, wo eine zylindrische Gewindeverbindung mit Dichtring aus technischen und wirtschaftlichen Gründen nachteilig ist. Die Verbindung des kegeligen Außengewindes mit zylindrischem Innengewinde ist wirtschaftlicher als die Verbindung mit kegeligem Innengewinde, da ein zylindrisches Innengewinde leichter herzustellen ist.
Bei Wirkmedien wie Ölen, sonstigen Flüssigkeiten und Gasen ist eine dichte Verbindung bis M 26 ohne Dichtmittel erreichbar.
Über M 26 ist ein im Gewinde wirkendes Dichtmittel erforderlich.

[1] Regelausführung (Kurzausführung)

Fügeverbindungen 241

Gewinde / Threads

Metrisches ISO-Trapezgewinde

DIN 103-1: 1977-04

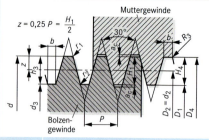

	Nenndurchmesser	d
	Steigung eingängig	P
	Steigung mehrgängig	$P_h = n \cdot P$
	Gangzahl	$n = P_h : P$
	Flankenwinkel	$30°$
	Gewindetiefe	$h_3 = H_4 = H_1 + a_c = 0{,}5 \cdot P + a_c$
	Flankenüberdeckung	$H_1 = 0{,}5 \cdot P$
	Spitzenspiel	a_c: (crest = Spitze)
	Kerndurchmesser des Bolzengewindes	$d_3 = d - (P + 2 \cdot a_c)$
	Kerndurchmesser des Muttergewindes	$D_1 = d - P$
	Außendurchmesser des Muttergewindes	$D_4 = d + 2 \cdot a_c$
	Flankendurchmesser des Gewindes	$d_2 = D_2 = d - 0{,}5 \cdot P = d - 2 \cdot z$
	Rundungen	$r_1 = \max 0{,}5 \cdot a_c; r_2 = R_3 = \max a_c$
	Drehmeißelbreite	$b = 0{,}366 \cdot P - 0{,}54 \cdot a_c$

Maß	für Steigung P			
	1,5	2 … 5	6 … 12	14 … 44
a_c	0,15	0,25	0,5	1
r_1	0,075	0,125	0,25	0,5
$r_2 = R_3$	0,15	0,25	0,5	1

Gewindebezeichnung	Flankendurchmesser	Kern-Ø Bolzen	Kern-Ø Mutter	Außen-Ø Mutter	Gewindetiefe	Drehmeißelbreite	Gewindebezeichnung	Flankendurchmesser	Kern-Ø Bolzen	Kern-Ø Mutter	Außen-Ø Mutter	Gewindetiefe	Drehmeißelbreite
$d \times P$	$d_2 = D_2$	d_3	D_1	D_4	$b_3 = H_4$	b	$d \times P$	$d_2 = D_2$	d_3	D_1	D_4	$b_3 = H_4$	b
Tr 10 × 2	9	7,5	8	10,5	1,25	0,597	Tr 42 × 7	38,5	34	35	43	4	2,292
Tr 12 × 3	10,5	8,5	9	12,5	1,75	0,963	Tr 44 × 7	40,5	36	37	45	4	2,292
Tr 14 × 3	12,5	10,5	11	14,5	1,75	0,963	Tr 46 × 8	42	37	38	47	4,5	2,658
Tr 16 × 4	14	11,5	12	16,5	2,25	1,329	Tr 48 × 8	44	39	40	49	4,5	2,658
Tr 20 × 4	18	15,5	16	20,5	2,25	1,329	Tr 50 × 8	46	41	42	51	4,5	2,658
Tr 24 × 5	21,5	18,5	19	24,5	2,75	1,695	Tr 52 × 8	48	43	44	53	4,5	2,658
Tr 28 × 5	25,5	22,5	23	28,5	2,75	1,695	Tr 60 × 9	55,5	50	51	61	5	3,024
Tr 30 × 6	27	23	24	31	3,5	1,926	Tr 70 × 10	65	59,5	60	71	5,5	3,390
Tr 32 × 6	29	25	26	33	3,5	1,926	Tr 80 × 10	75	69	70	81	5,5	3,390
Tr 36 × 6	33	29	30	37	3,5	1,926	Tr 90 × 12	84	77	78	91	6,5	4,122
Tr 40 × 7	36,5	32	33	41	4	2,297	Tr 100 × 12	94	87	88	101	6,5	4,122

Für Gewinde ohne Toleranzangabe gilt Toleranzklasse mittel: Toleranzfeld 7 e für Bolzengewinde, 7 H für Muttergewinde

Metrisches Sägengewinde

DIN 513-1: 1985-04

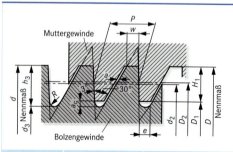

	Nenndurchmesser	$D = d$
	Steigung des eingängigen Gewindes	P
	Flankenwinkel	$33° = 30° + 3°$
	Gewindetiefe des Bolzens	$h_3 = H_1 + a_c$
	Gewindetiefe der Mutter	$H_1 = 0{,}75 \cdot P$
	Kerndurchmesser des Bolzengewindes	$d_3 = d - 2h_3$
	Kerndurchmesser des Muttergewindes	$D_1 = d - 2H_1$
	Flankendurchmesser des Bolzengewindes	$d_2 = d - 0{,}75 \cdot P$
	Flankendurchmesser des Muttergewindes	$D_2 = d - 0{,}75 \cdot P + 3{,}1758 \cdot a$
	Axialspiel	$a = 0{,}1 \cdot \sqrt{P}$
	Spitzenspiel (c = crest = Spitze)	$a_c = 0{,}11777 \cdot P$
	Profilbreite	$w = 0{,}26384 \cdot P$

Gewindebezeichnung	Bolzen		Mutter		Rundung	Gewindebezeichnung	Bolzen		Mutter		Rundung
$d \times P$	d_3	h_3	D_1	H_1	R	$d \times P$	d_3	h_3	D_1	H_1	R
S 10 × 2	6,528	1,736	7,0	1,50	0,249	S 40 × 7	27,852	6,074	29,5	5,25	0,870
S 12 × 3	6,794	2,603	7,5	2,25	0,373	S 42 × 7	29,852	6,074	31,5	5,25	0,870
S 14 × 3	8,794	2,603	9,5	2,25	0,373	S 44 × 7	31,852	6,074	33,5	5,25	0,870
S 16 × 4	9,058	3,471	10,0	3,00	0,497	S 46 × 8	32,116	6,942	34,0	6,00	0,994
S 18 × 4	11,058	3,471	12,0	3,00	0,497	S 48 × 8	34,116	6,942	36,0	6,00	0,994
S 20 × 4	13,058	3,471	14,0	3,00	0,497	S 50 × 8	36,116	6,942	38,0	6,00	0,994
S 24 × 5	15,322	4,339	16,5	3,75	0,621	S 60 × 9	44,380	7,810	46,5	6,75	1,118
S 28 × 5	19,322	4,339	20,5	3,75	0,621	S 65 × 10	47,644	8,678	50,0	7,50	1,243
S 30 × 6	19,586	5,207	21,0	4,50	0,746	S 70 × 10	52,644	8,678	55,0	7,50	1,243
S 34 × 6	23,586	5,207	25,0	4,50	0,746	S 75 × 10	57,644	8,678	60,0	7,50	1,243
S 36 × 6	25,586	5,207	27,0	4,50	0,746	S 80 × 10	62,644	8,678	65,0	7,50	1,243
S 38 × 7	25,852	6,074	27,5	5,25	0,870	S 90 × 12	69,174	10,413	72,0	9,00	1,491

Gewinde
Threads

Rohrgewinde für nicht im Gewinde dichtende Verbindungen DIN EN ISO 228-1: 2003-05

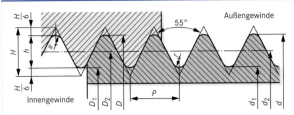

Gewindedurchmesser $d = D$
Steigung P
Flankendurchmesser $d_2 = D_2 = d - h$
Kerndurchmesser $d_1 = D_1 = d - 2h$
Höhe des Gewindeprofils $h = 0{,}640327 \cdot P$
Flankenwinkel $55°$
Radius $r = R = 0{,}137329 \cdot P$
Höhe des Grunddreiecks $H = 0{,}960491 \cdot P$

Das nicht dichtende Gewinde soll lediglich axiale Kräfte aufnehmen. Eine Dichtung des zylindrischen Innen- und Außengewindes wird durch Pressung der Stirnfläche des Innengewindeteiles gegen einen Bund am Außengewindeteil unter Einlegen eines Dichtungsmittels erreicht.

ISO 228-1	EN 10226			ISO 228-1 und EN 10226				EN 10226			
Kurzzeichen Innengewinde	Kurzzeichen Innengewinde	Außengewinde	Anzahl der Teilungen auf 25,4 mm	Steigung P	Außendurchmesser $d = D$	Flankendurchmesser $d_2 = D_2$	Kerndurchmesser $d_1 = D_1$	Profilhöhe $h_1 = H_1$	Nennweite der Rohre	Abstand Bezugsebene	Rundung $r = R$ ≈	Nutzbare Gewindelänge l_1
G 1/16	Rp 1/16	R 1/16	28	0,907	7,723	7,142	6,561	0,581	3	4,0	0,125	6,5
G 1/8	Rp 1/8	R 1/8	28	0,907	9,728	9,147	8,566	0,581	6	4,0	0,125	6,5
G 1/4	Rp 1/4	R 1/4	19	1,337	13,157	12,301	11,445	0,856	8	6,0	0,184	9,7
G 3/8	Rp 3/8	R 3/8	19	1,337	16,662	15,806	14,950	0,856	10	6,4	0,184	10,1
G 1/2	Rp 1/2	R 1/2	14	1,814	20,955	19,793	18,631	1,162	15	8,2	0,249	13,2
G 5/8	–	–	14	1,814	22,911	21,749	20,587	1,162	–	–	–	–
G 3/4	Rp 3/4	R 3/4	14	1,814	26,441	25,279	24,117	1,162	20	9,5	0,249	14,5
G 1	Rp 1	R 1	11	2,309	33,249	31,770	30,291	1,479	25	10,4	0,317	16,8
G 1 1/4	Rp 1 1/4	R 1 1/4	11	2,309	41,910	40,431	38,952	1,479	32	12,7	0,317	19,1
G 1 1/2	Rp 1 1/2	R 1 1/2	11	2,309	47,803	46,324	44,845	1,479	40	12,7	0,317	19,1
G 1 3/4	–	–	11	2,309	53,746	52,267	50,788	1,479	–	–	–	–
G 2	Rp 2	R 2	11	2,309	59,614	58,135	56,656	1,479	50	15,9	0,317	23,4
G 2 1/4	–	–	11	2,309	65,710	64,231	62,752	1,479	–	–	–	–
G 2 1/2	Rp 2 1/2	R 2 1/2	11	2,309	75,184	73,705	72,226	1,479	65	17,5	0,317	26,7
G 2 3/4	–	–	11	2,309	81,534	80,055	78,576	1,479	–	–	–	–
G 3	Rp 3	R 3	11	2,309	87,884	86,405	84,926	1,479	80	20,6	0,317	29,8
G 4	Rp 4	R 4	11	2,309	113,030	111,551	110,072	1,479	100	25,4	0,317	35,8
G 5	Rp 5	R 5	11	2,309	138,430	136,951	135,472	1,479	125	28,6	0,317	40,1
G 6	Rp 6	R 6	11	2,309	163,830	162,351	160,872	1,479	150	28,6	0,317	40,1

Bezeichnungsbeispiele für Rohrgewinde der Nenngröße 1¼:
- für Innengewinde **Rohrgewinde ISO 228 – G1 ¼**
- für Außengewinde, Toleranzklasse A (mittel): **Rohrgewinde ISO 228 – G1 ¼ A**
- für Außengewinde, Toleranzklasse B (grob): **Rohrgewinde ISO 228 – G1 ¼ B**

Rohrgewinde für im Gewinde dichtende Verbindungen DIN EN 10 226-1: 2004-10

Zylindrisches Innengewinde (Kurzzeichen Rp)   **Kegeliges Außengewinde (Kurzzeichen R)**

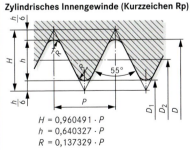

$H = 0{,}960491 \cdot P$
$h = 0{,}640327 \cdot P$
$R = 0{,}137329 \cdot P$

$H = 0{,}960237 \cdot P$
$h = 0{,}640327 \cdot P$
$r = 0{,}137278 \cdot P$

Das Profil des zylindrischen Innengewindes stimmt mit dem nach DIN ISO 228-1 überein.

Bezeichnung eines kegeligen Rohraußengewindes der Nenngröße ¾: **Rohrgewinde EN 10 226 – R ¾**
Bezeichnung eines zylindrischen Rohrinnengewindes der Nenngröße ¾: **Rohrgewinde EN 10 226 – Rp ¾**

Fügeverbindungen   243

Whitworth-Gewinde, Kugelgewindetrieb
British standard whitworth thread, ball screw

Whitworth-Gewinde

nicht genormt

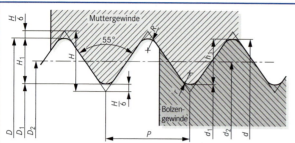

Außendurchmesser $d = D$
Kerndurchmesser $d_1 = D_1 = d - 1{,}28 \cdot P$
Flankendurchmesser $d_2 = D_2 = d - 0{,}640 \cdot P$
Gangzahl pro inch z
Steigung $P = \dfrac{25{,}4\ \text{mm}}{z}$
Gewindetiefe $h_1 = H_1 = 0{,}640 \cdot P$
Rundung $R = 0{,}137 \cdot P$
Flankenwinkel $55°$

Gewinde-bezeichnung	Außen-Ø	Kern-Ø	Flanken-Ø	Gangzahl pro inch	Gewindetiefe	Kernquerschnitt	Gewinde-bezeichnung	Außen-Ø	Kern-Ø	Flanken-Ø	Gangzahl pro inch	Gewindetiefe	Kernquerschnitt
d	$d = D$	$d_1 = D_1$	$d_2 = D_2$	z	$h_1 = H_1$	mm²	d	$d = D$	$d_1 = D_1$	$d_2 = D_2$	z	$h_1 = H_1$	mm²
¼"	6,35	4,72	5,54	20	0,813	17,5	1 ¼"	31,75	27,10	29,43	7	2,324	577
5/16"	7,94	6,13	7,03	18	0,904	29,5	1 ½"	38,10	32,68	35,39	6	2,711	839
⅜"	9,53	7,49	8,51	16	1,017	44,1	1 ¾"	44,45	37,95	41,20	5	3,253	1131
½"	12,70	9,99	11,35	12	1,355	78,4	2"	50,80	43,57	47,19	4 ½	3,614	1491
⅝"	15,88	12,92	14,40	11	1,479	131,0	2 ¼"	57,15	49,02	53,09	4	4,066	1886
¾"	19,05	15,80	17,42	10	1,627	196,0	2 ½"	63,50	55,37	59,44	4	4,066	2408
⅞"	22,23	18,61	20,42	9	1,807	272,0	3"	76,20	66,91	72,56	3 ½	4,647	3516
1"	25,40	21,34	23,34	8	2,033	358,0	3 ½"	88,90	78,89	83,89	3 ¼	5,000	4888

Kugelgewindetrieb

DIN 69 051-1/2: 1989-05

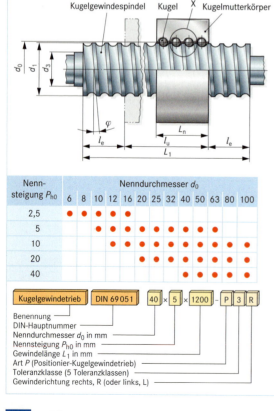

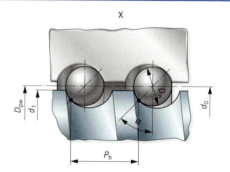

Nenn-steigung P_{h0}	Nenndurchmesser d_0											
	6	8	10	12	16	20	25	32	40	50	63	80	100
2,5	●	●	●	●	●								
5			●	●	●	●	●	●	●	●	●		
10				●	●	●	●	●	●	●	●	●	
20						●	●	●	●	●	●	●	●
40								●	●	●	●	●	●

Kugelgewindetrieb | DIN 69 051 | 40 | × 5 | × 1200 | − P | 3 | R

- Benennung
- DIN-Hauptnummer
- Nenndurchmesser d_0 in mm
- Nennsteigung P_{h0} in mm
- Gewindelänge L_1 in mm
- Art P (Positionier-Kugelgewindetrieb)
- Toleranzklasse (5 Toleranzklassen)
- Gewinderichtung rechts, R (oder links, L)

d_1 : Kugelgewindespindeldurchmesser
d_0 : Nenndurchmesser ($d_1 < d_0 \leq D_{pw}$)
d_3 : Wellendurchmesser für Lagersitz
D_{pw} : Kugelmittenkreisdurchmesser
D_w : Nenndurchmesser der Kugel
P_h : Steigung
P_{h0} : Nennsteigung (Maß zur allgemeinen Kennzeichnung der Größe eines Kugelgewindetriebes)
φ : Steigungswinkel
α : Kontaktwinkel zwischen Kugel und Laufbahn
L_1 : Gewindelänge
L_n : Länge der Kugelgewindemutter
l_e : Überlauf
l_u : Nutzweg

Arten der Kugelgewindetriebe	
P	Positionier-Kugelgewindetrieb
T	Transport-Kugelgewindetrieb

Gewinde
Threads

Metrisches ISO-Gewinde, Grundlagen des Toleranzsystems für Regel- und Feingewinde   DIN ISO 965-1: 1999-11

Das Kurzzeichen für eine Gewindetoleranz besteht aus Zahlen und Buchstaben. Mit den Zahlen wird der Toleranzgrad (Breite des Toleranzfeldes), mit den großen und kleinen Buchstaben wird das Grundabmaß (Lage der Toleranzfelder des Mutter- und Bolzengewindes zur Nulllinie) angegeben. Toleranzgrad und Grundabmaß sind abhängig von den Toleranzklassen fein, mittel und grob, den Einschraubgruppen S (kurz), N (normal) und L (lang) sowie dem Oberflächenzustand.

Empfohlene Toleranzklassen für Einschraubgruppe N

Oberflächen-zustand	Innengewinde fein	Innengewinde mittel	Innengewinde grob	Außengewinde fein	Außengewinde mittel	Außengewinde grob
blank oder phosphatiert	4 H / 5 H	–	–	4 h	6 h	–
blank, phosphatiert oder für dünne galvanische Schutzschichten	–	6 H	7 H	4 g	6 g	8 g
für dicke galvanische Schutzschichten	–	4 G / 5 G	6 G	7 G	4 e	6 e	8 e

Empfohlene Toleranzklassen f. Innen- u. Außengewinde

Toleranzklasse	Innengewinde, Toleranzfeldlage H – Einschraubklasse S	N	L	Außengewinde, Toleranzfeldlage g/h – Einschraubklasse S	N	L
fein	4	5	6	–/4	4/4	4/4
mittel	5	6	7	5/5	6/6	6/6
grob	–	7	8	–/–	8/–	–/–

Für Gewinde ohne Toleranzangabe gilt Toleranzklasse mittel, 6 H für Muttergewinde und 6 g für Bolzengewinde, Einschraubgruppe N.

Metrisches ISO-Gewinde, Grenzmaße für Regel- und Feingewinde   DIN ISO 965-2: 1999-11

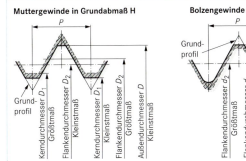

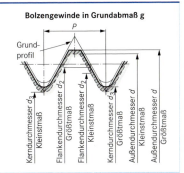

Gewinde-bezeichnung	Innengewinde – Toleranzklasse 6 H – Außen-Ø D_{min}	Flankendurchmesser $D_2\,min$	Flankendurchmesser $D_2\,max$	Kerndurchmesser $D_1\,min$	Kerndurchmesser $D_1\,max$	Außengewinde – Toleranzklasse 6 g – Außendurchmesser d_{max}	d_{min}	Flankendurchmesser $d_2\,min$	$d_2\,max$	Einschraublänge – Einschraubgruppe N von	bis
M 3	3,000	2,675	2,775	2,459	2,599	2,980	2,874	2,655	2,580	1,5	4,5
M 4	4,000	3,545	3,663	3,242	3,422	3,978	3,838	3,523	3,433	2	6
M 5	5,000	4,480	4,605	4,134	4,334	4,976	4,826	4,456	4,361	2,5	7,5
M 6	6,000	5,350	5,500	4,917	5,153	5,974	5,794	5,324	5,212	3	9
M 8	8,000	7,188	7,348	6,647	6,912	7,972	7,760	7,160	7,042	4	12
M 10	10,000	9,026	9,206	8,376	8,676	9,968	9,732	8,994	8,862	5	15
M 12	12,000	10,863	11,063	10,106	10,441	11,966	11,701	10,829	10,679	6	18
M 14	14,000	12,701	12,913	11,835	12,210	13,962	13,682	12,663	12,503	8	24
M 16	16,000	14,701	14,913	13,835	14,210	15,962	15,682	14,663	14,503	8	24
M 20	20,000	18,376	18,600	17,294	17,744	19,958	19,623	18,334	18,164	10	30
M 24	24,000	22,051	22,316	20,752	21,252	23,952	23,577	22,003	21,803	12	36
M 30	30,000	27,727	28,007	26,211	26,771	29,947	29,522	27,674	27,462	15	45
M 8 × 1	8,000	7,350	7,500	6,917	7,153	7,974	7,794	7,324	7,212	3	9
M 10 × 1	10,000	9,350	9,500	8,917	9,153	9,974	9,794	9,324	9,212	4	12
M 14 × 1,5	14,000	13,026	13,216	12,376	12,676	13,968	13,732	12,994	12,854	5,6	16
M 16 × 1,5	16,000	15,026	15,216	14,376	14,676	15,968	15,732	14,994	14,854	5,6	16
M 20 × 1,5	20,000	19,026	19,216	18,376	18,676	19,968	19,732	18,994	18,854	5,6	16
M 24 × 2	24,000	22,701	22,925	21,835	22,210	23,962	23,682	22,663	22,493	8,5	25
M 30 × 2	30,000	28,702	28,925	27,835	28,210	29,962	29,682	28,663	28,493	8,5	25

Bezeichnungsbeispiele von Gewinden

Bezeichnung	Erläuterung der Kurzzeichen
M 20 × 2 – 5 H	Metrisches ISO-Gewinde, Feingewinde, Toleranzklasse 5 H für Flanken- und Kerndurchmesser des Innengewindes
M 20 × 2 – 4 H 5 H	Metrisches ISO-Gewinde, Feingewinde, Toleranzklasse 4 H für Flanken-Ø und 5 H für Kern-Ø des Innengewindes

Fügeverbindungen

Mechanische Eigenschaften von Verbindungselementen
Mechanical properties of fasteners

Mechanische Eigenschaften von Schrauben aus Stahl
DIN EN ISO 898-1: 1999-11

Festigkeitsklasse	3.6	4.6	4.8	5.6	5.8	6.8	8.8	9.8	10.9	12.9
Zugfestigkeit R_m in N/mm²	300	400			500		600	800	900	1000	1200
Streckgrenze R_{eL} in N/mm²	180	240	320	300	400	480	-	-	-	-
0,2 Dehngrenze $R_{p\,0,2}$ in N/mm²	-	-	-	-	-	-	640	720	900	1080
Bruchdehnung A in % ≥	25	22	-	20	-	-	12	10	9	8

Mechanische Eigenschaften von Muttern aus Stahl und zugehörige Schrauben
DIN EN 20 898-2: 1994-02

Mutterhöhe			$0,5 \cdot d \leq m < 0,8 \cdot d$			$m \geq 0,8 \cdot d$						
Festigkeitsklasse			04	05		4	5	6	8	9	10	12
Prüfspannung in N/mm²			380	500		510	520 ... 630	600 ... 720	800 ... 920	900 ... 950	1040 ... 1060	1140 ... 1200
Typ			niedrig	niedrig		1	1	1	1[1)]	2	1	1[2)]
Gewindebereich			≤ M 39	≤ M 39		> M 16	≤ M 39				≤ M 16	≤ M 39	≤ M 16
Zugehörige Schraube	Festigkeitsklasse				3.6 4.6 4.8	3.6 4.6 4.8	5.6 5.8	6.8	8.8	9.8	10.9	12.9
	Gewindebereich		≤ M 39		> M 16	≤ M 16	≤ M 39	≤ M 39		≤ M 16	≤ M 39	

[1)] zusätzlich Typ 2 für Gewindebereich > M 16 ≤ M 39   [2)] zusätzlich Typ 2 für Gewindebereich ≤ M 39

Vorspannkräfte, Anziehmomente →

Mechanische Eigenschaften von Schrauben und Muttern aus Nichteisenmetallen
DIN EN 28839: 1991-12

Werkstoff Kennzeichen	Kurzzeichen	Gewindedurchmesser d	Zugfestigkeit R_m in N/mm² ≥	0,2 %-Dehngrenze $R_{p0,2}$ in N/mm² ≥	Bruchdehnung A in % ≥
CU 1	Cu-ETP	$d \leq$ M 39	240	160	14
CU 2	CuZn 37	$d \leq$ M 60 M 6 < $d \leq$ M 39	440 370	340 250	11 19
CU 3	Cu Zn 39 Pb 3	$d \leq$ M 60 M 6 < $d \leq$ M 39	440 370	340 250	11 19
CU 4	Cu Sn 6	$d \leq$ M 12 M 12 < $d \leq$ M 39	470 400	340 200	22 33
CU 5	Cu Ni 1 Si	$d \leq$ M 39	590	540	12
CU 6	Cu Zn 40 Mn 1 Pb	M 6 < $d \leq$ M 39	440	180	18
CU 7	Cu Al 10 Ni 5 Fe 4	M 12 < $d \leq$ M 39	640	270	15
AL 1	EN AW-Al Mg 3	$d \leq$ M 10 M 10 < $d \leq$ M 20	270 250	230 180	3 4
AL 2	EN AW-Al Mg 5	$d \leq$ M 14 M 14 < $d \leq$ M 36	310 280	205 200	6 6
AL 3	EN AW-Al Si Mg Mn	$d \leq$ M 60 M 6 < $d \leq$ M 39	320 310	250 260	7 10
AL 4	EN AW-Al Cu 4 Mg Si	$d \leq$ M 10 M 10 < $d \leq$ M 39	420 380	290 260	6 10
AL 5	EN AW-Al Zn 5 Mg 3 Cu	$d \leq$ M 39	460	380	7

Bezeichnung einer Sechskantschraube nach DIN EN 24 014, Gewinde M 10, 50 mm lang aus CuZn 39 Pb 3:
Sechskantschraube ISO 4014-M 10 × 50-CU3

Mechanische Eigenschaften von Gewindestiften aus unlegiertem oder legiertem Stahl
DIN EN ISO 898-5: 1998-10

Festigkeitsklasse[1)]	Werkstoff	Wärmebehandlung	Vickershärte HV 10	Brinellhärte HB 30
14 H	Kohlenstoffstahl	-	140 ... 290	133 ... 276
22 H	Kohlenstoffstahl	abgeschreckt und angelassen	220 ... 300	209 ... 285
33 H	Kohlenstoffstahl		330 ... 440	314 ... 418
45 H	Legierter Stahl		450 ... 560	428 ... 532

[1)] Festigkeitsklassen 14 H; 22 H und 33 H nicht für Gewindestifte mit Innensechskant

Festigkeitswerte, Mindesteinschraubtiefen und Durchgangslöcher
Mechanical strength properties, minimum reach of screws and through hole

Mechanische Eigenschaften von Schrauben und Muttern aus nichtrostenden Stählen DIN EN ISO 3506-1, 2:1998-03

Werk-stoff-gruppe	Stahl-gruppe	Festig-keits-klasse	Durch-messer-bereich	Schrauben			Schrauben, Stiftschr., Muttern			Zustand
				R_m in N/mm²	$R_{p\,0,2}$ in N/mm²	Bruch-dehnung A_L in mm	HV min	HB min	HRC min	
Auste-nitisch	A 1, A 2, A 3, A 4, A 5	50	≤ M 39	500	210	0,6 d	–	–	–	weich
		70	≤ M 24	700	450	0,4 d	–	–	–	kaltverfestigt
		80	≤ M 24	800	600	0,3 d	–	–	–	stark kaltverfestigt
Marten-sitisch	C 1	50	alle Durch-messer	500	250	0,2 d	155	147	–	weich
		70		700	410		220	209	20	vergütet
	C 3	80		800	640		240	228	21	vergütet
	C 4	50		500	250		155	147	–	weich
		70		700	410		220	209	20	vergütet
Ferri-tisch	F 1	45		450	250		135	128	–	weich
		60		600	410		180	171	–	kaltverfestigt

Bezeichnungsbeispiel für austenitischen Stahl, kaltverfestigt, Mindestzugfestigkeit 700 N/mm²: **A 2 – 70**

Toleranzen für Schrauben und Muttern mit Gewindedurchmessern von 1,6 mm bis 150 mm
DIN EN ISO 4759-1: 2001-04

Gewinde	Produktklasse (Ausführung)		
	A (bisher m: mittel)	B (bisher mg: mittelgrob)	C (bisher g: grob)
Innegewinde (Mutter)	6 H	6 H	7 H
Außengewinde (Schraube)	6 g	6 g	8 g

Durchgangslöcher für Schrauben
DIN EN 20 273: 1992-02

Gewinde d	Durchgangslochdurchmesser d_H		
	fein (H12)	mittel (H 13)	grob (H 14)
M 2	2,2	2,4	2,6
M 3	3,2	3,4	3,6
M 4	4,3	4,5	4,8
M 5	5,3	5,5	5,8
M 6	6,4	6,6	7,0
M 8	8,4	9,0	10
M 10	10,5	11	12
M 12	13	13,5	14,5
M 16	17	17,5	18,5
M 20	21	22	24
M 24	25	26	28
M 30	31	33	35

möglichst vermeiden · für Schrauben in Produktklassen A und B · für Schrauben in Produktklasse C

Zulässige Beanspruchungen von Bolzen und Stiften bei ruhender Belastung

Werkstoff	Bauteile	zulässige Beanspruchung		
		p_{zul} N/mm²	σ_{zul} N/mm²	τ_{zul} N/mm²
S 235 JR	Stifte, Wellen, Naben	100	85	70
E 295; C 35; 10S20	Stifte, Wellen, Naben	140	120	100
E 335; C 35 E; C35 +QT E 295 +C, 9 SMnPb 28 +C	Bolzen, Kerbstifte, Wellen	170	140	120
E 360, E 335 +C, C 60 +QT	Bolzen, Wellen	200	170	140

Für Schwellbelastung Werte mit 0,7, für Wechselbelastung mit 0,5 multiplizieren.

Mindesteinschraubtiefe l_e in Grundlochgewinden

Werkstoff des Muttergewindes	Festigkeitsklasse				
	8.8	8.8	10.9	10.9	12.9
	Gewindefeinheit $\frac{d}{p}$				
	< 9	≥ 9	< 9	≥ 9	< 9
Harte Aluminiumlegierungen z. B. EN AW-Al Cu 4 Mg Si	1,1 d		1,4 d		–
Gusseisen mit Lamellengrafit z. B. EN-GJL – 200	1,0 d		1,25 d		1,4 d
Stahl niedriger Festigkeit z. B. S 235 JR, C 15 + N	1,0 d		1,25 d		1,4 d
Stahl mittlerer Festigkeit z. B. E 295, C 35 + N	0,9 d		1,0 d		1,2 d
Stahl hoher Festigkeit mit R_m > 800 N/mm² z. B. 31 Cr 4	0,8 d		0,9 d		1,0 d

Bohrlochtiefe t

Gewinde d	$u ≈ 3 P$	e_1
M 3	1,5	2,8
M 4	2,1	3,8
M 5	2,4	4,2
M 6	3	5,1
M 8	3,75	6,2
M 10	4,5	7,3
M 12	5,25	8,3
M 16	6	9,3
M 20	7,5	11,2
M 24	9	13,1
M 30	10,5	15,2

$t ≈ l_e + u + e_1$

Schraubenübersicht
Synopsis of screws

Sechskantschrauben

DIN EN ISO 4014 DIN EN ISO 4016 DIN EN ISO 8765	DIN EN ISO 4017 DIN EN ISO 4018 DIN EN ISO 8676	HV-Schraube DIN 6914	für Stahlkonstruktionen DIN 7990	Passschraube DIN 7968, DIN 7999

Zylinderschrauben

Passschraube DIN 609	mit Flansch DIN EN 1665	mit Dünnschaft DIN EN 24015	mit Schlitz DIN EN ISO 1207	mit Innensechskant DIN 6912

Senkschrauben

mit Innensechskant DIN EN ISO 4762, DIN 7984	mit Schlitz DIN EN ISO 2009	Linsen-Senkschraube mit Schlitz DIN EN ISO 2010	mit Kreuzschlitz DIN EN ISO 7046	Linsen-Senkschraube mit Kreuzschlitz DIN EN ISO 7047

Flachkopfschrauben

mit Innensechskant DIN EN ISO 10642	für Stahlkonstruktionen mit Schlitz DIN 7969	mit Nase DIN 604	mit Schlitz DIN EN ISO 1580	mit Kreuzschlitz DIN EN ISO 7045

Blechschrauben

DIN ISO 1481	mit Schlitz DIN ISO 1482	mit Schlitz DIN ISO 1483	mit Kreuzschlitz DIN ISO 7049	mit Kreuzschlitz DIN ISO 7050

Gewindeschneidschrauben | | | Gewindefurchende Schraube | Flachrundschraube

mit Kreuzschlitz DIN ISO 7051	DIN 7513, mit Schlitz	mit Kreuzschlitz DIN 7516	DIN 7500-1 (Form DE)	DIN 603

Hammerschraube | Stiftschrauben | Vierkantschrauben | Gewindestift mit Schlitz

mit Vierkant DIN 186	DIN 835; 938; 939	DIN 478; 479; 480	mit Kegelkuppe DIN EN 24766	mit Spitze DIN EN 7434

Gewindestift mit Innensechskant

mit Zapfen DIN EN 27435	mit Ringschneide DIN EN 27436	mit Kegelkuppe DIN 913	mit Spitze DIN 914	mit Zapfen DIN 915

	Flügelschraube	Rändelschrauben	Augenschraube	Schraube für T-Nuten
mit Ringschneide DIN 916	DIN 316	DIN 464, DIN 653	DIN 444	DIN 787

Schrauben- und Muttern-Übersicht
Synopsis of screws and nuts

Verschlussschrauben

DIN 906 mit Innensechskant (kegeliges Gewinde)	mit Bund und Innensechskant DIN 908 (zylindrisches Gewinde)	mit Außensechskant DIN 909 (kegeliges Gewinde)	mit Bund und Außensechskant DIN 910 (zylindrisches Gewinde, schwere Ausführung)	mit Außensechskant DIN 7604 (zylindrisches Gewinde, leichte Ausführung)

Sechskantmuttern

DIN EN ISO 4032 DIN EN ISO 4032	DIN EN ISO 8673 DIN EN ISO 8673	DIN EN ISO 4034 Produktklasse C	DIN EN ISO 4035 DIN EN ISO 8675	DIN EN ISO 4036

mit Flansch DIN EN 1661	mit nichtmet. Klemmteil DIN EN ISO 7040, DIN EN ISO 10 512	mit met. Klemmteil DIN EN ISO 7042 DIN EN ISO 10 513	mit Flansch, nichtmet. DIN EN 1663 Klemmteil	mit Flansch, metall. DIN EN 1664 Klemmteil

Kronenmuttern / Hutmuttern

für HV-Verbindungen DIN 6915	DIN 935-1	DIN 935-3	niedrige Form DIN 979	niedrige Form DIN 917

Nutmutter / Kreuzlochmutter

hohe Form DIN 1587	mit Klemmteil DIN 986	DIN 981	DIN 1804	DIN 1816

Zweilochmutter / Schlitzmutter / Sechskantmuttern 1,5 d hoch

DIN 548	DIN 547	DIN 546	DIN 6331 mit Bund	DIN 6330 mit kugeliger Auflagefläche

Ringmuttern / Rohrmutter / Rändelmuttern

DIN 582	DIN 431	DIN 466 (hohe Form)	DIN 467 (niedrige Form)	DIN 6303 (mit Stiftloch)

Schweißmutter / Muttern für T-Nuten / Flügelmutter / Vierkantmutter

Vierkant-, DIN 928	Sechskant-, DIN 929	DIN 508	DIN 315	DIN 557

Fügeverbindungen

Sechskantschrauben
Hexagon head cap screws

Sechskantschrauben

DIN EN ISO 4014, DIN EN ISO 4017, DIN EN ISO 8765, DIN EN ISO 8676: alle 2001-03

Mit Schaft, metr. Regelgewinde, DIN EN ISO 4014
Mit Schaft, metr. Feingewinde, DIN EN ISO 8765

Mit Gewinde bis Kopf, metr. Regelgewinde, DIN EN ISO 4017
Mit Gewinde bis Kopf, metr. Feingewinde, DIN EN ISO 8676

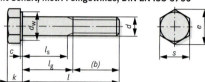
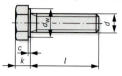

$l_g = l - b$
$l_s = l_g - 5 \cdot P$
l_g = Mindest-Klemmlänge

DIN EN ISO 4014; 4017 8765; 8676	Gewinde d Gewinde $d \times P$		M 4 –	M 5 –	M 6 –	M 8 M 8 × 1	M 10 M 10 × 1	M 12 M 12 × 1,5	M 16 M 16 × 1,5	M 20 M 20 × 1,5	M 24 M 24 × 2
4014	b für $l \leq 125$		14	16	18	22	26	30	38	46	54
8765			–	–	–	22	26	30	38	46	54
4014 4017 8765 8676	d_w k_{max} s e_{min} c	(Produktkl. A) (Produktkl. A) max. (Produktkl. A) max.	5,88 2,925 7 7,66 0,4	6,88 3,65 8 8,79 0,5	8,88 4,15 10 11,05 0,5	11,63 5,45 13 14,38 0,6	14,63 6,58 16 17,77 0,6	16,63 7,68 18 20,03 0,6	22,49 10,18 24 26,75 0,8	28,19 12,715 30 33,53 0,8	33,61 15,215 36 39,98 0,8
4014	l	von bis	25 40	25 50	30 60	40 80	45 100	50 120	65 160	80 200	90 240
4017	l	von bis	8 40	10 50	12 60	16 80	20 100	25 120	30 200	40 200	50 200
8765	l	von bis	– –	– –	– –	40 80	45 100	50 120	65 160	80 200	100 240
8676	l	von bis	– –	– –	– –	16 80	20 100	25 120	35 160	40 200	40 200

Längen l: 8, 10, 12, 16, 20, 25, 30, 35 ... 70, 80, 90, 100 ... 160, 180, 200, 220, 240 mm
Werkstoff: Stahl 5.6; 8.8; 10.9; nichtrostender Stahl für $d \leq 20$ mm: A2-70, für $d > 20$ mm: A2-50
Ausführung: Produktklasse A: für $d \leq 24$ mm und $l \leq 10\,d$ bzw. 150 mm
Produktklasse B: für $d > 24$ mm oder $l > 10\,d$ bzw. 150 mm
Bezeichnung einer Sechskantschraube mit Schaft und Regelgewinde M 10, $l = 80$ mm, Festigkeitsklasse 8.8:
Sechskantschraube ISO 4014 – M 10 × 80 – 8.8

Sechskantschrauben, Produktklasse C

DIN EN ISO 4016: 2001-03; DIN EN ISO 4018: 2001-03

Mit Schaft, DIN EN ISO 4016   Mit Gewinde bis Kopf, DIN EN ISO 4018

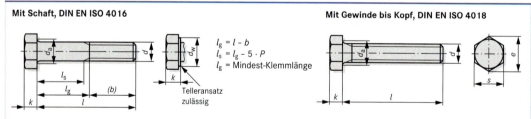

$l_g = l - b$
$l_s = l_g - 5 \cdot P$
l_g = Mindest-Klemmlänge

Telleransatz zulässig

Gewinde d		M 5	M 6	M 8	M 10	M 12	M 16	M 20	M 24	M 30	M 36
b für $l \leq 125$		16	18	22	26	30	38	46	54	66	–
d_w	min	6,74	8,74	11,47	14,47	16,47	22	27,7	33,25	42,75	51,11
k	max	3,875	4,375	5,675	6,85	7,95	10,75	13,4	15,9	19,75	23,55
s	max	8	10	13	16	18	24	30	36	46	55
e	min	8,63	10,89	14,2	17,59	19,85	26,17	32,95	39,55	50,85	60,79
d_a	max	6	7,2	10,2	12,2	14,2	18,7	24,4	28,4	35,4	42,4
l	von bis	25 10[1] 50	30 12[1] 60	40 16[1] 80	45 20[1] 100	55 25[1] 120	65 30[1] 160	80 40[1] 200	100 50[1] 240	120 60[1] 300	140 70[1] 360

Längenabstufung: 10; 12; 16; 20 ... 70 je 5 mm gestuft, 80 ... 160 je 10 mm gestuft, 180 ... 360 je 20 mm gestuft
Werkstoff: Stahl, Festigkeitsklasse 3.6; 4.6; 4.8. Bezeichnung einer Sechskantschraube mit Schaft, $d = $ M 10,
$l = 50$ mm, Festigkeitsklasse 4.6: **Sechskantschraube ISO 4016 – M 10 × 50 – 4.6**

[1] DIN EN ISO 4018

Sechskantschrauben, Passschrauben
Hexagon head cap screws, close-tolerance bolts

Sechskantschrauben mit großen Schlüsselweiten, HV-Schrauben   DIN 6914: 1989-10

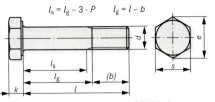

$l_s = l_g - 3 \cdot P$ $l_g = l - b$

Zugehörige Sechskantmuttern nach DIN 6915
Zugehörige Scheiben nach DIN 6916,
DIN 6917 oder DIN 6918

Bezeichnung einer Sechskantschraube mit
d = M 20 und l = 85 mm:
Sechskantschraube DIN 6914 – M 20 × 85

d		M 12	M 16	M 20	M 22	M 24	M 27	M 30
b_{min}		21	26	31	32	34	37	40
c_{max}		0,6	0,6	0,8	0,8	0,8	0,8	0,8
d_w		20	25	30	34	39	43,5	47,5
e	≈	23,9	29,6	35	39,6	45,2	50,9	55,4
k_{max}		8,45	10,75	13,9	14,9	15,9	17,9	20,05
r_{min}		1,2	1,2	1,5	1,5	1,5	2	2
s_{max}		22	27	32	36	41	46	50
l von bis		30 95	40 130	45 155	50 165	60 195	70 200	75 200

Längenabstufung je 5 mm, Produktklasse C
Werkstoff: Stahl, Festigkeitsklasse 10.9

Sechskantschrauben mit Sechskantmuttern für Stahlkonstruktionen   DIN 7990: 1999-12

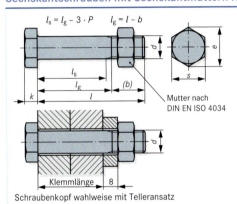

$l_s = l_g - 3 \cdot P$ $l_g = l - b$

Mutter nach DIN EN ISO 4034

Schraubenkopf wahlweise mit Telleransatz

d		M 12	M 16	M 20	M 24	M 27	M 30
b		17,75	21	23,5	26	29	30,5
c_{max}		0,6	0,8	0,8	0,8	0,8	0,8
d_w		16,4	22	27,7	33,2	38	42,7
e_{min}		19,85	26,17	32,95	39,55	45,20	50,85
k_{max}		8,45	10,75	13,9	15,9	17,9	20,05
s_{max}		18	24	30	36	41	46
l von bis		30 120	35 150	40 175	45 200	60 200	80 200

Längenabstufung je 5 mm, Produktklasse C
Werkstoff: Stahl, Festigkeitsklasse 4.6; 5.6
Bezeichnung einer Sechskantschraube mit
d = M 16 und l = 80 mm mit Mutter, Festigkeitsklasse 4.6:
Sechskantschraube DIN 7990 – M 16 × 80 Mu – 4.6

Sechskant-Passschrauben mit oder ohne Sechskantmutter für Stahlkonstruktionen   DIN 7968: 1999-12
Sechskant-Passschrauben, hochfest, mit großen Schlüsselweiten für Stahlkonstruktionen   DIN 7999: 1983-12

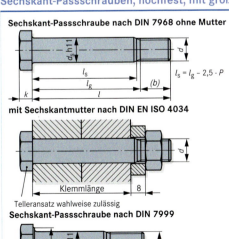

Sechskant-Passschraube nach DIN 7968 ohne Mutter

$l_s = l_g - 2,5 \cdot P$

mit Sechskantmutter nach DIN EN ISO 4034

Telleransatz wahlweise zulässig
Sechskant-Passschraube nach DIN 7999

Zugehörige Sechskantmuttern nach DIN 6915
Zugehörige Scheiben nach DIN 6916, DIN 6917 oder DIN 6918

	d	M 12	M 16	M 20	M 24	M 27
DIN 7968 DIN 7999	d_s	13	17	21	25	28
	k_{max}	8,45	10,75	13,9	15,9	17,9
	c_{max}	0,6	0,8	0,8	0,8	0,8
DIN 7968	d_w	16,4	22	27,7	33,2	38
	b ≈	17,1	20,5	23,8	26,5	29,5
	e ≈	19,9	26,2	33	39,6	45,2
	s_{max}	18	24	30	36	41
	l von bis	30 120	35 160	40 180	50 200	60 200
DIN 7999	d_w	19	25	32	39	43,5
	b	18,5	22	26	29,5	32,5
	e ≈	22,8	29,6	37,3	45,2	50,9
	s	21	27	34	41	46
	l von bis	40 120	45 160	50 180	55 200	60 200

Längenabstufung je 5 mm, Produktklasse C
Werkstoff: Stahl, DIN 7968 Festigkeitsklasse 5.6
         DIN 7999 Festigkeitsklasse 10.9
Bezeichnung einer Sechskant-Passschraube nach DIN 7968
mit d = M 24, l = 100 mm mit Sechskantmutter:
Sechskant-Passschraube DIN 7968 – M 24 × 100 – Mu – 5.6

Fügeverbindungen   251

Sechskantschrauben, Passschrauben, Schrauben mit dünnem Schaft
Hexagon head cap screws, close-tolerance bolts, screws with thin shank

Sechskant-Passschrauben mit langem Gewindezapfen

DIN 609: 1995-02

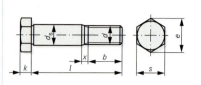

d $d \times P$		M 8 M 8 × 1	M 10 M 10 × 1,25	M 12 M 12 × 1,25	M 16 M 16 × 1,5	M 20 M 20 × 1,5	M 24 M 24 × 2
b für $l \leq 50$		14,5	17,5	20,5	25	28,5	–
für $50 < l \leq 150$		16,5	19,5	22,5	27	30,5	36,5
für $l > 150$		21,5	24,5	27,5	32	35,5	41,5
x	min	3,6	3,9	4,2	4,5	5,2	5,8
d_s	k 6	9	11	13	17	21	25
k		5,3	6,4	7,5	10	12,5	15
s		13	16[1]	17	18[1]	19	24	30	36
e	≈	14,4	17,8	18,9	19,9	20,9	26,2	33	40
l	von bis	25 80	30 100	32 120	38 150	45 150	55 150

Bezeichnung einer Passschraube mit Gewinde M 12, l = 50 mm, Festigkeitsklasse 8.8:
Passschraube DIN 609 – M 12 × 50 – 8.8

Bezeichnung einer Passschraube mit Gewinde M 10 × 1,25, l = 60 mm, neue SW, Festigkeitsklasse 8.8:
Passschraube DIN 609 – M 10 × 1,25 × 60 – SW 16-8.8

[1] Für Neukonstruktionen sind SW 16 und SW 18 anzugeben

Längenabstufung: 25; 28; 30; 32; 35; 38; 40; 42; 45; 48; 50 … 150 je 5 mm
Werkstoff: Stahl, Festigkeitsklasse 8.8 nach DIN EN 20 898-1
Nichtrostender Stahl, A2-70 für ≤ M20, A2-50 für > M 20 … M 39
Nichteisenmetall, CU 2 und CU 3 nach DIN EN 28 839
Produktklasse A für ≤ M 10, B für ≥ M12 nach DIN ISO 4759-1

Sechskantschrauben mit Flansch

DIN EN 1665: 1998-11

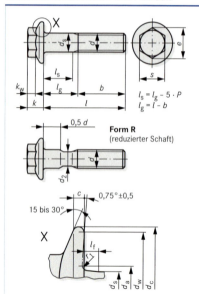

$l_s = l_g - 5 \cdot P$
$l_g = l - b$

Form R (reduzierter Schaft)

15 bis 30°

d		M 5	M 6	M 8	M 10	M 12	M 16	M 20
b für $l \leq 125$		16	18	22	26	30	38	46
für $125 < l \leq 200$		–	–	28	32	36	44	52
d_a	max	5,7	6,8	9,2	11,2	13,7	17,7	22,4
d_c	max	11,8	14,2	18	22,3	26,6	35	43
d_2		≈ Gewindeflankendurchmesser						
d_s	max	5	6	8	10	12	16	20
d_w	min	9,8	12,2	15,8	19,6	23,8	31,9	39,9
e	≈	8,71	10,95	14,26	17,62	19,86	26,51	33,32
s	max	8	10	13	16	18	24	30
k	max	5,8	6,6	8,1	10,4	11,8	15,4	18,9
k_w	min	2,6	3,0	3,9	4,1	5,6	7,3	8,9
r_1	min	0,2	0,25	0,4	0,4	0,6	0,6	0,8
l_f	max	1,4	1,6	2,1	2,1	2,1	3,2	4,2
l	≈ von bis	25 50	30 60	35 80	40 100	45 120	55 160	65 200

Längenabstufung: 30; 35; 40; 45; 50; 55; 60; 65; 70; 80; 90; 100; 110; 120; 130; 140; 150; 160; 180; 200
Werkstoff: Stahl, Festigkeitsklasse 8.8; 10.9; 12.9 nach DIN EN 20 898-1
Nichtrostender Stahl A2-70 nach DIN EN ISO 3506-1
Bezeichnung für d = M 8, l = 60, Festigkeitsklasse 10.9:
Sechskantschraube DIN EN 1665 – M8 × 60 – 10.9

Sechskantschrauben mit Dünnschaft

DIN EN 24 015: 1991-12

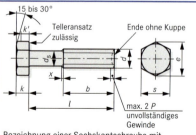

Gewinde d		M 4	M 5	M 6	M 8	M 10	M 12	M 16	M 20
b für $l \leq 125$		14	16	18	22	26	30	38	46
für $125 < l \leq 200$		–	–	–	28	32	36	44	52
d_s	≈	3,5	4,4	5,3	7,1	8,9	10,7	14,5	18,2
k	max	3,00	3,74	4,24	5,54	6,69	7,79	10,29	12,85
x		1,75	2,0	2,5	3,2	3,8	4,3	5,0	6,3
e	min	7,50	8,63	10,89	14,20	17,59	19,85	26,17	32,95
s	max	7	8	10	13	16	18	24	30
l	von bis	20 40	25 50	25 60	30 80	40 100	45 120	55 150	65 150

Bezeichnung einer Sechskantschraube mit d = M 10, l = 60 mm und der Festigkeitsklasse 5.8:
Sechskantschraube ISO 4015 M 10 × 60 – 5.8

Längenabstufung: 20 … 70 je 5 mm, 70 … 150 je 10 mm gestuft
Werkstoff: Stahl 5.8 … 8.8, nichtrostender Stahl A 2-70 Produktklasse B

Zylinderschrauben
Cheese head screws

Zylinderschrauben mit Schlitz DIN EN ISO 1207: 1994-10

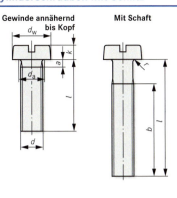

d	M 1,6	M 2	M 2,5	M 3	M 4	M 5	M 6	M 8	M 10
a_{max}	0,7	0,8	0,9	1	1,4	1,6	2	2,5	3
b_{min}	25	25	25	25	38	38	38	38	38
d_{kmax}	3	3,8	4,5	5,5	7	8,5	10	13	16
d_{amax}	2	2,6	3,1	3,6	4,7	5,7	6,8	9,2	11,2
k_{max}	1,1	1,4	1,8	2	2,6	3,3	3,9	5	6
l von	2	3	3	4	5	6	8	10	12
bis	16	20	25	30	40	50	60	80	80

Längenabstufung: 2; 3; 4; 5; 6; 8; 10; 12; 16; 20; 25; 30; 35; 40; 45; 50; 60; 70; 80 mm
Gewinde annähernd bis Kopf: M1 ... M3 für $l \le 30$, M4 ... M10 für $l \le 40$ mm
Werkstoff: Stahl, Festigkeitsklasse 4.8; 5.8;
Nichtrostender Stahl; Festigkeitsklasse A2-50, A2-70
Produktklasse A
Bezeichnung einer Zylinderschraube mit Gewinde M 5, $l = 30$ mm,
Festigkeitsklasse 4.8: **Zylinderschraube ISO 1207 – M 5 × 30 – 4.8**

Zylinderschrauben mit Innensechskant und niedrigem Kopf mit Schlüsselführung DIN 6912: 2002-12

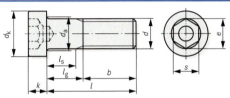

d	M 5	M 6	M 8	M 10	M 12	M 16	M 20	M 24
k	3,5	4	5	6,5	7,5	10	12	14
s	4	5	6	8	10	14	17	19
e	4,6	5,7	6,9	9,2	11,4	16	19,4	21,7
l von	10	10	12	16	16	20	30	60
bis	60	70	80	90	100	140	180	200

d_k, d_a und b siehe DIN 7984 $l_g = l - b$; $l_s = l_g - 5 \cdot P$
Bezeichnungsbeispiel für Schraube M 10, $l = 60$,
Festigkeitsklasse 8.8:
Zylinderschraube DIN 6912 – M 10 × 60 – 8.8

Längenabstufung: 10; 12; 16; 20; 25; 30; 35; 40 ... 200 je 10 mm
Werkstoff: Stahl, Festigkeitsklasse 8.8
Nichtrostender Stahl, A2-70 für $\le$ M20; A2-50 für > M20,
Produktklasse A

Zylinderschrauben mit Innensechskant DIN EN ISO 4762: 1998-02
Zylinderschrauben mit Innensechskant und niedrigem Kopf DIN 7984: 2002-12

ISO 4762 und 7984	d	M 5	M 6	M 8	M 10	M 12	M 16	M 20	M 24
ISO 4762 und 7984	d_k	8,5	10	13	16	18	24	30	36
	d_a	5,7	6,8	9,2	11,2	13,7	17,7	22,4	26,4
ISO 4762	b für $l \le 125$	22	24	28	32	36	44	52	60
	k_s	5	6	8	10	12	16	20	24
	s	4	5	6	8	10	14	17	19
	e	4,58	5,72	6,86	9,15	11,43	16	19,44	21,73
	$l^{1)}$ von	8	10	12	16	20	25	30	35
	bis	25	30	35	40	50	60	70	80
	$l^{2)}$ von	30	35	40	45	55	65	80	90
	bis	50	60	80	100	120	160	200	200
DIN 7984	b für $l \le 125$	16	18	22	26	30	38	46	54
	k_s	3,5	4	5	6	7	9	11	13
	s	3	4	5	6	8	12	14	17
	e $\approx$	3,4	4,6	5,7	8	9,2	13,7	16	19,4
	$l^{1)}$ von	8	10	12	16	20	30	40	50
	bis	25	25	30	35	45	(55)	60	80
	$l^{2)}$ von	30	30	35	40	50	60	70	90
	bis	–	40	60	70	80	80	100	100

Werkstoff: Stahl, Festigkeitsklasse für ISO 4762: 8.8, 10.9; 12.9 DIN 7984: 8.8, Produktklasse A

Längenabstufung: 8; 10; 12; 16; 20 ... 70 (je 5 mm gestuft); 70 ... 160 (je 10 mm gestuft); 180; 200
Bezeichnung einer Zylinderschraube mit Innensechskant, niedrigem Kopf, d = M 10, l = 50:
Zylinderschraube DIN 7984 – M 10 × 50 – 8.8

[1] Gewinde bis Kopf ($l_{g\,max} = 3 \cdot P$), [2] Schrauben mit Schaft: $l_{g\,max} = l - b$; $l_{s\,min} = l_{g\,max} - 5 \cdot P$

Fügeverbindungen

Senkschrauben
Countersunk screws

Senkschrauben mit Schlitz
Senkschrauben mit Kreuzschlitz

DIN EN ISO 2009, DIN EN ISO 2010, DIN EN ISO 7046-1, DIN EN ISO 7047: alle 1994-10

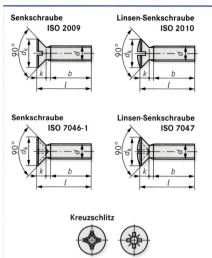

Gewinde d		M 1,6	M 2	M 2,5	M 3	M 4	M 5	M 6	M 8	M 10
b	min	25	25	25	25	38	38	38	38	38
d_k	max	3	3,8	4,7	5,5	8,4	9,3	11,3	15,8	18,3
k	max	1	1,2	1,5	1,65	2,7	2,7	3,3	4,65	5
Kreuzschlitz-Größe		0		1		2		3		4
DIN EN ISO 2009 / DIN EN ISO 2010	l von	2,5	3	4	5	6	8	8	10	12
	bis	16	20	25	30	40	50	60	80	80
	Längenabstufung	\multicolumn{9}{l}{2,5 – 3 – 4 – 5 – 6 – 8 – 10 – 12 – 16 – 20 – 25 – 30 – 35 – 40 – 45 – 50 – 60 – 70 – 80}
	Werkstoff	\multicolumn{9}{l}{Stahl: 4.8; 5.8, Nichtrostender Stahl: A 2-50, A 2-70, Nichteisenmetall, Produktklasse A}
DIN EN ISO 7046-1 / DIN EN ISO 7047	l von		3	3	3	4	5	6	8	10	12
	bis		16	20	25	30	40	50	60	60	60
	Längenabstufung	\multicolumn{9}{l}{3 – 4 – 5 – 6 – 8 – 10 – 12 – 16 – 20 – 25 – 30 – 35 – 40 –45 – 50 – 60}
	Werkstoff	\multicolumn{9}{l}{Stahl: 4.8, Nichtrostender Stahl[1]: A 2-50, A 2-70, Nichteisenmetall[1], Produktklasse A}

Bezeichnung einer Senkschraube mit Gewinde d = M 6, l = 50 mm, Festigkeitsklasse 4.8 und Kreuzschlitz Form Z:
Senkschraube ISO 7046-1 – M 6 × 50 – 4.8 – Z

[1] nicht für Senkschraube ISO 7046-1

Senkschrauben mit Innensechskant

DIN EN ISO 10642: 1998-02

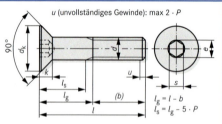

Gewinde d		M 4	M 5	M 6	M 8	M 10	M 12	M 16	M 20
$l \leq 125$		14	16	18	22	26	30	38	46
b	$l > 125$	20	22	24	28	32	36	44	52
	< 200								
d_k	max	8,96	11,2	13,44	17,92	22,4	26,88	33,6	40,32
e	≈	2,87	3,44	4,58	5,72	6,86	9,15	11,43	13,72
s		2,5	3	4	5	6	8	10	12
k	max	2,48	3,1	3,72	4,96	6,2	7,44	8,8	10,16
l	von	8	8	8	10	12	20	30	35
	bis	40	50	50	80	100	100	100	100

Längenabstufung: 8; 10; 12; 16; 20; 25; 30; 35; 40; 50; 60; 70; 80; 90; 100
Werkstoff: Stahl: Festigkeitsklassen 8.8, 10.9, 12.9
Produktklasse A

Bezeichnung einer Senkschraube mit Innensechskant mit Gewinde d = M 10, Nennlänge l = 50 mm, Festigkeitsklasse 8.8:
Senkschraube ISO 10 642 – M 10 × 50 – 8.8

Senkschrauben mit Schlitz

DIN 7969: 1999-12

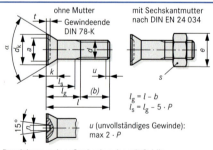

Gewinde d		M 10	M 12	M 16	M 20	M 24
α		\multicolumn{3}{c}{75° + 5°}	\multicolumn{2}{c}{60° + 5°}
a		14	16	22	25	29
b	b_1	20	22	28	32	38
	b_2	25	28	35	40	50
d_k		17	21	28	32	38
s		16	18	24	30	36
k	max	5,74	7,29	9,29	11,85	13,35
n		2,5	3	4	5	5
t		3	4	4	4	6
l	l_1 von	35	40	45	55	60
	bis	50	60	80	80	80
	l_2 von	55	65	90	90	90
	bis	160	160	160	160	160

Bezeichnung einer Senkschraube mit Schlitz, mit Gewinde M 20 und Nennlänge l = 90 mm, mit Mutter, Festigkeitsklasse 4.6:
Senkschraube DIN 7969 – M 20 × 90 – Mu – 4.6

b_1 und l_1 bzw. b_2 und l_2 sind jeweils zusammengehörig. Längenabstufung: 20 … 80 je 5 mm, 80 … 160 je 10 mm gestuft
Werkstoff: Stahl, Festigkeitsklasse 4.6, Produktklasse C. Bezeichnung einer Senkschraube mit Schlitz, mit Gewinde M 16, Nennlänge l = 60 mm, ohne Mutter, Festigkeitsklasse 4.6: **Senkschraube DIN 7969 – M 16 × 60 – 4.6**

Flachkopfschrauben, Blechschrauben, Gewindeschneidschrauben
Pan head screws, sheet metal screws, thread-forming screws

Flachkopfschrauben m. Schlitz, Flachkopfschrauben m. Kreuzschlitz DIN EN ISO 1580, DIN EN ISO 7045: alle 1994-10

	Gewinde d		M 1,6	M 2	M 2,5	M 3	M 4	M 5	M 6	M 8	M 10
	a	max	0,7	0,8	0,9	1	1,4	1,6	2	2,5	3
	b	min	25	25	25	25	38	38	38	38	38
	d_k	max	3,2	4	5	5,6	8	9,5	12	16	20
	d_a	max	2	2,6	3,1	3,6	4,7	5,7	6,8	9,2	11,2
DIN ISO 1580	k	max	1	1,3	1,5	1,8	2,4	3	3,6	4,8	6
	l	von	2	2,5	3	4	5	6	8	10	12
		bis	16	20	25	30	40	50	60	80	80
DIN ISO 7045	k	max	1,3	1,6	2,1	2,4	3,1	3,7	4,6	6	7,5
	Kreuzschlitz-Größe		0		1		2		3		4
	l	von	3	3	3	4	5	6	8	10	12
		bis	16	20	25	30	40	45	60	60	60

Werkstoff: DIN EN ISO 1580, Stahl 4.8, 5.8, nichtrostender Stahl A 2-50, A 2-70
DIN EN ISO 7045, Stahl 4.8, nichtrostender Stahl A 2-50, A 2-70
Produktklasse A

Blechschrauben mit Schlitz
Blechschrauben mit Kreuzschlitz
DIN ISO 1481, DIN ISO 1482, DIN ISO 1483,
DIN ISO 7049, DIN ISO 7050, DIN ISO 7051: alle 1990-08

DIN ISO	Gewinde		ST 2,2	ST 2,9	ST 3,5	ST 4,2	ST 4,8	ST 5,5	ST 6,3
1482, 1483 7050, 7051	d_k	max	3,8	5,5	7,3	8,4	9,3	10,3	11,3
1481, 7049			4	5,6	7	8	9,5	11	12
1482, 1483 7050, 7051	k	max	1,1	1,7	2,35	2,6	2,8	3	3,15
1481			1,3	1,8	2,1	2,4	3	3,2	3,6
7049			1,6	2,4	2,6	3,1	3,7	4	4,6
1481 ... 1483 7049 ... 7051	y	Form C	2	2,6	3,2	3,7	4,3	5	6
		Form F	1,6	2,1	2,5	2,8	3,2	3,6	3,6
1481 ... 1483 7049 ... 7051	n		0,5	0,8	1	1,2	1,2	1,6	1,6
	Kreuzschlitz-Größe		0	1		2		3	
1481	l	von	4,5	6,5	6,5	9,5	9,5	13	13
		bis	16	19	22	25	32	32	38
1482, 7050 7051	l	von	4,5	6,5	9,5	9,5	9,5	13	13
		bis	16	19	25	32	32	38	38
1483	l	von	4,5	6,5	9,5	9,5	9,5	13	13
		bis	16	19	22	25	32	32	38
7049	l	von	4,5	6,5	9,5	9,5	9,5	13	13
		bis	16	19	25	38	38	38	38

Längenabstufung: 4,5; 6,5; 9,5; 13; 16; 19; 22; 25; 32; 38; 45; 50 mm
Werkstoff: Stahl, Produktklasse A
Bezeichnung einer Senk-Blechschraube mit Gewinde ST 4,2, l = 22 mm, spitze Form C, Kreuzschlitz Form Z: **Blechschraube ISO 7050 – ST 4,2 × 22 – C – Z**

Gewindeschneidschrauben
DIN 7513, DIN 7516: alle 1995-09

Schlitzschrauben nach DIN 7513			Kreuzschlitzschrauben nach DIN 7516				d		M 3	M 4	M 5	M 6	M 8
Form	Bild	Maße nach	Form	Bild	Maße nach	Kreuzschlitz	Kernloch-Ø d H11		2,7	3,6	4,5	5,5	7,4
BE		DIN EN ISO 1207	AE		DIN EN ISO 7045	Form H	l	von	6	8	10	12	16
								bis	20	25	30	35	40
FE		DIN EN ISO 2009	DE		DIN EN ISO 7046	Form Z	Längenabstufung: 6; 8; 10; 12; 16; 20; 25; 30; 35 und 40 mm **Werkstoff:** Stahl nach DIN 17 210, DIN EN 10 083 Bezeichnung einer Kreuzschlitzschraube mit d = M 5, l = 20, Form DE, Kreuzschlitz Form H: **Schneidschraube DIN 7516 – DE M5 × 20 – St – H**						
GE		DIN EN ISO 2010	EE		DIN EN ISO 7047								

Fügeverbindungen

Gewindefurchende Schrauben
Thread-grooving screws

Gewindefurchende Schrauben für metrisches ISO-Gewinde

DIN 7500-1: 2000-01

Form	Bild	Bezeichnungsbeispiel	Form	Bild	Bezeichnungsbeispiel
AE	Maße nach DIN EN ISO 1207	Schraube DIN 7500 – AE M6 × 20 – St	KE	Maße nach DIN EN ISO 2009	Schraube DIN 7500 – KE M6 × 20 – St
CE	Maße nach DIN EN ISO 7045	Schraube DIN 7500 – CE M6 × 20 – St – Z[1]	LE	Maße nach DIN EN ISO 2010	Schraube DIN 7500 – LE M6 × 20 – St
DE	Maße nach DIN EN 24 017	Schraube DIN 7500 – DE M6 × 20 – St	ME	Maße nach DIN EN ISO 7046-2	Schraube DIN 7500 – ME M6 × 20 – St – Z[1]
EE	Maße nach DIN EN ISO 4762	Schraube DIN 7500 – E M6 × 20 – St	NE	Maße nach DIN EN ISO 7047	Schraube DIN 7500 – NE M6 × 20 – St – Z[1]

Werkstoff:

Einsatzstahl nach DIN EN 10 084
Vergütungsstahl nach DIN EN 10 083

Gestaltung des Schraubenendes nach
Wahl des Herstellers

Längenabstufung: 3, 4, 5, 6, 8, 10, 12, 16,
20, 25, 30, 35, 40, 45, 50, 55, 60, 70, 80 mm

Gewinde	d	M 2	M 2,5	M 3	M 3,5	M 4	M 5	M 6	M 8	M 10
Steigung	P	0,4	0,45	0,5	0,6	0,7	0,8	1	1,25	1,5
Furchbereich	max	1,6	1,8	2	2,4	2,8	3,2	4	5	6
l	von	3	4	4	5	6	8	8	10	12
	bis	16	20	25	25	30	40	50	60	80

[1] Fehlt in der Bezeichnung der Formbuchstabe für den Kreuzschlitz, so gilt Kreuzschlitz H.

Gewindefurchende Schrauben für metrisches ISO-Gewinde, Lochdurchmesser

DIN 7500-2: 1984-12

Gewinde d	M 2,5	M 3		M 3,5		M 4		M 5		M 6		M 8		M 10		
Werkstoffdicke oder Einschraublänge	Lochdurchmesser d_h (Toleranzfeld H 11)															
	St, Al, Cu	St	Al, Cu	St	Al, Cu	St	Al, Cu	St	Al, Cu	St	Al, Cu	St	Al, Cu	St	Al	Cu
1	2,25	2,7														
1,5	2,25	2,7		3,15		3,6		4,5								
2	2,25	2,75	2,7	3,2		3,6		4,5		5,4						
2,5	2,25	2,75		3,2		3,65	3,6	4,5		5,4		7,25	9,2			
3	2,3	2,75		3,2		3,65	3,6	4,5		5,45		7,25	9,2		9,15	
3,5	2,3	2,75		3,2		3,65		4,55		5,45		7,25	9,2		9,15	
4	2,3	2,75		3,2		3,65		4,55	5,5	5,45		7,3		9,3	9,15	
5	2,3	2,75		3,2	3,25	3,7	3,65	4,6	5,5	5,45	7,4	7,3	9,3	9,2	9,25	
5,5		2,75		3,2	3,25	3,7	3,65	4,6		5,5		7,4	7,3	9,3	9,2	9,25
6		2,75				3,7	3,65	4,6		5,5		7,4	7,3	9,3	9,2	9,25
6,5						3,7		4,65		5,5		7,4	7,35	9,3	9,2	9,25
7						3,7		4,65	5,55	5,5	7,5	7,4	9,3	9,2	9,3	
7,5						3,7		4,65	5,55	5,5	7,5	7,4	9,4	9,3		
8 bis ≤ 10								4,65		5,55	7,5	7,4	9,4	9,3		
> 10 bis ≤ 12											7,5	9,5	9,4			
> 12 bis ≤ 15											7,5	9,5	9,4			
> 15 bis ≤ 20													9,5			

St = St 12 und S 235 JR, **Al** = EN AW-Al 99,5 und EN AW-AlMn 1, **Cu** = Cu-ETP und CuZn-Legierungen.
Bei gegossenen Löchern in Al- und Zn-Legierungen sind die Lochdurchmesser-Mittelwerte bei einer Lochtiefe $t \approx 2\,d$.

Flachrundschrauben, Senkschrauben, Hammerschrauben, Stiftschrauben
Saucer-head screws, countersunk screws, T-head bolts, locking screws

Flachrundschrauben mit Vierkantansatz
DIN 603: 1981-10

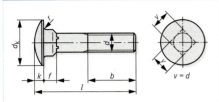

d		M 5	M 6	M 8	M 10	M 12	M 16	M 20
d_k	≈	13,5	16,5	20,6	24,6	30,6	38,8	46,8
k	max	3,3	3,88	4,88	5,38	6,95	8,95	11,0
f	max	4,1	4,6	5,6	6,6	8,75	12,9	15,9
b	für l ≤ 125	16	18	22	26	30	38	46
b	für l > 125	22	24	28	32	36	44	52
r	≈	0,5	0,5	0,5	0,5	1	1	1
l	von	16	16	20	20	30	55	70
	bis	80	150	150	200	200	200	200

Bezeichnung einer Flachrundschraube mit Vierkantansatz, d = M 12, l = 80, Festigkeitsklasse nach Wahl des Herstellers:
Flachrundschraube DIN 603 – M 12 × 80

Längenabstufung l: 16, 20, 25, 30, 35, 40, 45, 50, 55, 60, 65, 70, 80, 90, 100, 110, 120, 130, 140, 150, 160, 180 und 200 mm
Werkstoff: Stahl, Festigkeitsklasse 3.6 oder 4.6
Ausführung: Produktklasse C

Senkschrauben mit Nase
DIN 604: 1981-10

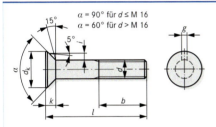

d		M 6	M 8	M 10	M 12	M 16	M 20	M 24
d_k	≈	12,5	16,5	19,6	24,6	32,8	32,8	38,8
k		4	5	5,5	7	9	11,5	13
i		2,8	3,5	4,2	5,7	7,5	5,7	6,7
g		2,5	3	3,2	3,6	4,2	5,4	6,6
b	für l ≤ 125	18	22	26	30	38	46	54
b	für l > 125	24	28	32	36	44	52	60
l	von	20	20	20	25	30	50	60
	bis	100	150	160	160	160	160	160

Bezeichnung einer Senkschraube mit Nase, d = M 10, l = 60, Festigkeitsklasse 3.6:
Senkschraube DIN 604 – M 10 × 60 – 3.6

Längenabstufung l: 20, 25, 30, 35, 40, 45, 50, 55, 60, 65, 70, 80, 90, 100, 110, 120, 130, 140, 150, 160 mm
Werkstoff: Stahl, Festigkeitsklasse 3.6 oder 4.6
Ausführung: Produktklasse C

Hammerschrauben mit Vierkant
DIN 186: 1988-04

Form A mit Schaft (Gewindelänge b)
Form B mit langem Gewinde

d		M 6	M 8	M 10	M 12	M 16	M 20	M 24
m		16	18	21	26	30	36	43
n		6	8	10	12	16	20	24
k		4,5	5,5	7	8	10,5	13	15
e	≈	6,9	9,2	11,8	14,2	19,3	24,3	29,5
b	für l ≤ 120	18	22	26	30	38	46	54
b	für l > 120	–	–	–	–	44	52	60
l	von	30	30	30	40	50	60	70
	bis	60	80	100	120	160	200	200

Bezeichnung einer Hammerschraube, d = M 10, l = 40, Form B und Festigkeitsklasse 3.6:
Hammerschraube DIN 186 – B M 10 × 40 – 3.6

Längenabstufung l: 30, 40, 50, 60 … 100, 120, 140, 160, 180 und 200 mm
Werkstoff: Stahl, Festigkeitsklasse 3.6 oder 4.6, Produktklasse C

Stiftschrauben
DIN 835, 938, 939: alle 1995-02

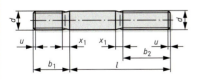

d		M 6	M 8	M 10	M 12	M 16	M 20	M 24
		–	8 × 1	10 × 1,25	12 × 1,25	16 × 1,5	20 × 1,5	24 × 2
b_2	für l ≤ 125	18	22	26	30	38	46	54
b_2	für l > 125	24	28	32	36	44	52	60
l	von	25	30	35	40	50	60	70
	bis	60	80	100	120	160	200	200

Längenabstufung l: 25, 30, 35, 40, 45, 50, 55, 60, 65, 70, 75, 80, 90, 100, 110, 120, 130, 140, 150 … 200 mm
DIN 938: b_1 ≈ 1 d zum Einschrauben in Stahl
DIN 939: b_1 ≈ 1,25 d zum Einschrauben in Gusseisen
DIN 835: b_1 ≈ 2 d zum Einschrauben in Al-Legierungen
Werkstoff: Stahl, Festigkeitsklasse 5.6, 8.8 oder 10.9
Ausführung: Produktklasse A

Bezeichnung einer Stiftschraube, d = M 12, l = 90, Festigkeitsklasse 5.6 nach DIN 938:
Stiftschraube DIN 938 – M 12 × 90 – 5.6

Fügeverbindungen 257

Vierkantschrauben, Gewindestifte
Square-head screws, set screws

Vierkantschrauben

DIN 478, DIN 479, DIN 480: alle 1985-02

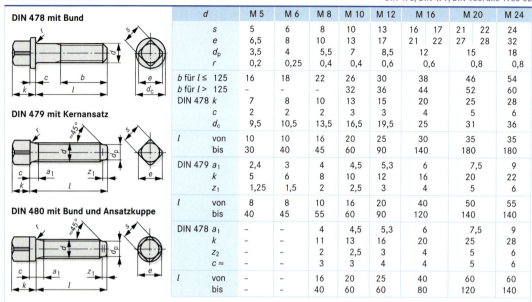

d		M 5	M 6	M 8	M 10	M 12	M 16	M 20	M 24
	s	5	6	8	10	13	16 17	21 22	24
	e	6,5	8	10	13	17	21 22	27 28	32
	d_p	3,5	4	5,5	7	8,5	12	15	18
	r	0,2	0,25	0,4	0,4	0,6	0,6	0,8	0,8
b für $l \leq$ 125		16	18	22	26	30	38	46	54
b für $l >$ 125		-	-	-	32	36	44	52	60
DIN 478	k	7	8	10	13	15	20	25	28
	c	2	2	2	3	3	4	5	6
	d_c	9,5	10,5	13,5	16,5	19,5	25	31	36
l	von	10	10	16	20	25	30	35	35
	bis	30	40	45	60	90	140	180	180
DIN 479	a_1	2,4	3	4	4,5	5,3	6	7,5	9
	k	5	6	8	10	12	16	20	22
	z_1	1,25	1,5	2	2,5	3	4	5	6
l	von	8	8	10	16	20	40	50	55
	bis	40	45	55	60	90	120	140	140
DIN 478	a_1	-	-	4	4,5	5,3	6	7,5	9
	k	-	-	11	13	16	20	25	28
	z_2	-	-	2	2,5	3	4	5	6
	$c \approx$	-	-	3	3	4	4	5	6
l	von	-	-	16	20	25	40	60	60
	bis	-	-	40	60	60	80	120	140

Bezeichnung einer Vierkantschraube mit Bund, d = M 12, l = 70, Festigkeitsklasse 5.6:
Vierkantschraube DIN 478 – M 12 × 70 – 5.6

Längenabstufung l für DIN 478: 10, 16, 20, 25 … 60, 70, 80 … 120, 140, 160, 180
l für DIN 479: 8, 10, 16, 20, 25 … 60, 70, 80 … 120, 140
l für DIN 480: 16, 20, 25, 30, 35, 40, 50 … 120, 140
Werkstoff: Stahl, Festigkeitsklasse: 5.6, 5.8, 8.8
Ausführung: Produktklasse A

Gewindestifte mit Schlitz
Gewindestifte mit Innensechskant

DIN EN 24 766, DIN EN 27 434, DIN EN 27 435, DIN EN 27 436: alle 1992-10
DIN EN ISO 4026, DIN EN ISO 4027, DIN EN ISO 4028, DIN EN ISO 4029: alle 2004-05

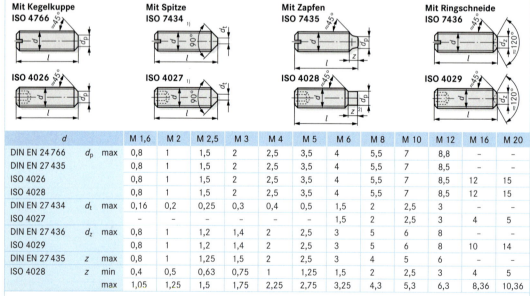

d			M 1,6	M 2	M 2,5	M 3	M 4	M 5	M 6	M 8	M 10	M 12	M 16	M 20
DIN EN 24 766	d_p	max	0,8	1	1,5	2	2,5	3,5	4	5,5	7	8,8	-	-
DIN EN 27 435			0,8	1	1,5	2	2,5	3,5	4	5,5	7	8,5	-	-
ISO 4026			0,8	1	1,5	2	2,5	3,5	4	5,5	7	8,5	12	15
ISO 4028			0,8	1	1,5	2	2,5	3,5	4	5,5	7	8,5	12	15
DIN EN 27 434	d_t	max	0,16	0,2	0,25	0,3	0,4	0,5	1,5	2	2,5	3	-	-
ISO 4027			-	-	-	-	-	-	1,5	2	2,5	3	4	5
DIN EN 27 436	d_z	max	0,8	1	1,2	1,4	2	2,5	3	5	6	8	-	-
ISO 4029			0,8	1	1,2	1,4	2	2,5	3	5	6	8	10	14
DIN EN 27 435	z	max	0,8	1	1,25	1,5	2	2,5	3	4	5	6	-	-
ISO 4028	z	min	0,4	0,5	0,63	0,75	1	1,25	1,5	2	2,5	3	4	5
		max	1,05	1,25	1,5	1,75	2,25	2,75	3,25	4,3	5,3	6,3	8,36	10,36

Längen abhängig vom Gewindedurchmesser, l: 2; 2,5; 3; 4; 5; 6; 8; 10; 12; 16; 20; 25; 30; 35; 40; 45; 50; 55; 60 mm
Werkstoff für Gewindestift mit Schlitz: Stahl 14 H, 22 H, nichtrostender Stahl A 1–50, Produktklasse A
Werkstoff für Gewindestift mit Innensechskant: Stahl 45 H, nichtrostender Stahl A 2–70
Bezeichnung eines Gewindestiftes mit Schlitz und Zapfen, Gewinde M 5, l = 12 mm und Festigkeitsklasse 14 H:
Gewindestift ISO 7435 – M 5 × 12 – 14 H

Schrauben, Muttern
Screws, nuts

Flügelmuttern und Flügelschrauben DIN 315, DIN 316: alle 1998-07

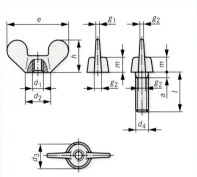

d_1		M 4	M 5	M 6	M 8	M 10	M 12	M 16	M 20	M 24
Steigung P		0,7	0,8	1	1,25	1,5	1,75	2	2,5	3
d_2	max	8	11	13	16	20	23	29	35	44
d_3	max	7	9	11	12,5	16,5	19,5	23	29	37,5
e	max	20	26	33	39	51	65	73	90	110
g_1	max	1,9	2,3	2,3	2,8	4,4	4,9	6,4	6,9	9,4
g_2	max	2,3	2,8	3,3	4,4	5,4	6,4	7,5	8	10,5
h	max	10,5	13	17	20	25	33,5	37,5	46,5	56,5
m	max	4,6	6,5	8	10	12	14	17	21	25
l	von	6	8	8	10	16	16	20	30	35
	bis	20	30	40	50	60	60	60	60	60

Gewinde an der Auflageseite unter 120°
bis auf den Gewindedurchmesser aufgesenkt.

Längenabstufungen l: 6, 8, 10, 12, 16, 20, 25, 30, 35, 40, 50 und 60
Werkstoff: Temperguss, Stahl, austenitischer Stahl, CuZn-Legierung
Ausführung: Produktklasse C (Gewindetoleranz 6 H bzw. 6 g)
Bezeichnung einer Flügelmutter mit Gewinde d_1 = M 6 aus Temperguss (GT),
Produktklasse C: **Flügelmutter DIN 315 – M 6 – GT**

Rändelschrauben hohe Form, Rändelschrauben niedrige Form DIN 464, DIN 653: alle 1986-09

Rändel nach DIN 82
g_2 nach DIN 76 – A

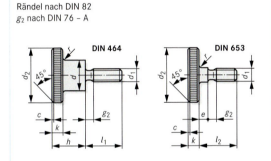

d_1	M 4	M 5	M 6	M 8	M 10
$c \approx$	0,4	0,4	0,5	0,6	0,8
d_2	16	20	24	30	36
d_3	8	10	12	16	20
e (ab l)	3 (ab l = 20)	4 (20)	5 (25)	6 (30)
h	9,5	11,5	15	18	23
k	3,5	4	5	6	8
r	0,5	1	1	2	2
l_1	5 … 16	6 … 20	8 … 25	12 … 25	20 … 40
l_2	8 … 25	10 … 30	12 … 30	16 … 35	20 … 40

Längenabstufungen l: 5, 6, 8, 10, 12, 16, 20, 25, 30, 35, 40
Bezeichnung einer hohen Rändelschraube mit d_1 = M 5, l_1 = 10,
Werkstoff St = 9 S Mn Pb 28 K
Rändelschraube DIN 464 – M 5 × 10 – St

Augenschrauben DIN 444: 1983-04

d_1		M 6	M 8	M 10	M 12	M 16	M 20
b	für $l \leq$ 125 mm	18	22	26	30	38	46
	für 125 < $l \leq$ 200 mm	–	28	32	36	44	52
	für l > 200 mm	–	–	–	49	57	65
d_2 H9		6	8	10	12	16	18
d_3		14	18	20	25	32	40
s	für Form A	9	11	14	17	19	24
	für Formen B und C	7	9	12	14	17	22
l	von	35	40	45	55	70	100
	bis	90	140	150	260	260	260

Form A (Produktklasse C)
Form B (Produktklasse B)
Form C (Produktklasse A)
Formen LA, LB, LC: Gewinde bis Auge

Längenabstufungen für $l \leq$ 80 je 5 mm,
für   80 < $l \leq$ 160 je 10 mm,
für 160 < $l \leq$ 300 je 20 mm
Werkstoff: Stahl, Festigkeitsklassen 4.6; 5.6
Bezeichnung einer Augenschraube Form A, d_1 = M 10, l = 70:
Augenschraube DIN 444 – A M 10 × 70 – 5.6

Fügeverbindungen

Schrauben und Muttern für T-Nuten
Screws and nuts for T-slots

Schrauben für T-Nuten   DIN 787: 2005-02

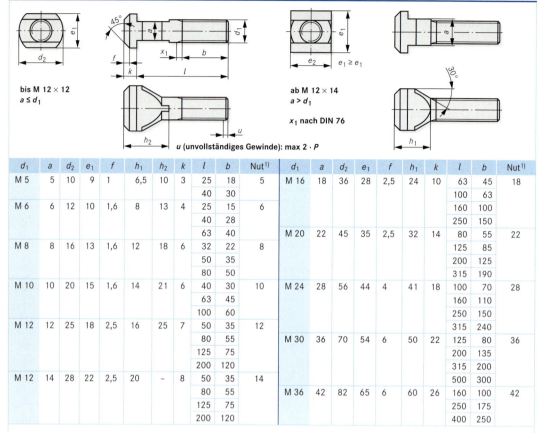

bis M 12 × 12
$a \leq d_1$

ab M 12 × 14
$a > d_1$

x_1 nach DIN 76

u (unvollständiges Gewinde): max 2 · P

d_1	a	d_2	e_1	f	h_1	h_2	k	l	b	Nut[1]	d_1	a	d_2	e_1	f	h_1	k	l	b	Nut[1]
M 5	5	10	9	1	6,5	10	3	25	18	5	M 16	18	36	28	2,5	24	10	63	45	18
								40	30									100	63	
M 6	6	12	10	1,6	8	13	4	25	15	6								160	100	
								40	28									250	150	
								63	40		M 20	22	45	35	2,5	32	14	80	55	22
M 8	8	16	13	1,6	12	18	6	32	22	8								125	85	
								50	35									200	125	
								80	50									315	190	
M 10	10	20	15	1,6	14	21	6	40	30	10	M 24	28	56	44	4	41	18	100	70	28
								63	45									160	110	
								100	60									250	150	
M 12	12	25	18	2,5	16	25	7	50	35	12								315	240	
								80	55		M 30	36	70	54	6	50	22	125	80	36
								125	75									200	135	
								200	120									315	200	
M 12	14	28	22	2,5	20	–	8	50	35	14								500	300	
								80	55		M 36	42	82	65	6	60	26	160	100	42
								125	75									250	175	
								200	120									400	250	

Werkstoff: Stahl, Festigkeitsklasse 8.8 und 12.9, Produktklasse A
Bezeichnung einer Schraube für T-Nuten mit d_1 = M 12, a = 12, l = 125, Festigkeitsklasse 8.8:
Schraube DIN 787 – M 12 × 12 × 125 – 8.8

[1] zugehörige T-Nut nach DIN 650

Muttern für T-Nuten und T-Nuten für Werkzeugmaschinen   DIN 508: 2002-06; DIN 650: 1989-10

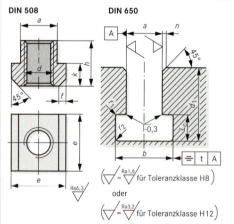

DIN 508   DIN 650

d	M 6	M 8	M 10	M 12	M 16	M 20	M 24	M 30	M 36
a	8	10	12	14	18	22	28	36	42
b	14,5	16	19	23	30	37	46	56	68
c	7	7	8	9	12	16	20	25	32
e	13	15	18	22	28	35	44	54	65
f	1,6	1,6	2,5	2,5	2,5	2,5	4	6	6
h	10	12	14	16	20	28	36	44	52
h_1 max	18	21	25	28	36	45	56	71	85
min	15	17	20	23	30	38	48	61	74
k	6	6	7	8	10	14	18	22	26
n max	1	1	1	1,6	1,6	1,6	1,6	2,5	2,5
r_1 max	0,6	0,6	0,6	1	1	1	1	1	1,6
r_2 max	1	1	1	1,6	2,5	2,5	2,5	2,5	4
t	0,5								1

[1] Toleranzklasse H8 für Richt- und Spann-Nuten,
H12 für Spann-Nuten

Werkstoff: Stahl nach Wahl des Herstellers, Produktklasse A
Bezeichnung einer Mutter für T-Nuten mit d = M 12, a = 14:
Mutter DIN 508 – M 12 × 14

Sechskantmuttern
Hexagon nuts

Sechskantmutter Typ 1 (Regelgewinde)	DIN EN ISO 4032: 2001-03		
Sechskantmutter Typ 2 (Regelgewinde)	DIN EN ISO 4033: 2001-03		
Sechskantmutter Typ 1 (Feingewinde)	DIN EN ISO 8673: 2001-03		
Sechskantmutter Typ 2 (Feingewinde)	DIN EN ISO 8674: 2001-03		

Sechskantmutter (Regelgewinde)   DIN EN ISO 4034: 2001-03
Produktklasse C

Sechskantmutter, niedrige Form (Regelgewinde)   DIN EN ISO 4035: 2001-03
Niedrige Sechskantmutter (Feingewinde)   DIN EN ISO 8675: 2001-03

Niedrige Sechskantmutter ohne Fase   DIN EN ISO 4036: 2001-03
(Regelgewinde)

m (Typ 2) ≈ 1,1 m (Typ 1)

Sechskantmuttern mit Regelgewinde

DIN EN ISO	Gewinde d	M 2	M 3	M 4	M 5	M 6	M 8	M 10	M 12	M 16	M 20	M 24	M 30	M 36
4032	e	4,3	6	7,7	8,8	11,1	14,4	17,8	20	26,8	33	39,6	50,9	60,8
	m	1,6	2,4	3,2	4,7	5,2	6,8	8,4	10,8	14,8	18	21,5	25,6	31
	s	4	5,5	7	8	10	13	16	18	24	30	36	46	55
4033	e	–	–	–	8,8	11,1	14,4	20	20	26,8	33	39,6	50,9	60,8
	m	–	–	–	5,1	5,7	7,5	9,3	12	16,4	20,3	23,9	28,6	34,7
4034	e	–	–	–	8,6	10,9	14,2	17,6	19,9	26,2	33	39,6	50,9	60,8
	m	–	–	–	5,6	6,1	7,9	9,5	12,2	15,9	19	22,3	26,4	31,5
4035	e	4,3	6	7,7	8,8	11,1	14,4	17,8	20	26,8	33	39,6	50,9	60,8
	m	1,2	1,8	2,2	2,7	3,2	4	5	6	8	10	12	15	18
4036	e	4,2	5,9	7,5	8,6	10,9	14,2	17,6	–	–	–	–	–	–
	m	1,2	1,8	2,2	2,7	3,2	4	5	–	–	–	–	–	–

Sechskantmuttern mit Feingewinde

DIN EN ISO	Gewinde $d \times P$	M 8 × 1	M 10 × 1	M 12 × 1,5	M 16 × 1,5	M 20 × 1,5	M 24 × 2	M 30 × 2	M 36 × 3	Größen s und e für alle Muttern siehe DIN EN ISO 4032
8673	m	6,8	8,4	10,8	14,8	18	21,5	25,6	31	
8674	m	7,5	9,3	12	16,4	20,3	23,9	28,6	34,7	
8675	m	4	5	6	8	10	12	15	18	

Festigkeitsklassen (Werkstoffe) und Produktklassen für Sechskantmuttern aus Stahl

DIN EN ISO	Stahl	Norm	Produktklasse	Nichtrostender Stahl	Norm	Produktklasse
4032	M 3 ≤ d ≤ M 39: 6; 8; 10	M 3 ≤ d ≤ M 39: DIN EN 20898-2	d ≤ M 16 : A d > M 16 : B	d ≤ M 20: A2-70 M 20 < d ≤ M 39: A2-50	d ≤ M 39: DIN ISO 3506	d ≤ M 16 : A d > M 16 : B
4033	9 … 12	DIN EN 20898-2		–	–	–
4034	d ≤ M 16 : 5 M 16 < d ≤ M 39: 4; 5	d ≤ M 39: DIN EN 20898-2	C	–	–	–
4035	d < M 3 : 14 H M 3 ≤ d ≤ M 39: 04; 05	d < M 3: DIN EN ISO 898-6 M 3 ≤ d ≤ M 39: DIN EN 20898-2	d ≤ M 16 : A d > M 16 : B	d ≤ M 20: A2-70 M 20 < d ≤ M 39: A2-50	d ≤ M 39: DIN ISO 3506	d ≤ M 16 : A d > M 16 : B
4036	min 110 HV	–	B	–	–	–
8673	d ≤ 39 mm: 6; 8 d ≤ 16 mm: 10	d ≤ 39 mm: DIN EN ISO 898-6	d ≤ 16 mm : A d > 16 mm : B	d ≤ 20 mm: A2-70 20 mm < d ≤ 39 mm: A2-50	d ≤ 39 mm: DIN ISO 3506	d ≤ 16 mm : A d > 16 mm : B
8674	d ≤ 16 mm: 8; 12 d ≤ 39 mm: 10	DIN EN ISO 898-6		–	–	–
8675	d ≤ 39 mm: 04; 05	d ≤ 39 mm: DIN EN ISO 898-6		d ≤ 20 mm: A2-70 20 mm < d ≤ 39 mm: A2-50	d ≤ 39 mm: DIN ISO 3506	d ≤ 16 mm : A d > 16 mm : B

Produktklassen siehe DIN ISO 4759-1. Bezeichnung einer Sechskantmutter, Typ 1, mit Gewinde M 10 und Festigkeitsklasse 8:
Sechskantmutter ISO 4032 – M 10 – 8

Muttern
Nuts

Sechskantmuttern mit Flansch
DIN EN 1661: 1998-02

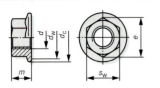

d	M 5	M 6	M 8 M 8×1	M 10 M 10×1,25	M 12 M 12×1,5	M 16 M 16×1,5	M 20 M 20×1,5
d_c	11,8	14,2	17,9	21,8	26	34,5	42,8
d_w	9,8	12,2	15,8	19,6	23,8	31,9	39,9
e	8,79	11,05	14,38	16,64	20,03	26,75	32,95
s_w	8	10	13	15	18	24	30
m	5	6	8	10	12	16	20

Bezeichnung für eine Sechskantmutter mit dem Nenndurchmesser M 10 und der Festigkeitsklasse 8:
Sechskantmutter EN-1661 – M 10 – 8

Werkstoff: Stahl, Festigkeitsklassen 8; 10; 12 nach DIN EN 20 898-2
Nichtrostender Stahl, A 2 – 70 nach DIN ISO 3506
Produktklasse A

Sechskantmuttern mit Klemmteil, Typ 1
DIN EN ISO 7040: 1998-02; DIN EN ISO 10 512: 1998-02

d	M 3	M 4	M 5	M 6	M 8 M 8×1	M 10 M 10×1	M 12 M 12×1,5	M 16 M 16×1,5	M 20 M 20×1,5
d_w	4,6	5,9	6,9	8,9	11,6	14,6	16,6	22,5	27,7
e	6,01	7,66	8,79	11,05	14,38	17,77	20,03	26,75	32,95
s	5,5	7	8	10	13	16	18	24	30
h	4,5	6	6,8	8	9,5	11,9	14,9	19,1	22,8
m	2,15	2,9	4,4	4,9	6,44	8,04	10,37	14,1	16,9

Klemmteilgestaltung nach Wahl des Herstellers, m = Mindestgewindehöhe
Bezeichnung einer Sechskantmutter mit dem Nenndurchmesser M 8 und der Festigkeitsklasse 8:
Sechskantmutter ISO 7040 – M 8 – 8

Werkstoff: St, Festigkeitsklassen: 8, 10; für Feingewinde: 6, 8, 10
Produktklasse für $d \leq$ M 16: A, für $d >$ M 16: B
Feingewinde: ISO 10 512

Sechskantmuttern mit Klemmteil (Ganzmetallmuttern), Typ 2
DIN EN ISO 7042: 1998-02; DIN EN ISO 10 513: 1998-02

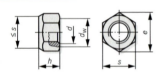

d	M 5	M 6	M 8 M 8×1	M 10 M 10×1,25	M 12 M 12×1,5	M 16 M 16×1,5	M 20 M 20×1,5
h	5,1	6	8	10	12	16	20
w	3,52	3,92	5,15	6,43	8,3	11,28	13,52

Abmessungen für d_w, e und s siehe DIN EN ISO 7040, 10 512
Werkstoff: Stahl, Festigkeitsklassen 5; 8; 10; 12, für Muttern mit Feingewinde: 8, 10, 12;
Produktklasse A für $d \leq$ M16, B für $d >$ M 16
Feingewinde: ISO 10 513

Klemmteilgestaltung nach Wahl des Herstellers
Bezeichnung einer Sechskantmutter mit dem Nenndurchmesser M 10 × 1,25 und der Festigkeitsklasse 10:
Sechskantmutter ISO 10 513 – M10 × 1,25 – 10

Sechskantmutter mit Flansch und Klemmteil, nichtmetallischer Einsatz
DIN EN 1663: 1998-02
Sechskantmutter mit Flansch und Klemmteil, Ganzmetallmuttern
DIN EN 1664: 1998-02

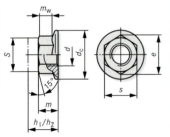

h_1: DIN EN 1663
h_2: DIN EN 1664

d	M 5	M 6	M 8 M 8×1	M 10 M 10×1,25	M 12 M 12×1,5	M 16 M 16×1,5	M 20 M 20×1,5
d_c	11,8	14,2	17,9	21,8	26	34,5	42,8
e	8,79	11,05	14,38	16,64	20,03	26,75	32,95
s	8	10	13	16	18	24	30
h_1	7,1	9,1	11,1	13,5	16,1	20,3	24,8
h_2	6,2	7,3	9,4	11,4	13,8	18,3	22,4
m	4,7	5,7	7,6	9,6	11,6	15,3	18,7
m_w	2,5	3,1	4,6	5,9	6,8	8,9	10,7

Werkstoff: Stahl, Festigkeitsklassen 8; 10; 12 (≤ M 16), Produktklasse A für $d \leq$ M 16; Produktklasse B für $d >$ M 16

Bezeichnung einer Sechskantmutter mit Flansch und Klemmteil, Ganzmetallmutter, für d = M12, Festigkeitsklasse 10: **Sechskantmutter EN 1664 – M12 – 10**

Muttern
Nuts

Sechskantmuttern mit Klemmteil, nichtmetallischer Einsatz, niedrige Form
DIN EN ISO 10 511: 1998-02

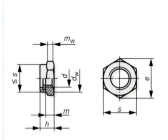

Gewinde d		M 3	M 4	M 5	M 6	M 8	M 10	M 12	M 16	M 20
d_w		4,6	5,9	6,9	8,9	11,6	14,6	16,6	22,5	27,7
e	min	6,01	7,66	8,79	11,05	14,38	17,7	20,03	26,75	32,95
s	max	5,5	7	8	10	13	16	18	24	30
h	max	3,9	5	5	6	6,76	8,56	10,23	12,42	14,9
	min	3,42	4,52	4,52	5,52	6,18	7,98	9,53	11,32	13,1
m	min	2,4	2,9	3,2	4	5,5	6,5	8	10,5	14
m_w	min	1,24	1,56	1,96	2,32	2,96	3,76	4,56	5,94	7,28

Werkstoff: Mutternkörper St, Festigkeitsklassen: 04, 05
Produktklasse A für $d \leq$ M 16, B für $d >$ M 16
Einsatz: Nichtmetall (z. B. Polyamid)

m = Mindestgewindehöhe
m_w = Mindesthöhe für den Schlüsselangriff

Bezeichnung einer Sechskantmutter mit Klemmteil, mit nichtmetallischem Einsatz, d = M 16, Festigkeitsklasse 04:
Sechskantmutter ISO 10 511 – M 16 – 04

Klemmteilgestaltung nach Wahl des Herstellers.

Ringmuttern, Ringschrauben
DIN 582: 2003-08; DIN 580: 2003-08

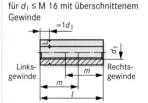

DIN 582 DIN 580

Gewinde d_1	M 8	M 10	M 12	M 16	M 20 / M 20 ×2	M 24 / M 24 ×2	M 30 / M 30 ×2	M 36 / M 36 ×3	M 42 / M 42 ×3	M 48 / M 48 ×3
l	13	17	20,5	27	30	36	45	54	63	68
h	36	45	53	62	71	90	109	128	147	168
d_2	20	25	30	35	40	50	65	75	85	100
d_3	36	45	54	63	72	90	108	126	144	166
d_4	20	25	30	35	40	50	60	70	80	90
	Höchstzulässige Masse des anzuhängenden Stücks in kg									
m	140	230	340	700	1200	1800	3600	5100	7000	8600

Werkstoff: C 15 nach DIN 17 210, normalgeglüht, Mindestkerbschlagzähigkeit 80 J/cm^2

Bezeichnung einer Ringmutter mit Gewinde d_1 = M 24:
Ringmutter DIN 582 – M 24

Sechskant-Spannschlossmuttern
DIN 1479: 1998-02

für $d_1 \leq$ M 16 mit überschnittenem Gewinde

Linksgewinde Rechtsgewinde

Gewinde d_1		M 6	M 8	M 10	M 12	M 16	M 20	M 24	M 30
d_2							21	26	32
l		30	35	45	55	75	95	115	125
m		22,5	25	33	40	55	24	29	36
Sechs-kant	Schlüsselweite	10	13	16	18	24	30	36	46
	Eckenmaß min	11,05	14,38	17,77	20,03	26,75	33,53	39,98	51,28
Nachstellbarkeit ≈		15	15	21	25	35	47	57	53

Werkstoff: Stahl $R_m \geq$ 330 N/mm^2, austenitischer Stahl (A) ISO 3506-2

Bezeichnung einer Spannschlossmutter (SP) mit Links- und Rechtsgewinde M 20; aus Stahl:
Spannschlossmutter DIN 1479 – SP – M 20 – St

Kennzeichnung des Linksgewindes: wahlweise durch L oder durch Rille über die Sechskantecken

für $d_1 >$ M 16 mit Aussparung

Übrige Maße und Angaben wie oberes Bild.

Fügeverbindungen

Muttern
Nuts

Sechskantmuttern mit großen Schlüsselweiten für HV-Verbindungen in Stahlkonstruktionen
ISO 7414: 1984-11

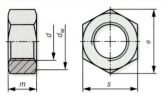

Für HV-Schrauben nach DIN 6914

d	M 12	M 16	M 20	M 22	M 24	M 27	M 30	M 36
d_w min	20	25	30	34	39	43,5	47,5	57
e min ≈	23,9	29,6	35	39,6	45,2	50,9	55,4	66,4
m	10	13	16	18	20	22	24	29
s	22	27	32	36	41	46	50	60

Werkstoff: Stahl, Festigkeitsklasse 10 (DIN EN 20 898-2)
Ausführung: Produktklasse B (Ausführung mg)
Bezeichnung einer Sechskantmutter mit d = M 22:
Sechskantmutter DIN EN 14 339 – M 22

Sechskant-Schweißmuttern
DIN 929: 2000-01

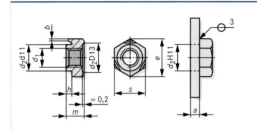

d_1	b	d_2	e	h	m	s	a_{max}
M 3	0,8	4,5	8,15	0,55	3	7,5	1,5
M 4	0,8	6	9,83	0,65	3,5	9	1,5
M 5	0,8	7	10,95	0,7	4	10	2
M 6	0,9	8	12,02	0,75	5	11	2,5
M 8	1	10,5	15,38	0,9	6,5	14	3
M 10	1,25	12,5	18,74	1,15	8	17	4
M 12	1,25	14,8	20,91	1,4	10	19	5
M 16	1,5	18,8	26,51	1,8	13	24	6

Werkstoff: Stahl mit max. C-Gehalt von 0,25 %
Produktklasse A
Bezeichnung einer Sechskant-Schweißmutter, d = M 10:
Schweißmutter DIN 929 – M 10 – St

Vierkant-Schweißmuttern
DIN 928: 2000-01

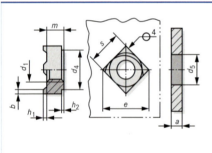

d_1	d_4	b	h_1	h_2	m	e	s	Anschlussblech	
	min				h 14	min	h 14	a_{max}	d_5 H 11
M 4	6,4	0,8	0,6	1	3,5	9	7	1,5	6
M 5	8,2	1	0,8	1,2	4,2	12	9	2	7
M 6	9,1	1,2	0,8	1,5	5	13	10	2,5	8
M 8	12,8	1,5	1	1,8	6,5	18	14	3	10,5
M 10	15,6	1,8	1,2	2	8	22	17	4	12,5
M 12	17,4	2	1,4	2,5	9,5	25	19	5	14,8

Werkstoff: Stahl mit max. C-Gehalt von 0,25 %
Produktklasse A
Bezeichnung einer Vierkant-Schweißmutter, d = M 8:
Schweißmutter DIN 928 – M 8 – St

Kronenmuttern
DIN 935-1: 2000-01

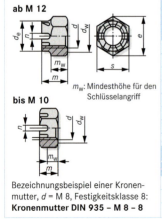

ab M 12

bis M 10

m_w: Mindesthöhe für den Schlüsselangriff

d		M 6	M 8	M 10	M 12	M 16	M 20	M 24
		–	M 8	M 10 ×	M 12 ×	M 16 ×	M 20 × 2	M 24 × 2
		–	–	M 10 × 1	M 12 × 1,5	–	M 20 ×	–
d_e	max	–	–	–	16	22	28	34
d_w		8,9	11,6	14,6	16,6	22,5	27,7	33,2
e	≈	11,05	14,38	17,8	18,9	20	21,1	26,75	32,95	39,55
s		10	13	16	18	24	30	36
m		7,5	9,5	12	15	19	22	27
m_w		3,8	4,9	6,1	7,7	9,8	11,9	14,2
n		2	2,5	2,8	3,5	4,5	4,5	5,5
Splint ISO 1234		1,6 × 14	2 × 16	2,5 × 20	3,2 × 22	4 × 28	4 × 36	5 × 40

Technische Lieferbedingungen		
Stahl	Nichtrostender Stahl	Nichteisenmetall
≤ M 39: 6; 8; 10	≤ M 20: A2–70	CU 2; CU 3
> M 39: nach Vereinbarung	> M 20 ≤ M 39: A2–50	
Produktklasse für d ≤ M 16: A, für d > M 16: B		

Bezeichnungsbeispiel einer Kronenmutter, d = M 8, Festigkeitsklasse 8:
Kronenmutter DIN 935 – M 8 – 8

Hutmuttern, Sicherungsmuttern, Kreuzlochmuttern
Domed cap nuts, locking nuts, round nuts

Sechskant-Hutmuttern

DIN 917: 2000-10; DIN 1587: 2000-10; DIN 986: 2000-10

Niedrige Form nach DIN 917
$d \leq$ M 10 $d \geq$ M 12

Hohe Form nach DIN 1587
$d \leq$ M 10 $d \geq$ M 12

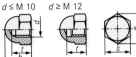

Mit Klemmteil nach DIN 986

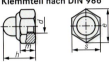

		d	M 4	M 5	M 6	M 8	M 10	M 12	M 16	M 20
		$d \times P$	–	–	–	M 8 × 1	M 10 × 1	M 12 × 1,5	M 16 × 1,5[1]	M 20 × 2
			–	–	–	–	M 10 × 1,25[1]	M 12 × 1,25[1]	–	M 20 × 1,5
DIN 917	h		5,5	7	9	12	14	16	20	25
	t		4,4	5,2	7	9,5	11	13,5	17	21
DIN 1587	h		8	10	12	15	18	22	28	34
	t		5,5	7,5	8	11	13	16	21	26
DIN 986	h		9,6	10,5	12	14	18,1	22,5	27,5	35
	t		2,9	4,4	4,9	6,44	8,04	10,37	14,1	16,9

Abmessungen für s und e siehe DIN EN 24 032

Werkstoff: DIN 917 Festigkeitsklasse 5; 6, A1-50 nach DIN ISO 3506, Nichteisenmetall nach DIN EN 28 839, Produktklasse A
DIN 1587 Festigkeitsklasse 6, A1-50 nach DIN ISO 3506, CU 3, CU 6 nach Wahl des Herstellers, Produktklasse A oder B
DIN 986 Festigkeitsklasse 5; 6 (nur Feingewinde), 8; 10, Einsatz Nichtmetall, z. B. Polyamid, Kappe Stahlblech, Produktklasse A für $d \leq$ 16 mm, B für $d >$ 16 mm

Bezeichnung einer Hutmutter nach DIN 986, $d =$ M 16, Festigkeitsklasse 8:
Hutmutter DIN 986 – M 16 – 8
für M10, M12, M14 und M22 zusätzlich SW angeben: z. B. Hutmutter DIN 917 – M12 – SW 18 – 6

[1] Anwendung für DIN 986 möglichst vermeiden

Sicherungsmuttern

DIN 7967: 1970-11

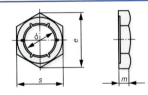

Werkstoff: Stahl, verzinkt, A2, A4
Bezeichnung einer Sicherungsmutter für Gewinde M 10 aus Stahlblech, verzinkt:
Sicherungsmutter DIN 7967 – M 10 – St

Gewinde d	Höhe m mm	Schlüssel-weite SW	Eckenmaß e
M 8	3,5	13	15
M 10	4	17	19,6
M 12	4,5	19	22
M 16	5	24	27,7
M 20	6	30	34,6
M 24	7	36	41,6
M 27	7	41	47,3
M 30	8	46	53,1

Nutmuttern, Kreuzlochmuttern

DIN 1804: 1971-03; DIN 1816: 1971-03

Nutmutter DIN 1804
Zugehöriges Sicherungsblech nach DIN 462

Kreuzlochmutter DIN 1816

d_1	d_2	d_3	d_4	h	b	t_1	t_2
M 16 × 1,5	32	27	4	7	5	2	6
M 20 × 1,5	36	30	4	8	6	2,5	6
M 24 × 1,5	42	36	4	9	6	2,5	6
M 28 × 1,5	50	43	5	10	7	3	7
M 30 × 1,5	50	43	5	10	7	3	7
M 32 × 1,5	52	45	5	11	7	3	7
M 35 × 1,5	55	48	5	11	7	3	7
M 40 × 1,5	62	54	6	12	8	3,5	8
M 42 × 1,5	62	54	6	12	8	3,5	8
M 45 × 1,5	68	60	6	12	8	3,5	8
M 50 × 1,5	75	67	6	13	8	3,5	10
M 60 × 1,5	90	80	6	13	10	4	10

Ausführung w: ungehärtet und ungeschliffen
            h: gehärtet und Planflächen geschliffen
Bezeichnung einer Nutmutter mit $d_1 =$ M 40 × 1,5, Ausführung h
Nutmutter DIN 1804 – M 40 × 1,5 – h

Fügeverbindungen

Rändelmuttern, Sechskantmuttern, Kegelpfannen
Knurled nuts, hexagon nuts, spherical washers

Rändelmuttern hohe Form, niedrige Form
DIN 466, 467: 1986-09

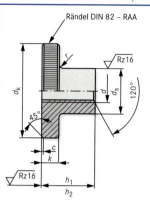

Rändel DIN 82 – RAA

d	M 1	M 1,2	M 1,4	M 1,6	M 2	M 2,5	M 3	M 4	M 5	M 6	M 8	M 10
d_s	2,8	3	3,5	3,8	4,5	5	6	8	10	12	16	20
d_k	5,5	6	7	7,5	9	11	12	16	20	24	30	36
c	Kanten gebrochen					0,3	0,3	0,4	0,4	0,5	0,6	0,8
k	1,5	1,5	2	2	2	2,5	2,5	3,5	4	5	6	8
r	0,5	0,5	0,5	0,5	0,5	0,5	0,5	0,5	1	1	2	2
h_1	2	2	2,5	2,5	2,5	3	3	4	5	6	8	10
h_2	3,5	4	4,7	5	5,3	6,5	7,5	9,5	11,5	15	18	23

h_1 für Rändelmutter niedrige Form nach DIN 467
h_2 für Rändelmutter hohe Form nach DIN 466

Werkstoff: Stahl, Festigkeitsklasse 5 nach DIN EN 20 898-2
Nichtrostender Stahl A 1–50 oder C 4–50 nach DIN ISO 3506
Nichteisenmetall CU 2 oder CU 3 nach DIN EN 28 839
Produktklasse A für ≥ M 1,6; F für ≤ M 1,4
Bezeichnung einer Rändelmutter mit d = M 5 und Festigkeitsklasse 5, hohe Form:
Rändelmutter DIN 466 – M 5 – 5

Rändelmuttern
DIN 6303: 1986-11

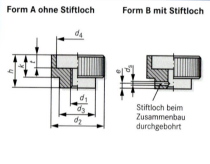

Form A ohne Stiftloch   Form B mit Stiftloch

Rändel DIN 82 – RAA   Übrige Maße wie Form A

Stiftloch beim Zusammenbau durchgebohrt

d_1	M 5	M 6	M 8	M 10
d_2	20	24	30	36
d_3	14	16	20	28
d_4	15	18	24	30
d_5 H 7	1,5	1,5	2	3
e	2,5	2,5	3	4
h	12	14	17	20
k	8	10	12	14
t	5	6	7	8
Zylinderstift DIN EN 22 338	1,5 m6 × 14	1,5 m6 × 16	2 m6 × 20	3 m6 × 28

Werkstoff und Produktklasse siehe DIN 466 und DIN 467
Bezeichnung einer Rändelmutter Form A mit Gewinde d_1 = M 8:
Rändelmutter DIN 6303 – A M 8

Sechskantmuttern 1,5 · d hoch, Kegelpfannen
DIN 6330, 6331: 2003-04; DIN 6319: 2001-10

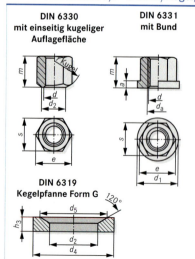

DIN 6330 mit einseitig kugeliger Auflagefläche
DIN 6331 mit Bund
DIN 6319 Kegelpfanne Form G

d		M 6	M 8	M 10	M 12	M 16	M 20	M 24	M 27[1]	M 30
d_1	h 13	14	18	22	25	31	37	45	50	58
d_2	h 14	7	9	11,5	14	18	22	26	–	32
d_a	max	6,75	8,75	10,8	13	17,3	21,6	25,9	29,1	32,4
r		9	11	15	17	22	27	32	–	41
m	js15	9	12	15	18	24	30	36	40	45
a	js14	3	3,5	4	4	5	6	6	7	8
e	≈	11,1	14,4	17,8	20	26,8	33,5	40	45,6	51,3
s		10	13	16	18	24	30	36	41	46
d_2	H 13	7,1	9,6	12	14,2	19	23,2	28	–	35
d_4		17	24	30	36	44	50	60	–	68
d_5		11	14,5	18,5	20	26	31	37	–	49
h_3		4	5	5	6	7	8	10	–	12

Werkstoff für Sechskantmuttern nach DIN 6330 und DIN 6331:
Festigkeitsklasse 8, Härte 188 ... 302 HV30, Produktklasse A
Festigkeitsklasse 10, Härte 240 ... 302 HV30, Produktklasse A
Werkstoff für Kegelpfannen nach DIN 6319: Vergütungsstahl
Bezeichnung einer Sechskantmutter mit Bund, d = M 12:
Sechskantmutter DIN 6331–M 12–10
Bezeichnung einer Kegelpfanne Form G, d_2 = 12 mm:
Kegelpfanne DIN 6319 – G 12

[1] nur DIN 6331

Senkungen
Counter sinks

Senkdurchmesser für Schrauben mit Zylinderkopf   DIN 974-1: 1991-05

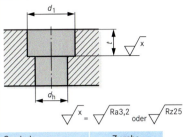

Gewinde-Nenndurchmesser d			Zugabe
von	1	bis 1,4	0,2
über	1,4	bis 6	0,4
über	6	bis 20	0,6
über	20	bis 27	0,8
über	27	bis 100	1,0

Beispiel zur Ermittlung der Senktiefe t
für eine Zylinderschraube
DIN EN ISO 4762 – M 12 × 60 – 12.9
mit Scheibe DIN 433–13–HV300:

Maximale Kopfhöhe: k_{max} = 12 mm
Maximale Scheibendicke: h_{max} = 2,2 mm
Zugabe: 0,6 mm

$t = k_{max} + h_{max} + \text{Zugabe}$

t = 12 mm + 2,2 mm + 0,6 mm = 14,8 mm

Gewinde-Nenn-Ø d	d_h	Senkdurchmesser d_1 H 13						
		ohne Unterlegteile		Schrauben mit Unterlegteilen			
		Reihe 1	Reihe 2	Reihe 3	Reihe 4	Reihe 5	Reihe 6
1	1,2	2,2	–	–	–	–	–
1,2	1,4	2,5	–	–	–	–	–
1,4	1,6	3	–	–	–	–	–
1,6	1,8	3,5	3,5	–	–	–	–
1,8	2,1	3,8	–	–	–	–	–
2	2,4	4,4	5	–	5,5	6	6
2,5	2,9	5,5	6	–	6	7	7
3	3,4	6,5	7	6,5	7	9	8
3,5	3,9	6,5	8	6,5	8	9	9
4	4,5	8	9	8	9	10	10
5	5,5	10	11	10	11	13	13
6	6,6	11	13	11	13	15	15
8	9	15	18	15	16	18	20
10	11	18	24	18	20	24	24
12	13,5	20	–	20	24	26	33
14	15,5	24	–	24	26	30	40
16	17,5	26	–	26	30	33	43
18	20	30	–	30	33	36	46
20	22	33	–	33	36	40	48
22	24	36	–	36	40	43	54
24	26	40	–	40	43	48	58
27	30	46	–	46	46	54	63
30	33	50	–	50	54	61	73
33	36	54	–	54	–	63	–
36	39	58	–	58	63	69	–

Reihe 1 für Schrauben[1] nach DIN EN ISO 1207, DIN EN ISO 4762, DIN 6912 und DIN 7984 ohne Unterlegteile
Reihe 2 für Schrauben[1] nach DIN ISO 1580 und DIN ISO 7045 ohne Unterlegteile
Reihe 3 für Schrauben nach DIN EN ISO 1207, DIN EN ISO 4762, DIN 6912 und DIN 7984
Reihe 4 für Schrauben mit Zylinderkopf mit Unterlegteilen nach DIN 433-1 und 2, DIN 6902 Form C, DIN 137 Form A, DIN 128, DIN 6905, DIN 6797, DIN 6798 und DIN 6907
Reihe 5 für Schrauben mit Zylinderkopf mit Unterlegteilen nach DIN 125-1 und 2, DIN 6902 Form A, DIN 137 Form B und DIN 6904
Reihe 6 für Schrauben mit Zylinderkopf mit Spannscheiben nach DIN 6796 und DIN 6908

[1] Gilt auch für gewindeschneidende Schrauben nach DIN 7513 und DIN 7516 und gewindefurchende Schrauben nach DIN 7500-1, soweit sie Köpfe nach den angegebenen Maßnormen für Schrauben haben.

Senkdurchmesser für Sechskantschrauben und Sechskantmuttern   DIN 974-2: 1991-05

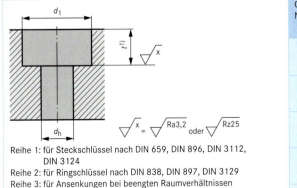

Reihe 1: für Steckschlüssel nach DIN 659, DIN 896, DIN 3112, DIN 3124
Reihe 2: für Ringschlüssel nach DIN 838, DIN 897, DIN 3129
Reihe 3: für Ansenkungen bei beengten Raumverhältnissen (nicht für Spannscheiben)

[1] siehe DIN 974-1

Gewinde-Nenn-Ø d	d_h H13	Schlüssel-weite S	d_1 H13		
			Reihe 1	Reihe 2	Reihe 3
4	4,5	7	13	15	10
5	5,5	8	15	18	11
6	6,6	10	18	20	13
8	9	13	24	26	18
10	11	16	28	33	22
12	13,5	18	33	36	26
14	15,5	21	36	43	30
16	17,5	24	40	46	33
20	22	30	46	54	40
24	26	36	58	73	48
27	30	41	61	76	54
30	33	46	73	82	61
33	36	50	76	89	69
36	39	55	82	93	73
42	45	65	98	107	82

Fügeverbindungen

Senkungen
Counter sinks

Senkungen für Senkschrauben
DIN 74-1: 2000-11

Form A und Form B
Ausführung mittel (m)

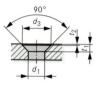

Form A und Form B
Ausführung fein (f)

Form C

Für Gewindedurchmesser			3	4	5	6	8	10	12	16	18	20
Form A	d_1 mittel (m)	H13	3,4	4,5	5,5	6,6	9	11	13,5	17,5	20	22
	d_2	H13	6,5	8,6	10,4	12,4	16,4	20,4	23,9	31,9	36,4	40,4
	$t_1 \approx$		1,6	2,1	2,5	2,9	3,7	4,7	5,2	7,2	8,2	9,2
	d_1 fein (f)	H12	3,2	4,3	5,3	6,4	8,4	10,5	13	17	19	21
	d_3	H12	6	8	10	11,5	15	19	23	30	34	37
	$t_1 \approx$		1,7	2,2	2,6	3	4	5	5,7	7,7	8,7	9,7
	t_2 +0,1/0		0,25		0,3		0,45		0,7		1,2	1,7
Form B	d_1 mittel (m)	H13	3,4	4,5	5,5	6,6	9	11	13,5	17,5	20	22
	d_2	H13	6,6	9	11	13	17,2	21,5	25,5	31,5	35	38
	$t_1 \approx$		1,6	2,3	2,8	3,2	4,1	5,3	6	7	7,5	8
	d_1 fein (f)	H12	3,2	4,3	5,3	6,4	8,4	10,5	13	17	19	21
	d_3	H12	6,3	8,3	10,4	12,4	16,5	20,5	25	31	34	37
	$t_1 \approx$		1,7	2,4	2,9	3,3	4,4	5,5	6,5	7,5	8	8,5
	t_2 +0,1/0		0,2	0,4				0,5				
Form C	Für Nenn-Ø		2,2	2,9	3,5	3,9	4,2	4,8	5,5	6,3		
	d_1	H12	2,4	3,1	3,7	4,2	4,5	5,1	5,8	6,7		
	d_2	H12	4,6	5,9	7,2	8,1	8,7	10,1	11,4	13		
	$t_1 \approx$		1,3	1,7	2,1	2,3	2,5	3	3,4	3,8		

Form A: für Senkschrauben DIN EN ISO 2009 und DIN EN ISO 7046
Linsensenkschrauben DIN EN ISO 2010 und DIN EN ISO 7047
Gewindeschneidschrauben DIN 7513 (Form F und G) und DIN 7516 (Form D und E)
Gewindefurchende Schrauben DIN 7500 (Form K, L, M, N)
Form B: für Senkschrauben mit Innensechskant DIN 7991
Form C: für Senk-Blechschrauben DIN 7972 und 7982, Linsensenk-Blechschrauben DIN 7973 und 7983
Bezeichnung einer Senkung Form A mit Durchgangsloch mittel für Gewindedurchmesser 8 mm:
Senkung DIN 74 – A m 8

Senkungen für Senkschrauben
DIN 74-1: 2000-11

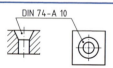
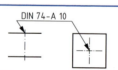

Senkungen können durch genormte Kurzzeichen bemaßt werden.

Senkungen für Senkschrauben mit Einheitsköpfen
DIN 66: 1990-04

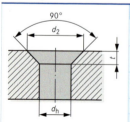

Nenngröße	2	3	4	5	6	8	10	12	14	16	18	20
Metrische Schrauben	M2	M3	M4	M5	M6	M8	M10	M12	M14	M16	M18	M20
Blechschrauben	ST2,2	ST2,9	ST4,2	ST4,8	ST6,3	ST8	ST9,5	–	–	–	–	–
d_h (mittel) H 13	2,4	3,4	4,5	5,5	6,6	9	11	13,5	15,5	17,5	20	22
d_2	4,4	6,3	9,4	10,6	12,6	17,3	20	24	28	32	36	40
$t \approx$	1,05	1,55	2,55	2,58	3,13	4,28	4,65	5,4	6,4	7,45	8,2	9,2

Senkungen für Schrauben nach:
DIN ISO 1482, DIN ISO 1483, DIN ISO 2009, DIN ISO 2010
DIN ISO 7046, DIN ISO 7047, DIN ISO 7050, DIN ISO 7051

Bezeichnung einer Senkung mit Nenngröße 5 für eine Senkschraube mit metrischem Gewinde M5 oder Blechschrauben-Gewinde ST4,8: **Senkung DIN 66 – 5**

Scheiben
Washers

Flache Scheiben mit Fase, normale Reihe, Produktklasse A DIN EN ISO 7090: 2000-11

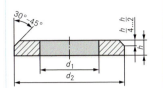

Nenngröße	5	6	8	10	12	16	20
Gewindenenn-Ø	M5	M6	M8	M10	M12	M16	M20
$d_{1\,min}$ (Nennmaß)	5,3	6,4	8,4	10,5	13,0	17,0	21,0
$d_{2\,max}$ (Nennmaß)	10,0	12,0	16,0	20,0	24,0	30,0	37,0
h	0,9 – 1,1	1,4 – 1,8	1,4 – 1,8	1,8 – 2,2	2,3 – 2,7	2,7 – 3,3	2,7 – 3,3
Nenngröße	24	30	36	42	48	56	64
Gewindenenn-Ø	M24	M30	M36	M42	M48	M56	M64
$d_{1\,min}$ (Nennmaß)	25,0	31,0	37,0	45,0	52,0	62,0	70,0
$d_{2\,max}$ (Nennmaß)	44,0	56,0	66,0	78,0	92,0	105,0	115,0
h	3,7 – 4,3	3,7 – 4,3	4,4 – 5,6	7 – 9	7 – 9	9 – 11	9 – 11
Werkstoffe[1]	Stahl			nichtrostender Stahl			
Stahlsorte	–			A2, A4, F1, C1, C4 (ISO 3506-1)			
Härteklasse	200 HV	300 HV (vergütet)		200 HV			

Anwendungsbereiche für Härteklasse 200 HV:
- Sechskantschrauben mit Festigkeitsklassen ≤ 8.8
- Sechskantmuttern mit Festigkeitsklassen ≤ 8
- Sechskantschrauben und -muttern aus nichtrostendem Stahl

Härteklasse 300 HV:
- Sechskantschrauben mit Festigkeitsklassen ≤ 10.9
- Sechskantmuttern mit Festigkeitsklassen ≤ 10

Bezeichnung einer flachen Scheibe mit Fase, Produktklasse A, mit der Nenngröße 10 aus nichtrostendem Stahl der Stahlsorte A4, Härteklasse 200 HV:
Scheibe ISO 7090 – 10 – 200 HV – A 4

[1] andere Metalle nach Vereinbarung

Flache Scheiben, normale Reihe, Produktklasse C DIN EN ISO 7091: 2000-11

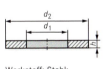

Werkstoff: Stahl;
Härteklasse 100 HV

Nenngröße	4	5	6	8	10	12	16	20	24	30	36	42	48
Gewindenenn-Ø	M4	M5	M6	M8	M10	M12	M16	M20	M24	M30	M36	M42	M48
$d_{1\,min}$ (Nennmaß)	4,5	5,5	6,6	9	11	13,5	17,5	22	26	33	39	45	52
$d_{2\,max}$ (Nennmaß)	9	10	12	16	20	24	30	37	44	56	66	78	92
h (Nennmaß)	0,8	1	1,6	1,6	2	2,5	3	3	4	4	5	8	8

Bezeichnung einer Scheibe mit Nenn-Ø 8 mm: **Scheibe ISO 7091 – 8 – 100 HV**

Flache Scheiben, kleine Reihe, Produktklasse A DIN EN ISO 7092: 2000-11

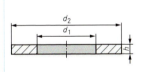

Anwendungsbereich für HV 200:
Zylinderschrauben der Festigkeitsklassen ≤ 8.8 oder nichtrostender Stahl

Anwendungsbereich für HV 300:
Zylinderschrauben der Festigkeitsklassen ≤ 10.9

Nenngröße	3	4	5	6	8	10	12	16	20	24	30	36
Gewindenenn-Ø	M3	M4	M5	M6	M8	M10	M12	M16	M20	M24	M30	M36
$d_{1\,min}$ (Nennmaß)	3,2	4,3	5,3	6,4	8,4	10,5	13	17	21	25	31	37
$d_{2\,max}$ (Nennmaß)	6	8	9	11	15	18	20	28	34	39	50	60
h (Nennmaß)	0,5	0,5	1	1,6	1,6	1,6	2	2,5	3	4	4	5
Werkstoffe[1]	Stahl					nichtrostender Stahl						
Stahlsorte	–					A2, A4, F1, C1, C4 (SO 3506-1)						
Härteklasse	200 HV	300 HV (vergütet)				200 HV						

Bezeichnung einer flachen Scheibe, kleine Reihe, Produktklasse A, Nenngröße 10 mm, nichtrostender Stahl A2, Härteklasse 200 HV:
Scheibe ISO 7092 – 10 – 200 HV – A2

[1] andere Metalle nach Vereinbarung

Scheiben, Produktklasse A, für Bolzen DIN EN 28 738: 1992-10
Scheiben, Ausführung grob, für Bolzen DIN 1441: 1974-07

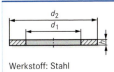

Werkstoff: Stahl

d_1 H11 (mittel)	5	6	8	10	12	14	16	18	20	22	23	24	25	26	27	28	30
d_1 (grob)	5,5	7	9	11	13	15	17	19	21	23	24	25	26	27	28	29	31
d_2	10	12	16	20	25	28	28	30	32	34	36	38	40	40	40	41	45
h	0,8	1,6	2	2,5	3	3	3	4	4	4	4	4	5	5	5	5	5
Für Bolzen-Ø	5	6	8	10	12	14	16	18	20	22	23	24	25	26	27	28	30

Scheiben, Federringe
Washers, spring lock washers

Scheiben vierkant, keilförmig, für U-Träger
Scheiben vierkant, keilförmig, für I-Träger

DIN 434: 2000-04
DIN 435: 2000-01

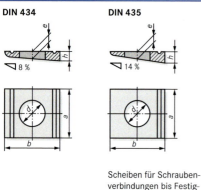

Scheiben für Schraubenverbindungen bis Festigkeitsklasse 5.6

| 8 % | $e = h - 0{,}04 \cdot b$ |
| 14 % | $e = h - 0{,}07 \cdot b$ |

d [1]	DIN 434 und DIN 435 für Gewinde	a [2]	b [2]	DIN 434 h [2]	DIN 434 e	DIN 435 h [2]	DIN 435 e
9	M 8	22	22	3,8	2,9	4,6	3,05
11	M 10	22	22	3,8	2,9	4,6	3,05
13,5	M 12	26	30	4,9	3,7	6,2	4,1
17,5	M 16	32	36	5,9	4,45	7,5	5
22	M 20	40	44	7	5,25	9,2	6,1
24	M 22	44	50	8	6	10	6,5
26	M 24	56	56	8,5	6,26	10,8	6,9
30	M 27	56	56	8,5	6,26	10,8	6,9

Werkstoff: St, Härte: 100 HV 10 ... 250 HV 10

Bezeichnung einer Scheibe für U-Träger und der Nenngröße 22:
U-Scheibe DIN 434 – 22

Bezeichnung einer Scheibe für I-Träger und der Nenngröße 11:
I-Scheibe DIN 435-11

[1] Nenngröße; entspricht dem Maß d_{min}
[2] jeweils Nennmaße

Sicherungsscheiben (Haltescheiben) für Wellen

DIN 6799: 1981-09

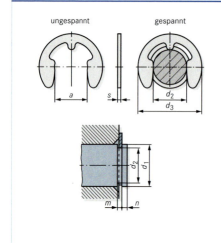

Nut-Ø d_2 Nennmaß	Wellen-Ø d_1 von	bis	S.-Scheibe s	a	d_3	Nut d_2	m	n
1,5	2	2,5	0,4	1,28	4,25	1,5	0,44	0,8
3,2	4	5	0,6	2,70	7,3	3,2	0,64	1
4	5	7	0,7	3,34	9,3	4	0,74	1,2
5	6	8	0,7	4,11	11,3	5	0,74	1,2
6	7	9	0,7	5,26	12,3	6	0,74	1,2
8	9	12	1	6,52	16,3	8	1,05	1,8
10	11	15	1,2	8,32	20,4	10	1,25	2
12	13	18	1,3	10,45	23,4	12	1,35	2,5
15	16	24	1,5	12,61	29,4	15	1,55	3
24	25	38	2	21,88	44,6	24	2,05	4
30	32	42	2,5	25,80	52,6	30	2,55	4,5

Werkstoff: Federstahl (FSt)
Bezeichnung einer Sicherungsscheibe für Nutdurchmesser $d_2 = 6$:
Sicherungsscheibe DIN 6799 – 6 – FSt

Federringe

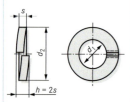

Größe [1]	3	4	5	6	8	10	12	14	16	18	20	22	24	27	30
d_1 min	3,1	4,1	5,1	6,1	8,1	10,2	12,2	14,2	16,2	18,2	20,2	22,5	24,5	27,5	30,5
d_2 max	6,2	7,6	9,2	11,8	14,8	18,1	21,1	24,1	27,4	29,4	33,6	35,9	40	43	48,2
s	0,7	0,8	1,0	1,3	1,6	1,8	2,1	2,4	2,8	2,8	3,2	3,2	4,0	4,0	6,0

Werkstoff: Federstahl (FSt)
Bezeichnung eines Federringes für Schraube M 6:
Federring DIN 128 – D 6,1 – FSt
Federringe dieser Norm sind mit Schrauben der Festigkeitsklasse ≤ 8.8 zu verwenden.

[1] Auch Gewindedurchmesser

Scheiben
Washers

Spannscheiben für Schraubenverbindungen
DIN 6796: 1987-10

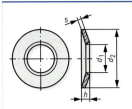

Größe[1]	4	5	6	8	10	12	14	16	18	20
d_1 H14	4,3	5,3	6,4	8,4	10,5	13	15	17	19	21
d_2 h14	9	11	14	18	23	29	35	39	42	45
s		1	1,2	1,5	2	2,5	3	3,5	4	4,5	5
h max	1,3	1,55	2	2,6	3,2	3,95	4,65	5,25	5,8	6,4
h min	1,12	1,35	1,7	2,24	2,8	3,43	4,04	4,58	5,08	5,6

Werkstoff: Federstahl (FSt)
Bezeichnung einer Spannscheibe von der Größe 10 aus Federstahl:
Spannscheibe DIN 6796 – 10 – FSt

Spannscheiben dieser Norm sind mit Schrauben der Festigkeitsklassen 8.8 bis 10.9 zu verwenden.

Federscheiben, gewölbt oder gewellt[2]

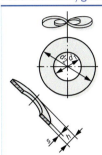

Größe[1]	4	5	6	8	10	12	14	16	18	20	24	27	30	33	36
d_1 H14	4,3	5,3	6,4	8,4	10,5	13	15	17	19	21	25	28	31	34	37
d_2	9	11	12	15	21	24	28	30	34	36	44	50	56	60	68
Form B h_{min}	1	1,1	1,3	1,5	2,1	2,5	3	3,2	3,3	3,7	4,1	4,7	5,0	5,3	5,8
h_{max}	2	2,2	2,6	3	4,2	5	6	6,4	6,6	7,4	8,2	9,4	10,0	10,6	11,6
s	0,5	0,5	0,5	0,8	1	1,2	1,6	1,6	1,6	1,6	1,8	2	2,2	2,2	2,5

Werkstoff: Federstahl (FSt)
Bezeichnung einer Federscheibe Form B von der Größe 14 aus Federstahl:
Federscheibe DIN 137 – B 14 – FSt

Federscheiben dieser Norm sind mit Schrauben der Festigkeitsklassen < 5.8 zu verwenden.

Zahnscheiben[2]

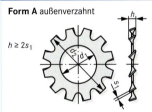

Form A außenverzahnt   **Form J** innenverzahnt   **Form V** versenkbar

$h \geq 2s_1$

Werkstoff: Federstahl (FSt), Abmaße siehe Fächerscheiben
Bezeichnung einer Zahnscheibe, Form A, $d_1 = 6,4$: **Zahnscheibe DIN 6797 – A 6,4 – FSt**

Fächerscheiben[2]

Form A außenverzahnt   **Form J** innenverzahnt   **Form V** versenkbar

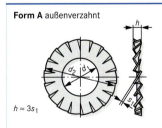

$h \approx 3s_1$

d_1	4,3	5,3	6,4	8,4	10,5	13	15	17	19	21	23	25
d_2	8	10	11	15	18	20,5	24	26	30	33	36	38
d_3	8	9,8	11,8	15,3	19	23	26,2	30,2	–	–	–	–
s_1	0,5	0,6	0,7	0,8	0,9	1	1	1,2	1,4	1,4	1,5	1,5
s_2	0,25	0,3	0,4	0,4	0,5	0,5	0,6	0,6	–	–	–	–

Werkstoff: Federstahl (FSt)
Bezeichnung einer Fächerscheibe, Form A, $d_1 = 6,4$:
Fächerscheibe DIN 6798 – A 6,4 – FSt

[1] Auch Gewindedurchmesser
[2] Die Normen für Feder-, Fächer- und Zahnscheiben sind zurückgezogen, da die Scheiben bei dynamischer Belastung als nicht sicher gelten.

Sicherungsbleche, Nutmuttern
Safety plates, lock nuts

Sicherungsbleche mit Innennase für Nutmuttern nach DIN 1804

DIN 462: 1973-09

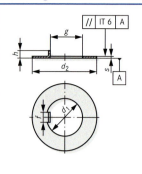

Einbau- und Anschlussmaße

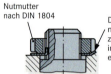

Nutmutter nach DIN 1804

Der Blechrand ist nach dem Festziehen der Nutmutter in eine Nut einzubördeln.

Nut im Gewindezapfen

Ohne Nutmutter und Sicherungsblech dargestellt.

	Sicherungsblech					Nut	
d_1 H11	d_2 h11	s	f c11	g H11	h	n H11	t max
10	25	0,8	4	7,4	3	4	7,3
12	28		5	9,3		5	9,2
14	30			11,4			11,3
16	32	1		13,5	4		13,4
18	34		6	15,4		6	15,3
20	36			17,5			17,4
22	40			19,5			19,4
24	42			21,6			21,5
26	45		7	23,5	5	7	23,4
28	50			25,5			25,4
30		1,2		27,5			27,4
32	52			29,6			29,5
35	55			32,6			32,5
38	58		8	35,3		8	35,2
40	62			37,3			37,2
42				39,3			39,2
45	68			42,4			42,2
48	75			45,4			45,2
50				47,4			47,2

Werkstoff: Band nach DIN EN 10 140
Bezeichnung eines Sicherungsbleches mit Innennase und Lochdurchmesser d_1 = 30 mm: **Sicherungsblech DIN 462 – 30**

Nutmuttern

DIN 70 852: 1977-03

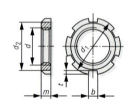

d	M 12 × 1,5	M 16 × 1,5	M 20 × 1,5	M 24 × 1,5	M 30 × 1,5	M 35 × 1,5	M 40 × 1,5	M 48 × 1,5	M 55 × 1,5	M 60 × 1,5
d_1	22	28	32	38	44	50	56	65	75	80
d_2	18	23	27	32	38	43	49	57	67	71
m	6	6	6	7	7	8	8	8	8	9
b	4,5	5,5	5,5	6,5	6,5	7	7	8	8	11
t	1,8	2,3	2,3	2,8	2,8	3,3	3,3	3,8	3,8	4,3

Werkstoff: St
Bezeichnung einer Nutmutter mit Gewinde M 24 × 1,5:
Nutmutter DIN 70 852 – M 24 × 1,5 – St

Sicherungsbleche

DIN 70 952: 1976-05

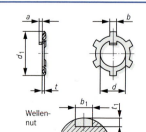

Wellennut

d	12	16	20	24	30	35	40	48	55	60
d_1	24	29	35	40	48	53	59	67	79	83
t	0,75	1	1	1	1,2	1,2	1,2	1,2	1,2	1,5
a	3	3	4	4	5	5	5	5	6	6
b	4	5	5	6	7	7	8	8	10	10
b_1 C11	4	5	5	6	7	7	8	8	10	10
t_1	1,2	1,2	1,2	1,2	1,5	1,5	1,5	1,5	1,5	2

Werkstoff: St (Stahlblech)
Bezeichnung eines Sicherungsbleches für Nutmuttern (DIN 70 852) M24:
Sicherungsblech DIN 70 952 – 24 – St

Runddraht-Sprengringe, Stellringe
Round wire snap rings, adjusting rings

Runddraht-Sprengringe

DIN 7993: 1970-04

Form A für Wellen

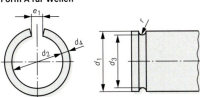

Form B für Bohrungen

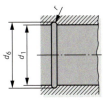

Werkstoff: Federstahldraht nach DIN EN 10 270-1
Bezeichnung für Sprengring, Form A, Wellendurchmesser d_1 = 25: **Sprengring DIN 7993 – A 25**

d_1	d_2	d_3	d_4 A	d_4 B	d_5	d_6	e_1 ≈	e_2 ≈	r A	r B	d_1	d_2	d_3	d_4	d_5	d_6	e_1 ≈	e_2 ≈	r
4	3,1	3,2	0,8	-	-	-	1	-	0,5	-	24	21,7	22	2	26,3	26	3	10	1,1
5	4,1	4,2	0,8	-	-	-	1	-	0,5	-	25	22,7	23	2	27,3	27	3	10	1,1
6	5,1	5,2	0,8	-	-	-	1	-	0,5	-	26	23,7	24	2	28,3	28	3	10	1,1
7	6,1	6,2	0,8		7,9	7,8	2	4	0,5		28	25,7	26	2	30,3	30	3	10	1,1
8	7,1	7,2	0,8		8,9	8,8	2	4	0,5		30	27,7	28	2	32,3	32	3	10	1,1
10	9,1	9,2	0,8		10,9	10,8	2	4	0,5		32	29,1	29,5	2,5	34,9	34,5	4	12	1,4
12	10,8	11	1		13,2	13	3	6	0,6		35	32,1	32,5	2,5	37,9	37,5	4	12	1,4
14	12,8	13	1		15,2	15	3	6	0,6		38	35,1	35,5	2,5	40,9	40,5	4	12	1,4
16	14,2	14,4	1,6		17,8	17,6	3	8	0,9		40	37,1	37,5	2,5	42,9	42,5	4	12	1,4
18	16,2	16,4	1,6		19,8	19,6	3	8	0,9		42	39	39,5	2,5	45	44,5	4	16	1,4
20	17,7	18	2		22,3	22	3	10	1,1		45	42	42,5	2,5	48	47,5	4	16	1,4
22	19,7	20	2		24,3	24	3	10	1,1		48	45	45,5	2,5	51	50,5	4	16	1,4

Stellringe

DIN 705: 1979-10

Form A
bis d_1 = 70 mit 1 Gewindestift
über d_1 = 70 mit 2 Gewindestiften

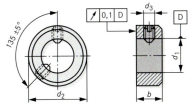

Form B
nur bis d_1 = 150
übrige Maße und Angaben wie Form A

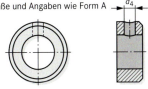

Form C
bis d_1 = 70 mit 1 Gewindestift
über d_1 = 70 mit 2 Gewindestiften

d_1 H8	d_2	d_3	d_4	b	Gew.-Stift	Kerbstift	Kegelstift
10	20	M 5	3	10	M 5 × 8	3 × 20	3 × 20
12	22	M 6	4	12	M 6 × 8	4 × 22	4 × 20
14	25	M 6	4	12	M 6 × 8	4 × 24	4 × 25
16	28	M 6	4	12	M 6 × 8	4 × 28	4 × 25
18	32	M 6	5	14	M 6 × 8	5 × 32	5 × 30
20	32	M 6	5	14	M 6 × 8	5 × 32	5 × 30
22	36	M 6	5	14	M 6 × 10	5 × 36	5 × 35
25	40	M 8	6	16	M 8 × 10	6 × 40	6 × 40
28	45	M 8	6	16	M 8 × 12	6 × 45	6 × 45
32	50	M 8	8	16	M 8 × 12	8 × 50	8 × 50
36	56	M 8	8	16	M 8 × 12	8 × 55	8 × 55
40	63	M 8	8	18	M 10 × 16	8 × 60	8 × 60
45	70	M 10	8	18	M 10 × 16	8 × 70	8 × 70
50	80	M 10	10	18	M 10 × 16	10 × 80	10 × 80
70	100	M 10	10	20	M 10 × 20	10 × 100	10 × 100
80	110	M 12	10	22	M 12 × 20	10 × 110	10 × 110
90	125	M 12	12	22	M 12 × 20	12 × 120	12 × 120
100	140	M 12	12	25	M 12 × 25	-	12 × 140
110	160	M 12	12	25	M 12 × 30	-	12 × 160

Werkstoff: 11 SMn 30
Die Gewindestifte gehören zum Lieferumfang der Stellringe,
nicht aber die Kerb- und Kegelstifte.
Bezeichnung eines Stellringes Form A, d_1 = 40 mm und Gewindestift:
Stellring DIN 705 – A 40

Fügeverbindungen 273

Niete
Rivets

Halbrundniete, Nenndurchmesser 1 mm bis 8 mm — DIN 660: 1993-05
Senkniete, Nenndurchmesser 1 mm bis 8 mm — DIN 661: 1993-05

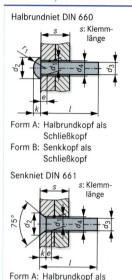

Halbrundniet DIN 660, s: Klemmlänge
Form A: Halbrundkopf als Schließkopf
Form B: Senkkopf als Schließkopf

Senkniet DIN 661, s: Klemmlänge
Form A: Halbrundkopf als Schließkopf
Form B: Senkkopf als Schließkopf

Nenn-Ø d_1		1	1,2	1,6	2	2,5	3	4	5	6	8
d_2		1,8	2,1	2,8	3,5	4,4	5,2	7	8,8	10,5	14
d_3	min	0,93	1,13	1,52	1,87	2,37	2,87	3,87	4,82	5,82	7,76
d_4	H12	1,05	1,25	1,65	2,1	2,6	3,1	4,2	5,2	6,3	8,4
e	max	0,5	0,6	0,8	1	1,25	1,5	2	2,5	3	4
r_1	≈	1	1,2	1,6	1,9	2,4	2,8	3,8	4,6	5,7	7,5
DIN 660 k	≈	0,6	0,7	1	1,2	1,5	1,8	2,4	3	3,6	4,8
l	von bis	2 / 6	2 / 8	2 / 12	2 / 20	3 / 25	3 / 30	4 / 40	5 / 40	6 / 40	8 / 40
$s^{1);3)}$	von bis	0,5 / 3,5	0,5 / 5	0,5 / 8	0,5 / 14	0,5 / 18	0,5 / 23	1 / 30	2 / 30	2,5 / 28	2,5 / 27
DIN 661 k	≈	0,5	0,6	0,8	1	1,2	1,4	2	2,5	3	4
l	von bis	2 / 5	2 / 6	2 / 8	3 / 10	4 / 12	5 / 16	6 / 20	8 / 25	10 / 30	12 / 40
$s^{2);3)}$	von bis	1 / 3,5	1 / 4,5	0,5 / 6	1,5 / 7,5	2,5 / 9,5	3,5 / 12,5	3,5 / 15	5 / 20	6,6 / 24	7,5 / 31

Längenabstufung l: 2; 3 ... 6; 8 ... 22; 25; 28; 30; 32; 35; 38; 40 mm
Werkstoff:[4] Stahl: QSt 32-3 oder QSt 36-3 (R_m ≥ 290 N/mm²)
Nichteisenmetall: CuZn37; Cu-DHP, EN AW - Al 99,5
Nichtrostender Stahl: A2; A4 (R_m ≥ 500 N/mm²)
Bezeichnung eines Halbrundnietes mit Nenndurchmesser d_1 = 5 mm, Länge l = 20 mm, aus Stahl:
Niet DIN 660 - 4 × 20 - St

Halbrundniete, Nenndurchmesser 10 mm bis 36 mm — DIN 124: 1993-05
Senkniete, Nenndurchmesser 10 mm bis 36 mm — DIN 302: 1993-05

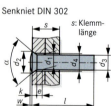

Halbrundniet DIN 124, s: Klemmlänge
Form A: Halbrundkopf als Schließkopf
Form B: Senkkopf als Schließkopf

Senkniet DIN 302, s: Klemmlänge
Form A: Halbrundkopf als Schließkopf
Form B: Senkkopf als Schließkopf

Nenn-Ø d_1		10	12	(14)[5]	16	(18)[5]	20	(22)[5]	24	30	36
d_2	DIN 124	16	19	22	25	28	32	36	40	48	58
	DIN 302	14,5	18	21,5	26	30	31,5	34,5	38	42,5	51
d_3	min	9,4	11,3	13,2	15,2	17,1	19,1	20,9	22,9	28,6	34,6
d_4	H12	10,5	13	15	17	19	21	23	25	31	37
e	max	5	6	7	8	9	10	11	12	15	18
r_1	≈	8	9,5	11	13	14,5	16,5	18,5	20,5	24,5	30
DIN 124 k	≈	6,5	7,5	9	10	11,5	13	14	16	19	23
l	von bis	16 / 50	18 / 60	20 / 70	24 / 80	26 / 90	30 / 100	34 / 110	38 / 120	50 / 150	60 / 160
$s^{1);3)}$	von bis	5 / 33	5 / 38	4 / 45	6 / 52	5 / 59	6 / 65	9 / 73	7,3 / 78	15 / 101	19 / 103
DIN 302 k	≈	3	4	5	6,5	8	10	11	12	15	18
w	≈	1	1	1	1	1	1	2	2	2	2
α	≈			75°			60°			45°	
l	von bis	10 / 52	14 / 60	18 / 70	24 / 80	26 / 90	30 / 100	32 / 110	36 / 120	45 / 150	55 / 160
$s^{2);3)}$	von bis	4 / 42	10 / 48	12 / 55	16 / 62	16 / 70	20 / 79	20 / 88	22 / 96	28 / 124	40 / 130

Längenabstufung l: 10; 12 ... 42; 45; 48; 50; 52; 55; 58; 60; 62; 65; 68; 70; 72; 75; 78; 80; 85; 90 ... 160
Werkstoff:[4] Stahl: QSt 32-3 oder QSt 36-3 (R_m ≥ 290 N/mm²)
Bezeichnung eines Senknietes mit Nenndurchmesser d_1 = 20 mm, Länge l = 50 mm, aus Stahl:
Niet DIN 302 - 20 × 50 - St

---

[1] Mit Halbrundkopf als Schließkopf – [2] Mit Senkkopf als Schließkopf – [3] Die angegebenen Klemmlängen sind nur Anhaltswerte. Vor allem für Massenfertigung werden Probenietungen empfohlen. [4] Andere Werkstoffe nach Vereinbarung.
[5] Eingeklammerte Größen sollen möglichst vermieden werden.

Blindniete, Spannstifte
Blind rivets, spring-type straight pins

Blindniete mit Sollbruchdorn

DIN EN ISO 15 977: 2003-04; DIN EN ISO 15 978: 2003-08

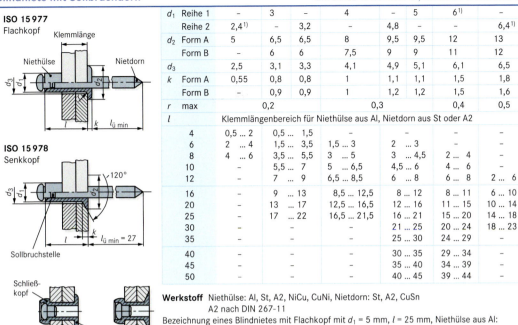

d_1	Reihe 1	–	3	–	4	–	5	6[1]	–		
	Reihe 2	2,4[1]	–	3,2	–	4,8	–	–	6,4[1]		
d_2	Form A	5	6,5	6,5	8	9,5	9,5	12	13		
	Form B	–	6	6	7,5	9	9	11	12		
d_3		2,5	3,1	3,3	4,1	4,9	5,1	6,1	6,5		
k	Form A	0,55	0,8	0,8	1	1,1	1,1	1,5	1,8		
	Form B	–	0,9	0,9	1	1,2	1,2	1,5	1,6		
r	max		0,2			0,3		0,4	0,5		
l		Klemmlängenbereich für Niethülse aus Al, Nietdorn aus St oder A2									
	4	0,5 ... 2	0,5 ... 1,5	–	–	–	–	–	–		
	6	2 ... 4	1,5 ... 3,5	1,5 ... 3	2 ... 3	–	–				
	8	4 ... 6	3,5 ... 5,5	3 ... 5	3 ... 4,5	2 ... 4	–				
	10	–	5,5 ... 7	5 ... 6,5	4,5 ... 6	4 ... 6	–				
	12	–	7 ... 9	6,5 ... 8,5	6 ... 8	6 ... 8	2 ... 6				
	16	–	9 ... 13	8,5 ... 12,5	8 ... 12	8 ... 11	6 ... 10				
	20	–	13 ... 17	12,5 ... 16,5	12 ... 16	11 ... 15	10 ... 14				
	25	–	17 ... 22	16,5 ... 21,5	16 ... 21	15 ... 20	14 ... 18				
	30	–	–	–	21 ... 25	20 ... 24	18 ... 23				
	35	–	–	–	25 ... 30	24 ... 29	–				
	40	–	–	–	30 ... 35	29 ... 34	–				
	45	–	–	–	35 ... 40	34 ... 39	–				
	50	–	–	–	40 ... 45	39 ... 44	–				

Werkstoff Niethülse: Al, St, A2, NiCu, CuNi, Nietdorn: St, A2, CuSn
A2 nach DIN 267-11
Bezeichnung eines Blindnietes mit Flachkopf mit d_1 = 5 mm, l = 25 mm, Niethülse aus Al:
Blindniet ISO 15 977 – A 5 × 25 – Al
[1] Niethülse aus Al nicht in Form B lieferbar

Spannstifte, geschlitzt, schwere Ausführung

DIN EN ISO 8752: 1998-03

Nenndurchmesser d_1 ≤ 10 mm   Nenndurchmesser d_1 > 10 mm

Nennmaß		1	1,5	2	2,5	3	3,5	4	4,5	5	6	8	10	12	14	16	18	20
d_1 vor dem Einbau	min.	1,2	1,7	2,3	2,8	3,3	3,8	4,4	4,9	5,4	6,4	8,5	10,5	12,5	14,5	16,5	18,5	20,5
	max.	1,3	1,8	2,4	2,9	3,5	4	4,6	5,1	5,6	6,7	8,8	10,8	12,8	14,8	16,8	18,9	20,9
d_2 vor dem Einbau	≈	0,8	1,1	1,5	1,8	2,1	2,3	2,8	2,9	3,4	4	5,5	6,5	7,5	8,5	10,5	11,5	12,5
a	min.	0,15	0,25	0,35	0,4	0,6	0,6	0,65	0,8	0,9	1,2	2	2	2	2	2	2	3
	max.	0,35	0,45	0,55	0,6	0,7	0,8	0,85	1	1,1	1,4	2,4	2,4	2,4	2,4	2,4	2,4	3,4
s		0,2	0,3	0,4	0,5	0,6	0,75	0,8	1	1	1,2	1,5	2	2,5	3	3	3,5	4
Mindest-Abscherkraft, zweischnittig	kN	0,7	1,58	2,82	4,38	6,32	9,06	11,24	15,36	17,54	26,04	42,76	70,16	104,1	144,7	171	222,5	280,6
l	von	4	4	4	4	4	4	4	5	5	10	10	10	10	10	10	10	10
	bis	20	20	30	30	40	40	50	50	80	100	120	160	180	200	200	200	200

Längenabstufung l: 4; 5; 6; 8; 10 ... 32; 35; 40; 45 ... 100; 120; 140; 160; 180; 200 mm

Werkstoff: Stahl (St), Kohlenstoffstahl, gehärtet und angelassen auf eine Härte von 420 ... 520 HV 30 oder Silicium-Mangan-Stahl, gehärtet u. angelassen auf eine Härte von 420 ... 560 HV30; nichtrostender Stahl (A: austenitisch, C: martensitisch)
Schlitz: Normalfall: Form und Breite des Schlitzes nach Wahl des Herstellers.
   Form N: Form und Breite des Schlitzes, die das Nichtverhaken gewährleisten, können zwischen Lieferer und
   (nicht verhakend) Besteller vereinbart werden.
Anwendung: Der Nenndurchmesser der Aufnahmebohrung muss gleich dem Nenndurchmesser d_1 des Stiftes unter Berücksichtigung der Toleranz H 12 sein. Nach Einbau der Stifte in die kleinste Aufnahmebohrung darf der Schlitz nicht ganz geschlossen sein.
Bezeichnung eines Spannstiftes aus Stahl, geschlitzt, schwere Ausführung, mit Nenndurchmesser d_1 = 8 mm, und Nennlänge l = 30 mm:
Spannstift ISO 8752 – 8 × 30 – St

Fügeverbindungen   275

Kegelstifte, Kerbstifte, Kerbnägel
Taper pins, grooved pins, grooved drive studs

Kegelstifte mit Innengewinde, ungehärtet
DIN EN 28 736: 1992-10

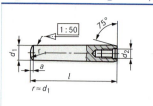

d_1 h10[1]		6	8	10	12	16	20	25	30	40	50
d_2		M 4	M 5	M 6	M 8	M 10	M 12	M 16	M 20	M 20	M 24
l	von	16	18	22	26	30	35	50	60	80	100
	bis	60	80	100	120	160	200	220	240	260	280

Längenabstufung l: 16; 18...32; 40...100; 120 ... 280 mm;
Werkstoff:[2] Typ A (geschliffen): R_a = 0,8 μm; Typ B (gedreht): R_a = 3,2 μm;
Bezeichnung eines ungehärteten Kegelstifts mit Innengewinde, Typ A, d_1 = 10 mm, l = 32 mm aus Stahl: **Kegelstift ISO 8736 – A – 10 × 32 – St**

Kegelstifte mit Gewindezapfen, ungehärtet
DIN EN 28 737: 1992-10

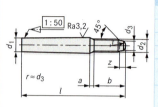

d_1 h10[1]		5	6	8	10	12	16	20	25	30	40	50
a	max	2,4	3	4	4,5	5,3	6	6	7,5	9	10,5	12
b	min	14	18	22	24	27	35	35	40	46	58	70
d_2		M 5	M 6	M 8	M 10	M 12	M 16	M 16	M 20	M 24	M 30	M 36
d_3	max	3,5	4	5,5	7	8,5	12	12	15	18	23	28
z	max	1,5	1,75	2,25	2,75	3,25	4,3	4,3	5,3	6,3	7,5	9,4
	min	1,25	1,5	2	2,5	3	4	4	5	6	7	9
l	von	40	45	55	65	85	100	120	140	160	190	220
	bis	50	60	85	100	120	160	190	250	280	320	400

Längenabstufung l: 40; 45 ... 65; 75; 85; 100; 120 ... 160; 190; 220 ... 280; 320; 360; 400 mm
Werkstoff:[2]
Bezeichnung eines ungehärteten Kegelstifts mit Gewindezapfen, d_1 = 10 mm, l = 65 mm aus Stahl: **Kegelstift ISO 8737 – 10 × 65 – St**

Kerbstifte
DIN EN ISO 8740 ... 8744: alle 1998-03

Zylinderkerbstift mit Fase DIN EN ISO 8740

Steckkerbstift DIN EN ISO 8741

Knebelkerbstift mit kurzer Kerbe DIN EN ISO 8742

DIN EN ISO	d_1		1,5	2	2,5	3	4	5	6	8	10	12	16
8740	a	≈	0,2	0,25	0,3	0,4	0,5	0,63	0,8	1	1,2	1,6	2
	c_2		0,6	0,8	1	1,2	1,4	1,7	2,1	2,6	3	3,8	4,6
	l	von	8	8	10	10	10	14	14	14	14	18	22
		bis	20	30	30	40	60	60	80	100	100	100	100
8741	l	von	8	8	8	10	10	12	14	18	26	26	
		bis	20	30	30	40	60	60	80	100	160	200	200
8742	l	von	8	12	12	12	18	18	22	26	32	40	45
		bis	20	30	30	40	60	60	80	100	160	200	200
8744	l	von	8	8	8	8	8	10	12	14	14	24	
		bis	20	30	30	40	60	60	80	100	120	120	120
8745	l	von	8	8	8	10	10	10	14	14	18	26	
		bis	20	30	30	40	60	60	80	100	200	200	200

Längenabstufung l: 8; 10 ... 32; 35; 40 ... 100; 120 ... 200 mm; **Werkstoff:**[2]
Bezeichnung für Passkerbstift mit d_1 = 6 mm, l = 32 mm aus Stahl: **Kerbstift ISO 8745 – 6 × 32 – St**

Kegelkerbstift DIN EN ISO 8744

3 Kerben am Umfang

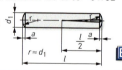

Passkerbstift DIN EN ISO 8745

Halbrundkerbnägel, Senkkerbnägel
DIN EN ISO 8746: 1998-03; DIN EN ISO 8747: 1998-03

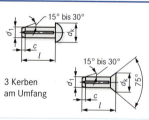

3 Kerben am Umfang

d_1		1,4	1,6	2	2,5	3	4	5	6	8	10	12
d_k		2,6 (2,7)	3	3,7	4,6	5,45	7,25	9,1	10,8	14,4	16	19
c		0,42	0,48	0,6	0,75	0,9	1,2	1,5	1,8	2,4	3,0	3,6
l	von	3	3	3 (4)	3 (4)	4 (5)	5 (6)	6 (8)	8	10	12	16
	bis	6	8	10	12	16	20	25	30	40	40	40

()-Werte für DIN EN ISO 8747
Längenabstufung l: 3; 4; 5; 6; 8 ... 12; 16; 20; 25 ... 40 mm;
Werkstoff:[2] Bezeichnung eines Halbrundkerbnagels mit d_1 = 8 mm und l = 40 mm aus Stahl: **Kerbnagel ISO 8746 – 8 × 40 – St**

[1] Andere Toleranzklassen nach Vereinbarung (z. B. a11; c11; f8)
[2] Kaltumformstahl (St) (Härte 125 ... 245 HV) – Andere Werkstoffe nach Vereinbarung

Spannstifte, Zylinderstifte, Kegelstifte
Spring-type straight pins, parallel pins, taper pins

Spannstifte (Spannhülsen) leichte Ausführung   DIN EN ISO 13 337: 1998-02

Abbildung Spannstifte siehe DIN EN ISO 8752, Abbildung Scheiben siehe DIN 125

Nenndurchmesser d_1			2	2,5	3	3,5	4	4,5	5	6	8	10	12	13	14	16	18	20
	a		0,2	0,25	0,25	0,3	0,5	0,5	0,5	0,7	1,5	2	2	2	2	2	2	2
vor dem Einbau	d_1	min	2,3	2,8	3,3	3,8	4,4	4,9	5,4	6,4	8,5	10,5	12,5	13,5	14,5	16,5	18,5	20,5
		max	2,4	2,9	3,5	4	4,6	5,1	5,6	6,7	8,8	10,8	12,8	13,8	14,8	16,8	18,9	20,9
	d_2	≈	1,9	2,3	2,7	3,1	3,4	3,8	4,4	4,9	7	8,5	10,5	11	11,5	13,5	15	16,5
	s		0,2	0,25	0,3	0,35	0,5	0,5	0,5	0,75	0,75	1	1	1,2	1,5	1,5	1,7	2
Abscherkraft in kN[1]			0,75	1,2	1,75	2,3	4	4,4	5,2	9	12	20	24	33	42	49	63	79
	l	von	4	4	4	4	4	4	5	10	10	10	10	10	10	10	10	10
		bis	30	30	40	40	50	50	80	100	120	160	180	180	200	200	200	200
Für Schraube			–	–	–	–	–	M 3	–	M 4	M 6	–	–	M 10	–	M 12	M 14	–
Scheibe DIN 125			–	–	–	–	–	3,2	–	4,3	6,4	–	–	10,5	–	13	15	–

Längenabstufungen, Schlitz und Werkstoffe siehe DIN EN ISO 8752
Bezeichnung eines Spannstiftes aus Stahl, geschlitzt, leichte Ausführung, mit Nenndurchmesser d_1 = 8 mm und Nennlänge l = 30 mm, nicht verhakend (N): **Spannstift ISO 13 337 – 8 × 30 – N – St**

[1] zweischnittig (nicht für austenitisch nichtrostenden Stahl)

Zylinderstifte, ungehärtet   DIN EN ISO 2338: 1998-02

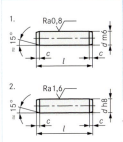

d m6/h8	0,6	0,8	1	1,2	1,5	2	2,5	3	4	5
c ≈	0,12	0,16	0,2	0,25	0,3	0,35	0,4	0,5	0,63	0,8
l von	2	2	4	4	4	6	6	8	8	10
bis	6	8	10	12	16	20	24	30	40	50
d m6/h8	6	8	10	12	16	20	25	30	40	50
c ≈	1,2	1,6	2	2,5	3	3,5	4	5	6,3	8
l von	12	14	18	22	26	35	50	60	80	95
bis	60	80	95	140	180	200	200	200	200	200

Längenabstufung l: 2; 3; 4; 5; 6; 8; 10 ... 32; 35; 40; 45 ... 100; 120; 160; 180; 200 mm
Werkstoff: Stahl (St), Härte 125 - 245 HV 30 oder austenitisch nichtrostender Stahl (A1)
Bezeichnung eines Zylinderstiftes aus Stahl, ungehärtet, mit Nenndurchmesser d = 12 mm, Toleranzklasse m6 und Nennlänge l = 40 mm: **Zylinderstift ISO 2338 – 12 m6 × 40 – St**

Zylinderstifte, gehärtet   DIN EN ISO 8734: 1998-03

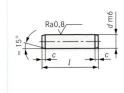

d m6	1	1,5	2	2,5	3	4	5	6	8	10	12	16	20
c ≈	0,2	0,3	0,35	0,4	0,5	0,63	0,8	1,2	1,6	2	2,5	3	3,5
l von	3	4	5	6	8	10	12	14	18	22	26	40	50
bis	10	16	20	24	30	40	50	60	80	100	100	100	100

Längenabstufung l: 3; 4; 5; 6; 8; 10 ... 32; 35; 40; 45 ... 100 mm
Werkstoff: Stahl (St) Typ A: 550 ... 650 HV 30, Typ B: Oberflächenhärte 600 ... 700 HV 1, martensitischer nichtrostender Stahl der Sorte C1 (ISO 3506-1), gehärtet
Oberfläche: blank, geölt oder wie vereinbart
Bezeichnung eines Zylinderstiftes aus Stahl, gehärtet, Typ A, mit Nenndurchmesser d = 5 mm und Nennlänge l = 22 mm: **Zylinderstift ISO 8734 – 5 × 22 – A – St**

Kegelstifte, ungehärtet   DIN EN 22 339: 1992-10

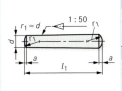

d h10	0,6	0,8	1	1,2	1,5	2	2,5	3	4	5
a ≈	0,08	0,1	0,12	0,16	0,2	0,25	0,3	0,4	0,5	0,63
l von	4	5	6	6	8	10	10	12	14	18
bis	8	12	16	20	24	35	35	45	55	60
d h10	6	8	10	12	16	20	25	30	40	50
a ≈	0,8	1	1,2	1,6	2	2,5	3	4	5	6,5
l von	22	22	26	32	40	45	50	55	60	65
bis	90	120	160	180	200	200	200	200	200	200

Werkstoff: Automatenstahl (St), Kegelstifte Typ A (geschliffen), R_a = 0,8 μm, Typ B (gedreht), R_a = 3,2 μm.
Bezeichnung eines Kegelstiftes aus Stahl, Typ A mit d = 8 und l = 35 mm: **Kegelstift ISO 2339 – A – 8 × 35 – St**

Fügeverbindungen   277

Bolzen, Splinte
Pins, split pins

Bolzen ohne und mit Kopf

DIN EN 22 340: 1992-10; DIN EN 22 341: 1992-10

Bolzen ohne Kopf, DIN EN 22 340

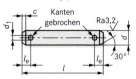

Bolzen mit Kopf, DIN EN 22 341

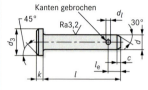

d	h11[1)]	3	4	5	6	8	10	12	14	16	18	20
d_k	h14	5	6	8	10	14	18	20	22	25	28	30
d_1	H13[2)]	0,8	1	1,2	1,6	2	3,2	3,2	4	4	5	5
c	max	1	1	2	2	2	2	3	3	3	3	4
k	js14	1	1	1,6	2	3	4	4	4	4,5	5	5
l_e	min	1,6	2,2	2,9	3,2	3,5	4,5	5,5	6	6	7	8
l	von	6	8	10	12	16	20	24	28	32	35	40
	bis	30	40	50	60	80	100	120	140	160	180	200

Längenabstufung l: 6; 8; 10 ... 32; 35; 40 ... 100; 120; 140 ... 200 mm;
Form A: ohne Splintloch; Form B: mit Splintloch
Werkstoff: St = Automatenstahl (Härte 125 ... 245 HV) – Andere Werkstoffe nach Vereinbarung

Bezeichnung eines Bolzens ohne Kopf, Form B, d = 16 mm, l = 100 mm, d_1 = 4 mm aus St:
Bolzen ISO 2340 – B – 16 × 100 × 4 – St

[1)] Andere Toleranzklassen nach Vereinbarung (z. B. a11; c11; f8)
[2)] Lochdurchmesser d_1 = Nenndurchmesser des Splints

Bolzen mit Kopf und Gewindezapfen

DIN 1445: 1977-02

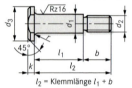

d_1	h11	8	10	12	14	16	18	20	22	24	27	30
b	min	11	14	17	20	20	20	25	25	29	29	36
d_2		M 6	M 8	M 10	M 12	M 12	M 12	M 16	M 16	M 20	M 20	M 24
d_3	h14	14	18	20	22	25	28	30	33	36	40	44
k	js14	3	4	4	4	4,5	5	5	5,5	6	6	8
s		11	13	17	19	22	24	27	30	32	36	36

Längenabstufung l_2: ab 16 mm ... 100 mm wie DIN 1443; 1444; 100 < l_2 ≤ 200 je 10 mm gestuft
Werkstoff: 11 SMn Pb 30
Bezeichnung eines Bolzen, d_1 = 16, Toleranzfeld h 11, Klemmlänge l_1 = 50, l_2 = 70 aus St:
Bolzen DIN 1445 – 16 h 11 × 50 × 70 – St

Splinte

DIN EN ISO 1234: 1998-02

Die Nenngröße entspricht dem Durchmesser des Splintloches

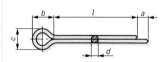

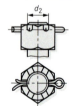
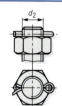

Nenngröße		1	1,2	1,6	2	2,5	3,2	4	5	6,3	8	10	13	16	20
d	max	0,9	1	1,4	1,8	2,3	2,9	3,7	4,6	5,9	7,5	9,5	12,4	15,4	19,3
	min	0,8	0,9	1,3	1,7	2,1	2,7	3,5	4,4	5,7	7,3	9,3	12,1	15,1	19,0
a	max	1,6	2,5	2,5	2,5	2,5	3,2	4	4	4	4	6,3	6,3	6,3	6,3
b	≈	3	3	3,2	4	5	6,4	8	10	12,6	16	20	26	32	40
c	max	1,8	2	2,8	3,6	4,6	5,8	7,4	9,2	11,8	15	19	24,8	30,8	38,5
l	von	6	–	8	10	12	18	20	20	28	36	56	56	100	–
	bis	18	–	32	40	50	80	125	125	140	140	140	140	250	–
Für Schrauben d_2	über	3,5	4,5	5,5	7	9	11	14	20	27	39	56	80	120	170
	bis	4,5	5,5	7	9	11	14	20	27	39	56	80	120	170	–
Für Bolzen d_2	über	3	4	5	6	8	9	12	17	23	29	44	69	110	160
	bis	4	5	6	8	9	12	17	23	29	44	69	110	160	–

Längenabstufung l: 4; 5; 6; 8; 10; 12; 14; 16; 18; 20; 22; 25; 28; 32; 36; 40; 45; 50; 56; 63; 71; 80; 90; 100; 112; 125; 140; ...
Werkstoff: St, Cu Zn, Cu, Al-Legierung, A (Austenitischer nichtrostender Stahl)
Bezeichnung eines Splintes mit Nenngröße 4 mm, l = 32 aus Stahl: **Splint ISO 1234 – 4 × 32 – St**

Lagerungen

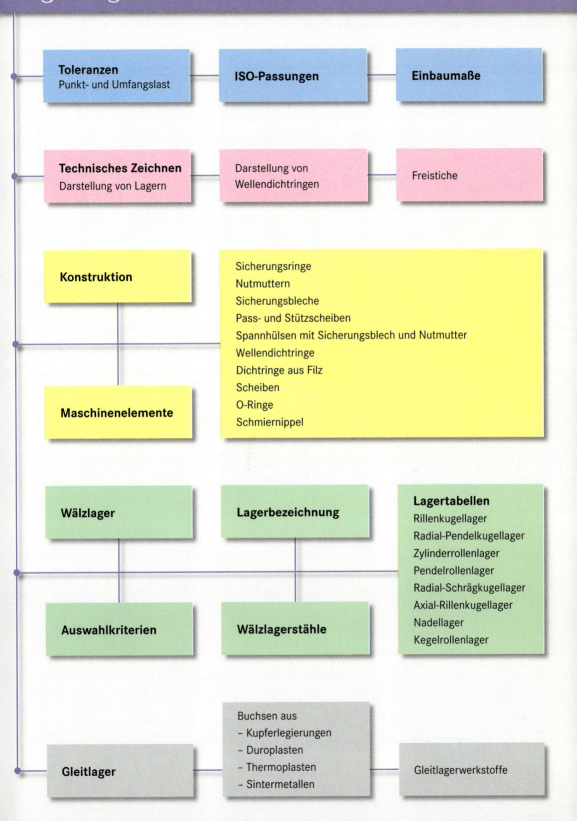

Wälzlagerungen (Beispiele)
Rolling bearings

Rillenkugellager mit Sicherungsringen axial fixiert

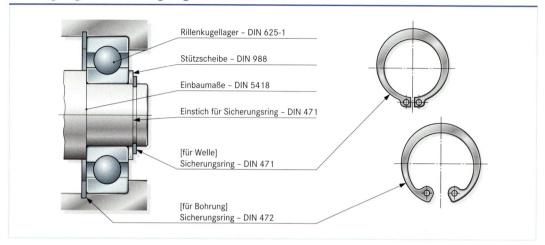

Schrägkugellager durch Nutmutter gesichert

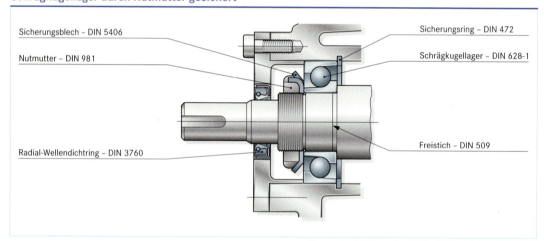

Pendelrollenlager mit Spannhülse fixiert

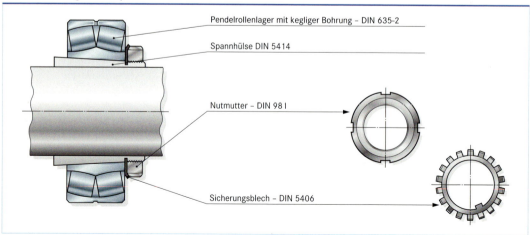

Wälzlagerbezeichnungen
Identification of rolling bearings

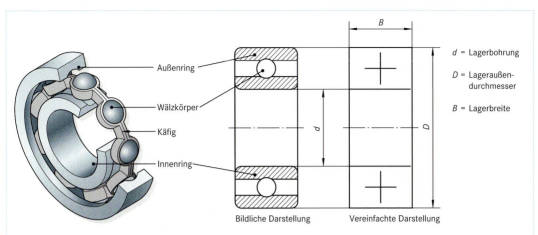

d = Lagerbohrung
D = Lageraußendurchmesser
B = Lagerbreite

Bildliche Darstellung   Vereinfachte Darstellung

Wälzlager haben genormte Einbaugrößen. Diese richten sich nach den konstruktiven Bedingungen, dem Belastungsfall oder der Drehfrequenz.
Bei der Größenbestimmung richtet man sich im Regelfall nach dem Wellendurchmesser, der die Lagerbohrung „d" festlegt.
Die komplette Lagerbezeichnung besteht aus mehreren Einzelzeichen:

Benennung | DIN-Nummer | Vorsetzzeichen | Basiszeichen | Nachsetzzeichen | Ergänzungszeichen des Herstellers

Beispiel: Rillenkugellager DIN 62 5 ▪ 62 3 10 ▪ ▪

An zentraler Stelle steht das Basiszeichen. Aus ihm lassen sich die Lagerart und die wesentlichen Lagerabmaße bestimmen. Es kann, vom Lager abhängig, aus vier oder mehr Ziffern und Buchstaben bestehen.
Vor- und Nachsetzzeichen sowie Ergänzungszeichen sind optional.

Basiszeichen – 1. Stelle

Das 1. Basiszeichen stellt die Kennziffer für die Lagerart dar:

Lagerart		Kennziffer	Lagerart		Kennziffer
	Pendelkugellager DIN 630	1		Schrägkugellager DIN 628	7
	Pendelrollenlager DIN 635	2		Axial-Zylinderrollenlager	8
	Kegelrollenlager DIN 720	3		Zylinderrollenlager DIN 5412	N
	Rillenkugellager (2-reihig)	4		Zylinderrollenlager DIN 5412	NV
	Axial-Rillenkugellager DIN 711	5		Zylinderrollenlager DIN 5412	NVP
	Rillenkugellager DIN 625	6		Zylinderrollenlager DIN 5412	NJ

z. B. Lagerkennziffer: **30208**
└── Kegelrollenlager

Lagerungen   281

Wälzlagerbezeichnungen
Identification of rolling bearings

Basiszeichen – 2. und 3. Stelle

Diese Basiszeichen bestimmen die Lagerbreite und den Lagerdurchmesser; beide zusammen die Maßreihe.

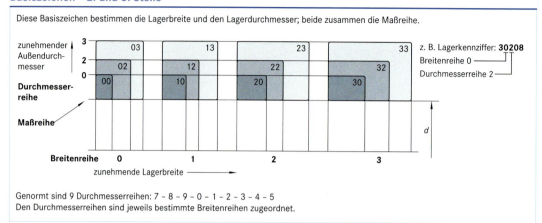

Genormt sind 9 Durchmesserreihen: 7 – 8 – 9 – 0 – 1 – 2 – 3 – 4 – 5
Den Durchmesserreihen sind jeweils bestimmte Breitenreihen zugeordnet.

Basiszeichen – 4. Stelle

Dieses Basiszeichen bestimmt das zweistellige Bohrungsmaß:

Bohrungsmaß	Bohrungskennziffer
10 mm	00
12 mm	01
15 mm	02
17 mm	03

ab 20 mm Bohrungsdurchmesser ergibt die Bohrungskennziffer mit fünf multipliziert das Bohrungsmaß

z. B. Lagerkennziffer:

30208
08 × 5 = 40 mm Lagerbohrung

Vorsetzzeichen (Auswahl)

AR	Kugel bzw. Rollenkränze	L	Freie Ringe zerlegbarer Lager
GS	Gehäusescheibe eines Axial-Zylinderrollenlagers	OR	Außenring eines Radiallagers
IR	Innenring eines Axiallagers	OW	Gehäusescheibe eines Axiallagers
IW	Wellenscheibe eines Axiallagers	R	zerlegbare Lager ohne freie(n) Ring(e)
K	Radial- oder Axial-Zylinderrollenkränze	WS	Wellenscheibe eines Axial-Zylinderrollenlagers

Nachsetzzeichen (Auswahl)

A, B, C	Abweichende Konstruktion	J	Käfig aus Stahlblech gepresst (unterschiedliche Käfigausführungen)
ICN	Lagerluft „Normal"	K	Lager mit kegeliger Bohrung
IC1	Lagerluft kleiner C2	L	Massiv-Käfig aus Leichtmetall
IC2	Lagerluft kleiner CN	LS	Lager mit Dichtscheibe – einseitig
IC3	Lagerluft größer CN	2LS	Lager mit Dichtscheibe – beidseitig
IHV	Lager/Lagerteile aus nichtrostendem, härtbarem Stahl	IP4	Lager mit besonders hoher Laufgenauigkeit

verwendete Normen: DIN 616 Lagerabmessungen, DIN 623-1 Bezeichnung von Wälzlagern, DIN ISO 8826-1/2 Zeichnungsnormen

weiterführende Informationen: www.fag.de

Wälzlager
Rolling bearings

Auswahlkriterien für Wälzlager (Auswahl)

Lagerbauart	Radial-belastung	Axial-belastung	Lager zerlegbar	Fluchtfehler-ausgleich	hohe Drehzahl	geräusch-armer Lauf	Festlager	Loslager
Rillenkugellager[1]	2	3	5	4	1	1	2	3
Schrägkugellager[1]	2	2[2]	5	5	1	2	1	3
Pendelkugellager	2	4	5	1	2	4	3	3
Zylinderrollenlager (N, NU)	1	5	1	4	1	3	5	1
Kegelrollenlager	1	1[2]	1	4	3	4	1	4
Pendelrollenlager	1	2	5	1	3	4	2	3
Axial-Rillenkugellager	5	2[2]	1	3	3	4	3	5
Nadellager	1	5	1	5	2	3	5	1

[1] einreihig
[2] in eine Richtung

Eignung: 1 (sehr gut); 2 (gut); 3 (normal); 4 (eingeschränkt); 5 (nicht geeignet)

Rillenkugellager

DIN 625-1: 1989-04

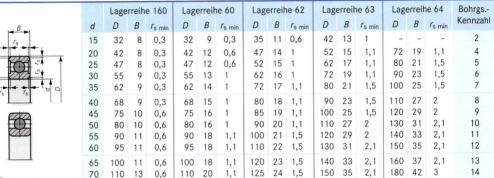

	Lagerreihe 160			Lagerreihe 60			Lagerreihe 62			Lagerreihe 63			Lagerreihe 64			Bohrgs.-Kennzahl
d	D	B	$r_{s\,min}$	D	B	$r_{s\,min}$	D	B	$r_{s\,min}$	D	B	$r_{s\,min}$	D	B	$r_{s\,min}$	
15	32	8	0,3	32	9	0,3	35	11	0,6	42	13	1	–	–	–	2
20	42	8	0,3	42	12	0,6	47	14	1	52	15	1,1	72	19	1,1	4
25	47	8	0,3	47	12	0,6	52	15	1	62	17	1,1	80	21	1,5	5
30	55	9	0,3	55	13	1	62	16	1	72	19	1,1	90	23	1,5	6
35	62	9	0,3	62	14	1	72	17	1,1	80	21	1,5	100	25	1,5	7
40	68	9	0,3	68	15	1	80	18	1,1	90	23	1,5	110	27	2	8
45	75	10	0,6	75	16	1	85	19	1,1	100	25	1,5	120	29	2	9
50	80	10	0,6	80	16	1	90	20	1,1	110	27	2	130	31	2,1	10
55	90	11	0,6	90	18	1,1	100	21	1,5	120	29	2	140	33	2,1	11
60	95	11	0,6	95	18	1,1	110	22	1,5	130	31	2,1	150	35	2,1	12
65	100	11	0,6	100	18	1,1	120	23	1,5	140	33	2,1	160	37	2,1	13
70	110	13	0,6	110	20	1,1	125	24	1,5	150	35	2,1	180	42	3	14
75	115	13	0,6	115	20	1,1	130	25	1,5	160	37	2,1	190	45	3	15
80	125	14	0,6	125	22	1,1	140	26	2	170	39	2,1	200	48	3	16

Ausführungen
Z : 1 Deckscheibe
2Z : 2 Deckscheiben
RS : 1 Dichtscheibe
2RS : 2 Dichtscheiben
N : Nut im Außenring

Bezeichnung eines Rillenkugellagers der Lagerreihe 160 mit d = 40 mm (Bohrungskennzahl 08), mit 2 Deckscheiben, Toleranzklasse P0 (Normaltoleranz), radiale Lagerluft C0 (normal):
Rillenkugellager DIN 625 – 16008 – 2Z

Radial-Schrägkugellager

DIN 628-1: 1993-12

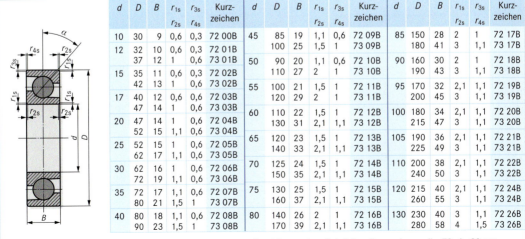

d	D	B	r_{1s} r_{2s}	r_{3s} r_{4s}	Kurz-zeichen	d	D	B	r_{1s} r_{2s}	r_{3s} r_{4s}	Kurz-zeichen	d	D	B	r_{1s} r_{2s}	r_{3s} r_{4s}	Kurz-zeichen
10	30	9	0,6	0,3	72 00B	45	85	19	1,1	0,6	72 09B	85	150	28	2	1	72 17B
12	32	10	0,6	0,3	72 01B		100	25	1,5	1	73 09B		180	41	3	1,1	73 17B
	37	12	1	0,6	73 01B	50	90	20	1,1	0,6	72 10B	90	160	30	2	1	72 18B
15	35	11	0,6	0,3	72 02B		110	27	2	1	73 10B		190	43	3	1,1	73 18B
	42	13	1	0,6	73 02B	55	100	21	1,5	1	72 11B	95	170	32	2,1	1	72 19B
17	40	12	0,6	0,3	72 03B		120	29	2	1	73 11B		200	45	3	1,1	73 19B
	47	14	1	0,6	73 03B	60	110	22	1,5	1	72 12B	100	180	34	2,1	1,1	72 20B
20	47	14	1	0,6	72 04B		130	31	2,1	1,1	73 12B		215	47	3	1,1	73 20B
	52	15	1,1	0,6	73 04B	65	120	23	1,5	1	72 13B	105	190	36	2,1	1,1	72 21B
25	52	15	1	0,6	72 05B		140	33	2,1	1,1	73 13B		225	49	3	1,1	73 21B
	62	17	1,1	0,6	73 05B	70	125	24	1,5	1	72 14B	110	200	38	2,1	1,1	72 22B
30	62	16	1	0,6	72 06B		150	35	2,1	1,1	73 14B		240	50	3	1,1	73 22B
	72	19	1,1	0,6	73 06B	75	130	25	1,5	1	72 15B	120	215	40	2,1	1,1	72 24B
35	72	17	1,1	0,6	72 07B		160	37	2,1	1,1	73 15B		260	55	3	1,1	73 24B
	80	21	1,5	1	73 07B	80	140	26	2	1	72 16B	130	230	40	3	1,1	72 26B
40	80	18	1,1	0,6	72 08B		170	39	2,1	1,1	73 16B		280	58	4	1,5	73 26B
	90	23	1,5	1	73 08B												

Berührungswinkel α = 40°

Bezeichnung eines Schrägkugellagers, Lagerreihe 72, d = 30 mm, Toleranzklasse PN: **Schrägkugellager DIN 628 – 7206B**

Wälzlager
Rolling bearings

Zylinderrollenlager
DIN 5412-1: 1982-06

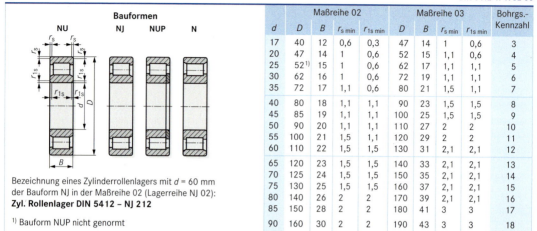

d	Maßreihe 02 D	B	$r_{s\,min}$	$r_{1s\,min}$	Maßreihe 03 D	B	$r_{s\,min}$	$r_{1s\,min}$	Bohrgs.-Kennzahl
17	40	12	0,6	0,3	47	14	1	0,6	3
20	47	14	1	0,6	52	15	1,1	0,6	4
25	52[1)]	15	1	0,6	62	17	1,1	1,1	5
30	62	16	1	0,6	72	19	1,1	1,1	6
35	72	17	1,1	0,6	80	21	1,5	1,1	7
40	80	18	1,1	1,1	90	23	1,5	1,5	8
45	85	19	1,1	1,1	100	25	1,5	1,5	9
50	90	20	1,1	1,1	110	27	2	2	10
55	100	21	1,5	1,1	120	29	2	2	11
60	110	22	1,5	1,5	130	31	2,1	2,1	12
65	120	23	1,5	1,5	140	33	2,1	2,1	13
70	125	24	1,5	1,5	150	35	2,1	2,1	14
75	130	25	1,5	1,5	160	37	2,1	2,1	15
80	140	26	2	2	170	39	2,1	2,1	16
85	150	28	2	2	180	41	3	3	17
90	160	30	2	2	190	43	3	3	18

Bezeichnung eines Zylinderrollenlagers mit d = 60 mm der Bauform NJ in der Maßreihe 02 (Lagerreihe NJ 02):
Zyl. Rollenlager DIN 5412 – NJ 212

[1)] Bauform NUP nicht genormt

Kegelrollenlager
DIN 720: 1979-02

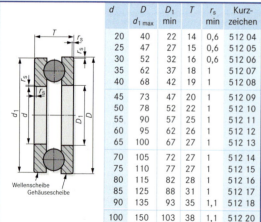

d	Lagerreihe 302 D	B	C	T	r_1/r_2 min	r_3/r_4 min	Kurz-zeichen	d	Lagerreihe 303 D	B	C	T	r_1/r_2 min	r_3/r_4 min	Kurz-zeichen
17	40	12	11	13,25	1	1	302 03	15	42	13	11	14,25	1	1	303 02
20	47	14	12	15,25	1	1	302 04	20	52	15	13	16,25	1,5	1,5	303 04
25	52	15	13	16,25	1	1	302 05	25	62	17	15	18,25	1,5	1,5	303 05
30	62	16	14	17,25	1	1	302 06	30	72	19	16	20,75	1,5	1,5	303 06
35	72	17	15	18,15	1,5	1,5	302 07	35	80	21	18	22,75	2	1,5	303 07
40	80	18	16	19,75	1,5	1,5	302 08	40	90	23	20	25,25	2	1,5	303 08
45	85	19	16	20,75	1,5	1,5	302 09	45	100	25	22	27,25	2	1,5	303 09
50	90	20	17	21,75	1,5	1,5	302 10	50	110	27	23	29,25	2,5	2	303 10
55	100	21	18	22,75	2	1,5	302 11	55	120	29	25	31,5	2,5	2	303 11
60	110	22	19	23,75	2	1,5	302 12	60	130	31	26	33,5	3	2,5	303 12
65	120	23	20	24,75	2	1,5	302 13	65	140	33	28	36	3	2,5	303 13
70	125	24	21	26,25	2	1,5	302 14	70	150	35	30	38	3	2,5	303 14
75	130	25	22	27,25	2	1,5	302 15	75	160	37	31	40	3	2,5	303 15
80	140	26	22	28,25	2,5	2	302 16	80	170	39	33	42,5	3	2,5	303 16

Bezeichnung eines Kegelrollenlagers der Breitenreihe 0 und der Durchmesserreihe 2 und d = 40:
Kegelrollenlager DIN 720 – 302 08

Axial-Rillenkugellager, einseitig wirkend
DIN 711: 1988-02

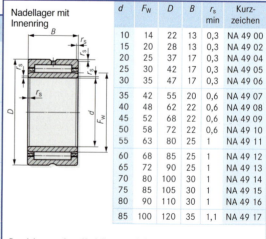

d	D $d_{1\,max}$	D_1 min	T	r_s min	Kurz-zeichen
20	40	22	14	0,6	512 04
25	47	27	15	0,6	512 05
30	52	32	16	0,6	512 06
35	62	37	18	1	512 07
40	68	42	19	1	512 08
45	73	47	20	1	512 09
50	78	52	22	1	512 10
55	90	57	25	1	512 11
60	95	62	26	1	512 12
65	100	67	27	1	512 13
70	105	72	27	1	512 14
75	110	77	27	1	512 15
80	115	82	28	1	512 16
85	125	88	31	1	512 17
90	135	93	35	1,1	512 18
100	150	103	38	1,1	512 20

Bez. eines einseitig wirkenden Axial-Rillenkugellagers mit d = 60 mm, D = 95 mm: **Ax. Rill. Kugellager DIN 711 – 51212**

Nadellager m. Innenring, Maßreihe 49
DIN 617: 1993-01

d	F_W	D	B	r_s min	Kurz-zeichen
10	14	22	13	0,3	NA 49 00
15	20	28	13	0,3	NA 49 02
20	25	37	17	0,3	NA 49 04
25	30	42	17	0,3	NA 49 05
30	35	47	17	0,3	NA 49 06
35	42	55	20	0,6	NA 49 07
40	48	62	22	0,6	NA 49 08
45	52	68	22	0,6	NA 49 09
50	58	72	22	0,6	NA 49 10
55	63	80	25	1	NA 49 11
60	68	85	25	1	NA 49 12
65	72	90	25	1	NA 49 13
70	80	100	30	1	NA 49 14
75	85	105	30	1	NA 49 15
80	90	110	30	1	NA 49 16
85	100	120	35	1,1	NA 49 17

Bezeichnung eines Nadellagers mit Innenring d = 60 mm, D = 85 mm, B = 25 mm: **Nadellager DIN 617 – NA 49 12**

Wälzlager
Rolling bearings

Pendelrollenlager, zweireihig
DIN 635-2: 1984-11

zylindrische Bohrung

kegelige Bohrung

d	D	B	r_s	Kurz-zeichen	d	D	B	r_s	Kurz-zeichen	d	D	B	r_s	Kurz-zeichen
20	52	15	1,1	213 04	55	100	25	1,5	222 11	80	140	33	2	222 16
25	52	18	1	222 05		120	29	2	213 11		170	39	2,1	213 16
	62	17	1,1	213 05		120	43	2	223 11		170	58	2,1	223 16
30	62	20	1	222 06	60	110	28	1,5	222 12	85	150	36	2	222 17
	72	19	1,1	213 06		130	31	2,1	213 12		180	41	3	213 17
35	72	23	1,1	222 07		130	46	2,1	223 12		180	60	3	223 17
	80	21	1,5	213 07	65	120	31	1,5	222 13	90	160	40	2	222 18
40	80	23	1,1	222 08		140	33	2,1	213 13		160	52,4	2	232 18
	90	23	1,5	213 08		140	48	2,1	223 13		190	43	3	213 18
	90	33	1,5	223 08	70	125	31	1,5	222 14		190	64	3	223 18
45	85	23	1,1	222 09		150	35	2,1	213 14	95	170	43	2,1	222 19
	100	25	1,5	213 09		150	51	2,1	223 14		200	45	3	213 19
	100	36	1,5	223 09	75	130	31	1,5	222 15		200	67	3	223 19
50	90	23	1,1	222 10		160	37	2,1	213 15					
	110	27	2	213 10		160	55	2,1	223 15					
	110	40	2	223 10										

Bezeichnung eines zweireihigen Pendelrollenlagers mit d = 65 mm, zylindrischer Bohrung und D = 140 mm: **Pendelrollenlager DIN 635 – 223 13**

Radial Pendelkugellager, zweireihig, zylindrische und kegelige Bohrung
DIN 630: 1993-11

ohne Dichtscheiben

zylindrische Bohrung — kegelige Bohrung

d	Lagerreihe 12			Lagerreihe 22			Lagerreihe 13			Lagerreihe 23			Bohrungs-kennzahl
	D	B	$r_{s\,min}$	D	B	$r_{s\,min}$	D	B	$r_{s\,min}$	D	B	$r_{s\,min}$	
15	35	11	0,6	35	14	0,6	42	13	1	42	17	1	02
20	47	14	1	47	18	1	52	15	1,1	52	21	1,1	04
25	52	15	1	52	18	1	62	17	1,1	62	24	1,1	05
30	62	16	1	62	20	1	72	19	1,1	72	27	1,1	06
35	72	17	1,1	72	23	1,1	80	21	1,5	80	31	1,5	07
40	60	18	1,1	80	23	1,1	90	23	1,5	90	33	1,5	08
45	85	19	1,1	85	23	1,1	100	25	1,5	100	36	1,5	09
50	90	20	1,1	90	23	1,1	110	27	2	110	40	2	10
55	100	21	1,5	100	25	1,5	120	29	2	120	43	2	11
60	110	22	1,5	110	28	1,5	130	31	2,1	130	46	2,1	12
65	120	23	1,5	120	31	1,5	140	33	2,1	140	48	2,1	13
70	125	24	1,5	125	31	1,5	150	35	2,1	150	51	2,1	14
75	130	25	1,5	130	31	1,5	160	37	2,1	160	55	2,1	15
80	140	26	2	140	33	2	170	39	2,1	170	58	2,1	16
85	150	28	2	150	36	2	180	41	3	180	60	3	17

d = 15, d = 70 nicht mit kegeliger Bohrung

Bezeichnung eines Pendelkugellagers der Reihe 12 mit zylindrischer Bohrung d = 50 mm (Bohrungskennzahl 10): **Pendelkugellager DIN 630 – 1210** ... mit kegeliger Bohrung: **Pendelkugellager DIN 630 – 1210K**

Spannhülse mit Sicherungsblech und Nutmuttter
DIN 5415: 1993-02

Spannhülse mit Kegel 1:12 zur Befestigung von Wälzlagern mit kegeliger Lagerbohrung
Werkstoff Hülse:
St, $R_m \geq 430\ \dfrac{\text{N}}{\text{mm}^2}$

Norm-Ø d_1	Hülse		zugehörige Teile		Hülse komplett Kurzzeichen	passende Wälzlager Kurzzeichen		
	Gewinde d_2	l h 15	Nutmutter DIN 981	Blech DIN 5406		Pendelkugellager	Pendelrollenlager	
20	M 25 × 1,5	29	KM 5	MB 5	H 305	1305 K	2205 K	–
25	M 30 × 1,5	31	KM 6	MB 6	H 306	1306 K	2206 K	–
30	M 35 × 1,5	35	KM 7	MB 7	H 307	1307 K	2207 K	–
35	M 40 × 1,5	36	KM 8	MB 8	H 308	1308 K	2208 K	21308 K	22208 K
40	M 45 × 1,5	39	KM 9	MB 9	H 309	1309 K	2209 K	21309 K	22209 K
45	M 50 × 1,5	42	KM 10	MB 10	H 310	1310 K	2210 K	21310 K	22210 K
50	M 55 × 2	45	KM 11	MB 11	H 311	1311 K	2211 K	21311 K	22211 K
55	M 60 × 2	47	KM 12	MB 12	H 312	1312 K	2212 K	21312 K	22212 K
60	M 70 × 2	52	KM 14	MB 14	H 314	1314 K	2214 K	21314 K	22214 K
65	M 75 × 2	55	KM 15	MB 15	H 315	1315 K	2215 K	21315 K	22215 K
70	M 80 × 2	59	KM 16	MB 16	H 316	1316 K	2216 K	21316 K	22216 K
75	M 85 × 2	63	KM 17	MB 17	H 317	1317 K	2217 K	21317 K	22217 K
80	M 90 × 2	65	KM 18	MB 18	H 318	1318 K	2218 K	21318 K	22218 K
85	M 95 × 2	68	KM 19	MB 19	H 319	1319 K	2219 K	21319 K	22219 K

Bezeichnung einer Spannhülse mit d_1 = 60 mm, l = 52 mm, Komplett: **Spannhülse DIN 5415 – H 314**

Lagerungen

Sicherungsringe
Retaining rings

Sicherungsringe (Halteringe) für Wellen — DIN 471: 1981-09

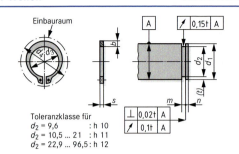

Toleranzklasse für
$d_2 = 9{,}6$: h 10
$d_2 = 10{,}5 \ldots 21$: h 11
$d_2 = 22{,}9 \ldots 96{,}5$: h 12

Sicherungsringe (Halteringe) für Bohrungen — DIN 472: 1981-09

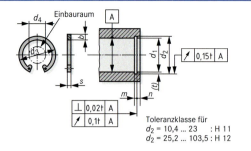

Toleranzklasse für
$d_2 = 10{,}4 \ldots 23$: H 11
$d_2 = 25{,}2 \ldots 103{,}5$: H 12

Welle d_1	s	d_3	Ring zul. Abw.	b ≈	d_2	m H13	t	n min	d_4	Bohr. d_1	s	d_3	Ring zul. Abw.	b ≈	d_2	m H13	t	n min	d_4
10	1	9,3	+0,10 / −0,36	1,8	9,6	1,1	0,2	0,6	17	10	1	10,8	+0,36 / −0,10	1,4	10,4	1,1	0,2	0,6	3,3
11	1	10,2		1,8	10,5	1,1	0,25	0,8	18	11	1	11,4		1,5	11,4	1,1	0,2	0,6	4,1
12	1	11		1,8	11,5	1,1	0,25	0,8	19	12	1	13		1,7	12,5	1,1	0,25	0,8	4,9
13	1	11,9		2	12,4	1,1	0,3	0,9	20,2	13	1	14,1		1,8	13,6	1,1	0,3	0,9	5,4
14	1	12,9		2,1	13,4	1,1	0,3	0,9	21,4	14	1	15,1		1,9	14,6	1,1	0,3	0,9	6,2
15	1	13,8		2,2	14,3	1,1	0,35	1,1	22,6	15	1	16,2		2	15,7	1,1	0,35	1,1	7,2
16	1	14,7		2,2	15,2	1,1	0,4	1,2	23,8	16	1	17,3		2	16,8	1,1	0,4	1,2	8
17	1	15,7		2,3	16,2	1,1	0,4	1,2	25	17	1	18,3	+0,42 / −0,13	2,1	17,8	1,1	0,4	1,2	8,8
18	1,2	16,5		2,4	17	1,3	0,5	1,5	26,2	18	1	19,5		2,2	19	1,1	0,5	1,5	9,4
19	1,2	17,5		2,5	18	1,3	0,5	1,5	27,2	19	1	20,5		2,2	20	1,1	0,5	1,5	10,4
20	1,2	18,5	+0,13 / −0,42	2,6	19	1,3	0,5	1,5	28,4	20	1	21,5		2,3	21	1,1	0,5	1,5	11,2
21	1,2	19,5		2,7	20	1,3	0,5	1,5	29,6	21	1	22,5		2,4	22	1,1	0,5	1,5	12,2
22	1,2	20,5		2,8	21	1,3	0,5	1,5	30,8	22	1	23,5		2,5	23	1,1	0,5	1,5	13,2
24	1,2	22,2	+0,21 / −0,42	3	22,9	1,3	0,55	1,7	33,2	24	1,2	25,9	+0,42 / −0,21	2,6	25,2	1,3	0,6	1,8	14,8
25	1,2	23,2		3	23,9	1,3	0,55	1,7	34,2	25	1,2	26,9		2,7	26,2	1,3	0,6	1,8	15,5
26	1,2	24,2		3,1	24,9	1,3	0,55	1,7	35,5	26	1,2	27,9		2,8	27,2	1,3	0,6	1,8	16,1
28	1,5	25,9		3,2	26,6	1,6	0,7	2,1	37,9	28	1,2	30,1	+0,5 / −0,25	2,9	29,4	1,3	0,7	2,1	17,9
30	1,5	27,9		3,5	28,6	1,6	0,7	2,1	40,5	30	1,2	32,1		3	31,4	1,3	0,7	2,1	19,9
32	1,5	29,6		3,6	30,3	1,6	0,85	2,6	43	32	1,2	34,4		3,2	33,7	1,3	0,85	2,6	20,6
34	1,5	31,5	+0,25 / −0,5	3,8	32,3	1,6	0,85	2,6	45,4	34	1,5	36,5		3,3	35,7	1,6	0,85	2,6	22,6
35	1,5	32,2		3,9	33	1,6	1	3	46,8	35	1,5	37,8		3,4	37	1,6	1	3	23,6
36	1,75	33,2		4	34	1,85	1	3	47,8	36	1,5	38,8		3,5	38	1,6	1	3	24,6
38	1,75	35,2		4,2	36	1,85	1	3	50,2	38	1,5	40,8		3,7	40	1,6	1	3	26,4
40	1,75	36,5	+0,39 / −0,9	4,4	37,5	1,85	1,25	3,8	52,6	40	1,75	43,5	+0,9 / −0,39	3,9	42,5	1,85	1,25	3,8	27,8
42	1,75	38,5		4,5	39,5	1,85	1,25	3,8	55,7	42	1,75	45,5		4,1	44,5	1,85	1,25	3,8	29,6
45	1,75	41,5		4,7	42,5	1,85	1,25	3,8	59,1	45	1,75	48,5		4,3	47,5	1,85	1,25	3,8	32
48	1,75	44,5		5	45,5	1,85	1,25	3,8	62,5	48	1,75	51,5	+1,1 / −0,46	4,5	50,5	1,85	1,25	3,8	34,5
50	2	45,8		5,1	47	2,15	1,5	4,5	64,5	50	2	54,2		4,6	53	2,15	1,5	4,5	36,3
52	2	47,8		5,2	49	2,15	1,5	4,5	66,7	52	2	56,2		4,7	55	2,15	1,5	4,5	38,3
55	2	50,8	+0,46 / −1,1	5,4	52	2,15	1,5	4,5	70,2	55	2	59,2		5	58	2,15	1,5	4,5	40,7
56	2	51,8		5,5	53	2,15	1,5	4,5	71,6	56	2	60,2		5,1	59	2,15	1,5	4,5	41,7
58	2	53,8		5,6	55	2,15	1,5	4,5	73,6	58	2	62,2		5,2	61	2,15	1,5	4,5	43,5
60	2	55,8		5,8	57	2,15	1,5	4,5	75,6	60	2	64,2		5,4	63	2,15	1,5	4,5	44,7
62	2	57,8		6	59	2,15	1,5	4,5	77,8	62	2	66,2		5,5	65	2,15	1,5	4,5	46,7
65	2,5	60,8		6,3	62	2,65	1,5	4,5	81,4	65	2,5	69,2		5,8	68	2,65	1,5	4,5	49
70	2,5	65,5		6,6	67	2,65	1,5	4,5	87	70	2,5	74,5		6,2	73	2,65	1,5	4,5	53,6
75	2,5	70,5		7	72	2,65	1,5	4,5	92,7	75	2,5	79,5		6,6	78	2,65	1,5	4,5	58,6
80	2,5	74,5		7,4	76,5	2,65	1,75	5,3	98,1	80	2,5	85,5	+1,3 / −0,54	7	83,5	2,65	1,75	5,3	62,1
85	3	79,5		7,8	81,5	3,15	1,75	5,3	103,3	85	3	90,5		7,2	88,5	3,15	1,75	5,3	66,9
90	3	84,5	+0,54 / −1,3	8,2	86,5	3,15	1,75	5,3	108,5	90	3	95,5		7,6	93,5	3,15	1,75	5,3	71,9
95	3	89,5		8,6	91,5	3,15	1,75	5,3	114,8	95	3	100,5		8,1	98,5	3,15	1,75	5,3	76,5
100	3	94,5		9	96,5	3,15	1,75	5,3	120,5	100	3	105,5		8,4	103,5	3,15	1,75	5,3	80,6

Werkstoff: Federstahl C67, C75 oder C75E. Bezeichnung eines Sicherungsringes für Wellendurchmesser $d_1 = 50$ mm und Ringdicke $s = 2$ mm: **Sicherungsring DIN 471 – 50 × 2**

Werkstoff: Federstahl C67, C75 oder C75E. Bezeichnung eines Sicherungsringes für Bohrungsdurchmesser $d_1 = 50$ mm und Ringdicke $s = 2$ mm: **Sicherungsring DIN 472 – 50 × 2**

Zangen: DIN 5254 für Wellen
DIN 5256 für Bohrungen

Sicherungsbleche, Filzdichtungen
Safety plates, felt seals

Sicherungsbleche für Nutmuttern nach DIN 981

DIN 5406: 1993-02

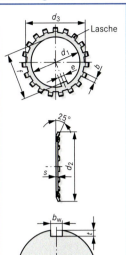

Kurz-zeichen	Zugehörige Nutmutter nach DIN 981	d_1 C11	d_2 js 17	d_3 h 13	e a 15	f C11	b a 15	s min	b_w H11	t +0,5 0	Anzahl der Laschen min
MB 1	KM 1	12	25	17	3	10,5	3	1	4	2	11
MB 2	KM 2	15	28	21	4	13,5	4	1	5	2	11
MB 3	KM 3	17	32	24	4	15,5	4	1	5	2	11
MB 4	KM 4	20	36	26	4	18,5	4	1	5	2	11
MB 5	KM 5	25	42	32	5	23	5	1,25	6	3	13
MB 6	KM 6	30	49	38	5	27,5	5	1,25	6	4	13
MB 7	KM 7	35	57	44	6	32,5	5	1,25	7	4	13
MB 8	KM 8	40	62	50	6	37,5	6	1,25	7	4	13
MB 9	KM 9	45	69	56	6	42,5	6	1,25	7	4	13
MB 10	KM 10	50	74	61	6	47,5	6	1,25	7	4	13
MB 11	KM 11	55	81	67	8	52,5	7	1,25	9	4	17
MB 12	KM 12	60	86	73	8	57,5	7	1,5	9	4	17
MB 13	KM 13	65	92	79	8	62,5	7	1,5	9	4	17
MB 14	KM 14	70	98	85	8	66,5	8	1,5	9	5	17
MB 15	KM 15	75	104	90	8	71,5	8	1,5	9	5	17
MB 16	KM 16	80	112	95	10	76,5	8	1,75	11	5	17
MB 17	KM 17	85	119	102	10	81,5	8	1,75	11	5	17
MB 18	KM 18	90	126	108	10	86,5	10	1,75	11	5	17
MB 19	KM 19	95	133	113	10	91,5	10	1,75	11	5	17
MB 20	KM 20	100	142	120	12	96,5	10	1,75	14	5	17

Werkstoff: Stahl $R_m \geq 300 \, \frac{N}{mm^2}$

Bezeichnung eines Sicherungsbleches für Nutmutter DIN 981 – KM 12:
Sicherungsblech DIN 5406 – MB 12

Filzringe und Filzstreifen

DIN 5419: 1959-09

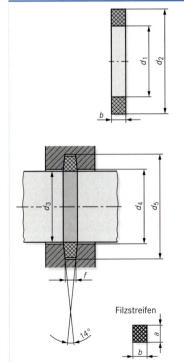

Filzringe							Filzstreifen			
d_1	d_2	b	d_3 h 11	d_4 H 12	d_5 H 12	f H 13	Für Wellend. d_3	a	b	Länge
20	30	4	20	21	31	3	20	5	4	95
25	37	5	25	26	38	4	25			118
30	42		30	31	43		30			132
35	47		35	36	48		35	6	5	150
40	52		40	41	53		40			165
45	57		45	46	58		45			180
50	66	6,5	50	51	67	5	50			210
55	71		55	56	72		55	8	6,5	225
60	76		60	61,5	77		60			240
65	81		65	66,5	82		65			260
70	88	7,5	70	71,5	89	6	70			280
75	93		75	76,5	94		75	9		300
80	98		80	81,5	99		80			315
85	103		85	86,5	104		85			330
90	110	8,5	90	92	111	7	90	10		350
95	115		95	97	116		95			370
100	124	10	100	102	125	8	100	12		390

Filzhärte: bis d_1 = 38 mm – M 5 nach DIN 61 200
ab d_1 = 40 mm – F 2 nach DIN 61 200
Bezeichnung eines Filzringes für Innendurchmesser d_1 = 40, Filzhärte M 5:
Filzring DIN 5419 – 40 – M 5
Bezeichnung eines Filzstreifens von a = 6, b = 5, Länge 132, für Wellendurchmesser d_3 = 30, Filzhärte F 2:
Filzstreifen DIN 5419 – 6 × 5 × 132 – F 2

Lagerungen

Radial-Wellendichtringe
Rotary shaft lip type seals

Radial-Wellendichtringe
DIN 3760: 1996-069

Form A

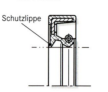

Form AS mit Schutzlippe übrige Maße und Angaben wie Form A

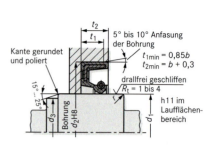

Zugabe für Übermaßpassung (Maße in mm)			Anschrägung der Welle								Kanten[1] des Wellendichtrings	
Außen-Ø d_2	Zugabe	zulässige Unrundheit	d_1	d_3	d_1	d_3	d_1	d_3	d_1	d_3	d_1	c_{min}
≤ 50	+0,3 +0,15	0,25	10	8,4	25	22,5	45	41,6	75	70,7	10 … 26	0,3
			12	10,2	28	25,3	48	44,5	80	75,5	28 … 60	0,4
			14	12,1	30	27,3	50	46,4	85	80,4	62 … 80	0,5
50 < d_2 ≤ 80	+0,35 +0,2	0,35	15	13,1	32	29,2	52	48,3	90	85,3	85 …135	0,8
			16	14	35	32	55	51,3	100	95	135 …190	1
80 < d_2 ≤ 120	+0,35 +0,2	0,5	18	15,8	36	33	60	56,1	110	104,7	[1] abgeschrägt oder gerundet nach Wahl des Herstellers	
			20	17,7	38	34,9	62	58,1	120	114,5		
120 < d_2 ≤ 180	+0,45 +0,25	0,65	22	19,6	40	36,8	65	61	125	119,4		
			24	21,5	42	38,7	70	65,8	130	124,3		

d_1	d_2	$b \pm 0,2$	d_1	d_2	$b \pm 0,2$	d_1	d_2	$b \pm 0,2$	d_1	d_2	$b \pm 0,2$	d_1	d_2	$b \pm 0,2$
10	22		22	35		35	47		55	70	8	95	120	
	25			40			50			72			125	
	26			47			52			80		100	120	
12	22		25	35			55		60	75			125	
	25			40		38	55	7		80			130	
	30			47			62			85		105	130	
14	24			52		40	52		65	85	10	110	130	12
	30		28	40			55			90			140	
15	26	7		47	7		62		70	90		115	140	
	30			52		42	55			95		120	150	
	35		30	40			62		75	95		125	150	
16	30			42		45	60			100		130	160	
	35			47			62		80	100		140	170	
18	30			52			65	8		110		150	180	
	35		32	45		48	62		85	110		160	190	
20	30			47		50	65			120	12	170	200	15
	35			52			68		90	110		180	210	
	40						72			120		190	220	

Werkstoffe: Acrylnitril-Butadien-Kautschuk, NBR oder Fluorkautschuk, FKM
Bezeichnung eines Radial-Wellendichtringes (RWDR) Form A für Wellendurchmesser d_1 = 25 mm, Außendurchmesser d_2 = 40 mm und Breite b = 7 mm, Elastomerteil aus Fluorkautschuk (FKM):
Radial-Wellendichtring DIN 3760 – A 25 × 40 × 7 – FKM
oder
RWDR DIN 3760 – A 25 × 40 × 7 – FKM

O-Ringe
O-rings

O-Ringe, Einbauräume

DIN 3771-1/3: 1984-12; DIN 3771-5: 1993-11

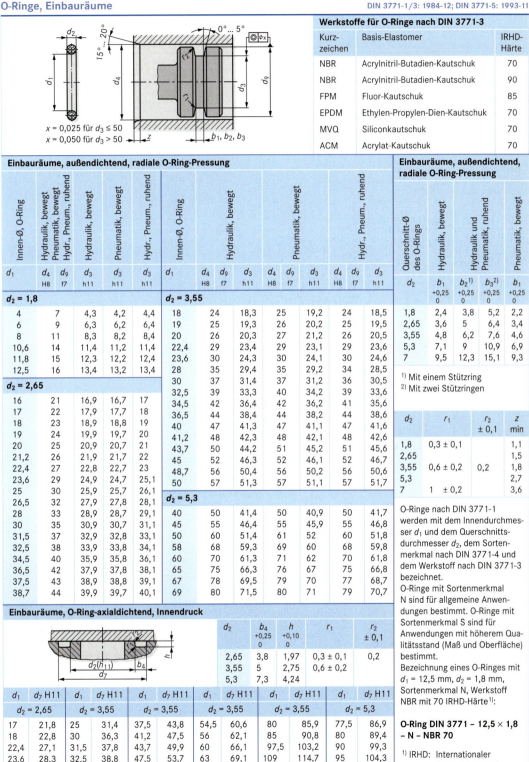

$x = 0{,}025$ für $d_3 \leq 50$
$x = 0{,}050$ für $d_3 > 50$

Werkstoffe für O-Ringe nach DIN 3771-3

Kurzzeichen	Basis-Elastomer	IRHD-Härte
NBR	Acrylnitril-Butadien-Kautschuk	70
NBR	Acrylnitril-Butadien-Kautschuk	90
FPM	Fluor-Kautschuk	85
EPDM	Ethylen-Propylen-Dien-Kautschuk	70
MVQ	Silikonkautschuk	70
ACM	Acrylat-Kautschuk	70

Einbauräume, außendichtend, radiale O-Ring-Pressung

Innen-Ø, O-Ring	Hydraulik, bewegt	Pneumatik, bewegt / Hydr., Pneum., ruhend	Hydraulik, bewegt	Pneumatik, bewegt	Hydr., Pneum., ruhend	Innen-Ø, O-Ring	Hydraulik, bewegt			Pneumatik, bewegt			Hydr., Pneum., ruhend		
d_1	d_4 H8	d_9 f7	d_3 h11	d_3 h11	d_3 h11	d_1	d_4 H8	d_9 f7	d_3 h11	d_4 H8	d_9 f7	d_3 h11	d_4 H8	d_9 f7	d_3 h11
$d_2 = 1{,}8$						**$d_2 = 3{,}55$**									
4	7	4,3	4,2	4,4		18	24	18,3	25	19,2	24	18,5
6	9	6,3	6,2	6,4		19	25	19,3	26	20,2	25	19,5
8	11	8,3	8,2	8,4		20	26	20,3	27	21,2	26	20,5
10,6	14	11,4	11,2	11,4		22,4	29	23,4	29	23,1	29	23,6
11,8	15	12,3	12,2	12,4		23,6	30	24,3	30	24,1	30	24,6
12,5	16	13,4	13,2	13,4		28	35	29,4	35	29,2	34	28,5
$d_2 = 2{,}65$						30	37	31,4	37	31,2	36	30,5
16	21	16,9	16,7	17		32,5	39	33,3	40	34,2	39	33,6
17	22	17,9	17,7	18		34,5	42	36,4	42	36,2	41	35,6
18	23	18,9	18,8	19		36,5	44	38,4	44	38,2	44	38,6
19	24	19,9	19,7	20		40	47	41,3	47	41,1	47	41,6
20	25	20,9	20,7	21		41,2	48	42,3	48	42,1	48	42,6
21,2	26	21,9	21,7	22		43,7	50	44,2	51	45,2	51	45,6
22,4	27	22,8	22,7	23		45	52	46,3	52	46,1	52	46,7
23,6	29	24,9	24,7	25,1		48,7	56	50,4	56	50,2	56	50,6
25	30	25,9	25,7	26,1		50	57	51,3	57	51,1	57	51,7
26,5	32	27,9	27,8	28,1		**$d_2 = 5{,}3$**						
28	33	28,9	28,7	29,1		40	50	41,4	50	40,9	50	41,7
30	35	30,9	30,7	31,1		45	55	46,4	55	45,9	55	46,8
31,5	37	32,9	32,8	33,1		50	60	51,4	61	52	60	51,8
32,5	38	33,9	33,8	34,1		58	68	59,3	69	60	68	59,8
34,5	40	35,9	35,8	36,1		60	70	61,3	71	62	70	61,8
36,5	42	37,9	37,8	38,1		65	75	66,3	76	67	75	66,8
37,5	43	38,9	38,8	39,1		67	78	69,5	79	70	77	68,7
38,7	44	39,9	39,8	40,1		69	80	71,5	80	71	79	70,7

Einbauräume, außendichtend, radiale O-Ring-Pressung

Querschnitt-Ø des O-Rings	Hydraulik, bewegt	Hydraulik und Pneumatik, ruhend	Pneumatik, bewegt
d_2	b_1 +0,25 / 0	b_2[1] +0,25 / 0	b_3[2] +0,25 / 0	b_1 +0,25 / 0
1,8	2,4	3,8	5,2	2,2
2,65	3,6	5	6,4	3,4
3,55	4,8	6,2	7,6	4,6
5,3	7,1	9	10,9	6,9
7	9,5	12,3	15,1	9,3

[1] Mit einem Stützring
[2] Mit zwei Stützringen

d_2	r_1	r_2 ± 0,1	z min
1,8	0,3 ± 0,1		1,1
2,65			1,5
3,55	0,6 ± 0,2	0,2	1,8
5,3			2,7
7	1 ± 0,2		3,6

O-Ringe nach DIN 3771-1 werden mit dem Innendurchmesser d_1 und dem Querschnittsdurchmesser d_2, dem Sortenmerkmal nach DIN 3771-4 und dem Werkstoff nach DIN 3771-3 bezeichnet.
O-Ringe mit Sortenmerkmal N sind für allgemeine Anwendungen bestimmt. O-Ringe mit Sortenmerkmal S sind für Anwendungen mit höherem Qualitätsstand (Maß und Oberfläche) bestimmt.
Bezeichnung eines O-Ringes mit $d_1 = 12{,}5$ mm, $d_2 = 1{,}8$ mm, Sortenmerkmal N, Werkstoff NBR mit 70 IRHD-Härte[1]:

O-Ring DIN 3771 – 12,5 × 1,8 – N – NBR 70

[1] IRHD: Internationaler Gummihärtegrad

Einbauräume, O-Ring-axialdichtend, Innendruck

d_2	b_4 +0,25 / 0	h +0,10 / 0	r_1	r_2 ± 0,1
2,65	3,8	1,97	0,3 ± 0,1	0,2
3,55	5	2,75	0,6 ± 0,2	
5,3	7,3	4,24		

d_1	d_7 H11	d_1	d_7 H11	d_1	d_7 H11	d_1	d_7 H11	d_1	d_7 H11
$d_2 = 2{,}65$		$d_2 = 3{,}55$		$d_2 = 3{,}55$		$d_2 = 3{,}55$		$d_2 = 5{,}3$	
17	21,8	25	31,4	37,5	43,8	54,5	60,6	80	85,9	77,5	86,9
18	22,8	30	36,3	41,2	47,5	56	62,1	85	90,8	80	89,4
22,4	27,1	31,5	37,8	43,7	49,9	60	66,1	97,5	103,2	90	99,3
23,6	28,3	32,5	38,8	47,5	53,7	63	69,1	109	114,7	95	104,3
–	–	35,5	41,8	50	56,2	69	75	136	141,5	109	118,2

Lagerungen

Nutmuttern, Passscheiben, Einbaumaße für Wälzlager
Locknuts, shimrings, dimensions for mounting of rolling bearings

Nutmuttern (Wälzlagerzubehör)
DIN 981: 1993-02

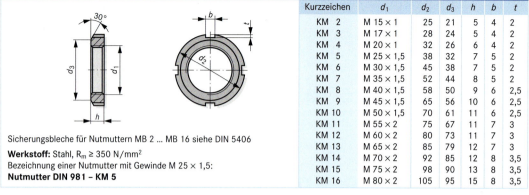

Kurzzeichen	d_1	d_2	d_3	h	b	t
KM 2	M 15 × 1	25	21	5	4	2
KM 3	M 17 × 1	28	24	5	4	2
KM 4	M 20 × 1	32	26	6	4	2
KM 5	M 25 × 1,5	38	32	7	5	2
KM 6	M 30 × 1,5	45	38	7	5	2
KM 7	M 35 × 1,5	52	44	8	5	2
KM 8	M 40 × 1,5	58	50	9	6	2,5
KM 9	M 45 × 1,5	65	56	10	6	2,5
KM 10	M 50 × 1,5	70	61	11	6	2,5
KM 11	M 55 × 2	75	67	11	7	3
KM 12	M 60 × 2	80	73	11	7	3
KM 13	M 65 × 2	85	79	12	7	3
KM 14	M 70 × 2	92	85	12	8	3,5
KM 15	M 75 × 2	98	90	13	8	3,5
KM 16	M 80 × 2	105	95	15	8	3,5

Sicherungsbleche für Nutmuttern MB 2 ... MB 16 siehe DIN 5406
Werkstoff: Stahl, $R_m \geq 350$ N/mm^2
Bezeichnung einer Nutmutter mit Gewinde M 25 × 1,5:
Nutmutter DIN 981 – KM 5

Passscheiben und Stützscheiben
DIN 988: 1990-03

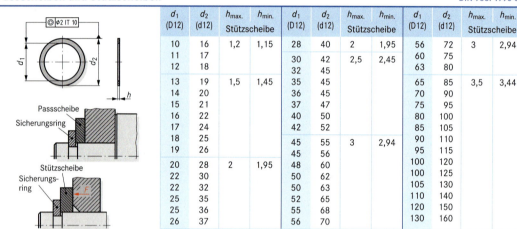

d_1 (D12)	d_2 (d12)	$h_{max.}$	$h_{min.}$	d_1 (D12)	d_2 (d12)	$h_{max.}$	$h_{min.}$	d_1 (D12)	d_2 (d12)	$h_{max.}$	$h_{min.}$
		Stützscheibe				Stützscheibe				Stützscheibe	
10	16	1,2	1,15	28	40	2	1,95	56	72	3	2,94
11	17			30	42	2,5	2,45	60	75		
12	18			32	45			63	80		
13	19	1,5	1,45	35	45			65	85	3,5	3,44
14	20			36	45			70	90		
15	21			37	47			75	95		
16	22			40	50			80	100		
17	24			42	52			85	105		
18	25			45	55	3	2,94	90	110		
19	26			45	56			95	115		
20	28	2	1,95	48	60			100	120		
22	30			50	62			100	125		
22	32			50	63			105	130		
25	35			52	65			110	140		
25	36			55	68			120	150		
26	37			56	70			130	160		

Passscheiben h_{max}: 0,1; 0,15; 0,2; 0,3; 0,5; 1; 1,1; 1,2; 1,3; 1,4; 1,5; 1,6; 1,7; 1,8; 1,9; 2,0 mm
Werkstoff Passscheiben: St, Stützscheiben: FSt

Bezeichnung einer Passscheibe mit $d_1 = 50$, $d_2 = 62$, $h_{max} = 1,5$: **Passscheibe DIN 988 – 50 × 62 × 1,5**
Bezeichnung einer Stützscheibe (S) mit $d_1 = 40$, $d_2 = 50$: **Stützscheibe DIN 988 – S 40 × 50**

Einbaumaße für Wälzlager
DIN 5418: 1993-02

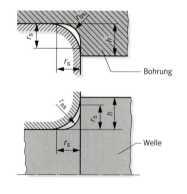

Rundungen und Schulterhöhen für Radiallager und Axiallager (Ausnahme: Kegelrollenlager)

Kantenabstand am Wälzlager	Hohlkehlradius	Schulterhöhe $h^{1)}$ Durchmesserreihe nach DIN 616		
r_s	r_{as}; r_{bs}	8; 9; 0	1; 2; 3	4
0,05	0,05	0,2	–	–
0,08	0,08	0,26	–	–
0,1	0,1	0,3	0,6	–
0,2	0,2	0,7	0,9	–
0,3	0,3	1	1,2	–
0,6	0,6	1,6	2,1	–
1	1	2,3	2,8	–
2	2	4,4	5,5	6,5
3	2,5	6,2	7	8
4	3	7,3	8,5	10
5	4	9	10	12

Ersatzweise kann der Freistich Form F nach DIN 509 angewendet werden.

[1] Bei Axiallagern soll die Schulter mindestens bis zur Mitte der Wellen oder Gehäusescheibe reichen.

Toleranzen für den Einbau von Wälzlagern (bis 500 mm Bohrungsnenndurchmesser)
Mounting tolerances for rolling bearings

DIN 5425-1: 1984-11

Radiallager

Bewegungsverhältnisse		Innenring/Welle			Grundabmaß für Welle[1]		Außenring/Gehäuse			Grundabmaß für Welle[1]	
Beschreibung	Schema	Lastfall	Passung	Belastung	Kugellager	Rollenlager	Lastfall	Passung	Belastung	Kugellager	Rollenlager
Innenring rotiert, Außenring steht still, Lastrichtung unveränderlich		Umfangslast für Innenring	fester Sitz erforderlich	niedrig	h, k	k, m	Punktlast für Außenring	fester Sitz zulässig	beliebig	J[2], H, G[3], F[3]	
Innenring steht still, Außenring rotiert, Lastrichtung rotiert mit Außenring				mittel	j, k, m	k, m, m, p					
				hoch	m, n	n, p					
Innenring steht still, Außenring rotiert, Lastrichtung unveränderlich		Punktlast für Innenring	loser Sitz zulässig	beliebig	j, h, g, f	j, h, g, f	Umfangslast für Außenring	fester Sitz erforderlich	niedrig	J	K
Innenring rotiert, Außenring steht still, Lastrichtung rotiert mit Innenring									mittel	K, M	M, N
									hoch	–	N, P
Kombination von verschiedenen Bewegungsverhältnissen	–	Unbestimmt	Das Grundabmaß wird bestimmt von dem dominierenden Lastfall sowie der Montierbarkeit der Lagerung				Unbestimmt	Das Grundabmaß wird bestimmt von dem dominierenden Lastfall sowie der Montierbarkeit der Lagerung			

Axiallager

Belastungsart	Wellenscheibe/Welle			Gehäusescheibe/Gehäuse		
	Lastfall	Passung	Grundabmaß für Welle[1]	Lastfall	Passung	Grundabmaß für Welle[1]
Kombinierte Last	Umfangslast	fester Sitz erforderlich	j k m	Punktlast	loser Sitz zulässig	H J
	Punktlast	loser Sitz zulässig	j	Umfangslast	fester Sitz erforderlich	K M
Reine Axiallast	–	–	h j k	–	–	H G E

[1] Reihenfolge der Grundabmaße von oben nach unten ist nach steigender Lagergröße geordnet.
[2] Nicht für geteilte Gehäuse.
[3] Diese Grundabmaße werden auch bei Wärmezufuhr von der Welle angewandt.

Toleranzklassen

Wellentoleranzen:	Toleranzgrad 6	z. B.: m6
Gehäusetoleranzen:	Toleranzgrad 7	z. B.: H7

Wälzlagertoleranzen

DIN 620-2: 1988:02

Toleranzklasse P0:	Innen- und Außenring haben etwa die Toleranzklasse h6 nach DIN ISO 286

Empfohlene Werte für die Oberflächenrauheit von Passflächen

Wellen- oder Gehäusedurchmesser in mm		Genauigkeit der Durchmessertoleranzen von Wellen- oder Gehäusepassflächen			
		Toleranzgrad 6		Toleranzgrad 7	
über	bis	Rz in µm	Ra in µm	Rz in µm	Ra in µm
–	80	6,3	1,6	10	3,2
80	500	10	3,2	16	3,2
500	1250	16	3,2	25	6,3

Lagerungen

Vereinfachte Darstellungen
Simplified representations

Wälzlager

DIN ISO 8826-1: 1990-12; DIN ISO 8826-2: 1995-10

Bildliche Darstellung	Vereinfachte Darstellung allgemein	detailliert	Bemerkung
			Eine vereinfachte Darstellung wird auf einer oder auf beiden Seiten der Achse angewendet. Das freistehende Kreuz darf die Begrenzungslinien nicht berühren. Alle Linien: DIN 15-A

Elemente für die detaillierte vereinfachte Darstellung

Element	Anwendung
lange, gerade Volllinie	Achse des Wälzlagerelementes ohne Einstellmöglichkeit, z. B.: Radial-Rillenkugellager
lange, gebogene Volllinie	Achse des Wälzlagerelementes mit Einstellmöglichkeit, z. B.: Pendelkugellager
kurze, gerade Volllinie, kreuzt lange Volllinie unter 90°	Lage und Reihenzahl der Wälzelemente, z. B.: zweireihiges Radial-Rillenkugellager

Anstelle der kurzen, geraden Volllinien dürfen die Elemente Kreis und Rechteck zur Darstellung der Wälzkörper angewendet werden.

Element		Anwendung
○	Kreis	Kugel
▭	breites Rechteck	Rolle
▬	schmales Rechteck	Nadel

Detaillierte vereinfachte Darstellungen

Bildliche Darstellung		Vereinfachte Darstellung detailliert	Bildliche Darstellung	Vereinfachte Darstellung detailliert
Radial-Rillenkugellager einreihig	Zylinder-Rillenkugellager einreihig		Schrägkugellager, zweireihig, mit geteiltem Innenring	
Radial-Rillenkugellager zweireihig	Zylinder-Rillenkugellager zweireihig		Nadellager, einreihig Nadelkranz	
Radial-Pendelrollenlager, einreihig			Kombiniertes Radial-Nadellager/Kugellager	
Radial-Pendelrollenlager, zweireihig			Einseitig wirkendes Axial-Kugellager	
Schrägkugellager, einreihig	Kegelrollenlager		Axial-Rillenkugellager, einseitig wirkend, mit kugeliger Gehäusescheibe	

Vereinfachte Darstellungen
Simplified representations

Dichtungen für dynamische Belastungen

DIN ISO 9222-1: 1990-12; DIN ISO 9222-2: 1991-03

Bildliche Darstellung	Vereinfachte Darstellung		Bemerkung
	allgemein	detailliert	
		Druck-richtung	Die vereinfachte Darstellung wird auf einer Seite oder auf beiden Seiten der Achse angewendet. Der Pfeil, der die Dichtrichtung angibt, kann weggelassen werden. Alle Linien: ISO 128-01.2

Elemente für detaillierte vereinfachte Darstellung

Element	Anwendung	Element	Anwendung
lange, gerade Volllinie	statisches Dichtelement	kurze, gerade Volllinien, die zum Mittelpunkt des Quadrates zeigen	Dichtlippen von U-Dichtungen, V-Ringen, Packungssätzen
lange, gerade Volllinie, diagonal zu den Umrissen	dynamisches Dichtelement	T (männlich)	Berührungsfreie Dichtungen, z. B.: Labyrinthdichtungen
kurze, gerade Volllinien, diagonal zu den Umrissen unter 90° zum Dichtelement	Staublippen, Abstreifringe	U (weiblich)	

Detaillierte vereinfachte Darstellungen

Bildliche Darstellung		Vereinfachte Darstellung detailliert	Bildliche Darstellung	Vereinfachte Darstellung detailliert
	Radial-Wellendichtring ohne Staublippe Ummantelung: Gummi		Packung	
	Radial-Wellendichtring mit Staublippe Ummantelung: Gummi		Labyrinth-Dichtung	
	Radial-Wellendichtring ohne Staublippe, doppeltwirkend Ummantelung: Gummi		**Anwendungsbeispiel**	
	U-Dichtung		Druck-richtung — detaillierte vereinfachte Darstellung; Dichtrichtung; bildliche Darstellung	

Lagerungen

293

Buchsen für Gleitlager
Bushes for plain bearings

Buchsen für Gleitlager aus Kupferlegierungen

DIN ISO 4379: 1995-10

	Form C			Form F					Form C und F		
				Reihe 1			Reihe 2				
d_1	d_2		d_2	d_3	b_2	d_2	d_3	b_2	b_1		C
10	12	14	16	12	14	1	16	20	3	6	10	–	0,3
12	12	14	16	14	16	1	18	22	3	10	15	20	0,5
15	17	19	21	17	19	1	21	27	3	10	15	20	0,5
18	20	22	24	20	22	1	24	30	3	12	20	30	0,5
20	23	24	26	23	26	1,5	26	32	3	15	20	30	0,5
22	25	26	28	25	28	1,5	28	34	3	15	20	30	0,5
25	28	30	32	28	31	1,5	32	38	4	20	30	40	0,5
28	32	34	36	32	36	2	36	42	4	20	30	40	0,5
30	34	36	38	34	38	2	38	44	4	20	30	40	0,5
32	36	38	40	36	40	2	40	46	4	20	30	40	0,8
35	39	41	45	39	43	2	45	50	5	30	40	50	0,8
38	42	45	48	42	46	2	48	54	5	30	40	50	0,8
40	44	48	50	44	48	2	50	58	5	30	40	60	0,8
42	46	50	52	46	50	2	52	60	5	30	40	60	0,8
45	50	53	55	50	55	2,5	55	63	5	30	40	60	0,8
48	53	56	58	53	58	2,5	58	66	5	40	50	60	0,8
50	55	58	60	55	60	2,5	60	68	5	40	50	60	0,8

1) ergibt Toleranzklasse H8 nach dem Einpressen

Empfohlene Toleranzklassen für den Einbau

Aufnahmebohrung: H7
Welle: e7, g7 (anwendungsfallabhängig)

Bezeichnung einer Buchse der Form C mit d_1 = 20 mm, d_2 = 23 mm, b_1 = 20 mm aus Cu SN 8:
Buchse ISO 4379 – C 20 × 23 × 20 – Cu Sn 8

Buchsen für Gleitlager aus Duroplasten und Thermoplasten

DIN 1850-5, 6: 1998-07

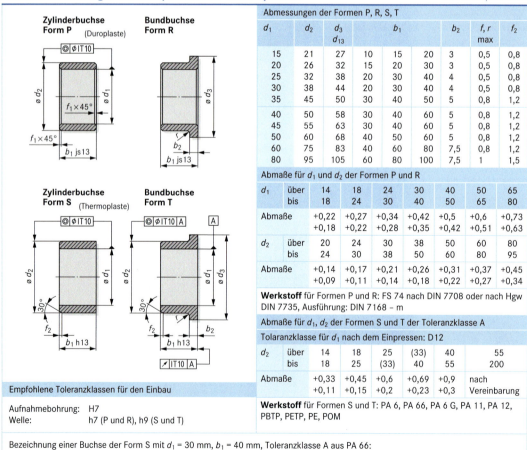

Abmessungen der Formen P, R, S, T

d_1	d_2	d_3 d_{13}	b_1	b_2	f, r max	f_2
15	21	27	10	15	20	3	0,5	0,8
20	26	32	15	20	30	3	0,5	0,8
25	32	38	20	30	40	4	0,5	0,8
30	38	44	20	30	40	4	0,5	0,8
35	45	50	30	40	50	5	0,8	1,2
40	50	58	30	40	60	5	0,8	1,2
45	55	63	30	40	60	5	0,8	1,2
50	60	68	40	50	60	5	0,8	1,2
60	75	83	40	60	80	7,5	0,8	1,2
80	95	105	60	80	100	7,5	1	1,5

Abmaße für d_1 und d_2 der Formen P und R

d_1	über	14	18	24	30	40	50	65
	bis	18	24	30	40	50	65	80
Abmaße		+0,22 +0,18	+0,27 +0,22	+0,34 +0,28	+0,42 +0,35	+0,5 +0,42	+0,6 +0,51	+0,73 +0,63
d_2	über	20	24	30	38	50	60	80
	bis	24	30	38	50	60	80	95
Abmaße		+0,14 +0,09	+0,17 +0,11	+0,21 +0,14	+0,26 +0,18	+0,31 +0,22	+0,37 +0,27	+0,45 +0,34

Werkstoff für Formen P und R: FS 74 nach DIN 7708 oder nach Hgw DIN 7735, Ausführung: DIN 7168 – m

Abmaße für d_1, d_2 der Formen S und T der Toleranzklasse A
Toleranzklasse für d_1 nach dem Einpressen: D12

d_2	über	14	18	25	(33)	40	55
	bis	18	25	(33)	40	55	200
Abmaße		+0,33 +0,11	+0,45 +0,15	+0,6 +0,2	+0,69 +0,23	+0,9 +0,3	nach Vereinbarung

Werkstoff für Formen S und T: PA 6, PA 66, PA 6 G, PA 11 PA 12, PBTP, PETP, PE, POM

Empfohlene Toleranzklassen für den Einbau

Aufnahmebohrung: H7
Welle: h7 (P und R), h9 (S und T)

Bezeichnung einer Buchse der Form S mit d_1 = 30 mm, b_1 = 40 mm, Toleranzklasse A aus PA 66:
Buchse DIN 1850 – S 30 A 40 – PA 66

Buchsen für Gleitlager, Kegelschmiernippel
Bushes for plain bearings, lubrication nipples

Buchsen für Gleitlager aus Sintermetall

DIN 1850-3: 1998-07

Form J Zylinderlager
Form V Bundlager

d_1	d_2	d_3	b_1			b_2	f_{max}	r_{max}
2,5	6	9	2[1]	3	–	1,5	0,3	0,3
3	6	9	3[1]	4	–	1,5	0,3	0,3
4	8	12	3	4	6	2	0,3	0,3
5	9	13	4	5	8	2	0,3	0,3
6	10	14	4	6	10	2	0,3	0,3
7	11	15	5	8	10	2	0,3	0,3
8	12	16	6	8	12	2	0,3	0,3
9	14	19	6	10	14	2,5	0,4	0,6
10	16	22	8	10	16	3	0,4	0,6
12	18	24	8	12	20	3	0,4	0,6
14	20	26	10	14	20	3	0,4	0,6
15	21	27	10	15	25	3	0,4	0,6
16	22	28	12	16	25	3	0,4	0,6
18	24	30	12	18	30	3	0,4	0,6
20	26	32	15	20	25	30	3	0,4	0,6
22	28	34	15	20	25	30	3	0,4	0,6
25	32	39	20	25	30	35[1]	3,5	0,6	0,8
28	36	44	20	25	30	40[1]	4	0,6	0,8
30	38	46	20	25	30	40[1]	4	0,6	0,8
32	40	48	20	25	30	40[1]	4	0,6	0,8
35	45	55	25	35	40	50[1]	5	0,7	0,8
38	48	58	25	35	45	55[1]	5	0,7	0,8
40	50	60	30	40	50	60[1]	5	0,7	0,8
42	52	–	30	40	50	60[1]	5	0,7	0,8
45	55	–	35	45	55	65[1]	5	0,7	0,8
48	58	–	35	50	70	–	5	0,7	0,8
50	60	–	35	50	70	–	5	0,7	0,8
55	65	–	40	55	70	–	5	0,7	0,8

Toleranzklasse

d_1	Form J und V	G7*)
d_2		r6
d_3		js13
b_1, b_2		js13
Aufnahmebohrung:	Form J und V	H7

*) Ergibt nach dem Einpressen H7, wenn ein Einpressdorn innerhalb der ISO-Toleranzklasse m5 verwendet wird. Der Einpressdorn muss einen Absatz haben, der auf die gesamte Stirnfläche der Buchse drückt. Das Lagerspiel wird durch den Wellendurchmesser und den Buchsen-Innendurchmesser beeinflusst.

Bezeichnung eines Zylinderlagers Form J mit d_1 = 20 mm, d_2 = 26 mm, b_1 = 20 mm, aus Sinterbronze Sint-N50, ölgetränkt:
Zylinderlager DIN 1850 – J 20 × 26 × 20 – Sint-B50

[1] Nur für Form J

Kegelschmiernippel

DIN 71 412: 1987-11

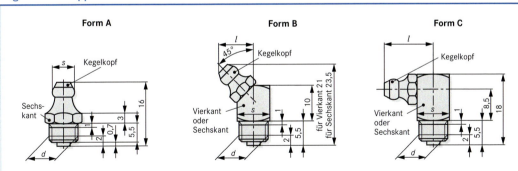

Form A, Form B, Form C

Form	metrisches kegeliges Außengewinde nach DIN 158	selbstformendes kegeliges Außengewinde	Whitworth-Rohrgewinde DIN 2999-1 (Kurzausführung)	l bei Form B ≈	l bei Form C ≈	s Sechskant für Form A	s Vier- oder Sechskant für Form B und C	Kernlochdurchmesser für selbstformendes kegeliges Außengewinde ± 0,1
A	M 6 keg kurz	S 6	–	10	14,3	7	9	5,6
B	M 8 × 1 keg kurz	S 8 × 1				9		7,5
C	M 10 × 1 keg kurz	S 10 × 1	R 1/8	11	15,3	11	11	9,5

Bei Neukonstruktionen sind Schmiernippel mit metrischem Gewinde vorzusehen.
An Kraftfahrzeugen dürfen Schmiernippel mit Whitworth-Gewinde nicht verwendet werden.
Bezeichnung eines Kegelschmiernippels Form A mit metrischem Gewinde M 10 × 1:
Kegelschmiernippel DIN 71 412 – A M 10 × 1

Freistiche
Relief grooves

DIN 509: 1998-06

Form E
- z : Bearbeitungszugabe
- d_1: Fertigmaß

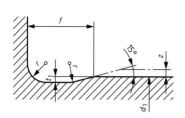

Form F

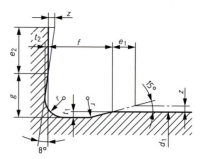

Senkung am Gegenstück

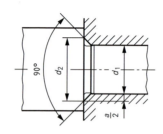

Empfohlene Zuordnung zum Durchmesser d_1 in mm für Werkstücke		r	t_1	f	g ≈	t_2 +0,05	nach-form-bar	a Kleinstmaß in mm		Auswirkung der Bearbeitungs-zugabe z		
mit üblicher Beanspruchung	mit erhöhter Wechselfestigkeit	in mm	in mm	in mm	in mm	in mm		Form E	Form F	z in mm	e_1 in mm	e_2 in mm
bis 1,6	–	0,1	0,1	0,5	0,8	0,1	nein	0	0	0,1	0,37	0,71
über 1,6 bis 3		0,2	0,1	1	0,9	0,1	nein	0,2	0	0,15	0,56	1,07
über 3 bis 10		0,4	0,2	2	1,1	0,1	nein	0,4	0	0,2	0,75	1,42
										0,25	0,93	1,78
über 10 bis 18	–	0,6	0,2	2	1,4	0,1	ja	0,8	0,2	0,3	1,12	2,14
über 18 bis 80		0,6	0,3	2,5	2,1	0,2	ja	0,6	0	0,4	1,49	2,85
über 80		1	0,4	4	3,2	0,3	ja	1,6	0,8	0,5	1,87	3,56
										0,6	2,24	4,27
–	über 18 bis 50	1	0,2	2,5	1,8	0,1	ja	1,2	0	0,7	2,61	4,98
	über 50 bis 80	1,6	0,3	4	3,1	0,2	ja	2,6	1,1	0,8	2,99	5,69
	über 80 bis 125	2,5	0,4	5	4,8	0,3	ja	4,2	1,9	0,9	3,36	6,4
	über 125	4	0,5	7	6,4	0,3	ja	7	4	1	3,73	7,12

Bezeichnung eines Freistiches der Form E mit r_1 = 0,6 mm und t_1 = 0,3 mm:

Freistich DIN 509 – E 0,6 × 0,3

Darstellung und Angaben in Zeichnungen:
Die Freistiche können vollständig gezeichnet oder vereinfacht dargestellt werden.

Linienbreite der vereinfachten Darstellung:
ISO 128-01.1

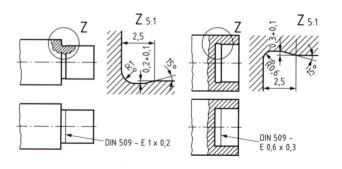

Lagerungen

Übertragen von Drehmomenten

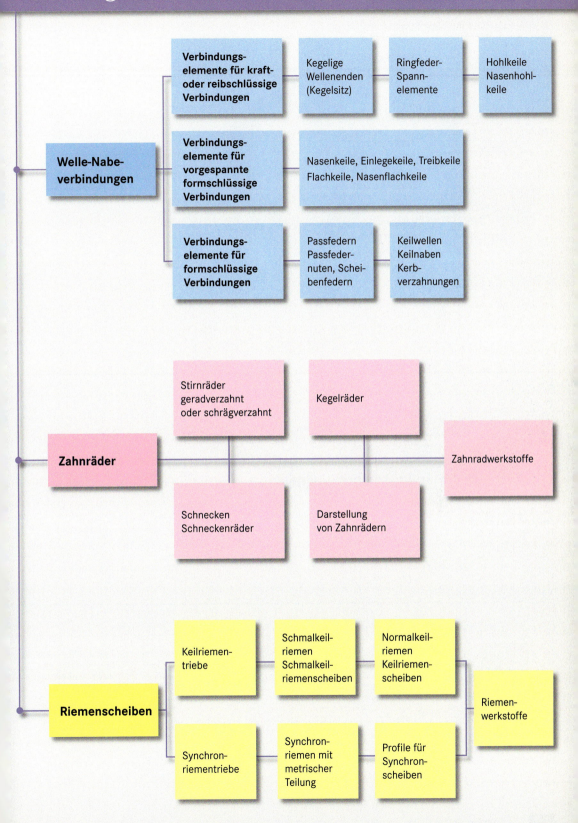

Übertragen von Drehmomenten
Transfer of torques

Verbindung mit Ringfeder-Spannelement

Verbindungen mit Ringfeder-Spannelementen sind kraftschlüssige Verbindungen; sie sind lösbar.

Ringfeder-Spannelemente sind nicht genormt.

Verbindung mit Treibkeil

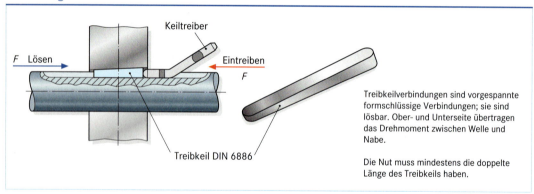

Treibkeilverbindungen sind vorgespannte formschlüssige Verbindungen; sie sind lösbar. Ober- und Unterseite übertragen das Drehmoment zwischen Welle und Nabe.

Die Nut muss mindestens die doppelte Länge des Treibkeils haben.

Verbindung mit Passfeder

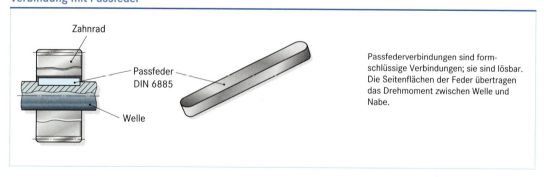

Passfederverbindungen sind formschlüssige Verbindungen; sie sind lösbar. Die Seitenflächen der Feder übertragen das Drehmoment zwischen Welle und Nabe.

Ringfeder-Spannelemente, Wellenenden
Annular spring fastening devices, shaft ends

Ringfeder-Spannelemente

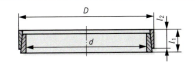

F_0 : Spannkraft zur Spielüberbrückung
F : erforderliche Spannkraft zur Erzeugung von p = 100 N/mm²
F_{ax} : der von einem Element bei p = 100 N/mm² übertragbare Axialschub
M_t : das von einem Element bei p = 100 N/mm² übertragbare Drehmoment
s : Spannweg des Druckflansches in mm bei n Spannelementen

$d \times D$	l_1	l_2	F_0	F	F_{ax}	M_t	\multicolumn{4}{c	}{s bei n =}	$d \times D$	l_1	l_2	F_0	F	F_{ax}	M_t	\multicolumn{4}{c	}{s bei n =}
mm	mm	mm	kN	kN	kN	Nm	1	2	3	4	mm	mm	mm	kN	kN	kN	Nm	1	2	3	4
10 × 13	4,5	3,7	6,95	6,3	1,4	7	2	2	3	3	40 × 45	8	6,6	13,8	45	9,95	199	3	4	5	6
12 × 15	4,5	3,7	6,95	7,5	1,67	10	2	2	3	3	45 × 52	10	8,6	28,2	66	14,6	328	3	4	5	6
15 × 19	6,3	5,3	10,75	13,5	3	22,5	3	3	4	5	50 × 57	10	8,6	23,5	73	16,2	405	3	4	5	6
16 × 20	6,3	5,3	10,1	14,4	3,19	25,5	3	3	4	5	55 × 62	10	8,6	21,8	80	17,8	490	3	4	5	6
20 × 25	6,3	5,3	12,05	18	4	40	3	3	4	5	60 × 68	12	10,4	27,4	106	23,5	705	3	4	5	7
22 × 26	6,3	5,3	9,05	19,8	4,4	48	3	3	4	5	70 × 79	14	12,2	31	145	32	1120	3	5	6	7
25 × 30	6,3	5,3	9,9	22,5	5	62	3	3	4	5	75 × 84	14	12,2	34,6	155	34,4	1290	3	5	6	7
30 × 35	6,3	5,3	8,5	27	6	90	3	3	4	5	80 × 91	17	15	48	203	45	1810	4	5	6	8
35 × 40	7	6	10,1	35,6	7,9	138	3	3	4	5	90 × 101	17	15	43,4	229	51	2290	4	5	6	8

Wellenenden

DIN 748-1: 1970-01; DIN 1448-1: 1970-01

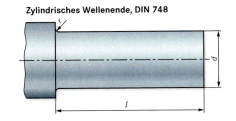

Zylindrisches Wellenende, DIN 748

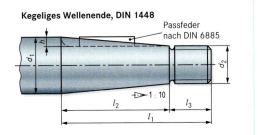

Kegeliges Wellenende, DIN 1448 — Passfeder nach DIN 6885

	Zylindrische Wellenenden				Kegelige Wellenenden							
d	Toleranz-klasse	\multicolumn{2}{c	}{l}	r	d_1	\multicolumn{2}{c	}{l_1}	\multicolumn{2}{c	}{l_2}	l_3	\multicolumn{2}{c	}{t_1}	Passfeder $b \times h$	Gewinde d_2
		lang	kurz			lang	kurz	lang	kurz		lang	kurz		
10		23	15		10	23	–	15	–	8	–	–	–	M 6
12		30	18		12	30	–	18	–	12	1,7	–	2 × 2	M 8 × 1
14		30	18		14	30	–	18	–	12	2,3	–	3 × 3	M 8 × 1
16		40	28	0,6	16	40	28	28	16	12	2,5	2,2	3 × 3	M 10 × 1,25
20		50	36		20	50	36	36	22	14	3,4	3,1	4 × 4	M 12 × 1,25
22		50	36		22	50	36	36	22	14	3,4	3,1	4 × 4	M 12 × 1,25
24		50	36		24	50	36	36	22	14	3,9	3,6	5 × 5	M 12 × 1,25
25		60	42		25	60	42	42	24	18	4,1	3,6	5 × 5	M 16 × 1,5
28		60	42		28	60	42	42	24	18	4,1	3,6	5 × 5	M 16 × 1,5
30	k 6	80	58		30	80	58	58	36	22	4,5	3,9	5 × 5	M 20 × 1,5
32		80	58		32	80	58	58	36	22	5	4,4	6 × 6	M 20 × 1,5
35		80	58	1	35	80	58	58	36	22	5	4,4	6 × 6	M 20 × 1,5
38		80	58		38	80	58	58	36	22	5	4,4	6 × 6	M 24 × 2
40		110	82		40	110	82	82	54	28	7,1	6,4	10 × 8	M 24 × 2
42		110	82		42	110	82	82	54	28	7,1	6,4	10 × 8	M 24 × 2
45		110	82		45	110	82	82	54	28	7,1	6,4	12 × 8	M 30 × 2
48		110	82		48	110	82	82	54	28	7,1	6,4	12 × 8	M 30 × 2
50		110	82		50	110	82	82	54	28	7,1	6,4	12 × 8	M 36 × 3
55		110	82		55	110	82	82	54	28	7,6	6,9	14 × 9	M 36 × 3
60		140	105		60	140	105	105	70	35	8,6	7,8	16 × 10	M 42 × 3
65		140	105	1,6	65	140	105	105	70	35	8,6	7,8	16 × 10	M 42 × 3
70		140	105		70	140	105	105	70	35	9,6	8,8	18 × 11	M 48 × 3
75		140	105		75	140	105	105	70	35	9,6	8,8	18 × 11	M 48 × 3
80	m 6	170	130		80	170	130	130	90	40	10,8	9,8	20 × 12	M 56 × 4
85		170	130		85	170	130	130	90	40	10,8	9,8	20 × 12	M 56 × 4
90		170	130		90	170	130	130	90	40	12,3	11,3	22 × 14	M 64 × 4
95		170	130	2,5	95	170	130	130	90	40	12,3	11,3	22 × 14	M 64 × 4
100		210	165		100	210	165	165	120	45	13,1	12	25 × 14	M 72 × 4

Übertragen von Drehmomenten 299

Keile
Keys

Hohlkeile, Nasenhohlkeile
DIN 6881: 1956-02; DIN 6889: 1956-02

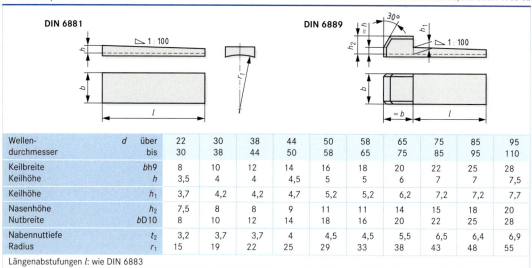

Wellen-durchmesser	d	über bis	22 30	30 38	38 44	44 50	50 58	58 65	65 75	75 85	85 95	95 110
Keilbreite Keilhöhe	bh9 h		8 3,5	10 4	12 4	14 4,5	16 5	18 5	20 6	22 7	25 7	28 7,5
Keilhöhe	h_1		3,7	4,2	4,2	4,7	5,2	5,2	6,2	7,2	7,2	7,7
Nasenhöhe Nutbreite	h_2 bD10		7,5 8	8 10	8 12	9 14	11 18	11 16	14 20	15 22	18 25	20 28
Nabennuttiefe Radius	t_2 r_1		3,2 15	3,7 19	3,7 22	4 25	4,5 29	4,5 33	5,5 38	6,5 43	6,4 48	6,9 55
Längenabstufungen l: wie DIN 6883												

Einlegekeile, Treibkeile, Nasenkeile
DIN 6887: 1968-04; DIN 6886: 1967-12

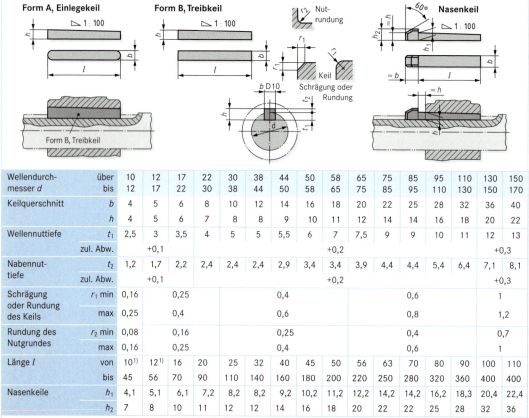

Wellendurch-messer d		über bis	10 12	12 17	17 22	22 30	30 38	38 44	44 50	50 58	58 65	65 75	75 85	85 95	95 110	110 130	130 150	150 170
Keilquerschnitt	b h		4 4	5 5	6 6	8 7	10 8	12 8	14 9	16 10	18 11	20 12	22 14	25 14	28 16	32 18	36 20	40 22
Wellennuttiefe	t_1 zul. Abw.		2,5	3 +0,1	3,5	4	5	5	5,5	6	7 +0,2	7,5	9	9	10	11	12 +0,3	13
Nabennut-tiefe	t_2 zul. Abw.		1,2	1,7 +0,1	2,2	2,4	2,4	2,4	2,9	3,4	3,4 +0,2	3,9	4,4	4,4	5,4	6,4	7,1 +0,3	8,1
Schrägung oder Rundung des Keils	r_1 min max		0,16 0,25		0,25 0,4			0,4 0,6				0,6 0,8				1 1,2	
Rundung des Nutgrundes	r_2 min max		0,08 0,16		0,16 0,25			0,25 0,4				0,4 0,6				0,7 1	
Länge l		von bis	10[1] 45	12[1] 56	16 70	20 90	25 110	32 140	40 160	45 180	50 200	56 220	63 250	70 280	80 320	90 360	100 400	110 400
Nasenkeile	h_1 h_2		4,1 7	5,1 8	6,1 10	7,2 11	8,2 12	8,2 12	9,2 14	10,2 16	11,2 18	12,2 20	14,2 22	14,2 22	16,2 25	18,3 28	20,4 32	22,4 36

Werkstoff: C 45 E, andere Stahlsorten nach Vereinbarung.
Bezeichnung eines Keiles Form A mit b = 20, h = 12 und l = 80 aus C 45 E: **Keil DIN 6886 – A 20 × 12 × 80**
[1] für Nasenkeile l = 14

Keile, Scheibenfedern
Keys, woodruff keys

Flachkeile, Nasenflachkeile

DIN 6883: 1956-02; DIN 6884: 1956-02

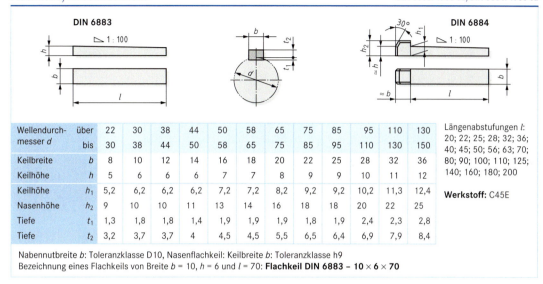

Wellendurch-	über	22	30	38	44	50	58	65	75	85	95	110	130	Längenabstufungen l:
messer d	bis	30	38	44	50	58	65	75	85	95	110	130	150	20; 22; 25; 28; 32; 36;
Keilbreite	b	8	10	12	14	16	18	20	22	25	28	32	36	40; 45; 50; 56; 63; 70; 80; 90; 100; 110; 125;
Keilhöhe	h	5	6	6	6	7	7	8	9	9	10	11	12	140; 160; 180; 200
Keilhöhe	h_1	5,2	6,2	6,2	6,2	7,2	7,2	8,2	9,2	9,2	10,2	11,3	12,4	**Werkstoff:** C45E
Nasenhöhe	h_2	9	10	10	11	13	14	16	18	18	20	22	25	
Tiefe	t_1	1,3	1,8	1,8	1,4	1,9	1,9	1,9	1,8	1,9	2,4	2,3	2,8	
Tiefe	t_2	3,2	3,7	3,7	4	4,5	4,5	5,5	6,5	6,4	6,9	7,9	8,4	

Nabennutbreite b: Toleranzklasse D10, Nasenflachkeil: Keilbreite b: Toleranzklasse h9
Bezeichnung eines Flachkeils von Breite b = 10, h = 6 und l = 70: **Flachkeil DIN 6883 – 10 × 6 × 70**

Scheibenfedern und Scheibenfedernuten

DIN 6888: 1956-08

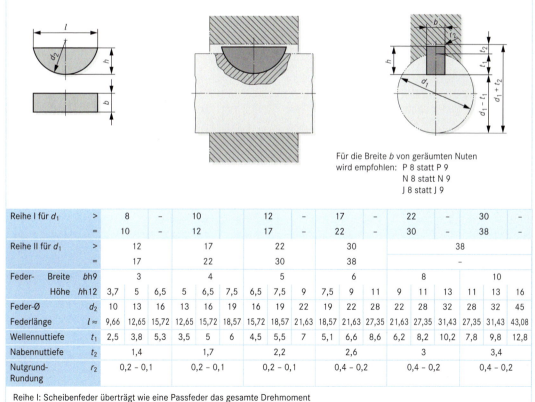

Für die Breite b von geräumten Nuten wird empfohlen: P 8 statt P 9
N 8 statt N 9
J 8 statt J 9

Reihe I für d_1	>	8	–	10	–	12	–	17	–	22	–	30	–
	=	10	–	12	–	17	–	22	–	30	–	38	–
Reihe II für d_1	>	12		17		22		30		38			
	=	17		22		30		38		–			
Feder- Breite	bh9	3		4		5		6		8		10	
Höhe	hh12	3,7	5	6,5	5	6,5	7,5	6,5	7,5	9	7,5	9	11	9	11	13	11	13	16
Feder-Ø	d_2	10	13	16	13	16	19	16	19	22	19	22	28	22	28	32	28	32	45
Federlänge	$l \approx$	9,66	12,65	15,72	12,65	15,72	18,57	15,72	18,57	21,63	18,57	21,63	27,35	21,63	27,35	31,43	27,35	31,43	43,08
Wellennuttiefe	t_1	2,5	3,8	5,3	3,5	5	6	4,5	5,5	7	5,1	6,6	8,6	6,2	8,2	10,2	7,8	9,8	12,8
Nabennuttiefe	t_2		1,4			1,7			2,2			2,6			3			3,4	
Nutgrund-Rundung	r_2		0,2 – 0,1			0,2 – 0,1			0,2 – 0,1			0,4 – 0,2			0,4 – 0,2			0,4 – 0,2	

Reihe I: Scheibenfeder überträgt wie eine Passfeder das gesamte Drehmoment
Reihe II: Scheibenfeder dient nur zur Festlegung der Lage, das Drehmoment überträgt ein anderes Element (z. B. Kegel).
Toleranzen der Scheibenfeder wie DIN 6885, Ausnahme: Nabennutbreite b, leichter Sitz J 9, in Reihe II auch D 10

Bezeichnung einer Scheibenfeder mit b = 6 mm, h = 9 mm aus E 335: **Scheibenfeder DIN 6888 – 6 × 9 – E 335**

Übertragen von Drehmomenten

Passfedern, Passfedernuten
Feather keys, grooves of feather keys

Passfedern, Passfedernuten

DIN 6885-1: 1968-08

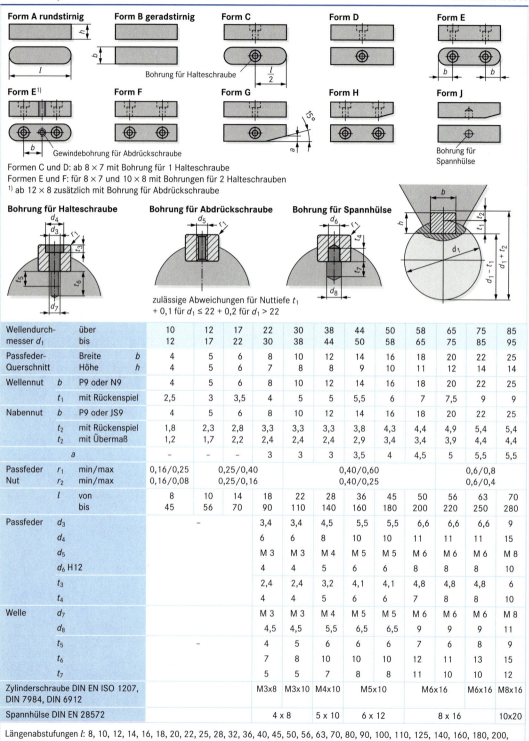

Formen C und D: ab 8 × 7 mit Bohrung für 1 Halteschraube
Formen E und F: für 8 × 7 und 10 × 8 mit Bohrungen für 2 Halteschrauben
[1] ab 12 × 8 zusätzlich mit Bohrung für Abdrückschraube

zulässige Abweichungen für Nuttiefe t_1
+ 0,1 für $d_1 \leq 22$ + 0,2 für $d_1 > 22$

Wellendurch-messer d_1	über bis		10 12	12 17	17 22	22 30	30 38	38 44	44 50	50 58	58 65	65 75	75 85	85 95
Passfeder-Querschnitt	Breite Höhe	b h	4 4	5 5	6 6	8 7	10 8	12 8	14 9	16 10	18 11	20 12	22 14	25 14
Wellennut	b	P9 oder N9	4	5	6	8	10	12	14	16	18	20	22	25
	t_1	mit Rückenspiel	2,5	3	3,5	4	5	5	5,5	6	7	7,5	9	9
Nabennut	b	P9 oder JS9	4	5	6	8	10	12	14	16	18	20	22	25
	t_2 t_2	mit Rückenspiel mit Übermaß	1,8 1,2	2,3 1,7	2,8 2,2	3,3 2,4	3,3 2,4	3,3 2,4	3,8 2,9	4,3 3,4	4,4 3,4	4,9 3,9	5,4 4,4	5,4 4,4
	a		–	–	–	3	3	3	3,5	4	4,5	5	5,5	5,5
Passfeder Nut	r_1 r_2	min/max min/max	0,16/0,25 0,16/0,08			0,25/0,40 0,25/0,16			0,40/0,60 0,40/0,25				0,6/0,8 0,6/0,4	
	l	von bis	8 45	10 56	14 70	18 90	22 110	28 140	36 160	45 180	50 200	56 220	63 250	70 280
Passfeder	d_3			–		3,4	3,4	4,5	5,5	5,5	6,6	6,6	6,6	9
	d_4					6	6	8	10	10	11	11	11	15
	d_5					M 3	M 3	M 4	M 5	M 5	M 6	M 6	M 6	M 8
	d_6 H12					4	4	5	6	6	8	8	8	10
	t_3					2,4	2,4	3,2	4,1	4,1	4,8	4,8	4,8	6
	t_4					4	4	5	6	6	7	8	8	10
Welle	d_7					M 3	M 3	M 4	M 5	M 5	M 6	M 6	M 6	M 8
	d_8					4,5	4,5	5,5	6,5	6,5	9	9	9	11
	t_5			–		4	5	6	6	6	7	6	8	9
	t_6					7	8	10	10	10	12	11	13	15
	t_7					5	5	7	8	8	11	10	10	12
Zylinderschraube DIN EN ISO 1207, DIN 7984, DIN 6912						M3x8	M3x10	M4x10	M5x10		M6x16		M6x16	M8x16
Spannhülse DIN EN 28572							4 x 8	5 x 10	6 x 12		8 x 16			10x20

Längenabstufungen l: 8, 10, 12, 14, 16, 18, 20, 22, 25, 28, 32, 36, 40, 45, 50, 56, 63, 70, 80, 90, 100, 110, 125, 140, 160, 180, 200, 220, 250, 320, 360, 400 **Werkstoff:** C45E
Bezeichnung einer Passfeder Form A, b = 12, h = 8, l = 70: **Passfeder DIN 6885 – A 12 × 8 × 70**

Keilwellen
Spline shafts

Keilwellen-Verbindungen mit geraden Flanken und Innenzentrierung DIN ISO 14: 1986-12

Keilnaben-Profil

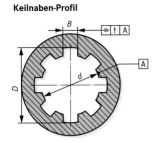

Keilwellen-Profil

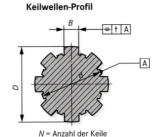

N = Anzahl der Keile

Innenzentrierung

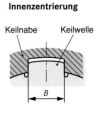

d	Leichte Reihe N	D	B	Mittlere Reihe N	D	B	t
11				6	14	3	0,010
13				6	16	3,5	
16				6	20	4	
18				6	22	5	
21				6	25	5	0,012
23	6	26	6	6	28	6	
26	6	30	6	6	32	6	
28	6	32	7	6	34	7	
32	8	36	6	8	38	6	
36	8	40	7	8	42	7	
42	8	46	8	8	48	8	0,015
46	8	50	9	8	54	9	
52	8	58	10	8	60	10	
56	8	62	10	8	65	10	
62	8	68	12	8	72	12	
72	10	78	12	10	82	12	
82	10	88	12	10	92	12	0,018
92	10	98	14	10	102	14	
102	10	108	16	10	112	16	
112	10	120	18	10	125	18	

Toleranzklassen für Nabe und Welle

Toleranzklassen für die Nabe							Toleranzklassen für die Welle		
Nach dem Räumen									
behandelt			unbehandelt						
B	D	d	B	D	d	B	D	d
H11	H10	H7	H9	H10	H7	d10	a11	f7
						f9	a11	g7
						h10	a11	h7

Bezeichnung eines Keilwellen-Profils mit
$N = 8$, $d = 36$, $D = 40$: **Welle DIN ISO 14 – 8 × 36 × 40**
Bezeichnung eines Keilnaben-Profils mit
$N = 10$, $d = 72$, $D = 82$: **Nabe DIN ISO 14 – 10 × 72 × 82**

Keilwellen- und Keilnaben-Profile mit 4 Keilen für Werkzeugmaschinen DIN 5471: 1974-08
Keilwellen- und Keilnaben-Profile mit 6 Keilen für Werkzeugmaschinen DIN 5472: 1980-12

4 Keile d	D	B	6 Keile d	D	B
11	15	3	21	25	5
13	17	4	23	28	6
16	20	6	26	32	6
18	22	6	28	34	7
21	25	8	32	38	8
24	28	8	36	42	8
28	32	10	42	48	10
32	38	10	46	52	12
36	42	12	52	60	14
42	48	12	58	65	14
46	52	14	62	70	16
52	60	14	68	78	16
58	65	16	72	82	16
62	70	16	78	90	16
68	78	16	82	95	16
			88	100	16
			92	105	20

Toleranzklassen s. DIN 5471

Keilwellen-Profile für Werkzeugmaschinen nur mit Innenzentrierung

Form A – wälzgefräst
Form B – im Teilverfahren hergestellt
Form C – Flanken der Keile geschliffen

Für 4 Keile nach DIN 5471

Für 6 Keile nach DIN 5472

Bezeichnung eines Keilwellen-Profils für 6 Keile, Form A, mit den Nennmaßen
$d = 46$, $D = 52$, $B = 12$ und dem Toleranzfeld j 6:
Keilwellen-Profil DIN 5472 – A 46 j 6 × 52 × 12
Bezeichnung eines Keilnaben-Profils für 4 Keile mit den Nennmaßen $d = 42$, $D = 48$
und $B = 12$: **Keilnaben-Profil DIN 5471 – 42 × 48 × 12**

Übertragen von Drehmomenten   303

Keilwellen, Kerbverzahnungen, Zahnradwerkstoffe
Spline shafts, serrations, gear materials

Toleranzklassen für Keilwellen-Verbindungen in Werkzeugmaschinen

DIN 5471: 1974-08; DIN 5472: 1980-12

Bauteil	Sitz (Innenzentrierung)	d	D	B
Nabe		H7[1]	H13	D9[2]
Welle	Welle in Nabe beweglich	g6[3]	a11	h9
	Welle in Nabe fest	j6	a11	h9

[1] Bei besonders hohen Genauigkeitsansprüchen oder kleinen Nabenlängen kann H 7 durch H 6 ersetzt werden.

[2] Für zu härtende Naben darf unter Berücksichtigung des Härteverzuges die Räumnadel nicht bis auf das untere Abmaß nachgeschliffen werden. Die Toleranzklasse D 9 ist also für die Räumnadel nur etwa ²/₃ ausnutzbar.

[3] Für große Keilwellenprofile und große Nabenlängen wird f 7 empfohlen. Für hohe Genauigkeitsansprüche oder kleine Nabenlängen kann g 6 durch h 6 ersetzt werden.

Kerbzahnnaben- und Kerbzahnwellen-Profile (Kerbverzahnungen)

DIN 5481-1: 1952-01

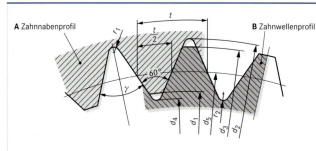

A Zahnnabenprofil **B** Zahnwellenprofil

Bezeichnung einer Kerbverzahnung von Nenndurchmesser 21 × 24:
Kerbverzahnung DIN 5481 – 21 × 24

Nenndurchmesser ≈ $d_1 \times d_3$	d_1 A11 Nennmaß	d_2 errechnet	d_3 a11 Nennmaß	d_4 errechnet	d_5	≈ r_1	≈ r_2	t	γ	Zähnezahl z
8 × 10	8,1	9,9	10,1	8,26	9	0,08	0,08	1,010	47°8'35"	28
10 × 12	10,1	12	12	10,2	11	0,1	0,1	1,152	48°	30
12 × 14	12	14,18	14,2	12,06	13	0,1	0,1	1,317	48°23'14"	31
15 × 17	14,9	17,28	17,2	14,91	16	0,15	0,15	1,571	48°45'	32
17 × 20	17,3	20	20	17,37	18,5	0,15	0,2	1,761	49°5'27"	33
21 × 24	20,8	23,76	23,9	20,76	22	0,15	0,25	2,033	49°24'42"	34
26 × 30	26,5	30,06	30	26,4	28	0,25	0,3	2,513	49°42'52"	35
30 × 34	30,5	34,17	34	30,38	32	0,3	0,4	2,792	50°	36
36 × 40	36	40,16	39,9	35,95	38	0,5	0,4	3,226	50°16'13"	37
40 × 44	40	44,42	44	39,72	42	0,5	0,4	3,472	50°31'35"	38
45 × 50	45	50,2	50	44,97	47,5	0,5	0,4	3,826	50°46'9"	39
50 × 55	50	55,25	54,9	49,72	52,5	0,6	0,4	4,123	51°	40
55 × 60	55	60,39	60	54,76	57,5	0,6	0,5	4,301	51°25'43"	42

Zahnradwerkstoffe (Auswahl)

Art	Kurzzeichen	Anwendung, Eigenschaften
Gusseisen	EN-GJL-200	Komplizierte Radformen, geräuschdämpfend
Stahlguss	GS 52	große Abmessungen, kostengünstig
Vergütungsstähle	34 CrMo 4V	gut schweißbar
	42 CrMo 4V	Standardstahl für mittlere und große Räder
	Ck 45	für kleinere Abmessungen
Einsatzstähle	16 MnCr 5	Standardstahl (bis Modul 20)
Kupferlegierungen	CuSn 12-C	Schnecken- und Schraubenräder
Sintermetalle	Sint-C11	Sinterstahl, kupferhaltig
Kunststoffe	PA (Polyamid)	für geringere Belastungen
Schichtpressstoffe	PF CC 201	gute mechanische Eigenschaften

Übertragen von Drehmomenten

Zahnräder
Gears

Stirnräder mit Geradverzahnung

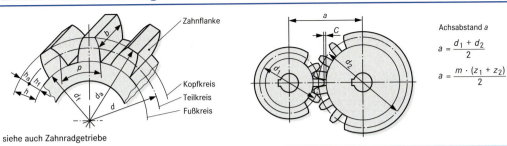

siehe auch Zahnradgetriebe

Achsabstand a

$$a = \frac{d_1 + d_2}{2}$$

$$a = \frac{m \cdot (z_1 + z_2)}{2}$$

Bezeichnungen geradverzahnter Stirnräder			
Teilung	$p = m \cdot \pi$	Teilkreisdurchmesser	$d = m \cdot z$
Modul	$m = \dfrac{p}{\pi} = \dfrac{d}{z}$	Kopfkreisdurchmesser	$d_a = d + 2 \cdot m = m \cdot (z + 2)$
Zähnezahl	$z = \dfrac{d}{m} = \dfrac{d_a - 2 \cdot m}{m}$	Fußkreisdurchmesser	$d_f = d - 2 \cdot (m + c)$
Kopfspiel	$c = 0{,}1 \cdot m \ldots 0{,}3 \cdot m$ Maschinenbau $c = 0{,}167 \cdot m$	Zahnhöhe	$h = 2 \cdot m + c$
Zahnkopfhöhe	$h_a = m$	Zahnfußhöhe	$h_f = m + c$

Modulreihen nach DIN 780-1: 1977-05

Reihe I	0,05	0,06	0,08	0,1	0,12	0,16	0,2	0,25	0,3	0,4	0,5	0,6	0,7	0,8	0,9	1	1,25
	1,5	2	2,5	3	4	5	6	8	10	12	16	20	25	32	40	50	60
Reihe II	0,055	0,07	0,09	0,11	0,14	0,18	0,22	0,28	0,35	0,45	0,55	0,65	0,75	0,85	0,95	1,125	1,375
	1,75	2,25	2,75	3,5	4,5	5,5	7	9	11	14	18	22	28	36	45	55	70

Modulfräsersatz bis Modul $m = 8$

Fräser-Nr.	1	2	3	4	5	6	7	8
Zähnezahl	12 … 13	14 … 16	17 … 20	21 … 25	26 … 34	35 … 54	55 … 134	135 – ∞

Für Zahnräder $m > 9$ mm besteht der Satz aus 15 Fräsern

Stirnräder mit Schrägverzahnung und parallelen Achsen

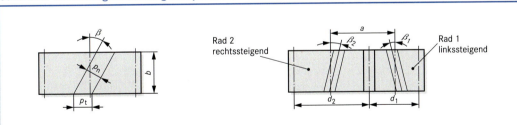

Rad 2 rechtssteigend
Rad 1 linkssteigend

Bezeichnungen schrägverzahnter Stirnräder			
Stirnmodul	$m_t = \dfrac{m_n}{\cos \beta} = \dfrac{p_t}{\pi}$	Normalmodul	$m_n = \dfrac{p_n}{\pi} = m_t \cdot \cos \beta$
Stirnteilung	$p_t = \dfrac{p_n}{\cos \beta} = \dfrac{\pi \cdot m_n}{\cos \beta}$	Normalteilung	$p_n = \pi \cdot m_n = p_t \cdot \cos \beta$
Teilkreisdurchmesser	$d = m_t \cdot z = \dfrac{z \cdot m_n}{\cos \beta}$	Kopfkreisdurchmesser	$d_a = d + 2 \cdot m_n$
Zähnezahl	$z = \dfrac{d}{m_t} = \dfrac{\pi \cdot d}{p_t}$	Ideelle Zähnezahl	$z_i = \dfrac{z}{\cos^3 \beta}$
Steigungswinkel	$\beta = 8 \ldots 25°; \beta_1 = \beta_2$	Achsabstand	$a = \dfrac{d_1 + d_2}{2}$
Kopfspiel, Zahnhöhe, Zahnkopfhöhe wie bei Stirnrädern mit Geradverzahnung			

Übertragen von Drehmomenten

Zahnräder
Gears

Kegelräder mit Geradverzahnung

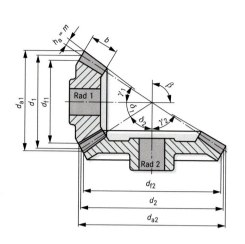

Teilkreisdurchmesser	$d = m \cdot z$
Kopfkreisdurchmesser	$d_a = d + 2 \cdot m \cdot \cos \delta$
Fußkreisdurchmesser	$d_f = d - 2 \cdot (m + c) \cos \delta$

Teilkreiswinkel	$\tan \delta_1 = \dfrac{d_1}{d_2} = \dfrac{z_1}{z_2} = \dfrac{1}{i}$
	$\tan \delta_2 = \dfrac{d_2}{d_1} = \dfrac{z_2}{z_1} = i$

Achsenwinkel	$\beta = \delta_1 + \delta_2$

Kegelwinkel	$\tan \gamma_1 = \dfrac{z_1 + 2 \cos \delta_1}{z_2 - 2 \sin \delta_1}$
	$\tan \gamma_2 = \dfrac{z_2 + 2 \cos \delta_2}{z_1 - 2 \sin \delta_2}$

Teilung p und Modul m werden am größten Teilkreisdurchmesser d gemessen.
Modul m siehe Modulreihe nach DIN 780.

Zylinder-Schneckentrieb

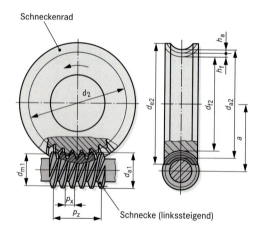

Schnecke (linkssteigend)

Schneckentrieb

Axialteilung	$p_x = m \cdot \pi$
Normalmodul	$m_n = m \cdot \cos \gamma_m$
Normalteilung	$p_n = p_x \cdot \cos \gamma_m$
Kopfhöhe	$h_a = m$
Fußhöhe	$h_f = m + c = 1{,}2 \cdot m$
Kopfspiel	$c = 0{,}2 \cdot m$
Zahnhöhe	$h = 2 \cdot m + c$

Zylinderschnecke

Steigungshöhe	$p_{z1} = p_x \cdot z_1$
Mittenkreisdurchmesser	$d_{m1} = \dfrac{z_1 \cdot m}{\tan \gamma_m}$
Kopfkreisdurchmesser	$d_{a1} = d_{m1} + 2 \cdot m$
Fußkreisdurchmesser	$d_{f1} = d_{m1} - 2 \cdot (m + c)$

Schneckenrad

Teilkreisdurchmesser	$d_2 = m \cdot z_2$
Kopfkreisdurchmesser	$d_{a2} = d_2 + 2 \cdot m$
Fußkreisdurchmesser	$d_{f2} = d_2 - 2 \cdot (m + c)$
Kopfradius	$R_k = \dfrac{d_{m1}}{2} - m$
Achsabstand	$a = \dfrac{d_{m1} + d_2}{2}$
Außendurchmesser	$d_{e2} \approx d_{a2} + m$

Module für Zylinder-Schneckentrieb m:
0,1; 0,12; 0,16; 0,2; 0,25; 0,3; 0,4; 0,5; 0,6; 0,7; 0,8; 0,9; 1; 1,25; 1,6; 2; 2,5; 3,15; 4; 5; 6,3; 8; 10; 12,5; 16; 20

Schnecken haben einen Zahn oder mehrere Zähne, die wie Gewindegänge um die Schneckenachse gewunden sind. Die Zähnezahl z_1 der Schnecke ist die Anzahl der in einem Stirnschnitt geschnittenen Zähne. Die Zähnezahl wurde früher Gangzahl genannt ($z_1 = g$).
Eine Schnecke ist rechtssteigend, wenn die Flankenlinie einer Rechtsschraube entspricht. Der Steigungssinn bestimmt die Drehrichtung des Schneckenrades.
Die Zähnezahl der Schnecke wählt man zweckmäßig in Abhängigkeit von dem Übersetzungsverhältnis i.

i	5 ... 10	10 ... 15	15 ... 30	> 30
z_1	4	3	2	1

$i = \dfrac{n_1}{n_2} = \dfrac{z_2}{z_1} \geq 1$

z_2: Zähnezahl des Schneckenrades

Zahnräder – Zahnradpaarungen
Gears – gear pairs

Darstellung von Zahnrädern

DIN ISO 2203: 1976-06

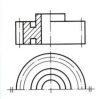

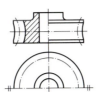

Schrägzahnrad Schneckenrad

Stirnrad
Die Zahnfußfläche wird nur in Schnitten dargestellt, in besonderen Fällen auch in der Ansicht als schmale Volllinie.

Kegelrad
In der Ansicht ist der Teilkreis des Rückenkegels darzustellen.

Schneckenrad
In der Ansicht des Schneckenrades ist der Mittelkehlkreis als Strich-Punkt-Linie darzustellen.

rechts- pfeil-
steigend verzahnt

Falls erforderlich, wird die Flankenrichtung eines Rades durch drei schmale Volllinien der entsprechenden Form und Richtung eingezeichnet. Bei Zahnradpaaren wird die Flankenrichtung nur an einem Rad gezeigt.

Zusammenstellungszeichnungen von Zahnradpaaren

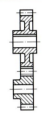
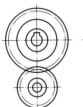

Stirnrad mit außenliegendem Gegenrad

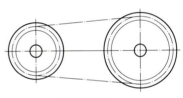

Kettenräder

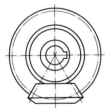
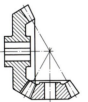

Kegelradpaar, Achswinkel = 90°

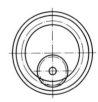

Stirnrad mit innenliegendem Gegenrad

Stirnrad mit Zahnstange

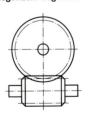

Schnecke und Schneckenrad

Räderpaarung – vereinfachte Darstellung

 auf der Welle drehbar nicht verschiebbar

 auf der Welle nicht drehbar, verschiebbar

auf der Welle drehbar und verschiebbar

auf der Welle fest

Übertragen von Drehmomenten

Angaben für Verzahnungen in Zeichnungen
Information on gear teeth in drawings

Angaben für Stirnrad-Evolventenverzahnung

DIN 3966-1: 1978-08

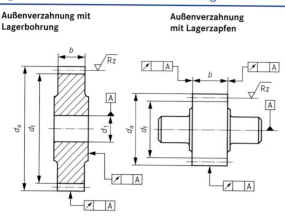

Außenverzahnung mit Lagerbohrung

Außenverzahnung mit Lagerzapfen

In Zeichnungen werden angegeben:
d_a: Kopfkreisdurchmesser
d_f : Fußkreisdurchmesser
b : Zahnbreite
d_1: Bohrungsdurchmesser

Oberflächen-Kennzeichen für die Zahnflanken
Angabe von Rund- und Planlauftoleranz

Maße und Kennzeichen für die Innenverzahnung sind entsprechend anzugeben.

Zusätzliche Angaben siehe [1)]

Angaben für Geradzahn-Kegelradverzahnung

DIN 3966-2: 1978-08

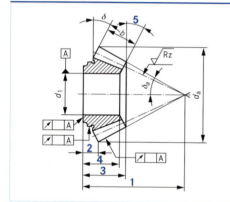

In Zeichnungen werden angegeben:
d_a: Kopfkreisdurchmesser mit Abmaßen
b : Zahnbreite
δ_a: Kopfkegelwinkel
δ : Komplementwinkel des Rückenkegelwinkels
5 Bei Bedarf Komplementwinkel des inneren Ergänzungswinkels
d_1: Bohrungsdurchmesser

Oberflächen-Kennzeichen für die Zahnflanken
Angabe von Rund- und Planlauftoleranz

Zusätzliche Angaben siehe [1)]

Axiale Abstände von der Bezugsstirnfläche:
1 Einbaumaß
2 Äußerer Kopfkreisabstand
3 Innerer Kopfkreisabstand
4 Hilfsebenenabstand

Angaben für Schnecken- und Schneckenradverzahnungen

DIN 3966-3: 1980-11

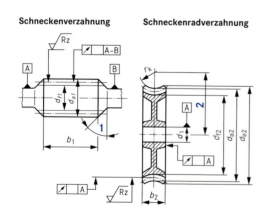

Schneckenverzahnung **Schneckenradverzahnung**

In Zeichnungen werden angegeben
für die Schneckenverzahnung:
d_{a1}: Kopfkreisdurchmesser
d_{f1} : Fußkreisdurchmesser (bei Bedarf)
b_1 : Zahnbreite
1 Maße für den Übergang (nach Wahl des Herstellers)

Oberflächen-Kennzeichen für die Zahnflanken
Angabe von Rund- und Planlauftoleranz

für die Schneckenradverzahnung:
d_{e1}: Außendurchmesser
d_{a2}: Kopfkreisdurchmesser
r_k : Kopfkehlhalbmesser
2 Kehlkreis-Mittenabstand
d_{f2}: Fußkreisdurchmesser (bei Bedarf)
b_2 : Zahnbreite

Oberflächen-Kennzeichen für die Zahnflanken
Angabe von Rund- und Planlauftoleranz

Zusätzliche Angaben siehe [1)]

[1)] Zusätzlich sind für alle Verzahnungen in einer Tabelle die Rechengrößen anzugeben, die jeweils für die Auswahl der Verzahnungswerkzeuge, für das Einstellen der Verzahnmaschine und für das Prüfen des jeweiligen Teiles erforderlich sind.

Keilriementriebe
Wedge belt drives

Endlose Schmalkeilriemen, Schmalkeilriemenscheiben
DIN 7753-1: 1988-01; DIN 2211-1: 1984-03

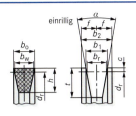
einrillig

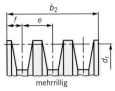
mehrrillig

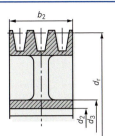

	Riemenprofil			SPZ	SPA	SPB	SPC	Richtlängen L_r	
		ummantelt							
		flankenoffen gezahnt		XPZ	XPA	XPB	XPC	630	3150
Schmalkeilriemen DIN 7753	Obere Riemenbreite		$b_o \approx$	9,7	12,7	16,3	22	710	3550
	Wirkbreite (Nennmaß)		b_w	8,5	11	14	19	800	4000
	Riemenhöhe	S	$h \approx$	8	10	13	18	900	4500
		X		8	9	13	18	1000	5000
	Richt-Ø der zugehörigen	S	$d_{r\,min}$	63	90	140	224	1120	5600
	kleinsten zul. Scheibe	X		50	63	100	160	1250	6300
	Richtlänge	S	L_r von	630	800	1250	2000	1400	7100
			bis	3550	4500	8000	12 500	1600	8000
		X	L_r von	630	800	1250	2000	1800	9000
			bis	3550	3550	3550	3550	2000	10 000
Scheibe DIN 2211	Richtbreite		b_r	8,5	11	14	19	2240	11 200
			$b_1 \approx$	9,7	12,7	16,3	22	2500	12 500
			c	2	2,8	3,5	4,8	2800	
	Rillenabstand		e	12	15	19	25,5		
			f	8	10	12,5	17		
	Rillentiefe		t	11	13,8	17,5	23,8		
	Richtdurchmesser d_r		$\alpha = 34°$	≤ 80	≤ 118	≤ 190	≤ 315		
			$\alpha = 38°$	> 80	> 118	> 190	> 315		

Nabendurchmesser
$d_3 \approx (1{,}8 \ldots 1{,}6)\, d_2$

Kranzbreite
$b_2 = e(z-1) + 2f$
z = Rillenanzahl

Bezeichnung eines Schmalkeilriemens mit Riemenprofil-Kurzzeichen SPZ und Richtlänge
L_r = 800 mm: **Schmalkeilriemen DIN 7753 – SPZ800**

Bezeichnung einer Schmalkeilriemenscheibe für Profil SPZ, einteilig (1T), d_r = 100, z = 4, d_2 = 30, Passfedernut (PN) nach DIN 6885 T.1:
Scheibe DIN 2211 – SPZ – 1T 100 × 4 × 30 PN

Endlose Keilriemen (Normalkeilriemen), Keilriemenscheiben
DIN 2215: 1998-08; DIN 2217-1: 1973-02

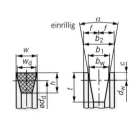
einrillig

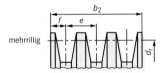
mehrrillig

Kranzbreite
$b_2 = e(z-1) + 2f$
z = Rillenzahl

	Riemenprofil	Kurzzeichen[1]		6	10	13	17	22	32	40
		ISO-Kurzzeichen		Y	Z	A	B	C	D	E
Keilriemen DIN 2215	Obere Richtbreite		w	6	10	13	17	22	32	40
	Richtbreite (Nennmaß)		w_d	5,3	8,5	11	14	19	27	32
	Riemenhöhe		h	4	6	8	11	14	20	25
	Richtdurchmesser der zugehörigen kleinsten zulässigen Scheiben		$d_{d\,min}$	28	50	75	125	200	355	500
	Richtlängen für Riemen [2]		L_d von bis	295 / 865	312 / 2522	437 / 5030	610 / 7140	1148 / 8058	2075 / 11 275	3080 / 12 580
Scheibe DIN 2217	Wirkbreite		b_w	5,3	8,5	11	14	19	27	32
			$b_1 \approx$	6,3	9,7	12,7	16,3	22	32	40
			c	1,6	2	2,8	3,5	4,8	8,1	12
	Rillenabstand		e	8	12	15	19	25,5	37	44,5
			f	6	8	10	12,5	17	24	29
	Rillentiefe		t	7	11	13,8	17,5	23,8	28	33
	Wirkdurchmesser d_w		$\alpha = 32°$	≤ 63	–	–	–	–	–	–
			$\alpha = 34°$	–	≤ 80	≤ 118	≤ 190	≤ 315	–	–
			$\alpha = 36°$	> 63	–	–	–	–	≤ 500	≤ 630
			$\alpha = 38°$	–	> 80	> 118	> 190	> 315	> 500	> 630

Bezeichnung eines Keilriemens mit Riemenprofil-Kurzzeichen A und Innenlänge L_d = 1000 mm:
Keilriemen DIN 2215 – A 1000

Bezeichnung einer Keilriemenscheibe für Profil 6, einteilig (1T), d_w = 100, z = 3, Nabenbohrung d_2 = 20, Passfedernut (PN) nach DIN 6885 T.1:
Scheibe DIN 2217 – 6 – 1T 100 × 3 × 20 PN

[1] Nicht für Neukonstruktionen
[2] Größere oder kleinere Richtlängen nach Rücksprache mit dem Hersteller

Übertragen von Drehmomenten

Synchronriementriebe
Synchronous belt drives

Synchronriementriebe, metrische Teilung, Synchronriemen
DIN 7721-1: 1989-06

Synchronriemen mit Einfach-Verzahnung

Synchronriemen mit Doppel-Verzahnung

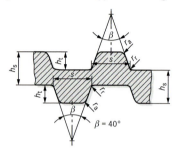

$\beta = 40°$

Zahn-teilungs-Kurzz.	Breite des Synchronriemens			Zahn-teilung	Maße der Zähne				Nenn-dicke
					s	h_t	r_r ± 0,1	r_a min	h_s
T 2,5	–	4	6	10	2,5	1,5	0,7	0,2	0,2	1,3
T 5	6	10	16	25	5	2,65	1,2	0,4	0,4	2,2
T 10	16	25	32	50	10	5,3	2,5	0,6	0,6	4,5
T 20	32	50	75	100	20	10,15	5	0,8	0,8	8

Wirk-länge	Zähnezahl für		Wirk-länge	Zähnezahl für		Wirk-länge	Zähnezahl für	
	T 2,5	T 5		T 5	T 10		T 10	T 20
120	48	–	530	–	53	1010	101	–
150	–	30	560	112	56	1080	108	–
160	64	–	610	122	61	1150	115	–
200	80	40	630	126	63	1210	121	–
245	98	49	660	–	66	1250	125	–
270	–	54	700	140	70	1320	132	–
285	114	–	720	144	72	1390	139	–
305	–	61	780	156	78	1460	146	73
330	132	66	840	168	84	1560	156	–
390	–	78	880	–	88	1610	161	–
420	168	84	900	180	–	1780	178	89
455	–	91	920	184	92	1880	188	94
480	192	96	960	–	96	1960	196	–
500	200	100	990	198	–	2250	225	–

Bezeichnung eines endlosen Synchronriemens mit Einfach-Verzahnung der Breite 10 mm mit dem Zahnteilungs-Kurzzeichen T 2,5 und der Wirklänge 500 mm: **Riemen DIN 7721 – 10 T 2,5 × 500**
... mit Doppel-Verzahnung (D) in endlicher Ausführung (E): **Riemen DIN 7721 – 10 T 2,5 × 500 DE**

Synchronriementriebe, metrische Teilung, Zahnlückenprofil für Synchronscheiben
DIN 7721-2: 1989-06

Zahn-lücken	Außen-Ø der Scheibe d_o				Zahn-lücken	Außen-Ø der Scheibe d_o				Zahn-lücken	Außen-Ø der Scheibe d_o			
	T 2,5	T 5	T 10	T 20		T 2,5	T 5	T 10	T 20		T 2,5	T 5	T 10	T 20
10	7,45	15,05	–	–	19	14,6	29,4	58,65	118,1	36	28,15	56,45	112,75	226,35
12	9	18,25	36,35	–	20	15,4	31	61,8	124,45	40	31,3	62,85	125,45	251,8
14	10,6	21,45	42,7	–	22	17	34,15	68,2	137,2	48	37,7	75,55	150,95	302,7
15	11,4	23,05	45,9	92,65	25	19,35	38,95	77,75	156,3	60	47,25	94,65	189,15	379,1
16	12,2	24,6	49,1	99	28	21,75	43,75	87,25	175,4	72	56,8	113,75	227,3	455,5
18	13,8	27,2	55,45	111,35	32	24,95	50,1	100	200,85	84	66,35	132,9	265,5	531,5

Zahn-teilungs-Kurzz.	Riemen-breite b	Scheibenbreite		Form SE		Form N		Formen SE u. N		
		mit Bord $b_{f\,min}$	oh. Bord $b'_{f\,min}$	b_r	h_g	b_r	$h_{g\,min}$	$r_{b\,max}$	r_t	$2a$
T 2,5	4	5,5	8	1,75	0,75	1,83	1	0,2	0,3	0,6
	6	7,5	10							
	10	11,5	14							
T 5	6	7,5	10	2,96	1,25	3,32	1,95	0,4	0,6	1
	10	11,5	14							
	16	17,5	20							
	25	26,5	29							
T 10	16	18	21	6,02	2,6	6,57	3,4	0,6	0,8	2
	25	27	30							
	32	34	37							
	50	52	55							
T 20	32	34	38	11,65	5,2	12,6	6	0,8	1,2	3
	50	52	56							
	75	77	81							
	100	102	106							

Wirkdurchmesser $d = d_o + 2a$
Zahnlückenformen: Form SE für ≤ 20 Zahnlücken, Form N für > 20 Zahnlücken
Bezeichnung eines Zahnlückenprofils für Synchronscheibe der **Breite 11,5 mm** und des Zahnteilungs-Kurzzeichens T 5 mit **22 Zahnlücken** und der Zahnlückenform N sowie 2 Bordscheiben: **Zahnlückenprofil DIN 7721 – 11,5 T 5 × 22 N 2**

Getriebe; Übersetzungen
Gears; transmission ratios

Einfache Übersetzung
– Flachriemengetriebe

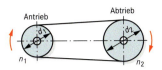

$$d_1 \cdot n_1 = d_2 \cdot n_2$$
$$i = \frac{n_1}{n_2} = \frac{d_2}{d_1} = \frac{M_2}{M_1}$$

$$n_1 = \frac{d_2 \cdot n_2}{d_1} \qquad n_2 = \frac{d_1 \cdot n_1}{d_2}$$

d_1 : Durchmesser der treibenden Scheibe
d_2 : Durchmesser der getriebenen Scheibe
n_1 : Umdrehungsfrequenz der treibenden Scheibe
n_2 : Umdrehungsfrequenz der getriebenen Scheibe
i : Übersetzungsverhältnis
M_1; M_2 : Kraftmomente

– Zahnradgetriebe

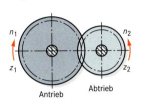

$$z_1 \cdot n_1 = z_2 \cdot n_2$$
$$i = \frac{n_1}{n_2} = \frac{z_2}{z_1} = \frac{M_2}{M_1}$$

$$n_1 = \frac{z_2 \cdot n_2}{z_1} \qquad n_2 = \frac{z_1 \cdot n_1}{z_2}$$

z_1 : Zähnezahl des treibenden Rades
z_2 : Zähnezahl des getriebenen Rades
n_1 : Umdrehungsfrequenz des treibenden Rades
n_2 : Umdrehungsfrequenz des getriebenen Rades
i : Übersetzungsverhältnis
M_1; M_2 : Kraftmomente

– Zahnradgetriebe mit Zwischenrad

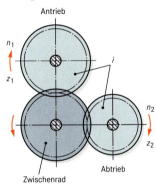

$$z_1 \cdot n_1 = z_2 \cdot n_2$$
$$i = \frac{n_1}{n_2} = \frac{z_2}{z_1} = \frac{M_2}{M_1}$$

Ein Zwischenrad ändert **nur** die Drehrichtung des getriebenen Rades. Übersetzungsverhältnis und Umdrehungsfrequenz bleiben gleich.

z_1 : Zähnezahl des treibenden Rades
z_2 : Zähnezahl des getriebenen Rades
n_1 : Umdrehungsfrequenz des treibenden Rades
n_2 : Umdrehungsfrequenz des getriebenen Rades
i : Übersetzungsverhältnis
M_1; M_2 : Kraftmomente

– Kegelradgetriebe

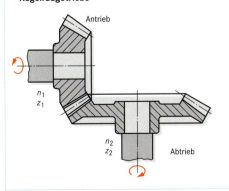

$$z_1 \cdot n_1 = z_2 \cdot n_2$$
$$i = \frac{n_1}{n_2} = \frac{z_2}{z_1} = \frac{M_2}{M_1}$$

$$n_1 = \frac{z_2 \cdot n_2}{z_1} \qquad n_2 = \frac{z_1 \cdot n_1}{z_2}$$

z_1 : Zähnezahl des treibenden Rades
z_2 : Zähnezahl des getriebenen Rades
n_1 : Umdrehungsfrequenz des treibenden Rades
n_2 : Umdrehungsfrequenz des getriebenen Rades
i : Übersetzungsverhältnis
M_1; M_2 : Kraftmomente

Schreibweisen für das Übersetzungsverhältnis

$i = \frac{5}{1}$	$i = 5 : 1$	$i = 5$	$i > 1$ → Verminderung der Umdrehungsfrequenz
$i = \frac{1}{5}$	$i = 1 : 5$	$i = 0{,}2$	$i < 1$ → Vergrößerung der Umdrehungsfrequenz
$i = \frac{1}{1}$	$i = 1 : 1$	$i = 1$	$i = 1$ → keine Änderung der Umdrehungsfrequenz

Übertragen von Drehmomenten

Getriebe; Übersetzungen
Gears; transmission ratios

– Schneckengetriebe

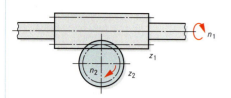

$z_1 \cdot n_1 = z_2 \cdot n_2$

$i = \dfrac{n_1}{n_2} = \dfrac{z_2}{z_1} = \dfrac{M_2}{M_1}$

$n_1 = \dfrac{z_2 \cdot n_2}{z_1} \qquad n_2 = \dfrac{z_1 \cdot n_1}{z_2}$

z_1	: Zähnezahl (Gangzahl) der Schnecke
z_2	: Zähnezahl des Schneckenrades
n_1	: Umdrehungsfrequenz der Schnecke
n_2	: Umdrehungsfrequenz des Schneckenrades
i	: Übersetzungsverhältnis
$M_1; M_2$	: Kraftmomente

– Zahnstangengetriebe

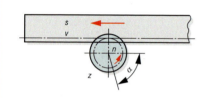

$s = d \cdot \pi$

$s = m \cdot z \cdot \pi$

$s = \dfrac{m \cdot z \cdot \pi \cdot \alpha}{360°}$

$v = m \cdot z \cdot \pi \cdot n$

s	: Verschiebeweg der Zahnstange
v	: Verschiebegeschwindigkeit der Zahnstange
d	: Teilkreisdurchmesser
m	: Modul
z	: Zähnezahl
n	: Umdrehungsfrequenz
α	: Verdrehwinkel
π	: 3,14159 ...

Doppelte Übersetzung
– Flachriemengetriebe

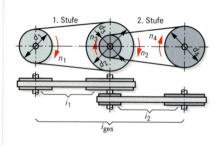

$n_1 \cdot d_1 \cdot d_3 = n_4 \cdot d_2 \cdot d_4$

$n_A \cdot d_1 \cdot d_3 \cdot \ldots = n_E \cdot d_2 \cdot d_4 \cdot \ldots$

$i_{ges} = i_1 \cdot i_2 = \dfrac{n_1}{n_2} \cdot \dfrac{n_3}{n_4} = \dfrac{n_1}{n_4}$

$i_{ges} = i_1 \cdot i_2 = \dfrac{d_2 \cdot d_4}{d_1 \cdot d_3}$

$i_{ges} = \dfrac{n_A}{n_E} = \dfrac{d_2 \cdot d_4 \cdot d_6 \cdot \ldots}{d_1 \cdot d_3 \cdot d_5 \cdot \ldots}$

$d_1; d_3$	: Durchmesser der treibenden Scheiben
$d_2; d_4$	: Durchmesser der getriebenen Scheiben
$n_1; n_3$	: Umdrehungsfrequenzen der treibenden Scheiben
$n_2; n_4$	: Umdrehungsfrequenzen der getriebenen Scheiben
n_A	: Anfangsumdrehungsfrequenz
n_E	: Endumdrehungsfrequenz
$i_2; i_2$	: Teilübersetzungsverhältnisse
i_{ges}	: Gesamtübersetzungsverhältnis

– Zahnradgetriebe

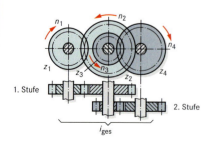

$n_1 \cdot z_1 \cdot z_3 = n_4 \cdot z_2 \cdot z_4$

$n_A \cdot z_1 \cdot z_3 \cdot \ldots = n_E \cdot z_2 \cdot z_4 \cdot \ldots$

$i_{ges} = i_1 \cdot i_2 = \dfrac{n_1}{n_2} \cdot \dfrac{n_3}{n_4} = \dfrac{n_1}{n_4}$

$i_{ges} = i_1 \cdot i_2 = \dfrac{d_2 \cdot d_4}{d_1 \cdot d_3}$

$i_{ges} = \dfrac{n_A}{n_E} = \dfrac{z_2 \cdot z_4 \cdot z_6 \cdot \ldots}{z_1 \cdot z_3 \cdot z_5 \cdot \ldots}$

$z_1; z_3$	: Zähnezahlen der treibenden Räder
$z_2; z_4$	: Zähnezahlen der getriebenen Räder
$n_1; n_3$	: Umdrehungsfrequenzen der treibenden Räder
$n_2; n_4$	: Umdrehungsfrequenzen der getriebenen Räder
n_A	: Anfangsumdrehungsfrequenz
n_E	: Endumdrehungsfrequenz
$i_1; i_2$	: Teilübersetzungsverhältnisse
i_{ges}	: Gesamtübersetzungsverhältnis

Zahnradabmessungen siehe Zahnräder

Normteile für Vorrichtungen

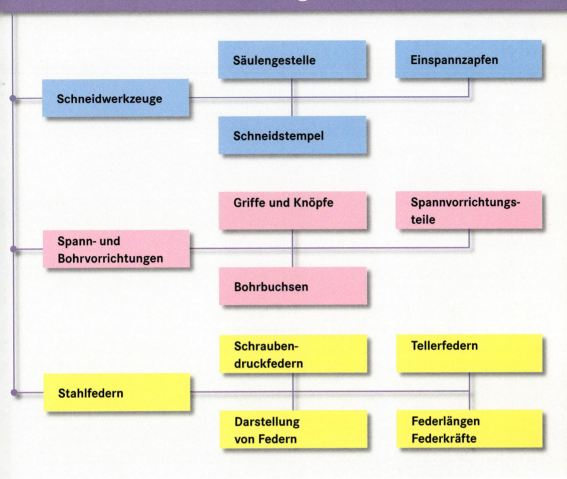

Schneidstempel Form K (zylindrischer Kopf)

ISO 8020: 2002-06

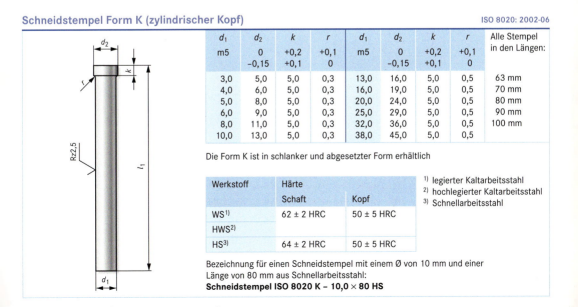

d_1 m5	d_2 0 −0,15	k +0,2 +0,1	r +0,1 0	d_1 m5	d_2 0 −0,15	k +0,2 +0,1	r +0,1 0	Alle Stempel in den Längen:
3,0	5,0	5,0	0,3	13,0	16,0	5,0	0,5	63 mm
4,0	6,0	5,0	0,3	16,0	19,0	5,0	0,5	70 mm
5,0	8,0	5,0	0,3	20,0	24,0	5,0	0,5	80 mm
6,0	9,0	5,0	0,3	25,0	29,0	5,0	0,5	90 mm
8,0	11,0	5,0	0,3	32,0	36,0	5,0	0,5	100 mm
10,0	13,0	5,0	0,3	38,0	45,0	5,0	0,5	

Die Form K ist in schlanker und abgesetzter Form erhältlich

Werkstoff	Härte Schaft	Kopf
WS[1]	62 ± 2 HRC	50 ± 5 HRC
HWS[2]		
HS[3]	64 ± 2 HRC	50 ± 5 HRC

[1] legierter Kaltarbeitsstahl
[2] hochlegierter Kaltarbeitsstahl
[3] Schnellarbeitsstahl

Bezeichnung für einen Schneidstempel mit einem Ø von 10 mm und einer Länge von 80 mm aus Schnellarbeitsstahl:
Schneidstempel ISO 8020 K – 10,0 × 80 HS

Säulengestelle für Schneidwerkzeuge
Press tool sets for cutting tools

Gestelle mit rechteckiger Arbeitsfläche
Form C und CG[1]
DIN 9812: 1981-12

Gestelle mit runder Arbeitsfläche
Form D und DG[2]
DIN 9812: 1981-12

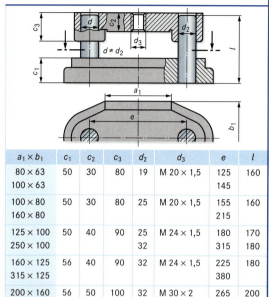

$a_1 \times b_1$	c_1	c_2	c_3	d_2	d_3	e	l
80 × 63	50	30	80	19	M 20 × 1,5	125	160
100 × 63						145	
100 × 80	50	30	80	25	M 20 × 1,5	155	160
160 × 80						215	
125 × 100	50	40	90	25	M 24 × 1,5	180	170
250 × 100				32		315	180
160 × 125	56	40	90	32	M 24 × 1,5	225	180
315 × 125						380	
200 × 160	56	50	100	32	M 30 × 2	265	200
315 × 160	63			40		395	220
250 × 200	63	50	100	40	M 30 × 2	330	220
315 × 250						395	

d_1	c_1	c_2	c_3	d_2	d_3	e	l
50	40	25	65	16	M 16 × 1,5	80	125
63						95	140
80				19	M 20 × 1,5	125	
100	50	30	80	25		155	160
125				25		180	
160					M 24 × 1,5	225	180
180	56	40	90	32		245	180
200						265	190
250	56	50	100	40	M 30 × 2	330	200
315	63					395	220

[1] Form C ohne Gewinde; Form CG mit Gewinde d_3

[2] Form D ohne Gewinde; Form DG mit Gewinde d_3

Gestelle mit übereckstehenden Säulen
Form C und CG[3]
DIN 9819: 1981-12

Gestelle mit mittigstehenden Säulen und dicker Säulenführungsplatte Form DF
DIN 9816: 1981-12

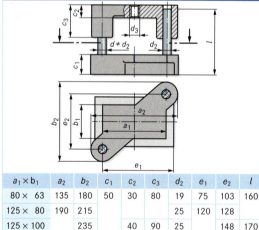

$a_1 \times b_1$	a_2	b_2	c_1	c_2	c_3	d_2	e_1	e_2	l
80 × 63	135	180	50	30	80	19	75	103	160
125 × 80	190	215				25	120	128	
125 × 100		235		40	90	25		148	170
250 × 100	325	255	56	40	90	32	245	158	180
160 × 125	235	280					155	183	
315 × 125	390						310		

d_1	c_1	c_2	d_2	e	f_1	f_2	f_3	l
80	50	80	19	125	16	10	36	170
100	50	85	25	155	18	11	40	180
125		90		180				190
160	56	100	32	225	23	11	45	220
200		110		265				240

[3] Form C ohne, Form CG mit Gewinde

Bezeichnung für ein Gestell mit einer rechteckigen Arbeitsfläche von 250 mm × 100 mm:
Säulengestell DIN 9812 – C 250 × 100

Einspannzapfen, Kegelgriffe
Punch holder shanks, tapered handles

Einspannzapfen mit Gewindeschaft DIN ISO 10 242-1: 2000-03

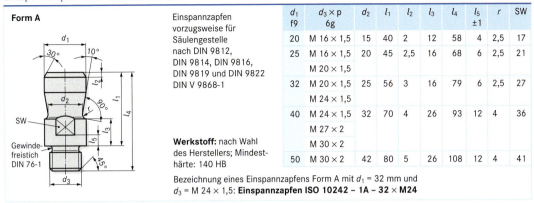

Form A

Einspannzapfen vorzugsweise für Säulengestelle nach DIN 9812, DIN 9814, DIN 9816, DIN 9819 und DIN 9822 DIN V 9868-1

Werkstoff: nach Wahl des Herstellers; Mindesthärte: 140 HB

Bezeichnung eines Einspannzapfens Form A mit d_1 = 32 mm und d_3 = M 24 × 1,5: **Einspannzapfen ISO 10242 – 1A – 32 × M24**

d_1 f9	$d_3 \times p$ 6g	d_2	l_1	l_2	l_3	l_4	l_5 ±1	r	SW
20	M 16 × 1,5	15	40	2	12	58	4	2,5	17
25	M 16 × 1,5	20	45	2,5	16	68	6	2,5	21
	M 20 × 1,5								
32	M 20 × 1,5	25	56	3	16	79	6	2,5	27
	M 24 × 1,5								
40	M 24 × 1,5	32	70	4	26	93	12	4	36
	M 27 × 2								
	M 30 × 2								
50	M 30 × 2	42	80	5	26	108	12	4	41

Einspannzapfen mit runder Kopfplatte DIN 9859-5: 1992-07

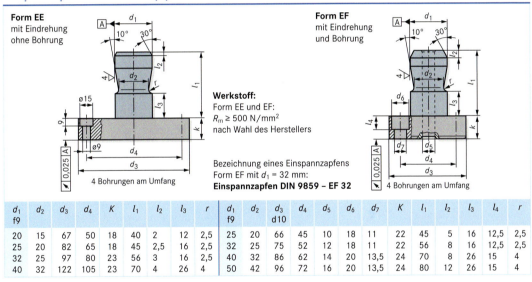

Form EE mit Eindrehung ohne Bohrung

Form EF mit Eindrehung und Bohrung

Werkstoff: Form EE und EF: $R_m \geq 500$ N/mm² nach Wahl des Herstellers

Bezeichnung eines Einspannzapfens Form EF mit d_1 = 32 mm: **Einspannzapfen DIN 9859 – EF 32**

d_1 f9	d_2	d_3	d_4	K	l_1	l_2	l_3	r	d_1 f9	d_2	d_3 d10	d_4	d_5	d_6	d_7	K	l_1	l_2	l_3	l_4	r
20	15	67	50	18	40	2	12	2,5	25	20	66	45	10	18	11	22	45	5	16	12,5	2,5
25	20	82	65	18	45	2,5	16	2,5	32	25	75	52	12	18	11	22	56	8	16	12,5	2,5
32	25	97	80	23	56	3	16	2,5	40	32	86	62	14	20	13,5	24	70	8	26	15	4
40	32	122	105	23	70	4	26	4	50	42	96	72	16	20	13,5	24	80	12	26	15	4

Kegelgriffe DIN 99: 1996-01

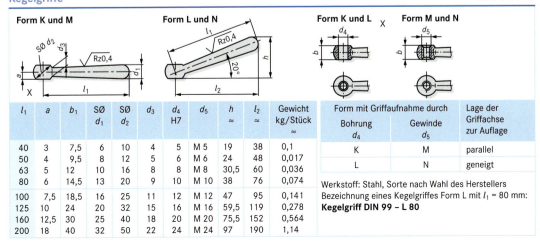

Form K und M   Form L und N   Form K und L   Form M und N

Werkstoff: Stahl, Sorte nach Wahl des Herstellers
Bezeichnung eines Kegelgriffes Form L mit l_1 = 80 mm: **Kegelgriff DIN 99 – L 80**

l_1	a	b_1	SØ d_1	SØ d_2	d_3	d_4 H7	d_5 ≈	h ≈	l_2 ≈	Gewicht kg/Stück ≈
40	3	7,5	6	10	4	5	M 5	19	38	0,1
50	4	9,5	8	12	5	6	M 6	24	48	0,017
63	5	12	10	16	8	8	M 8	30,5	60	0,036
80	6	14,5	13	20	9	10	M 10	38	76	0,074
100	7,5	18,5	16	25	11	12	M 12	47	95	0,141
125	10	24	20	32	15	16	M 16	59,5	119	0,278
160	12,5	30	25	40	18	20	M 20	75,5	152	0,564
200	18	40	32	50	22	24	M 24	97	190	1,14

Form mit Griffaufnahme durch		Lage der Griffachse zur Auflage
Bohrung d_4	Gewinde d_5	
K	M	parallel
L	N	geneigt

Normteile für Vorrichtungen

Kreuzgriffe, Sterngriffe
Palm grips, star grips

Kreuzgriffe
DIN 6335: 1996-01

Kreuzgriffe aus Metall

Form A Rohteil

Form B mit Bohrung

Form D mit Gewinde
Übrige Maße und Angaben wie Form B
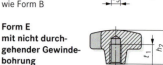

Form C mit Sackloch
Übrige Maße und Angaben wie Form B

Form E mit nicht durchgehender Gewindebohrung

d_1	d_2	d_3	d_4 H7	d_5 6H	d_6	h_1	h_2	h_3	t_1 min.	t_2	h_3	d_3	d_7	d_5	h_4	l	t_3 min.
20	–	–	–	–	–	–	–	–	–	–	6	11,5	10	M4	13	15/20	6,5
25	–	–	–	–	–	–	–	–	–	–	8	15	12	M5	16	15/20	9,5
32	12	18	6	M6	6,4	21	20	10	12	10	10	18	14	M6	20	20/30	12
40	14	21	8	M8	8,4	26	25	14	15	13	13	21	18	M8	25	20/30	14
50	18	25	10	M10	10,5	34	32	20	18	16	20	25	22	M10	32	25/30	18
63	20	32	12	M12	13	42	40	25	22	20	25	32	26	M12	40	30/40	22
80	25	40	16	M16	17	52	50	30	28	20	30	40	35	M16	50	30/40	30
100	32	48	20	M20	21	65	63	38	36	25	–	–	–	–	–	–	–

Bezeichnung eines Kreuzgriffes Form C, d_1 = 50 mm aus Gusseisen mit Lamellengrafit und R_m von ca. 250 N/mm²

Kreuzgriff
DIN 6335 – C 50 EN – GJL 200

Kreuzgriffe aus Formstoff (DIN 7708-2)

Grundabmessungen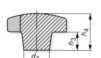

Form K mit Gewindebuchse

Form L mit Gewindebolzen

Gewindeauslauf nach DIN 76-1

nur für Formen K und L

Sterngriffe
DIN 6336: 1996-01

Formen A bis E Metallgriffe

Form A Rohteil
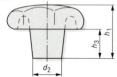

d_1	d_6	h_3	h_4	d_4	d_5
20	16	7	13	M4	–
25	20	8	16	M5	–
32	26	10	20	M6	6,4
40	34	13	25	M8	8,4
50	42	17	32	M10	10,5
63	52	21	40	M12	13
80	64	25	50	M16	17

Formen K bis L aus Formstoff
(DIN 7708-2)
(Form L mit Gewindebolzen)

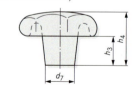

Grundabmessungen — 7 Griffmulden

7 Griffmulden

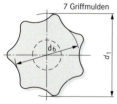

Weitere Abmessungen der Formen A–E und K–L siehe Kreuzgriffe DIN 6335.

Bezeichnung eines Sterngriffes Form B mit d_1 = 50 mm aus Aluminium:

Sterngriff DIN 6336 – B 50 Al

Bezeichnung eines Sterngriffes Form L mit d_1 = 40 mm und l = 30 mm:

Sterngriff DIN 6336 – L 40 × 30

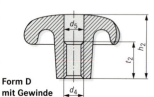

Form D mit Gewinde

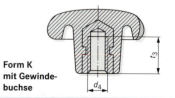

Form K mit Gewindebuchse

Gewindestifte mit Druckzapfen, Druckstücke, Kugelknöpfe
Grub screws with thrust point, thrust pads, ball knobs

Gewindestifte mit Druckzapfen
DIN 6332: 1993-08

Form S geeignet zur Aufnahme von
Druckstücken mit Sprengring (DIN 6311)

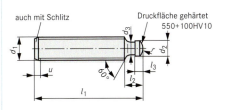

auch mit Schlitz
Druckfläche gehärtet 550+100HV10

Gewindeende DIN 78 – K
unvollständiges Gewinde: u = max. 2P

d_1		M 6	M 8	M 10	M 12	M 16	M 20
d_2	h 11	4,5	6	8	8	12	15,5
d_3	-0,1	4	5,4	7,2	7,2	11	14,4
r		3	5	6	6	9	13
l_2		6	7,5	9	10	12	14
l_3		2,5	3	4,5	4,5	5	5,5
l_1 js 15	von bis	30 50	40 60	60 80	60 80 100	80 100 125	100 125 150

Werkstoff: Stahl, Festigkeitsklasse 5.8, Produktklasse A
Bezeichnung eines Gewindestiftes Form S, d_1 = M 10, l_1 = 60:
Gewindestift DIN 6332 – S M 10 × 60
Bezeichnung eines Gewindestiftes Form S, d_1 = M 16, l_1 = 100 und Schlitz:
Gewindestift DIN 6332 – S M 16 × 100 Sz

Druckstücke
DIN 6311: 1992-11

Form S Druckstück mit Sprengring

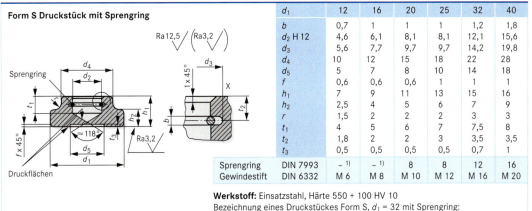

Druckflächen

[1] nicht genormt

d_1	12	16	20	25	32	40
b	0,7	1	1	1	1,2	1,8
d_2 H 12	4,6	6,1	8,1	8,1	12,1	15,6
d_3	5,6	7,7	9,7	9,7	14,2	19,8
d_4	10	12	15	18	22	28
d_5	5	7	8	10	14	18
f	0,6	0,6	0,6	1	1	1
h_1	7	9	11	13	15	16
h_2	2,5	4	5	6	7	9
r	1,5	2	2	2	3	3
t_1	4	5	6	7	7,5	8
t_2	1,8	2	2	3	3,5	3,5
t_3	0,5	0,5	0,5	0,5	0,7	1
Sprengring DIN 7993	– [1]	– [1]	8	8	12	16
Gewindestift DIN 6332	M 6	M 8	M 10	M 12	M 16	M 20

Werkstoff: Einsatzstahl, Härte 550 + 100 HV 10
Bezeichnung eines Druckstückes Form S, d_1 = 32 mit Sprengring:
Druckstück DIN 6311 – S 32

Kugelknöpfe
DIN 319: 1978-12

Form C mit Gewinde
Form E mit Gewindebuchse

Kugel d_1

Form K und KN mit zylindrischer Bohrung
Form M mit kegeliger Bohrung

Entlüftungsnut nur bei Form KN
Übrige Maße wie Form C

d_1	d_6	h	Form C d_2	t_1	Form E d_2	t_3	Form K d_4[1]	t_4	Form M d_5	t_6
12	6	11,2	M 3,5	6,5	–	–	4	8	–	–
16	8	15	M 4	7,2	M 4	6	6	10	4	9
20	12	18	M 5	9,1	M 5	7,5	8	12	5	12
25	15	22,5	M 6	11	M 6	9	10	16	6	8	15
32	18	29	M 8	14,5	M 8	12	12	20	8	10	15
40	22	37	M 10	18	M 10	15	16	25	10	12	20
50	28	46	M 12	21	M 12	18	20	32	12	16	22
Werkstoff			St oder FS		FS		St, FS		FS	

Bezeichnung eines Kugelknopfes Form E, d_1 = 25
aus schwarzem Kunststoff (FS), glänzend:
Kugelknopf DIN 319 – E 25 FS

Bezeichnung eines Kugelknopfes Form M, d_1 = 40, d_5 = 12
aus schwarzem Kunststoff (FS), matt (m):
Kugelknopf DIN 319 – M 40 × 12 FS m

[1] Toleranzklasse für d_4 ist H 7 für Stahl, H 11 für Kunststoff
Gewindebuchse aus Stahl oder Cu Zn lieferbar

Normteile für Vorrichtungen

Normteile für Vorrichtungen
Standard parts for devices

Schnapper mit Druckfeder für Bohrvorrichtung DIN 6310: 1991-05

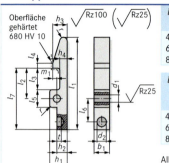

	l_1	b_1 $\,^{0}_{-0,2}$	d_1 E9	d_2	h_1	h_2	h_3	h_4	l_2 ±0,1	l_3	l_4	l_5	l_6	l_7	m_1	t	r
	45	8	4	5	9,5	5,5	8	4	15	10	2	9	11	30	2,5	1,5	1,6
	60	10	5	6,3	12	7	10	5	20	14	3	11	15	40	3	3	2,5
	80	14	6	8	15	9	14	7	30	22	5	14	23	60	5	5	4

Oberfläche gehärtet 680 HV 10

l_1	zugehörige Druckfeder nach DIN 2098 T. 1
45	0,63 × 4 × 14
60	0,8 × 5 × 17,5
80	1 × 6,3 × 21,5

Werkstoff: Stahl

Anwendungsbereich:
Schnapper mit Druckfeder sind Vorrichtungselemente zum Verriegeln oder Lösen von Druckplatten in Bohrvorrichtungen.

Bezeichnung eines Schnappers mit l_1 = 80 mm mit Druckfeder:
Schnapper DIN 6310 – 80

Allgemeintoleranzen: DIN 7168-m

Füße mit Gewindezapfen für Vorrichtungen DIN 6320: 1971-02

h	d_1 6g	b	d_2	e	s
10	M6	11	8	11,5	10
20			6		
15	M8	13	10	15	13
30			9		
20	M10	16	13	19,6	17
40					
25	M12	20	15	21,9	19
50					

Werkstoff: S 235 JR
Bezeichnung eines Fußes mit Gewindezapfen von Höhe h = 40, Gewinde M 10:
Fuß DIN 6320 – 40 × M 10

Aufnahme- und Auflagebolzen DIN 6321: 1973-12

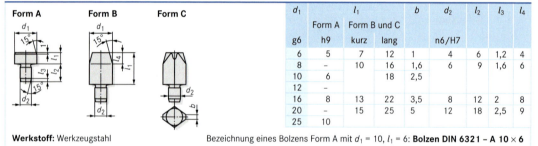

d_1	l_1		b	d_2	l_2	l_3	l_4
	Form A	Form B und C					
g6	h9	kurz	lang		n6/H7			
6	5	7	12	1	4	6	1,2	4
8	–	10	16	1,6	6	9	1,6	6
10	6		18	2,5				
12	–							
16	8	13	22	3,5	8	12	2	8
20	–	15	25	5	12	18	2,5	9
25	10							

Werkstoff: Werkzeugstahl   Bezeichnung eines Bolzens Form A mit d_1 = 10, l_1 = 6: **Bolzen DIN 6321 – A 10 × 6**

Spannriegel für Vorrichtungen DIN 6376: 1972-09

b	h	d_1 H 13	d_2	l_1	l_2	l_3	verwendbare Linsenschraube nach DIN 923
12	6	7,4	8	50	7	65	M 5
16	8	8,4	9	75	9	95	M 6
20	10	10,5	11	100	11	125	M 8
	12			125		150	
25	16	14	14	160	13	190	M 10

Werkstoff: S 235 JR   Bezeichnung eines Spannriegels mit b = 25 und h = 16: **Spannriegel DIN 6376 – 25 × 16**

Linsenschraube mit Schlitz und Ansatz DIN 923: 1986-09

Gewinde d	Gewindefreistich DIN 76-A	b	d_K max.	d_K min.	d_s max.	d_s min.	K max.	K min.	n max.	n min.	r	t min.	t max.	l min.	l max.
M 5		7	11	10,73	7	6,96	2,82	2,58	1,26	1,51	0,2	1,3	1,6	6,07	6,15
M 6		9	13	12,73	8	7,96	3,25	2,95	1,66	1,99	0,25	1,5	1,9	8,07	8,15
M 8		11	16	15,73	10	9,96	3,95	3,65	2,06	2,31	0,4	1,9	2,4	10,07	10,15
M 10		13,5	20	19,67	13	12,96	4,75	4,45	2,56	2,81	0,4	2,3	2,8	16,1	16,2

Werkstoff: Stahl nach DIN EN ISO 3506

Schraubendruckfedern
Helical pressure springs

Zylindrische Schraubendruckfedern aus runden Drähten

DIN 2098-1: 1968-10; DIN 2098-2: 1970-08

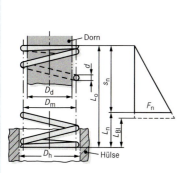

D_d : Dorndurchmesser
D_h : Hülsendurchmesser
D_m : Mittlerer Windungsdurchmesser
L_0 : Länge der unbelasteten Feder
L_{Bl} : Blocklänge der Feder (Windungen liegen aneinander)
L_n : kleinste zulässige Prüflänge der Feder
F_n : Höchste zulässige Federkraft in N, zugeordnet der Länge L_n
R : Federrate in N/mm
d : Drahtdurchmesser
s_n : größter zulässiger Federweg in mm, zugeordnet der Kraft F_n
i_f : Anzahl der federnden Windungen
i_g : Gesamtzahl der Windungen

$$i_g = i_f + 2$$

Werkstoff: Federstahldraht nach DIN EN 10 270-1, Drahtsorte SM
Bezeichnung einer Druckfeder mit d = 2 mm, D_m = 16 mm und L_0 = 30 mm:
Druckfeder DIN 2098 – 2 × 16 × 30

d	D_m	D_d max.	D_d min.	F_n in N	i_f = 3,5 L_0	s_n	R	i_f = 5,5 L_0	s_n	R	i_f = 8,5 L_0	s_n	R	i_f = 12,5 L_0	s_n	R
0,25	3,2	2,5	4,0	1,5	7,1	5,0	0,31	10,7	7,9	0,2	16,1	12,2	0,13	23,3	18,0	0,09
	2,0	1,5	2,6	2,3	3,7	1,9	1,2	5,5	2,9	0,8	8,0	4,6	0,52	11,4	6,7	0,36
	1,3	0,7	1,7	3,4	2,4	0,6	5,9	3,3	0,9	3,7	4,7	1,4	2,4	6,6	2,1	1,6
0,5	6,3	5,3	7,5	6,6	13,5	9,2	0,73	20,0	14,0	0,46	30,0	21,3	0,3	13,5	31,8	0,21
	4,0	3,1	5,0	9,3	7,0	3,3	2,84	10,0	4,9	1,81	15,0	7,9	1,17	7,0	11,7	0,79
	2,5	1,7	3,4	10,4	4,4	0,9	11,6	6,1	1,4	7,43	8,7	2,2	4,8	4,4	3,0	3,27
1	12,5	10,8	14,4	22,0	24,0	14,6	1,49	36,5	23,1	0,95	55,5	36,1	0,61	24,0	53,1	0,41
	8,0	6,5	9,6	33,2	13,0	5,7	5,68	19,0	8,9	3,61	28,5	14,2	2,33	13,0	20,6	1,59
	5,0	3,6	6,5	43,8	8,5	1,9	23,2	12,0	3,0	14,8	17,0	4,4	9,57	8,5	6,6	6,51
1,6	20,0	17,5	22,6	84,9	48,0	35,6	2,38	73,5	55,9	1,52	110,0	84,5	0,99	48,0	129,0	0,67
	12,5	10,3	14,7	135,0	24,0	14,0	9,76	36,0	21,9	6,23	53,5	33,4	4,0	24,0	50,0	2,73
	8,0	5,9	10,1	212,0	14,5	5,5	37,3	21,5	8,9	23,7	31,5	13,6	15,4	14,5	20,2	10,4
2	25,0	22,0	28,0	128,0	58,0	43,0	2,98	88,5	67,1	1,9	135,0	104,0	1,23	58,0	151,0	0,83
	16,0	13,4	18,6	198,0	30,0	17,5	11,4	45,0	27,3	7,24	68,0	42,5	4,69	30,0	62,1	3,19
	10,0	7,5	12,5	318,0	18,0	6,8	46,6	26,5	10,9	29,7	38,5	16,5	19,2	18,0	24,4	13,0
2,5	32,0	28,3	36,0	182,0	71,5	52,2	3,48	110,0	82,1	2,22	170,0	129,0	1,43	71,5	187,0	0,97
	25,0	21,6	28,4	233,0	49,0	32,2	7,29	74,5	50,5	4,64	115,0	80,2	3,0	49,0	116,0	2,04
	20,0	16,8	23,2	292,0	36,0	20,5	14,2	54,0	32,1	9,05	81,5	50,0	5,86	36,0	75,7	3,98
	16,0	12,9	19,1	365,0	27,5	12,9	27,8	41,0	20,5	17,7	61,0	31,7	11,5	27,5	49,9	7,78
3,2	40,0	35,6	44,6	288,0	82,0	60,8	4,76	125,0	95,3	3,03	190,0	148,0	1,96	82,0	216,0	1,33
	32,0	27,6	36,5	361,0	58,5	38,7	9,3	88,5	61,1	5,92	135,0	96,2	3,82	58,5	136,0	2,61
	25,0	21,1	28,9	461,0	42,5	23,4	19,4	63,5	37,2	12,4	94,5	57,4	8,0	42,5	83,4	5,54
	20,0	16,1	23,9	577,0	33,5	15,0	38,2	49,5	23,6	24,2	74,0	36,9	15,7	33,5	53,4	10,7
4	50,0	44,0	56,0	427,0	99,0	71,6	5,95	150,0	111,0	3,79	230,0	175,0	2,45	99,0	257,0	1,65
	40,0	34,8	45,2	533,0	71,0	45,8	11,7	105,0	69,9	7,41	160,0	110,0	4,79	71,0	165,0	3,26
	32,0	27,0	37,0	666,0	53,5	29,5	22,8	79,5	46,2	14,4	120,0	72,8	9,35	53,5	104,0	6,36
	25,0	20,3	29,7	852,0	41,0	18,1	47,7	60,5	28,3	30,3	89,5	43,5	19,6	41,0	65,5	13,3
5	63,0	56,0	70,0	623,0	120,0	87,7	7,27	180,0	135,0	4,63	275,0	210,0	2,99	120,0	304,0	2,03
	50,0	43,0	57,0	785,0	85,0	54,1	14,5	130,0	86,8	9,25	195,0	133,0	5,98	85,0	194,0	4,07
	40,0	34,0	46,0	981,0	64,0	34,4	28,4	95,5	54,5	18,1	140,0	81,6	11,7	64,0	124,0	7,95
	32,0	26,0	38,0	1226,0	51,0	22,3	55,4	75,0	34,8	35,3	110,0	52,5	22,9	51,0	79,5	15,5
6,3	80,0	71,0	89,0	932,0	145,0	103,0	8,96	220,0	160,0	5,7	335,0	250,0	3,69	145,0	370,0	2,51
	63,0	55,0	71,5	1177,0	105,0	65,0	18,3	155,0	99,0	11,7	235,0	155,0	7,55	105,0	277,0	5,13
	50,0	42,0	58,0	1481,0	80,0	42,0	36,7	115,0	62,0	23,3	175,0	100,0	15,1	80,0	145,0	10,3
	40,0	32,6	47,5	1854,0	60,0	24,0	71,7	90,0	39,7	45,6	135,0	63,2	29,5	60,0	95,0	20,1
8	100,0	89,0	111,0	1413,0	170,0	118,0	11,9	260,0	187,0	7,58	390,0	286,0	4,9	170,0	423,0	3,34
	80,0	69,0	91,0	1766,0	125,0	76,0	23,2	180,0	111,0	14,8	285,0	186,0	9,58	125,0	271,0	6,51
	63,0	53,0	73,0	2237,0	95,0	48,0	47,0	140,0	74,0	30,3	205,0	112,0	19,6	95,0	169,0	13,3
	50,0	40,5	60,0	2825,0	75,0	30,0	95,4	110,0	46,8	60,8	160,0	70,0	39,2	75,0	103,0	26,7

Normteile für Vorrichtungen

Tellerfedern
Disc springs

Tellerfedern

DIN 2093: 1992-01

Tellerfeder der Gruppen 1 und 2

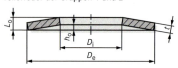

Tellerfeder der Gruppe 3

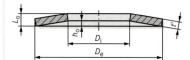

D_d : Außendurchmesser
D_i : Innendurchmesser
h_o : Rechengröße ($h_o = l_o - t$)
l_o : Bauhöhe des unbelasteten Einzeltellers
t : Dicke des Einzeltellers
t' : Reduzierte Dicke des Einzeltellers
s : Federweg des Einzeltellers
F : Federkraft des Einzeltellers
n : Anzahl der gleichsinnig geschichteten Federn
i : Anzahl der wechselsinnig geschichteten Federn

gleichsinnig geschichtetes Federpaket

$F_{ges} = n \cdot F$
$s_{ges} = s$
$L_{ges} = l_o + (n-1) \cdot t$

wechselsinnig geschichtetes Federpaket

$F_{ges} = i \cdot F$
$s_{ges} = i \cdot s$
$L_{ges} = i \cdot l_o$

Gruppe	Tellerdicke t	Auflagefläche
1	kleiner als 1,25	nein
2	1,25 ... 6	nein
3	über 6 ... 14	ja

Werkstoff: Edelstahl mit E = 206 000 N/mm²
Bezeichnung einer Tellerfeder der Reihe A mit Außendurchmesser D_e = 50 mm:
Tellerfeder DIN 2093 – A 50

Gruppe	D_e h12	D_i H12	Reihe A: harte Federn $D_e/t \approx 18; h_o/t \approx 0,4$					Reihe B: mittelharte Federn $D_e/t \approx 28; h_o/t \approx 0,75$					Reihe C: weiche Federn $D_e/t \approx 40; h_o/t \approx 1,3$				
			t	t'	l_o	$F^{1)}$ (kN)	$s^{2)}$	t	t'	l_o	$F^{1)}$ (kN)	$s^{2)}$	t	t'	l_o	$F^{1)}$ (kN)	$s^{2)}$
1	8	4,2	0,4	–	0,6	0,21	0,15	0,3	–	0,55	0,12	0,19	0,2	–	0,45	0,04	0,19
	10	5,2	0,5	–	0,75	0,33	0,19	0,4	–	0,7	0,21	0,23	0,25	–	0,55	0,06	0,23
	14	7,2	0,8	–	1,1	0,81	0,23	0,5	–	0,9	0,28	0,3	0,35	–	0,8	0,12	0,34
	16	8,2	0,9	–	1,25	1	0,26	0,6	–	1,05	0,41	0,34	0,4	–	0,9	0,16	0,38
	18	9,2	1	–	1,4	1,25	0,3	0,7	–	1,2	0,57	0,38	0,45	–	1,05	0,21	0,45
	20	10,2	1,1	–	1,55	1,53	0,34	0,8	–	1,35	0,75	0,41	0,5	–	1,15	0,25	0,49
	25	12,2	–	–	–	–	–	0,9	–	1,6	0,87	0,53	0,7	–	1,6	0,6	0,68
	28	14,2	–	–	–	–	–	1	–	1,8	1,11	0,6	0,8	–	1,8	0,8	0,75
	35,5	18,3	–	–	–	–	–	–	–	–	–	–	0,9	–	2,05	0,83	0,86
	40	20,4	–	–	–	–	–	–	–	–	–	–	1	–	2,3	1,02	0,98
2	25	12,2	1,5	–	2,05	2,91	0,41	–	–	–	–	–	–	–	–	–	–
	28	14,2	1,5	–	2,15	2,85	0,49	–	–	–	–	–	–	–	–	–	–
	40	20,4	2,2	–	3,15	6,54	0,68	1,5	–	2,6	2,62	0,86	–	–	–	–	–
	45	22,4	3	–	4,1	7,72	0,75	1,7	–	3	3,66	0,98	1,25	–	2,85	1,89	1,2
	50	25,4	3	–	4,3	12	0,83	2	–	3,4	4,76	1,05	1,25	–	2,85	1,55	1,2
	56	28,5	3,5	–	4,9	11,4	0,98	2	–	3,6	4,44	1,2	1,5	–	3,45	2,62	1,46
	63	31	4	–	5,6	15	1,05	2,5	–	4,2	7,18	1,31	1,8	–	4,15	4,24	1,76
	71	36	5	–	6,7	20,5	1,2	2,5	–	4,5	6,73	1,5	2	–	4,6	5,14	1,95
	80	41	5	–	7	33,7	1,28	3	–	5,3	10,5	1,73	2,25	–	5,2	6,61	2,21
	90	46	6	–	8,2	31,4	1,5	3,5	–	6	14,2	1,88	2,5	–	5,7	7,68	2,4
	100	51	6	–	8,5	48	1,65	3,5	–	6,3	13,1	2,1	2,7	–	6,2	8,61	2,63
	125	64	–	–	–	–	–	5	–	8,5	30	2,63	3,5	–	8	15,4	3,38
	140	72	–	–	–	–	–	5	–	9	27,9	3	3,8	–	8,7	17,2	3,68
	160	82	–	–	–	–	–	6	–	10,5	41,1	3,38	4,3	–	9,9	21,8	4,2
	180	92	–	–	–	–	–	6	–	11,1	37,5	3,83	4,8	–	11	26,4	4,65
	200	102	–	–	–	–	–	–	–	–	–	–	5,5	–	12,5	36,1	5,25
3	125	64	8	7,5	10,6	85,9	1,95	–	–	–	–	–	–	–	–	–	–
	140	72	8	7,5	11,2	85,3	2,4	–	–	–	–	–	–	–	–	–	–
	160	82	10	9,4	13,5	139	2,63	–	–	–	–	–	–	–	–	–	–
	180	92	10	9,4	14	125	3	–	–	–	–	–	–	–	–	–	–
	200	102	12	11,25	16,2	183	3,15	8	7,5	13,6	76,4	4,2	–	–	–	–	–
	225	112	12	11,25	17	171	3,75	8	7,5	14,5	70,8	4,88	6,5	6,2	13,6	44,66	5,33
	250	127	14	13,1	19,6	249	4,2	10	9,4	17	119	5,25	7	7	14,8	50,5	5,85

[1)] Federkraft des Einzeltellers bei $s \approx 0,75 \cdot h_o$
[2)] $s \approx 0,75 \cdot h_o$

Federn, Federberechnungen
Springs, spring calculations

Federn – Vereinfachte Darstellung
DIN ISO 2162-1: 1994-08

Benennung	Darstellung			Benennung	Darstellung		
	Ansicht	Schnitt	Schnittbild		Ansicht	Schnitt	Schnittbild
Zylindrische Schraubendruckfeder aus Draht, Querschnitt rund				Zylindrische Schraubenzugfeder aus Draht, Querschnitt rund			
Kegelige Schraubendruckfeder aus Draht, Querschnitt rund				Kegelige Schrauben-Drehfeder aus Draht, Querschnitt rund			
Kegelige Schraubendruckfeder aus Band				Spiralfeder aus Werkstoff mit rechteckigem Querschnitt			
Tellerfederpaket gleichsinnig geschichtet				Parabolische Mehrfach-Blattfeder			
Tellerfederpaket wechselsinnig geschichtet				Parabolische Mehrfach-Blattfeder mit Augen			

Drahtlängen zylindrischer Schraubenfedern

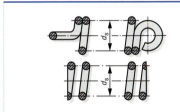

$$l_s = d_s \cdot \pi \cdot (n + 2)$$

$$d_s = \frac{l_s}{\pi (n + 2)} \qquad n = \frac{l_s}{d_s \cdot \pi} - 2$$

l_s : gestreckte Länge
d_s : Durchmesser der Schwerpunktlinie
n : Anzahl der Windungen
π : 3,14159 …

Federkraft

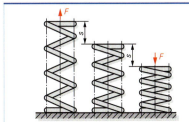

$$F = R \cdot s$$

$$R = \frac{F}{s}$$

$$s = \frac{F}{R}$$

Federn siehe DIN 2098-1

F : Federkraft
R : Federrate
s : Federweg

Normteile für Vorrichtungen 321

Bohrbuchsen
Press fit jig bushes

Steckbohrbuchsen, Auswechselbuchsen, Flachkopfschrauben, Spannbuchsen — DIN 173-1: 1992-11

Form K   Schnellwechselbuchsen für rechtsschneidende Werkzeuge
Form KL Schnellwechselbuchsen für linksschneidende Werkzeuge

Form K

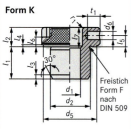

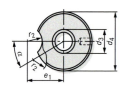

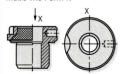

d_1 F7	über	–	4	6	8	10	12	15	18	22	26	30	35	42	48
	bis	4	6	8	10	12	15	18	22	26	30	35	42	48	55
d_2 m6		8	10	12	15	18	22	26	30	35	42	48	55	62	70
l_1	kurz	10		12		16		20		25		30		35	
	mittel	16		20		28		36		45		56		67	
	lang	–		25		36		45		56		67		78	
d_3 [1)]		4,5	6,5	8,5	10,5	12,5	15,5	19	23	27	31	36	43	50	57
d_4		15	18	22	26	30	34	39	46	52	59	66	74	82	90
d_5 –0,25		12	15	18	22	26	30	35	42	46	53	60	68	76	84
d_6 H7		2,5			3			5			6			8	
l_2		8			10			12				16			
l_3		1,25		1,5			2,5			3					
l_4 –0,25					1				1,5			2			
l_5		4,25		6			7			9			8		
l_6 –0,2		3		4			5,5				7				
l_7	mittel	6		8		12		16		20		26		32	
	lang	–		13		20		25		31		37		43	
e_1		11,5	13	16,5	18	20	23,5	26	29,5	32,5	36	41,5	45,5	49	53
e_2		15	17	20	22	24	28	31	35	37	41	47	51	55	59
t_1		4			5	6	7		8		9	10		12	14
t_3	min	14			16			19				27			
r_1		1,5		2			3				3,5				
r_2		7		8,5			10,5				12,5				
a		65°		60°		50°		35°		30°			25°		
Stift DIN EN 22 338		2,5m6×16		3m6 × 20		5m6 × 24		6m6 × 28		6m6 × 36		8m6 × 36			

Form L Auswechselbuchsen
Maße wie Form K

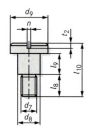

Steckbohrbuchsen dieser Norm können nur mit Bundbohrbuchsen nach DIN 172 und mit Bohrbuchsen nach DIN 179 kombiniert werden.
Bezeichnung einer Steckbohrbuchse Form K mit d_1 = 18 mm, d_2 = 26 mm und Länge l_1 = 36 mm:
Bohrbuchse DIN 173 – K 18 × 26 × 36

[1)] für mittel und lang, **Werkstoff:** Einsatzstahl, Härte 740 + 80 HV 10

Flachkopfschrauben

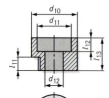

	Längen für Buchsen nach								Für Bohrbuchsen
	Abb. 4 s. S. 323		Abb. 1 s. S. 323		Abb. 5 s. S. 323				d_1
d_7	l_9	l_{10}	l_9	l_{10}	d_8	d_9	l_8	n	t_2	über	bis
M 5	3	15	6	18	7,5	13	9	1,6	2	–	6
M 6	4	18	8	22	9,5	16	10	2	2,5	6	12
M 8	5,5	22	10,5	27	12	20	11,5	2,5	3	12	30
M 10	7	32	13	38	15	24	18,5	2,5	3	30	85

Werkstoff: Festigkeitsklasse 10.9, **Ausführung:** Produktklasse A
Bezeichnung einer Flachkopfschraube mit Schlitz und Ansatz, Gewinde d_7 = M 8 und Ansatzlänge l_9 = 5,5: **Schraube DIN 173 – M 8 × 5,5**

Spannbuchsen

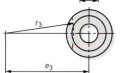

	Spannbuchsenlängen								Zylinderschraube nach DIN 912	Für Bohrbuchsen
	Abb. 2 s. S. 323		Abb. 3 s. S. 323							d_1
d_{12}	l_{11}	l_{13}	l_{11}	l_{13}	d_{10}	d_{11}	l_{12}	e_3	r_3		über	bis
5,1	3	8	6	11	13	10	4	13,2	9,5	M5 × 16	–	6
6,1	4	10	8	14	16	12	5	19,7	15	M6 × 20	6	12
8,1	5,5	12	10,5	17	20	15	5	36,2	30	M8 × 25	12	30
10,1	7	16	13	22	24	18	7	87,5	80	M10 × 30	30	85

Werkstoff: Spannbuchse: 11 SMn 30
Zylinderschraube: Festigkeitsklasse 10.9, Produktklasse A
Bezeichnung einer Spannbuchse mit d_{12} = 8,1 mm und l_{13} = 12 mm:
Spannbuchse DIN 173 – 8,1 × 12

Bohrbuchsen
Press fit jig bushes

Einbauhinweise für Schnellwechsel- und Auswechselbuchsen DIN 173-1: 1992-11

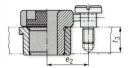
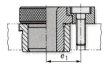
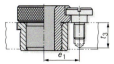

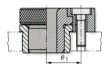
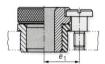

Abb. 1 Schnellwechselbuchse Form K mit Bundbohrbuchse nach DIN 172 oder Bohrbuchse nach DIN 179

Abb. 2 Schnellwechselbuchse Form K mit Bundbohrbuchse nach DIN 172 oder Bohrbuchse nach DIN 179

Abb. 3 Schnellwechselbuchse Form K mit Bundbohrbuchse nach DIN 172

Abb. 4 Auswechselbuchse Form L mit Bundbohrbuchse nach DIN 172 oder Bohrbuchse nach DIN 179

Abb. 5 Auswechselbuchse Form L mit Bundbohrbuchse nach DIN 172

Zylinderstift DIN EN 22 338

Bundbohrbuchsen, Bohrbuchsen DIN 172: 1992-11; DIN 179: 1992-11

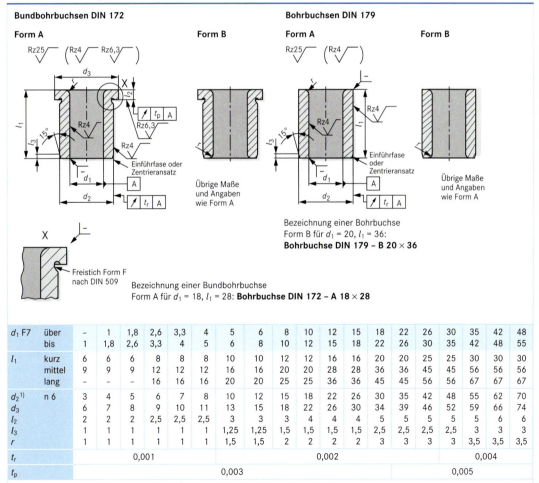

Bundbohrbuchsen DIN 172 — Form A, Form B
Bohrbuchsen DIN 179 — Form A, Form B

Bezeichnung einer Bundbohrbuchse Form A für d_1 = 18, l_1 = 28: **Bohrbuchse DIN 172 – A 18 × 28**

Bezeichnung einer Bohrbuchse Form B für d_1 = 20, l_1 = 36: **Bohrbuchse DIN 179 – B 20 × 36**

Freistich Form F nach DIN 509

d_1 F7	über	–	1	1,8	2,6	3,3	4	5	6	8	10	12	15	18	22	26	30	35	42	48
	bis	1	1,8	2,6	3,3	4	5	6	8	10	12	15	18	22	26	30	35	42	48	55
l_1	kurz	6	6	6	8	8	8	10	10	12	12	16	16	20	20	25	25	30	30	30
	mittel	9	9	9	12	12	12	16	16	20	20	28	28	36	36	45	45	56	56	56
	lang	–	–	–	16	16	16	20	20	25	25	36	36	45	45	56	56	67	67	67
d_2[1] n 6		3	4	5	6	7	8	10	12	15	18	22	26	30	35	42	48	55	62	70
d_3		6	7	8	9	10	11	13	15	18	22	26	30	34	39	46	52	59	66	74
l_2		2	2	2	2,5	2,5	2,5	3	3	3	4	4	4	5	5	5	5	5	6	6
l_3		1	1	1	1	1	1	1,25	1,25	1,5	1,5	1,5	1,5	2,5	2,5	2,5	2,5	3	3	3
r		1	1	1	1	1	1	1,5	1,5	2	2	2	2	3	3	3	3	3,5	3,5	3,5
t_r		0,001						0,002						0,004					
t_p		0,003												0,005					

Werkstoff: Einsatzstahl gehärtet, Härte 740 + 80 HV 10

[1] Für Bohrung mit Toleranzklasse H 6 oder H 7

Normteile für Vorrichtungen — 323

Schlüsselweiten, Vierkante von Zylinderschäften
Widths across flats

Schlüsselweiten für Schrauben, Armaturen und Fittings
DIN 475-1: 1984-01

Toleranzklassen			
Reihe 1		Reihe 2	
$s \leq 4$	h 12	$s \leq 19$	h 14
$4 < s \leq 32$	h 13	$19 < s \leq 60$	h 15
$s > 32$	h 14	$60 < s \leq 180$	h 16

	Reihe				Reihe				Reihe				Reihe		
	1	2			1	2		1	2				1	2	
s_{max}	s_{min}	s_{min}	d	e_1	$e_{2\,min}$	$e_{3\,min}$	$e_{3\,min}$	s_{max}	s_{min}	s_{min}	d	e_1	$e_{2\,min}$	$e_{3\,min}$	$e_{3\,min}$	$e_{4\,min}$
5	4,82	–	6	7,1	6,5	5,45	–	22	21,67	21,16	25	31,1	28	24,49	23,91	23,8
6	5,82	–	7	8,5	8	6,58	–	23	22,67	22,16	26	32,5	30,5	25,62	25,04	24,9
7	6,78	–	8	9,9	9	7,66	–	24	23,67	23,16	28	33,9	32	26,75	26,17	26
8	7,78	7,64	9	11,3	10	8,79	8,63	25	24,67	24,16	29	35,5	33,5	27,88	27,30	27
9	8,78	8,64	10	12,7	12	9,92	9,76	26	25,67	25,16	31	36,8	34,5	29,01	28,43	28,1
10	9,78	9,64	12	14,1	13	11,05	10,89	27	26,67	26,16	32	38,2	36	30,14	29,56	29,1
11	10,73	10,57	13	15,6	14	12,12	11,94	28	27,67	27,16	33	39,6	37,5	31,27	30,69	30,2
12	11,73	11,57	14	17	16	13,25	13,07	30	29,67	29,16	35	42,4	40	33,53	32,95	32,5
13	12,73	12,57	15	18,4	17	14,38	14,20	32	31,61	31,00	38	45,3	42	35,72	35,03	34,6
14	13,73	13,57	16	19,8	18	15,51	15,33	34	33,38	33,00	40	48	46	37,72	37,29	36,7
15	14,73	14,57	17	21,2	20	16,64	16,46	36	35,38	25,00	42	50,9	48	39,98	39,55	39
16	15,73	15,57	18	22,6	21	17,77	17,59	41	40,38	40,00	48	58	54	45,63	45,20	44,4
17	16,73	16,57	19	24	22	18,90	18,72	46	45,38	45,00	52	65,1	60	51,28	50,85	49,8
18	17,73	17,57	21	25,4	23,5	20,03	19,85	50	49,38	49,00	58	70,7	65	55,80	55,37	54,1
19	18,67	18,48	22	26,9	25	21,10	20,88	55	54,26	53,80	65	77,8	72	61,31	60,79	59,5
20	19,67	19,16	23	28,3	26	22,23	21,65	60	59,26	58,80	70	84,8	80	66,96	66,44	64,9
								65	64,26	63,10	75	91,9	85	72,61	71,30	70,3

Bezeichnung einer Schlüsselweite mit Nennmaß s = 16 mm (SW 16), Reihe 1: **DIN 475 – SW 16 – 1**

Vierkante von Zylinderschäften für rotierende Werkzeuge
DIN 10: 1997-06

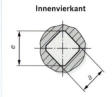 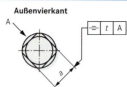 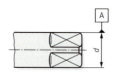

Innenvierkant Außenvierkant

Nennmaß	Vierkant						Zylinderschaft			
	Innenvierkant			Außenvierkant			Durchmesserbereich		Vorzugs-Ø	Toleranzwert
a	a_{max}	a_{min}	e_{min}	a_{max}	a_{min}	l js16[1]	über d	bis d	d	t
2,7	2,860	2,720	3,67	2,700	2,610	6	3,20	3,60	3,5	0,05
3	3,160	3,020	4,08	3,000	2,910	6	3,60	4,01	4	0,05
3,4	3,610	3,430	4,60	3,400	3,280	6	4,01	4,53	4,5	0,05
3,8	4,010	3,830	5,15	3,800	3,680	7	4,53	5,08	5	0,05
4,3	4,510	4,330	5,86	4,300	4,180	7	5,08	5,79	5,5	0,05
4,9	5,110	4,930	6,61	4,900	4,780	8	5,79	6,53	6	0,05
6,2	6,460	6,240	8,35	6,200	6,050	9	7,33	8,27	8	0,07
8	8,260	8,040	10,77	8,000	7,850	11	9,46	10,67	10	0,07
9	9,260	9,040	12,10	9,000	8,850	12	10,67	12,00	11; 12	0,07
10	10,260	10,040	13,43	10,000	9,850	13	12,00	13,33	–	0,07
11	11,320	11,050	14,77	11,000	10,820	14	13,33	14,67	14	0,07
12	12,320	12,050	16,10	12,000	11,820	15	14,67	16,00	16	0,07
13	13,320	13,050	17,43	13,000	12,820	16	16,00	17,33	–	0,10
14,5	14,820	14,550	19,44	14,500	14,320	17	17,33	19,33	18	0,10
16	16,320	16,050	21,44	16,000	15,820	19	19,33	21,33	20	0,10
18	18,320	18,050	24,11	18,000	17,820	21	21,33	24,00	22	0,10
20	20,395	20,065	26,78	20,000	19,790	23	24,00	26,67	25	0,10

Bezeichnung eines Vierkants mit a = 12 mm: **Vierkant DIN 10–12**
[1] Gilt nicht für handbetätigte Werkzeuge.

Steuern und Automatisieren

5

326 Übersicht
327 Beispiele

Steuern und Regeln

328 Grundbegriffe der Regelungs- und Steuerungstechnik
329 Wirkungspläne, Reglerverhalten
330 Stetige Regler
331 Unstetige Regler
332 Symbole und Kennzeichen der Prozessleittechnik
334 Funktionspläne für Ablaufsteuerungen
336 Funktionsdiagramme
338 Sinnbilder der Hydraulik und Pneumatik
340 Schaltpläne der Hydraulik und Pneumatik
341 Druckluftaufbereitung
342 Pneumatische Wegeventile
344 Pneumatische Sperr- und Stromventile
345 Pneumatische Zylinder
346 Hydrosysteme
347 Hydraulikpumpen
348 Hydraulikmotoren
349 Hydraulische Steuerungen
350 Binäre Verknüpfungen
351 Elektropneumatik
353 Kapazitive Näherungssensoren
354 Induktive Näherungssensoren
355 Optoelektronische Sensoren
356 Lichtschranken
357 Speicherprogrammierbare Steuerungen
358 SPS – Kontaktplanprogrammierung
359 SPS – Anweisungsliste, Grundfunktionen der Signalverarbeitung
360 SPS – Operationen der Signalverarbeitung

Datenverarbeitung

362 Begriffe der Informationstechnik
363 Dateneingabe
364 Codes und Zahlensysteme
366 Sinnbilder für Programmablaufpläne
367 Programmablaufplan, Struktogramm
368 Internet
369 Suchen mit Google

Elektrotechnik

370 Grundlagen für Berechnungen (Formeln)
372 Schaltzeichen
374 Kennzeichnung von elektrischen Betriebsmittel
375 Schutzmaßnahmen für elektrische Betriebsmittel
376 Prüfzeichen für elektrische Betriebsmittel und Geräte
376 Leistungsschilder für elektrische Maschinen
376 Umwandlungsarten der elektrischen Energie
377 Leitungen für feste und flexible Verlegung
378 Unfallverhütung

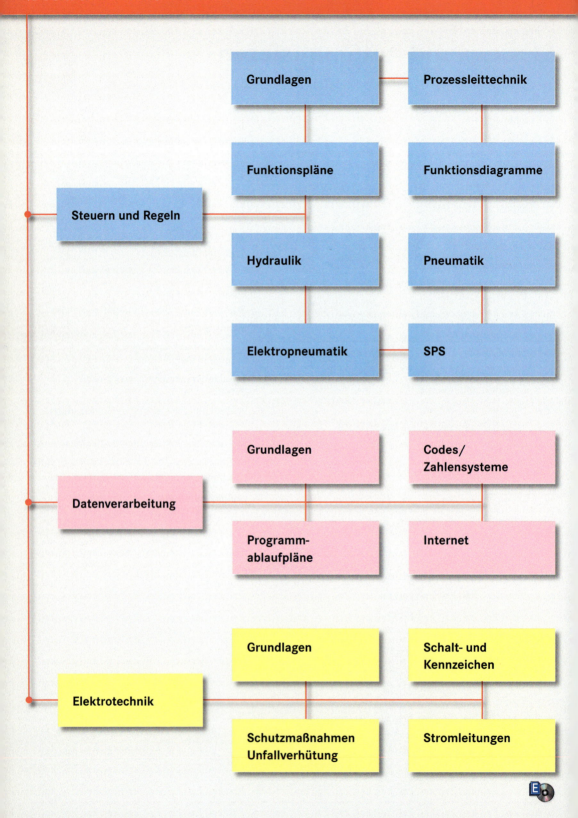

Steuern und Automatisieren
Controlling and automating

Steuern und Regeln

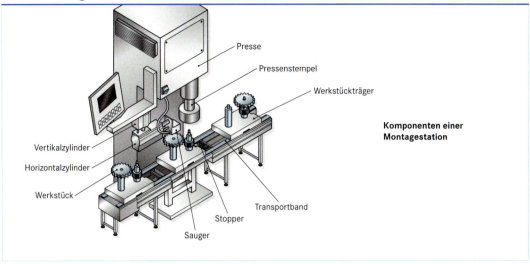

Komponenten einer Montagestation

Datenverarbeitung

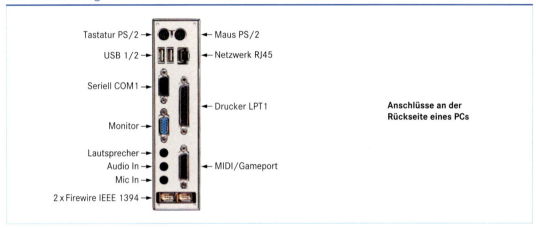

Anschlüsse an der Rückseite eines PCs

Elektrotechnik

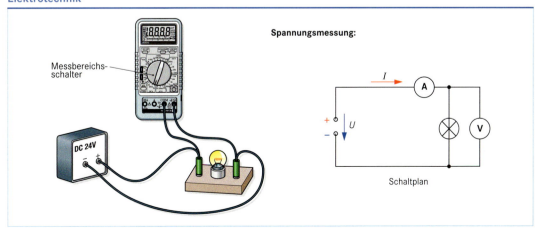

Grundbegriffe der Regelungs- und Steuerungstechnik
Basic terms of closed loop and open loop control technique

Steuern, Steuerung

DIN 19 226-4: 1994-02

- Eine oder mehrere Eingangsgrößen beeinflussen aufgrund einer systemeigenen Gesetzmäßigkeit eine Ausgangsgröße, wobei keine Rückwirkung erfolgt.
- Es besteht ein **offener** Wirkungsweg (Steuerkette).
- Die Steuerkette ist eine Anordnung von Systemen, die in Reihenstruktur aufeinander wirken.

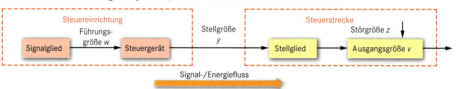

Regeln, Regelung

- Die Regelgröße wird fortlaufend erfasst und mit der Führungsgröße verglichen.
- Bei einer Regelabweichung erfolgt eine Anpassung an die Führungsgröße.
- Es besteht ein **geschlossener** Wirkungsablauf (Regelkreis).

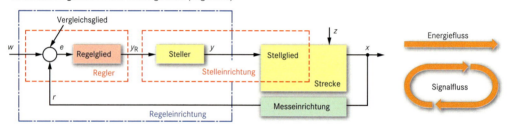

Begriff	Formelzeichen	Bedeutung
Strecke (S und R)	S	Teil des Systems, der aufgabengemäß zu beeinflussen ist (Teil des Wirkungsplans)
Messeinrichtung		Gesamtheit aller Funktionseinheiten, die Messgrößen aufnehmen, anpassen und ausgeben
Vergleichsglied		Funktionseinheit, bildet die Regeldifferenz aus Führungs- und Rückführungsgröße
Regelglied		Funktionseinheit, führt im Regelkreis die Regelgröße der Führungsgröße, auch beim Auftreten von Störgrößen, so schnell und genau wie möglich nach
Regler		Funktionseinheit, wird aus Vergleichsglied und Regelglied gebildet
Steller		Funktionseinheit, bildet aus der Reglerausgangsgröße die erforderliche Stellgröße
Stellglied		Funktionseinheit, Teil und Anfang der Regelstrecke, greift in den Energie- oder Massenstrom ein (Eingangsgröße ist die Stellgröße)
Stelleinrichtung		Funktionseinheit, besteht aus Steller und Stellglied
Steuer-/Regeleinrichtung		Teil des Wirkungsweges, der die aufgabengemäße Beeinflussung der Strecke bewirkt
Stellort		Angriffspunkt der Stellgröße
Störort		Angriffspunkt der Störgröße
Regelgröße	X	Größe der Regelstrecke, die zum Zwecke des Regelns erfasst und über die Messeinrichtung der Regeleinrichtung zugeführt wird
Regelbereich	X_h	Bereich, innerhalb dessen die Regelgröße eingestellt werden kann, ohne die festgelegte größte Sollwertabweichung zu überschreiten
Aufgabengröße	X_A	Größe, die zu beeinflussen Aufgabe der Steuerung oder Regelung ist (z. B. Mischungsverhältnis)
Rückführungsgröße	r	Größe, die aus der Messung der Regelgröße hervorgeht
Führungsgröße	w	Größe, die, von außen zugeführt, von der Regelung oder Steuerung nicht beeinflusst werden kann und der die Ausgangsgröße in vorgegebener Abhängigkeit folgen soll
Ausgangsgröße	v	Größe eines Systems, die nur von ihm und seinen Eingangsgrößen beeinflusst wird
Eingangsgröße	u	Größe, die auf ein System einwirkt, ohne selbst von ihm beeinflusst zu werden
Regeldifferenz	e	Differenz zwischen Führungsgröße und Rückführungsgröße: $e = w - r$ (auch $e = w - x$)
Reglerausgangsgröße	y_R	Eingangsgröße der Stelleinrichtung
Stellgröße	y	Ausgangsgröße der Steuer- bzw. Regeleinrichtung; zugleich Eingangsgröße der Strecke
Störgröße	z	Von außen wirkende Größe, die die Ausgangs- oder Regelgröße unerwünscht beeinflusst

Grundbegriffe der Regelungs- und Steuerungstechnik
Basic terms of closed loop and open loop control technique

Wirkungsplan
DIN 19 226-1: 1994-02

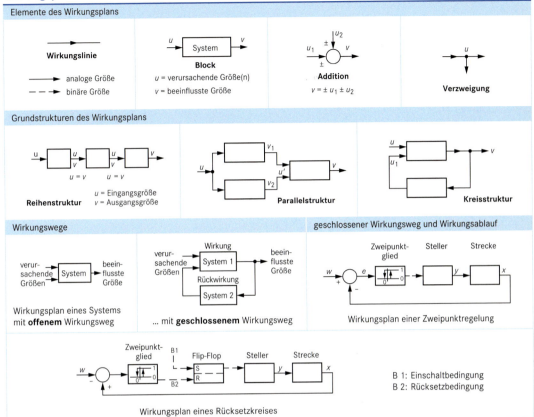

Verhalten stetiger Regler
DIN 19 226-2: 1994-02

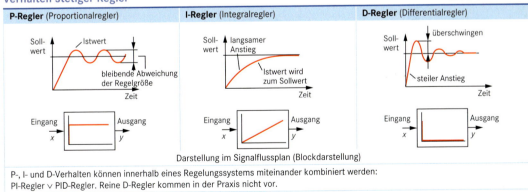

P-, I- und D-Verhalten können innerhalb eines Regelungssystems miteinander kombiniert werden: PI-Regler ∨ PID-Regler. Reine D-Regler kommen in der Praxis nicht vor.

Verhalten unstetiger Regler (Blockdarstellung)

Steuern und Regeln 329

Grundbegriffe der Regelungs- und Steuerungstechnik
Basic terms of closed loop and open loop control technique

Stetige Regler

PD-Regler

Bei PD-Reglern ist ein **P**roportional-Regelglied mit einem **D**ifferential-Regelglied parallel geschaltet.

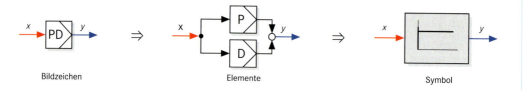

| Bildzeichen | Elemente | Symbol |

Die Stellgröße ergibt sich aus der Addition der Einzelgrößen.
Wie stark der Regeleingriff des D-Anteils ist, kennzeichnet die Vorhaltezeit T_V.

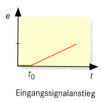
Eingangssignalanstieg

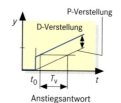
Anstiegsantwort

→ *PD-Regler[1] reagieren sehr schnell. Sollwertabweichungen können jedoch nicht vollständig ausgeglichen werden.*

PID-Regler

Bei PID-Reglern ist ein P-, I- und D-Regelglied parallel geschaltet.

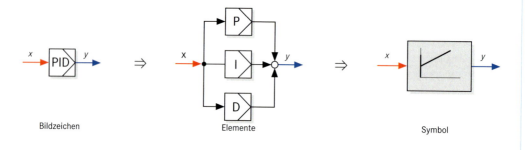

| Bildzeichen | Elemente | Symbol |

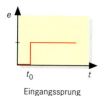
Eingangssprung

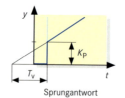
Sprungantwort

Bei einem Eingangssprung wird die Stellgröße durch den D-Einfluss kurzzeitig sprunghaft verändert. Sie kehrt nicht auf den ursprünglichen Wert zurück, da nun der P-Einfluss eine Verstellung der Stellgröße, entsprechend k_p, bewirkt. Hierzu addiert sich jetzt der Integralanteil, wodurch die Sollwertabweichung zu Null wird.

→ *PID-Regler[1] reagieren sehr schnell (PD-Regler) und haben zusätzlich den Vorteil des I-Reglers, der keine bleibende Sollwertabweichung garantiert.*

[1] Die Sprungantworten dieser Regler sind idealisiert.
Tatsächlich arbeiten Regler mit bewegten Massen wegen der Trägheitskräfte mit einer Verzögerung.

Grundbegriffe der Regelungs- und Steuerungstechnik
Basic terms of closed loop and open loop control technique

Eigenschaften stetiger Regler (Auswahl)

Benennung	Eigenschaften	Beispiele	Benennung	Eigenschaften	Beispiele

P-Regler	+ reagieren schnell
	– bleibende Sollwert-
	  abweichung
		Druckminderer,
		Druckregler,
		Thermostatventil
			PI-Regler	+ reagieren schnell
				+ keine bleibende
				  Sollwertabweichung
					Elektronischer
					Heizkörperregler,
					Universalregler

I-Regler	– reagieren langsam
	+ keine bleibende
	  Sollwertabweichung
		Reine I-Regler finden
		in der Praxis kaum
		Anwendung.
			PID-Regler	+ regieren sehr schnell
				+ keine bleibende
				  Sollwertabweichung
					Kompaktregler

Unstetige Regler

Zweipunktregler

Die einfachste Reglerform ist der Zweipunktregler. Seine zwei Ausgangsgrößen heißen 0, d. h. „aus", oder 1, d. h. „ein".
Ändert sich die Ausgangsgröße, so geschieht dies unstetig, d. h. „sprunghaft".
Den Abstand zwischen Einschalt- und Ausschaltzeitpunkt nennt man Schaltdifferenz.

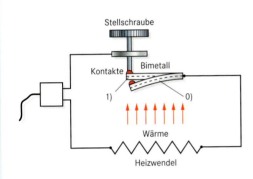
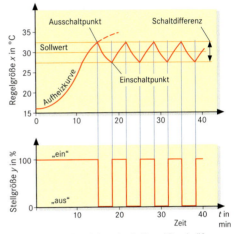

1) Stromkreis geschlossen
0) Stromkreis geöffnet
Regelkreis: Temperaturregelung beim Bügeleisen

Zeitverhalten der Stell- und Regelgröße

Dreipunktregler

Dreipunktregler können drei verschiedene Schaltzustände einnehmen; sie stellen sozusagen zwei miteinander gekoppelte Zweipunktregler dar.

So können z. B. Stellmotoren die Signale „Linkslauf", „Aus" und „Rechtslauf" übermittelt werden, um z. B. Mischer in eine bestimmte Position zu bringen.

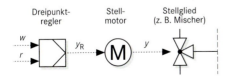
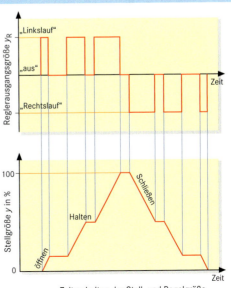

Zeitverhalten der Stell- und Regelgröße

Steuern und Regeln

Grundbegriffe der Regelungs- und Steuerungstechnik
Basic terms of closed loop and open loop control technique

Aufgabenbezogene Symbole und Kennzeichen der Prozessleittechnik

DIN 19227-1: 1993-10

Kennbuchstaben für EMSR-Technik

Erstbuchstabe — P D I C — 2. Folgebuchstabe
Ergänzungsbuchstabe — — 1. Folgebuchstabe

Erstbuchstaben				Ergänzungsbuchstabe		Folgebuchstaben	
D	Dichte	M	Feuchte	D	Differenz	I	Anzeige
E	Elektrische Größe	P	Druck	F	Verhältnis	L / −	unterer Grenzwert (Low)
F	Durchfluss Durchsatz	Q	Stoffeigenschaft Qualitätsgrößen	J	Messstellenabfrage	O	Sichtzeichen
G	Abstand, Länge Stellung, Dehnung	R	Strahlungsgrößen	Q	Summe, Integral	R	Registrierung
H	Handeingabe	S	Geschwindigkeit Umdrehungsfrequenz	Folgebuchstaben		S	Schaltung Steuerung
K	Zeit	T	Temperatur	A	Störungsmeldung	T	Messumformer-Funktion
L	Stand	W	Gewichtskraft Masse	C	selbsttätige Regelung	V	Stellgeräte-Funktion

Bezeichnung für eine selbsttätige Differenzdruck-regelung mit Anzeige: PDIC

E	Aufnehmerfunktion	Y	Rechenfunktion
H / +	oberer Grenzwert (High)	Z	Noteingriff Schutzeinrichtung

i **EMSR**: Elektro-, Mess-, Steuerungs- und Regelungstechnik

Symbole zur Darstellung der EMSR-Aufgaben

Ausgabe- und Bedienort

Grundsymbole

○	für EMSR-Aufgaben allgemein, vor Ort	⬭	für EMSR-Aufgaben mit Prozessleitwarte	⬭	für EMSR-Aufgaben mit örtl. Leitstand	⬭
▢	EMSR-Aufgaben mit Prozessleitsystem, vor Ort	⬭	mit Prozessleitsystem und Prozessleitwarte	⬭	mit Prozessleitsystem und örtl. Leitstand	⬭
⬡	EMSR-Aufgaben mit Prozessrechner, vor Ort	⬡	mit Prozessrechner und Prozessleitwarte	⬡	mit Prozessrechner und örtl. Leitstand	⬡

Messort

				Anwendungen (Beispiel)
——— Linienbreite ~ 0,25 mm	Bezugslinie Verbindungs-linie zwischen EMSR-Symb. und Messort	⟂ Kreis Ø 2 mm	Messort an der Messstelle anzubringen	■ Temperaturregelung Registrierung und Bedienung im örtlichen Leitstand

Einwirkung auf die Strecke

▽ Seitenlänge 5 mm	Stellort Stellglied	◯▽	Stellgerät mit Stellort
◯ Kreis Ø 5 mm	Stellantrieb, allgemein	◯▽	Stellgerät bleibt in zuletzt ein-genommener Stellung[1]
◯↑	Stellantrieb (max. Energie-fluss[1])	◯▽	Wie oben; Pfeil zeigt zulässige Driftrichtung
◯↓	Stellantrieb (min. Energie-fluss[1])	↓		Pfeil- bzw. Linienlänge ~ 10 mm

■ Durchflussregelung regis-triert Regelgröße, Störungs-meldung bei Erreichen des unteren Grenzwertes, Prozessleitwarte

[1] bei Ausfall der Hilfsenergie

332 Steuern und Regeln

Grundbegriffe der Regelungs- und Steuerungstechnik
Basic terms of closed loop and open loop control technique

Lösungsbezogene Symbole und Kennzeichen der Prozessleittechnik

DIN 19 227-2: 1991-02

Aufnehmer

Aufnehmer, allgemein für

* T = Temperatur
  L = Stand, Niveau
  Q = Qualitätsgröße
  W = Gewichtskraft, Masse
  S = Geschwindigkeit, Frequenz
  D = Dichte
  G = Abstand, Länge, Stellung
  K = Zeit
  F = Durchfluss, Durchsatz

Aufnehmer für Durchfluss, allgemein

Induktiver Durchflussaufnehmer

Aufnehmer für Volumen, Masse, allgemein

Thermoelement

Temperaturschalter schließt bei ≥ 30 °C

Membranaufnehmer für Druck

Kapazitiver Aufnehmer für Stand

Aufnehmer für Stand mit Schwimmer

Waage, anzeigend

Umdrehungsfrequenz mit Impulsgeber

Aufnehmer für Abstand, Länge, Stellung mit Widerstandsgeber

Aufnehmer für Variable zur freien Verfügung durch den Anwender

Anpasser

Signal- oder Messumformer
* E = elektrisch
  A = pneumatisch

Messumformer für Temperatur mit elektrischem Signalausgang und galvanischer Trennung

Messumformer mit pneumatischem (A) Signalausgang

– für Stand, mit pneumatischem Signalausgang

Analog-Digital-Umsetzer

Verstärker

Signalspeicher, allgemein

Ausgeber

Anzeiger, analog

Anzeiger, digital

Zähler mit Impulsgeber

Bildschirm

Regler

Regler, allgemein

PID-Regler mit steigendem Ausgangssignal bei steigendem Eingangssignal

Zweipunktregler mit schaltendem Ausgang

Stellgeräte

Motor-Stellantrieb

Ventilstellglied

Stellgerät, allgemein

Steuergerät

Steuergerät
* (Feld für Beschriftung)

Bediengerät

Hand-Stellantrieb

Einsteller, allgemein

Signalsteller für elektrisches Signal

Schaltgerät, allgemein

Leitungen

Rohrleitung, Linienbreite ≥ 1 mm

EMSR-Leitung, allgemein, Linienbreite vorzugsweise 0,25 mm

Wirkungslinie mit Richtungsangabe

Signalkennzeichen

Einheitssignal, elektrisch

Einheitssignal, pneumatisch

Analogsignal

Digitalsignal

Binärsignal

Impulsgeber

Beispiel: Druckregelung

Einsteller

Regler

Messumformer

Verstärker

Aufnehmer

Motorstellantrieb

Rohrleitung

Ventil

Steuern und Regeln

333

Funktionspläne für Ablaufsteuerungen
Function chart of sequential control

Elemente und Grundformen des Funktionsplanes
DIN 40 719-6: 1992-02; DIN EN 60 848: 2002-12

- Der Funktionsplan dient zur Darstellung von elektrischen, pneumatischen und hydraulischen oder mechanischen Systemen oder Teilsystemen.
- Der Funktionsplan gibt nicht die Form der Realisierung (Betriebsmittel, Leitungsführung, Einbau) vor.
- Der Funktionsplan wird bei Verknüpfungs- und Ablaufsteuerungen verwendet.

Elemente des Funktionsplans		Grundformen des Funktionsplans	
Sinnbild	Bedeutung	Sinnbild	Bedeutung
	Schritt, allgemein * zugeordnetes Kennzeichen, z. B. Schrittnummer		**Übergang ausgelöst** Übergang ausgelöst, weil Bedingung erfüllt Wird der Übergang ausgelöst, erfolgt gleichzeitig ein **Setzen** der unmittelbar folgenden und **Rücksetzen** der unmittelbar vorangehenden Schritte.
	Anfangsschritt, allgemein		
	Schritt 2, gesetzt		
	einschließender Schritt, er enthält mehrere Schritte (DIN 60 848)	**Grundformen der Schrittabläufe**	
	Makroschritt		**Ablaufkette** (sequentieller Betrieb) Die Ablaufkette besteht aus einer Reihe von Schritten, die nacheinander gesetzt werden. Beispiel: Der Ablauf von 6 nach 7 findet nur statt, wenn 6 gesetzt ist und die Bedingung „e" erfüllt ist.
	Übergang * Übergangsbedingung: als Text, Boolsche Gleichung oder Schaltzeichen dargestellt.		
	Wirkverbindung 1) Ablauf von oben nach unten 2) Ablauf von unten nach oben		
Freigeben und Auslösen von Übergängen			**Ablaufauswahl** (Alternativ-Verzweigung) Bei der Ablaufauswahl verzweigt sich die Schrittkette in zwei oder mehrere Abläufe. Ein Ablauf von Schritt 8 nach Schritt 10 erfolgt, wenn Schritt 8 gesetzt und „e" erfüllt ist, oder von Schritt 8 nach Schritt 11, wenn Schritt 8 gesetzt und „f" erfüllt ist.
	Schritt 8 nicht gesetzt **Übergang nicht freigegeben** Übergangsbedingung kann erfüllt oder nicht erfüllt sein Der Übergang 8–9 wird nicht freigegeben, weil der Schritt 9 nicht gesetzt ist.		
	Schritt 8 gesetzt **Übergang freigegeben** Übergangsbedingung nicht erfüllt Der Übergang 8–9 ist freigegeben, kann aber nicht ausgelöst werden, weil die Übergangsbedingung nicht erfüllt ist.		**Gleichzeitige Abläufe** (Parallel-Betrieb) Im Parallel-Betrieb verzweigt sich die Schrittkette in zwei oder mehrere Abläufe, die gleichzeitig ausgelöst werden, aber unabhängig voneinander laufen. Sind alle Zweige durchlaufen, wird der nächste Einzelschritt ausgeführt.
	Übergang ausgelöst Übergangsbedingung erfüllt Der Übergang wird jetzt ausgelöst, weil die Übergangsbedingung erfüllt ist. Schritt 9 gesetzt		

334 Steuern und Regeln

Funktionspläne für Ablaufsteuerungen
Function chart of sequential control

Befehle und Symbole

DIN 40 719: 1992-02; DIN EN 60 848: 2002-12

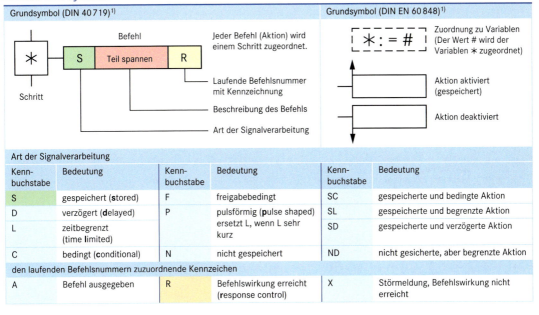

Kenn-buchstabe	Bedeutung	Kenn-buchstabe	Bedeutung	Kenn-buchstabe	Bedeutung
S	gespeichert (**s**tored)	F	freigabebedingt	SC	gespeicherte und bedingte Aktion
D	verzögert (**d**elayed)	P	pulsförmig (**p**ulse shaped) ersetzt L, wenn L sehr kurz	SL	gespeicherte und begrenzte Aktion
L	zeitbegrenzt (time **l**imited)			SD	gespeicherte und verzögerte Aktion
C	bedingt (**c**onditional)	N	nicht gespeichert	ND	nicht gesicherte, aber begrenzte Aktion
den laufenden Befehlsnummern zuzuordnende Kennzeichen					
A	Befehl ausgegeben	R	Befehlswirkung erreicht (**r**esponse control)	X	Störmeldung, Befehlswirkung nicht erreicht

Beispiele

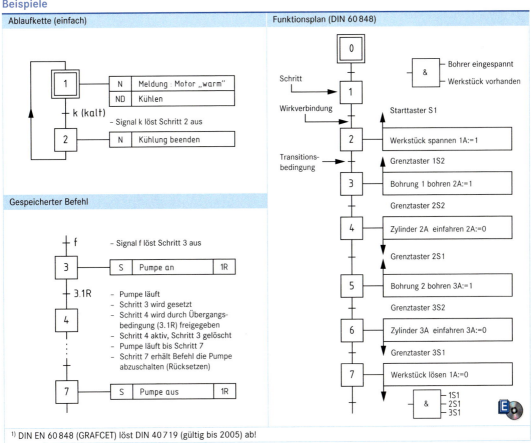

[1]) DIN EN 60 848 (GRAFCET) löst DIN 40 719 (gültig bis 2005) ab!

Steuern und Regeln   335

Funktionsdiagramme
Function diagrams

- In Funktionsdiagrammen wird das Zusammenwirken von technischen Baueinheiten grafisch dargestellt.
- Planung, Konstruktion, Erstellung und Prüfung der Steuerung einer Fertigungsanlage sollen erleichtert werden.
- Es werden Funktionsfolgen von mechanischen, pneumatischen, elektrischen und elektronischen Steuerungen sowie deren Kombinationen, z. B. elektro-hydraulische Steuerungen, dargestellt.
- Man unterscheidet: – Wegdiagramme: Darstellung durch Bildzeichen
  – Zustandsdiagramme: Darstellung im Zwei-Koordinatensystem

Funktionslinie

(schmale Linie) — Zustand der Ausgangsstellung: Motor AUS, Zylinder eingefahren, Pumpe abgeschaltet, Ventil geschlossen

(breite Linie) — Von der Ausgangsstellung abweichender Zustand: Motor EIN, Zylinder ausgefahren, Pumpe eingeschaltet, Ventil geöffnet

Arbeitswege und Arbeitsbewegungen

Geradlinige Bewegung (Vorschub)

Schwenkbewegung

Drehbewegung EIN (Motor ein)

Weg in 2 Koordinaten

Leerwege und Leerbewegungen

Geradlinige Bewegung (Eilgang)

Schwenkbewegung

Drehbewegung EIN

Weg in 2 Koordinaten

Wegbegrenzungen und Bewegungsbegrenzungen

Arbeitsweg

Leerweg

Wegbegrenzung über Signalglied

Wegbegrenzung durch einstellbaren mechanischen Festanschlag

Wegbegrenzung über Wegmesssteuerung

Funktionslinie (im Diagramm)

Im Funktionsdiagramm entfällt der Pfeil am Wegende. Die Wegbegrenzung ist durch einen Knick in der Funktionslinie gekennzeichnet.

Wegbegrenzung, allgemein

Wegbegrenzung über Signalglied

Wegbegrenzung durch mechanischen Festanschlag

Signalglieder

Signalglied, handbetätigt

EIN

AUS

EIN/AUS

TIPPEN

AUTOMATIK EIN

ZWEIHAND-EINRÜCKUNG

WAHLSCHALTER

GEFAHREN-ABSCHALTUNG

Signalglied, mechanisch betätigt

Grenztaster, in Endlage oder kurzzeitig auf Wegstrecke betätigt

Grenztaster, über längere Wegstrecke betätigt

Signalglied, pneumatisch bzw. hydraulisch betätigt

p   3 bar   Druckschalter, Einstellwert ist anzugeben, z. B. 3 bar

Allgemeiner Signalausgang

Querstrich kennzeichnet den Zustand, der Voraussetzung für die Einleitung weiterer Funktionen ist.

Signallinie

Die Signallinie beginnt am Signalglied (Signalausgang) und endet an der Stelle, an der abhängig von diesem Signal eine Änderung des Zustands eingeleitet wird.

(schmale Linien mit Pfeil in Wirkungsrichtung)

Signalverknüpfungen

Signalverzweigung

Die Verzweigungsstelle wird durch einen Punkt markiert.

ODER-Bedingung

UND-Bedingung

Nicht-Bedingung

$\overline{S3}$ Die Angabe des Signalgliedes mit Nicht-Bedingung erfolgt an der Signallinie

Signal an andere Maschine gehend

Am Dreieck wird die Maschine benannt, an die das Signal geht

Signal von anderer Maschine kommend

Am Dreieck wird die Maschine benannt, von der das Signal kommt

Steuer- und Anzeigeglieder

t   5 s   Zeitglied, Wert einstellbar, z. B. 5 Sekunden

Leuchte

Summer

Funktionsbildzeichen

Elektrischer Vorgang

Pneumatischer Vorgang

Hydraulischer Vorgang

Mechanischer Vorgang

Funktionsdiagramme
Function diagrams

Wegdiagramm

- Wegdiagramme finden nur bei einfachen Vorgängen Anwendung, z. B. Programmierung von Maschinen.

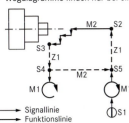

Ablauf:
S1 : Drucktaste EIN
M1 : Spindel EIN
Z1/S2 : (Kopierzylinder Z1) fährt im Eilgang vor
M2/S3 : Längssupport (M2) fährt im Arbeitsgang vor, dabei führt der Kopierzylinder die Kopierbewegung durch
S4 : Kopierzylinder fährt im Eilgang zurück bis S4
M1 : Spindel AUS
M2/S5 : Längssupport fährt im Eilgang nach S5 (Start-/Endpunkt)

→ Signallinie
→ Funktionslinie

Zustandsdiagramm (Funktionsdiagramm)

Darstellung	Beschreibung	Darstellung	Beschreibung
Zylinder oder Hubmagnet		Signalverzweigung	
	Schritt 0/1: Wechsel von Zustand 1 auf Zustand 2 Schritt 1/2 + 2/3: Verharren Schritt 3/4: Wechsel von Zustand 2 auf Zustand 1	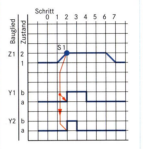	Schritt 2: Signal S1 verzweigt sich auf Y1 und Y2, Y1 und Y2 schalten von a nach b um
Ventil mit zwei Schaltstellungen			
	Schritt 1: Umschalten von Ausgangsstellung a in Stellung b Schritt 2 + 3: Verharren Schritt 4: Umschalten von Stellung b in Stellung a		
Betätigungsart: Muskelkraft (Signalgeber)		Oder-Bedingung (Und-Bedingung)	
	Schritt 2: einschalten; Steuerglied schaltet von Ausgangsstellung a nach b	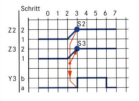	Schritt 3: Signal S2 oder S3 bewirkt, dass Y3 von a nach b umschaltet (Und-Bedingung: Signal S2 und S3 bewirken, dass Y von a nach b umschaltet)

Beispiel

Bauglieder				Zeit	Bemerkungen
	Benennung	Kenn-zeichen	Zustand	Schritt 0 1 2 3 4 5 6	
1	Schalter		EIN		Ablauf:
2	Start		EIN		(Haupt-)Schalter EIN und Start EIN, Wegeventil Y1 von Stellung b nach Stellung a umschalten, Spannzylinder Z1 ausfahren, durch Signal S1 Wegeventil Y2 von Stellung b nach Stellung a umschalten, Presszylinder Z2 ausfahren, durch Signal S2 Wegeventil Y1 und Y2 von Stellung a nach Stellung b umschalten, Presszylinder und Spannzylinder in Ausgangsstellung zurückfahren.
3	Spannzylinder	Z1	ausgefahren		
4			eingefahren		
5	Presszylinder	Z2	ausgefahren		
6			eingefahren		
7	Wegeventil 1	Y1	Stellung a		
8			Stellung b		
9	Wegeventil 2	Y2	Stellung a		
10			Stellung b		

→ Signallinie
→ Funktionslinie

Steuern und Regeln

Sinnbilder
Symbols

Hydraulik und Pneumatik

DIN ISO 1219-1: 1996-03

Funktionselemente

- Hydrostrom
- Druckluftstrom
- Anzeige einer Strömungs-
  richtung
- Anzeige einer Drehrichtung
- Anzeige einer
  Verstellbarkeit

Kompressor

- Kompressor mit konstan-
  tem Verdrängungsvolumen;
  eine Stromrichtung

Hydropumpe

- Hydropumpe mit konstan-
  tem Verdrängungsvolumen;
  eine Stromrichtung
- verstellbare Hydropumpe;
  zwei Stromrichtungen

Motoren

- konstanter Hydromotor,
  eine Förderrichtung
- verstellbarer Hydromotor,
  zwei Förderrichtungen
- konstanter Pneumatik-
  motor, zwei Förder-
  richtungen
- verstellbarer Pneumatik-
  motor, eine Förderrichtung
- hydraulischer
  Schwenkmotor
- pneumatischer
  Schwenkmotor
- Elektromotor

Pumpe/Motor-Einheit

- Stromrichtung umkehrbar
- eine Stromrichtung

Zylinder

- **einfach wirkend,**
  Rückhub durch Feder
- **doppelt wirkend,**
  – einseitige Kolbenstange
- – zweiseitige Kolbenstange
- **gedämpft,**
  – einfache, nicht einstellbare Dämpfung
- – doppelte, einstellbare
  Dämpfung
- einfach wirkender
  Teleskopzylinder

Wegeventile

- **Grundsinnbild**
  2-Stellungs-Wegeventil;
  Anschlüsse werden mit
  kurzen Linien markiert
- **Durchflusswege**
  – 1 Durchflussweg
- – 2 gesperrte Anschlüsse
- – 2 Durchflusswege
- – 2 Durchflusswege und
  1 gesperrter Anschluss
- – 2 Durchflusswege, verbunden
- – 1 Durchflussweg und 2
  gesperrte Anschlüsse

Kurzbezeichnung der Wegeventile

– 3/2-Wegeventil – (Beispiel)
Die erste Zahl legt die Anzahl der gesteuer-
ten Anschlüsse fest und die zweite Zahl die
Anzahl der Schaltstellungen.

3 Anschlüsse (1 ... 3)
–
3/2-Wegeventil
↓
2 Schaltstellungen

[a] [b]

Wegeventile: Bauarten

2/-Wegeventile

- – 2/2-Wegeventil,
  Durchfluss-Ruhestellung
- – 2/2-Wegeventil,
  Sperr-Ruhestellung;
  Handbetätigung,
  Federrückstellung

3/-Wegeventile

- – 3/2-Wegeventil,
  Sperr-Ruhestellung
- – 3/2-Wegeventil,
  Durchfluss-Ruhestel-
  lung, betätigt durch
  Elektromagnet, mit
  Rückholfeder
- – 3/3-Wegeventil,
  Sperrmittelstellung

4/-Wegeventile

- – 4/2-Wegeventil,
  druckbetätigt, in
  beiden Richtungen
- – 4/3-Wegeventil,
  Sperr-Mittelstellung
- – 4/3-Wegeventil,
  Schwimm-Mittel-
  stellung

5/-Wegeventile

- 5/2-Wegeventil, mit Taster gegen Rückholfeder
  wirkend
- 5/3-Wegeventil,
  Sperr-Mittelstellung

**Drosselnde
Wegeventile**

- – Einheit mit 2 äußeren
  Endstellungen und
  einer unendlichen An-
  zahl von Zwischenstel-
  lungen, mit veränder-
  barer Drosselwirkung
- – wie oben, zusätzlich
  mit neutraler Mittel-
  stellung
- Wegeventil mit 2
  Anschlussöffnungen
  (1 drosselnder Quer-
  schnitt), Fühlerventil
  mit Taster, gegen
  Rückholfeder wirkend

338 Steuern und Regeln

Sinnbilder
Symbols

Hydraulik und Pneumatik
DIN ISO 1219-1: 1996-03

Sperrventile

Rückschlagventil, unbelastet

Rückschlagventil, federbelastet

Wechselventil

Schnellentlüftungsventil

Drosselrückschlagventil, verstellbar

Zweidruckventil

Druckventile

Druckbegrenzungsventil, direktwirkend

Folgeventil, einstufig, federbelastet

Druckreduzierventil, direktwirkend

Druckreduzierventil, vorgesteuert

Stromventile

Drosselventil, fest

Drosselventil, verstellbar

Stromregelventil, verstellbar

Stromregelventil, verstellbar; mit Entlastung zum Behälter

Stromteilventil, 2 Ströme im festen Verhältnis

Absperrventil

Energieübertragung/Aufbereitung

Hydraulikdruckquelle

Pneumatikdruckquelle

Arbeitsleitung

Steuerleitung, Abfluss oder Leckleitung

umrahmt Komponenten einer Baugruppe

Leitungsverbindung

Leitungskreuzung; **ohne** Verbindung

– Auslassöffnung

– Auslassöffnung mit Gewindeanschluss

Schnell-Kupplung, verbunden

Schnell-Kupplung, verbunden mit Rückschlagventil

Geräuschdämpfer

Behälter, Rohrende über Flüssigkeitsspiegel

Hydrospeicher

Druckbehälter

Filter oder Sieb

Wasserabscheider, handbetätigt

Filter mit Wasserabscheider

Lufttrockner

Öler

Aufbereitungseinheit, – vereinfachte Darstellung

– ausführliche Darstellung: Filter, Druckregelventil, Manometer und Öler

Kühler

Temperaturregler

Mechanische Komponenten

Betätigung durch Muskelkraft

allgemein

Druckknopf, Taster

Hebel

Pedal

Mechanische Betätigung

Taster, Stößel

Rolle

Rolle, nur in einer Richtung arbeitend

Feder

Elektrische Betätigung

durch Elektromagnet

durch Elektromotor

Druckbetätigung

direkte Druckbeaufschlagung, hydraulisch

direkte Druckbeaufschlagung, pneumatisch

indirekte Druckbeaufschlagung, hydraulisch

indirekte Druckbeaufschlagung, pneumatisch

indirekte Betätigung durch Druckentlastung

durch Elektromagnet und Vorsteuer- Wegeventil

Mechanische Bestandteile

Raste (auch mehrstufig)

Sonstige Geräte

Überdruckmessgerät (Manometer)

Temperaturmessgerät

Volumenstrommessgerät

Drehzahlmessgerät

Steuern und Regeln 339

Schaltpläne
Circuit diagrams

Hydraulik und Pneumatik

DIN ISO 1219-2: 1996-11

- Der Schaltplan zeigt alle Bewegungs- und Steuerschaltkreise sowie die Schritte des Arbeitsablaufes einer Steuerung.
- Die räumliche Anordnung der Bauteile in der Anlage braucht im Schaltplan nicht berücksichtigt zu werden.

Aufbau des Schaltplanes

- Leitungen oder Verbindungen sollen möglichst kreuzungsfrei oder nach DIN ISO 1219-1 gezeichnet werden.
- Baugruppen sind durch eine strichpunktierte Linie zu umgrenzen.
- In einem Schaltkreis werden die Bauteile von unten nach oben in Richtung des Energieflusses und von links nach rechts angeordnet:
  - Energiequelle unten links,
  - Steuerungselemente: aufwärts von links nach rechts fortlaufend,
  - Antriebe: oben, von links nach rechts
- Soweit nicht anders angegeben, werden Hydrauliksymbole in Ausgangsstellung der Anlage und Pneumatiksymbole in Ausgangsstellung der Anlage mit Druckbeaufschlagung gezeichnet.

Kennzeichnung der Bauteile

Anlagennummer ── 2 - 2 A 1 ── Bauteilnummer
Schaltkreisnummer ─────────── Bauteilkennzeichnung

- Bei mehreren Anlagen muss die Anlagennummer, beginnend mit der Ziffer 1 eingetragen werden.
- Schaltkreise erhalten eine Schaltkreisnummer. Alle Versorgungsglieder sollen dabei vorzugsweise die Ziffer 0 erhalten.
- Jedes Bauteil in einem Schaltkreis wird fortlaufend nummeriert, beginnend mit der Ziffer 1.
- Die Kennzeichnung wird von einem Rahmen umgeben.

Bauteilkennzeichnung

Kennbuchstabe	Bedeutung	Kennbuchstabe	Bedeutung
P	Pumpe/Kompressor	S	Signalaufnehmer
A	Antrieb	V	Ventil
M	Motor	Z	anderes Bauteil

Bezeichnung der Ventilanschlüsse
DIN ISO 5599

Kennbuchstabe	Bedeutung	Kennbuchstabe	Bedeutung
1	Zufluss, Druckanschluss	3, 5, 7	Abfluss, Entlüftung
2, 4, 6	Arbeitsanschlüsse	12, 14, 16	Steuerungsanschlüsse

Beispiel: Steuerung für Einzeltakt-, Hand- und Automatikbetrieb

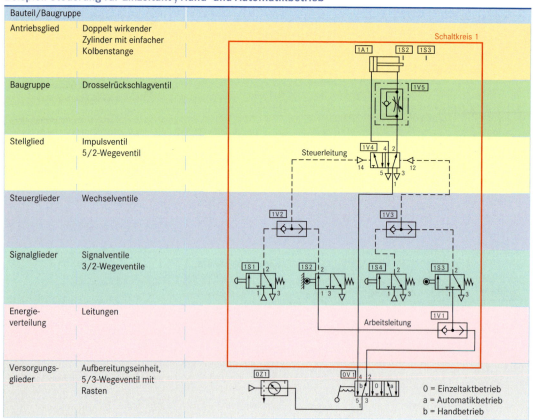

Bauteil/Baugruppe	
Antriebsglied	Doppelt wirkender Zylinder mit einfacher Kolbenstange
Baugruppe	Drosselrückschlagventil
Stellglied	Impulsventil 5/2-Wegeventil
Steuerglieder	Wechselventile
Signalglieder	Signalventile 3/2-Wegeventile
Energieverteilung	Leitungen
Versorgungsglieder	Aufbereitungseinheit, 5/3-Wegeventil mit Rasten

0 = Einzeltaktbetrieb
a = Automatikbetrieb
b = Handbetrieb

Steuern und Regeln

Druckluftaufbereitung
Compressed air preparation

Druckluftsystem

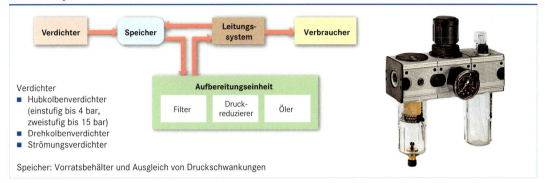

Verdichter
- Hubkolbenverdichter (einstufig bis 4 bar, zweistufig bis 15 bar)
- Drehkolbenverdichter
- Strömungsverdichter

Speicher: Vorratsbehälter und Ausgleich von Druckschwankungen

Aufbereitungseinheit (Wartungseinheit)

Arbeitsweise	Komponenten
Druckluftaufbereitungseinheiten sind kompakte Baueinheiten oder bestehen aus Einzelelementen 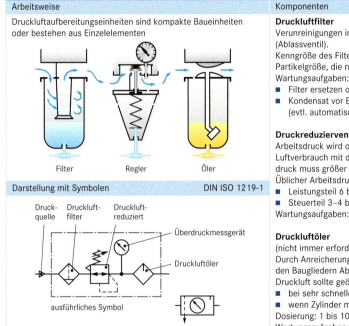	**Druckluftfilter** Verunreinigungen in der Luft und das Kondensat werden entfernt (Ablassventil). Kenngröße des Filters ist die Porenweite. Sie bestimmt die kleinste Partikelgröße, die noch entfernt werden kann. Wartungsaufgaben: - Filter ersetzen oder reinigen - Kondensat vor Erreichen der Obergrenze ablassen (evtl. automatisch in Sammelbehälter) **Druckreduzierventil (Druckregelventil)** Arbeitsdruck wird ohne Rücksicht auf Druckschwankungen und Luftverbrauch mit diesem Regler konstant gehalten. Der Eingangsdruck muss größer als der Ausgangsdruck sein. Üblicher Arbeitsdruck: - Leistungsteil 6 bar - Steuerteil 3–4 bar Wartungsaufgaben: In der Regel keine **Druckluftöler** (nicht immer erforderlich) Durch Anreicherung der Luft mit einer dosierten Ölmenge wird an den Baugliedern Abrieb und Korrosion vermindert. Druckluft sollte geölt werden, - bei sehr schnellen Bewegungsabläufen, - wenn Zylinder mit großem Durchmesser eingesetzt werden. Dosierung: 1 bis 10 Tropfen pro m^3 Luft Wartungsaufgaben: Reinigung, Öl nachfüllen

Ringleitungssystem

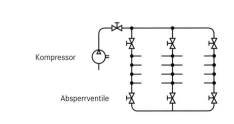

- Hauptleitung in Ringform
- Aufteilung in einzelne Abschnitte
- Abzweigungen mit T-Verbindungen
- Sammelleisten mit Steckkupplungen
- Abzweigungsleitungen mit Absperrventilen oder Standardkugelventilen
- Stichleitung mit 1 bis 2 %-igem Gefälle in Strömungsrichtung verlegen, damit am tiefsten Punkt das Kondensat über Wasserabscheider abgelassen werden kann

Steuern und Regeln

Pneumatische Wegeventile
Pneumatic way valves

Bezeichnung der Wegeventile

1. Anzahl der Anschlüsse
2. Anzahl der Schaltstellungen (durch Querstrich getrennt)

Beispiel: 3 Anschlüsse
2 Schaltstellungen

3/2-Wegeventil

Sprechweise: Drei-Strich-Zwei Wegeventil

2/2 Wegeventil

Sperr-Ruhestellung	Durchfluss-Ruhestellung

Im Gegensatz zum 3/2 Wegeventil ist hier keine Entlüftung vorgesehen. Häufige Bauform: Kugelsitzventil

3/2 Wegeventil

Sperr-Ruhestellung Durchfluss-Ruhestellung

Signale können gesetzt und rückgesetzt werden.
Über Anschluss 3 erfolgt die Entlüftung.

Kugelsitzventil (Beispiel)

unbetätigt, Entlüftung   betätigt, Durchfluss

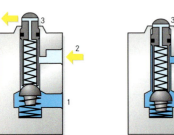

Tellersitzventil (Beispiel)

unbetätigt, Entlüftung   betätigt, Durchfluss

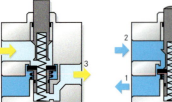

Bauformen

Sitzventile
- Die Wege werden durch eine Kugel, Platte, einen Teller oder Kegel geöffnet oder geschlossen.
- Ventilsitze sind in der Regel mit Gummidichtungen abgedichtet.
- Lange Lebensdauer durch geringen Verschleiß
- Schmutzunempfindlich und widerstandsfähig
- Betätigungskraft hoch (Rückstellfeder)
- Kleine Betätigungswege, kurze Ansprechzeit

Schieberventile
- Die einzelnen Anschlüsse werden durch Längsschieber, Längs-Flachschieber oder Plattenschieber verbunden oder geschlossen.
- Zur Umschaltung genügt ein kurzzeitiger Impuls auf der Steuerleitung. Die Schaltstellung wird so lange gespeichert, bis ein Gegenimpuls eintritt.
- Längere Betätigungswege, längere Ansprechzeit

Vorsteuerprinzip

Das Ventil wird indirekt betätigt. Dadurch entstehen geringe Betätigungskräfte.

Beispiel:
Vorgesteuertes 3/2 Wege-Rollenhebelventil in Sperr-Ruhestellung

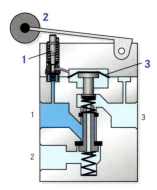

- Das Vorsteuerventil **1** ist durch einen Kanal mit kleinem Durchmesser mit dem Druckluftanschluss 1 verbunden.
- Wenn der Rollenhebel **2** betätigt wird, öffnet das Vorsteuerventil.
- Die Druckluft strömt in einen Raum mit einer Membran **3**.
- Die Membran drückt den Ventilteller nach unten und Anschluss 1 wird nach 2 geöffnet.
- Die Rückstellung erfolgt durch Loslassen des Rollenhebels.
- Die Entlüftung erfolgt an der Führungsbuchse, entlang des Stößels.

Pneumatische Wegeventile
Pneumatic way valves

4/2 Wegeventil, in beide Richtungen

Durchfluss von 1 nach 2 und von 4 nach 3

- Ventil besitzt zwei Steuerkolben
- Das 4/2 Wegeventil erfüllt dieselbe Funktion wie eine Kombination aus zwei 3/2 Wegeventilen (ein Ventil in Sperr-Ruhestellung, das andere in Durchfluss-Ruhestellung).
- Einsatzgebiet: Doppeltwirkende Zylinder

Beispiel (Tellersitz):
unbetätigt   betätigt

5/2 Wegeventil (Impulsventil)

- Das Ventil besitzt speicherndes Verhalten.
- Die Umschaltung wird durch ein kurzes Signal an den Steueranschlüssen 12 (Durchfluss von 1 nach 2) bzw. 14 (Durchfluss von 1 nach 4) erreicht.
- Anwendung: Ansteuerung doppeltwirkender Zylinder

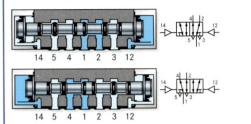

4/2 Wegeventil, mit Sperr-Mittelstellung

- Anwendung: Kolbenstange eines Zylinders kann in jeder Position des Hubbereichs angehalten werden.
- Nachteil: Eine genaue Fixierung der Position ist nicht möglich.

Beispiel: Plattenschieberventil

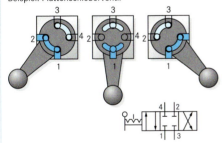

5/3 Wegeventil

Die Impulssteuerung erfolgt über die Anschlüsse 12 und 14. Wenn kein Steuersignal anliegt, wird durch die Feder der Kolben in Mittelstellung gehalten.

- Mittelstellung gesperrt:
  Kolbenstange kann in jeder Position des Hubbereichs angehalten werden. Aufgrund der Kompressibilität der Luft nimmt bei Laständerung die Kolbenstange eine andere Position ein.

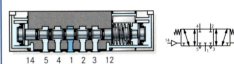

- Mittelstellung belüftet:
  Die Kolbenstange fährt mit verminderter Kraft aus.

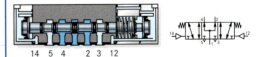

- Mittelstellung entlüftet:
  Die Kolbenstange kann durch einen Impuls in die gewünschte Position gebracht werden.

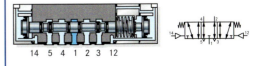

Bauformen von 3/2 und 5/2 Wegeventilen

Steuern und Regeln   343

Pneumatische Sperr- und Stromventile
Pneumatic shut-off and flow valves

Zweidruckventil (UND-Verknüpfung)

Eingänge: 1 und 1 (3)
Ausgang: 2

- Druckluftsignale (logisches 1-Signal) an den Eingängen 1 **und** 1 (3) verursachen am Ausgang 2 ein Signal (logisches 1-Signal).
- Wenn nur ein Signal anliegt, entsteht kein Ausgangssignal (logisches 0-Signal) an 2.
- Wenn die Eingangssignale zeitlich unterschiedlich anliegen, gelangt das zuletzt ankommende Signal zum Ausgang.
- Wenn die Druckunterschiede zwischen den Eingangssignalen bestehen, gelangt das Signal mit dem geringeren Druck zum Ausgang.

Ausgangssignal (2) log. 1

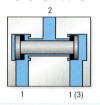

Ausgangssignal (2) log. 0

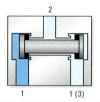

Wechselventil (ODER-Verknüpfung)

Eingänge: 1 und 1 (3)
Ausgang: 2

- Druckluftsignale (logisches 1-Signal) an den Eingängen 1 **oder** 1 (3) verursachen am Ausgang 2 ein Signal (logisches 1-Signal).
- Wenn kein Eingangssignal anliegt, befindet sich der Ausgang im 0-Zustand.
- Wenn die Druckunterschiede zwischen den Eingangssignalen bestehen, gelangt das Signal mit dem höheren Druck zum Ausgang.

Ausgangssignal (2) log. 1

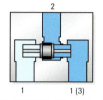

Ausgangssignal (2) log. 1

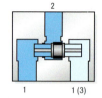

Rückschlagventil

  federbelastet

- Der Durchfluss ist nur in eine Richtung möglich, die andere Richtung ist gesperrt.
- Die Sperrung wird unwirksam, wenn die Kraft der Druckluft größer als die Vorspannkraft der Feder ist.
- Anwendung: Bei Druckausfall an Spannzylindern sorgen Rückschlagventile dafür, dass der Druck im Zylinder bestehen bleibt.

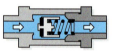

Drosselventil (Stromventil)

fest

einstellbar

- Mit dem Drosselventil kann der Druckluftstrom beeinflusst werden.
- Drosselventile sollen nicht vollständig geschlossen werden.
- Anwendung: Zuluft- und Abluftdrosselung von Zylindern

Rückschlagventil

- Aufgabe:
  Schnelle Entlüftung von Leitungen und Baugliedern
- Installation direkt oder nahe am Arbeitsglied
- Vorteil:
  Durch schnellere Entlüftung erreicht man eine höhere Kolbengeschwindigkeit.

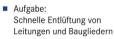
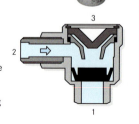

Drosselventil (Stromventil)

Kombination aus Drosselventil und Rückschlagventil

- Ungehinderter Durchfluss in eine Richtung, in Gegenrichtung kann die Druckluft nur durch den eingestellten Querschnitt fließen
- Installation direkt oder nahe am Zylinder
- Anwendung:
  Zuluft- und Abluftdrosselung von Zylindern, Signalverzögerung

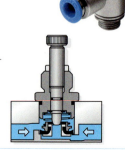

Pneumatische Zylinder
Pneumatic cylinders

Arbeitsglieder für

geradlinige Bewegung	Drehbewegung	Schwenkbewegung
Zylinder	Motoren	Schwenkantriebe

Einfachwirkender Zylinder

Bauformen:
- Kolbenzylinder
- Membranzylinder
- Rollenmembranzylinder

- Druckluft **1** wirkt nur von einer Seite auf den Kolben.
- Arbeit wird nur in eine Richtung verrichtet.
- Der Rückhub erfolgt über die gespannte Feder **2**.
- Die Ansteuerung erfolgt über 3/2 Wegeventile.

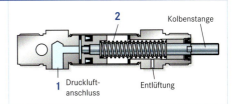

Doppeltwirkender Zylinder

Bauformen:
- Kolbenzylinder
- Zylinder mit durchgehender Kolbenstange
- Tandemzylinder
- Mehrstellungszylinder

- Druckluft kann von beiden Seiten **1** und **2** auf den Kolben einwirken.
- Unterschiedliche Kräfte beim Ein- und Ausfahren, da ein Kolbenboden um die Fläche der Kolbenstange verringert ist.
- Dämpfer an den Endlagen verringern Stöße.
- Die Ansteuerung erfolgt über 5/2 bzw. 5/3 Wegeventile.

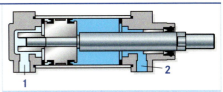

Zylinder mit einstellbaren Dämpfungen

einfach   doppelt

Drehzylinder

Drehmoment:
0,5 Nm bis 150 Nm
(bei 600 kPa)

- Ein Zahnrad **1** wird durch das Zahnprofil **2** des Kolbens angetrieben.
- Die lineare Bewegung des Kolbens wird in eine Drehbewegung (0° bis 360°) umgesetzt.

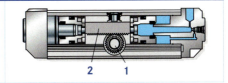

Schwenkantrieb

Drehmoment:
0,5 Nm bis 20 Nm
(bei 6 bar)

- Der Schwenkflügel **1** wird durch Druckluft **2** angetrieben.
- Die Drehbewegung wird direkt auf die Antriebswelle übertragen (0° bis 270°).

Bauformen (Beispiele)

Minizylinder:
Durchmesser 8 bis 25 mm, einfach- oder doppeltwirkend, runde oder ovale Ausführung, auch in Messing oder Edelstahl

Profilzylinder:
Durchmesser 32 bis 200 mm, einfach- oder doppeltwirkend, auch mit Führung und Feststelleinheit

Kompaktzylinder:
Durchmesser 12 bis 100 mm, einfach- oder doppeltwirkend, Luftanschlüsse wahlweise vorne radial, hinten radial, hinten axial oder konventionell vorne und hinten

Steuern und Regeln

Hydrosysteme
Hydraulic systems

Offenes System

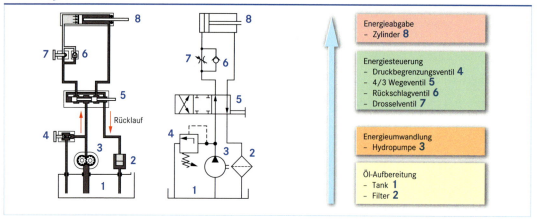

Geschlossenes System

Anwendung:
- Systeme mit hydraulischen Motoren
- Volumenstrom kann in diesem System rasch umgesteuert werden

Grundsätzliche Arbeitsweise:
- Mit einer Pumpe wird das Öl in einem Kreislauf transportiert und damit ein Motor angetrieben.
- Der Ölbehälter dient lediglich zur Auffüllung der Anlage und zum Ausgleich von Ölverlusten.
- Druckbegrenzungsventile sorgen für einen konstanten Druck.
- Rückschlagventile beeinflussen die Fließrichtung.

Anschlussbezeichnungen in hydraulischen Plänen

- **P:** Druckanschluss
- **T:** Rücklaufanschluss
- **A, B:** Arbeitsanschlüsse
- **L:** Lecköl

Hydraulikaggregat

Bestandteile:
- Antriebsmotor
- Hydraulikpumpe mit Ansaugfilter
- Druckbegrenzungsventil (Sicherheit)
- Öltank

Hydrospeicher

Anwendungen:
- Energiespeicherung zur Einsparung von Pumpen-Antriebsleistung
- Energiereserve bei Notfällen
- Ausgleich von Leckverlusten
- Stoß- und Schwingungsdämpfung
- Schockabsorption

Wirkungsweise:
- Beim Anstieg des Flüssigkeitsdrucks wird Gas verdichtet.
- Beim Absinken des Drucks expandiert das verdichtete Gas und verdrängt die gespeicherte Flüssigkeit in den Hydraulikkreislauf.

Bauformen:
- Membran- und Blasenspeicher

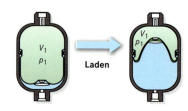

Sicherheitsmaßnahmen bei Eingriffen in hydraulische Systeme

1. Motor und Pumpen ausschalten
2. Speicher entlasten
3. Last absenken
4. Druck überprüfen

Hydraulikpumpen
Hydraulic pumps

Umlaufverdrängungsmaschinen

Zahnradpumpen		Schraubenpumpe	Flügelzellenpumpe
außenverzahnt	innenverzahnt		

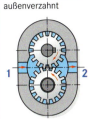 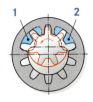 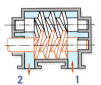

- Flüssigkeit wird in den Zahnlücken (Zahnkammern) von der Saugseite 1 auf die Druckseite 2 befördert.
- Verdrängungsvolumen ist konstant.

- Das außenverzahnte Zahnrad ist mit der Antriebswelle verbunden, das innenverzahnte Zahnrad wird mitgenommen.
- Flüssigkeit wird über den Lückenraum der Zähne beider Zahnräder von der Saugseite 1 auf die Druckseite 2 befördert.

- Zwei oder mehrere Gewinde- oder Schraubenspindeln mit Rechts- bzw. Linksgewinde greifen ineinander.
- Die ineinander greifenden Spindeln bilden mit dem Gehäuse Flüssigkeitskammern, in denen sich das Fördergut axial von 1 nach 2 vorwärts bewegt.

- Bei Rotation werden die Flügel in den radial angebrachten Schlitzen an die zylindrische Innenfläche des Statorringes gedrückt.
- Das Volumen der durch die Flügel abgebildeten Zellen verändert sich, es entsteht eine Saug- 1 und Druckwirkung 2.
- Die Exzentrizität bestimmt das Verdrängungsvolumen.

Außenverzahnte Zahnradpumpe

Aufbau

Labels: Ausgleichsdichtungen, Antriebsrad, Dichtring, Buchsen, Hinterer Gehäusedeckel, Pumpengehäuse, Angetriebenes Rad, Vorderer Gehäusedeckel, Dichtring, Zuganker

Förderprinzip

Ansaugen — Transport — Verdrängen

Hubverdrängungsmaschinen

Radialkolbenpumpe	Axialkolbenpumpe

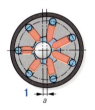 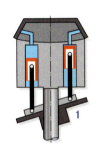

- Die Kolben und Zylinder sind sternförmig angebracht.
- Die Förderwirkung entsteht durch die Exzentrizität (a) 1 zwischen dem die Kolben tragenden Zylinderkörper und dem Gehäuse.
- Die Exzenterwelle verursacht bei jeder Umdrehung, dass sich die Kolben um 2 · a hin- und herbewegen.

- Die Kolben werden durch eine Schrägscheibe, Schrägachse (-trommel) oder Taumelscheibe 1 parallel zur Drehachse hin- und herbewegt.

Kennwerte von Hydraulikpumpen

Bauform	Flüssigkeitsdruck in bar	Drehzahl in 1/min	Fördermenge in l/min	Wirkungsgrad in %
Zahnradpumpe, außenverzahnt	60 ... 250	500 ... 3500	300	50 ... 90
Zahnradpumpe, innenverzahnt	100 ... 300	300 ... 3500	100	60 ... 90
Schraubenpumpe	30 ... 160	500 ... 4000	1000	60 ... 80
Flügelzellenpumpe	100 ... 200	1000 ... 3000	200	60 ... 90
Radialkolbenpumpe	300 ... 650	200 ... 3000	200	80 ... 90
Axialkolbenpumpe, Taumelscheibe	250	500 ... 2000	100	80 ... 90
Axialkolbenpumpe, Schrägscheibe	400	1000 ... 3000	5000	80 ... 90
Axialkolbenpumpe, Schrägachse	400	500 ... 6000	2000	80 ... 90

Steuern und Regeln

Hydraulikmotoren
Hydraulic motors

Zahnradmotoren	**Flügelzellenmotoren**	**Kolbenmotoren**
– Außenzahnradmotor – Innenzahnradmotor – Zahnringmotor	– außenbeaufschlagt – innenbeaufschlagt	– Axialkolbenmotor mit Schrägscheibe/-achse – Radialkolbenmotor

Außenzahnradmotor

Aufbau

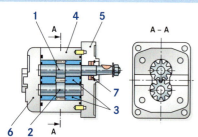

1 Zahnrad 1
4 Gehäuse
7 Wellendichtung
2 Zahnrad 2
5 Flansch
3 Lagerbrillen
6 Deckel

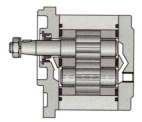

Arbeitsweise

- Zahnradmotoren sind in ihren äußeren Abmessungen baugleich mit den entsprechenden Pumpen.
- Wenn dem Motor Öl unter Druck zugeführt wird, kann an der herausgeführten Welle ein Drehmoment abgenommen werden.
- Ausführungsformen: Gleich bleibende und wechselnde Drehrichtungen (reversierbarer Motor).
- Motoren für eine Drehrichtung sind unsymmetrisch aufgebaut. Die Hoch- und Niederdruckseite sind auf Grund der inneren Dichtungsanordnung in Drehrichtung fixiert. Das Lecköl wird intern zur Niederdruckseite abgeführt.
- Motoren für wechselnde Drehrichtungen sind symmetrisch aufgebaut. Das an den Lagern anfallende Lecköl wird über einen separaten Leckölanschluss im Gehäusedeckel abgeführt.

Motor für II-Quadranten-Betrieb	Motor für IV-Quadranten-Betrieb
Antriebsdrehmoment in beiden Richtungen	Antriebs- und Abtriebsmoment in beiden Richtungen (Motor/Pumpe)

Kolbenmotoren

Axialkolbenmotor mit Schrägachse, Verstellmotor

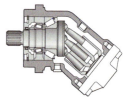

- Die Zylindertrommel ist über ein Kugel- oder Kardangelenk mit der Antriebsachse verbunden.
- Die Zylindertrommel ist aus der Antriebsachse geschwenkt. Dadurch entstehen bei Hubbewegungen Drehbewegungen.
- Das Schluckvolumen kann stufenlos verstellt werden.
- Die Abtriebsdrehzahl ist abhängig vom Förderstrom der Pumpe und vom Schluckvolumen des Motors.
- Das Abtriebsdrehmoment wächst mit der Druckdifferenz zwischen Hoch- und Niederdruckseite und mit steigendem Schluckvolumen.

Axialkolbenmotor mit Schrägscheibe, Konstantmotor

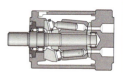

- Die Kolben bewegen sich über Gleitschuhe oder ein Axiallager auf der feststehenden Schrägscheibe.
- Die Antriebsdrehzahl ist proportional dem Schluckstrom und umgekehrt proportional dem Schluckvolumen.
- Das Antriebsdrehmoment wächst proportional mit dem Druckgefälle zwischen Hoch- und Niederdruckseite.

Radialkolbenmotor, Verstellmotor

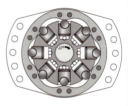

- Die Kolben sind radial im Rotor angeordnet.
- Jeder ausfahrende Kolben dreht den Rotor ein Stück weiter, indem er der Kurvenbahn folgt.
- Die Zylinderräume sind über die axialen Bohrungen und die Ringkanäle mit den Leitungsanschlüssen verbunden.

Steuern und Regeln

Hydraulische Steuerungen
Hydraulic control systems

Hydrosystem mit entsperrbarem Rückschlagventil und 4/3 Wegeventil

Schaltung

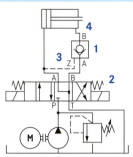

Ventile

Entsperrbares vorgesteuertes Rückschlagventil

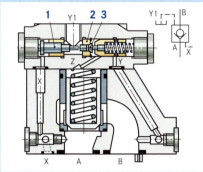

Beispiel: Entsperren und Umkehren

Das Steuersignal an X gelangt an den Vorsteuerkopf. Der Vorsteuerkegel **3** wird durch den Servokolben **1** von seinem Sitz **2** gedrückt. Dadurch wird die Steuerverbindung von B über Y geschlossen. Der Steuerraum oberhalb des Hauptkolbens wird über Z und Y1 zum Tank hin entlastet. Der Volumenstrom kann von B nach A fließen.

Funktion:
Mit dem entsperrbaren Rückschlagventil **1** wird die Position des Hydrozylinders beibehalten.
4/3 Wegeventil **2** in Schaltstellung „rechts"
- A ist mit P verbunden, B ist mit dem Tankanschluss verbunden.
- Im Zylinder wird Druck aufgebaut, der auch an Z **3** des Rückschlagventils liegt.
- Dadurch erfolgt eine Entsperrung, Flüssigkeit kann von der Kolbenseite **4** des Zylinders in den Tank ablaufen.

4/3 Wegeventil in Schaltstellung „links"
- Umkehrung des Vorgangs

4/3 Wegeventil

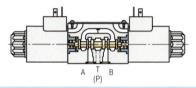

Allgemeine Funktion:

Der Steuerkolben wird elektromagnetisch, mechanisch, hydraulisch oder pneumatisch getätigt. Er gibt die Flüssigkeit vom Anschluss P zum Anschluss A oder B frei. Die Flüssigkeit vom Verbraucher fließt dann jeweils über T zum Tank. Bei Unterbrechung der Betätigung wird der Steuerkolben in die Ausgangslage zurückgeführt oder z. B. durch Rasten in der jeweiligen Endlage gehalten.

Varianten

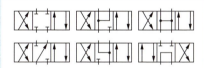

Bauformen von Hydrozylindern
Styles of hydro cylinders

Differenzialzylinder		Teleskopzylinder	
	 2:1 Bei Flächenverhältnis 2:1 ist der Kolbenrücklauf doppelt so schnell wie der Vorlauf		 Vergrößerung der Hubwege
Gleichlaufzylinder		**Druckübersetzer**	
	 $A_1 = A_2$ Gleiche Geschwindigkeiten bei $A_1 = A_2$		 Druckveränderung
Zylinder mit Endlagendämpfung		**Tandemzylinder**	
	 Abbremsung bei Erreichen der Endlage		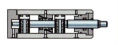 Kleine Abmessungen, große Kräfte

Steuern und Regeln

Binäre Verknüpfungen
Binary logics

Hydraulik und Pneumatik

Bezeichnung/ Logische Funktion (Gleichung)	Schaltzeichen	Funktionstabelle			Ersatzschaltung hydraulisch/pneumatisch ISO 1219	Ersatzschaltung elektrisch DIN EN 60617
		E1	E2	A		
Identität $E1 = A$	E1 – 1 – A	0		0		
		1		1		
NICHT-Glied (NOT) $\overline{E1} = A$ (nicht E1)	E1 – 1 –o A	0		1		
		1		0		
UND-Glied (AND) $E1 \wedge E2 = A$ (E1 und E2)	E1, E2 – & – A	0	0	0		
		0	1	0		
		1	0	0		
		1	1	1		
ODER-Glied (OR) $E1 \vee E2 = A$ (E1 oder E2)	E1, E2 – ≥1 – A	0	0	0		
		0	1	1		
		1	0	1		
		1	1	1		
UND-NICHT-Glied (NAND) $\overline{E1} \vee \overline{E2} = A$ $\overline{E1} \wedge E2 = A$ $E1 \wedge \overline{E2} = A$	E1, E2 – & –o A	0	0	1		
		0	1	1		
		1	0	1		
		1	1	0		
ODER-NICHT-Glied (NOR) $\overline{E1} \vee E2 = A$	E1, E2 – ≥1 –o A	0	0	1		
		0	1	0		
		1	0	0		
		1	1	0		
ÄQUIVALENZ-Glied $(E1 \wedge E2) \vee (\overline{E1} \wedge \overline{E2}) = A$	E1, E2 – = – A	0	0	1		
		0	1	0		
		1	0	0		
		1	1	1		
ANTIVALENZ-Glied (Exklusiv-Oder) $(\overline{E1} \wedge E2) \vee E1 \wedge \overline{E2}) = A$	E1, E2 – =1 – A	0	0	0		
		0	1	1		
		1	0	1		
		1	1	0		
INHIBITIONS-Glied (Sperrgatter) $\overline{E1} \wedge E2 = A$	E1 –o, E2 – & – A	0	0	0		
		0	1	1		
		1	0	0		
		1	1	0		

E1, E2 = Eingänge / A = Ausgang

350 Steuern und Regeln

Elektropneumatik
Electropneumatics

Elektrotechnische Schaltzeichen
DIN EN 60 617: 1999-04

Kontakte		Schalter		Binäre Verknüpfungen	
	Schließer, Schaltfunktion		Berührungsempfindlicher Schalter	E1 — A1 / E2 — Basiszeichen	Eingänge links Ausgänge rechts
	Öffner	Fe	Näherungsempfindlicher Schalter, reagiert auf Eisen	Logik-Symbol	Stromlaufplan (Relais K schaltet Ausgang A)

Schaltgeräte

	Wechsler mit Unterbrechung	Schütz (Schließer)
	Zweiwegschließer (Mittelstellung –Aus–)	Schütz mit selbsttätiger Auslösung
	Schließer, schließt verzögert bei Betätigung	Leistungsschalter
	Öffner, schließt verzögert bei Rückfall	

Elektromechanische Antriebe

	Schließer, schließt und öffnet verzögert	allgemeine Form Relaisspule Form 1
	Schließer mit selbsttätigem Rückgang	Form 2
	Schließer mit nicht selbsttätigem Rückgang	Antrieb mit zwei getrennten Wicklungen, zusammenhängende Darstellung Form 1
	Öffner mit selbsttätigem Rückgang	Form 2
	Öffner, im betätigten Zustand dargestellt	Antrieb, erregt
	Schließer, im betätigten Zustand dargestellt	Antrieb mit Rückfallverzögerung

Schalter

	Handbetätigter Schalter		Antrieb mit Ansprechverzögerung
	Druckschalter (nicht rastend), Taster		elektromagnetisch betätigtes Ventil

Sensoren (Blockdarstellung)

	Zugschalter (nicht rastend)	Kapazitiver Sensor, reagiert bei Annäherung aller Stoffe
	Drehschalter (rastend)	Induktiver Sensor, reagiert bei Annäherung von Metallen
	durch Rolle betätigt	Magnetischer Sensor, reagiert bei Annäherung eines Magneten (Reedschalter)
		Optischer Sensor, reagiert auf Reflexion von Licht

Binäre Verknüpfungen

UND

E1, E2 → & → A1

ODER

E1, E2 → ≥1 → A1

NICHT

E1 → 1 → A1

UND-NICHT

E1, E2 → & → A1 (NAND)

ODER-NICHT

E1, E2 → ≥1 → A (NOR)

RS-Kippglied (Speicher)

S → Q
R → $\bar{Q}$

S = Setzen (EIN)
R = Rücksetzen (AUS)

Funktionstabelle

S	R	Q	$\bar{Q}$
0	0	*	*
0	1	0	1
1	0	1	0
1	1	*	*

* wie vorher, bzw. unbestimmt

(selbsthaltend)

Steuern und Regeln

Elektropneumatik
Electropneumatics

Stromlaufplan
DIN EN 61 082-1: 1995-05

Der Stromlaufplan zeigt die elektrischen Betriebsmittel sowie deren Zusammenwirken.

- Die Stromwege/Strompfade der elektrischen Betriebsmittel liegen senkrecht zwischen den zwei Stromversorgungsleitern (L+, L−).
- Die Strompfade werden fortlaufend durchnummeriert.
- Die Elemente unterliegen keiner festen räumlichen Anordnung.
- Im **Steuerstromkreis** sind die Geräte für die Signaleingabe und Signalverarbeitung enthalten.
- Im **Hauptstromkreis** (Leistungsstromkreis) sind die für die Betätigung der Arbeitsglieder notwendigen Stellglieder enthalten.

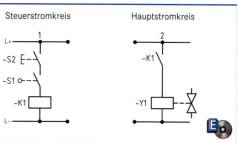

Bezeichnung der Betriebsmittel
DIN EN 61 346-2: 2000-12

- Sämtliche Betriebsmittel werden jeweils fortlaufend durchnummeriert:
  S1, S2 ...; K1, K2 ...

- Die Relaisspule und deren Kontakte erhalten die gleiche Kennziffer.
  Beispiel rechts: Zu Relais K1 in Stromweg 1 gehört der Kontakt des Relais (K1) im Stromweg 2 (Selbsthaltung) und der Kontakt des Relais (K1) in Stromweg 4, mit dem die Betätigung des Magnetventils Y1 erfolgt.

- Die elektromagnetisch betätigten Ventile werden durchlaufend gekennzeichnet (Y1, Y2 ...).

- **Schaltgliedertabelle**
  Jedes Relais im Stromlaufplan erhält eine Schaltgliedertabelle.
  Beispiel rechts:
  Stromweg 1: In Stromweg 2 und 4 hat das Relais K1 einen Schließerkontakt (keinen Öffnerkontakt).
  Stromweg 3: In Stromweg 2 hat das Relais K2 einen Öffnerkontakt (keinen Schließerkontakt).

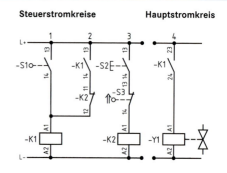

Kontakte	Pfad	Kontakte	Pfad
13–14	2	11–12	2
23–24	4		

Anschlussbezeichnung von Relais

mechanische Verbindung der Kontakte

2. Ziffer: Funktionsziffer
Kennzeichnung der Kontaktart
3-4: Schließerkontakte
1-2: Öffnerkontakte

Spulenanschlüsse:
A1, A2

1. Ziffer: Ordnungsziffer
fortlaufend durchnummerierte Kontakte

Verbindungslinien

Mechanische Verbindungslinien können zugunsten einer eindeutigen Führung der elektrischen Verbindungslinien verzweigt oder geknickt gezeichnet werden.

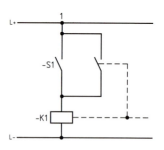

Kennbuchstabe	Betriebsmittel
M	Elektromotor, Stellantrieb
K	Relais, Regler
S	Steuerschalter, Tastschalter
Y	elektrisch betätigte mechanische Mittel (DIN 40 719-2)

Kapazitive Näherungssensoren
Capacitive proximity sensors

- Kapazitive Sensoren sind berührungslos wirkende Schalter.
- Sie erkennen sowohl leitende als auch nicht leitende Objekte.
- Sie arbeiten auf Basis eines elektrischen Feldes, das sich zwischen den frontseitig konzentrisch angeordneten Elektroden des Sensors ausbildet.
- Das Erkennungsprinzip beruht auf der Änderung der Gesamtkapazität der Elektrodenanordnung (**Plattenkondensator**).
- Grundsätzlich ist diese Änderung abhängig von der spezifischen **Dielektrizitätskonstante** (ε_r) des eingeführten Materials.
- Die Kapazität ist im Rückkopplungszweig eines Hochfrequenz-Oszillators angeordnet.
- Bei freier aktiver Fläche schwingt der Oszillator nicht.
- Bei eingeführtem Material erhöht sich die Kopplungskapazität im Schwingkreis und bringt den Oszillator zum Schwingen.
- Die entstehende Schwingungsamplitude wird durch die integrierte Auswerteelektronik erfasst.

- Bei **leitfähigen** Stoffen (z. B. Metallteilen)
  - vergrößert sich die Gesamtkapazität aufgrund der Reihenschaltung der Teilkapazitäten,
  - ergeben sich die höchsten Schaltabstände.
- Bei **festen** und **flüssigen** Stoffen sind die Schaltabstände abhängig von der Höhe der Dielektrizitätskonstanten.
- Einflüsse auf die Sensorfläche (z. B. Benetzung, Betauung oder Vereisung) werden durch eine Hilfselektrode kompensiert.
- Einbaulagen für kapazitive Sensoren sind grundsätzlich beliebig.
- Bei gedrängter Anordnung von Sensoren ist darauf zu achten, dass eine gegenseitige Beeinflussung vermieden wird (minimale Einbauabstände).
- Die Schaltabstände liegen zwischen 3 mm und 50 mm (abhängig von Einbauart).
- Kapazitive Sensoren werden u. a. eingesetzt für die Erfassung von
  - Füllstandserkennung, Positionserfassung,
  - Druckmessung, Feuchtemessung,
  - Weg- und Winkelmessung.

Aufbau / Feldlinienverlauf

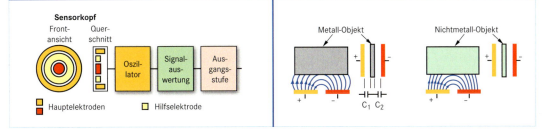

Anwendungen

Ausführungsformen

Steuern und Regeln — 353

Induktive Näherungssensoren
Inductive proximity sensors

- Induktive Sensoren sind berührungslos wirkende Schalter.
- Sie erkennen leitende (metallische) Objekte.
- Sie arbeiten auf Basis eines magnetischen Feldes, das sich frontseitig am Sensor in einem offenen Magnetkreis ausbildet.
- Das Erkennungsprinzip beruht auf der Abschwächung (Bedämpfung) des Magnetfeldes durch das leitende Objekt.
- Diese Bedämpfung reduziert die Höhe der Amplitude des internen Schwingkreises und wird als Schaltschwelle ausgewertet.
- Die aktive Fläche des Sensors wird durch die Grundfläche des verwendeten Spulenkerns (offener Schalenkern) bestimmt.
- Die Schaltabstände werden mit einer Normmessplatte (Fe 360) bestimmt.
- Für andere Bedämpfungswerkstoffe sind entsprechende Korrekturfaktoren zu berücksichtigen.
- Die Schaltfrequenz gibt die maximal mögliche Anzahl von Schaltfolgen pro Sekunde an.
- Die Magnetfeldfestigkeit gegenüber magnetischen Störfeldern (z. B. Schweißstrom) wird erreicht durch konstruktive und schaltungstechnische Maßnahmen am Sensor.
- Anwendung finden induktive Näherungssensoren z. B. zur Positionskontrolle an
  - Stellantrieben,
  - Werkzeugmaschinen,
  - Hydraulikaggregaten.
- Vorteile von induktiven Näherungsschaltern sind u. a.
  - unempfindlich gegen Verschmutzung,
  - temperaturfest,
  - große Schaltabstände.

Aufbau

Sensorkopf — Frontansicht, Querschnitt
Kupferabschirmung, Spule, Schalenkern

Feldverlauf

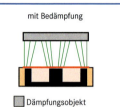

ohne Bedämpfung — mit Bedämpfung
aktive Fläche, Dämpfungsobjekt

Korrekturfaktor

Werkstoff	Faktor
Stahl	1,0
Kupfer	0,25 ... 0,45
Messing	0,35 ... 0,50
Aluminium	0,30 ... 0,45
Edelstahl	0,60 ... 1,00
Nickel	0,65 ... 0,75
Gusseisen	0,93 ... 1,05

Schaltfrequenz

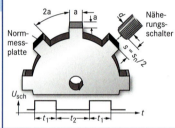

Normmessplatte, Näherungsschalter, $s = s_n/2$, U_{sch}, t_1, t_2

Magnetfeldfestigkeit

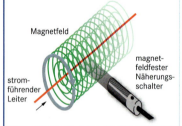

Magnetfeld, magnetfeldfester Näherungsschalter, stromführender Leiter

Schaltabstände

Normmessplatte — Sensor
S_n, S_r, S_u, S_a
110 %, 90 %, 121 %, 100 %, 81 %, 0 %

S : Schaltabstand, bei dem ein Signalwechsel ausgelöst wird.
S_n: Bemessungsschaltabstand
S_r : Realschaltabstand
S_u: Nutzschaltabstand
S_a: Gesicherter Schaltabstand

Ausführungsformen

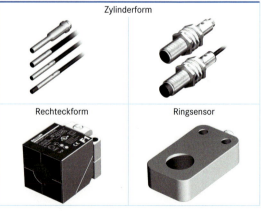

Zylinderform, Rechteckform, Ringsensor

Optoelektronische Sensoren
Opto-electronic sensors

Kontrastsensoren

- Die Helligkeitsunterschiede (Graustufen) zwischen dem Testgut und der darauf angebrachten Markierung werden ausgewertet.
- Sender und Empfänger befinden sich auf einer gemeinsamen optischen Achse (Atokollimationsprinzip).
- Anwendungsbereiche: Verpackungsindustrie, Etikettiermaschinen

Druckmarkenleser	Kontrastmessung

Lichtgitter

- Sonderausführung der Einweg-Lichtschranke
- Parallele Anordnung von mehreren Einweg-Lichtschranken
- Alle Sender sowie die Empfänger sind in einem einzigen Gehäuse zusammengefasst.
- Die Schaltausgänge sind logisch verknüpft.
- Anwendung: Überwachung größerer Flächen

Roboterabsicherung	Muting

Kaskadierung zweier Lichtgitter	Floating Blanking

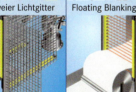 

Barcodescanner

- Ein Identifikationssystem für optisch verschlüsselte Informationen
- Laserstrahl wird mit hoher Geschwindigkeit über den Strichcode geführt.
- Die Intensität des reflektierten Lichts hängt davon ab, ob der Laserstrahl auf einen Strich oder eine Lücke fällt.
- Der im Scanner vorhandene Empfänger rekonstruiert aus diesen Lichtschwankungen die gespeicherte Information.

Farbsensoren

- Prinzip: Zerlegung des vom Objekt reflektierten Lichts
- Verfahren:
  - Das Objekt wird mit weißem Licht bestrahlt (weiße LED). Rote, grüne und blaue Anteile werden herausgefiltert und über die Lichtstärke wird die Objektfarbe ermittelt.
  - Das Objekt wird mit den Sendefarben Rot, Grün und Blau sequenziell bestrahlt. Die Lichtstärke des reflektierten Lichts wird für jede Farbe einzeln gemessen. Aus den drei Werten kann die Farbe des Objekts ermittelt werden.

Farbsensor mit Glasfaser

O : Analogausgang
BN, GN : Betriebs- Spannung
S : Synchronisation

Spektrale Empfindlichkeit	400 nm ... 700 nm
Max. zul. Fremdlicht	10^3 lx
Öffnungswinkel	12°
Versorgungsspannung	20 V ... 30 V DC
Stromstärke bei U_B = 24 V	< 50 mA
Anzahl der Farbausgänge	3
Analoge Farbwerte für	blau/grün, rot/grün
Analoger Grauwert	ja
Analoger Ausgang	0 V ... 10 V

Farbsensor mit Reflektor, für durchsichtige Medien

- Gleichzeitige Auswertung von drei Farben
- Ausgang: Schaltausgang oder Schnittstelle

 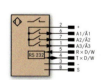

Spektrale Empfindlichkeit	10 nm ... 1000 nm
Lichtart	Weißlicht
Lichtfleckdurchmesser	10 mm
Max. zul. Fremdlicht	10^3 lx
Versorgungsspannung	10 V ... 30 V DC
Stromstärke bei U_B = 24 V	< 50 mA
Anzahl der Schaltausgänge	3
Schaltausgang kurzschlussfest	PNP, 200 mA
Spannungsfall Schaltausgang	1,5 V
Schnittstelle	RS 232 (RGB-Farbwert)

Steuern und Regeln

Lichtschranken
Light barriers

Betriebsarten

Einwegbetrieb	Reflexionsbetrieb
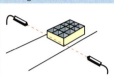 ■ Sender und Empfänger in getrennten Gehäusen ■ Unterbrechung des Lichtstrahls löst Schaltvorgang aus ■ Reichweite bis 100 m	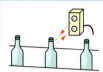 ■ Sender und Empfänger meist in einem Gehäuse ■ Das Objekt ist Reflektor. ■ Montageaufwand geringer ■ Reichweite bis ca. 4 m

Systemarten

Faseroptische Lichtschranken

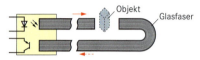

- Lichttransport zu sonst unzugänglichen Orten
- Explosionsschutz möglich
- Erkennung sehr kleiner Objekte (< 0,5 mm)

- Sende- und Empfangsfasern im gemeinsamen LWL-Kabel
- Verlauf der Fasern im Kabel bewirkt diffusen Lichtaus-/eintritt am Kabelende.

Doppel-Einweg-Lichtschranke

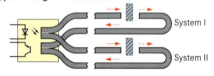

- Sende- und Empfangsfasern je zur Hälfte in zwei getrennten LWL-Kabeln
- Zwei Objekte maximal werden gleichzeitig erfasst.
- Optische ODER-Verknüpfung

Doppel-Reflexions-Lichtschranke

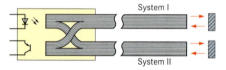

- Sende- und Empfangsfasern je zur Hälfte in zwei getrennten LWL-Kabeln
- Zwei Objekte werden maximal gleichzeitig erfasst.
- Optische ODER-Verknüpfung

Linsenoptische Lichtschranken

Hintergrundausblendung

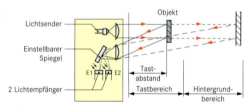

- Hintergrund kann Tastergebnis verfälschen.
- Messung mit zwei Empfängern, die Licht vom Objekt und vom Hintergrund erhalten.
- Auswertung: Lichtanteil an E1 größer bedeutet, dass Objekt vorhanden ist.

Störlichtausblendung

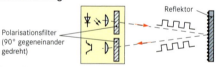

- Optik mit Lichtpolarisation und gepulstem Licht
- Sender und Empfänger synchron gepulst
- Polarisationsebenen von Sender und Empfänger um 90° gedreht
- Reflektor dreht Lichtpolarisation ebenfalls um 90°.
- Es wird nur Licht vom eigenen Sender empfangen.
- Hohe Funktionssicherheit
- Material, das nicht die Polarisationsebene dreht, wird als Objekt erkannt.

Lumineszenzabtastung

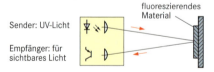

- Erkennen der Vollständigkeit von Schichten (z. B. von Flüssigkeiten auf Oberflächen)
- Sender gibt UV-Licht ab, das von einer lumineszierenden Beimischung in der Schicht in sichtbares Licht umgewandelt wird.
- Fremdlichtausblendung: Sender und Empfänger synchron gepulst

Optischer Distanzsensor

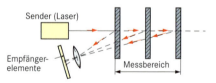

- Empfängerelemente liefern zwei Teilströme, deren Höhe von der Position des Lichtflecks bestimmt wird.
- Analoges, abstandsproportionales Ausgangssignal zwischen 1 ... 10 V
- Messbereich: ca. 0,2 ... 1 m

Speicherprogrammierbare Steuerungen (SPS)
Programmable logic controllers

Aufbau

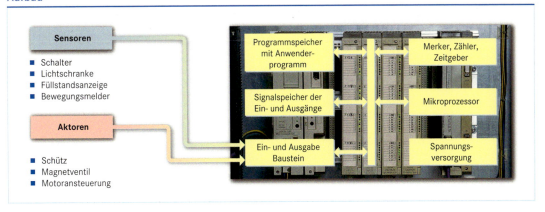

Programmiersprachen
DIN 61 131-3: 2003-12

Textsprachen

Anweisungsliste: AWL
(Instruction list: IL)

Strukturierter Text: ST
(Structured Text: ST)

```
LD    A
ANDN  B
ST    C
```

C:=A AND NOT B

Grafiksprachen

Kontaktplan: KOP
(Ladder Diagram: LD)

Funktionsbausteinsprache: FBS
(Function Block Diagram: FBD)

Ablaufsprache: AS
(Sequential Function Chart: SFC)

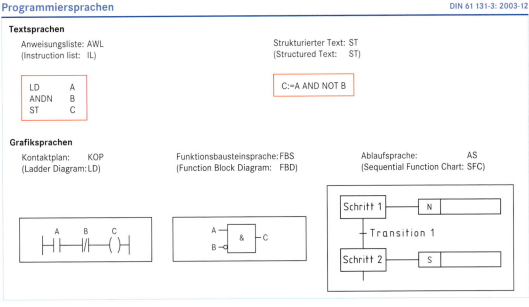

Gemeinsame Inhalte von SPS-Sprachen

Begrenzungszeichen (Auswahl)	
Zeichen	Gebrauch
(*	Kommentar-Anfang
*)	Kommentar Ende
+	Führendes Vorzeichen von Dezimalzahlen, Additionsoperator (ST)
–	Führendes Vorzeichen von Dezimalzahlen, Jahr-Monat-Tag-Trennzeichen, Subtraktion, Negationsoperator (ST) horizontale Linie (FBS, KOP)
#	Zeitliteral-Trennzeichen, Basiszahl-Trennzeichen
.	Ganzzahl/Bruch-Trennzeichen, Trennzeichen innerhalb hierarchischer Adressen, Trennzeichen von Variablen
;	Trennzeichen für Typendeklaration, Anweisung-Trennzeichen (ST)

Begrenzungszeichen (Auswahl)	
Zeichen	Gebrauch
()	Anweisungsliste-Modifizierer/Operator (ST), Begrenzungszeichen für FBS-Eingangsliste (ST)
'	Aufzählungslisten-, Anfangswert- und Feldindex-Trennzeichen, Trennzeichen für deklarierte Variablen
:=	Initialisierungsoperator, Eingangsverbindungsoperator, Zuweisungsoperator (ST)
e oder E	Real-Exponent-Begrenzungszeichen
$	Anfang von Sonderzeichen in Folge
:	Variablen/Typ- und Schrittnamen-Trennzeichen, Netzwerkmarken-Trennzeichen (KOP, FBS), Anweisungsmarken-Trennzeichen (ST)
%	Direkt-Darstellung-Präfix

Steuern und Regeln

Speicherprogrammierbare Steuerungen SPS
Programmable logic controllers PLC

Gemeinsame Inhalte von SPS-Sprachen (Auswahl)

DIN 61 131-3: 2003-12

Standardfunktionen

Name	Symbol	Bedeutung
ADD	+	Addition
SUB	−	Subtraktion
MUL	*	Multiplikation
DIV	/	Division
AND	&	Boolesches UND
OR	>=	Boolesches ODER (nicht in AWL/ST)
XOR		Boolesches Exklusiv-ODER
NOT		Verneinung
S		Setzt booleschen Operator auf „1"
R		Setzt booleschen Operator auf „0"
GT	>	Vergleich: größer
GE	>=	Vergleich: größer gleich
EQ	=	Vergleich: gleich
NE	<>	Vergleich: ungleich
LE	<=	Vergleich: kleiner gleich
LT	<	Vergleich: kleiner

Schlüsselwörter von Datentypen

Schlüsselwort	Datentyp	Bits
BOOL	boolesche	1
SINT	kurze ganze Zahl	8
INT	ganze Zahl	16
DINT	doppelte ganze Zahl	32
LINT	lange ganze Zahl	64
REAL	reelle Zahl	32
LREAL	lange reelle Zahl	64
STRING	variabel lange Zeichenfolge	–
TIME	Zeitdauer	–
DATE	Datum	–
BYTE	Bit-Folge der Länge 8	8
WORD	Bit-Folge der Länge 16	16
DWORD	Bit-Folge der Länge 32	32
LWORD	Bit-Folge der Länge 64	64

Anweisungsliste (AWL)

DIN 61 131-3: 2003-12

Die Anweisungsliste ist eine zeilenorientierte Textsprache, die Arbeitsvorschriften in Form von Steueranweisungen in einer Ablauffolge zusammenfasst.

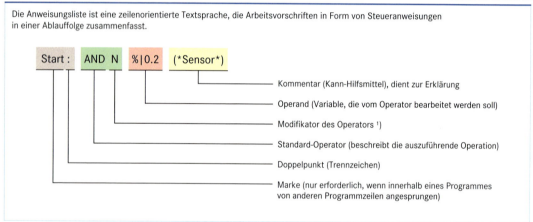

Standardoperatoren

Operator	Modifikation	Bedeutung
LD	N	Setzen eines Operanden
ST	N	Speicherung auf Operanden-Adresse
S	–	Setzt den Operanden auf „logisch 1"
R	–	Setzt den Operanden auf „logisch 0"
AND	N, (	Boolesches UND
&	N, (	Boolesches UND
OR	N, (	Boolesches ODER
XOR	N, (	Boolesches Exklusiv-ODER
ADD	(	Addition
SUB	(	Subtraktion

Operator	Modifikation	Bedeutung
MUL	(	Multiplikation
DIV	(	Division
GT	(	Vergleich: >
GE	(	Vergleich: >=
EQ	(	Vergleich: =
NE	(	Vergleich: <>
LE	(	Vergleich: <=
LT	(	Vergleich: <
JMP	C, N	Sprung zur Marke
CAL	C, N	Aufruf Funktionsbaustein
RET	C, N	Rücksprung
)	–	Bearbeitung zurückgestellter Operanden

Standardoperanden

Kurzzeichen	Bedeutung
% I	Eingangsvariable
% Q	Ausgangsvariable
% M	Merker
	Direkte SPS-Adressen müssen mit einem % beginnen.

[1] N = Boolesche Negierung des Operanden
C = wird nur ausgeführt, wenn das ausgewertete Ergebnis eine boolesche 1 ist.
(= Auswertung des Operators wird zurückgestellt, bis „)" erscheint

Steuern und Regeln

Speicherprogrammierbare Steuerungen SPS
Programmable logic controllers PLC

Strukturierter Text (ST)
DIN 61 131-3: 2003-12

Der Strukturierte Text ist eine Hochsprache der SPS, angelehnt an ISO-Pascal.

A := C or E ;

- Semikolon
- Operand
- Operator
- Operand
- Zuweisungsoperator
- Variable

Anweisung	Bedeutung	Anweisung	Bedeutung
:=	Zuweisung	FOR	Wiederholungs-anweisung
RETURN	Rücksprung	WHILE	Wiederholungs-anweisung
IF	bedingte Anweisung	REPEAT	Wiederholungs-anweisung
CASE	Auswahl-anweisung	EXIT	Verlassen einer Wiederholungs-anweisung

Kontaktplan (KOP); Symbole
DIN 61 131-3: 2003-12

Der Kontaktplan stellt die Steuerungsfunktion in Anlehnung an Stromlaufpläne dar. Die Strompfade sind hier waagerecht gezeichnete Stromschienen mit speziellen Symbolen.

Symbol	Beschreibung	Symbol	Beschreibung	Symbol	Beschreibung
Linien und Blöcke		Kontakte		Spulen	
	Verbindungselemente	⊣ ⊢ ***	Schließer Abfrage auf logisch „1"	—( )— ***	Spule, Zuweisung, Ausgabe
	Linienverbindung			—(/)— ***	Negative Spule, negierte Zuweisung, Ausgabe
	Kreuzung ohne Verbindung	⊣/⊢ ***	Öffner Abfrage auf logisch „0"	—(S)— ***	Setze Spule, Speicherung einer Verknüpfung
***	Blöcke mit Verbindungslinien			—(R)— ***	Rücksetze Spule
	linke Stromschiene	⊣P⊢ ***	Kontakt zur Erkennung von positivem Über-gang, Signal von „0" auf „1"	—(P)— ***	Spule zur Erkennung von positivem Übergang, Signal von „0" auf „1"
	rechte Stromschiene	⊣N⊢ ***	Kontakt zur Erkennung von negativem Über-gang, Signal von „1" auf „0"	—(N)— ***	Spule zur Erkennung von negativem Übergang, Signal von „1" auf „0"
***	Element-Bezeichnung				

Beispiel:

%I 1.1   %I 1.2   %Q 2.1
⊣ ⊢   ⊣ ⊢   —( )—

Netzwerk 1

Funktionsbaustein-Sprache (FBS); Symbole
DIN 61 131-3: 2003-12

Die Funktionsbaustein-Sprache stellt mit Hilfe von rechteckigen „Bausteinen", die durch Linien miteinander verbunden sind, Steuer-anweisungen in Netzwerken dar.

Symbol	Beschreibung	Symbol	Beschreibung
	Die Elemente sind rechteckig Eingangsparameter sind auf der linken, Ausgangsparameter auf der rechten Seite anzubringen	AND OR AND	Die Elemente müssen durch Signalfluss-Linien verbunden werden.
FB2.1 AND	Die Bausteinbezeichnung steht auf dem Element. Die Funktion des Bausteins wird als Name oder Symbol innerhalb des Bausteins angegeben.		Negierter Ausgang Negierter Eingang
AND	UND-Bedingung (Der Ausgang wird dann „logisch 1", wenn alle Eingänge den Wert „logisch 1" haben.)	OR	ODER-Bedingung (Der Ausgang wird dann „logisch 1", wenn ein Eingang den Wert „logisch 1" hat.)

Steuern und Regeln

Speicherprogrammierbare Steuerungen SPS
Programmable logic controllers PLC

Ablaufsprache (AS)
DIN 61 131-3: 2003-12

Die Ablaufsprache ist die Umsetzung der Funktionsplandarstellung (DIN EN 60 848) in eine SPS-Programmiersprache; die Steuerungsaufgabe wird in einer Kettenstruktur dargestellt.

- Der Übergang zum nächsten Schritt erfolgt nur dann, wenn die festgelegten Transitionsbedingungen erfüllt sind.
- Innerhalb der Kette ist immer nur ein Schritt aktiv.
- Der Übergang zum Folgeschritt kann erfolgen, wenn:
  - der vorhergehende Schritt aktiv ist
  - und die Übergangsbedingung wahr (true) ist.
- Wird der Folgeschritt aktiv, wird der vorhergehende Schritt deaktiv.
- Die Transitionsbedingungen sind in einer Programmiersprache nach DIN 61 131-3 (z. B. AWL) zu schreiben.

SPS-Programmierung (Beispiele)
DIN 61 131-3: 2003-12

UND-Verknüpfung mit Negation am Ausgang

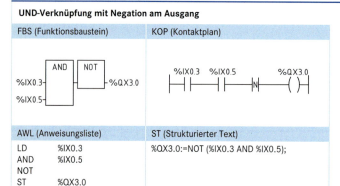

Kommentar
- Ausgang 3.0 ist „logisch 1", wenn AND-Funktion **nicht** erfüllt ist, wenn also die Eingänge 0.3 und 0.5 den Signalzustand „0" haben

ODER-Verknüpfung mit Negation am Eingang

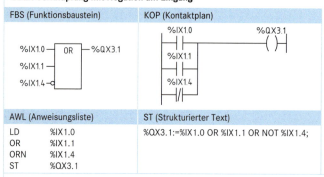

- Ausgang 3.1 ist „logisch 1", wenn Eingänge 1.0 oder 1.1 den Signalzustand „1" haben, oder der Eingang 1.4 den Signalzustand „0" hat

Exklusiv-ODER-Verknüpfung

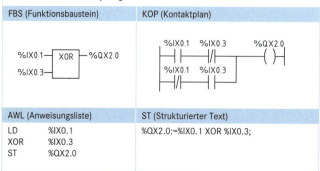

- Ausgang 2.0 ist „logisch 1", wenn die beiden Eingänge 0.1 und 0.3 unterschiedliche Signalzustände haben.

Speicherprogrammierbare Steuerungen SPS
Programmable logic controllers PLC

Anwendungsbeispiele für Operationen der Signalverarbeitung (Auswahl) — DIN EN 61 131: 1994-08

Operation	Funktionsplan (FUP)	Kontaktplan (KOP)	Anweisungsliste (AWL) Adresse	Anweisung
=	E0.1 — 1 — A1.0 E0.1 = A1.0	E0.1 —A1.0	000 001 002	U E0.1 / = A1.0 / PE
NICHT	E0.1 o— 1 — A1.0 E0.1 — 1 —o A1.0 $\overline{E0.1} = A1.0$	E0.1 —A1.0	000 001 002	UN E0.1 / = A1.0 / PE
UND	E0.1 E0.2 & ... E0.3 o & — A1.0 $E0.1 \wedge E0.2 \wedge \overline{E0.3} = A1.0$	E0.1 E0.2 E0.3 A1.0	000 001 002 003 004	U E0.1 / U E0.2 / UN E0.3 / = A1.0 / PE
ODER	E0.1 ≥1 — A2.0 E0.2 o $E0.1 \vee \overline{E0.2} = A2.0$	E0.1 A2.0 / E0.2	000 001 002 003	U E0.1 / ON E0.2 / = A2.0 / PE
Exklusiv-ODER [Antivalenz]	E0.1 E0.2 =1 — A1.0	E0.1 E0.2 A1.0 / E0.1 E0.2	000 001 002 003 004 005 006 007	U E0.1 / UN E0.2 / O(/ UN E0.1 / U E0.2 /) / = A1.0 / PE
Exklusiv-ODER negiert [Äquivalenz]	E0.3 E0.4 = — A2.0	E0.3 E0.4 A2.0 / E0.3 E0.4	000 001 002 003 004 005 006 007	U E0.3 / U E0.4 / O(/ UN E0.3 / UN E0.4 /) / = A2.0 / PE
UND vor UND mit Merker	E0.1 E0.2 o & — M2 ... E0.3 & — A1.0	E0.1 E0.2 M2 / M2 E0.3 A1.0	000 001 002 003 004 005 006	U E0.1 / UN E0.2 / = M2 / U M2 / U E0.3 / = A1.0 / PE
UND vor ODER mit Merker	E0.1 E0.2 & — M2 ... E0.3 E0.4 o & ≥1 — A3.0	E0.1 E0.2 M2 / E0.3 E0.4 A3.0 / M2	000 001 002 003 004 005 006 007	U E0.1 / U E0.2 / = M2 / U E0.3 / UN E0.4 / O M2 / = A3.0 / PE
R/S-Speicher Setzen vorrangig	E0.1 — R E0.2 — S — A2.0	E0.1 A2.0 (R) / E0.2 A2.0 (S)	000 001 002 003 004	U E0.1 / R A2.0 / U E0.2 / S A2.0 / PE
R/S-Speicher Rücksetzen vorrangig	E0.1 — S E0.2 — R — A2.0	E0.1 A2.0 (S) / E0.2 A2.0 (R)	000 001 002 003 004	U E0.1 / S A2.0 / U E0.2 / R A2.0 / PE

Bei gleichzeitigem Setz- und Rücksetzbefehl dominiert die zuletzt programmierte Anweisung.

Steuern und Regeln

Begriffe der Informationstechnik
Terms of information technology

Begriff	Kurzzeichen	Erklärung
Active Desktop		Webansicht des Desktops
Administrator	Admin	Systemverwalter: hat alle Zugriffsrechte auf ein System, darf die Einstellungen verändern
Arbeitsspeicher	RAM	speichert zwischenzeitlich Programme, mit denen der Anwender arbeitet
BIOS		Basic Input/Output System, für die direkte Ansteuerung der Hardware zuständig
Bluetooth		Daten werden mit Hilfe von Funktechnologie übertragen
Browser		Programm, mit dessen Hilfe Internetseiten betrachtet werden können
Client		Arbeitsstation, der Benutzer nimmt die Dienste eines Servers in Anspruch
Cookie		kleine Textinformation, die beim Internetbesuch auf dem PC gespeichert wird
Desktop		Bezeichnung für den Windows-Hauptbildschirm nach dem Systemstart
DirectX		Multimediaschnittstelle von Windows, beschleunigt Bild- und Tonverarbeitung
Digital Subscriber Line	DSL	Verbindungstechnologie zwischen PC und Server, bis 1500 kb pro Sekunde
Digital Versatile Disk	DVD	optisches Speichermedium, speichert zwischen 4,7 und 17 Gigabyte Daten
Double Date Rate	DDR	verdoppelt die Datenübertragungsrate in Speicherbausteinen
Hard Disk Drive	HDD	Festplatte, englische Bezeichnung für das Speichermedium
Hyper Text Transfer Protokoll	HTTP	Protokoll, dient zur Übertragung von Webseiten zum Benutzer
Intranet		örtlich begrenzte Form den Internets, z. B. innerhalb einer Schule
Local Area Network	LAN	Netzwerk, wird zwischen wenigen Computern verwendet, z. B. zu Hause
MP3		Verfahren, mit dem Musikdateien platzsparend gespeichert werden können
Original Equipment Manufacturer	OEM	Version eines Originalprogramms, speziell an Hardware angepasst
Peripheral Component Interconnect	PCI	Standard-Bussystem, Übertragungsraten bis 800 MHz möglich
Personal Digital Assistant	PDA	Kleincomputer, vor allem als Datenspeicher für unterwegs verwendet
Provider		Anbieter von Dienstleistungen, z. B. Internet-Provider wie AOL
Registry		Dateien, in denen PC- und Benutzerdaten gespeichert sind
Server		Zentralcomputer, von dem Benutzer Daten abrufen können, z. B. Webseiten
Task		gesteuertes Programm, wird am unteren Bildschirmrand angezeigt (Taskleiste)
Treiber		kleines Programm, das eine Hardwarekomponente in das System einbindet
Trojaner		„bösartiges" Programm, das Passwörter und Dateien ausspioniert
Uniform Resource Locater	URL	Adresse für eine bestimmte Internetseite, z. B. http://www.tagesschau.de
Universal Serial Bus	USB	PC-Anschlusssystem, mit dem bis zu 127 Geräte anschließbar sind
Wireless Local Area Network	W-LAN	drahtloses Netzwerk, Daten werden per Funk übertragen
world wide web	www	Internationaler Datennetz-Verbund einzelner Datennetze, das Internet

Dateneingabe
Data input

Tastatur

DIN 2137-1: 1995-07

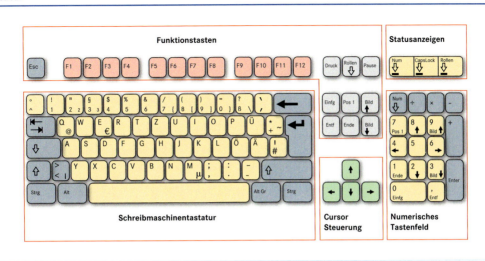

Alphanumerisches, Sonderzeichen-, Funktions- und Numerisches Tastenfeld

Taste	Bedeutung	Taste	Bedeutung
Esc	Abbruchtaste: Abbrechen eines Vorgangs (to escape: flüchten)	⏎	Eingabetaste: Abschließen eines Eingabebefehls (engl.: Return- oder Enter-Taste)
F1 … F12	Funktionstaste(n): belegt in Anwenderprogrammen	Druck	Drucktaste: Ausdrucken des aktuellen Bildschirminhalts (engl.: Prt Sc)
° ^	Sonderzeichentaste	Pause	Pausetaste: Anhalten der Bildschirmausgabe (engl.: Brk)
←	Rückwärtslöschtaste: Zeichen links vom Cursor wird gelöscht (engl.: Back Space)	Rollen	Rolltaste: Verschieben des Bildschirminhaltes (engl.: Scroll Lock)
⇥	Tabulatortaste: Cursor springt um voreingestellte Stellen nach rechts, <Umschalttaste + Tab> nach links	Einfg	Einfügemodus-Taste: Auswählen von Einfüge- oder Überschreibemodus (engl.: Insert)
⇩	Dauerumschalttaste: Dauerschreiben von Großbuchstaben und Sonderzeichen (engl.: Caps Lock-Taste)	Pos 1	Zeilenanfangstaste: Cursor springt zum Zeilenanfang zurück (engl.: Home)
⇧	Umschalttaste: Schreiben von Großbuchstaben und Sonderzeichen (engl.: Shift-Taste)	Bild ↑	Bildaufwärtstaste: Bildschirmseite wird aufwärts geblättert (engl.: Pg Up)
Strg	Steuerungstaste: Eine Funktion erfolgt nur mit anderen Tasten zusammen (engl.: Ctrl-Taste)	Entf	Löschtaste: Zeichen der aktuellen Cursorposition löschen (engl.: Del, Delete)
Alt	Alternativtaste: Eingabe von Zeichen nach dem ASCII-Code, <Alt + Zahl> siehe DIN 66 303	Ende	Zeilenendetaste: Bewegt den Cursor an das Zeilenende (engl.: End)
	Leertaste: erzeugt ein Leerzeichen (engl.: Space)	Bild ↓	Bildabwärtstaste: Bildschirmseite wird abwärts geblättert (engl.: Pg Dn)
Alt Gr	Taste für **alt**ernative **Gr**afikzeichen (Drittbelegungstaste)	↑ ← ↓ →	Cursortasten: Der Cursor wird auf dem Bildschirm an jede beliebige Stelle bewegt
		÷ × − +	Mathematische Rechenzeichen
		Num	Eingeschaltet: Numerisches Tastenfeld in der Bedeutung der Ziffern Ausgeschaltet: Nur Funktion als Cursortasten

Datenverarbeitung 363

Codes und Zahlensysteme
Codes and number systems

Codetabellen

Dezimal-Ziffer	Tetradische Codes								Einschrittige tetradische Codes								Beispiel
	BCD-Code				Aiken-Code				Gray-Code				Glixon-Code				
0	0	0	0	0	0	0	0	0	0	0	0	0	0	0	0	0	Dezimal: **6**
1	0	0	0	1	0	0	0	1	0	0	0	1	0	0	0	1	
2	0	0	1	0	0	0	1	0	0	0	1	1	0	0	1	1	BCD: 0 1 1 0
3	0	0	1	1	0	0	1	1	0	0	1	0	0	0	1	0	Gray: 0 1 0 1
4	0	1	0	0	0	1	0	0	0	1	1	0	0	1	1	0	Dezimal: **24**
5	0	1	0	1	1	0	1	1	0	1	1	1	0	1	1	1	
6	0	1	1	0	1	1	0	0	0	1	0	1	0	1	0	1	BCD: 0 0 1 0 0 1 0 0
7	0	1	1	1	1	1	0	1	0	1	0	0	0	1	0	0	Gray: 0 0 1 1 0 1 1 0
8	1	0	0	0	1	1	1	0	1	1	0	0	1	1	0	0	
9	1	0	0	1	1	1	1	1	1	1	0	1	1	0	0	0	
Wertigkeit	8	4	2	1	2	4	2	1									**i** BCD: Binary-coded Decimals
Stelle	4	3	2	1	4	3	2	1	4	3	2	1	4	3	2	1	

Zahlensysteme: Dual – Dezimal – Hexadezimal

Bit 6

0	0	0	0	0	0	0	0	1	1	1	1	1	1	1	1	
0	0	0	0	1	1	1	1	0	0	0	0	1	1	1	1	
0	0	1	1	0	0	1	1	0	0	1	1	0	0	1	1	
0	1	0	1	0	1	0	1	0	1	0	1	0	1	0	1	

b_8	b_7	b_6	b_5	b_4	b_3	b_2	b_1	Zahl	Codewort (Dualzahl)														
1. Halbbyte				2. Halbbyte					z_{10} = Dezimalzahl, z_{16} = Hexadezimalzahl														
				0	0	0	0	z_{10}	0	16	32	48	64	80	96	112	128	144	160	176	192	208	224	240
								z_{16}	00	10	20	30	40	50	60	70	80	90	A0	B0	C0	D0	E0	F0
				0	0	0	1	z_{10}	1	17	33	49	65	81	97	113	129	145	161	177	193	209	225	241
								z_{16}	01	11	21	31	41	51	61	71	81	91	A1	B1	C1	D1	E1	F1
				0	0	1	0	z_{10}	2	18	34	50	66	82	98	114	130	146	162	178	194	210	226	242
								z_{16}	02	12	22	32	42	52	62	72	82	92	A2	B2	C2	D2	E2	F2
				0	0	1	1	z_{10}	3	19	35	51	67	83	99	115	131	147	163	179	195	211	227	243
								z_{16}	03	13	23	33	43	53	63	73	83	93	A3	B3	C3	D3	E3	F3
				0	1	0	0	z_{10}	4	20	36	52	68	84	100	116	132	148	164	180	196	212	228	244
								z_{16}	04	14	24	34	44	54	64	74	84	94	A4	B4	C4	D4	E4	F4
				0	1	0	1	z_{10}	5	21	37	53	69	85	101	117	133	149	165	181	197	213	229	245
								z_{16}	05	15	25	35	45	55	65	75	85	95	A5	B5	C5	D5	E5	F5
				0	1	1	0	z_{10}	6	22	38	54	70	86	102	118	134	150	166	182	198	214	230	246
								z_{16}	06	16	26	36	46	56	66	76	86	96	A6	B6	C6	D6	E6	F6
				0	1	1	1	z_{10}	7	23	39	55	71	87	103	119	135	151	167	183	199	215	231	247
								z_{16}	07	17	27	37	47	57	67	77	87	97	A7	B7	C7	D7	E7	F7
				1	0	0	0	z_{10}	8	24	40	56	72	88	104	120	136	152	168	184	200	216	232	248
								z_{16}	08	18	28	38	48	58	68	78	88	98	A8	B8	C8	D8	E8	F8
				1	0	0	1	z_{10}	9	25	41	57	73	89	105	121	137	153	169	185	201	217	233	249
								z_{16}	09	19	29	39	49	59	69	79	89	99	A9	B9	C9	D9	E9	F9
1	0	0	0	1	0	1	0	z_{10}	10	26	42	58	74	90	106	122	138	154	170	186	202	218	234	250
								z_{16}	0A	1A	2A	3A	4A	5A	6A	7A	8A	9A	AA	BA	CA	DA	EA	FA
				1	0	1	1	z_{10}	11	27	43	59	75	91	107	123	139	155	171	187	203	219	235	251
								z_{16}	0B	1B	2B	3B	4B	5B	6B	7B	8B	9B	AB	BB	CB	DB	EB	FB
				1	1	0	0	z_{10}	12	28	44	60	76	92	108	124	140	156	172	188	204	220	236	252
								z_{16}	0C	1C	2C	3C	4C	5C	6C	7C	8C	9C	AC	BC	CC	DC	EC	FC
				1	1	0	1	z_{10}	13	29	45	61	77	93	109	125	141	157	173	189	205	221	237	253
								z_{16}	0D	1D	2D	3D	4D	5D	6D	7D	8D	9D	AD	BD	CD	DD	ED	FD
				1	1	1	0	z_{10}	14	30	46	62	78	94	110	126	142	158	174	190	206	222	238	254
								z_{16}	0E	1E	2E	3E	4E	5E	6E	7E	8E	9E	AE	BE	CE	DE	EE	FE
				1	1	1	1	z_{10}	15	31	47	63	79	95	111	127	143	159	175	191	207	223	239	255
								z_{16}	0F	1F	2F	3F	4F	5F	6F	7F	8F	9F	AF	BF	CF	DF	EF	FF

Dezimalzahl (z_{10}) = 138 → 8A Hexadezimalzahl (z_{16})
→ 1000 1010 Dualzahl (z_2)

Codes und Zahlensysteme
Codes and number systems

ASCII-Code, 8-Bit-Code — DIN 66 303: 1996-11

Spaltencode (höherwertiges Halbbyte, b8 b7 b6 b5):

	0 0 0 0	0 0 0 0	0 0 0 0	0 0 0 0	0 0 0 0	0 0 0 0	0 0 0 0	0 0 0 0
b1	**0000**	**0001**	**0010**	**0011**	**0100**	**0101**	**0110**	**0111**
0000	NUL / 00	DLE / 16	SP / 32	0 / 48	@ / 64	P / 80	` / 96	p / 112
0001	SOH / 01	DC1 / 17	! / 33	1 / 49	A / 65	Q / 81	a / 97	q / 113
0010	STX / 02	DC2 / 18	" / 34	2 / 50	B / 66	R / 82	b / 98	r / 114
0011	ETX / 03	DC3 / 19	# / 35	3 / 51	C / 67	S / 83	c / 99	s / 115
0100	EOT / 04	DC4 / 20	$ / 36	4 / 52	D / 68	T / 84	d / 100	t / 116
0101	ENQ / 05	NAK / 21	% / 37	5 / 53	E / 69	U / 85	e / 101	u / 117
0110	ACK / 06	SYN / 22	& / 38	6 / 54	F / 70	V / 86	f / 102	v / 118
0111	BEL / 07	ETB / 23	' / 39	7 / 55	G / 71	W / 87	g / 103	w / 119
1000	BS / 08	CAN / 24	(/ 40	8 / 56	H / 72	X / 88	h / 104	x / 120
1001	HT / 09	EM / 25	) / 41	9 / 57	I / 73	Y / 89	i / 105	y / 121
1010	LF / 10	SUB / 26	* / 42	: / 58	J / 74	Z / 90	j / 106	z / 122
1011	VT / 11	ESC / 27	+ / 43	; / 59	K / 75	[/ 91	k / 107	{ / 123
1100	FF / 12	FS / 28	, / 44	< / 60	L / 76	\ / 92	l / 108	| / 124
1101	CR / 13	GS / 29	- / 45	= / 61	M / 77	] / 93	m / 109	} / 125
1110	SO / 14	RS / 30	. / 46	> / 62	N / 78	^ / 94	n / 110	~ / 126
1111	SI / 15	US / 31	/ / 47	? / 63	O / 79	_ / 95	o / 111	DEL / 127

b1	**1000**	**1001**	**1010**	**1011**	**1100**	**1101**	**1110**	**1111**
0000	Ç / 128	É / 144	á / 160	░ / 176	└ / 192	╨ / 208	α / 224	≡ / 240
0001	ü / 129	æ / 145	í / 161	▒ / 177	┴ / 193	╤ / 209	ß / 225	± / 241
0010	é / 130	Æ / 146	ó / 162	▓ / 178	┬ / 194	╥ / 210	Γ / 226	≥ / 242
0011	â / 131	ô / 147	ú / 163	│ / 179	├ / 195	╙ / 211	π / 227	≤ / 243
0100	ä / 132	ö / 148	ñ / 164	┤ / 180	─ / 196	╘ / 212	Σ / 228	⌠ / 244
0101	à / 133	ò / 149	Ñ / 165	╡ / 181	┼ / 197	╒ / 213	σ / 229	⌡ / 245
0110	å / 134	û / 150	ª / 166	╢ / 182	╞ / 198	╓ / 214	µ / 230	÷ / 246
0111	ç / 135	ù / 151	º / 167	╖ / 183	╟ / 199	╫ / 215	τ / 231	≈ / 247
1000	ê / 136	ÿ / 152	¿ / 168	╕ / 184	╚ / 200	╪ / 216	Φ / 232	° / 248
1001	ë / 137	Ö / 153	⌐ / 169	╣ / 185	╔ / 201	┘ / 217	Θ / 233	∙ / 249
1010	è / 138	Ü / 154	¬ / 170	║ / 186	╩ / 202	┌ / 218	Ω / 234	· / 250
1011	ï / 139	¢ / 155	½ / 171	╗ / 187	╠ / 203	█ / 219	δ / 235	√ / 251
1100	î / 140	£ / 156	¼ / 172	╝ / 188	═ / 204	▄ / 220	∞ / 236	ⁿ / 252
1101	ì / 141	¥ / 157	¡ / 173	╜ / 189	╬ / 205	▌ / 221	φ / 237	² / 253
1110	Ä / 142	₧ (Pts) / 158	« / 174	╛ / 190	╧ / 206	▐ / 222	ε / 238	■ / 254
1111	Å / 143	ƒ / 159	» / 175	┐ / 191	╨ / 207	▀ / 223	∩ / 239	SP / 255

Beispiel: E → dezimal: 69; dual: 0100 0101

Die Belegung der Zeichen 128–255 wird von Computerherstellern nicht immer einheitlich verwendet.

Bedeutung der ASCII-Steuerzeichen

Zeichen	Bedeutung (englisch)	Bedeutung (deutsch)	Zeichen	Bedeutung (englisch)	Bedeutung (deutsch)
NUL	null	Null, keine Operation	DC...	device control	Gerätesteuerung
SOH	start of heading	Beginn der Kopfzeile	NAK	negative acknowledge	Fehlerrückmeldung
STX	start of text	Beginn des Textes	SYN	synchronous idle	Synchronisierung
ETX	end of text	Ende des Textes	ETB	end of transmission block	Übertragungsblockende
EOT	end of transmission	Ende der Übertragung			
ENQ	enquiry	Aufforderung zur Datenübertragung	CAN	cancel	ungültig
			EM	end of medium	Ende der Aufzeichnung
ACK	acknowledge	Bestätigung	SUB	substitute	Ersetzungsbefehl
BEL	bell	Glocke	ESC	escape	Code-Umschaltung
BS	backspace	Rückwärtsschritt	FS	form separator	Hauptgruppentrennung
HT	horizontal tabulation	Horizontaltabulation	GS	group separator	Gruppentrennung
LF	line feed	Zeilenvorschub	RS	record separator	Untergruppentrennung
VT	vertical tabulation	Vertikaltabulator	US	unit separator	Teilgruppentrennung
FF	form feed	Formularvorschub	SP	space	Leerschritt
CR	carriage return	Wagenrücklauf	DEL	delete	Löschen
SO	shift out	Dauerumschaltung			
SI	shift in	Rückschaltung			
DLE	data link escape	Verbindung umschalten			

i — ASCII: American Standard Code for Information Interchange

Informationsverarbeitung
Information processing

Sinnbilder für Datenfluss- und Programmablaufpläne

DIN 66001: 1983-12

Sinnbild	Bedeutung	Sinnbild	Bedeutung	Sinnbild	Bedeutung
	Verarbeitung, allgemein (einschl. Ein- und Ausgabe)		Steuerung der Verarbeitungsfolge von außen		Daten auf Lochstreifen, Lochstreifeneinheit
	Manuelle Verarbeitung, Verarbeitungsstelle		Daten, allgemein Datenträgereinheit, allgemein		Daten auf Speicher mit auch direktem Zugriff, Datenträgereinheit
	Verzweigung, Auswahleinheit		Maschinell zu verarbeitende Daten, Datenträgereinheit		Daten im Zentralspeicher, Zentralspeicher
	Schleifenbegrenzung Anfang		Manuell zu verarbeitende Daten, Manuelle Ablage (z. B. Ziehkartei, Archiv)		Manuelle optische oder akustische Eingabedaten, Eingabeeinheit
	Ende		Daten auf Schriftstück (z. B. auf Belegen, Mikrofilm) Ein-/Ausgabeeinheit		Verbindung Verarbeitungsfolge, Zugriffsmöglichkeit
	Synchronisierung paralleler Verarbeitungen		Daten auf Speicher mit nur sequentiellem Zugriff, Datenträgereinheit		Verbindung zur Datenübertragung, Datenübertragungsweg
					Grenzstelle (zur Umwelt)
	Sprung mit Rückkehr Sprung ohne Rückkehr		Maschinell erzeugte optische oder akustische Daten, Ausgabeeinheit		Verbindungsstelle
					Verfeinerung
	Unterbrechung einer anderen Verarbeitung		Daten auf Karte (z. B. Lochkarte, Magnetkarte), Lochkarteneinheit		Bemerkung

Grundregeln zum Erstellen von Plänen

- Pfeile geben die Flussrichtung an.

- Zwischen Sinnbildern dürfen mehrere Verbindungen verlaufen. Dabei sollten Kreuzungen von Verbindungslinien vermieden werden.

- Sinnbilder können miteinander verknüpft werden, z. B. zu einer Ausgabeeinheit. **1**

- Innenbeschriftungen sollen weitere Abläufe erkennen lassen und eindeutig zuordnen.

- Durch einen Querstrich oben im Sinnbild wird auf eine detaillierte Darstellung derselben Dokumentation hingewiesen, z. B. schrittweise Verfeinerung eines Programmablaufs. **2**

- Hintereinander gezeichnete Sinnbilder gleicher Art bilden eine Einheit mehrerer gleichartiger Datenträger. **3**

- Mit zusätzlichen senkrechten Linien in den Sinnbildern „Daten" und „Verarbeitung" wird auf eine Dokumentation an anderer Stelle hingewiesen. **4**

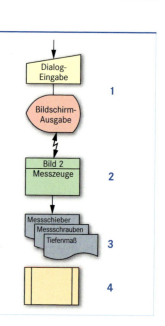

Datenverarbeitung

Programmablaufplan – Struktogramm
Programming flowchart – structogram

DIN 66001: 1983-12; DIN 66261: 1985-11

Programmablaufplan	Nassi-Shneiderman Struktogramm	Programmablaufplan	Nassi-Shneiderman Struktogramm
Folge (Sequenz)		**Wiederholung (kopfgesteuerte Schleife)**	

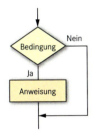  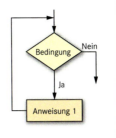 

- Aneinanderreihung von mehreren Anweisungen oder Befehlen
- Aufzählung nacheinander zu bearbeitender Aufgaben

- Schleifendurchläufe

  Die Abfrage der Bedingung erfolgt **vor** der Durchführung der Anweisung 1. Ist die Bedingung schon bei der ersten Abfrage nicht erfüllt, erfolgt keine Durchführung der Anweisung 1.
- WHILE-DO-Schleife

bedingte Verarbeitung (Verzweigung)		**Wiederholung (fußgesteuerte Schleife)**	

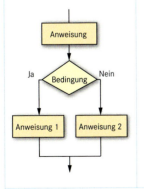  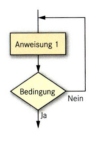 

- Ist die Bedingung erfüllt, wird die Anweisung ausgeführt; sonst wird die Anweisung übersprungen
- IF-THEN-Abfrage

- Schleifendurchläufe

  Die Abfrage der Bedingung erfolgt **nach** dem Durchlauf der Anweisung 1.
- REPEAT-UNTIL-Schleife

einfache Alternative (Verzweigung)		**Wiederholung (zählgesteuerte Schleife)**	

- Auswahl einer Verarbeitung von zwei möglichen, aufgrund einer logischen Entscheidung.
- IF-THEN-ELSE-Abfrage: Wenn Bedingung erfüllt (IF), dann Anweisung 1 (THEN), sonst Anweisung 2 (Else)

- Die Schleifendurchläufe werden durch einen vorgegebenen Wert festgelegt
- FOR-TO-NEXT-Schleife

Datenverarbeitung

Internet
Internet

Schema einer Internetadresse

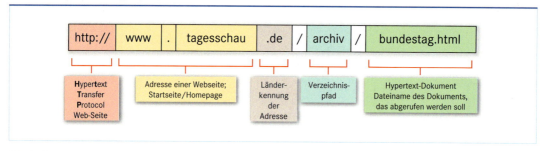

Länderkennung von Adressen (Auswahl)

Länder-kennung	Land	Länder-kennung	Land	Kennung	Bedeutung
.at	Österreich	.fr	Frankreich	.com	Kommerzieller Anbieter, z. B. Krupp.com
.au	Australien	.it	Italien	.net	Netzwerk-Organisationen, z. B. Germany.net
.ca	Kanada	.jp	Japan	.edu	Schulen, Universitäten, Bildungswesen
.de	Deutschland	.uk	England	.org	Organisation aller Art

Internetadressen
Internet addresses

Computertechnik

AMD-Prozessoren	www.amd.com/
Apple	www.apple.com/
Computermagazin	www.chip.de/
Computermagazin	www.professionell.de/
Computerclub	www.computerclub.de/
Epson	www.epson.com/
Hewlett Packard	www.hp.com/
IBM-Deutschland	www.pc.ibm.com/
Intel-Prozessoren	www.intel.com/
Logitech	www.logitech.com/
Microsoft	www.microsoft.com/
Samsung	www.samsung.com/
Siemens-Nixdorf	www.sni.de/
Tipps und Tricks	www.academie.de/
Toshiba	www.toshiba.com/
Vodafone	www.vodafone.de/

Internet

AOL Deutschland	www.aol.com/
Arcor-Online Power	www.arcor.de/
Programmdownload	www.download.com/
Programmdownload	www.freeware.com/
Programmdownload	www.shareware.de/
Programmdownload	www.adobe.com/
Programmdownload	www.winzip.com/
Netscape	www.netscape.com/
GetRight-Downloadmanager	www.getright.com/
Web.de (freemailer)	www.web.de/
GMX (freemailer)	www.gmx.de/
T-Online	www.t-online.de/

Beruf und Bildung

Arbeitsrecht	www.arbeitsrecht.de/
Arbeitgeberverband	www.gesamtmetall.de/
Deutscher Gewerkschaftsbund	www.dgb.de/
BG-Arbeitsschutz	www.bg-praevention.de/
Arbeitsamt online	www.arbeitsamt.de/
azubi-online	www.azubi-online.de/
Bundesinstitut für Berufsbildung	www.bibb.de/
Deutscher Bildungsserver	www.bildungsserver.de/
Erwachsenenbildung	www.treffpunktlernen.de/
Weiterbildung	www.weiterbildung.de/

Suchmaschinen

Bingoo	www.bingoo.com/
Metalook	www.metalook.de/
Metager	www.metager.de/
Google	www.google.de/
Fireball	www.fireball.de/
Altavista	www.altavista.de/
Lycos	www.lycos.de/
Yahoo	www.yahoo.de/
Dino Online	www.dino-online.de/

Wissenschaft

Universitäten	www.uni-<Stadt>.de/
Fachhochschulen	www.fh-<Stadt>.de/
Deutscher Bibliotheksverband	www.bdbibl.de/
Die Deutsche Bibliothek	www.ddb.de/
Informationsdienst Wissenschaft	www.idw-online.de/
Fachinformationszentrum Karlsruhe	www.fiz-karlsruhe.de/
NASA	www.nasa.gov/

Datenverarbeitung

Internet
Internet

→ *Das Internet umfasst Milliarden von Seiten, und täglich werden es mehr. Um vorhandene Informationen leichter zu finden, bieten Suchmaschinen hilfreiche Suchfunktionen an.*

Suchen mit Google

Metalltechnik — **Suche**	Gesucht wird nach allen Webseiten, die den Suchbegriff „Metalltechnik" enthalten. Es sind mehrere Hunderttausend.
Metalltechnik Westermann — **Suche**	Gesucht wird nach allen Webseiten, die die durch UND verknüpften Suchbegriffe „Metalltechnik" und „Westermann" enthalten.
„Metalltechnik Das Tabellenbuch" — **Suche**	Gesucht wird nach allen Webseiten, die den aus mehreren Wörtern bestehenden Suchbegriff „Metalltechnik Das Tabellenbuch" enthalten.
„Metalltechnik Das Tabellenbuch" Westermann — **Suche**	Gesucht wird nach allen Webseiten, die die durch UND verknüpften Suchbegriffe „Metalltechnik Das Tabellenbuch" und „Westermann" enthalten.
Metalltechnik site:www.westermann.de — **Suche**	Gesucht wird nach dem Suchbegriff „Metalltechnik" nur auf der Internetseite von Westermann.
definiere Wälzlager — **Suche**	Gesucht wird nach einer Definition für den Suchbegriff „Wälzlager".
definiere:Wälzlager — **Suche**	Gesucht wird nach einer Liste an Definitionen für den Suchbegriff „Wälzlager".
definiere PTFE — **Suche**	Gesucht wird nach einer Aufschlüsselung des abgekürzten Suchbegriffs „PTFE".
Wälzlager de-en — **Suche**	Gesucht wird nach einer Übersetzung vom Deutschen ins Englische für den Suchbegriff „Wälzlager".
cube en-de — **Suche**	Gesucht wird nach einer Übersetzung vom Englischen ins Deutsche für den Suchbegriff „cube".
Gefahrstoffverordnung filetype:pdf — **Suche**	Gesucht wird nach PDF-Dateien, die den Suchbegriff „Gefahrstoffverordnung" enthalten.
Zahnräder filetype:jpg — **Suche**	Gesucht wird nach Bildern im JPG-Format, die den Suchbegriff „Zahnräder" enthalten
(02331) 2075461 — **Suche**	Gesucht wird nach dem günstigten Call-by-Call-Anbieter für ein Telefonat zu dem Anschluss (0 23 31) 2 07 54 61.
DE0007100000 — **Suche**	Gesucht wird nach Wertpapier-Informationen für die Aktie mit der Wertpapierkennnummer DE0007100000.
München Dresden 13:00 — **Suche**	Gesucht wird nach Zugverbindungen von München nach Dresden ab 13:00 Uhr.
Leipzig — **Suche** 04720 — **Suche**	Gesucht wird nach Stadtplänen von Leipzig bzw. dem Ort mit der Postleitzahl 04720.

Datenverarbeitung

369

Elektrotechnik
Electrical technology

Ohmsches Gesetz

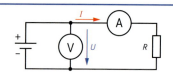

$$I = \frac{U}{R}$$

$$U = I \cdot R \qquad R = \frac{U}{I}$$

- I : Stromstärke
- U : Spannung
- R : Widerstand

Widerstand von Leitern

$$S = \frac{\varrho \cdot l}{R} \qquad R = \frac{\varrho \cdot l}{S} \qquad l = \frac{R \cdot S}{\varrho}$$

Werte für ϱ s. Stoffwerte chemischer Elemente

- R : Widerstand
- ϱ : spezifischer Widerstand
- l : Leiterlänge
- S : Leiterquerschnittt

Reihenschaltung von Widerständen

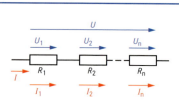

$$R = R_1 + R_2 + \ldots R_n$$
$$U = U_1 + U_2 + \ldots U_n$$
$$I = I_1 = I_2 = \ldots = I_n$$

$$\frac{U_1}{U_2} = \frac{R_1}{R_2} \qquad \frac{U_1}{U_n} = \frac{R_1}{R_n} \qquad \frac{U_1}{U} = \frac{R_1}{R} \ldots$$

Durch alle Widerstände fließt derselbe Strom.

- R : Gesamtwiderstand
- R_1 : Einzelwiderstand
- U : Gesamtspannung
- $U_1\ldots$: Einzelspannungen
- I : Gesamtstrom
- $I_1\ldots$: Teilströme

Parallelschaltung von Widerständen

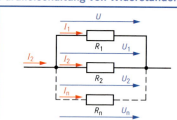

$$I = I_1 + I_2 + \ldots + I_n$$
$$U = U_1 + U_2 + \ldots U_n$$
$$\frac{1}{R} = \frac{1}{R_1} + \frac{1}{R_2} + \ldots + \frac{1}{R_n}$$

$$\frac{I_1}{I_2} = \frac{R_2}{R_1} \qquad \frac{I_1}{I_n} = \frac{R_n}{R_1} \qquad \frac{I_1}{I} = \frac{R}{R_1} \ldots$$

Alle Widerstände liegen an derselben Spannung.

- I : Gesamtstrom
- $I_1\ldots$: Teilströme
- U : Gesamtspannung
- $U_1\ldots$: Teilspannungen
- R : Gesamtwiderstand
- $R_1\ldots$: Teilwiderstände

Wechselspannung

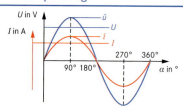

$$I = \frac{\hat{\imath}}{\sqrt{2}} \qquad U = \frac{\hat{u}}{\sqrt{2}}$$

- I : Effektivwert der Stromstärke
- $\hat{\imath}$: Scheitelwert der Stromstärke
- U : Effektivwert der Spannung
- $\hat{u}$: Scheitelwert der Spannung

Transformator

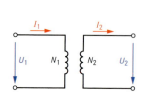

$$\frac{U_1}{U_2} = \frac{N_1}{N_2} = \ddot{u} \qquad \frac{I_1}{I_2} = \frac{N_1}{N_2} = \ddot{u}$$

$$S = U \cdot I$$
$$P = U \cdot I \cdot \cos \varphi$$

- U_1 : Primärspannung
- U_2 : Sekundärspannung
- I_1 : Primärstromstärke
- I_2 : Sekundärstromstärke
- N_1 : Primär-Windungszahl
- N_2 : Sekundär-Windungszahl
- $\ddot{u}$: Übersetzungsverhältnis
- S : Scheinleistung
- P : Wirkleistung
- $\cos \varphi$: Leistungsfaktor

Elektrotechnik
Electrical technology

Elektrische Arbeit

$W = P \cdot t$
$W = U \cdot I \cdot t$

W	: elektrische Arbeit
U	: Spannung
I	: Stromstärke
t	: Zeit
P	: elektrische Leistung

Elektrische Leistung bei ohmscher Belastung

Gleichstrom oder Wechselstrom

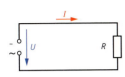

$P = U \cdot I$

$P = I^2 \cdot R \qquad P = \dfrac{U^2}{R}$

P	: elektrische Leistung
W	: elektrische Arbeit
t	: Zeit
U	: Spannung
I	: Stromstärke

Drehstrom

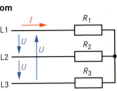

$P = \sqrt{3} \cdot U \cdot I$

Elektrische Leistung bei induktiver Belastung

Wechselstrom

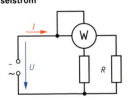

$P = U \cdot I \cdot \cos \varphi$

$S = U \cdot I \qquad \cos \varphi = \dfrac{P}{S}$

P	: Wirkleistung
S	: Scheinleistung
U	: Effektivwert der Spannung
I	: Effektivwert der Stromstärke
U_{Str}	: Strangspannung
I_{Str}	: Strangstromstärke
$\cos \varphi$	: Leistungsfaktor

Drehstrom (Sternschaltung)

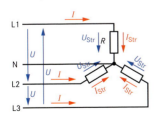

$P = \sqrt{3} \cdot U \cdot I \cdot \cos \varphi$

$S = \sqrt{3} \cdot U \cdot I \qquad \cos \varphi = \dfrac{P}{S}$

$I = I_{Str} \qquad U = \sqrt{3} \cdot U_{Str}$

Drehstrom (Dreieckschaltung)

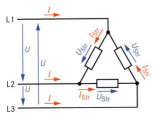

$P = \sqrt{3} \cdot U \cdot I \cdot \cos \varphi$

$S = \sqrt{3} \cdot U \cdot I \qquad \cos \varphi = \dfrac{P}{S}$

$I = \sqrt{3} \cdot I_{Str} \qquad U = U_{Str}$

Elektrotechnik – Schaltzeichen
Electrical technology – symbols of contact units and switching devices   DIN EN 60 617-2 … 11: 1997-08

Schaltzeichen	Benennung	Schaltzeichen	Benennung	Schaltzeichen	Benennung
Ströme und Spannung		**Erde, Masse**		**Maschinenarten**	
Form 1 / Form 2	Gleichstrom		Erde		Maschine, allgemein Kennzeichen (*): C: Umformer G: Generator GS: Synchrongenerator M: Motor MG: Als Motor oder Generator nutzbar MS: Synchronmotor
50 Hz	Wechselstrom 50 Hz		Schutzerde		
3N 50 Hz 400/230 V	Dreiphasen-Vierleitersystem		Masse		
	Wechselstrom – mit niedriger Frequenz	**Kennzeichen für Leiter**			Gleichstrom-Reihen-schlussmotor
	– mit mittlerer Frequenz		Neutralleiter (N) Mittelleiter (M)		
	– mit hoher Frequenz		Schutzleiter (PE)		Gleichstrom-Nebenschlussmotor
	Gleich- oder Wechsel-strom (Allstrom)		Neutralleiter mit Schutzfunktion (PEN)		
Schaltungsarten			drei Leiter, ein Neutralleiter, ein Schutzleiter		Wechselstrom-Reihenschlussmotor, einphasig
	Reihenschaltung	**Allgemeine Schaltzeichen**			Drehstrom-Reihenschlussmotor
	Parallelschaltung		Ideale Stromquelle		
	Sternschaltung		Ideale Spannungsquelle		Drehstrom-Asynchronmotor mit Käfigläufer
	Dreieckschaltung		Primärzelle, Primärelement Akkumulator		
Leiter, Anschlüsse, Verbinder			Widerstand, allgemein		Drehstrom-Asynchronmotor mit Schleifringläufer
	Leiter, Leitung, Kabel, Stromweg		rein ohmscher Widerstand		
oder 3	Kennzeichnung der Leiterzahl (3 Leiter)		Scheinwiderstand		Schrittmotor
	Leiter, bewegbar		Widerstand mit Anzapfungen		
	Leiter, geschirmt	oder	Induktivität, Spule, Wicklung, Drossel	**Sonstige Geräte**	
	Leitung, nicht angeschlossen		Kondensator, allgemein		Transformator mit zwei Wicklungen
Form 1 Form 2	Abzweig von Leitern		Dauermagnet		Wechselrichter
Form 1 Form 2	Doppelabzweig von Leitern		Bewegbarer Kontakt (z. B. Schleifkontakt)		Gleichrichter
			Umsetzer, Umformer, Umrichter		Lasthebemagnet, Spannplatte
	Buchse und Stecker, Steckverbindung		Sicherung, allgemein		Absperrorgan, Ventil – geschlossen – offen

[1] Der Stern muss durch eines der folgenden Kennzeichen ersetzt werden.

Elektrotechnik – Schaltzeichen
Electrical technology – symbols of contact units and switching devices
DIN EN 60 617-2 … 11: 1997-08

Schaltzeichen	Benennung	Schaltzeichen	Benennung	Schaltzeichen	Benennung
Messgeräte		Elektromagnetische Antriebe		Antriebsarten	
	Messgerät, anzeigend, allgemein [1]		Elektromechanischer Antrieb, Relaispole		Betätigung durch – Handantrieb, allgemein
	Messgerät, aufzeichnend, allgemein [1]		– mit Rückfallverzögerung		– Ziehen
	Anzeige, allgemein		– mit Ansprechverzögerung		– Drehen
	Anzeige, digital Anzeige, numerisch		– mit Ansprech- und Rückfallverzögerung		– Drücken
	Registrierung, schreibend				– Kippen
	Spannungsmessgerät		Wechselstromrelais		– Rolle
	Strommessgerät		Thermorelais		– Nocken
	Leistungsmessgerät		Stützrelais		– Notschalter
	Leistungsfaktormessgerät		Relais mit drei Schaltstellungen		– Schlüssel
	Umdrehungsfrequenz-Messgerät	Schalteinrichtungen, Kontakte			– elektromagnetischen Antrieb
	Wirkleistungsschreiber		Schließer, Schaltfunktion, allgemein Schalter		– pneumat./hydraul. Steuerung
	Registrierwerk, Linienschreibwerk		voreilender Schließer		– thermischen Antrieb
	Wattstundenzähler, Elektrizitätszähler		nacheilender Schließer		– Annähern
Mess- und Regelgeräte			Öffner		– Berühren
	Umdrehungsfrequenzregler		nacheilender Öffner	Mechanische Stellteile	
	Stromregler mit PI-Verhalten		Wechsler mit Unterbrechung		Raste, kein selbsttätiger Rückgang
	Messumformer, Temperatur in elektrischen Strom		Wechsler ohne Unterbrechung		selbsttätiger Rückgang
	Analog/Digital-Umsetzer		Zweiwegschließer mit Mittelstellung „Aus"		Sperre in einer Richtung
			Wischer mit Kontaktgabe bei Betätigung		Sperre in zwei Richtungen
					Verzögerte Wirkung a) nach links b) nach rechts
					Darstellung im betätigten Zustand

[1] Der Stern muss durch die Einheit oder das Zeichen der zu messenden Größe oder durch das chemische Zeichen ersetzt werden.

Elektrotechnik – Schaltzeichen
Electrical technology – symbols of contact units and switching devices
DIN EN 60 617-2 … 11: 1997-08

Schaltzeichen	Benennung	Schaltzeichen	Benennung	Schaltzeichen	Benennung
Halbleiterbauelemte		Sensoren		Elektroinstallation	
	Halbleiterdiode, allgemein		Dehnungsmessstreifen		Abzweigdose, allgemein
	Leuchtdiode, allgemein		Widerstands-thermometer		Schutzkontakt-steckdose, vierfach
	Fotodiode		Aufnehmer mit veränderbarem Widerstand		Schalter, allgemein
	Fotowiderstand		Aufnehmer, induktiv		Serienschalter, einpoliger Schalter
	Solarzelle		Aufnehmer, kapazitiv		Lampe, allgemein
	PNP-Transistor		Thermoelement		Taster
	NPN-Transistor		Geber, magnetisch		Elektrogerät
	Thyristor		Differenzregler, induktiv		Schaltuhr

Kennzeichnung von elektrischen Betriebsmitteln
Identification of electrical equipment
DIN EN 61 346-2: 2000-12

Kennzeichnungs-block	1 Anlage	2 Ort	3 Identifizierung und Funktion	4 Anschluss
Vorzeichen	=	+	–	:
Beispiel	=D3	+C3	–S02 A	:1
Bedeutung	Spannvorrichtung Nr. 3 (vom Betrieb festgelegt)	Gebäude C Gang Nr. 3	Art: Schalter Zähl-Nr. 02 Funktion: AUS	Klemme Nr. 1

Viele Schaltungsunterlagen enthalten zur Kennzeichnung von elektrischen Betriebsmitteln nur Angaben zum Kennzeichnungsblock 2 (Art des Betriebsmittels; Zählnummer; allgemeine Funktion). Das zur Identifizierung vorangestellte Vorzeichen kann dann weggelassen werden. Die Reihenfolge der Blöcke ist beliebig. Die obige Reihenfolge wird bevorzugt angewendet.

Kennbuchstaben für die Kennzeichnung der Art des Betriebsmittels (Kennzeichnungsblock 3)

Buch-stabe	Art des Betriebsmittels	Buch-stabe	Art des Betriebsmittels
A	Baugruppen	P	Messgeräte
B	Umsetzer	Q	Starkstrom-Schaltgeräte
C	Kondensatoren	R	Widerstände
D	Binäre Elemente	S	Schalter, Wähler
E	Verschiedenes	T	Transformatoren
F	Schutzeinrichtungen	U	Modulatoren, Umsetzer
G	Generatoren	V	Halbleiter
H	Meldeeinrichtungen	W	Übertragungswege
K	Relais, Schütze	X	Stecker, Steckdosen
L	Induktivitäten	Y	Elektr. betätigte mecha-nische Einrichtungen
M	Motoren	Z	Abschlüsse, Filter
N	Verstärker, Regler		

Kennbuchstaben für die Kennzeichnung allgemeiner Funktionen (Kennzeichnungsblock 3)

Buch-stabe	Allgemeine Funktion	Buch-stabe	Allgemeine Funktion
A	Hilfsfunktion; AUS	M	Hauptfunktion
B	Bewegungsrichtung	N	Messung
C	Zählung	P	Proportional
D	Differenzierung	Q	Zustand (Start, Stopp)
E	Funktion EIN	R	Rückstellen, löschen
F	Schutz	S	Speichern, aufzeichnen
G	Prüfung	T	Zeitmessung
H	Meldung	V	Geschwindigkeit
I	Integration	W	Addieren
K	Tastbetrieb	X	Multiplizieren
L1, L2	Leiterkennzeichnung	Y	Analog
L+, L–	Leiterkennzeichnung	Z	Digital

Schutzmaßnahmen für elektrische Betriebsmittel
Protective measures of electrical equipment

Schutzklassen elektrischer Betriebsmittel
DIN VDE 0100-410: 1997-01

Schutzklasse I	Schutzklasse II	Schutzklasse III
Schutzmaßnahme mit Schutzleiter Kennzeichen:	Schutzisolierung Kennzeichen:	Schutzkleinspannung Kennzeichen:
Betriebsmittel mit Metallgehäuse	Betriebsmittel mit Kunststoffgehäuse	Betriebsmittel mit Nennspannungen bis 25 V ~ bzw. bis 60 V – und bis 50 V ~ bzw. 120 V –
z. B. Elektromotor	z. B. Elektrische Haushaltsgeräte	z. B. Elektrische Handleuchten

Bildzeichen für Schutzarten
DIN 40050-9: 1993-05

Bildzeichen	Schutzumfang	Bildzeichen	Schutzumfang
	staubgeschützt		spritzwassergeschützt
	staubdicht		strahlwassergeschützt
	tropfwassergeschützt; Schutz gegen tropfendes Wasser, hohe Luftfeuchte		wasserdicht, Schutz gegen Eindringen von Wasser ohne Druck
	schrägwassergeschützt; regengeschützt	... bar	druckwasserdicht, Schutz gegen Eindringen von Wasser unter Druck

Kennfarben elektrischer Leiter
DIN EN 60446: 1999-10

Wechselstrom; Drehstrom			Gleichstrom		
Leiterbezeichnung	Zeichen	Farbe	Leiterbezeichnung	Zeichen	Farbe
Außenleiter	L1; L2; L3	1)	positiv	L+	1)
Neutralleiter	N	blau	negativ	L–	1)
Schutzleiter	PE	grün-gelb	Mittelleiter	M	blau
PEN-Leiter	PEN	grün-gelb	1) Farbe nicht festgelegt; Empfehlung: schwarz, für Unterscheidung: braun, unzulässig: grün-gelb		

Begriffe zur Kennzeichnung von Leitern, Spannungen und Strömen
DIN VDE 0100-410: 1997-01

Benennung	Bedeutung	Benennung	Bedeutung	Benennung	Bedeutung
L1, L2, L3	Außenleiter: Leiter, die die Stromquelle mit Verbrauchsmitteln verbinden	U_0	Nennspannung von Stromnetzen	I_K	Kurzschlussstrom: Strom, der bei einer direkten Verbindung zweier Außenleiter oder zwischen Außen- und Neutralleiter fließt
		U_B	Berührungsspannung		
N	Neutralleiter: Leiter, der mit dem Mittelpunkt oder Sternpunkt verbunden ist	U_L	Höchste zulässige Berührungsspannung	I_b	Betriebsstrom eines Stromkreises
PE	Schutzleiter: Leiter, der zum Verbinden von Körpern, leitfähigen Teilen oder Erdern benutzt wird		Menschen: 50 V ~ / 120 V – Nutztiere: 25 V ~ / 60 V –	I_n	Nennstrom von Verbrauchsmitteln oder Überstrom-Schutzmitteln
		U_F	Fehlerspannung: Spannung, die im Fehlerfall zwischen einem Körper und der Bezugserde auftritt	$I_{\Delta n}$	Nennfehlerstrom eines Fehlerstrom-Schutzschalters
PEN	PEN-Leiter: Leiter mit den Funktionen von Neutral- und Schutzleitern	I_F	Fehlerstrom: Strom, der bei einem Isolationsfehler fließt	I_a	Abschaltstrom von Überstromschutzmitteln

Elektrotechnik

Prüfzeichen für elektrische Betriebsmittel und Geräte
Test marks of electrical equipment and devices

Zeichen	Benennung	Erklärung	Zeichen	Benennung	Erklärung
⟨VDE⟩	VDE-Zeichen (Erteilung durch Prüfstelle des VDE)	Gerät ist gemäß den VDE-Bestimmungen gebaut.	⟨F⟩	Funkschutzzeichen mit Angabe des Störgrads (Erteilung durch Prüfstelle VDE)	Funkentstörtes Gerät Funkstörgrad: 0: funkstörfrei K: Kleinststörgrad N: Normalstörgrad G: grobentstört
⟨GS⟩	Geprüfte Sicherheit (Erteilung durch eine vom Bundesarbeitsministerium benannte Prüfstelle, z. B. TÜV oder VDE)	Gerät ist gemäß den sicherheitstechnischen Anforderungen des Gesetzes für technische Arbeitsmittel (GTA) gebaut.	C E	CE-Zeichen: Communauté Européenne = Europäische Gemeinschaft	Das Gerät stimmt mit verbindlichen EU-Richtlinien überein.

Leistungsschilder für elektrische Maschinen
Output plates for electrical machines

Feld	Erklärung
1	Hersteller, Firmenzeichen
2	Typ, Modellbezeichnung oder Listennummer
3	Stromart (z. B. Gleichstrom, Wechselstrom, Drehstrom)
4	Art der Maschine (z. B. Gen.; Mot.; usw.)
5	Fertigungs- oder Reihennummer
6	Schaltart der Ständerwicklung (z. B. Sternschaltung, Dreieckschaltung)
7	Nennspannung
8	Nennstrom

Feld	Erklärung
9	Nennleistung Abgabe in kW bei Motoren, Gleichstrom- und Induktionsgeneratoren Scheinleistung in kVA bei Synchrongeneratoren und Blindleistungsmaschinen
10	Einheit der Leistung, z. B. kW
11	Nennbetriebsart
12	Leistungsfaktor
13	Drehrichtung
14	Nenn-Umdrehungsfrequenz in min^{-1}
15	Nennfrequenz
16	Erregung bei Gleichstrom- und Synchronmaschinen, Läufer bei Asynchronmaschinen
17	Schaltart der Läuferwicklung (siehe Feld 6)
18	Nennerreger- bzw. Läuferstillstandsspannung
19	Nennerregerstrom bzw. Läufernennstrom
20	Isolierstoffklasse
21	Schutzart nach DIN 40 050
22	Gewicht in kg bzw. t
23	Nr. und Ausgabejahr der zugrunde gelegten VDE-Bestimmungen

Umwandlungsarten der elektrischen Energie
Types of conversion of electric energy

DIN IEC 60 050-551: 1999-12

Durch die Umwandlung elektrischer Energie wird ein Energiefluss zwischen Systemen mit unterschiedlichen Stromarten ermöglicht.

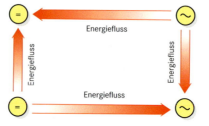

Gleichrichten: Umwandeln von Wechselstrom in Gleichstrom
Energiefluss vom Wechselstrom- zum Gleichstromsystem

Gleichstrom-Umrichten: Umwandeln von Gleichstrom bestimmter Spannung und Polarität in Gleichstrom anderer Spannung und/oder Polarität

Wechselstrom-Umrichten: Umwandeln von Wechselstrom bestimmter Spannung, Frequenz und Phasenzahl in Wechselstrom anderer Spannung und/oder Frequenz und/oder Phasenzahl

Wechselrichten: Umwandeln von Gleichstrom in Wechselstrom
Energiefluss vom Gleichstrom- zum Wechselstromsystem

Elektrotechnik

Leitungen für feste und flexible Verlegung
Cables for fixed and flexible installation

Leitungen für feste Verlegung

Leitungsart	Ader-zahl	Kurzzeichen	Verwendung
PVC-Einzeladern	1 1	H05V-U/K H07V-U/K	■ Leitung für innere Verdrahtung von Geräten ■ geschützte Verlegung in und an Leuchten ■ Verdrahtungsleitung in Schalt- und Verteilungsanlagen ■ Signal- und Steuerstromkreise
Wärmebeständige PVC-Einzeladern	1	H05V2-K	■ Verbindungsleitung in Versorgungsanlagen, Schaltschränken, Motoren und Transformatoren bei hohen Umgebungstemperaturen, z. B. Lackier- und Trocknungsanlagen ■ Feste Verlegung in oder auf Leuchten
Stegleitung	3 ... 5	NYIF	■ Installationsleitung für trockene Räume in und unter Putz, Ausnahme: nicht auf brennbaren Baustoffen und nicht auf oder unter Drahtgeflechten ■ Verlegung in Hohlräumen, die nicht aus brennbaren Baustoffen bestehen
PVC-Mantelleitung	1 ... 7	NYM	■ Installationsleitung zur Verwendung auch im Freien bei Schutz vor direkter Sonnenbestrahlung ■ in trockenen, feuchten und nassen Räumen ■ Verlegung auf, in und unter Putz, in Mauern, in Beton außer für direktes Verlegen in Schüttel-, Rüttel- oder Stampfbeton.

Leitungen für flexible Verlegung

Leitungsart	Ader-zahl	Kurzzeichen	Verwendung
Spiralleitung	2, 3	H05BQ-F H07BQ-F	■ Anschlussleitung bei mittlerer mechanischer Beanspruchung für Elektrowerkzeuge, transportable Motoren, Maschinen in der Landwirtschaft und auf Baustellen ■ Einsatz in trockenen, feuchten und nassen Räumen
Leichte PVC-Schlauchleitung	2 ... 7	H03VV-F	■ Anschlussleitung bei leichter mechanischer Beanspruchung für kleine Elektrogeräte im Haushalt, für Tischleuchten, Büromaschinen ■ Nicht zugelassen für Heiz-/Wärmegeräte und Einsatz im Freien und in gewerblichen Betrieben
Mittlere PVC-Schlauchleitung	2 ... 7	H05VV-F	■ Anschlussleitung bei mittlerer mechanischer Beanspruchung für Elektrogeräte ■ Zugelassen für Koch- und Wärmegeräte ■ Feste Verlegung in Möbeln, Stellwänden und Hohlräumen von Fertigbauteilen ■ Nicht zugelassen im Freien und zum Anschluss von gewerblich genutzten Elektrowerkzeugen
Leichte Gummischlauchleitung	2 ... 5	H05RR-F H05RN-F	■ Anschlussleitung bei leichten mechanischen Beanspruchungen für Elektrogeräte, auch für Heiz- und Wärmegeräte und Elektroherde ■ Feste Verlegung wie bei PVC-Mantelleitung ■ Zugelassen für kurzzeitigen Einsatz im Freien und Anschluss von Elektrowerkzeugen ■ Typ H05RN-F zugelassen im Freien und in explosionsgefährdeten Bereichen
Schwere Gummischlauchleitung	1 ... 7	H07RN-F	■ Anschlussleitung bei mittleren mechanischen Beanspruchungen für größere Elektrogeräte ■ Verlegung in trockenen, feuchten, nassen Räumen und im Freien, auch für feste Verlegung auf Putz, bei geschützter Verlegung in Rohren ■ Anschlussleitung für Motoren ■ Zugelassen für explosionsgefährdete Bereiche

Elektrotechnik

Elektrotechnik – Unfallverhütung
Electrical technology – accident prevention

Wirkung des elektrischen Stroms auf den menschlichen Körper

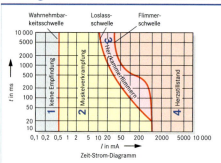

Gefährdungsbereiche bei Wechselstrom (50 Hz ... 60 Hz) für erwachsene Personen und den Stromweg „linke Hand zu beiden Füßen":

1 keine Reaktion
2 keine physiologisch gefährliche Wirkung
3 bei $t > 10$ s oberhalb der Loslassschwelle Muskelverkrampfung
4 Herzkammerflimmern, Herzstillstand

Schutz gegen gefährliche Körperströme   DIN VDE 0100-410: 1997-01

Schutz sowohl gegen direktes als auch bei indirektem Berühren	Schutz gegen direktes Berühren	Schutz bei indirektem Berühren
Auftretende Ströme und Spannungen sind für den menschlichen Organismus nicht gefährlich.	Das Berühren spannungsführender Teile einer elektrischen Anlage wird verhindert.	Eine Gefährdung des Menschen bei Auftreten eines Fehlers wird verhindert.
■ Schutz durch Schutzkleinspannung ■ Schutz durch Funktionskleinspannung ■ Schutz durch Begrenzung der Entladungsenergie	■ Schutz durch Isolierung aktiver Teile ■ Schutz durch Abdeckungen und Umhüllungen ■ Schutz durch Hindernisse ■ Schutz durch Abstand ■ Schutz durch Fehlerstrom-Schutzeinrichtungen	■ Schutzisolierung ■ Schutztrennung ■ Schutz durch Hauptpotentialausgleich ■ Schutz durch nichtleitende Räume ■ Schutzmaßnahmen im TN-, TT- und IT-Netz

Sicherheitsschilder für elektrische Anlagen   DIN 4844-2: 2001-02

Verbotsschild VS 1: Nicht schalten	Verbotsschild VS 2: Nicht berühren, Gehäuse steht unter Spannung	Zusatzschild ZS 1:	Zusatzschild ZS 2:
		Es wird gearbeitet! Ort: Entfernen des Schildes nur durch:	Hochspannung Lebensgefahr
Warnschild WS 1: Warnung vor gefährlicher elektrischer Spannung	**Warnschild WS 2:** Warnung vor Gefahren durch Batterien	**Warnschild WS 3:** Warnung vor Laserstrahlen	**Gebotsschild GS 1:** Vor Öffnen Netzstecker ziehen
Hinweisschild HS 1: Entladezeit länger als 1 Minute	**Hinweisschild HS 2:** Teil kann im Fehlerfall unter Spannung stehen	**Hinweisschild HS 3:** Fünf Sicherheitsregeln Vor Beginn der Arbeiten: • Freischalten • Gegen Wiedereinschalten sichern • Spannungsfreiheit feststellen • Erden und kurzschließen • Benachbarte, unter Spannung stehende Teile abdecken oder abschranken	**Hinweisschild HS 4:** Vor Berühren: Entladen Erden Kurzschließen

Erste Hilfe bei Unfällen durch elektrischen Strom

- Strom sofort unterbrechen
- Feststellen, ob Atemstillstand vorliegt, dann mit Beatmung einsetzen
- Feststellen, ob Kreislaufstillstand vorliegt, dann neben Beatmung auch mit Herzmassage beginnen
- Liegt kein Atem- oder Kreislaufstillstand vor, Verunglückten in Seitenlage bringen
- Bei Atem- und Kreislaufstillstand, größeren Verbrennungen, Ohnmacht: schneller Transport ins Krankenhaus

Instandhaltung

381	Instandhaltung
382	Instandhaltung – Begriffe
383	Instandhaltung – Ausfallverhalten
384	Instandsetzungsmaßnahmen
385	Spannungsreihe, Korrosionsarten
385	Korrosion
386	Korrosionsschutz
388	Benennung von Schmierstoffen
389	Schmieröle, Schmierfette
390	Hydrauliköle, Festschmierstoffe
391	Schmierstoffe – Verwendung
392	Schmiernippel, Öler, Staufferbüchsen, Fettpressen

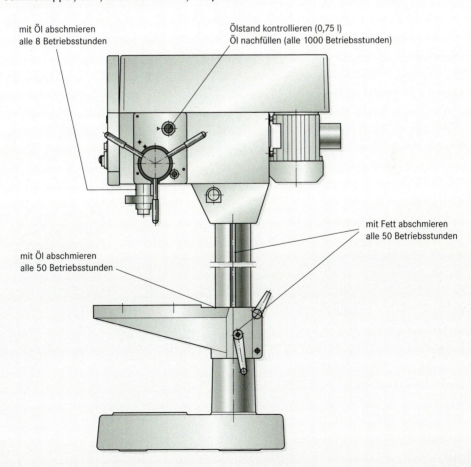

Instandhalten technischer Systeme

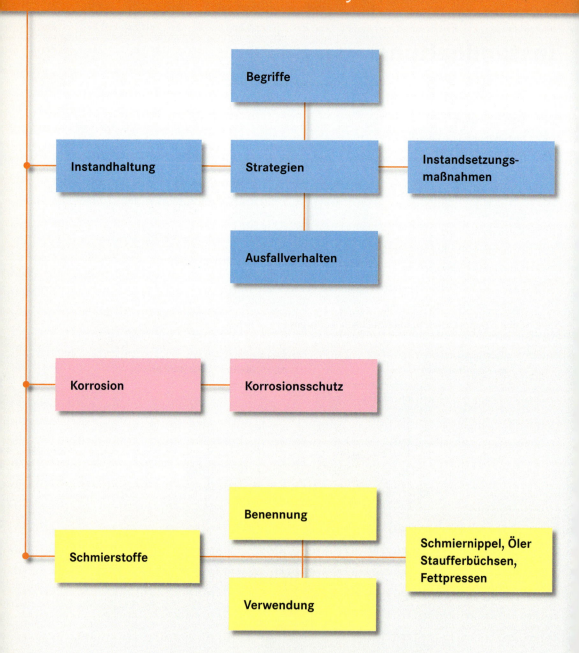

Instandhaltung
Maintenance

DIN 31 051: 2003-06

Instandhaltung – Zusammenhänge

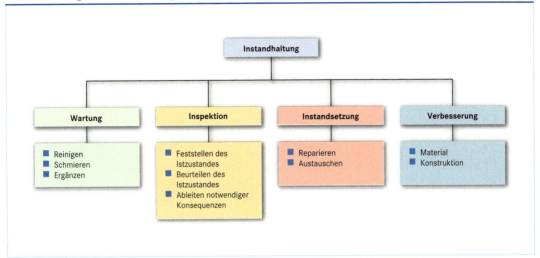

Instandhaltungsstrategien

Präventive Instandhaltung	Zustandsorientierte Instandhaltung	Korrektive Instandhaltung
Instandhaltung in festgelegten Abständen zur Verminderung der Ausfallwahrscheinlichkeit einer Einheit.	Präventive Instandhaltung, die aus der Überwachung der Arbeitsweise und/oder der sie darstellenden Messgrößen sowie den nachfolgenden Maßnahmen besteht.	Instandhaltung, die nach der Fehlererkennung ausgeführt wird, um eine Einheit in den Zustand zu bringen, in dem sie eine geforderte Funktion erfüllen kann.

Einfluss der Instandhaltung auf die Funktion – Abbaukurve

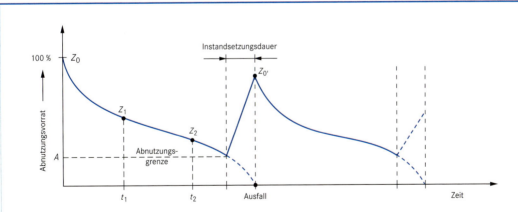

Z_0 = Abnutzungsvorrat nach Herstellung (Ausgangszustand)
Z_1 = Abnutzungsvorrat bei Erst-Inspektion zum Zeitpunkt t_1
Z_2 = Abnutzungsvorrat bei Erst-Inspektion zum Zeitpunkt t_2
A = Abnutzungsgrenze
$Z_{0'}$ = Abnutzungsvorrat nach Erst-Instandsetzung

Der Verlauf der Abbaukurve wird im weitesten Sinne durch die Inspektionen festgelegt.
Die Menge der Inspektionen (Z_n) richtet sich nach der Einheit bzw. nach dem Prozess.
Die Instandsetzung erfolgt im Regelfall unmittelbar vor Erreichen der Abnutzungsgrenze, da in der Folgezeit der Ausfall der Einheit zu erwarten ist.

Instandhalten technischer Systeme

Instandhaltung
Maintenance

DIN 31 051: 2003-06

Begriffe

Instandhaltung	Kombination aller technischen und organisatorischen Maßnahmen zur Erhaltung des funktionsfähigen Zustandes einer Betrachtungseinheit
Wartung	Maßnahmen zur Verzögerung des Abbaus des vorhandenen Abnutzungsvorrates
Inspektion	Maßnahmen zur Feststellung und Beurteilung des Istzustandes einer Betrachtungseinheit einschließlich der Bestimmung der Ursachen der Abnutzung und Festlegung der notwendigen Konsequenzen für eine künftige Nutzung
Instandsetzung	Maßnahmen zur Rückführung einer Betrachtungseinheit in den funktionsfähigen Zustand mit Ausnahme von Verbesserungen
Verbesserung	Kombination aller technischen und organisatorischen Maßnahmen zur Steigerung der Funktionssicherheit einer Betrachtungseinheit, ohne die von ihr geforderte Funktion zu ändern
Betrachtungseinheit	Teil, Bauelement, Gerät, System, Teilsystem, Funktionseinheit, Betriebsmittel, das für sich allein betrachtet werden kann
Schwachstelle	Betrachtungseinheit, bei der ein Ausfall häufiger, als es der erforderlichen Verfügbarkeit entspricht, eintritt
Schwachstellenbeseitigung	Maßnahmen zur Verbesserung in der Weise, dass das Erreichen einer festgelegten Abnutzungsgrenze mit einer Wahrscheinlichkeit zu erwarten ist, die im Rahmen der geforderten Verfügbarkeit liegt
Abnutzung	Abbau des Abnutzungsvorrates durch chemische und/oder physikalische Vorgänge
Abnutzungsvorrat	Vorrat der möglichen Funktionserfüllung unter festgelegten Bedingungen
Abnutzungsgrenze	Vereinbarter oder festgelegter Mindestwert des Abnutzungsvorrates
Abnutzungsprognose	Vorhersage über das Abnutzungsverhalten einer Betrachtungseinheit ausgehend von dem Istzustand
Nutzung	Verwendung einer Betrachtungseinheit entsprechend den allgemeinen Regeln der Technik
Nutzungsvorrat	Vorrat der bei der Nutzung unter festgelegten Bedingungen erzielbaren Sach- und/oder Dienstleistungen
Nutzungsmenge	Menge der bei der Nutzung unter festgelegten Bedingungen erzielten Sach- und/oder Dienstleistungen
Nutzungsgrad	Verhältnis von Nutzungsmenge zu Nutzungsvorrat
Fehler	Nichterfüllung vorgesehener Forderungen durch einen Merkmalswert, z. B. Überschreiten von Grenzwerten
Fehleranalyse	Fehlerdiagnose mit anschließender Prüfung, ob eine Verbesserung machbar ist
Fehlerdiagnose	Tätigkeiten zur Fehlererkennung, Fehlerortung und Ursachenfeststellung
Funktion	Durch den Verwendungszweck bedingte Aufgabe
Änderung/Modifikation	Kombination aller technischen und organisatorischen Maßnahmen zur Änderung der Funktion einer Betrachtungseinheit
Funktionserfüllung	Erfüllen der bei der Herstellung definierten Anforderungen
Ingangsetzung	Auslösen der Funktionserfüllung
Stillsetzung	Zeitlich vorausgeplante Unterbrechung der Funktionserfüllung, z. B. für Instandhaltung
Ausfall	Unbeabsichtigte Unterbrechung der Funktionsfähigkeit
Außerbetriebsetzung	Beabsichtigte befristete Unterbrechung der Funktionsfähigkeit
Außerbetriebnahme	Beabsichtigte unbefristete Unterbrechung der Funktionsfähigkeit
Ersatzteil	Einheit zum Ersatz der Betrachtungseinheit, um die Funktion wiederherzustellen
Verschleißteil	Betrachtungseinheit, die an Stellen, an denen betriebsbedingte Abnutzung auftritt, eingesetzt wird, um dadurch andere Betrachtungseinheiten vor Abnutzung zu schützen
Sollbruchteil	Betrachtungseinheit, die bei betriebsbedingter Überbeanspruchung andere Betrachtungseinheiten, z. B. durch Bruch, vor Schaden schützt

Instandhaltung
Maintenance

Ausfallverhalten

Instandhaltungsmaßnahmen werden dokumentiert und geben dadurch Hinweise auf mögliche Schwachstellen, Reparaturzeiten, Ersatzteile und Ausfallhäufigkeit.
Die Abhängigkeit von Alter und Ausfallhäufigkeit wird statistisch erfasst und kann grafisch wie folgt dargestellt werden:

a)
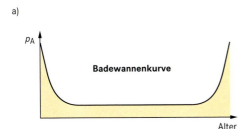

d)
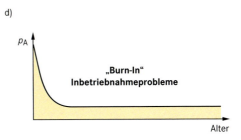

b)
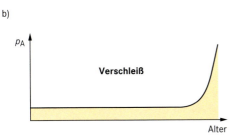

e)
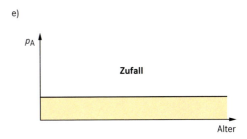

c)
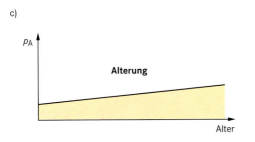

f)
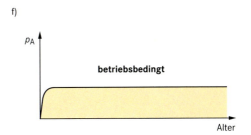

(p_A = Ausfallhäufigkeit)

- Kurven a, d: **Inbetriebnahmeerscheinungen**
  Sind für die Instandhaltung wenig bedeutsam, da sie eher für eine Verbesserung der Fertigung und Inbetriebnahme der Bauteile sprechen.
- Kurven a, b: **Verschleißerscheinungen**
  Können Hinweise auf einen optimalen Zeitpunkt zur Instandhaltung geben.
- Kurven c, e, f: **Langsame Alterung/zufälliger Ausfall**
  Lassen sich nicht mit vorbeugenden Maßnahmen beherrschen. Es muss eine Fehlerausweitung vermieden werden. Dies erfordert umfangreiche Überwachungstechniken, die auftretende Fehler sofort melden.

→ *Herstellerangaben und dokumentierte Instandhaltungsmaßnahmen zum Ausfallverhalten sind Grundlage für eine Instandhaltungsstrategie der einzelnen Teilsysteme. Daraus entsteht der Instandhaltungsplan für die gesamte Anlage z. B. der Schmierplan.*

Instandhalten technischer Systeme

Instandsetzungsmaßnahmen
Repairing measures

Instandsetzen von Führungen

Abnutzungserscheinung	Ursachen		Instandsetzungsmaßnahmen
Adhäsion	▪ hoher Druck an Berührungsflächen bei geringer Gleitgeschwindigkeit ▪ Verschleiß durch Abscheren, Verformen und Abreißen	mangelhafte und falsche Schmierung	▪ Ersetzen durch neue Führungsbahnen ▪ Schleifen und Schaben ▪ Verschleißleisten aufschrauben
Abrasion	▪ Rauheitsspitzen der Führungsflächen führen zum Abtrag		▪ Streifen aus Hartgewebe oder Kunststoff aufkleben
Oberflächenzerrüttung	▪ Bestandteile des Abriebs oder Späne gelangen zwischen die Gleitflächen (Abstreifer defekt) ▪ wechselnde Bewegungsrichtungen und -beträge		▪ Ausfräsen schadhafter Stellen und Aufkleben neuer Führungsflächen
Korrosion	▪ ungenügender aktiver und passiver Korrosionsschutz		
zu großes Spiel zwischen den Führungsflächen	▪ Verschleiß der Führungen ▪ Lockerung der Nachstell- und Keilleisten		▪ Führungen nachstellen – Nachstellleisten werden durch seitliche Druckschrauben eingestellt. – Keilleisten werden durch stirnseitige Schrauben verschoben.

Instandsetzung an Stirnradgetrieben

Störung	Ursachen	Instandsetzungsmaßnahmen
ungewöhnliche, gleichmäßige Getriebegeräusche ▪ abrollende/mahlende Geräusche ▪ klopfende Geräusche	Lagerschaden Verzahnungsschaden	Lager überpfüfen und gegebenenfalls austauschen Verzahnung kontrollieren und beschädigte Zahnräder austauschen
ungewöhnliche, ungleichmäßige Getriebegeräusche	Fremdkörper im Schmieröl	Antrieb stillsetzen, Schmieröl überprüfen
Getriebe ist von außen verölt	ungenügende Abdichtung des Getriebedeckels bzw. der Ölablassschraube Wellendichtring defekt	Schrauben an Dichtstellen festdrehen, falls notwendig Dichtungen auswechseln Wellendichtring auswechseln
erhöhte Betriebstemperatur	zu niedriger oder zu hoher Schmierölstand überaltertes oder stark verschmutztes Schmieröl	Ölstand kontrollieren und korrigieren Öl wechseln
erhöhte Temperatur an den Lagerstellen	zu niedriger Schmierölstand Lager defekt	Ölstand kontrollieren und korrigieren Lager kontrollieren und gegebenenfalls auswechseln

Korrosion
Corrosion

Elektrochemische Spannungsreihe der Elemente (Normalpotenziale)[1]

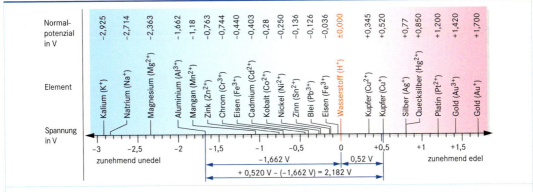

[1] Potenzialdifferenz einer Metallelektrode gegenüber der Standardwasserstoffelektrode (in einer wässrigen Säurelösung der Aktivität 1 bei 25 °C und 1,013 bar eingetaucht und von Wasserstoffgas umspülte Platinelektrode)

Korrosionsarten

Flächenkorrosion	Lochfraßkorrosion	Kontaktkorrosion	Interkristalline Korrosion	Transkristalline Korrosion
Gleichmäßige Werkstoffveränderung oder -zerstörung annähernd parallel zur Oberfläche durch den Angriff von umgebender Luft, durch Wasser sowie chemische und thermische Einflüsse	Örtliche punktförmige Oberflächenverletzungen (auch Unterwanderung der Oberfläche möglich) durch elektrochemische Zersetzung (Lokalelementbildung)	Bildung eines galvanischen Elements an der Kontaktstelle zweier Metalle mit unterschiedlichen Normalpotenzialen bei gleichzeitiger Einwirkung eines Elektrolyten	Aufreißen metallischer Werkstoffe entlang der Korngrenzen durch Zerstörung der unedleren Gefügebestandteile unter Einwirkung eines Korrosionsmittels	Korrosion quer durch die Kristallite des Gefüges hindurch, hervorgerufen durch eine Dauerbeanspruchung unter gleichzeitiger Anwesenheit eines Korrosionsmittels

Korrosionsverhalten von Metallen gegenüber aggressiven Medien

Metall	feuchter Luft	Luft 500 °C	Natronlauge	Salpetersäure	Salzsäure	Schwefelsäure	Bemerkung
Gold	+ +	+ +	+ +	+ +	+ +	+ +	löslich in starken Oxidationsmitteln (Königswasser: 3 Vol.-Teile HCl + 1 Vol.-Teil HNO_3) und Zyaniden
Silber	+ +	+ +	+ +	– –	+ +	+	Schwefelverbindungen bräunen Silber (Anlaufen)
Kupfer	+	–	+ +	– –	–	–	bildet an der Luft schützende Patina; Essigsäure bildet giftigen Grünspan, Acetylen explosives Kupfer-Acetylit
Blei	+ +	+	–	– –	–	+ +	Luft und „weiches" Wasser greifen Blei an; Vergiftungsgefahr
Zinn	+ +	+	–	+	+	+	bildet an der Luft schützende Oxidschicht (SnO_2); vollkommen ungiftig
Nickel	+ +	–	–	–	–	+	beständig gegen Wässer aller Art (auch Meerwasser)
Eisen	– –	–	+ +	–	– –	– –	beständig in trockener Luft und CO_2-freiem Wasser
Chrom	+ +	+	–	+ +	– –	–	sehr beständig gegen oxidierende Einflüsse auch bei hohen Temperaturen
Aluminium	+ +	+	– –	–	+	–	bildet an der Luft eine dichte, festhaftende Oxidschicht (Al_2O_3); danach außerordentlich beständig
Magnesium	–	– –	+ +	– –	– –	– –	unbeständig gegen Leitungs- und Meerwasser

+ + sehr beständig; geringer Angriff
+ weniger beständig; abhängig von Zusammensetzung, Konzentration, Temperatur des aggressiven Mediums
– – nicht beständig; schnelle Auflösung oder Zerstörung
– wenig beständig

Instandhalten technischer Systeme

Korrosionsschutz
Protection against corrosion

Korrosionsschutz

■ Korrosionsschutzgerechte Konstruktion	Glatte Oberflächen; abgerundete Ecken und Kanten; Vermeidung von unnötigen Oberflächenrauheiten, Poren, Rissen, Spalten und „Wasser-säcken"; gleicher Werkstoff innerhalb einer Baugruppe; Isolierung zwischen Werkstoffen mit unterschiedlichen Normalpotenzialen; Beseitigung von Rückständen der Wärmebehandlung
■ Anwendung korrossionsbeständiger Werkstoffe	Hoher Reinheitsgrad von Metallen und Legierungen; Legierungsschutz durch widerstandsfähige homogene Mischkristalle; Vermeidung von groben heterogenen Gemengen unterschiedlicher Kristallarten (Lokalelementbildung)
■ Schutzschichten – metallische Überzüge	z. B. Schmelztauchen; galvanisches Abscheiden in wässriger Elektrolytlösung; Walz-, Elektro-, Spritzplattieren; physikalische und chemische Gasphasenabscheidung: PVD – **P**hysical **V**apor **D**eposition, CVD – **C**hemical **V**apor **D**eposition
– nichtmetallische Überzüge	organisch: Farben, Lacke, Fette, Öle, Wachse, Asphalt, Bitumen, Teer anorganisch: Emaille; oxidische, Zement- und Phosphat-Überzüge Kunststoff: Flammspritzen; Wirbelsintern; Auskleiden
■ Beseitigung oder Abschwächung von Korrosionsursachen	Zugabe von Inhibitoren zu umgebenden oder angreifenden Stoffen, durch die einzelne aggressive Stoffbestandteile teilweise oder ganz ausgeschaltet werden: Zugaben zu Kühlschmierstoffen zur Bindung aggressiver Salz- und Säureionen; basisch reagierende Zugaben zu Kühl- und Kesselwasser zur Neutralisation freier Säuren; Schutz leerstehender Kessel durch Füllen mit Ammoniak
■ Katodischer Korrosionsschutz – mit Opferanode	Schutz unterirdisch gelagerter Tanks oder Leitungen: leitende Verbindung des zu schützenden Bauteils mit einer Magnesium- oder Zinkplatte; durch Bodenfeuchtigkeit (Elektrolyt) Entstehung eines galvanischen Elements; Auflösung des unedleren Elements (Opfer-anode) und Schutz des Bauteils (Katode)
– mit Fremdstromquelle	Schutz unterirdisch gelagerter Tanks oder Leitungen: Verbindung des zu schützenden Bauteils mit negativem Pol einer Batterie; Verbindung einer sich nicht auflösenden Grafitanode mit Pluspol; Schutz der Katode gegen Korrosion

i **Inhibitoren**: Stoffe, die chemische Vorgänge einschränken oder unterbinden

Korrosionsschutz
Protection against corrosion

Passiver Korrosionsschutz

Metallische Schutzschichten		Nichtmetallische Schutzschichten	
Tauchen	Eintauchen in Bäder mit flüssigem Al, Pb, Sn, Zn	Anodisieren (Eloxieren)	Erzeugen einer Oxidschicht auf Al, Mg, Zn und Legierungen durch elektrisches Oxidieren
Galvanisieren	Durch Elektrolyse erzeugter Niederschlag von Ag, Al, Au, Cd, Cr, Cu, Ni, Sn, Zn auf Werkstückoberflächen	Brünieren	Eintauchen in erwärmte Natronlauge oder Sulfatlösungen und nachfolgendes Einreiben mit Öl oder Wachs
Plattieren	Aufwalzen von Ag, Al, Au, Cu, Ni und Legierungen auf Grundwerkstoff	Schwarzbrennen	Erzeugen einer Oxidschicht durch Eintauchen dunkelrot glühender Stahlteile in Öl
Diffundieren	Eindringen von Feinstmetallpulver in die Werkstückoberfläche unter Wärmeeinwirkung	Phosphatieren	Erzeugung von Phosphatschichten durch Tauchen in phosphatsauren Lösungen von Schwer- oder Alkalimetallen
Aufspritzen	Aufbringung von Plattiermetall durch Flamm-, Lichtbogen- oder Plasmaspritzen	Farben, Lacke	Aufbringen von Ölfarben und Kunststofflacken
Aufdampfen	Niederschlag von im Hochvakuum verdampften Überzugsmetallen	Bitumen, Teer	Tauchen oder Anstreichen als besonderer Schutz gegen Wasser- und Bodenkorrosion
Sherardisieren	Verzinken kleiner Massenartikel in langsam rotierenden, mit Quarzsand und Zinkstaub gefüllten Trommeln	Kunststoffe	Aufbringen von fein zerstäubtem, aufgewirbeltem Kunststoffpulver auf erwärmte Werkstücke
		Emaille	Einbrennen glasähnlicher Massen bei Temperaturen von 650 °C ... 1000 °C

Vorbehandlungen zur Reinigung von Metalloberflächen

Grundwerkstoff	Schutzschicht	Behandlungsfolge	Grundwerkstoff	Schutzschicht	Behandlungsfolge
Aluminium, rein	Anodisieren	10-1-22-1-26-1-5	CuSn-Legierung CuZn-Legierung	farbloser Lack Nickel, Chrom	11-24-1-2-5 10-1-13-1-21-1-31-1
Al-Legierung magnesiumhaltig	Anodisieren Galvanisieren	11-12-1-22-1-26-1-5 10-1-12-1-23-1-32-1	Stahl	Farbe, Lack Chrom, Nickel Cadmium, Zink	11-20-1-30-1-3-5-33 10-1-12-20-1-31-1 10-1-12-1-20-1-4-1
Al-Legierung siliziumhaltig	Anodisieren Galvanisieren	11-13-1-25-1-5 10-1-12-1-25-1-32-1	Zink	Galvanisieren	10-1-12-1-25-1-31-1
Kupfer	farbloser Lack	11-21-1-2-5			

Kennziffern der Behandlungsfolge

Kennziffer	Behandlung	Kennziffer	Behandlung
1	Spülen in Kaltwasser	20	Beizen mit 10 %iger Salzsäure, 20 °C, evtl. mit Zusatz von Phosphorsäure und Reaktionshemmern
2	Spülen in Heißwasser	21	Beizen in 5 %iger ... 25 %iger Schwefelsäure, 40 °C ... 80 °C
3	Spülen in 0,2 %iger ... 1 %iger Sodalösung (Passivieren)		
4	Spülen in 10 %iger Cyanidlösung	22	Beizen in 10 %iger Natronlauge, 80 °C ... 90 °C
5	Trocknen in Warmluft	23	Beizen in 3 %iger Salpetersäure, 80 °C
10	Kochentfetten in alkalischen Entfettungsbädern	24	Gelbbrennen in Gemisch von Salpetersäure (konz.) mit Schwefelsäure (konz.), 1 : 1
11	Entfetten durch organische Lösungsmittel (Per, Tetra, Tri), durch Abwaschen, Tauchen, Dampfbad	25	Beizen in verdünnter Flusssäure (3 % ... 10 %)
12	katodische Entfettung in alkalischer Lösung	26	Beizen in 30 %iger Salpetersäure
13	anodische Entfettung in alkalischer Lösung	30	Phosphatieren, Chromatieren
		31	Vorverkupfern als Zwischenschicht
		32	Zinkatbeize (Ausfällen von Zink)
		33	Grundieren mit Rostschutzfarbe

Instandhalten technischer Systeme

Benennung von Schmierstoffen
Designation of lubricants

DIN 51 502: 1990-08

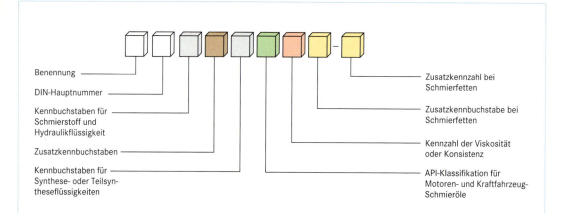

Bezeichnung eines Umlaufschmieröles mit Zusätzen zur Erhöhung des Korrosionsschutzes und zur Minderung der Reibung der Viskositätsklasse VG 100: **Schmieröl DIN 51 2517-CLP 100**.

Kennbuchstaben für Schmieröle und Hydraulikflüssigkeiten			Zusatzkennbuchstaben für Schmieröle (nicht für HD, HYP, HFA, HFB, HFC, HFD)	
Stoffgruppe Symbol	Kennbuchstabe(n)	Stoffart und Anwendung	Zusatzkennbuchstabe	Schmierstoffe
Mineralöle	AN	Normalschmieröle	D	Schmierstoffe mit hautschonenden Zusätzen
	ATF	Öle ATF (Automatik Transmission Fluid)	E	wassermischbare Schmierstoffe
	B	bitumenhaltige Schmieröle	F	Schmierstoffe mit Festschmierstoffzusatz (z. B. Grafit, Molybdänsulfid)
	C	Umlaufschmieröle		
	CG	Gleitbahnöle	L	Schmieröle mit Zusätzen zur Erhöhung des Korrosionsschutzes und/oder der Alterungsbeständigkeit
	D	Druckluftöle		
	F	Luftfilteröle		
	FS	Formen-Trennöle	M	wassermischbare Kühlschmierstoffe mit Mineralölanteilen (z. B. SEM)
	H, HV	Hydrauliköle		
	HD	Motoren-Schmieröle	S	wassermischbare Kühlschmierstoffe auf synthetischer Basis (z. B. SES)
	HYP	Schmieröle für Kraftfahrzeug-Getriebe		
	J	Isolieröle in der Elektrotechnik	P	Schmieröle mit Zusätzen zur Minderung der Reibung und des Verschleißes im Mischreibungsgebiet und/oder zur Erhöhung der Belastbarkeit
	K	Kältemaschinenöle		
	L	Härte- und Vergüteöle		
	Q	Wärmeträgeröle		
	R	Korrosionsschutzöle	V	Schmieröle, die mit Lösungsmittel verdünnt sind (ggf. Kennzeichnung nach der Gefahrstoffverordnung)
	S	Kühlschmierstoffe		
	TD	Schmier- und Regleröle		
	V	Luftverdichteröle	API[1]-Klassifikationen für Motorenschmieröle	
	W	Walzöle	Zusatzkennbuchstabe	Beschreibung
	Z	Dampfzylinderöle		
schwer entflammbare Hydraulikflüssigkeiten	HFA	Öl-in-Wasser-Emulsionen	SE	Entspricht den US-Garantiebedingungen für Benzinmotorenschmierung
	HFB	Wasser-in-Öl-Emulsionen	SF	wie SE, jedoch Zusätze gegen Verschleiß und Korrosion
	HFC	Wässrige Polymerlösungen		
	HFD	Wasserfreie Flüssigkeiten	SG	erhöhte Anforderungen im Hinblick auf Oxidationsstabilität und Verschlammung
Synthese oder Teilsynthese-Flüssigkeiten	E	Ester, organisch	CC	Entspricht Diesel-Saugmotoren-Anforderungen, Zusätze gegen Korrosion
	FK	Perfluor-Flüssigkeiten		
	HC	Synthetische Kohlenwasserstoffe	CD	Entspricht Anforderungen aufgeladener Dieselmotoren, Zusätze gegen Verschleiß und Korrosion
	PH	Ester der Phosphorsäure		
	PG	Polyglykolöle		
	SI	Silikonöle	CE	Entspricht Anforderungen für Hochleistungsdieselmotoren
	X	sonstige Öle		
	Die Kennbuchstaben werden zusätzlich zu den Buchstaben für Schmieröle angegeben.			

[1] API: American Petroleum Institut

Benennung von Schmierstoffen
Designation of lubricants

DIN 51502: 1990-08

API-Klassifikationen für Schmieröle für Kraftfahrzeuggetriebe

API-Klassifikation	Betriebsbedingungen	Getriebetyp
GL-4	mittel bis schwer	Hypoid-Getriebe mit geringem Versatz, Handschaltgetriebe Hypoid-Getriebe u. a.
GL-5	schwer	Hypoid-Getriebe mit höchstem Versatz
GL-6	schwerst	

Kennzahlen für die Viskositätsklassen

ISO-Viskositätsklasse (DIN 51519)	kinematische Viskosität in mm²/s bei 20 °C	40 °C	50 °C	dynamische Viskosität mPa · s bei 40 °C
VG 2	≈ 3,3	2,2	≈ 1,3	≈ 2,0
VG 3	≈ 5	3,2	≈ 2,7	≈ 2,9
VG 5	≈ 8	4,6	≈ 3,7	≈ 4,1
VG 7	≈ 13	6,8	≈ 5,2	≈ 6,2
VG 10	≈ 21	10	≈ 7	≈ 9,1
VG 15	≈ 34	15	≈ 11	≈ 13,5
VG 22	–	22	≈ 15	≈ 18
VG 32	–	32	≈ 20	≈ 29
VG 46	–	46	≈ 30	≈ 42
VG 68	–	68	≈ 40	≈ 61
VG 100	–	100	≈ 60	≈ 90
VG 150	–	150	≈ 90	≈ 135
VG 220	–	220	≈ 130	≈ 200
VG 320	–	320	≈ 180	≈ 290
VG 460	–	460	≈ 250	≈ 415
VG 680	–	680	≈ 360	≈ 620
VG 1000	–	1000	≈ 510	≈ 900
VG 1500	–	1500	≈ 740	≈ 1350

Die kinematische Viskosität ν wird aus der Durchlaufzeit eines Öles durch eine Kapillare berechnet. Die dynamische Viskosität η wird aus dem Bewegungswiderstand ermittelt, der sich ergibt, wenn zwei mit Schmieröl benetzte Flächen gegeneinander bewegt werden. Die dynamische Viskosität ist das Produkt aus der kinematischen Viskosität und der Dichte: $\eta = \nu \cdot \varrho$.

SAE[1]- Viskositätsklassen für Motorenschmieröle

SAE-Viskositätsklasse	scheinbare Viskosität DIN 51377 in mPa · s	bei °C	Grenzpumptemperatur in °C	kinematische Viskosität bei 100 °C in mm²/s
0 W	≤ 3250	– 30	– 35	≥ 3,8
5 W	≤ 3500	– 25	– 30	≥ 3,8
10 W	≤ 3500	– 20	– 25	≥ 4,1
15 W	≤ 3500	– 15	– 20	≥ 5,6
20 W	≤ 4500	– 10	– 15	≥ 5,6
25 W	≤ 6000	– 5	– 10	≥ 9,3
20[2]	–	–	–	5,6 ≤ ν < 9,3
30	–	–	–	9,3 ≤ ν < 12,5
40	–	–	–	12,5 ≤ ν < 16,3
50	–	–	–	16,3 ≤ ν < 21,9

[1] SAE: Society of Automotive Engineers
[2] für die Kennzeichnung von Mehrbereichsölen, z. B. SAE 10W-30

SAE-Viskositätsklassen für Schmieröle für Kraftfahrzeuggetriebe

SAE-Viskositätsklasse	Höchsttemperatur für scheinbare Viskosität von 150 000 mPa · s in °C	kinematische Viskosität ν bei 100 °C in mm²/s
70 W	– 55	≥ 4,1
75 W	– 40	≥ 4,1
80 W	– 26	≥ 7,0
85 W	– 12	≥ 11,0
90 [2]	–	13,5 ≤ ν < 24,0
140	–	24,0 ≤ ν < 41,0
250	–	41,0 ≤ ν

Kennbuchstaben für Schmierfette

Stoffgruppe Symbol	Kennbuchstabe(n)	Stoffart und Anwendung
Schmierfette auf Mineralölbasis	K	Schmierfette für Wälz- und Gleitlager und Gleitflächen
	G	Schmierfette für geschlossene Getriebe
	OG	Schmierfette für offene Getriebe, Verzahnungen
	M	Schmierfette für Gleitlager und Dichtungen bei geringen Anforderungen
Schmierfette auf Syntheseölbasis ◇	Schmierfette auf Syntheseölbasis werden in ihren Grundeigenschaften wie die vorstehenden auf Mineralölbasis gekennzeichnet. Zusätzlich werden die gleichen Kennbuchstaben wie bei den Schmierölen angegeben.	

Konsistenzkennzahlen für Schmierfette

NLGI[3]-klassen (DIN 51818)	Walkpenetration[4] (DIN ISO 2137)	NLGI[3]-klassen (DIN 51818)	Walkpenetration[4] (DIN ISO 2137)
000	445 ... 475	3	220 ... 250
00	400 ... 430	4	175 ... 205
0	355 ... 385	5	130 ... 160
1	310 ... 340	6	85 ... 115
2	265 ... 295		

[3] NLGI: National Lubricating Grease Institute
[4] Es wird die Eindringtiefe in 1/10 mm gemessen, die ein genormter Konus in das durchgeknetete (gewalkte) Schmierfett eindringt.

Zusatzkennzahlen für Schmierfette

Zusatzkennzahl	untere Gebrauchstemperatur in °C	Zusatzkennzahl	untere Gebrauchstemperatur in °C
– 10	– 10	– 40	– 40
– 20	– 20	– 50	– 50
– 30	– 30	– 60	– 60

Instandhalten technischer Systeme

Benennung von Schmierstoffen
Designation of lubricants

DIN 51502: 1990-08

Zusatzkennbuchstaben für Schmierfette

Zusatzkenn-buchstabe	obere Gebrauchs-temperatur in °C	Verhalten gegenüber Wasser (DIN 51807-01)[1]
C	+ 60	0 – 40 oder 1 – 40
D	+ 80	2 – 40 oder 3 – 40
E		0 – 40 oder 1 – 40
F	+ 100	2 – 40 oder 3 – 40
G		0 – 90 oder 1 – 90
H	+ 120	2 – 90 oder 3 – 90
K		0 – 90 oder 1 – 90
M		2 – 90 oder 3 – 90
N	+ 140	nach Vereinbarung
P	+ 160	
R	+ 180	
S	+ 200	
T	+ 220	
U	> + 220	

[1] Bewertungsstufen:
 0 keine Veränderung
 1 geringe Veränderung (Farbänderung)
 2 mäßige Veränderung (beginnende Auflösung des Fettes)
 3 starke Veränderung (teilweise oder vollständige Auflösung des Schmierfettes)
Die angehängte Zahl gibt die Prüftemperatur in °C an.

Beispiele für die Kennzeichnung von Schmierstoffen

CLP 100 — Umlaufschmieröl mit Korrosions- und Verschleißschutz, Viskositätsklasse VG 100.

CLPPG 150 — Synthetisches Schmieröl auf Polyglykolbasis mit Korrosions- und Verschleißschutz, Viskositätsklasse VG 150.

HD SF/CC 15W–40 — Motorenschmieröl auf Mineralölbasis für Benzin- und Dieselmotoren mit Zusätzen gegen Verschleiß und Korrosion, Mehrbereichsöl, SAE-Viskositätsklasse 15 W und 40.

K 3 N — Schmierfett für Wälz- und Gleitlager, NLGI-Klasse 3, obere Gebrauchstemperatur +140 °C.

K SI 3 R –30 — Schmierfett für Wälz- und Gleitlager auf Silikonölbasis NLGI-Klasse 3, obere Gebrauchstemperatur +180 °C, untere Gebrauchstemperatur –30 °C.

Hydrauliköle – Mindestanforderungen
Hydraulic oils – minimum requirements

DIN 51524-1, 2: 1985-06

Eigenschaften		Öltyp[1]	HL 10 / HLP 10	HL 22 / HLP 22	HL 32 / HLP 32	HL 46 / HLP 46	HL 68 / HLP 68	HL 100 / HLP 100
ISO-Viskositätsklasse			VG 10	VG 22	VG 32	VG 46	VG 68	VG 100
kinematische Viskosität in mm²/s	bei –20 °C		≤ 600	–	–	–	–	–
	bei 0 °C		≤ 90	≤ 300	≤ 420	≤ 780	≤ 1400	≤ 2560
	bei 40 °C		9,0 ... 11,0	19,8 ... 24,5	28,8 ... 35,2	41,4 ... 50,6	61,2 ... 74,8	90,0 ... 110
	bei 100 °C		≥ 2,4	≥ 4,1	≥ 5,0	≥ 6,1	≥ 7,8	≥ 9,9
Pourpoint[2]	in °C		≤ –30	≤ –21	≤ –18	≤ –15	≤ –12	≤ –12
Flammpunkt	in °C		> 125	> 165	> 175	> 185	> 195	> 205

[1] Bezeichnung nach DIN 51502
[2] Der Pourpoint ist die Temperatur, bei der Hydrauliköl unter Schwerkrafteinfluss gerade noch fließt.

Festschmierstoffe
Solid lubricants

Schmierstoff	Kurzzeichen	Anwendung
Grafit	C	Grafit schmiert gut in feuchter Luft, wenig in Sauerstoff- oder Stickstoffatmosphäre, gar nicht in Vakuum, Anwendungsbereich von –18 °C ... +450 °C, hohe elektrische und thermische Leitfähigkeit
Molybdändisulfid	MoS_2	Geeignet für höchste Belastbarkeit, auch im Vakuum anwendbar, Anwendungsbereich –180 °C ... +400 °C, keine elektrische Leitfähigkeit, für Cu- und Al-Werkstoffe nicht geeignet.
Polyetraflourethylen	PTFE	Schmierwirkung ist unabhängig von Gasen und Dämpfen, auch im Ultrahochvakuum, sehr niedrige Gleitreibungszahl (0,04 ... 0,09), Anwendungsbereich –250 °C ... +260 °C.

Schmierstoffe – Verwendung
Lubricants – usage

Schmierstoffarten

Arten		Schmieröle		Schmierfette		Festschmierstoffe	
Symbol/ Kennbuchstabe		Mineralöle	Synthetische Öle	Mineralölbasis	Synthetische Ölbasis	Grafit C	Molybdän- disulfit MoS$_2$
Verwen- dung	Geschwindig- keit	hoch		niedrig		niedrig	
	Druck	niedrig		hoch		hoch	
	Temperatur	hoch		niedrig		sehr hoch oder sehr niedrig	

Schmiervorschrift (Beispiel)

Intervall in Betriebsstunden	Eingriffstelle	Tätigkeit	Symbol
8 h	Kühlschmierstoffbehälter	Füllstand kontrollieren	
40 h	Zentralschmieraggregat	Ölstand kontrollieren	
200 h	Kühlschmierstoffbehälter	Entleeren, reinigen, neu füllen	
200 h	Zentralschmieraggregat	Ölstand kontrollieren, nachfüllen	
200 h	Hydraulikaggregat	Ölstand kontrollieren	
200 h	Spindelschlitten	Ölstand kontrollieren	

Symbole

DIN 8659: 1980-04

Füllstand kontrollieren, nachfüllen		mit Öl abschmieren		Schmierstoff wechseln, Mengenangabe	
mit Fett abschmieren		Filter wechseln		Filter reinigen	

Entsorgung von Schmierstoffen

Abfallschlüssel	Abfallart	Beispiel für die Herkunft des Abfalls	Entsorgung[1]		
			CPB	HMV	SAV
54112	Verbrennungsmotoren- und Getriebeöle	Altöl aus Motoren und Getrieben, Kompressoröl	●		●
54202	Fettabfälle	Kfz-Werkstätten, Getriebebau			●
54209	Feste fett- und ölverschmutzte Betriebsmittel	Putzlappen, fett- oder ölverschmutzte Pinsel, Öl- und Fettbehälter		●	●
54401	Synthetische Kühl- und Schmiermittel	Metallbearbeitung Oberflächenhandlung	●		●

[1] CPB: Chem./phys., biol. Behandlungsanlage; HMV: Hausmüllverbrennungsanlage; SAV: Verbrennungsanlage für besonders überwachungsbedürftige Abfälle; ● in diesen Anlagen ist die Entsorgung nur bedingt möglich.

→ *Rückgabe der Abfälle an den Lieferanten der jeweiligen Stoffe oder Entsorgung durch zugelassene Spezialunternehmen oder das Schadstoffmobil.*

Instandhalten technischer Systeme

Schmiernippel, Öler, Staufferbüchsen, Fettpressen
Lubrication nipples, grease boxes, grease guns

Flachschmiernippel
DIN 3404: 1988-01

Form A

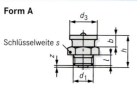

Schlüsselweite s

	d_1		b	d_3	h	l	s	z
	Metr. ISO-Gewinde DIN 13-5, 6	Rohrgewinde[1] DIN ISO 228-1						
	M 10 × 1	G ⅛	6,5	16	17,6	5,5	17	1
		G ¼						
	M 16 × 1,5	G ¼	8,5	22	23,1	7,5	22	1,5
		G ⅜						

Bezeichnung eines Flachschmiernippels Form A mit Gewinde M 10 × 1: **Flachschmiernippel DIN 3404 – A M 10 × 1 St**

[1] Für Neuanlagen nicht mehr zu verwenden. In der Normbezeichnung ist d_3 mit einem zusätzlichen Mittelstrich anzuhängen.

Öler
DIN 3410: 1974-12

Form C1 (gerade)   **Form F**

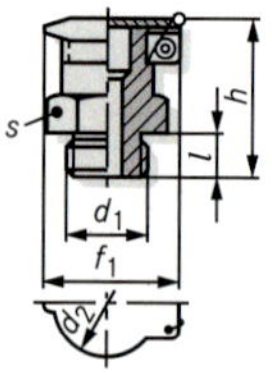

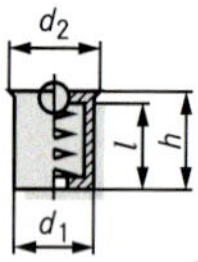

Kurzzeichen	d_1	d_2	f_1	h	l	Kurzzeichen	F 5	F 6	F 8	F 10	F 14
C1 M 5	M5	9	12,5	15	4	d_1[1]	5	6	8	10	14
C1 M 8 × 1	M8 × 1	12	16	18,5	5	d_2 ≈	5,5	6,5	9	11	15
C1 M 10 × 1	M10 × 1	12	16	18,5	6	h ≈	6	7	9	11,5	16,5
C1 M 12 × 1,5	M12 × 1,5	15	19	22	6	l	4	5	7	9,5	14,5

Werkstoff: St oder CuZn
Bezeichnung eines Einschlag-Kugelölers Form F mit d_1 = 10 mm aus Stahl:
Öler DIN 3410 – F 10 – St

[1] Bohrung mit Toleranzklasse H 11

Staufferbüchsen, leichte Bauart
DIN 3411: 1972-10

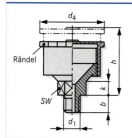

Werkstoff: Stahl
Form A: Kappe und Unterteil gezogen, Größe 1 bis 6
Form B: Kappe und Unterteil gedreht, Größe 00 bis 1
Form D: Kappe gezogen, Unterteil gedreht, Größe 2 bis 6

Bezeichnung einer Staufferbüchse Form A, Größe 1 mit metrischem Gewinde:
Staufferbüchse DIN 3411 – A 1 M – St

Größe	Gewinde (d_1)		d_4	b	h	k	SW
00	M 6	–	14	6	26	6	7
0	M 8 × 1	G ⅛	16	8	30	7	10
1	M 10 × 1	G ⅛	24	9	35	7	12
2	M 12 × 1,5	G ¼	28	11	38	10	17
3	M 12 × 1,5	G ¼	38	11	42	10	17
4	M 12 × 1,5	G ¼	45	11	45	10	17
5	M 12 × 1,5	G ¼	58	11	52	10	17
6	M 12 × 1,5	G ¼	66	11	56	10	17

Fettpressen (Beispiel)
DIN 1284: 1990-11

zum Verarbeiten von Schmierfetten, bis NLG13; Temperatur bis –10 °C	
Fettförderung in den Fettpressenkopf	mittels Druckluft
Förderdruck (Ladedruck im Fettpressenkopf)	4 bar
Druckbeaufschlagung (Ladedruck)	mittels Handpumpe
Druckentlastung (Ladedruck)	mittels Ablass- und Überdruckventil
Durchmesser Fett-Pumpkolben	8 mm
Betätigung Fett-Pumpkolben	mittels Handhebel
Fördervolumen/Hub	1,2 cm^3
Förderleistung	bis 400 bar
Fettpressenanschluss druckseitig über Metalladapter	M 10 × 1
Berstdruck (System)	850 bar
Berstdruck (Fettpressenkopf)	1200 bar
Füllvolumen	500 cm^3
Füllnippel und Entlüftungsventil	M 10 × 1
Füllmöglichkeiten	400 g, Fettkartusche, DIN 1284, Fettfüllgerät oder loses Fett

Anschlüsse:
- Düsenrohr M 10 × 1
- Panzerschlauch M 10 × 1

Mathematisch-technische Grundlagen

394	Größen und Einheiten	435	Wärmetechnik
396	Indizes für Formelzeichen	437	Chemie
396	Mathematische Zeichen	437	Stoffwerte gasförmiger Stoffe
397	Standard-Zahlenmengen	438	Stoffwerte flüssiger und fester Stoffe
397	Römische Zahlzeichen	439	Periodensystem der Elemente
397	Griechisches Alphabet	440	Stoffwerte chemischer Elemente
398	Grafische Darstellung im Koordinatensystem		
400	Geometrische Grundkonstruktionen		
404	Grundrechenarten		
404	Klammerrechnen		
405	Bruchrechnen		
405	Potenzen		
406	Wurzeln		
406	Logarithmen		
407	Gleichungen		
408	Umformen von Gleichungen		
409	Prozent-, Promille- und Zinsrechnung		
409	Reihen		
410	Binomische Formeln		
410	Längen		
410	Berechnungen am rechtwinkligen Dreieck		
411	Strahlensätze		
411	Winkelfunktionen		
413	Geradlinig begrenzte Flächen		
415	Kreisförmig begrenzte Flächen		
416	Schwerpunkte		
417	Körper		
420	Massenberechnung		
421	Bewegung		
422	Kräfte		
423	Reibung, Reibungskraft		
424	Hebel, Kraftmoment, Kraftwandler		
427	Arbeit, Energie		
428	Leistung		
429	Festigkeitslehre		
433	Druck in Flüssigkeiten und Gasen		

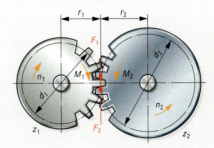

Größen und Einheiten
Quantities and units

SI-Basisgrößen und SI-Basiseinheiten
DIN 1301-1: 2002-10; DIN 1301-2: 1978-02; DIN 1301-3: 1979-10

Damit man sich in der Technik (aber auch im täglichen Leben) verständigen kann, ist ein Einheitensystem notwendig. Wird etwas gemessen (z. B. eine **Länge**) und anderen mitgeteilt, ist die gewählte Einheit (z. B. **Meter**) unverzichtbarer Teil der Information. Sämtliche Einheiten können auf sieben Basiseinheiten zurückgeführt werden.

SI-Basisgröße	Formelzeichen DIN 1304	SI-Basiseinheit	SI-Einheitenzeichen	Ausgewählte Teile und Vielfache der SI-Basiseinheit
Länge	l	**Meter**	m	nm; µm; mm; cm; dm; km
Masse	m	Kilogramm	kg	µg; mg; g
Zeit	t	Sekunde	s	ns; µs; ms
elektrische Stromstärke	I	Ampere	A	µA; mA; kA
thermodynamische Temperatur	T	Kelvin	K	
Stoffmenge	n	Mol	mol	mmol; kmol
Lichtstärke	I	Candela	cd	

 SI: **S**ystème **I**nternational d'Unités (franz.) Internationales Einheitensystem

Vorsätze für dezimale Vielfache und Teile von Einheiten
DIN 1301-2: 1993-12

Bei großen Vielfachen von Einheiten (z. B. **Millionenfaches**) oder kleinen Teilen von Einheiten (z. B. **Tausendstel**) bildet man mit Hilfe von Vorsätzen neue Einheiten, damit die Zahlenwerte in praktikablen, überschaubaren Größenordnungen bleiben.

Vorsatz	Vorsatzzeichen	Faktor	Vielfaches bzw. Teil	Beispiel
Giga	G	10^9	Milliardenfaches	1 Gigavolt = 1 GV = 1000000000 V
Mega	**M**	10^6	**Millionenfaches**	**1 Megavolt = 1 MV = 1000000 V**
Kilo	k	10^3	Tausenfaches	1 Kilovolt = 1 kV = 1000 V
Hekto	h	10^2	Hundertfaches	1 Hektovolt = 1 hV = 100V
Deka	da	10^1	Zehnfaches	1 Dekavolt = 1 daV = 10 V
Basiseinheit		$10^0 = 1$		
Dezi	d	10^{-1}	Zehntel	1 Dezivolt = 1 dV = 0,1 V
Zenti	c	10^{-2}	Hundertstel	1 Zentivolt = 1 cV = 0,01 V
Milli	**m**	10^{-3}	**Tausendstel**	**1 Millivolt = 1 mV = 0,001 V**
Mikro	µ	10^{-6}	Millionstel	1 Mikrovolt = 1 µV = 0,000001 V
Nano	n	10^{-9}	Milliardstel	1 Nanovolt = 1 nV = 0,000000001 V

(Vielfache / Teile)

Größen, Formelzeichen, Einheiten
DIN 1304-1: 1994-03

Physikalische Größen sind messbare Eigenschaften (z. B. **Länge**, Zeit, Fläche). Sie werden durch *kursive* Formelbuchstaben (lateinisches und griechisches Alphabet) gekennzeichnet (z. B. *l*). Die Einheiten werden durch Buchstaben in **normaler** Schrift gekennzeichnet (z. B. **m**). Sind für eine physikalische Größe mehrere Formelzeichen angegeben, soll das an erster Stelle stehende Zeichen bevorzugt werden.

Physikalische Größe	Formelzeichen	SI-Einheitenzeichen	Einheitenname	Bemerkungen; Beziehungen zwischen den Einheiten
Längen, Flächen, Volumen, Winkel				
Länge	l	m	Meter	1 inch = 25,4 mm
Breite	b	m		1 Seemeile = 1852 mm
Höhe, Tiefe	h	m		
Radius, Halbmesser	r	m		*inch* (engl.): umgangssprachlich „Zoll"
Durchmesser	$d; D$	m		
Durchbiegung, Durchhang	f	m		
Weglänge, Kurvenlänge	s	m		
Wellenlänge	λ	m		
Fläche, Flächeninhalt, Oberfläche	$A; S$	m²	Quadratmeter	1 a = 100 m²
Querschnitt, Querschnittsfläche	$S; q$	m²		1 ha = 10000 m²
Volumen, Rauminhalt	V	m³	Kubikmeter	1 l = 1 L = 1 dm³
ebener Winkel	$\alpha; \beta; \gamma$	rad	Radiant	1 rad = 1 m/m = 1
				1° = (π/180)rad
				1' = (1/60)° = 60''
				1'' = (1/60)' = (1/3600)°
Raumwinkel	Ω	sr	Steradiant	1 sr = 1 m²/m² = 1

Größen und Einheiten
Quantities and units

Größen, Formelzeichen, Einheiten

DIN 1304-1: 1994-03

Physikalische Größe	Formel-zeichen	SI-Einheiten-zeichen	Einheiten-name	Bemerkungen
Zeit und Raum				
Zeit, Zeitspanne, Dauer	t	s	**Sekunde**	min, h (Stunde), d (Tag), a (Jahr)
Frequenz	f	Hz	Hertz	$1\,\text{Hz} = 1\,\text{s}^{-1} = 1/\text{s}$
Umdrehungsfrequenz (Drehzahl)	n	$\text{s}^{-1} = 1/\text{s}$		$\text{s}^{-1} = 1/\text{s} = 60\,\text{min}^{-1} = 60/\text{min}$
Winkelgeschwindigkeit	ω, Ω	rad/s		
Geschwindigkeit	v, u	m/s		$1\,\text{m/s} = 60\,\text{m/min} = 3{,}6\,\text{km/h}$
Ausbreitungsgeschw. einer Welle	c	m/s		
Lichtgeschwindigkeit im Vakuum	c_0	m/s		$c_0 = 2{,}99792458 \cdot 10^8\,\text{m/s}$
Beschleunigung	a	m/s²		g_n \quad Normalfallbeschleunigung
Fallbeschleunigung	g	m/s²		$g_\text{n} = 9{,}80665\,\text{m/s}^2$
Mechanik				
Masse, Gewicht als Wägeergebnis	m	kg	**Kilogramm**	$1\,\text{kg} = 1000\,\text{g}$ $1\,\text{t} = 1000\,\text{kg} = 1\,\text{Mg}$
längenbezogene Masse	m'	kg/m		$1\,\text{kg/m} = 1\,\text{g/mm}$
flächenbezogene Masse	m''	kg/m²		$1\,\text{kg/m}^2 = 0{,}1\,\text{g/cm}^2$
Dichte	ϱ	kg/m³		$1000\,\text{kg/m}^3 = 1\,\text{t/m}^3 = 1\,\text{kg/dm}^3 = 1\,\text{g/cm}^3$
Kraft	F	N	Newton	$1\,\text{N} = \dfrac{1\,\text{kg} \cdot 1\,\text{m}}{1\text{s}^2} = 1\,(\text{kg} \cdot \text{m})/\text{s}^2$
Gewichtskraft	$F_\text{G}; G$	N		
Kraftmoment, Drehmoment	M	N · m		
Biegemoment	M_b	N · m		
Torsionsmoment	$M_\text{T}; T$	N · m		
Druck	p	Pa bar	Pascal Bar	$1\,\text{Pa} = 1\,\text{N/m}^2$ $1\,\text{bar} = 100000\,\text{Pa} = 10^5\,\text{Pa} = 10\,\text{N/cm}^2$
Normalspannung, Zugspannung, Druckspannung	σ	N/m²		
Schubspannung (Scherspannung)	τ	N/m²		
Arbeit	W	J	Joule	$1\,\text{J} = 1\,\text{N} \cdot \text{m} = 1\,\text{W} \cdot \text{s}$
Energie	E	J		$1\,\text{kW} = 3\,600\,000\,\text{Ws}$
Leistung	P	W	Watt	$1\,\text{W} = 1\,\text{N} \cdot \text{m/s} = 1\,\text{J/s}$
Trägheitsmoment, Massenmoment 2. Grades	J	kg · m²		
Flächenmoment 2. Grades	I	m⁴		
Elastizitätsmodul	E	N/m²		
Reibungszahl der Ruhe	$\mu_0; \mu_\text{r}$	1		
Reibungszahl der Bewegung	$\mu; f$	1		
Thermodynamik, Wärmeübeertragung				
thermodynamische Temperatur	$T; \Theta$	K	**Kelvin**	$T = 0\,\text{K} \triangleq t = -273{,}15\,°\text{C}$
Celsius-Temperatur	$t; \vartheta$	°C	Grad Celsius	$0\,°\text{C} = 273{,}15\,\text{K}$
Temperaturdifferenz	$\Delta T; \Delta t$	K	Kelvin	
Längenausdehnungskoeffizient	α	$1/\text{K} = \text{K}^{-1}$		$1/\text{K} = 1\,\text{m}/(\text{m} \cdot \text{K}) = 1\,\dfrac{\text{m}}{\text{m} \cdot \text{K}}$
Volumenausdehnungskoeffizient	γ	$1/\text{K} = \text{K}^{-1}$		$1/\text{K} = 1\,\text{m}^3/(\text{m}^3 \cdot \text{K})$
Wärme, Wärmemenge	Q	J	Joule	$1\,\text{J} = 1\,\text{N} \cdot \text{m} = 1\,\text{W} \cdot \text{s}$
Wärmekapazität	C	J/K		
spezifische Wärmekapazität	c	J/(kg · K)		
spezifischer Brennwert	H_0	J/kg		
spezifischer Heizwert	H_u	J/kg		
Wärmestrom	$\Phi; Q$	W	Watt	
Wärmeleitfähigkeit	λ	W/(m · K)		

Größen und Einheiten
Quantities and units

Größen, Formelzeichen, Einheiten

DIN 1304-1: 1994-03

Physikalische Größe	Formel-zeichen	SI-Einheiten-zeichen	Einheiten-name	Bemerkungen	
Elektrizität, Magnetismus					
elektrische Stromstärke	I	**A**	**Ampere**		
elektrische Ladung	Q	C	Coulomb	1 C	$= 1\,A \cdot 1\,s$
elektrische Spannung	U	V	Volt	1 V	$= 1\,W/1\,A = 1\,J/1\,C$
elektrischer Widerstand	R	Ω	Ohm	1 Ω	$= 1\,V/1\,A$
spezif. elektr. Widerstand	ϱ	Ω · m		1 Ω · m	$= 1\,\Omega \cdot m^2/m$
elektrische Kapazität	C	F	Farad	1 F	$= 1\,C/1\,V$
Frequenz	f	Hz	Hertz	1 Hz	$= 1\,s^{-1} = 1/s$
Energie, Arbeit	W	J	Joule	1 J	$= 1\,W = 1\,V \cdot 1\,A$
Wirkleistung	P	W	Watt	1 W	$= 1\,V \cdot 1\,A$; $= 1\,J/1s = \dfrac{1\,N \cdot 1\,m}{1\,s}$
Scheinleistung	S	W	Watt		
Leistungsfaktor	$\cos \varphi$	1		$\cos \varphi$	$= P/S$
Wirkungsgrad	η	1			
Windungszahl	N	1			
Übersetzungsverhältnis	$ü$	1			

Indizes für Formelzeichen
Subscripts for symbols

DIN 1304-1: 1994-1

Zur Unterteilung von Oberbegriffen und zur Kennzeichnung besonderer Zustände können Formelzeichen mit Indizes versehen werden. Sind für eine Größe mehrere Zeichen angegeben, so soll das an erster Stelle stehende (international empfohlene) Zeichen verwendet werden.

Index (Mehrzahl: Indizes): Tiefzeichen rechts vom Grundzeichen, z. B. F_1

Index	Bedeutung	Index	Bedeutung	Index	Bedeutung	Index	Bedeutung	Index	Bedeutung	Index	Bedeutung
0	null; leerer Raum; Leer-Lauf		Ausgang Endzustand außen	b	Biegung überschreitend	inst	augenblicklich	min	minimal	rad	radial
		a		e		kin	kinetisch	N	Normal-	tan	tangential
1	eins; primär Eingang; Anfangszustand	abs	absolut	exi	Ausgang	max	maximal	pot	potenziell	v	Verlust
		amb	umgebend	G	Gewicht	mec	mechanisch	rad	radial	zul	zulässig
2	zwei, sekundär	ax	axial	ing	Eingang	med	mittel	rel	relativ	Z	Zusatz-
		b	Basis	int	innen	mes	gemessen	rsl	resultierend	Δ	Differenz
								R	Reibung	Σ	Summe

Mathematische Zeichen
Mathematical symbols

DIN 1302: 1999-12; DIN 5473: 1992-07

Zeichen	Bedeutung	Zeichen	Bedeutung	Zeichen	Bedeutung	Zeichen	Bedeutung
≈	ungefähr gleich	$\sqrt[n]{\ }$	n-te Wurzel aus	{[()]}	Klammern auf/zu; geschweift, eckig, rund	∉	ist nicht Element von
≙	entspricht	n!	n Fakultät			⊂; ⊆	ist Teilmenge von
...	und so weiter bis	∞	unendlich			∪	Vereinigungsmenge
=	gleich	$\overline{AB}$	Strecke AB	A, B, C	Mengen	∩	Durchschnittsmenge
≠	ungleich	⌢AB	Bogen AB	a, b, c	Elemente	×	Produktmenge
~	proportional	∢	Winkel	{a, b, c}	Menge mit den Elementen a, b, c	\	Differenzmenge
≅	kongruent	lg	dekadischer Logarithmus	{x | x...}	Menge aller Elemente x, für die gilt: ...	~	ohne
<	kleiner als	ln	natürlicher Logarithmus	$\mathbb{N}$	Menge der natürlichen Zahlen	∧	nicht
≤	kleiner oder gleich						und; sowohl als auch ...
>	größer als	lb	binärer Logarithmus	$\mathbb{Z}$	Menge der ganzen Zahlen	∨	oder; entw ... oder ...
≥	größer oder gleich	sin	Sinus			⇒	aus ... folgt ...; wenn ... wahr ist, dann ist ... wahr
+	plus	cos	Kosinus	$\mathbb{Q}$	Menge der rationalen Zahlen		
−	minus	tan	Tangens			⇔	wenn ... wahr ist, dann ist ... wahr und umgekehrt
· ×	mal	cot	Kotangens	$\mathbb{R}$	Menge der reellen Zahlen		
: / −	durch	Δx	Delta x (Differenz der Werte x_1; x_2)				
Σ	Summe	%	Prozent; v. Hd.	∅	leere Menge		
π	Pi	‰	Promill; v. Tsd.	∈	ist Element von		
x^n	x hoch n						
√	Quadratwurzel aus						

Mathematisch-technische Grundlagen

Standard-Zahlenmengen
Standard number sets
DIN 5473: 1992-07

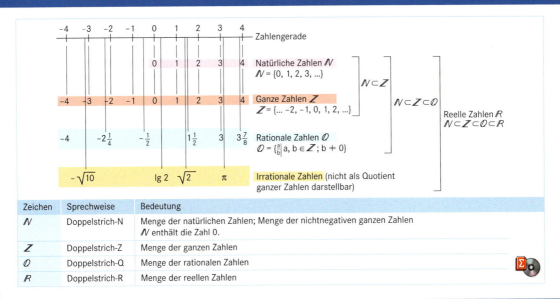

Zeichen	Sprechweise	Bedeutung
N	Doppelstrich-N	Menge der natürlichen Zahlen; Menge der nichtnegativen ganzen Zahlen. N enthält die Zahl 0.
Z	Doppelstrich-Z	Menge der ganzen Zahlen
Q	Doppelstrich-Q	Menge der rationalen Zahlen
R	Doppelstrich-R	Menge der reellen Zahlen

Römische Zahlzeichen
Roman numerals

Schreibweise: von links nach rechts in abnehmender Reihenfolge; Symbole I, X und C höchstens dreimal nacheinander, Symbole V, L und D höchstens einmal; steht eine kleinere Zahl (z. B. **I**) vor einer größeren Zahl (z. B. **V**), so wird die kleinere von der größeren abgezogen.

I = 1	II = 2	III = 3	IV = 4	V = 5	VI = 6	VII = 7	VIII = 8	IX = 9	X = 10
X = 10	XX = 20	XXX = 30	XL = 40	L = 50	LX = 60	LXX = 70	LXXX = 80	XC = 90	C = 100
C = 100	CC = 200	CCC = 300	CD = 400	D = 500	DC = 600	DCC = 700	DCCC = 800	CM = 900	M = 1000
MC = 1100	MCC = 1200	MCCC = 1300	MCD = 1400	MD = 1500	MDC = 1600	MDCC = 1700	MDCCC = 1800	MCM = 1900	MM = 2000

M	CD	XC	VIII		M	CM	LXX	IV		M	M	VI		MM	C	XXX	III	
1000	400	90	8	= 1498	1000	900	70	4	= 1974	1000	1000	6	= 2006	2000	100	30	3	= 2133

Griechisches Alphabet
Greek alphabet

Winkel werden mit griechischen Buchstaben bezeichnet. Auch für die Formelzeichen vieler physikalischer Größen werden häufig Buchstaben des griechischen Alphabets verwendet.

Buchstabe	Benennung	Anwendungsbeispiel	Buchstabe	Benennung	Anwendungsbeispiel
α A	Alpha (a)	Freiwinkel; Längenausdehnungskoeffizient	ν N	Ny (n)	Sicherheitszahl; kinetische Viskosität
β B	Beta (b)	Keilwinkel; Tiefziehverhältnis	ξ Ξ	Ksi (x)	Schallausschlag
γ Γ	Gamma (g)	Spanwinkel; Volumenausdehnungskoeffizient	o O	Omikron (o)	
δ Δ	Delta (d)	Differenz (z. B. Temperaturdifferenz ΔT)	π Π	Pi (p)	Kreiszahl: 3,14159...[1]
ε E	Epsilon (e)	Eckenwinkel; Dehnung	ϱ P	Rho (r)	Dichte
ζ Z	Zeta (z)	Widerstandsbeiwert	σ Σ	Sigma (s)	Normalspannung; Summe
η H	Eta (e)	Wirkungsgrad	τ T	Tau (t)	Scherspannung
ϑ Θ	Theta (th)	Celsius-Temperatur	υ Y	Ypsilon (ü)	
ι I	Jota (i)		φ Φ	Phi (f)	Drehwinkel; magnetischer Fluss
$\varkappa$ K	Kappa (k)	Einstellwinkel; elektrische Leitfähigkeit	χ X	Chi (ch)	Kompressibilität
λ Λ	Lambda (l)	Neigungswinkel; Wärmeleitfähigkeit	ψ Ψ	Psi (ps)	Energieflussdichte
μ M	My (m)	Reibungszahl; Permeabilität	ω Ω	Omega (o)	Winkelgeschwindigkeit; elektr. Widerstand

[1] die ersten 100: π = 3,14159 2653397 89793 23846 26433 83279 50288 41971 69399 37510 58209 74944 59230 78164 06286 20899 86280 34825 34211 70679 (Es gibt noch unendlich viele davon.)

Grafische Darstellung im Koordinatensystem
Graphic representation in systems of coordinates

DIN 406-11: 1992-12; DIN 461: 1973-03

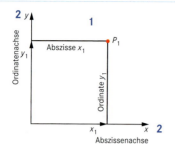

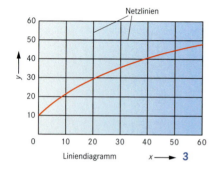

Grafische Darstellungen in Koordinatensystemen zeigen funktionelle Zusammenhänge zwischen kontinuierlichen Veränderlichen. Je nachdem, ob aus der Darstellung Zahlenwerte abgelesen werden sollen oder nicht, unterscheidet man quantitative und qualitative Darstellungen. Grafische Darstellungen in Koordinatensystemen werden **Diagramme** genannt.

1 Das rechtwinklige Koordinatensystem besteht aus der waagerechten Achse (Abszissenachse) und der dazu senkrechten Achse (Ordinatenachse). Die Pfeilspitze zeigt an, in welcher Richtung die jeweilige Koordinate wächst.

2 Die *kursiv* geschriebenen Formelzeichen stehen unter der waagerechten Pfeilspitze und links neben der senkrechten Pfeilspitze.

3 Die Pfeile dürfen auch parallel zu den Achsen angebracht werden. Formelzeichen oder Benennungen stehen dann an der Wurzel der Pfeile.

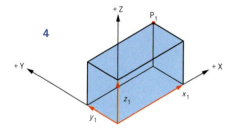

4 Räumliche rechtwinklige Koordinatensysteme werden in axonometrischer Projektion (DIN ISO 5456-3) gezeichnet.

5 Das rechtshändige, rechtwinklige Koordinatensystem zur Festlegung der Bewegungen an Werkzeugmaschinen ist in DIN 66217 genormt.

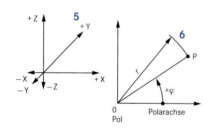

6 Im Polarkoordinatensystem wird in der Regel der waagerechten Achse der Winkel 0° zugeordnet. Positive Winkel werden entgegen dem Uhrzeigersinn angetragen. Der Radius zeigt vom Nullpunkt (Pol) auf den zu bestimmenden Punkt.

7 Die Teilung der Achsen wird mit Zahlenwerten beziffert, die ohne Drehen des Bildes lesbar sein sollen. Positive Zahlenwerte können mit einem Pluszeichen (+), negative Zahlenwerte müssen mit einem Minuszeichen (−) versehen werden. Der Nullpunkt wird durch eine 0 gekennzeichnet.

8 Einheiten können zwischen den letzten Zahlenwerten, in Bruchform mit dem Formelzeichen oder mit dem Wort „in" an das Formelzeichen angehängt werden.

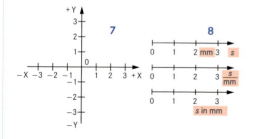

Grafische Darstellung im Koordinatensystem
Graphic representation in systems of coordinates

DIN 406-11: 1992-12; DIN 461: 1973-03

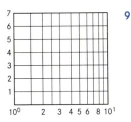

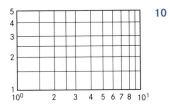

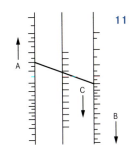

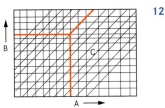

Man unterscheidet lineare Teilung **3**, halblogarithmische Teilung **9** und logarithmische Teilung **10** je nach Aussage und Verwendungszweck des Diagramms.

Kann man aus der grafischen Darstellung zusammengehörige Werte mehrerer Variablen ablesen, nennt man diese Darstellungen **Nomogramme**.

11 Mit Hilfe der Leitertafel lassen sich unbekannte Größen aus zwei oder mehreren bekannten Größen zeichnerisch bestimmen.

12 Mit Hilfe einer Netztafel lässt sich eine unbekannte Größe aus zwei bekannten Größen bestimmen.

Zeichentechnische Hinweise
Die Linienbreiten sollen im folgenden Verhältnis gewählt werden:
Netz : Achsen : Kurven = 1 : 2 : 4

	Linienbreite nach ISO 128-24	
Netz	0,18	0,25
Achsen	0,35	0,5
Kurven	0,7	1,0

Schraffuren, Hinweislinien und ähnliche Hilfslinien sollen in der gleichen Breite wie Netzlinien gezeichnet werden.
Innerhalb der Diagrammfläche ist jede nicht zum Verständnis notwendige Beschriftung zu vermeiden.

Beschriftung: Schriftzeichen ISO 3098

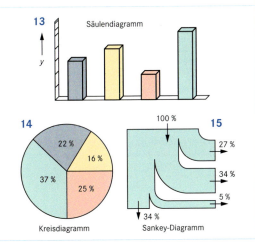

13 Im Säulendiagramm werden die darzustellenden Größen als waagerechte oder senkrechte gleich dicke Säulen gezeigt.

Im Kreisdiagramm **14** und im Sankey-Diagramm **15** werden Prozentwerte bildlich dargestellt.

Mathematisch-technische Grundlagen

Geometrische Grundkonstruktionen
Geometric basic constructions

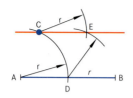

Parallele zu $\overline{AB}$ durch den Punkt C konstruieren
- Kreisbogen um A mit dem Radius $r = \overline{AC} \rightarrow D$,
- Kreisbogen um C mit dem Radius r,
- Kreisbogen um D mit dem Radius $r \rightarrow E$,
- Gerade durch C und E ist parallel zu $\overline{AB}$.

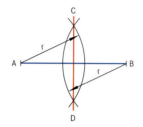

Mittelsenkrechte errichten (Strecke $\overline{AB}$ halbieren)
- Kreisbögen um A und B mit dem Radius ½ $\overline{AB} < r < \overline{AB} \rightarrow$ C und D,
- $\overline{CD}$ ist die Mittelsenkrechte auf $\overline{AB}$.

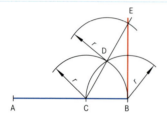

Senkrechte im Endpunkt B auf $\overline{AB}$ errichten
- Kreisbogen um B mit dem Radius $r < \overline{AB} \rightarrow C$,
- Kreisbogen um C mit dem Radius $r \rightarrow D$,
- Kreisbogen um D mit dem Radius r schneidet die Verlängerung $\overline{CD}$ in E,
- $\overline{BE}$ ist die Senkrechte in B auf $\overline{AB}$.

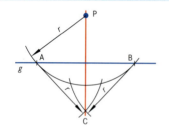

Lot von einem Punkt P auf die Gerade g fällen
- Kreisbogen um P mit dem Radius $r \rightarrow$ A und B,
- Kreisbögen um A und B mit $r \rightarrow C$,
- $\overline{PC}$ ist das Lot von P auf die Gerade g.

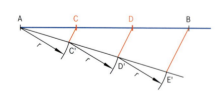

Strecke $\overline{AB}$ in gleiche Teile teilen (z. B. 3 gleiche Teile)
- Kreisbogen um A mit beliebigem Radius $r \rightarrow C'$,
- Kreisbogen um C mit dem Radius $r \rightarrow D'$,
- Kreisbogen um D' mit dem Radius $r \rightarrow E'$,
- E' mit B verbinden,
- Parallele zu $\overline{E'B}$ durch D' $\rightarrow$ D,
- Parallele zu $\overline{E'B}$ durch C' $\rightarrow$ C,
- $\overline{AC} = \overline{CD} = \overline{DB} = ⅓\ \overline{AB}$.

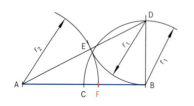

Goldenen Schnitt konstruieren
- Strecke $\overline{AB}$ halbieren $\rightarrow$ C,
- in B eine Senkrechte auf $\overline{AB}$ errichten,
- Kreisbogen um B mit dem Radius $r_1 = \overline{BC} \rightarrow D$,
- Kreisbogen um D mit dem Radius $r_1 = \overline{DB} = \overline{BC}$ schneidet $\overline{AD}$ in E,
- Kreisbogen um A mit dem Radius $r_2 = \overline{AE} \rightarrow F$,
- $\overline{AB} : \overline{AF} = \overline{AF} : \overline{FB}$.

Geometrische Grundkonstruktionen
Geometric basic constructions

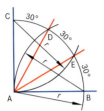

Winkel BAC halbieren
- Kreisbögen um A mit dem beliebigen Radius *r* zeichnen → B und C,
- Kreisbögen um B und C mit dem Radius *r* → D,
- $\overline{AD}$ ist die Winkelhalbierende des Winkels BAC.

Rechten Winkel CAB in 3 gleiche Teile teilen
- Kreisbögen um A mit dem beliebigen Radius *r* zeichnen → B und C,
- Kreisbogen um B mit dem Radius *r* → D,
- Kreisbogen um C mit dem Radius *r* → E,
- Winkel CAD = Winkel DAE = Winkel EAB = 30°.

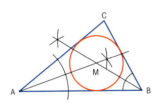

Mittelpunkt eines Kreises bestimmen
- Sehne $\overline{AB}$ in den Kreis zeichnen,
- Sehne $\overline{CD}$ in den Kreis zeichnen (nicht parallel zu AB),
- Mittelsenkrechten auf $\overline{AB}$ und $\overline{CD}$ konstruieren,
- Schnittpunkt M ist der Mittelpunkt des Kreises.

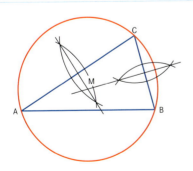

Inkreis eines Dreiecks konstruieren
- Winkelhalbierende des Winkels CAB konstruieren,
- Winkelhalbierende des Winkels ABC konstruieren,
- Schnittpunkt M ist der Mittelpunkt des Inkreises.

Der Inkreis berührt alle Seiten des Dreiecks.

Umkreis eines Dreiecks konstruieren
- Mittelsenkrechte auf $\overline{AC}$ konstruieren,
- Mittelsenkrechte auf $\overline{BC}$ konstruieren,
- Schnittpunkt M ist der Mittelpunkt des Umkreises.

Der Umkreis geht durch die Eckpunkte des Dreiecks.

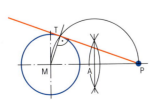

Tangente von einem Punkt P an einen Kreis konstruieren
- Strecke $\overline{MP}$ halbieren → A,
- Kreisbogen um A mit dem Radius $r = \overline{AM} = \overline{AP}$ → T,
- $\overline{PT}$ ist die Tangente von P an den Kreis.

$\overline{MT}$ steht senkrecht auf $\overline{PT}$.

Mathematisch-technische Grundlagen

Geometrische Grundkonstruktionen
Geometric basic constructions

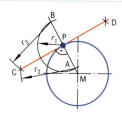

Tangente in einem Kreispunkt P konstruieren
- M mit P verbinden und über P hinaus verlängern,
- Kreisbogen um P mit dem beliebigen Radius r_1 → A und B,
- Kreisbögen um A und B mit einem beliebigen Radius r_2 → C und D,
- $\overline{CD}$ ist die Tangente an den Kreis in P.

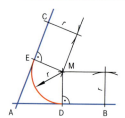

Kreisanschluss an einen Winkel konstruieren (r gegeben)
- Parallele zu $\overline{AB}$ im Abstand r konstruieren,
- Parallele zu $\overline{AC}$ im Abstand r konstruieren,
- die Parallelen schneiden sich in M,
- M ist der Mittelpunkt des gesuchten Kreisbogens,
- die Schnittpunkte D und E sind die Übergangspunkte.

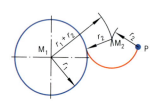

Verbindung eines Punktes mit einem Kreis durch einen Kreisbogen konstruieren
- Kreisbogen um M_1 mit dem Radius $r_1 + r_2$,
- Kreisbogen um P mit r_2 → M_2,
- Kreisbogen um M_2 mit r_2 ist die gesuchte Verbindung.

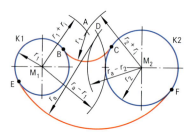

Verbindung zweier Kreise durch Kreisbögen mit gegebenen Radien r_i und r_a konstruieren

Konstruktion des innenliegenden Kreisbogens
- Kreisbogen um M_1 mit dem Radius $r_1 + r_i$,
- Kreisbogen um M_2 mit dem Radius $r_2 + r_i$ → A,
- Kreisbogen um A mit dem Radius r_i ergibt den inneren Kreisbogen,
- $\overline{M_1A}$ schneidet den Kreis K1 in dem Berührungspunkt B,
- $\overline{M_2A}$ schneidet den Kreis K2 in dem Berührungspunkt C.

Konstruktion des außenliegenden Kreisbogens
- Kreisbogen um M_1 mit dem Radius $r_a - r_1$,
- Kreisbogen um M_2 mit dem Radius $r_a - r_2$ → D,
- Kreisbogen um D mit dem Radius r_a ergibt den äußeren Kreisbogen,
- die Berührungspunkte E und F ergeben sich aus den verlängerten Strecken $\overline{DM}_1$ und $\overline{DM}_2$.

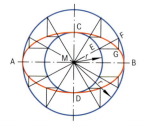

Ellipse konstruieren (r und R gegeben)
- Kreis um M mit dem Radius r,
- Kreis um M mit dem Radius R,
- beliebige Hilfslinien durch M schneiden die Kreise z. B. in E und F,
- Parallele zu $\overline{AB}$ durch E und Parallele zu $\overline{CD}$ durch F schneiden sich in G,
- G ist ein Punkt der Ellipse,
- weitere Ellipsenpunkte konstruieren,
- Ellipsenpunkte zu einer Ellipse verbinden.

Geometrische Grundkonstruktionen
Geometric basic constructions

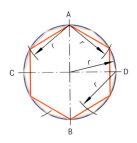

Sechseck und Zwölfeck konstruieren
- Umkreis mit dem Radius *r* zeichnen,
- senkrechte und waagerechte Mittellinie zeichnen
  → Punkte A, B, C, D,
- Kreisbögen um A und B mit dem Radius *r* ergeben die Eckpunkte des Sechsecks,
- zusätzliche Kreisbögen um C und D mit dem Radius *r* ergeben die Eckpunkte des Zwölfecks.

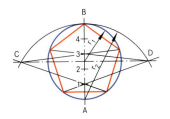

Regelmäßiges Vieleck in einem Kreis konstruieren (hier: Fünfeck)
- Kreis mit dem Radius r_1 zeichnen,
- $\overline{AB}$ in 5 gleiche Teile teilen,
- Kreisbogen um A mit dem Radius $r_2 = \overline{AB}$ → C und D,
- C und D mit den Punkten 1, 3 verbinden (ungerade Zahlen),
- die Schnittpunkte der Verlängerungen mit dem Kreis sind die Eckpunkte des Vielecks.

Bei Vielecken mit gerader Eckenzahl C und D mit den Punkten 2, 4 verbinden (gerade Zahlen)

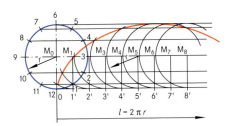

Zykloide konstruieren
- Rollkreis mit dem Radius *r* zeichnen,
- Rollkreis in 12 gleiche Teile teilen (Punkte 1 … 12),
- abgewickelten Rollkreis ($l = 2 \pi r$) in 12 gleiche Teile teilen,
- Senkrechte in den Teilungspunkten 1' … 12' schneiden die verlängerte Mittellinie des Rollkreises in M_1 … M_{12},
- Kreisbögen um M_1 … M_{12} mit dem Radius *r*,
- Parallele zur Mittellinie durch die Teilungspunkte des Rollkreises konstruieren,
- die Schnittpunkte der Parallelen und der zugehörigen Kreisbögen ergeben die Zykloidenpunkte.

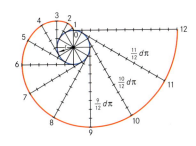

Evolvente konstruieren
- Rollkreis mit dem Radius *r* zeichnen,
- Rollkreis in 12 gleiche Teile teilen,
- in den Teilungspunkten Tangenten an den Kreis konstruieren,
- von den Berührungspunkten auf den Tangenten die zugehörige Länge des abgewickelten Kreisbogens abtragen ($\frac{1}{12} d \pi$ … $\frac{12}{12} d \pi$),
- die Verbindung der Endpunkte ist die Evolvente.

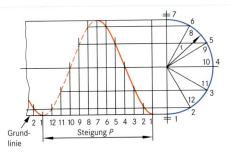

Schraubenlinie konstruieren
- Kreis mit dem Radius *r* in 12 gleiche Teile teilen,
- Steigung *P* in 12 gleiche Teile teilen,
- Parallele zur Mittellinie durch die Teilungspunkte konstruieren,
- Senkrechte auf der Grundlinie durch die jeweiligen Teilungspunkte konstruieren,
- die Schnittpunkte der Parallelen mit den dazugehörigen Senkrechten sind Punkte der Schraubenlinie.

Mathematisch-technische Grundlagen

Grundrechenarten
Fundamental arithmetic operations

Rechenart	Regeln	Beispiele
Addition (Zusammenzählen) Summand + Summand = Summe a + b = c	Nur gleich benannte Zahlen können addiert werden. Gleich benannte Zahlen (Terme) werden addiert, indem man die Vorzahlen (Koeffizienten) addiert und die Benennung beibehält. Summanden können vertauscht werden.	$12 + 29 + 4 = 45$ $1\,m + 3{,}5\,m = 4{,}5\,m$ $5x + 6x + x = 12x$ $25\,N + 92\,N = 117\,N$ $a + b = b + a$
Subtraktion (Verminderung) Minuend – Subtrahend = Differenz d – e = f	Nur gleich benannte Zahlen können subtrahiert werden. Gleich benannte Zahlen (Terme) werden subtrahiert, indem man die Vorzahlen (Koeffizienten) subtrahiert und die Benennung beibehält. Minuend und Subtrahend dürfen nicht vertauscht werden.	$27 - 14 - 6 = 7$ $8\,a - a - 9\,a = -2\,a$ $4\,a - b - 3\,a = a - b$ $9\,m - 4{,}8\,m = 4{,}2\,m$ $d - e \neq e - d$
Multiplikation (Vervielfachung) Faktor · Faktor = Produkt g · h = i	Gleich benannte und ungleich benannte Zahlen (Terme) können miteinander multipliziert werden. Die Faktoren können in beliebiger Reihenfolge miteinander multipliziert werden. Das Produkt zweier Zahlen mit gleichen Vorzeichen ist positiv, mit ungleichen Vorzeichen negativ.	$3 \cdot 4 = 12$ $2 \cdot 1\,m = 2\,m$ $g \cdot h = h \cdot g$ $6\,m \cdot 3\,N = 18\,Nm$ $(+1) \cdot (+1) = +1$ $(-1) \cdot (-1) = +1$ $(+1) \cdot (-1) = -1$ $(-1) \cdot (+1) = -1$
Division (Teilung) Dividend : Divisor = Quotient k : r = m	Gleich benannte und ungleich benannte Zahlen (Terme) können dividiert werden. Dividend und Divisor dürfen nicht vertauscht werden. Das Divisionszeichen kann durch einen Bruchstrich ersetzt werden. Division durch Null ist nicht zulässig. Der Quotient zweier Zahlen mit gleichen Vorzeichen ist positiv, mit ungleichen Vorzeichen negativ.	$75\,km : 3\,h = 25\,\dfrac{km}{h}$ $k : r \neq r : k$ $125 : 5 = \dfrac{125}{5}$ $a : 0$ nicht zulässig $(+1) : (+1) = +1$ $(-1) : (-1) = +1$ $(+1) : (-1) = -1$ $(-1) : (+1) = -1$

Klammerrechnen
Parenthetical arithmetic

Rechenart	Regeln	Beispiele
Addition	Steht vor einer Klammer ein Plus-Zeichen, so bleiben beim Auflösen der Klammer alle Vorzeichen dieses Klammerausdrucks unverändert.	$25 + (8 + 6) = 25 + 8 + 6$ $47 + (9 - 7) = 47 + 9 - 7$ $d + (e - f) = d + e - f$
Subtraktion	Steht vor einer Klammer ein Minus-Zeichen, so ändern sich beim Auflösen der Klammer alle Vorzeichen des Klammerausdrucks.	$47 - (9 - 7) = 47 - 9 + 7$ $d - (e - f) = d - e + f$
Multiplikation	Summen oder Differenzen werden mit einem Faktor multipliziert, indem jedes Glied des Klammerausdrucks mit dem Faktor multipliziert wird. Summen oder Differenzen werden mit Summen oder Differenzen multipliziert, indem jedes Glied der ersten Klammer mit jedem Glied der zweiten Klammer multipliziert wird.	$3 \cdot (25 + 7) = 3 \cdot 25 + 3 \cdot 7$ $5 \cdot (13 - 9) = 5 \cdot 13 - 5 \cdot 9$ $d \cdot (e - f) = de - df$ $(8 + 5) \cdot (7 + 4) = 8 \cdot 7 + 8 \cdot 4$ $\qquad + 5 \cdot 7 + 5 \cdot 4$
Division	Summen oder Differenzen werden durch einen Divisor dividiert, indem jedes Glied des Klammerausdrucks durch den Divisor dividiert wird. Summen oder Differenzen werden durch Summen oder Differenzen dividiert, indem jedes Glied der ersten Klammer durch den Klammerausdruck dividiert wird.	$(36 + 10) : 4 = \dfrac{36}{4} + \dfrac{10}{4}$ $(a - b) : c = \dfrac{a}{c} - \dfrac{b}{c}$ $(36 + 10) : (9 - 5) = \dfrac{36}{9 - 5} + \dfrac{10}{9 - 5}$ $(a - b) : (c + d) = \dfrac{a}{c + d} - \dfrac{b}{c + d}$
Ausklammern	Ein gemeinsamer Faktor oder Divisor innerhalb von Summen oder Differenzen kann ausgeklammert werden.	$6 \cdot 5 + 6 \cdot 3 = 6 \cdot (5 + 3)$ $\dfrac{a + b}{c} - \dfrac{d - e}{c} = \dfrac{1}{c}\,(a + b - d + e)$

Bruchrechnen
Fractional arithmetic

Rechenart	Regeln	Beispiele
Erweitern	Zähler und Nenner werden mit derselben Zahl multipliziert. Der Wert des Bruches wird dadurch nicht verändert.	$\dfrac{3}{4} = \dfrac{3 \cdot 5}{4 \cdot 5} = \dfrac{15}{20} = \dfrac{3}{4}$
Kürzen	Zähler und Nenner werden durch dieselbe Zahl dividiert. Der Wert des Bruches wird dadurch nicht verändert.	$\dfrac{6}{9} = \dfrac{6:3}{9:3} = \dfrac{2}{3} = \dfrac{6}{9}$
	Sind Zähler und/oder Nenner Summen oder Differenzen, so kann man nur kürzen, wenn ein gemeinsamer Faktor ausgeklammert werden kann.	$\dfrac{ab + ac}{ad - af} = \dfrac{a\,(b + c)}{a\,(d - f)} = \dfrac{b + c}{d - f}$
	Aus Summen oder Differenzen darf nicht gekürzt werden.	
Gleichnamig machen Hauptnenner suchen	Der Hauptnenner ist das kleinste gemeinsame Vielfache (kgV) aller Nenner.	$\dfrac{1}{4} + \dfrac{1}{6} + \dfrac{1}{9} + \dfrac{1}{15} = ?$ $4 = \boxed{2 \cdot 2}$ $6 = 2 \cdot 3$ $9 = \boxed{3 \cdot 3}$ $15 = 3 \cdot \boxed{5}$ HN $= \boxed{2 \cdot 2} \cdot \boxed{3 \cdot 3} \cdot \boxed{5} = 180$
	Die Nenner werden in Primfaktoren zerlegt (Primzahl: eine nur durch 1 und sich selbst ohne Rest teilbare Zahl). Von jedem Primfaktor wird die größte vorkommende Gruppe zur Bildung des Hauptnenners berücksichtigt. Der Hauptnenner ist das Produkt der größten vorkommenden Gruppen von Primfaktoren.	$\dfrac{1 \cdot 45}{4 \cdot 45} + \dfrac{1 \cdot 30}{6 \cdot 30} + \dfrac{1 \cdot 20}{9 \cdot 20} + \dfrac{1 \cdot 12}{15 \cdot 12} =$
	Haben die Nenner keine gemeinsamen Primfaktoren, so ist der Hauptnenner gleich dem Produkt der Nenner.	$\dfrac{45}{180} + \dfrac{30}{180} + \dfrac{20}{180} + \dfrac{12}{180} = \dfrac{107}{180}$
Addition; Subtraktion	Gleichnamige Brüche werden addiert bzw. subtrahiert, indem man die Zähler addiert bzw. subtrahiert und den Nenner beibehält.	$\dfrac{3}{13} + \dfrac{5}{13} + \dfrac{2}{13} = \dfrac{3 + 5 + 2}{13} = \dfrac{10}{13}$
	Ungleichnamige Brüche werden zuerst gleichnamig gemacht und dann wie gleichnamige Brüche addiert bzw. subtrahiert.	$\dfrac{5}{3a + b} - \dfrac{3c}{3a + b} = \dfrac{5 - 3c}{3a + b}$ $\dfrac{1}{3} + \dfrac{1}{4} = \dfrac{1 \cdot 4}{3 \cdot 4} + \dfrac{1 \cdot 3}{4 \cdot 3} = \dfrac{7}{12}$
Multiplikation Bruch mit Bruch	Brüche werden multipliziert, indem man die Zähler und die Nenner miteinander multipliziert. Die Produkte sind, wenn möglich, zu kürzen.	$\dfrac{3}{5} \cdot \dfrac{2}{3} = \dfrac{3 \cdot 2}{5 \cdot 3} = \dfrac{6}{15} = \dfrac{2}{5}$
Ganze Zahl mit Bruch	Ganze Zahlen werden wie Scheinbrüche mit dem Nenner 1 behandelt.	$3 \cdot \dfrac{7}{8} = \dfrac{3 \cdot 7}{1 \cdot 8} = \dfrac{21}{8} = 2\dfrac{5}{8}$
Division Bruch durch Bruch	Ein Bruch wird durch einen Bruch dividiert, indem man den ersten Bruch mit dem Kehrwert des zweiten Bruchs multipliziert.	$\dfrac{3}{5} : \dfrac{2}{3} = \dfrac{3}{5} \cdot \dfrac{3}{2} = \dfrac{3 \cdot 3}{5 \cdot 2} = \dfrac{9}{10}$
Bruch durch ganze Zahl	Ganze Zahlen werden wie Scheinbrüche mit dem Nenner 1 behandelt.	$\dfrac{3}{4} : 2 = \dfrac{3}{4} \cdot \dfrac{2}{1} = \dfrac{3 \cdot 1}{4 \cdot 2} = \dfrac{3}{8}$
Ganze Zahl durch Bruch	Die ganze Zahl wird mit dem Kehrwert des Bruchs multipliziert.	$3 : \dfrac{5}{7} = 3 \cdot \dfrac{7}{5} = \dfrac{3 \cdot 7}{1 \cdot 5} = \dfrac{21}{5} = 4\dfrac{1}{5}$
Umwandlung Bruch in Dezimalzahl	Man wandelt einen Bruch in eine Dezimalzahl um, indem man den Zähler durch den Nenner dividiert.	$\dfrac{7}{8} = 7 : 8 = 0{,}875$
Dezimalzahl in Bruch	Man wandelt eine Dezimalzahl in einen Bruch um, indem man aus der Dezimalzahl einen Scheinbruch macht und mit einem Vielfachen von 10 erweitert.	$0{,}719 = \dfrac{0{,}719}{1} = \dfrac{0{,}719 \cdot 1000}{1 \cdot 1000}$ $0{,}719 = \dfrac{719}{1000}$

Potenzen
Powers

Rechenart	Regeln	Beispiele
$a^n = b$ a : Basis n : Exponent b : Potenzwert	Ein Produkt aus gleichen Faktoren kann in verkürzter Schreibweise als Potenz (Stufenzahl) geschrieben werden. Ein Faktor ist die Basis (Grundzahl). Der Exponent (Hochzahl) gibt an, wie oft die Basis als Faktor gesetzt wird. Der Potenzwert ist positiv, wenn die Basis positiv ist oder wenn der Exponent geradzahlig ist. Der Potenzwert ist negativ, wenn die Basis negativ und der Exponent ungerade ist.	$5 \cdot 5 \cdot 5 \cdot 5 = 5^4$ $4 \cdot x \cdot x \cdot x = 4\,x^3$ $(+a)^n = +a^n$ $(\pm a)^{2n} = +a^{2n}$ $(-a)^{2n-1} = -a^{2n-1}$

Mathematisch-technische Grundlagen

Potenzen
Powers

Rechenart	Regeln	Beispiele
Addition; Subtraktion	Nur Potenzen mit gleicher Basis und gleichem Exponenten können addiert bzw. subtrahiert werden.	$9x^3 + 12x^3 - 5x^3 = 16x^3$
Multiplikation; Division	Potenzen mit gleicher Basis werden multipliziert bzw. dividiert, indem man die Exponenten addiert bzw. subtrahiert und die Basis beibehält.	$3^3 \cdot 3^2 = (3 \cdot 3 \cdot 3) \cdot (3 \cdot 3) = 3^5$ $7^3 : 7^2 = (7 \cdot 7 \cdot 7) : (7 \cdot 7) = 7^1 = 7$
Potenzieren	Potenzen werden potenziert, indem man die Exponenten multipliziert und die Basis beibehält.	$(3^2)^2 = (3 \cdot 3)^2 = (3 \cdot 3) \cdot (3 \cdot 3) = 3^4$
Potenzieren von Summen und Differenzen	Summen oder Differenzen potenziert man, indem man Potenzen in Produkte umwandelt und nach den Regeln des Klammerrechnens multipliziert.	$(a + b)^2 = (a + b) \cdot (a + b)$ $= a^2 + ab + ab + b^2 = a^2 + 2ab + b^2$ $(a - b)^2 = (a - b) \cdot (a - b)$ $= a^2 - ab - ab + b^2 = a^2 - 2ab + b^2$
Potenzen mit dem Exponent Null	Jede Potenz mit dem Exponenten Null hat den Potenzwert 1 (Basis $\neq$ 0).	$5^0 = 1 \qquad a^0 = 1 \qquad (a + b)^0 = 1$
Potenzen mit gebrochenen Exponenten	Potenzen mit einem Bruch als Exponent (gebrochener Exponent) können als Wurzel geschrieben werden.	$8^{\frac{1}{3}} = \sqrt[3]{8} = 2$
Potenzen mit negativem Exponenten	Eine Potenz mit negativem Exponenten kann als Kehrwert der Potenz mit positivem Exponenten geschrieben werden.	$3^{-2} = \dfrac{1}{3^2} = \dfrac{1}{9}$
Zehnerpotenz	Zahlen können als ein Vielfaches von Zehnerpotenzen (Potenzen mit der Basis 10) geschrieben werden. Zahlen > 1 haben positive Exponenten. Zahlen < 1 haben negative Exponenten.	$25\,300 = 2{,}53 \cdot 10\,000 = 2{,}53 \cdot 10^4$ $0{,}005 = 5 : 1000 = 5 \cdot 10^{-3}$

Wurzeln
Roots

Rechenart	Regeln	Beispiele
$\sqrt[n]{a} = b$ n : Wurzelexponent a : Radiand b : Wurzelwert	Wurzelrechnung ist die Umkehrung der Potenzrechnung. Hierbei wird eine Zahl (Radikand) in eine Anzahl n (Wurzelexponent) gleicher Faktoren zerlegt. Der Wurzelexponent 2 wird meist nicht geschrieben. Der Wurzelwert ist positiv oder negativ, wenn der Wurzelexponent gerade und der Radikand positiv ist. Der Wurzelwert hat das Vorzeichen des Radikanden, wenn der Wurzelexponent ungerade ist.	$\sqrt[2]{16} = \sqrt{16} = \sqrt{4 \cdot 4} = 4$ $\sqrt[3]{125} = \sqrt[3]{5 \cdot 5 \cdot 5} = 5$ $\sqrt[3]{25} = \pm 5 \qquad \sqrt[2n]{a} = \pm a$ $\sqrt[3]{27} = +3 \qquad \sqrt[3]{-27} = -3$ $\sqrt[2n-1]{a} = +b \qquad \sqrt[2n-1]{-a} = -b$
Addition; Subtraktion	Nur Wurzeln mit gleichen Wurzelexponenten und Radikanden können addiert bzw. subtrahiert werden.	$2 \cdot \sqrt[3]{64} + 3 \cdot \sqrt[3]{64} = 5 \cdot \sqrt[3]{64} = 5 \cdot 4$
Multiplikation; Division	Wurzeln mit gleichen Exponenten werden multipliziert bzw. dividiert, indem man das Produkt bzw. den Quotienten der Radikanden radiziert.	$\sqrt{9} \cdot \sqrt{16} = \sqrt{9 \cdot 16} = \sqrt{144} = 12$ $\sqrt[3]{54} : \sqrt[3]{2} = \sqrt[3]{\dfrac{54}{2}} = \sqrt[3]{27} = 3$
Potenzieren	Wurzeln werden potenziert, indem man den Radikanden potenziert und aus dieser Potenz die Wurzel zieht.	$(\sqrt{4})^3 = \sqrt{4^3} = \sqrt{64} = 8$
Radizieren	Wurzeln werden radiziert, indem man die Wurzelexponenten multipliziert und mit diesem Produkt aus dem Radikanden die Wurzel zieht.	$\sqrt[3]{\sqrt{64}} = \sqrt[6]{64} = 2$
Potenzschreibweise	Wurzeln können als Potenzen mit gebrochenem Exponenten geschrieben werden.	$\sqrt[3]{8} = 8^{\frac{1}{3}}$

Logarithmen
Logarithms

Rechenart	Regeln	Beispiele
$a^n = b; \quad n = \log_a b$ n : Logarithmus a : Basis b : Numerus lg : dekad. Logarithmus ln : natürl. Logarithmus lb : binärer Logarithmus	Logarithmieren ist die 2. Umkehrung der Potenzrechnung. Hierbei wird der Potenzexponent (Logarithmus) gesucht, mit dem eine Basis potenziert werden muss, um einen bestimmten Potenzwert (Numerus) zu erhalten. Als Basis kann jede Zahl (außer 0 oder 1) genommen werden. Logarithmen zur Basis 10 heißen dekadische Logarithmen (lg). Logarithmen zur Basis e (e = 2,718281...) heißen natürliche Logarithmen (ln). Logarithmen zur Basis 2 heißen binäre Logarithmen (lb).	$\log_2 32 = 5 \qquad 2^5 = 32$ $\log_{10} 100 = 2 \qquad 10^2 = 100$ $\log_{10} 1000 = 3 \qquad 10^3 = 1000$ $\log_{10} x = \lg x$ $\log_e x = \ln x$ $\log_2 x = \text{lb } x$

Logarithmen
Logarithms

Rechenart	Regeln	Beispiele
Multiplikation	Man logarithmiert ein Produkt, indem man die Logarithmen der Faktoren miteinander addiert.	$\lg(3 \cdot 4) = \lg 3 + \lg 4$
Division	Man logarithmiert einen Quotienten, indem man den Logarithmus des Nenners vom Logarithmus des Zählers subtrahiert.	$\lg \dfrac{4}{5} = \lg 4 - \lg 5$
Potenzieren	Man logarithmiert eine Potenz, indem man den Logarithmus der Basis mit dem Exponenten multipliziert.	$\lg 7^3 = 3 \cdot \lg 7$
Radizieren	Man logarithmiert eine Wurzel, indem man den Logarithmus der Basis durch den Wurzelexponenten dividiert.	$\lg \sqrt[3]{12} = \dfrac{\lg 12}{3}$

Gleichungen
Equations

Rechenart	Regeln	Beispiele
	Gleichungen sind Verknüpfungen gleichartiger mathematischer Terme durch Gleichheitszeichen.	linke Seite = rechte Seite $3 + 6 = 9$
Seitentausch	Eine Gleichung bleibt gleich, wenn die beiden Seiten miteinander vertauscht werden.	$4 + 7 = 11$ $11 = 4 + 7$
Seitenveränderung durch Addition und Subtraktion	Ein Gleichung bleibt gleich, wenn auf beiden Seiten der gleiche Summand (Subtrahend) addiert (subtrahiert) wird.	$5 + 8 = 13$ $5 + 8 + 3 = 13 + 3$ $14 - 9 = 5$ $14 - 9 - 2 = 5 - 2$
Seitenveränderung durch Multiplikation und Division	Eine Gleichung bleibt gleich, wenn auf beiden Seiten mit dem gleichen Faktor multipliziert oder durch den gleichen Divisor geteilt wird.	$4 \cdot 9 = 36$ $4 \cdot 9 \cdot 2 = 36 \cdot 2$ $\dfrac{4 \cdot 9}{3} = \dfrac{36}{3}$
Seitenveränderung durch Bildung des Kehrwertes	Eine Gleichung bleibt gleich, wenn auf beiden Seiten der Kehrwert gebildet wird.	$3 + 4 = 7$ $\dfrac{1}{3+4} = \dfrac{1}{7}$
Seitenveränderung durch Potenzieren und Radizieren	Eine Gleichung bleibt gleich, wenn auf beiden Seiten mit dem gleichen Exponenten potenziert oder mit dem gleichen Wurzelexponenten radiziert wird.	$6 + 7 = 13$ $(6 + 7)^2 = 13^2$ $\sqrt{6 + 7} = \sqrt{13}$
Seitenwechsel	Bringt man ein positves Glied einer Gleichung auf die andere Seite der Gleichung, so wird es negativ.	$x + 3 = 12$ $x = 12 - 3$
	Bringt man ein negatives Glied einer Gleichung auf die andere Seite der Gleichung, so wird es positiv.	$x - 5 = 8$ $x = 8 + 5$
	Bringt man einen Faktor einer Gleichung auf die andere Seite der Gleichung, so wird daraus ein Divisor.	$x \cdot 4 = 32$ $x = \dfrac{32}{4}$
	Bringt man einen Divisor einer Gleichung auf die andere Seite der Gleichung, so wird daraus ein Faktor.	$\dfrac{x}{6} = 7$ $x = 7 \cdot 6$
Proportionen (Verhältnisgleichungen)	Haben zwei Verhältnisse den gleichen Wert, können sie gleichgesetzt und wie Gleichungen behandelt werden. Eine Proportion kann auch als Bruchgleichung geschrieben werden.	$a : b = c$ $x : y = c$ $a : b = x : y$
	Bei einer Proportion ist das Produkt der Außenglieder gleich dem Produkt der Innenglieder.	$a : b = x : y$ $a \cdot y = b \cdot x$
	Bei einer Proportion können die Außenglieder miteinander vertauscht werden.	$a : b = x : y$ $y : b = x : a$
	Bei einer Proportion können die Innenglieder miteinander vertauscht werden.	$a : b = x : y$ $a : x = b : y$
	Bei einer Proportion können zusammengehörige Innen- und Außenglieder miteinander vertauscht werden.	$a : b = x : y$ $b : a = y : x$
	Zwei Verhältnisse heißen direkt proportional, wenn sie im gleichen (geraden) Verhältnis zueinander stehen (z. B. Kraft und Druck: je größer die Kraft, desto größer der Druck).	$p_1 : F_1 = p_2 : F_2$ $\dfrac{p_1}{p_2} = \dfrac{F_1}{F_2}$
	Zwei Verhältnisse heißen indirekt proportional, wenn sie im umgekehrten (ungeraden) Verhältnis zueinander stehen (z. B. Fläche und Druck: je größer die Fläche, desto kleiner der Druck).	$p_1 : \dfrac{1}{A_1} = p_2 : \dfrac{1}{A_2}$ $\dfrac{p_1}{p_2} = \dfrac{A_2}{A_1}$

$a : b = x : y$

Innenglieder

Außenglieder

Mathematisch-technische Grundlagen

Umformen von Gleichungen
Transforming of equations

Gleichungen müssen häufig nach einer gesuchten Größe umgestellt werden. Hierdurch soll die gesuchte Größe
- allein (auf der linken Seite) stehen,
- ein positives Vorzeichen haben.

Summengleichung	$U = l_1 + l_2 + l_3$	$120 \text{ mm} = l_1 + 30 \text{ mm} + 40 \text{ mm}$
Seiten vertauschen	$l_1 + l_2 + l_3 = U$	$l_1 + 30 \text{ mm} + 40 \text{ mm} = 120 \text{ mm}$
Gesuchte Größe isolieren	$l_1 = U - l_2 - l_3$	$l_1 = 120 \text{ mm} - 30 \text{ mm} - 40 \text{ mm}$
		$\underline{l_1 = 50 \text{ mm}}$
Faktorengleichung	$U = 4 \cdot l$	$280 \text{ mm} = 4 \cdot l$
Seiten vertauschen	$4 \cdot l = U$	$4 \cdot l = 280 \text{ mm}$
Gesuchte Größe isolieren	$l = \dfrac{U}{4}$	$l = \dfrac{280 \text{ mm}}{4}$
		$\underline{l = 70 \text{ mm}}$
Quotientengleichung (gesuchte Größe im Zähler)	$l_B = \dfrac{d \cdot \pi \cdot \alpha}{360°}$	$50 \text{ mm} = \dfrac{d \cdot \pi \cdot 72°}{360°}$
Seiten vertauschen	$\dfrac{d \cdot \pi \cdot \alpha}{360°} = l_B$	$\dfrac{d \cdot \pi \cdot 72°}{360°} = 50 \text{ mm}$
Gesuchte Größe isolieren	$d = \dfrac{l_B \cdot 360°}{\pi \cdot \alpha}$	$d = \dfrac{50 \text{ mm} \cdot 360°}{\pi \cdot 72°}$
		$\underline{d = 31{,}42 \text{ mm}}$
Quotientengleichung (gesuchte Größe im Nenner)	$i = \dfrac{n_1}{n_2}$	$4 = \dfrac{1400 \text{ min}^{-1}}{n_2}$
Seiten vertauschen	$\dfrac{n_1}{n_2} = i$	$\dfrac{1400 \text{ min}^{-1}}{n_2} = 4$
Seiten umkehren	$\dfrac{n_2}{n_1} = \dfrac{1}{i}$	$\dfrac{n_2}{1400 \text{ min}^{-1}} = \dfrac{1}{4}$
Gesuchte Größe isolieren	$n_2 = \dfrac{n_1}{i}$	$n_2 = \dfrac{1400 \text{ min}^{-1}}{4}$
		$\underline{n_2 = 350 \text{ min}^{-1}}$
Quotientengleichung (mit Klammer)	$a = \dfrac{m \cdot (z_1 + z_2)}{2}$	$90 \text{ mm} = \dfrac{3 \text{ mm} \cdot (z_1 + 36)}{2}$
Seiten vertauschen	$\dfrac{m \cdot (z_1 + z_2)}{2} = a$	$\dfrac{3 \text{ mm} \cdot (z_1 + 36)}{2} = 90 \text{ mm}$
Klammer isolieren	$z_1 + z_2 = \dfrac{a \cdot 2}{m}$	$z_1 + 36 = \dfrac{90 \text{ mm} \cdot 2}{3 \text{ mm}}$
Gesuchte Größe isolieren	$z_1 = \dfrac{a \cdot 2}{m} - z_2$	$z_1 = \dfrac{90 \text{ mm} \cdot 2}{3 \text{ mm}} - 36$
		$\underline{z_1 = 24}$
Potenzgleichung	$A_0 = 6 \cdot l^2$	$1350 \text{ mm}^2 = 6 \cdot l^2$
Seiten vertauschen	$6 \cdot l^2 = A_0$	$6 \cdot l^2 = 1350 \text{ mm}^2$
Gesuchte Größe isolieren	$l^2 = \dfrac{A_0}{6}$	$l^2 = \dfrac{1350 \text{ mm}^2}{6}$
Auf beiden Seiten Wurzel ziehen	$l = \sqrt{\dfrac{A_0}{6}}$	$l = \sqrt{\dfrac{1350 \text{ mm}^2}{6}}$
		$\underline{l = 15 \text{ mm}}$
Wurzelgleichung	$t = \sqrt{\dfrac{2 \cdot s}{g}}$	$3{,}91 \text{ s} = \sqrt{\dfrac{2 \cdot s}{9{,}81 \text{ m/s}^2}}$
Seiten vertauschen	$\sqrt{\dfrac{2 \cdot s}{g}} = t$	$\sqrt{\dfrac{2 \cdot s}{9{,}81 \text{ m/s}^2}} = 3{,}91 \text{ s}$
Beide Seiten quadrieren	$\dfrac{2 \cdot s}{g} = t^2$	$\dfrac{2 \cdot s}{9{,}81 \text{ m/s}^2} = 15{,}29 \text{ s}^2$
Gesuchte Größe isolieren	$s = \dfrac{t^2 \cdot g}{2}$	$s = \dfrac{15{,}29 \text{ s}^2 \cdot 9{,}81 \text{ m}}{2 \cdot \text{s}^2}$
		$\underline{s = 75 \text{ m}}$

Prozent-, Promille-, Zinsrechnung
Percentage and per mil calculation, calculation of interest

Rechenart	Regeln	Beispiele
Prozentrechnung $1\% = \frac{1}{100}$ p : Prozentsatz in % P : Prozentwert G : Grundwert	Die Prozentrechnung ist eine Rechnung mit Proportionen, bei der alle Größen auf 100 Teile bezogen werden. Der Prozentsatz verhält sich zu 100 % wie der Prozentwert zum Grundwert. $$\frac{p}{100\%} = \frac{P}{G}$$ $$P = \frac{p \cdot 100\%}{G}$$ $$P = \frac{G \cdot p}{100\%}$$	
Promillerechnung $1\text{‰} = \frac{1}{1000}$ p^* : Promillesatz in ‰ P^* : Promillewert G : Grundwert	Die Promillerechnung ist eine Rechnung mit Proportionen, bei der alle Größen auf 1000 Teile bezogen werden. Der Promillesatz verhält sich zu 1000 ‰ wie der Promillewert zum Grundwert. $$\frac{p^*}{1000\text{‰}} = \frac{P^*}{G}$$	
Zinsrechnung p : Jahreszinssatz Z : Zinswert K : Kapital i : Zinszeitraum in Jahren i_T : Zinszeitraum in Tagen i_M : Zinszeitraum in Monaten 1 Zinsjahr = 360 Tage 1 Zinsmonat = 30 Tage	Die Zinsrechnung ist eine besondere Art der Prozentrechnung. Der Jahreszinssatz verhält sich zu 100 % wie die Zinsen (Zinswert) zum eingesetzten Kapital (Grundwert). $$\frac{p}{100\%} = \frac{Z}{K} \qquad Z = K \cdot \frac{p}{100\%} \cdot i$$ Für eine bestimmte Anzahl von Tagen i_T wird die Höhe des Zinswertes: $$Z = K \cdot \frac{p}{100\%} \cdot \frac{i_T}{360}$$ Für eine bestimmte Anzahl von Monaten i_M wird die Höhe des Zinswertes: $$Z = K \cdot \frac{p}{100\%} \cdot \frac{i_M}{12}$$	

Reihen
Progressions

Rechenart	Regeln	Beispiele
Folgen	Zahlen, die mit einer bestimmten Gesetzmäßigkeit aufeinander folgen, nennt man Zahlenfolge. Die einzelnen Zahlen heißen Glieder. Addiert man die einzelnen Glieder einer Zahlenfolge, so ensteht eine Reihe.	Zahlenfolge: 1 3 5 7 9 Glieder: $1 ; 3 ; 5 ; 7 ; 9$ Reihe: $1 + 3 + 5 + 7 + 9$
Arithmetische Reihen	Bei einer arithmetischen Reihe ist die Differenz von zwei aufeinander folgenden Gliedern immer gleich groß. Das Endglied a_n kann berechnet werden aus Anfangsglied a_1, Anzahl der Glieder n und Differenz d. Die Summe der Reihe kann berechnet werden aus Anfangsglied a_1, Endglied a_n und der Anzahl der Glieder n.	$a_1 + a_2 + a_3 + \ldots + a_n$ $a_2 - a_1 = a_3 - a_2 = d$ $a_n - a_{n-1} = d$ $a_n = a_1 + (n-1) \cdot d$ $s_n = \frac{n}{2} \cdot (a_1 + a_n)$
Geometrische Reihe	Bei einer geometrischen Reihe ist der Quotient q von zwei aufeinander folgenden Gliedern immer gleich groß. Das Endglied a_n kann berechnet werden aus Anfangsglied a_1, Anzahl der Glieder n und Quotient q. Die Summe der Reihe kann berechnet werden aus Anfangsglied a_1, Anzahl der Glieder n und Quotient q.	$a_1 + a_2 + a_3 + \ldots + a_n$ $\frac{a_3}{a_2} = \frac{a_2}{a_1} = q = \frac{a_n}{a_{n-1}}$ $a_n = a_1 \cdot q^{n-1}$ $s_n = a_1 \cdot \frac{q^{n-1}}{q-1}$

Mathematisch-technische Grundlagen

Binomische Formeln
Binomial formulas

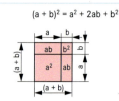 $(a + b)^2 = a^2 + 2ab + b^2$

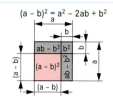 $(a - b)^2 = a^2 - 2ab + b^2$

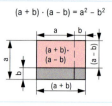 $(a + b) \cdot (a - b) = a^2 - b^2$

Längen
Lengths

Teilung von Längen

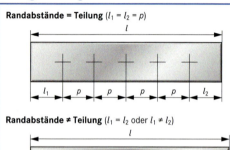

Randabstände = Teilung ($l_1 = l_2 = p$)

Randabstände ≠ Teilung ($l_1 = l_2$ oder $l_1 \neq l_2$)

$z = n + 1$
$l = z \cdot p$
$l = (n + 1) \cdot p$

$$p = \frac{l}{n + 1}$$

$n = \frac{l}{p} - 1$

$z = n - 1$
$l = (l_1 + l_2) + p \cdot z$
$l = (l_1 + l_2) + p \cdot (n - 1)$

$$p = \frac{l - (l_1 + l_2)}{n - 1}$$

$n = \frac{l - (l_1 + l_2)}{p} + 1$

z : Anzahl der Teilungen
n : Anzahl der Bohrungen, Sägeschnitte, Anreißlinien
p : Teilung
l : Gesamtlänge
l_1 : Randabstand
l_2 : Randabstand

Berechnungen am rechtwinkligen Dreieck
Calculation at the rectangular triangle

Lehrsatz des Pythagoras

Im rechtwinkligen Dreieck ist das aus der Hypotenuse gebildete Quadrat flächengleich mit der Summe der beiden Quadrate, die aus den Katheten gebildet werden können.

$$a^2 + b^2 = c^2$$

$a = \sqrt{c^2 - b^2}$ $\qquad$ $b = \sqrt{c^2 - a^2}$ $\qquad$ $c = \sqrt{a^2 + b^2}$

a : Kathete
b : Kathete
c : Hypotenuse
$\sphericalangle$: Rechter Winkel (90°)

Lehrsatz des Euklid (Kathetensatz)

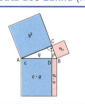

Im rechtwinkligen Dreieck ist das Kathetenquadrat flächengleich mit dem Rechteck, das aus der Hypotenuse und dem anliegenden Hypotenusenabschnitt gebildet werden kann.

$a^2 = c \cdot p$ $\qquad$ $a = \sqrt{c \cdot p}$ $\qquad$ $p = \frac{a^2}{c}$

$b^2 = c \cdot q$ $\qquad$ $b = \sqrt{c \cdot q}$ $\qquad$ $q = \frac{b^2}{c}$

a^2: Kathetenquadrat
b^2: Kathetenquadrat
c : Hypotenuse
p : Hypotenusenabschnitt B–D
q : Hypotenusenabschnitt A–D
$\sphericalangle$: Rechter Winkel (90°)

Höhensatz

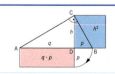

Im rechtwinkligen Dreieck ist das aus der Höhe gebildete Quadrat flächengleich mit dem Rechteck, das aus den beiden Hypotenusenabschnitten gebildet werden kann.

$h^2 = p \cdot q$ $\qquad$ $h = \sqrt{p \cdot q}$ $\qquad$ $p = \frac{h^2}{q}$ $\qquad$ $q = \frac{h^2}{p}$

h : Hypotenusenquadrat
q : Hypotenusenabschnitt A–D
p : Hypotenusenabschnitt B–D
$\sphericalangle$: Rechter Winkel (90°)

Strahlensätze
Theoremes of intersecting lines

1. Strahlensatz: Werden zwei Strahlen von Parallelen geschnitten, so sind die Abschnitte auf dem einen Strahl verhältnisgleich mit den zugehörigen Abschnitten auf dem anderen Strahl.

2. Strahlensatz: Werden zwei Strahlen von Parallelen geschnitten, so sind die Abschnitte auf den Parallelen verhältnisgleich mit den zugehörigen Abschnitten auf den Strahlen.

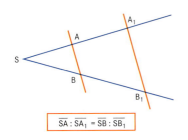

$$\overline{SA} : \overline{SA_1} = \overline{SB} : \overline{SB_1}$$

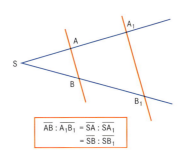

$$\overline{AB} : \overline{A_1B_1} = \overline{SA} : \overline{SA_1} = \overline{SB} : \overline{SB_1}$$

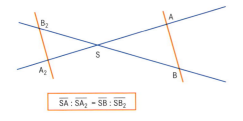

$$\overline{SA} : \overline{SA_2} = \overline{SB} : \overline{SB_2}$$

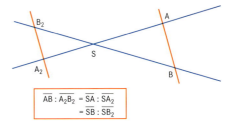

$$\overline{AB} : \overline{A_2B_2} = \overline{SA} : \overline{SA_2} = \overline{SB} : \overline{SB_2}$$

Winkelfunktionen
Trigonometric functions

Winkelfunktionen im rechtwinkligen Dreieck

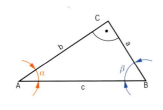

a : Kathete
 Gegenkathete zum Winkel α
 Ankathete   zum Winkel β

b : Kathete
 Ankathete   zum Winkel α
 Gegenkathete zum Winkel β

c : Hypotenuse

∟ : Rechter Winkel (90°)

Bezeichnung		Winkel α	Winkel β
Sinus = $\dfrac{\text{Gegenkathete}}{\text{Hypotenuse}}$		$\sin\alpha = \dfrac{a}{c}$	$\sin\beta = \dfrac{b}{c}$
Kosinus = $\dfrac{\text{Ankathete}}{\text{Hypotenuse}}$		$\cos\alpha = \dfrac{b}{c}$	$\cos\beta = \dfrac{a}{c}$
Tangens = $\dfrac{\text{Gegenkathete}}{\text{Ankathete}}$		$\tan\alpha = \dfrac{a}{b}$	$\tan\beta = \dfrac{b}{a}$
Kotangens = $\dfrac{\text{Ankathete}}{\text{Gegenkathete}}$		$\cot\alpha = \dfrac{b}{a}$	$\cot\beta = \dfrac{a}{b}$
Seite	Beziehung		
a	$b \cdot \tan\alpha$	$b \cdot \cot\beta$	$c \cdot \sin\alpha$	$c \cdot \cos\beta$
b	$\dfrac{a}{\tan\alpha}$	$a \cdot \cot\alpha$	$c \cdot \sin\beta$	$c \cdot \cos\alpha$
c	$\dfrac{a}{\sin\alpha}$	$\dfrac{a}{\cos\beta}$	$\dfrac{b}{\cos\alpha}$	$\dfrac{b}{\sin\beta}$

Mathematisch-technische Grundlagen

Winkelfunktionen
Trigonometric functions

Winkelfunktionen am Einheitskreis

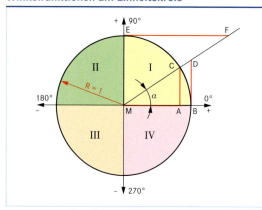

Werte der Winkelfunktionen

Quadrant / Funktion	I	II	III	IV
$\sin \alpha = \overline{AC}$	steigend 0 ... +1	fallend +1 ... 0	fallend 0 ... −1	steigend −1 ... 0
$\cos \alpha = \overline{AM}$	fallend +1 ... 0	fallend 0 ... −1	steigend −1 ... 0	steigend 0 ... +1
$\tan \alpha = \overline{BD}$	steigend 0 ... +∞	steigend −∞ ... 0	steigend 0 ... +∞	steigend −∞ ... 0
$\cot \alpha = \overline{EF}$	fallend +∞ ... 0	fallend 0 ... −∞	fallend +∞ ... 0	fallend 0 ... −∞

Beziehungen zwischen den Winkelfunktionen

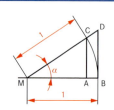

$$\sin^2 \alpha + \cos^2 \alpha = 1$$

$$\tan \alpha = \frac{\sin \alpha}{\cos \alpha}$$

$$\cot \alpha = \frac{\cos \alpha}{\sin \alpha}$$

$$\tan \alpha = \frac{1}{\cot \alpha}$$

$$\cot \alpha = \frac{1}{\tan \alpha}$$

$$\tan \alpha \cdot \cot \alpha = 1$$

Besondere Werte der Winkelfunktionen

Funktion \ Winkel	0° (0)	30° $\left(\frac{\pi}{6}\right)$	45° $\left(\frac{\pi}{4}\right)$	60° $\left(\frac{\pi}{3}\right)$	90° $\left(\frac{\pi}{2}\right)$	180° (π)	270° $\left(\frac{3 \cdot \pi}{2}\right)$	360° $(2 \cdot \pi)$
sin	0	$\frac{1}{2}$	$\frac{1}{2} \cdot \sqrt{2}$	$\frac{1}{2} \cdot \sqrt{3}$	1	0	−1	0
cos	1	$\frac{1}{2} \cdot \sqrt{3}$	$\frac{1}{2} \cdot \sqrt{2}$	$\frac{1}{2}$	0	−1	0	1
tan	0	$\frac{1}{3} \cdot \sqrt{3}$	1	$\sqrt{3}$	∞	0	∞	0
cot	∞	$\sqrt{3}$	1	$\frac{1}{3} \cdot \sqrt{3}$	0	∞	0	∞

Winkelfunktionen im schiefwinkligen Dreieck

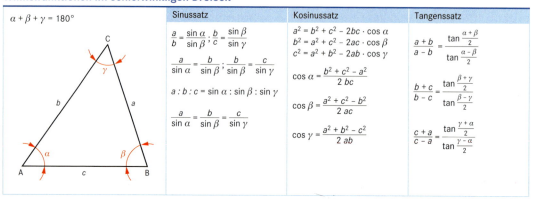

Geradlinig begrenzte Flächen
Surfaces bounded by straigth lines

Regelmäßige Vierecke

Quadrat

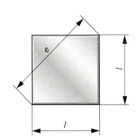

$A = l \cdot l$
$A = l^2$

$l = \sqrt{A}$

$U = 4 \cdot l$

$l = \dfrac{U}{4}$

$e = l \cdot \sqrt{2}$

A : Fläche
l : Länge
U: Umfang
e : Eckenmaß

Rhombus

$A = l \cdot b$

$l = \dfrac{A}{b}$

$b = \dfrac{A}{l}$

$U = 4 \cdot l$

$l = \dfrac{U}{4}$

A : Fläche
l : Länge
b : Breite
U: Umfang

Rechteck

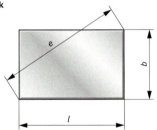

$A = l \cdot b$

$l = \dfrac{A}{b}$

$b = \dfrac{A}{l}$

$U = 2 \cdot (l + b)$

$l = \dfrac{U}{2} - b$

$b = \dfrac{U}{2} - l$

$e = \sqrt{l^2 + b^2}$

A : Fläche
l : Länge
b : Breite
U: Umfang
e : Eckenmaß

Parallelogramm

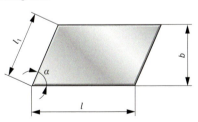

$A = l \cdot b$

$A = l \cdot l_1 \cdot \sin \alpha$

$l = \dfrac{A}{b}$

$b = \dfrac{A}{l}$

$U = 2 \cdot (l + l_1)$

$l = \dfrac{U}{2} - l_1$

$l_1 = \dfrac{U}{2} - l$

A : Fläche
l : Länge
l_1: Seitenlänge
b : Breite
U: Umfang
α: Winkel

Dreiecke

Spitzwinkliges Dreieck

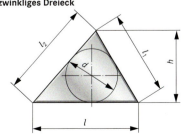

$A = \dfrac{l \cdot h}{2}$

$A = \dfrac{d \cdot U}{4}$

$l = \dfrac{2 \cdot A}{h}$

$U = l + l_1 + l_2$

$h = \dfrac{2 \cdot A}{l}$

A : Fläche
$l; l_1; l_2$: Dreieckseiten
h : Höhe
d : Inkreisdurchmesser
U : Umfang

Mathematisch-technische Grundlagen

Geradlinig begrenzte Flächen
Surfaces bounded by straight lines

Dreiecke

Stumpfwinkliges Dreieck

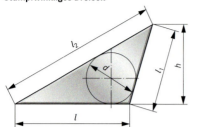

$$A = \frac{l \cdot h}{2}$$

$$A = \frac{d \cdot U}{4}$$

$$U = l + l_1 + l_2$$

$$l = \frac{2 \cdot A}{h} \qquad h = \frac{2 \cdot A}{l}$$

A : Fläche
l : Länge
h : Höhe
l_1 : Dreieckseite
l_2 : Dreieckseite
d : Inkreisdurchmesser
U : Umfang

Trapez

Trapez

$$A = \frac{l_1 + l_2}{2} \cdot b$$

$$A = l_m \cdot b$$

$$l_1 = \frac{2 \cdot A}{b} - l_2$$

$$l_2 = \frac{2 \cdot A}{b} - l_1$$

$$l_m = \frac{A}{b}$$

$$b = \frac{A}{l_m}$$

$$b = \frac{2 \cdot A}{l_1 + l_2}$$

$$l_m = \frac{l_1 + l_2}{2}$$

A : Fläche
l_1 : große Seitenlänge
l_2 : kleine Seitenlänge
l_m : mittlere Seitenlänge
b : Breite

Vielecke

Regelmäßiges Vieleck

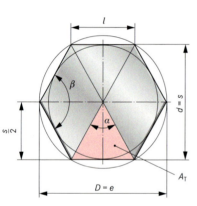

$$A = A_T \cdot n$$

$$A = \frac{l \cdot d \cdot n}{4}$$

$$\alpha = \frac{360°}{n}$$

$$l = D \cdot \sin\left(\frac{180°}{n}\right)$$

$$d = \sqrt{D^2 - l^2}$$

$$D = \sqrt{d^2 + l^2}$$

$$\beta = 180° - \alpha$$

A : Fläche
A_T : Teilfläche
n : Eckenzahl
l : Seitenlänge
s : Schlüsselweite
e : Eckenmaß
D : Umkreis-Ø
d : Inkreis-Ø
α : Mittelpunktswinkel
β : Eckenwinkel

Eckenzahl n	Seitenlänge l	Schlüsselweite s	Eckenmaß e	Fläche A	
3	$0{,}866 \cdot D$			$0{,}325 \cdot D^2$	$1{,}299 \cdot d^2$
4	$0{,}707 \cdot D$	$0{,}707 \cdot e$	$1{,}414 \cdot s$	$0{,}500 \cdot D^2$	$1{,}000 \cdot d^2$
5	$0{,}588 \cdot D$			$0{,}595 \cdot D^2$	$0{,}908 \cdot d^2$
6	$0{,}500 \cdot D$	$0{,}866 \cdot e$	$1{,}155 \cdot s$	$0{,}649 \cdot D^2$	$0{,}866 \cdot d^2$
8	$0{,}383 \cdot D$	$0{,}924 \cdot e$	$1{,}082 \cdot s$	$0{,}707 \cdot D^2$	$0{,}828 \cdot d^2$
10	$0{,}309 \cdot D$	$0{,}951 \cdot e$	$1{,}052 \cdot s$	$0{,}735 \cdot D^2$	$0{,}812 \cdot d^2$
12	$0{,}259 \cdot D$	$0{,}966 \cdot e$	$1{,}035 \cdot s$	$0{,}750 \cdot D^2$	$0{,}804 \cdot d^2$

Unregelmäßiges Vieleck

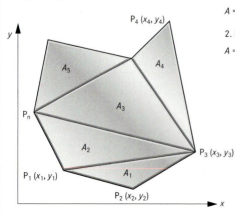

1. Berechnung mit Teilflächen

$$A = A_1 + A_2 + A_3 + \ldots + A_n$$

2. Berechnung mit Koordinaten

$$A = \tfrac{1}{2}[(X_1Y_2 - X_2Y_1) + (X_2Y_3 - X_3Y_2) + (X_3Y_4 - X_4Y_3) + \ldots + (X_nY_1 - X_1Y_n)]$$

$P \ldots$: Eckpunkte des Vielecks
$X \ldots$: Koordinaten in X-Richtung
$Y \ldots$: Koordinaten in Y-Richtung
A : Fläche
$A_1 \ldots A_5$: Teilfläche

414 Mathematisch-technische Grundlagen

Kreisförmig begrenzte Flächen
Surfaces bounded by circular lines

Kreis

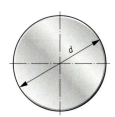

$$A = \frac{d^2 \cdot \pi}{4} \qquad U = d \cdot \pi$$

$$d = \sqrt{\frac{4 \cdot A}{\pi}} \qquad d = \frac{U}{\pi}$$

- A : Fläche
- d : Durchmesser
- U : Umfang
- π : Kreiszahl = 3,14159 ...[1)]

Kreisausschnitt

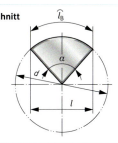

$$A = \frac{d^2 \cdot \pi \cdot \alpha}{4 \cdot 360°}$$

$$A = \frac{l_B \cdot d}{4}$$

$$l_B = \frac{d \cdot \pi \cdot \alpha}{360°}$$

$$l = d \cdot \sin \frac{\alpha}{2}$$

- A : Fläche
- d : Durchmesser
- α : Zentriwinkel
- l_B : Bogenlänge
- l : Sehnenlänge
- π : 3,14159 ...[1)]

Kreisabschnitt

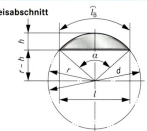

$$A = \frac{l_B \cdot r - l(r-h)}{2}$$

$$A \approx \frac{2}{3} \cdot l \cdot h$$

$$r = \frac{h}{2} + \frac{l^2}{8h}$$

$$h = \frac{d}{2} \cdot \left(1 - \cos \frac{\alpha}{2}\right)$$

$$h = \frac{l}{2} \cdot \tan \frac{\alpha}{4}$$

$$l_B = \frac{d \cdot \pi \cdot \alpha}{360°}$$

$$l = d \cdot \sin \frac{\alpha}{2}$$

- A : Fläche
- d : Durchmesser
- α : Zentriwinkel
- l : Sehnenlänge
- h : Bogenhöhe
- l_B : Bogenlänge
- r : Radius
- π : 3,14159 ...[1)]

Kreisring

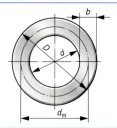

$$A = \frac{D^2 \cdot \pi}{4} - \frac{d^2 \cdot \pi}{4}$$

$$A = (D^2 - d^2) \cdot \frac{\pi}{4}$$

$$D = \sqrt{\frac{4 \cdot A}{\pi} + d^2}$$

$$A = d_m \cdot \pi \cdot b$$

$$d_m = \frac{D + d}{2}$$

$$d = \sqrt{D^2 - \frac{4 \cdot A}{\pi}}$$

- A : Fläche
- D : Außendurchmesser
- d : Innendurchmesser
- d_m : mittlerer Durchmesser
- b : Breite
- π : 3,14159 ...[1)]

Kreisringausschnitt

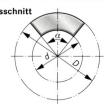

$$A = \left(\frac{D^2 \cdot \pi}{4} - \frac{d^2 \cdot \pi}{4}\right) \cdot \frac{\alpha}{360°}$$

$$A = (D^2 - d^2) \cdot \frac{\pi}{4} \cdot \frac{\alpha}{360°}$$

- A : Fläche
- D : Außendurchmesser
- d : Innendurchmesser
- α : Zentriwinkel
- π : 3,14159 ...[1)]

Ellipse

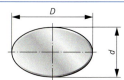

$$A = \frac{D \cdot d \cdot \pi}{4}$$

$$U \approx \pi \cdot \sqrt{\frac{D^2 + d^2}{2}}$$

$$U \approx \frac{D + d}{2} \cdot \pi$$

- A : Fläche
- D : große Achse
- d : kleine Achse
- U : Umfang
- π : 3,14159 ...[1)]

[1)] die ersten 100: π = 3,14159 2653415 89793 23846 26433 83279 50288 41971 69399 37510 58209 74944 59230 78164 06286 20899 86280 34825 34211 70679 (Es gibt noch unendlich viele davon.)

Schwerpunkte
Centers of gravity

Linienschwerpunkte

Gerade		Viertelkreisbogen	
	$x_o = \dfrac{l}{2}$		$x_o = y_o = \dfrac{2 \cdot r}{\pi}$ $x_o = y_o = 0{,}6366 \cdot r$
Halbkreisbogen		**Kreisbogen** (beliebig)	
	$y_o = \dfrac{2 \cdot r}{\pi}$ $y_o = 0{,}6366 \cdot r$	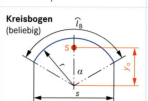	$y_o = \dfrac{r \cdot s}{l_B}$ $y_o = \dfrac{s \cdot 180°}{\alpha \cdot \pi}$
Viertelkreisbogen		**Dreieckumfang**	
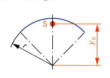	$y_o = \dfrac{2 \cdot \sqrt{2} \cdot r}{\pi}$ $y_o = 0{,}9003 \cdot r$	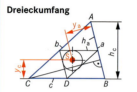	$AD = DB$ $y_a = \dfrac{h_a}{2} \cdot \dfrac{b+c}{a+b+c}$ $y_c = \dfrac{h_c}{2} \cdot \dfrac{a+b}{a+b+c}$

Flächenschwerpunkte[1)]

Dreieck		Kreisausschnitt	
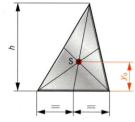	$y_o = \dfrac{h}{3}$	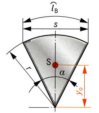	$y_o = \dfrac{2 \cdot r \cdot s}{3 \cdot l_B}$ $y_o = \dfrac{2 \cdot r \cdot \sin \alpha \cdot 180°}{3 \cdot \alpha \cdot \pi}$
Trapez		**Kreisringausschnitt**	
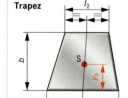	$y_o = \dfrac{b}{3} \cdot \dfrac{l_1 + 2l_2}{l_1 + l_2}$	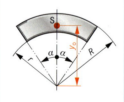	$y_o = \dfrac{2 \cdot (R^3 - r^3) \cdot \sin \frac{\alpha}{2} \cdot 180°}{3 \cdot (R^2 - r^2) \cdot \frac{\alpha}{2} \cdot \pi}$
Halbkreis		**Kreisabschnitt**	
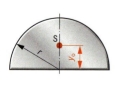	$y_o = \dfrac{4 \cdot r}{3 \cdot \pi}$	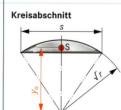	$y_o = \dfrac{4 \cdot r}{3 \cdot \pi}$ $y_o = 0{,}4244 \cdot r$

[1)] siehe auch Profile aus Aluminium und Profile aus Stahl

Körper
Solids

Gerade Körper

Würfel

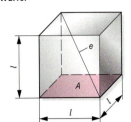

$V = A \cdot l$
$V = l^3$

$l = \sqrt[3]{V}$

$e = l \cdot \sqrt{3}$

$A_O = 6 \cdot l^2$

$l = \sqrt{\dfrac{A_O}{6}}$

V : Volumen
A : Grundfläche
l : Seitenlänge
A_O : Oberfläche
e : Raumdiagonale

Prisma

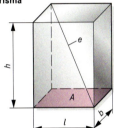

$V = A \cdot h$
$V = l \cdot b \cdot h$

$h = \dfrac{V}{l \cdot b}$

$e = \sqrt{l^2 + b^2 + h^2}$

$A_M = 2 \cdot (l \cdot h + b \cdot h)$
$A_O = 2 \cdot (l \cdot h + b \cdot h + l \cdot b)$

V : Volumen
A : Grundfläche
h : Höhe
l : Seitenlänge
b : Breite
A_M: Mantelfläche
A_O: Oberfläche
e : Raumdiagonale

Zylinder

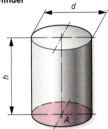

$V = A \cdot h$
$V = \dfrac{d^2 \cdot \pi}{4} \cdot h$

$d = \sqrt{\dfrac{4 \cdot V}{\pi \cdot h}}$

$h = \dfrac{4 \cdot V}{d^2 \cdot \pi}$

$A_M = d \cdot \pi \cdot h$
$A_O = d \cdot \pi \cdot h + 2 \cdot \dfrac{d^2 \cdot \pi}{4}$

V : Volumen
A : Grundfläche
h : Höhe
d : Durchmesser
A_M: Mantelfläche
A_O: Oberfläche
π : 3,14159 ...

Hohlzylinder

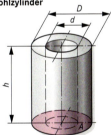

$V = A \cdot h$

$V = \left(\dfrac{D^2 \cdot \pi}{4} - \dfrac{d^2 \cdot \pi}{4}\right) \cdot h$

$V = (D^2 - d^2) \cdot \dfrac{\pi \cdot h}{4}$

$A_M = D \cdot \pi \cdot h$
$A_O = 2 \cdot \left(\dfrac{D^2 \cdot \pi}{4} - \dfrac{d^2 \cdot \pi}{4}\right) + D \cdot \pi \cdot h + d \cdot \pi \cdot h$

V : Volumen
A : Grundfläche
h : Höhe
D : Außen-
  durchmesser
d : Innen-
  durchmesser
A_M: Mantelfläche
A_O: Oberfläche
π : 3,14159 ...

Spitze Körper

Pyramide

$V = \dfrac{A \cdot h}{3}$
$V = \dfrac{l \cdot b \cdot h}{3}$

$h = \dfrac{3 \cdot V}{l \cdot b}$

$h_s = \sqrt{h^2 + \dfrac{l^2}{4}}$

$A_M = 2 \cdot \dfrac{l \cdot h_s}{2} + 2 \cdot \dfrac{b \cdot h_s}{2}$
$A_M = h_s \cdot (l + b)$
$A_O = h_s \cdot (l + b) + l \cdot b$

V : Volumen
A : Grundfläche
l : Länge
b : Breite
h : Höhe
h_s : Seitenhöhe
A_M: Mantelfläche
A_O: Oberfläche

Mathematisch-technische Grundlagen

Körper
Solids

Spitze Körper

Kegel

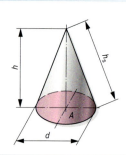

$V = \dfrac{A \cdot h}{3}$

$V = \dfrac{d^2 \cdot \pi \cdot h}{4 \cdot 3}$

$A_M = \dfrac{d \cdot \pi}{2} \cdot h_s$

$A_O = \dfrac{d \cdot \pi}{2} \cdot h_s + \dfrac{d^2 \cdot \pi}{4}$

$d = \sqrt{\dfrac{12 \cdot V}{\pi \cdot h}}$

$h = \dfrac{12 \cdot V}{d^2 \cdot \pi}$

$h_s = \sqrt{h^2 + \dfrac{d^2}{4}}$

- V : Volumen
- A : Grundfläche
- h : Höhe
- d : Durchmesser
- A_M : Mantelfläche
- h_s : Seitenhöhe
- A_O : Oberfläche
- π : 3,14159 …

Abgestumpfte Körper

Pyramidenstumpf

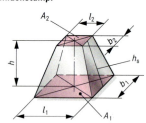

$V = \dfrac{h}{3} \cdot \left(A_1 + A_2 + \sqrt{A_1 \cdot A_2}\right)$

$V \approx \dfrac{A_1 + A_2}{2} \cdot h$

$A_M = (l_1 + l_2 + b_1 + b_2) \cdot h_s$

$A_O = (l_1 + l_2 + b_1 + b_2) \cdot h_s + l_1 \cdot b_1 + l_2 \cdot b_2$

$h_s = \sqrt{\dfrac{(l_1 - l_2)^2}{4} + h^2}$

- V : Volumen
- A_1 : Grundfläche
- A_2 : Deckfläche
- h : Höhe
- l_1 : untere Länge
- b_1 : untere Breite
- l_2 : obere Länge
- b_2 : obere Breite
- h_s : Seitenhöhe
- A_M : Mantelfläche
- A_O : Oberfläche

Kegelstumpf

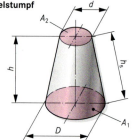

$V = \dfrac{h \cdot \pi}{12} \cdot (D^2 + d^2 + D \cdot d)$

$V \approx \dfrac{A_1 + A_2}{2} \cdot h$

$A_M = \dfrac{(D + d)}{2} \cdot \pi \cdot h_s$

$A_O = \dfrac{(D + d)}{2} \cdot \pi \cdot h_s + \dfrac{(D^2 + d^2) \cdot \pi}{4}$

$h_s = \sqrt{\dfrac{(D - d)^2}{4} + h^2}$

- V : Volumen
- h : Höhe
- D : unterer Durchmesser
- d : oberer Durchmesser
- A_1 : Grundfläche
- A_2 : Deckfläche
- h_s : Seitenhöhe
- A_M : Mantelfläche
- A_O : Oberfläche
- π : 3,14159 …

Kugelige Körper

Kugel

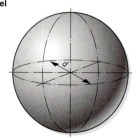

$V = \dfrac{d^3 \cdot \pi}{6}$

$A_O = d^2 \cdot \pi$

$d = \sqrt[3]{\dfrac{6 \cdot V}{\pi}}$

$d = \sqrt{\dfrac{A_O}{\pi}}$

- V : Volumen
- d : Durchmesser
- A_O : Oberfläche
- π : 3,14159 …

Kugelabschnitt (Kalotte)

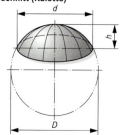

$V = h^2 \cdot \pi \cdot \left(\dfrac{D}{2} - \dfrac{h}{3}\right)$

$A_M = D \cdot \pi \cdot h$

$A_O = D \cdot \pi \cdot h + \dfrac{d^2 \cdot \pi}{4}$

- V : Volumen
- D : Kugeldurchmesser
- d : Kalottendurchmesser
- h : Kalottenhöhe
- A_M : Mantelfläche
- A_O : Oberfläche
- π : 3,14159 …

Mathematisch-technische Grundlagen

Körper
Solids

Guldinsche Regel

Rotationskörper

Mantelfläche

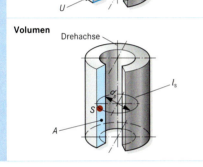

Eine um eine Drehachse rotierende Linie erzeugt eine Mantelfläche.

$$A_M = l \cdot l_s$$
$$A_M = l \cdot d_s \cdot \pi$$

A_M : Mantelfläche
l : Länge der erzeugenden Linie
l_s : Schwerpunktsweg
d_s : Durchmesser im Schwerpunktsweg
S : Schwerpunkt
π : 3,14159 …

Oberfläche

Ein um eine Drehachse rotierender Umfang erzeugt eine Oberfläche.

$$A_O = U \cdot l_s$$
$$A_O = U \cdot d_s \cdot \pi$$

A_O : Oberfläche
U : Umfangslänge
l_s : Schwerpunktsweg
d_s : Durchmesser im Schwerpunktsweg
S : Schwerpunkt
π : 3,14159 …

Volumen

Eine um eine Drehachse rotierende Fläche erzeugt ein Volumen.

$$V = A \cdot l_s$$
$$V = A \cdot d_s \cdot \pi$$

V : Volumen
A : erzeugende Fläche
l_s : Schwerpunktsweg
d_s : Durchmesser im Schwerpunktsweg
S : Schwerpunkt
π : 3,14159 …

Simpsonsche Regel

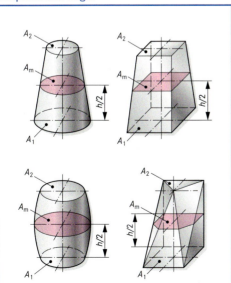

Das Volumen jedes regelmäßig geformten Körpers wird näherungsweise berechnet:

$$V \approx \frac{h}{6}(A_1 + A_2 + 4 \cdot A_m)$$

V : Volumen
h : Höhe
A_1 : Grundfläche
A_2 : Deckfläche
A_m: Fläche auf mittlerer Höhe

Mathematisch-technische Grundlagen

Massenberechnung
Caculation of mass

Massenberechnung mit Volumen und Dichte

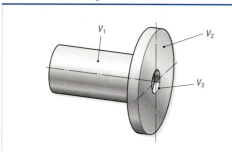

$$m = V \cdot \varrho$$
$$m = (V_1 + V_2 - V_3 \ldots) \cdot \varrho$$

$$V = \frac{m}{\varrho} \qquad \varrho = \frac{m}{V}$$

Werte für die Dichte von Werkstoffen s. Stoffwerte

V in	cm³	dm³	m³
ϱ in	g/cm³	kg/dm³	t/m³
m in	g	kg	t

m : Masse
V : Volumen
V_1 : Teilvolumen
V_2 : Teilvolumen
V_3 : Teilvolumen
ϱ : Dichte

Massenberechnung mit längenbezogener Masse

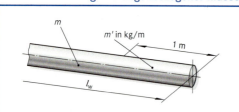

$$m = m' \cdot l_w$$

$$l_w = \frac{m}{m'} \qquad m' = \frac{m}{l_w}$$

Werte für die längenbezogene Masse s. Profile aus Al, Cu, St

m : Masse
m': längenbezogene Masse
l_w : Werkstücklänge

Massenberechnung mit flächenbezogener Masse

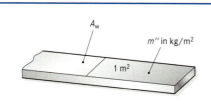

$$m = m'' \cdot A_w$$

$$A_w = \frac{m}{m''} \qquad m'' = \frac{m}{A_w}$$

Werte für die flächenbezogene Masse s. Bleche aus Al, Cu, St

m : Masse
m'': flächenbezogene Masse
A_w: Werkstückfläche

Rohlängenberechnung

ohne Verlust

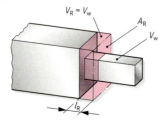

$$l_R = \frac{V_w}{A_R}$$

$V_R = V_w$
$A_R \cdot l_R = V_w$

mit Verlust

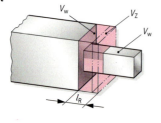

$$l_R = \frac{V_w + V_Z}{A_R}$$

$V_R = V_w + V_Z$
$V_Z = V_w \cdot q$
$A_R \cdot l_R = V_w + V_Z$

V_R : Volumen des Rohlings
V_w : Volumen des angeschmiedeten Werkstückteils
A_R : Querschnitt des Rohlings
l_R : Länge des Rohlings
V_Z : Volumen des Zuschlags für Verluste
q : Zuschlagsfaktor

Mathematisch-technische Grundlagen

Bewegung
Movement

Gleichförmige Bewegung

Gleichförmige Bewegung	Eine Bewegung ist gleichförmig, wenn in gleichen Zeiträumen gleiche Wegstrecken zurückgelegt werden.	
Gleichförmige, geradlinige Bewegung 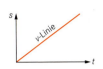	$v = \dfrac{s}{t}$ $s = v \cdot t$ $t = \dfrac{s}{v}$	v : Geschwindigkeit s : Weg t : Zeit
Gleichförmige Drehbewegung; Schnittgeschwindigkeit 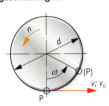	$v = d \cdot \pi \cdot n$ $\quad v_c = d \cdot \pi \cdot n$ $v = \dfrac{d}{2} \cdot \omega = r \cdot \omega$ $\quad v_c = \dfrac{d}{2} \cdot \omega = r \cdot \omega$ $d = \dfrac{v}{\pi \cdot n}$ $\quad d = \dfrac{v_c}{\pi \cdot n}$ $n = \dfrac{v}{d \cdot \pi}$ $\quad n = \dfrac{v_c}{d \cdot \pi}$ Werte für die Schnittgeschwindigkeit siehe Richtwerte	v : Umfangsgeschwindigkeit v_c : Schnittgeschwindigkeit d : Durchmesser r : Radius n : Umdrehungsfrequenz ω : Winkelgeschwindigkeit π : 3,14159 …
Winkelgeschwindigkeit 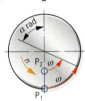	$\omega = 2 \cdot \pi \cdot n$ $\quad n = \dfrac{\omega}{2 \cdot \pi}$ Winkelgeschwindigkeit ω ist der Winkel (gemessen in Radiant), den ein Punkt auf einem Kreis in einer Zeiteinheit zurücklegt. $[\omega] = \dfrac{rad}{s} = \dfrac{1}{s}$	ω : Winkelgeschwindigkeit n : Umdrehungsfrequenz π : 3,14159 …

Gleichmäßig beschleunigte Bewegung

| Gleichmäßig beschleunigte Bewegung 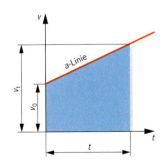 | Eine Bewegung ist gleichmäßig beschleunigt, wenn die Geschwindigkeit in gleichen Zeiten um gleiche Beträge zunimmt.

 $a = \dfrac{v_t - v_0}{t}$

 $s = v_0 \cdot t + \dfrac{a \cdot t^2}{2}$ $\quad v_t = v_0 + a \cdot t$
 $t = \dfrac{v_t - v_0}{a}$ $\quad v_t = \sqrt{v_0^2 + 2 \cdot a \cdot s}$

 Erfolgt die Beschleunigung aus der Ruhelage („aus dem Stand"), so ist $v_0 = 0$. Für verzögerte Bewegungen wird a negativ. | a : Beschleunigung
 v_0 : Anfangsgeschwindigkeit
 v_t : Geschwindigkeit nach der Zeit t
 s : in der Zeit t zurückgelegter Weg
 t : Zeitabschnitt |
| Freier Fall* | $v_t = g \cdot t$

 $s = \dfrac{g \cdot t^2}{2}$

 $t = \sqrt{\dfrac{2 \cdot s}{g}}$ | v_t : Geschwindigkeit nach der Fallzeit t
 g : Fallbeschleunigung
 s : in der Zeit t zurückgelegter Weg
 t : Fallzeit

 Normfallbeschleunigung
 $g_n = 9{,}80665 \text{ m/s}^2$ |

* ohne Berücksichtigung des Luftwiderstandes

Kräfte
Forces

Kraft

$t = 0\,s$, $v = 0\,\frac{m}{s}$ $t = 1\,s$, $v = 1\,\frac{m}{s}$

$F = m \cdot a$

$m = \dfrac{F}{a}$ $a = \dfrac{F}{m}$

Eine Kraft hat die Größe von 1 N, wenn sie einer Masse von 1 kg in 1 s eine Geschwindigkeitszunahme von 1 m/s erteilt.

$1\,N = 1\,kg \cdot \dfrac{1\,\frac{m}{s}}{s} = 1\,\dfrac{kg \cdot m}{s^2}$

F : Kraft
m : Masse
a : Beschleunigung

Darstellung von Kräften

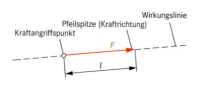

$KM : 10\,\dfrac{N}{cm}$

$F = l \cdot KM$

$l = \dfrac{F}{KM}$

$KM = \dfrac{F}{l}$

F : Kraftbetrag
l : Pfeillänge
KM: Kräftemaßstab

Kräfteparallelogramm

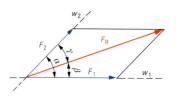

Zusammenfassen der Teilkräfte F_1 und F_2 zur Resultierenden F_R.
Zerlegen der Resultierenden F_R in die Teilkräfte F_1 und F_2 bei vorgegebenen Wirkungslinien w_1 und w_2.

$F_R = \sqrt{F_1^2 + F_2^2 + 2 \cdot F_1 \cdot F_2 \cdot \cos\alpha}$

$\sin\beta = \dfrac{F_2}{F_R} \cdot \sin\alpha$ $\sin\gamma = \dfrac{F_1}{F_R} \cdot \sin\alpha$

F_1 : Teilkraft
F_2 : Teilkraft
F_R : Resultierende (Ersatzkraft)
w_1 : Wirkungslinie der Kraft F_1
w_2 : Wirkungslinie der Kraft F_2
$\left.\begin{array}{l}\alpha\\\beta\\\gamma\end{array}\right\}$: Winkel zur Richtungs-beschreibung

Krafteck (Kräftepolygon)

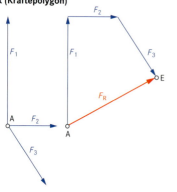

Die Teilkräfte $F_1, F_2 \ldots F_n$ werden maßstabgerecht in beliebiger Reihenfolge aneinandergereiht.
Die Resultierende F_R ist die Verbindung vom Kraftangriffspunkt A der zuerst gezeichneten Kraft zum Endpunkt E der zuletzt gezeichneten Kraft.

F_1 : Teilkraft
F_2 : Teilkraft
F_3 : Teilkraft
F_R : Resultierende (Ersatzkraft)
A : Kraftangriffspunkt
E : Endpunkt des Kraftecks

$F_G = m \cdot g$

$m = \dfrac{F_G}{g}$ $g = \dfrac{F_G}{m}$

Normfallbeschleunigung
$g_n = 9{,}80665\,m/s^2$

F_G: Gewichtskraft
m : Masse
g : Fallbeschleunigung

422   Mathematisch-technische Grundlagen

Reibung; Reibungskraft
Friction; frictional forces

Reibung zwischen ebenen Flächen 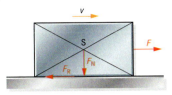	Haftreibung ($v = 0$): $$F_{Ro} \leq \mu_0 \cdot F_N$$	Gleitreibung ($v > 0$): $$F_R = \mu \cdot F_N$$ $$F_N = \frac{F_R}{\mu}$$ $$F > F_R$$	F	: Kraft
			F_{Ro}	: Reibkraft im Ruhezustand
			μ_0	: Haftreibungszahl
			F_N	: Normalkraft
			F_R	: Reibkraft bei gleichförmiger Bewegung
			μ	: Gleitreibungszahl
			v	: Geschwindigkeit
Gleitreibung am Radiallager 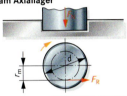	$F_R = \mu \cdot F_N$ $M_R = F_R \cdot r_m$ $F_R = \dfrac{M_R}{r_m}$	$r_m = \dfrac{d}{2}$	F_R : Reibkraft μ : Gleitreibungszahl F_N : Normalkraft M_R : Reibungsmoment r_m : Wirkradius d : Zapfendurchmesser	
Gleitreibung am Axiallager	$F_R = \mu \cdot F_N$ $M_R = F_R \cdot r_m$ $F_R = \dfrac{M_R}{r_m}$	$r_m = \dfrac{d}{3}$	F_R : Reibkraft μ : Gleitreibungszahl F_N : Normalkraft M_R : Reibungsmoment r_m : Wirkradius d : Zapfendurchmesser	

Reibungszahlen für Haft- und Gleitreibung

Werkstoffpaarung	Haftreibungszahl μ_0 trocken	geschmiert	Gleitreibungszahl μ trocken	geschmiert
Stahl auf Stahl	0,12 ... 0,30	0,10 ... 0,15	0,10 ... 0,15	0,04 ... 0,10
Stahl auf Gusseisen	0,18 ... 0,24	0,10 ... 0,20	0,15 ... 0,24	0,05 ... 0,15
Stahl auf Cu-Sn-Legierung	0,18 ... 0,20	0,08 ... 0,15	0,10 ... 0,20	0,04 ... 0,10
Stahl auf Polyamid	0,30 ... 0,40	0,10 ... 0,20	0,32 ... 0,45	0,05 ... 0,12
Gusseisen auf Stahl	0,33	–	0,22	0,11
Gusseisen auf Cu-Sn-Legierung	0,3	0,2	0,2	0,08
Gusseisen auf Cu-Zn-Legierung	–	0,18	0,18 ... 0,20	0,15 ... 0,18
Reifen auf griffigem Asphalt	–	–	0,60 ... 0,80	–
Reifen auf nassem Asphalt	–	–	–	0,20 ... 0,30[1]
Bremsbelag auf Stahl	–	–	0,50 ... 0,60	0,20 ... 0,50

[1] bei Wasser und Asphalt

Rollreibung 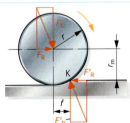	$F_R \cdot r_m = F'_N \cdot f$ $F_R \cdot r_m = F_N \cdot f$ $F_R = F_N \cdot \dfrac{f}{r_m}$ $F_R = F_N \cdot \mu_r$ $F'_N = F_N$ $\dfrac{f}{r_m} = \mu_r$	F_R : Rollreibungskraft r_m : Wirkradius F_N : Normalkraft f : Hebelarm der Rollreibung; (durch Verformung der Unterlage entstehender Abstand der Wirkungslinie) μ_r : Rollreibungskoeffizient K : Kipppunkt

Rollreibungszahlen

Werkstoffpaarung	Hebelarm der Rollreibung f in cm	Wirkradius r_m in cm	Rollreibungskoeffizient μ_r
Stahl auf Stahl, weich	0,05	0,5 1,0 5,0 10,0	0,1 0,05 0,01 0,005
Stahl auf Stahl, hart	0,001	0,5 1,0 5,0 10,0	0,002 0,001 0,0002 0,0001
Reifen auf Asphalt	0,42 0,439	28,0 29,27	0,015 0,015

Mathematisch-technische Grundlagen

Hebel, Kraftmoment, Kraftwandler
Lever, moment of force, force convertes

Kraftmoment einer Kraft

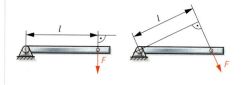

$M = F \cdot l$

$F = \dfrac{M}{l}$ $\qquad l = \dfrac{M}{F}$

Die Länge des wirksamen Hebelarms l entspricht der Länge des Lots vom Drehpunkt auf die Wirkungslinie der Kraft.

M : Kraftmoment
F : Kraft
l : wirksamer Hebelarm
∟ : rechter Winkel

Hebelgesetz

Einseitiger Hebel

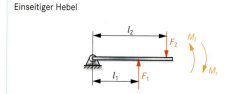

$M_l = M_r$
$F_1 \cdot l_1 = F_2 \cdot l_2$

M_l : linksdrehendes Kraftmoment
M_r : rechtsdrehendes Kraftmoment
$F_1; F_2$: Kräfte
$l_1; l_2$: wirksame Hebelarme

Zweiseitiger Hebel

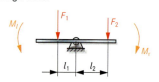

$M_l = M_r$
$F_1 \cdot l_1 = F_2 \cdot l_2$

M_l : linksdrehendes Kraftmoment
M_r : rechtsdrehendes Kraftmoment
$F_1; F_2$: Kräfte
$l_1; l_2$: wirksame Hebelarme

Winkelhebel

$M_l = M_r$
$F_1 \cdot l_1 = F_2 \cdot l_2$

M_l : linksdrehendes Kraftmoment
M_r : rechtsdrehendes Kraftmoment
$F_1; F_2$: Kräfte
$l_1; l_2$: wirksame Hebelarme

Zweiseitiger Hebel

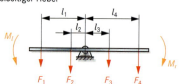

$\Sigma M_l = \Sigma M_r$
$F_1 \cdot l_1 + F_2 \cdot l_2 = F_3 \cdot l_3 + F_4 \cdot l_4$

ΣM : Summe aller Kraftmomente
$F_1; F_2;$
$F_3; F_4$: Kräfte
$l_1; l_2;$
$l_3; l_4$: wirksame Hebelarme

Auflagerkräfte

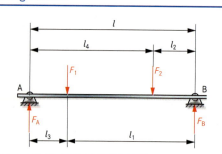

Drehpunkt bei B

$F_A = \dfrac{F_1 \cdot l_1 + F_2 \cdot l_2}{l}$

Drehpunkt bei A

$F_B = \dfrac{F_1 \cdot l_3 + F_2 \cdot l_4}{l}$

$F_A + F_B = F_1 + F_2$

F_A : Auflagerkraft
F_B : Auflagerkraft
$F_1; F_2$: Belastungskräfte
$l_1; l_2$: wirksame Hebelarme (Drehpunkt B)
$l_3; l_4$: wirksame Hebelarme (Drehpunkt A)

Mathematisch-technische Grundlagen

Hebel, Kraftmoment, Kraftwandler
Lever, moment of force, force convertes

Kraftmomente an Zahnradgetrieben 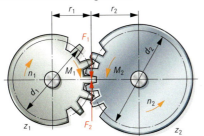	$\dfrac{M_2}{M_1} = \dfrac{d_2}{d_1} = \dfrac{z_2}{z_1} = \dfrac{n_1}{n_2} = i$ $M_2 = m_1 \cdot i \cdot \eta$	$M_1; M_2$	: Kraftmomente
		$F_1; F_2$	: Umfangskräfte
		$d_1; d_2$	: Teilkreisdurchmesser
		$z_1; z_2$	: Zähnezahlen
		$n_1; n_2$	: Umdrehungsfrequenz
		i	: Übersetzungsverhältnis
		η	: Wirkungsgrad
Seilwinde 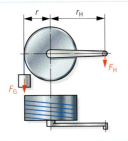	$F_H \cdot r_H \cdot \eta = F_G \cdot r$ $F_H = \dfrac{F_G \cdot r}{r_H \cdot \eta}$ $F_G = \dfrac{F_H \cdot r_H \cdot \eta}{r}$	F_G	: Gewichtskraft
		r	: Trommelradius
		F_H	: Handkraft
		r_H	: Handhebelradius
		η	: Wirkungsgrad
Räderwinde 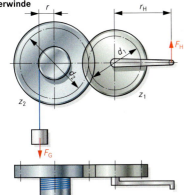	$F_H \cdot r_H \cdot i \cdot \eta = F_G \cdot r$ $i = \dfrac{d_2}{d_1} = \dfrac{z_2}{z_1}$ $F_H = \dfrac{F_G \cdot r}{r_H \cdot i \cdot \eta}$ $F_G = \dfrac{F_H \cdot r_H \cdot i \cdot \eta}{r}$	F_H	: Handkraft
		F_G	: Gewichtskraft
		r_H	: Handhebelradius
		r	: Trommelradius
		d_1	: Teilkreisdurchmesser am Zahnrad 1
		d_2	: Teilkreisdurchmesser am Zahnrad 2
		z_1	: Zähnezahl am Zahnrad 1
		z_2	: Zähnezahl am Zahnrad 2
		i	: Übersetzungsverhältnis
		η	: Wirkungsgrad
Feste Rolle 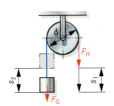	$F_H \cdot \eta = F_G$ $s_1 = s_2$ $F_H = \dfrac{F_G}{\eta}$ $\eta = \dfrac{F_H}{F_G}$	F_H	: Handkraft
		F_G	: Gewichtskraft
		s_1	: Kraftweg
		s_2	: Lastweg
		d	: Rollendurchmesser
		η	: Wirkungsgrad
Lose Rolle 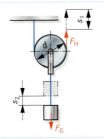	$F_H \cdot \eta = \dfrac{F_G}{2}$ $s_1 = 2 \cdot s_2$ $F_H = \dfrac{F_G}{2 \cdot \eta}$ $\eta = \dfrac{F_H}{2 \cdot F_G}$ $F_G = F_H \cdot \eta \cdot 2$	F_H	: Handkraft
		F_G	: Gewichtskraft
		s_1	: Kraftweg
		s_2	: Lastweg
		d	: Rollendurchmesser
		η	: Wirkungsgrad

Hebel, Kraftmoment, Kraftwandler
Lever, moment of force, force convertes

Rollenflaschenzug

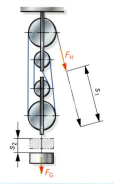

$$F_H \cdot \eta = \frac{F_G}{n}$$
$$s_1 = n \cdot s_2$$

$$F_H = \frac{F_G}{n \cdot \eta} \qquad n = \frac{F_G}{F_H \cdot \eta}$$

$$F_G = F_H \cdot \eta \cdot n \qquad \eta = \frac{F_H}{F_G \cdot n}$$

F_H : Handkraft
F_G : Gewichtskraft
n : Anzahl der Rollen
s_1 : Kraftweg
s_2 : Lastweg
η : Wirkungsgrad

Differential-Flaschenzug

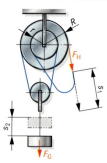

$$F_H \cdot \eta = \frac{F_G}{2} \cdot \frac{R-r}{R}$$
$$s_1 = 2 \cdot s_2 \cdot \frac{R}{R-r}$$

$$F_H = \frac{F_G \cdot (R-r)}{2 \cdot R \cdot \eta}$$

$$F_G = \frac{F_H \cdot 2 \cdot R \cdot \eta}{R-r}$$

F_H : Handkraft
F_G : Gewichtskraft
R : Radius der großen festen Rolle
r : Radius der kleinen festen Rolle
s_1 : Kraftweg
s_2 : Lastweg
η : Wirkungsgrad

Schiefe Ebene

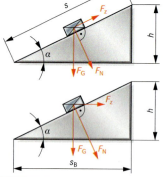

$$F_Z \cdot s \cdot \eta = F_G \cdot h$$
$$F_Z \cdot \eta = F_G \cdot \sin \alpha$$
$$F_N = F_G \cdot \cos \alpha$$

$$F_Z \cdot s_B \cdot \eta = F_G \cdot h$$
$$F_Z \cdot \eta = F_G \cdot \tan \alpha$$
$$F_N = \frac{F_G}{\cos \alpha}$$

F_Z : Zugkraft
F_G : Gewichtskraft
F_N : Normalkraft
s : Länge der schiefen Ebene
h : Höhe der schiefen Ebene
α : Steigungswinkel
η : Wirkungsgrad
s_B : Basis der schiefen Ebene

Stellkeil

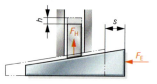

$$F_E \cdot s \cdot \eta = F_H \cdot h$$

$$F_E = \frac{F_H \cdot h}{s \cdot \eta} \qquad F_H = \frac{F_E \cdot s \cdot \eta}{h}$$

F_E : Eintreibkraft
s : Verstellweg
F_H : Hubkraft
h : Hubhöhe
η : Wirkungsgrad

Schraube

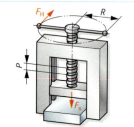

$$F_H \cdot 2 \cdot R \cdot \pi \cdot \eta = F_s \cdot P$$

$$F_H = \frac{F_s \cdot P}{2 \cdot R \cdot \pi \cdot \eta}$$

$$F_s = \frac{F_H \cdot 2 \cdot R \cdot \pi \cdot \eta}{P}$$

F_H : Handkraft
F_s : Kraft in Richtung der Schraubenachse
R : wirksamer Hebelarm
P : Gewindesteigung
η : Wirkungsgrad
π : 3,14159 ...

Arbeit, Energie
Work, energy

Arbeit, Energie (allgemein) 	$W = F \cdot s$ $E = F \cdot s$ $F = \dfrac{W}{s}$ $\qquad s = \dfrac{W}{F}$ $1\,N \cdot 1\,m = 1\,Nm = 1\,J = 1\,Ws$	W : Arbeit E : Energie F : Kraft s : Weg	
Hubarbeit; potenzielle Energie (geradlinige Bewegung) 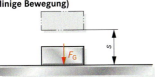	$W_H = F_G \cdot s$ $E_{pot} = F_G \cdot s$ $F_G = m \cdot g$ Normalfallbeschleunigung $g_n = 9{,}80665\,\dfrac{m}{s^2}$	W_H : Hubarbeit E_{pot} : potenzielle Energie F_G : Gewichtskraft s : Weg m : Masse g : Fallbeschleunigung	
Rotationsarbeit; Rotationsenergie (kreisförmige Bewegung) 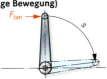	$W_r = F_{tan} \cdot s$ $E_r = F_{tan} \cdot s$ $F_{tan} = \dfrac{W_r}{s}$ $\qquad s = \dfrac{W_r}{F_{tan}}$	W_r : Rotationsarbeit E_r : Rotationsenergie F_{tan} : Tangentialkraft s : Weg	
Beschleunigungsarbeit; kinetische Energie (geradlinige Bewegung) 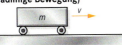	$W_B = \dfrac{m}{2} \cdot v^2$ $E_{kin} = \dfrac{m}{2} \cdot v^2$	W_B : Beschleunigungsarbeit E_{kin} : kinetische Energie m : Masse v : Geschwindigkeit	
Beschleunigungsarbeit; kinetische Energie (kreisförmige Bewegung)	$W_B = \dfrac{J}{2} \cdot \omega^2$ $E_{kin} = \dfrac{J}{2} \cdot \omega^2$	W_B : Beschleunigungsarbeit E_{kin} : kinetische Energie J : Massenmoment 2. Grades ω : Winkelgeschwindigkeit	
Federarbeit; Spannenergie 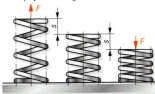	$W_F = \dfrac{R}{2} \cdot s^2$ $\qquad s = \sqrt{\dfrac{2 \cdot W_F}{R}}$ $E_s = \dfrac{R}{2} \cdot s^2$ $\qquad s = \dfrac{F}{R}$ $R = \dfrac{F}{s}$	W_F : Federarbeit E_s : Spannenergie F : Federkraft R : Federrate s : Federweg	
Reibungsarbeit; Wärmeenergie 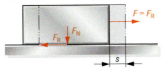	$W_R = F_R \cdot s$ $Q = F_R \cdot s$ $F_R = \mu \cdot F_N$ siehe auch Reibungszahlen	W_R : Reibungsarbeit Q : Wärmeenergie F : Kraft F_R : Reibungskraft F_N : Normalkraft s : Weg μ : Gleitreibungszahl	
Wirkungsgrad 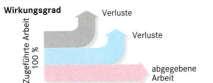	$\eta = \dfrac{W_{exi}}{W_{ing}} < 1$ $\eta = \eta_1 \cdot \eta_2 \cdot \eta_3 \cdot \ldots$ $W_{exi} = \eta \cdot W_{ing}$ $\qquad W_{ing} = \dfrac{W_{exi}}{\eta}$	η : Wirkungsgrad η_1 : Teilwirkungsgrad W_{exi} : abgegebene Arbeit W_{ing} : zugeführte Arbeit	

Mathematisch-technische Grundlagen

Leistung
Power

Leistung (allgemein)

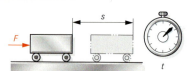

$$P = \frac{W}{t}$$
$$P = \frac{F \cdot s}{t}$$
$$P = F \cdot v$$

$$F = \frac{P \cdot t}{s}$$
$$s = \frac{P \cdot t}{F}$$
$$t = \frac{F \cdot s}{P}$$

$$1\,\frac{Nm}{s} = 1\,\frac{Ws}{s} = 1\,W$$

P : Leistung
W : Arbeit
s : Weg
t : Zeit
v : Geschwindigkeit

Hubleistung

$$P = F_G \cdot v$$
$$P = \frac{F_G \cdot s}{t}$$
$$P = \frac{m \cdot g \cdot s}{2}$$

$$F_G = \frac{P}{v}$$
$$F_G = \frac{P \cdot t}{s}$$
$$m = \frac{P \cdot t}{g \cdot s}$$

P : Leistung
F_G : Gewichtskraft
v : Geschwindigkeit
s : Weg
t : Zeit
m : Masse
g : Fallbeschleunigung

Zugleistung

$$P = F_Z \cdot v$$
$$P = \frac{F_Z \cdot s}{t}$$

$$F_Z = \frac{P}{v}$$
$$v = \frac{P}{F_Z}$$

P : Leistung
F_Z : Zugkraft
v : Geschwindigkeit
s : Weg
t : Zeit

Getriebeleistung

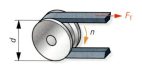

$$P = F_T \cdot v$$
$$P = F_T \cdot d \cdot \pi \cdot n$$
$$P = F_T \cdot 2 \cdot r \cdot \pi \cdot n$$
$$P = M \cdot 2 \cdot \pi \cdot n$$
$$P = M \cdot \omega$$

$$F_T = \frac{P}{2 \cdot r \cdot \pi \cdot n}$$
$$n = \frac{P}{F_T \cdot 2 \cdot r \cdot \pi}$$
$$M = \frac{P}{\omega}$$

P : Leistung
F_T : Tangentialkraft
v : Geschwindigkeit
d : Durchmesser
r : Radius
n : Umdrehungsfrequenz
M : Kraftmoment
ω : Winkelgeschwindigkeit
π : 3,14159...

Schnittleistung

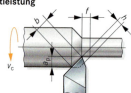

$$P = F_c \cdot v_c$$
$$P = A_c \cdot k_c \cdot v_c$$
$$P = a_p \cdot f \cdot k_c \cdot v_c$$
$$P = b \cdot h \cdot k_c \cdot v_c$$

$$F_c = \frac{P}{v_c}$$

$$v_c = \frac{P}{A \cdot k_c}$$
$$a_p = \frac{P}{f \cdot k_c \cdot v_c}$$
$$f = \frac{P}{a_p \cdot k_c \cdot v_c}$$

P : Leistung
F_c : Schnittkraft
v_c : Schnittgeschwindigkeit
A : Spanungsquerschnitt
a_p : Schnitttiefe
f : Vorschub
b : Spanungsbreite
h : Spanungsdicke
k_c : spezif. Schnittkraft

Pumpenleistung

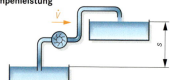

$$P = \dot{V} \cdot \varrho \cdot g \cdot s$$

$$\dot{V} = \frac{P}{\varrho \cdot g \cdot s}$$
$$s = \frac{P}{\dot{V} \cdot \varrho \cdot g}$$

P : Leistung
$\dot{V}$: Volumenstrom
ϱ : Dichte
g : Fallbeschleunigung
s : Förderhöhe

Normfallbeschleunigung:
g_n = 9,80665 m/s^2

Wirkungsgrad

$$\eta = \frac{P_{exi}}{P_{ing}} < 1$$
$$\eta = \eta_1 \cdot \eta_2 \cdot \eta_3 \cdot \ldots$$

$$P_{exi} = \eta \cdot P_{ing}$$
$$P_{ing} = \frac{P_{exi}}{\eta}$$

η : Wirkungsgrad
η_1 : Teilwirkungsgrad
P_{exi} : abgegebene Leistung
P_{ing} : zugeführte Leistung

Festigkeitslehre
Science of strength of materials

Zugbeanspruchung

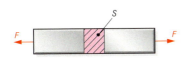

$$\sigma_z = \frac{F}{S}$$

$$\sigma_{z\,zul} = \frac{F}{S}$$

$$F = \sigma_z \cdot S$$

$$S = \frac{F}{\sigma_z}$$

$$\sigma_{z\,zul} = \frac{\sigma_{z\,max}}{v}$$

$\sigma_{z\,max}$ kann sein: R_m; R_e; $R_{p\,0,2}$

- σ_z : Zugspannung
- F : Zugkraft
- S : Querschnitt
- $\sigma_{z\,zul}$: zulässige Zugspannung
- $\sigma_{z\,max}$: maximale Zugspannung
- v : Sicherheitszahl

Druckbeanspruchung

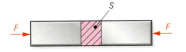

$$\sigma_d = \frac{F}{S}$$

$$\sigma_{d\,zul} = \frac{F}{S}$$

$$F = \sigma_d \cdot S$$

$$S = \frac{F}{\sigma_d}$$

$$\sigma_{d\,zul} = \frac{\sigma_{d\,max}}{v}$$

Stahl, NE-Metalle $\sigma_{d\,zul} = \sigma_{z\,zul}$
$\sigma_{d\,max}$ kann sein: σ_{dB}; σ_{dF}; $\sigma_{d\,0,2}$

- σ_d : Druckspannung
- F : Druckkraft
- S : Querschnitt
- $\sigma_{d\,zul}$: zulässige Druckspannung
- $\sigma_{d\,max}$: maximale Druckspannung
- v : Sicherheitszahl

Scherbeanspruchung
(belasteter Querschnitt darf nicht abgeschert werden)

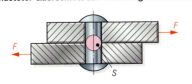

$$\tau_a = \frac{F}{S}$$

$$\tau_{a\,zul} = \frac{F}{S}$$

$$F = \tau_a \cdot S$$

$$S = \frac{F}{\tau_a}$$

$$\tau_{a\,zul} = \frac{\tau_{aB}}{v}$$

- τ_a : Scherspannung
- F : Scherkraft
- S : Querschnitt
- $\tau_{a\,zul}$: zulässige Scherspannung
- τ_{aB} : Scherfestigkeit

Scherbeanspruchung
(belasteter Querschnitt soll abgeschert werden)

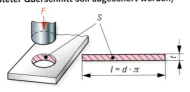

$$F = \tau_{aBmax} \cdot S$$

$$S = l \cdot t$$

$$S = \frac{F}{\tau_{aBmax}}$$

$$S = d \cdot \pi \cdot t$$

$l = d \cdot \pi$

Stahl: $\tau_{aBmax} \approx 0{,}8 \cdot R_{m\,max}$
Gusseisen: $\tau_{aBmax} \approx 1{,}1 \cdot R_{m\,max}$

- F : Scherkraft; Schneidkraft
- τ_{aBmax} : Scherfestigkeit
- S : Scherfläche
- l : Scherlänge
- t : Werkstückdicke
- $R_{m\,max}$: Mindestzugfestigkeit

Flächenpressung

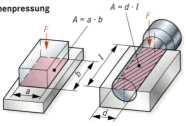

$A = a \cdot b$
$A = d \cdot l$

$$p = \frac{F}{A}$$

$$p_{zul} = \frac{F}{A}$$

$$F = p \cdot A$$

$$A = \frac{F}{p}$$

- p : Flächenpressung
- F : Kraft
- A : Berührungsfläche; Projektion der Berührungsfläche
- p_{zul} : zulässige Flächenpressung
- F_{zul} : zulässige Kraft

Knickung

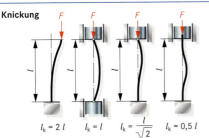

$l_k = 2l$ $l_k = l$ $l_k = \dfrac{l}{\sqrt{2}}$ $l_k = 0{,}5\,l$

$$\sigma_k = \frac{F}{S}$$

$$F_{k\,zul} = \frac{\pi^2 \cdot E \cdot I}{l_k^2 \cdot v}$$

$$F = \sigma_k \cdot S$$

$$S = \frac{F}{\sigma_k}$$

siehe auch Flächenmomente
Profile aus Aluminium
Profile aus Stahl
Elastizitätsmodul

- σ_k : Knickspannung
- F : Zugkraft
- S : Querschnitt
- E : Elastizitätsmodul
- I : Flächenmoment 2. Grades
- l_k : freie Knicklänge
- $F_{k\,zul}$: zulässige Knickkraft
- v : Sicherheitszahl

Mathematisch-technische Grundlagen

Festigkeitslehre
Science of strength of materials

Verdrehung

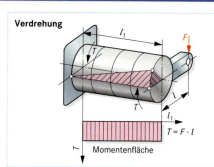

Momentenfläche

$\tau_t = \dfrac{T}{W_p}$ $\tau_{t\,zul} = \dfrac{T}{W_p}$

$T = \tau_t \cdot W_p$ $\tau_{t\,zul} = \dfrac{\tau_{t\,max}}{\nu}$

$W_p = \dfrac{T}{\tau_t}$

$\tau_{t\,max}$ kann sein: τ_{tB}; τ_{tF}

Polare Widerstandsmomente
siehe Widerstandmomente

τ_t : Torsionsspannung
T : Torsionsmoment
W_p : polares Widerstandsmoment
F : Kraft
l : Hebellänge
$\tau_{t\,zul}$: zulässige Torsionsspannung
$\tau_{t\,max}$: maximale Torsionsspannung
ν : Sicherheitszahl

Biegung

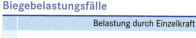

neutrale Faserschicht: $\sigma = 0$
gedachter Schnitt
Biegeachse

$\sigma_b = \dfrac{M_b}{W}$ $\sigma_{b\,zul} = \dfrac{M_b}{W}$

$M_b = \sigma_b \cdot W$ $\sigma_{b\,zul} = \dfrac{\sigma_{b\,max}}{\nu}$

$W = \dfrac{M_b}{\sigma_b}$

$\sigma_{b\,max}$ kann sein: σ_{bB}; σ_{bF}

Axiale Widerstandsmomente
siehe Widerstandmomente

σ_b : Biegespannung
M_b : Biegemoment
W : axiales Widerstandsmoment
F : Kraft
l : Hebellänge
$\sigma_{b\,zul}$: zulässige Biegespannung
$\sigma_{b\,max}$: maximale Biegespannung
ν : Sicherheitszahl

Biegebelastungsfälle

	Belastung durch Einzelkraft	Belastung gleichmäßig verteilt
einseitig eingespannt	 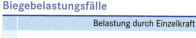 $M_b = F \cdot l$ $f = \dfrac{F \cdot l^3}{3 \cdot E \cdot I}$ $F_A = F_B = F$	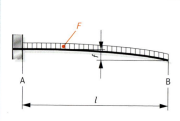 $M_b = \dfrac{F \cdot l}{2}$ $f = \dfrac{F \cdot l^3}{8 \cdot E \cdot I}$ $F_A = F_B = F$
frei aufliegend	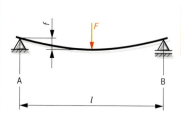 $M_b = \dfrac{F \cdot l}{4}$ $f = \dfrac{F \cdot l^3}{48 \cdot E \cdot I}$ $F_A = F_B = \dfrac{F}{2}$	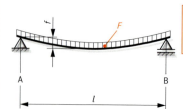 $M_b = \dfrac{F \cdot l}{8}$ $f = \dfrac{5 \cdot F \cdot l^3}{384 \cdot E \cdot I}$ $F_A = F_B = \dfrac{F}{2}$
zweiseitig eingespannt	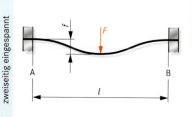 $M_b = \dfrac{F \cdot l}{8}$ $f = \dfrac{F \cdot l^3}{192 \cdot E \cdot I}$ $F_A = F_B = \dfrac{F}{2}$	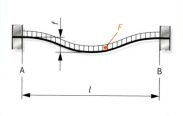 $M_b = \dfrac{F \cdot l}{12}$ $f = \dfrac{F \cdot l^3}{384 \cdot E \cdot I}$ $F_A = F_B = \dfrac{F}{2}$

Festigkeitslehre
Science of strength of materials

Flächenmomente und Widerstandsmomente einfacher Querschnitte

Querschnitt	axiales Flächenmoment 2. Grades	axiales Widerstandsmoment	polares Flächenmoment 2. Grades	polares Widerstandsmoment
	$I_x = I_y = \dfrac{a^4}{12}$	$W_x = W_y = \dfrac{a^3}{6}$	$I_p = 0{,}141 \cdot a^4$	$W_p = 0{,}208 \cdot a^3$
	$I_x = \dfrac{a \cdot b^3}{12}$ $I_y = \dfrac{b \cdot a^3}{12}$	$W_x = \dfrac{a \cdot b^2}{6}$ $W_y = \dfrac{b \cdot a^2}{6}$		
	$I_x = \dfrac{a \cdot b^3}{12}$ $I_y = \dfrac{b \cdot a^3}{12}$	$W_x = \dfrac{a \cdot b^2}{6}$ $W_y = \dfrac{b \cdot a^2}{6}$		
	$I_x = \dfrac{A \cdot B^3 - a \cdot b^3}{12}$ $I_y = \dfrac{B \cdot A^3 - b \cdot a^3}{12}$	$W_x = \dfrac{A \cdot B^3 - a \cdot b^3}{6B}$ $W_y = \dfrac{B \cdot A^3 - b \cdot a^3}{6A}$	$I_p = \dfrac{t\,(Aa + Bb)\,(A + a)\,(B + b)}{A + B + a + b}$	$W_p = \dfrac{t\,(A + a)\,(B + b)}{2}$
	$I_x = \dfrac{a \cdot h^3}{36}$ $I_y = \dfrac{h \cdot a^3}{48}$	$W_x = \dfrac{a \cdot h^2}{24}$ $W_y = \dfrac{h \cdot a^2}{24}$	$I_p = \dfrac{a^4}{46{,}19} = \dfrac{h^4}{15\sqrt{3}}$	$W_p = \dfrac{a^3}{20} = \dfrac{h^3}{7{,}5\sqrt{3}}$
	$I_x = I_y = \dfrac{5\sqrt{3} \cdot d^4}{256}$ $I_x = I_y = \dfrac{5\sqrt{3} \cdot s^4}{144}$	$W_x = \dfrac{5\sqrt{3} \cdot d^3}{128}$ $W_y = \dfrac{5 \cdot d^3}{64}$	$I_p = 0{,}0649 \cdot d^4$	$W_p = 0{,}1226 \cdot d^3$ $W_p = 0{,}188 \cdot s^3$
	$I_x = \dfrac{a^3 \cdot b \cdot \pi}{4}$ $I_y = \dfrac{b^3 \cdot a \cdot \pi}{4}$	$W_x = \dfrac{a^2 \cdot b \cdot \pi}{4}$ $W_y = \dfrac{b^2 \cdot a \cdot \pi}{4}$	$I_p = \dfrac{b^4 \cdot n^3 \cdot \pi}{n^2 + 1}$ $n = \dfrac{2a}{2b} > 1$	$W_p = \dfrac{b^3 \cdot n \cdot \pi}{2}$ $n = \dfrac{2a}{2b} > 1$
	$I_x = I_y = \dfrac{d^4 \cdot \pi}{64}$	$W_x = W_y = \dfrac{d^3 \cdot \pi}{32}$	$I_p = \dfrac{d^4 \cdot \pi}{32}$	$W_p = \dfrac{d^3 \cdot \pi}{16}$
	$I_x = I_y$ $I_y = \dfrac{(D^4 - d^4) \cdot \pi}{64}$	$W_x = W_y$ $W_y = \dfrac{(D^4 - d^4) \cdot \pi}{32 \cdot D}$	$I_p = \dfrac{(D^4 - d^4) \cdot \pi}{32}$	$W_p = \dfrac{(D^4 - d^4) \cdot \pi}{16 \cdot D}$

Mathematisch-technische Grundlagen

Festigkeitslehre
Science of strength of materials

Kerbwirkung und Kerbspannung

Bei dynamischer Beanspruchung von Bauteilen ist zur Bestimmung der zulässigen Spannung der Einfluss von Kerben zu berücksichtigen. Durch die Kerbwirkung kommt es an Stellen mit Querschnittsänderungen zu Spannungsspitzen, die ein Mehrfaches der Nennspannung betragen können. Für die Dauerfestigkeit σ_D des ungekerbten Querschnitts ist die nach Beanspruchungsart und Beanspruchungsfall maximal zulässige Spannung (z. B. σ_{bSch} oder τ_{tW}) einzusetzen.

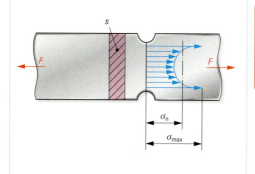

$$\sigma_n = \frac{F}{S}$$

$$\sigma_{max} = \sigma_n \cdot \beta_k$$

$$\sigma_{zul} = \frac{\sigma_D \cdot b_1 \cdot b_2}{\beta_k \cdot \nu}$$

- σ_{max} : maximale Spannung im Kerbgrund (Spannungsspitze)
- σ_n : Nennspannung
- β_k : Kerbwirkungszahl
- F : Kraft
- S : Querschnitt
- σ_{zul} : zulässige Spannung
- σ_D : Dauerfestigkeit des ungekerbten Querschnitts
- b_1 : Oberflächenbeiwert
- b_2 : Größenbeiwert
- ν : Sicherheitszahl

Kerbwirkungszahl β_k für Stahl

Form der Kerbe	β_k bei Beanspruchungsart Biegung	β_k bei Beanspruchungsart Verdrehung	Werkstoff
glatte Welle	1	1	S185...E335
Welle mit Rundkerbe	1,5...2,5	1,3...1,8	S185...E335
Welle mit Einstich für Sicherungsring	2,5...3,0	2,5...3,0	S185...E335
Welle mit Absatz	1,3...2,0	1,2...1,8	S185...E335
Welle mit kleiner Querbohrung (z. B. Schmierloch)	1,2...1,8	1,2...1,8	S185...E335
Welle an Übergangsstelle zu festsitzender Nabe	2,0	1,5	S185...E335
Passfedernut in Welle	1,8...1,9	1,5...1,6	S185...E335
	1,9...2,1	1,6...1,7	C45E+QT
	2,1...2,3	1,7...1,8	50CrMo4+QT
Scheibenfedernut in Welle	2,0...3,0	2,0...3,0	S185...E335
Keilwelle	2,0...2,5	2,0...2,5	S185...E335
Flachstab mit Bohrung	1,2...1,5	1,5...1,8 (Zug)	S185...E335

Oberflächenbeiwert b_1 und Größenbeiwert b_2 für Stahl

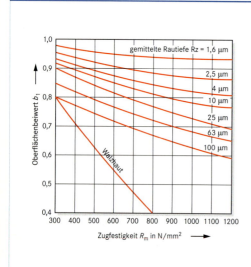

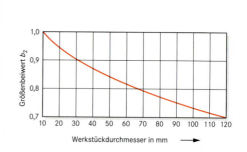

Für andere Querschnittsformen gilt:

Beanspruchung	Quadrat	Rechteck
Biegung	Kantenlänge = d	Kantenlänge in Biegeebene = d
Verdrehung	Flächendiagonale = d	Flächendiagonale = d

Mathematisch-technische Grundlagen

Druck in Flüssigkeiten und Gasen (Fluidtechnik)
Pressure within fluids and gases (fluid technology)

Absoluter Druck, Luftdruck, Überdruck

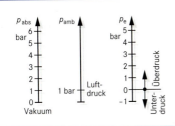

$$p_{abs} = p_{amb} + p_e$$

$$p_e = p_{abs} - p_{amb}$$

$p_{abs} > p_{amb} \Rightarrow$ Überdruck
$p_{abs} < p_{amb} \Rightarrow$ Unterdruck

p_{abs} : absoluter Druck
    (bezogen auf Vakuum)
p_{amb} : ambienter Druck
    = Luftdruck
    = Umgebungsdruck
    = 1,10325 bar ≈ 1 bar
p_e : Überdruck (Betriebsdruck)
    = Differenzdruck
    = atmosphärische
      Druckdifferenz

Druck

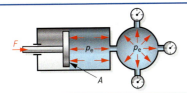

$$p_e = \frac{F}{A}$$

$F = p_e \cdot A$

$A = \frac{F}{p_e}$

$1\ Pa = 1\ \dfrac{N}{m^2}$

$1\ Pa = 10^{-5}\ bar$

$1\ bar = 10\ \dfrac{N}{cm^2}$

p_e : Überdruck (Betriebsdruck)
F : Kraft
A : wirksame Kolbenfläche

Hydraulischer Druck

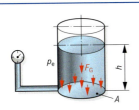

$$p_e = \frac{F_G}{A}$$

$$p_e = \frac{A \cdot h \cdot \varrho \cdot g}{A}$$

$$p_e = h \cdot \varrho \cdot g$$

$h = \dfrac{p_e}{\varrho \cdot g}$

$\varrho = \dfrac{p_e}{h \cdot g}$

Werte für die Dichte von Flüssigkeiten siehe Stoffwerte

p_e : hydraulischer Überdruck
    (= Boden- oder Seitendruck)
F_G : Gewichtskraft
A : Fläche
h : Höhe der Flüssigkeitssäule
ϱ : Dichte der Flüssigkeit
g : Fallbeschleunigung

Auftrieb

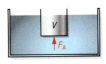

$$F_A = V \cdot \varrho \cdot g$$

Werte für die Dichte von Flüssigkeiten siehe Stoffwerte

F_A : Auftriebskraft
V : eingetauchtes (verdrängtes)
    Volumen
ϱ : Dichte der Flüssigkeit
g : Fallbeschleunigung

Zustandsänderung von Gasen

Allgemeine Gasgleichung:

$$\frac{p_{abs1} \cdot V_1}{T_1} = \frac{p_{abs2} \cdot V_2}{T_2} = \ldots = \frac{p_{absn} \cdot V_n}{T_n}$$

Gesetz von Boyle-Mariotte (T = konstant):

$$p_{abs1} \cdot V_1 = p_{abs2} \cdot V_2 = \ldots = p_{absn} \cdot V_n$$
$$= konstant$$

p_{abs} : absoluter Druck
V : Volumen
T : Kelvin-Temperatur

Hydraulische Presse

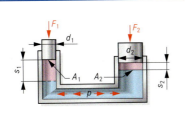

$$\frac{F_1}{F_2} = \frac{A_1}{A_2}$$

$$\frac{F_1}{F_2} = \frac{(d_1)^2}{(d_2)^2}$$

$$\frac{F_1}{F_2} = \frac{s_2}{s_1}$$

$$i = \frac{F_1}{F_2} = \frac{A_1}{A_2} = \frac{s_2}{s_1}$$

F_1 : Kolbenkraft 1
F_2 : Kolbenkraft 2
A_1 : Kolbenfläche 1
A_2 : Kolbenfläche 2
d_1 : Kolbendurchmesser 1
d_2 : Kolbendurchmesser 2
s_1 : Weg des Kolbens 1
s_2 : Weg des Kolbens 2
i : Übersetzungsverhältnis

Druck in Flüssigkeiten und Gasen (Fluidtechnik)
Pressure within fluids and gases (fluid technology)

Kolbenkraft; Kolbengeschwindigkeit

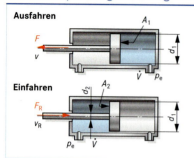

Ausfahren

$$F = p_e \cdot A_1 \cdot \eta$$

$$A_1 = \frac{d_1^2 \cdot \pi}{4}$$

$$v = \frac{\dot{V}}{A_1}$$

Einfahren

$$F_R = p_e \cdot A_2 \cdot \eta$$

$$A_2 = \frac{d_1^2 - d_2^2 \cdot \pi}{4}$$

$$v_R = \frac{\dot{V}}{A_2}$$

F : Kolbenkraft
F_R : Rückzugkraft
p_e : Überdruck (Betriebsdruck)
$A_1; A_2$: wirksame Kolbenflächen
d_1 : Kolbendurchmesser
v : Kolbengeschwindigkeit
v_R : Rückzuggeschwindigkeit
d_2 : Kolbenstangendurchmesser
η : Wirkungsgrad
$\dot{V}$: Volumenstrom[1]

Druckübersetzung

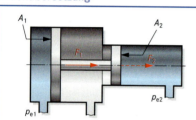

$$p_{e1} \cdot A_1 \cdot \eta = p_{e2} \cdot A_2$$

$$p_{e2} = \frac{p_{e1} \cdot A_1 \cdot \eta}{A_2}$$

$$i = \frac{p_{e1}}{p_{e2}} = \frac{A_2}{A_1}$$

p_e : Überdruck (Betriebsdruck)
$A_1; A_2$: wirksame Kolbenflächen
F : Kolbenkraft
i : Übersetzungsverhältnis
η : Wirkungsgrad

Hydraulische Leistung

$$P_{exi} = P_{ing} \cdot \eta$$
$$P_{exi} = \dot{V} \cdot p_e \cdot \eta$$

P_{exi} : Ausgangsleistung
P_{ing} : Eingangsleistung
η : Wirkungsgrad
p_e : Überdruck (Betriebsdruck)
$\dot{V}$: Volumenstrom[1]

Strömende Flüssigkeiten

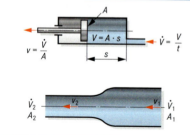

$$\dot{V} = \frac{V}{t} \qquad v = \frac{\dot{V}}{A}$$

$$\dot{V} = \frac{A \cdot s}{t} \qquad \dot{V} = A \cdot v$$

Kontinuitätsgleichung:

$$\dot{V}_1 = \dot{V}_2$$

$$A_1 \cdot v_1 = A_2 \cdot v_2$$

$\dot{V}$: Volumenstrom[1]
V : Volumen
A : wirksame Kolbenfläche
t : Zeit
s : Kolbenweg
v : Kolbengeschwindigkeit
$\dot{V}_1; \dot{V}_2$: Volumenströme[1]
$v_1; v_2$: Strömungsgeschwindigkeiten
$A_1; A_2$: Rohrquerschnitte

Luftverbrauch

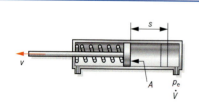

$$\dot{V} = \frac{A \cdot s \cdot (p_e + p_{amb})}{t \cdot p_{amb}}$$

$$\dot{V} = \frac{V \cdot (p_e + p_{amb})}{t \cdot p_{amb}}$$

$$\dot{V} = V \cdot n \cdot p_e + \frac{p_{amb}}{p_{amb}}$$

$\dot{V}$: Luftverbrauch[1]
A : Kolbenfläche
s : Kolbenhub
t : Zeit
p_e : Überdruck (Betriebsdruck)
p_{amb} : Luftdruck
V : Hubvolumen
n : Hubfrequenz
v : Geschwindigkeit

---

[1] Formelzeichen nach DIN 1304-1; ersatzweise auch Q

Wärmetechnik
Heat technology

Temperaturskalen

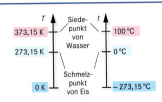

$T = t + 273{,}15\ °C$
$t = T - 273{,}15\ K$

0 K = − 273,15 °C (= absoluter Nullpunkt)

273,15 K = 0 °C
373,15 K = 100 °C

T : Kelvin-Temperatur (thermodynamische Temperatur)
t : Celsius-Temperatur

Längenänderung

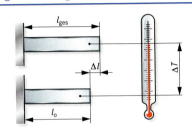

$\Delta l = l_0 \cdot \alpha \cdot \Delta T$
$l_{ges} = l_0 + \Delta l$
$l_{ges} = l_0 \cdot (1 + \alpha \cdot \Delta T)$

Erwärmung: $\Delta T > 0$ Abkühlung: $\Delta T < 0$

Werte für Längenausdehnungs-koeffizienten s. Stoffwerte

l_0 : Anfangslänge
l_{ges} : Endlänge
Δl : Längenänderung
α : Längenausdehnungs-koeffizient
ΔT : Temperaturdifferenz

Volumenänderung

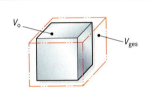

$\Delta V = V_0 \cdot \gamma \cdot \Delta T$
$V_{ges} = V_0 + \Delta V$
$V_{ges} = V_0 \cdot (1 + \gamma \cdot \Delta T)$

$\gamma \approx 3 \cdot \alpha$ (für feste Stoffe)

Erwärmung: $\Delta T > 0$ Abkühlung: $\Delta T < 0$

V_0 : Anfangsvolumen
V_{ges} : Endvolumen
ΔV : Volumenänderung
ΔT : Temperaturdifferenz
γ : Volumenausdehnungs-koeffizient
α : Längenausdehnungs-koeffizient

Schwindung

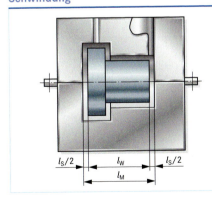

$l_W = l_M - l_S$
$l_S = \dfrac{l_M \cdot S}{100\ \%}$

$l_M = \dfrac{l_W \cdot 100\ \%}{100\ \% - S}$

Werte für Schwindmaße s. DIN EN 12 890

l_M : Modelllänge
l_W : Werkstücklänge
l_S : Schwindung
S : Schwindmaß

Wärmemenge

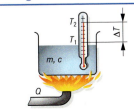

$Q = m \cdot c \cdot \Delta T$

$m = \dfrac{Q}{c \cdot \Delta T}$ $\Delta T = \dfrac{Q}{m \cdot c}$

Werte für spezifische Wärmekapazität s. Stoffwerte

Q : Wärmemenge
m : Masse
c : spezifische Wärme-kapazität
ΔT: Temperaturdifferenz

Mathematisch-technische Grundlagen

Wärmetechnik
Heat technology

Schmelz- und Verdampfungswärmemenge

Schmelzen: $Q_s = m \cdot q$

Verdampfen: $Q_v = m \cdot r$

Werte für spezifische Schmelzwärme s. Stoffwerte

Q_s : Schmelzwärmemenge
Q_v : Verdampfungswärmemenge
m : Masse
q : spezifische Schmelzwärme
r : spezifische Verdampfungswärme

Verbrennungswärmemenge

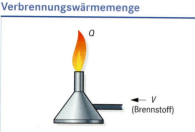

Feste und flüssige Brennstoffe:

$Q = m \cdot H$

Gasförmige Brennstoffe:

$Q = V \cdot H$

Q : Verbrennungswärmemenge
m : Masse
H : spezifischer Heizwert
V : Volumen

Wärmemenge aus elektrischer Arbeit

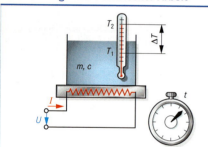

$Q = W$

$m \cdot c \cdot \Delta T = P \cdot t \cdot \eta$

$m \cdot c \cdot \Delta T = U \cdot I \cdot t \cdot \eta$

Werte für spezifische Wärmekapazität s. Stoffwerte

W : elektrische Arbeit
Q : Wärmemenge
P : elektrische Leistung
t : Aufheizzeit
m : Masse
c : spez. Wärmekapazität
ΔT : Temperaturdifferenz
U : Spannung
I : Stromstärke
η : Wirkungsgrad

Wärmemengenaustausch

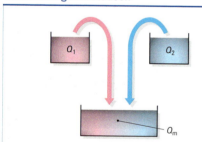

$Q_m = Q_1 + Q_2$

Stoffe unterschiedlicher Wärmekapazität:
$(m_1 \cdot c_1 + m_2 \cdot c_2) \cdot T_m$
$= m_1 \cdot c_1 \cdot T_1 + m_2 \cdot c_2 \cdot T_2$

$$T_m = \frac{m_1 \cdot c_1 \cdot T_1 + m_2 \cdot c_2 \cdot T_2}{m_1 \cdot c_1 + m_2 \cdot c_2}$$

Stoffe gleicher Wärmekapazität:

$$T_m = \frac{m_1 \cdot T_1 + m_2 \cdot T_2}{m_1 + m_2}$$

Q_1 : Wärmemenge 1
Q_2 : Wärmemenge 2
Q_m : Mischungswärmemenge
m_1 : Masse 1
m_2 : Masse 2
c_1 : spez. Wärmekapazität 1
c_2 : spez. Wärmekapazität 2
T_1 : Temperatur 1
T_2 : Temperatur 2
T_m : Mischungstemperatur

Wärmestrom

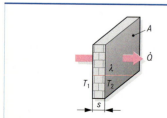

$$\dot{Q} = \frac{A \cdot \lambda \cdot (T_1 - T_2)}{s}$$

$\frac{\lambda}{s} = k$

$\dot{Q} = A \cdot k \cdot \Delta T$

$\dot{Q}$: Wärmestrom
A : Fläche
s : Wanddicke
ΔT : Temperaturdifferenz
λ : Wärmeleitzahl (Wärmeleitfähigkeit)
k : Wärmedurchgangszahl

Chemie
Chemistry

Atomaufbau

Atomkern (Protonen + Neutronen = Nukleonen)		Atomhülle
Protonen: Elektrisch positiv geladene Kernbausteine. Anzahl der Protonen = Kernladungszahl = Ordnungszahl des Atoms im Periodensystem der Elemente.	**Neutronen:** Elektrisch neutrale Kernbausteine. Elemente, deren Atomkerne gleiche Protonenanzahlen, aber unterschiedliche Neutronenzahlen besitzen, heißen **Isotope**. Protonen und Neutronen haben annähernd die gleiche Masse.	**Elektronen:** Elektrisch negativ geladene Bausteine. Ein neutrales Atom hat die gleiche Anzahl an Protonen und Elektronen. Elektronen haben den 1/1849 Teil der Protonenmasse.

Benennung von Salzen

Säure		Säurerest		Beispiel	
Bezeichnung	Formel	Bezeichnung	Formel	Bezeichnung	Formel
Chlorsäure	$HClO_3$	– chlorat	$[ClO_3]^-$	Kaliumchlorat	$KClO_3$
Chlorige Säure	$HClO_2$	– chlorit	$[ClO_2]^-$	Natriumchlorit	$NClO_2$
Flusssäure	HF	– fluorid	F^-	Kalziumfluorid	CaF_2
Kieselsäure	H_2SiO_3	– silikat	$[SiO_3]^{2-}$	Magnesiumsilikat	$MgSiO_3$
Kohlensäure	H_2CO_3	– carbonat	$[CO_3]^{2-}$	Natriumcarbonat	Na_2CO_3
Phosphorsäure	H_3PO_4	– phosphat	$[PO_4]^{3-}$	Kalziumphosphat	$Ca_3(PO_4)_2$
Phosphorige Säure	H_3PO_3	– phosphit	$[PO_3]^{3-}$	Kaliumphosphit	K_3PO_3
Salpetersäure	HNO_3	– nitrat	$[NO_3]^-$	Silbernitrat	$AgNO_3$
Salpetrige Säure	HNO_2	– nitrit	$[NO_2]^-$	Natriumnitrit	$NaNO_2$
Salzsäure	HCl	– chlorid	Cl^-	Natriumchlorid	$NaCl$
Schwefelsäure	H_2SO_4	– sulfat	$[SO_4]^{2-}$	Kupfersulfat	$CuSO_4$
Schweflige Säure	H_2SO_3	– sulfit	$[SO_3]^{2-}$	Kaliumsulfit	K_2SO_3

Wichtige chemische Verbindungen

Technische Bezeichnung	chemische Bezeichnung	chemische Formel	Technische Bezeichnung	chemische Bezeichnung	chemische Formel
Aceton	Propanon	$(CH_3)_2CO$	Kohlensäure	Kohlendioxid	$CO_2 \cdot H_2O$
Acetylen	Acetylen, Äthin	C_2H_2	Korund	Aluminiumoxid	Al_2O_3
Äther	Äthyläther	$(C_2H_5)_2O$	Kupfervitriol	Kupfersulfat	$CuSO_4 \cdot 5\,H_2O$
Bauxit	Aluminiumhydroxid	$AlO(OH)$ – Verunreinigung	Mennige	Bleioxid	Pb_3O_4
Borax	Natriumtetraborat	$Na_2B_4O_7 \cdot 10\,H_2O$	Salmiak	Ammoniumchlorid	NH_4Cl
Borazon	Bornitrit	BN	Salmiakgeist	Ammoniumhydroxid	NH_4OH
Cyankali	Kaliumcyanid	KCN	Salpetersäure	Salpetersäure	HNO_3
Eisenrost	Eisenoxidhydrat	$FeO \cdot Fe_2O_3 \cdot H_2O$	Salzsäure	Chlorwasserstoff	HCl
Gips	Calciumsulfat	$CaSO_4 \cdot 2\,H_2O$	Schwefelsäure	Schwefelsäure	H_2SO_4
Glycerin	Propantriol	$C_3H_5(OH)_3$	Soda	Natriumkarbonat	Na_2CO_3
Grünspan	Kupferacetat	$Cu(OH)_2 \cdot (CH_3COO)_2Cu$	Spiritus	Äthanol	C_2H_5OH
Karbid	Calciumcarbid	CaC_2	Teflon	Tetrafluorethylen	$(F_2C{-}CF_2)_n$
Karborund	Siliziumcarbid	SiC	Tetra	Tetrachlorkohlenstoff	CCl_4
Kochsalz	Natriumchlorid	$NaCl$	Tri	Trichloräthylen	C_2HCl_3
Königswasser	3 Vol.-Teile HCl + 1 Vol.-Teil HNO_3		Zellulose	Dextrin	$C_6H_{10}O_5$

Stoffwerte gasförmiger Stoffe (20 °C; 1,013 bar)
Physical characteristics of gaseous materials

Stoff	Kurzzeichen	Dichte bei 0 °C ϱ kg/m³	Schmelzpunkt t_{Fl} °C	Siedepunkt t_G °C	Spezif. Wärmekapazität c		Löslichkeit bei 20 °C in H_2O g/l	Wärmeleitfähigkeit λ W/m · K
					p = const. J/kg · K	V = const. J/kg · K		
Acetylen	C_2H_2	1,17	– 80,8	– 84	1 683	1 330	1,03	0,021
Ammoniak	NH_3	0,771	– 77,7	– 33,4	2 160	1 560	541	0,024
Butan	C_4H_{10}	2,70	–135	– 0,5	–	–	–	0,016
Frigen	CF_2CL_2	5,51	–140	– 30	–	–	–	0,010
Kohlenmonoxid	CO	1,250	–205	–191,55	1 042	750	0,029	0,025
Kohlendioxid	CO_2	1,977	– 56,6[1]	– 78,5	837	630	1,73	0,016
Luft	–	1,29	–220	–191,4	1 005	716	0,019	0,026
Methan	CH_4	0,72	–182,5	–161,5	2 219	1 680	0,024	0,033
Propan	C_3H_8	2,01	–185,3	– 47,7	1 595	1 240	–	0,017
Sauerstoff	O_2	1,429	–218,8	–182,9	917	650	0,044	0,026
Schwefeldioxid	SO_2	2,93	– 73	– 10	1 779	1 483	1,56	0,029
Stickstoff	N_2	1,251	–210	–195,8	1 038	740	0,019	0,026
Wasserstoff	H_2	0,0899	–259,2	–252,8	14 320	10 100	0,002	0,183

[1] bei 5,3 bar; Sublimationspunkt

Mathematisch-technische Grundlagen

Stoffwerte flüssiger und fester Stoffe
Physical characteristics of liquid and solid materials

Flüssige Stoffe (20 °C; 1,013 bar)

Stoff	Kurz-zeichen	Dichte ϱ kg/dm^3	Schmelz-punkt t_{Fl} °C	Siede-punkt t_G °C	Zünd-temperatur °C	Spezif. Wärme-kapazität c J/kg · K	Volumen-ausdehnungs-koeffizient K^{-1}	Wärmeleit-fähigkeit λ W/m · K
Alkohol (Ethanol)	C$_2$H$_5$OH	0,79	−114	78	–	2340	0,0011	0,13
Äther	(C$_2$H$_5$)$_2$O	0,71	−116	35	170	2280	0,0016	0,13
Benzin	–	0,68...0,75	−30...−50	40...200	220	2020	0,0010	0,13
Benzol	C$_6$H$_6$	0,88	5,5	80,1	250	1725	0,0012	0,15
Dieselkraftstoff	–	0,8...0,85	<− 30	150...350	220	2050	0,00095	0,15
Glycerin	C$_3$H$_5$(OH)$_3$	1,26	− 19	290	520	2390	0,0005	0,29
Heizöl	–	≈ 0,82	− 10	> 170	220	2070	0,00095	0,14
Maschinenöl	–	0,91	− 20	380...400	400	2090	0,00093	0,14
Petroleum	–	0,81	− 70	150...300	550	2150	0,0010	0,13
Spiritus (95 %)	C$_2$H$_5$OH	0,82	−114	78	520	2430	0,0011	0,17
Wasser (destill.)	H$_2$O	1,00[1]	0	100	–	4182	0,0002027	0,06

Feste Stoffe (20 °C; 1,013 bar)

Stoff	Kurz-zeichen	Dichte ϱ kg/dm^3	Schmelz-punkt/-bereich t_{Fl} °C	Siede-punkt t_G °C	Spezif. Schmelz-wärme t_G kJ/kg	Spezif. Wärme-kapazität q J/kg · K	Längen-ausdehnungs-koeffizient α K^{-1}	Wärmeleit-fähigkeit λ W/m · K
Aluminiumoxid	Al$_2$O$_3$	4,0	2050	2700	263	764	0,0000065	12...23
Al-Legierung	AlCu4MgSi	2,8	530...650			960	0,000023	180
	AlSi1MgMn	2,7	600...645			920	0,000023	175
Asbest	–	2,1...2,8	≈ 1300	–	–	810	–	–
Beton	–	1,8...2,2	–	–	–	880	0,0001	1
Cu-Legierung	CuAl10Fe5Ni5	7,4...7,7	≈ 1040	≈ 2300		440	0,000016	61
	CuNi25		≈ 1260	≈ 2400		410	0,0000152	23
	CuSn6	7,4...8,9	≈ 900	≈ 2300		380	0,0000175	46
	CuZn30	8,4...8,7	≈ 900	≈ 2300	167	390	0,0000185	105
Eis	–	0,92	0	100	332	2090	0,00005	2,3
Fette	–	0,93	30...180	≈ 300	–	–	–	0,21
Gips	CaSO$_4$	2,3	1200	–	–	–	–	0,45
Glas	–	2,4...2,7	≈ 700	–		850	0,000005	0,81
Grafit	–	2,2	≈ 3800	≈ 4200	–	710	0,000008	168
Gusseisen	EN-GJL200	7,25	1150...1250	≈ 2500	125	540	0,0000105	50
Hartmetall	HW-P20	11,9	> 2000	≈ 4000		800	0,000060	81
Konstantan	CuNi44	8,9	1280	≈ 2600	–	410	0,000014	23
Korund	Al$_2$O$_3$	4,0	2050	2700	263	764	0,0000065	12...23
Mg-Legierung	MgAl6Zn	1,8	≈ 630	≈ 1500		1017	0,000024	65
Polystyrol	PS	1,05	–	–		1300	0,000070	0,13...0,16
Polyvinylchlorid	PVC	1,35	–	–	165	1500	0,000080	0,16...0,17
Porzellan	–	2,3...2,5	1600	–		880	0,000004	1,6
Quarz	SiO$_2$	2,1...2,6	1480	2230		745	0,000008	9,9
Siliziumkarbid	SiC	2,4	über 3000 °C Zerfall in C und Si		158	678	0,000008	9
Stahl, unlegiert	C22	7,85	1510	≈ 2500	205	490	0,000011	48...58
Stahl, niedrigleg.	16MnCr5	7,85	1490	≈ 2500	192	460	0,0000111	25
Stahl, hochleg.	X210CrW12	7,9	1450	≈ 2500	213	510	0,0000167	21

[1] bei 4 °C

Periodensystem der Elemente
Periodic table of the elements

Legende:

- Ordnungszahl — Elementsymbol — Kristallstruktur — Elementname
- Schmelzpunkt (feste Elemente)
- Siedepunkt (flüssige/gasförmige Elemente)
- Dichte: feste/flüssige Elemente in kg/dm^3; gasförmige Elemente in kg/m^3

Beispiel: **26 Fe** Eisen 1535 7,86

Element-Typen: Fe festes Element · Hg flüssiges Element · O gasförmiges Element · U natürliches, radioaktives Element · Rf künstliches, radioaktives Element · Uub* vorläufiges Symbol

Kristallstruktur: amorph · kubisch-flächenzentriert · monoklin · rhomboedrisch · hexagonal · kubisch-raumzentriert · orthorhombisch · tetragonal

Gruppierung: Nichtmetall · Leichtmetall · Edelmetall · Halbmetall · Schwermetall · Edelgas

* IUPAC-Empfehlung · herkömmliche Gruppenbezeichn. · k.A.: keine Angabe

Gruppe* / Periode (Schale)	1 (Ia)	2 (IIa)	3 (IIIb)	4 (IVb)	5 (Vb)	6 (VIb)	7 (VIIb)	8 (VIII)	9 (VIII)	10 (VIII)	11 (Ib)	12 (IIb)	13 (IIIa)	14 (IVa)	15 (Va)	16 (VIa)	17 (VIIa)	18 (VIIIa)
1 (K)	1 H Wasserstoff −252,9 · 0,0899																	2 He Helium −268,9 · 0,1785
2 (L)	3 Li Lithium 180,5 · 0,534	4 Be Beryllium 1278 · 1,848											5 B Bor 2300 · 2,46	6 C Kohlenstoff 3550 · 3,51	7 N Stickstoff −195,8 · 1,2506	8 O Sauerstoff −182,96 · 1,429	9 F Fluor −188,1 · 1,696	10 Ne Neon −246,1 · 0,899
3 (M)	11 Na Natrium 97,8 · 0,971	12 Mg Magnesium 648,8 · 1,738											13 Al Aluminium 660,5 · 2,699	14 Si Silicium 1410 · 2,33	15 P Phosphor 44 · 1,82	16 S Schwefel 113 · 2,07	17 Cl Chlor −34,6 · 3,214	18 Ar Argon −189,4 · 1,784
4 (N)	19 K Kalium 63,7 · 0,862	20 Ca Calcium 839 · 1,55	21 Sc Scandium 1539 · 2,989	22 Ti Titan 1660 · 4,51	23 V Vanadium 1890 · 6,09	24 Cr Chrom 1857 · 7,19	25 Mn Mangan 1246 · 7,21	26 Fe Eisen 1535 · 7,86	27 Co Cobalt 1495 · 8,89	28 Ni Nickel 1453 · 8,902	29 Cu Kupfer 1083,5 · 8,96	30 Zn Zink 419,6 · 7,14	31 Ga Gallium 29,8 · 5,904	32 Ge Germanium 937,4 · 5,323	33 As Arsen 613 · 5,72	34 Se Selen 217 · 4,82	35 Br Brom 58,8 · 3,14	36 Kr Krypton −152,3 · 3,749
5 (O)	37 Rb Rubidium 39 · 1,532	38 Sr Strontium 769 · 2,63	39 Y Yttrium 1523 · 4,469	40 Zr Zirconium 1855 · 6,506	41 Nb Niob 2468 · 8,57	42 Mo Molybdän 2617 · 10,28	43 Tc Technetium 2172 · 11,5	44 Ru Ruthenium 2310 · 12,45	45 Rh Rhodium 1966 · 12,41	46 Pd Palladium 1552 · 12,02	47 Ag Silber 961,9 · 10,5	48 Cd Cadmium 321 · 8,642	49 In Indium 156,6 · 7,31	50 Sn Zinn 232 · 7,29	51 Sb Antimon 630,7 · 6,691	52 Te Tellur 449,6 · 6,24	53 I Iod 113,5 · 4,93	54 Xe Xenon −107 · 5,897
6 (P)	55 Cs Cäsium 28,4 · 1,873	56 Ba Barium 725 · 3,65	57…71	72 Hf Hafnium 2150 · 13,31	73 Ta Tantal 2996 · 16,654	74 W Wolfram 3407 · 19,26	75 Re Rhenium 3180 · 21,20	76 Os Osmium 3045 · 22,61	77 Ir Iridium 2410 · 22,65	78 Pt Platin 1772 · 21,45	79 Au Gold 1064,4 · 19,32	80 Hg Quecksilber 356,6 · 13,546	81 Tl Thalium 1457 · 11,85	82 Pb Blei 327,5 · 11,34	83 Bi Bismut 271,4 · 9,80	84 Po Polonium 254 · 9,20	85 At Astat 302 · k.A.	86 Rn Radon −61,8 · 9,73
7 (Q)	87 Fr Francium 27 · k.A.	88 Ra Radium 700 · 5,50	89…103	104 Rf Rutherfordium 261,109 · k.A.	105 Db Dubnium 262,114 · k.A.	106 Sg Seaborgium 263,118 · k.A.	107 Bh Bohrium 262,123 · k.A.	108 Hs Hassium 265 · k.A.	109 Mt Meitnerium 266 · k.A.	110 Ds Darmstadtium 269 · k.A.	111 Rg Roentgenium 272 · k.A.	112 Uub* Ununbium 285 · k.A.	113 Uut* Ununtrium 284 · k.A.	114 Uuq* Ununquadium 289 · k.A.	115 Uup* Ununpentium 288 · k.A.	116 Uuh* Ununhexium 292 · k.A.	117 Uus* Ununseptium k.A. · k.A.	118 Uuo* Ununoctium k.A. · k.A.

Lanthanoide — Periode 6 (P)

57 La	58 Ce	59 Pr	60 Nd	61 Pm	62 Sm	63 Eu	64 Gd	65 Tb	66 Dy	67 Ho	68 Er	69 Tm	70 Yb	71 Lu
Lanthan 920 6,145	Cer 798 6,77	Praseodym 931 6,773	Neodym 1010 7,008	Promethium 1080 7,264	Samarium 1072 7,52	Europium 822 5,26	Gadolinium 1311 7,89	Terbium 1360 8,23	Dysprosium 1409 8,56	Holmium 1470 8,795	Erbium 1522 9,066	Thulium 1545 9,321	Ytterbium 824 6,966	Lutetium 1656 9,841

Actinoide — Periode 7 (Q)

89 Ac	90 Th	91 Pa	92 U	93 Np	94 Pu	95 Am	96 Cm	97 Bk	98 Cf	99 Es	100 Fm	101 Md	102 No	103 Lr
Actinium 1047 10,07	Thorium 1750 11,72	Protactinium 1554 15,37	Uran 1132,4 18,95	Neptunium 640 20,45	Plutonium 641 19,84	Americium 994 13,67	Curium 1340 13,51	Berkelium 986 13,25	Californium 900 15,10	Einsteinium 860 k.A.	Fermium 1526 k.A.	Mendelevium 827 k.A.	Nobelium 827 k.A.	Lawrencium 1627 k.A.

Mathematisch-technische Grundlagen

Stoffwerte chemischer Elemente
Physical characteristics of chemical elements

Element	Symbol	Ordnungszahl	Raumgitter[1]	Zustand[2]	Dichte[3] bei 20 °C ϱ kg/dm³ kg/m³	Schmelz-punkt t_{Fl} °C	Siede-punkt bei 1,013 bar t_G °C	Spezif. Schmelz-wärme bei 1,013 bar q in kJ/mol	Spezif. Wärme-kapazität bei 20 °C c J/(kg·K)	Spezif. elektr. Widerstand bei 20°C $\varrho 20$ $\Omega \cdot$ mm²/m	Wärme-leitfähig-keit bei 25 °C λ W/m·K	Längenaus-dehnungs-koeffizient bei 20 °C α K⁻¹
Aluminium	Al	13	kfz	f/M	2,699	660,5	2467	10,7	900	0,027	237	0,0000239
Antimon	Sb	51	rho	f/HM	6,691	630,7	1750	19,83	207	0,347	24,3	0,0000105
Argon	Ar	18	-	g/EG	1,784	-189,4	-185,9	1,188	520	-	0,0177	-
Arsen	As	33	rho	f/HM	5,72	613 [4]	sublimiert	27,7	330	0,29	50	0,0000047
Barium	Ba	56	krz	f/M	3,65	725	1640	8,01	204	0,359	19	0,0000184
Beryllium	Be	4	hex	f/M	1,848	1278	2970	11,71	1825	0,042	200	0,0000106
Bismut	Bi	83	rho	f/M	9,8	271,4	1560	11	122	1,099	7,87	0,0000133
Blei	Pb	82	kfz	f/M	11,34	327,5	1740	4,77	129	0,21	35,3	0,0000293
Bor	B	5	rho	f/NM	2,46	2300	2550	22,6	1026	0,909	27	0,0000083
Cadmium	Cd	48	hex	f/M	8,642	321	765	6,07	232	0,075	96,8	0,0000298
Calcium	Ca	20	kfz	f/M	1,55	839	1487	8,53	647	0,034	200	0,0000223
Cer	Ce	58	kfz	f/M	6,77	798	3257	9,2	190	0,87	11,4	0,000008
Chlor	Cl	17	-	g/G	3,214	-101	-34,6	3,21	480	-	0,0089	-
Chrom	Cr	24	krz	f/M	7,19	1857	2482	20	449	0,128	93,7	0,0000062
Cobalt	Co	27	hex	f/M	8,89	1495	2870	16,19	421	0,062	100	0,0000123
Eisen	Fe	26	krz	f/M	7,86	1535	2750	13,8	449	0,097	80,2	0,0000117
Fluor	F	9	-	g/G	1,696	-219,6	-188,1	0,26	824	-	0,0279	-
Gold	Au	79	kfz	f/EM	19,32	1064,4	2940	12,36	128	0,024	317	0,0000142
Helium	He	2	-	g/EG	0,1785	-272,2	-268,9	0,021	5193	-	0,152	-
Iod	I	53	ort	f/NM	4,93	113,5	184,4	7,76	145	-	0,449	0,0000093
Iridium	Ir	77	kfz	f/EM	22,65	2410	4130	26,36	130	0,053	147	0,0000066
Kalium	K	19	krz	f/M	0,862	63,7	774	2,33	757	0,076	102,5	0,000083
Kohlenstoff	C	6	kub	f/NM	2,25	3550	4827		709	-	155	-
Kupfer	Cu	29	kfz	f/M	8,96	1083,5	2595	13,14	385	0,017	401	0,0000165
Lanthan	La	57	hex	f/M	6,145	920	3454	11,3	190	0,794	13,5	-
Magnesium	Mg	12	hex	f/M	1,738	648,8	1107	8,95	1020	0,044	156	0,0000245
Mangan	Mn	25	krz	f/M	7,21	1246	2062	14,64	480	2	7,82	0,000022
Molybdän	Mo	42	krz	f/M	10,28	2617	5560	36	250	0,052	138	0,0000027
Natrium	Na	11	krz	f/M	0,971	97,8	892	2,601	1230	0,047	141	0,0000027
Nickel	Ni	28	kfz	f/M	8,902	1453	2732	17,2	444	0,068	90,7	0,0000133
Niob	Nb	41	krz	f/M	8,57	2468	4927	26,9	265	0,156	53,7	0,0000071
Phosphor	P	15	mon	f/NM	1,82	44	280	0,63	769	-	0,235	0,0000125
Platin	Pt	78	kfz	f/EM	21,45	1772	3827	19,66	130	0,105	71,6	0,000009
Quecksilber	Hg	80	rho	fl/M	13,546	-38,9	356,6	2,292	140	0,941	8,34	-
Rhodium	Rh	45	kfz	f/EM	12,41	1966	3727	21,76	242	0,045	150	0,0000083
Sauerstoff	O	8	-	g/G	1,429	-218,4	-182,96	0,222	920	-	0,0267	-
Schwefel	S	16	ort	f/NM	2,07	113	444,7	1,73	710	-	0,269	0,000064
Selen	Se	34	hex	f/HM	4,82	217	685	5,54	320	-	2,04	0,000037
Silber	Ag	47	kfz	f/M	10,5	961,9	2212	11,3	235	0,016	429	0,0000197
Silicium	Si	14	kfz	f/HM	2,33	1410	2355	50,2	700	1000	148	0,0000025
Stickstoff	N	7	-	g/G	1,2506	-209,9	-195,8	0,36	1042	-	0,026	-
Tantal	Ta	73	krz	f/M	16,654	2996	5425	36	140	0,14	57,5	0,0000066
Thorium	Th	90	kfz	f/M	11,72	1750	4787	15,65	113	0,153	54	0,000011
Titan	Ti	22	hex	f/M	4,51	1660	3260	18,6	523	0,42	21,9	0,0000084
Uran	U	92	ort	f/M	18,95	1132,4	3818	15,48	120	0,263	27,6	-
Vanadium	V	23	krz	f/M	6,09	1890	3380	20,8	489	0,256	30,7	0,0000083
Wasserstoff	H	1	-	g/G	0,0899	-259,1	-252,9	0,0585	14304	-	0,1818	-
Wolfram	W	74	krz	f/M	19,26	3407	5927	35,4	130	0,057	174	0,0000046
Zink	Zn	30	hex	f/M	7,14	419,6	907	7,38	388	0,059	116	0,0000397
Zinn	Sn	50	tet	f/M	7,29	232	2270	7,2	228	0,11	66,6	0,000023
Zirconium	Zr	40	hex	f/M	6,506	1855	4377	21	278	0,424	22,7	0,0000058

[1] am: amorph; hex: hexagonal; kfz: kubisch-flächenzentriert; krz: kubisch-raumzentriert; mon: monoklin; ort: orthorhombisch (rhombisch); rho: rhomboedrisch (trigonal); tet: tetragonal; – [2] f: fest; fl: flüssig; g: gasförmig; EG: Edelgas; EM: Edelmetall; G: Gas; HM: Halbmetall; NM: Nichtmetall; M: Metall; – [3] Feste und flüssige Elemente in kg/dm³ bei 20 °C und 1,013 bar; gasförmige Elemente in kg/m³ bei 0 °C und 1,013 bar;
[4] Arsen sublimiert bei 613 °C: es geht vom festen direkt in den gasförmigen Aggregatzustand über.

Sachwortverzeichnis
Index

Symbole

0,2 %-Dehngrenze
0,2 %-yield strength 120

2/2 Wegeventil
2/2 way valve 342

3/2 Wegeventil
3/2 way valve 342

4/2 Wegeventil
4/2 way valve 343

5/2 Wegeventil
5/2 way valve 343

8-Bit-Code
8 bit code 365

A

Abbaukurve
degradation curve 381

Abfallbestimmungsverordnung
waste determination regulation 7

Abfälle
waste 7

Abfallgesetz
waste disposal law 7

Abgestumpfte Körper
blunted solids 418

Ablaufsprache
sequential function chart 360

Abmaße
deviations 42

Abnutzungsvorrat
wear margin 381

Abschrecken
quenching 203

Absoluter Druck
absolute pressure 433

Abtragen durch Erodieren oder Funkenerosion, Hauptnutzungszeit
main utilization time when eroding 172

Abwicklungen
developed views 37

Adressbuchstaben für CNC-Programme
address letters for CNC-programs 179

Allgemeine Gasgleichung
general gas equation 433

Allgemeintoleranzen
general tolerances 46

Allgemeintoleranzen für Form und Lage
general geometrical tolerances for features 46

Allgemeintoleranzen für Gussrohteile
general tolerances for rough castings 48

Allgemeintoleranzen für Schweißkonstruktionen
general tolerances for welding constructions 49

Alphanumerisches Tastenfeld
alphanumeric keyboard 363

Altern
ageing 203

Aluminium
aluminium 85

Aluminium, Schweißnahtvorbereitung
joint preparation for aluminium 231

Aluminium-Gusslegierungen
aluminium cast alloys 85

Aluminium-Gusswerkstoffe, Bezeichnungssystem
designation system for cast aluminum materials 84

Aluminium-Knetlegierungen
aluminium wrought alloys 85

Aluminium-Knetwerkstoffe, Bezeichnungssystem
designation system for wrought aluminum materials 84

Aluminium und Aluminium-Legierungen, Wärmebehandlung
heat treatment of aluminium and aluminium alloys 208

ambienter Druck
ambient pressure 433

Angabe der Oberflächenbeschaffenheit
methode of indicating surface texture 44

Ankathete
adjacent 411

Anlassen
tempering 203

Anlassfarben
tempering colours 204

Anordnung der Maße
arrangement of measures 33

Anschlussbezeichnung von Relais
terminal designation of relays 352

Ansichten
views 27

ANTIVALENZ-Glied
exclusive-OR element 350

Anweisungsliste
proportional action controller 358

ÄQUIVALENZ-Glied
equivalence element 350

Arbeit
work 427

Arbeits- und Umweltschutz
protection of labour and environmental protection 6

Arbeitsposition beim Schweißen
work position when welding 223

Arbeitsschutz
protection of labor 6

Arbeitswerte – Bohren
drilling values 137

Arbeitswerte – Drehen
turning values 148–150

Arbeitswerte – Fräsen
milling values 154

Arithmetische Reihen
arithmetic progressions 409

Arithmetischer Mittelwert
arithmetic mean value 211

Arithmetischer Mittenrauwert
arithmetic average peak-to-valley height 43

ASCII-Code
ASCII-code 365

441

Sachwortverzeichnis
Index

ASCII-Steuerzeichen
ASCII control characters 365

Atomaufbau
atomic structure 437

Atomkern
atomic core 437

Aufbereitungseinheit
conditioning unit 339, 341

Auflagebolzen
location pins 318

Auflagerkräfte
bearing forces 424

Aufnahmebolzen
support pins 318

Aufstiegshilfen
ascension auxiliaries 15

Auftragszeit
job time 168

Auftrieb
buoyancy 433

Auftriebskraft
buoyant force 433

Augenschrauben
eye bolts 259

Ausbruch
partial section 28

Ausfallverhalten
failure behaviour 383

Ausführungswichtung
execution weighting 14

Ausschneiden
blanking 196

Austenitisches Gusseisen
austenitic cast iron 82

Auswahlkriterien für Wälzlager
rolling bearings, choice criteria 283

Auswechselbuchsen
renewable bushes 322

Automatenstähle
free-cutting steels 73, 206

Automatisieren
automating 327

Axial-Rillenkugellager
deep groove ball thrust bearings 284

Axiales Flächenmoment
axial area moment 431

Axiales Widerstandsmoment
axial section moment 431

Axialkolbenpumpe
axial piston pump 347

Axonometrische Darstellungen
axonometric representations 25

B

Bänder
bands 114

Basiseinheit
basic unit 394

Basiszeichen für Wälzlager
basic codes for rolling bearings 281

Bauformen von Hydrozylindern
styles of hydro cylinders 349

Baustähle
structural steels 71

Baustähle, unlegierte
non-alloy structural steels 71

Bearbeitungszugaben
machining allowances 49

Begriffe – Zeichnungen und Stücklisten
terms – drawings and item lists 20

Begriffe der Informationstechnik
terms of information technology 362

Begriffe der Instandhaltung
terms of maintenance 382

Begriffe der Wärmebehandlung
terms for heat treatment 203

Begriffsbestimmungen für Stahlerzeugnisse
definition of steel products 69

Bemaßung von Schweißnähten
dimensioning of welds 220

Benennungen für Halbzeug
designation of semi-finished products 101

Benennung von Salzen
designation of salts 437

Benennung von Schmierstoffen
designation of lubricants 388–390

Berechnung der Hauptnutzungszeit
calculation of the main time of utilization 171

Berechnungen am rechtwinkligen Dreieck
calculation at the rectangular triangle 410

Beschleunigungsarbeit
acceleration work 427

Beschriftung
lettering 22

Beseitigungsratschläge
disposal advices 8

Betriebsdruck
working pressure 433

Betriebsmittel-Belegungszeit
resource holding time 169

Bewegung
movement 421

Bewerten von Schweißnähten an Stahl
valuation of welded joints on steel 228

Bewertungsgruppen
quality levels 228

Bezeichnung der Wegeventile
designation of directional valve 342

Bezeichnung duroplastischer Formmassen
designation of thermosetting molding compound 96

Bezeichnung harter Schneidstoffe
designation of hard cutting material 133

Bezeichnungssysteme für Stähle
designation systems for steels 66

442

Sachwortverzeichnis
Index

Bezeichnungssystem für Aluminium-Gusswerkstoffe
designation system for cast aluminum materials 84

Bezeichnungssystem für Aluminium-Knetwerkstoffe
designation system for wrought aluminum materials 84

Bezeichnungssystem für Gusseisen
designation system for cast iron 80

Bezeichnung von Fräswerkzeugen mit Wendeschneidplatten
designation of milling tools with indexable inserts 152

Bezeichnung von Klemmhaltern
tool holder, identification 146

Bezeichnung von Schaftfräsern
designation of end mills 152

Bezeichnung von Wendeschneidplatten
indexable inserts, identification 144

Beziehungen zwischen den Winkelfunktionen
relations between trigonometric functions 412

Bezugsbemaßung
absolute dimensioning 40

Biegebelastungsfälle
bending load 430

Biegen, Rückfederung
resilience when bending 192

Biegeradien
bending radii 191

Biegeversuch
bend test 121

Biegung
bending 430

Bildzeichen an CNC-Werkzeugmaschinen
graphical symbols of CNC machine tools 186

Bildzeichen für Schutzarten
graphical symbols of protective systems 375

Bildzeichen Werkzeugmaschinen
graphical symbols machine tools 166

Binäre Verknüpfungen
binary logics 350

Binomische Formeln
binomial formulas 410

BIOS
BIOS 362

Blankstahlerzeugnisse
bright steel products 113

Bleche
steel sheets 112–114

Blechschrauben
sheet metal screws 255

Blei
lead 90

Blindniete
blind rivets 275

Bluetooth
Bluetooth 362

Bogenbemaßung
arc dimensioning 36

Bohrbuchsen
press fit jig bushes 322

Bohrbuchsen, Einbauhinweise
mounting instructions for jig bushes 323

Bohren
drilling 136

Bohren, Hauptnutzungszeit
main utilization time when drilling 172

Bohrer – Werkzeugauswahl
drills – tool choice 140

Bohrertypen
types of drills 136

Bolzen
pins 278

Boyle-Mariotte, Gesetz von
Boyle-Mariotte's law 433

Brandschutz
fire prevention 13

Breitband
wide band 112

Breitenreihe bei Wälzlagern
breadth range of rolling bearings 282

Brennschneiden
thermally cutting 198

Brinell – Härteprüfung
Brinell hardness test 123

Browser
Browser 362

Brucharten
types of failures 122

Bruchdehnung
breaking elongation 120

Bruchrechnen
fractional arithmetic 405

Buchsen für Gleitlager
bushes for plain bearings 294–295

Bundbohrbuchsen
headed press fit jig bushes 323

C

Celsius-Temperatur
degree Celsius 435

Chemie
chemistry 437

Chemische Elemente
physical characteristics of chemical elements 440

Chemische Verbindungen
important chemical compounds 437

CNC-Befehlscodierung nach PAL
CNC instruction codes under PAL 181

CNC-Programmzeile nach DIN
CNC line of code under DIN 176

Codes
codes 364–365

Codetabellen
code tables 364

Cookie
cookie 362

Sachwortverzeichnis
Index

D

D-Regler (Differentialregler)
derivative control unit 329

Darstellung von Federn
representation of springs 321

Darstellung von Kräften
representation of forces 422

Darstellung von Schweiß- und Lötverbindungen
representation of welded and soldered joints 218–221

Darstellung von Zahnrädern
representation of gears 307

Dateneingabe
data input 363

Datenfelder
data fields 22

Datenflusspläne
flow charts 366

Dauerschwingfestigkeit
fatigue strength 122

Dezimale Vorsätze
decimal prefixes 394

Dichte flüssiger Metalle
density of liquid metals 190

Differential-Flaschenzug
differential pulley block 426

Differentialregler
derivative control unit 329

Differenzialzylinder
differential speed cylinder 349

Diffusionsglühen
homogenizing 203

Dimetrische Projektion
dimetric projection 25

DirectX
directX 362

Doppel-T-Stoß
double T-joint 218

Drähte
wires 115

Drahterodieren
wiring-EDM (electrical discharge machining) 199

Drahtlängen zylindrischer Schraubenfedern
wire length of helical springs 321

Drehen
turning 142

Drehen, Hauptnutzungszeit
main utilization time when turning 171

Drehen, Programmzyklen nach PAL
PAL program loops – turning 184

Drehen – Arbeitswerte
turning values 148–150

Drehen mit Hartmetall, Richtwerte
values for turning using hard metal 150

Drehen mit oxidkeramischen Schneidstoffen, Richtwerte
values for turning using oxide-ceramic cutting material 148

Drehen mit Schnellarbeitsstahl, Richtwerte
values for turning using high-speed steel 149

Drehen von NE-Metallen mit Schnellarbeitsstahl, Richtwerte
values for turning of non-ferrous metals using high-speed steel 148

Drehmeißel – Übersicht
turning tools, general plan 143

Drehwerkzeuge nach PAL
PAL turning tools 185

Drehzylinder
turning cylinder 345

Dreiecke
triangles 413

Dreipunktregler
three-position controller 329, 331

Drosselventil
flow control valve 344

Druck
pressure 433

Druck, absoluter
absolute pressure 433

Druckbeanspruchung
compressive stress 429

Druckgasflaschen
gas bottles 222

Druck in Flüssigkeiten und Gasen (Fluidtechnik)
pressure within fluids and gases (fluid technology) 433

Druckluftaufbereitung
compressed air preparation 341

Druckluftsystem
compressed air system 341

Druckstücke
thrust pads 317

Druckübersetzung
pressure intensifying 434

Druckventile
pressure valves 339

Dualzahlen
binary numbers 364

Durchgangslöcher
through hole 247

Durchmesser
diameter 35

Durchmesserreihe bei Wälzlagern
diameter range of rolling bearings 282

Durchmesser von Zuschnitten
blank diameter 194

Duroplastischer Formmassen, Bezeichnung
designation of thermosetting molding compound 96

E

E-Sätze
E-codes 8

Eckstoß
edge joint 218

Eigenschaften stetiger Regler
features of continuous controllers 331

Einbauhinweise für Bohrbuchsen
mounting instructions for jig bushes 323

Sachwortverzeichnis
Index

Einbaumaße für Wälzlager
dimensions for mounting of rolling bearings 290

Eindringverfahren
penetrating methods 128

Einheiten
units 394

Einheitsbohrung, ISO-Passungen
ISO-fits for the hole basis system 52

Einheitsbohrung, Passungssysteme
hole-basis system of fits 51

Einheitswelle, ISO-Passungen
ISO-fits for the shaft basis system 54

Einheitswelle, Passungssysteme
shaft-basis system of fits 51

Einlegekeile
sunk-keys 300

Einsatzhärten
case-hardening 203

Einsatzstähle
case-hardening steels 73

Einsatzstähle, Wärmebehandlung
heat treatment of case-hardening steels 205

Einspannzapfen
spigot of a die 315

Einstiche
recesses 38

Einteilung der Schutzgase
classification of protective gases 226

Einteilung der Stähle
classification of grades of steels 70

Eisen-Kohlenstoff-Diagramm
iron-carbon diagram 202

Elastizitätsmodul
modulus of elasticity 120

Elastomere
elastomers 96

Elektrische Arbeit
electrical work 371

Elektrische Leistung
electrical power 371

Elektrischer Leiter, Kennfarben
code colours of conductors 375

Elektrochemische Spannungsreihe
electrochemical series 385

Elektrodenbedarf
electrode requirement 225

Elektronen
electrons 437

Elektropneumatik
electropneumatics 351–352

Elektrotechnik
electrical technology 370–371

Elektrotechnik – Schaltzeichen
electrical technology – symbols of contact units and switching
devices 372–374

Elektrotechnik – Unfallverhütung
electrical technology – accident prevention 378

Elektrotechnische Schaltzeichen
electronic circuit symbol 351

Ellipse
ellipse 415

EMSR-Technik
Electro-, measuring-, control- and automatic control technique
332

Energie
energy 427

Entsorgung
disposal 7

Entsorgung von Schmierstoffen
disposal of lubricants 391

Erkennen von Kunststoffen
recognizing plastics 93

Ersatzkraft
resultant force 422

Erste Hilfe
first aid 378

Euklid – Lehrsatz
Euclidean theorem 410

F

Fächerscheiben
serrated lock washers 271

Fallbeschleunigung
acceleration of the fall 421

Faltung auf Ablageformat
folding for filing 21

Farbkennzeichnung der Flasche
color coding of gas bottles 222

Farbkennzeichnung von Modellen
colour coding of models 190

Farbkennzeichnung von Schleifscheiben
color coding of grinding wheels 162

Fasen
chamfers 37

Federarbeit
spring work 427

Federberechnungen
spring calculations 321

Federkraft
spring force 321

Federn
springs 321

Federn, Darstellung
representation of springs 321

Federpakete
spring packets 320

Federringe
spring lock washers 270

Federscheiben
spring washers 271

Federstahldraht
spring steel wire 77

Federstähle
spring steels 77

Sachwortverzeichnis
Index

Federwindungen
spring coils 319

Feingewinde
fine-pitch threads 240

Feinkornbaustähle
fine grain structural steels 72

Feinkornbaustähle, schweißgeeignet
weldable fine grain structural steels 75

Fertigungsbezogene Maßeintragung
production concerned dimensioning 31

Fertigungsplanung – Begriffe
production planning – terms 167

Feste Rolle
fast pulley 425

Festigkeitsklassen für Sechskantmuttern
property classes for hexagon nuts 261

Festigkeitslehre
science of strength of materials 118, 429

Festigkeitswerte
mechanical strength properties 119, 247

Festschmierstoffe
solid lubricants 390

Fettpressen
grease guns 392

Filzringe
felt rings 287

Filzstreifen
felt strips 287

Flächenbezogene Masse
area-related mass 420

Flächenmomente
area moments 431

Flächenpressung
surface pressure 429

Flächenschwerpunkte
centers of gravity 416

Flacherzeugnisse aus Druckbehälterstählen
flat products made of steels of pressure purposes 75

Flache Scheiben
plain washers 269

Flachkeile
flat keys 301

Flachkopfschrauben
pan head screws 255

Flachriemengetriebe
flat belt transmission 311

Flachrundschrauben
saucer-head screws 257

Flachschmiernippel
lubricating nipples, button head 392

Flachstab
flat bars 109

Flügelmuttern
wing nuts 259

Flügelschrauben
wing screws 259

Flügelzellenmotoren
vane motors 348

Flügelzellenpumpe
vane pump 347

Flussmittel
fluxes 234

Folien
foils 114

Formelzeichen
symbols 394

Formtoleranzen
tolerances of form 58

Fräsen
milling 151

Fräsen, Hauptnutzungszeit
main utilization time when milling 173

Fräsen, Programmzyklen nach PAL
PAL program loops – milling 182

Fräsen – Arbeitswerte
milling values 154

Fräsen mit Hartmetall, Richtwerte
values for milling using hard metal 155

Fräsen mit Schnellarbeitsstahl, Richtwerte
values for milling using high-speed steel 154

Fräser – Werkzeugauswahl
mills – tool choice 157–158

Fräswerkzeuge mit Wendeschneidplatten, Bezeichnung
designation of milling tools with indexable inserts 152

Fräswerkzeuge nach PAL
PAL milling tools 183

Freier Fall
free fall 421

Freistiche
relief grooves 296

Führungsgröße
command signal 328

Funktionsbausteinsprache
function block diagram 359

Funktionsbezogene Maßeintragung
function concerned dimensioning 31

Funktionsbildzeichen
functional graphical symbols 336

Funktionsdiagramme
function diagrams 336–337

Funktionslinie
functional line 336

Funktionspläne für Ablaufsteuerungen
function chart of sequential control 334–335

Füße für Vorrichtungen
feet for devices 318

G

G-Funktionen
G-functions 179, 181

Galvanische Überzüge
electroplated coatings 64

Sachwortverzeichnis
Index

Gas-Betriebsstoffe
fuel gas 222

Gasgleichung, allgemeine
general gas equation 433

Gasschmelzschweißen, Richtwerte
values for gas welding 223

Gasschweißen
gas welding 222

Gasschweißen, Schweißstäbe
welding rod for gas welding 223

Gasverbrauch
gas consumption 222

Gaußsche Normalverteilung
Gaussian normal distribution 211

Gebotszeichen
mandatory signs 10

Gefahrstoffverordnung
hazardous substance regulation 8

Gefügebilder
pictures of microstructures 204

Gegenkathete
opposite side 411

Gemittelte Rautiefe
averaged roughness height 43

Geometrische Grundkonstruktionen
geometric basic constructions 400–403

Geometrische Reihen
geometric progressions 409

Gerade Körper
straight solids 417

Geradlinig begrenzte Flächen
surfaces bounded by straigth lines 413

Gerüste
scaffoldings 15

Geschweißte Stahlrohre
welded steel tubes 111

Geschwindigkeit
velocity 421

Gesetz von Boyle-Mariotte
Boyle-Mariotte's law 433

Gestaltabweichungen
form deviations 43

Gestreckte Länge
effective length 191

Getriebe
gears 311–312

Getriebeberechnungen
gear computes 311

Getriebeleistung
gear power 428

Gewichtskraft
weight-force 422

Gewinde
threads 238

Gewinde-Kurzzeichen
designating symbol for threads 239

Gewinde-Übersicht
threads, general plan 238

Gewinde ausländischer Normen
threads of foreign standards 239

Gewindebohren, Richtwerte
values for tapping 138

Gewindedrehen, Hauptnutzungszeit
main utilization time when thread turning 171

Gewindefurchende Schrauben
thread-grooving screws 256

Gewindeschneidschrauben
thread-forming screws 255

Gewindestifte
set screws 258

Gewindestifte, mechanische Eigenschaften
mechanical properties of set screws 246

Gewindestifte mit Druckzapfen
grub screws with thrust point 317

Gleichförmige, geradlinige Bewegung
uniform rectilinear movement 421

Gleichförmige Bewegung
uniform movement 421

Gleichförmige Drehbewegung; Schnittgeschwindigkeit
uniform rotary movement 421

Gleichlaufzylinder
synchronized speed cylinder 349

Gleichmäßig beschleunigte Bewegung
uniform accelerated movement 421

Gleichungen
equations 407

Gleichungen, umformen
equations, transforming 408

Gleitlager-Werkstoffe
materials for plain bearings 98

Gleitlagerbuchsen
plain bearing bushes 294

Gleitreibung
sliding friction 423

Gleitreibung am Axiallager
sliding friction in thrust bearing 423

Gleitreibung am Radiallager
radial bearing radial bearing 423

Gleitreibungszahl
coefficient of sliding friction 423

Glühfarben
heat colours 204

Grafische Darstellung im Koordinatensystem
graphic representation in systems of coordinates 398–399

Grenzabmaße
limit deviation 50

Grenzmaße
limits 50

Grenztiefziehverhältnis
limit quotient of deep drawing 193

Griechisches Alphabet
greek alphabet 397

Sachwortverzeichnis
Index

Größen
values 394

Größen und Einheiten
quantities and units 394

Grundabmaß
fundamental deviation 50

Grundbeanspruchungsarten
fundamental kinds of stressing 118

Grundbegriffe der Regelungs- und Steuerungstechnik
basic terms of closed loop and open loop control technique 328

Grundrechenarten
fundamental arithmetic operations 404

Grundtoleranzgrad
fundamental tolerance grade 50

Grundtoleranz IT
fundamental tolerance IT 50

Guldinsche Regel
Guldin's rule 419

Gusseisen, Bezeichnungssystem
designation system for cast iron 80

Gusseisen mit Kugelgrafit
modular graphite cast iron 81

Gusseisen mit Lamellengrafit
grey cast irons 81

Gusseisenwerkstoffe
cast iron materials 80

Gussrohteile, Allgemeintoleranzen
general tolerances for rough castings 48

H

Haftreibung
static friction 423

Haftreibungszahl
coefficient of static friction 423

Halbrundniete
mushroom head rivets 274

Halbschnitt
semi section 28

Halbzeug, Benennung
designation of semi-finished products 101

Haltungswichtung
posture weighting 14

Hammerschrauben
T-head bolts 257

Handhabungstechnik
handling technology 187

Härten
quench hardening treatment 203

Härteprüfung – Kunststoffe
hardness test – plastics 127

Härteprüfung nach Brinell
Brinell hardness test 123

Härteprüfung nach Rockwell
Rockwell hardness test 125

Härteprüfung nach Vickers
Vickers hardness test 124

Härteskalen
hardness scales 125

Hartmetalle
hard metals 133

Häufigkeitsverteilung
frequency distribution 211

Hauptgüteklassen
main class of quality 70

Hauptnutzungszeit beim Abtragen durch Erodieren oder Funkenerosion
main utilization time when eroding 172

Hauptnutzungszeit beim Bohren, Reiben, Senken
main utilization time when drilling, reaming, coutersinking 172

Hauptnutzungszeit beim Drehen
main utilization time when turning 171

Hauptnutzungszeit beim Fräsen
main utilization time when milling 173

Hauptnutzungszeit beim Gewindedrehen
main utilization time when thread turning 171

Hauptnutzungszeit beim Schleifen
main utilization time when grinding 174

Hauptstromkreis
main circuit 352

Hebel
lever 424

Hebelarm
lever arm of force 424

Hebelgesetz
lever principle 424

Heben und Tragen
lifting and carrying 14

Hexadezimalzahlen
hexadecimal numbers 364

Hilfsmaße
temporary size 34

Hinweise auf besondere Gefahren
notices for special dangers 9

Hinweislinien
notice lines 35

Histogramm
histogram 210

Höchstmaß
maximal size 50

Höhensatz
height theorem 410

Hohlkeile
hollow keys 300

Hohlzylinder
hollow cylinder 417

Honen
honing 163

Hooke'sches Gesetz
Hooke's law 120

Hubarbeit
lifting work 427

Hubleistung
lifting power 428

448

Sachwortverzeichnis
Index

Hutmuttern
domed cap nuts 265

Hüttennickel
primary nickel 89

HV-Schrauben
HV-screws 251

Hydraulik
hydraulics 340

Hydraulik, Sinnbilder
symbols of hydraulic systems 338

Hydraulikaggregat
hydraulic power unit 346

Hydrauliköle
hydraulic oils 390

Hydraulikpumpen
hydraulic pumps 347

Hydraulikschaltpläne
hydraulic circuit schemes 340

Hydraulik und Pneumatik
hydraulic and pneumatic systems 338–339

Hydraulische Leistung
hydraulic power 434

Hydraulische Presse
hydraulic press 433

Hydraulischer Druck
hydrostatic pressure 433

Hydraulische Steuerungen
hydraulic control systems 349

Hydrospeicher
hydraulic reservoir 346

Hydrosysteme
hydraulic systems 346

Hydrozylinder, Bauformen
styles of hydro cylinders 349

Hypotenuse
hypotenuse 411

I

I-Regler (Integralregler)
integral action controller 329

I-Träger
I-beams 102

Index
index 396

Indizes für Formelzeichen
subscripts for symbols 396

Induktive Näherungssensoren
inductive proximity sensors 354

Informationsmaße
information size 34

Informationstechnik, Begriffe
terms of information technology 362

Informationsverarbeitung
information processing 366

INHIBITIONS-Glied
NOT-IF-THEN element 350

Inspektion
preventive maintenance 381

Instandhaltung
maintenance 379, 381–383

Instandhaltung, Begriffe
terms of maintenance 382

Instandhaltungsstrategien
maintenance strategies 381

Instandsetzung
repair 381

Instandsetzungsmaßnahmen
repairing measures 384

Integralregler
integral action controller 329

Internet
internet 368–369

Internetadresse
internet address 368

Intranet
intranet 362

ISO-Passungen für Einheitsbohrung
ISO-fits for the hole basis system 52

ISO-Passungen für Einheitswelle
ISO-fits for the shaft basis system 54

Isometrische Projektion
isometric projection 25

K

Kalotte
spherical cap 418

Kaltarbeitsstähle
cold work steels 78

Kaltgefertigte Stahlrohre
cold formed steel tubes 110

Kapazitive Näherungssensoren
capacitive proximity sensors 353

Kartesisches Koordinatensystem
cartesian system of coordinates 178

Kathete
small side 411

Kathetensatz
cathetus theorem 410

Kegel
taper 418

Kegelgriffe
tapered handles 315

Kegelpfannen
spherical washers 266

Kegelräder mit Geradverzahnung
bevel gear with straight teeth 306

Kegelradgetriebe
bevel gear system 311

Kegelrollenlager
taper roller bearings 284

Kegelschmiernippel
lubricating nipples, cone type 295

Sachwortverzeichnis
Index

Kegelstifte
taper pins 276–277

Kegelstumpf
truncated cone 418

Kegelverjüngung
taper ratio 43

Kehlnaht
hollow weld 221

Keile
keys 300–301

Keilnaben-Profil
spline bore profiles 303

Keilriemen
V-belts 309

Keilriemenscheiben
V-belt pulleys 309

Keilriementriebe
wedge belt drives 309

Keilwellen
spline shafts 303

Keilwellen- und Keilnaben-Profile
spline shafts and spline bore profiles 303

Keilwellen-Verbindungen
straigth-sided splines 303

Kelvin-Temperatur
Kelvin temperature 435

Kennfarben elektrischer Leiter
code colours of conductors 375

Kennzahlen für Schweiß- und Lötverfahren
code numbers for welding and soldering processes 221

Kennzeichen der Prozessleittechnik
symbols of process control engineering 332–333

Kennzeichnung gefährlicher Stoffe
identification of hazardous substances 9

Kennzeichnungsschilder für gefährliche Stoffe
labels for hazardous materials 8

Kennzeichnung thermoplastischer Formmassen
designation of thermoplastic molding compound 95

Kennzeichnung von elektrischen Betriebsmitteln
identification of electrical equipment 374

Kennzeichnung von Leitern, Spannungen und Strömen
identification of conductors, voltage and electric current 375

Keramische Werkstoffe
ceramic materials 100

Kerbnägel
grooved drive studs 276

Kerbschlagbiegeversuch nach Charpy
charpy impact test 121

Kerbschlagzähigkeit
impact strength 121

Kerbspannung
notching stress 432

Kerbstifte
grooved pins 276

Kerbverzahnungen
serrations 304

Kerbwirkung
notch effect 432

Kerbwirkungszahl
fatigue notch factor 432

Kerbzahnnaben- und Kerbzahnwellen-Profile
serrated hub profiles and serrated shaft profiles 304

Kinetische Energie
kinetic energy 427

Klammerrechnen
parenthetical arithmetic 404

Kleben
glueing 237

Klebflächenvorbehandlung
processes for adherend preparation 237

Klemmhalter, Bezeichnung
tool holder, identification 146

Knickung
buckle 429

Kolbengeschwindigkeit
piston speed 434

Kolbenkraft
piston force 434

Kolbenmotoren
piston engine 348

Konstruktionsklebstoffe
structural adhesives 237

Kontakte
contacts 351

Kontaktplan
structured text 359

Koordinatenachsen an CNC-Werkzeugmaschinen
coordinate axes of CNC machine tools 178

Koordinatenbemaßung
coordinate dimensioning 40, 177

Koordinatenberechnung
calculation of coordinates 177

Körper
solids 417

Körper, abgestumpfte
blunted solids 418

Korrosion
corrosion 385

Korrosionsarten
types of corrosion 385

Korrosionsbeständiger Stahlguss
corrosion resistant steel castings 79

Korrosionsschutz
protection against corrosion 386–387

Korrosionsverhalten von Metallen
corrosion stability of metals 385

Kosinus
cosine 411

Kosinussatz
cosine theorem 412

Kostenrechnung
cost calculation 170

Sachwortverzeichnis
Index

Kotangens
cotangent 411

Kraft
force 422

Kraftangriffspunkt
point of applied force 422

Kräfte
forces 422

Kräfte, Darstellung
representation of forces 422

Krafteck
polygon of forces 422

Kräftemaßstab
scale of forces 422

Kräfteparallelogramm
parallelogram of forces 422

Kräftepolygon
polygon of forces 422

Kraftmoment
moment of force 424

Kraftrichtung
direction of force 422

Kraftwandler
force convertes 424

Kreis
circle 415

Kreisabschnitt
segment of circle 415

Kreisausschnitt
sector of circle 415

Kreisflächen
circular areas 415

Kreisförmig begrenzte Flächen
surfaces bounded by circular lines 415

Kreisinterpolation
circular interpolation 176

Kreisring
circular ring 415

Kreisringausschnitt
sector of a circular ring 415

Kreisringflächen
circular ring areas 415

Kreuzgriffe
palm grips 316

Kreuzlochmuttern
round nuts 265

Kreuzungsstoß
double T-joint 218

Kronenmuttern
castle nuts 264

Kugel
sphere 418

Kugelabschnitt
segment of a sphere 418

Kugelform
spherical form 36

Kugelgewindetrieb
ball screw 244

Kugelknöpfe
ball knobs 317

Kunststoffe
plastics 92

Kunststoffe, Erkennen
recognizing plastics 93

Kunststoffe, Schweißen
welding of thermoplastic materials 233

Kunststoffe, verstärkte
reinforced plastics 100

Kunststoffe – Zugversuch
tensile test for synthetic materials 126

Kunststoffrecycling
plastic recycling 11

Kupfer
copper 86

Kupfer-Gusslegierungen
copper cast alloys 86–87

Kupfer-Knetlegierungen
copper wrought alloys 88

Kurzzeichen der Toleranzklasse
symbols of the tolerance class 42

Kurzzeichen für Polymere
designating symbols for polymers 92

L

Lagerungen
bearings 279

Lagetoleranzen
tolerances of position 59

Lagetolerierung
geometrical tolerancing 58

Längen
lengths 410

Längenänderung
longitudinal deformation 435

Längenausdehnungskoeffizient
longitudinal expansion coefficient 435

Längenbezogene Masse
length-related mass 420

Laserstrahlschneiden
laser beam cutting 199

Lastwichtung
load weighting 14

Lauftoleranzen
run-out tolerances 60

Legierungselemente
alloying elements 68

Lehrsatz des Euklid
Euclidean theorem 410

Lehrsatz des Pythagoras
Pythagorean theorem 410

Leistung
power 428

Sachwortverzeichnis
Index

Leistungsschilder für elektrische Maschinen
output plates for electrical machines 376

Leitern und Gerüste
ladders and scaffolding 15

Leselage
reading position 32

Lichtbogenhandschweißen
manual metal arc welding 224

Lichtbogenhandschweißen, Richtwerte
values for manual arc welding 225

Lichtschranken
light barriers 356

Linien
lines 24

Linienschwerpunkte
centers of lines 416

Linsenschraube
oval head screw 318

Lochen
stamping 196

Lochkreis
pitch circle 39

Logarithmen
logarithms 406

Lose Rolle
loose pulley 425

Löten
soldering 234

Lötverbindungen, Darstellung
representation of soldered joints 218–221

Lötverfahren, Kennzahlen
code numbers for welding and soldering processes 221

Lotzusätze
solders 234–235

Lotzusätze für das Hartlöten
solders for brazing 234

Luftdruck
air pressure 433

Luftverbrauch
air consumption 434

M

M-Funktionen
M-functions 180

MAG-Schweißen, Richtwerte
values for metal active gas welding (MAG-welding) 227

Magnesium-Gusslegierungen
magnesium cast alloys 83

Magnesium-Knetlegierungen
magnesium wrought alloys 83

Magnetische Streufluss-Verfahren
magnetic leakage flux procedure 128

MAK-Werte
threshold limit of safe exposure values 6

Maße, Anordnung
arrangement of measures 33

Maßeinheit
unit of measure 33

Maßeintragung
dimensioning 31

Massenberechnung
calculation of mass 420

Massenberechnung mit flächenbezogener Masse
calculation of mass with surface density 420

Massenberechnung mit längenbezogener Masse
calculation of mass with mass per unit length 420

Massenberechnung mit Volumen und Dichte
calculation mass with volume and density 420

Maßhilfslinien
dimension subsidiary lines 32

Maßlinien
dimension lines 31

Maßlinienbegrenzung
dimension line delimitation 32

Maßreihe bei Wälzlagern
dimension range of rolling bearings 282

Maßstäbe
scales 21

Maßtoleranz
dimensional tolerance 50

Maßzahlen
dimension figures 32

Mathematische Zeichen
mathematical symbols 396

Maximale Arbeitsplatzkonzentration
threshold limit of safe exposure 6

Maximale Rautiefe
maximal roughness height 43

Mechanische Eigenschaften von Gewindestiften
mechanical properties of set screws 246

Mechanische Eigenschaften von Muttern aus Stahl und zugehörige Schrauben
mechanical properties of nuts made of steel and related screws 246

Mechanische Eigenschaften von Schrauben aus Stahl
mechanical properties of screws made of steel 246

Mechanische Eigenschaften von Schrauben und Muttern aus Nichteisenmetallen
mechanical properties of screws and nuts made of non-ferrous metals 246

Mechanische Eigenschaften von Verbindungselementen
mechanical properties of fasteners 246

Mehrfachstoß
multiple joint 218

Mengenberechnung von Gas-Betriebsstoffen
quantity surveying of gas supplies 222

Metrisches ISO-Gewinde
ISO metric screw thread 240

Metrisches ISO-Gewinde, Grenzmaße für Regel- und Feingewinde
ISO metric screw threads, limits of sizes for coarse-pitch threads and fine-pitch threads 245

Metrisches ISO-Gewinde, Grundlagen des Toleranzsystems
ISO metric screw threads, basic datas of tolerance system 245

Sachwortverzeichnis
Index

Metrisches ISO-Trapezgewinde
ISO metric trapezoidal screw threads 242

Metrisches kegeliges Außengewinde
metric external taper screw threads 241

Metrisches Sägengewinde
metric buttress threads 242

Mindestbiegeradius
minimum bending radius 191

Mindesteinschraubtiefen
minimum reach of screws 247

Mindestmaß
minimal size 50

Mischungstemperatur
mixing temperature 436

Mischungswärmemenge
mixing heat quantity 436

Mittelschwere Gewinderohre
medium-heavy threaded tubes 111

Mittelwert, arithmetischer
arithmetic mean value 211

Mittelwertkarten
control charts for averages 213

Mittenrauwert, arithmetischer
arithmetic average peak-to-valley height 43

Modul
module 305

Modulfräsersatz
module milling cutters 305

Modulreihen nach DIN
series of modules under DIN 305

Morsekegel
Morse tapers 165

MP3
MP3 362

Muttern
nuts 264

Muttern-Übersicht
synopsis of nuts 249

Muttern aus Stahl, mechanische Eigenschaften
mechanical properties of nuts made of steel and related screws 246

Muttern für T-Nuten
nuts for T-slots 260

N

Nadellager
needle bearings 284

Näherungssensoren
proximity sensors 353–354

Nahtart
type of welds 218

Nahtlose Präzisionsstahlrohre
seamless steel tubes for precision applications 111

Nahtlose Stahlrohre
seamless steel tubes 111

NAND
NOT-AND element 350

Nasenflachkeile
gib-head parallel keys 301

Nasenhohlkeile
gib-head saddle keys 300

Nasenkeile
gib-head keys 300

NE-Metalle, Schweißzusätze
welding filter metals for non ferrous metals 232

Neigung
gradient of inclination 37

Neutrale Faser
neutral fibre 191

Neutronen
neutrons 437

NICHT-Glied
NOT element 350

Nichtrostende Stähle
stainless steels 75

Nichtrostende Stähle, Wärmebehandlung
heat treatment of stainless steels 208

Nickel
Nickel 89

Nickel-Knetlegierungen
nickel wrought alloys 89

Niederhalterkraft
blank holder force 193

Niete
rivets 274

Nitrierstähle
nitriding steels 206

Nitrieren
nitrogen-hardening 203

Nitrierstähle
nitriding steels 73

NOR
NOT-OR element 350

Normalglühen
normalizing 203

Normalspannung
direct stress 118

Normteile für Vorrichtungen
standard parts for devices 318

Normzahlen
preferred numbers 23

Notfall-Rettungskette
emergency rescue line 16

Nummernsystem für Stahl
numerical system for steel 69

Nuten
keyways 38

Nutgrund
keyway bottom 38

Nutmuttern
lock nuts 265, 272, 290

Sachwortverzeichnis
Index

O

O-Ringe
O-rings 289

Oberflächenbeschaffenheit, Angabe
methode of indicating surface texture 44

Oberflächenstruktur, Symbole
symbols for surface structure 44

ODER-Glied
OR element 350

Ohmsches Gesetz
Ohm's law 370

Ökobilanz
life cycle assessment 12

Ökologische Aspekte
environmental aspects 12

Öler
oilers 392

Optoelektronische Sensoren
opto-electronic sensors 355

Orthogonale Darstellungen
orthographic representations 26

Ortstoleranzen
local tolerances 60

P

P-Regler (Proportionalregler)
proportional action controller 329

Papier-Endformate
paper trimmed sizes 21

Parallelbemaßung
parallel dimensioning 40

Parallelogramm
parallelogram 413

Parallelschaltung
parallel connection 370

Parallelstoß
parallel joint 218

Passfedern
parallel keys 298, 302

Passfedernuten
keyways 302

Passscheiben
shim rings 290

Passschrauben
close-tolerance bolts 251

Passung
fit 50

Passungsauswahl
selection of fits 56

Passungssystem Einheitsbohrung
hole-basis system of fits 51

Passungssystem Einheitswelle
shaft-basis system of fits 51

PD-Regler
PD-controler 330

Pendelrollenlager
spherical roller bearings 285

Periodensystem der Elemente
periodic table of the elements 439

Physikalische Größe
physical quantity 394

PID-Regler
PID-controller 330

Plasmaschneiden
plasma cutting 199

Pneumatik
pneumatics 338, 340

Pneumatik, Sinnbilder
symbols of pneumatic systems 338

Pneumatikschaltpläne
pneumatic circuit schemes 340

Pneumatische Wegeventile
pneumatic way valves 342–343

Pneumatische Zylinder
pneumatic cylinders 345

Polares Flächenmoment
polar area moment 431

Polares Widerstandsmoment
polar section moment 431

Polarkoordinaten
polar coordinates 40

Polymere, Kurzzeichen
designating symbol for polymers 92

Polymere – Bezeichnungen
polymers – designations 92

Positionsnummern
item references 23

Potenzen
powers 405

Potenzielle Energie
potential energy 427

Präzisionsstahlrohre, nahtlose
seamless steel tubes for precision applications 111

PreControl-Regelkarte
PreControl charts 213

Prisma
prism 417

Produktklasse
product class 247

Profile aus Aluminium und Aluminium-Legierungen
sections of aluminium and aluminium alloys 114

Profile aus Kupfer und Kupfer-Legierungen
sections of copper and copper alloys 115

Programmablaufplan
programming flowchart 366–367

Programmzyklen nach PAL – Drehen
PAL program loops – turning 184

Programmzyklen nach PAL – Fräsen
PAL program loops milling 182

Projektionsmethoden
projection methods 25–26

Promillerechnung
per mil calculation 409

Proportionalregler
proportional action controller 329

Sachwortverzeichnis
Index

Protonen
protons 437

Provider
provider 362

Prozentrechnung
calculation of percentage 409

Prozessfähigkeit
process capability 212

Prozessleittechnik
process control engineering 332

Prozessverläufe
process courses 213

Prüfbezogene Maßeintragung
testing concerned dimensioning 31

Prüfmaße
test dimensions 34

Prüfung mit Röntgen- oder Gammastrahlen
radiographic examination using X-rays and gamma-rays 128

Prüfverfahren, zerstörungsfreie
non-destructive tests 128

Prüfzeichen für elektrische Betriebsmittel
test marks of electrical equipment 376

Pumpenleistung
pumping power 428

Punktlast
lumped load 291

Punktschweißen
spot welding 225

Pyramide
pyramid 417

Pyramidenstumpf
truncated pyramid 418

Pythagoras, Lehrsatz
Pythagorean theorem 410

Q

QM-Systeme
QM systems 214

Quadrat
square 413

Quadratische Formen
square forms 36

Qualitätsmanagementsysteme
quality management systems 214

Qualitätsregelkarten
control charts 212, 213

Qualitätsregelkarte nach Shewhart
control charts of Shewhart 212

Qualitätssicherung
quality assurance 209–213

R

R-Sätze
R-codes 9

Räderwinde
wheel winch 425

Radial-Schrägkugellager
angular contact ball bearing 283

Radial-Wellendichtringe
rotary shaft lip type seals 288

Radialkolbenpumpe
radial piston pump 347

Radial Pendelkugellager
self-aligning ball bearings 285

Radien
radii 23, 191

Randbreite
edge breadth 197

Rändelmuttern
knurled nuts 266

Rändelschrauben
knurled screws 259

Rauheitskenngrößen
surface roughness parameters 43

Rauheitsklasse N
roughness class 44

Rautiefe, gemittelte
averaged roughness height 43

Rautiefe, maximale
maximal roughness height 43

Rechteck
rectangle 36, 413

Rechtwinkliges Dreieck
rectangular triangle 410

Recycling
recycling 11

Regeldifferenz
control deviation 328

Regelgewinde
coarse-pitch threads 240

Regelglied
controlling element 328

Regelgröße
controlled quantity 328

Regelmäßiges Vieleck
regular polygon 414

Regelmäßige Vierecke
regular quadrangles 413

Regeln
closed-loop controlling 328

Regelung
closed-loop control 328

Regelungs- und Steuerungstechnik, Grundbegriffe
basic terms of closed loop and open loop control technique 328

Regler
controller 328

Regler, stetige
continuous controller 330

Regler, unstetige
discontinuous controllers 331

Reibahlen – Werkzeugauswahl
reamer – toll choise 141

455

Sachwortverzeichnis
Index

Reiben, Hauptnutzungszeit
main utilization time when reaming 172

Reiben, Richtwerte
values for reaming 139

Reibung
friction 423

Reibungsarbeit
frictional work 427

Reibungskraft
frictional forces 423

Reibungszahlen
coefficients of friction 423

Reibung zwischen ebenen Flächen
friction between plane areas 423

Reihen
progressions 409

Reihenschaltung
serial connection 370

Rekristallisationsglühen
recrystallizing 203

Relais, Anschlussbezeichnung
terminal designation of relays 352

Resultierende
resultant force 422

Rettungszeichen
rescue signs 10

Rhombus
rhombus 413

Richtungstoleranzen
tolerances of direction 59

Richtwerte – Honen
values, honing 163

Richtwerte – Schleifen
values, grinding 162

Richtwerte für das Drehen mit Hartmetall
values for turning using hard metal 150

Richtwerte für das Drehen mit oxidkeramischen Schneidstoffen
values for turning using oxide-ceramic cutting material 148

Richtwerte für das Drehen mit Schnellarbeitsstahl
values for turning using high-speed steel 149

Richtwerte für das Drehen von NE-Metallen mit Schnellarbeitsstahl
values for turning of non-ferrous metals using high-speed steel 148

Richtwerte für das Fräsen mit Hartmetall
values for milling using hard metal 155

Richtwerte für das Fräsen mit Schnellarbeitsstahl
values for milling using high-speed steel 154

Richtwerte für das Gasschmelzschweißen
values for gas welding 223

Richtwerte für das Gewindebohren
values for tapping 138

Richtwerte für das Lichtbogenhandschweißen
values for manual arc welding 225

Richtwerte für das MAG-Schweißen
values for metal active gas welding (MAG-welding) 227

Richtwerte für das Reiben
values for reaming 139

Richtwerte für das Senken
values for countersinking 139

Richtwerte für das Zerspanen von Kunststoffen
values for machining of plastics 164

Richtwerte für Spiralbohrer
values for twist drills 137

Rillenkugellager
deep grove ball bearings 283

Ringfeder-Spannelemente
annular spring fastening devices 298–299

Ringleitungssystem
loop line system 341

Ringmuttern
lifting-eye nuts 263

Ringschrauben
lifting bolts 263

Robotertechnik
robotics technology 188

Rockwell – Härteprüfung
Rockwell hardness test 125

Rohlängenberechnung
calculating base length 420

Rohmaße
base sizes 34

Rohre
tubes 115

Rohre aus Kunststoff
plastic Pipes 116

Rohrgewinde
pipe threads 243

Rohteilbemaßung
raw-piece dimensioning 41

Rollenflaschenzug
pulley block 426

Rollreibung
rolling friction 423

Rollreibungskoeffizient
coefficient of rolling friction 423

Rollreibungszahlen
coefficients of rolling friction 423

Römische Zahlzeichen
roman numerals 397

Rotationsarbeit
rotational work 427

Rotationsenergie
rotational energy 427

Rotationskörper
rotational solids 419

Rückfederung beim Biegen
resilience when bending 192

Rückschlagventil
non-return valve 344

Runddraht-Sprengringe
round wire snap rings 273

Rundstab
round bars 109

Sachwortverzeichnis
Index

S

S-Sätze
S-codes 8

Salze, Benennung
designation of salts 437

Säulengestelle für Schneidwerkzeuge
press tool sets for cutting tools 314

Säure
acid 437

Säurerest
acid radical 437

Schaftfräser, Bezeichnung
designation of end mills 152

Schalter
switches 351

Schaltzeichen der Elektrotechnik
symbols of contact units and switching devices 372–374

Scheiben
washers 269–271

Scheibenfedern
woodruff keys 301

Scheibenfedernuten
keyways for Woodruff key 301

Scherbeanspruchung
shearing stress 429

Scherschneiden
shearing 196

Scherspannung
shearing strain 118

Schichtpressstoffe
laminated plastics 97

Schiefe Ebene
inclined plane 426

Schleifen
grinding 159

Schleifen, Hauptnutzungszeit
main utilization time when grinding 174

Schleifen, Richtwerte
values, grinding 162

Schleifkörper
bonded abrasive products 160

Schleifmittel
abrasives 160

Schleifscheiben
grinding wheels 161

Schleifscheiben, Farbkennzeichnung
color coding of grinding wheels 162

Schlüsselweiten
widths across flats 324

Schmalkeilriemen
wedge belts 309

Schmalkeilriemenscheiben
wedge belt pulleys 309

Schmelzwärmemenge
quantity of fusion heat 436

Schmierfette
lubricating greases 389–390

Schmiernippel
lubrication nipples 392

Schmieröle
lubricating oils 389

Schmierstoffe
lubricants 391

Schmierstoffe, Benennung
designation of lubricants 388–390

Schmierstoffe, Entsorgung
disposal of lubricants 391

Schmiervorschrift
lobrication regulation 391

Schneckengetriebe
worm gear pair 312

Schneckentrieb
worm gear 306

Schneidplatte
blanking die 196

Schneidplattendurchbruch
cutting die hole 196

Schneidplattenmaß
dimension of the blanking die 196

Schneidspalt
die clearance 196

Schneidstempel
clipping punch 196, 313

Schneidstempelmaß
dimension of the clipping punch 196

Schneidstoffe, Bezeichnung
designation of hard cutting material 133

Schnellarbeitsstähle
high-speed steels 78

Schnitte
sections 28–30

Schnittgeschwindigkeit
cutting speed 421

Schnittleistung
cutting power 428

Schrägstoß
angular joint 218

Schraube
screw 426

Schrauben
screws 250–258

Schrauben aus Stahl, mechanische Eigenschaften
mechanical properties of screws made of steel 246

Schraubendruckfedern
helical pressure springs 319

Schraubendruckfedern, zylindrische
helical pressure springs 319

Schrauben für T-Nuten
screws for T-slots 260

Schraubenpumpe
screw pump 347

Schraubenübersicht
synopsis of screws 248

Sachwortverzeichnis
Index

Schrauben und Muttern aus Nichteisenmetallen, mechanische
Eigenschaften
mechanical properties of screws and nuts made of non-ferrous
metals 246

Schriftfelder
title blocks 22

Schutzgase
shielding gases 226

Schutzgasschweißen
inert gas shielded arc welding 226

Schutzklassen elektrischer Betriebsmittel
protective classes of electrical equipment 375

Schutzmaßnahmen für elektrische Betriebsmittel
protective measures of electrical equipment 375

Schweißen, Arbeitsposition
work position when welding 223

Schweißen von Kunststoffen
welding of thermoplastic materials 233

Schweißgeeignete Feinkornbaustähle
weldable fine grain structural steels 75

Schweißkonstruktionen, Allgemeintoleranzen
general tolerances for welding constructions 49

Schweißnähte, Bemaßung
dimensioning of welds 220

Schweißnähte an Stahl, Bewerten
valuation of welded joints on steel 228

Schweißnahtvorbereitung für Aluminium
joint preparation for aluminium 231

Schweißnahtvorbereitung für Stahl
joint preparation for steel 230

Schweißstäbe für das Gasschweißen – Eignung
welding rod for gas welding 223

Schweißverbindungen, Darstellung
representation of welded joints 218–221

Schweißverfahren, Kennzahlen
code numbers for welding and soldering processes 221

Schweißzusätze für NE-Metalle
welding filter metals for non ferrous metals 232

Schwenkantrieb
emirotary actuator 345

Schwerpunkte
centers of gravity 416

Schwindmaße
measures of shrinkage 190, 435

Schwindung
shrinking 190, 435

Sechskant-Schweißmuttern
square weld nuts 264

Sechskant-Spannschlossmuttern
hexagon turnbuckles 263

Sechskantmutter mit Flansch und Klemmteil
prevailing torque type hexagon nuts with flange 262

Sechskantmuttern
hexagon nuts 261, 266

Sechskantmuttern, Festigkeitsklassen
property classes for hexagon nuts 261

Sechskantmuttern mit Feingewinde
hexagon nuts with fine-pitch thread 261

Sechskantmuttern mit Flansch
hexagon nuts with 262

Sechskantmuttern mit großen Schlüsselweiten
hexagon nuts with large width across flats 264

Sechskantmuttern mit Klemmteil
prevailing torque type hexagon nuts 262–263

Sechskantmuttern mit Regelgewinde
hexagon nuts with coarse-pitch thread 261

Sechskantschrauben
hexagon head cap screws 250–252

Sechskantstab
hexagon bars 109

Seilwinde
handling winch 425

Seitenschneiderbreite
notching punch breadth 197

Senkdurchmesser
diameters of counterbores 267

Senken
countersinking 139

Senken, Hauptnutzungszeit
main utilization time when coutersinking 172

Senken, Richtwerte
values for countersinking 139

Senker – Werkzeugauswahl
countersinking cutter – tool choise 140

Senkerodieren
cavity sinking by EDM (electrical discharge machining) 200

Senkniete
countersunk head rivets 274

Senkschrauben
countersunk screws 254, 257

Senkungen
counter sinks 37, 267

Senkungen für Senkschrauben
counter sinks for countersunk screws 268

Sensoren
sensors 351, 355

Server
server 362

SI-Basiseinheiten
SI (Système International)-basic units 394

SI-Basisgrößen
SI (Système International)-basic quantities 394

SI-Einheitenzeichen
SI-unit symbols 394

Sicherheitsratschläge
safety advices 8

Sicherheitsschilder für elektrische Anlagen
safety signs of electrical installations 378

Sicherheitszahlen
factors of safety 118

Sicherungsbleche für Nutmuttern
safety plates 272, 287

Sicherungsmuttern
locking nuts 265

458

Sachwortverzeichnis
Index

Sicherungsringe
retaining rings 286

Sicherungsscheiben für Wellen
lock washers for shafts 270

Simpsonsche Regel
Simpson's rule 419

Sinnbilder der Hydraulik und Pneumatik
symbols of hydraulic and pneumatic systems 338

Sintermetalle
sintered metals 91

Sinus
sine 411

Sinussatz
sine theorem 412

Spannbuchsen
clamping bushes 322

Spannenergie
spring energy 427

Spannhülse für Wälzlager
adapter sleeves for rolling bearings 285

Spannhülsen
adapter sleeves 277

Spannriegel für Vorrichtungen
straining beam for devices 318

Spannscheiben
conical spring washers 271

Spannstifte
spring-type straight pins 275, 277

Spannung, zulässige
safety stress 119

Spannung-Dehnung-Diagramm
stress-strain diagram 120

Spannungsarmglühen
stress relieving 203

Spannungsarten
types of stresses 118

Spannweite
range 211

Speicherprogrammierbare Steuerungen
programmable logic controllers 357–358

Sperrventile
shut-off valves 339, 344

Spezifischer Heizwert
specific heating value 436

Spezifische Schmelzwärme
specific fusion heat 436

Spezifische Verdampfungswärme
specific evaporation heat 436

Spezifische Wärmekapazität
specific heat capacity 435–436

Spielpassung
clearance fit 50

Spiralbohrer, Richtwerte
values for twist drills 137

Spitze Körper
pointed solids 417

Spitzwinkliges Dreieck
acute triangle 413

Splinte
split pins 278

Sprengringe
snap rings 273

Stabelektroden zum Lichtbogenhandschweißen
electrodes for manual metal arc welding 224

Stahl, Schweißnahtvorbereitung
joint preparation for steel 230

Stahlblech
steel sheet 112

Stahldraht
steel wire 112

Stähle, Bezeichnungssysteme
designation systems for steels 66

Stähle, Einteilung
classification of grades of steels 70

Stähle, Nummernsystem
numerical system for steel 69

Stähle für Flamm- und Induktionshärten
steels for flame and induction hardening 72

Stähle für Rohre
steels for tubes 76

Stahlerzeugnisse, Begriffsbestimmungen
definition of steel products 69

Stähle zum Kaltumformen
steel for cold forming 76

Stahlguss
steel castings 79

Stahlprofile
steel sections 101

Stahlrohre, geschweißte
welded steel tubes 111

Stahlrohre, kaltgefertigte
cold formed steel tubes 110

Stahlrohre, nahtlose
seamless steel tubes 111

Standard-Zahlenmengen
standard number sets 397

Standardabweichungen
standard deviation 211

Stangen
bars 114–115

Statistische Berechnungen
statistical calculations 211

Statistische Prozessregelung
statistical process control 210

Staufferbüchsen
grease boxes 392

Steckbohrbuchsen
renewable jig bushes 322

Stegbreite
remaining metal 197

Steigende Bemaßung
ascending dimensioning 40

Sachwortverzeichnis
Index

Stelleinrichtung
actuating unit 328

Stellglied
actuator 328

Stellgröße
manipulated variable 328

Stellkeil
driving wedge 426

Stellringe
adjusting rings 273

Sterngriffe
star grips 316

Stetige Regler
continuous controllers 329–331

Steuern
open-loop controlling 328

Steuern und Automatisieren
controlling and automating 327

Steuerstromkreis
control circuit 352

Steuerung
open-loop control 328

Stichprobe
random check 211

Stiftschrauben
locking screws 257

Stirnräder mit Geradverzahnung
spur gears with straight teeth 305

Stirnräder mit Schrägverzahnung
spur gears 305

Stoffwerte chemischer Elemente
physical characteristics of chemical elements 440

Stoffwerte flüssiger und fester Stoffe
physical characteristics of liquid and solid materials 438

Stoffwerte gasförmiger Stoffe
physical characteristics of gaseous materials 437

Störgröße
disturbance variable 328

Stoßart
type of joints 218

Strahlensätze
theoremes of intersecting lines 411

Streckgrenze
yield point 120

Streifenbreite
chart width 197

Strömende Flüssigkeiten
flowing fluids 434

Stromkabel
power cord 377

Stromleitungen
current conductor 377

Strömungsgeschwindigkeiten
flow velocities 434

Stromventile
flow valves 339, 344

Struktogramm
structogram 367

Strukturierter Text
structured text 359

Stücklisten
items lists 20

Stumpfstoß
butt joint 218

Stumpfwinkliges Dreieck
obtuse triangle 414

Stützscheiben
supporting rings 290

Suchen mit Google
searching with Google 369

Symbole für die Oberflächenstruktur
symbols for surface structure 44

Symbole für Wartungsvorgänge
symbols of service actions 391

Synchronriemen
synchronous belts 310

Synchronriementriebe
synchronous belt drives 310

Synchronscheiben
synchronous pulleys 310

T

T-Stahl
T-steels 103

T-Stoß
T-joint 218

Tangens
tangent 411

Tangenssatz
tangent theorem 412

Tastatur
keyboard 363

Teilschnitt
partial section 28

Teilung von Längen
dividing of lengths 410

Teleskopzylinder
telescopic cylinder 349

Tellerfedern
disc springs 320

Temperaturskalen
temperature scales 435

Temperguss
malleable cast iron 82

Theoretisch genaue Maße
theoretic exact measures 34

Thermodynamische Temperatur
thermodynamic temperature 435

Thermoplaste
thermoplastics 94

Sachwortverzeichnis
Index

Thermoplastische Formmassen – Kennzeichnung
designation of thermoplastic molding compounds 95

Tiefziehkraft
deep-draw force 193

Tiefziehteile, Zuschnitte
blank of deep-drawing work pieces 194

Tiefziehverhältnis
deep-drawing ratio 193

Titan
titanium 90

Titanlegierungen
titanium alloys 90

Toleranzen für den Einbau von Wälzlagern
mounting tolerances for rolling bearings 291

Toleranzen für Längen- und Winkelmaße
tolerances for linear and angular dimensions 42

Toleranzfeld
tolerance zone 50

Toleranzgrad
tolerance grade 50

Toleranzklasse
tolerance class 50

Toleranzklasse, Kurzzeichen
symbols of the tolerance class 42

Tolerierung von Form und Lage
tolerances of form and location 58

Tragen
carrying 14

Transformator
transformer 370

Trapez
trapezium 414

Treiber
driver 362

Treibkeile
driving keys 298, 300

Trojaner
trojan horse 362

U

U-Stahl
U-steels 108

Überdruck
pressure above atmospheric 433

Übergangspassung
transition fit 50

Überlappstoß
lap joint 218

Übermaßpassung
press fit 50

Übersetzungen
transmission ratios 311–312

Übersetzungsverhältnis
transmission ratio 311

Übertragen von Drehmomenten
transfer of torques 298

Ultraschallprüfung
ultrasonic testing 128

Umdrehungsfrequenzen – Schaubild
rotational frequency diagram 134

Umdrehungsfrequenzen für Werkzeugmaschinen
rotational frequencies for machine tools 135

Umfangsgeschwindigkeit
peripheral speed 421

Umfangslast
peripheral load 291

Umformen
metal forming 191–193

Umformen von Gleichungen
transforming of equations 408

Umgebungsdruck
ambient pressure 433

Umweltschutz
environmental protection 6

UND-Glied
AND element 350

Universal Serial Bus
Universal Serial Bus 362

Unlegierte Baustähle
non-alloy structural steels 71

Unregelmäßiges Vieleck
irregular polygon 414

Unstetige Regler
discontinuous controllers 329, 331

Urformen
processing of amorphous materials 190

V

VDE-Zeichen
VDE symbol 376

Verbindungselemente, mechanische Eigenschaften
mechanical properties of fasteners 246

Verbotszeichen
prohibiting signs 10

Verbrennungswärmemenge
quantity of combustion heat 436

Verbundgleitlager
multilayer plain bearing 98

Verdampfungswärmemenge
quantity of evaporation heat 436

Verdrehung
torsion 430

Vereinfachte Darstellungen von Wälzlagern
simplified representations of rolling bearings 292

Vereinfachte Dartstellung von Wellendichtungen
simplified representations of shaft lip type seals 293

Verfahren zur Klebflächenvorbehandlung
processes for adherend preparation 237

Vergüten
hardening and tempering 203

Vergütungsstähle
quenched and tempered steels 74

Sachwortverzeichnis
Index

Vergütungsstähle, Wärmebehandlung
heat treatment of quenched and tempered steels 206

Verhalten bei Notfällen
behaviour in emergencies 16

Verjüngung
taper ratio 37

Verpackungsblech
tinmill steel sheet 112

Verpackungsverordnung
Packaging Ordinance 11

Verschleißerscheinungen
wear occurrence 383

Verstärkte Kunststoffe
reinforced plastics 100

Verzahnungen in Zeichnungen
gear teeth in drawings 308

Vickers – Härteprüfung
Vickers hardness test 124

Vielecke
polygons 414

Vierkant-Schweißmuttern
square weld nuts 264

Vierkante von Zylinderschäften
squares of straight shanks 324

Vierkantscheiben
square washers 270

Vierkantschrauben
square-head screws 258

Vierkantstab
square bars 109

Viskositätsklassen
viscosity classes 389

Vollschnitt
full section 28

Volumenänderung
change in volume 435

Volumenausdehnungskoeffizient
expansion coefficient 435

Volumenstrom
volume flow rate 434

Vordrucke für Zeichnungen (Blattgrößen)
printed forms for drawing sheets 21

Vorrichtungen
devices 313

Vorsätze, dezimal
decimal prefixes 394

Vorsatzzeichen
prefixes 394

Vorspannkräfte
prestress forces 247

Vorsteuerprinzip
pilot principle 342

W

Wälzlager
rolling bearings 283–285

Wälzlager, Auswahlkriterien
rolling bearings, choice criteria 283

Wälzlager, Basiszeichen
basic codes for rolling bearings 281

Wälzlager, Breitenreihe
breadth range of rolling bearings 282

Wälzlager, Durchmesserreihe
diameter range of rolling bearings 282

Wälzlager, Einbaumaße
dimensions for mounting of rolling bearings 290

Wälzlager, Maßreihe
dimension range of rolling bearings 282

Wälzlager, Spannhülse
adapter sleeves for rolling bearings 285

Wälzlager, Toleranzen für den Einbau
mounting tolerances for rolling bearings 291

Wälzlager, vereinfachte Darstellung
simplified representations 292

Wälzlagerbezeichnungen
identification of rolling bearings 281–282

Wälzlagerstähle
rolling bearing steels 77

Wälzlagertoleranzen
tolerances for rolling bearings 291

Wälzlagerungen (Beispiele)
rolling bearings 280

Warmarbeitsstähle
hot work steels 78

Wärmebehandelte Teile
heat treated parts 63

Wärmebehandlung
heat treatment 203

Wärmebehandlung von Aluminium und Aluminium-Legierungen
heat treatment of aluminium and aluminium alloys 208

Wärmebehandlung von Einsatzstählen
heat treatment of case-hardening steels 205

Wärmebehandlung von nichtrostenden Stählen
heat treatment of stainless steels 208

Wärmebehandlung von Vergütungsstählen
heat treatment of quenched and tempered steels 206

Wärmebehandlung von Werkzeugstählen, Stählen für Flamm- und Induktionshärten und Stählen für vergütbare Federn
heat treatment of tool steels, steels for flame and induction hardening and steels for quenched and tempered springs 207

Wärmedurchgangszahl
outward heat transfer coefficient 436

Wärmeenergie
thermal energy 427

Wärmeleitfähigkeit
thermal conductivity 436

Wärmeleitzahl
thermal conduction coefficient 436

Wärmemenge
amount of heat 435–436

Sachwortverzeichnis
Index

Wärmemenge aus elektrischer Arbeit
amount of heat out of electrical work 436

Wärmemengenaustausch
interchange of amount of heat 436

Wärmestrom
heat flow 436

Wärmetechnik
heat technology 435

Warmgas-Schweißverfahren
hot gas welding-processes 233

Warmgewalzte Baustähle
hot rolled structural steels 72

Warmgewalzte I-Träger
hot rolled I-beams 102

Warmgewalzter Flachstab
hot rolled flat bars 109

Warmgewalzter Rundstab
hot rolled round bars 109

Warmgewalzter Sechskantstab
hot rolled hexagon bars 109

Warmgewalzter T-Stahl
hot rolled T-steels 103, 105

Warmgewalzter U-Stahl
hot rolled U-steels 108

Warmgewalzter Vierkantstab
hot rolled square bars 109

Warmgewalzter Winkelstahl
hot rolled angle section 105–106

Warmgewalzter Z-Stahl
hot rolled Z-steels 104

Warnzeichen
warning signs 10

Wartung
servicing 381

Wartungseinheit
maintenance unit 341

Wartungsvorgänge, Symbole
symbols of service actions 391

Wasserstrahlschneiden
water jet cutting 199

Wechselspannung
alternating voltage 370

Wechselventil
two-way valve 344

Wegbedingungen für CNC-Programme
preparatory function of CNC-programs 179

Wegdiagramm
position diagram 337

Wegeventile
directional control valves 338

Wegeventile, Bezeichnung
designation of directional valve 342

Weichglühen
softening 203

Weichlöten
soldering 236

Wellendichtungen, vereinfachte Darstellung
simplified representations shaft lip type seals 293

Wellenenden
shaft ends 299

Wendeschneidplatten, Bezeichnung
indexable inserts, identification 144

Wendeschneidplatten aus Hartmetall
indexable inserts out of hard metal 147

Wendeschneidplatten aus Schneidkeramik
indexable inserts out of oxide ceramics 147

Werkstoff-Ausnutzungsgrad
material utilization coefficient 197

Werkstoffnummer
material number 80

Werkstückdicke
work piece thickness 33

Werkstückkanten
edges 62

Werkzeug-Anwendungsgruppen
tool groups of application 132

Werkzeugauswahl
choice of tools 140, 157

Werkzeugbahnkorrektur
correction of tool path 176

Werkzeugkegel
taper shanks for tools 165

Werkzeugmaschinen, Umdrehungsfrequenzen
rotational frequencies for machine tools 135

Werkzeugstähle
tool steels 78

Werkzeugstähle, Wärmebehandlung
heat treatment of tool steels 207

Whitworth-Gewinde
british standard whitworth thread 244

Widerstandsmomente
section moments 431

Widerstand von Leitern
resistance of conductors 370

Winkelfunktionen
trigonometric functions 411

Winkelfunktionen, besondere Werte
special values of trigonometric functions 412

Winkelfunktionen am Einheitskreis
trigonometric functions at unit circle 412

Winkelfunktionen im rechtwinkligen Dreieck
trigonometric functions in right-angled triangle 411

Winkelfunktionen im schiefwinkligen Dreieck
trigonometric functions in oblique triangle 412

Winkelgeschwindigkeit
angular velocity 421

Winkelmaße
angular measures 34

Winkelstahl
angle section 105–107

Wirkungsgrad
efficiency 427–428

Sachwortverzeichnis
Index

Wirkungslinie
action line 422

Wirkungsplan
action diagram 329

Wirkungswege
action path 329

Wöhlerversuch
Wöhler test 122

Wolframelektroden
tungsten electrodes 227

world wide web
world wide web 362

Würfel
cube 417

Wurzeln
roots 406

Z

Z-Stahl
Z-steels 104

Zahlensysteme
number systems 364–365

Zahnräder
gears 305–306

Zahnräder, Darstellung
representation of gears 307

Zahnradgetriebe
gear unit 311–312

Zahnradgetriebe mit Zwischenrad
gear unit with intermediate gear 311

Zahnradmotoren
gear engine 348

Zahnradpaarungen
gear pairs 307

Zahnradpumpen
gear pump 347

Zahnradwerkstoffe
gear wheel materials 304

Zahnscheiben
toothed lock washers 271

Zahnstangengetriebe
cogwheel mechanism 312

Zeichnungen
drawings 20

Zeichnungen, Vordrucke (Blattgrößen)
printed forms for drawing sheets 21

Zentrierbohrungen
centre holes 61

Zentrierbohrungen – Vereinfachte Darstellung
centre holes – simplified representation 62

Zerspanen von Kunststoffen, Richtwerte
values for machining of plastics 164

Zerspanungs-Anwendungsgruppen
groups of application for chip removal 132

Zerstörungsfreie Prüfverfahren
non-destructive tests 128

Zink
zinc 90

Zink-Gusslegierungen
zinc cast alloys 90

Zinn
tin 90

Zinsrechnung
calculation of interest 409

Zugbeanspruchung
tensile load 429

Zugfestigkeit
tensile strength 120

Zugleistung
tractive power 428

Zugproben
test pieces for the tensile test 120

Zugversuch
tensile test 120

Zugversuch – Kunststoffe
tensile test for synthetic materials 126

Zulässige Spannung
safety stress 119

Zusatzfunktionen für CNC-Programme
miscellaneous functions of CNC-programs 180

Zuschnittdurchmesser
blank diameter 193

Zuschnitte für Tiefziehteile
blank of deep-drawing work pieces 194

Zuschnittlänge
blank length 192

Zustandsänderung von Gasen
constitutional change of gases 433

Zustandsdiagramm
constitutional diagram 337

Zweidruckventil
two pressure valve 344

Zweipunktregler
two-position controller 329, 331

Zwischenrad
intermediate gear 311

Zylinder
cylinder 338, 417

Zylinderrollenlager
cylindrical roller bearings 284

Zylinderschrauben
cheese head screws 253

Zylinderstifte
parallel pins 277

Zylindrische Schraubendruckfedern
helical pressure springs 319

Bildquellenverzeichnis
List of picture reference

Bachofen AG, CH-Uster:	Foto S. 341, 343, 345 unten, 346
Balluff GmbH, Neuhausen a. d. F.:	Fotos S. 354
Bosch Rexroth AG, Elchingen:	Fotos und Zeichnungen S. 348
Bucher Hydraulics GmbH, Klettgau:	Foto S. 347
Denison Hydraulik GmbH, Hilden:	Zeichnungen S. 349 oben Mitte
Helukabel GmbH, Hemmingen/Stuttgart:	Fotos S. 377
Hymer Leichtmetallbau, Wangen:	Fotos S. 15
Festo Didactic GmbH & Co. KG, Esslingen:	Fotos S. 344, S. 345 Schwenkantrieb; Zeichnungen S. 341 Arbeitsweise, S. 342, 343, 344, 345, 349 unten
PRESSOL Schmiergeräte GmbH, Nürnberg:	Foto S. 392
Hans Turck GmbH & Co. KG, Mülheim an der Ruhr:	Fotos S. 353
wenglor sensoric gmbh, Tettnang:	Zeichnungen S. 355

Illustrationen: Mario Valentinelli, Rostock; deckermedia GbR, Vechelde

Englische Übersetzungen: Günther Tiedt

... eine Auswahl weiterer Produkte aus unserem Programm

Grundbildung

Metalltechnik Grundwissen
Lernfelder 1-4
248 S., vierfarbig, 3-14-**23 1220**-X

Lösungen, 80 S., 3-14-**23 1250**-1

Metalltechnik Grundwissen interaktiv
CD-ROM, 3-14-**36 4202**-5

Metalltechnik Grundwissen Arbeitsaufträge
80 S., A4 und A3, vierfarbig,
3-14-**23 1240**-X

Lösungen, 60 Blatt A4, 3-14-**23 1251**-X

Fachbildung

Metalltechnik Gesamtband
Lernfelder Fachstufe
520 S., vierfarbig, 3-14-**23 1320**-6

Der Gesamtband ist auch in vier einzelnen Modulen erhältlich

Montieren/Demontieren technischer Systeme
120 S., vierfarbig, 3-14-**23 1221**-8

Instandhalten technischer Systeme
100 S., vierfarbig, 3-14-**23 1222**-6

Spanendes Fertigen
176 S., vierfarbig, 3-14-**23 1223**-4

Steuern und Automatisieren technischer Systeme
144 S., vierfarbig, 3-14-**23 1224**-2

Nähere Informationen zum vollständigen Berufsbildungsprogramm finden Sie unter: **www.westermann.de**